Fundamentos de Transferência de Momento, de Calor e de Massa

O GEN | Grupo Editorial Nacional – maior plataforma editorial brasileira no segmento científico, técnico e profissional – publica conteúdos nas áreas de ciências exatas, humanas, jurídicas, da saúde e sociais aplicadas, além de prover serviços direcionados à educação continuada e à preparação para concursos.

As editoras que integram o GEN, das mais respeitadas no mercado editorial, construíram catálogos inigualáveis, com obras decisivas para a formação acadêmica e o aperfeiçoamento de várias gerações de profissionais e estudantes, tendo se tornado sinônimo de qualidade e seriedade.

A missão do GEN e dos núcleos de conteúdo que o compõem é prover a melhor informação científica e distribuí-la de maneira flexível e conveniente, a preços justos, gerando benefícios e servindo a autores, docentes, livreiros, funcionários, colaboradores e acionistas.

Nosso comportamento ético incondicional e nossa responsabilidade social e ambiental são reforçados pela natureza educacional de nossa atividade e dão sustentabilidade ao crescimento contínuo e à rentabilidade do grupo.

Fundamentos de Transferência de Momento, de Calor e de Massa

6ª Edição

James R. Welty
Departamento de Engenharia Mecânica
Oregon State University

Gregory L. Rorrer
Departamento de Engenharia Química
Oregon State University

David G. Foster
Departamento de Engenharia Química
University of Rochester

Tradução e Revisão Técnica
Verônica Calado
Professora Adjunta da Escola e Química
da Universidade Federal do Rio de Janeiro (UFRJ)

Os autores e a editora empenharam-se para citar adequadamente e dar o devido crédito a todos os detentores dos direitos autorais de qualquer material utilizado neste livro, dispondo-se a possíveis acertos caso, inadvertidamente, a identificação de algum deles tenha sido omitida.

Não é responsabilidade da editora nem dos autores a ocorrência de eventuais perdas ou danos a pessoas ou bens que tenham origem no uso desta publicação.

Apesar dos melhores esforços dos autores, do editor, da tradutora e dos revisores, é inevitável que surjam erros no texto. Assim, são bem-vindas as comunicações de usuários sobre correções ou sugestões referentes ao conteúdo ou ao nível pedagógico que auxiliem o aprimoramento de edições futuras. Os comentários dos leitores podem ser encaminhados à **LTC — Livros Técnicos e Científicos Editora** pelo e-mail ltc@grupogen.com.br.

Traduzido de
FUNDAMENTALS OF MOMENTUM, HEAT, AND MASS TRANSFER, SIXTH EDITION
Copyright © 2015, 2008, 2001, 1984 John Wiley & Sons, Inc.
All Rights Reserved. This translation published under license with the original publisher John Wiley & Sons, Inc.
ISBN: 978-1-118-94746-3

Direitos exclusivos para a língua portuguesa
Copyright ©2017 by
LTC — Livros Técnicos e Científicos Editora Ltda.
Uma editora integrante do GEN | Grupo Editorial Nacional

Reservados todos os direitos. É proibida a duplicação ou reprodução deste volume, no todo ou em parte, sob quaisquer formas ou por quaisquer meios (eletrônico, mecânico, gravação, fotocópia, distribuição na internet ou outros), sem permissão expressa da editora.

Travessa do Ouvidor, 11
Rio de Janeiro, RJ — CEP 20040-040
Tels.: 21-3543-0770 / 11-5080-0770
Fax: 21-3543-0896
ltc@grupogen.com.br
www.ltceditora.com.br

Capa: Hermes Menezes

Imagem: © Jim Welty

Editoração Eletrônica: Imagem virtual Editoração Ltda.

CIP-BRASIL. CATALOGAÇÃO NA PUBLICAÇÃO
SINDICATO NACIONAL DOS EDITORES DE LIVROS, RJ

W487f
6. ed.

Welty, James R.
Fundamentos de transferência de momento, de calor e de massa / James R. Welty, Gregory L. Rorrer, David G. Foster ; tradução e revisão técnica Verônica Calado. - 6. ed. - Rio de Janeiro : LTC , 2017.
il.; 28 cm.

Tradução de: Fundamentals of momentum, heat, and mass transfer
Apêndice
Inclui bibliografia e índice
ISBN: 978-85-216-3418-8

1. Engenharia. I. Rorrer, Gregory L. II. Foster, David G. III. Calado, Verônica. IV. Título.

| 17-42292 | CDD: 620 |
| | CDU: 62 |

Sumário

1. Introdução à Transferência de Momento   1

1.1   Fluidos e o *Continuum*   1
1.2   Propriedades em um Ponto   2
1.3   Variação Ponto a Ponto das Propriedades em um Fluido   5
1.4   Unidades   8
1.5   Compressibilidade   9
1.6   Tensão Superficial   10

2. Estática dos Fluidos   15

2.1   Variação de Pressão em um Fluido Estático   15
2.2   Aceleração Retilínea Uniforme   18
2.3   Forças em Superfícies Submersas   19
2.4   Empuxo   21
2.5   Resumo   23

3. Descrição de um Fluido em Movimento   27

3.1   Leis Fundamentais da Física   27
3.2   Campos de Escoamento de Fluidos: Representações Lagrangiana e Euleriana   28
3.3   Escoamentos Estacionário e Não Estacionário   28
3.4   Linhas de Corrente   29
3.5   Sistemas e Volumes de Controle   30

4. Conservação da Massa: Abordagem de Volume de Controle   32

4.1   Relação Integral   32
4.2   Formas Específicas da Expressão Integral   33
4.3   Resumo   37

5. Segunda Lei de Newton do Movimento: Abordagem de Volume de Controle   41

5.1   Relação Integral para Momento Linear   41
5.2   Aplicações da Expressão Integral para Momento Linear   44
5.3   Relação Integral para o Momento Angular   49
5.4   Aplicações para Bombas e Turbinas   51
5.5   Resumo   54

6. Conservação de Energia: Abordagem de Volume de Controle   60

6.1   Relação Integral para a Conservação de Energia   60
6.2   Aplicações da Expressão Integral   65
6.3   Equação de Bernoulli   68
6.4   Resumo   73

7. Tensão Cisalhante em Escoamento Laminar   78

7.1   Relação de Newton da Viscosidade   78
7.2   Fluidos Não Newtonianos   79
7.3   Viscosidade   81

vi   Sumário

7.4 Tensão Cisalhante em Escoamentos Laminares Multidimensionais de um Fluido Newtoniano   85
7.5 Resumo   89

8. Análise de um Elemento Diferencial de Fluido em Escoamento Laminar   91

8.1 Escoamento Laminar Completamente Desenvolvido em um Conduto de Seção Transversal Circular Constante   91
8.2 Escoamento Laminar de um Fluido Newtoniano Descendente em uma Superfície Plana Inclinada   94
8.3 Resumo   96

9. Equações Diferenciais de Escoamento de Fluidos   99

9.1 Equação Diferencial da Continuidade   99
9.2 Equações de Navier–Stokes   101
9.3 Equação de Bernoulli   109
9.4 Equações de Navier–Stokes em Coordenadas Esféricas   110
9.5 Resumo   112

10. Escoamento de Fluidos Invíscidos   115

10.1 Rotação de um Fluido em um Ponto   115
10.2 Função de Corrente   118
10.3 Escoamento Invíscido e Irrotacional em Torno de um Cilindro Infinito   120
10.4 Escoamento Irrotacional, o Potencial de Velocidade   121
10.5 Carga Total em Escoamento Irrotacional   124
10.6 Utilização de Escoamento Potencial   125
10.7 Análise de Escoamento Potencial — Casos Simples de Escoamento em um Plano   126
10.8 Análise de Escoamento Potencial — Superposição   127
10.9 Resumo   129

11. Análise Dimensional e Similaridade   132

11.1 Dimensões   132
11.2 Análise Dimensional das Equações Diferenciais Governantes   133
11.3 Método de Buckingham   135
11.4 Similaridades Geométrica, Cinemática e Dinâmica   138
11.5 Teoria do Modelo   138
11.6 Resumo   140

12. Escoamento Viscoso   143

12.1 Experimento de Reynolds   143
12.2 Arraste   144
12.3 Conceito de Camada-Limite   149
12.4 As Equações da Camada-Limite   150
12.5 Solução de Blasius para a Camada-Limite Laminar sobre uma Placa Plana   151
12.6 Escoamento com Gradiente de Pressão   155
12.7 Análise Integral de Momento de Von Kármán   157
12.8 Descrição de Turbulência   160
12.9 Tensões Cisalhantes Turbulentas   161
12.10 Hipótese de Comprimento de Mistura   163
12.11 Distribuição de Velocidades a Partir da Teoria de Comprimento de Mistura   164
12.12 Distribuição Universal de Velocidades   165
12.13 Mais Relações Empíricas para Escoamento Turbulento   167
12.14 Camada-Limite Turbulenta sobre uma Placa Plana   167
12.15 Fatores que Afetam a Transição de Escoamento Laminar para Turbulento   169
12.16 Resumo   170

13. Escoamento em Condutos Fechados   173

13.1 Análise Dimensional de Escoamento em Condutos   173
13.2 Fatores de Atrito para Escoamento Laminar Completamente Desenvolvido, Turbulento e de Transição em Condutos Circulares   175
13.3 Determinação de Fator de Atrito e de Perda de Carga para Escoamento em um Tubo   178
13.4 Análise de Escoamento em Tubos   181
13.5 Fatores de Atrito para Escoamentos na Entrada e um Conduto Circular   184
13.6 Resumo   187

14. Máquinas de Fluido   190

14.1 Bombas Centrífugas   191
14.2 Leis de Escalonamento para Bombas e Ventiladores   199
14.3 Configurações para Bombas Axiais e de Escoamento Misturado   201
14.4 Turbinas   201
14.5 Resumo   202

15. Fundamentos de Transferência e Calor   205

15.1 Condução   205
15.2 Condutividade Térmica   206
15.3 Convecção   211
15.4 Radiação   212
15.5 Mecanismos Combinados de Transferência de Calor   213
15.6 Resumo   217

16. Equações Diferenciais de Transferência de Calor   220

16.1 Equação Diferencial Geral para Transferência de Energia   220
16.2 Formas Especiais da Equação Diferencial de Energia   223
16.3 Condições de Contorno Comumente Encontradas   224
16.4 Resumo   228

17. Condução em Estado Estacionário   230

17.1 Condução Unidimensional   230
17.2 Condução Unidimensional com Geração Interna de Energia   236
17.3 Transferência de Calor a Partir de Superfícies Estendidas   239
17.4 Sistemas Bi e Tridimensionais   245
17.5 Resumo   251

18. Condução em Estado Não Estacionário   258

18.1 Soluções Analíticas   258
18.2 Gráficos de Temperatura-Tempo para Formas Geométricas Simples   267
18.3 Métodos Numéricos para Análise Transiente da Condução   269
18.4 Método Integral para a Condução Unidimensional Não Estacionária   272
18.5 Resumo   276

19. Transferência de Calor por Convecção   280

19.1 Considerações Fundamentais na Transferência de Calor por Convecção   280
19.2 Parâmetros Significativos na Transferência de Calor por Convecção   281
19.3 Análise Dimensional da Transferência de Energia por Convecção   282
19.4 Análise Exata da Camada-Limite Laminar   285
19.5 Análise Integral Aproximada da Camada-Limite Térmica   289
19.6 Analogias entre Transferências de Momento e de Energia   291

viii Sumário

19.7 Considerações sobre o Escoamento Turbulento 293

19.8 Resumo 299

20. Correlações para Transferência de Calor por Convecção 302

20.1 Convecção Natural 302

20.2 Convecção Forçada para Escoamento Interno 309

20.3 Convecção Forçada para Escoamento Externo 315

20.4 Resumo 321

21. Ebulição e Condensação 327

21.1 Ebulição 327

21.2 Condensação 332

21.3 Resumo 337

22. Equipamentos de Transferência de Calor 339

22.1 Tipos de Trocadores de Calor 339

22.2 Análise de Trocadores de Calor com uma Única Passagem: a Média Logarítmica da Diferença de Temperaturas 341

22.3 Análise de Trocadores de Calor com Escoamentos Cruzados e Casco-Tubo 345

22.4 Método do Número de Unidades de Transferência (Nut) para a Análise e Projeto de Trocadores de Calor 348

22.5 Considerações Adicionais sobre o Projeto de Trocadores de Calor 355

22.6 Resumo 357

23. Transferência de Calor por Radiação 361

23.1 Natureza da Radiação 361

23.2 Radiação Térmica 362

23.3 Intensidade de Radiação 363

23.4 Lei de Planck da Radiação 365

23.5 Lei de Stefan–Boltzmann 368

23.6 Emissividade e Absortividade de Superfícies Sólidas 370

23.7 Transferência de Calor Radiante entre Corpos Negros 375

23.8 Troca Radiante em Superfícies Negras Fechadas 381

23.9 Troca Radiante com Superfícies Rerradiantes Presentes 382

23.10 Transferência de Calor Radiante entre Superfícies Cinza 383

23.11 Radiação a Partir de Gases 389

23.12 Coeficiente de Transferência de Calor por Radiação 393

23.13 Resumo 394

24. Fundamentos da Transferência de Massa 398

24.1 Transferência de Massa Molecular 399

24.2 Coeficiente de Difusão 408

24.3 Transferência de Massa por Convecção 426

24.4 Resumo 426

25. Equações Diferenciais de Transferência de Massa 430

25.1 Equação Diferencial para Transferência de Massa 430

25.2 Formas Especiais da Equação Diferencial de Transferência de Massa 433

25.3 Condições de Contorno Comumente Empregadas 435

25.4 Etapas para Modelar Processos Envolvendo Difusão Molecular 438

25.5 Resumo 446

26. Difusão Molecular em Estado Estacionário 451

26.1 Transferência de Massa Unidimensional sem Reação Química 451
26.2 Sistemas Unidimensionais Associados com Reação Química 463
26.3 Sistemas Bi e Tridimensionais 471
26.4 Transferência Simultânea de Momento, de Calor e de Massa 474
26.5 Resumo 481

27. Difusão Molecular em Regime Não Estacionário 492

27.1 Difusão em Estado Não Estacionário e a Segunda Lei de Fick 492
27.2 Difusão Transiente em um Meio Semi-Infinito 493
27.3 Difusão Transiente em um Meio Dimensionalmente Finito sob Condições de Resistência Superficial Desprezível 497
27.4 Gráficos de Concentração–Tempo para Formas Geométricas Simples 504
27.5 Resumo 508

28. Transferência de Massa por Convecção 513

28.1 Considerações Fundamentais na Transferência de Massa por Convecção 513
28.2 Parâmetros Significativos na Transferência de Massa por Convecção 516
28.3 Análise Dimensional da Transferência de Massa por Convecção 518
28.4 Análise Exata da Camada-Limite Laminar para a Concentração 521
28.5 Análise Aproximada da Camada-Limite Mássica 528
28.6 Analogias entre as Transferências de Massa, de Energia e de Momento 533
28.7 Modelos para os Coeficientes de Transferência de Massa por Convecção 540
28.8 Resumo 542

29. Transferência de Massa por Convecção entre Fases 548

29.1 Equilíbrio 548
29.2 Teoria das Duas Resistências 551
29.3 Resumo 564

30. Correlações para a Transferência de Massa por Convecção 570

30.1 Transferência de Massa em Placas, Esferas e Cilindros 571
30.2 Transferência de Massa Envolvendo Escoamento Através de Tubos 578
30.3 Transferência de Massa em Colunas de Parede Molhada 580
30.4 Transferência de Massa em Leitos Fixos e Fluidizados 582
30.5 Transferência de Massa Líquido-Gás em Colunas de Borbulhamento e em Tanques Agitados 584
30.6 Coeficientes de Capacidade para Torres Recheadas 587
30.7 Etapas para a Modelagem de Processos de Transferência de Massa Envolvendo Convecção 588
30.8 Resumo 596

31. Equipamentos para a Transferência de Massa 605

31.1 Tipos de Equipamentos de Transferência de Massa 605
31.2 Operações de Transferência de Massa Líquido-Gás em Tanques de Mistura Perfeita 608
31.3 Balanços de Massa para Torres de Contato Contínuo: Equações da Linha de Operação 612
31.4 Balanços de Entalpia para Torres de Contato Contínuo 619
31.5 Coeficientes de Capacidade de Transferência de Massa 620
31.6 Análise de Equipamentos de Contato Contínuo 621
31.7 Resumo 634

Nomenclatura   639

APÊNDICES

A. **Transformações dos Operadores ∇ e ∇^2 para Coordenadas Cilíndricas**   646

B. **Sumário das Operações Vetoriais Diferenciais em Vários Sistemas de Coordenadas**   649

C. **Simetria do Tensor Tensão**   652

D. **Contribuição Viscosa para a Tensão Normal**   653

E. **Equações de Navier–Stokes para ρ e μ Constantes em Coordenadas Cartesianas, Cilíndricas e Esféricas**   655

F. **Gráficos para a Solução de Problemas de Transporte Não Estacionários**   657

G. **Propriedades da Atmosfera Padrão**   670

H. **Propriedades Físicas de Sólidos**   673

I. **Propriedades Físicas de Gases e Líquidos**   676

J. **Coeficientes de Difusão para Transferência de Massa em Sistemas Binários**   689

K. **Constantes de Lennard-Jones**   692

L. **A Função Erro**   695

M. **Medidas Padrões de Tubos**   696

N. **Medidas Padrões de Tubos**   698

Índice   700

Prefácio da Sexta Edição

A primeira edição de *Fundamentos de Transferência de Momento, de Calor e de Massa*, publicada em 1969, foi escrita para se tornar uma parte do que era então conhecido como o núcleo da ciência de engenharia dos currículos de engenharia. Exigências para acreditação pela ABET (Accreditation Board for Engineering and Technology, órgão norte-americano para acreditar diversos cursos) continuam a estipular que uma parte significativa de todos os currículos de engenharia seja devotada a tópicos fundamentais.

Aplicações de fundamentos da ciência de engenharia têm mudado de várias maneiras desde que a primeira edição foi publicada. Os usuários mais prováveis incluem estudantes de Engenharia Química, Mecânica, Ambiental e Bioquímica. Outras engenharias também encontrarão utilidade e importância em ideias repartidas entre mecânica dos fluidos, transferência de calor e transferência de massa. Considera-se que estudantes que usem este livro tenham completado os cursos de cálculos e de balanços de massa e de energia. Um conhecimento rudimentar de equações diferenciais também é recomendado.

Supõe-se que os estudantes que usem este texto possuam competência computacional. Os estudantes podem achar útil resolver alguns exercícios usando pacotes computacionais numéricos. Entretanto, boa parte de nossos problemas pode ser resolvida usando métodos fundamentais de matemática.

Aqueles familiarizados com as versões anteriores notarão que somente um dos autores originais (JW) continua como membro efetivo do time de escritores. O Dr. Greg Rorrer se tornou um coautor efetivo na quarta edição e agora o Dr. David Foster é bem-vindo como um novo coautor.

Infelizmente, nosso colega, Dr. Charles Wicks, morreu no outono de 2011. Dedicamos esta edição a sua memória.

Gostaríamos de agradecer aos membros do corpo editorial da John Wiley and Sons e aos funcionários da produção por seu profissionalismo, apoio constante e pela agradável relação de trabalho que tem continuado desde a publicação da primeira edição.

Corvallis, Oregon e Rochester, Nova York
Dezembro de 2013

Material Suplementar

Este livro conta com o seguinte material suplementar:

- Ilustrações da obra em formato de apresentação (.pdf) (restrito a docentes);
- Solutions Manual: arquivos em (.pdf), em inglês, contendo manual de soluções (restrito a docentes).

O acesso aos materiais suplementares é gratuito. Basta que o leitor se cadastre em nosso *site* (www.grupogen.com.br), faça seu *login* e clique em GEN-IO, no menu superior do lado direito.

É rápido e fácil. Caso haja alguma mudança no sistema ou dificuldade de acesso, entre em contato conosco (sac@grupogen.com.br).

GEN-IO (GEN | Informação Online) é o repositório de materiais suplementares e de serviços relacionados com livros publicados pelo GEN | Grupo Editorial Nacional, maior conglomerado brasileiro de editoras do ramo científico-técnico-profissional, composto por Guanabara Koogan, Santos, Roca, AC Farmacêutica, Forense, Método, Atlas, LTC, E.P.U. e Forense Universitária. Os materiais suplementares ficam disponíveis para acesso durante a vigência das edições atuais dos livros a que eles correspondem.

CAPÍTULO 1

Introdução à Transferência de Momento

A transferência de momento em um fluido envolve o estudo do movimento de fluidos e as forças que produzem esses movimentos. Da segunda lei de Newton do movimento, sabe-se que a força está diretamente relacionada à taxa de variação temporal de momento de um sistema. Excluindo as forças de ação à distância, tais como a gravidade, pode-se mostrar que as forças que atuam em um fluido — como aquelas resultantes da pressão e da tensão cisalhante —, são o resultado de uma transferência microscópica (molecular) de momento. Assim, o assunto sob consideração, historicamente denominado mecânica dos fluidos, pode ser chamado igualmente de transferência de momento.

A história da mecânica dos fluidos apresenta uma hábil mistura de trabalho analítico dos séculos XIX e XX em hidrodinâmica com o conhecimento empírico em hidráulica que o homem tem coletado ao longo dos tempos. A junção dessas duas disciplinas, desenvolvidas separadamente, foi iniciada por Ludwig Prandtl em 1904, com sua teoria da camada-limite, tendo sido verificada por experimentos. A mecânica dos fluidos moderna, ou transferência de momento, é analítica e experimental.

Cada área de estudo tem suas expressões e nomenclaturas. Em transferência de momento, as definições e os conceitos básicos serão introduzidos de modo a fornecer uma base para a comunicação.

▶ **1.1**

FLUIDOS E O *CONTINUUM*

Um fluido é definido como uma substância que se deforma continuamente sob a ação de uma tensão cisalhante. Uma importante consequência dessa definição é que, quando um fluido está em repouso, não pode haver tensão cisalhante. Tanto líquidos como gases são fluidos. Algumas substâncias, como o vidro, são tecnicamente classificadas como fluidos. Entretanto, a taxa de deformação em vidro, em temperaturas normais, é tão lenta que torna impraticável considerá-lo um fluido.

Conceito de Continuum Fluidos, como todas as matérias, são compostos de moléculas, cujos números extrapolam a imaginação. Em uma polegada cúbica de ar em condições ambientes, há 10^{20} moléculas. Qualquer teoria que pudesse prever os movimentos individuais dessas tantas moléculas seria extremamente complexa, bem além de nossas capacidades atuais.

A maior parte do trabalho de engenharia está voltada para o comportamento macroscópico ou global de um fluido em vez do comportamento microscópico ou molecular. Em muitos casos, é conveniente pensar um fluido como uma distribuição contínua de matéria, ou um *continuum*. Há, naturalmente, certos exemplos em que o conceito de um *continuum* não é válido. Considere, por exemplo, o número de moléculas em um pequeno volume de um gás em repouso. Se o volume fosse pequeno o suficiente, o número de moléculas por unidade de volume seria dependente do tempo para o volume microscópico, embora o volume macroscópico contivesse um número constante de moléculas. O conceito de um *continuum* seria válido somente para o último caso. A validade da abordagem do *continuum* depende do tipo de informação desejada, e não da natureza do fluido. O tratamento de fluidos como contínuos é válido sempre que o menor volume de interesse de fluido contenha um número suficiente de moléculas para tornar significativas as médias estatísticas. As propriedades macroscópicas de um *continuum* variam suavemente (continuamente) ponto a ponto no fluido. Nossa tarefa imediata é definir essas propriedades em um ponto.

1.2

PROPRIEDADES EM UM PONTO

Quando um fluido está em movimento, as grandezas associadas com o estado e o movimento do fluido irão variar ponto a ponto. A definição de algumas variáveis de um fluido em um ponto é apresentada a seguir.

Densidade em um Ponto A densidade de um fluido é definida como a massa por unidade de volume. Sob condições de escoamento, particularmente em gases, a densidade pode apresentar grande variação em todo o fluido. A densidade, ρ, em um ponto particular no fluido, é definida como

$$\rho = \lim_{\Delta V \to \delta V} \frac{\Delta m}{\Delta V}$$

em que Δm é a massa contida em um volume ΔV e δV é o menor volume ao redor do ponto para o qual médias estatísticas são significativas. O limite é mostrado na Figura 1.1.

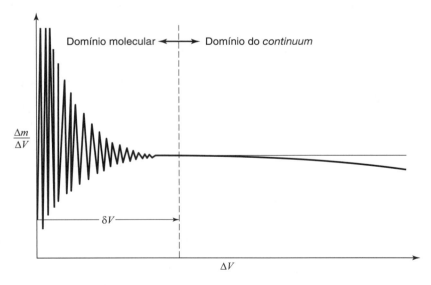

Figura 1.1 Densidade em um ponto.

O conceito da densidade em um ponto matemático — em $\Delta V = 0$ — é visto como fictício; entretanto, tomando $\rho = \lim_{\Delta V \to \delta V}(\Delta m/\Delta V)$, é extremamente útil, uma vez que nos permite descrever o escoamento do fluido em termos de funções contínuas. A densidade, em geral, pode variar ponto a ponto em um fluido e pode também variar em relação ao tempo, como em um pneu furado de um carro. As densidades de fluidos comuns são dadas na Tabela 1.1.

Tabela 1.1 Densidades de vários fluidos (a 20°C, a menos que seja informado outro valor)

Fluido	ρ (g/cm^3)
Acetona	0,792
Etanol	0,791
Benzeno	0,899
Gasolina	0,670
Glicerina	1,260
Mercúrio	13,6
Água do mar	1,025
Água	1,00
Solução de sabão	0,900
Sangue	1,060 (37°C)

Fonte: Handbook of Chemistry and Physics, 62. ed., Chemical Rubber Publishing Co., Cleveland, OH, 1980.

Propriedades de um Fluido e Propriedades de um Escoamento Alguns fluidos, em particular líquidos, têm densidades que permanecem quase constantes para amplas faixas de pressão e de temperatura. Fluidos que exibem essa qualidade são geralmente tratados como incompressíveis. Os efeitos de compressibilidade, entretanto, são mais uma propriedade da situação do que do fluido em si. Por exemplo, o escoamento do ar em velocidades baixas é descrito pelas mesmas equações que descrevem o escoamento da água. De um ponto de vista estático, ar é um fluido compressível e água, incompressível. Em vez de serem classificados de acordo com o fluido, os efeitos de compressibilidade são considerados uma propriedade do escoamento. Uma distinção, frequentemente sutil, é feita entre as propriedades do fluido e as propriedades do escoamento, e o estudante é aqui alertado para a importância desse conceito.

Tensão em um Ponto Considere a força $\Delta\mathbf{F}$ atuando em um elemento ΔA do corpo mostrado na Figura 1.2. A força $\Delta\mathbf{F}$ é decomposta nas componentes normal e paralela à superfície do elemento. A força por unidade de área ou a tensão em um ponto é definida como o limite de $\Delta\mathbf{F}/\Delta A$ quando $\Delta A \to \delta A$, em que δA é a menor área para a qual as médias estatísticas são significativas:

$$\lim_{\Delta A \to \delta A} \frac{\Delta F_n}{\Delta A} = \sigma_{ii} \qquad \lim_{\Delta A \to \delta A} \frac{\Delta F_s}{\Delta A} = \tau_{ij}$$

Aqui, σ_{ii} é a tensão normal e τ_{ij} corresponde à tensão cisalhante. Neste texto, a notação de tensão com duplo subscrito, como usada em mecânica dos sólidos, será empregada. O estudante deve se lembrar de que a tensão normal é positiva quando o corpo for tensionado. O processo limite para a tensão normal é ilustrado na Figura 1.3.

Forças que atuam em um fluido são divididas em dois grupos: forças de campo e forças de superfície. Forças de campo são aquelas que atuam sem o contato físico — por exemplo, gravidade e forças eletrostáticas. Ao contrário, forças de pressão e viscosas requerem contato físico para transmissão. Uma vez que é necessário haver uma superfície para a ação dessas forças, elas são chamadas de forças de superfície. Tensão é, consequentemente, uma força de superfície por unidade de área.[1]

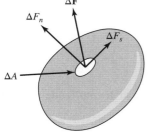

Figura 1.2 Força em um elemento de fluido.

Pressão em um Ponto em um Fluido Estático Para um fluido estático, a tensão normal em um ponto pode ser determinada aplicando-se as leis de Newton a um elemento fluido, uma vez que o elemento fluido tende a um tamanho igual a zero. Lembre-se de que não pode haver qualquer tensão cisalhante em um fluido estático. Logo, as únicas forças superficiais presentes serão aquelas devidas a tensões normais. Considere o elemento mostrado na Figura 1.4. Esse elemento, enquanto em repouso, está sujeito à gravidade e às tensões normais. O peso do elemento fluido é $\rho\mathbf{g}(\Delta x\Delta y\Delta z/2)$.

Para um corpo em repouso, $\Sigma\mathbf{F} = 0$. Na direção x,

$$\Delta F_x - \Delta F_s \,\text{sen}\,\theta = 0$$

---

[1] Matematicamente, a tensão é classificada como um tensor de segunda ordem, uma vez que ela requer, para sua determinação, magnitude, direção e orientação em relação a um plano.

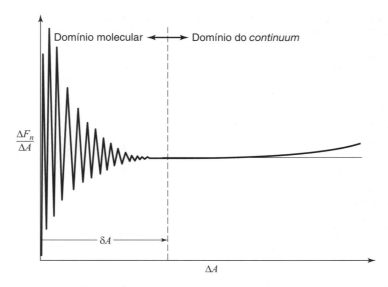

Figura 1.3 Tensão normal em um ponto.

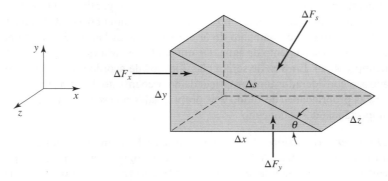

Figura 1.4 Elemento em um fluido estático.

Uma vez que sen $\theta = \Delta y/\Delta s$, a equação anterior se torna

$$\Delta F_x - \Delta F_s \frac{\Delta y}{\Delta s} = 0$$

Dividindo por $\Delta y \Delta z$ e tomando como o limite quando o volume do elemento tende a zero, obtemos

$$\lim_{\Delta V \to 0} \left[\frac{\Delta F_x}{\Delta y \Delta z} - \frac{\Delta F_s}{\Delta s \Delta z} \right] = 0$$

Lembrando que a tensão normal é positiva quando o corpo é tensionado, obtemos, calculando a equação anterior,

$$\sigma_{xx} = \sigma_{ss} \tag{1-1}$$

Na direção y, aplicando $\Sigma \mathbf{F} = 0$, resulta

$$\Delta F_y - \Delta F_s \cos\theta - \rho g \frac{\Delta x \Delta y \Delta z}{2} = 0$$

Uma vez que $\cos\theta = \Delta x/\Delta s$, tem-se

$$\Delta F_y - \Delta F_s \frac{\Delta x}{\Delta s} - \rho g \frac{\Delta x \Delta y \Delta z}{2} = 0$$

Dividindo por $\Delta x \Delta z$ e tomando o limite como antes, obtemos

$$\lim_{\Delta V \to 0} \left[\frac{\Delta F_y}{\Delta x \Delta z} - \frac{\Delta F_s}{\Delta s \Delta z} - \frac{\rho g \Delta y}{2} \right] = 0$$

que se torna

$$-\sigma_{yy} + \sigma_{ss} - \frac{\rho g}{2}(0) = 0$$

ou

$$\sigma_{yy} = \sigma_{ss} \tag{1-2}$$

Pode-se notar que o ângulo θ não aparece na equação (1-1) ou (1-2); assim, a tensão normal em um ponto em um fluido estático é independente da direção e, por conseguinte, é uma grandeza escalar.

Como o elemento está em repouso, as únicas forças superficiais atuando são aquelas devidas à tensão normal. Se tivéssemos de medir a força por unidade de área atuando em um elemento submerso, observaríamos que ela atua para dentro, ou seja, comprimindo o elemento. A grandeza medida é, naturalmente, a pressão, que, à luz do desenvolvimento precedente, tem de ser o negativo da tensão normal. Essa simplificação importante — a redução de tensão, um tensor, para pressão, um escalar — pode também ser mostrada no caso de tensão cisalhante zero em um fluido em escoamento. Quando tensões cisalhantes estiverem presentes, os componentes da tensão normal em um ponto podem não ser iguais; entretanto, a pressão ainda é igual à tensão normal média, isto é,

$$P = -\frac{1}{3}\left(\sigma_{xx} + \sigma_{yy} + \sigma_{zz}\right)$$

com muito poucas exceções, uma sendo o escoamento em ondas de choque.

Agora que certas propriedades em um ponto foram discutidas, vamos investigar a maneira pela qual as propriedades de um fluido variam ponto a ponto.

▶ **1.3**

VARIAÇÃO PONTO A PONTO DAS PROPRIEDADES EM UM FLUIDO

Na abordagem do *continuum* à transferência de momento, serão usados pressão, temperatura, densidade, velocidade e campos de tensão. Em estudos prévios, o conceito de campo gravitacional foi introduzido. Gravidade, naturalmente, é um vetor e, assim, o campo gravitacional é um campo vetorial. Neste livro, vetores serão escritos em negrito. Jornais e páginas da internet costumam publicar mapas do tempo ilustrando a variação de pressão nos Estados Unidos. Como a pressão é uma grandeza escalar, tais mapas são uma ilustração de um campo escalar. Escalares neste livro serão grafados sem destaque.

Na Figura 1.5, as linhas desenhadas são os pontos com pressões iguais. A pressão varia continuamente em toda a região e, examinando o mapa, podem-se observar os níveis de pressão e inferir a maneira pela qual a pressão varia.

A descrição da variação de pressão ponto a ponto é um interesse específico para a transferência de momento. Denotando as direções leste e norte na Figura 1.5 por x e y, respectivamente, podemos representar a pressão em toda a região pela função geral $P(x,y)$.

A variação em P, escrita como dP, entre dois pontos na região separados pelas distâncias dx e dy, é dada pela derivada total

$$dP = \frac{\partial P}{\partial x}dx + \frac{\partial P}{\partial y}dy \tag{1-3}$$

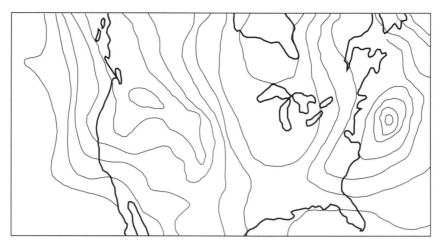

Figura 1.5 Mapa do tempo — um exemplo de um campo escalar.

Na equação (1-3), as derivadas parciais representam a maneira pela qual P varia ao longo dos eixos x e y, respectivamente.

Ao longo de um caminho arbitrário s no plano xy, a derivada total é

$$\frac{dP}{ds} = \frac{\partial P}{\partial x}\frac{dx}{ds} + \frac{\partial P}{\partial y}\frac{dy}{ds} \tag{1-4}$$

Na equação (1-4), o termo dP/ds é a derivada direcional e sua relação funcional descreve a taxa de variação de P na direção s.

Uma pequena porção do campo de pressão retratado na Figura 1.5 é mostrada na Figura 1.6. O caminho arbitrário s é mostrado e nele vemos facilmente que os termos dx/ds e dy/ds são o cosseno e o seno do ângulo α do caminho, em relação ao eixo x. A derivada direcional, por conseguinte, pode ser escrita como

$$\frac{dP}{ds} = \frac{\partial P}{\partial x}\cos\alpha + \frac{\partial P}{\partial y}\operatorname{sen}\alpha \tag{1-5}$$

Há um número infinito de caminhos para escolher no plano xy; entretanto, dois caminhos particulares são de especial interesse: o caminho para o qual dP/ds é zero e aquele para o qual dP/ds é máxima.

O caminho para o qual a derivada direcional é zero é bem simples de achar. Estabelecendo dP/ds igual a zero, temos

$$\left.\frac{\operatorname{sen}\alpha}{\cos\alpha}\right|_{dP/ds=0} = \left.\operatorname{tg}\alpha\right|_{dP/ds=0} = -\frac{\partial P/\partial x}{\partial P/\partial y}$$

ou, uma vez que $\operatorname{tg}\alpha = dy/dx$, temos

$$\left.\frac{dy}{dx}\right|_{dP/ds=0} = -\frac{\partial P/\partial x}{\partial P/\partial y} \tag{1-6}$$

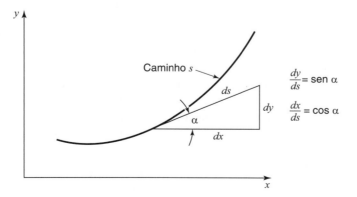

Figura 1.6 Caminho s no plano xy.

Ao longo do caminho cuja inclinação é definida pela equação (1-6), temos $dP = 0$ e, assim, P é constante. Caminhos ao longo dos quais uma escala é constante são chamados de *isolinhas*.

Para encontrar a direção para a qual dP/ds é máxima, temos de ter a derivada $(d/d\alpha)$ (dP/ds) igual a zero, ou

$$\frac{d}{d\alpha}\frac{dP}{ds} = -\text{sen }\alpha\frac{\partial P}{\partial x} + \cos\alpha\frac{\partial P}{\partial y} = 0$$

ou

$$\text{tg }\alpha\Big|_{dP/ds \text{ é máxima}} = \frac{\partial P/\partial y}{\partial P/\partial x} \tag{1-7}$$

Comparando as equações (1-6) e (1-7), vemos que as duas direções definidas por essas equações são perpendiculares. A magnitude da derivada direcional quando ela for máxima é

$$\frac{dP}{ds}\Big|_{\text{máx}} = \frac{\partial P}{\partial x}\cos\alpha + \frac{\partial P}{\partial y}\text{sen }\alpha$$

em que $\cos\alpha$ e sen α são calculados ao longo do caminho dado pela equação (1-7). Uma vez que cosseno está relacionado à tangente por

$$\cos\alpha = \frac{1}{\sqrt{1 + \text{tg}^2\alpha}}$$

temos

$$\cos\alpha\Big|_{dP/ds \text{ é máxima}} = \frac{\partial P/\partial x}{\sqrt{(\partial P/\partial x)^2 + (\partial P/\partial y)^2}}$$

Calculando sen α de uma maneira similar, temos

$$\frac{dP}{ds}\Big|_{\text{máx}} = \frac{(\partial P/\partial x)^2 + (\partial P/\partial y)^2}{\sqrt{(\partial P/\partial x)^2 + (\partial P/\partial y)^2}} = \sqrt{\left(\frac{\partial P}{\partial x}\right)^2 + \left(\frac{\partial P}{\partial y}\right)^2} \tag{1-8}$$

As equações (1-7) e (1-8) sugerem que a derivada direcional máxima é um vetor da forma

$$\frac{\partial P}{\partial x}\mathbf{e}_x + \frac{\partial P}{\partial y}\mathbf{e}_y$$

em que $\mathbf{e}_x$ e $\mathbf{e}_y$ são os vetores unitários nas direções x e y, respectivamente.

A derivada direcional ao longo do caminho de valor máximo é frequentemente encontrada na análise de processos de transferência e recebe um nome especial, *gradiente*. Dessa forma, o gradiente de P, grad P, é

$$\text{grad }P = \frac{\partial P}{\partial x}\mathbf{e}_x + \frac{\partial P}{\partial y}\mathbf{e}_y$$

em que $P = P(x, y)$. Esse conceito pode ser estendido para casos em que $P = P(x, y, z)$. Para esse caso mais geral,

$$\text{grad }P = \frac{\partial P}{\partial x}\mathbf{e}_x + \frac{\partial P}{\partial y}\mathbf{e}_y + \frac{\partial P}{\partial z}\mathbf{e}_z \tag{1-9}$$

A equação (1-9) pode ser escrita em uma forma mais compacta pelo uso do operador ∇ (pronunciado nabla), dando

$$\nabla P = \frac{\partial P}{\partial x}\mathbf{e}_x + \frac{\partial P}{\partial y}\mathbf{e}_y + \frac{\partial P}{\partial z}\mathbf{e}_z$$

em que

$$\nabla = \frac{\partial}{\partial x}\mathbf{e}_x + \frac{\partial}{\partial y}\mathbf{e}_y + \frac{\partial}{\partial z}\mathbf{e}_z \qquad (1\text{-}10)$$

A equação (1-10) é a relação que define o operador ∇ em coordenadas cartesianas. Esse símbolo indica que a diferenciação deve ser feita da maneira prescrita. Em outros sistemas de coordenadas, tais como as coordenadas cilíndricas e esféricas, o gradiente tem uma forma diferente.[2] Entretanto, o significado geométrico do gradiente permanece o mesmo; ele é um vetor tendo direção e magnitude da taxa máxima de variação da variável dependentes em relação à distância.

▶ 1.4

UNIDADES

Além do sistema internacional de unidades (SI), há dois diferentes sistemas ingleses de unidades comumente usados em engenharia. Esses sistemas têm suas raízes na segunda lei de Newton do movimento: força é igual à taxa de variação temporal de momento. Na definição de cada termo dessa lei, estabelece-se uma relação direta entre as quatro grandezas físicas básicas usadas em mecânica: força, massa, comprimento e tempo. Devido à escolha arbitrária de dimensões fundamentais, alguma confusão tem ocorrido no uso de sistemas ingleses de unidades. O uso do sistema internacional de unidades (SI) tem reduzido muito essas dificuldades.

A relação entre força e massa pode ser expressa pela seguinte colocação da segunda lei de Newton do movimento:

$$\mathbf{F} = \frac{m\mathbf{a}}{g_c}$$

em que g_c é um fator de conversão incluído para tornar a equação dimensionalmente consistente.

No sistema SI, massa, comprimento e tempo são tomados como unidades básicas. As unidades básicas são massa em quilogramas (kg), comprimento em metros (m) e tempo em segundos (s). A unidade correspondente de força é o newton (N). Um newton é a força requerida para acelerar uma massa de um quilograma a uma taxa de um metro por segundo por segundo (1 m/s^2). O fator de conversão, g_c, é então igual a um quilograma metro por newton por segundo por segundo ($1 \text{ kg} \cdot \text{m/N} \cdot \text{s}^2$).

Na prática de engenharia, força, comprimento e tempo têm sido frequentemente escolhidos como unidades fundamentais. Com esse sistema, força é expressa em libras-força (lb_f), comprimento em pés e tempo em segundos. A unidade correspondente de massa será aquela que será acelerada a uma taxa de 1 ft/(s)^2 por 1 lb_f.

Essa unidade de massa, que tem as dimensões de $(\text{lb}_f)(\text{s})^2/(\text{ft})$, é chamada de *slug*. O fator de conversão, g_c, é então um fator multiplicador para converter slugs em $(\text{lb}_f)(\text{s})^2/(\text{ft})$, sendo seu valor igual a $1 \text{ (slug)(ft)/(lb}_f)(\text{s})^2$.

Um terceiro sistema encontrado na prática de engenharia envolve todas as quatro unidades fundamentais. A unidade de força é 1 lb_f, a unidade de massa é 1 lb_m; comprimento e tempo são dados em unidades de pés e segundos, respectivamente. Quando 1 lb_m, ao nível do mar, cai sob a influência da gravidade, sua aceleração será $32,174 \text{ (ft)/(s)}^2$. A força exercida pela gravidade sobre 1 lb_m ao nível do mar é definida como 1 lb_f. Logo, o fator de conversão, g_c, para esse sistema é $32,174 \text{ (lb}_m) (\text{ft})/(\text{lb}_f)(\text{s})^2$.[3]

Um resumo dos valores de g_c é dado na Tabela 1.2 para esses três sistemas ingleses de unidades de engenharia, juntamente com as unidades de comprimento, tempo, força e massa.

---

[2] As formas do operador gradiente nos sistemas de coordenadas cartesianas, cilíndricas e esféricas estão listadas no Apêndice B.

[3] Em cálculos posteriores neste livro, g_c será arredondado para o valor de $32,2 \text{ lb}_m\text{ft/lb}_f\text{s}^2$.

Tabela 1.2

Sistema	Comprimento	Tempo	Força	Massa	g_c
1	metro	segundo	newton	quilograma	$1\dfrac{\text{kg}\cdot\text{m}}{\text{N}\cdot\text{s}^2}$
2	pé	segundo	lb_f	slug	$\dfrac{1\,(\text{slug})(\text{ft})}{(\text{lb}_\text{f})(\text{s})^2}$
3	pé	segundo	lb_f	lb_m	$\dfrac{32{,}174\,(\text{lb}_\text{m})(\text{ft})}{(\text{lb}_\text{f})(\text{s})^2}$

Como todos os três sistemas estão em uso corrente na literatura técnica, o estudante deve ser capaz de usar fórmulas dadas em qualquer situação particular. Uma verificação cuidadosa da consistência dimensional será requerida em *todos* os cálculos. O fator de conversão, g_c, relacionará corretamente as unidades correspondentes a um sistema. Não haverá qualquer tentativa por parte dos autores de incorporar o fator de conversão em qualquer equação; em vez disso, será responsabilidade do leitor usar unidades que sejam consistentes com cada termo na equação.

▶ 1.5

COMPRESSIBILIDADE

Um fluido é considerado *compressível* ou *incompressível* dependendo se sua densidade é variável ou constante. Líquidos são geralmente incompressíveis, enquanto gases são certamente compressíveis.

O *módulo volumétrico de elasticidade*, que costuma ser simplesmente referido como *módulo volumétrico*, é uma propriedade do fluido que caracteriza a compressibilidade. Ele é definido de acordo com

$$\beta \equiv \frac{dP}{dV/V} \tag{1-11a}$$

ou como

$$\beta \equiv -\frac{dP}{d\rho/\rho} \tag{1-11b}$$

e com as dimensões N/m².

Perturbações introduzidas em algum ponto em um *continuum* de fluido serão propagadas a uma velocidade finita. A velocidade é designada como *velocidade acústica* — isto é, a velocidade do som no fluido — sendo simbolizada como C.

Pode-se demonstrar que a velocidade acústica está relacionada a variações na pressão e na densidade de acordo com

$$C = \left(\frac{dP}{d\rho}\right)^{1/2} \tag{1-12}$$

Introduzindo a equação (1-11b) nessa relação, resulta em

$$C = \left(-\frac{\beta}{\rho}\right)^{1/2} \tag{1-13}$$

Para um gás submetido a um processo isentrópico, em que $PV^k = C$, uma constante, temos

$$C = \left(\frac{kP}{\rho}\right)^{1/2}, \quad k = C_p/C_v \tag{1-14}$$

ou

$$C = (kRT)^{1/2} \tag{1-15}$$

Uma questão surge quando um gás, que é compressível, pode ser tratado como incompressível em certa situação de escoamento — ou seja, quando variações de densidade são desprezíveis. Um critério comum para tal consideração envolve o *número de Mach*. O número de Mach, um parâmetro adimensional, é definido como a razão entre a velocidade do fluido, v, e a velocidade do som, C, no fluido:

$$M = \frac{v}{C} \tag{1-16}$$

Uma regra prática geral é que quando $M < 0,2$, o escoamento pode ser tratado como incompressível, com erro desprezível.

Exemplo 1

Um avião a jato está voando a uma altitude de 15.500 m, onde a temperatura do ar é 239 K. Determine se os efeitos de compressibilidade são significativos a velocidades do ar de (a) 220 km/h e (b) 650 km/h.

O teste para efeitos de compressibilidade requer o cálculo do número de Mach, M, que, por sua vez, requer que a velocidade acústica em cada velocidade do ar seja calculada.

Para ar, $k = 1,4$, $R = 0,287$ kJ/kg·K e

$$\begin{aligned}
C &= (kRT)^{1/2} \\
&= [1,4(0,287 \text{ kJ/kg} \cdot \text{K})(239 \text{ K})(1000 \text{ N} \cdot \text{m/kJ})(\text{kg} \cdot \text{m/N} \cdot \text{s}^2)]^{1/2} \\
&= 310 \text{ m/s}
\end{aligned}$$

(a) A $v = 220$ km/h (61,1 m/s),

$$M = \frac{v}{C} = \frac{61,1 \text{ m/s}}{310 \text{ m/s}} = 0,197$$

Este fluido pode ser tratado como incompressível.
(b) A $v = 650$ km/h (180,5 m/s),

$$M = \frac{v}{C} = \frac{180,5 \text{ m/s}}{310 \text{ m/s}} = 0,582$$

Efeitos de compressibilidade têm de ser levados em consideração.

▶ 1.6

TENSÃO SUPERFICIAL

A situação em que uma pequena quantidade de líquido confinado forma uma gota é familiar para muitos de nós. O fenômeno é a consequência da atração que existe entre moléculas líquidas. Dentro de uma gota, uma molécula de líquido está completamente cercada por muitas outras. Partículas próximas à superfície, ao contrário, experimentarão um desequilíbrio de força líquida por causa da não uniformidade nos números de partículas adjacentes. A condição extrema é a descontinuidade da densidade na superfície. Partículas na superfície experimentam uma força atrativa relativamente forte direcionada para dentro.

Dado esse comportamento, é evidente que algum trabalho tem de ser feito quando uma partícula líquida se move em direção à superfície. À medida que mais fluido é adicionado, a gota se expandirá, criando uma superfície adicional. O trabalho associado com a criação dessa nova superfície é a *tensão superficial*, simbolizada por σ. Quantitativamente, σ é o trabalho por unidade de área, N·m/m², ou força por unidade de comprimento de interface em N/m.

Uma superfície é, na realidade, uma interface entre duas fases. Assim, ambas as fases terão a propriedade de tensão superficial. Os materiais mais comuns envolvendo interfaces de fases são água e ar, mas muitos outros são também possíveis. Para uma dada composição interfacial, a propriedade de tensão superficial é uma função tanto da pressão como da temperatura, mas uma função muito mais forte da temperatura. A Tabela 1.3 lista valores de σ para vários fluidos em ar a 1 atm e 20°C. Para água e ar, a tensão superficial é expressa como função da temperatura, de acordo com

$$\sigma = 0{,}123(1 - 0{,}00139\,T)\text{N/m} \tag{1-17}$$

em que T está em kelvin.

Tabela 1.3 Tensões superficiais de alguns fluidos em ar a 1 atm e 20°C

Fluido	σ (N/m)
Amônia	0,021
Álcool etílico	0,028
Gasolina	0,022
Glicerina	0,063
Querosene	0,028
Mercúrio	0,440
Solução de sabão	0,025
Óleo SAE 30	0,035

Fonte: *Handbook of Chemistry and Physics*, 62. ed., Chemical Rubber Publishing Co., Cleveland, OH, 1980.

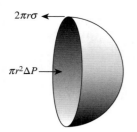

Figura 1.7 Diagrama de corpo livre de uma gota líquida semiesférica.

Na Figura 1.7, mostramos um diagrama de corpo livre de uma gota semiesférica com as forças de pressão e de tensão superficial equilibradas. A condição examinada é tipicamente usada para essa análise, uma vez que uma esfera representa a área superficial mínima para o volume prescrito. A diferença de pressão, ΔP, entre dentro e fora do hemisfério produz uma força de pressão líquida que está balanceada pela força de tensão superficial. Esse balanço de forças pode ser expresso como

$$\pi r^2 \Delta P = 2\pi r \sigma$$

e a diferença de pressão é dada por

$$\Delta P = \frac{2\sigma}{r} \tag{1-18}$$

A equação de Young-Laplace descreve a condição geral para o equilíbrio de tensões normais por meio de uma interface estática separando um par de fluidos imiscíveis,

$$\Delta P = \sigma\left(\frac{1}{R_1} + \frac{1}{R_2}\right)$$

sendo R_1 e R_2 os raios de curvatura da superfície do corpo. Essa equação estabelece que a tensão superficial causa um aumento na pressão na parte interna de uma superfície, cuja magnitude depende dos raios de curvatura da superfície. Na maioria dos sistemas, $R_1 = R_2$.

Para o caso de uma bolha de sabão, que tem uma parede muito fina, há duas interfaces e a diferença de pressão será

$$\Delta P = \frac{4\sigma}{r} \tag{1-19}$$

As equações (1-18) e (1-19) indicam que a diferença de pressão é inversamente proporcional a r. O limite dessa relação é o caso de uma superfície completamente molhada, em que $r \cong \infty$, e a diferença de pressão devida à tensão superficial é zero.

Uma consequência da diferença de pressão resultando da tensão superficial é o fenômeno *da ação capilar*. Esse efeito está relacionado a quão bem um líquido *molha* uma fronteira sólida. O indicador para molhar ou não é o *ângulo de contato*, θ, definido conforme ilustrado na Figura 1.8. Com θ medido através do líquido, um caso de não molhamento, como mostrado na figura, está associado com $\theta > 90°$. Para um caso de molhamento, $\theta < 90°$. Para mercúrio em contato com um tubo limpo de vidro, $\theta \cong 130°$. Água, em contato com uma superfície limpa de vidro, molhará completamente a superfície e, para esse caso, $\theta \cong 0$.

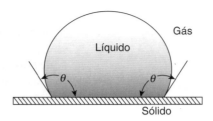

Figura 1.8 Ângulo de contato para uma interface gás–líquido–sólido impermeável.

A Figura 1.9 ilustra o caso de um pequeno tubo de vidro inserido em um tanque de (a) água e (b) mercúrio. Note que a água subirá no tubo e que, em mercúrio, o nível no tubo descerá.

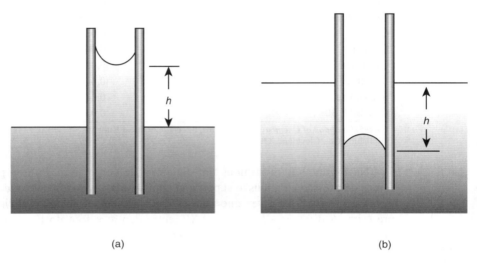

Figura 1.9 Efeitos de capilaridade com um tubo inserido em (a) água e (b) mercúrio.

No caso da água, o líquido sobe uma distância h acima do nível no tanque. Isso é o resultado de a atração entre as moléculas de líquido e a parede do tubo ser maior do que a atração entre as moléculas de água na superfície do líquido. No caso do mercúrio, as forças intermoleculares na superfície do líquido são maiores do que as forças atrativas entre o mercúrio líquido e a superfície do sólido. O mercúrio desce a uma distância h abaixo do nível do tanque.

Um diagrama de corpo livre do líquido que molha é mostrado na Figura 1.10. A força para cima, por causa da tensão superficial,

$$2\pi r \sigma \cos \theta$$

será igual à força para baixo por causa do peso do líquido tendo um volume $V = \pi r^2 h$. Igualando essas forças, obtemos

$$2\pi r\, \sigma \cos \theta = \rho g \pi r^2 h$$

e o valor de h se torna

$$h = \frac{2\sigma \cos \theta}{\rho g r} \tag{1-20}$$

Figura 1.10 Diagrama de corpo livre de um líquido que molha em um tubo.

Exemplo 2

Determine a distância h que o mercúrio descerá em um tubo de vidro de 4 mm de diâmetro, inserido em um tanque de mercúrio a 20°C (Figura 1.11).

A equação (1-20) se aplica e temos

$$h = \frac{2\sigma \cos\theta}{\rho g r}$$

Lembre-se de que, para mercúrio e vidro, $\theta = 130°$.

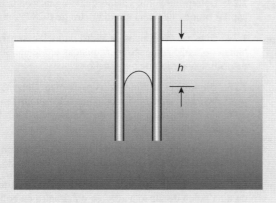

Figura 1.11 Queda no nível de mercúrio em um tubo capilar de vidro.

Para mercúrio a 20°C, $\rho = 13.580$ kg/m³ e para o mercúrio em ar, $\sigma = 0{,}44$ N/m (Tabela 1.3), então se tem

$$h = \frac{2(0{,}44 \text{ N/m})(\cos 130°)}{(13580 \text{ kg/m}^3)(9{,}81 \text{ m/s}^2)(2 \times 10^{-3} \text{ m})}$$

$$= 2{,}12 \times 10^{-3} \text{ m} \quad (2{,}12 \text{ mm})$$

PROBLEMAS

1.1 O número de moléculas, atravessando uma área unitária por unidade de tempo em uma direção, é dado por

$$N = \frac{1}{4}n\bar{v}$$

em que n é o número de moléculas por unidade de volume e v é a velocidade molecular média. Uma vez que a velocidade molecular média é aproximadamente igual à velocidade do som em um gás perfeito, estime o número de moléculas que atravessam um orifício circular de 10^{-3} polegada de diâmetro. Considere que o gás esteja nas condições-padrão. Nessas condições, existem 4×10^{20} moléculas por in.³.

1.2 Quais das grandezas listadas a seguir são propriedades de escoamento e quais são propriedades de fluidos?

pressão	temperatura	velocidade
densidade	tensão	velocidade do som
calor específico	gradiente de pressão	

1.3 Para um fluido de densidade ρ, em que as partículas sólidas de densidade ρ_s estão uniformemente dispersas, mostre que, se x for a fração mássica de sólido na mistura, a densidade é dada por

$$\rho_{\text{mistura}} = \frac{\rho_s \rho}{\rho x + \rho_s(1-x)}$$

1.4 Uma equação ligando densidade da água e pressão é

$$\frac{P+B}{P_1+B} = \left(\frac{\rho}{\rho_1}\right)^7$$

estando a pressão em atmosferas e $B = 3000$ atm. Determine a pressão, em psi, requerida para aumentar a densidade da água em 1% acima de seu valor nominal.

1.5 Que variação de pressão é requerida para alterar a densidade do ar em 10% sob as condições padrão?

1.6 Usando as informações dadas no Problema 1.1 e as propriedades da atmosfera-padrão fornecidas no Apêndice G, estime o número de moléculas por polegada cúbica a uma altitude de 250.000 ft.

1.7 Mostre que os vetores unitários $\mathbf{e}_r$ e $\mathbf{e}_\theta$, em um sistema de coordenadas cilíndricas, estão relacionados aos vetores unitários $\mathbf{e}_x$ e $\mathbf{e}_y$ por

$$\mathbf{e}_r = \mathbf{e}_x \cos\theta + \mathbf{e}_y \operatorname{sen}\theta$$

e

$$\mathbf{e}_\theta = -\mathbf{e}_x \operatorname{sen}\theta + \mathbf{e}_y \cos\theta$$

1.8 Usando os resultados do Problema 1.7, mostre que $d\mathbf{e}_r/d\theta = \mathbf{e}_\theta$ e $d\mathbf{e}_\theta/d\theta = -\mathbf{e}_r$.

14 ▶ Capítulo 1

1.9 Usando as relações geométricas dadas a seguir e a regra da cadeia para diferenciação, mostre que

$$\frac{\partial}{\partial x} = -\frac{\operatorname{sen}\theta}{r}\frac{\partial}{\partial\theta} + \cos\theta\frac{\partial}{\partial r}$$

e

$$\frac{\partial}{\partial y} = -\frac{\cos\theta}{r}\frac{\partial}{\partial\theta} + \operatorname{sen}\theta\frac{\partial}{\partial r}$$

quando $r^2 = x^2 + y^2$ e $\operatorname{tg}\theta = y/x$.

1.10 Transforme o operador ∇ para coordenadas cilíndricas (r, θ, z), usando os resultados dos Problemas 1.7 e 1.9.

1.11 Encontre o gradiente de pressão no ponto (a, b) quando o campo de pressão for dado por

$$P = \rho_\infty v_\infty^2 \left(\operatorname{sen}\frac{x}{a}\operatorname{sen}\frac{y}{b} + 2\frac{x}{a}\right)$$

em que ρ_∞, v_∞, a e b são constantes.

1.12 Encontre o gradiente de temperatura no ponto (a, b) no tempo $t = (L^2/\alpha)\ln e$ quando o campo de temperatura for dado por

$$T = T_0 e^{-\alpha t/4L^2}\operatorname{sen}\frac{x}{a}\cosh\frac{y}{b}$$

em que T_0, α, a e b são constantes.

1.13 Os campos descritos nos Problemas 1.11 e 1.12 são dimensionalmente homogêneos? Quais devem ser as unidades de ρ_∞, de modo que a pressão esteja em libras por pé quadrado, quando v_∞ for dada em pé por segundo (Problema 1.11)?

1.14 Um campo escalar é dado pela função $\phi = 3x^2y + 4y^2$.

a. Encontre $\nabla\phi$ no ponto $(3, 5)$.

b. Encontre a componente de $\nabla\phi$ que faz um ângulo de $-60°$ com o eixo x no ponto $(3, 5)$.

1.15 Se o fluido de densidade ρ no Problema 1.3 obedecer à lei dos gases perfeitos, obtenha a equação de estado da mistura — isto é, $P = f(\rho_s, (RT/M), \rho_m, x)$. Esse resultado será válido se estiver presente um líquido em vez de um sólido?

1.16 Usando a expressão para o gradiente em coordenadas polares (Apêndice A), encontre o gradiente de $\psi(r, \theta)$ quando

$$\psi = A\, r\operatorname{sen}\theta\left(1 - \frac{a^2}{r^2}\right).$$

Onde o gradiente é máximo? Os termos A e a são constantes.

1.17 Dada a seguinte expressão para o campo de pressão, em que x, y e z são as coordenadas espaciais, t é o tempo, e P_0, ρ, V_∞ e L são constantes, encontre o gradiente de pressão.

$$P = P_0 + \frac{1}{2}\rho V_\infty^2\left[2\frac{xyz}{L^3} + 3\left(\frac{x}{L}\right)^2 + \frac{V_\infty t}{L}\right]$$

1.18 Um tanque cilíndrico vertical, tendo uma base com diâmetro de 10 m e uma altura de 5 m, é cheio até o topo com água a 20°C. Qual a quantidade de água que transbordará se ela for aquecida para 80°C?

1.19 Um líquido em um cilindro tem um volume de 1200 cm³ a 1,25 MPa e um volume de 1188 cm³ a 2,50 MPa. Determine seu módulo global de elasticidade.

1.20 Uma pressão é aplicada a 0,25 m³ de um líquido, causando uma redução de volume de 0,005 cm³. Determine o módulo global de elasticidade.

1.21 O módulo global de elasticidade para água é 2,205 GPa. Determine a variação na pressão requerida para reduzir um dado volume em 0,75%.

1.22 Água em um recipiente está originalmente a 100 kPa. Ela fica sujeita a uma pressão de 120 MPa. Determine a diminuição percentual em seu volume.

1.23 Determine a altura para a qual a água, a 68°C, subirá em um tubo capilar limpo que tenha um diâmetro de 0,2875 cm.

1.24 Duas placas limpas de vidro paralelas, separadas por uma distância de 1,625 mm, são mergulhadas em água. Se $\sigma = 0,0735$ N/m, determine a altura que a água subirá.

1.25 Um tubo de vidro, tendo um diâmetro interno de 0,25 mm e um diâmetro externo de 0,35 mm, é inserido em um tanque de mercúrio a 20°C, de modo que o ângulo de contato seja 130°. Determine a força para cima sobre o vidro.

1.26 Determine a elevação em um capilar para uma interface água–ar–vidro, a 40°C, em um tubo limpo de vidro tendo um raio de 1 mm.

1.27 Determine a diferença na pressão entre as partes interna e externa de uma bolha de sabão a 20°C se o diâmetro da bolha for 4 mm.

1.28 Um tubo aberto de vidro, limpo e tendo um diâmetro de 3 mm, é inserido verticalmente em um prato de mercúrio a 20°C. Determine quanto a coluna de mercúrio descerá no tubo, para um ângulo de contato de 130°.

1.29 A 60°C, a tensão superficial da água é 0,0662 N/m e a do mercúrio é 0,47 N/m. Determine as variações na altura do capilar nesses dois fluidos quando eles estiverem em contato com ar em um tubo de vidro de diâmetro igual a 0,55 mm. Os ângulos de contato são 0° para a água e 130° para o mercúrio.

1.30 Determine o diâmetro do tubo de vidro necessário para manter a variação da altura do capilar da água a 30°C menor do que 1 mm.

1.31 Um fluido experimental é usado para criar uma bolha esférica, com um diâmetro de 0,25 cm. Quando em contato com uma superfície de plástico, o ângulo de contato é de 30°. A pressão dentro da bolha é 101.453 Pa e a pressão fora da bolha é atmosférica. Em um experimento particular, você deve calcular quão alto esse fluido experimental subirá em um tubo capilar feito do mesmo plástico quando usado na superfície descrita anteriormente. O diâmetro do tubo capilar é 0,2 cm. A densidade do fluido experimental usado nesse experimento é 750 kg/m³.

1.32 Um colega está tentando medir o diâmetro de um tubo capilar, algo muito difícil de ser executado fisicamente. Uma vez que você é um estudante de dinâmica dos fluidos, você sabe que o diâmetro pode ser facilmente calculado depois de fazer um simples experimento. Você considera um tubo capilar limpo e o coloca em um recipiente de água pura e observa que a água sobe no tubo até uma altura de 17,5 milímetros. Você tira uma amostra de água e mede a massa de 100 mL como 97,18 gramas e então mede a temperatura da água e verifica que é 80°C. Calcule o diâmetro do tubo capilar de seu colega.

1.33 Em um béquer, contendo água com uma densidade de 987 kg/m³, é inserido um tubo capilar. A água está subindo no tubo capilar até uma altura de 1,88 cm. O tubo capilar está muito limpo e tem um diâmetro de 1,5 mm. Qual é a temperatura da água?

CAPÍTULO **2**

Estática dos Fluidos

$\mathbf{A}$ definição de uma variável de um fluido em um ponto foi tratada no Capítulo 1. Neste capítulo, a variação ponto a ponto de uma variável particular, pressão, será considerada para o caso especial de um fluido em repouso.

Uma situação de estática frequentemente encontrada ocorre com um fluido que está estacionário na superfície da Terra. Embora a Terra tenha seu próprio movimento, estamos bem dentro dos limites normais de exatidão para desprezar a aceleração absoluta do sistema de coordenadas, que, nessa situação, seria fixado com o referencial para a Terra. Tal sistema de coordenadas é dito ser um *referencial inercial*. Se, pelo contrário, um fluido estiver estacionário em relação a um sistema de coordenadas que tiver sua própria aceleração absoluta significativa, o referencial é dito ser *não inercial*. Um exemplo dessa última situação seria o fluido em um tanque de um carro-tanque em uma estrada de ferro quando ele viaja ao redor de uma porção curvada de um trajeto.

A aplicação da segunda lei de Newton do movimento a uma massa fixa de fluido se reduz à expressão em que a soma das forças externas é igual ao produto da massa por sua aceleração. No caso de um referencial inercial, teríamos naturalmente a relação $\Sigma \mathbf{F} = 0$, enquanto a expressão mais geral $\Sigma \mathbf{F} = m\mathbf{a}$ tem de ser usada para o caso não inercial.

▶ **2.1**

VARIAÇÃO DE PRESSÃO EM UM FLUIDO ESTÁTICO

Da definição de um fluido, sabe-se que não pode haver tensão cisalhante em um fluido em repouso. Isso significa que as únicas forças que atuam sobre o fluido são aquelas devido à gravidade e à pressão. Uma vez que a soma das forças tem de ser igual a zero em todo o fluido, a lei de Newton pode ser satisfeita aplicando-a a um corpo livre arbitrário de fluido de tamanho diferencial. O corpo livre selecionado, mostrado na Figura 2.1, é o elemento de fluido $\Delta x\, \Delta y\, \Delta z$ com um canto no ponto xyz. O sistema de coordenadas xyz é um sistema inercial de coordenadas.

As pressões que atuam nas várias faces do elemento são numeradas de 1 a 6. Para encontrar a soma das forças no elemento, a pressão em cada face tem de ser inicialmente calculada.

Devemos designar a pressão de acordo com a face do elemento sobre o qual a pressão atua. Por exemplo, $P_1 = P|_x$, $P_2 = P|_{x+\Delta x}$ e assim por diante. Calculando as forças que atuam em cada face, juntamente com a força devido à gravidade que atua sobre o elemento $\rho \mathbf{g}\, \Delta x\, \Delta y\, \Delta z$, encontramos que a soma das forças é

$$\rho \mathbf{g}(\Delta x \Delta y \Delta z) + (P|_x - P|_{x+\Delta x})\Delta y \Delta z \mathbf{e}_x$$
$$+ (P|_y - P|_{y+\Delta y})\Delta x \Delta z \mathbf{e}_y + (P|_z - P|_{z+\Delta z})\Delta x \Delta y \mathbf{e}_z = 0$$

15

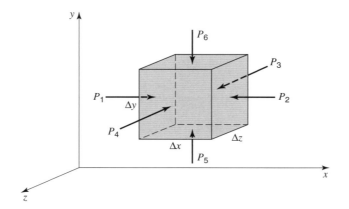

Figura 2.1 As forças de pressão sobre um elemento de fluido estático.

Dividindo pelo volume do elemento $\Delta x\,\Delta y\,\Delta z$, vemos que a equação anterior se torna

$$\rho\mathbf{g} - \frac{P|_{x+\Delta x} - P|_x}{\Delta x}\mathbf{e}_x - \frac{P|_{y+\Delta y} - P|_y}{\Delta y}\mathbf{e}_y - \frac{P|_{z+\Delta z} - P|_z}{\Delta z}\mathbf{e}_z = 0$$

em que a ordem dos termos de pressão foi trocada. À medida que o elemento se aproxima de zero, Δx, Δy e Δz se aproximam de zero e o elemento se aproxima do ponto (x, y, z). No limite

$$\rho\mathbf{g} = \lim_{\Delta x, \Delta y, \Delta z \to 0}\left[\frac{P|_{x+\Delta x} - P|_x}{\Delta x}\mathbf{e}_x + \frac{P|_{y+\Delta y} - P|_y}{\Delta y}\mathbf{e}_y + \frac{P|_{z+\Delta z} - P|_z}{\Delta z}\mathbf{e}_z\right]$$

ou

$$\rho\mathbf{g} = \frac{\partial P}{\partial x}\mathbf{e}_x + \frac{\partial P}{\partial y}\mathbf{e}_y + \frac{\partial P}{\partial z}\mathbf{e}_z \tag{2-1}$$

Lembrando a forma do gradiente, podemos escrever a equação (2-1) como

$$\rho\mathbf{g} = \nabla P \tag{2-2}$$

A equação (2-2) é a equação básica de estática dos fluidos e estabelece que a taxa máxima de variação de pressão ocorre na direção do vetor gravitacional. Além disso, uma vez que as isolinhas são perpendiculares ao gradiente, as linhas de pressão constante são perpendiculares ao vetor gravitacional. A variação ponto a ponto na pressão pode ser obtida integrando-se a equação (2-2).

Exemplo 1

O manômetro, um dispositivo para medir pressão, pode ser analisado a partir da discussão anterior. O tipo mais simples é aquele manômetro de tubo em U, mostrado na Figura 2.2. A pressão no tanque no ponto A deve ser medida. O fluido no tanque vai para o manômetro até o ponto B.

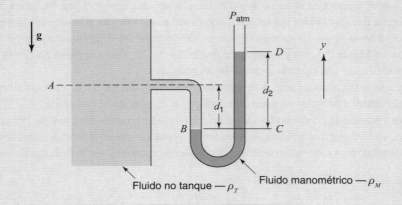

Figura 2.2 Manômetro de tubo em U.

Escolhendo o eixo y na direção mostrada, vemos que a equação (2-2) se torna

$$\frac{dP}{dy}\mathbf{e}_y = -\rho g \mathbf{e}_y$$

Integrando entre C e D no fluido manométrico, temos

$$P_{atm} - P_C = -\rho_m g d_2$$

e, então, integrando entre B e A no fluido do tanque, obtemos

$$P_A - P_B = -\rho_T g d_1$$

Uma vez que as elevações B e C são iguais, as pressões, P_B e P_C, têm de ser as mesmas. Podemos, então, combinar as equações anteriores para obter

$$P_A - P_{atm} = \rho_m g d_2 - \rho_T g d_1$$

O manômetro de tubo em U mede a diferença entre a pressão absoluta e a pressão atmosférica. Essa diferença é chamada de *pressão manométrica*, frequentemente usada na medida de pressão.

Exemplo 2

Na estática de fluidos gasosos, uma relação entre a pressão e a densidade é requerida para integrar a equação (2-2). O caso mais simples é aquele do gás perfeito isotérmico, em que $P = \rho RT/M$. Aqui, R é a constante universal dos gases, M corresponde à massa molar do gás e T é a temperatura, constante para esse caso. Selecionando o eixo y paralelo a $\mathbf{g}$, vemos que a equação (2-2) se torna

$$\frac{dP}{dy} = -\rho g = -\frac{PMg}{RT}$$

Separando as variáveis, a equação diferencial anterior se torna

$$\frac{dP}{P} = -\frac{Mg}{RT}dy$$

Integrando entre $y = 0$ (em que $P = P_{atm}$) e $y = y$ (em que P é a pressão), resulta

$$\ln\frac{P}{P_{atm}} = -\frac{Mgy}{RT}$$

ou

$$\frac{P}{P_{atm}} = \exp\left\{-\frac{Mgy}{RT}\right\}$$

Nos exemplos anteriores, a pressão atmosférica e um modelo de variação de pressão de acordo com a altura têm aparecido nos resultados. Uma vez que o desempenho de aviões, de foguetes e de muitos tipos de máquinas industriais varia com a pressão ambiente, temperatura e densidade, uma atmosfera-padrão tem sido estabelecida para calcular o desempenho. Ao nível do mar, as condições de atmosfera-padrão são

$$P = 29{,}92 \text{ in Hg} = 2116{,}2 \text{ lb}_f/\text{ft}^2 = 14{,}696 \text{ lb}_f/\text{in}^2 = 101.325 \text{ N/m}^2$$

$$T = 519°\text{R} = 59°\text{F} = 288 \text{ K}$$

$$\rho = 0{,}07651 \text{ lb}_m/\text{ft}^3 = 0{,}002378 \text{ slug/ft}^3 = 1{,}226 \text{ kg/m}^3$$

Uma tabela das propriedades atmosféricas padrão em função da altitude é dada no Apêndice G.[1]

---

[1] Essas condições-padrão de desempenho ao nível do mar não devem ser confundidas com as condições-padrão da lei dos gases: $P = 29{,}92$ in de Hg $= 14{,}696$ lb/in$^2 = 101.325$ Pa, $T = 492°$R $= 32°$F $= 273$ K.

2.2

ACELERAÇÃO RETILÍNEA UNIFORME

Para o caso em que o sistema de coordenadas *xyz* na Figura 2.1 não for o sistema inercial de coordenadas, a equação (2-2) não se aplica. No caso de aceleração retilínea uniforme, entretanto, o fluido estará em repouso em relação a um sistema acelerado de coordenadas. Com uma aceleração constante, podemos aplicar a mesma análise como no caso do sistema inercial de coordenadas, exceto que $\Sigma \mathbf{F} = m\mathbf{a} = \rho\,\Delta x\,\Delta y\,\Delta z\mathbf{a}$, como requerido pela segunda lei de Newton do movimento. O resultado é

$$\nabla P = \rho(\mathbf{g} - \mathbf{a}) \tag{2-3}$$

A taxa máxima de variação de pressão está agora na direção $\mathbf{g} - \mathbf{a}$ e as linhas de pressão constante são perpendiculares a $\mathbf{g} - \mathbf{a}$.

A variação ponto a ponto na pressão é obtida a partir da integração da equação (2-3).

Exemplo 3

Um tanque de combustível é mostrado na Figura 2.3. Se o tanque for acelerado uniformemente para a direita, qual será a pressão no ponto *B*?

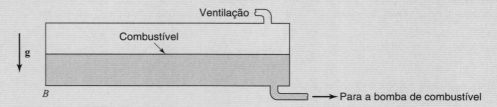

Figura 2.3 Tanque de combustível em repouso.

Na equação (2-3), o gradiente de pressão está na direção $\mathbf{g} - \mathbf{a}$; logo, a superfície do fluido será perpendicular a essa direção. Escolhendo o eixo *y* paralelo a $\mathbf{g} - \mathbf{a}$, encontramos que a equação (2-3) pode ser integrada entre o ponto *B* e a superfície. O gradiente de pressão se torna $dP/dy\,\mathbf{e}_y$ com a seleção do eixo *y* paralelo a $\mathbf{g} - \mathbf{a}$, conforme mostrado na Figura 2.4. Assim,

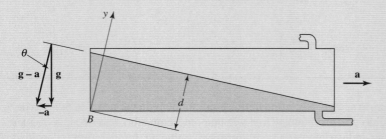

Figura 2.4 Tanque de combustível acelerado uniformemente.

$$\frac{dP}{dy}\mathbf{e}_y = -\rho|\mathbf{g} - \mathbf{a}|\mathbf{e}_y = -\rho\sqrt{g^2 + a^2}\,\mathbf{e}_y$$

Integrando entre $y = 0$ e $y = d$, tem-se

$$P_{atm} - P_B = \rho\sqrt{g^2 + a^2}\,(-d)$$

ou

$$P_B - P_{atm} = \rho\sqrt{g^2 + a^2}\,(d)$$

A profundidade do fluido, *d*, no ponto *B* é determinada a partir da geometria do tanque e do ângulo θ.

2.3 FORÇAS EM SUPERFÍCIES SUBMERSAS

A determinação da força sobre superfícies submersas é feita frequentemente em estática dos fluidos. Uma vez que essas forças são devidas à pressão, usaremos as relações desenvolvidas nas seções anteriores para descrever a variação ponto a ponto na pressão. A superfície do plano ilustrado na Figura 2.5 é inclinada de um ângulo α em relação à superfície do fluido. A área do plano inclinado é A e a densidade do fluido é ρ.

A magnitude da força sobre o elemento dA é $P_G dA$, em que P_G é a pressão manométrica; $P_G = -\rho g y = \rho g \eta \, \text{sen} \, \alpha$, dando

$$dF = \rho g \eta \, \text{sen} \, \alpha \, dA$$

Integrando ao longo da superfície do plano, resulta

$$F = \rho g \, \text{sen} \, \alpha \int_A \eta \, dA$$

A definição do centroide da área é

$$\bar{\eta} \equiv \frac{1}{A} \int_A \eta \, dA$$

e, assim,

$$F = \rho g \, \text{sen} \, \alpha \, \bar{\eta} A \qquad (2\text{-}4)$$

Logo, a força devida à pressão é igual à pressão calculada no centroide da área submersa multiplicada pela área submersa. O ponto no qual essa força atua (o centro de pressão) não é o centroide da área. De modo a encontrar o centro de pressão, temos de achar o ponto no qual a força total tem de ser concentrada de modo a produzir o mesmo momento que a pressão distribuída, ou

$$F \eta_{\text{c.p.}} = \int_A \eta P_G \, dA$$

Substituindo a pressão, resulta

$$F \eta_{\text{c.p.}} = \int_A \rho g \, \text{sen} \, \alpha \, \eta^2 \, dA$$

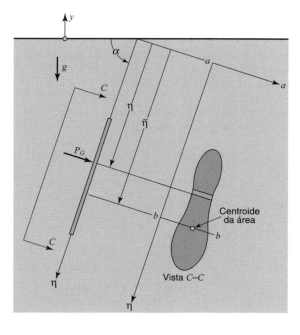

Figura 2.5 Uma superfície plana submersa.

e, uma vez que $F = \rho g \, \text{sen}\, \alpha \bar{\eta} A$, temos

$$\eta_{\text{c.p.}} = \frac{1}{A\bar{\eta}} \int_A \eta^2 \, dA = \frac{I_{aa}}{A\bar{\eta}} \qquad (2\text{-}5)$$

O momento da área em torno da superfície pode ser transladado a partir de um eixo aa, localizado na superfície de um fluido, para um eixo bb que atravessa o centroide por

$$I_{aa} = I_{bb} + \bar{\eta}^2 A$$

e, assim,

$$\eta_{\text{c.p.}} - \bar{\eta} = \frac{I_{bb}}{A\bar{\eta}} \qquad (2\text{-}6)$$

O centro de pressão está localizado abaixo do centroide a uma distância $I_{bb}/A\bar{\eta}$.

Exemplo 4

Um visor circular está localizado 1,5 ft abaixo da superfície de um tanque, conforme mostrado na Figura 2.6. Encontre a magnitude e a localização da força que atua no visor.

A força sobre o visor é

$$F = \rho g \, \text{sen}\, \alpha \, A\bar{\eta}$$

em que

$$\alpha = \pi/2 \quad \text{e} \quad \bar{\eta} = 1{,}5 \text{ ft};$$

a força é

$$F = \rho g A \bar{\eta} = \frac{(62{,}4 \text{ lb}_m/\text{ft}^3)(32{,}2 \text{ ft/s}^2)(\pi/4 \text{ ft}^2)(1{,}5 \text{ ft})}{32{,}2 \text{ lb}_m \text{ft/s}^2 \text{ lb}_f}$$

$$= 73{,}5 \text{ lb}_f \, (327 \text{ N})$$

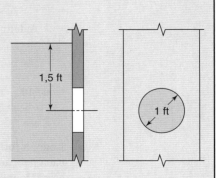

Figura 2.6 Visor submerso.

A força F atua em $\bar{\eta} + \dfrac{I_{\text{centroide}}}{A\bar{\eta}}$. Para uma área circular, $I_{\text{centroide}} = \pi R^4/4$; assim, obtemos

$$\eta_{\text{c.p.}} = 1{,}5 + \frac{\pi R^4}{4\pi R^2 1{,}5} \text{ ft} = 1{,}542 \text{ ft}$$

Exemplo 5

Água de chuva é acumulada atrás do muro de contenção de concreto mostrado na Figura 2.7. Se o solo (densidade relativa = 2,2) saturado com água atuar como um fluido, determine a força e o centro de pressão sobre a largura de 1 m de muro.

A força em uma largura unitária é obtida integrando a diferença de pressão entre os lados direito e esquerdo do muro. Considerando a origem no topo do muro e medindo y para baixo, a força devida à pressão é

$$F = \int (P - P_{\text{atm}})(1) dy$$

A diferença de pressão na região em contato com a água é

$$P - P_{\text{atm}} = \rho_{H_2O} g y$$

e a diferença de pressão na região em contato com o solo é

$$P - P_{\text{atm}} = \rho_{H_2O} g(1) + 2{,}2\, \rho_{H_2O} g(y-1)$$

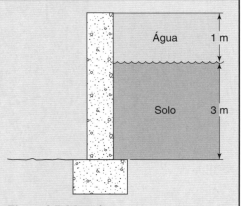

Figura 2.7 Muro de contenção.

A força *F* é

$$F = \rho_{H_2O}g \int_0^1 y\,dy + \rho_{H_2O}g \int_1^4 [1 + 2{,}2(y-1)]dy$$

$$F = (1000\ \text{kg/m}^3)(9{,}807\ \text{m/s}^2)(1\ \text{m})(13{,}4\ \text{m}^2) = 131414\ \text{N}(29.546\ \text{lb}_f)$$

O centro de pressão da força no muro é obtido tomando os momentos em torno do topo do muro.

$$Fy_{c.p.} = \rho_{H_2O}g\left\{\int_0^1 y^2\,dy + \int_1^4 y[1 + 2{,}2(y-1)]dy\right\}$$

$$y_{c.p.} = \frac{1}{(131\ 414\ \text{N})}(1000\ \text{kg/m}^3)(9{,}807\ \text{m/s}^2)(1\ \text{m})(37{,}53\ \text{m}^3) = 2{,}80\ \text{m}\ (9{,}19\ \text{ft})$$

A força em uma superfície curvada submersa pode ser obtida a partir do conhecimento da força sobre a superfície plana e das leis de estática. Considere a superfície curvada *BC* ilustrada na Figura 2.8.

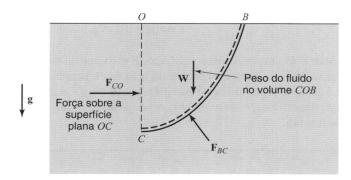

Figura 2.8 Superfície curvada submersa.

Considerando o equilíbrio do corpo fictício *BCO*, a força da placa curvada sobre o corpo *BCO* pode ser calculada. Uma vez que $\Sigma \mathbf{F} = 0$, temos

$$\mathbf{F}_{CB} = -\mathbf{W} - \mathbf{F}_{CO} \tag{2-7}$$

A força do fluido sobre a placa curvada é o negativo disso ou $\mathbf{W} + \mathbf{F}_{CO}$. Assim, a força sobre uma superfície curvada submersa pode ser obtida a partir do peso sobre o volume *BCO* e da força sobre uma superfície plana submersa.

▶ 2.4

EMPUXO

O corpo mostrado na Figura 2.9 está submerso em um fluido com densidade ρ. A força resultante $\mathbf{F}$ mantém o corpo em equilíbrio.

O elemento de volume $h\,dA$ tem forças gravitacional e de pressão atuando sobre ele. A componente da força devido à pressão no topo do elemento é $-P_2\,dS_2 \cos\alpha\ \mathbf{e}_y$, em que α é o ângulo entre o plano do elemento dS_2 e o plano xz. Então, o produto $dS_2 \cos\alpha$ é a projeção de dS_2 sobre o plano xz ou simplesmente dA. A força de pressão líquida sobre o elemento é $(P_1 - P_2)\,dA\ \mathbf{e}_y$ e a força resultante sobre o elemento é

$$d\mathbf{F} = (P_1 - P_2)\,dA\ \mathbf{e}_y - \rho_B g h\,dA\ \mathbf{e}_y$$

em que ρ_B é a densidade do corpo. A diferença na pressão $P_1 - P_2$ pode ser expressa como ρgh; logo,

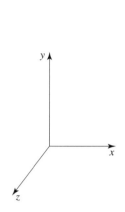
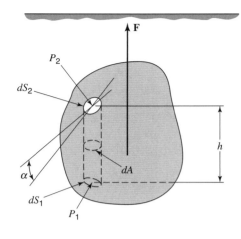

Figura 2.9 Forças sobre um volume submerso.

$$dF = (\rho - \rho_B)gh\, dA\, \mathbf{e}_y$$

Integrando ao longo do volume do corpo e considerando as densidades constantes, tem-se

$$\mathbf{F} = (\rho - \rho_B)gV\mathbf{e}_y \qquad (2\text{-}8)$$

sendo V o volume do corpo. A força resultante **F** é composta de duas partes: o peso $-\rho_B gV\mathbf{e}_y$ e a força de empuxo $\rho gV\mathbf{e}_y$. O corpo experimenta uma força para cima igual ao peso do fluido deslocado. Esse é o famoso princípio de Arquimedes. Quando $\rho > \rho_B$, a força resultante fará com que o corpo flutue na superfície. No caso de um corpo flutuante, a força de empuxo é $\rho gV_s\mathbf{e}_y$, em que V_s é o volume submerso.

Exemplo 6

Um cubo, medindo 1 ft em cada lado, está submerso de tal forma que sua face superior está 10 ft abaixo da superfície livre da água. Determine a magnitude e a direção da força aplicada necessária para manter o cubo nessa posição, se ele for feito de:

(a) cortiça ($\rho = 10$ lb$_m$/ft^3);
(b) aço ($\rho = 490$ lb$_m$/ft^3).

As forças de pressão em todas as superfícies laterais no cubo se cancelam. Aquelas no topo e no fundo não se cancelam, uma vez que elas estão em profundidades diferentes.

Somando as forças na direção vertical, obtemos

$$\Sigma F_y = -W + P(1)|_{\text{fundo}} - P(1)|_{\text{topo}} + F_y = 0$$

sendo F_y a força adicional requerida para manter o cubo na posição.

Expressando cada uma das pressões como $P_{atm} + \rho_{água}gh$ e W como $\rho_c gV$, obtemos, para nosso balanço de forças,

$$-\rho_c gV + \rho_{água}g(11\text{ ft})(1\text{ ft}^2) - \rho_{água}g(10\text{ ft})(1\text{ ft}^2) + F_y = 0$$

Resolvendo para F_y, tem-se

$$F_y = -\rho_{água}g[(11)(1) - 10(1)] + \rho_c gV = -\rho_{água}gV + \rho_c gV$$

O primeiro termo é visto como uma força de empuxo, igual ao peso da água deslocada.

Finalmente, resolvendo para F_y, fica-se com

(a) $\rho_c = 10$ lb$_m$/ft^3

$$F_y = -\frac{(62{,}4\text{ lb}_m/\text{ft}^3)(32{,}2\text{ ft/s}^2)(1\text{ ft}^3)}{32{,}2\text{ lb}_m\text{ft/s}^2\text{ lb}_f} + \frac{(10\text{ lb}_m\text{ft}^3)(32{,}2\text{ ft/s}^2)(1\text{ ft}^3)}{32{,}2\text{ lb}_m\text{ft/s}^2\text{ lb}_f}$$

$$= -52{,}4\text{ lb}_f\,(\text{para baixo})(-233\text{ N})$$

(b) $\rho_c = 490 \, \text{lb}_m/\text{ft}^3$

$$F_y = -\frac{(62{,}4 \, \text{lb}_m/\text{ft}^3)(32{,}2 \, \text{ft/s}^2)(1 \, \text{ft}^3)}{32{,}2 \, \text{lb}_m\text{ft/s}^2 \, \text{lb}_f} + \frac{(490 \, \text{lb}_m\text{ft}^3)(32{,}2 \, \text{ft/s}^2)(1 \, \text{ft}^3)}{32{,}2 \, \text{lb}_m\text{ft/s}^2 \, \text{lb}_f}$$

$$= +427{,}6 \, \text{lb}_f(\text{para cima})(1902 \, \text{N})$$

No caso (a), a força de empuxo excede o peso do cubo; por conseguinte, para mantê-lo submergido 10 ft abaixo da superfície, uma força para baixo de cerca de 52 lb foi requerida. No segundo caso, o peso excedeu a força de empuxo e uma força para cima foi necessária.

▶ 2.5

RESUMO

Neste capítulo, o comportamento de fluidos estáticos foi examinado. A aplicação das leis de Newton do movimento conduziu à descrição da variação ponto a ponto na pressão do fluido, a partir da qual as relações de força foram desenvolvidas. Aplicações específicas foram estabelecidas, incluindo manometria, forças sobre um plano e sobre superfícies submersas curvadas, e o empuxo de objetos flutuantes.

As análises estáticas aqui consideradas serão vistas mais adiante como casos especiais de relações mais gerais que governam o comportamento do fluido. Nossa próxima tarefa será examinar o comportamento de fluidos em movimento, de modo a descrever o efeito daquele movimento. Leis fundamentais, diferentes das leis de Newton do movimento, serão necessárias para essa análise.

▶

PROBLEMAS

2.1 Em certo dia, a pressão barométrica ao nível do mar é 30,1 in de Hg e a temperatura é 70°F. Um medidor de pressão em um avião em voo indica uma pressão de 10,6 psia e um medidor de temperatura mostra a temperatura do ar como 46°F. Estime, o mais exatamente possível, a altitude do avião acima do nível do mar.

2.2 A extremidade aberta de um tanque cilíndrico de 2 ft de diâmetro e 3 ft de altura está submersa em água, conforme mostrado. Se o tanque pesa 250 lb, até que profundidade h o tanque irá submergir? A pressão barométrica do ar é 14,7 psia. A espessura da parede do tanque pode ser desprezada. Que força adicional é requerida para igualar o topo do tanque com a superfície da água?

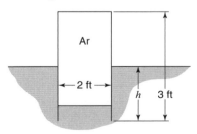

2.3 No Problema 2.2, encontre a profundidade na qual a força líquida sobre o tanque é zero.

2.4 Se a densidade da água do mar for aproximada pela equação de estado $\rho = \rho_0 \exp[(p - p_{atm})/\beta]$, em que β é a compressibilidade, determine a pressão e a densidade em um ponto 32.000 ft abaixo da superfície do mar. Considere $\beta = 30.000$ psi.

2.5 A variação na densidade devido à temperatura faz com que as velocidades de aterrisagem e de decolagem de um avião mais pesado que o ar aumentem com a raiz quadrada da temperatura. Que efeito as variações de densidade, induzidas pela temperatura, têm sobre a potência de sustentação de um avião rígido mais leve que o ar?

2.6 O limite prático da profundidade que um mergulhador pode ir é cerca de 185 m. Qual é a pressão manométrica no oceano naquela profundidade? A densidade relativa da água do mar é 1,025.

2.7 Matéria é atraída ao centro da Terra com uma força proporcional à distância radial a partir do centro. Usando o valor conhecido de g na superfície em que o raio é 6330 km, calcule a pressão no centro da Terra, considerando que o material se comporta como um líquido e que a densidade relativa média é 5,67.

2.8 O ponto mais profundo conhecido do oceano está a 11.034 m na Fossa das Marianas, no Pacífico. Considerando que a água do mar tenha uma densidade constante de 1050 kg/m³, determine a pressão nesse ponto, em atmosferas.

2.9 Determine a variação na profundidade de modo a provocar um aumento de 1 atm para (a) água, (b) água do mar (densidade relativa = 1,0250) e (c) mercúrio (densidade relativa = 13,6).

2.10 Encontre a pressão no ponto A.

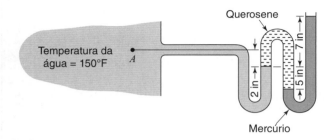

2.11 Usando um líquido com uma densidade relativa de 1,2 e invertendo um tubo cheio desse material, conforme mostrado na figura, qual será o valor de h, se a pressão de vapor do líquido for 3 psia?

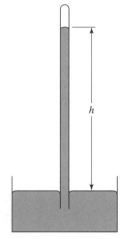

2.12 Qual é a pressão p_A na figura? A densidade relativa do óleo é 0,8.

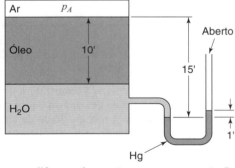

2.13. Encontre a diferença de pressão entre os tanques A e B, se $d_1 = 2$ ft, $d_2 = 6$ in, $d_3 = 2,4$ in e $d_4 = 4$ in.

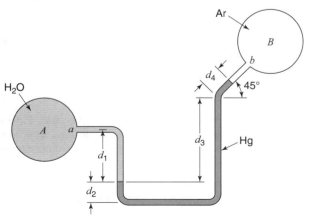

2.14 Qual é a diferença de pressão entre os pontos A e B, se $d_1 = 1,7$ ft, $d_2 = 1$ in, $d_3 = 6,3$ in?

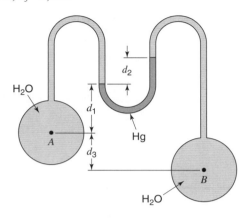

2.15 Um manômetro diferencial é usado para medir uma variação na pressão causada por uma constrição de escoamento em um sistema de tubulação, conforme mostrado. Determine a diferença de pressão, em psi, entre os pontos A e B. Que seção tem a maior pressão?

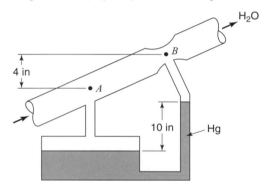

2.16 O carro mostrado na figura é acelerado para a direita a uma taxa uniforme. De que maneira o balão se moverá em relação ao carro?

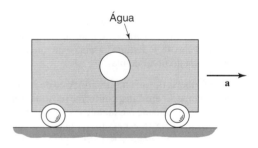

2.17 O tanque é acelerado para cima a uma taxa uniforme. O nível do manômetro sobe ou desce?

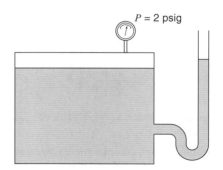

2.18 Visores de vidro são instalados em um aquário. Cada visor tem 0,6 m de diâmetro, sendo centralizado a 2 m abaixo do nível do solo. Encontre a força e a localização da força que atua no visor.

2.19 Encontre o valor mínimo de h para o qual a comporta mostrada girará no sentido anti-horário, se a seção transversal da comporta for (a) retangular, 4 ft × 4 ft; (b) triangular, 4 ft na base × 4 ft de altura. Despreze o atrito no rolamento.

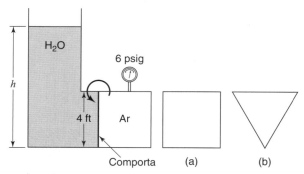

2.20 Uma tora circular, de raio r, deve ser usada como uma barreira, conforme mostrado na figura a seguir. Se o ponto de contato estiver em O, determine a densidade requerida da tora.

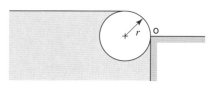

2.21 Um bloco retangular de concreto, 3 ft × 3 ft × 6 in, tem metade de seu lado de 6 in enterrado no fundo de um lago de 23 ft de profundidade. Que força é requerida para levantar o bloco do solo? Que força é requerida para manter o bloco nessa posição? (O concreto pesa 150 lb/ft³.)

2.22 Uma comporta do vertedouro de uma barragem suporta uma profundidade h de água. A comporta pesa 500 lb/ft e é articulada no ponto A. A qual profundidade de água a comporta subirá e permitirá que a água escoe abaixo dela?

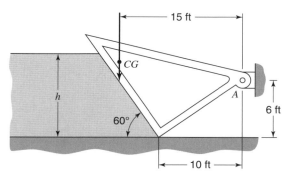

2.23 Deseja-se usar uma bola de praia de 0,75 m de diâmetro para parar um vazamento em uma piscina. Obtenha uma expressão que relacione o diâmetro de drenagem D e a mínima profundidade de água h para os quais a bola permanecerá no local.

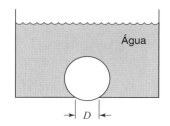

2.24 Uma comporta, à prova de vazamentos, tem 22 ft de altura e forma uma barragem temporária em um canteiro de obras. Por trás da comporta, os 12 ft de cima consistem em água do mar, com densidade de 2 slugs/ft³, enquanto os 10 ft restantes, até o fundo, consistem em uma mistura de lama e água, que pode ser considerada um fluido de densidade 4 slugs/ft³. Calcule a carga horizontal total por unidade de largura de comporta, bem como a localização do centro de pressão, medida a partir do fundo.

2.25 A comporta circular ABC tem um raio de 1 m e está articulada em B. Despreze a pressão atmosférica e determine a força P apenas suficiente para manter a comporta fechada, quando $h = 12$ m.

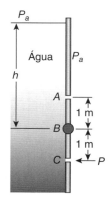

2.26 A figura a seguir mostra um canal triangular aberto, em que os dois lados, AB e AC, são mantidos juntos por cabos, espaçados por 1 m entre B e C. Determine a tensão no cabo.

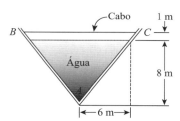

2.27 A barragem, mostrada a seguir, tem 100 m de largura. Determine a magnitude e a localização da força na superfície inclinada.

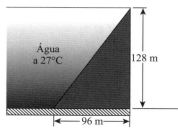

2.28 A boia de uma descarga é uma esfera de raio R, feita de um material com densidade ρ. Uma força de empuxo para cima, F, é requerida para fechar a válvula. A densidade da água é $\rho_{água}$. Desenvolva uma expressão para x, a fração submersa da boia, em termos de R, ρ, F, g e $\rho_{água}$.

2.29 Um cubo de madeira, com lado de comprimento igual a L, flutua na água. A densidade relativa da madeira é 0,90. Qual é o momento M requerido para manter o cubo na posição mostrada? A aresta direita do bloco está nivelada com a água.

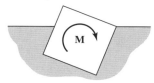

2.30 Um grande tanque para coletar resíduo industrial contém álcool butílico, benzeno e água a 80°F, que se separou em três fases distintas, conforme mostrado na figura. O diâmetro do tanque circular é 10 pés e sua profundidade total é 95 pés. O manômetro no topo do tanque marca 2116 lb$_f$/ft². Por favor, calcule (a) a pressão na interface álcool butílico/benzeno, (b) a pressão na interface benzeno/água e (c) a pressão no fundo do tanque.

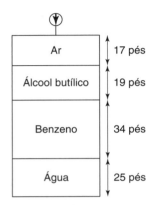

2.31 A pressão sanguínea máxima no braço de uma pessoa saudável é cerca de 120 mm de Hg (essa é uma pressão manométrica). Se um tubo vertical aberto para a atmosfera for conectado à veia no braço de uma pessoa, determine quão alto o sangue subiria no tubo. Admita a densidade do sangue como constante e igual a 1060 kg/m³. (O fato de que o sangue pode subir em um tubo explica por que tubos intravenosos têm de ser colocados no alto para forçar o fluido para a veia de um paciente.) Considere o sistema a 80°F.

2.32 Se o tanque de nitrogênio na figura a seguir estiver a uma pressão de 4500 lb$_f$/ft² e o sistema inteiro estiver a 100°F, calcule a pressão no fundo do tanque de glicerina.

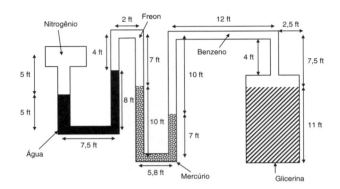

CAPÍTULO ▶ **3**

Descrição de um Fluido em Movimento

O desenvolvimento de uma descrição analítica de escoamento de fluido baseia-se na expressão das leis físicas relacionadas ao escoamento de fluido em uma forma matemática adequada. Por conseguinte, devemos apresentar as leis físicas pertinentes e discutir os métodos usados para descrever um fluido em movimento.

▶ **3.1**

LEIS FUNDAMENTAIS DA FÍSICA

Existem três leis físicas fundamentais que, com exceção dos fenômenos relativísticos e nucleares, aplicam-se a cada escoamento, independentemente da natureza do fluido considerado. Essas leis são listadas a seguir com as designações de suas formulações matemáticas.

Lei	**Equação**
1. A lei de conservação da massa	Equação da continuidade
2. A segunda lei de Newton do movimento	Teorema do momento
3. A primeira lei da termodinâmica	Equação da energia

Os próximos três capítulos serão devotados exclusivamente ao desenvolvimento de uma forma adequada de trabalhar essas leis.[1]

Além das leis mencionadas anteriormente, certas relações auxiliares serão empregadas na descrição de um fluido. Essas relações dependem da natureza do fluido sob consideração. Infelizmente, a maioria dessas relações auxiliares tem sido chamada de "leis". Já em nossos estudos prévios, deparamo-nos com a lei de Hooke, a lei dos gases perfeitos e outras. Por mais precisas que essas leis sejam em uma faixa restrita, sua validade é inteiramente dependente da natureza do material sob consideração. Assim, enquanto algumas das relações auxiliares usadas neste texto serão chamadas de leis, o estudante será responsável por notar a diferença no escopo entre as leis fundamentais da física e as relações auxiliares.

---

[1] A segunda lei da termodinâmica é também fundamental para análise de escoamento de fluidos. Uma consideração analítica da segunda lei está além do escopo do presente tratamento.

28 ▶ Capítulo 3

▶ **3.2**

CAMPOS DE ESCOAMENTO DE FLUIDOS: REPRESENTAÇÕES LAGRANGIANA E EULERIANA

O termo *campo* se refere à grandeza definida como uma função de posição e tempo em toda a região dada. Em mecânica dos fluidos, existem duas formas diferentes de representação dos campos: a forma euleriana e a forma lagrangiana. A diferença entre essas duas abordagens está na maneira como a posição no campo é identificada.

Na abordagem lagrangiana, as variáveis físicas são descritas para um elemento particular de fluido quando ele atravessa o escoamento. Essa é a abordagem familiar da dinâmica de uma partícula e de um corpo rígido. As coordenadas (x, y, z) são as coordenadas do elemento de fluido e, como tal, são funções do tempo. Consequentemente, as coordenadas (x, y, z) são variáveis dependentes na forma lagrangiana. O elemento de fluido é identificado por sua posição no campo em algum tempo arbitrário, geralmente $t = 0$. O campo de velocidades, nesse caso, é escrito na forma funcional como

$$\mathbf{v} = \mathbf{v}(a, b, c, t) \tag{3-1}$$

em que as coordenadas (a, b, c) se referem à posição *inicial* do elemento de fluido. As outras variáveis de escoamento de fluidos, sendo funções das mesmas coordenadas, podem ser representadas de maneira similar. A abordagem lagrangiana é raramente usada em mecânica dos fluidos, visto que o tipo de informação desejada é, em geral, o valor de uma variável particular de fluido em um ponto fixo no escoamento, e não o valor de uma variável de fluido experimentado por um elemento de fluido ao longo de sua trajetória. Por exemplo, a determinação da força em um corpo estacionário em um campo de escoamento requer que conheçamos a pressão e a tensão cisalhante em cada ponto no corpo. Com a forma euleriana obtemos esse tipo de informação.

A abordagem euleriana nos fornece o valor de uma variável de fluido em um dado ponto e em um dado tempo. Na forma funcional, o campo de velocidades é escrito como

$$\mathbf{v} = \mathbf{v}(x, y, z, t) \tag{3-2}$$

em que x, y, z e t são *todas* variáveis independentes. Para um ponto particular (x_1, y_1, z_1) e t_1, a equação (3-2) fornece a velocidade do fluido naquela localização no tempo t_1. Neste texto, será usada exclusivamente a abordagem euleriana.

▶ **3.3**

ESCOAMENTOS ESTACIONÁRIO E NÃO ESTACIONÁRIO

Ao adotar a abordagem euleriana, notamos que o escoamento do fluido, em geral, será uma função de quatro variáveis independentes $(x, y, z$ e $t)$. Se o escoamento em cada ponto no fluido é independente do tempo, o escoamento é denominado *estacionário*. Se o escoamento em cada ponto varia com o tempo, o escoamento é denominado *transiente* ou *não estacionário*. É possível, em certos casos, reduzir um escoamento não estacionário a um escoamento estacionário por meio da mudança do sistema de referência. Considere um avião voando pelo ar, a uma velocidade constante v_0, conforme mostrado na Figura 3.1. Quando observado a partir do sistema estacionário de coordenadas x, y, z, o padrão de escoamento é não estacionário. O escoamento no ponto P ilustrado, por exemplo, irá variar à medida que o veículo se aproxima dele.

Considere agora a mesma situação quando observada a partir do sistema de coordenadas x', y', z', que está se movendo a uma velocidade constante v_0, como ilustrado na Figura 3.2.

As condições de escoamento são agora independentes do tempo em cada ponto no campo de escoamento e, assim, o escoamento é estacionário quando visto a partir do sistema móvel de coor-

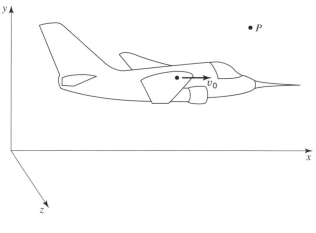

Figura 3.1 Escoamento não estacionário em relação a um sistema fixo de coordenadas.

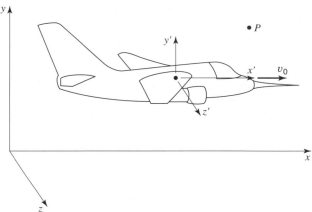

Figura 3.2 Escoamento estacionário em relação a um sistema móvel de coordenadas.

denadas. Toda vez que um corpo se move por um fluido com uma velocidade constante, o campo de escoamento pode ser transformado de um escoamento não estacionário em um escoamento estacionário, selecionando um sistema de coordenadas que seja fixo em relação ao corpo móvel.

Em um túnel de vento para testes de modelos, usa-se esse conceito. Os dados para um modelo estático em uma corrente móvel serão os mesmos que os dados obtidos para um modelo móvel em uma corrente estática. São consideráveis as simplificações físicas, tanto quanto as analíticas, proporcionadas por essa transformação. Devemos usar aqui essa transformação sempre que aplicável.

▶ 3.4 LINHAS DE CORRENTE

Um conceito útil na descrição de um fluido em escoamento é aquele de uma *linha de corrente*. Uma linha de corrente é definida como uma linha tangente ao vetor velocidade em cada ponto de um campo de escoamento. A Figura 3.3 mostra o padrão das linhas de corrente para o escoamento ideal a que está exposto um objeto similar a uma bola de futebol americano. Em um escoamento estacionário, uma vez que todos os vetores de velocidade são invariantes com o tempo, a trajetória de uma partícula de fluido segue uma linha de corrente; logo, uma linha de corrente é a trajetória de um elemento de fluido em tal situação. Em escoamentos não estacionários, padrões de linha de corrente mudam de instante a instante. Dessa forma, a trajetória de um elemento de fluido será diferente de uma linha de corrente em qualquer tempo particular. A trajetória real de um elemento de fluido quando ele atravessa o escoamento é designado como uma *linha de trajetória*. É óbvio que as linhas de trajetórias e as linhas de corrente são coincidentes somente no escoamento estacionário.

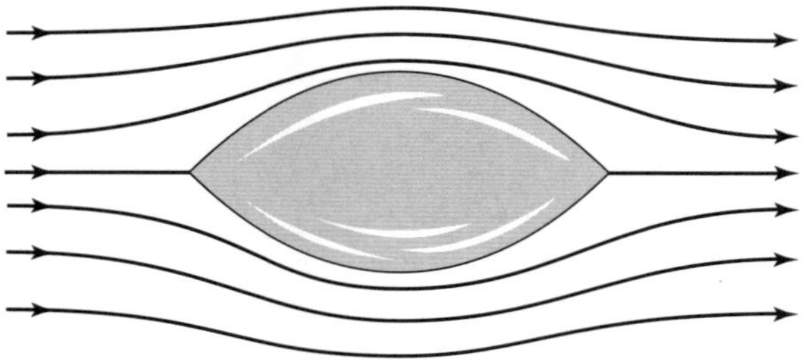

Figura 3.3 Ilustração de linhas de corrente.

A linha de corrente é útil para relacionar as componentes da velocidade do fluido à geometria do campo de escoamento. Para o escoamento bidimensional, essa relação é

$$\frac{v_y}{v_x} = \frac{dy}{dx} \qquad (3\text{-}3)$$

uma vez que a linha de corrente é tangente ao vetor velocidade sendo as componentes x e y definidas por v_x e v_y. Em três dimensões, isso se torna

$$\frac{dx}{v_x} = \frac{dy}{v_y} = \frac{dz}{v_z} \qquad (3\text{-}4)$$

A utilidade das relações anteriores está em obter uma relação analítica entre as componentes de velocidade e o padrão das linhas de corrente.

Alguma discussão adicional será dada no Capítulo 10, em relação à descrição matemática de linhas de corrente ao redor de objetos sólidos submersos.

▶ 3.5

SISTEMAS E VOLUMES DE CONTROLE

As três leis físicas básicas listadas na Seção 3.1 são todas estabelecidas em termos de um *sistema*. Um sistema é definido como uma coleção de matéria de identidade fixa. As leis básicas fornecem a interação de um sistema com sua vizinhança. A seleção do sistema para a aplicação dessas leis é bem flexível e, em muitos casos, constitui um problema complexo. Qualquer análise utilizando uma lei fundamental tem de seguir a designação de um sistema específico, e a dificuldade de solução varia grandemente dependendo da escolha feita.

Como uma ilustração, considere a segunda lei de Newton, $\mathbf{F} = m\mathbf{a}$. Os termos representados são:

$\mathbf{F}$ = a força resultante exercida pela vizinhança sobre o sistema.
m = a massa do sistema.
$\mathbf{a}$ = a aceleração do centro de massa do sistema.

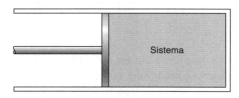

Figura 3.4 Um sistema facilmente identificável.

No arranjo pistão-cilindro mostrado na Figura 3.4, um sistema conveniente para analisar, prontamente identificado em virtude de seu confinamento, a massa de material é envolvida no interior do cilindro pelo pistão.

No caso do bocal mostrado na Figura 3.5, o fluido ocupando o bocal varia de instante a instante. Assim, sistemas diferentes ocupam o bocal em tempos diferentes.

Um método mais conveniente de analisar o bocal seria considerar a região limitada pela linha tracejada. Tal região é um *volume de controle*, isto é, uma região no espaço por meio do qual o fluido escoa.[2]

---

[2] Um volume de controle pode ser fixo ou uniformemente móvel (inercial) ou ele pode ser acelerado (não inercial). A consideração primária aqui será dada a volumes de controle inerciais.

Figura 3.5 Volume de controle para análise de escoamento por um bocal.

A mobilidade extrema de um fluido torna a identificação de um sistema particular uma tarefa tediosa. Desenvolvendo as leis físicas fundamentais de uma forma que se aplica a um volume de controle (em que o sistema varia de instante a instante), a análise de escoamento de fluido é muito simplificada. A abordagem de volume de controle contorna a dificuldade na identificação do sistema. Os capítulos subsequentes converterão as leis físicas fundamentais a partir da abordagem do sistema para uma abordagem de volume de controle. O volume de controle selecionado pode ser tanto finito como infinitesimal.

CAPÍTULO 4

Conservação da Massa: Abordagem de Volume de Controle

A aplicação inicial das leis fundamentais de mecânica dos fluidos envolve a lei de conservação da massa. Neste capítulo, desenvolveremos uma relação integral que expressa a lei de conservação da massa para um volume de controle geral. A relação integral assim desenvolvida será aplicada a algumas situações frequentemente encontradas em escoamento de fluidos.

▶ 4.1

RELAÇÃO INTEGRAL

A lei de conservação da massa estabelece que massa pode ser tanto criada como destruída. Em relação a um volume de controle, a lei de conservação da massa pode ser simplesmente estabelecida como

$$\left\{\begin{array}{c}\text{taxa de massa}\\ \text{que sai}\\ \text{do volume}\\ \text{de controle}\end{array}\right\} - \left\{\begin{array}{c}\text{taxa de massa}\\ \text{que entra no}\\ \text{volume}\\ \text{de controle}\end{array}\right\} + \left\{\begin{array}{c}\text{taxa de acúmulo}\\ \text{de massa no}\\ \text{interior do}\\ \text{volume de controle}\end{array}\right\} = 0$$

Considere agora o volume de controle geral localizado em um campo de escoamento de fluido, conforme mostrado na Figura 4.1.

Para o pequeno elemento de área dA sobre a superfície de controle, a taxa de massa que sai é igual a $(\rho v)(dA \cos \theta)$, em que $dA \cos \theta$ é a projeção da área dA em um plano normal ao vetor velo-

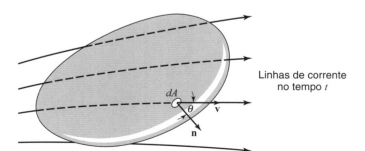

Figura 4.1 Escoamento de fluido através de um volume de controle.

cidade, $\mathbf{v}$, e θ é o ângulo entre o vetor velocidade, $\mathbf{v}$, e o vetor normal unitário direcionado *para fora*, $\mathbf{n}$, ao dA. Da álgebra vetorial, temos o produto

$$\rho v \, dA \, \cos \theta = \rho \, dA |\mathbf{v}| \, |\mathbf{n}| \cos \theta$$

e como o produto "escalar" ou "ponto"

$$\rho(\mathbf{v} \cdot \mathbf{n}) \, dA$$

que é a forma que usaremos para designar a taxa de massa que sai por dA. O produto ρv é o fluxo de massa, frequentemente chamado de velocidade mássica, G. Fisicamente, esse produto representa a quantidade de massa escoando por uma área de seção transversal unitária por unidade de tempo.

Se agora integrarmos essa grandeza ao longo da superfície de controle inteira, temos

$$\iint_{\text{s.c.}} \rho(\mathbf{v} \cdot \mathbf{n}) \, dA$$

que é o escoamento líquido para fora pela superfície de controle ou o *efluxo líquido de massa* a partir do volume de controle.

Note que, se a massa está entrando no volume de controle — isto é, escoando para dentro pela superfície de controle —, o produto $\mathbf{v} \cdot \mathbf{n} = |\mathbf{v}| \, |\mathbf{n}| \cos \theta$ é negativo, uma vez que $\theta > 90°$ e $\cos \theta$ é, por conseguinte, negativo. Logo, se a integral é

positiva, há uma saída líquida de massa;
negativa, há uma entrada líquida de massa;
zero, a massa no interior do volume de controle é constante.

A taxa de acúmulo de massa no interior do volume de controle pode ser expressa como

$$\frac{\partial}{\partial t} \iiint_{\text{v.c.}} \rho \, dV$$

e a expressão da integral para o balanço de massa sobre um volume de controle geral se torna

$$\iint_{\text{s.c.}} \rho(\mathbf{v} \cdot \mathbf{n}) \, dA + \frac{\partial}{\partial t} \iiint_{\text{v.c.}} \rho \, dV = 0 \tag{4-1}$$

▶ **4.2**

FORMAS ESPECÍFICAS DA EXPRESSÃO INTEGRAL

A equação (4-1) fornece o balanço de massa em sua forma mais geral. Consideramos agora algumas situações frequentemente encontradas em que a equação (4-1) pode ser aplicada.

Se o escoamento for estacionário relativo às coordenadas fixas em relação ao volume de controle, o termo do acúmulo, $\partial / \partial t \iiint_{\text{v.c.}} \rho dV$, será zero. Isso é prontamente visto quando lembramos que, pela definição de escoamento estacionário, as propriedades de um campo de escoamento são invariantes com o tempo; logo, a derivada parcial em relação ao tempo é zero. Por conseguinte, para essa situação, a forma aplicável da expressão da continuidade é

$$\iint_{\text{s.c.}} \rho(\mathbf{v} \cdot \mathbf{n}) \, dA = 0 \tag{4-2}$$

Outro caso importante é aquele de um escoamento incompressível com o fluido enchendo o volume de controle. Para escoamento incompressível, a densidade, ρ, é constante e, assim, o termo de acúmulo envolvendo a derivada parcial em relação ao tempo é novamente zero. Adicionalmente, o termo da densidade na integral de superfície pode ser cancelado. Então, a expressão de conservação da massa para escoamento incompressível dessa natureza se torna

$$\iint_{s.c.} (\mathbf{v} \cdot \mathbf{n}) \, dA = 0 \tag{4-3}$$

Os seguintes exemplos ilustram a aplicação da equação (4-1) para alguns casos que ocorrem frequentemente em transferência de momento.

Exemplo 1

Como nosso primeiro exemplo, vamos considerar a situação comum de um volume de controle para o qual a saída e a entrada de massa são estacionárias e unidimensionais. Especificamente, considere o volume de controle indicado pelas linhas tracejadas na Figura 4.2.

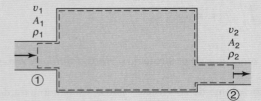

Figura 4.2 Escoamento estacionário unidimensional para dentro e para fora do volume de controle.

A equação (4-2) se aplica. À medida que massa cruza a superfície de controle somente nas posições (1) e (2), nossa expressão é

$$\iint_{s.c.} \rho(\mathbf{v} \cdot \mathbf{n}) \, dA = \iint_{A_1} \rho(\mathbf{v} \cdot \mathbf{n}) \, dA + \iint_{A_2} \rho(\mathbf{v} \cdot \mathbf{n}) \, dA = 0$$

O valor absoluto do produto escalar $(\mathbf{v} \cdot \mathbf{n})$ é igual à magnitude da velocidade em cada integral, uma vez que os vetores da velocidade e da normal apontando para fora são ambos colineares em (1) e (2). Em (2), esses vetores têm o mesmo sentido; assim, o produto é positivo, como deveria ser para uma saída de massa. Em (1), em que a massa escoa para o interior do volume de controle, os dois vetores são opostos em sentido — logo, o sinal é negativo. Podemos agora expressar a equação da continuidade na forma escalar.

$$\iint_{s.c.} \rho(\mathbf{v} \cdot \mathbf{n}) \, dA = -\iint_{A_1} \rho v \, dA + \iint_{A_2} \rho v \, dA = 0$$

Integrando, temos o resultado familiar

$$\rho_1 v_1 A_1 = \rho_2 v_2 A_2 \tag{4-4}$$

Na obtenção da equação (4-4), nota-se que a situação de escoamento dentro do volume de controle não foi especificada. De fato, essa é a beleza da abordagem de volume de controle; o escoamento no interior do volume de controle pode ser analisado a partir das informações (medidas) obtidas na superfície do volume de controle. O volume de controle em forma de caixa, ilustrado na Figura 4.2, é definido para finalidades analíticas; o sistema real contido nessa caixa poderia ser tão simples como um tubo ou tão complexo como um sistema de propulsão ou uma torre de destilação.

Resolvendo o Exemplo 1, consideramos uma velocidade constante nas seções (1) e (2). Essa situação pode ser abordada fisicamente, mas um caso mais geral é aquele em que a velocidade varia ao longo da área transversal.

Exemplo 2

Vamos considerar o caso de um escoamento incompressível, para o qual a área de escoamento é circular e o perfil de velocidade é parabólico (veja a Figura 4.3), variando de acordo com a expressão

$$v = v_{máx}\left[1 - \left(\frac{r}{R}\right)^2\right]$$

em que $v_{máx}$ é a velocidade máxima, que ocorre no centro da passagem circular (isto é, em $r = 0$) e R é a distância radial para a superfície interna da área circular considerada.

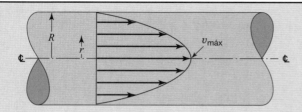

Figura 4.3 Um perfil parabólico de velocidade em uma passagem circular para o escoamento.

A expressão anterior do perfil de velocidades pode ser obtida experimentalmente. Ela será também desenvolvida teoricamente no Capítulo 8 para o caso de escoamento laminar em um conduto circular. Essa expressão representa a velocidade a uma distância radial, r, a partir do centro da seção de escoamento. Uma vez que a velocidade média é de interesse particular em problemas de engenharia, consideraremos agora as maneiras de se obter a velocidade média a partir dessa expressão.

Na estação na qual esse perfil de velocidades existe, a taxa mássica é

$$(\rho v)_{\text{média}} A = \iint_A \rho v \, dA$$

Para o presente caso de escoamento incompressível, a densidade é constante. Resolvendo para a velocidade média, temos

$$\begin{aligned} v_{\text{média}} &= \frac{1}{A} \iint_A v \, dA \\ &= \frac{1}{\pi R^2} \int_0^{2\pi} \int_0^R v_{\text{máx}} \left[1 - \left(\frac{r}{R}\right)^2 \right] r \, dr \, d\theta \\ &= \frac{v_{\text{máx}}}{2} \end{aligned}$$

Nos exemplos anteriores, não estávamos preocupados com a composição das correntes fluidas. A equação (4-1) se aplica às correntes fluidas contendo mais de um constituinte, assim como aos constituintes individuais sozinhos. Esse tipo de aplicação é comum em processos químicos em particular. Nosso exemplo final usará a lei de conservação da massa, tanto para a massa total como para uma espécie particular, nesse caso, sal.

Exemplo 3

Vamos agora examinar a situação ilustrada na Figura 4.4. Um tanque inicialmente está com 1000 kg de salmoura contendo 10% de sal em massa. Uma corrente de entrada de salmoura contendo 20% de sal em massa escoa para o interior do tanque a uma taxa de 20 kg/min. A mistura no tanque é mantida uniforme por meio de agitação. A salmoura é removida do tanque por um tubo de descarga a uma taxa de 10 kg/min. Encontre a quantidade de sal no tanque em qualquer tempo t e o tempo decorrido quando a quantidade de sal no tanque for 200 kg.

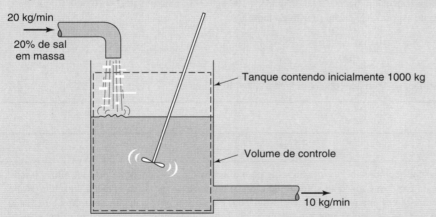

Figura 4.4 Um processo de mistura.

Aplicamos primeiro a equação (4-1) para expressar a quantidade total de salmoura no tanque como uma função do tempo. Para o volume de controle mostrado

$$\iint_{\text{s.c.}} \rho (\mathbf{v} \cdot \mathbf{n}) \, dA = 10 - 20 = -10 \text{ kg/min}$$

$$\frac{\partial}{\partial t} \iiint_{\text{v.c.}} \rho \, dV = \frac{d}{dt} \int_{1000}^{M} dM = \frac{d}{dt}(M - 1000)$$

em que M é a massa total de salmoura no tanque em qualquer tempo. Escrevendo a expressão completa, temos

$$\iint_{\text{s.c.}} \rho(\mathbf{v} \cdot \mathbf{n}) \, dA + \frac{\partial}{\partial t} \iiint_{\text{v.c.}} \rho \, dV = -10 + \frac{d}{dt}(M - 1000) = 0$$

Separando as variáveis e resolvendo para M, resulta

$$M = 1000 + 10t \quad (\text{kg})$$

Seja agora S a quantidade de sal no tanque em qualquer tempo. A concentração em massa de sal pode ser expressa como

$$\frac{S}{M} = \frac{S}{1000 + 10t} \quad \frac{\text{kg de sal}}{\text{kg de salmoura}}$$

Usando essa definição, podemos agora aplicar a equação (4-1) para o sal, obtendo

$$\iint_{\text{s.c.}} \rho(\mathbf{v} \cdot \mathbf{n}) \, dA = \frac{10S}{1000 + 10t} - (0,2)(20) \quad \frac{\text{kg de sal}}{\text{min}}$$

e

$$\frac{\partial}{\partial t} \iiint_{\text{v.c.}} \rho \, dV = \frac{d}{dt} \int_{S_0}^{S} dS = \frac{dS}{dt} \quad \frac{\text{kg de sal}}{\text{min}}$$

A expressão completa é agora

$$\iint_{\text{s.c.}} \rho(\mathbf{v} \cdot \mathbf{n}) \, dA + \frac{\partial}{\partial t} \iiint_{\text{v.c.}} \rho \, dV = \frac{S}{100 + t} - 4 + \frac{dS}{dt} = 0$$

Essa equação pode ser escrita na forma

$$\frac{dS}{dt} + \frac{S}{100 + t} = 4$$

que observamos ser uma equação diferencial linear de primeira ordem. A solução geral é

$$S = \frac{2t(200 + t)}{100 + t} + \frac{C}{100 + t}$$

A constante de integração pode ser calculada usando a condição inicial de que $S = 100$ em $t = 0$, obtendo-se $C = 10.000$. Logo, a primeira parte da resposta, expressando a quantidade de sal presente como função do tempo, é

$$S = \frac{10.000 + 400t + 2t^2}{100 + t}$$

O tempo decorrido necessário para S ser igual a 200 kg pode ser calculado, obtendo-se $t = 36,6$ min.

Exemplo 4

Um grande tanque bem misturado, de volume desconhecido e aberto inicialmente para a atmosfera, contém água pura. A altura inicial da solução no tanque é desconhecida. No início do experimento, uma solução de cloreto de potássio em água começa a escoar para o tanque a partir de duas entradas separadas. A primeira entrada tem um diâmetro de 1 cm e distribui uma solução com uma densidade relativa de 1,07, a uma velocidade de 0,2 m/s. A segunda entrada, com um diâmetro de 2 cm, distribui uma solução com uma velocidade de 0,01 m/s e uma densidade de 1053 kg/m³. A única saída desse tanque tem um diâmetro de 3 cm. Em sua ausência, um colega o ajuda, retirando amostras do tanque e da saída. Ele testa a amostra do tanque e determina que contém 19,7 kg de cloreto de potássio. Ao mesmo tempo, ele faz medições na saída e encontra a taxa de escoamento de 0,5 L/s e a concentração de cloreto de potássio de 13 g/L. Por favor, calcule o tempo exato em que seu colega retirou as amostras. O tanque e todas as soluções de entrada são mantidos a uma temperatura constante de 80°C.

Solução

Primeiro, façamos um esboço com todas as informações que foram dadas, de modo que possamos visualizar o problema.

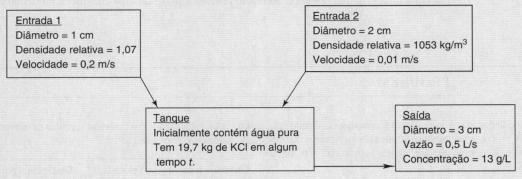

Começando com a equação (4-1),

$$\iint \rho(\mathbf{v} \cdot \mathbf{n})dA + \frac{\partial}{\partial t}\iiint \rho dV = 0$$

$$\dot{m}_{saida} - \dot{m}_{entrada} + \frac{dM}{dt} = 0$$

Uma vez que temos duas entradas para o tanque,

$$\dot{m}_{saida} - [\dot{m}_{entrada1} + \dot{m}_{entrada2}] + \frac{dM}{dt} = 0$$

$$\dot{m}_{saida} = (0,5 \text{ L/s})(13 \text{ g/L}) = 6,5 \text{ g/s}$$

$$\dot{m}_{entrada} = \dot{m}_{entrada1} + \dot{m}_{entrada2} = \begin{array}{l}(1,07)\left(971,8\,\frac{\text{kg}}{\text{m}^3}\right)(0,2\text{ m/s})\left(\frac{\pi(0,01\text{ m})^2}{4}\right)\left(1000\,\frac{\text{g}}{\text{kg}}\right) + \\ (1053\text{ kg/m}^3)(0,01\text{ m/s})\left(\frac{\pi(0,02\text{ m})^2}{4}\right)\left(1000\,\frac{\text{g}}{\text{kg}}\right) = 19,64\text{ g/s}\end{array}$$

$$6,5 \text{ g/s} - 19,64 \text{ g/s} + \frac{dS}{dt} = 0$$

$$\frac{dS}{dt} = 13,14 \text{ g/s}$$

$$\int_0^{19700} dS = 13,14 \int_0^t dt$$

$$t = 1500 \text{ segundos} = 25 \text{ minutos}$$

Então, seu colega retirou a amostra 25 minutos depois do início do experimento.

▶ 4.3

RESUMO

Neste capítulo, consideramos a primeira das leis fundamentais de escoamento de fluido: a conservação da massa. A expressão integral desenvolvida para esse caso foi vista ser bem geral em sua forma e uso.

Expressões integrais similares para a conservação de energia e de momento para um volume de controle geral serão desenvolvidas e usadas em capítulos subsequentes. O estudante deveria agora desenvolver o hábito de *sempre* começar com a expressão integral aplicável e calcular cada termo para um problema particular. Haverá uma forte tentação de simplesmente escrever uma equação sem considerar cada termo em detalhes. Tais tentações devem ser superadas. Essa abordagem pode parecer desnecessariamente tediosa ao final, mas será sempre uma análise completa de um problema e contornará qualquer erro que possa do contrário resultar a partir de uma consideração demasiado precipitada.

PROBLEMAS

4.1 O vetor velocidade em um escoamento bidimensional é dado pela expressão $\mathbf{v} = 10\mathbf{e}_x + 7x\mathbf{e}_y$ m/s, quando x é medido em metros. Determine a componente da velocidade que faz um ângulo de $-30°$ com o eixo x no ponto (2, 2).

4.2 Usando o vetor velocidade do problema anterior, determine (a) a equação da linha de corrente passando pelo ponto (2, 1); (b) o volume de escoamento que cruza uma superfície plana conectando os pontos (1, 0) e (2, 2).

4.3 Água está escoando por um grande conduto circular, com um perfil de velocidades dado pela equação $v = 9(1 - r^2/16)$ ft/s. Qual é a velocidade média da água em um tubo de 1,5 ft?

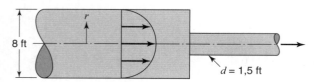

4.4 Água entra em um canal quadrado de 4 in, conforme mostrado, a uma velocidade de 10 ft/s. O canal converge para uma configuração quadrada de 2 in, como mostrado na descarga. A seção de saída é cortada em 30° em relação à vertical, conforme mostrado, mas a velocidade média de descarga da água permanece horizontal. Encontre a velocidade média de saída da água e a taxa volumétrica total.

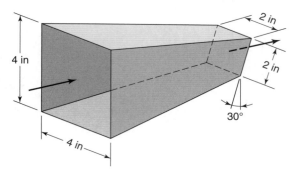

4.5 Água entra em uma extremidade de um tubo perfurado de 0,2 m de diâmetro com uma velocidade de 6 m/s. A descarga na parede do tubo é aproximada por um perfil linear. Se o escoamento for estacionário, encontre a velocidade de descarga.

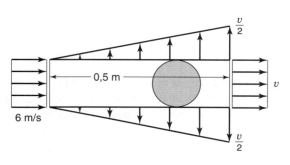

4.6 As velocidades em um duto circular de diâmetro igual a 20 in são medidas como se segue:

Distância a partir do centro (in)	Velocidade (ft/s)	Distância a partir do centro (in)	Velocidade (ft/s)
0	7,5	7,75	5,47
3,16	7,10	8,37	5,10
4,45	6,75	8,94	4,50
5,48	6,42	9,49	3,82
6,33	6,15	10,00	2,40
7,07	5,81	...	...

Encontre (a) a velocidade média; (b) a taxa volumétrica em pés cúbicos por segundo.

4.7 Água salgada, contendo 1,92 lb/galão de sal, escoa a uma taxa fixa de 2 galões/min em um tanque de 100 galões, inicialmente cheio com água fresca. A densidade da solução que entra é 71,8 lb/ft³. A solução, mantida uniforme por agitação, escoa para fora do tanque a uma taxa fixa de 19,2 lb/min.

a. Quantas libras de sal haverá no tanque no final de 1h40min?

b. Qual é o limite superior para a quantidade, em libras, de sal no tanque, se o processo continua indefinidamente?

c. Quanto tempo decorrerá enquanto a quantidade de sal no tanque variar de 100 para 150 lb?

4.8 No arranjo pistão-cilindro mostrado a seguir, o grande pistão tem uma velocidade de 2 ft/s e uma aceleração de 5 ft/s². Determine a velocidade e a aceleração do pistão menor.

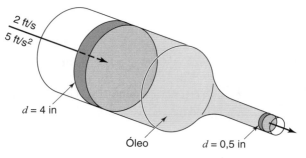

4.9 Mostre que em um escoamento estacionário unidimensional a seguinte equação é válida:

$$\frac{dA}{A} + \frac{dv}{v} + \frac{d\rho}{\rho} = 0$$

4.10 Usando o símbolo M para a massa no volume de controle, mostre que a equação (4-1) pode ser escrita como

$$\frac{\partial M}{\partial t} + \iint_{s.c.} d\dot{m} = 0$$

4.11 Uma onda de choque se move para baixo de um tubo, conforme mostrado a seguir. As propriedades do fluido variam ao longo da onda de choque, mas elas não são funções do tempo. A velocidade de choque é v_w. Escreva a equação da continuidade e obtenha a relação entre ρ_2, ρ_1, v_2 e v_w. A massa no volume de controle em qualquer tempo é $M = \rho_2 A x + \rho_1 A y$. Sugestão: use um volume de controle que está se movendo para a direita a uma velocidade de v_w.

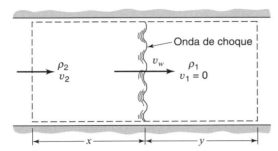

4.12 O perfil de velocidades em um tubo circular é dado por $v = v_{máx}(1 - r/R)^{1/7}$, em que R é o raio do tubo. Encontre a velocidade média no tubo em termos de $v_{máx}$.

4.13 Na figura a seguir, os perfis de velocidade na direção x são mostrados para um volume de controle que circunda um cilindro. Se o escoamento for incompressível, qual é a taxa volumétrica que atravessará a superfície horizontal do volume de controle?

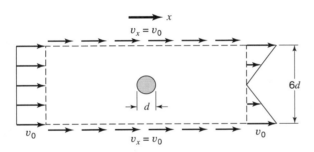

4.14 Duas placas paralelas longas, de comprimento $2L$, são separadas por uma distância b. A placa superior se move para baixo, a uma velocidade constante V. Um fluido enche o espaço entre as placas. O fluido é comprimido entre as placas. Determine a taxa mássica e a velocidade máxima sob as seguintes condições:

a. A velocidade de saída é uniforme.

b. A velocidade de saída é parabólica.

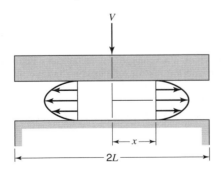

4.15 Uma fina camada de líquido, escoando a partir de um plano inclinado, tem um perfil de velocidades igual a $v_x \approx v_0(2y/h - y^2/h^2)$, em que v_0 é a velocidade superficial. Se o plano tiver uma largura de 10 cm (direção z), determine a taxa volumétrica no filme. Suponha que $h = 2$ cm e a taxa volumétrica seja 2 L/min. Estime v_0.

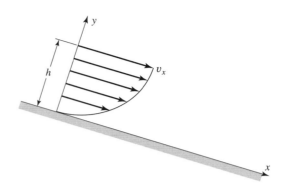

4.16 O tanque em forma de V tem uma largura w (direção perpendicular à página) e é cheio a partir do tubo de entrada, a uma taxa volumétrica igual a Q. Deduza expressões para (a) a taxa de variação dh/dt e (b) o tempo necessário para a superfície subir de h_1 a h_2.

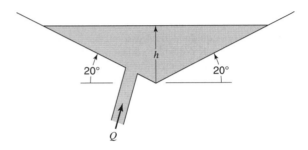

4.17 Um fole pode ser modelado como um volume em forma de cunha deformada. A válvula de retenção na extremidade esquerda (plissada) está fechada durante o golpe. Se w for a largura (direção perpendicular à página), deduza uma expressão para a taxa mássica de saída, $\dot{m}_0$, como uma função do golpe $\theta(t)$.

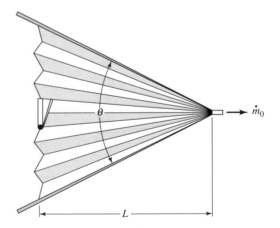

4.18 Água escoa de forma estacionária por uma junção de tubos, entrando na seção 1 a 0,0013 m³/s. A velocidade média na seção 2 é 2,1 m/s. Uma porção do escoamento é desviada para o chuveiro, que contém 100 buracos de diâmetro igual a 1 mm. Supondo um escoamento uniforme no chuveiro, estime a velocidade de saída do jato no chuveiro.

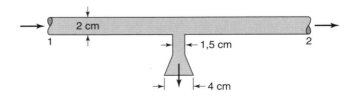

4.19 Uma bomba de jato injeta água a $V_1 = 40$ m/s, por meio de um tubo de 7,6 cm de diâmetro, que encontra um escoamento secundário de água a $V_2 = 3$ m/s na região anular ao redor de um pequeno tubo. As duas correntes se tornam completamente misturadas a jusante, tendo uma velocidade V_3 aproximadamente constante. Para o escoamento incompressível estacionário, calcule V_3.

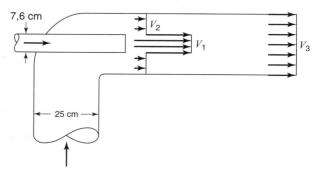

4.20 Um tanque cilíndrico vertical, fechado no fundo, está parcialmente cheio com um líquido incompressível. Um bastão cilíndrico de diâmetro d_i (menor do que o diâmetro do tanque, d_0) é abaixado para o líquido a uma velocidade V. Determine a velocidade média do fluido escapando entre o bastão e as paredes do tanque (a) relativa ao fundo do tanque e (b) relativa ao bastão avançando.

4.21 A agulha hipodérmica mostrada a seguir contém um soro líquido ($\rho = 1$ g/cm³). Se o soro for injetado estacionariamente a 6 cm³/s, quão rápido o êmbolo deve ser empurrado (a) se o vazamento na folga do êmbolo for desprezado e (b) se o vazamento for de 10% da taxa volumétrica da agulha?

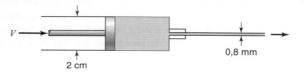

4.22 Um fluido escoa entre duas placas paralelas. Na entrada do sistema, o escoamento estacionário incompressível é uniforme, com $V_0 = 8$ cm/s. Na saída, o escoamento desenvolve um perfil parabólico, $v_x = az(z_0 - z)$, sendo a uma constante. Qual é o valor máximo de v_x?

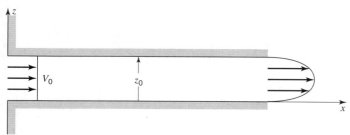

4.23 Um fluido incompressível escoa por uma placa plana, conforme mostrado na figura, com um perfil uniforme na entrada e um perfil polinomial na saída:

$$v_x = v_0 \left(\frac{3\eta - \eta^3}{2} \right) \text{ em que } \eta = \frac{y}{\delta}$$

Calcule a taxa volumétrica, Q, pela superfície superior do volume de controle. A placa tem uma largura b (direção perpendicular à página).

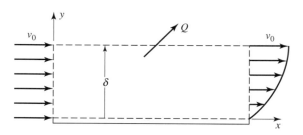

4.24 Refaça o Problema 4.14 se as placas forem circulares e tiverem um raio L.

4.25 Você vai pressurizar um pneu, usando uma bomba mecânica. O pneu padrão de uma bicicleta envolve um aro de metal de 24 in de diâmetro. A taxa volumétrica do ar para a bomba é constante e igual a 1 ft³/min. A densidade do ar saindo da bomba é 0,075 lb$_m$/ft³. O volume final inflado no pneu da bicicleta é 0,6 ft³. A densidade do ar no pneu inflado é 0,4 lb$_m$/ft³. A pressão atmosférica ao redor do sistema é 14,7 lb$_f$/in². Admitindo que não haja vazamento em nenhum lugar do sistema, por favor, calcule o tempo necessário para pressurizar o pneu, se inicialmente não houver ar no pneu.

4.26 Um grande tanque, de volume total desconhecido, está inicialmente cheio com 6000 g de uma solução com 10% em massa de sulfato de sódio. Uma solução de 50% de sulfato de sódio é adicionada a esse tanque, a uma taxa de 40 g/min. Pela única saída do tanque, uma solução com 20 g/L escoa a uma taxa de 0,01667 L/s. Por favor, calcule (a) a massa total no tanque depois de 2 h e (b) a quantidade de sulfato de sódio no tanque depois de 2 h.

4.27 Um grande tanque, bem misturado, contém inicialmente água pura. O tanque tem portas de entrada e de saída com diâmetro de 1 cm e a porta de entrada está 20 cm acima da porta de saída. Pela porta de entrada, uma solução com 10% de sulfato de sódio dissolvido em água, tendo uma densidade de 1000 kg/m³, escoa para dentro do tanque, com uma velocidade de 0,1 m/s. (a) Depois de 60 segundos de escoamento, a solução na porta de entrada é medida e verifica-se que contém 14 g de sulfato de sódio por litro de solução, com uma taxa constante de 0,01 L/s. Por favor, calcule o número de gramas de sulfato de sódio no tanque nesse tempo. (b) Qual é a taxa mássica na porta de saída quando o sistema atingir o estado estacionário?

4.28 Um tanque cilíndrico de água, com 4 pés de altura, com um diâmetro de 3 pés e aberto para a atmosfera no topo, está inicialmente cheio com água a uma temperatura de 60°F. A saída no fundo, com um diâmetro de 0,5 in, está aberta e o tanque se esvazia. A velocidade média da água que sai do tanque é dada pela equação $v = \sqrt{2gh}$, em que h é a altura da água no tanque, medida a partir do centro da porta de saída, e g é a aceleração da gravidade. Determine: (a) quanto tempo levará para que o nível de água no tanque caia para 2 ft a partir do fundo e (b) quanto tempo levará para drenar o tanque inteiro.

CAPÍTULO **5**

Segunda Lei de Newton do Movimento: Abordagem de Volume de Controle

A segunda das leis físicas fundamentais sobre as quais as análises de escoamento de fluido são baseadas é a segunda lei de Newton do movimento. Começando com a segunda lei de Newton, devemos desenvolver relações integrais para os momentos linear e angular. As aplicações dessas expressões a situações físicas serão consideradas.

▶ **5.1**

RELAÇÃO INTEGRAL PARA MOMENTO LINEAR

A segunda lei de Newton do movimento pode ser estabelecida como se segue:

A taxa temporal de variação de momento de um sistema é igual à força líquida que atua no sistema e ocorre na direção dessa força líquida.

De início, notamos dois pontos muito importantes nesse enunciado: primeiro, essa lei se refere a um sistema específico, e segundo, ela inclui direção assim como magnitude, sendo, consequentemente, uma expressão vetorial. A fim de usar essa lei, será necessário reformular seu enunciado para uma forma mais aplicável ao volume de controle que contém diferentes partículas de fluido (isto é, um sistema diferente) quando examinado em tempos diferentes.

Na Figura 5.1, observamos o volume de controle localizado em um campo de escoamento de fluido. O sistema considerado é o material que ocupa o volume de controle no tempo t e sua posição é mostrada tanto no tempo t como no tempo $t + \Delta t$.

Referindo-se à figura, vemos que:

A região I é ocupada pelo sistema somente no tempo t.
A região II é ocupada pelo sistema no tempo $t + \Delta t$.
A região III é ocupada pelo sistema em ambos os tempos t e $t + \Delta t$.

Escrevendo a segunda lei de Newton para tal situação, temos

$$\Sigma \mathbf{F} = \frac{d}{dt}(m\mathbf{v}) = \frac{d}{dt}\mathbf{P} \qquad (5\text{-}1)$$

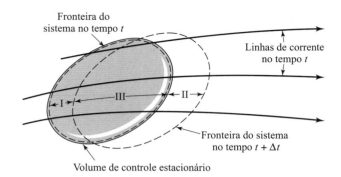

Figura 5.1 Relação entre um sistema e um volume de controle em um campo de escoamento de fluido.

em que os símbolos **F**, *m* e **v** têm seus significados usuais e **P** representa o momento linear total do sistema.

No tempo $t + \Delta t$, o momento linear do sistema que agora ocupa as regiões II e III pode ser expresso como

$$\mathbf{P}|_{t+\Delta t} = \mathbf{P}_{II}|_{t+\Delta t} + \mathbf{P}_{III}|_{t+\Delta t}$$

e, no tempo *t*, temos

$$\mathbf{P}|_{t} = \mathbf{P}_{I}|_{t} + \mathbf{P}_{III}|_{t}$$

Subtraindo a segunda dessas expressões da primeira e dividindo pelo intervalo de tempo Δt, temos

$$\frac{\mathbf{P}|_{t+\Delta t} - \mathbf{P}|_{t}}{\Delta t} = \frac{\mathbf{P}_{II}|_{t+\Delta t} + \mathbf{P}_{III}|_{t+\Delta t} - \mathbf{P}_{I}|_{t} - P_{III}|_{t}}{\Delta t}$$

Podemos rearranjar o lado direito dessa expressão e tomar o limite da equação resultante para obter

$$\lim_{\Delta t \to 0} \frac{\mathbf{P}|_{t+\Delta t} - \mathbf{P}|_{t}}{\Delta t} = \lim_{\Delta t \to 0} \frac{\mathbf{P}_{III}|_{t+\Delta t} - \mathbf{P}_{III}|_{t}}{\Delta t} + \lim_{\Delta t \to 0} \frac{\mathbf{P}_{II}|_{t+\Delta t} - \mathbf{P}_{I}|_{t}}{\Delta t} \tag{5-2}$$

Considerando cada um dos limites separadamente, temos, para o lado esquerdo,

$$\lim_{\Delta t \to 0} \frac{\mathbf{P}|_{t+\Delta t} - \mathbf{P}|_{t}}{\Delta t} = \frac{d}{dt}\mathbf{P}$$

que é a forma especificada no enunciado da segunda lei de Newton, equação (5-1).

O primeiro limite no lado direito da equação (5-2) pode ser calculado como

$$\lim_{\Delta t \to 0} \frac{\mathbf{P}_{III}|_{t+\Delta t} - \mathbf{P}_{III}|_{t}}{\Delta t} = \frac{d}{dt}\mathbf{P}_{III}$$

Note que essa é a taxa de variação do momento linear do próprio volume de controle, uma vez que, quando $\Delta t \to 0$, a região III se torna o volume de controle.

O próximo limite

$$\lim_{\Delta t \to 0} \frac{\mathbf{P}_{II}|_{t+\Delta t} - \mathbf{P}_{I}|_{t}}{\Delta t}$$

expressa a taxa líquida de momento através da superfície de controle durante o intervalo de tempo Δt. À medida que Δt se aproxima de zero, as regiões I e II se tornam coincidentes com a superfície do volume de controle.

Considerando o significado físico de cada um dos limites na equação (5-2) e a segunda lei de Newton, equação (5-1), podemos escrever a seguinte equação, em palavras, para a conservação do momento linear em relação ao volume de controle:

$$\left\{\begin{array}{c}\text{soma das}\\ \text{forças que}\\ \text{atuam no volume}\\ \text{de controle}\end{array}\right\} = \underbrace{\left\{\begin{array}{c}\text{taxa de}\\ \text{momento que}\\ \text{sai do volume}\\ \text{de controle}\end{array}\right\} - \left\{\begin{array}{c}\text{taxa de}\\ \text{momento que}\\ \text{entra no volume}\\ \text{de controle}\end{array}\right\}}_{\text{taxa líquida de momento}\atop\text{do volume de controle}} + \left\{\begin{array}{c}\text{taxa de}\\ \text{acúmulo de}\\ \text{momento no}\\ \text{interior do volume}\\ \text{de controle}\end{array}\right\}$$

Devemos agora aplicar a equação (5-3) a um volume de controle geral, localizado em um campo de escoamento de fluido, conforme mostrado na Figura 5.2, e calcular os vários termos.

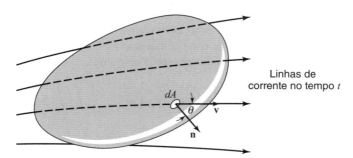

Figura 5.2 Escoamento de fluido através de um volume de controle.

A força total que atua no volume de controle consiste nas forças superficiais, devido às interações entre o fluido no volume de controle e sua vizinhança, por meio de contato direto, e das forças de campo resultantes da localização do volume de controle em um campo de forças. O campo gravitacional e sua força resultante são os exemplos mais comuns desse último tipo. Designaremos a força total atuando no volume de controle como $\Sigma\mathbf{F}$.

Se a pequena área dA na superfície de controle for considerada, podemos escrever

$$\text{taxa líquida de momento} = \mathbf{v}(\rho v)(dA\cos\theta)$$

Observe que o produto $(\rho v)(dA\cos\theta)$ é a taxa de saída de massa a partir do volume de controle por meio de dA, conforme discutido no Capítulo 4. Lembre-se ainda de que $dA\cos\theta$ é a área dA projetada em uma direção normal ao vetor velocidade, $\mathbf{v}$, em que θ é o ângulo entre $\mathbf{v}$ e o vetor normal, $\mathbf{n}$, direcionado para fora. Podemos então multiplicar a taxa líquida de massa por $\mathbf{v}$ para resultar na taxa líquida de momento por dA. A partir da álgebra vetorial, esse produto pode ser escrito como

$$\mathbf{v}(\rho v)(dA\cos\theta) = \mathbf{v}(\rho dA)[|\mathbf{v}|\,|\mathbf{n}|\cos\theta]$$

O termo entre colchetes é o produto escalar, $\mathbf{v}\cdot\mathbf{n}$, e o termo líquido de momento se torna

$$\rho\mathbf{v}(\mathbf{v}\cdot\mathbf{n})\,dA$$

Integrando essa grandeza ao longo da superfície de controle inteira, temos

$$\iint_{s.c.}\mathbf{v}\rho(\mathbf{v}\cdot\mathbf{n})\,dA$$

que é o *momento* líquido a partir do volume de controle.

Em sua forma integral, o termo de fluxo de momento estabelecido anteriormente inclui a taxa de momento que entra no volume de controle, assim como a que sai. Se massa está entrando no volume de controle, o sinal do produto $\mathbf{v}\cdot\mathbf{n}$ é negativo e o fluxo de momento associado é uma entrada. Contrariamente, um sinal positivo do produto $\mathbf{v}\cdot\mathbf{n}$ está associado a uma saída de momento do volume de controle. Assim, os dois primeiros termos do lado direito da equação (5-3) podem ser escritos

$$\left\{\begin{array}{c}\text{taxa de momento}\\ \text{que sai do volume}\\ \text{de controle}\end{array}\right\} - \left\{\begin{array}{c}\text{taxa de momento}\\ \text{que entra no volume}\\ \text{de controle}\end{array}\right\} = \iint_{s.c.}\mathbf{v}\rho(\mathbf{v}\cdot\mathbf{n})\,dA$$

44 ▶ Capítulo 5

A taxa de acúmulo do momento linear dentro do volume de controle pode ser expressa como

$$\frac{\partial}{\partial t} \iiint_{v.c.} \mathbf{v}\rho \, dV$$

e o balanço global de momento linear para um volume de controle se torna

$$\Sigma\mathbf{F} = \iint_{s.c.} \mathbf{v}\rho(\mathbf{v} \cdot \mathbf{n}) \, dA + \frac{\partial}{\partial t} \iiint_{v.c.} \rho\mathbf{v} \, dV$$

Essa relação extremamente importante é frequentemente referida em mecânica dos fluidos como o *teorema do momento*. Note a grande similaridade entre as equações (5-4) e (4-1) na forma de termos integrais; observe, entretanto, que a equação (5-4) é uma expressão vetorial oposta à forma escalar do balanço global de massa considerado no Capítulo 4. Em coordenadas retangulares, a equação vetorial simples, (5-4), pode ser escrita como três equações escalares:

$$\Sigma F_x = \iint_{s.c.} v_x\rho(\mathbf{v} \cdot \mathbf{n}) \, dA + \frac{\partial}{\partial t} \iiint_{v.c.} \rho v_x \, dV \tag{5-5a}$$

$$\Sigma F_y = \iint_{s.c.} v_y\rho(\mathbf{v} \cdot \mathbf{n}) \, dA + \frac{\partial}{\partial t} \iiint_{v.c.} \rho v_y \, dV \tag{5-5b}$$

$$\Sigma F_z = \iint_{s.c.} v_z\rho(\mathbf{v} \cdot \mathbf{n}) \, dA + \frac{\partial}{\partial t} \iiint_{v.c.} \rho v_z \, dV \tag{5-5c}$$

Ao aplicar qualquer ou todas as equações anteriores, deve-se lembrar que cada termo tem um sinal em relação às direções positivamente definidas x, y e z. A determinação do sinal da integral de superfície deve ser considerada com cuidado especial, uma vez que ambas as componentes de velocidade (v_x) e o produto escalar ($\mathbf{v} \cdot \mathbf{n}$) têm sinais. A combinação do sinal apropriado associado a cada um desses termos dará o sentido correto para a integral. Deve-se lembrar também que, como as equações (5-5a–c) são escritas para o fluido no volume de controle, *as forças a serem empregadas nessas equações são aquelas que atuam no fluido*.

Um estudo detalhado dos exemplos que se seguem deve ajudar no entendimento e facilitar o uso do balanço global de momento.

▶ **5.2**

APLICAÇÕES DA EXPRESSÃO INTEGRAL PARA MOMENTO LINEAR

Ao aplicar a equação (5-4), primeiro é necessário definir o volume de controle que tornará possível a solução mais simples e direta para o problema em mãos. Não há regras gerais para ajudar nessa definição, mas a experiência na resolução de problemas desse tipo capacitará tal escolha ser prontamente feita.

Exemplo 1

Inicialmente, considere o problema de encontrar a força exercida em um tubo em forma de curva, apresentando uma redução de diâmetro, em que um fluido escoa estacionariamente. Um diagrama do tubo e as grandezas significativas para sua análise são mostrados na Figura 5.3.

A primeira etapa é a definição do volume de controle. Uma escolha para o volume de controle, de vários disponíveis, é todo o fluido no tubo em certo tempo. O volume de controle escolhido dessa maneira é designado na Figura 5.4, mostrando as forças externas impostas sobre ele. As forças externas impostas no fluido incluem as forças de pressão nas seções (1) e (2), a força de campo devido ao peso do fluido no volume de controle e as forças devido à pressão e à tensão de cisalhamento, P_w e τ_w, exercidas sobre o fluido pela parede do tubo. A força resultante sobre o fluido (devido a P_w e τ_w) pelo tubo é simbolizada como **B** e suas componentes x e y como B_x e B_y, respectivamente.

Considerando as equações para as componentes x e y, (5-5a) e (5-5b), do balanço global de momento, as forças externas que atuam sobre o fluido no volume de controle são

$$\Sigma F_x = P_1 A_1 - P_2 A_2 \cos\theta + B_x$$

e

$$\Sigma F_y = P_2 A_2 \operatorname{sen}\theta - W + B_y$$

Suponha que cada componente da força desconhecida **B** tenha um sentido positivo. Os sinais reais para essas componentes quando uma solução é obtida indicarão se essa suposição está ou não correta.

Calculando a integral de superfície em ambas as direções x e y, temos

$$\iint_{s.c.} v_x \rho (\mathbf{v} \cdot \mathbf{n})\, dA = (v_2 \cos\theta)(\rho_2 v_2 A_2) + (v_1)(-\rho_1 v_1 A_1)$$

$$\iint_{s.c.} v_y \rho (\mathbf{v} \cdot \mathbf{n})\, dA = (-v_2 \operatorname{sen}\theta)(\rho_2 v_2 A_2)$$

As expressões completas de momento nas direções x e y são

$$B_x + P_1 A_1 - P_2 A_2 \cos\theta = (v_2 \cos\theta)(\rho_2 v_2 A_2) + v_1(-\rho_1 v_1 A_1)$$

e

$$B_y + P_2 A_2 \operatorname{sen}\theta - W = (-v_2 \operatorname{sen}\theta)(\rho_2 v_2 A_2)$$

Resolvendo para as componentes desconhecidas da força, B_x e B_y, temos

$$B_x = v_2^2 \rho_2 A_2 \cos\theta - v_1^2 \rho_1 A_1 - P_1 A_1 + P_2 A_2 \cos\theta$$

e

$$B_y = -v_2^2 \rho_2 A_2 \operatorname{sen}\theta - P_2 A_2 \operatorname{sen}\theta + W$$

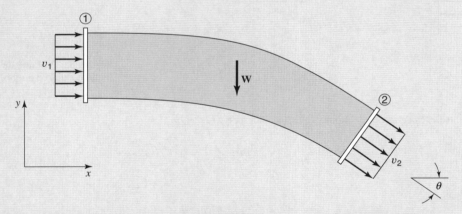

Figura 5.3 Escoamento em um tubo em forma de curva que tem redução de diâmetro.

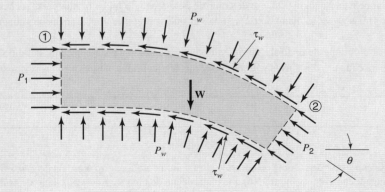

Figura 5.4 Volume de controle definido pela superfície do tubo.

Lembre-se de que devemos calcular a força exercida no tubo em vez de aquela no fluido. A força que queremos é a reação a **B** e tem componentes iguais em magnitude e sentido oposto a B_x e B_y. As componentes da força de reação, **R**, exercida sobre o tubo são

$$R_x = -v_2^2 \rho_2 A_2 \cos\theta + v_1^2 \rho_1 A_1 + P_1 A_1 - P_2 A_2 \cos\theta$$

e

$$R_y = v_2^2 \rho_2 A_2 \operatorname{sen}\theta + P_2 A_2 \operatorname{sen}\theta - W$$

Alguma simplificação na forma pode ser obtida se o escoamento for estacionário. Aplicando a equação (4-2), temos

$$\rho_1 v_1 A_1 = \rho_2 v_2 A_2 = \dot{m}$$

em que $\dot{m}$ é a taxa mássica.

A solução final para as componentes de **R** pode ser escrita como

$$R_x = \dot{m}(v_1 - v_2 \cos\theta) + P_1 A_1 - P_2 A_2 \cos\theta$$
$$R_y = \dot{m} v_2 \operatorname{sen}\theta + P_2 A_2 \operatorname{sen}\theta - W$$

O volume de controle mostrado na Figura 5.4 para o qual a solução anterior foi obtida é uma escolha possível. Outro é desenhado na Figura 5.5. Esse volume de controle é limitado simplesmente pelos planos retos cortando o tubo nas seções (1) e (2). O fato de um volume de controle tal como esse poder ser usado indica a versatilidade dessa abordagem; ou seja, o resultado de processos complicados que ocorrem internamente pode ser analisado de modo bem simples, considerando somente aquelas equações de transferência através da superfície de controle.

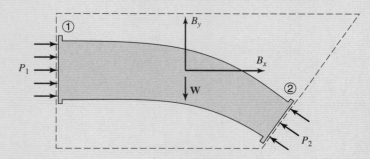

Figura 5.5 Volume de controle que inclui o fluido e o tubo.

Para esse volume de controle, as equações de momento nas direções x e y são

$$B_x + P_1 A_1 - P_2 A_2 \cos\theta = (v_2 \cos\theta)(\rho_2 v_2 A_2) + v_1(-v_1 \rho_1 A_1)$$

e

$$B_y + P_2 A_2 \operatorname{sen}\theta - W = (-v_2 \operatorname{sen}\theta)(\rho_2 v_2 A_2)$$

em que a força tendo componentes B_x e B_y é aquela exercida no volume de controle pela seção do tubo cortada pelas seções (1) e (2). As pressões em (1) e (2) nas equações anteriores são as pressões manométricas, uma vez que as pressões atmosféricas que atuam em todas as superfícies se cancelam.

Note que as equações resultantes para esse volume de controle são idênticas àquelas obtidas para o volume definido previamente. Assim, uma solução correta pode ser obtida para cada um dos vários volumes de controle escolhidos, desde que eles sejam analisados cuidadosa e completamente.

Exemplo 2

Como nosso segundo exemplo da aplicação da expressão de volume de controle para o momento linear (o teorema de momento), considere o vagão da locomotiva a vapor ilustrado esquematicamente na Figura 5.6, que obtém água de uma cavidade por meio de uma calha. A força no trem devido à água deve ser obtida.

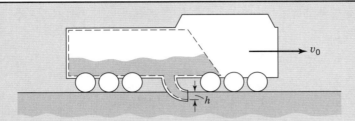

Figura 5.6 Esquema de uma locomotiva obtendo água de uma cavidade.

A escolha lógica para um volume de controle nesse caso é a combinação de tanque de água/calha. Nosso limite do volume de controle será selecionado como o *interior* do tanque e a calha. Como o trem está se movendo com uma velocidade uniforme, há duas escolhas possíveis de sistema de coordenadas. Podemos selecionar um sistema fixo de coordenadas no espaço ou móvel[1] com a velocidade do trem, v_0. Vamos analisar primeiro o sistema usando um sistema móvel de coordenadas.

O volume de controle móvel é mostrado na Figura 5.7 com o sistema móvel de coordenadas xy na velocidade v_0. Todas as velocidades são determinadas em relação aos eixos x e y.

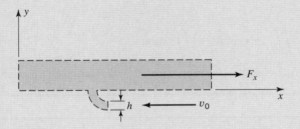

Figura 5.7 Sistema móvel de coordenadas e volume de controle.

A expressão aplicável é a equação (5-5a)

$$\Sigma F_x = \iint_{s.c.} v_x \rho (\mathbf{v} \cdot \mathbf{n}) \, dA + \frac{\partial}{\partial t} \iiint_{v.c.} v_x \rho \, dV$$

Na Figura 5.7, ΣF_x é representado e mostrado no sentido positivo. Uma vez que as forças devido à pressão e ao cisalhamento são desprezadas, F_x é a força total exercida sobre o fluido pelo trem e a calha. O termo de fluxo de momento é

$$\iint_{s.c.} v_x \rho (\mathbf{v} \cdot \mathbf{n}) \, dA = \rho(-v_0)(-1)(v_0)(h) \quad \text{(por unidade de comprimento)}$$

e a taxa de variação de momento no interior do volume de controle é zero, uma vez que o fluido no volume de controle tem velocidade zero na direção x.

Desse modo,

$$F_x = \rho v_0^2 h$$

Essa é a força exercida pelo trem sobre o fluido. A força exercida pelo fluido sobre o trem é a oposta a essa, ou seja, $-\rho v_0^2 h$.

Agora, vamos considerar o mesmo problema com um sistema estacionário de coordenadas (veja a Figura 5.8). Empregando uma vez mais a relação do volume de controle para o momento linear

$$\Sigma F_x = \iint_{s.c.} v_x \rho (\mathbf{v} \cdot \mathbf{n}) \, dA + \frac{\partial}{\partial t} \iiint_{v.c.} v_x \rho \, dV$$

obtemos

$$F_x = 0 + \frac{\partial}{\partial t} \iiint_{v.c.} v_x \rho \, dV$$

em que o fluxo de momento é zero, uma vez que a velocidade do fluido que entra é igual a zero. Não existe, naturalmente, fluido saindo do volume de controle. Os termos $\partial / \partial t \iiint_{v.c.} v_x \rho \, dV$, uma vez que a velocidade, $v_x = v_0 =$ constante, pode ser escrita como $v_0 \partial / \partial t \iiint_{v.c.} \rho \, dV$ ou $v_0 (\partial m / \partial t)$, em que $\dot{m}$ é a massa de fluido que entra no volume de controle na taxa de $\partial m / \partial t = \rho v_0 h$, de modo que $F_x = \rho v_0^2 h$ como antes.

---

[1] Lembre-se de que um sistema de coordenadas uniformemente transladado é um sistema inercial de coordenadas; logo, a segunda lei de Newton e o teorema de momento podem ser empregados diretamente.

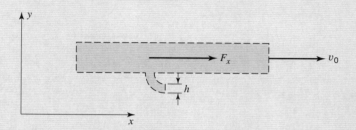

Figura 5.8 Sistema estacionário de coordenadas e volume de controle móvel

O estudante deve notar que, no caso de um sistema estacionário de coordenadas e de um volume de controle móvel, um cuidado tem que ser exercido na interpretação do fluxo de momento.

$$\iint_{s.c.} \mathbf{v}\rho(\mathbf{v} \cdot \mathbf{n}) \, dA$$

Reagrupando os termos, tem-se

$$\iint_{s.c.} \mathbf{v}\rho(\mathbf{v} \cdot \mathbf{n}) \, dA \equiv \iint_{s.c.} \mathbf{v} \, d\dot{m}$$

Logo, é óbvio que enquanto $\mathbf{v}$ é a velocidade relativa às coordenadas fixas, $\mathbf{v} \cdot \mathbf{n}$ é a velocidade relativa ao limite do volume de controle.

Exemplo 3

Um jato de fluido sai de um bocal e colide em uma superfície plana vertical, conforme mostrado na Figura 5.9.

(a) Determine a força requerida para manter a placa estacionária, se o jato for composto de
   i. água;
   ii. ar.

(b) Determine a magnitude da força de restrição para um jato de água, quando a placa estiver se movendo para a direita com uma velocidade uniforme de 4 m/s.

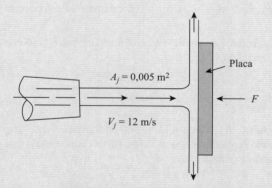

Figura 5.9 Jato de fluido colidindo com uma placa vertical.

O volume de controle a ser usado nessa análise é mostrado na Figura 5.10.
As coordenadas são fixas com o volume de controle, que, pelos itens (a) e (b) deste exemplo, são estacionárias.
Escrevendo a forma escalar, componente x, do teorema do momento, tem-se

$$\Sigma F_x = \iint_{s.c.} v_x \rho(\mathbf{v} \cdot \mathbf{n}) \, dA + \frac{\partial}{\partial t} \iiint_{v.c.} v_x \rho \, dV$$

O cálculo de cada termo nessa expressão resulta em

$$\Sigma F_x = -F$$

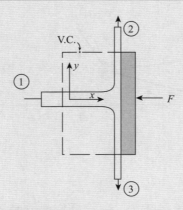

Figura 5.10 Volume de controle para o Exemplo 3.

$$\iint_{s.c.} v_x \rho (\mathbf{v} \cdot \mathbf{n}) \, dA = v_j \rho (-v_j A_j)$$

$$\frac{\partial}{\partial t} \iiint_{v.c.} v_x \rho \, dV = 0$$

e a equação que governa é

$$F = \rho A_j v_j^2$$

Podemos agora introduzir os valores numéricos apropriados e resolver para F. Para o caso (a),

i. $\rho_{água} = 1000 \text{ kg/m}^3$

$$F = (1000 \text{ kg/m}^3)(0,005 \text{ m}^2)(12 \text{ m/s})^2$$
$$= 720 \text{ N}$$

ii. $\rho_{ar} = 1,206 \text{ kg/m}^3$;

$$F = (1,206 \text{ kg/m}^3)(0,005 \text{ m}^2)(12 \text{ m/s})^2$$
$$= 0,868 \text{ N}$$

Para o caso (b), o mesmo volume de controle será usado. Nesse caso, entretanto, o volume de controle e o *sistema de coordenadas* estão se movendo para a direita, a uma velocidade de 4 m/s. Da perspectiva de um observador se movendo com o volume de controle, a velocidade do jato de água que chega é $(v_j - v_0) = 8$ m/s.

A forma da componente na direção x do teorema do momento resultará na expressão

$$F = \rho A_j (v_j - v_0)^2$$

A substituição dos valores numéricos apropriados resulta em

$$F = (1000 \text{ kg/m}^3)(0,005 \text{ m}^2)(12 - 4 \text{ m/s})^2$$
$$= 320 \text{ N}$$

▶ 5.3

RELAÇÃO INTEGRAL PARA O MOMENTO ANGULAR

A relação integral para o momento angular de um volume de controle é uma extensão das considerações recém-feitas para o momento linear.

Começando com a equação (5-1), uma expressão matemática da segunda lei de Newton do movimento aplicada a um sistema de partículas (Figura 5.11),

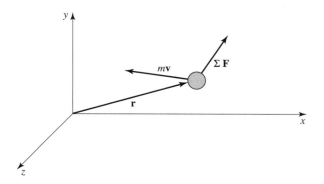

Figura 5.11 Um sistema e seu vetor deslocamento **r**.

$$\Sigma \mathbf{F} = \frac{d}{dt}(m\mathbf{v}) = \frac{d}{dt}\mathbf{P} \tag{5-1}$$

fazemos o produto vetorial ou "produto cruzado" de um vetor posição, **r**, com cada termo e obtemos,

$$\mathbf{r} \times \Sigma \mathbf{F} = \mathbf{r} \times \frac{d}{dt}(m\mathbf{v}) = \mathbf{r} \times \frac{d}{dt}\mathbf{P} \tag{5-6}$$

A grandeza do lado esquerdo da equação (5-6), $\mathbf{r} \times \Sigma \mathbf{F}$, é o momento resultante, $\Sigma \mathbf{M}$, em torno da origem, conforme mostrado na Figura 5.11, devido a todas as forças aplicadas ao sistema. Claramente, podemos escrever,

$$\mathbf{r} \times \Sigma \mathbf{F} = \Sigma \mathbf{r} \times \mathbf{F} = \Sigma \mathbf{M}$$

em que $\Sigma \mathbf{M}$ é, novamente, o momento total em torno da origem de todas as forças que atuam sobre o sistema.

O lado direito da equação (5-6) é o momento da taxa de variação temporal do momento linear. Isso pode ser escrito como,

$$\mathbf{r} \times \frac{d}{dt}m\mathbf{v} = \frac{d}{dt}(\mathbf{r} \times m\mathbf{v}) = \frac{d}{dt}(\mathbf{r} \times \mathbf{P}) = \frac{d}{dt}\mathbf{H}$$

Desse modo, esse termo é também a taxa de variação temporal do momento angular do sistema. Devemos usar o símbolo **H** para designar momento angular. A expressão completa é agora,

$$\Sigma \mathbf{M} = \frac{d}{dt}\mathbf{H} \tag{5-7}$$

Assim como com sua expressão análoga para o momento linear, equação (5-1), a equação (5-7) se aplica a um sistema específico. Pelo mesmo processo limite que aquele usado para o momento linear, podemos reformular essa expressão em uma forma aplicável a um volume de controle e encontrar uma equação com palavras,

$$\begin{Bmatrix} \text{soma dos} \\ \text{momentos} \\ \text{que atuam} \\ \text{no volume} \\ \text{de controle} \end{Bmatrix} = \underbrace{\begin{Bmatrix} \text{taxa de} \\ \text{momento} \\ \text{angular que} \\ \text{sai do volume} \\ \text{de controle} \end{Bmatrix} - \begin{Bmatrix} \text{taxa de} \\ \text{momento angular} \\ \text{que entra no} \\ \text{volume de controle} \end{Bmatrix}}_{\text{taxa líquida de momento angular a partir do volume de controle}} + \begin{Bmatrix} \text{taxa de} \\ \text{acúmulo de} \\ \text{momento} \\ \text{angular} \\ \text{dentro do} \\ \text{volume de} \\ \text{controle} \end{Bmatrix} \tag{5-8}$$

A equação (5-8) pode ser aplicada a um volume de controle geral para resultar na seguinte equação:

$$\Sigma \mathbf{M} = \iint_{\text{s.c.}} (\mathbf{r} \times \mathbf{v})\rho(\mathbf{v} \cdot \mathbf{n})dA + \frac{\partial}{\partial t}\iiint_{\text{v.c.}} (\mathbf{r} \times \mathbf{v})\rho\, dV \tag{5-9}$$

O termo do lado esquerdo da equação (5-9) é o balanço total de todas as forças que atuam no volume de controle. Os termos do lado direito representam a taxa líquida de momento angular através da superfície de controle e a taxa de acúmulo de momento angular no interior do volume de controle, respectivamente.

Essa simples equação vetorial pode ser expressa como três equações escalares para as direções x, y e z de um sistema inercial ortogonal, ficando-se com,

$$\sum M_x = \iint_{s.c.} (\mathbf{r} \times \mathbf{v})_x \rho (\mathbf{v} \cdot \mathbf{n}) \, dA + \frac{\partial}{\partial t} \iiint_{v.c.} (\mathbf{r} \times \mathbf{v})_x \rho \, dV, \qquad (5\text{-}10a)$$

$$\sum M_y = \iint_{s.c.} (\mathbf{r} \times \mathbf{v})_y \rho (\mathbf{v} \cdot \mathbf{n}) \, dA + \frac{\partial}{\partial t} \iiint_{v.c.} (\mathbf{r} \times \mathbf{v})_y \rho \, dV \qquad (5\text{-}10b)$$

e

$$\sum M_z = \iint_{s.c.} (\mathbf{r} \times \mathbf{v})_z \rho (\mathbf{v} \cdot \mathbf{n}) \, dA + \frac{\partial}{\partial t} \iiint_{v.c.} (\mathbf{r} \times \mathbf{v})_z \rho \, dV \qquad (5\text{-}10c)$$

As direções associadas com M_x e $(\mathbf{r} \times \mathbf{v})$ são aquelas consideradas em que a regra da mão direita é usada para determinar a orientação das grandezas que têm o mesmo sentido rotacional.

▶ 5.4

APLICAÇÕES PARA BOMBAS E TURBINAS

A expressão do momento angular é particularmente aplicável a dois tipos de dispositivos, geralmente classificados como bombas e turbinas. Devemos, nesta seção, considerar aqueles dispositivos tendo somente movimento rotatório. Uma turbina retira energia de um fluido, enquanto uma bomba adiciona energia ao fluido. A parte que gira em uma turbina é chamada de rotor e, em uma bomba, é chamada de impelidor, impulsor ou rotor.

Os dois exemplos seguintes ilustram como a análise de momento angular é usada para gerar expressões para calcular o desempenho de turbinas. Abordagens similares serão usadas no Capítulo 14 para avaliar as características operacionais de ventiladores e bombas.

Exemplo 4

Vamos primeiro direcionar nossa atenção para um tipo de turbina conhecida como roda Pelton. Tal dispositivo está representado na Figura 5.12. Nessa turbina, um jato de fluido, geralmente água, é direcionado, a partir de um bocal, para bater em um sistema de pás localizadas na superfície do rotor. As pás têm formato adequado para que a água seja desviada de tal maneira a exercer uma força no rotor, que, por sua vez, causará rotação. Usando a relação de momento angular, podemos determinar o torque resultante a partir de tal situação.

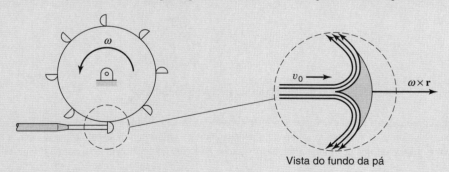

Figura 5.12 Roda Pelton.

Inicialmente, temos de definir nosso volume de controle. A linha tracejada na Figura 5.13 ilustra o volume de controle escolhido. Ele envolve todo o rotor e corta o jato de água com velocidade v_0, como mostrado. A superfície de controle também corta o eixo em ambos os lados do rotor.

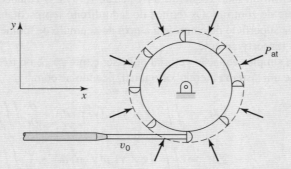

Figura 5.13 Volume de controle para análise da roda Pelton.

A forma escalar aplicável da expressão geral do momento angular é a equação (5-10c), escrita para a direção z. Toda a rotação está no plano xy e, de acordo com a regra da mão direita, a representação vetorial de uma grandeza que apresenta movimento angular ou uma tendência para produzir momento angular tem um sentido normal ao plano xy — isto é, a direção z. Lembre-se de que um sentido angular positivo é aquele que obedece à direção em que o polegar da mão direita apontar quando os dedos da mão direita forem alinhados com a direção do movimento angular no sentido anti-horário.

$$\sum M_z = \iint_{s.c.} (\mathbf{r} \times \mathbf{v})_z \rho (\mathbf{v} \cdot \mathbf{n}) \, dA + \frac{\partial}{\partial t} \iiint_{v.c.} \rho (\mathbf{r} \times \mathbf{v})_z \, dV$$

Calculando cada termo separadamente, temos, para o momento externo,

$$\sum M_z = M_{eixo}$$

em que M_{eixo}, o momento aplicado ao rotor pelo eixo, é o único momento que atua no volume de controle.

A integral de superfície

$$\iint_{s.c.} (\mathbf{r} \times \mathbf{v})_z \rho (\mathbf{v} \cdot \mathbf{n}) \, dA$$

é a taxa líquida de momento angular. O fluido que sai do volume de controle é ilustrado na Figura 5.14. A componente na direção x do fluido que sai do volume de controle é

$$\{r\omega - (v_0 - r\omega) \cos \theta\} \mathbf{e}_x$$

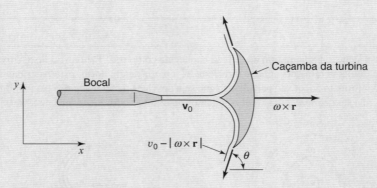

Figura 5.14 Vetores da velocidade para a pá da turbina.

Aqui, considera-se que as componentes z da velocidade são iguais e opostas. A velocidade de saída é a soma vetorial da velocidade da caçamba da turbina, $r\omega$, e a velocidade do fluido que sai em relação à caçamba e saindo a um ângulo θ em relação à direção de movimento da caçamba, $(v_0 - r\omega) \cos \theta$. Esses vetores de velocidade são mostrados na figura. A expressão final para a integral de superfície é agora

$$\iint_{s.c.} (\mathbf{r} \times \mathbf{v})_z \rho (\mathbf{v} \cdot \mathbf{n}) \, dA = r[r\omega - (v_0 - r\omega) \cos \theta] \rho Q - r v_0 \rho Q$$

O último termo, $r v_0 \rho Q$, é o momento angular da corrente de fluido que entra, com velocidade v_0 e densidade ρ, com uma taxa volumétrica de Q.

Como o problema em consideração é um em que a velocidade angular, ω, da roda é constante, tem-se que o termo que expressa a derivada temporal do momento angular do volume de controle é $\partial/\partial t \iiint_{v.c.} (\mathbf{r} \times \mathbf{v})_z \rho dV = 0$. Trocando cada termo na expressão completa pelo seu equivalente, obtém-se:

$$\Sigma M_z = M_{eixo} = \iint_{s.c.} (\mathbf{r} \times \mathbf{v})_z \rho(\mathbf{v}\cdot\mathbf{n})\,dA + \frac{\partial}{\partial t}\iiint_{v.c.} \rho(\mathbf{r}\times\mathbf{v})_z\,dV$$

$$= r[r\omega - (v_0 - r\omega)\cos\theta]\rho Q - r v_0 \rho Q = -r(v_0 - r\omega)(1 + \cos\theta)\rho Q$$

O torque aplicado ao eixo é igual em magnitude e oposto no sentido a M_{eixo}. Logo, nosso resultado final é

$$\text{Torque} = -M_{eixo} = r(v_0 - r\omega)(1 + \cos\theta)\rho Q$$

Exemplo 5

A turbina de escoamento radial, ilustrada na Figura 5.15, pode ser analisada com a ajuda da expressão do momento angular. Nesse dispositivo, o fluido (geralmente, água) entra nas pás direcionadoras, que impelem uma velocidade tangencial e, consequentemente, um momento angular para o fluido antes que ele entre no rotor, que reduz o momento angular do fluido enquanto fornece um torque para o rotor.

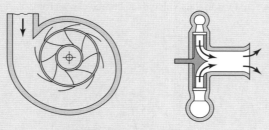

Figura 5.15 Turbina de escoamento radial.

O volume de controle a ser usado é ilustrado na Figura 5.16. A fronteira externa do volume de controle está no raio r_1 e a fronteira interna está em r_2. A largura do rotor é h.

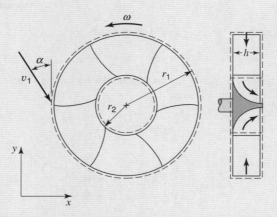

Figura 5.16 Volume de controle no rotor da turbina de escoamento radial.

Usaremos a equação (5-9) de modo a determinar o torque. Para escoamento estacionário, essa equação se torna

$$\Sigma \mathbf{M} = \iint_{s.c.} (\mathbf{r} \times \mathbf{v})\rho(\mathbf{v}\cdot\mathbf{n})\,dA$$

Calculando cada termo separadamente, tem-se, para o momento externo do rotor sobre o fluido,

$$\Sigma \mathbf{M} = M_{fluido}\mathbf{e}_z = -T\mathbf{e}_z$$

em que T é o torque do eixo. A integral de superfície requer o cálculo do produto vetorial $(\mathbf{r} \times \mathbf{v})$ na fronteira externa r_1 e na fronteira interna r_2. Se expressarmos a velocidade da água em coordenadas polares, $v = v_r \mathbf{e}_r + v_\theta \mathbf{e}_\theta$, logo, $(\mathbf{r} \times \mathbf{v}) = r\mathbf{e}_r \times (v_r \mathbf{e}_r + v_\theta \mathbf{e}_\theta) = rv_\theta \mathbf{e}_z$. Desse modo, a integral de superfície, considerando uma distribuição uniforme de velocidades, é dada por

$$\iint_{s.c.} (\mathbf{r} \times \mathbf{v})\rho(\mathbf{v}\cdot\mathbf{n})dA = \{r_1 v_{\theta_1}\rho(-v_{r_1})2\pi r_1 h + r_2 v_{\theta_2}\rho v_{r_2} 2\pi r_2 h\}\mathbf{e}_z$$

O resultado geral é

$$-T\mathbf{e}_z = (-\rho v_{r_1} v_{\theta_1} 2\pi r_1^2 h + \rho v_{r_2} v_{\theta_2} 2\pi r_2^2 h)\mathbf{e}_z$$

A lei de conservação da massa pode ser usada

$$\rho v_{r_1} 2\pi r_1 h = \dot{m} = \rho v_{r_2} 2\pi r_2 h$$

de modo que o toque é dado por

$$T = \dot{m}(r_1 v_{\theta_1} - r_2 v_{\theta_2})$$

Das Figuras 5.15 e 5.16, nota-se que a velocidade em r_1 é determinada pela taxa de escoamento e pelo ângulo α da pá direcionadora. A velocidade em r_2, entretanto, requer o conhecimento das condições de escoamento no rotor.

A velocidade em r_2 pode ser determinada pela análise seguinte. Na Figura 5.17, as condições de escoamento na saída do rotor são esquematizadas. A velocidade da água v_2 é a soma vetorial da velocidade em relação ao rotor, v_2', e a velocidade do rotor, $r_2\omega$.

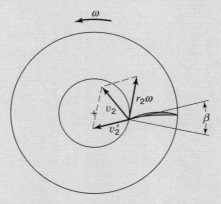

Figura 5.17 Velocidade na saída do rotor (somente uma pá é mostrada).

A velocidade v_{θ_2}, a velocidade tangencial da água que sai do rotor, é dada por

$$v_{\theta_2} = r_2\omega - v_2' \operatorname{sen}\beta$$

em que β é o ângulo da pá, conforme mostrado. O fluido é considerado estar na mesma direção que a pá. A componente radial do escoamento pode ser determinada a partir da conservação da massa

$$v_{r_2} = v_2' \cos\beta = \frac{\dot{m}}{2\pi\rho r_2 h}$$

Assim,

$$T = \dot{m}\left(r_1 v_{\theta_1} - r_2\left[r_2\omega - \frac{\dot{m}\operatorname{tg}\beta}{2\pi\rho r_2 h}\right]\right)$$

Na prática, as pás direcionadoras são ajustáveis para tornar a velocidade relativa tangente às pás na entrada do rotor.

5.5

RESUMO

Neste capítulo, a relação básica envolvida é a segunda lei de Newton do movimento. Essa lei, como escrita para um sistema, foi refeita de modo que pudesse ser aplicada a um volume de controle. Tomando-se em consideração um volume de controle geral, o resultado levou às equações integrais

Segunda Lei de Newton do Movimento: Abordagem de Volume de Controle ◀ **55**

para o momento linear, equação (5-4), e para o momento angular, equação (5-9). A equação (5-4) é frequentemente referida como o teorema do momento da mecânica dos fluidos. Essa equação é uma das mais poderosas e usadas expressões nesse campo.

Ao iniciar um problema, o estudante é novamente urgido a começar sempre com a expressão integral completa. Uma análise termo a termo a partir dessa base permitirá uma solução correta, enquanto em uma consideração apressada certos termos podem ser calculados incorretamente ou até desprezados. Como uma observação final, deve-se notar que a expressão do teorema do momento, como desenvolvida, aplica-se somente ao volume de controle inercial.

PROBLEMAS

5.1 Um objeto bidimensional é colocado em um túnel de água, com largura de 4 ft, conforme mostrado. A velocidade a montante, v_1, é uniforme ao longo da seção transversal. Para o perfil de velocidades a jusante, como mostrado, encontre o valor de v_2.

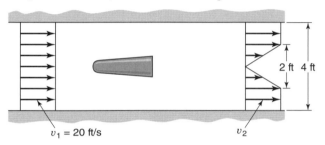

5.2 Se, no sistema do Problema 5.1, o arraste total sobre o objeto for 800 N/m de comprimento normal à direção de escoamento e as forças friccionais nas paredes forem desprezadas, encontre a diferença de pressão entre as seções de entrada e de saída.

5.3 Refaça o Problema 5.1 para o perfil da velocidade de saída dado por

$$v = v_2\left(1 - \cos\frac{\pi y}{4}\right)$$

quando y for medido verticalmente a partir da linha central do túnel de água.

5.4 Um motor a jato estacionário é mostrado. Ar, com uma densidade de 0,0805 lb/ft³, entra conforme mostrado. As áreas transversais de entrada e de saída são ambas 10,8 ft². A massa de combustível consumido é 2% da massa de ar que entra na seção de teste. Para essas condições, calcule o empuxo desenvolvido pelo motor testado.

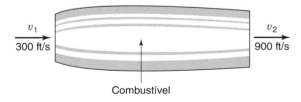

5.5

a. Determine a magnitude das componentes x e y da força exercida, sobre a pá fixa mostrada, por um jato de 3 ft³/s de água que escoa a 25 ft/s.

b. Se a pá estiver se movendo para a direita a 15 ft/s, encontre a magnitude e a velocidade do jato de água que sai da pá.

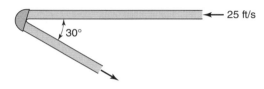

5.6 A bomba no barco mostrado bombeia 6 ft³/s de água por uma passagem submersa de água, que tem uma área de 0,25 ft² na proa do barco e 0,15 ft² na popa. Determine a tensão na corda de contensão, admitindo que as pressões na entrada e na saída sejam iguais.

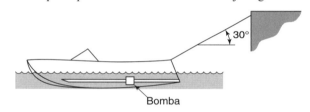

5.7 Óleo (densidade relativa = 0,8) escoa suavemente pela seção circular redutora mostrada a uma vazão de 3 ft³/s. Se os perfis de velocidade na entrada e na saída forem uniformes, estime a força que tem de ser aplicada no redutor para mantê-lo no lugar.

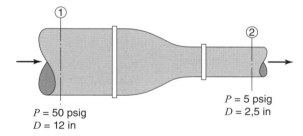

5.8 No final de um tubo de água, de 3 in. de diâmetro, está um bocal que descarrega um jato, que tem um diâmetro de 1½ polegada, em uma atmosfera aberta. A pressão manométrica no tubo é 60 psig (libras por polegada quadrada) e a taxa de descarga é 400 galões/min. Quais são a magnitude e a direção da força necessária para manter o bocal no tubo?

5.9 Uma bomba de jato de água tem uma área $A_j = 0,06$ ft² e uma velocidade do jato = 90 ft/s, que entra em uma corrente secundária de água tendo uma velocidade $v_s = 10$ ft/s em um tubo de área constante, com área total $A = 0,6$ ft². Na seção 2, a água é totalmente misturada. Admita escoamento unidimensional e despreze o cisalhamento na parede.

a. Encontre a velocidade média do escoamento misturado na seção 2.

b. Encontre o aumento de pressão $(P_2 - P_1)$, considerando que as pressões do jato e da corrente secundária sejam as mesmas da seção 1.

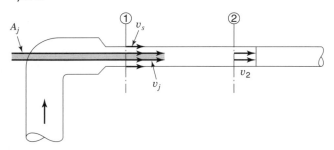

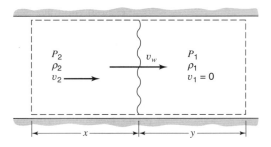

5.10 Se o plano mostrado for inclinado em certo ângulo, conforme a figura a seguir, quais são as forças F_x e F_y necessárias para manter sua posição? O escoamento não tem atrito.

5.14 Se a velocidade da onda de choque no Problema 5.13 for aproximada pela velocidade do som, determine a variação de pressão responsável por uma variação de 10 ft/s na velocidade em:

a. ar nas condições padrões;

b. água.

5.15 Considere o volume de controle diferencial mostrado a seguir. Aplicando a conservação de massa e o teorema de momento, mostre que

$$dP + \rho v \, dv + g \, dy = 0$$

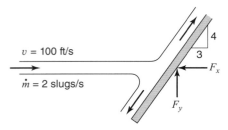

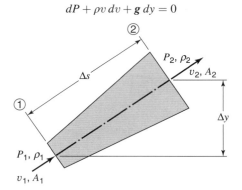

5.11 Um jato de fluido, estacionário, incompressível, sem atrito e bidimensional, com uma largura h, uma velocidade v e profundidade unitária, impinge em uma placa plana mantida a um ângulo α com seu eixo. Forças gravitacionais devem ser desprezadas.

a. Determine a força total sobre a placa e as larguras a e b dos dois ramos.

b. Determine a distância 1 para o centro de pressão (c.p.) ao longo da placa a partir do ponto 0. (O centro de pressão é o ponto no qual a placa pode ser balanceada sem requerer um momento adicional.)

5.16 Água escoa estacionariamente por uma curva de uma tubulação que faz um ângulo de 30° com a horizontal, conforme mostrado na figura a seguir. Na seção 1, o diâmetro é 0,3 m, a velocidade é 12 m/s e a pressão manométrica é 128 kPa. Na seção 2, o diâmetro é 0,38 m e a pressão manométrica é 145 kPa. Determine as forças F_x e F_z necessárias para manter a curva estacionária.

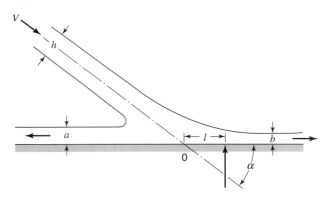

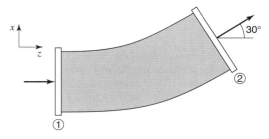

5.12 Uma placa se move, a uma velocidade de 5 ft/s, perpendicularmente em direção a um jato. Esse jato descarrega água a uma vazão de 3 ft³/s e a uma velocidade de 30 ft/s. Encontre a força do fluido sobre a placa e compare-a com aquela que seria feita se a placa estivesse parada. Admita escoamento sem fricção.

5.13 A onda de choque, ilustrada na figura a seguir, está se movendo para a direita a uma velocidade de v_w ft/s. As propriedades à frente e atrás da onda não são funções do tempo. Usando o volume de controle ilustrado, mostre que a diferença de pressão ao longo da onda de choque é

$$P_2 - P_1 = \rho_1 v_w v_2$$

5.17 O bocal de foguete mostrado a seguir consiste em três seções soldadas. Determine a tensão axial nas junções 1 e 2, quando o foguete estiver operando ao nível do mar. A taxa mássica é 770 lb$_m$/s.

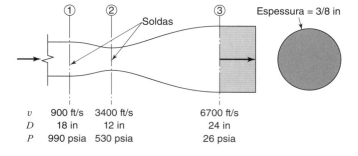

5.18 A pressão no volume de controle ilustrado a seguir é constante. As componentes *x* da velocidade são ilustradas. Determine a força exercida sobre o cilindro pelo fluido. Considere o escoamento incompressível.

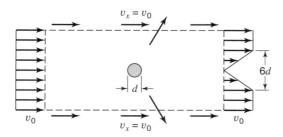

5.19 Água escoa em um tubo a 3 m/s. Uma válvula do final do tubo é repentinamente fechada. Determine o aumento de pressão no tubo.

5.20 Uma represa descarrega em um canal de largura constante, conforme mostrado a seguir. Observa-se que uma região de água parada fica atrás do jato, a uma altura *H*. A velocidade e a altura do escoamento no canal são dadas como *v* e *h*, respectivamente, e a densidade da água é ρ. Usando o teorema do momento e a superfície de controle indicada, determine *H*. Despreze tanto o momento horizontal do escoamento que entra na parte superior do volume de controle como o atrito. A pressão do ar na cavidade abaixo da crista da queda de água é atmosférica.

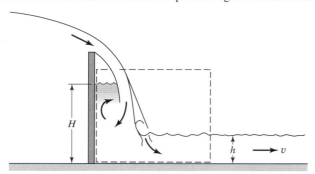

5.21 Um líquido de densidade ρ escoa pela comporta de uma represa, conforme mostrado. Os escoamentos a montante e a jusante são uniformes e paralelos, de modo que as variações de pressão nas seções 1 e 2 podem ser consideradas hidrostáticas.

a. Determine a velocidade na seção 2.

b. Determine a força por unidade de largura, *R*, necessária para manter a comporta no lugar.

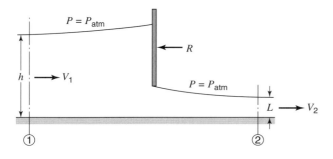

5.22 Como pode ser frequentemente visto em pias de cozinhas quando a torneira está aberta, um escoamento de alta velocidade (v_1, h_1) pode "saltar" para uma condição de baixa velocidade e baixa energia (v_2, h_2). A pressão nas seções 1 e 2 é aproximadamente hidrostática e o atrito na parede é desprezível. Use as relações da continuidade e do momento para encontrar h_2 e v_2 em termos de (h_1, v_1).

5.23 Para o tubo com seção redutora, $D_1 = 8$ cm, $D_2 = 5$ cm e $p_2 = 1$ atm. Se $v_1 = 5$ m/s e a leitura do manômetro for $h = 58$ cm, estime a força total nos parafusos do flange.

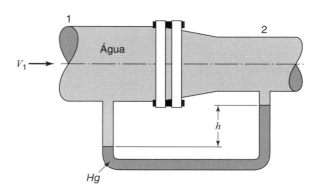

5.24 Um carro-tanque aberto, como mostrado a seguir, viaja para a direita com uma velocidade uniforme de 4,5 m/s. No instante mostrado, o carro passa sob um jato de água saindo de um tubo estacionário de 0,1 m de diâmetro, com uma velocidade de 20 m/s. Qual é a força exercida no tanque pelo jato de água?

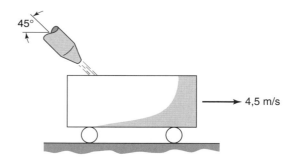

5.25 Um tanque aberto, com um comprimento de *L* ft, conforme mostrado a seguir, viaja para a direita a uma velocidade de v_c ft/s. Um jato de área A_j libera fluido de densidade ρ a uma velocidade v_j ft/s relativa ao carro. O carro-tanque, ao mesmo tempo, armazena fluido proveniente de um borrifador superior que direciona o fluido para baixo com velocidade v_s. Supondo que o escoamento do borrifador seja uniforme ao longo da área do carro, A_c, determine a força líquida do fluido sobre o carro-tanque.

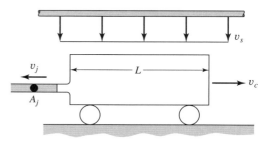

5.26 Uma coluna de líquido, de altura *h*, está confinada em um tubo vertical de área de seção transversal *A* por meio de uma rolha. Em $t = 0$, a rolha é repentinamente removida, expondo o fundo do líquido à pressão atmosférica. Usando a análise de volume de controle de massa e de momento vertical, deduza a equação diferencial para o movimento para baixo $v(t)$ do líquido. Suponha escoamento unidirecional, incompressível e sem atrito.

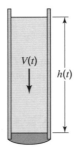

5.27 Água do mar, $\rho = 64\ lb_m/ft^3$, escoa pelo rotor de um bomba centrífuga a uma taxa de 800 galões/min. Determine o torque exercido no rotor pelo fluido e a potência requerida para acionar a bomba. Admita que a velocidade absoluta da água que entra no rotor seja radial. As dimensões são:

$\omega = 1180\ rpm \quad t_2 = 0{,}6\ in$
$r_1 = 2\ in \quad \theta_2 = 135°$
$r_2 = 8\ in \quad t_1 = 0{,}8\ in$

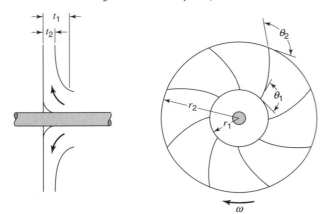

5.28 No Problema 5.27, determine:

a. o ângulo θ_1, de modo que o escoamento que entra seja paralelo às palhetas;

b. a carga axial no eixo, se o diâmetro do eixo for 1 polegada e a pressão na entrada da bomba for atmosférica.

5.29 Um aspersor de água consiste em dois jatos de diâmetro de 0,5 polegada nas extremidades de um bastão oco giratório, conforme mostrado a seguir. Se a água sair a 20 ft/s, qual torque será necessário para manter o aspersor no lugar?

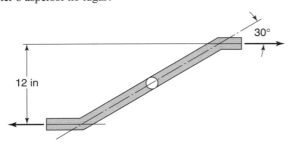

5.30 Um aspersor usado em grama consiste em duas seções de tubos curvados girando em torno de um eixo vertical, como mostrado adiante. O aspersor gira com uma velocidade angular ω e a área efetiva de descarga é A; logo, água é descarregada a uma taxa $Q = 2v_r A$, em que v_r é a velocidade da água relativa ao tubo giratório. Um torque M_f, com atrito constante, é imposto ao movimento do aspersor. Encontre uma expressão para a velocidade do aspersor em termos das variáveis significativas.

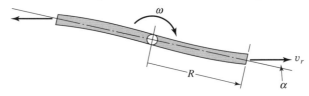

5.31 O tubo mostrado a seguir tem uma fenda de espessura ¼ de polegada, formando um lençol de água com espessura uniforme de ¼ de polegada, que sai radialmente do tubo. A velocidade é constante ao longo do tubo, conforme mostrado a seguir, e uma vazão de 8 ft³/s entra no topo. Encontre o momento sobre o tubo em torno do eixo BB do escoamento de água no interior do tubo.

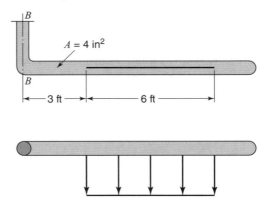

5.32 Água escoa a 30 galões/min por um tubo duplamente curvado, de diâmetro igual a 0,75 polegada. As pressões são $p_1 = 30\ lb_f/in^2$ e $p_2 = 24\ lb_f/in^2$. Calcule o torque T no ponto B necessário para evitar o giro do tubo.

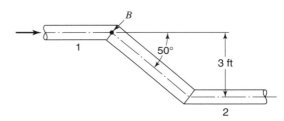

5.33 A ilustração a seguir mostra uma palheta com um ângulo de giro θ que se move com uma velocidade estacionária v_c. A palheta recebe um jato que deixa o bocal fixo com velocidade v.

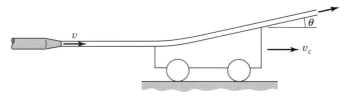

a. Admita que a palheta seja montada nos trilhos, conforme o esquema. Mostre que a potência transmitida para o carrinho é máxima quando $v_c/v = 1/3$.

b. Supondo que exista um grande número de tais palhetas conectadas a uma roda giratória com uma velocidade periférica, v_c, mostre que a potência transmitida é máxima quando $v_c/v = 1/2$.

5.34 Você recebeu um projeto em que tem de conectar certo tubo redutor a um sistema de liberação de Freon 12, um material potencialmente prejudicial; logo, você tem de estar certo de que o tubo redutor seja conectado apropriadamente e que suportará a força devido à redução do diâmetro do tubo. A direção do escoamento e das posições de entrada e de saída é marcada na figura a seguir. A entrada tem um diâmetro de 1 ft e uma pressão de 1000 lb$_f$/ft^2. A porta de saída tem um diâmetro de 0,2 ft e uma pressão de 200 lb$_f$/ft^2. O sistema tem de manter uma taxa constante de escoamento de 4,5 ft^3/s e uma temperatura de 80°F. O peso do Freon no acessório é 6 lb$_f$. Em sua análise, você pode supor que o sistema esteja em estado estacionário e que o fluido seja incompressível. Por favor, calcule as forças em todas as direções necessárias para manter o acessório estacionário.

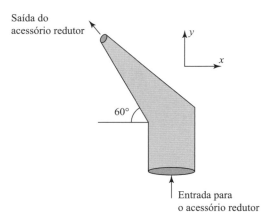

5.35 O acessório em forma de Y horizontal (veja a figura a seguir) divide água a 80°F em duas partes iguais. A primeira parte vai pela Saída 1 e a segunda parte vai pela Saída 2 (conforme mostrado na figura). A vazão na entrada é 8 ft^3/s e as pressões manométricas nas três posições são 25 lb$_f$/in^2 na entrada, 1713 lb$_f$/ft^2 na saída 1 e 3433 lb$_f$/ft^2 na saída 2. Os diâmetros na entrada, na saída 1 e na saída 2 são 6,5; 4, e 3,5 in, respectivamente. Por favor, determine as forças em todas as direções requeridas para manter o acessório no lugar.

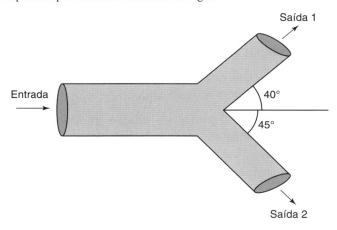

5.36 Água a 100°C escoa por um tudo de diâmetro de 10 cm que tem uma curva em forma de U na vertical, conforme mostrado na figura a seguir. A vazão é constante e igual a 0,2 m^3/s. A pressão absoluta na posição 1 é 64.000 Pa e a pressão absoluta na posição 2 é 33.000 Pa. O peso do fluido e do tubo juntos é de 10 kg. Por favor, calcule a força total que a curva vertical tem de suportar para permanecer no lugar, considerando que o sistema seja estacionário.

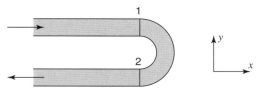

5.37 Benzeno, a 80°F e com vazão constante de 3 ft^3/s, escoa em estado estacionário pelo bocal mostrado na figura a seguir. Note que a saída do bocal forma um ângulo de 50°, conforme mostrado. Na entrada, o diâmetro é 5 in e o líquido está sob uma pressão de 500 lb$_f$/ft^2. Na saída, o diâmetro é 2 in e a pressão é 300 lb$_f$/ft^2. Para esse problema, o peso do benzeno no acessório é 30 lb$_f$. Calcule as forças em todas as direções necessárias para manter estacionária a curva do tubo.

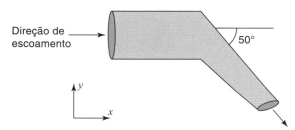

5.38 Um jato de água a 60°F, com uma vazão de 250 ft^3/s e uma velocidade de 75 ft/s, bate em um divisor estacionário e em forma de V, de modo que metade do fluido é direcionado para cima e a outra metade é direcionada para baixo, conforme mostrado na figura. Ambas as correntes têm uma velocidade final de 75 ft/s. Considere o escoamento estacionário e incompressível, que os efeitos gravitacionais sejam desprezíveis e que o sistema inteiro esteja aberto para a atmosfera em que a pressão é 2116,8 lb$_f$/ft^2. Calcule as componentes x e y da força requerida para manter no lugar o divisor em forma de V.

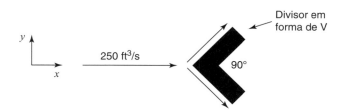

CAPÍTULO 6

Conservação de Energia: Abordagem de Volume de Controle

A terceira lei fundamental a ser aplicada às análises de escoamento de fluidos é a primeira lei da termodinâmica. Uma expressão integral para a conservação de energia aplicada a um volume de controle será desenvolvida a partir da primeira lei da termodinâmica e exemplos de aplicação da expressão integral serão mostrados.

▶ 6.1

RELAÇÃO INTEGRAL PARA A CONSERVAÇÃO DE ENERGIA

A primeira lei da termodinâmica pode ser estabelecida como:

Se um sistema for submetido a um ciclo, o calor total adicionado ao sistema por sua vizinhança será proporcional ao trabalho feito pelo sistema sobre sua vizinhança.

Note que essa lei é escrita para um grupo específico de partículas — aquelas que compreendem o sistema definido. O procedimento será então similar àquele usado no Capítulo 5 — isto é, reformular esse enunciado para uma forma aplicável a um volume de controle que contenha diferentes partículas de fluido em diferentes tempos. O enunciado da primeira lei da termodinâmica envolve somente grandezas escalares e, assim, diferentemente das equações de momento consideradas no Capítulo 5, as equações resultantes da primeira lei da termodinâmica serão escalares na forma.

O enunciado da primeira lei dado anteriormente pode ser escrito na forma de equação como

$$\oint \delta Q = \frac{1}{J} \oint \delta W \tag{6-1}$$

em que o símbolo refere a uma "integral cíclica" ou a uma integral da grandeza calculada ao longo de um ciclo. Os símbolos δQ e δW representam a transferência de calor diferencial e o trabalho diferencial feito, respectivamente. O operador diferencial, δ, é usado, uma vez que tanto calor como trabalho são funções dependentes do caminho e o cálculo de integrais desse tipo requer um conhecimento do caminho. O operador diferencial mais familiar, d, é usado com uma função "de estado". Propriedades termodinâmicas são, por definição, funções de estado e as integrais de tais funções podem ser calculadas sem um conhecimento do caminho pelo qual ocorre uma variação na propriedade entre os estados inicial e final.[1] A grandeza J é conhecida como o "equivalente mecânico de calor", numericamente igual a 778,17 ft lb/Btu em unidades de engenharia. No sistema SI, $J = 1$ N m/J. Doravante, esse fator não será escrito e o estudante deve lembrar que todas as equações têm de ser dimensionalmente homogêneas.

Considere agora um ciclo termodinâmico geral, conforme mostrado na Figura 6.1. O ciclo a ocorre entre os pontos 1 e 2 pelos caminhos indicados. Utilizando a equação (6-1), podemos escrever para o ciclo a

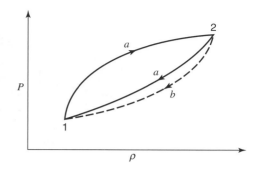

Figura 6.1 Ciclos termodinâmicos reversíveis e irreversíveis.

$$\int_{1a}^{2} \delta Q + \int_{2a}^{1} \delta Q = \int_{1a}^{2} \delta W + \int_{2a}^{1} \delta W \qquad (6\text{-}2a)$$

Um novo ciclo entre os pontos 1 e 2 é postulado como se segue: o caminho entre os pontos 1 e 2 é idêntico àquele considerado previamente; entretanto, o ciclo está completo pelo caminho b entre os pontos 2 e 1, que é qualquer caminho diferente de a entre esses pontos. Novamente, a equação (6-1) nos permite escrever

$$\int_{1a}^{2} \delta Q + \int_{2b}^{1} \delta Q = \int_{1a}^{2} \delta W + \int_{2b}^{1} \delta W \qquad (6\text{-}2b)$$

Subtraindo a equação (6-2b) da equação (6-2a), tem-se

$$\int_{2a}^{1} \delta Q - \int_{2b}^{1} \delta Q = \int_{2a}^{1} \delta W - \int_{2b}^{1} \delta W$$

que pode ser escrita como

$$\int_{2a}^{1} (\delta Q - \delta W) = \int_{2b}^{1} (\delta Q - \delta W) \qquad (6\text{-}3)$$

Como cada lado da equação (6-3) representa a integral calculada entre os mesmos dois pontos, mas ao longo de caminhos diferentes, segue que a grandeza $\delta Q - \delta W$ é igual à função de estado ou a uma propriedade. Essa propriedade é designada dE, a energia total do sistema. Uma expressão alternativa para a primeira lei da termodinâmica pode ser escrita como

$$\delta Q - \delta W = dE \qquad (6\text{-}4)$$

Os sinais de δQ e δW foram especificados no enunciado original da primeira lei; δQ é positivo quando calor é adicionado ao sistema; δW é positivo quando trabalho é feito pelo sistema.

Para um sistema submetido a um processo que ocorre no intervalo de tempo dt, a equação (6-4) pode escrita como

$$\frac{\delta Q}{dt} - \frac{\delta W}{dt} = \frac{dE}{dt} \qquad (6\text{-}5)$$

Considere agora, como no Capítulo 5, um volume de controle geral fixo no espaço inercial localizado em um campo de escoamento de fluido, conforme mostrado na Figura 6.2. O sistema sob consideração, designado por linhas tracejadas, ocupa o volume de controle no tempo t e sua posição é também mostrada depois de um período de tempo decorrido Δt.

Nessa figura, a região I é ocupada pelo sistema no tempo t, a região II é ocupada pelo sistema no tempo $t + \Delta t$ e a região III é comum ao sistema para os tempos t e $t + \Delta t$.

No tempo $t + \Delta t$, a energia total do sistema pode ser expressa por

$$E|_{t+\Delta t} = E_{\text{II}}|_{t+\Delta t} + E_{\text{III}}|_{t+\Delta t}$$

---

[1] Para uma discussão mais completa de propriedades, funções de estado e funções dependentes do caminho, o leitor deve consultar G. N. Hatsopoulos e J. H. Keenan, *Principles of General Thermodynamics*, Wiley, Nova York, 1965, p. 14.

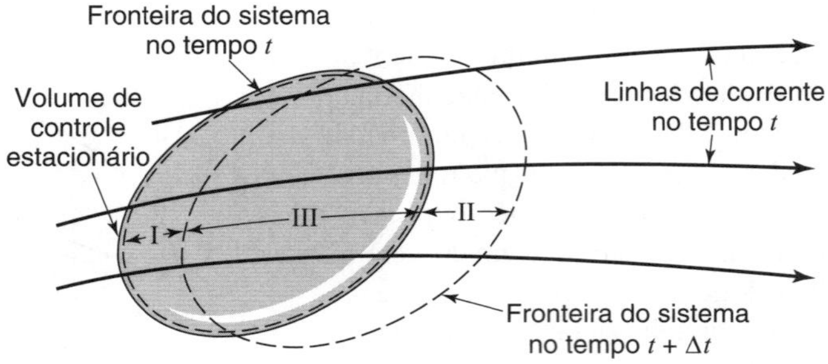

62 ▶ Capítulo 6

Figura 6.2 Relação entre um sistema e um volume de controle em um campo de escoamento de fluido.

e no tempo t

$$E|_t = E_\text{I}|_t + E_\text{III}|_t$$

Subtraindo a segunda expressão da primeira e dividindo pelo intervalo de tempo decorrido, Δt, tem-se

$$\frac{E|_{t+\Delta t} - E|_t}{\Delta t} = \frac{E_\text{III}|_{t+\Delta t} + E_\text{II}|_{t+\Delta t} - E_\text{III}|_t - E_\text{I}|_t}{\Delta t}$$

Rearranjando e tomando o limite quando $\Delta t \to 0$, obtém-se

$$\lim_{\Delta t \to 0} \frac{E|_{t+\Delta t} - E|_t}{\Delta t} = \lim_{\Delta t \to 0} \frac{E_\text{III}|_{t+\Delta t} - E_\text{III}|_t}{\Delta t} + \lim_{\Delta t \to 0} \frac{E_\text{II}|_{t+\Delta t} - E_\text{I}|_t}{\Delta t} \tag{6-6}$$

Calculando o limite do lado esquerdo, tem-se

$$\lim_{\Delta t \to 0} \frac{E|_{t+\Delta t} - E|_t}{\Delta t} = \frac{dE}{dt}$$

que corresponde ao lado direito da expressão da primeira lei, equação (6-5).

No lado direito da equação (6-6), o primeiro limite se torna

$$\lim_{\Delta t \to 0} \frac{E_\text{III}|_{t+\Delta t} - E_\text{III}|_t}{\Delta t} = \frac{dE_\text{III}}{dt}$$

que é a taxa de variação da energia total do sistema, uma vez que o volume ocupado pelo sistema quando $\Delta t \to 0$ é o volume de controle sob consideração.

O segundo limite no lado direito da equação (6-6)

$$\lim_{\Delta t \to 0} \frac{E_\text{II}|_{t+\Delta t} - E_\text{I}|_t}{\Delta t}$$

representa a taxa líquida de energia que sai pela superfície de controle no intervalo de tempo Δt.

Tendo dado um significado físico a cada um dos termos na equação (6-6), podemos agora reescrever a primeira lei da termodinâmica em uma forma aplicável a um volume de controle, expressa pela seguinte equação em palavras:

$$\left\{ \begin{matrix} \text{taxa de adição de} \\ \text{calor ao volume} \\ \text{de controle a partir} \\ \text{de sua vizinhança} \end{matrix} \right\} - \left\{ \begin{matrix} \text{taxa de trabalho feito} \\ \text{pelo volume de controle} \\ \text{sobre sua vizinhança} \end{matrix} \right\} = \left\{ \begin{matrix} \text{taxa de energia} \\ \text{que sai do volume} \\ \text{de controle devido ao} \\ \text{escoamento do fluido} \end{matrix} \right\}$$

$$- \left\{ \begin{matrix} \text{taxa de energia para o} \\ \text{volume de controle devido} \\ \text{ao escoamento de fluido} \end{matrix} \right\} + \left\{ \begin{matrix} \text{taxa de acúmulo de} \\ \text{energia no interior do} \\ \text{volume de controle} \end{matrix} \right\} \tag{6-7}$$

A equação (6-7) será agora aplicada ao volume de controle geral mostrado na Figura 6.3.

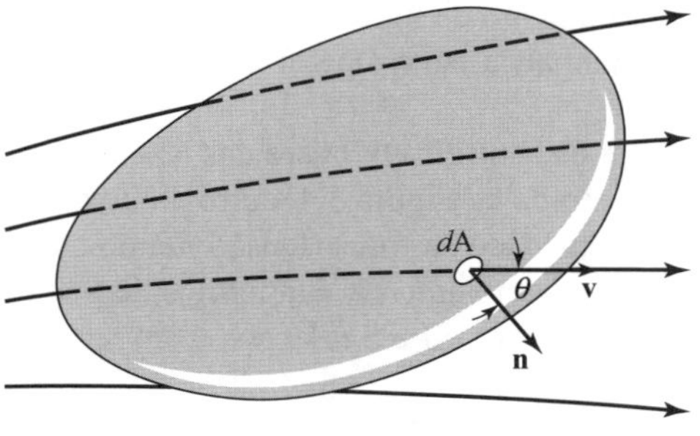

Figura 6.3 Escoamento de fluido por um volume de controle.

As taxas de adição de calor ao volume de controle e o trabalho feito sobre esse volume de controle serão expressas como $\delta Q/dt$ e $\delta W/dt$.

Considere agora a pequena área dA sobre a superfície de controle. A taxa de energia que sai do volume de controle por dA pode ser expressa como

$$\text{taxa líquida de energia} = e(\rho v)(dA \cos \theta)$$

O produto $(\rho v)(dA \cos \theta)$ é a taxa líquida de saída de massa do volume de controle por meio da área dA, conforme discutido nos capítulos anteriores. A grandeza e é a energia específica ou a energia por unidade de massa. A energia específica inclui: a energia potencial, gy, devido à posição do *continuum* do fluido no campo gravitacional; a energia cinética do fluido, $v^2/2$, devido a sua velocidade; e a energia interna, u, do fluido devido a seu estado térmico.

A grandeza $dA \cos \theta$ representa a área, dA, projetada normal ao vetor velocidade, $\mathbf{v}$. Teta (θ) é o ângulo entre $\mathbf{v}$ e o vetor normal direcionado para fora, $\mathbf{n}$. Podemos agora escrever

$$e(\rho v)(dA \cos \theta) = e\rho \, dA[|\mathbf{v}| \, |\mathbf{n}|] \cos \theta = e\rho(\mathbf{v} \cdot \mathbf{n}) \, dA$$

que é similar na forma às expressões previamente obtidas para massa e momento. A integral dessa grandeza ao longo da superfície de controle

$$\iint_{\text{s.c.}} e\rho(\mathbf{v} \cdot \mathbf{n}) \, dA$$

representa a *transferência líquida de energia* do volume de controle. O sinal do produto escalar, $\mathbf{v} \cdot \mathbf{n}$, considera tanto a saída como a entrada de massa pela superfície de controle, como considerado previamente. Logo, os dois primeiros termos do lado direito da equação (6-7) podem ser calculados como

$$\left\{ \begin{array}{c} \text{taxa de energia} \\ \text{que sai do volume} \\ \text{de controle} \end{array} \right\} - \left\{ \begin{array}{c} \text{taxa de energia} \\ \text{que entra no volume} \\ \text{de controle} \end{array} \right\} = \iint_{\text{s.c.}} e\rho(\mathbf{v} \cdot \mathbf{n}) \, dA$$

A taxa de acúmulo de energia dentro do volume de controle pode ser expressa como

$$\frac{\partial}{\partial t} \iiint_{\text{v.c.}} e\rho \, dV$$

A equação (6-7) pode agora ser escrita como

$$\frac{\delta Q}{dt} - \frac{\delta W}{dt} = \iint_{\text{s.c.}} e\rho(\mathbf{v} \cdot \mathbf{n}) \, dA + \frac{\partial}{\partial t} \iiint_{\text{v.c.}} e\rho \, dV \tag{6-8}$$

Uma forma final para a expressão da primeira lei pode ser obtida depois de uma consideração adicional de taxa de trabalho ou termo de potência, $\delta W/dt$.

Há três tipos de trabalho incluídos no termo de taxa de trabalho. O primeiro é o trabalho de eixo, W_s, aquele feito pelo volume de controle em sua vizinhança que poderia provocar a rotação de um eixo ou executar a elevação de um peso ao longo de uma distância. Um segundo tipo de trabalho é o de escoamento, W_s, aquele feito na vizinhança para superar as tensões normais sobre a superfície de controle pela qual ocorre um escoamento de fluido. O terceiro tipo de trabalho é designado trabalho de cisalhamento, W_t, feito na vizinhança para superar as tensões de cisalhamento na superfície de controle.

Pelo exame de nosso volume de controle em busca das taxas de trabalho de escoamento e de cisalhamento, temos, conforme mostrado na Figura 6.4, outro efeito na porção elementar da superfície de controle, dA. O vetor **S** é a intensidade da força (tensão) tendo componentes σ_{ii} e τ_{ij} nas direções normal e tangencial à superfície, respectivamente. Em termos de **S**, a força sobre dA é **S** dA e a taxa de trabalho feito pelo fluido escoando por dA é **S** $dA \cdot$ **v**.

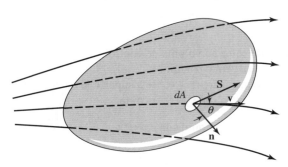

Figura 6.4 Trabalho de escoamento e de cisalhamento para um volume de controle geral.

A taxa líquida de trabalho feito pelo volume de controle sobre sua vizinhança devido à presença de **S** é

$$-\iint_{s.c.} \mathbf{v} \cdot \mathbf{S}\, dA$$

em que o sinal negativo aparece, uma vez que a força por unidade de área *sobre a vizinhança* é $-\mathbf{S}$.

A expressão da primeira lei, equação (6-8), pode agora ser escrita como

$$\frac{\delta Q}{dt} - \frac{\delta W_s}{dt} + \iint_{s.c.} \mathbf{v} \cdot \mathbf{S}\, dA = \iint_{s.c.} e\rho(\mathbf{v} \cdot \mathbf{n})\, dA + \frac{\partial}{\partial t}\iiint_{v.c.} e\rho\, dV \qquad (6\text{-}9)$$

em que $\delta W_s/dt$ é a taxa de trabalho de eixo.

Escrevendo as componentes de tensão normal de **S** como $\sigma_{ii}\mathbf{n}$, obtemos, para a taxa líquida de trabalho feito para superar a tensão normal,

$$\left(\iint_{s.c.} \mathbf{v} \cdot \mathbf{S}\, dA\right)_{\text{normal}} = \iint_{s.c.} \mathbf{v} \cdot \sigma_{ii}\mathbf{n}\, dA = \iint_{s.c.} \sigma_{ii}(\mathbf{v} \cdot \mathbf{n})\, dA$$

A parte restante do trabalho a ser calculada é aquela necessária para superar as tensões cisalhantes. Essa porção da taxa de trabalho requerido, $\delta W_\tau/dt$, é transformada em uma forma que não está disponível para realizar trabalho mecânico. Esse termo, representando uma perda de energia mecânica, é incluído na derivada dada anteriormente e sua análise é incluída no Exemplo 3, a ser visto em breve. A taxa de trabalho, então, se torna

$$\frac{\delta W}{dt} = \frac{\delta W_s}{dt} + \frac{\delta W_\sigma}{dt} + \frac{\delta W_\tau}{dt} = \frac{\delta W_s}{dt} - \iint_{s.c.} \sigma_{ii}(\mathbf{v} \cdot \mathbf{n})\, dA + \frac{\delta W_\tau}{dt}$$

Substituindo na equação (6-9), tem-se

$$\frac{\delta Q}{dt} - \frac{\delta W_s}{dt} + \iint_{s.c.} \sigma_{ii}(\mathbf{v} \cdot \mathbf{n})\, dA + \frac{\delta W_\tau}{dt} = \iint_{s.c.} e\rho(\mathbf{v} \cdot \mathbf{n})\, dA + \frac{\partial}{\partial t}\iiint_{v.c.} e\rho\, dV$$

O termo envolvendo a tensão normal tem agora de ser apresentado sob uma forma mais utilizável. Uma expressão completa para σ_{ii} será apresentada no Capítulo 9. Por ora, podemos dizer simplesmente que o termo da tensão normal é a soma de efeitos de pressão e de efeitos viscosos. Da mesma forma que para o trabalho de cisalhamento, o trabalho feito para superar a porção viscosa da tensão normal não está disponível para realizar trabalho mecânico. Devemos, assim, combinar o trabalho associado à porção viscosa da tensão normal com o trabalho de cisalhamento para obter um único termo, $\delta W_\mu/dt$, a taxa de trabalho realizado na superação de efeitos viscosos na superfície de controle. O subscrito, μ, é usado para fazer essa distinção.

A parte restante do termo de tensão normal associada com pressão pode ser escrita de uma forma ligeiramente diferente se lembrarmos que a tensão global, σ_{ii}, é o negativo da pressão termodinâmica, P. Os termos do trabalho de cisalhamento e de escoamento podem agora ser escritos como se segue:

$$\iint_{s.c.} \sigma_{ii}(\mathbf{v}\cdot\mathbf{n})\,dA - \frac{\delta W_\tau}{dt} = -\iint_{s.c.} P(\mathbf{v}\cdot\mathbf{n})\,dA - \frac{\delta W_\mu}{dt}$$

Combinando essa equação com aquela escrita previamente e rearranjando um pouco, a forma final da expressão da primeira lei resultará em:

$$\frac{\delta Q}{dt} - \frac{\delta W_s}{dt} = \iint_{s.c.} \left(e + \frac{P}{\rho}\right)\rho(\mathbf{v}\cdot\mathbf{n})\,dA + \frac{\partial}{\partial t}\iiint_{v.c.} e\rho\,dV + \frac{\delta W_\mu}{dt} \qquad (6\text{-}10)$$

As equações (6-10), (4-1) e (5-4) constituem as relações básicas para a análise de escoamento de fluidos pela abordagem de volume de controle. Um entendimento profundo dessas três equações e um domínio de onde aplicá-las permite aos estudantes meios muito poderosos para analisar diversos problemas comumente encontrados no escoamento de fluidos.

O uso do balanço global de energia será ilustrado nos exemplos seguintes.

▶ 6.2

APLICAÇÕES DA EXPRESSÃO INTEGRAL

Exemplo 1

Como um primeiro exemplo, vamos escolher um volume de controle como mostrado na Figura 6.5, sob as condições de escoamento estacionário de fluidos e nenhuma perda por atrito.

Para as condições especificadas, a expressão global da energia, equação (6-10), torna-se

$$\frac{\delta Q}{dt} - \frac{\delta W_S}{dt} = \iint_{s.c.} \rho\left(e + \frac{P}{\rho}\right)(\mathbf{v}\cdot\mathbf{n})\,dA + \underbrace{\frac{\partial}{\partial t}\iiint_{v.c.} e\rho\,dV}_{0-\text{escoamento estacionário}} + \underbrace{\frac{\delta W_\mu}{dt}}_{0}$$

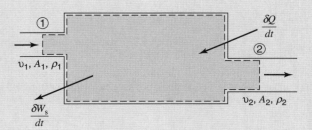

Figura 6.5 Volume de controle com escoamento unidimensional pelas fronteiras.

Considerando agora a integral de superfície, reconhecemos o produto $\rho(\mathbf{v}\cdot\mathbf{n})\,dA$ como a taxa mássica de escoamento e o sinal desse produto indica se massa escoa para dentro ou para fora do volume de controle, dependendo do sentido de $(\mathbf{v}\cdot\mathbf{n})$. O fator pelo qual a taxa mássica de escoamento é multiplicada, $e + P/\rho$, representa os tipos de energia que podem entrar ou sair do volume de controle por massa de fluido. A energia específica total, e, pode ser expandida para incluir as contribuições das energias cinética, potencial e interna, de modo que

$$e + \frac{P}{\rho} = gy + \frac{v^2}{2} + u + \frac{P}{\rho}$$

À medida que a massa entra no volume de controle somente pela seção (1) e sai somente pela seção (2), a integral de superfície se torna

$$\iint_{s.c.} \rho\left(e + \frac{P}{\rho}\right)(\mathbf{v}\cdot\mathbf{n})dA = \left[\frac{v_2^2}{2} + gy_2 + u_2 + \frac{P_2}{\rho_2}\right](\rho_2 v_2 A_2) - \left[\frac{v_1^2}{2} + gy_1 + u_1 + \frac{P_1}{\rho_1}\right](\rho_1 v_1 A_1)$$

A expressão da energia para este exemplo agora se torna

$$\frac{\delta Q}{dt} - \frac{\delta W_s}{dt} = \left[\frac{v_2^2}{2} + gy_2 + u_2 + \frac{P_2}{\rho_2}\right](\rho_2 v_2 A_2) - \left[\frac{v_1^2}{2} + gy_1 + u_1 + \frac{P_1}{\rho_1}\right](\rho_1 v_1 A_1)$$

No Capítulo 4, o balanço de massa para essa mesma situação foi

$$\dot{m} = \rho_1 v_1 A_1 = \rho_1 v_2 A_2$$

Se cada termo na expressão anterior for agora dividido pela taxa mássica, teremos

$$\frac{q - \dot{W}_s}{\dot{m}} = \left[\frac{v_2^2}{2} + gy_2 + u_2 + \frac{P_2}{\rho_2}\right] - \left[\frac{v_1^2}{2} + gy_1 + u_1 + \frac{P_1}{\rho_1}\right]$$

ou, em uma forma mais familiar,

$$\frac{v_1^2}{2} + gy_1 + h_1 + \frac{q}{\dot{m}} = \frac{v_2^2}{2} + gy_2 + h_2 + \frac{\dot{W}_s}{\dot{m}}$$

em que a soma das energias térmica e de escoamento, $u + P/\rho$, foi trocada pela entalpia, h, que é igual à soma dessas grandezas, conforme definição $h \equiv u + P/\rho$.

Exemplo 2

Como um segundo exemplo, considere a situação mostrada na Figura 6.6. Se a água escoa sob condições estacionárias, em que a bomba fornece 3 hp para o fluido, encontre a taxa mássica, desprezando as perdas por atrito.

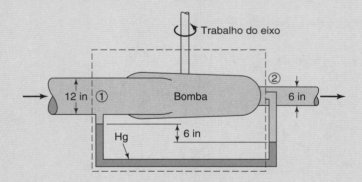

Figura 6.6 Volume de controle para a análise da bomba.

Definindo o volume de controle conforme mostrado pelas linhas tracejadas, podemos resolver a equação (6-10) termo a termo como se segue:

$$\frac{\delta Q}{dt} = 0$$

$$-\frac{\delta W_s}{dt} = (3\,hp)(2545\,\text{Btu}/hp-h)(778\,\text{ft} - \text{lb}_f/\text{Btu})(h/3600\,\text{s})$$

$$= 1650\,\text{ft lb}_f/\text{s}$$

$$\iint_{s.c.}\left(e + \frac{P}{\rho}\right)\rho(\mathbf{v}\cdot\mathbf{n})dA = \iint_{A_2}\left(e + \frac{P}{\rho}\right)\rho(\mathbf{v}\cdot\mathbf{n})dA - \iint_{A_1}\left(e + \frac{P}{\rho}\right)\rho(\mathbf{v}\cdot\mathbf{n})dA$$

$$= \left(\frac{v_2^2}{2} + gy_2 + u_2 + \frac{P_2}{\rho_2}\right)(\rho_2 v_2 A_2) - \left(\frac{v_1^2}{2} + gy_1 + u_1 + \frac{P_1}{\rho_1}\right)(\rho_1 v_1 A_1)$$

$$= \left[\frac{v_2^2 - v_1^2}{2} + g(y_2 - y_1) + (u_2 - u_1) + \left(\frac{P_2}{\rho_2} - \frac{P_1}{\rho_1}\right)\right](\rho v A)$$

Aqui, pode-se notar que a pressão medida no ponto (1) é a pressão estática, enquanto a pressão no ponto (2) é medida por uma entrada perpendicular à direção de escoamento do fluido — isto é, onde a velocidade foi reduzida a zero. Tal pressão é chamada de *pressão de estagnação*, que é maior do que a pressão estática; a diferença é equivalente à variação de energia cinética do escoamento. Assim, a pressão de estagnação é expressa como

$$P_{\text{estagnação}} = P_0 = P_{\text{estática}} + \frac{1}{2}\rho v^2$$

para um escoamento incompressível; por conseguinte, o termo de fluxo de energia pode ser reescrito como

$$\iint_{\text{s.c.}} \left(e + \frac{P}{\rho}\right)\rho(\mathbf{v} \cdot \mathbf{n})\, dA = \left(\frac{P_{0_2} - P_1}{\rho} - \frac{v_1^2}{2}\right)(\rho v A)$$

$$= \left\{ \frac{6(1 - 1/13,6)\ \text{in. Hg}(14,7\ \text{lb/in.}^2)(144\ \text{in.}^2/\text{ft}^2)}{(62,4\ \text{lb}_m/\text{ft}^3)(29,92\ \text{in. Hg})} \right.$$

$$\left. - \frac{v_1^2}{64,4(\text{lb}_m\text{ft/s}^2\text{lb}_f)} \right\} \left\{ (62,4\ \text{lb}_m/\text{ft}^3)(v_1)(\pi/4\ \text{ft}^2) \right\}$$

$$= \left(6,30 - \frac{v_1^2}{64,4}\right)(49\, v_1)\ \text{ft lb}_f/\text{s}$$

$$\frac{\partial}{\partial t}\iiint_{\text{v.c.}} e\rho\, dV = 0$$

$$\frac{\delta W_\mu}{dt} = 0$$

No cálculo da integral de superfície, a escolha do volume de controle coincidiu com a localização das tomadas de pressão nas seções (1) e (2). A pressão medida na seção (1) é a pressão estática, uma vez que a abertura do manômetro é paralela à direção de escoamento do fluido. Na seção (2), entretanto, a abertura do manômetro é normal à corrente de escoamento do fluido. A pressão medida por tal arranjo inclui tanto a pressão estática do fluido como a pressão resultante quando o fluido, escoando com velocidade v_2, entra em repouso. A soma dessas duas grandezas é conhecida como pressão de impacto ou de estagnação.

A variação de energia potencial é zero entre as seções (1) e (2) e, como consideramos o escoamento isotérmico, a variação na energia interna também é zero. Consequentemente, a integral de superfície se reduz à forma simples indicada.

A taxa de escoamento de água necessária para as condições estabelecidas existirem é atingida resolvendo a equação cúbica resultante. A solução é

$$v_1 = 16,59\ \text{ft/s}(5,057\ \text{m/s})$$
$$\dot{m} = \rho A v = 813\ \text{lb}_m/\text{s}(370\ \text{kg/s})$$

Exemplo 3

Um eixo está girando a uma velocidade angular constante, ω, no rolamento mostrado na Figura 6.7. O diâmetro do eixo é d e a tensão cisalhante que atua no eixo é τ. Encontre a taxa na qual a energia tem de ser removida do rolamento de modo a deixar constante a temperatura do óleo lubrificante existente entre o eixo girante e a superfície estacionária do rolamento.

O eixo pode estar levemente carregado e concêntrico com o mancal (a parte do eixo em contato com o rolamento). O volume de controle selecionado consiste em um comprimento unitário do fluido ao redor do eixo, conforme mostrado na Figura 6.7. A primeira lei da termodinâmica para o volume de controle é

$$\frac{\delta Q}{dt} - \frac{\delta W_s}{dt} = \iint_{\text{s.c.}} \rho\left(e + \frac{P}{\rho}\right)(\mathbf{v} \cdot \mathbf{n})\, dA$$

$$+ \frac{\partial}{\partial t}\iiint_{\text{v.c.}} \rho e\, dV + \frac{\delta W_\mu}{dt}$$

Da figura, podemos observar o seguinte:

1. Nenhum fluido atravessa a superfície de controle.
2. Nenhum trabalho de eixo cruza a superfície de controle.
3. O escoamento é estacionário.

Assim, $\delta Q/dt = \delta W_\mu/dt = \delta W_\tau/dt$. A taxa de trabalho viscoso tem de ser determinada. Nesse caso, todo o trabalho viscoso é feito para superar as tensões cisalhantes; logo, o trabalho viscoso é $\iint_{s.c.} \tau(\mathbf{v} \cdot \mathbf{e}_t) dA$. Na fronteira externa, $v = 0$, e na fronteira interna, $\iint_{s.c.} \tau(\mathbf{v} \cdot \mathbf{e}_t) dA = -\tau(\omega d/2) A$, em que $\mathbf{e}_t$ indica o sentido da tensão cisalhante, τ, sobre a vizinhança. O sinal resultante é consistente com o conceito de trabalho; é positivo quando feito por um sistema sobre sua vizinhança. Logo,

$$\frac{\delta Q}{dt} = -\tau \frac{\omega d^2 \pi}{2}$$

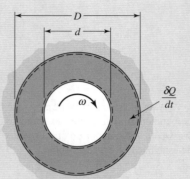

Figura 6.7 Rolamento e volume de controle para sua análise.

que é a taxa de transferência de calor requerida para manter o óleo a uma temperatura constante.

Se energia não for removida do sistema, então $\delta Q/dt = 0$ e

$$\frac{\partial}{\partial t} \iiint_{v.c.} e\rho \, dV = -\frac{\delta W_\mu}{dt}$$

Como somente a energia interna do óleo aumentará em relação ao tempo,

$$\frac{\partial}{\partial t} \iiint_{v.c.} e\rho \, dV = \rho \pi \left(\frac{D^2 - d^2}{4} \right) \frac{d\mu}{dt} - \frac{\delta W_\mu}{dt} = \omega \frac{d^2 \pi}{2} \tau$$

ou, com o calor específico constante c,

$$c \frac{dT}{dt} = \frac{2\tau \omega d^2}{\rho(D^2 - d^2)}$$

em que D é o diâmetro externo do rolamento.

Neste exemplo, o uso do termo do trabalho viscoso foi ilustrado. Note que:

1. O termo de trabalho viscoso envolve somente grandezas sobre a superfície do volume de controle.
2. Quando a velocidade sobre a superfície do volume de controle for zero, o termo de trabalho viscoso é zero.

▶ 6.3 EQUAÇÃO DE BERNOULLI

Sob certas condições de escoamento, a expressão da primeira lei da termodinâmica aplicada ao volume de controle se reduz a uma relação extremamente útil, conhecida como equação de Bernoulli.

Se a equação (6-10) for aplicada a um volume de controle, conforme mostrado na Figura 6.8, no qual o escoamento é estacionário, incompressível e invíscido e no qual não ocorra transferência

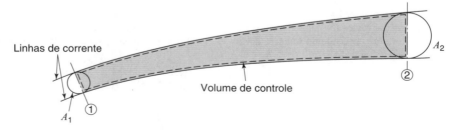

Figura 6.8 Volume de controle para escoamento incompressível, invíscido e isotérmico.

de calor ou variação na energia interna, um cálculo termo a termo da equação (6-10) fornece o seguinte:

$$\frac{\delta Q}{dt} = 0$$

$$\frac{\delta W_s}{dt} = 0$$

$$\iint_{\text{s.c.}} \rho \left(e + \frac{P}{\rho} \right) (\mathbf{v} \cdot \mathbf{n}) \, dA = \iint_{A_1} \rho \left(e + \frac{P}{\rho} \right) (\mathbf{v} \cdot \mathbf{n}) \, dA$$

$$+ \iint_{A_2} \rho \left(e + \frac{P}{\rho} \right) (\mathbf{v} \cdot \mathbf{n}) \, dA$$

$$= \left(g y_1 + \frac{v_1^2}{2} + \frac{P_1}{\rho_1} \right) (-\rho_1 v_1 A_1)$$

$$+ \left(g y_2 + \frac{v_2^2}{2} + \frac{P_2}{\rho_2} \right) (\rho_2 v_2 A_2)$$

$$\frac{\partial}{\partial t} \iiint_{\text{v.c.}} e\rho \, dV = 0$$

A expressão da primeira lei torna-se agora

$$0 = \left(g y_2 + \frac{v_2^2}{2} + \frac{P_2}{\rho} \right) (\rho v_2 A_2) - \left(g y_1 + \frac{v_1^2}{2} + \frac{P_1}{\rho_1} \right) (\rho v_1 A_1)$$

Uma vez que o escoamento é estacionário, a equação da continuidade fornece

$$\rho_1 v_1 A_1 = \rho_2 v_2 A_2$$

que, substituída na equação anterior, resulta em

$$g y_1 + \frac{v_1^2}{2} + \frac{P_1}{\rho} = g y_2 + \frac{v_2^2}{2} + \frac{P_2}{\rho} \tag{6-11a}$$

Dividindo por g, tem-se

$$y_1 + \frac{v_1^2}{2g} + \frac{P_1}{\rho g} = y_2 + \frac{v_2^2}{2g} + \frac{P_2}{\rho g} \tag{6-11b}$$

As duas expressões anteriores são designadas equação de Bernoulli.

Note que cada termo na equação (6-11b) tem a unidade de comprimento. As grandezas são frequentemente designadas "cargas" de altura, de velocidade e de pressão, respectivamente. Esses termos, tanto individual como coletivamente, indicam as grandezas que podem ser convertidas diretamente para produzir energia mecânica.

A equação (6-11) pode ser interpretada fisicamente como a conservação de energia mecânica para um volume de controle que satisfaz às condições sob as quais essa relação está baseada — isto é, escoamento estacionário, incompressível, invíscido e isotérmico, sem transferência de calor ou trabalho feito. Essas condições podem parecer super-restritivas, mas elas são encontradas ou abordadas em muitos sistemas físicos. Tal situação de valor prático serve para escoamento para dentro e para fora de um tubo de corrente. Uma vez que tubos de correntes podem variar em tamanho, a equação de Bernoulli pode realmente descrever a variação da carga de altura, de velocidade e de pressão ponto a ponto em um campo de escoamento de fluidos.

Um exemplo clássico da aplicação da equação de Bernoulli é mostrado na Figura 6.9, em que se deseja encontrar a velocidade do fluido que sai do tanque, como mostrado.

O volume de controle é definido conforme mostrado pelas linhas tracejadas na figura. A fronteira superior do volume de controle está imediatamente abaixo da superfície do fluido e, assim, pode ser considerada na mesma altura do fluido. Há escoamento de fluido por essa superfície, mas a área da superfície é grande o suficiente para se considerar desprezível a velocidade desse fluido em escoamento.

Sob tais condições, a forma apropriada da primeira lei da termodinâmica é a equação (6-11), a equação de Bernoulli. Aplicando a equação (6-11), tem-se

$$y_1 + \frac{P_{atm}}{\rho g} = \frac{v_2^2}{2g} + \frac{P_{atm}}{\rho g}$$

a partir da qual a velocidade de saída pode ser expressa na forma familiar

$$v_2 = \sqrt{2gy}$$

conhecida como a equação de Torricelli.

A próxima ilustração do uso das relações de volume de controle consiste em um exemplo usando todas as três expressões, conforme apresentado a seguir.

Exemplo 4

Na expansão repentina mostrada na Figura 6.10, a pressão que atua na seção (1) é considerada uniforme, com valor P_1. Encontre a variação na energia interna entre as seções (1) e (2), para um escoamento estacionário e incompressível. Despreze a tensão cisalhante nas paredes e expresse $u_2 - u_1$ em termos de v_1, A_1 e A_2. O volume de controle selecionado é indicado por linhas tracejadas.

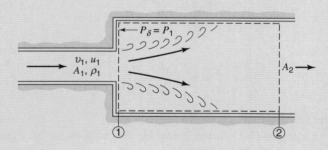

Figura 6.10 Escoamento através de uma expansão repentina.

Conservação de Massa

$$\iint_{s.c.} \rho(\mathbf{v} \cdot \mathbf{n}) dA + \frac{\partial}{\partial t} \iiint_{v.c.} \rho \, dV = 0$$

Se selecionarmos a seção (2), uma distância considerável a jusante da expansão repentina, a equação da continuidade, para escoamento estacionário e incompressível torna-se

$$\rho_1 v_1 A_1 = \rho_2 v_2 A_2$$

ou

$$v_2 = v_1 \frac{A_1}{A_2} \tag{6-12}$$

Momento

$$\Sigma F = \iint_{\text{s.c.}} \rho \mathbf{v}(\mathbf{v} \cdot \mathbf{n})\, dA + \frac{\partial}{\partial t} \iiint_{\text{v.c.}} \rho \mathbf{v}\, dV$$

e, assim,

$$P_1 A_2 - P_2 A_2 = \rho v_2^2 A_2 - \rho v_1^2 A_1$$

ou

$$\frac{P_1 - P_2}{\rho} = v_2^2 - v_1^2 \left(\frac{A_1}{A_2}\right) \tag{6-13}$$

Energia

$$\frac{\delta Q}{\partial t} - \frac{\delta W_s}{dt} = \iint_{\text{s.c.}} \rho \left(e + \frac{P}{\rho}\right)(\mathbf{v} \cdot \mathbf{n})\, dA + \frac{\partial}{\partial t} \iiint_{\text{v.c.}} \rho e\, dV + \frac{\delta W_\mu}{dt}$$

Assim,

$$\left(e_1 + \frac{P_1}{\rho}\right)(\rho v_1 A_1) = \left(e_2 + \frac{P_2}{\rho}\right)(\rho v_2 A_2)$$

ou, uma vez que $\rho v_1 A_1 = \rho v_2 A_2$,

$$e_1 + \frac{P_1}{\rho} = e_2 + \frac{P_2}{\rho}$$

A energia específica é

$$e = \frac{v^2}{2} + gy + u$$

Assim, nossa expressão de energia se torna

$$\frac{v_1^2}{2} + gy_1 + u_1 + \frac{P_1}{\rho} = \frac{v_2^2}{2} + gy_2 + u_2 + \frac{P_2}{\rho} \tag{6-14}$$

As três expressões de volume de controle podem agora ser combinadas para calcular $u_2 - u_1$. Da equação (6-14), tem-se

$$u_2 - u_1 = \frac{P_1 - P_2}{\rho} + \frac{v_1^2 - v_2^2}{2} + g(y_1 - y_2) \tag{6-14a}$$

Substituindo a equação (6-13) para $(P_1 - P_2)/\rho$ e a equação (6-12) para v_2 e notando que $y_1 = y_2$, tem-se

$$u_2 - u_1 = v_1^2 \left(\frac{A_1}{A_2}\right)^2 - v_1^2 \frac{A_1}{A_2} + \frac{v_1^2}{2} - \frac{v_1^2}{2}\left(\frac{A_1}{A_2}\right)^2$$

$$= \frac{v_1^2}{2}\left[1 - 2\frac{A_1}{A_2} + \left(\frac{A_1}{A_2}\right)^2\right] = \frac{v_1^2}{2}\left[1 - \frac{A_1}{A_2}\right]^2 \tag{6-15}$$

A equação (6-15) mostra que a energia interna aumenta na expansão repentina. A variação de temperatura correspondente a essa variação na energia interna é insignificante. Porém, da equação (6-14a), pode ser visto que a variação na carga total

$$\left(\frac{P_1}{\rho} + \frac{v_1^2}{2} + gy_1\right) - \left(\frac{P_2}{\rho} + \frac{v_2^2}{2} + gy_2\right)$$

é igual à variação na energia interna. Por consequência, a variação de energia interna em um escoamento incompressível é designada como a perda de carga, h_L, e a equação da energia para um escoamento estacionário, adiabático e incompressível em um tubo de corrente é escrita como

$$\frac{P_1}{\rho g} + \frac{v_1^2}{2g} + y_1 = h_L + \frac{P_2}{\rho g} + \frac{v_2^2}{2g} + y_2 \tag{6-16}$$

Note a similaridade com a equação (6-11).

72 ▶ Capítulo 6

Exemplo 5

O coração humano é uma bomba com quatro câmaras, em que válvulas permitem o fluxo de sangue, minimizando seu retorno. As válvulas abrem quando a pressão interna é maior do que a pressão externa e fecham quando a pressão interna é menor do que a pressão externa. Problemas nas válvulas do coração são relativamente comuns, e os mais recorrentes são insuficiência ou estenose das válvulas. Na insuficiência, as válvulas falham na hora de fechar, resultando no retorno indesejado do sangue. Uma estenose é o estreitamento da abertura da válvula. O método não invasivo mais comum para entender as quedas de pressão a partir de válvulas cardíacas normais e estenoicas é o ultrassom, comumente referido como ecocardiograma. A equação de Bernoulli é usada para entender a velocidade e a queda de pressão nesses pacientes.

A forma geral da equação de Bernoulli (6-11) é dada a seguir, em que o 1 subscrito se refere a uma posição a montante no átrio ou ventrículo e o 2 subscrito se refere à posição na abertura da válvula.

$$gy_1 + \frac{v_1^2}{2} + \frac{P_1}{\rho_1} = gy_2 + \frac{v_2^2}{2} + \frac{P_2}{\rho_2} \tag{6-11}$$

Presumindo que o paciente esteja deitado em uma maca, $z_1 = z_2$:

$$P_1 + \frac{\rho_1 v_1^2}{2} = P_2 + \frac{\rho_2 v_2^2}{2} \tag{6-17}$$

Rearranjando,

$$P_1 - P_2 = \frac{\rho}{2}(v_2^2 - v_1^2) \tag{6-18}$$

O sangue tem uma densidade de 1070 kg/m³, que é igual a 8 mmHg(s^2/m^2). A inserção desse valor na equação (6-18) resulta na equação final aplicada para entender a queda de pressão e a velocidade nas válvulas cardíacas, uma equação usada diariamente em hospitais ao redor do mundo:

$$P_1 - P_2 = 4(v_2^2 - v_1^2) \tag{6-19}$$

Como sempre, é instrutivo manter em mente as unidades de cada parâmetro na equação. As unidades da pressão são mmHg (unidades comuns de pressão usadas em aplicações médicas), e o número 4 e a velocidade têm unidades de (s^2/m^2)mmHg e m/s, respectivamente.

Um paciente está sendo examinado por possível estenose da válvula mitral, pela técnica de ecocardiograma. A válvula mitral está localizada entre o átrio esquerdo e o ventrículo esquerdo do coração e mantém o escoamento em uma direção. Na estenose da válvula mitral, a válvula não abre completamente, resultando na diminuição do fluxo de sangue. Um paciente foi examinado por ecocardiograma e encontrou-se uma velocidade de escoamento do sangue no átrio esquerdo de 0,45 m/s, a área medida do átrio de 0,0013 m² e a velocidade máxima na válvula igual a 1,82 m/s.[2]

Queremos determinar a queda de pressão entre o ventrículo esquerdo e as válvulas, assim como o diâmetro das válvulas. A pressão é determinada pela equação (6-9) como

$$P_1 - P_2 = 4(v_2^2 - v_1^2) = 4\,\frac{s^2}{m^2}\,\text{mmHg}\left[(1,82\text{ m/s})^2 - (0,45\text{ m/s})^2\right] = 12,44\text{ mmHg}$$

A área da seção transversal da válvula mitral aberta é

$$\rho_1 v_1 A_1 = \rho_2 v_2 A_2$$

Uma vez que o sangue tem uma densidade constante no problema, a equação se reduz a

$$v_{\text{átrio}} A_{\text{átrio}} = v_{\text{válvula}} A_{\text{válvula}}$$

Resolvendo para a área da válvula,

$$A_{\text{válvula}} = \frac{v_{\text{átrio}} A_{\text{átrio}}}{v_{\text{válvula}}} = \frac{(0,45\text{ m/s})(0,0013\text{ m})}{(1,82\text{ m/s})} = 3,2 \times 10^{-4}\text{ m}^2$$

Como resultado, esse paciente deve ser avaliado em detalhes para possível estenose leve da válvula mitral.

---

[2] H. Baumgartner *et al. J. Am. Soc. Echocardio*, **22**, 1 (2009).

▶ 6.4

RESUMO

Neste capítulo, a primeira lei da termodinâmica, a terceira das relações fundamentais sobre as quais a análise de escoamento de fluidos é baseada, foi usada para desenvolver uma expressão integral para a conservação de energia em relação a um volume de controle. A expressão resultante, equação (6-10), é, juntamente com as equações (4-1) e (5-4), uma das expressões fundamentais para a análise de problemas de escoamento de fluidos pela abordagem do volume de controle.

Um caso especial da expressão integral para a conservação de energia é a equação de Bernoulli, equação (6-11). Embora simples na forma e no uso, essa expressão tem larga aplicação a situações físicas.

PROBLEMAS

6.1 O perfil de velocidades no volume de controle anular do Exemplo 3 é aproximadamente linear, variando de uma velocidade zero na fronteira externa para um valor de $\omega d/2$ na fronteira interna. Desenvolva uma expressão para a velocidade do fluido, $v(r)$, em que r é a distância a partir do centro do eixo.

6.2 A água do mar, $\rho = 1025$ kg/m^3, escoa através de uma bomba com uma vazão de 0,21 m^3/s. A entrada da bomba tem um diâmetro de 0,25 m. Na entrada, a pressão é –0,15 m de mercúrio. A saída da bomba, com um diâmetro de 0,152 m, está 1,8 m acima da entrada. A pressão na saída é 175 kPa. Se as temperaturas de entrada e de saída forem iguais, qual será a potência que a bomba adiciona ao fluido?

6.3 O ar, a 70°F, escoa para um reservatório de 10 ft^3 a uma velocidade de 110 ft/s. Se a pressão no reservatório for 14 psig e a temperatura de 70°F, encontre a taxa de aumento na temperatura do reservatório. Considere que o ar que entra está na pressão do reservatório e escoa por um tubo de 8 in de diâmetro.

6.4 A água escoa por um tubo horizontal de 2 in de diâmetro, com uma vazão de 35 galões/min. A transferência de calor para o tubo pode ser desprezada e as forças de atrito provocam uma queda de pressão de 10 psi. Qual é a variação de temperatura da água?

6.5 Durante o escoamento de 200 ft^3/s de água por uma turbina hidráulica mostrada na figura a seguir, a pressão indicada pelo manômetro A é 12 psig. Qual deve ser a leitura no manômetro B, se a turbina está fornecendo 600 hp com uma eficiência de 82%? O manômetro B está projetado para medir a pressão total — isto é, $P + \rho v^2/2$ — para um fluido incompressível.

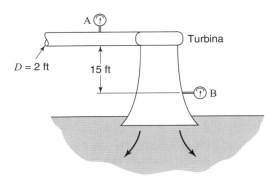

6.6 Durante o teste de uma bomba centrífuga, um manômetro de Bourdon, colocado na parte externa de um tubo de sucção com diâmetro de 12 in, mostra uma pressão de –6 psig (isto é, vácuo). No tubo de descarga, de diâmetro igual a 10 in, outro manômetro mostra uma pressão de 40 psig. O tubo de descarga está 5 ft acima do tubo de sucção. A vazão de descarga da água na bomba é 4 ft^3/s. Calcule a potência da bomba de teste.

6.7 Um ventilador capta o ar da atmosfera por meio de um duto de seção circular, com um diâmetro de 0,30 m. A entrada desse tubo é levemente arredondada. Um manômetro diferencial, conectado a uma abertura na parede do duto, mostra uma pressão de vácuo de 2,5 cm de água. A densidade do ar é 1,22 kg/m^3. Determine a vazão volumétrica, em pés cúbicos por segundo, do ar no tubo. Qual é a potência do ventilador?

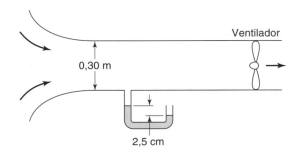

6.8 Encontre a variação de temperatura entre as seções (1) e (2), em termos das grandezas A_1, A_3, v_1, v_3, c_v e θ. A energia interna é dada por $c_v T$. O fluido é água e $T_1 = T_3$, $P_1 = P_3$.

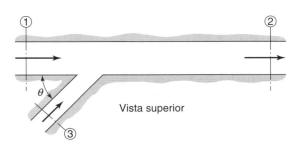

6.9 Um líquido escoa de A a B no tubo horizontal mostrado, a uma taxa de 3 ft³/s, com uma perda por atrito de 0,45 ft de fluido em escoamento. Para uma carga de pressão em B de 24 in, qual será a carga de pressão em A?

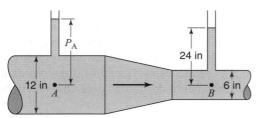

6.10 No Problema 6.26, calcule a força para cima no dispositivo de água e de ar. Use os resultados do Problema 6.26 assim como quaisquer outros dados fornecidos neste problema que você possa precisar. Explique por que você não pode usar proveitosamente a equação de Bernoulli aqui para o cálculo da força.

6.11 Um medidor de Venturi, com um diâmetro interno de 0,6 m, é projetado para lidar com 6 m³/s de ar padrão. Qual é o diâmetro requerido da garganta, para que se leia uma altura de 0,10 m de álcool em um manômetro diferencial conectado entre a entrada e a garganta? A densidade relativa do álcool pode ser considerada 0,8.

6.12 O tanque pressurizado mostrado tem uma seção transversal circular de 6 ft de diâmetro. Óleo é drenado por um bocal de 2 in de diâmetro no lado do tanque. Admitindo que a pressão do ar seja mantida constante, quanto tempo leva para baixar em 2 ft a superfície do óleo no tanque? A densidade relativa do óleo no tanque é 0,85 e a do mercúrio é 13,6.

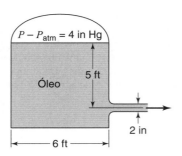

6.13 Um automóvel, a 40 milhas/h, está em uma estrada e recebe um vento de frente a 45 milhas/h. Se o barômetro indica uma pressão de 29 in de Hg e a temperatura é 40°F, qual é a pressão em um ponto do automóvel no qual a velocidade do vento é 120 ft/s em relação ao automóvel?

6.14 A água é descarregada a partir de um bocal de 1,0 cm de diâmetro, que está inclinado 30° acima da horizontal. Se o jato bate no chão a uma distância horizontal de 3,6 m e a uma distância vertical de 0,6 m a partir do bocal, conforme mostrado a seguir, qual é a vazão em metros cúbicos por segundo? Qual é a carga total do jato? (Veja a equação (6-11b).)

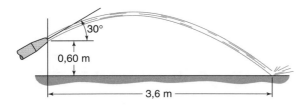

6.15 A bomba mostrada na figura adiante fornece água a 59°F a uma taxa de 550 galões/min. O tubo de entrada tem um diâmetro interno de 5,95 in e um comprimento de 10 ft. O tubo vertical de entrada está 6 ft submerso na água. Estime a pressão dentro do tubo na entrada da bomba.

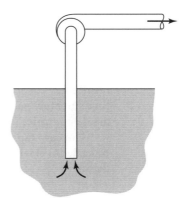

6.16 No problema anterior, determine a vazão na qual a pressão na entrada da bomba é igual à pressão de vapor da água. Suponha que o atrito provoca uma perda de carga de 4 ft. A pressão de vapor da água a 59°F é 0,247 psi.

6.17 Usando os dados do Problema 6.27, determine a carga de velocidade do fluido que sai do rotor. Que aumento de pressão resultaria a partir de tal carga de velocidade?

6.18 De modo a manobrar um grande navio durante a atracagem, bombas são usadas para emitir um jato de água perpendicular à proa do navio, conforme mostrado na figura a seguir. A entrada da bomba está localizada longe o suficiente da saída, de modo que a entrada e a saída não interagem. A entrada é vertical também; logo, o empuxo líquido dos jatos sobre o navio é independente da velocidade e da pressão de entrada. Determine a potência (em hp) da bomba requerida por libra de empuxo. Admita que a entrada e a saída estejam na mesma profundidade. O que produzirá mais empuxo por hp: uma bomba de baixo volume e alta pressão ou uma bomba de alto volume e baixa pressão?

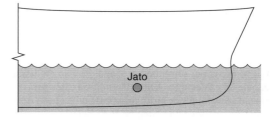

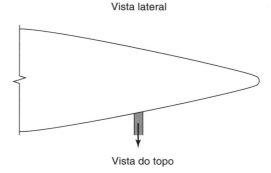

6.19 Determine a perda de carga entre as seções (1) e (2) no Problema 5.7.

6.20 Multnomah Falls, no estado de Oregon, Estados Unidos, tem um precipício de 165 m. Estime a variação na temperatura da água causada por essa queda.

6.21 Um veículo, com "colchão de ar", é projetado para atravessar terrenos flutuando nesse colchão. O ar, suprido por um compressor, escapa por uma abertura entre o chão e a saia do veículo. Se a saia tiver uma forma retangular de 3 × 9 m, se a massa do veículo for 8100 kg e se a distância para o chão for 3 cm, determine a vazão de ar necessária para manter o colchão e a potência dada pelo compressor ao ar. Admita que as velocidades do ar dentro do colchão são muito baixas.

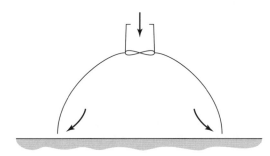

6.22 A solução para o Problema 5.22 é

$$h_2 = \frac{h_1}{2}\left[\left(1 + \frac{8v_1^2}{gh_1}\right)^{1/2} - 1\right]$$

Mostre que a equação de Bernoulli, aplicada entre as seções 1 e 2, não fornece esse resultado. Deduza todas as expressões para a variação da carga total por meio de um ressalto hidráulico.

6.23 O uso de água residencial exclusiva para proteção contra fogo é em torno de 80 galões/dia por pessoa. Se a água for entregue a uma residência a 60 psig, estime a energia mensal requerida para bombear a água da pressão atmosférica até a pressão de entrega. Despreze perdas na linha e variações de altura. Suponha que as bombas sejam 75% eficientes e sejam movidas por motores elétricos com 90% de eficiência.

6.24 Um carro sedã da Volkswagen, ano 1968, está andando ao longo de uma montanha de 7300 ft de altura a uma velocidade de v m/s, recebendo um vento de frente com W m/s. Calcule a pressão manométrica em mPa em um ponto no carro em que a velocidade relativa para o carro é $v - W$ m/s. A densidade do ar local é 0,984 kg/m³.

6.25 Um líquido é aquecido em um tubo vertical de diâmetro constante, tendo um comprimento de 15 m. O escoamento é para cima. Na entrada, a velocidade média é 1 m/s, a pressão de 340.000 Pa e a densidade igual a 1001 kg/m³. Se o aumento na energia interna for de 200.000 J/kg, encontre o calor adicionado ao fluido.

6.26 A água escoa estacionariamente por um tubo vertical e depois é defletida para um escoamento para fora, com uma velocidade radial constante. Se o atrito for desprezado, qual será a vazão de água pelo tubo, se a pressão em A for 10 psig?

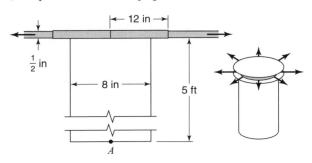

6.27 A água escoa, por meio da contração do tubo mostrado a seguir, a uma velocidade de 1 ft³/s. Calcule a leitura no manômetro diferencial em in de Hg, supondo que não haja perda de energia no escoamento. Esteja certo de fornecer a direção correta da leitura no manômetro.

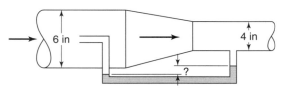

6.28 A figura ilustra a operação de uma bomba de suspensão a ar. O ar comprimido é forçado para uma câmara perfurada para se misturar com a água, de modo que a densidade relativa da mistura ar–água acima da entrada do ar seja 0,5. Despreze qualquer queda de pressão na seção (1) e calcule a velocidade de descarga v da mistura ar–água. A equação de Bernoulli pode ser usada na seção (1)?

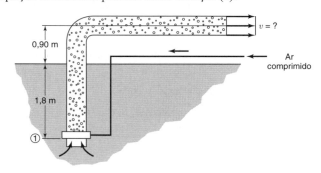

6.29 Refaça o Problema 6.28 com a suposição de que o momento do ar que entra na seção (1) seja zero. Determine a velocidade de saída, v, e a magnitude da queda de pressão na seção (1).

6.30 O ar, de densidade igual a 1,21 kg/m³, está escoando conforme mostrado. Se $v = 15$ m/s, determine a leitura nos manômetros (a) e (b) nas figuras a seguir.

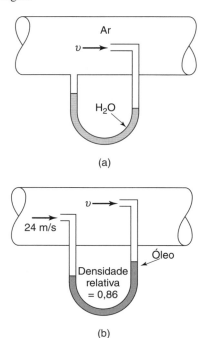

6.31 Referindo-se à figura a seguir, considere que o escoamento não tem atrito no sifão. Encontre a vazão de descarga em pés cúbicos por segundo e a carga da pressão em B, se o tubo tiver um diâmetro uniforme de 1 polegada. Quanto tempo levará para que o nível da água diminua de 3 ft? O diâmetro do tanque é 10 ft.

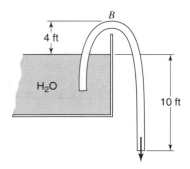

6.32 No Problema 6.31, encontre a vazão de descarga se a perda de carga no tubo for 3,2 v^2/g, em que v é a velocidade de escoamento no tubo.

6.33 Considere que o nível de água no tanque permaneça o mesmo e que não haja perda por atrito no tubo, na entrada ou no bocal. Então, determine:

a. a vazão volumétrica de descarga do bocal;

b. a pressão e a velocidade nos pontos A, B, C e D.

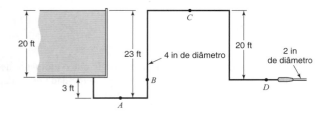

6.34 A água, em um tanque cilíndrico aberto de 15 ft de diâmetro, é descarregada na atmosfera por meio de um bocal de 2 in de diâmetro. Desprezando o atrito e a instabilidade do escoamento, encontre o tempo necessário para o nível da água no tanque cair de 28 ft acima do bocal para um nível de 4 ft.

6.35 Um fluido, de densidade ρ_1, entra em uma câmara em que o fluido está aquecido, de modo que a densidade diminui para ρ_2. O fluido então escapa por uma chaminé vertical que tem uma altura L. Desprezando o atrito e tratando os processos de escoamento como incompressíveis, exceto para o aquecimento, determine a velocidade, v, na chaminé. A velocidade do fluido que entra na câmara de aquecimento pode ser desprezada e a chaminé está imersa em um fluido de densidade ρ_1.

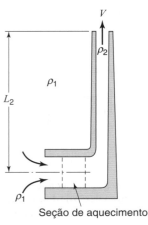

6.36 Repita o problema anterior sem a suposição de que a velocidade na seção de aquecimento seja desprezível. A razão entre a área de escoamento da seção de aquecimento e a área de escoamento da chaminé é R.

6.37 Considere um tubo de 4 cm que está entre um tanque aberto para a atmosfera e uma estação aberta para a atmosfera, que fica 10 m abaixo da superfície da água no tanque. Admitindo escoamento sem atrito, qual será a taxa mássica? E se um bocal com 1 cm de diâmetro for colocado na saída do tubo, qual será a taxa mássica? Repita o problema se uma perda de carga de 3 v^2/g ocorrer no tubo, em que v é a velocidade de escoamento no tubo.

6.38 O tanque no problema prévio alimenta duas linhas: um tubo com 4 cm de diâmetro que sai 10 m abaixo do nível de água no tanque, e uma segunda linha, também com 4 cm de diâmetro, que sai do tanque para uma estação 20 m abaixo do nível de água no tanque. As saídas de ambas as linhas são abertas para a atmosfera. Supondo escoamento sem atrito, qual é a taxa mássica em cada linha?

6.39 Um cliente pediu a você que achasse a variação de pressão em uma estação de bombeamento. A saída da bomba está 20 ft acima da entrada. Um fluido newtoniano está sendo bombeado em estado estacionário. Na entrada da bomba, cujo diâmetro é 6 in, a temperatura do fluido é 80°F, a viscosidade é $1,80 \times 10^{-3}$ $lb_m/ft \cdot s$, a densidade é 50 lb_m/ft^3, o calor específico é 0,580 $Btu/lb_m°F$ e a viscosidade cinemática é $3,60 \times 10^{-5}$ ft^2/s. Na saída da bomba, cujo diâmetro é 4 in, a temperatura do fluido é 100°F, a viscosidade é $1,30 \times 10^{-3}$ $lb_m/ft \cdot s$, a densidade é 49,6 lb_m/ft^3, o calor específico é 0,610 $Btu/lb_m°F$ e a viscosidade cinemática é $2,62 \times 10^{-5}$ ft^2/s. A vazão pelo sistema é constante e igual a 20 ft^3/s. A bomba fornece $3,85 \times 10^8$ $lb_m \cdot ft^2/s^3$ de trabalho para o fluido e o calor transferido é $2,32 \times 10^6$ Btu/h. Você pode desprezar o trabalho viscoso em sua análise. Sob essas circunstâncias, calcule a variação de pressão entre a entrada e a saída da estação de bombeamento.

6.40 Álcool butílico, um fluido newtoniano, com densidade de 50 lb_m/ft^3, viscosidade de $1,80 \times 10^{-3}$ $lb_m/ft \cdot s$, calor específico de 0,580 $Btu/lb_m°F$ e viscosidade cinemática de $3,60 \times 10^{-5}$ ft^2/s, está sendo bombeado em estado estacionário. Os diâmetros dos tubos na entrada e na saída da bomba são 6 in e 2 in, respectivamente. A saída está 10 ft acima da entrada. A bomba fornece um trabalho para o fluido igual a $7,1 \times 10^8$ $lb_m \cdot ft^2/s^3$. A vazão no sistema é constante e igual a 20 ft^3/s. Durante o processo de bombeamento, o fluido é submetido a um aumento de 20°F em sua temperatura. Sob essas circunstâncias, calcule a variação de pressão entre a entrada e a saída da estação de bombeamento. Você pode desprezar qualquer transferência de calor para o volume de controle proveniente da vizinhança e do trabalho viscoso, uma vez que ela é muito pequena.

6.41 Pediram para você fazer uma análise de uma bomba em estado estacionário que transferirá anilina, um material orgânico, de uma área para outra em uma planta química. Determine a variação de temperatura a que o fluido é submetido durante esse processo. A vazão é constante no sistema e igual a 1,0 ft^3/s. A entrada da bomba tem um diâmetro de 8 in e a pressão para a bomba é 250 lb_f/ft^2. A saída da bomba tem um diâmetro de 5 in e uma pressão de 600 lb_f/ft^2. O fluido que será bombeado tem uma densidade de 63,0 lb_m/ft^3, um calor específico de 0,490 $Btu/lb_m°F$, uma viscosidade de $1,80 \times 10^{-3}$ $lb_m/ft \cdot s$ e uma viscosidade cinemática de $2,86 \times 10^{-5}$ ft^2/s. A saída da bomba está localizada 75 ft acima da entrada da bomba. A bomba fornece trabalho para o fluido a uma taxa de $8,3 \times 10^6$ $lb_m \cdot ft^2/s^3$ e o calor transferido para o volume de controle a partir da bomba é $1,40 \times 10^6$ Btu/h. Nessa análise, você pode admitir estado estacionário e ignorar o trabalho viscoso.

6.42 Ar escoa estacionariamente por uma turbina que produz $3,5 \times 10^5$ $ft \cdot lb_f/s$ de trabalho. Usando os dados a seguir na entrada e na saída, em que a entrada está 10 ft abaixo da saída, calcule o calor transferido em unidades de Btu/h. Você pode admitir escoamento estacionário e ignorar o trabalho viscoso.

Entrada
diâmetro = 0,962 ft
pressão = 150 lb_f/in^2
temperatura = 300°F
densidade = 0,0534 lb_m/ft^3
calor específico = 0,243 Btu/lb_m°F
viscosidade = $1,6 \times 10^{-5}$ lb_m/ft-s
viscosidade cinemática = $3,06 \times 10^{-4}$ ft^2/s
velocidade = 100 ft/s

Turbina

Saída
diâmetro = 0,5 ft
pressão = 400 lb_f/in^2
temperatura = 35°F
densidade = 0,0810 lb_m/ft^3
calor específico = 0,240 Btu/lb_m°F
viscosidade = $1,5 \times 10^{-5}$ lb_m/ft-s
viscosidade cinemática = $1,42 \times 10^{-4}$ ft^2/s
velocidade = 244 ft/s

6.43 Pediram que você fizesse uma análise de uma bomba que transferirá um fluido. A entrada da bomba tem um diâmetro de 0,35 m e a pressão para a bomba é 2500 kg/m·s^2. A saída da bomba tem um diâmetro de 0,15 m e uma pressão de 6000 kg/m·s^2. O fluido que está sendo bombeado tem uma viscosidade de $1,09 \times 10^{-3}$ kg/m·s e uma densidade de 600 kg/m^3. A saída da bomba está localizada 5 m acima da entrada. Em sua análise, admita que não haja variação de temperatura entre a entrada e a saída e que o sistema esteja funcionando em estado estacionário. Determine a potência que a bomba deve adicionar ao fluido de modo a manter uma vazão constante de 10 m^3/s.

CAPÍTULO 7

Tensão Cisalhante em Escoamento Laminar

Na análise de escoamento de fluidos, a tensão cisalhante foi mencionada, mas não relacionada às propriedades do fluido ou do escoamento. Devemos agora investigar essa relação para escoamento laminar. A atuação da tensão cisalhante sobre um fluido depende do tipo de escoamento que existe. No escoamento dito laminar, o fluido escoa em camadas ou lâminas suaves e a tensão cisalhante é o resultado da ação microscópica (não observável) das moléculas. O escoamento turbulento é caracterizado por flutuações observáveis em larga escala nas propriedades do fluido e do escoamento e a tensão cisalhante é o resultado dessas flutuações. Os critérios para os escoamentos laminar e turbulento e a tensão cisalhante no escoamento turbulento serão discutidos no Capítulo 12.

▶ 7.1

RELAÇÃO DE NEWTON DA VISCOSIDADE

Em um sólido, a resistência a *deformações* é o módulo de elasticidade. O módulo de cisalhamento de um sólido elástico é dado por

$$\text{módulo de cisalhamento} = \frac{\text{tensão cisalhante}}{\text{deformação cisalhante}} \qquad (7\text{-}1)$$

Assim como o módulo de cisalhamento de um sólido é uma propriedade do sólido que relaciona a tensão cisalhante e a deformação cisalhante, existe uma relação similar a (7-1) que relaciona a tensão cisalhante em um escoamento paralelo laminar a uma propriedade do fluido. Essa relação é a lei de Newton da viscosidade:

$$\text{viscosidade} = \frac{\text{tensão cisalhante}}{\text{taxa de deformação cisalhante}} \qquad (7\text{-}2)$$

Assim, a viscosidade é a propriedade de um fluido em resistir à *taxa* na qual ocorre uma deformação, quando o fluido fica sujeito a forças cisalhantes. Como uma propriedade do fluido, a viscosidade depende da temperatura, da composição e da pressão do fluido, mas é independente da taxa de deformação cisalhante.

A taxa de deformação em um escoamento simples é ilustrada na Figura 7.1. O escoamento paralelo ao eixo x deformará o elemento se a velocidade no topo do elemento for diferente da velocidade no fundo.

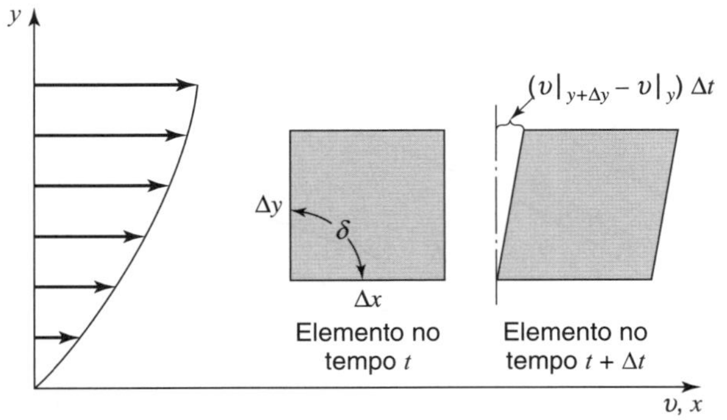

Figura 7.1 Deformação de um elemento de fluido.

A taxa de deformação cisalhante é definida como $-d\delta/dt$. Da Figura 7.1, pode ser visto que

$$-\frac{d\delta}{dt} = -\lim_{\Delta x, \Delta y, \Delta t \to 0} \frac{\delta|_{t+\Delta t} - \delta|_t}{\Delta t} \tag{7-3}$$

$$= -\lim_{\Delta x, \Delta y, \Delta t \to 0} \left(\frac{\{\pi/2 - \operatorname{arctg}[(v|_{y+\Delta y} - v|_y)\Delta t/\Delta y]\} - \pi/2}{\Delta t} \right)$$

No limite, $-d\delta/dt = dv/dy$ = taxa de deformação cisalhante.

Combinando as equações (7-2) e (7-3) e denotando a viscosidade por μ, podemos escrever a lei de Newton da viscosidade como

$$\tau = \mu \frac{dv}{dy} \tag{7-4}$$

O perfil de velocidades e a variação da tensão cisalhante em um fluido escoando entre duas placas paralelas são ilustrados na Figura 7.2. Nesse caso, o perfil de velocidades[1] é parabólico; uma vez que a tensão cisalhante é proporcional à derivada da velocidade, a tensão cisalhante varia de uma maneira linear.

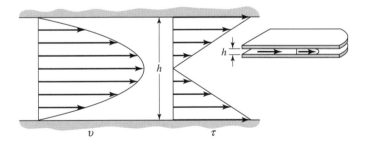

Figura 7.2 Perfis de velocidades e de tensões cisalhantes para escoamento entre duas placas paralelas.

▶ **7.2**

FLUIDOS NÃO NEWTONIANOS

A lei de Newton da viscosidade não prevê a tensão cisalhante em todos os fluidos. Fluidos são classificados como newtonianos ou não newtonianos, dependendo da relação entre a tensão cisalhante e deformação cisalhante. Em fluidos newtonianos, a relação é linear, conforme mostrado na Figura 7.3.

Em fluidos não newtonianos, a tensão cisalhante depende da taxa de deformação cisalhante. Enquanto fluidos deformam continuamente sob a ação de tensão cisalhante, plásticos suportam uma

---

[1] A dedução dos perfis de velocidades será discutida no Capítulo 8.

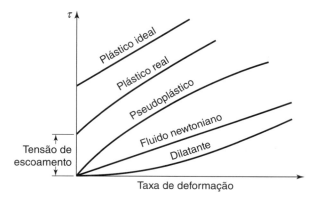

Figura 7.3 Relação entre tensão e taxa de deformação para fluidos newtonianos e não newtonianos.

tensão cisalhante antes de uma deformação ocorrer. O "plástico ideal" tem uma relação linear tensão–taxa de deformação para tensões maiores que a tensão de escoamento. Substâncias *tixotrópicas*, tais como tinta de impressoras, têm uma resistência à deformação que depende da taxa de deformação e do tempo.

Em um fluido newtoniano, existe uma relação linear entre a tensão cisalhante e a deformação cisalhante. Fluidos não newtonianos são aqueles que não obedecem à lei de Newton da viscosidade e, como resultado, aqueles cuja tensão cisalhante depende da taxa de deformação cisalhante de uma maneira não linear. Exemplos de fluidos não newtonianos são pasta de dente, mel, tinta, *ketchup* e sangue.

Conforme mostrado na Figura 7.3, existem vários tipos de fluidos não newtonianos. Pseudoplásticos são materiais cuja viscosidade diminui com o aumento da deformação cisalhante e são chamados de fluidos com pseudoplasticidade (*shear-thinning fluids*, em inglês), uma vez que quanto mais o fluido é cisalhado, menos viscoso ele se torna. Exemplos comuns de materiais com esse comportamento são géis de cabelo, plasma, xarope e tinta látex.

Dilatantes são fluidos não newtonianos que exibem um aumento na viscosidade com a tensão cisalhante, uma vez que quanto mais o fluido for cisalhado, mais viscoso ele se torna. Em inglês, são conhecidos como *shear-thickening fluids* (STF). Exemplos comuns de fluidos dilatantes incluem massa plástica de modelar, areia movediça e a mistura de amido de milho e água.

Um terceiro tipo comum de fluido não newtoniano é designado fluido viscoelástico, que retorna, parcial ou completamente, a sua forma original depois que uma tensão cisalhante aplicada é retirada. Há inúmeros modelos usados para descrever e caracterizar esse tipo de fluido não newtoniano.

Um plástico de Bingham é um material, como pasta de dente, maionese e *ketchup*, que requer uma tensão finita de escoamento antes de começar a escoar; ele pode ser descrito pela seguinte equação:

$$\tau = \mu \frac{dv}{dy} \pm \tau_0 \tag{7-5}$$

em que τ_0 é a tensão de escoamento. Quando $\tau < \tau_0$, o material é um plástico rígido e quando $\tau > \tau_0$, o fluido se comporta mais como um fluido newtoniano.

O modelo de Ostwald-De Waele, ou modelo da lei de potência, é outro comumente usado para descrever fluidos não newtonianos, em que a chamada viscosidade aparente é uma função da taxa cisalhante elevada a uma potência:

$$\tau = m \left| \frac{dv}{dy} \right|^{n-1} \frac{dv}{dy} \tag{7-6}$$

sendo *m* e *n* constantes, que são características do fluido. Fluidos que obedecem à lei de potência são classificados com base no valor de *n*:

fluido com $n = 1$ é newtoniano e $m = \mu$
fluido com $n < 1$ é pseudoplástico (*shear thinning*)
fluido com $n > 1$ é dilatante (*shear thickening*)

Pode ser visto que quando $n = 1$ o modelo de potência se reduz à lei de Newton da viscosidade (7-4).

Condição de Aderência

Embora as substâncias anteriores difiram em suas relações de tensão–taxa de deformação, elas são similares em sua ação em um contorno. Tanto para fluidos newtonianos como não newtonianos, a camada de fluido adjacente ao contorno tem velocidade zero relativa ao contorno. Quando o contorno é uma parede estacionária, a camada de fluido próxima à parede está em repouso. Se o contorno ou a parede está se movendo, a camada de fluido se move com uma velocidade igual ao do contorno; daí o nome de condição de aderência (*no slip condition*). A condição de aderência é o resultado de observação experimental, sendo falha quando o fluido não puder mais ser tratado como um *continuum*.

A condição de aderência é um resultado da natureza viscosa do fluido. Em situações de escoamento em que os efeitos viscosos são desprezados — os escoamentos invíscidos — somente a componente de velocidade normal ao contorno é zero.

▶ 7.3 VISCOSIDADE

A viscosidade de um fluido é uma medida da resistência à taxa de deformação. Alcatrão e melaço são exemplos de fluidos altamente viscosos; ar e água, objetos de interesse frequente de engenharia, são exemplos de fluidos com viscosidades relativamente baixas. Um entendimento da existência da viscosidade requer um exame do movimento de fluido do ponto de vista molecular.

O movimento molecular de gases pode ser descrito mais simplesmente que o de líquidos. O mecanismo pelo qual um gás resiste pode ser ilustrado examinando-se o movimento das moléculas em uma base microscópica. Considere o volume de controle mostrado na Figura 7.4.

Ampliamos o topo do volume de controle para mostrar que, embora o topo do elemento seja uma linha de corrente do escoamento, moléculas individuais atravessam esse plano. Os caminhos das moléculas entre colisões são representados por setas aleatórias. Uma vez que o topo do volume de controle é uma linha de corrente, o fluxo molecular líquido por essa superfície tem de ser zero; logo, o fluxo molecular para cima tem de ser igual ao fluxo molecular para baixo. As moléculas que atravessam a superfície de controle na direção para cima têm velocidades médias na direção x que correspondem a seus pontos de origem. Denotando a coordenada y do topo da superfície de controle como y_0, devemos escrever a componente x da velocidade média do fluxo molecular para cima como $v_x|_{y-}$, em que o sinal negativo significa que a velocidade média é avaliada em algum ponto abaixo de y_0. A componente x do momento transportado pelo topo da superfície de controle é então $mv_x|_{y-}$ por molécula, em que m é a massa da molécula. Se Z moléculas atravessarem o plano por unidade de tempo, então a componente x do fluxo de momento será

$$\sum_{n=1}^{Z} m_n (v_x|_{y-} - v_x|_{y+}) \tag{7-7}$$

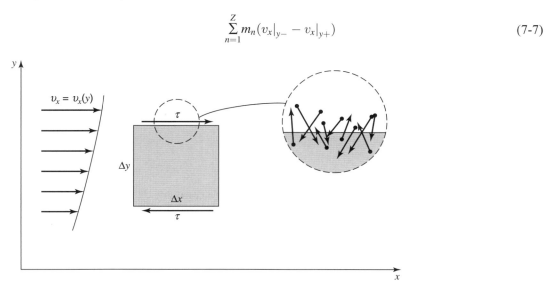

Figura 7.4 Movimento molecular na superfície de um volume de controle.

82 ▶ Capítulo 7

O fluxo da componente x do momento em uma escala molecular aparece como uma tensão cisalhante quando o fluido é observado em uma escala macroscópica. A relação entre o fluxo molecular de momento e a tensão cisalhante pode ser vista a partir da expressão do volume de controle para o momento linear

$$\Sigma \mathbf{F} = \iint_{\text{s.c.}} \rho \mathbf{v}(\mathbf{v} \cdot \mathbf{n})dA + \frac{\partial}{\partial t} \iiint_{\text{v.c.}} \rho \mathbf{v}\, dV \qquad (5\text{-}4)$$

O primeiro termo no lado direito da equação (5-4) é o fluxo de momento. Quando um volume de controle é analisado em uma base molecular, esse termo inclui tanto os fluxos macroscópicos quanto os moleculares de momento. Se a porção molecular do fluxo total de momento for tratada como uma força, ela tem de ser colocada no lado esquerdo da equação (5-4). Assim, o termo de fluxo molecular de momento muda de sinal. Denotando o negativo do fluxo molecular de momento como τ, temos

$$\tau = -\sum_{n=1}^{Z} m_n(v_x|_{y-} - v_x|_{y+}) \qquad (7\text{-}8)$$

Devemos tratar a tensão cisalhante exclusivamente como uma força por unidade de área.

O termo entre parênteses, $(v_x|_{y-} - v_x|_{y+})$, na equação (7-8) pode ser avaliado notando que $v_x|_{y-} = v_x|_{y_0} - (dv_x/dy|_{y_0})\delta$, em que $y- = y_0 - \delta$. Usando uma expressão similar para $y+$, obtemos, para a tensão cisalhante,

$$\tau = 2\sum_{n=1}^{Z} m_n \frac{dv_x}{dy}\bigg|_{y_0} \delta_n$$

Na expressão anterior, δ é a componente y da distância entre colisões moleculares. Da teoria cinética dos gases, usamos o conceito de livre percurso médio, λ, distância média entre colisões e o fato de que $\delta = 2/3\ \lambda$, de modo a obter, para um gás puro,

$$\tau = \frac{4}{3} m\lambda Z \frac{dv_x}{dy}\bigg|_{y_0} \qquad (7\text{-}9)$$

como a tensão cisalhante.

Comparando a equação (7-9) com a lei de Newton da viscosidade, vemos que

$$\mu = \frac{4}{3} m\lambda Z \qquad (7\text{-}10)$$

A teoria cinética dos gases diz que $Z = N\overline{C}/4$, em que

$$N = \text{moléculas por unidade de volume}$$
$$\overline{C} = \text{velocidade molecular média aleatória}$$

e, assim,

$$\mu = \frac{1}{3} Nm\lambda\overline{C} = \frac{\rho\lambda\overline{C}}{3}$$

ou, usando[2]

$$\lambda = \frac{1}{\sqrt{2}\pi N d^2} \quad \text{e} \quad \overline{C} = \sqrt{\frac{8\kappa T}{\pi m}}$$

sendo d o diâmetro molecular e κ a constante de Boltzmann, temos

$$\mu = \frac{2}{3\pi^{3/2}} \frac{\sqrt{m\kappa T}}{d^2} \qquad (7\text{-}11)$$

---

[2] Em ordem crescente de complexidade, as expressões para o livre percurso médio são apresentadas em R. Resnick e D. Halliday, *Physics*, Parte I, Wiley, Nova York, 1966, Capítulo 24, e E. H. Kennard, *Kinetic Theory of Gases*, McGraw-Hill Book Company, Nova York, 1938, Capítulo 2.

A equação (7-11) indica que μ é independente da pressão para um gás. Experimentalmente, isso tem se mostrado essencialmente verdadeiro para pressões até aproximadamente 10 atmosferas. Evidência experimental indica que a baixas temperaturas a dependência da viscosidade com a temperatura é, na verdade, maior do que $\sqrt{T}$, como previsto pelo modelo de esferas rígidas com diâmetro constante para a molécula de gás. Embora o desenvolvimento precedente tenha sido um pouco simplificado, sendo introduzida uma propriedade indefinida, o diâmetro molecular, a interpretação da viscosidade de um gás causada pelo fluxo microscópico de momento é um resultado valioso e não deve ser desprezado. É também importante notar que a equação (7-11) expressa a viscosidade inteiramente em termos de propriedades do fluido.

Um modelo mais realista utilizando um campo de forças em vez da abordagem de esferas rígidas resultará em uma relação de viscosidade–temperatura muito mais consistente com dados experimentais do que o resultado $\sqrt{T}$. A expressão mais aceitável para moléculas não polares está baseada na função da energia potencial de Lennard-Jones. Essa função e o desenvolvimento que leva à expressão de viscosidade não serão incluídos aqui. O leitor interessado pode consultar Hirschfelder, Curtiss e Bird[3] para os detalhes dessa abordagem. A expressão para viscosidade de um gás puro que resulta é

$$\mu = 2{,}6693 \times 10^{-6} \frac{\sqrt{MT}}{\sigma^2 \Omega_\mu} \tag{7-12}$$

em que μ é a viscosidade, em pascal-segundos; T é a temperatura absoluta, em K; M é a massa molecular; σ é o "diâmetro de colisão", um parâmetro de Lennard-Jones, em Å (angstrom); Ω_μ é a "integral de colisão", um parâmetro de Lennard-Jones que varia de uma maneira relativamente lenta com a temperatura adimensional $\kappa T/\epsilon$; κ é a constante de Boltzmann, $1{,}38 \cdot 10^{-16}$ ergs/K; e ϵ é a energia característica de interação entre as moléculas. Valores de σ e ϵ para vários gases são dados no Apêndice K; a tabela de Ω_μ em função de $\kappa T/\epsilon$ também está incluída no Apêndice K.

Para misturas gasosas multicomponentes e baixa densidade, Wilke[4] propôs essa fórmula empírica para a viscosidade da mistura:

$$\mu_{\text{mistura}} = \sum_{i=1}^{n} \frac{x_i \mu_i}{\sum x_j \phi_{ij}} \tag{7-13}$$

em que x_i, x_j são as frações molares das espécies i e j na mistura e

$$\phi_{ij} = \frac{1}{\sqrt{8}} \left(1 + \frac{M_i}{M_j} \right)^{-1/2} \left[1 + \left(\frac{\mu_i}{\mu_j} \right)^{1/2} \left(\frac{M_j}{M_i} \right)^{1/4} \right]^2 \tag{7-14}$$

em que M_i, M_j são as massas moleculares das espécies i e j, e μ_i e μ_j são as viscosidades das espécies i e j. Note que quando $i = j$, temos $\phi_{ij} = 1$.

As equações (7-12), (7-13) e (7-14) são para gases não polares e misturas gasosas à baixa densidade. Para moléculas polares, a relação anterior tem de ser modificada.[5]

Embora a teoria cinética dos gases seja bem desenvolvida e modelos mais sofisticados de interação molecular prevejam acuradamente a viscosidade em um gás, a teoria molecular de líquidos está muito menos avançada. Por conseguinte, a maior fonte de conhecimento concernente à viscosidade de líquidos é experimental. As dificuldades no tratamento analítico de um líquido são largamente inerentes à natureza do próprio líquido. Enquanto em gases a distância entre moléculas é tão grande que consideramos moléculas de gases como interagindo ou colidindo em pares, o pequeno espaçamento de moléculas em um líquido resulta na interação de várias moléculas simultaneamente. Essa situação é algo semelhante ao problema gravitacional de N corpos. Em vista dessas dificuldades, uma teoria aproximada foi desenvolvida por Eyring, que ilustra a relação das forças intermoleculares

---

[3] J. O. Hirschfelder, C. F. Curtiss e R. B. Bird, *Molecular Theory of Gases and Liquids*, Wiley, Nova York, 1954.

[4] C. R. Wilke, *J. Chem. Phys.*, **18**, 517-519 (1950).

[5] J. O. Hirschfelder, C. F. Curtiss e R. B. Bird, *Molecular Theory of Gases and Liquids*, Wiley, Nova York, 1954.

para viscosidade.[6] A viscosidade de um líquido pode ser considerada uma consequência de forças intermoleculares. À medida que um líquido se aquece, as moléculas se tornam mais móveis. Isso resulta em menos restrição de forças intermoleculares. Evidência experimental para a viscosidade de líquidos mostra que a viscosidade diminui com a temperatura em concordância com o conceito de forças intermoleculares adesivas como o fator controlador.

Unidades de Viscosidade

A dimensão de viscosidade pode ser obtida pela relação de Newton da viscosidade,

$$\mu = \frac{\tau}{dv/dy}$$

ou, na forma dimensional,

$$\frac{F/L^2}{(L/t)(1/L)} = \frac{Ft}{L^2}$$

em que F = força, L = comprimento e t = tempo.

Usando a segunda lei de Newton do movimento para relacionar força e massa ($F = ML/t^2$), encontramos que as dimensões de viscosidade no sistema massa–comprimento–tempo se tornam M/Lt.

A razão entre a viscosidade e a densidade ocorre frequentemente em problemas de engenharia. A essa razão, μ/ρ, é dado o nome de viscosidade cinemática, sendo denotada pelo símbolo v. A origem do nome viscosidade cinemática pode ser vista a partir das dimensões de v:

$$\nu \equiv \frac{\mu}{\rho} \sim \frac{M/Lt}{M/L^3} = \frac{L^2}{t}$$

As dimensões de v são aquelas da cinemática: comprimento e tempo. Qualquer um dos nomes, viscosidade absoluta ou viscosidade dinâmica, é frequentemente empregado para distinguir μ da viscosidade cinemática v.

No sistema SI, a viscosidade dinâmica é expressa em pascal-segundos (1 pascal-segundo = 1 N $\cdot$ s/m^2 = 10 poise = 0,02089 slug/ft $\cdot$ s = 0,02089 lb$_f$ $\cdot$ s/ft^2 = 0,6720 lb$_m$/ft $\cdot$ s). A viscosidade cinemática no sistema métrico é expressa em (metros)^2 por segundo (1 m^2/s = 10^4 stokes = 10,76 ft^2/s).

As viscosidades absoluta e cinemática são mostradas na Figura 7.5 para três gases mais comuns e dois líquidos como funções da temperatura. Uma lista mais extensa está no Apêndice I.

A Tabela 7.1 apresenta as viscosidades para fluidos comuns.

Tabela 7.1 Viscosidades de fluidos comuns (a 20°C, a menos que seja dito o contrário)

Fluido	Viscosidade
Etanol	1,194
Mercúrio	15,47
H_2SO_4	19,15
Água	1,0019
Ar	0,018
CO_2	0,015
Sangue	2,5 (37°C)
Óleo de motor SAE 40	290
Óleo de milho	72
Ketchup	50.000
Manteiga de amendoim	250.000
Mel	10.000

1 centipoise (cP) = 0,001 quilograma/(metro · segundo).
1 centipoise (cP) = 0,001 pascal · segundo

---

[6] Para uma descrição da teoria de Eyring, veja R. B. Bird, W. E. Stewart e E. N. Lightfoot, *Transport Phenomena*, Wiley, Nova York, 2007, Capítulo 1. [Ed. bras.: *Fenômenos de Transporte*, 2. ed., LTC, Rio de Janeiro, 2004.]

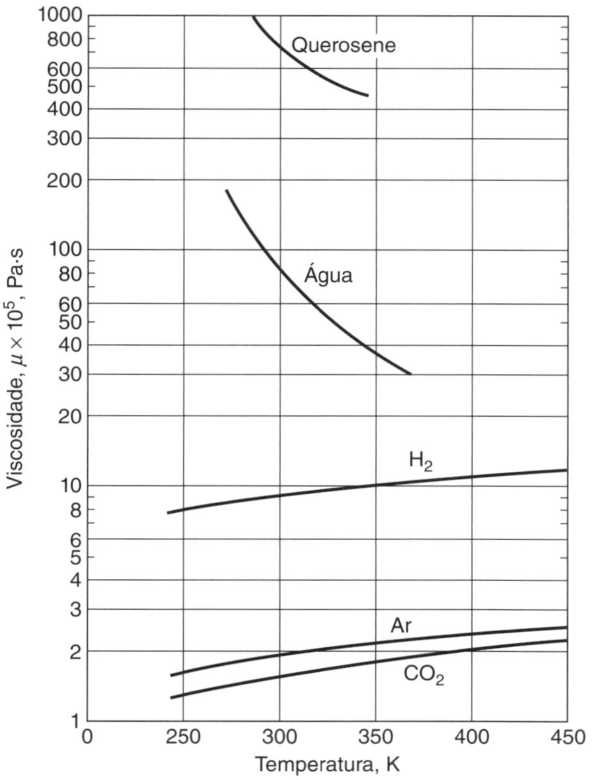

Figura 7.5 Variação da viscosidade–temperatura para alguns líquidos e gases.

▶ 7.4

TENSÃO CISALHANTE EM ESCOAMENTOS LAMINARES MULTIDIMENSIONAIS DE UM FLUIDO NEWTONIANO

A relação de Newton da viscosidade, discutida previamente, é válida somente para escoamentos laminares e paralelos. Stokes estendeu o conceito de viscosidade para o escoamento laminar tridimensional. A base da viscosidade de Stokes é a equação (7-2),

$$\text{viscosidade} = \frac{\text{tensão cisalhante}}{\text{taxa de deformação cisalhante}} \tag{7-2}$$

sendo a tensão cisalhante e a taxa de deformação cisalhante aquelas de um elemento tridimensional. Portanto, temos de examinar a tensão cisalhante e a taxa de deformação para um corpo tridimensional.

Tensão Cisalhante

A tensão cisalhante é uma grandeza tensorial que, para identificação, requer magnitude, direção e orientação em relação ao plano. O método usual de identificação da tensão cisalhante envolve um subscrito duplo, tal como τ_{xy}. A componente do tensor, τ_{ij}, é identificada como se segue:

τ = magnitude
primeiro subscrito = direção do eixo para o qual o plano de ação da tensão cisalhante é normal
segundo subscrito = direção de ação da tensão cisalhante

Dessa forma, τ_{xy} atua sobre um plano normal ao eixo x (o plano yz) e atua na direção y. Além do subscrito duplo, um sentido é necessário. As tensões cisalhantes que atuam em um elemento $\Delta x\,\Delta y\,\Delta z$, ilustrado na Figura 7.6, são indicadas no sentido positivo. A definição da tensão cisalhante positiva pode ser generalizada para uso em outros sistemas de coordenadas. Uma componente da tensão cisalhante é positiva quando tanto o vetor normal à superfície de ação como a tensão cisalhante atuam na mesma direção (ambos positivos ou ambos negativos).

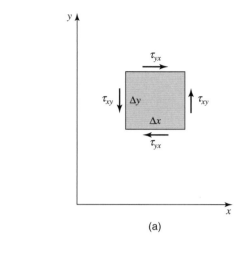

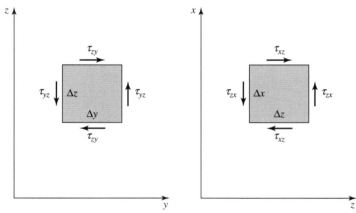

Figura 7.6 Tensão cisalhante atuando em um sentido positivo.

Por exemplo, na Figura 7.6(a), a tensão cisalhante τ_{yx} no topo do elemento atua sobre a superfície $\Delta x\, \Delta z$. O vetor normal a essa área está na direção positiva de y. A tensão τ_{yx} atua na direção positiva de x — logo, τ_{yx}, conforme ilustrado na Figura 7.6(a), é positiva. O estudante pode aplicar raciocínio similar a τ_{yx} atuando na base do elemento e concluir que τ_{yx} é também positiva, como ilustrado.

Como na mecânica dos sólidos, $\tau_{ij} = \tau_{ji}$ (veja o Apêndice C).

Taxa de Deformação Cisalhante

A taxa de deformação cisalhante para um elemento tridimensional pode ser avaliada determinando a taxa de deformação cisalhante nos planos xy, yz e xz. No plano xy, ilustrado na Figura 7.7, a taxa de deformação cisalhante é novamente $-d\delta/dt$; entretanto, o elemento pode ser deformado em ambas as direções x e y.

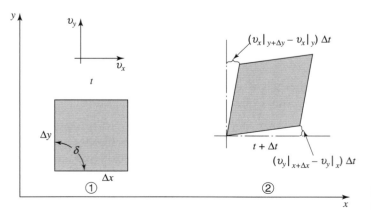

Figura 7.7 Deformação cisalhante no plano xy.

Consequentemente, à medida que o elemento se move da posição 1 para a posição 2 no tempo Δt,

$$-\frac{d\delta}{dt} = -\lim_{\Delta x, \Delta y, \Delta t \to 0} \frac{\delta|_{t+\Delta t} - \delta|_t}{\Delta t}$$

$$= -\lim_{\Delta x, \Delta y, \Delta t \to 0} \left\{ \frac{\pi/2 - \mathrm{arctg}\left\{[(v_x|_{y+\Delta y} - v_x|_y)\Delta t]/\Delta y\right\}}{\Delta t} \right.$$

$$\left. -\frac{\mathrm{arctg}\left\{[(v_y|_{x+\Delta x} - v_y|_x)\Delta t]/\Delta x\right\} - \pi/2}{\Delta t} \right\}$$

Uma vez que a deformação cisalhante avaliada anteriormente está no plano xy, ela terá o subscrito xy. No limite, $-d\delta_{xy}/dt = \partial v_x/\partial y + \partial v_y/\partial x$. De maneira similar, as taxas de deformação cisalhante nos planos yz e xz podem ser avaliadas como

$$-\frac{d\delta_{yz}}{dt} = \frac{\partial v_y}{\partial z} + \frac{\partial v_z}{\partial y}$$

$$-\frac{d\delta_{xz}}{dt} = \frac{\partial v_y}{\partial z} + \frac{\partial v_z}{\partial y}$$

Relação de Stokes da Viscosidade

(A) *Tensão Cisalhante* A relação de Stokes da viscosidade para as componentes da tensão cisalhante em um escoamento laminar pode agora ser estabelecida com a ajuda dos desenvolvimentos precedentes para a taxa de deformação cisalhante. Usando a equação (7-2), temos, para as tensões cisalhantes escritas em coordenadas retangulares,

$$\tau_{xy} = \tau_{yx} = \mu\left(\frac{\partial v_x}{\partial y} + \frac{\partial v_y}{\partial x}\right) \tag{7-15a}$$

$$\tau_{yz} = \tau_{zy} = \mu\left(\frac{\partial v_y}{\partial z} + \frac{\partial v_z}{\partial y}\right) \tag{7-15b}$$

e

$$\tau_{zx} = \tau_{xz} = \mu\left(\frac{\partial v_z}{\partial x} + \frac{\partial v_x}{\partial z}\right) \tag{7-15c}$$

(B) *Tensão Normal* A tensão normal pode também ser determinada a partir da relação tensão–taxa de deformação; a taxa de deformação, entretanto, é mais difícil de expressar do que no caso da deformação cisalhante. Por essa razão, o desenvolvimento da tensão normal, com base na lei de Hooke generalizada para um meio elástico, é incluído em detalhes no Apêndice D; somente o resultado é expresso a seguir nas equações (7-16a), (7-16b) e (7-16c).

A tensão normal em coordenadas retangulares, para um fluido newtoniano, é dada por:

$$\sigma_{xx} = \mu\left(2\frac{\partial v_x}{\partial x} - \frac{2}{3}\nabla \cdot \mathbf{v}\right) - P \tag{7-16a}$$

$$\sigma_{yy} = \mu\left(2\frac{\partial v_y}{\partial y} - \frac{2}{3}\nabla \cdot \mathbf{v}\right) - P \tag{7-16b}$$

e

$$\sigma_{zz} = \mu\left(2\frac{\partial v_z}{\partial z} - \frac{2}{3}\nabla \cdot \mathbf{v}\right) - P \tag{7-16c}$$

Deve-se notar que a soma dessas três equações fornece o resultado anteriormente mencionado: a tensão global, $\bar{\sigma} = (\sigma_{xx} + \sigma_{yy} + \sigma_{zz})/3$, é o negativo da pressão, P.

Exemplo 1

Um óleo newtoniano é submetido a um cisalhamento estacionário entre duas placas paralelas horizontais. A placa inferior está fixa e a placa superior, pesando 0,5 lb$_f$, move-se com uma velocidade constante de 15 ft/s. A distância entre as placas é constante e igual a 0,03 in. A área da placa superior, em contato com o fluido, é 0,95 ft². Qual é a viscosidade desse fluido?

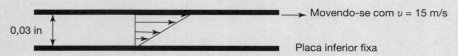

Figura 7.8 Escoamento entre duas placas paralelas, em que a placa superior está se movendo e a placa inferior está parada.

Começamos com a lei de Newton da viscosidade e também percebemos que a tensão cisalhante é força dividida por área:

$$\frac{F}{A} = \tau_{yx} = \mu \frac{dv_x}{dy}$$

$$F\,dy = \mu A\,dv_x$$

$$F \int_0^{0,0025\text{ ft}} dy = \mu A \int_0^{15\text{ ft/s}} dv_x$$

$$\mu = \frac{F(0,0025\text{ ft})}{A(15\text{ ft/s})} = \frac{(0,5\text{ lb}_f)(0,0025\text{ ft})}{(0,95\text{ ft}^2)(15\text{ ft/s})} \left(32,174\,\frac{\text{lb}_m\text{ft}}{\text{lb}_f\text{s}^2}\right) = 2,8 \times 10^{-3}\,\frac{\text{lb}_m}{\text{ft}\cdot\text{s}}$$

Exemplo 2

Maionese é um fluido não newtoniano, comumente usado na vida diária. Ele é classificado como um plástico de Bingham. A Figura 7.9 ilustra a resposta de tensão cisalhante *versus* deformação cisalhante quando a maionese é cisalhada entre duas placas paralelas, em que a placa superior está se movendo e a placa inferior está parada. Nesse experimento, o espaçamento entre as placas é 0,75 in e a placa móvel, com uma área de 1,75 ft², está exercendo uma força de 4,75 lb$_f$ sobre o fluido. Queremos primeiro encontrar a viscosidade da maionese e, então, determinar a velocidade da placa móvel.

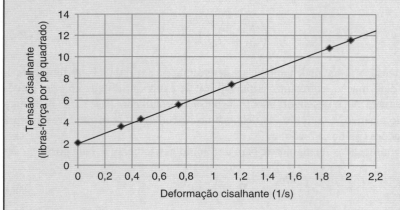

Figura 7.9 Tensão cisalhante *versus* deformação cisalhante para a maionese.

A viscosidade é encontrada a partir da inclinação da curva tensão cisalhante–deformação cisalhante:

$$\mu = \frac{\Delta y}{\Delta x} = \frac{10 - 4\text{ lb}_f/\text{ft}^2}{1,7 - 0,4\text{ s}^{-1}} \left(32,174\,\frac{\text{lb}_m\text{ft}}{\text{lb}_f\text{s}^2}\right) = 148,5\,\frac{\text{lb}_m}{\text{ft}\cdot\text{s}}$$

A seguir, queremos calcular a velocidade da maionese na placa móvel. Uma vez que a maionese é um plástico de Bingham, usamos a equação (note que a tensão de escoamento é aditiva neste exemplo)

$$\tau = \mu \frac{dv}{dy} + \tau_0 \tag{7-5}$$

> Da Figura 7.9, notamos que a tensão de escoamento é aproximadamente 2,1 lb$_f$/ft^2; assim, a equação para a tensão cisalhante é
>
> $$\frac{F}{A} = \left(148{,}5\,\frac{\text{lb}_m}{\text{ft}\cdot\text{s}}\right)\frac{dv}{dy} + (2{,}1\,\text{lb}_f/\text{ft}^2)$$
>
> Inserindo os valores para a força e a área da placa,
>
> $$\frac{4{,}75\,\text{lb}_f}{1{,}75\,\text{ft}^2} = \left(148{,}5\,\frac{\text{lb}_m}{\text{ft}\cdot\text{s}}\right)\frac{dv}{dy} + (2{,}1\,\text{lb}_f/\text{ft}^2)$$
>
> Rearranjando e resolvendo para a velocidade,
>
> $$\frac{dv}{dy} = 0{,}00414\,\frac{\text{lb}_f}{\text{lb}_m\text{ft}}\left(32{,}174\,\frac{\text{lb}_m\text{ft}}{\text{lb}_f\text{s}^2}\right) = 0{,}1331\,\text{s}^{-1}$$
>
> $$\int_0^{v_{\text{placa}}} dv = 0{,}1331 \int_0^{0{,}0625\,\text{ft}} dy$$
>
> $$v_{\text{placa}} = 0{,}0083\,\frac{\text{ft}}{\text{s}} = 0{,}5\,\frac{\text{ft}}{\text{m}}$$

▶ **7.5**

RESUMO

A tensão cisalhante em um escoamento laminar e sua dependência sobre a viscosidade e sobre as derivadas cinemáticas foram apresentadas para um sistema de coordenadas cartesianas. A tensão cisalhante em outros sistemas de coordenadas, naturalmente, ocorrerá frequentemente e deve-se notar que a equação (7-2) forma a relação geral entre tensão cisalhante, viscosidade e taxa de deformação cisalhante. A tensão cisalhante em outros sistemas de coordenadas pode ser obtida a partir da avaliação da taxa de deformação cisalhante em sistemas associados de coordenadas. Vários problemas dessa natureza são incluídos no final deste capítulo.

▶

PROBLEMAS

7.1 Esquematize a deformação de um elemento de fluido para os seguintes casos:

a. $\partial v_x/\partial y$ é muito maior do que $\partial v_y/\partial x$;

b. $\partial v_y/\partial x$ é muito maior do que $\partial v_x/\partial y$.

7.2 Para um escoamento bidimensional e incompressível, com velocidade $v_x = v_x(y)$, esquematize um elemento de fluido tridimensional e ilustre a magnitude, a direção e a superfície de ação de cada componente de tensão.

7.3 Mostre que a taxa de deformação axial em um escoamento unidimensional, $v_x = v_x(x)$, é dada por $\partial v_x/\partial x$. Qual é a taxa de variação de volume? Generalize para um elemento tridimensional de fluido e determine a taxa de variação de volume.

7.4 Usando um elemento cilíndrico, mostre que a relação de Stokes da viscosidade resulta nas seguintes componentes da tensão cisalhante:

$$\tau_{r\theta} = \tau_{\theta r} = \mu\left[r\frac{\partial}{\partial r}\left(\frac{v_\theta}{r}\right) + \frac{1}{r}\frac{\partial v_r}{\partial \theta}\right]$$

$$\tau_{\theta z} = \tau_{z\theta} = \mu\left[\frac{\partial v_\theta}{\partial z} + \frac{1}{r}\frac{\partial v_z}{\partial \theta}\right]$$

$$\tau_{zr} = \tau_{rz} = \mu\left[\frac{\partial v_z}{\partial r} + \frac{\partial v_r}{\partial z}\right]$$

7.5 Estime a viscosidade do nitrogênio a 175 K, usando a equação (7-10).

7.6 Calcule a viscosidade do oxigênio a 350 K e compare com o valor dado no Apêndice I.

7.7 Qual é a variação percentual na viscosidade da água, quando a temperatura da água sobe de 60 para 120°F?

7.8 A que temperatura a viscosidade cinemática da glicerina é a mesma que a viscosidade cinemática do hélio?

7.9 De acordo com o modelo de escoamento laminar de Hagen-Poiseuille, a vazão é inversamente proporcional à viscosidade. Que variação percentual na vazão ocorrerá em um escoamento laminar quando a temperatura da água variar de próxima ao congelamento até 140°F?

7.10 Repita o problema anterior para o ar.

7.11 O girabrequim de um carro tem um diâmetro de 3,175 cm. Um rolamento no eixo tem um diâmetro de 3,183 cm e um comprimento de 2,8 cm. O rolamento é lubrificado com óleo SAE 30, a uma temperatura de 365 K. Considerando que o eixo está centralizado no rolamento, determine quanto calor deve ser removido para manter o rolamento em uma temperatura constante. O eixo está girando a 1700 rpm e a viscosidade do óleo é 0,01 Pa·s.

7.12 Se a velocidade do eixo for dobrada no Problema 7.11, qual será o percentual de aumento no calor transferido do rolamento? Considere que o rolamento permaneça com uma temperatura constante.

7.13 Dois navios estão viajando lado a lado, conectados por mangueiras flexíveis. Fluido é transferido de um navio para outro para processamento, retornando em seguida. Se o fluido está escoando a 100 kg/s e, em um dado instante, o primeiro navio está a 4 m/s e o segundo navio está a 3,1 m/s, qual é a força líquida sobre o navio 1 para as velocidades dadas?

7.14 Um elevador automático consiste em um êmbolo de 36,02 cm de diâmetro, que desliza em um cilindro de 36,04 cm de diâmetro. A região anular é cheia com óleo, que tem uma viscosidade cinemática de 0,00037 m²/s e uma densidade relativa de 0,85. Se a velocidade do êmbolo for 0,15 m/s, estime a resistência friccional quando 3,14 m do êmbolo estiverem encaixados no cilindro.

7.15 Se o êmbolo e o cilindro do problema anterior tiverem juntos uma massa de 680 kg, estime a velocidade máxima de afundamento do êmbolo e do cilindro quando a gravidade e a força viscosa forem as únicas forças atuando. Admita que 2,44 m do cilindro estejam encaixados.

7.16 O pivô cônico mostrado na figura a seguir tem uma velocidade angular ω e repousa sobre um filme de óleo de espessura uniforme h. Determine o momento friccional em função do ângulo α, da viscosidade, da velocidade angular, da distância do espaçamento e do diâmetro do eixo.

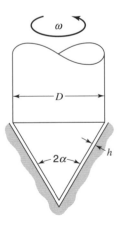

7.17 Para água escoando em um tubo de 0,1 in de diâmetro, a distribuição de velocidades é parabólica (Exemplo 2, Capítulo 4). Se a velocidade média for 2 ft/s, determine a magnitude da tensão cisalhante na parede do tubo.

7.18 Qual é a queda de pressão por pé de tubo causada pela tensão cisalhante no Problema 7.17?

7.19 A taxa de trabalho de cisalhamento por unidade de volume é dada pelo produto τv. Para um perfil parabólico de velocidade em um tubo circular (Exemplo 2, Capítulo 4), determine a distância, a partir da parede, na qual o trabalho de cisalhamento é máximo.

7.20 Um óleo newtoniano, com uma densidade de 60 lb_m/ft^3, uma viscosidade de $0,206 \times 10^{-3}$ $lb_m/ft \cdot s$ e uma viscosidade cinemática de $0,342 \times 10^{-5}$ ft²/s, é submetido a uma tensão cisalhante entre uma placa horizontal inferior fixa e uma placa horizontal superior que está se movendo com uma velocidade de 3 ft/s. A distância entre as placas é 0,03 in e a área da placa superior em contato com o fluido é 0,1 ft². Considere o escoamento como incompressível, isotérmico e inviscido.

a. Qual é a tensão cisalhante exercida sobre o fluido, sob essas condições?

b. Qual é a força da placa superior sobre o fluido?

7.21 Um revestimento fino deve ser aplicado sobre ambos os lados de um pedaço de plástico fino que está sendo transportado mecanicamente. O plástico tem 4,5 μm de espessura e 0,0254 m de largura, sendo muito longo. Queremos revestir um comprimento específico do plástico, que tem 1 m de comprimento. Esse plástico fino se romperá se a força aplicada exceder 20 lb_f. O revestimento fino é feito transportando o plástico mecanicamente por um espaçamento estreito que determina a espessura do revestimento. O plástico está centralizado no espaçamento, que é de 1,0 μm entre o topo e o fundo. O revestimento fluido a 80°F tem as seguintes propriedades: densidade = 52,5 lb_m/ft^3, calor específico = 0,453 Btu/lb_m°F, viscosidade = $6,95 \times 10^{-3}$ $lb_m/ft \cdot s$ e viscosidade cinemática = $1,33 \times 10^{-4}$ ft²/s. Ele enche completamente o espaço entre o plástico e o espaçamento, ao longo de um comprimento de 0,75 in do plástico. Calcule a velocidade com a qual a fita pode ser transportada pelo espaçamento, de modo que a fita não se quebre.

7.22 A figura a seguir mostra a geometria de um experimento reológico. Um fluido está entre R_o e R_i, em que R_i = 16,00 mm e R_o = 17,00 mm. O espaçamento entre os dois cilindros pode ser modelado como duas placas paralelas separadas por um fluido. O cilindro interno é girado a 6000 rpm e o torque é medido como 0,03 Nm. O comprimento do cilindro interno é 33,4 mm. Determine a viscosidade do fluido. Podemos admitir que o cilindro interno esteja completamente submerso no fluido, que o fluido seja newtoniano e que os efeitos viscosos nas duas extremidades do cilindro interno sejam desprezíveis.

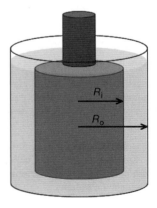

CAPÍTULO **8**

Análise de um Elemento Diferencial de Fluido em Escoamento Laminar

A análise da situação de um fluido em escoamento pode seguir dois caminhos diferentes. Um tipo de análise foi discutido à exaustão nos Capítulos 4 a 6, em que a região de interesse foi um volume definido: o volume de controle macroscópico. Analisando um problema do ponto de vista de um volume de controle macroscópico, está-se preocupado somente com quantidades globais de massa, de momento e de energia atravessando a superfície de controle e a variação total nessas grandezas exibida pelo material sob consideração. Variações que ocorrem dentro do volume de controle por cada elemento diferencial não podem ser obtidas a partir desse tipo de análise global.

Neste capítulo, deveremos direcionar nossa atenção a elementos de fluido à medida que eles se aproximam de um tamanho diferencial. Nosso objetivo é a estimação e descrição do comportamento do fluido a partir de um ponto de vista diferencial; as expressões resultantes de tais análises serão equações diferenciais. A solução dessas equações diferenciais fornecerá informações do escoamento por meio de uma visão diferente daquela atingida a partir de um exame macroscópico. Tais informações podem ter menos interesse para o engenheiro que necessita de informações globais de projeto, porém ela pode esclarecer melhor os mecanismos de transferência de massa, de momento e de energia.

É possível mudar de uma forma de análise para outra — isto é, de uma análise diferencial para uma análise integral, por meio de integração e vice-versa, bem facilmente.[1]

Uma solução completa para as equações diferenciais do escoamento de fluidos é possível somente se o escoamento é laminar; por essa razão, somente situações de escoamento laminar serão examinadas neste capítulo. Uma abordagem diferencial mais geral será discutida no Capítulo 9.

▶ **8.1**

ESCOAMENTO LAMINAR COMPLETAMENTE DESENVOLVIDO EM UM CONDUTO DE SEÇÃO TRANSVERSAL CIRCULAR CONSTANTE

Engenheiros são frequentemente confrontados com escoamento de fluidos no interior de condutos circulares ou tubos. Devemos agora analisar essa situação para o caso de escoamento laminar incompressível. Na Figura 8.1, temos uma seção de tubo em que o escoamento é laminar e completamente

---

[1] Essa transformação pode ser feita por uma variedade de métodos, entre os quais os métodos de cálculo vetorial. Devemos usar um processo de limite neste livro.

91

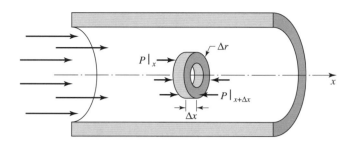

Figura 8.1 Volume de controle para escoamento em um conduto circular.

desenvolvido — isto é, não é influenciado por efeitos de entrada e representa uma situação de escoamento estacionário. *Escoamento completamente desenvolvido* é definido como aquele em que o perfil de velocidades não varia ao longo do eixo de escoamento.

Consideraremos agora o volume de controle cilíndrico de um fluido, tendo um raio interno r, espessura Δr e comprimento Δx. Aplicando a segunda lei de Newton a esse volume de controle, podemos calcular a força apropriada e os termos de momento para a direção x. Começando com a expressão do volume de controle para o momento linear na direção x,

$$\Sigma F_x = \iint_{\text{s.c.}} \rho v_x (\mathbf{v} \cdot \mathbf{n}) dA + \frac{\partial}{\partial t} \iiint_{\text{v.c.}} \rho v_x dV \qquad (5\text{-}5a)$$

e, avaliando cada termo do volume de controle mostrado, temos

$$\Sigma F_x = P(2\pi r\, \Delta r)|_x - P(2\pi r\, \Delta r)|_{x+\Delta x} + \tau_{rx}(2\pi r\, \Delta x)|_{r+\Delta r} - \tau_{rx}(2\pi r\, \Delta x)|_r$$

$$\iint_{\text{s.c.}} v_x \rho (\mathbf{v} \cdot \mathbf{n}) dA = (\rho v_x)(2\pi r\, \Delta r v_x)|_{x+\Delta x} - (\rho v_x)(2\pi r\, \Delta r v_x)|_x$$

e

$$\frac{\partial}{\partial t} \iiint_{\text{v.c.}} v_x \rho\, dV = 0$$

no escoamento estacionário.

O fluxo convectivo de momento

$$(\rho v_x)(2\pi r\, \Delta r v_x)|_{x+\Delta x} - (\rho v_x)(2\pi\, \Delta r v_x)|_x$$

é igual a zero uma vez que, pela suposição inicial de que o escoamento é completamente estabelecido, todos os termos são independentes de x. A substituição dos termos restantes na equação (5-5a) fornece

$$-[P(2\pi r\, \Delta r)|_{x+\Delta x} - P(2\pi r\, \Delta r)|_x] + \tau_{rx}(2\pi r\, \Delta x)|_{r+\Delta r} - \tau_{rx}(2\pi r\, \Delta x)|_r = 0$$

Cancelando termos quando possível e rearranjando, encontramos que essa expressão se reduz à forma

$$-r \frac{P|_{x+\Delta x} - P|_x}{\Delta x} + \frac{(r\tau_{rx})|_{r+\Delta r} - (r\tau_{rx})|_r}{\Delta r} = 0$$

Avaliando essa expressão no limite quando o volume de controle se aproxima de um tamanho diferencial — ou seja, quando Δx e Δr se aproximam de zero, temos

$$-r \frac{dP}{dx} + \frac{d}{dr}(r\tau_{rx}) = 0 \qquad (8\text{-}1)$$

Note que a pressão e a tensão cisalhante são funções somente de x e de r, respectivamente, e assim as derivadas formadas são totais em vez de derivadas parciais. Em uma região de escoamento completamente estabelecido, o gradiente de pressão, dP/dx, é constante.

As variáveis na equação (8-1) podem ser separadas e integradas resultando em

$$\tau_{rx} = \left(\frac{dP}{dx}\right)\frac{r}{2} + \frac{C_1}{r}$$

A constante de integração C_1 pode ser avaliada sabendo-se um valor de τ_{rx} em algum r. Tal condição é conhecida no centro do conduto, $r = 0$, em que para qualquer valor finito de C_1, a tensão cisalhante, τ_{rx}, será infinita. Uma vez que isso é fisicamente impossível, o único valor realístico para C_1 é zero. Assim, a distribuição de tensões cisalhantes para as condições e geometrias especificadas é

$$\tau_{rx} = \left(\frac{dP}{dx}\right)\frac{r}{2} \tag{8-2}$$

Observamos que a tensão cisalhante varia linearmente ao longo do raio do conduto, de um valor de 0, em $r = 0$, a um máximo em $r = R$, a superfície interna do conduto.

Mais informações podem ser obtidas se substituirmos a relação de Newton da viscosidade — isto é, admitindo o fluido como newtoniano e lembrando que o escoamento é laminar:

$$\tau_{rx} = \mu \frac{dv_x}{dr} \tag{8-3}$$

Substituindo essa relação na equação (8-2), tem-se

$$\mu \frac{dv_x}{dr} = \left(\frac{dP}{dx}\right)\frac{r}{2}$$

que se torna, depois de integrar,

$$v_x = \left(\frac{dP}{dx}\right)\frac{r^2}{4\mu} + C_2$$

A segunda constante de integração, C_2, pode ser avaliada usando a condição de contorno de que a velocidade, v_x, é zero na superfície do conduto (a condição de aderência), $r = R$. Assim,

$$C_2 = -\left(\frac{dP}{dx}\right)\frac{R^2}{4\mu}$$

e a distribuição de velocidades se torna

$$v_x = -\left(\frac{dP}{dx}\right)\frac{1}{4\mu}(R^2 - r^2) \tag{8-4}$$

ou

$$v_x = -\left(\frac{dP}{dx}\right)\frac{R^2}{4\mu}\left[1 - \left(\frac{r}{R}\right)^2\right] \tag{8-5}$$

As equações (8-4) e (8-5) indicam que o perfil de velocidades é parabólico e que a velocidade máxima ocorre no centro do conduto circular, em que $r = 0$. Logo,

$$v_{\text{máx}} = -\left(\frac{dP}{dx}\right)\frac{R^2}{4\mu} \tag{8-6}$$

e a equação (8-5) pode ser escrita na forma

$$v_x = v_{\text{máx}}\left[1 - \left(\frac{r}{R}\right)^2\right] \tag{8-7}$$

Note que o perfil de velocidades escrito na forma da equação (8-7) é idêntico àquele usado no Capítulo 4, Exemplo 2. Podemos, por conseguinte, usar o resultado obtido no Capítulo 4, Exemplo 2:

$$v_{\text{média}} = \frac{v_{\text{máx}}}{2} = -\left(\frac{dP}{dx}\right)\frac{R^2}{8\mu} \tag{8-8}$$

A equação (8-8) pode ser rearranjada para expressar o gradiente de pressão, $-dP/dx$, em termos de $v_{\text{média}}$:

$$-\frac{dP}{dx} = \frac{8\mu v_{\text{média}}}{R^2} = \frac{32\mu v_{\text{média}}}{D^2} \tag{8-9}$$

A equação (8-9) é conhecida como a equação de Hagen–Poiseuille, em homenagem a dois homens que a deduziram originalmente. Essa expressão pode ser integrada ao longo de um dado comprimento do conduto para achar a queda de pressão e a força de arraste associadas no conduto, resultante do escoamento de um fluido viscoso.

As condições para as quais as equações precedentes foram deduzidas e aplicadas devem ser lembradas e entendidas. Elas são:

1. O fluido
   a. é newtoniano
   b. comporta-se como um *continuum*

2. O escoamento é
   a. laminar
   b. estacionário
   c. completamente desenvolvido
   d. incompressível

▶ 8.2

ESCOAMENTO LAMINAR DE UM FLUIDO NEWTONIANO DESCENDENTE EM UMA SUPERFÍCIE PLANA INCLINADA

A abordagem usada na Seção 8.1 será agora aplicada a uma situação levemente diferente — ou seja, aquela de um fluido newtoniano em escoamento laminar descendo uma superfície inclinada plana. Essa configuração e a nomenclatura associada são mostradas na Figura 8.2. Examinaremos o caso bidimensional — isto é, não consideraremos variação significativa na direção z.

A análise novamente envolve a aplicação da expressão de volume de controle para o momento linear na direção x, que é

$$\Sigma F_x = \iint_{\text{s.c.}} v_x \rho(\mathbf{v} \cdot \mathbf{n}) dA + \frac{\partial}{\partial t} \iiint_{\text{v.c.}} \rho v_x dV \tag{5-5a}$$

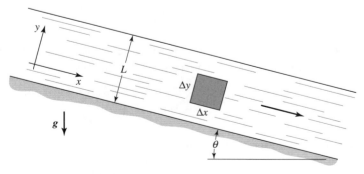

Figura 8.2 Escoamento laminar descendente ao longo de uma superfície plana inclinada.

Avaliando cada termo nessa expressão para o elemento de volume de fluido $(\Delta x)(\Delta y)(1)$, como mostrado na figura, tem-se

$$\Sigma F_x = P\Delta y|_x - P\Delta y|_{x+\Delta x} + \tau_{yx}\Delta x|_{y+\Delta y} - \tau_{yx}\Delta x|_y + \rho g\,\Delta x\,\Delta y\,\mathrm{sen}\,\theta$$

$$\iint_{\mathrm{s.c.}} \rho v_x(\mathbf{v}\cdot\mathbf{n})dA = \rho v_x^2\Delta y|_{x+\Delta x} - \rho v_x^2\Delta y|_x$$

e

$$\frac{\partial}{\partial t}\iiint_{\mathrm{v.c.}} \rho v_x\, dV = 0$$

Notando que os termos de momento convectivo se cancelam para escoamento completamente desenvolvido e que os termos de pressão–força também se cancelam por causa da presença de uma superfície livre de líquido, vemos que a equação resultante da substituição desses termos na equação (5-5a) se torna

$$\tau_{yx}\Delta x|_{y+\Delta y} - \tau_{yx}\Delta x|_y + \rho g\,\Delta x\,\Delta y\,\mathrm{sen}\,\theta = 0$$

Dividindo por $(\Delta x)(\Delta y)(1)$ o volume do elemento considerado, tem-se

$$\frac{\tau_{yx}|_{y+\Delta y} - \tau_{yx}|_y}{\Delta y} + \rho g\,\mathrm{sen}\,\theta = 0$$

No limite quando $\Delta y \to 0$, obtemos a equação diferencial aplicável

$$\frac{d}{dy}\tau_{yx} + \rho g\,\mathrm{sen}\,\theta = 0 \tag{8-10}$$

Separando as variáveis nessa equação simples e integrando, obtemos a tensão cisalhante

$$\tau_{yx} = -\rho g\,\mathrm{sen}\,\theta\,y + C_1$$

A constante de integração, C_1, pode ser avaliada usando a condição de contorno de que a tensão cisalhante, τ_{yx}, é zero na superfície livre, $y = L$. Assim, a variação de tensão cisalhante se torna

$$\tau_{yx} = \rho g L\,\mathrm{sen}\,\theta\left[1 - \frac{y}{L}\right] \tag{8-11}$$

A consideração de um fluido newtoniano em escoamento laminar permite a substituição de $\mu\,(dv_x/dy)$ no lugar de τ_{yx}, resultando em

$$\frac{dv_x}{dy} = \frac{\rho g L\,\mathrm{sen}\,\theta}{\mu}\left[1 - \frac{y}{L}\right]$$

que, separando as variáveis e integrando, torna-se

$$v_x = \frac{\rho g L\,\mathrm{sen}\,\theta}{\mu}\left[y - \frac{y^2}{2L}\right] + C_2$$

Usando a condição de contorno da aderência — ou seja, $v_x = 0$ em $y = 0$ — a constante de integração, C_2, é zero. A expressão final para o perfil de velocidades pode agora ser escrita como

$$v_x = \frac{\rho g L^2\,\mathrm{sen}\,\theta}{\mu}\left[\frac{y}{L} - \frac{1}{2}\left(\frac{y}{L}\right)^2\right] \tag{8-12}$$

A forma dessa solução indica que a variação de velocidade é parabólica, alcançando o valor máximo

$$v_{\text{máx}} = \frac{\rho g L^2 \operatorname{sen}\theta}{2\mu} \qquad (8\text{-}13)$$

na superfície livre, $y = L$.

Cálculos adicionais podem ser feitos para determinar a velocidade média, como foi indicado na Seção 8.1. Note que não haverá, nesse caso, uma relação similar à de Hagen–Poiseuille, equação (8-9), para o gradiente de pressão. A razão para isso é a presença de uma superfície livre no líquido ao longo da qual a pressão é constante. Desse modo, para o presente caso, o escoamento não é o resultado de um gradiente de pressão, mas uma manifestação da aceleração gravitacional sobre um fluido.

Exemplo 1

Seu companheiro no laboratório pegou um tubo capilar sem anotar o diâmetro escrito na embalagem. É muito difícil medir acuradamente o diâmetro de tubos capilares longos, mas ele pode ser calculado. O capilar em questão tem 12 cm de comprimento, sendo longo o suficiente para atingir o escoamento plenamente desenvolvido. Água escoa pelo capilar, em escoamento estacionário e contínuo, a uma temperatura de 313 K e a uma velocidade de 0,05 cm/s. A queda de pressão no capilar é medida como 6 Pa. Você pode supor que a densidade do fluido é constante para essa análise e que a condição de aderência se aplica. O diâmetro do capilar pode ser calculado como se segue.

As suposições do problema nos permitem usar a equação de Hagen–Poiseuille:

$$-\frac{dP}{dz} = \frac{8\,\mu v_{\text{média}}}{R^2} = \frac{32\,\mu v_{\text{média}}}{D^2} \qquad (8\text{-}9)$$

Podemos tomar dz como o comprimento do tubo capilar e dP como a variação da pressão ou ΔP; logo,

$$\frac{\Delta P}{L} = \frac{32\,\mu v_{\text{média}}}{D^2}$$

Resolvendo para o diâmetro,

$$D = \sqrt{\frac{32\,\mu v_{\text{média}} L}{\Delta P}} = \sqrt{\frac{32(6{,}58 \times 10^{-4}\,\text{Pa}\cdot\text{s})(0{,}5\,\text{cm/s})(12\,\text{cm})}{6\,\text{Pa}}} = 0{,}145\,\text{cm} = 1{,}45\,\text{mm}$$

▶ 8.3

RESUMO

O método de análise empregado neste capítulo, aquele de aplicar a relação básica para o momento linear a um pequeno volume de controle, permitindo o volume de controle ser reduzido a um tamanho diferencial, capacita alguém a encontrar informações diferentes daquelas obtidas previamente. Perfis de velocidades e de tensões de cisalhamento são exemplos desse tipo de informação. O comportamento de um elemento de fluido de tamanho diferencial pode fornecer conhecimento considerável em um dado processo de transferência e fornecer um entendimento disponível em nenhum outro tipo de análise.

Esse método tem contrapartidas diretas em transferência de calor e de massa, em que o elemento pode estar sujeito a um balanço de energia e de massa.

No Capítulo 9, os métodos introduzidos neste capítulo serão usados para deduzir as equações diferenciais de escoamento de fluidos para um volume de controle geral.

PROBLEMAS

8.1 Expresse a equação (8-9) em termos da vazão e do diâmetro do tubo. Se o diâmetro do tubo for dobrado a uma queda de pressão constante, qual a variação percentual que ocorrerá na vazão?

8.2 Uma tubulação de 40 km de comprimento transporta petróleo a uma vazão de 4000 barris por dia. A queda de pressão resultante é $3{,}45 \times 10^6$ Pa. Se uma tubulação paralela de mesmo tamanho for colocada ao longo dos últimos 18 km da primeira tubulação, qual será a nova capacidade dessa rede? O escoamento em ambos os casos é laminar e a queda de pressão permanece $3{,}45 \times 10^6$ Pa.

8.3 Uma linha hidráulica de 0,635 cm se rompe repentinamente a 8 m de um reservatório com uma pressão manométrica de 207 kPa. Compare as vazões (em metros cúbicos por segundo) para um escoamento laminar e invíscido a partir de uma linha rompida.

8.4 Um tipo comum de viscosímetro para líquidos consiste em um reservatório relativamente grande, com um tubo de saída muito delgado. A vazão de saída é determinada pelo tempo de queda do nível da superfície. Se óleo de densidade constante sai do viscosímetro mostrado a uma vazão de 0,273 cm³/s, qual é a viscosidade cinemática do fluido? O diâmetro do tubo é 0,18 cm.

8.5 Deduza a expressão para a distribuição de velocidades e para a queda de pressão para um fluido newtoniano em escoamento laminar completamente estabelecido no espaço anular entre dois tubos concêntricos horizontais. Aplique o teorema do momento para uma casca anular de fluido de espessura Δr e mostre que a análise de tal volume de controle conduz a

$$\frac{d}{dr}(r\tau) = r\frac{\Delta P}{L}$$

As expressões desejadas podem ser então obtidas pela substituição da lei de Newton da viscosidade e duas integrações.

8.6 Um bastão fino de diâmetro d é puxado com uma velocidade constante através de um tubo de diâmetro D. Se o fio estiver no centro do tubo, encontre o arraste por unidade de comprimento do fio. O fluido que enche o espaço entre o bastão e o tubo interno tem densidade ρ e viscosidade μ.

8.7 A viscosidade de líquidos pesados, tais como óleos, é frequentemente medida com um dispositivo que consiste em um cilindro giratório dentro de um cilindro grande. A região anular entre esses cilindros é cheia com líquido e o torque requerido para girar o cilindro interno a uma velocidade constante é calculado, considerando-se um perfil linear de velocidades. Para qual razão de diâmetros dos cilindros a suposição de um perfil linear é acurada, dentro de 1% de erro em relação ao perfil verdadeiro?

8.8 Dois fluidos imiscíveis, de densidades e viscosidades diferentes, estão escoando entre duas placas paralelas. Expresse as condições de contorno na interface entre os dois fluidos.

8.9 Determine o perfil de velocidades para um fluido escoando entre duas placas planas paralelas, separadas por uma distância $2h$. A queda de pressão é constante.

8.10 Um fluido escoa entre duas placas paralelas, separadas por uma distância h. A placa superior se move com uma velocidade v_0; a placa inferior está estacionária. Para qual valor de gradiente de pressão a tensão cisalhante na parede inferior será zero?

8.11 Deduza a equação do movimento para um escoamento compressível, transiente e invíscido, em um tubo de área transversal constante. Despreze a gravidade.

8.12 Uma esteira contínua sobe atravessando um banho químico a uma velocidade v_0 e capta um filme de líquido, de espessura h, densidade ρ e viscosidade μ. A gravidade tende a puxar o líquido para baixo, mas o movimento da esteira impede que o fluido escoe completamente. Considere que o escoamento é laminar e bem desenvolvido, com gradiente de pressão igual a zero, e que a atmosfera não produz nenhum cisalhamento na superfície externa do filme.

a. Estabeleça claramente as condições de contorno em $y = 0$ e $y = h$ para a velocidade.

b. Calcule o perfil de velocidades.

c. Determine a taxa na qual fluido está sendo arrastado para cima com a esteira, em termos de μ, ρ, h, v_0.

8.13 O dispositivo no diagrama esquemático a seguir é uma bomba de viscosidade. Ele consiste em um tambor girando dentro de um invólucro estacionário. O invólucro e o tambor são concêntricos. O fluido entra em A, escoa pelo anel entre o invólucro e o tambor e sai por B. A pressão em B é maior do que em A, sendo ΔP essa diferença. O comprimento do anel é L. A largura do anel h é muito pequena comparada ao diâmetro do tambor, de modo que o escoamento no anel é equivalente ao escoamento entre duas placas. Considere que o escoamento seja laminar. Encontre o aumento de pressão e a eficiência em função da taxa de escoamento por unidade de profundidade.

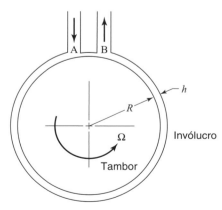

8.14 Óleo é suprido no centro de duas placas longas. A vazão por unidade de comprimento é Q e as placas permanecem a uma distância

98 ▶ Capítulo 8

constante, b, entre si. Determine a força vertical por unidade de comprimento como função de Q, μ, L e b.

8.15 Um filme viscoso escoa uniformemente para baixo, ao longo de um bastão vertical de raio R. A alguma distância, o filme se aproxima de um escoamento terminal ou completamente desenvolvido, tal que a espessura do filme, h, é constante e $v_z = f(r)$. Desprezando a resistência de cisalhamento devida à atmosfera, determine a distribuição de velocidades no filme.

8.16 Determine a velocidade máxima no filme do Problema 8.15.

8.17 Benzeno escoa estacionária e continuamente a 100°F por um tubo horizontal de 3000 pés, com um diâmetro constante de 4 in. A queda de pressão no tubo sob essas condições é 300 lb/ft². Supondo escoamento desenvolvido, laminar e incompressível, calcule a vazão e a velocidade média do fluido no tubo.

8.18 Um fluido newtoniano, em escoamento laminar, incompressível e contínuo, está se movendo estacionariamente por um tubo horizontal muito longo de 700 m. O raio interno é 0,25 m para o comprimento inteiro e a queda de pressão ao longo do tubo é 1000 Pa. A velocidade média do fluido é 0,5 m/s. Qual é a viscosidade desse fluido?

8.19 Benzeno, que é um fluido newtoniano e incompressível, escoa estacionária e continuamente a 150°F por um tubo de 3000 ft, com um diâmetro constante de 4 in e uma vazão de 3,5 ft³/s. Supondo escoamento laminar completamente desenvolvido e que a condição de contorno de aderência se aplica, calcule a variação de pressão por esse tubo.

8.20 Pediram para você calcular a densidade de um fluido newtoniano e incompressível, em escoamento estacionário, que escoa continuamente a 250°F ao longo de um tubo de 2500 ft, com um diâmetro constante de 4 in e uma vazão de 2,5 ft³/s. As únicas propriedades do fluido conhecidas são a viscosidade cinemática, $-7,14 \times 10^{-6}$ ft²/s, e a tensão superficial, $-0,0435$ N/m. Admitindo que o escoamento seja laminar e completamente desenvolvido, com uma queda de pressão de 256 lb$_f$/ft², calcule a densidade desse fluido se a condição de aderência se aplica.

CAPÍTULO 9

Equações Diferenciais de Escoamento de Fluidos

As leis fundamentais de escoamento de fluido, expressas em forma matemática para um volume de controle arbitrário nos Capítulos 4 a 6, podem ser demonstradas na forma matemática para um tipo especial de volume de controle: o elemento diferencial. Essas equações diferenciais de escoamento de fluido fornecem um meio de determinar a variação ponto a ponto das propriedades do fluido. O Capítulo 8 envolveu as equações diferenciais associadas a alguns escoamentos unidimensionais, estacionários, laminares e incompressíveis. No Capítulo 9, expressaremos a lei de conservação da massa e a segunda lei de Newton do movimento na forma diferencial para casos mais gerais. As ferramentas básicas para deduzir essas equações diferenciais serão os desenvolvimentos em volume de controle dos Capítulos 4 e 5.

9.1

EQUAÇÃO DIFERENCIAL DA CONTINUIDADE

A equação da continuidade a ser desenvolvida nesta seção é a lei de conservação da massa expressa na forma diferencial. Considere o volume de controle $\Delta x \, \Delta y \, \Delta z$ mostrado na Figura 9.1.

A expressão do volume de controle para conservação de massa é

$$\iint \rho(\mathbf{v} \cdot \mathbf{n})dA + \frac{\partial}{\partial t} \iiint \rho \, dV = 0 \qquad (4\text{-}1)$$

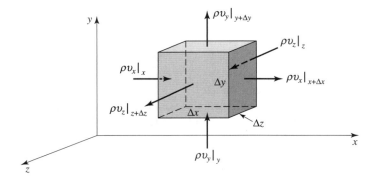

Figura 9.1 Fluxo de massa através de um volume de controle diferencial.

que estabelece que

$$\begin{Bmatrix} \text{taxa líquida de fluxo} \\ \text{de massa que sai do} \\ \text{volume de controle} \end{Bmatrix} + \begin{Bmatrix} \text{taxa de acúmulo de} \\ \text{massa dentro do} \\ \text{volume de controle} \end{Bmatrix} = 0$$

O fluxo de massa $\rho(\mathbf{v} \cdot \mathbf{n})$ em cada face do volume de controle está ilustrado na Figura 9.1. A massa dentro do volume de controle é $\rho\, \Delta x\, \Delta y\, \Delta z$; logo, a taxa temporal de variação de massa dentro do volume de controle é

$$\frac{\partial}{\partial t}(\rho\, \Delta x\, \Delta y\, \Delta z)$$

O estudante deve lembrar que a densidade em geral pode variar ponto a ponto — ou seja, $\rho = \rho(x, y, z, t)$. O fluxo líquido de massa do volume de controle na direção x é

$$(\rho v_x|_{x+\Delta x} - \rho v_x|_x)\Delta y\, \Delta z$$

na direção y

$$(\rho v_y|_{y+\Delta y} - \rho v_y|_y)\Delta x\, \Delta z$$

e na direção z

$$(\rho v_z|_{z+\Delta z} - \rho v_z|_z)\Delta x\, \Delta y$$

O fluxo líquido de massa é a soma dos três termos anteriores. Substituindo na equação (4-1), resulta

$$(\rho v_x|_{x+\Delta x} - \rho v_x|_x)\Delta y\, \Delta z + (\rho v_y|_{y+\Delta y} - \rho v_y|_y)\Delta x\, \Delta z$$
$$+ (\rho v_z|_{z+\Delta z} - \rho v_z|_z)\Delta x\, \Delta y + \frac{\partial}{\partial t}(\rho\, \Delta x\, \Delta y\, \Delta z) = 0$$

O volume não varia com o tempo; logo, podemos dividir a equação anterior por $\Delta x\, \Delta y\, \Delta z$. No limite, quando $\Delta x\, \Delta y\, \Delta z$ se aproximam de zero, obtemos

$$\frac{\partial}{\partial x}(\rho v_x) + \frac{\partial}{\partial y}(\rho v_y) + \frac{\partial}{\partial z}(\rho v_z) + \frac{\partial \rho}{\partial t} = 0 \tag{9-1}$$

Os três primeiros termos representam a divergência do vetor $\rho \mathbf{v}$. A divergência de um vetor é o produto escalar com ∇:

$$\operatorname{div} \mathbf{A} \equiv \nabla \cdot \mathbf{A}$$

O estudante pode verificar que os três primeiros termos da equação (9-1) podem ser escritos como $\nabla \cdot \rho \mathbf{v}$, e assim uma forma mais compacta da equação da continuidade se torna

$$\nabla \cdot \rho \mathbf{v} + \frac{\partial \rho}{\partial t} = 0 \tag{9-2}$$

A equação da continuidade anterior se aplica a um escoamento transiente e tridimensional. É aparente que quando o escoamento é incompressível essa equação se reduz a

$$\nabla \cdot \mathbf{v} = 0 \tag{9-3}$$

se o escoamento for transiente ou não.

A equação (9-2) pode ser rearranjada em uma forma levemente diferente de modo a ilustrar o uso da *derivada substantiva*. Executando a diferenciação indicada em (9-1), temos

$$\frac{\partial \rho}{\partial t} + v_x \frac{\partial \rho}{\partial x} + v_y \frac{\partial \rho}{\partial y} + v_z \frac{\partial \rho}{\partial z} + \rho\left(\frac{\partial v_x}{\partial x} + \frac{\partial v_y}{\partial y} + \frac{\partial v_z}{\partial z}\right) = 0$$

Os quatro primeiros termos da equação anterior representam a derivada substantiva da densidade, simbolizada como $D\rho/Dt$, em que

$$\frac{D}{Dt} = \frac{\partial}{\partial t} + v_x \frac{\partial}{\partial x} + v_y \frac{\partial}{\partial y} + v_z \frac{\partial}{\partial z} \tag{9-4}$$

em coordenadas cartesianas. A equação da continuidade pode, assim, ser escrita como

$$\frac{D\rho}{Dt} + \rho \boldsymbol{\nabla} \cdot \mathbf{v} = 0 \tag{9-5}$$

Ao considerar a diferencial total de uma grandeza, três abordagens diferentes podem ser adotadas. Se, por exemplo, desejamos calcular a variação na pressão atmosférica, P, a diferencial total escrita em coordenadas retangulares é

$$dP = \frac{\partial P}{\partial t} dt + \frac{\partial P}{\partial x} dx + \frac{\partial P}{\partial y} dy + \frac{\partial P}{\partial z} dz$$

em que dx, dy e dz são deslocamentos nas direções x, y e z. A taxa de variação na pressão é obtida dividindo por dt, resultando em

$$\frac{dP}{dt} = \frac{\partial P}{\partial t} + \frac{dx}{dt} \frac{\partial P}{\partial x} + \frac{dy}{dt} \frac{\partial P}{\partial y} + \frac{dz}{dt} \frac{\partial P}{\partial z} \tag{9-6}$$

Como uma primeira abordagem, o instrumento para medir pressão está localizado em uma estação do tempo, que, naturalmente, está fixa na superfície da Terra. Desse modo, os coeficientes dx/dt, dy/dt, dz/dt são todos iguais a zero e, para um ponto fixo de observação, a derivada total, dP/dt, é igual à derivada local em relação ao tempo $\partial P/\partial t$.

Uma segunda abordagem envolve o instrumento que mede pressão, instalado em um avião que, a critério do piloto, pode subir ou descer, ou voar em qualquer direção escolhida x, y e z. Nesse caso, os coeficientes dx/dt, dy/dt, dz/dt são as velocidades do avião nas direções x, y e z, respectivamente, que são arbitrariamente escolhidos e que podem coincidir ou não com as das correntes de ar.

A terceira situação é aquela em que o indicador de pressão está em um balão que ascende, descende e muda em função do escoamento de ar em que ele está suspenso. Aqui, os coeficientes dx/dt, dy/dt, dz/dt são aqueles do escoamento e podem ser designados como v_x, v_y e v_z, respectivamente. Essa última situação corresponde à derivada substantiva e os termos podem ser agrupados conforme designado a seguir:

$$\frac{dP}{dt} = \frac{DP}{Dt} = \underbrace{\frac{\partial P}{\partial t}}_{\substack{\text{taxa} \\ \text{local de} \\ \text{variação de} \\ \text{pressão}}} + \underbrace{v_x \frac{\partial P}{\partial t} + v_y \frac{\partial P}{\partial y} + v_z \frac{\partial P}{\partial z}}_{\substack{\text{taxa de variação} \\ \text{de pressão em} \\ \text{razão do movimento}}} \tag{9-7}$$

A derivada D/Dt pode ser interpretada como a taxa temporal de variação de uma variável de fluido ou de escoamento ao longo do caminho de um elemento de fluido. A derivada substantiva será aplicada tanto a variáveis escalares como vetoriais nas seções subsequentes.

▶ 9.2

EQUAÇÕES DE NAVIER–STOKES

As equações de Navier–Stokes são a forma diferencial da segunda lei de Newton do movimento. Considere o volume de controle diferencial ilustrado na Figura 9.1.

102 ▶ Capítulo 9

A ferramenta básica que devemos usar no desenvolvimento das equações de Navier–Stokes é a segunda lei de Newton do movimento para um volume de controle arbitrário, como dado no Capítulo 5.

$$\Sigma \mathbf{F} = \iint_{\text{s.c.}} \rho \mathbf{v}(\mathbf{v} \cdot \mathbf{n})dA + \frac{\partial}{\partial t} \iiint_{\text{v.c.}} \rho \mathbf{v} dV \qquad (5\text{-}4)$$

que estabelece que

$$\left\{ \begin{array}{c} \text{soma das forças} \\ \text{externas que atuam} \\ \text{no v.c.} \end{array} \right\} = \left\{ \begin{array}{c} \text{taxa líquida de} \\ \text{momento linear} \end{array} \right\} + \left\{ \begin{array}{c} \text{taxa temporal de} \\ \text{variação de momento} \\ \text{linear dentro do v.c.} \end{array} \right\}$$

Como a expressão matemática para cada um dos termos anteriores é por demais longa, cada um será avaliado separadamente e então substituído na equação (5-4).

O desenvolvimento pode ser simplificado mais ainda lembrando que, no primeiro caso, dividimos pelo volume do volume de controle e tomamos o limite quando as dimensões se aproximam de zero. A equação (5-4) pode também ser escrita

$$\lim_{\Delta x, \Delta y, \Delta z \to 0} \underbrace{\frac{\Sigma \mathbf{F}}{\Delta x \, \Delta y \, \Delta z}}_{①} = \lim_{\Delta x, \Delta y, \Delta z \to 0} \underbrace{\frac{\iint \rho \mathbf{v}(\mathbf{v} \cdot \mathbf{n})dA}{\Delta x \, \Delta y \, \Delta z}}_{②} + \lim_{\Delta x, \Delta y, \Delta z \to 0} \underbrace{\frac{\partial/\partial t \iiint \rho \mathbf{v} \, dV}{\Delta x \, \Delta y \, \Delta z}}_{③} \qquad (9\text{-}8)$$

① ***Soma das forças externas.*** As forças que atuam no volume de controle são aquelas devidas às tensões normal e de cisalhamento e às forças de campo, tais como aquelas devidas à gravidade. A Figura 9.2 ilustra as várias forças que atuam no volume de controle. Somando as forças na direção x, tem-se

$$\Sigma F_x = (\sigma_{xx}|_{x+\Delta x} - \sigma_{xx}|_x)\Delta y \, \Delta z + (\tau_{yx}|_{y+\Delta y} - \tau_{yx}|_y)\Delta x \, \Delta z$$
$$+ (\tau_{zx}|_{z+\Delta z} - \tau_{zx}|_z)\Delta x \, \Delta y + g_x \rho \, \Delta x \, \Delta y \, \Delta z$$

em que g_x é a componente da aceleração da gravidade na direção x. No limite quando as dimensões do elemento se aproximam de zero, tem-se

$$\lim_{\Delta x, \Delta y, \Delta z \to 0} \frac{\Sigma F_x}{\Delta x \, \Delta y \, \Delta z} = \frac{\partial \sigma_{xx}}{\partial x} + \frac{\partial \tau_{yx}}{\partial y} + \frac{\partial \tau_{zx}}{\partial z} + \rho g_x \qquad (9\text{-}9)$$

Expressões similares são obtidas para as somas das forças nas direções y e z:

$$\lim_{\Delta x, \Delta y, \Delta z \to 0} \frac{\Sigma F_y}{\Delta x \, \Delta y \, \Delta z} = \frac{\partial \tau_{xy}}{\partial x} + \frac{\partial \sigma_{yy}}{\partial y} + \frac{\partial \tau_{zy}}{\partial z} + \rho g_y \qquad (9\text{-}10)$$

$$\lim_{\Delta x, \Delta y, \Delta z \to 0} \frac{\Sigma F_z}{\Delta x \, \Delta y \, \Delta z} = \frac{\partial \tau_{xz}}{\partial x} + \frac{\partial \tau_{yz}}{\partial y} + \frac{\partial \sigma_{zz}}{\partial z} + \rho g_z \qquad (9\text{-}11)$$

② ***Fluxo líquido de momento através do volume de controle.*** O fluxo líquido de momento através do volume de controle ilustrado na Figura 9.3 é

$$\lim_{\Delta x, \Delta y, \Delta z \to 0} \frac{\iint \rho \mathbf{v}(\mathbf{v} \cdot \mathbf{n})dA}{\Delta x \, \Delta y \, \Delta z} = \lim_{\Delta x, \Delta y, \Delta z \to 0} \left[\frac{(\rho \mathbf{v} v_x|_{x+\Delta x} - \rho \mathbf{v} v_x|_x)\Delta y \, \Delta z}{\Delta x \, \Delta y \, \Delta z} \right.$$
$$+ \frac{(\rho \mathbf{v} v_y|_{y+\Delta y} - \rho \mathbf{v} v_y|_y)\Delta x \, \Delta z}{\Delta x \, \Delta y \, \Delta z}$$
$$\left. + \frac{(\rho \mathbf{v} v_z|_{z+\Delta z} - \rho \mathbf{v} v_z|_z)\Delta x \, \Delta y}{\Delta x \, \Delta y \, \Delta z} \right] \qquad (9\text{-}12)$$
$$= \frac{\partial}{\partial x}(\rho \mathbf{v} v_x) + \frac{\partial}{\partial y}(\rho \mathbf{v} v_y) + \frac{\partial}{\partial z}(\rho \mathbf{v} v_z)$$

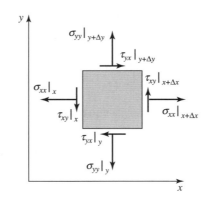

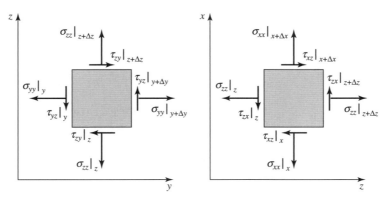

Figura 9.2 Forças que atuam em um volume de controle diferencial.

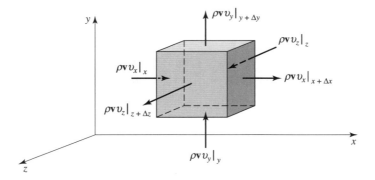

Figura 9.3 Fluxo de momento através de um volume de controle diferencial.

Fazendo a diferenciação indicada do lado direito da equação (9-12) resulta

$$\lim_{\Delta x, \Delta y, \Delta z \to 0} \frac{\iint \rho \mathbf{v}(\mathbf{v} \cdot \mathbf{n}) dA}{\Delta x \, \Delta y \, \Delta z} = \mathbf{v}\left[\frac{\partial}{\partial x}(\rho v_x) + \frac{\partial}{\partial y}(\rho v_y) + \frac{\partial}{\partial z}(\rho v_z)\right] + \rho\left[v_x \frac{\partial \mathbf{v}}{\partial x} + v_y \frac{\partial \mathbf{v}}{\partial y} + v_z \frac{\partial \mathbf{v}}{\partial z}\right]$$

O termo anterior pode ser simplificado com a ajuda da equação da continuidade:

$$\frac{\partial \rho}{\partial t} + \frac{\partial}{\partial x}(\rho v_x) + \frac{\partial}{\partial y}(\rho v_y) + \frac{\partial}{\partial z}(\rho v_z) = 0 \tag{9-1}$$

que, sob substituição, resulta

$$\lim_{\Delta x, \Delta y, \Delta z \to 0} \frac{\iint \rho \mathbf{v}(\mathbf{v} \cdot \mathbf{n}) dA}{\Delta x \, \Delta y \, \Delta z} = -\mathbf{v}\frac{\partial \rho}{\partial t} + \rho\left[v_x \frac{\partial \mathbf{v}}{\partial x} + v_y \frac{\partial \mathbf{v}}{\partial y} + v_z \frac{\partial \mathbf{v}}{\partial z}\right] \tag{9-13}$$

104 ▶ Capítulo 9

③ **Taxa *temporal de variação de momento dentro do volume de controle.*** A taxa temporal de variação de momento dentro do volume de controle pode ser avaliada diretamente:

$$\lim_{\Delta x,\Delta y,\Delta z \to 0} \frac{\partial/\partial t \iiint \mathbf{v}\rho \, dV}{\Delta x \, \Delta y \, \Delta z} = \frac{(\partial/\partial t)\rho\mathbf{v} \, \Delta x \, \Delta y \, \Delta z}{\Delta x \, \Delta y \, \Delta z} = \frac{\partial}{\partial t}\rho\mathbf{v} = \rho\frac{\partial \mathbf{v}}{\partial t} + \mathbf{v}\frac{\partial \rho}{\partial t} \tag{9-14}$$

Avaliamos agora todos os termos na equação (9-8):

$$①$$

$$\lim_{\Delta x, \, \Delta y, \, \Delta z \to 0} \frac{\Sigma F}{\Delta x \, \Delta y \, \Delta z} = \begin{cases} \left(\dfrac{\partial \sigma_{xx}}{\partial x} + \dfrac{\partial \tau_{yx}}{\partial y} + \dfrac{\partial \tau_{zx}}{\partial z} + \rho g_x\right)\mathbf{e}_x & (9\text{-}9) \\[2mm] \left(\dfrac{\partial \tau_{xy}}{\partial x} + \dfrac{\partial \sigma_{yy}}{\partial y} + \dfrac{\partial \tau_{zy}}{\partial z} + \rho g_y\right)\mathbf{e}_y & (9\text{-}10) \\[2mm] \left(\dfrac{\partial \tau_{xz}}{\partial x} + \dfrac{\partial \tau_{yz}}{\partial y} + \dfrac{\partial \sigma_{zz}}{\partial z} + \rho g_z\right)\mathbf{e}_z & (9\text{-}11) \end{cases}$$

$$②$$

$$\lim_{\Delta x,\Delta y,\Delta z \to 0} \frac{\iint \rho\mathbf{v}(\mathbf{v} \cdot \mathbf{n})dA}{\Delta x \, \Delta y \, \Delta z} = -\mathbf{v}\frac{\partial \rho}{\partial t} + \rho\left(v_x\frac{\partial \mathbf{v}}{\partial t} + v_y\frac{\partial \mathbf{v}}{\partial y} + v_z\frac{\partial \mathbf{v}}{\partial z}\right) \tag{9-13}$$

$$③$$

$$\lim_{\Delta x,\Delta y,\Delta z \to 0} \frac{\partial/\partial t \iiint \rho\mathbf{v}dV}{\Delta x \, \Delta y \, \Delta z} = \rho\frac{\partial \mathbf{v}}{\partial t} + \mathbf{v}\frac{\partial \rho}{\partial t} \tag{9-14}$$

Pode-se notar que as forças são expressas em componentes, enquanto os termos da taxa de variação de momento são expressos como vetores. Quando os termos de momento são expressos como componentes, obtemos três equações diferenciais que são os enunciados da segunda lei de Newton nas direções x, y e z:

$$\rho\left(\frac{\partial v_x}{\partial t} + v_x\frac{\partial v_x}{\partial x} + v_y\frac{\partial v_x}{\partial y} + v_z\frac{\partial v_x}{\partial z}\right) = \rho g_x + \frac{\partial \sigma_{xx}}{\partial x} + \frac{\partial \tau_{yx}}{\partial y} + \frac{\partial \tau_{zx}}{\partial z} \tag{9-15a}$$

$$\rho\left(\frac{\partial v_y}{\partial t} + v_x\frac{\partial v_y}{\partial x} + v_y\frac{\partial v_y}{\partial x} + v_z\frac{\partial v_y}{\partial z}\right) = \rho g_y + \frac{\partial \tau_{xy}}{\partial x} + \frac{\partial \sigma_{yy}}{\partial y} + \frac{\partial \tau_{zy}}{\partial z} \tag{9-15b}$$

$$\rho\left(\frac{\partial v_z}{\partial t} + v_x\frac{\partial v_z}{\partial x} + v_y\frac{\partial v_z}{\partial x} + v_z\frac{\partial v_z}{\partial z}\right) = \rho g_z + \frac{\partial \tau_{xz}}{\partial x} + \frac{\partial \tau_{yz}}{\partial y} + \frac{\partial \sigma_{zz}}{\partial z} \tag{9-15c}$$

Será notado que, nas equações (9-15), os termos do lado esquerdo representam a taxa temporal de variação de momento e os termos do lado direito representam as forças. Focando nossa atenção nos termos do lado direito da equação (9-15a), vemos que

$$\underbrace{\frac{\partial v_x}{\partial t}}_{\substack{\text{variação} \\ \text{local} \\ \text{de } v_x}} + \underbrace{v_x\frac{\partial v_x}{\partial x} + v_y\frac{\partial v_x}{\partial y} + v_z\frac{\partial v_x}{\partial x}}_{\substack{\text{taxa de variação de} \\ v_x \text{ em razão} \\ \text{do movimento}}} = \left(\frac{\partial}{\partial t} + v_x\frac{\partial}{\partial x} + v_y\frac{\partial}{\partial y} + v_z\frac{\partial}{\partial z}\right)v_x$$

O primeiro termo, $\partial v_x/\partial t$, envolve a taxa temporal de variação de v_x em um ponto e é chamado de *aceleração local*. Os termos restantes envolvem a variação de velocidade ponto a ponto — ou seja, a *aceleração convectiva*. O leitor pode verificar que os termos do lado esquerdo das equações (9-15) são todos da forma

$$\left(\frac{\partial}{\partial t} + v_x\frac{\partial}{\partial x} + v_y\frac{\partial}{\partial y} + v_z\frac{\partial}{\partial z}\right)v_i$$

em que $v_i = v_x$, v_y ou v_z. O termo anterior é a derivada substantiva de v_i.

Quando a notação da derivada substantiva for usada, as equações (9-15) se tornam

$$\rho \frac{Dv_x}{Dt} = \rho g_x + \frac{\partial \sigma_{xx}}{\partial x} + \frac{\partial \tau_{yx}}{\partial y} + \frac{\partial \tau_{zx}}{\partial z} \tag{9-16a}$$

$$\rho \frac{Dv_y}{Dt} = \rho g_y + \frac{\partial \tau_{xy}}{\partial x} + \frac{\partial \sigma_{yy}}{\partial y} + \frac{\partial \tau_{zy}}{\partial z} \tag{9-16b}$$

e

$$\rho \frac{Dv_z}{Dt} = \rho g_z + \frac{\partial \tau_{xz}}{\partial x} + \frac{\partial \tau_{yz}}{\partial y} + \frac{\partial \sigma_{zz}}{\partial z} \tag{9-16c}$$

As equações (9-16) são válidas para qualquer tipo de fluido, independentemente da natureza das relações tensão–taxa de deformação. Se as relações de Stokes da viscosidade, equações (7-15) e (7-16), forem usadas para as componentes de tensão, as equações (9-16) se tornam

$$\rho \frac{Dv_x}{Dt} = \rho g_x - \frac{\partial P}{\partial x} - \frac{\partial}{\partial x}\left(\frac{2}{3}\mu \boldsymbol{\nabla} \cdot \mathbf{v}\right) + \boldsymbol{\nabla} \cdot \left(\mu \frac{\partial \mathbf{v}}{\partial x}\right) + \boldsymbol{\nabla} \cdot (\mu \boldsymbol{\nabla} v_x) \tag{9-17a}$$

$$\rho \frac{Dv_y}{Dt} = \rho g_y - \frac{\partial P}{\partial x} - \frac{\partial}{\partial y}\left(\frac{2}{3}\mu \boldsymbol{\nabla} \cdot \mathbf{v}\right) + \boldsymbol{\nabla} \cdot \left(\mu \frac{\partial \mathbf{v}}{\partial y}\right) + \boldsymbol{\nabla} \cdot (\mu \boldsymbol{\nabla} v_y) \tag{9-17b}$$

e

$$\rho \frac{Dv_z}{Dt} = \rho g_z - \frac{\partial P}{\partial z} - \frac{\partial}{\partial z}\left(\frac{2}{3}\mu \boldsymbol{\nabla} \cdot \mathbf{v}\right) + \boldsymbol{\nabla} \cdot \left(\mu \frac{\partial \mathbf{v}}{\partial z}\right) + \boldsymbol{\nabla} \cdot (\mu \boldsymbol{\nabla} v_z) \tag{9-17c}$$

As equações anteriores são chamadas de equações de Navier–Stokes[1] e são as expressões diferenciais da segunda lei de Newton do movimento para um fluido newtoniano. Como nenhuma suposição de compressibilidade do fluido foi feita, essas equações são válidas para ambos os escoamentos, compressível e incompressível. Em nosso estudo de transferência de momento, restringiremos nossa atenção a escoamento incompressível com viscosidade constante. Em um escoamento incompressível, $\boldsymbol{\nabla} \cdot \mathbf{v} = 0$. As equações (9-17) se tornam assim

$$\rho \frac{Dv_x}{Dt} = \rho g_x - \frac{\partial P}{\partial x} + \mu\left(\frac{\partial^2 v_x}{\partial x^2} + \frac{\partial^2 v_x}{\partial y^2} + \frac{\partial^2 v_x}{\partial z^2}\right) \tag{9-18a}$$

$$\rho \frac{Dv_y}{Dt} = \rho g_y - \frac{\partial P}{\partial y} + \mu\left(\frac{\partial^2 v_y}{\partial x^2} + \frac{\partial^2 v_y}{\partial y^2} + \frac{\partial^2 v_y}{\partial z^2}\right) \tag{9-18b}$$

$$\rho \frac{Dv_z}{Dt} = \rho g_z - \frac{\partial P}{\partial z} + \mu\left(\frac{\partial^2 v_z}{\partial x^2} + \frac{\partial^2 v_z}{\partial y^2} + \frac{\partial^2 v_z}{\partial z^2}\right) \tag{9-18c}$$

Essas equações podem ser expressas em uma forma mais compacta como uma única equação vetorial:

$$\rho \frac{D\mathbf{v}}{Dt} = \rho \mathbf{g} - \boldsymbol{\nabla} P + \mu \boldsymbol{\nabla}^2 \mathbf{v} \tag{9-19}$$

A equação anterior é a equação de Navier–Stokes para um escoamento incompressível. As equações de Navier–Stokes são escritas em coordenadas cartesianas, cilíndricas e esféricas, mostradas no Apêndice E. Como o desenvolvimento é longo, vamos rever as suposições e, consequentemente, as limitações da equação (9-19). As suposições são

1. escoamento incompressível

---

[1] L. M. H. Navier, Mémoire sur les Lois du Mouvements des Fluides, *Mem. de l'Acad. d. Sci.*, **6**, 398 (1822); C. G. Stokes, On the Theories of the Internal Friction of Fluids in Motion, *Trans. Cambridge Phys. Soc.*, **8** (1845).

2. viscosidade constante
3. escoamento laminar[2]

Todas essas suposições estão associadas ao uso da relação de Stokes para a viscosidade. Se o escoamento for invíscido ($\mu = 0$), a equação de Navier–Stokes se torna

$$\rho \frac{D\mathbf{v}}{Dt} = \rho \mathbf{g} - \nabla P \qquad (9\text{-}20)$$

conhecida como equação de Euler. A equação de Euler tem somente uma limitação, que é escoamento invíscido.

Exemplo 1

A equação (9-19) pode ser aplicada a vários sistemas em escoamento de modo a fornecer informação relativa à variação de velocidade, gradientes de pressão e outras informações do tipo obtidas no Capítulo 8. Muitas situações têm uma complexidade suficiente para tornar a solução extremamente difícil e estão além do escopo deste livro. Uma situação para a qual uma solução pode ser obtida está ilustrada na Figura 9.4.

Figura 9.4 Fluido entre duas placas verticais; a da esquerda é estacionária e a outra, à direita, está se movendo verticalmente para cima, com velocidade v_0.

A Figura 9.4 mostra a situação de um fluido incompressível confinado entre duas superfícies paralelas verticais. Uma superfície, mostrada à esquerda, está estacionária, enquanto a outra está se movendo para cima a uma velocidade constante v_0. Se considerarmos o fluido newtoniano e o escoamento laminar, a equação que governa o movimento é a equação de Navier–Stokes, na forma dada pela equação (9-19). A redução de cada termo da equação vetorial em sua forma aplicável é mostrada a seguir:

$$\rho \frac{D\mathbf{v}}{Dt} = \rho \left\{ \frac{\partial \mathbf{v}}{\partial t} + v_x \frac{\partial \mathbf{v}}{\partial x} + v_y \frac{\partial \mathbf{v}}{\partial y} + v_z \frac{\partial \mathbf{v}}{\partial z} \right\} = 0$$

$$\rho \mathbf{g} = -\rho\, g \mathbf{e}_y$$

$$\nabla P = \frac{dP}{dy} \mathbf{e}_y$$

em que dP/dy é constante e

$$\mu \nabla^2 \mathbf{v} = \mu \frac{d^2 v_y}{dx^2} \mathbf{e}_y$$

---

[2] Estritamente falando, a equação (9-19) é válida para escoamento turbulento, uma vez que a tensão turbulenta é incluída no termo de fluxo de momento. Isso será ilustrado no Capítulo 12.

A equação resultante a ser resolvida é

$$0 = -\rho g - \frac{dP}{dy} + \mu \frac{d^2 v_y}{dx^2}$$

Essa equação diferencial é separável. A primeira integração resulta em

$$\frac{dv_y}{dx} + \frac{x}{\mu}\left\{-\rho g - \frac{dP}{dy}\right\} = C_1$$

Integrando mais uma vez, obtemos

$$v_y + \frac{x^2}{2\mu}\left\{-\rho g - \frac{dP}{dy}\right\} = C_1 x + C_2$$

As constantes de integração podem ser avaliadas usando as condições de contorno: $v_x = 0$ em $x = 0$ e $v_y = v_0$ em $x = L$. As constantes são então

$$C_1 = \frac{v_0}{L} + \frac{L}{2\mu}\left\{-\rho g - \frac{dP}{dy}\right\} \quad \text{e} \quad C_2 = 0$$

O perfil de velocidades pode agora ser expresso como

$$v_y = \underbrace{\frac{1}{2\mu}\left\{-\rho g - \frac{dP}{dy}\right\}\{Lx - x^2\}}_{①} + \underbrace{v_0 \frac{x}{L}}_{②} \tag{9-21}$$

É interessante notar, na equação (9-21), o efeito dos termos marcados ① e ②, que são adicionados. O primeiro termo é a equação para uma parábola simétrica, o segundo para uma linha reta. A equação (9-21) é válida se v_0 for para cima, para baixo ou zero. Em cada caso, os termos podem ser adicionados para resultar no perfil completo de velocidades. Esses resultados são indicados na Figura 9.5. O perfil resultante de velocidades, obtido superpondo-se as duas partes, é mostrado em cada caso.

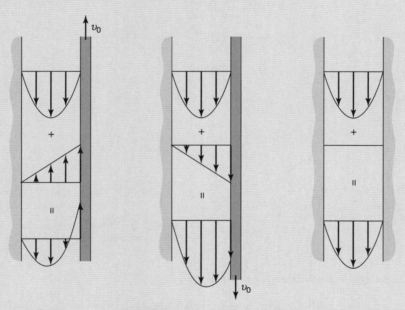

Figura 9.5 Perfis de velocidades para uma superfície que se move para cima, para baixo ou é estacionária.

A equação de Euler pode também ser resolvida para determinar perfis de velocidades, como será mostrado no Capítulo 10. As propriedades vetoriais da equação de Euler são ilustradas pelo exemplo seguinte, em que a forma do perfil de velocidades é dada.

Exemplo 2

Um eixo girando, conforme ilustrado na Figura 9.6, move o fluido em linhas de corrente circulares, com uma velocidade inversamente proporcional à distância a partir do eixo. Encontre a forma da superfície livre, se o fluido for considerado inviscido.

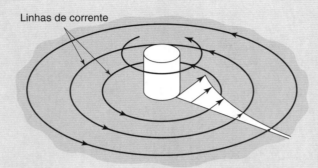

Figura 9.6 Eixo girando em um fluido.

Uma vez que a pressão ao longo da superfície livre será constante, podemos observar que a superfície livre é perpendicular ao gradiente de pressão. A determinação do gradiente de pressão, consequentemente, nos permitirá avaliar a inclinação da superfície livre.

Rearranjado a equação (9-20), tem-se

$$\nabla P = \rho \mathbf{g} - \rho \frac{D\mathbf{v}}{Dt} \tag{9-20}$$

A velocidade é $\mathbf{v} = A\mathbf{e}_\theta/r$, em que A é uma constante, quando usando o sistema de coordenadas mostrado na Figura 9.7. Admitindo que não haja deslizamento entre o fluido e o eixo na superfície do eixo, tem-se

$$v(R) = \omega R = \frac{A}{R}$$

e, assim, $A = \omega R^2$ e

$$\mathbf{v} = \frac{\omega R^2}{r} \mathbf{e}_\theta$$

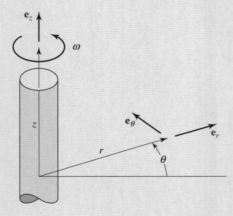

Figura 9.7 Sistema de coordenadas cilíndricas para eixo e fluido girando.

A derivada substantiva $D\mathbf{v}/Dt$ pode ser avaliada tomando a derivada total

$$\frac{d\mathbf{v}}{dt} = -\frac{\omega R^2}{r^2} \mathbf{e}_\theta \dot{r} + \frac{\omega R^2}{r} \frac{d\mathbf{e}_\theta}{dt}$$

em que $d\mathbf{e}_\theta/dt = -\dot{\theta}\mathbf{e}_r$. A derivada total se torna

$$\frac{d\mathbf{v}}{dt} = -\frac{\omega R^2}{r^2} \dot{r}\mathbf{e}_\theta - \frac{\omega R^2}{r} \dot{\theta}\mathbf{e}_r$$

Agora, a velocidade do fluido na direção r é zero e $\dot{\theta}$ para o fluido é v/r; logo

$$\left(\frac{d\mathbf{v}}{dt}\right)_{\text{fluido}} = \frac{D\mathbf{v}}{Dt} = -\frac{\omega R^2}{r^2} v\mathbf{e}_r = -\frac{\omega^2 R^4}{r^3} \mathbf{e}_r$$

Esse resultado poderia ter sido obtido de uma maneira mais direta, observando que $D\mathbf{v}/Dt$ é a aceleração local do fluido, que para esse caso é $-v^2\mathbf{e}_r/r$. O gradiente de pressão se torna

$$\nabla P = -\rho g \mathbf{e}_z + \rho \frac{\omega^2 R^4 \mathbf{e}_r}{r^3}$$

Da Figura 9.8, pode ser visto que a superfície livre faz um ângulo β com o eixo r, de modo que

$$\text{tg}\,\beta = \frac{\rho \omega^2 R^4}{r^3 \rho g}$$

$$= \frac{\omega^2 R^4}{g r^3}$$

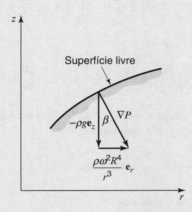

Figura 9.8 Inclinação da superfície livre.

▶ 9.3 EQUAÇÃO DE BERNOULLI

A equação de Euler pode ser integrada diretamente para um caso particular: escoamento ao longo de uma linha de corrente. Integrando a equação de Euler, o uso das coordenadas das linhas de corrente é extremamente útil. As coordenadas de linhas de corrente s e n estão ilustradas na Figura 9.9. A direção s é paralela à linha de corrente e a direção n é perpendicular à linha de corrente, direcionada para fora do centro instantâneo de curvatura. O escoamento e as propriedades do fluido são funções da posição e do tempo. Por conseguinte, $\mathbf{v} = \mathbf{v}(s, n, t)$ e $P = P(s, n, t)$. As derivadas substantivas da velocidade e os gradientes de pressão na equação (9-20) têm de ser expressos em termos das coordenadas da linha de corrente, de modo que a equação (9-20) pode ser integrada.

Seguindo a forma usada na equação (9-6) para obter a derivada substantiva, tem-se

$$\frac{d\mathbf{v}}{dt} = \frac{d\mathbf{v}}{dt} + \dot{s}\frac{\partial \mathbf{v}}{\partial s} + \dot{n}\frac{\partial \mathbf{v}}{\partial n}$$

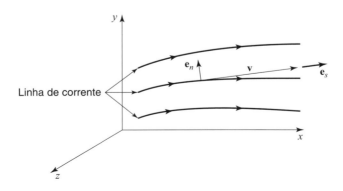

Figura 9.9 Coordenadas da linha de corrente.

110 ▶ Capítulo 9

À medida que a velocidade do elemento de fluido tem componentes $\dot{s} = v$, $\dot{n} = 0$, a derivada substantiva da velocidade nas coordenadas da linha de corrente é

$$\frac{D\mathbf{v}}{Dt} = \frac{\partial \mathbf{v}}{\partial t} + v\frac{\partial \mathbf{v}}{\partial s} \tag{9-22}$$

O gradiente de pressão em coordenadas da linha de corrente pode ser escrito como

$$\nabla P = \frac{\partial P}{\partial s}\mathbf{e}_s + \frac{\partial P}{\partial n}\mathbf{e}_n \tag{9-23}$$

Fazendo o produto escalar da equação (9-20) com $\mathbf{e}_s\,ds$ e usando as equações (9-22) e (9-23), obtém-se

$$\rho\left(\frac{\partial \mathbf{v}}{\partial t}\cdot\mathbf{e}_s\,ds + v\frac{\partial \mathbf{v}}{\partial s}\cdot\mathbf{e}_s\,ds\right) = \rho\mathbf{g}\cdot\mathbf{e}_s\,ds - \left(\frac{\partial P}{\partial s}\mathbf{e}_s + \frac{\partial P}{\partial n}\mathbf{e}_n\right)\cdot\mathbf{e}_s\,ds$$

ou, como $\partial\mathbf{v}/\partial s\cdot\mathbf{e}_s = \partial/\partial s(\mathbf{v}\cdot\mathbf{e}_s) = \partial v/\partial s$, tem-se

$$\rho\left(\frac{\partial \mathbf{v}}{\partial t}\cdot\mathbf{e}_s\,ds + \frac{\partial}{\partial s}\left\{\frac{v^2}{2}\right\}ds\right) = \rho\mathbf{g}\cdot\mathbf{e}_s\,ds - \frac{\partial P}{\partial n}\,ds \tag{9-24}$$

Selecionando $\mathbf{g}$ para atuar na direção $-\mathbf{y}$, tem-se $\mathbf{g}\cdot\mathbf{e}_s\,ds = -g\,dy$. Para escoamento *incompressível e estacionário*, a equação (9-24) pode ser integrada resultando

$$\frac{v^2}{2} + gy + \frac{P}{\rho} = \text{constante} \tag{9-25}$$

conhecida como a equação de Bernoulli. As limitações são

1. escoamento invíscido
2. escoamento estacionário
3. escoamento incompressível
4. a equação se aplica ao longo de uma linha de corrente

A limitação 4 será relaxada para certas condições que serão investigadas no Capítulo 10.

A equação de Bernoulli foi também desenvolvida no Capítulo 6 a partir de considerações de energia para o escoamento incompressível e estacionário com energia interna constante. É interessante notar que as suposições de energia interna constante e de escoamento invíscido têm de ser equivalentes, uma vez que as outras suposições foram as mesmas. Podemos observar, consequentemente, que a viscosidade de algum modo efetuará uma variação na energia interna.

▶ **9.4**

EQUAÇÕES DE NAVIER–STOKES EM COORDENADAS ESFÉRICAS[3]

Os Exemplos 1 e 2 mostraram o uso das equações de Navier–Stokes em coordenadas retangulares e cilíndricas, respectivamente. O uso de coordenadas esféricas é significativamente mais complexo, mas extremamente útil.

Considere uma esfera sólida de raio R, girando em um grande corpo de um fluido estagnado, conforme mostrado na Figura 9.10. Este é um exemplo de "escoamento lento" (*creeping flow*) e será revisto no Capítulo 12. A esfera gira estacionariamente em torno de seu eixo vertical com uma velocidade angular Ω (rad/s) em um líquido newtoniano infinito de viscosidade μ. Nosso objetivo é calcular a velocidade na direção ϕ. Para começar o problema, necessitamos usar a equação de Navier–Stokes em coordenadas esféricas.

---

[3] R. B. Bird, W. E. Stewart e E. N. Lightfoot, *Transport Phenomena*, Wiley, Nova York, 2007; W. Deen, *Analysis of Transport Phenomena*, Oxford University Press, 2012.

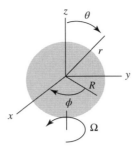

Figura 9.10 Esfera girando em um fluido estagnante.

As componentes r e θ das equações de Navier–Stokes são ambas iguais a zero; logo, tem-se apenas a equação na direção ϕ (a partir do Apêndice E):

$$\rho\left(\frac{\partial v_\phi}{\partial t} + v_r\frac{\partial v_\phi}{\partial r} + \frac{v_\theta}{r}\frac{\partial v_\phi}{\partial \theta} + \frac{v_\phi}{r\,\text{sen}(\theta)}\frac{\partial v_\phi}{\partial \phi} + \frac{v_\phi v_r}{r} + \frac{v_\phi v_\theta}{r}\cot(\theta)\right)$$

$$= -\frac{1}{r\,\text{sen}(\theta)}\frac{\partial P}{\partial \phi} + \rho g_\phi$$

$$+ \mu\left(\frac{1}{r^2}\frac{\partial}{\partial r}\left(r^2\frac{\partial v_\phi}{\partial r}\right) + \frac{1}{r^2\,\text{sen}\,\theta}\frac{\partial}{\partial \theta}\left(\text{sen}\,\theta\frac{\partial v_\phi}{\partial \theta}\right) + \frac{1}{r^2\,\text{sen}^2\,\theta}\frac{\partial^2 v_\phi}{\partial \phi^2}\right.$$

$$\left. -\frac{v_\phi}{r^2\,\text{sen}^2(\theta)} + \frac{2}{r^2\,\text{sen}(\theta)}\frac{\partial v_r}{\partial \phi} + \frac{2\cos(\theta)}{r^2\,\text{sen}^2(\theta)}\frac{\partial v_\theta}{\partial \phi}\right)$$

Nessa análise, desprezaremos a gravidade e a pressão, e consideraremos escoamento estacionário completamente desenvolvido e unidimensional e que não haja velocidade nas direções r e θ. Podemos também supor simetria em torno do eixo z (veja Apêndice B, Figura B.3), que permite simplificar, removendo todos os termos $\partial/\partial\phi$, indicando que não há dependência com o ângulo ϕ. A equação resultante é

$$0 = \mu\left(\frac{1}{r^2}\frac{\partial}{\partial r}\left(r^2\frac{\partial v_\phi}{\partial r}\right) + \frac{1}{r^2\,\text{sen}\,\theta}\frac{\partial}{\partial \theta}\left(\text{sen}\,\theta\frac{\partial v_\phi}{\partial \theta}\right) - \frac{v_\phi}{r^2\,\text{sen}^2(\theta)}\right)$$

Esta é uma equação diferencial parcial em v_ϕ, em que v_ϕ é uma função de r e de θ, e pode ser resolvida usando um programa de resolução de equações ou um manual (*handbook*)[4] se se pensar que ela pode ser reescrita com

$$v_\phi = f(r)\text{sen}\,\theta$$

como uma equação diferencial ordinária na forma

$$0 = \frac{d}{dr}\left(r^2\frac{df}{dr}\right) - 2f$$

Essa é uma equação equidimensional de ordem n (também chamada de equação do tipo Cauchy), com uma solução da forma $f = r^n$, com $n = 1$ e -2, resultando em uma solução geral como a seguir:

$$f(r) = C_1 r + \frac{C_2}{r^2}$$

em que C_1 e C_2 são as constantes de integração. A equação resultante para v_ϕ é

$$v_\phi = C_1 r\,\text{sen}\,\theta + \frac{C_2}{r^2}\text{sen}\,\theta$$

---

[4] M. Abramowitz e I. Stegun, *Handbook of Mathematical Functions*, Dover Publications, 1972, p. 17.

112 ▶ Capítulo 9

Para resolver essa equação, necessitamos de duas condições de contorno. A partir da Figura 9.10, obtemos

$$\text{C.C. 1} : v_\phi = R\,\Omega\,\mathrm{sen}\,\theta \text{ em } r = R$$

$$\text{C.C. 2} : v_\phi = 0 \text{ em } r = \infty$$

A primeira condição de contorno estabelece que, quando a esfera gira a uma velocidade angular de Ω, e como resultado da condição de aderência, o fluido na superfície está na mesma velocidade que a própria superfície, igual a $R\Omega\,\mathrm{sen}\,\theta$. A segunda condição de contorno estabelece que longe da esfera o fluido está em repouso, não sendo afetado pela rotação da esfera.

Aplicando a C.C. 2, resulta em $C_1 = 0$ e aplicando a C.C. 1, tem-se

$$R\Omega = 0 + \frac{C_2}{R^2}$$

$$C_2 = R^3\Omega$$

Isso resulta na equação desejada de velocidade:

$$v_\phi = \frac{R^3\Omega}{r^2}\mathrm{sen}\,\theta$$

▶ **9.5**

RESUMO

Desenvolvemos as equações diferenciais para a conservação de massa e a segunda lei de Newton do movimento. Essas equações podem ser divididas em dois grupos especiais:

$$\frac{\partial \rho}{\partial t} + \boldsymbol{\nabla} \cdot \rho\mathbf{v} = 0 \tag{9-26}$$

(equação da continuidade)

Escoamento invíscido

$$\rho\frac{D\mathbf{v}}{Dt} = \rho\mathbf{g} - \boldsymbol{\nabla}P \tag{9-27}$$

(equação de Euler)

Escoamento viscoso e incompressível

$$\boldsymbol{\nabla} \cdot \mathbf{v} = 0 \tag{9-28}$$

(equação da continuidade)

$$\rho\frac{D\mathbf{v}}{Dt} = \rho\mathbf{g} - \boldsymbol{\nabla}P + \mu\boldsymbol{\nabla}^2\mathbf{v} \tag{9-29}$$

(equação de Navier–Stokes
para escoamento incompressível)

Além disso, o estudante deve notar o significado físico da derivada substantiva e apreciar o quão compacta é a representação vetorial. Na forma de componentes, por exemplo, a equação (9-29) compreende 27 termos em coordenadas cartesianas.

PROBLEMAS

9.1 Aplique a lei de conservação da massa a um elemento em um sistema de coordenadas polares e obtenha a equação da continuidade para um escoamento estacionário, bidimensional e incompressível.

9.2 Em coordenadas cartesianas, mostre que

$$v_x \frac{\partial}{\partial x} + v_y \frac{\partial}{\partial y} + v_z \frac{\partial}{\partial z}$$

pode ser escrita como $(\mathbf{v} \cdot \nabla)$. Qual é o significado físico do termo $(\mathbf{v} \cdot \nabla)$?

9.3 Em um escoamento incompressível, o volume do fluido é constante. Usando a equação da continuidade, $\nabla \cdot \mathbf{v} = 0$, mostre que a variação de volume de fluido é zero.

9.4 Encontre $D\mathbf{v}/Dt$ em coordenadas polares, tomando a derivada da velocidade. (Sugestão: $\mathbf{v} = v_r(r, \theta, t)\mathbf{e}_r + v_\theta(r, \theta, t)\mathbf{e}_\theta$. Lembre-se de que os vetores unitários têm derivadas.)

9.5 Para escoamento a velocidades muito lentas e com viscosidade alta (o conhecido *creeping flow*), tal qual o que ocorre em lubrificação, é possível desprezar os termos inerciais, $D\mathbf{v}/Dt$ a partir da equação de Navier–Stokes. Para escoamentos a altas velocidades e viscosidade baixa, não é apropriado desprezar os termos viscosos $v\nabla^2\mathbf{v}$. Explique esse fato.

9.6 Usando as equações de Navier–Stokes e a equação da continuidade, obtenha uma expressão para o perfil de velocidades entre duas placas planas e paralelas.

9.7 A distribuição de velocidades no Exemplo 2 satisfaz à continuidade?

9.8 A densidade da atmosfera pode ser aproximada pela relação $\rho = \rho_0 \exp(-y/\beta)$, em que $\beta = 22.000$ ft. Determine a taxa na qual a densidade varia em relação a um corpo que cai a uma velocidade v ft/s. Se $v = 20.000$ ft/s a 100.000 ft, calcule a taxa de variação de densidade.

9.9 Em um campo de velocidades em que $\mathbf{v} = 400[(y/L)^2\mathbf{e}_x + (x/L)^2\mathbf{e}_y]$ ft/s, determine o gradiente de pressão no ponto $(L, 2L)$. O eixo y é vertical, a densidade é $64,4$ lb$_m$/ft^3 e o escoamento pode ser considerado invíscido.

9.10 Escreva as equações (9-17) em forma de componentes para coordenadas cartesianas.

9.11 Deduza a equação (2-3) a partir da equação (9-27).

9.12 Em coordenadas polares, a equação da continuidade é

$$\frac{1}{r}\frac{\partial}{\partial r}(rv_r) + \frac{1}{r}\frac{\partial v_\theta}{\partial \theta} = 0$$

Mostre que

a. se $v_\theta = 0$, então $v_r = F(\theta)/r$

b. se $v_r = 0$, então $v_\theta = f(r)$

9.13 Usando as leis para adição de vetores e a equação (9-19), mostre que, na ausência de gravidade,

a. A aceleração do fluido, a força de pressão e a força viscosa repousam todas no mesmo plano.

b. Na ausência de forças viscosas, o fluido acelera na direção da pressão decrescente.

c. Um fluido estático sempre começará a se mover na direção da pressão decrescente.

9.14 Obtenha as equações para um escoamento unidimensional, estacionário, viscoso e compressível na direção x, a partir das equações de Navier–Stokes. (Essas equações, juntamente com uma equação de estado e com a equação da energia, podem ser resolvidas para o caso de fracas ondas de choque.)

9.15 Obtenha as equações para um escoamento invíscido, unidimensional, transiente e compressível.

9.16 Usando as equações de Navier–Stokes dadas no Apêndice E, faça os Problemas 8.17 e 8.18.

9.17 Usando as equações de Navier–Stokes, encontre a equação diferencial para um escoamento radial, em que $v_z = v_\theta = 0$, e $v_r = f(r)$. Usando a continuidade, mostre que a solução para a equação não envolve viscosidade.

9.18 Usando as equações de Navier–Stokes dadas no Apêndice E, resolva o Problema 8.13.

9.19 Para o escoamento descrito no Problema 8.13, obtenha a equação diferencial do movimento, se $v_\theta = f(r, t)$.

9.20 Determine o perfil de velocidades em um fluido situado entre dois cilindros coaxiais que giram. O cilindro interno tem um raio igual a R_1 e velocidade angular igual a Ω_1; o cilindro externo tem um raio igual a R_2 e velocidade angular igual a Ω_2.

9.21 Começando com a forma apropriada das equações de Navier–Stokes, desenvolva uma equação no sistema apropriado de coordenadas para descrever a velocidade de um fluido que está escoando em um espaço anular, conforme mostrado na figura. O fluido é newtoniano e está escoando em escoamento estacionário, incompressível, completamente desenvolvido e laminar por tubo anular vertical infinitamente longo, de raio interno R_I e raio externo R_E. O cilindro interno (mostrado na figura como um sólido cinza) é sólido e o fluido escoa entre as paredes interna e externa, conforme mostrado na figura. O cilindro central se move para baixo na mesma direção que o fluido, com velocidade v_0. A parede externa do anel é estacionária. No desenvolvimento de sua equação, estabeleça a razão para eliminar quaisquer termos na equação original.

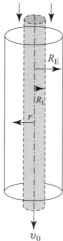

Escoamento de fluido ao redor da seção central

9.22 Dois fluidos imiscíveis estão escoando entre duas placas planas infinitamente longas, conforme mostrado na figura a seguir. A placa à esquerda está se movendo para baixo com uma velocidade igual a v_A e a placa à direita está se movendo para cima com uma velocidade igual a v_B. A linha tracejada é a interface entre os dois fluidos. Os fluidos mantêm larguras constantes à medida que eles escoam para baixo; L_1 e L_2 não são iguais. O escoamento é incompressível, paralelo, completamente desenvolvido e laminar. Você pode ignorar a tensão superficial e supor que os fluidos não estão abertos para a atmosfera e que a interface entre os fluidos é vertical durante todo o tempo. Deduza equações para os perfis de velocidades de ambos os fluidos quando o escoamento for em estado estacionário.

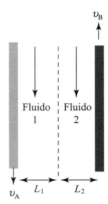

9.23 Uma larga esteira móvel passa por um recipiente contendo um líquido viscoso. A esteira se move verticalmente para cima, com velocidade constante, v_w, conforme ilustrado na figura. Por causa das forças viscosas, a esteira capta um filme de líquido, de espessura h. Use a forma apropriada das equações de Navier–Stokes para deduzir uma expressão para a velocidade do filme fluido, à medida que ele é arrastado para cima da esteira. Admita que o escoamento é laminar, estacionário, contínuo, incompressível e completamente desenvolvido.

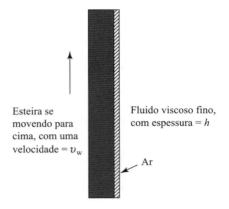

9.24 Considere um escoamento laminar, estacionário, contínuo, incompressível e completamente desenvolvido de um fluido newtoniano em um tubo infinitamente longo, de diâmetro D, inclinado de um ângulo α. O fluido não está aberto para a atmosfera e escoa para baixo, devido a um gradiente de pressão aplicado e à gravidade. Deduza uma expressão para a tensão cisalhante, usando a forma apropriada das equações de Navier–Stokes.

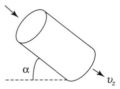

CAPÍTULO 10

Escoamento de Fluidos Invíscidos

Uma importante área em transferência de momento é o escoamento invíscido, em que, por virtude da ausência de tensão cisalhante, as soluções analíticas para as equações diferenciais de escoamento de fluidos são possíveis.

O assunto de escoamento invíscido tem aplicação particular em aerodinâmica e em hidrodinâmica e aplicação geral a escoamento em torno de corpos — os conhecidos escoamentos externos. Neste capítulo, introduziremos os fundamentos da análise de escoamento invíscido.

▶ 10.1

ROTAÇÃO DE UM FLUIDO EM UM PONTO

Considere o elemento de fluido mostrado na Figura 10.1a. No tempo Δt, o elemento mover-se-á no plano xy, conforme mostrado. Em adição à translação, o elemento pode também se deformar e rodar. Discutimos previamente a deformação no Capítulo 7. Agora, vamos focar nossa atenção na rotação do elemento. Embora o elemento possa se deformar, a orientação será dada pela rotação média dos segmentos lineares OB e OA ou denotando a rotação por

$$\omega_z = \frac{d}{dt}\left(\frac{\alpha + \beta}{2}\right)$$

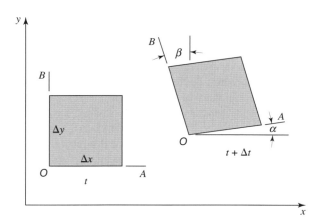

Figura 10.1a Rotação de um elemento de fluido.

em que o sentido anti-horário é positivo. Da Figura 10.1a, vemos que

$$\omega_z = \lim_{\Delta x, \Delta y, \Delta z, \Delta t \to 0} \frac{1}{2} \left(\frac{\text{arctg} \left\{ [(v_y|_{x+\Delta x} - v_y|_x) \Delta t] / \Delta x \right\}}{\Delta t} \right.$$

$$\left. + \frac{\text{arctg} \left\{ -[(v_x|_{y+\Delta y} - v_x|_y) \Delta t] / \Delta y \right\}}{\Delta t} \right)$$

que se torna, no limite,

$$\omega_z = \frac{1}{2} \left(\frac{\partial v_y}{\partial x} - \frac{\partial v_x}{\partial y} \right) \tag{10-1}$$

O subscrito z indica que a rotação é em torno do eixo z.

Nos planos xz e yz, a rotação em um ponto é dada por

$$\omega_y = \frac{1}{2} \left(\frac{\partial v_x}{\partial z} - \frac{\partial v_z}{\partial x} \right) \tag{10-2}$$

e

$$\omega_x = \frac{1}{2} \left(\frac{\partial v_z}{\partial y} - \frac{\partial v_y}{\partial z} \right) \tag{10-3}$$

A rotação em um ponto está relacionada com o produto vetorial da velocidade. Como o estudante pode verificar

$$\boldsymbol{\nabla} \times \mathbf{v} = \left(\frac{\partial v_z}{\partial y} - \frac{\partial v_y}{\partial z} \right) \mathbf{e}_x + \left(\frac{\partial v_x}{\partial z} - \frac{\partial v_z}{\partial x} \right) \mathbf{e}_y + \left(\frac{\partial v_y}{\partial x} - \frac{\partial v_x}{\partial y} \right) \mathbf{e}_z$$

e assim

$$\boldsymbol{\nabla} \times \mathbf{v} = 2\omega \tag{10-4}$$

O vetor $\boldsymbol{\nabla} \times \mathbf{v}$ é também conhecido como a *vorticidade*. Quando a rotação em um ponto é zero, o escoamento é dito ser *irrotacional*. Para escoamento irrotacional, $\boldsymbol{\nabla} \times \mathbf{v} = 0$, como pode ser visto a partir da equação (10-4). O significado da rotação do fluido em um ponto pode ser examinado por uma abordagem diferente. A equação de Navier–Stokes para escoamento incompressível, equação (9-29), pode também ser escrita na forma

$$\rho \frac{D\mathbf{v}}{Dt} = -\boldsymbol{\nabla} P + \rho \mathbf{g} - \mu [\boldsymbol{\nabla} \times (\boldsymbol{\nabla} \times \mathbf{v})] \tag{9-29}$$

Pode ser observado da equação anterior que se as forças viscosas atuam sobre o fluido, o escoamento tem de ser rotacional.

A Figura 10.1b ilustra o efeito da vorticidade e se o elemento de fluido é rotacional ou irrotacional. A vorticidade é frequentemente descrita como a medida do momento angular de uma pequena área diferencial em torno de seu próprio centro de massa. O vetor vorticidade é caracterizado matematicamente como o rotacional do vetor velocidade. Na Figura 10.1b, um gradiente de velocidade está se movendo ao longo de uma placa plana. Perto da placa, como resultado da condição de aderência, a velocidade do fluido é zero naquela parede e aumenta em direção à massa de fluido. Perto da parede, uma pequena área diferencial de fluido está sujeita à ação do gradiente de velocidade, de modo que no fundo do elemento de fluido a velocidade será menor do que no topo do elemento, resultando em uma rotação líquida ou giro do elemento na direção anti-horária, conforme mostrado pela seta no centro da área diferencial. O resultado disso é a rotação do elemento de fluido e um escoamento rotacional. Na massa de fluido (longe da placa), a velocidade é a mesma no topo e no fundo do elemento de fluido, resultando no elemento diferencial tendo rotação líquida nula — daí, o termo de escoamento irrotacional. Vorticidade tem muitas aplicações em padrões das condições meteorológicas, tais como em ciclones tropicais,[1] e no escoamento de sangue no corpo.

---

[1] J. C. L. Chan, *Ann. Rev. Fluid Mech.*, **37**, 99 (2005).

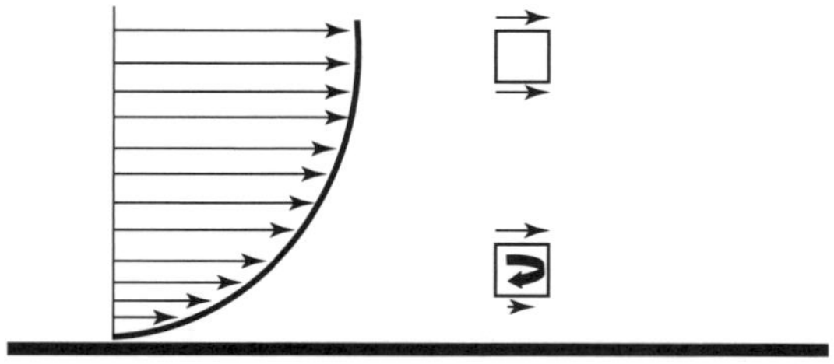

Figura 10.1b Rotação de um elemento de fluido como resultado de um gradiente de velocidade.

A condição cinemática $\nabla \times \mathbf{v} = 0$ representa uma relação cinemática. Não é a primeira vez que encontramos uma relação cinemática que satisfaz uma das leis físicas fundamentais de mecânica dos fluidos. A lei de conservação da massa para um escoamento incompressível, $\nabla \cdot \mathbf{v} = 0$, é também expressa como uma relação cinemática. O uso dessa relação é o assunto da próxima seção.

Exemplo 1

Uma velocidade bidimensional é dada pela equação

$$v = (6y)e_x + (6x)e_y$$

O escoamento é rotacional ou irrotacional?

Para ser irrotacional, o escoamento tem de satisfazer a equação $\nabla \times \mathbf{v} = 0$, e como resultado a equação (10-1) tem de ser igual a zero.

$$\omega_z = \frac{1}{2}\left(\frac{\partial v_y}{\partial x} - \frac{\partial v_x}{\partial y}\right) = 0$$

Primeiro, temos de encontrar valores para $\partial v_y/\partial x$ e $\partial v_x/\partial y$ para ver se a condição da equação (10-1) é satisfeita.

A partir da equação dada, encontramos as componentes de velocidade:

$$v_x = 6y \quad \text{e} \quad v_y = 6x$$

A seguir, tomamos as derivadas parciais necessárias ditadas pela equação (10-1):

$$\frac{\partial v_x}{\partial y} = 6$$

$$\frac{\partial v_y}{\partial x} = 6$$

E, assim, substituindo os valores,

$$\omega_z = \frac{1}{2}(6 - 6) = 0$$

Logo, a condição de escoamento irrotacional é satisfeita e essa partícula não girará.

Vamos examinar outra condição diferente, mas similar. Uma velocidade bidimensional é dada pela equação

$$v = (6y)e_x - (6x)e_y$$

Esse escoamento é rotacional ou irrotacional? Temos novamente de ver se a equação (10-1) é satisfeita.

Devemos encontrar os valores para $\partial v_y/\partial x$ e $\partial v_x/\partial y$ como fizemos previamente,

$$v_x = 6y \quad \text{e} \quad v_y = -6x$$

A seguir, tomamos as derivadas parciais necessárias ditadas pela equação (10-1):

$$\frac{\partial v_x}{\partial y} = 6$$

$$\frac{\partial v_y}{\partial x} = -6$$

118 ▶ Capítulo 10

---

resultando

$$\omega_z = \frac{1}{2}(6 - (-6)) = 6 \neq 0$$

Desse modo, a condição não é satisfeita e este é um exemplo de escoamento rotacional.

▶ **10.2**

FUNÇÃO DE CORRENTE

Para um escoamento bidimensional e incompressível, a equação da continuidade é

$$\nabla \cdot \mathbf{v} = \frac{\partial v_x}{\partial x} + \frac{\partial v_y}{\partial y} = 0 \tag{9-3}$$

A equação (9-3) indica que v_x e v_y estão relacionadas de algum modo, de forma que $\partial v_x/\partial x = -(\partial v_y/\partial y)$. Talvez a maneira mais fácil de expressar essa relação é ter v_x e v_y ambos relacionados com a mesma função. Considere a função $F(x, y)$; se $v_x = F(x, y)$, então

$$\frac{\partial v_y}{\partial y} = -\frac{\partial F}{\partial x} \quad \text{ou} \quad v_y = -\int \frac{\partial F}{\partial x} dy$$

Infelizmente, a seleção de $v_x = F(x, y)$ resulta em uma integral para v_y. Podemos facilmente remover o sinal de integral se fizermos o original $F(x, y)$ igual à derivada de alguma função em relação a y. Por exemplo, se $F(x, y) = (\partial \Psi(x, y)/\partial y]$, então

$$v_x = \frac{\partial \Psi}{\partial y}$$

Como $\partial v_x/\partial x = -(\partial v_y/\partial y)$, podemos escrever

$$\frac{\partial v_y}{\partial y} = -\frac{\partial}{\partial x}\left(\frac{\partial \Psi}{\partial y}\right) \quad \text{ou} \quad \frac{\partial}{\partial y}\left(v_y + \frac{\partial \Psi}{\partial x}\right) = 0$$

para isso ser verdade em geral:

$$v_y = -\frac{\partial \Psi}{\partial x}$$

Em vez de ter duas incógnitas, v_x e v_y, temos agora somente uma incógnita, Ψ. A incógnita, Ψ, é chamada de *função de corrente*. O significado físico de Ψ pode ser visto a partir das seguintes considerações. Como $\Psi = \Psi(x, y)$, a derivada total é

$$d\Psi = \frac{\partial \Psi}{\partial x} dx + \frac{\partial \Psi}{\partial y} dy$$

Também

$$\frac{\partial \Psi}{\partial x} = -v_y \quad \text{e} \quad \frac{\partial \Psi}{\partial y} = v_x$$

e assim

$$d\Psi = -v_y dx + v_x dy \tag{10-5}$$

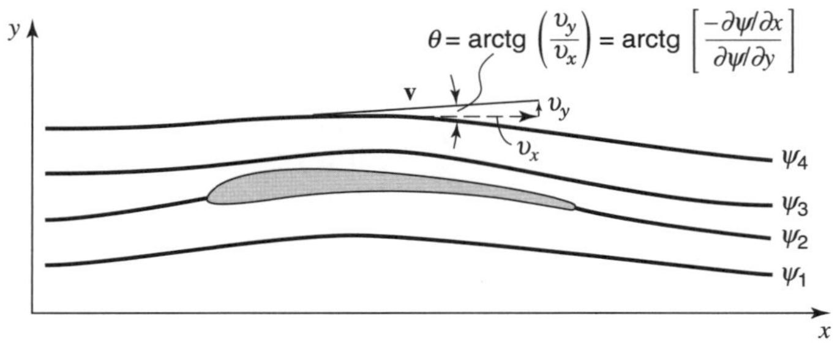

Escoamento de Fluidos Invíscidos ◀ **119**

Figura 10.2 Linhas de corrente e a função de corrente.

Considere uma trajetória no plano xy, tal que Ψ = constante. Ao longo da trajetória, $d\Psi$ = 0 e, assim, a equação (10-5) se torna

$$\frac{dy}{dx}\bigg|_{\Psi=\text{constante}} = \frac{v_y}{v_x} \tag{10-6}$$

A inclinação da trajetória Ψ = constante é vista como a mesma inclinação de uma linha de corrente, conforme discutido no Capítulo 3. A função $\Psi(x, y)$ representa assim as linhas de corrente. A Figura 10.2 ilustra as linhas de corrente e as componentes de velocidade para o escoamento em torno de um aerofólio.

A equação diferencial que governa Ψ é obtida pela consideração da rotação do fluido, ω, no ponto. Em um escoamento bidimensional, $\omega_z = \frac{1}{2}[(\partial v_y/\partial x) - (\partial v_x/\partial y)]$ e, assim, se as componentes de velocidade v_y e v_x são expressas em termos da função de corrente Ψ, obtemos, para um escoamento incompressível e estacionário,

$$-2\omega_z = \frac{\partial^2 \Psi}{\partial x^2} + \frac{\partial^2 \Psi}{\partial y^2} \tag{10-7}$$

Quando o escoamento é irrotacional, a equação (10-7) se torna a equação de Laplace:

$$\boldsymbol{\nabla}^2 \Psi = \frac{\partial^2 \Psi}{\partial x^2} + \frac{\partial^2 \Psi}{\partial y^2} = 0 \tag{10-8}$$

Exemplo 2

A função de corrente para um escoamento particular é dada pela equação $\Psi = 6x^2 - 6y^2$. Desejamos determinar as componentes de velocidade para esse escoamento e encontrar se o escoamento é rotacional ou irrotacional.

Definimos a função de corrente como

$$\frac{\partial \Psi}{\partial x} = -v_y$$

e

$$\frac{\partial \Psi}{\partial y} = v_x$$

Assim,

$$v_x = \frac{\partial \Psi}{\partial y} = -12y$$

$$v_y = -\frac{\partial \Psi}{\partial x} = -12x$$

120 ▶ Capítulo 10

As equações para as componentes de velocidade são $v_x = -12y$ e $v_y = -12x$.

A seguir, queremos determinar se o escoamento é rotacional ou irrotacional. Para fazer isso, temos de satisfazer à equação (10-1).

$$\omega_z = \frac{1}{2}\left(\frac{\partial v_y}{\partial x} - \frac{\partial v_x}{\partial y}\right) = 0$$

Resolvendo as derivadas parciais necessárias,

$$\frac{\partial v_y}{\partial x} = -12$$

$$\frac{\partial v_x}{\partial y} = -12$$

Assim,

$$\omega_z = \frac{1}{2}(-12 - (-12)) = 0$$

e esse escoamento é irrotacional.

▶ **10.3**

ESCOAMENTO INVÍSCIDO E IRROTACIONAL EM TORNO DE UM CILINDRO INFINITO

De modo a ilustrar o uso da função de corrente, o padrão de escoamento irrotacional e invíscido em torno de um cilindro de comprimento infinito será examinado. A situação física é ilustrada na Figura 10.3. Um cilindro circular estacionário de raio a está situado em um escoamento uniforme e paralelo à direção x.

Como há simetria no cilindro, as coordenadas polares são empregadas. Em coordenadas polares,[2] a equação (10-8) se torna

$$\frac{\partial^2 \Psi}{\partial r^2} + \frac{1}{r}\frac{\partial \Psi}{\partial r} + \frac{1}{r^2}\frac{\partial^2 \Psi}{\partial \theta^2} = 0 \tag{10-9}$$

em que as componentes de velocidade v_r e v_θ são dadas por

$$v_r = \frac{1}{r}\frac{\partial \Psi}{\partial \theta} \qquad v_\theta = -\frac{\partial \Psi}{\partial r} \tag{10-10}$$

A solução para esse caso tem de encontrar quatro condições de contorno. Essas são:

1. O círculo $r = a$ tem de ser uma linha de corrente. Uma vez que a velocidade normal a uma linha de corrente é zero, $v_r|_{r=a} = 0$ ou $\partial\Psi/\partial\theta|_{r=a} = 0$.
2. Da simetria, a linha $\theta = 0$ tem também de ser uma linha de corrente. Consequentemente, $v_\theta|_{\theta=0} = 0$ ou $\partial\Psi/\partial r|_{\theta=0} = 0$.
3. Quando $r \to \infty$, a velocidade tem de ser finita.
4. A magnitude da velocidade quando $r \to \infty$ é v_∞, uma constante.

A solução para a equação (10-9) para esse caso é

$$\Psi(r,\theta) = v_\infty r \operatorname{sen}\theta\left[1 - \frac{a^2}{r^2}\right] \tag{10-11}$$

---

[2] O operador ∇^2 em coordenadas cilíndricas é desenvolvido no Apêndice A.

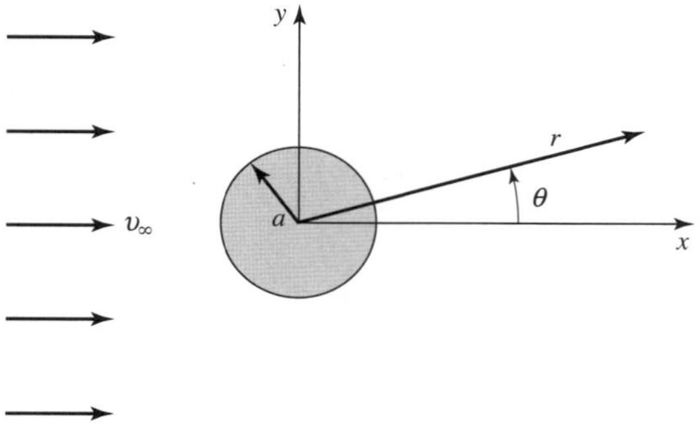

Escoamento de Fluidos Invíscidos ◀ **121**

Figura 10.3 Cilindro em um escoamento uniforme.

As componentes de velocidade v_r e v_θ são obtidas a partir da equação (10-10):

$$v_r = \frac{1}{r}\frac{\partial \Psi}{\partial \theta} = v_\infty \cos\theta \left[1 - \frac{a^2}{r^2}\right] \tag{10-12}$$

e

$$v_\theta = -\frac{\partial \Psi}{\partial r} = -v_\infty \operatorname{sen}\theta \left[1 + \frac{a^2}{r^2}\right] \tag{10-13}$$

Estabelecendo $r = a$ nas equações anteriores, a velocidade na superfície do cilindro pode ser determinada. Isso resulta em

$$v_r = 0$$

e

$$v_\theta = -2v_\infty \operatorname{sen}\theta \tag{10-14}$$

A velocidade na direção radial é, naturalmente, zero, quando a superfície do cilindro é uma linha de corrente. A velocidade ao longo da superfície é zero em $\theta = 0$ e $\theta = 180°$. Esses pontos de velocidade zero são conhecidos como *pontos de estagnação*. O ponto de estagnação frontal é $\theta = 180°$ e o ponto de estagnação traseiro é $\theta = 0°$. O estudante pode verificar que cada uma das condições de contorno para este caso são satisfeitas.

▶ 10.4

ESCOAMENTO IRROTACIONAL, O POTENCIAL DE VELOCIDADE

Em um escoamento irrotacional bidimensional, $\nabla \times \mathbf{v} = 0$ e, assim, $\partial v_x/\partial y = \partial v_y/\partial x$. A similaridade dessa equação com a equação da continuidade sugere que o tipo de relação usada para obter a função de corrente pode ser usado novamente. Note, entretanto, que a ordem de diferenciação é revertida a partir da equação da continuidade. Se fizermos $v_x = \partial\phi(x,y)/\partial x$, observamos que

$$\frac{\partial v_x}{\partial y} = \frac{\partial^2 \phi}{\partial x \partial y} = \frac{\partial v_y}{\partial x}$$

ou

$$\frac{\partial}{\partial x}\left(\frac{\partial \phi}{\partial y} - v_y\right) = 0$$

e para o caso geral

$$v_y = \frac{\partial \phi}{\partial y}$$

A função ϕ é chamada de *potencial de velocidade*. De modo a ϕ existir, o escoamento tem de ser irrotacional. Como a condição de irrotacionalidade é a única condição requerida, o potencial de velocidade pode também existir para escoamentos compressíveis e transientes. O potencial de velocidade é comumente usado na análise de escoamento compressível. Adicionalmente, o potencial de velocidade, ϕ, existe para escoamentos tridimensionais, enquanto a função de corrente não.

O vetor velocidade é dado por

$$\mathbf{v} = v_x \mathbf{e}_x + v_y \mathbf{e}_y + v_z \mathbf{e}_z = \frac{\partial \phi}{\partial x} \mathbf{e}_x + \frac{\partial \phi}{\partial y} \mathbf{e}_y + \frac{\partial \phi}{\partial z} \mathbf{e}_z$$

e, assim, em notação vetorial,

$$\mathbf{v} = \nabla \phi \qquad (10\text{-}15)$$

A equação diferencial que define ϕ é obtida da equação da continuidade. Considerando um escoamento incompressível e estacionário, temos $\nabla \cdot \mathbf{v} = 0$; assim, usando a equação (10-15) para $\mathbf{v}$, obtemos

$$\nabla \cdot \nabla \phi = \nabla^2 \phi = 0 \qquad (10\text{-}16)$$

que é novamente a equação de Laplace; desta vez, a variável dependente é ϕ. Claramente, Ψ e ϕ têm de estar relacionadas. Essa relação pode ser ilustrada considerando as isolinhas de Ψ e ϕ. Uma isolinha de Ψ é, naturalmente, uma linha de corrente. Ao longo das isolinhas

$$d\Psi = \frac{\partial \Psi}{\partial x} dx + \frac{\partial \Psi}{\partial y} dy$$

ou

$$\left.\frac{dy}{dx}\right|_{\Psi=\text{constante}} = \frac{v_y}{v_x}$$

e

$$d\phi = \frac{\partial \phi}{\partial x} dx + \frac{\partial \phi}{\partial y} dy \qquad \left.\frac{dy}{dx}\right|_{d\phi=0} = -\frac{v_x}{v_y}$$

Portanto,

$$\left. dy/dx \right|_{\phi=\text{constante}} = -\frac{1}{\left. dy/dx \right|_{\Psi=\text{constante}}} \qquad (10\text{-}17)$$

e, assim, Ψ e ϕ são ortogonais. A ortogonalidade da função de corrente e do potencial de velocidade é uma propriedade útil, particularmente quando as soluções gráficas das equações (10-8) e (10-16) são empregadas.

A Figura 10.4 ilustra o escoamento invíscido, irrotacional, estacionário e incompressível em torno de um cilindro circular infinito. Tanto as linhas de corrente como as linhas do potencial de velocidade constante são mostradas.

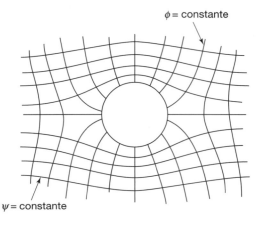

Figura 10.4 Linhas de corrente e linhas de potencial de velocidade constante para escoamento invíscido, irrotacional, estacionário e incompressível em torno de um cilindro.

Exemplo 3

O campo de escoamento estacionário e incompressível para um escoamento bidimensional é dado pelas seguintes componentes de velocidade: $v_x = 16y - x$ e $v_y = 16x + y$. Determine a equação para a função de corrente e para o potencial de velocidade.

Primeiro, vamos nos certificar de que a equação da continuidade será satisfeita:

$$\frac{\partial v_x}{\partial x} + \frac{\partial v_y}{\partial y} = \frac{\partial}{\partial x}(16y - x) + \frac{\partial}{\partial y}(16x + y) = -1 + 1 = 0 \tag{1}$$

Dessa forma, a continuidade é satisfeita, o que é uma condição necessária para que possamos proceder.

Definimos a função de corrente como

$$\frac{\partial \Psi}{\partial y} = v_x \tag{2}$$

e

$$-\frac{\partial \Psi}{\partial x} = v_y \tag{3}$$

Assim,

$$v_x = \frac{\partial \Psi}{\partial y} = 16y - x \tag{4}$$

$$v_y = -\frac{\partial \Psi}{\partial x} = 16x + y \tag{5}$$

Podemos começar integrando a equação (4) ou a equação (5). Cada uma resultará na mesma resposta. (O Problema 10.24 permitirá você verificar isso.) Vamos começar integrando a equação (4) parcialmente em relação a y:

$$\Psi = 8y^2 - xy + f_1(x) \tag{6}$$

em que $f_1(x)$ é uma função arbitrária de x.

A seguir, tomamos a outra parte da definição da função de corrente, equação (3), e diferenciamos a equação (6) em relação a x:

$$v_y = -\frac{\partial \Psi}{\partial x} = y - f_2(x) \tag{7}$$

Aqui, $f_2(x)$ é $\dfrac{df}{dx}$, uma vez que f é uma função da variável x.

O resultado é que temos agora duas equações para v_y, equações (5) e (7). Podemos agora igualar essas equações e resolver para $f_2(x)$:

$$v_y = y - f_2(x) = 16x + y$$

Resolvendo para $f_2(x)$,

$$f_2(x) = -16x$$

Por conseguinte,

$$f_1(x) = -16\frac{x^2}{2} = -8x^2 + C$$

A constante de integração C é adicionada à equação anterior, uma vez que f é função somente de x. A equação final para a função de corrente é

$$\Psi = 8y^2 - xy - 8x^2 + C \tag{8}$$

A constante C é geralmente retirada da equação porque o valor de uma constante nessa equação não tem significado. A equação final para a função de corrente é

$$\Psi = 8y^2 - xy - 8x^2$$

124 ▶ Capítulo 10

Um ponto interessante é que a diferença no valor de uma linha de corrente no escoamento em relação à outra é a taxa volumétrica de escoamento por unidade de largura entre as duas linhas de corrente.

A seguir, queremos encontrar a equação para o potencial de velocidade. Uma vez que uma condição para a existência do potencial de velocidade é o escoamento irrotacional, temos primeiro de determinar se o escoamento neste exemplo é irrotacional.

Para fazer isso, temos de satisfazer à equação (10-1).

$$\omega_z = \frac{1}{2}\left(\frac{\partial v_y}{\partial x} - \frac{\partial v_x}{\partial y}\right) = \frac{1}{2}(16 - 16) = 0$$

Logo, o escoamento é irrotacional, como requerido.

Queremos agora determinar a equação para o potencial de velocidade. O potencial de velocidade é definido pela equação (10-15):

$$v = \nabla\phi$$

ou

$$\frac{\partial \phi}{\partial x} = v_x = 16y - x$$

$$\phi = 16xy - \frac{x^2}{2} + f(y)$$

Diferenciando em relação a y e igualando a v_x,

$$\frac{\partial \phi}{\partial y} = 16x + \frac{d}{dy}f(y) = 16x + y$$

Assim,

$$\frac{d}{dy}f(y) = y$$

e

$$f(y) = \frac{y^2}{2}$$

de modo que a equação final para o potencial de velocidade é

$$\phi = 16xy - \frac{x^2}{2} + \frac{y^2}{2}$$

▶ **10.5**

CARGA TOTAL EM ESCOAMENTO IRROTACIONAL

Mostrou-se que a condição de irrotabilidade ajudou na obtenção de soluções analíticas no escoamento de um fluido. O significado físico de escoamento irrotacional pode ser ilustrado pela relação entre a rotação ou vorticidade, $\nabla \times \mathbf{v}$, e a carga total, $P/\rho + v^2/2 + gy$. Para um escoamento invíscido, podemos escrever

$$\frac{D\mathbf{v}}{Dt} = \mathbf{g} - \frac{\nabla P}{\rho} \qquad \text{(Equação de Euler)}$$

e

$$\frac{D\mathbf{v}}{Dt} = \frac{\partial \mathbf{v}}{\partial t} + \nabla\left(\frac{v^2}{2}\right) - \mathbf{v} \times (\nabla \times \mathbf{v}) \qquad \text{(Identidade vetorial)}$$

Uma vez que o gradiente da energia potencial é –$\mathbf{g}$, a equação de Euler se torna, para escoamento incompressível,

$$\nabla\left\{\frac{P}{\rho} + \frac{v^2}{2} + gy\right\} = \mathbf{v} \times (\nabla \times \mathbf{v}) - \frac{\partial \mathbf{v}}{\partial t}. \qquad (10\text{-}18)$$

Se o escoamento é estacionário, vê-se da equação (10-18) que o gradiente da carga total depende da vorticidade, $\nabla \times \mathbf{v}$. O vetor $(\nabla \times \mathbf{v})$ é perpendicular ao vetor velocidade; logo, o gradiente da carga total não tem componente ao longo de uma linha de corrente. Por conseguinte, ao longo de uma linha de corrente em um escoamento invíscido, incompressível e estacionário,

$$\frac{P}{\rho} + \frac{v^2}{2} + gy = \text{constante} \qquad (10\text{-}19)$$

Essa é, naturalmente, a equação de Bernoulli, que foi discutida nos Capítulos 6 e 9. Se o escoamento for irrotacional e estacionário, a equação (10-18) resultará que a equação de Bernoulli é válida em todo o campo de escoamento. Um escoamento irrotacional, estacionário e incompressível, consequentemente, tem uma carga total constante em todo o campo de escoamento.[3]

▶ **10.6**

UTILIZAÇÃO DE ESCOAMENTO POTENCIAL

O escoamento potencial tem grande utilidade em engenharia para a previsão de campos de pressão, de forças e de taxas de escoamentos. No campo da aerodinâmica, por exemplo, soluções para escoamento potencial são usadas para prever as distribuições de forças e de momentos em asas e em outros corpos.

Uma ilustração da determinação da distribuição de pressões de uma solução para escoamento potencial pode ser obtida a partir da solução para o escoamento em torno de um cilindro circular apresentado na Seção 10.3. Da equação de Bernoulli

$$\frac{P}{\rho} + \frac{v^2}{2} = \text{constante} \qquad (10\text{-}20)$$

Desprezamos o termo de energia potencial de acordo com a suposição original de velocidade uniforme na direção x. A uma grande distância do cilindro, a pressão é P_∞ e a velocidade é v_∞; logo, a equação (10-20) se torna[4]

$$P + \frac{\rho v^2}{2} = P_\infty + \frac{\rho v_\infty^2}{2} = P_0 \qquad (10\text{-}21)$$

em que P_0 é designada como a *pressão de estagnação* (isto é, a pressão na qual a velocidade é zero). De acordo com a equação (10-19), a pressão de estagnação é constante em todo o campo em um escoamento irrotacional. A velocidade na superfície do corpo é $v_\theta = -2v_\infty \text{sen}\theta$; logo, a pressão na superfície é

$$P = P_0 - 2\rho v_\infty^2 \text{sen}^2\theta \qquad (10\text{-}22)$$

Um gráfico da distribuição de pressões no escoamento potencial em torno de um cilindro é mostrado na Figura 10.5.

---

[3] Um resultado mais geral, o teorema de Crocco, relaciona a vorticidade à entropia. Assim, pode-se mostrar que um escoamento estacionário, invíscido e irrotacional, compressível ou incompressível, é isentrópico.

[4] A pressão de estagnação, conforme dada na equação (10-21), aplica-se somente a um escoamento incompressível.

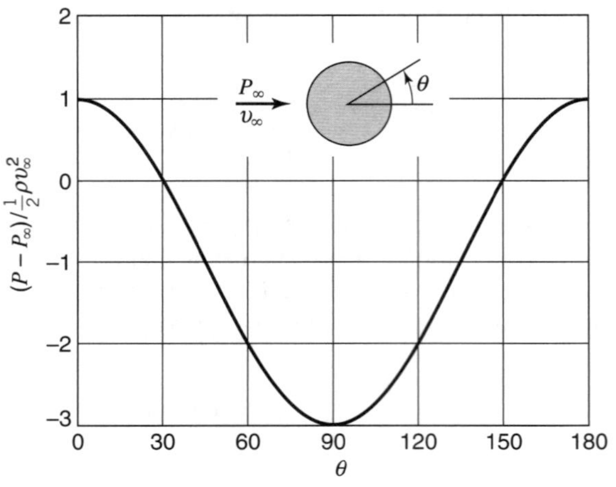

126 ▶ Capítulo 10

Figura 10.5 Distribuição de pressões em um cilindro em um escoamento invíscido, incompressível e estacionário.

▶ **10.7**

ANÁLISE DE ESCOAMENTO POTENCIAL — CASOS SIMPLES DE ESCOAMENTO EM UM PLANO

Nesta seção, um número de casos será considerado, em que soluções são encontradas para escoamento bidimensional, incompressível e irrotacional. Começamos com algumas situações muito comuns de escoamento.

Caso 1. Escoamento uniforme na direção x.

Para um escoamento uniforme paralelo ao eixo x, com velocidade v_∞ = constante, as relações entre a função de corrente e o potencial de velocidade são

$$v_x = v_\infty = \frac{\partial \Psi}{\partial y} = \frac{\partial \phi}{\partial x}$$

$$v_y = 0 = \frac{\partial \Psi}{\partial x} = \frac{\partial \phi}{\partial y}$$

que, integrando, resulta em

$$\Psi = v_\infty y$$

$$\phi = v_\infty x$$

Caso 2. Escoamento do tipo fonte/sorvedouro.

Um escoamento do tipo fonte, em duas dimensões, é aquele em que o escoamento é radial e aponta para fora da fonte, que é a origem neste exemplo. O escoamento contrário, ou do tipo sorvedouro, é direcionado para dentro. A intensidade da fonte é a vazão por unidade de profundidade, $Q = 2\pi r v_r$. A velocidade radial associada a uma fonte é

$$v_r = \frac{Q}{2\pi r}$$

e a velocidade azimutal é dada por $v_\theta = 0$. A função de corrente e o potencial de velocidade são calculados a partir das expressões

$$v_r = \frac{Q}{2\pi r} = \frac{1}{r}\frac{\partial \Psi}{\partial \theta} = \frac{\partial \phi}{\partial r}$$

$$v_\theta = 0 = -\frac{\partial \Psi}{\partial r} = \frac{1}{r}\frac{\partial \phi}{\partial \theta}$$

Integrando essas expressões, obtemos para o escoamento do tipo fonte

$$\Psi = \frac{Q}{2\pi}\theta$$

$$\phi = \frac{Q}{2\pi}\ln r$$

Para o escoamento do tipo sorvedouro, o sinal da velocidade radial é negativo (para dentro) e, assim, Q é negativo.

As expressões para um escoamento do tipo fonte/sorvedouro apresentam um problema em $r = 0$, a origem, que é um ponto singular. Em $r = 0$, a velocidade radial se aproxima de infinito. Fisicamente, isso não é realístico e usamos somente o conceito de escoamento do tipo fonte/sorvedouro sob condições em que a singularidade seja excluída da consideração.

Caso 3: Escoamento do tipo vórtice.

Um escoamento do tipo vórtice é aquele que ocorre de uma maneira circular em torno de um ponto central, tal como um turbilhão. Um *vórtice livre* é aquele em que partículas fluidas são irrotacionais, isto é, elas não giram à medida que se movem em círculos concêntricos em torno do eixo do vórtice. Isso seria análogo às pessoas sentadas em cabines de roda-gigante. Para um escoamento irrotacional em coordenadas polares (veja o Apêndice B), o produto rv_θ tem de ser constante. A função de corrente e o potencial de velocidade podem ser escritos diretamente,

$$v_r = 0 = \frac{1}{r}\frac{\partial\Psi}{\partial\theta} = \frac{\partial\phi}{\partial r}$$

$$v_\theta = \frac{K}{2\pi r} = -\frac{\partial\Psi}{\partial r} = \frac{1}{r}\frac{\partial\phi}{\partial\theta}$$

que, sob integração, tornam-se

$$\Psi = -\frac{K}{2\pi}\ln r$$

$$\phi = \frac{K}{2\pi}\theta$$

em que K representa a *intensidade dos vórtices*. Quando K é positivo, o escoamento é no sentido anti-horário em torno do centro do vórtice.

▶ **10.8**

ANÁLISE DE ESCOAMENTO POTENCIAL — SUPERPOSIÇÃO

Foi mostrado anteriormente que tanto a função de corrente quanto o potencial de velocidade satisfazem à equação de Laplace para escoamentos irrotacional, bidimensional e incompressível. Como a equação de Laplace é linear, podemos usar soluções conhecidas para encontrar expressões para Ψ e ϕ para situações mais complexas, usando o princípio da *superposição*. Superposição, falando simplesmente, é o processo de adicionar soluções conhecidas para encontrar outra — isto é, se Ψ_1 e Ψ_2 são soluções para $\nabla^2\Psi = 0$; então $\Psi_3 = \Psi_1 + \Psi_2$ é uma solução.

O leitor deve lembrar que as soluções obtidas para essas condições muito especiais de escoamento são idealizações. Elas se aplicam a escoamento invíscido, que é uma aproximação razoável para as condições *fora* da região próxima a um corpo sólido, em que os efeitos viscosos são manifestados. Essa região, a *camada-limite*, será considerada com alguma profundidade no Capítulo 12.

Alguns casos agora serão considerados em que os escoamentos elementares no plano, apresentados na seção anterior, fornecem alguns resultados interessantes e úteis, por meio do processo de superposição.

128 ▶ Capítulo 10

Caso 4. O dipolo.

Um caso útil é encontrado considerando-se um par fonte-sorvedouro sobre o eixo x quando a distância de separação, *2a*, aproxima-se de zero. Geometricamente, podemos notar que as linhas de corrente e as linhas do potencial de velocidade são círculos com centros nos eixos x e y, mas com todos os círculos passando pela origem, que é um ponto singular.

A intensidade de um dipolo, designada como λ, é definida como o limite finito da grandeza $2aQ$ quando $a \to 0$. Para o nosso caso, a fonte é colocada sobre o eixo x em $-a$ e o sorvedouro é colocado sobre o eixo x em $+a$. As expressões resultantes para Ψ e ϕ em coordenadas polares são

$$\Psi = -\frac{\lambda \operatorname{sen}\theta}{r}$$

$$\phi = \frac{\lambda \cos\theta}{r}$$

Caso 5: Escoamento pela metade de um corpo — superposição de escoamento uniforme e uma fonte.

A função de corrente e os potenciais de velocidade para escoamento uniforme na direção x e para escoamento do tipo fonte são adicionados juntos, resultando

$$\Psi = \Psi_{\text{escoamento uniforme}} + \Psi_{\text{fonte}}$$

$$= v_\infty y + \frac{Q}{2\pi}\theta = v_\infty\, r \operatorname{sen}\theta + \frac{Q}{2\pi}\theta$$

$$\phi = \phi_{\text{escoamento uniforme}} + \phi_{\text{fonte}}$$

$$= v_\infty x + \frac{Q}{2\pi}\ln r = v_\infty r \cos\theta + \frac{Q}{2\pi}\ln r$$

Caso 6. Escoamento por um cilindro — superposição de escoamento uniforme e um dipolo.

Como ilustração final do método de superposição, analisaremos um caso de utilidade considerável. Quando as soluções para escoamento uniforme e o dipolo são superpostas, o resultado, similar ao caso passado, define um padrão de linha de corrente dentro e ao redor da superfície externa de um corpo. Nesse caso, o corpo é fechado e o padrão de escoamento exterior é aquele de escoamento ideal em torno de um cilindro. As expressões para Ψ e φ são

$$\Psi = \Psi_{\text{escoamento uniforme}} + \Psi_{\text{dipolo}}$$

$$= v_\infty y - \frac{\lambda \operatorname{sen}\theta}{r} = v_\infty r \operatorname{sen}\theta - \frac{\lambda \operatorname{sen}\theta}{r}$$

$$= \left[v_\infty r - \frac{\lambda}{r}\right]\operatorname{sen}\theta$$

$$\phi = \phi_{\text{escoamento uniforme}} + \phi_{\text{dipolo}}$$

$$= v_\infty x + \frac{\lambda \cos\theta}{r} = v_\infty r \cos\theta + \frac{\lambda \cos\theta}{r}$$

$$= \left[v_\infty r + \frac{\lambda}{r}\right]\cos\theta$$

É útil, nesse ponto, examinar as expressões anteriores em mais detalhes. Primeiro, para a função de corrente

$$\Psi = \left[v_\infty r - \frac{\lambda}{r}\right]\operatorname{sen}\theta$$

$$= v_\infty r \left[1 - \frac{\lambda/v_\infty}{r^2}\right]\operatorname{sen}\theta$$

em que, como lembramos, λ é a intensidade do par. Se escolhermos λ de modo que

$$\frac{\lambda}{v_\infty} = a^2$$

em que a é o raio de nosso cilindro, obtemos

$$\Psi(r, \theta) = v_\infty r \operatorname{sen} \theta \left[1 - \frac{a^2}{r^2} \right]$$

que é a expressão usada anteriormente, designada como equação (10-11).

▶ 10.9

RESUMO

Neste capítulo, examinamos o escoamento potencial. Um breve resumo das propriedades da função de corrente e do potencial de velocidade é dado a seguir.

Função de corrente

1. Uma função de corrente $\Psi(x, y)$ existe para cada escoamento incompressível, estacionário e bidimensional, viscoso ou invíscido.
2. Linhas para as quais $\Psi(x, y)$ = constante são linhas de corrente.
3. Em coordenadas cartesianas,

$$v_x = \frac{\partial \Psi}{\partial y} \qquad v_y = -\frac{\partial \Psi}{\partial x} \qquad (10\text{-}23\text{a})$$

e, em geral,

$$v_s = \frac{\partial \Psi}{\partial n} \qquad (10\text{-}23\text{b})$$

em que n está 90° sentido anti-horário de s.

4. A função de corrente identicamente satisfaz à equação da continuidade.
5. Para um escoamento irrotacional, estacionário e incompressível,

$$\nabla^2 \Psi = 0 \qquad (10\text{-}24)$$

Potencial de velocidade

1. O potencial de velocidade existe se e somente se o escoamento é irrotacional. Nenhuma outra restrição é requerida.
2. $\nabla \phi = v$.
3. Para escoamento irrotacional e incompressível, $\nabla^2 \phi = 0$.
4. Para escoamentos estacionários, incompressíveis e bidimensionais, linhas de potencial de velocidade constante são perpendiculares às linhas de corrente.

PROBLEMAS

10.1 Em coordenadas polares, mostre que

$$\nabla \times \mathbf{v} = \frac{1}{r}\left[\frac{\partial(rv_\theta)}{\partial r} - \frac{\partial v_r}{\partial \theta}\right]\mathbf{e}_z$$

10.2 Determine a rotação do fluido em um ponto em coordenadas polares, usando o método ilustrado na Figura 10.1.

10.3 Encontre a função de corrente para um escoamento com uma velocidade de corrente livre uniforme v_∞. A velocidade da corrente livre intercepta o eixo x em um ângulo α.

10.4 Em coordenadas polares, a equação da continuidade para os escoamentos incompressível e estacionário se torna

$$\frac{1}{r}\frac{\partial}{\partial r}(rv_r) + \frac{1}{r}\frac{\partial v_\theta}{\partial \theta} = 0$$

Deduza as equações (10-10), usando essa relação.

10.5 O potencial de velocidade para um dado escoamento bidimensional é

$$\phi = \left(\frac{5}{3}\right)x^3 - 5xy^2$$

Mostre que a equação de continuidade é satisfeita e determine a função de corrente correspondente.

10.6 Faça um modelo analítico de um tornado, usando um vórtice irrotacional (com velocidade inversamente proporcional à distância a partir do centro) fora de um núcleo central (com velocidade diretamente proporcional à distância). Suponha que o diâmetro do núcleo seja 200 ft e a pressão estática no centro do núcleo seja 38 psf abaixo da pressão ambiente. Encontre:

a. A velocidade máxima do vento.

b. O tempo que levará para um tornado se mover a 60 mph para uma pressão estática mais baixa, de –10 para –38 psfg.

c. A variação na pressão de estagnação no tornado; a equação de Euler pode ser usada para relacionar o gradiente de pressão no núcleo à aceleração do fluido.

10.7 Para o escoamento em torno de um cilindro, encontre a variação de velocidade ao longo da linha de corrente que conduz ao ponto de estagnação. Qual é a derivada da velocidade $\partial v_r/\partial r$ no ponto de estagnação?

10.8 No Problema 10.7, explique como alguém poderia obter $\partial v_\theta/\partial \theta$ no ponto de estagnação, usando somente r e $\partial v_r/\partial r$.

10.9 Em que ponto na superfície do cilindro circular em um escoamento potencial a pressão se iguala à pressão da corrente livre?

10.10 Para os potenciais de velocidade dados a seguir, encontre a função de corrente e esquematize as linhas de corrente

a. $\phi = v_\infty L\left[\left(\dfrac{x}{L}\right)^3 - \dfrac{3xy^2}{L^3}\right]$

b. $\phi = v_\infty \dfrac{xy}{L}$

c. $\phi = \dfrac{v_\infty L}{2}\ln(x^2 + y^2)$

10.11 A função de corrente para o campo de escoamento incompressível e bidimensional é

$$\psi = 2r^3 \operatorname{sen} 3\theta$$

Para esse campo de escoamento, faça um gráfico de várias linhas de corrente para $0 \le \theta \le \pi/3$.

10.12 Para o caso de uma fonte na origem com uma corrente livre uniforme, faça um gráfico para a linha de corrente $\Psi = 0$.

10.13 No Problema 10.12, quão longe a montante o escoamento alcança a partir da fonte?

10.14 Determine o gradiente de pressão no ponto de estagnação do Problema 10.10(a).

10.15 Calcule a força de sustentação total sobre uma cabana no Ártico, mostrada a seguir, como função da localização da abertura. A força de sustentação resulta da diferença entre a pressão no interior e a pressão do exterior. Admita escoamento potencial e que a cabana tenha um formato de meio cilindro.

10.16 Considere três fontes igualmente espaçadas, de intensidade m, colocadas em $(x, y) = (-a, 0)$, $(0, 0)$ e $(a, 0)$. Esquematize o padrão resultante de linha de corrente. Existe algum ponto de estagnação?

10.17 Esquematize as linhas de corrente e as linhas potenciais do escoamento em razão de um escoamento do tipo fonte em $(a, 0)$ mais um escoamento do tipo sorvedouro equivalente em $(-a, 0)$.

10.18 A função de corrente para um campo de escoamento incompressível e bidimensional é

$$\psi = 3x^2 y + y$$

Para esse campo de escoamento, esquematize várias linhas de corrente.

10.19 Um escoamento do tipo vórtice, de intensidade K em $(x, y) = (0, a)$, é combinado com o vórtice de intensidade oposta em $(0, -a)$. Faça um gráfico do padrão de linha de corrente e encontre a velocidade que cada vórtice induz no outro vórtice.

10.20 Um escoamento do tipo fonte, de intensidade 1,5 m²/s na origem, é combinado com uma corrente uniforme, que se move a 9 m/s na direção x. Para o meio corpo que resulta, encontre

a. O ponto de estagnação.

b. A altura do corpo quando ele cruza o eixo y.

c. A altura do corpo em valores grandes de x.

d. A velocidade superficial máxima e sua posição (x, y).

10.21 Quando um dipolo é adicionado a uma corrente uniforme, de modo que a parte da fonte do dipolo encontra a corrente, resulta um escoamento em um cilindro. Faça um gráfico de linhas de corrente quando o dipolo for revertido, de modo que o sorvedouro encontre a corrente.

Escoamento de Fluidos Invíscidos ◀ **131**

10.22 Um cilindro horizontal, de 2 m de diâmetro, é formado aparafusando dois canais semicilíndricos na parte interna. Há 12 parafusos, por metro de largura, segurando o topo e o fundo. A pressão interna é 60 kPa (manométrica). Usando a teoria potencial para a pressão externa, calcule a força de tensão em cada parafuso, se o fluido da corrente livre for ar ao nível do mar e a velocidade do vento na corrente livre for 25 m/s.

10.23 Para a função de corrente dada por

$$\psi = 6x^2 - 6y^2$$

determine se esse escoamento é rotacional ou irrotacional.

10.24 No Exemplo 3, começamos a resolução encontrando a equação para a função de corrente por meio da integração da equação (3).

Repita esse exemplo, mas comece integrando a equação (4) e mostre que não importa com qual equação comecemos, os resultados são idênticos.

10.25 A função de corrente para escoamento estacionário e incompressível é dada por $\Psi = y^2 - xy - x^2$. Determine as componentes de velocidade para esse escoamento e encontre se o escoamento é rotacional ou irrotacional.

10.26 A função de corrente para escoamento estacionário e incompressível é dada por

$$\Psi(x, y) = 2x^2 - 2y^2 - xy$$

Determine o potencial de velocidade para esse escoamento.

CAPÍTULO 11

Análise Dimensional e Similaridade

Uma importante consideração em todas as equações escritas até agora foi a homogeneidade dimensional. Às vezes, é necessário usar fatores apropriados de conversão de modo que uma resposta esteja correta numericamente e tenha unidades apropriadas. A ideia de consistência dimensional pode ser usada de outra maneira, por um procedimento conhecido como análise dimensional, para agrupar as variáveis, em uma dada situação, em parâmetros adimensionais que são menos numerosos do que as variáveis originais. Tal procedimento é muito útil em um trabalho experimental, em que correlacionar um grande número de variáveis significativas torna-se uma tarefa árdua. Combinando as variáveis em um número menor de parâmetros adimensionais, o trabalho de redução de dados experimentais é consideravelmente reduzido.

Este capítulo incluirá meios de calcular parâmetros adimensionais tanto nas situações em que a equação governante for conhecida quanto naquelas em que nenhuma equação estiver disponível. Certos grupos adimensionais emergentes dessa análise serão familiares e alguns outros serão encontrados pela primeira vez. Finalmente, certos aspectos de similaridade serão usados para prever o comportamento do escoamento em equipamentos, com base em experimentos em modelos de escala.

▶ 11.1

DIMENSÕES

Em análise dimensional, certas dimensões têm de ser estabelecidas como fundamentais, com todas as outras expressas em termos delas. Uma dessas dimensões fundamentais é o comprimento, simbolizado como L. Assim, área e volume podem ser expressos dimensionalmente como L^2 e L^3, respectivamente. Uma segunda dimensão fundamental é o tempo, simbolizado como t. As grandezas cinemáticas, velocidade e aceleração, podem agora ser expressas como L/t e L/t^2, respectivamente.

Outra dimensão fundamental é massa, simbolizada como M. Um exemplo de uma grandeza cuja expressão dimensional envolve massa é a densidade, que seria expressa como M/L^3. A segunda lei de Newton do movimento fornece uma relação entre a força e a massa e permite que a força seja expressa dimensionalmente como $F = Ma = ML/t^2$. Alguns textos revertem esse procedimento e consideram força como uma dimensão fundamental, expressando a massa em termos de F, L e t, de acordo com a segunda lei de Newton do movimento. Aqui, massa será considerada uma dimensão fundamental.

As grandezas significativas em transferência de momento podem também ser expressas dimensionalmente em termos de M, L e t; logo, elas compreendem as dimensões fundamentais em que estamos interessados agora. A análise dimensional de problemas de energia no Capítulo 19 irá requerer a adição de mais duas dimensões fundamentais: calor e temperatura.

Algumas das variáveis mais importantes em transferência de momento e suas representações dimensionais em termos de M, L e t são dadas na Tabela 11.1.

Tabela 11.1 Variáveis importantes em transferência de momento

Variável	Símbolo	Dimensão
Massa	M	M
Comprimento	L	L
Tempo	t	t
Velocidade	v	L/t
Aceleração da gravidade	g	L/t^2
Força	F	ML/t^2
Pressão	P	ML/t^2
Densidade	ρ	M/L^3
Viscosidade	μ	M/Lt
Tensão superficial	σ	M/t^2
Velocidade do som	a	L/t

▶ 11.2

ANÁLISE DIMENSIONAL DAS EQUAÇÕES DIFERENCIAIS GOVERNANTES

As equações diferenciais que descrevem o comportamento de fluidos, conforme desenvolvidas no Capítulo 9, são poderosas ferramentas para analisar e prever fenômenos em fluidos e seus efeitos. As equações de Navier–Stokes foram resolvidas analiticamente para poucas situações simples. Para aplicações mais complexas, essas relações fornecem a base para um número de programas computacionais sofisticados e poderosos.

Nesta seção, usaremos as formas diferenciais das equações da continuidade e do momento (Navier–Stokes) para desenvolver alguns parâmetros adimensionais úteis que serão ferramentas valiosas para análise subsequente. Esse processo será ilustrado agora quando examinarmos o escoamento bidimensional incompressível.

As equações diferenciais governantes são as seguintes:

Continuidade:

$$\frac{\partial v_x}{\partial x} + \frac{\partial v_y}{\partial y} = 0 \tag{9-3}$$

Momento:

$$\rho\left(\frac{\partial \mathbf{v}}{\partial t} + v_x \frac{\partial \mathbf{v}}{\partial x} + v_y \frac{\partial \mathbf{v}}{\partial y}\right) = \rho\mathbf{g} - \boldsymbol{\nabla}P + \mu\left(\frac{\partial^2 \mathbf{v}}{\partial x^2} + \frac{\partial^2 \mathbf{v}}{\partial y^2}\right) \tag{9-19}$$

Estipulamos agora os valores de referência para comprimento e velocidade:

- comprimento de referência $\quad L$
- velocidade de referência $\quad v_\infty$

e, por conseguinte, especificamos as grandezas adimensionais para as variáveis nas equações (9-3) e (9-19) como

$$x^* = x/L \qquad v_x^* = v_x/v_\infty$$
$$y^* = y/L \qquad v_y^* = v_y/v_\infty$$
$$t^* = \frac{tv_\infty}{L} \qquad \mathbf{v}^* = \mathbf{v}/v_\infty$$
$$\boldsymbol{\nabla}^* = L\boldsymbol{\nabla}$$

A última grandeza nessa lista, ∇^*, é o operador gradiente adimensional. Como ∇ é composto das primeiras derivadas em relação às coordenadas espaciais, o produto $L\nabla$ é adimensional.

A próxima etapa é tornar adimensionais nossas equações governantes, introduzindo as variáveis adimensionais especificadas. Esse processo envolve a regra da cadeia para diferenciação; por exemplo, os dois termos na equação (9-3) são transformados como se segue:

$$\frac{\partial v_x}{\partial x} = \frac{\partial v_x^*}{\partial x^*}\frac{\partial v_x}{\partial v_x^*}\frac{\partial x^*}{\partial x} = \frac{\partial v_x^*}{\partial x^*}(v_\infty)(1/L) = \frac{v_\infty}{L}\frac{\partial v_x^*}{\partial x^*}$$

$$\frac{\partial v_y}{\partial y} = \frac{\partial v_y^*}{\partial y^*}\frac{\partial v_y}{\partial v_y^*}\frac{\partial y_*}{\partial y} = \frac{v_\infty}{L}\frac{v_x^*}{\partial x^*}$$

Substituindo na equação (9-3), tem-se

$$\frac{\partial v_x^*}{\partial x^*} + \frac{\partial v_y^*}{\partial y^*} = 0 \tag{11-1}$$

e vemos que a equação da continuidade tem a mesma forma em termos das variáveis adimensionais que ela tinha originalmente.

Utilizando a regra da cadeia da mesma maneira que anteriormente discutido, a equação do movimento se torna

$$\frac{\rho v_\infty^2}{L}\left(\frac{\partial \mathbf{v}^*}{\partial t^*} + v_x^*\frac{\partial \mathbf{v}^*}{\partial x^*} + v_y^*\frac{\partial \mathbf{v}^*}{\partial y^*}\right) = \rho\mathbf{g} + \frac{1}{L}\boldsymbol{\nabla}^*P + \frac{\mu v_\infty}{L^2}\left(\frac{\partial^2 \mathbf{v}^*}{\partial x^{*2}} + \frac{\partial^2 \mathbf{v}^*}{\partial y^{*2}}\right) \tag{11-2}$$

Na equação (11-2), notamos que cada termo tem as unidades M/L^2t^2 ou F/L^3. Também, deve ser observado que cada termo representa certo tipo de força — isto é,

- $\dfrac{\rho v_\infty^2}{L}$ é uma força inercial

- $\dfrac{\mu v_\infty^2}{L}$ é uma força viscosa

- ρg é uma força gravitacional

- P/L é uma força de pressão

Se a seguir dividirmos pela grandeza, $\rho v_\infty^2/L$, nossa equação adimensional se tornará

$$\frac{\partial \mathbf{v}^*}{\partial t^*} + v_x^*\frac{\partial \mathbf{v}^*}{\partial x^*} + v_y^*\frac{\partial \mathbf{v}^*}{\partial y^*} = \mathbf{g}\frac{L}{v_\infty^2} - \frac{\boldsymbol{\nabla}^*P}{\rho v_\infty^2} + \frac{\mu}{Lv_\infty\rho}\left(\frac{\partial^2 \mathbf{v}^*}{\partial x^{*2}} + \frac{\partial^2 \mathbf{v}^*}{\partial y^{*2}}\right) \tag{11-3}$$

Essa equação adimensional resultante tem as mesmas características gerais que sua original, exceto que, como resultado de sua transformação na forma adimensional, cada um dos termos originais de força (aqueles do lado direito) tem um coeficiente composto de uma combinação de variáveis. Um exemplo desses coeficientes revela que cada um é adimensional. Adicionalmente, por causa da maneira pela qual eles foram formados, os parâmetros podem ser interpretados como uma razão de forças.

A consideração do primeiro termo, gL/v_∞^2, revela que ele é, na verdade, adimensional. A escolha de gL/v_∞^2 ou de v_∞^2/gL é arbitrária; claramente, ambas as formas são adimensionais.

A escolha convencional é a última forma. O *número de Froude* é definido como

$$Fr \equiv v_\infty^2/gL \tag{11-4}$$

Esse parâmetro pode ser interpretado como uma medida da razão entre as forças inercial e gravitacional. O número de Froude aparece na análise de escoamentos envolvendo uma superfície livre de líquidos. É um parâmetro importante quando lidando com escoamentos em canais abertos.

O próximo parâmetro, $P/\rho v_\infty^2$, é a razão entre as forças de pressão e as forças inerciais. Nessa forma, ele é designado como o *número de Euler*,

$$Eu \equiv P/\rho v_\infty^2 \tag{11-5}$$

Uma forma modificada da equação (11-5), também claramente adimensional, é o coeficiente de arraste,

$$C_D = \frac{F/A}{\rho v_\infty^2/2} \qquad (11-6)$$

que, veremos diretamente, tem aplicação em escoamentos interno e externo.

A terceira razão adimensional gerada é o *número de Reynolds*, que é convencionalmente expresso como

$$Re \equiv Lv_\infty\rho/\mu \qquad (11-7)$$

Nessa forma, o número de Reynolds representa a razão entre as forças inerciais e as forças viscosas. O número de Reynolds é geralmente considerado o parâmetro adimensional mais importante no campo de mecânica dos fluidos. Ele está presente em todos os processos de transporte. Iremos encontrá-lo frequentemente ao longo deste livro.

Se a equação (11-3) puder ser resolvida, os resultados fornecerão as relações funcionais entre parâmetros adimensionais aplicáveis. Se a solução direta não for possível, então tem-se de recorrer à modelagem numérica ou à determinação experimental dessas relações funcionais.

▶ **11.3**

MÉTODO DE BUCKINGHAM

O procedimento introduzido na seção prévia é, obviamente, bem poderoso quando se conhece a equação diferencial pertencente a um processo específico de escoamento de fluido. Existem, entretanto, muitas situações de interesse em que a equação governante não é conhecida. Nesses casos, necessitamos de um método alternativo para a análise dimensional. Nesta seção, discutiremos uma abordagem mais geral para gerar grupos adimensionais de variáveis. Esse procedimento foi proposto por Buckingham[1] no início do século XX. É geralmente chamado de *método de Buckingham*.

A etapa inicial na aplicação do método de Buckingham requer a lista das variáveis significativas para um dado problema. É então necessário determinar o número de parâmetros adimensionais para os quais as variáveis serão combinadas. Esse número pode ser determinado usando o teorema *pi de Buckingham*, que estabelece

O número de grupos adimensionais usados para descrever uma situação envolvendo n *variáveis é igual a* n − r, *em que* r *é o posto da matriz dimensional das variáveis.*

Assim,

$$i = n - r \qquad (11-8)$$

em que

i = número de grupos adimensionais independentes
n = número de variáveis envolvidas

e

r = posto da matriz dimensional

A matriz dimensional é simplesmente a matriz formada pelos expoentes das dimensões fundamentais M, L e t, que aparecem em cada uma das variáveis envolvidas.

Um exemplo do cálculo de r e i, assim como da aplicação do método de Buckingham, é dado adiante.

---

[1] E. Buckingham, *Phys. Rev.*, **2**, 345 (1914).

136 ▶ Capítulo 11

Exemplo 1

Determine os grupos adimensionais formados a partir das variáveis envolvidas no escoamento de um fluido externo a um corpo sólido. A força exercida sobre o corpo é uma função de v, ρ, μ e L (uma dimensão significativa do corpo).

Uma primeira etapa usual é construir uma tabela das variáveis e suas dimensões.

Variável	Símbolo	Dimensão
Força	F	ML/t^2
Velocidade	v	L/t^2
Densidade	ρ	M/L^3
Viscosidade	μ	M/Lt
Comprimento	L	L

Antes de determinar o número de parâmetros adimensionais que serão formados, temos de conhecer r. A matriz dimensional que se aplica é formada a partir da seguinte tabela:

$$
\begin{array}{c|ccccc}
 & F & v & \rho & \mu & L \\
M & 1 & 0 & 1 & 1 & 0 \\
L & 1 & 1 & -3 & -1 & 1 \\
t & -2 & -1 & 0 & -1 & 0
\end{array}
$$

Os números na tabela representam os expoentes de M, L e t na expressão dimensional para cada variável envolvida. Por exemplo, a expressão dimensional de F é ML/t^2; logo, os expoentes 1, 1 e -2 são tabelados *versus* M, L e t, respectivamente, as grandezas com as quais eles estão associados. A matriz é então um conjunto de números mostrado a seguir:

$$
\begin{pmatrix}
1 & 0 & 1 & 1 & 0 \\
1 & 1 & -3 & -1 & 1 \\
-2 & -1 & -0 & -1 & 0
\end{pmatrix}
$$

O posto, r, de uma matriz é o número de linhas (colunas) da maior matriz que pode ser formada cujo determinante seja diferente de zero. Neste caso, o posto é 3. Desse modo, o número de parâmetros adimensionais que serão formados pode ser encontrado aplicando a equação (11-4). Neste exemplo, $i = 5 - 3 = 2$.

Os dois parâmetros adimensionais serão simbolizados π_1 e π_2 e podem ser formados de várias maneiras. Inicialmente, um *núcleo* de r variáveis tem de ser escolhido, que consistirá naquelas variáveis que aparecem em cada grupo pi, contendo entre elas todas as dimensões fundamentais. Uma maneira de escolher um núcleo é excluir dele aquelas variáveis cujo efeito se deseja isolar. No presente problema, deseja-se ter a força de arraste em apenas um grupo adimensional; consequentemente, ela não estará no núcleo. Vamos arbitrariamente escolher a viscosidade como a outra variável a ser excluída do núcleo. Nosso núcleo consiste nas variáveis restantes v, ρ e L, que, conforme observamos, incluem M, L e t entre elas.

Sabemos agora que π_1 e π_2 incluem ρ, L e v, que um deles inclui F e o outro inclui μ e que eles são ambos adimensionais. De modo que cada um seja adimensional, as variáveis têm de ser elevadas a certos expoentes. Escrevendo

$$
\pi_1 = v^a \rho^b L^c F \qquad \text{e} \qquad \pi_2 = v^d \rho^e L^f \mu
$$

devemos calcular os expoentes conforme se segue. Considerando cada grupo π independentemente, escrevemos

$$
\pi_1 = v^a \rho^b L^c F
$$

e dimensionalmente

$$
M^0 L^0 t^0 = 1 = \left(\frac{L}{t}\right)^a \left(\frac{M}{L^3}\right)^b (L)^c \frac{ML}{t^2}
$$

Igualando os expoentes de M, L e t em ambos os lados dessa expressão, temos, para M,

$$
0 = b + 1
$$

para L,

$$
0 = a - 3b + c + 1
$$

e para t,

$$0 = -a - 2$$

A partir delas, encontramos que $a = -2$, $b = -1$ e $c = -2$, resultando

$$\pi_1 = \frac{F}{L^2 \rho v^2} = \frac{F/L^2}{\rho v^2} = \text{Eu}$$

Similarmente para π_2, temos, na forma dimensional,

$$1 = \left(\frac{L}{t}\right)^d \left(\frac{M}{L^3}\right)^e (L)^f \frac{M}{Lt}$$

e para os expoentes de M,

$$0 = e + 1$$

para L,

$$0 = d - 3e + f - 1$$

e para t,

$$0 = -d - 1$$

resultando em $d = -1$, $e = -1$ e $f = -1$. Assim, para nosso segundo grupo adimensional, temos

$$\pi_2 = \mu/\rho v L = 1/\text{Re}$$

A análise dimensional nos capacitou a relacionar cinco variáveis originais em termos de somente dois parâmetros adimensionais na forma

$$\text{Eu} = \phi(\text{Re}) \tag{11-9}$$

$$C_D = f(\text{Re}) \tag{11-10}$$

Os dois parâmetros, Eu e C_D, foram também gerados na seção prévia por um método alternativo. As funções $\phi(\text{Re})$ e $f(\text{Re})$ têm de ser determinadas por experimentos.

A Tabela 11.2 lista vários grupos adimensionais que pertencem a escoamento de fluidos. Tabelas similares serão incluídas nos capítulos futuros; elas listam parâmetros adimensionais comuns à transferência de calor e à transferência de massa.

Tabela 11.2 Parâmetros adimensionais comuns em transferência de momento

Nome/símbolo	Grupo adimensional	Significado físico	Área de aplicação
Número de Reynolds, Re	$\dfrac{Lv\rho}{\mu}$	$\dfrac{\text{Força inercial}}{\text{Força viscosa}}$	Largamente aplicável em uma série de situações de escoamento de fluidos
Número de Euler, Eu	$\dfrac{P}{\rho v^2}$	$\dfrac{\text{Força de pressão}}{\text{Força inercial}}$	Escoamentos envolvendo diferenças de pressão em razão de efeitos friccionais
Coeficiente de atrito (ou de película), C_f	$\dfrac{F/A}{\rho v^2/2}$	$\dfrac{\text{Força de arraste}}{\text{Força dinâmica}}$	Escoamentos aerodinâmicos e hidrodinâmicos
Número de Froude, Fr	$\dfrac{v^2}{gL}$	$\dfrac{\text{Força inercial}}{\text{Força gravitacional}}$	Escoamentos envolvendo superfícies livres de líquidos
Número de Weber, We	$\dfrac{\rho v^2 L}{\sigma}$	$\dfrac{\text{Força inercial}}{\text{Força de tensão superficial}}$	Escoamentos com efeitos significativos de tensão superficial
Número de Mach, M	$\dfrac{v}{C}$	$\dfrac{\text{Força inercial}}{\text{Força de compressibilidade}}$	Escoamentos com efeitos significativos de compressibilidade

11.4 SIMILARIDADES GEOMÉTRICA, CINEMÁTICA E DINÂMICA

Uma aplicação importante e uso dos parâmetros adimensionais listados na Tabela 11.2 é usar os resultados experimentais obtidos usando modelos para prever o desempenho de sistemas em escala piloto. A validade de tal *escalonamento* requer que os modelos e os protótipos possuam *similaridade*. Três tipos de similaridade são importantes nesse ponto: as similaridades geométrica, cinemática e dinâmica.

Similaridade geométrica existe entre dois sistemas se a razão de todas as dimensões significativas é a mesma para cada sistema. Por exemplo, se a razão *a/b* para uma seção em forma de diamante na Figura 11.1 for igual em magnitude à razão *a/b* para uma seção maior, elas serão geometricamente similares. Nesse exemplo, há duas dimensões significativas. Para geometrias mais complexas, a similaridade geométrica seria atingida quando todas as razões geométricas entre modelo e protótipo fossem iguais.

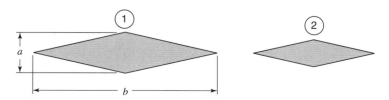

Figura 11.1 Dois objetos geometricamente similares.

Similaridade cinemática existirá quando, em sistemas geometricamente similares ① e ②, as velocidades nas mesmas posições estiverem relacionadas de acordo com

$$\left(\frac{v_x}{v_y}\right)_1 = \left(\frac{v_x}{v_y}\right)_2 \quad \left(\frac{v_x}{v_z}\right)_1 = \left(\frac{v_x}{v_z}\right)_2$$

O terceiro tipo de similaridade, *similaridade dinâmica*, existe quando, em sistemas geométrica e cinematicamente similares, as razões das forças significativas forem iguais entre o modelo e o protótipo. Essas razões de forças, cujas aplicações em escoamento de fluidos são importantes, incluem os parâmetros adimensionais listados na Tabela 11.2.

O processo de escalonamento usando esses requerimentos de similaridade será apresentado na Seção 11.5.

11.5 TEORIA DO MODELO

No projeto e teste de equipamentos grandes envolvendo escoamento de fluidos, costuma-se construir modelos pequenos similares geometricamente a protótipos maiores. Dados experimentais obtidos para os modelos são então escalonados para prever o desempenho de protótipos de acordo com os requerimentos das similaridades geométrica, cinemática e dinâmica. Os exemplos seguintes ilustrarão a maneira de utilizar dados do modelo para calcular as condições para um dispositivo em escala protótipo.

Exemplo 2

Um tanque cilíndrico de mistura deve ser escalonado para um tamanho maior, de modo que o volume do tanque maior seja cinco vezes o do menor. Quais serão as razões entre os diâmetros e as alturas entre os dois?

Similaridade geométrica entre os tanques A e B na Figura 11.2 requer que

$$\frac{D_a}{h_a} = \frac{D_b}{h_b}$$

ou

$$\frac{h_b}{h_a} = \frac{D_b}{D_a}$$

Os volumes dos dois tanques são

$$V_a = \frac{\pi}{4} D_a^2 h_a \quad \text{e} \quad V_b = \frac{\pi}{4} D_b^2 h_b$$

O fator de escala entre os dois é estipulado como $V_b/V_a = 5$; dessa forma,

$$\frac{V_b}{V_a} = \frac{(\pi/4) D_b^2 h_b}{(\pi/4) D_a^2 h_a} = 5$$

e obtemos

$$\left(\frac{D_b}{D_a}\right)^2 \frac{h_b}{h_a} = 5$$

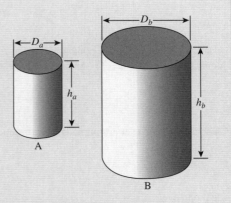

Figura 11.2 Tanques cilíndricos de mistura para o Exemplo 2.

Agora, substituímos o requerimento de similaridade geométrica que fornece

$$\left(\frac{D_b}{D_a}\right)^3 = \left(\frac{L_b}{L_a}\right)^3 = 5$$

e os dois fatores de escala de interesse se tornam

$$\frac{D_b}{D_a} = \frac{L_b}{L_a} = 5^{1/3} = 1{,}71$$

Exemplo 3

Similaridade dinâmica pode ser obtida usando um túnel de vento criogênico, em que nitrogênio, a baixa temperatura e alta pressão, é empregado como fluido de trabalho. Se nitrogênio a 5 atm e 183 K for usado para testar a aerodinâmica a baixa velocidade de um protótipo que tem uma envergadura de 24,38 m e é para voar nas condições padrão ao nível do mar, a uma velocidade de 60 m/s, determine

1. A escala do modelo a ser testado.
2. A razão de forças entre o modelo e o protótipo.

As condições de similaridade dinâmica devem prevalecer. A velocidade do som em nitrogênio a 183 K é 275 m/s.

Para similaridade dinâmica existir, sabemos que tanto o modelo como o protótipo têm de ser geometricamente similares e que o número de Reynolds e o número de Mach têm de ser os mesmos. Uma tabela, tal como a seguinte, é útil.

	Modelo	Protótipo
Comprimento característico	L	24,38 m
Velocidade	v	60 m/s
Viscosidade	μ	1,789 10^{-5} Pa · s
Densidade	ρ	1,225 kg/m³
Velocidade do som	275 m/s	340 m/s

As condições listadas para o protótipo foram obtidas a partir do Apêndice I. Igualando os números de Mach, obtemos

$$M_m = M_p$$

$$v = \frac{275}{340} 60 = 48{,}5 \text{ m/s}$$

Igualando os números de Reynolds do modelo e do protótipo, obtemos

$$\text{Re}_m = \text{Re}_p$$

140 ▶ Capítulo 11

$$\frac{\rho\, 48,5L}{\mu} = \frac{1,225 \cdot 60 \cdot 24,38}{1,789 \cdot 10^{-5}} = 1,002 \times 10^{8}$$

Usando a equação (7-10), podemos calcular μ para o nitrogênio. Do Apêndice K, $\varepsilon/\kappa = 91,5$ K e $\sigma = 3,681$ Å para o nitrogênio, de modo que $\kappa T/\varepsilon = 2$ e $\Omega\mu = 1,175$ (Apêndice K). Assim,

$$\mu = 2,6693 \cdot 10^{-6} \frac{\sqrt{28 \cdot 183}}{(3,681)^2 (1,175)} = 1,200 \cdot 10^{-5}\, \text{Pa} \cdot \text{s}$$

A densidade pode ser aproximada a partir da lei dos gases perfeitos

$$\rho = \frac{P}{P_1} \frac{M}{M_1} \frac{T_1}{T} \rho_1$$

de modo que

$$\rho = 5 \left(\frac{28}{28,96}\right)\left(\frac{288}{183}\right) 1,225 = 9,32\, \text{kg/m}^3$$

Resolvendo para a envergadura do modelo, obtemos

$$L = 3,26\, \text{m} \; (10,7\, \text{ft})$$

A razão entre as forças sobre o modelo e as forças experimentadas pelo protótipo pode ser determinada igualando os valores de Eu entre o modelo e o protótipo. Consequentemente,

$$\left(\frac{F}{\rho V^2 A_R}\right)_{\text{modelo}} = \left(\frac{F}{\rho V^2 A_R}\right)_{\text{protótipo}}$$

em que A_R é uma área adequada de referência. Para um avião, essa área de referência é a área projetada da asa. Então, a razão entre a força no modelo e a força no protótipo é dada por

$$\frac{F_m}{F_p} = \frac{\rho_m}{\rho_p} \frac{V_m^2}{V_p^2} \frac{A_{R,m}}{A_{R,p}} = \frac{(\rho V^2)_m}{(\rho V^2)_p} \left(\frac{l_m}{l_p}\right)^2$$

em que a razão de áreas de referência pode ser expressa em termos do fator de escala. Substituindo os números,

$$\frac{F_m}{F_p} = \frac{9,32}{1,225} \left(\frac{48,5}{60,0}\right)^2 \left(\frac{3,26}{24,38}\right)^2 = 0,089$$

As forças sobre o modelo representam 8,9% das forças sobre o protótipo.

▶ **11.6**

RESUMO

A análise dimensional de um problema de transferência de momento é simplesmente uma aplicação do requerimento de homogeneidade dimensional para uma dada situação. Usando análise dimensional, o trabalho e o tempo requeridos para reduzir e correlacionar dados experimentais são diminuídos substancialmente pela combinação de variáveis individuais em π grupos adimensionais, que são em menor número do que as variáveis originais. As relações indicadas entre os parâmetros adimensionais são então úteis ao expressar o desempenho dos sistemas para os quais elas se aplicam.

Deve-se manter em mente que a análise dimensional *não pode* prever quais variáveis são importantes em dada situação, nem ela fornece nenhum esclarecimento sobre o mecanismo físico de transferência. Mesmo com essas limitações, as técnicas de análise dimensional representam uma ajuda valiosa para o engenheiro.

Se a equação descrevendo dado processo for conhecida, o número de grupos adimensionais é automaticamente determinado fazendo as razões dos vários termos na expressão, um em relação ao outro. Esse método também fornece significado físico aos grupos assim obtidos.

Análise Dimensional e Similaridade ◀ **141**

Se, ao contrário, nenhuma equação se aplica, um método empírico, o *método de Buckingham*, pode ser usado. Essa é uma abordagem muito geral, mas não fornece significado físico aos parâmetros adimensionais obtidos a partir de tal análise.

Os requerimentos de similaridades geométrica, cinemática e dinâmica nos capacitam a usar os dados do modelo para prever o comportamento do protótipo ou do equipamento em escala industrial. *Teoria do modelo* é, assim, uma aplicação importante dos parâmetros obtidos em uma análise dimensional.

▶

PROBLEMAS

11.1 A potência na saída de uma turbina hidráulica depende do diâmetro D da turbina, da densidade ρ da água, da altura H da superfície de água acima da turbina, da aceleração da gravidade g, da velocidade angular ω da pá da turbina, da descarga Q de água através da turbina e da eficiência η da turbina. Por análise dimensional, gere um conjunto de grupos adimensionais apropriados.

11.2 Por uma série de testes sobre escoamento em tubos, H, Darcy deduziu uma equação para a perda por atrito no escoamento no tubo como

$$h_L = f\,\frac{L}{D}\,\frac{v^2}{2g},$$

em que f é um coeficiente adimensional que depende (a) da velocidade média v do escoamento no tubo; (b) do diâmetro do tubo D; (c) da densidade do fluido ρ; (d) da viscosidade do fluido μ e (e) da rugosidade média da parede do tubo e (comprimento). Usando o teorema π de Buckingham, encontre uma função adimensional para o coeficiente f.

11.3 O aumento de pressão em uma bomba P (esse termo é proporcional à carga desenvolvida pela bomba) pode ser afetado pela densidade do fluido ρ, pela velocidade angular ω, pelo diâmetro do rotor D, pela vazão volumétrica Q e pela viscosidade do fluido μ. Encontre os grupos adimensionais pertinentes, escolhendo-os de modo que P, Q e μ apareçam em apenas um grupo. Encontre expressões similares, trocando primeiro o aumento de pressão pela potência aplicada à bomba, e então pela eficiência da bomba.

11.4 O torque máximo exercido pela água sobre um hidroavião quando ele pousa é designado como $c_{máx}$. As seguintes variáveis são envolvidas nessa ação:

α = ângulo feito pela trajetória de voo do avião com a horizontal

β = ângulo que define a altitude do avião

M = massa do avião

L = comprimento da carcaça

ρ = densidade da água

g = aceleração da gravidade

R = raio de giração do avião em torno do eixo de inclinação longitudinal

a. De acordo com o teorema π de Buckingham, quantos grupos adimensionais independentes devem existir para caracterizar este problema?

b. Qual é a matriz dimensional deste problema? Qual é o seu posto?

c. Calcule os parâmetros adimensionais apropriados para este problema.

11.5 A taxa a qual íons metálicos são eletrocolocados a partir de uma solução eletrolítica diluída sobre um eletrodo em forma de disco giratório é geralmente governada pela taxa de difusão mássica de íons para o disco. Acredita-se que esse processo seja controlado pelas seguintes variáveis:

	Dimensão
k = coeficiente de transferência de massa	L/t
D = coeficiente de difusão	L^2/t
d = diâmetro do disco	L
a = velocidade angular	l/t
ρ = densidade da água	M/L^3
μ = viscosidade	M/Lt

Obtenha o conjunto de grupos adimensionais para essas variáveis, em que k, μ e D são mantidas em grupos separados. Como você desenvolveria e apresentaria os dados experimentais para esse sistema?

11.6 O desempenho de um rolamento ao redor de um eixo rotatório é função das seguintes variáveis: Q, taxa de escoamento (em volume por unidade de tempo) do óleo lubrificante no rolamento; D, diâmetro do rolamento; N, velocidade do eixo em revoluções por minuto; μ, viscosidade do lubrificante; ρ, densidade do lubrificante, e σ, tensão superficial do óleo lubrificante. Sugira parâmetros apropriados que devem ser usados na correlação de dados experimentais para tal sistema.

11.7 A massa M de gotas formadas pela descarga de um líquido pela gravidade, a partir de um tubo vertical, é função do diâmetro do tubo D, da densidade do líquido, da tensão superficial e da aceleração da gravidade. Determine os grupos adimensionais independentes que permitiriam analisar o efeito da tensão superficial. Despreze qualquer efeito de viscosidade.

11.8 A frequência funcional n de uma mola estendida é função do comprimento da mola L, de seu diâmetro D, da densidade ρ e da força de tração aplicada T. Sugira um conjunto de grupos adimensionais relacionando essas variáveis.

11.9 A potência P requerida para o funcionamento de um compressor varia com o diâmetro do compressor D, com a velocidade angular ω, com a vazão volumétrica Q, com a densidade do fluido ρ e com a viscosidade do fluido μ. Desenvolva, por análise dimensional, uma relação entre essas variáveis, em que a viscosidade do fluido e a velocidade angular apareçam em apenas um grupo adimensional.

11.10 Uma grande quantidade de energia E é repentinamente liberada no ar, como em um ponto de explosão. Evidência experimental sugere que o raio r da onda de alta pressão depende do tempo t, assim como da energia E e da densidade do ar ambiente ρ.

142 ▶ Capítulo 11

a. Usando o método de Buckingham, encontre a equação para r como função de t, ρ e E.

b. Mostre que a velocidade da frente de onda diminui à medida que r aumenta.

11.11 O tamanho d das gotículas produzidas por um bocal que borrifa líquido deve depender do diâmetro D do bocal, da velocidade V do jato e das propriedades do líquido ρ, μ e σ. Reescreva essa relação na forma adimensional. Considere D, ρ e V como as variáveis do núcleo.

11.12 Identifique as variáveis associadas com o Problema 8.13 e encontre os grupos adimensionais.

11.13 Um carro está viajando ao longo de uma estrada a 22,2 m/s. Calcule o número de Reynolds

a. baseado no comprimento do carro

b. baseado no diâmetro da antena do rádio

O comprimento do carro é 5,8 m e o diâmetro da antena é 6,4 mm.

11.14 Em problemas de convecção natural, a variação de densidade devida à diferença de temperatura ΔT cria um termo importante de empuxo na equação do momento. Se um gás aquecido a T_H se move por um gás a uma temperatura T_0 e se a variação de densidade é somente devida a variações de temperatura, a equação do movimento se torna

$$\rho \frac{D\mathbf{v}}{Dt} = -\nabla P + \mu \nabla^2 \mathbf{v} + \rho\mathbf{g}\left(\frac{T_H}{T_0} - 1\right)$$

Mostre que a razão entre as forças da gravidade (empuxo) e inerciais, que atuam sobre o elemento de fluido, é

$$\frac{L_g}{V_0^2}\left(\frac{T_H}{T_0} - 1\right)$$

em que L e V_0 são os comprimentos e a velocidade de referência, respectivamente.

11.15 Um modelo de um torpedo, fator de escala 1:6, é testado em um túnel de água para determinar as características de arraste. Qual a velocidade do modelo que corresponde a uma velocidade do torpedo igual a 20 nós? Se a resistência no modelo for 10 lb, qual será a resistência no protótipo?

11.16 Durante o projeto de um navio de 330 ft, deseja-se testar um modelo 10% menor em um tanque de reboque para determinar as características de arraste do casco. Determine como o modelo deverá ser testado, se o número de Froude for duplicado.

11.17 Um modelo, 25% menor, de um veículo submarino que tem uma velocidade máxima de 16 m/s deve ser testado em um túnel de vento com uma pressão de 6 atm de modo a determinar as características de arraste do veículo em escala normal. O modelo tem 3 m de comprimento. Encontre a velocidade do ar requerida para testar o modelo e também a razão entre o arraste no modelo e na escala normal.

11.18 Deve-se estimar a sustentação fornecida por uma seção de um hidrofólio quando ele se move na água a 60 mph. Dados de teste estão disponíveis para essa finalidade a partir de experimentos em um túnel de vento pressurizado, com um modelo da seção de um aerofólio geometricamente similar, porém com o dobro do tamanho do hidrofólio. Se a sustentação F_1 for uma função da densidade ρ do fluido, da velocidade v do escoamento, do ângulo de ataque θ, do comprimento da corda D e da viscosidade μ, que velocidade de escoamento no túnel de vento corresponderia à velocidade do hidrofólio para a estimativa desejada? Considere o mesmo ângulo de ataque em ambos os casos, que a densidade do ar no túnel pressurizado é $5,0 \times 10^{-3}$ slugs/ft^3, que sua viscosidade cinemática é $8,0 \times 10^{-5}$ ft^2/s e que a viscosidade cinemática da água é aproximadamente $1,0 \times 10^{-5}$ ft^2/s. Admita a densidade da água igual a 1,94 slugs/ft^3.

11.19 Um modelo de um porto é feito com um fator de escala de 360:1. Ondas de tempestade de 2 m de amplitude e 8 m/s de velocidade ocorrem no quebra-mar do porto do protótipo. As variáveis significativas são o comprimento, a velocidade e g, a aceleração da gravidade. O escalonamento do tempo pode ser feito com a ajuda dos fatores de escala para o comprimento e para a velocidade.

a. Desprezando o atrito, quais seriam o tamanho e a velocidade das ondas no modelo?

b Se o intervalo entre as marés no protótipo for de 12 h, qual será o período das marés no modelo?

11.20 Um modelo, 40% menor, de um avião deve ser testado em um regime de escoamento em que os efeitos de escoamento transiente são importantes. Se o veículo em escala normal experimenta os efeitos transientes a um número de Mach de 1 em uma altitude de 40.000 ft, a que pressão o modelo tem de ser testado para produzir um número de Reynolds igual? O modelo deve ser testado em ar a 70ºF. Qual será a escala de tempo do escoamento em torno do modelo relativo ao veículo em escala normal?

11.21 Uma hélice de um navio modelo deve ser testada em água, na mesma temperatura que seria encontrada por uma hélice em escala normal. Na faixa considerada de velocidade, admite-se que não haja dependência com os números de Reynolds e de Euler, mas somente com o número de Froude (baseado na velocidade de proa V e no diâmetro da hélice d). Além disso, pensa-se que a razão entre as velocidades de proa e rotacional da hélice tem de ser constante (a razão V/Nd, em que N é a velocidade de rotação (em rpm) da hélice).

a. Com um modelo de 0,41 m de diâmetro, uma velocidade de proa de 2,58 m/s e uma velocidade rotacional de 450 rpm são registradas. Quais são as velocidades de proa e rotacional correspondentes em um protótipo de diâmetro 2,45 m?

b. Um torque de 20 N × m é necessário para girar o modelo; o impulso no modelo é medido, sendo encontrado o valor de 245 N. Quais são o torque e o impulso para o protótipo?

11.22 Uma operação de recobrimento está criando materiais para a indústria de eletrônicos. O recobrimento requer uma vazão específica Q, uma densidade da solução ρ, uma viscosidade da solução μ, uma velocidade de recobrimento do substrato v, uma tensão superficial da solução σ e o comprimento do canal de recobrimento L. Determine os grupos adimensionais formados a partir das variáveis envolvidas usando o método de Buckingham. Escolha os grupos de modo que Q, σ e μ apareçam somente em um grupo.

11.23 Uma bomba em uma planta de manufatura está transferindo fluidos viscosos para uma série de tanques de distribuição. Essa transferência crítica requer cuidadoso monitoramento da taxa mássica da solução, da potência (trabalho) que a bomba adiciona ao fluido, da energia interna do sistema e da viscosidade e densidade da solução. Determine os grupos adimensionais formados a partir das variáveis envolvidas usando o método de Buckingham. Escolha cuidadosamente seu núcleo de variáveis, baseado na descrição do sistema.

CAPÍTULO 12

Escoamento Viscoso

O conceito de viscosidade de fluidos foi desenvolvido e definido no Capítulo 7. Claramente, todos os fluidos são viscosos, mas em certas situações e sob certas condições, um fluido pode ser considerado ideal ou invíscido, tornando possível uma análise pelos métodos do Capítulo 10.

Nossa tarefa neste capítulo é considerar fluidos viscosos e o papel da viscosidade quando ela afeta o escoamento. De particular interesse é o caso do escoamento por superfícies sólidas e as inter-relações entre as superfícies e o fluido escoando.

▶ 12.1

EXPERIMENTO DE REYNOLDS

A existência de dois tipos distintos de escoamento viscoso é um fenômeno universalmente aceito. A fumaça que emana de um cigarro aceso escoa suave e uniformemente por uma distância curta a partir de sua fonte e, então, varia abruptamente de uma forma muito irregular e instável. Comportamento similar pode ser observado para a água escoando lentamente de uma torneira.

O tipo de escoamento bem ordenado ocorre quando as camadas adjacentes de fluido deslizam suavemente, umas sobre as outras, com mistura entre as camadas ou lâminas ocorrendo somente em nível molecular. Foi para esse tipo de escoamento que a relação de Newton da viscosidade foi deduzida, e para que meçamos a viscosidade, μ, esse escoamento *laminar* tem de existir.

O segundo regime de escoamento, em que pequenas porções de partículas fluidas são transferidas entre as camadas, dotando-o de uma natureza flutuante, é chamado de regime *turbulento* de escoamento.

A existência de escoamentos laminar e turbulento, embora reconhecida anteriormente, foi primeiro descrita quantitativamente por Reynolds em 1883. Seu clássico experimento está ilustrado na Figura 12.1. Uma válvula foi aberta, de modo a permitir o escoamento de água por um tubo transparente, conforme mostrado. Uma tinta com a mesma densidade da água foi introduzida na abertura do tubo e seu padrão de escoamento foi observado para vazões de água progressivamente maiores. Para baixas vazões, o padrão de escoamento da tinta foi regular e formou uma linha única de cor, como mostrado na Figura 12.1(a). Em altas vazões, entretanto, a tinta se tornou completamente dispersa na seção transversal do tubo por causa do movimento muito irregular do fluido. A diferença na aparência do veio de tinta deve-se, naturalmente, à natureza ordenada do escoamento laminar no primeiro caso e ao caráter flutuante do escoamento turbulento no último caso.

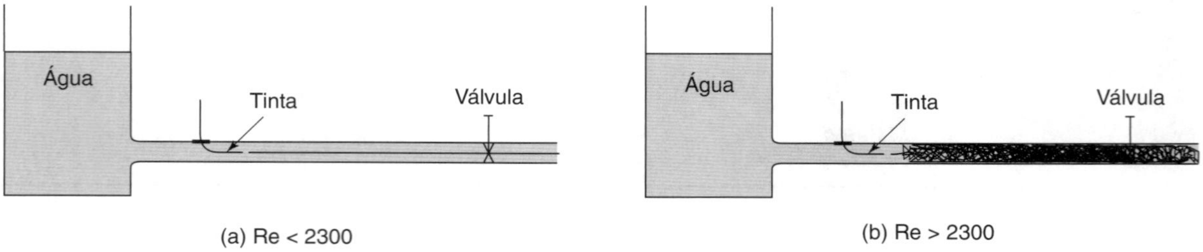

144 ▶ Capítulo 12

(a) Re < 2300

(b) Re > 2300

Figura 12.1 Experimento de Reynolds.

Assim, a transição de escoamento laminar para turbulento em tubos é uma função da velocidade do fluido. Reynolds descobriu que a velocidade do fluido foi a única variável determinando a natureza do escoamento do fluido, as outras sendo o diâmetro do tubo, a densidade do fluido e a viscosidade do fluido. Essas quatro variáveis, combinadas em um único grupo adimensional,

$$\text{Re} \equiv \frac{D\rho v}{\mu} \tag{12-1}$$

formam o número de Reynolds, simbolizado como Re, em homenagem a Osborne Reynolds e a sua importante contribuição à mecânica dos fluidos.

Para escoamento em tubos circulares, foi encontrado que para um valor do número de Reynolds abaixo de 2300, o escoamento é *laminar*. Acima desse valor, o escoamento pode ser laminar também; na verdade, escoamento laminar tem sido observado para números de Reynolds tão altos quanto 40.000 em experimentos em que distúrbios externos foram minimizados. Acima do número de Reynolds de 2300, pequenos distúrbios causarão uma transição para escoamento *turbulento*, enquanto abaixo desse valor distúrbios são amortecidos e o escoamento laminar prevalece. O *número de Reynolds crítico para escoamento em tubos* é, portanto, 2300.

▶ **12.2**

ARRASTE

O experimento de Reynolds demonstrou claramente os dois regimes diferentes de escoamento: laminar e turbulento. Outra maneira de ilustrar esses diferentes regimes de escoamento e sua dependência com o número de Reynolds é por meio do arraste. Um caso particularmente ilustrativo é aquele do escoamento externo (isto é, escoamento ao redor de um corpo, em oposição ao escoamento por dentro de um duto).

A força de arraste devida ao atrito é causada pelas tensões cisalhantes na superfície de um objeto sólido que se move por um fluido viscoso. O arraste devido ao atrito é calculado usando a expressão

$$\frac{F}{A} \equiv C_f \frac{\rho v_\infty^2}{2} \tag{12-2}$$

em que F é a força, A é a área de contato entre o corpo sólido e o fluido, C_f é o coeficiente de atrito, ρ é a densidade do fluido e v_∞ é a velocidade da corrente livre.

O coeficiente de atrito, ou coeficiente de película, C_f, definido pela equação (12-2), é adimensional.

O arraste total sobre um objeto pode ser devido à pressão, assim como a efeitos friccionais. Em tal situação, outro coeficiente, C_D, é definido como

$$\frac{F}{A_P} \equiv C_D \frac{\rho v_\infty^2}{2} \tag{12-3}$$

em que F, ρ e v_∞ são descritos como anteriormente e, também,

$$C_D = \text{coeficiente de arraste}$$

e

$$A_P = \text{área projetada da superfície}$$

O valor de A_P usado na expressão do arraste para corpos bojudos é normalmente a área máxima projetada para o corpo.

O termo $\rho v_\infty^2/2$, que aparece nas equações (12-2) e (12-3), é frequentemente chamado de *pressão dinâmica*.

O arraste devido à pressão (ou arraste de forma) aparece a partir de duas fontes principais.[1] Uma é o arraste induzido, ou arraste devido à sustentação. A outra fonte é o arraste de onda, que surge do fato de a tensão cisalhante desviar as linhas de corrente de suas trajetórias de escoamento invíscido e, em alguns casos, separá-las do corpo. Esse desvio do padrão da linha de corrente evita que a pressão sobre o resto de um corpo atinja o nível que ela alcançaria se fosse de modo diferente. À medida que a pressão na frente do corpo é agora maior do que aquela de trás, uma força líquida na retaguarda é desenvolvida.

Em um escoamento incompressível, o coeficiente de arraste depende do número de Reynolds e da geometria de um corpo. Uma forma geométrica simples que ilustra a dependência do arraste com o número de Reynolds é o cilindro circular. O escoamento invíscido em torno de um cilindro, naturalmente, não produziu nenhum arraste, uma vez que não existiu nenhum atrito nem arraste devido à pressão. A variação no coeficiente de arraste com o número de Reynolds para um cilindro liso é mostrada na Figura 12.2. O padrão de escoamento em torno do cilindro é ilustrado para diferentes valores de Re. O padrão de escoamento e a forma geral da curva sugerem que a variação de arraste – e, consequentemente, os efeitos de tensão cisalhante sobre o escoamento – pode ser subdividida em quatro regimes. As características de cada regime serão examinadas.

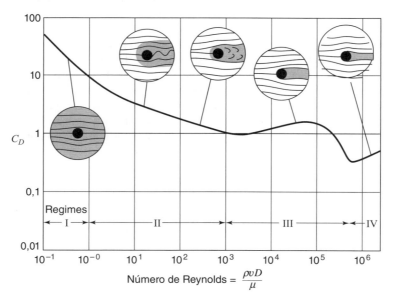

Figura 12.2 Coeficiente de arraste para cilindros circulares como função do número de Reynolds. As regiões sombreadas indicam áreas influenciadas pela tensão cisalhante.

Regime 1

Neste regime, o escoamento inteiro é laminar e o número de Reynolds pequeno, sendo menor do que 1. Lembrando o significado físico do número de Reynolds (Capítulo 11) como a razão entre as forças inerciais e as forças viscosas, podemos dizer que no regime 1 as forças viscosas predominam. O padrão de escoamento nesse caso é quase simétrico; o escoamento adere ao corpo e a esteira está livre de oscilações. Nesse regime de *escoamento lento* (*creeping flow*), efeitos viscosos predominam e se estendem por todo o campo de escoamento.

---

[1] Uma terceira fonte de arraste devido à pressão, arraste devido a ondas, está associada a ondas de choque.

Regime 2

A Figura 12.2 mostra duas ilustrações do padrão de escoamento no segundo regime. À medida que o número de Reynolds aumenta, pequenos redemoinhos se formam no ponto de estagnação na parte de trás do cilindro. Para valores mais altos de Reynolds, esses redemoinhos crescem até o ponto em que eles se separam do corpo e são varridos a jusante em direção à esteira. O padrão dos redemoinhos no regime 2 é chamado de avenida de von Kármán. Essa mudança na característica da esteira de uma natureza estacionária para não estacionária é acompanhada por uma mudança na inclinação da curva de arraste. As características principais desse regime são (a) a natureza não estacionária da esteira e (b) a separação do escoamento do corpo.

Regime 3

No terceiro regime, o ponto de separação do escoamento estabiliza em um ponto a cerca de 80° do ponto de estagnação frontal. A esteira não é mais caracterizada por grandes redemoinhos, embora ela permaneça não estacionária. O escoamento na superfície do corpo a partir do ponto de estagnação ao ponto de separação é laminar e a tensão cisalhante nesse intervalo é apreciável somente em uma fina camada próxima ao corpo. O coeficiente de arraste tende a atingir um valor constante de aproximadamente 1.

Regime 4

Em um número de Reynolds próximo de 5×10^5, o coeficiente de arraste repentinamente diminui para 0,3. Quando o escoamento em torno do corpo é examinado, observa-se que o ponto de separação se moveu para trás em 90°. Além disso, a distribuição de pressões em torno do cilindro (mostrada na Figura 12.3) até o ponto de separação é razoavelmente próxima da distribuição de pressão no escoamento invíscido mostrado na Figura 10.5. Na figura, será notado que a variação de pressão em torno da superfície varia com o número de Reynolds. Os pontos mínimos das curvas para os números de Reynolds de 10^5 e 6×10^5 estão ambos no ponto de separação do escoamento. A partir dessa figura, vê-se que a separação ocorre em um valor de θ maior para Re $= 6 \times 10^5$ do que para Re $= 10^5$.

A camada de escoamento próxima à superfície do cilindro é turbulenta nesse regime, sujeita à transição de escoamento laminar próximo ao ponto frontal de estagnação. A diminuição acentuada no arraste é causada pela mudança no ponto de separação. Em geral, o escoamento turbulento resiste melhor à separação do escoamento do que o escoamento laminar. Uma vez que o número de Reynolds é grande nesse regime, pode-se dizer que as forças inerciais predominam sobre as forças viscosas.

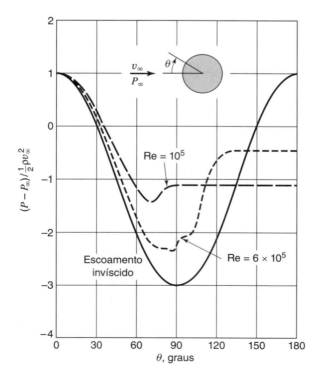

Figura 12.3 Distribuição de pressões em um cilindro circular para vários números de Reynolds.

Os quatro regimes de escoamento em torno de um cilindro ilustram a diminuição da influência das forças viscosas à medida que o número de Reynolds aumenta. Nos regimes 3 e 4, o padrão do escoamento sobre a parte frontal do cilindro concorda bem com a teoria de escoamento invíscido. Para outras geometrias, uma variação similar da região de influência das forças viscosas é observada e, como deve ser esperado, uma concordância com as previsões de escoamento invíscido a um dado número de Reynolds aumenta à medida que o corpo vai se tornando menos bojudo. A maioria dos casos de interesse em engenharia envolvendo escoamentos externos tem campos de escoamento similares àqueles dos regimes 3 e 4.

A Figura 12.4 mostra a variação no coeficiente de arraste com o número de Reynolds para uma esfera, para placas infinitas e para discos circulares e placas quadradas. Note a similaridade na forma das curvas de C_D para a esfera em relação à curva para o cilindro na Figura 12.2. Especificamente, pode-se observar a mesma descida abrupta em C_D para um valor mínimo próximo a um número de Reynolds de 5×10^5. Mais uma vez, isso se deve à mudança de escoamento laminar para turbulento na camada-limite.

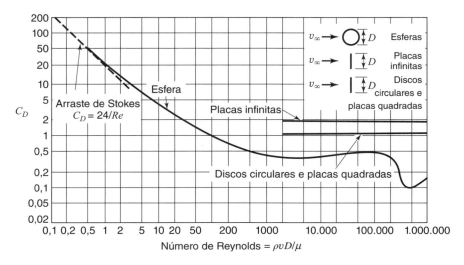

Figura 12.4 Coeficiente de arraste *versus* número de Reynolds para vários objetos.

Exemplo 1

Calcule a velocidade terminal de uma esfera de vidro, de diâmetro igual a 7,5 mm, que cai livremente através de (a) ar a 300 K, (b) água a 300 K e (c) glicerina a 300 K. A densidade do vidro é 2250 kg/m³.

A velocidade terminal (estado estacionário) de um corpo em queda é alcançada quando a força de arraste no fluido iguala-se ao peso do corpo. Nesse caso, o peso da esfera de vidro pode ser expresso como

$$\rho_s \frac{\pi d^3}{6} g$$

A força de arraste no fluido é dada por

$$C_D \frac{\rho_f v_\infty^2}{2} \frac{\pi d^2}{4}$$

e um balanço de força resulta em

$$C_D v_\infty^2 = \frac{4}{3} \frac{\rho_s}{\rho_f} dg$$

O coeficiente de arraste, C_D, é colocado em um gráfico como função do número de Reynolds, Re_d, na Figura 12.4. Uma vez que C_D é uma função de v_∞, somos incapazes de determinar explicitamente v_∞, a menos que $\mathrm{Re}_d < 1$, o que permitira o uso da lei de Stokes para expressar C_D. Uma solução de tentativa e erro é, assim, requerida. As condições a serem satisfeitas são a expressão do balanço de forças e a relação gráfica entre C_D e Re_d na Figura 12.4.

148 ▶ Capítulo 12

Para ar a 300 K,

$$\nu = 1{,}569 \times 10^{-5}\ \text{m}^2/\text{s}$$

$$\rho = 1{,}177\ \text{kg/m}^3$$

$$\text{Re}_d = \frac{d v_\infty}{\nu} = \frac{(7{,}5 \times 10^{-3}\ \text{m}) v_\infty}{1{,}569 \times 10^{-5}\ \text{m}^2/\text{s}} \tag{A}$$

$$= 478{,}0\, v_\infty$$

Inserindo as incógnitas na nossa expressão do balanço de forças, temos

$$C_D v_\infty^2 = \left(\frac{4}{3}\right) \frac{2250\ \text{kg/m}^3}{1{,}177\ \text{kg/m}^3} (7{,}5 \times 10^{-3}\ \text{m})(9{,}81\ \text{m/s}^2) \tag{B}$$

$$= 187{,}5\ \text{m}^2/\text{s}^2$$

Normalmente, o procedimento de tentativa e erro para encontrar uma solução seria direto. Nesse caso, entretanto, a forma da curva C_D *versus* Re_d, dada na Figura 12.4, torna-se um pequeno problema. Especificamente, o valor de C_D permanece aproximadamente uniforme — isto é, $0{,}4 < C_D < 0{,}5$ — ao longo de uma faixa de Re_d entre $500 < \text{Re}_d < 10^5$: mais de três ordens de grandeza!

Em tal caso específico, admitiremos $C_D \cong 0{,}4$ e resolveremos a equação B para v_∞:

$$v_\infty = \left[\frac{187{,}5}{0{,}4}\ \text{m}^2/\text{s}^2\right]^{1/2} = 21{,}65\ \text{m/s}$$

A equação (B) resulta então

$$\text{Re}_d = (478{,}0)(21{,}65) = 1{,}035 \times 10^4$$

Esses resultados são compatíveis com a Figura 12.4, embora a acurácia absoluta não seja obviamente grande.

Finalmente, para o ar, determinamos a velocidade terminal como, aproximadamente,

$$v_\infty \cong 21{,}6\ \text{m/s} \tag{a}$$

Para água a 300 K,

$$\nu = 0{,}879 \times 10^{-6}\ \text{m}^2/\text{s}$$

$$\rho = 996{,}1\ \text{kg/m}^3$$

$$\text{Re}_d = \frac{(7{,}5 \times 10^{-3}\ \text{m}) v_\infty}{0{,}879 \times 10^{-6}\ \text{m}^2/\text{s}} = 8530\, v_\infty$$

$$C_D v_\infty^2 = \left(\frac{4}{3}\right) \frac{2250\ \text{kg/m}^3}{996\ \text{kg/m}^3} (7{,}5 \times 10^{-3}\ \text{m})(9{,}81\ \text{m/s}^2)$$

$$= 0{,}2216\ \text{m}^2/\text{s}^2$$

Como no item (a), consideraremos inicialmente $C_D \cong 0{,}4$ e encontraremos o resultado:

$$v_\infty = 0{,}744\ \text{m/s}$$

$$\text{Re}_d = 6350$$

Esses resultados, novamente, satisfazem à Figura 12.4. Dessa maneira, em água,

$$v_\infty = 0{,}744\ \text{m/s} \tag{b}$$

Finalmente, para a glicerina a 300 K,

$$\nu = 7{,}08 \times 10^{-4}\ \text{m}^2/\text{s}$$

$$\rho = 1260\ \text{kg/m}^3$$

$$\text{Re}_d = \frac{(7{,}5 \times 10^{-3}\ \text{m}) v_\infty}{7{,}08 \times 10^{-4}\ \text{m}^2/\text{s}} = 10{,}59\, v_\infty$$

$$C_D v_\infty^2 = \left(\frac{4}{3}\right) \frac{2250 \text{ kg/m}^3}{1260 \text{ kg/m}^3} (7,5 \times 10^{-3} \text{ m})(9,81 \text{ m/s}^2)$$

$$= 0,1752 \text{ m}^2/\text{s}^2$$

Nesse caso, suspeitamos que o número de Reynolds será bem pequeno. Como uma estimativa inicial, admitiremos que a lei de Stokes se aplica; assim, $C_D = 24/\text{Re}$.

Determinando v_∞ para esse caso, temos

$$C_D v_\infty^2 = \frac{24\nu}{dv_\infty} v_\infty^2 = 0,1752 \text{ m}^2/\text{s}^2$$

$$v_\infty = \frac{(0,1752 \text{ m}^2/\text{s}^2)(7,5 \times 10^{-3} \text{ m})}{24(7,08 \times 10^{-4} \text{ m}^2/\text{s})}$$

$$= 0,0773 \text{ m/s}$$

Para validar o uso da lei de Stokes, verificamos o valor do número de Reynolds e obtemos

$$\text{Re}_d = \frac{(7,5 \times 10^{-3} \text{ m})(0,0773 \text{ m/s})}{7,08 \times 10^{-4} \text{ m}^2/\text{s}}$$

$$= 0,819$$

que está em uma faixa permitida. Assim, a velocidade terminal na glicerina é

$$v_\infty = 0,0773 \text{ m/s} \tag{c}$$

▶ 12.3 CONCEITO DE CAMADA-LIMITE

A observação de uma região decrescente de influência da tensão cisalhante à medida que o número de Reynolds aumenta levou Ludwig Prandtl ao conceito de camada-limite em 1904. De acordo com a hipótese de Prandtl, os efeitos de atrito em altos números de Reynolds são limitados a uma fina camada próxima a um corpo; daí o termo *camada-limite*. Além disso, não há variação significativa de pressão através da camada-limite. Isso significa que a pressão na camada-limite é a mesma existente no escoamento invíscido fora da camada-limite. O significado da teoria de Prandtl está na simplificação que ela permite no tratamento analítico de escoamentos viscosos. A pressão, por exemplo, pode ser obtida de experimentos ou da teoria de escoamentos viscosos. Por conseguinte, as únicas incógnitas são as componentes de velocidade.

A camada-limite em uma placa plana é mostrada na Figura 12.5. A espessura da camada-limite, δ, é arbitrariamente tomada como a distância longe da superfície, onde a velocidade atinge 99% da velocidade da corrente livre. A espessura é exagerada por motivo de clareza.

A Figura 12.5 ilustra como a espessura da camada-limite aumenta com a distância x a partir da borda. Para valores relativamente pequenos de x, o escoamento dentro da camada-limite é laminar e isso é designado como a região da camada-limite laminar. Finalmente, para certo valor de x e acima,

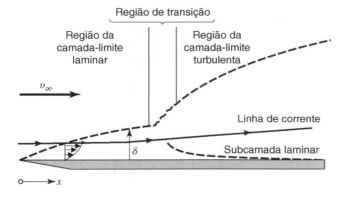

Figura 12.5 Camada-limite em uma placa plana. (A espessura está exagerada por motivo de clareza.)

150 ▶ Capítulo 12

a camada-limite será sempre turbulenta. Na região em que a camada-limite é turbulenta, existe, conforme mostrado, um filme muito fino de fluido, chamado *subcamada laminar*, em que o escoamento é ainda laminar e há grandes gradientes de velocidade.

O critério para o tipo de camada-limite presente é a magnitude do número de Reynolds, Re_x, conhecido como o *número de Reynolds local*, baseado na distância x a partir da borda.

$$Re_x \equiv \frac{xv\rho}{\mu} \tag{12-4}$$

Para o escoamento sobre uma placa plana, como mostrado na Figura 12.5, dados experimentais indicam que para

(a) $Re_x < 2 \times 10^5$ a camada-limite é laminar
(b) $2 \times 10^5 < Re_x < 3 \times 10^6$ a camada-limite pode ser tanto laminar como turbulenta
(c) $3 \times 10^6 < Re_x$ a camada-limite é turbulenta

▶ **12.4**

AS EQUAÇÕES DA CAMADA-LIMITE

O conceito de uma camada-limite relativamente fina a altos números de Reynolds conduz a algumas simplificações importantes das equações de Navier-Stokes. Para escoamento incompressível e bidimensional sobre uma placa plana, as equações de Navier-Stokes são

$$\rho \left\{ \frac{\partial v_x}{\partial t} + v_x \frac{\partial v_x}{\partial x} + v_y \frac{\partial v_x}{\partial y} \right\} = \frac{\partial \sigma_{xx}}{\partial x} + \frac{\partial \tau_{yx}}{\partial y} \tag{12-5}$$

e

$$\rho \left\{ \frac{\partial v_y}{\partial t} + v_x \frac{\partial v_y}{\partial x} + v_y \frac{\partial v_y}{\partial y} \right\} = \frac{\partial \tau_{xy}}{\partial x} + \frac{\partial \sigma_{yy}}{\partial y} \tag{12-6}$$

em que $\tau_{xy} = \tau_{yx} = \mu(\partial v_x/\partial y + \partial v_y/\partial x)$, $\sigma_{xx} = -P + 2\mu(\partial v_x/\partial x)$ e $\sigma_{yy} = -P + 2\mu(\partial v_y/\partial y)$. A tensão cisalhante em uma camada-limite fina é bem aproximada por $\mu(\partial v_x/\partial y)$. Isso pode ser visto, considerando as magnitudes relativas de $\partial v_x/\partial y$ e $\partial v_y/\partial x$. Da Figura 12.5, podemos escrever $v_x|_\delta/v_y|_\delta \sim \mathbb{O}(x/\delta)$, em que $\mathbb{O}$ significa a ordem de grandeza. Então

$$\frac{\partial v_x}{\partial y} \sim \mathbb{O}\left(\frac{v_x|_\delta}{\delta}\right) \quad \frac{\partial v_y}{\partial x} \sim \mathbb{O}\left(\frac{v_y|_\delta}{x}\right)$$

logo

$$\frac{\partial v_x/\partial y}{\partial v_y/\partial x} \sim \mathbb{O}\left(\frac{x}{\delta}\right)^2$$

que, para uma camada-limite relativamente fina, é um número grande e, assim, $\partial v_x/\partial y \gg \partial v_y/\partial x$. A tensão normal para um número de Reynolds grande é bem aproximada pelo valor negativo da pressão como $\mu(\partial v_x/\partial y) \sim \mathbb{O}(\mu v_\infty/x) = \mathbb{O}(\rho v_\infty^2/Re_x)$; logo, $\sigma_{xx} \simeq \sigma_{yy} \simeq -P$. Quando essas simplificações nas tensões são incorporadas, as equações para o escoamento sobre uma placa plana se tornam

$$\rho \left(\frac{\partial v_x}{\partial t} + v_x \frac{\partial v_x}{\partial x} + v_y \frac{\partial v_x}{\partial y} \right) = -\frac{\partial P}{\partial x} + \mu \frac{\partial^2 v_x}{\partial y^2} \tag{12-7}$$

e

$$\rho \left(\frac{\partial v_y}{\partial t} + v_x \frac{\partial v_y}{\partial x} + v_y \frac{\partial v_y}{\partial y} \right) = -\frac{\partial P}{\partial y} + \mu \frac{\partial^2 v_y}{\partial x^2} \tag{12-8}$$

Além disso,[2] os termos na segunda equação são muito menores que aqueles na primeira equação e, por conseguinte, $\partial P/\partial y \simeq 0$; consequentemente, $\partial P/\partial x = dP/dx$, que, de acordo com a equação de Bernoulli, é igual a $-\rho v_\infty dv_\infty/dx$.

A forma final da equação (12-7) se torna

$$\frac{\partial v_x}{\partial t} + v_x \frac{\partial v_x}{\partial x} + v_y \frac{\partial v_x}{\partial y} = v_\infty \frac{dv_\infty}{dx} + \nu \frac{\partial^2 v_x}{\partial y^2} \tag{12-9}$$

A equação anterior e a equação da continuidade

$$\frac{\partial v_x}{\partial x} + \frac{\partial v_y}{\partial y} = 0 \tag{12-10}$$

são conhecidas como as equações da camada-limite.

▶ 12.5

SOLUÇÃO DE BLASIUS PARA A CAMADA-LIMITE LAMINAR SOBRE UMA PLACA PLANA

Um caso muito importante em que uma solução analítica das equações do movimento foi encontrada é aquele para a camada-limite laminar sobre uma placa plana em escoamento estacionário.

Para escoamento paralelo a uma superfície plana, $v_\infty(x) = v_\infty$ e $dP/dx = 0$, de acordo com a equação de Bernoulli. As equações que devem ser resolvidas são agora

$$v_x \frac{\partial v_x}{\partial x} + v_y \frac{\partial v_x}{\partial y} = \nu \frac{\partial^2 v_x}{\partial y^2} \tag{12-11a}$$

e

$$\frac{\partial v_x}{\partial x} + \frac{\partial v_y}{\partial y} = 0 \tag{12-11b}$$

com as condições de contorno $v_x = v_y = 0$ em $y = 0$ e $v_x = v_\infty$ em $y = \infty$.

Blasius[3] obteve uma solução para o conjunto de equações (12-11), introduzindo primeiro a função de corrente, Ψ, como descrita no Capítulo 10, que satisfaz automaticamente à equação da continuidade na sua forma bidimensional, equação (12-11b). Esse conjunto de equações pode ser reduzido para uma única equação diferencial ordinária transformando as variáveis independentes x, y para η e as variáveis dependentes de $\Psi(x, y)$ para $f(\eta)$ em que

$$\eta(x, y) = \frac{y}{2} \left(\frac{v_\infty}{\nu x} \right)^{1/2} \tag{12-12}$$

e

$$f(\eta) = \frac{\Psi(x, y)}{(\nu x v_\infty)^{1/2}} \tag{12-13}$$

Os termos apropriados na equação (12-11a) podem ser determinados a partir das equações (12-12) e (12-13), resultando nas expressões seguintes. O leitor pode desejar verificar a matemática envolvida.

---

[2] A ordem de grandeza de cada termo pode ser considerada como anteriormente. Por exemplo,
$v_x \left(\frac{\partial v_y}{\partial x} \right) \sim \mathbb{O} \left(v_\infty \left(\frac{v_\infty}{x} \right) \left(\frac{\delta}{x} \right) \right) = \mathbb{O} \left(\frac{v_\infty^2 \delta}{x^2} \right).$

[3] H. Blasius, Grenzshichten in Flüssigkeiten mit kleiner Reibung, *Z. Math. U. Phys. Sci.*, **1**, 1908.

$$v_x = \frac{\partial \Psi}{\partial y} = \frac{v_\infty}{2} f'(\eta) \tag{12-14}$$

$$v_y = -\frac{\partial \Psi}{\partial x} = \frac{1}{2} \left(\frac{\nu v_\infty}{x}\right)^{1/2} (\eta f' - f) \tag{12-15}$$

$$\frac{\partial v_x}{\partial x} = -\frac{v_\infty \eta}{4x} f'' \tag{12-16}$$

$$\frac{\partial v_x}{\partial y} = \frac{v_\infty}{4} \left(\frac{v_\infty}{\nu x}\right)^{1/2} f'' \tag{12-17}$$

$$\frac{\partial^2 v_x}{\partial y^2} = \frac{v_\infty}{8} \frac{v_\infty}{\nu x} f''' \tag{12-18}$$

A substituição de (12-14) a (12-18) na equação (12-11a) e a eliminação fornecem uma única equação diferencial ordinária,

$$f''' + ff'' = 0 \tag{12-19}$$

com as condições de contorno apropriadas

$$f = f' = 0 \qquad \text{em } \eta = 0$$
$$f' = 2 \qquad \text{em } \eta = \infty$$

Observe que essa equação diferencial, embora ordinária, não é linear e que, das condições finais para a variável $f(\eta)$, duas são valores iniciais e a terceira é um valor de contorno. Essa equação foi resolvida por Blasius usando uma expansão em série para expressar a função, $f(\eta)$, na origem e uma solução assintótica para satisfazer à condição de contorno em $\eta = \infty$. Howarth,[4] mais tarde, fez essencialmente o mesmo trabalho, mas obteve resultados mais acurados. A Tabela 12.1 apresenta os resultados numéricos significativos de Howarth. Um gráfico desses valores é incluído na Figura 12.6.

Tabela 12.1 Valores de f, f', f'' e v_x/v_∞ para escoamento laminar paralelo a uma placa plana (segundo Howarth)

$\eta = \dfrac{y}{2} \sqrt{\dfrac{v_\infty}{\nu x}}$	f	f'	f''	$\dfrac{v_x}{v_\infty}$
0	0	0	1,32824	0
0,2	0,0266	0,2655	1,3260	0,1328
0,4	0,1061	0,5294	1,3096	0,2647
0,6	0,2380	0,7876	1,2664	0,3938
0,8	0,4203	1,0336	1,1867	0,5168
1,0	0,6500	1,2596	1,0670	0,6298
1,2	0,9223	1,4580	0,9124	0,7290
1,4	1,2310	1,6230	0,7360	0,8115
1,6	1,5691	1,7522	0,5565	0,8761
1,8	1,9295	1,8466	0,3924	0,9233
2,0	2,3058	1,9110	0,2570	0,9555
2,2	2,6924	1,9518	0,1558	0,9759
2,4	3,0853	1,9756	0,0875	0,9878
2,6	3,4819	1,9885	0,0454	0,9943
2,8	3,8803	1,9950	0,0217	0,9915
3,0	4,2796	1,9980	0,0096	0,9990
3,2	4,6794	1,9992	0,0039	0,9996
3,4	5,0793	1,9998	0,0015	0,9999
3,6	5,4793	2,0000	0,0005	1,0000
3,8	5,8792	2,0000	0,0002	1,0000
4,0	6,2792	2,0000	0,0000	1,0000
5,0	8,2792	2,0000	0.0000	1,0000

[4] L. Howarth, "On the solution of the laminar boundary layer equations," *Proc. Roy. Soc. London*, **A164**, 547 (1938).

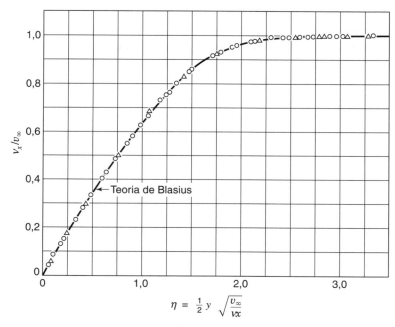

Figura 12.6 Distribuição de velocidades na camada-limite sobre uma placa plana. Dados experimentais de J. Nikuradse (monografia, Zentrale F. wiss. Berichtswesen, Berlim, 1942) para a faixa de número de Reynolds de $1,08 \times 10^5$ a $7,28 \times 10^5$.

Uma maneira mais simples de resolver a equação (12-9) foi sugerida por Goldstein,[5] que apresentou um esquema pelo qual as condições de contorno para a função f são os valores iniciais.

Se definirmos duas novas variáveis em termos da constante, C, de modo que

$$\phi = f/C \tag{12-20}$$

e

$$\xi = C\eta \tag{12-21}$$

então os termos na equação (12-19) se tornam

$$f(\eta) = C\phi(\xi) \tag{12-22}$$

$$f' = C^2 \phi' \tag{12-23}$$

$$f'' = C^3 \phi'' \tag{12-24}$$

e

$$f''' = C^4 \phi''' \tag{12-25}$$

A equação diferencial resultante em $\phi(\xi)$ se torna

$$\phi''' + \phi\phi'' = 0 \tag{12-26}$$

e as condições iniciais para ϕ são

$$\phi = 0 \quad \phi' = 0 \quad \phi'' = ? \quad \text{em } \xi = 0$$

As outras condições de contorno podem ser expressas como se segue:

$$\phi'(\xi) = \frac{f'(\eta)}{C^2} = \frac{2}{C^2} \quad \text{em } \xi = \infty$$

---

[5] S. Goldstein, *Modern Developments in Fluid Dynamics*, Oxford University Press, Londres, 1938, p. 135.

154 ▶ Capítulo 12

Uma condição inicial pode coincidir com essa condição de contorno se fizermos $f''(\eta = 0)$ igual a alguma constante A; então $\phi''(\xi = 0) = A/C^3$. A constante A tem de ter certo valor para satisfazer à condição de contorno original para f'. Como uma estimativa, façamos $\phi''(\xi = 0) = 2$, dando $A = 2C^3$. Assim, os valores iniciais de ϕ, ϕ' e ϕ'' são agora especificados. A estimativa para $\phi''(0)$ requer que

$$\phi'(\infty) = \frac{2}{C^2} = 2\left(\frac{2}{A}\right)^{2/3} \tag{12-27}$$

Logo, a equação (12-26) pode ser resolvida como um problema de valor inicial com a resposta escalonada de acordo com a equação (12-27) para coincidir com a condição de contorno em $\eta = \infty$.

Os resultados significativos do trabalho de Blasius são:

(a) A espessura da camada-limite, δ, é obtida a partir da Tabela 12.1. Quando $\eta = 2,5$, temos $v_x/v_\infty \cong 0,99$; por conseguinte, designando $y = \delta$ nesse ponto, temos

$$\eta = \frac{y}{2}\sqrt{\frac{v_\infty}{\nu x}} = \frac{\delta}{2}\sqrt{\frac{v_\infty}{\nu x}} = 2,5$$

e, assim,

$$\delta = 5\sqrt{\frac{\nu x}{v_\infty}}$$

ou

$$\frac{\delta}{x} = \frac{5}{\sqrt{\dfrac{v_\infty x}{\nu}}} = \frac{5}{\sqrt{\mathrm{Re}_x}} \tag{12-28}$$

(b) O gradiente de velocidade na superfície é dado pela equação (12-27):

$$\left.\frac{\partial v_x}{\partial y}\right|_{y=0} = \frac{v_\infty}{4}\left(\frac{v_\infty}{\nu x}\right)^{1/2} f''(0) = 0,332\, v_\infty \sqrt{\frac{v_\infty}{\nu x}} \tag{12-29}$$

Como a pressão não contribui para o arraste relacionado com o escoamento sobre uma placa plana, todo o arraste é devido às forças viscosas. A tensão cisalhante na superfície pode ser calculada como

$$\tau_0 = \mu \left.\frac{\partial v_x}{\partial y}\right|_{y=0}$$

Substituindo a equação (12-29) nessa expressão, temos

$$\tau_0 = \mu\, 0,332\, v_\infty \sqrt{\frac{v_\infty}{\nu x}} \tag{12-30}$$

O coeficiente de atrito (ou coeficiente de película) pode ser determinado empregando a equação (12-2), como se segue:

$$C_{fx} \equiv \frac{\tau}{\rho v_\infty^2/2} = \frac{F_d/A}{\rho v_\infty^2/2} = \frac{0,332\mu v_\infty \sqrt{\dfrac{v_\infty}{\nu x}}}{\rho v_\infty^2/2}$$

$$= 0,664\sqrt{\frac{\nu}{x v_\infty}}$$

$$C_{fx} = \frac{0,664}{\sqrt{\mathrm{Re}_x}} \tag{12-31}$$

A equação (12-31) é uma expressão simples para o coeficiente de atrito para um valor particular de x. Por essa razão, o símbolo C_{fx} é usado, em que o subscrito x indica um *coeficiente local*.

Embora seja interessante conhecer os valores de C_{fx}, sua utilidade é rara; é mais frequente que se deseje calcular o arraste total resultante do escoamento viscoso sobre alguma superfície de tamanho finito. O coeficiente médio de atrito, que é útil nesse sentido, pode ser determinado bem simplesmente a partir de C_{fx}, de acordo com

$$F_d = A C_{fL} \frac{\rho v_\infty^2}{2} = \frac{\rho v_\infty^2}{2} \int_A C_{fx} dA$$

ou o coeficiente médio, designado como C_{fL}, está relacionado com C_{fx} por

$$C_{fL} = \frac{1}{A} \int_A C_{fx} dA$$

Para o caso resolvido por Blasius, considere uma placa de largura uniforme W e comprimento L, para a qual

$$C_{fL} = \frac{1}{L}\int_0^L C_{fx} dx = \frac{1}{L}\int_0^L 0{,}664\sqrt{\frac{\nu}{v_\infty}} x^{-1/2} dx$$

$$= 1{,}328 \sqrt{\frac{\nu}{L v_\infty}}$$

$$C_{fL} = \frac{1{,}328}{\sqrt{\mathrm{Re}_L}} \tag{12-32}$$

▶ 12.6

ESCOAMENTO COM GRADIENTE DE PRESSÃO

Na solução de Blasius para escoamento laminar sobre uma placa plana, o gradiente de pressão foi zero. Uma situação muito mais comum envolve escoamento com gradiente de pressão. O gradiente de pressão tem um papel importante na separação do escoamento, como pode ser visto com a ajuda da equação da camada-limite (12-7). Se fizermos uso das condições de contorno na parede, $v_x = v_y = 0$, em $y = 0$, a equação (12-7) se torna

$$\left. \mu \frac{\partial^2 v_x}{\partial y^2} \right|_{y=0} = \frac{dP}{dx} \tag{12-33}$$

que relaciona a curvatura do perfil de velocidades na superfície com o gradiente de pressão. A Figura 12.7 ilustra a variação em v_x, $\partial v_x/\partial y$ e $\partial^2 v_x/\partial y^2$ na camada-limite para o caso de um gradiente de pressão igual a zero.

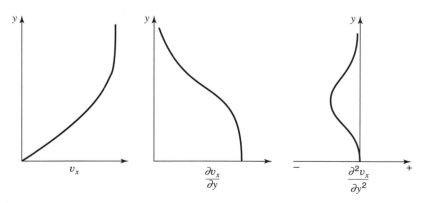

Figura 12.7 Variação na velocidade e nas derivadas de velocidade na camada-limite laminar quando $dP/dx = 0$.

Quando $dP/dx = 0$, a segunda derivada da velocidade na parede tem também de ser zero; logo, o perfil de velocidades é linear perto da parede. Além disso, fora da camada-limite, o gradiente de velocidade se torna menor e gradualmente se aproxima de zero. A diminuição do gradiente de velocidade significa que a segunda derivada da velocidade tem de ser negativa. A derivada $\partial^2 v_x/\partial y^2$ aparece como zero na parede, negativa dentro da camada-limite e se aproximando de zero na borda externa da camada-limite. É importante notar que a segunda derivada tem de se aproximar de zero a partir do lado negativo quando $y \to \delta$. Para valores de $dP/dx \neq 0$, a variação em v_x e suas derivadas são mostradas na Figura 12.8.

Um gradiente negativo de pressão produz uma variação de velocidade de algum modo similar ao caso do gradiente de pressão zero. Um valor positivo de dP/dx, entretanto, requer um valor positivo de $\partial^2 v_x/\partial y^2$ na parede. À medida que essa derivada se aproxima de zero a partir do lado negativo, em algum ponto dentro da camada-limite a segunda derivada tem de ser igual a zero. Uma segunda derivada igual a zero, lembre-se, está associada a um ponto de inflexão. O ponto de inflexão é mostrado no perfil de velocidades da Figura 12.8. Podemos agora voltar nossa atenção para a questão da separação do escoamento.

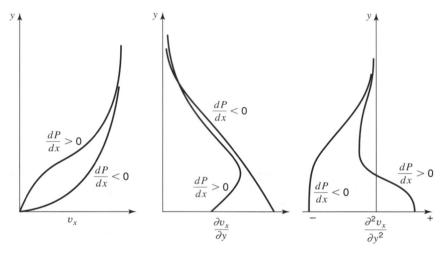

Figura 12.8 Variação em v_x e suas derivadas na camada-limite para vários gradientes de pressão.

Para que a separação do escoamento ocorra, a velocidade na camada de fluido adjacente à parede tem de ser zero ou negativa, conforme mostrado na Figura 12.9. Esse tipo de perfil de velocidades requer um ponto de inflexão. Como o único tipo de escoamento na camada-limite que tem um ponto de inflexão é escoamento com um gradiente de pressão positivo, pode-se concluir que um gradiente de pressão positivo é necessário para a separação de escoamento. Por essa razão, um gradiente de pressão negativo é chamado de um *gradiente de pressão adverso*. O escoamento pode permanecer não separado com um gradiente de pressão adverso; assim, $dP/dx > 0$ é uma condição necessária, mas não suficiente para a separação. Em contraste, um gradiente de pressão negativo, na ausência de quinas, não pode causar a separação de escoamento. Consequentemente, um gradiente de pressão negativo é chamado de gradiente de pressão favorável.

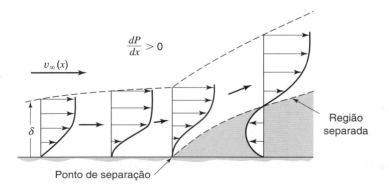

Figura 12.9 Perfis de velocidades na região de separação do escoamento.

A presença de um gradiente de pressão também afeta a magnitude do coeficiente de película, como pode ser inferido da Figura 12.8. O gradiente de velocidade na parede aumenta à medida que o gradiente de pressão se torna mais favorável.

▶ 12.7

ANÁLISE INTEGRAL DE MOMENTO DE VON KÁRMÁN

A solução de Blasius tem aplicação obviamente bastante restrita, uma vez que só é usada para o caso de camada-limite laminar sobre uma placa plana. Qualquer situação de interesse prático mais complexa que essa envolve procedimentos analíticos que são, até o presente momento, inferiores ao experimento. Um método aproximado de fornecer informações para sistemas envolvendo outros tipos de escoamento e tendo outras geometrias será agora considerado.

Considere o volume de controle da Figura 12.10. O volume de controle a ser analisado tem uma profundidade unitária e é limitada no plano xy pelo eixo x, aqui desenhado como uma tangente à superfície no ponto 0; pelo eixo y; a borda da camada-limite; e por uma linha paralela ao eixo y a uma distância Δx. Consideraremos o caso de escoamento bidimensional, estacionário e incompressível.

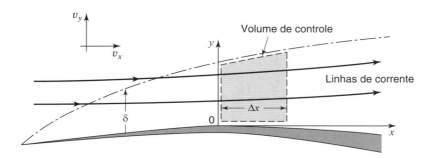

Figura 12.10 Volume de controle para análise integral da camada-limite.

Uma análise de momento do volume de controle definido envolve a aplicação da forma escalar na direção x do teorema do momento

$$\Sigma F_x = \iint_{s.c.} v_x \rho (\mathbf{v} \cdot \mathbf{n}) dA + \frac{\partial}{\partial t} \iiint_{v.c.} v_x \rho dV \tag{5-5a}$$

Uma análise termo a termo do presente problema resulta no seguinte:

$$\Sigma F_x = P\delta|_x - P\delta|_{x+\Delta x} + \left(P|_x + \frac{P|_{x+\Delta x} - P|_x}{2} \right)(\delta|_{x+\Delta x} - \delta|_x) - \tau_0 \Delta x$$

em que δ representa a espessura da camada-limite e ambas as forças são consideradas desprezíveis. Os termos anteriores representam as forças de pressão na direção x, nos lados esquerdo, direito e em cima do volume de controle, e a força de atrito sobre a parte inferior, respectivamente.

O termo de integral de superfície se torna

$$\iint_{s.c.} v_x \rho (\mathbf{v} \cdot \mathbf{n}) dA = \int_0^\delta \rho v_x^2 dy \bigg|_{x+\Delta x} - \int_0^\delta \rho v_x^2 dy \bigg|_x - v_\infty \dot{m}_{topo}$$

e o termo de acúmulo é

$$\frac{\partial}{\partial t} \iiint_{v.c.} v_x \rho dV = 0$$

uma vez que essa é uma situação do escoamento estacionário.

158 ▶ Capítulo 12

Uma aplicação da equação integral para conservação de massa dará

$$\iint_{s.c.} \rho(\mathbf{v} \cdot \mathbf{n})dA + \frac{\partial}{\partial t}\iiint_{v.c.} \rho dV = 0 \tag{4-1}$$

$$\iint_{s.c.} \rho(\mathbf{v} \cdot \mathbf{n})dA = \int_0^\delta \rho v_x dy\Big|_{x+\Delta x} - \int_0^\delta \rho v_x dy\Big|_x - \dot{m}_{topo}$$

$$\frac{\partial}{\partial t}\iiint_{v.c.} \rho \, dV = 0$$

e a taxa mássica para o topo do volume de controle, $\dot{m}_{topo}$, pode ser calculada como

$$\dot{m}_{topo} = \int_0^\delta \rho v_x dy\Big|_{x+\Delta x} - \int_0^\delta \rho v_x dy\Big|_x \tag{12-34}$$

A expressão do momento, incluindo a equação (12-34), agora se torna

$$-(P\delta|_{x+\Delta x} - P\delta|_x) + \left(\frac{P|_{x+\Delta x} - P|_x}{2} + P|_x\right)(\delta|_{x+\Delta x} - \delta|_x) - \tau_0\Delta x$$

$$= \int_0^\delta \rho v_x^2 dy\Big|_{x+\Delta x} - \int_0^\delta \rho v_x^2 dy\Big|_x - v_\infty\left(\int_0^\delta \rho v_x dy\Big|_{x+\Delta x} - \int_0^\delta \rho v_x dy\Big|_x\right)$$

Rearranjando essa expressão e dividindo-a por Δx, obtemos

$$-\left(\frac{P|_{x+\Delta x} - P|_x}{\Delta x}\right)\delta|_{x+\Delta x} + \left(\frac{P|_{x+\Delta x} - P|_x}{2}\right)\left(\frac{\delta|_{x+\Delta x} - \delta|_x}{\Delta x}\right) + \left(\frac{P\delta|_x - P\delta|_x}{\Delta x}\right)$$

$$= \left(\frac{\int_0^\delta \rho v_x^2 dy|_{x+\Delta x} - \int_0^\delta \rho v_x^2 dy|_x}{\Delta x}\right) - v_\infty\left(\frac{\int_0^\delta \rho v_x dy|_{x+\Delta x} - \int_0^\delta \rho v_x dy|_x}{\Delta x}\right) + \tau_0$$

Tomando o limite quando $\Delta x \to 0$, obtemos

$$-\delta\frac{dP}{dx} = \tau_0 + \frac{d}{dx}\int_0^\delta \rho v_x^2 dy - v_\infty\frac{d}{dx}\int_0^\delta \rho v_x dy \tag{12-35}$$

O conceito de camada-limite supõe escoamento invíscido fora da camada-limite, para o qual podemos escrever a equação de Bernoulli,

$$\frac{dP}{dx} + \rho v_\infty\frac{dv_\infty}{dx} = 0$$

que pode ser rearranjada para a forma

$$\frac{\delta}{\rho}\frac{dP}{dx} = \frac{d}{dx}(\delta v_\infty^2) - v_\infty\frac{d}{dx}(\delta v_\infty) \tag{12-36}$$

Note que os lados esquerdos das equações (12-35) e (12-36) são similares. Podemos assim relacionar os lados direitos e, com rearranjos apropriados, conseguir os resultados

$$\frac{\tau_0}{\rho} = \left(\frac{d}{dx}v_\infty\right)\int_0^\delta (v_\infty - v_x)\, dy + \frac{d}{dx}\int_0^\delta v_x(v_\infty - v_x)\, dy \tag{12-37}$$

A equação (12-37) é a expressão de von Kármán para o momento integral, chamada assim em homenagem a Theodore von Kármán, que foi o primeiro a desenvolvê-la.

A equação (12-37) é uma expressão geral, cuja solução requer um conhecimento da velocidade, v_x, como função da distância a partir da superfície, y. A acurácia do resultado final dependerá de quão próximo o perfil considerado de velocidades se aproxima do perfil real.

Como um exemplo da aplicação da equação (12-37), vamos considerar o caso de escoamento laminar sobre uma placa plana, uma situação para a qual uma resposta exata é conhecida. Nesse caso, a velocidade da corrente livre é constante; por conseguinte, $(d/dx)v_\infty = 0$ e a equação (12-36) é simplificada para

$$\frac{\tau_0}{\rho} = \frac{d}{dx} \int_0^\delta v_x(v_\infty - v_x)\, dy \tag{12-38}$$

Uma solução anterior para a equação (12-38) foi encontrada por Pohlhausen, que considerou uma função cúbica para o perfil de velocidades

$$v_x = a + by + cy^2 + dy^3 \tag{12-39}$$

As constantes a, b, c e d podem ser calculadas se conhecemos certas condições de contorno que têm de ser satisfeitas na camada-limite. Elas são

$$(1) \quad v_x = 0 \quad \text{em}\, y = 0$$

$$(2) \quad v_x = v_\infty \quad \text{em}\, y = \delta$$

$$(3) \quad \frac{\partial v_x}{\partial y} = 0 \quad \text{em}\, y = \delta$$

e

$$(4) \quad \frac{\partial^2 v_x}{\partial y^2} = 0 \quad \text{em}\, y = 0$$

A condição de contorno (4) resulta da equação (12-33), que estabelece que a segunda derivada na parede é igual ao gradiente de pressão. Uma vez que a pressão é constante nesse caso, $\partial^2 v_x/\partial y^2 = 0$. Resolvendo para a, b, c e d a partir dessas condições, obtemos

$$a = 0 \quad b = \frac{3}{2\delta}v_\infty \quad c = 0 \quad d = -\frac{v_\infty}{2\delta^3}$$

que, quando substituídas na equação (12-39), resultam na forma do perfil de velocidades

$$\frac{v_x}{v_\infty} = \frac{3}{2}\left(\frac{y}{\delta}\right) - \frac{1}{2}\left(\frac{y}{\delta}\right)^3 \tag{12-40}$$

Substituindo, a equação (12-38) se torna

$$\frac{3\nu}{2}\frac{v_\infty}{\delta_\infty} = \frac{d}{dx}\int_0^\delta v_\infty^2 \left(\frac{3}{2}\frac{y}{\delta} - \frac{1}{2}\left(\frac{y}{\delta}\right)^3\right)\left(1 - \frac{3}{2}\frac{y}{\delta} + \frac{1}{2}\left(\frac{y}{\delta}\right)^3\right)dy$$

ou, depois da integração,

$$\frac{3}{2}\nu\frac{v_\infty}{\delta} = \frac{39}{280}\frac{d}{dx}(v_\infty^2\delta)$$

Uma vez que a velocidade da corrente livre é constante, uma equação diferencial ordinária simples em δ resulta

$$\delta\, d\delta = \frac{140}{13}\frac{\nu\, dx}{v_\infty}$$

Logo, integrando, resulta

$$\frac{\delta}{x} = \frac{4{,}64}{\sqrt{\mathrm{Re}_x}} \tag{12-41}$$

O coeficiente de atrito local, C_{fx}, é dado por

$$C_{fx} \equiv \frac{\tau_0}{\frac{1}{2}\rho v_\infty^2} = \frac{2\nu}{v_\infty^2}\frac{3}{2}\frac{v_\infty}{\delta} = \frac{0{,}646}{\sqrt{\text{Re}_x}} \qquad (12\text{-}42)$$

A integração do coeficiente de atrito local entre $z = 0$ e $x = L$ como na equação (12-32) resulta

$$C_{fL} = \frac{1{,}292}{\sqrt{\text{Re}_L}} \qquad (12\text{-}43)$$

Comparando as equações (12-41), (12-42) e (12-43) com os resultados exatos obtidos por Blasius para a mesma situação, as equações (12-28), (12-31) e (12-32), observamos uma diferença de cerca de 7% em δ e 3% em C_f. Essa diferença poderia, naturalmente, ter sido menor, caso o perfil de velocidades considerado fosse uma representação mais acurada do perfil real.

Essa comparação mostrou a utilidade do método integral de momento para a solução da camada-limite e indica um procedimento que pode ser usado com razoável acurácia para obter valores para a espessura da camada-limite e para o coeficiente de película, em que uma análise exata não seja possível. O método integral de momento pode agora ser usado para determinar a tensão cisalhante a partir do perfil de velocidades.

▶ 12.8

DESCRIÇÃO DE TURBULÊNCIA

Escoamento turbulento é o tipo de escoamento viscoso mais frequentemente encontrado, embora seu tratamento analítico não seja nem aproximadamente bem desenvolvido como é o escoamento laminar. Nesta seção, examinaremos o fenômeno de turbulência, particularmente em relação ao mecanismo de contribuições turbulentas à transferência de momento.

Em um escoamento turbulento, o fluido e as variáveis de escoamento variam com o tempo. O vetor de velocidade instantânea, por exemplo, irá diferir do vetor de velocidade média, tanto em magnitude como em direção. A Figura 12.11 ilustra o tipo de dependência com o tempo experimentada pela componente axial da velocidade para escoamento turbulento em um tubo. Embora a velocidade na Figura 12.11(a) seja estacionária em seu valor médio, pequenas flutuações aleatórias na velocidade ocorrem em torno do valor médio. Por consequência, podemos expressar o fluido e as variáveis de escoamento em termos de um valor médio e um valor flutuante. Por exemplo, a velocidade na direção x é expressa como

$$v_x = \bar{v}_x(x, y, z) + v'_x(x, y, z, t) \qquad (12\text{-}44)$$

Aqui, $\bar{v}_x(x, y, z)$ representa a velocidade média no tempo no ponto (x, y, z)

$$\bar{v}_x = \frac{1}{t_1}\int_0^{t_1} v_x(x, y, z, t)\,dt \qquad (12\text{-}45)$$

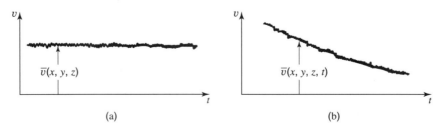

Figura 12.11 Dependência temporal da velocidade em um escoamento turbulento: (a) escoamento médio estacionário; (b) escoamento médio não estacionário.

em que t_1 é um tempo muito longo em comparação com a duração de qualquer flutuação. O valor médio de $v_x'(x, y, z, t)$ é zero, como expresso por

$$\overline{v_x'} = \frac{1}{t_1} \int_0^{t_1} v_x'(x, y, z, t)dt = 0 \tag{12-46}$$

Futuramente, $\overline{Q}$ será usado para designar a média temporal da propriedade geral, Q, de acordo com $\overline{Q} = 1/t_1 \int_0^{t_1} Q(x, y, z, t)dt$. Embora o valor médio das flutuações turbulentas seja zero, essas flutuações contribuem para o valor médio de certas grandezas do escoamento. Por exemplo, a energia cinética média por unidade de volume é

$$\overline{EC} = \frac{1}{2}\rho\overline{[(\overline{v}_x + v_x')^2 + (\overline{v}_y + v_y')^2 + (\overline{v}_z + v_z')^2]}$$

A média de uma soma é a soma das médias; logo, a energia cinética se torna

$$\overline{EC} = \frac{1}{2}\rho\left\{ \overline{(\overline{v}_x^2 + 2\overline{v}_x v_x' + v_x'^2)} + \overline{(\overline{v}_y^2 + 2\overline{v}_y v_y' + v_y'^2)} + \overline{(\overline{v}_z^2 + 2\overline{v}_z v_z' + v_z'^2)} \right\}$$

ou, uma vez que $\overline{\overline{v}_x v_x'} = \overline{v}_x \overline{v_x'} = 0$,

$$\overline{EC} = \frac{1}{2}\rho(\overline{v}_x^2 + \overline{v}_y^2 + \overline{v}_z^2 + \overline{v_x'^2} + \overline{v_y'^2} + \overline{v_z'^2}) \tag{12-47}$$

Uma fração da energia cinética total de um escoamento turbulento está associada com a magnitude das flutuações turbulentas. Pode ser mostrado que a raiz quadrada do valor médio das flutuações, $(\overline{v_x'^2} + \overline{v_y'^2} + \overline{v_z'^2})^{1/2}$, é uma grandeza significativa. O nível ou *intensidade da turbulência* é definido como

$$I \equiv \frac{\sqrt{(\overline{v_x'^2} + \overline{v_y'^2} + \overline{v_z'^2})/3}}{v_\infty} \tag{12-48}$$

em que v_∞ é a velocidade média do escoamento. A intensidade da turbulência é uma medida da energia cinética da turbulência e é um parâmetro importante na simulação de um escoamento. No teste do modelo, a simulação de escoamentos turbulentos requer não somente a duplicação do número de Reynolds, mas também a duplicação da energia cinética turbulenta. Assim, a medida da turbulência é uma necessidade em muitas aplicações.

A discussão geral até agora tem indicado a natureza flutuante da turbulência. A natureza aleatória da turbulência presta-se a uma análise estatística. Devemos voltar agora nossa atenção para o efeito das flutuações turbulentas na transferência de momento.

▶ **12.9**

TENSÕES CISALHANTES TURBULENTAS

No Capítulo 7, foi mostrado que o movimento molecular aleatório das moléculas resulta em uma transferência líquida de momento entre duas camadas adjacentes de fluido. Se os movimentos (moleculares) aleatórios dão origem à transferência de momento, parece razoável esperar que flutuações em larga escala, tais como aquelas apresentadas em escoamento turbulento, também resultarão em uma transferência líquida de momento. Usando uma abordagem similar àquela da Seção 7.3, vamos considerar a transferência de momento em um escoamento turbulento ilustrado na Figura 12.12.

A relação entre o fluxo macroscópico de momento devido às flutuações turbulentas e a tensão cisalhante pode ser vista a partir da expressão do volume de controle para momento linear:

$$\Sigma \mathbf{F} = \iint_{s.c.} \mathbf{v}\rho(\mathbf{v} \cdot \mathbf{n})dA + \frac{\partial}{\partial t} \iiint_{v.c.} \mathbf{v}\rho \, dV \tag{5-4}$$

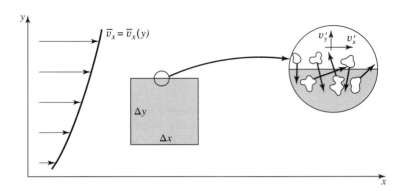

Figura 12.12 Movimento turbulento na superfície de um volume de controle.

O fluxo de momento na direção x que atravessa o topo da superfície de controle é

$$\iint_{\text{topo}} \mathbf{v}\rho(\mathbf{v}\cdot\mathbf{n})\,dA = \iint_{\text{topo}} v'_y \rho(\bar{v}_x + v'_x)\,dA \qquad (12\text{-}49)$$

Se o valor médio do fluxo de momento sobre um período de tempo for calculado para o caso de escoamento médio estacionário, a derivada temporal na equação (5-4) será zero; assim,

$$\overline{\Sigma F_x} = \iint \overline{v'_y \rho(\bar{v}_x + v'_x)dA} = \iint \overline{v'_y \rho \bar{v}_x}^{\;0} dA + \iint \overline{\rho v'_y v'_x}\,dA \qquad (12\text{-}50)$$

Vê-se que a presença das flutuações turbulentas contribui para o fluxo médio de momento na direção x de $\rho v'_x v'_y$'s por unidade de área. Embora as flutuações turbulentas sejam funções da posição e do tempo, sua descrição analítica não tem sido encontrada, mesmo para o caso mais simples. A analogia estreita entre a troca molecular de momento em escoamento laminar e a troca macroscópica de momento em escoamento turbulento sugere que o termo $\rho v'_x v'_y$ seja considerado uma tensão cisalhante. Transpondo esse termo para o lado esquerdo da equação (5-4) e incorporando-o com a tensão cisalhante por causa da transferência de momento molecular, vemos que a tensão cisalhante total se torna

$$\tau_{yx} = \mu \frac{d\bar{v}_x}{dy} - \overline{\rho v'_x v'_y} \qquad (12\text{-}51)$$

A contribuição turbulenta à tensão cisalhante é chamada de *tensão de Reynolds*. Em escoamentos turbulentos, encontra-se que a magnitude da tensão de Reynolds é muito maior que a contribuição molecular, exceto próxima às paredes.

Uma importante diferença entre as contribuições molecular e turbulenta à tensão cisalhante deve ser notada. Enquanto a contribuição molecular é expressa em termos de uma propriedade do fluido e uma derivada do escoamento médio, a contribuição turbulenta é expressa somente em termos das propriedades flutuantes do escoamento. Além disso, essas propriedades de escoamento não são passíveis de serem expressas em termos analíticos. Embora as tensões de Reynolds existam para escoamentos multidimensionais,[6] as dificuldades em prever analiticamente, mesmo em uma dimensão, têm se mostrado intransponíveis sem a ajuda de dados experimentais. A razão para essas dificuldades pode ser vista examinando-se o número de equações e o número de incógnitas envolvidas. Na camada-limite turbulenta incompressível, por exemplo, existem duas equações pertinentes — momento e continuidade — e quatro incógnitas: $\bar{v}_x$, $\bar{v}_y$, v'_x e v'_y.

Uma tentativa anterior para formular uma teoria de tensão cisalhante turbulenta foi feita por Boussinesq.[7] Por analogia com a forma da relação de Newton da viscosidade, Boussinesq introduziu o conceito relacionando a tensão cisalhante turbulenta e a taxa de deformação cisalhante. A tensão cisalhante em escoamento laminar é $\tau_{yx} = \mu(dv_x/dy)$; dessa forma, por analogia, a tensão de Reynolds se torna

---

[6] A existência das tensões de Reynolds pode também ser mostrada a partir da média temporal das equações de Navier–Stokes.

[7] J. Boussinesq, *Mem. Pre. par div. Sav.,* XXIII (1877).

$$(\tau_{yx})_{\text{turb}} = A_t \frac{d\bar{v}_x}{dy}$$

em que A_t é a *viscosidade turbilhonar*. Refinamentos subsequentes têm levado à introdução da *difusividade turbilhonar de momento*, $\epsilon_M \equiv A_t/\rho$, e assim

$$(\tau_{yx})_{\text{turb}} = \rho\epsilon_M \frac{d\bar{v}_x}{dy} \tag{12-52}$$

As dificuldades no tratamento analítico ainda existem, entretanto, visto que a difusividade turbilhonar, ϵ_M, é uma propriedade do escoamento e não do fluido. Por analogia com a viscosidade cinemática em um escoamento laminar, pode ser observado que as unidades da difusividade turbilhonar são L^2/t.

▶ 12.10

HIPÓTESE DE COMPRIMENTO DE MISTURA

Uma similaridade geral entre o mecanismo de transferência de momento em escoamento turbulento e aquela em escoamento laminar permite que uma analogia seja feita para a tensão cisalhante turbulenta. A analogia com o livre percurso médio na troca de momento molecular para o caso turbulento é o comprimento de mistura proposto por Prandtl[8] em 1925. Considere o escoamento turbulento simples mostrado na Figura 12.13.

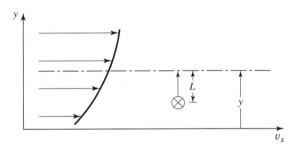

Figura 12.13 Comprimento de mistura de Prandtl.

Supõe-se que a velocidade de flutuação, v'_x, é devida ao movimento na direção y de uma "porção" de fluido ao longo de uma distância L. Aqui, a porção de fluido retém a velocidade média a partir de seu ponto de origem. Ao atingir o destino, a uma distância L a partir da origem, a porção de fluido terá uma velocidade média diferente daquela do fluido adjacente por um valor igual a $\bar{v}_x|_{y-L} - \bar{v}_x|_y$. Se a porção de fluido fosse originada em $y + L$, a diferença de velocidade seria $\bar{v}_x|_{y+L} - \bar{v}_x|_y$. O valor instantâneo de $v'_x|_y$ é então $\bar{v}_x|_{y\pm L} - \bar{v}_x|_y$, com o sinal de L, naturalmente, dependendo do ponto da origem em relação a y. Além disso, o comprimento de mistura, embora finito, é considerado pequeno o suficiente para permitir que a diferença de velocidade seja escrita como

$$\bar{v}_x|_{y\pm L} - \bar{v}_x|_y = \pm L \frac{d\bar{v}_x}{dy}$$

e, assim,

$$v'_x = \pm L \frac{d\bar{v}_x}{dy} \tag{12-52}$$

O conceito de comprimento de mistura é algo semelhante ao livre percurso médio de uma molécula de gás. As diferenças importantes são sua magnitude e dependência das propriedades do escoamento

---
[8] L. Prandtl, *ZAMM*, **5**, 136 (1925).

em vez das propriedades dos fluidos. Com uma expressão para v_x' em mãos, uma expressão para v_y' é necessária para determinar a tensão cisalhante turbulenta, $-\overline{\rho v_x' v_y'}$.

Prandtl supôs que v_x' tem de ser proporcional a v_y'. Se v_x' e v_y' fossem completamente independentes, então a média temporal de seu produto seria igual a zero. Tanto a equação da continuidade quanto os dados experimentais mostram que há algum grau de proporcionalidade entre v_x' e v_y'. Usando o fato de que $v_y' \sim v_x'$, Prandtl expressou a média temporal, $\overline{v_x' v_y'}$, como

$$\overline{v_x' v_y'} = -(\text{constante})L^2 \left| \frac{d\,\bar{v}_x}{dy} \right| \frac{d\,\bar{v}_x}{dy} \tag{12-53}$$

A constante representa a proporcionalidade desconhecida entre v_x' e v_y', assim como sua correlação ao fazer a média temporal. O sinal de menos e o valor absoluto foram introduzidos para fazer com que a grandeza $\overline{v_x'\,v_y'}$ concordasse com as observações experimentais. A constante em (12-53), que é desconhecida, pode ser incorporada no comprimento de mistura, também desconhecido, resultando

$$\overline{v_x' v_y'} = -L^2 \left| \frac{d\,\bar{v}_x}{dy} \right| \frac{d\,\bar{v}_x}{dy} \tag{12-54}$$

Comparando com a expressão de Boussinesq para a difusividade turbilhonar, resulta

$$\epsilon_M = L^2 \left| \frac{d\,\bar{v}_x}{dy} \right| \tag{12-55}$$

De relance, parece que pouca coisa foi ganha ao usar comprimento de mistura em vez da viscosidade turbilhonar. Há uma vantagem, entretanto, nas suposições relativas à natureza e à variação do comprimento de mistura que podem ser feitas em uma base mais fácil do que as suposições usadas na viscosidade turbilhonar.

▶ 12.11

DISTRIBUIÇÃO DE VELOCIDADES A PARTIR DA TEORIA DE COMPRIMENTO DE MISTURA

Uma das contribuições mais importantes da teoria de comprimento de mistura é seu uso em correlacionar perfis de velocidade para grandes números de Reynolds. Tome um escoamento turbulento como ilustrado na Figura 12.13. Na vizinhança da parede, considera-se que o comprimento de mistura varia diretamente com y e supõe-se que a tensão cisalhante seja inteiramente causada pela turbulência e continue constante ao longo da região de interesse. Admite-se que a velocidade $\bar{v}_x$ aumenta na direção y e, assim, $d\bar{v}_x/dy = |d\bar{v}_x/dy|$. Usando essas suposições, podemos escrever a tensão cisalhante turbulenta como

$$\tau_{yx} = \rho K^2 y^2 \left(\frac{d\,\bar{v}_x}{dy} \right)^2 = \tau_0 (\text{uma constante})$$

ou

$$\frac{d\,\bar{v}_x}{dy} = \frac{\sqrt{\tau_0/\rho}}{Ky}$$

Observa-se que a grandeza $\sqrt{\tau_0/\rho}$ tem unidades de velocidade. A integração da equação anterior resulta

$$\bar{v}_x = \frac{\sqrt{\tau_0/\rho}}{K} \ln y + C \tag{12-56}$$

em que *C* é uma constante de integração. Essa constante pode ser calculada fazendo $\bar{v}_x = \bar{v}_{x\,\text{máx}}$ em $y = h$, pelo que

$$\frac{\bar{v}_{x\,\text{máx}} - \bar{v}_x}{\sqrt{\tau_0/\rho}} = -\frac{1}{K}\left[\ln\frac{y}{h}\right] \tag{12-57}$$

A constante *K* foi calculada por Prandtl[9] e Nikuradse[10] a partir de dados sobre escoamento turbulento em tubos, encontrando-se o valor de 0,4. A concordância de dados experimentais para escoamento turbulento em tubos lisos com a equação (12-57) é muito boa, como pode ser visto na Figura 12.14.

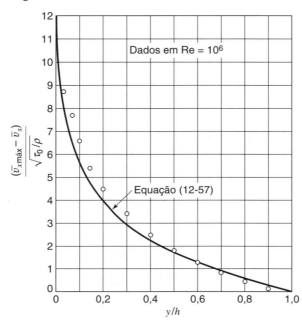

Figura 12.14 Comparação de dados para escoamento em tubo liso com a equação (12-57).

A natureza empírica da discussão precedente não pode ser desprezada. Várias suposições relacionadas com o escoamento em tubos estão incorretas, a saber: a tensão cisalhante não é constante e a geometria foi tratada a partir de um ponto de vista bidimensional em vez de um ponto de vista simétrico.

▶ 12.12

DISTRIBUIÇÃO UNIVERSAL DE VELOCIDADES

Para escoamento turbulento em tubos lisos, a equação (12-57) pode ser tomada como uma base para um desenvolvimento mais geral. Lembrando que o termo $\sqrt{\tau_0/\rho}$ tem as unidades de velocidade, podemos introduzir uma velocidade adimensional $\bar{v}_x/\sqrt{\tau_0/\rho}$. Definindo

$$v^+ \equiv \frac{\bar{v}_x}{\sqrt{\tau_0/\rho}} \tag{12-58}$$

podemos escrever a equação (12-56) como

$$v^+ = \frac{1}{K}[\ln y] + C \tag{12-59}$$

---

[9] L. Prandtl, *Proc. Intern. Congr. Appl. Mech.*, 2.º Congr., Zurique (1927), 62.
[10] J. Nikuradse, *VDI-Forschungsheft*, **356** (1932).

O lado esquerdo da equação (12-59) é, naturalmente, adimensional; consequentemente, o lado direito dessa equação tem de ser adimensional. Um pseudonúmero de Reynolds é útil nesse sentido. Definindo

$$y^+ \equiv \frac{\sqrt{\tau_0/\rho}}{\nu} y \qquad (12\text{-}60)$$

a equação (12-59) se torna

$$v^+ = \frac{1}{K} \ln \frac{\nu y^+}{\sqrt{\tau_0/\rho}} + C = \frac{1}{K}(\ln y^+ + \ln \beta) \qquad (12\text{-}61)$$

em que a constante β é adimensional.

A equação (12-61) indica que para escoamento em tubos lisos $v^+ = f(y^+)$ ou

$$v^+ \equiv \frac{\overline{v}_x}{\sqrt{\tau_0/\rho}} = f\left\{\ln \frac{y\sqrt{\tau_0/\rho}}{\nu}\right\} \qquad (12\text{-}62)$$

A faixa de validade da equação (12-61) pode ser observada a partir de um gráfico (veja a Figura 12.15) de v^+ *versus* $\ln y^+$, usando os dados de Nikuradse e Reichardt.

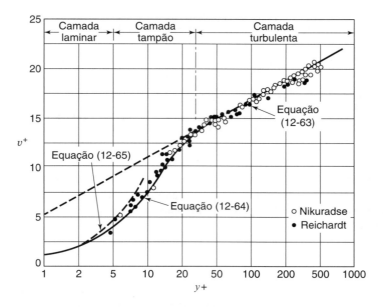

Figura 12.15 Correlação de velocidade para escoamento em tubos lisos circulares para alto número de Reynolds (H. Reichardt, NACA TM1047, 1943).

Três regiões distintas são aparentes: um núcleo turbulento, uma camada tampão e uma subcamada laminar. A velocidade é correlacionada como se segue:

para o núcleo turbulento, $y^+ \geq 30$:

$$v^+ = 5{,}5 + 2{,}5 \ln y^+ \qquad (12\text{-}63)$$

para a camada tampão, $30 \geq y^+ \geq 5$:

$$v^+ = -3{,}05 + 5 \ln y^+ \qquad (12\text{-}64)$$

para a subcamada laminar, $5 > y^+ > 0$:

$$v^+ = y^+ \qquad (12\text{-}65)$$

As equações (12-63) a (12-65) definem a *distribuição universal de velocidades*. Por causa da natureza empírica dessas equações, há, naturalmente, inconsistências. O gradiente de velocidades, por exemplo, no centro do tubo, previsto pela equação (12-63) não é zero. Em vista disso e de outras inconsistências, essas equações são extremamente úteis para descrever o escoamento em tubos lisos.

Em tubos rugosos, a escala da rugosidade e afeta o escoamento no núcleo turbulento, mas não na subcamada laminar. A constante β na equação (12-61) torna-se $\ln \beta = 3,4 - \ln[(e\sqrt{\tau_0/\rho})/\nu]$ para tubos rugosos. Uma vez que a tensão cisalhante na parede aparece na expressão revisada para $\ln \beta$, é importante notar que a rugosidade na parede afeta a magnitude da tensão cisalhante em um escoamento turbulento.

▶ **12.13**

MAIS RELAÇÕES EMPÍRICAS PARA ESCOAMENTO TURBULENTO

Dois resultados experimentais importantes, bastante úteis no estudo de escoamentos turbulentos, são a relação da lei de potência para perfis de velocidades e uma relação para tensão de cisalhamento para escoamento turbulento devido a Blasius. Ambas as relações são válidas para escoamento adjacente a superfícies lisas.

Para escoamento em tubos circulares lisos, encontra-se que em uma grande parte da seção transversal o perfil de velocidades pode ser correlacionado por

$$\frac{\overline{v}_x}{\overline{v}_{x\,\text{máx}}} = \left(\frac{y}{R}\right)^{1/n} \tag{12-66}$$

em que R é o raio do tubo e n é uma função que varia lentamente com o número de Reynolds. O expoente n varia de um valor de 6 em Re = 4000 a 10 em Re = 3.200.000. Para números de Reynolds de 10^5, o valor de n é 7. Isso leva à lei de potência de um sétimo, $\overline{v}_x/\overline{v}_{x\,\text{máx}} = (y/R)^{1/7}$, bastante utilizada. O perfil da lei de potência pode também representar a distribuição de velocidades em camadas-limite. Para camadas-limite de espessura δ, a lei de potência é escrita

$$\frac{\overline{v}_x}{\overline{v}_{x\,\text{máx}}} = \left(\frac{y}{\delta}\right)^{1/n} \tag{12-67}$$

O perfil da lei de potência tem duas dificuldades óbvias: os gradientes de velocidade na parede e aqueles em δ estão incorretos. Essa expressão indica que o gradiente de velocidade na parede é infinito e que o gradiente de velocidade em δ não é zero.

Apesar dessas inconsistências, a lei de potência é extremamente útil na conexão com a relação integral de von Kármán, como será visto na Seção 12.14.

Outra relação útil é a correlação de Blasius para a tensão cisalhante. Para números de Reynolds, no escoamento de fluidos em tubos, menores que 10^5 e números de Reynolds, para placa plana, menores do que 10^7, a tensão cisalhante na parede em um escoamento turbulento é dada por

$$\tau_0 = 0,0225\rho\overline{v}_{x\,\text{máx}}^2 \left(\frac{\nu}{\overline{v}_{x\,\text{máx}}\, y_{\text{máx}}}\right)^{1/4} \tag{12-68}$$

em que $y_{\text{máx}} = R$ em tubos e $y_{\text{máx}} = \delta$ para superfícies planas.

▶ **12.14**

CAMADA-LIMITE TURBULENTA SOBRE UMA PLACA PLANA

A variação na espessura da camada-limite para escoamento turbulento sobre uma placa plana lisa pode ser obtida a partir da integral do momento de von Kármán. A maneira de aproximação envolvida em uma análise turbulenta difere daquela usada previamente. Em um escoamento laminar, um polinômio simples foi considerado para representar o perfil de velocidades. Em um escoamento turbulento, vimos que o perfil de velocidades depende da tensão cisalhante na parede e que nenhuma função simples representa adequadamente o perfil de velocidades ao longo da região inteira. O procedimento que devemos seguir ao usar a relação integral de von Kármán em um escoamento turbulento é utilizar um perfil simples para a integração com a correlação de Blasius para a tensão cisalhante. Para um gradiente de pressão igual a zero, a relação integral de von Kármán é

$$\frac{\tau_0}{\rho} = \frac{d}{dx} \int_0^\delta v_x (v_\infty - v_x) \, dy \tag{12-38}$$

Empregando a lei de potência de um sétimo para v_x e a relação de Blasius, equação (12-68), para τ_0, vemos que a equação (12-38) se torna

$$0,0225 v_\infty^2 \left(\frac{\nu}{v_\infty \delta} \right)^{1/4} = \frac{d}{dx} \int_0^\delta v_\infty^2 \left\{ \left(\frac{y}{\delta} \right)^{1/7} - \left(\frac{y}{\delta} \right)^{2/7} \right\} dy \tag{12-69}$$

em que a velocidade da corrente livre, v_∞, é escrita no lugar de $\overline{v}_{x\text{máx}}$. Fazendo a integração e a diferenciação indicadas, obtemos

$$0,0225 \left(\frac{\nu}{v_\infty \delta} \right)^{1/4} = \frac{7}{72} \frac{d\delta}{dx} \tag{12-70}$$

que se torna, sob integração,

$$\left(\frac{\nu}{v_\infty} \right)^{1/4} x = 3,45 \, \delta^{5/4} + C \tag{12-71}$$

Se a camada-limite for considerada turbulenta a partir da borda, $x = 0$ (uma suposição pobre), a equação anterior pode ser rearranjada para fornecer

$$\frac{\delta}{x} = \frac{0,376}{\text{Re}_x^{1/5}} \tag{12-72}$$

O coeficiente local de atrito pode ser calculado a partir da relação de Blasius para tensão cisalhante, equação (12-67), de modo a fornecer

$$C_{fx} = \frac{0,0576}{\text{Re}_x^{1/5}} \tag{12-73}$$

Várias coisas devem ser notadas acerca dessas expressões. Primeiro, elas são limitadas a valores de $\text{Re}_x < 10^7$, em virtude da relação de Blasius. Segundo, elas são aplicadas somente para placas planas. Por último, a maior suposição feita foi considerar a camada-limite turbulenta a partir da borda. Sabe-se que a camada-limite é inicialmente laminar, ficando sujeita a uma transição para escoamento turbulento a um valor de Re_x de cerca de 2×10^5. Devemos reter a suposição de uma camada-limite completamente turbulenta pela simplicidade que isso implica; reconhece-se, entretanto, que essa suposição introduz algum erro no caso de uma camada-limite que não seja completamente turbulenta.

Uma comparação entre uma camada-limite laminar e uma turbulenta pode ser feita a partir da solução de Blasius para escoamento laminar e das equações (12-28), (12-72) e (12-73). Nos mesmos valores do número de Reynolds, observa-se que a camada-limite turbulenta é mais espessa e está associada a um coeficiente de atrito maior. Embora possa parecer que uma camada-limite laminar seria mais desejável, o contrário é geralmente verdade. Na maioria dos casos de interesse de engenharia, uma camada-limite turbulenta é desejada porque ela resiste melhor a uma separação que uma camada-limite laminar. Os perfis de velocidade nas camadas-limite laminar e turbulenta são comparados qualitativamente na Figura 12.16.

Pode-se ver que a camada-limite turbulenta tem uma maior velocidade média e, consequentemente, maiores momento e energia do que a camada-limite laminar. Maiores momento e energia permitem que a camada-limite turbulenta continue aderida (sem descolamento) em distâncias maiores na presença de um gradiente adverso de pressão em relação à camada-limite laminar.

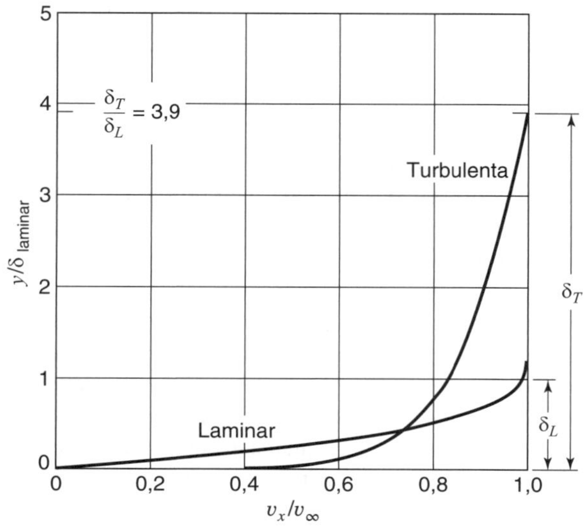

Figura 12.16 Comparação dos perfis de velocidade nas camadas-limite laminar e turbulenta. O número de Reynolds é 500.000.

Considere uma placa plana com transição do escoamento laminar para o escoamento turbulento ocorrendo na placa. Se a transição do escoamento laminar para o escoamento turbulento ocorrer abruptamente (para finalidades computacionais), um problema surge em como ligar a camada-limite laminar à camada-limite turbulenta no ponto de transição. O procedimento que prevalece é igualar as espessuras de momento, equação (12-44), no ponto de transição. Isto é, no começo da porção turbulenta da camada-limite, a espessura de momento, θ, é igual à espessura de momento no final da porção laminar da camada-limite.

A abordagem geral para camadas-limite turbulentas com um gradiente de pressão envolve o uso da integral de momento de von Kármán, conforme dado na equação (12-46). Integração numérica é requerida.

▶ **12.15**

FATORES QUE AFETAM A TRANSIÇÃO DE ESCOAMENTO LAMINAR PARA TURBULENTO

Os perfis de velocidade e os mecanismos de transferência de momento foram examinados tanto para o regime laminar quanto para o turbulento e se mostraram bem diferentes. Viu-se também que o escoamento laminar é submetido a uma transição para escoamento turbulento para certos números de Reynolds.

Até agora, a ocorrência de transição tem sido expressa em termos somente do número de Reynolds, mas na realidade vários fatores além de Re influenciam a transição. O número de Reynolds permanece, entretanto, o principal parâmetro para prever transição.

A Tabela 12.2 indica a influência de alguns desses fatores no número de Reynolds da transição.

Tabela 12.2 Fatores que afetam o número de Reynolds de transição entre os escoamentos laminar e turbulento

Fator	Influência
Gradiente de pressão	Gradiente de pressão favorável retarda a transição; gradiente de pressão desfavorável acelera a transição
Turbulência da corrente livre	Turbulência da corrente livre diminui o número de Reynolds da transição
Rugosidade	Nenhum efeito em tubos; ela diminui a transição em escoamento externo
Sucção	Sucção aumenta grandemente o Re de transição
Curvaturas da parede	Curvatura convexa aumenta o Re de transição. Curvatura côncava diminui o Re de transição
Temperatura da parede	Paredes frias aumentam o Re de transição. Paredes quentes diminuem o Re de transição

12.16

RESUMO

O escoamento viscoso foi examinado neste capítulo para ambas as geometrias interna e externa. Duas abordagens foram empregadas para analisar escoamentos no interior da camada-limite laminar — análise exata usando as equações de camada-limite e métodos integrais aproximados. Para a análise da camada-limite turbulenta ao longo de uma superfície plana, um método integral foi empregado.

Introduziram-se os conceitos de coeficiente de atrito e coeficientes de arraste e foram desenvolvidas relações quantitativas tanto para escoamento interno quanto externo.

Foram introduzidas abordagens de modelagem de escoamento turbulento, culminando em expressões para a "distribuição universal" de velocidades. A abordagem considera escoamentos turbulentos descritos em três partes: a subcamada laminar, a camada de transição ou tampão e o núcleo turbulento.

Os conceitos desenvolvidos neste capítulo serão usados para desenvolver expressões importantes para a transferência de momento que serão aplicadas no próximo capítulo. Aplicações similares serão desenvolvidas nas seções relacionadas tanto à transferência de calor como à transferência de massa em seções futuras deste livro.

PROBLEMAS

12.1 Se o experimento de Reynolds fosse feito em um tubo de 38 mm de diâmetro interno, qual seria a velocidade de escoamento na transição?

12.2 Aviões subsônicos modernos têm sido refinados de tal modo que 75% do arraste parasita (porção do arraste total no avião não associado diretamente em produzir sustentação) podem ser atribuídos ao atrito ao longo de superfícies externas. Para um jato subsônico atípico, o coeficiente de arraste parasita baseado em uma área da asa é 0,011. Determine o arraste de fricção sobre o avião

a. a 500 mph a 35.000 ft

b. a 200 mph ao nível do mar

A área da asa é 2400 ft².

12.3 Considere o escoamento do ar a 30 m/s ao longo de uma placa plana. A qual distância a partir da borda a transição ocorrerá?

12.4 Encontre um perfil de velocidades para a camada-limite laminar da forma

$$\frac{v_x}{v_x\delta} = c_1 + c_2 y + c_3 y^2 + c_4 y^3$$

quando o gradiente de pressão não for zero.

12.5 Calcule e compare com a solução exata δ, C_{fx} e C_{fL} para a camada-limite laminar sobre uma placa plana, usando o perfil de velocidades

$$v_x = \alpha \, \text{sen} \, by.$$

12.6 Existe um fluido evaporando de uma superfície na qual $v_x|_{y=0} = 0$, mas $v_x|_{y=0} \neq 0$. Deduza a relação de momento de von Kármán.

12.7 O coeficiente de arraste para uma esfera lisa é mostrado a seguir. Determine a velocidade no número crítico de Reynolds para uma esfera de diâmetro igual a 42 mm no ar.

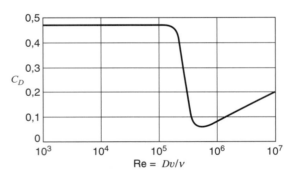

12.8 Faça um gráfico de uma curva de arraste *versus* velocidade para uma esfera de diâmetro igual a 1,65 in no ar, entre as velocidades de 50 ft/s e 400 ft/s.

12.9 Para que velocidades do vento um cabo de 12,7 mm de diâmetro estará na região não estacionária da esteira da Figura 12.2?

12.10 Estime a força de arraste sobre uma antena de rádio de 3 ft, com um diâmetro médio de 0,2 in, a uma velocidade de 60 milhas/h.

12.11 Um carro da Toyota, modelo Prius 2007, tem um coeficiente de arraste de 0,26 em velocidades de autoestrada, usando uma área de referência de 2,33 m². Determine a potência hidráulica necessária para superar o arraste a uma velocidade de 30 m/s. Compare essa figura com o caso de ventos de popa e proa de 6 m/s.

12.12 O coeficiente de sustentação é definido como C_L = (força de sustentação)/($\frac{1}{2}\rho v_x^2 A_r$). Se o coeficiente de sustentação para o automóvel do problema anterior for 0,21, determine a força de sustentação em uma velocidade de autoestrada de 100 milhas/h.

12.13 O automóvel do Problema 12.11 mostrou uma sensibilidade ao ângulo de guinada. A um ângulo de guinada de 20°, o coeficiente de sustentação aumentou para 1,0. Qual é a força de sustentação a 100 milhas/h nesse caso?

12.14 Qual o diâmetro de uma placa circular que teria o mesmo arraste que o automóvel do Problema 12.11?

12.15 Estime a força normal sobre a placa circular de sinalização de 8 ft de diâmetro durante um furacão (120 milhas/h).

12.16 Um Lexus, modelo LS400 de 1998, tem um coeficiente de arraste de 0,28 e uma área de referência de 2,4 m². Determine a potência hidráulica necessária para superar o arraste quando dirigindo a 70 milhas/h ao nível do mar.

a. em um dia quente de verão, $T \cong 100°F$

b. em um dia frio de inverno, $T \cong 0°F$

12.17 Um bola de beisebol tem uma circunferência de 9¼ in e uma massa de 5¼ onças. A 95 milhas/h, determine

a. o número de Reynolds

b. a força de arraste

c. o tipo de escoamento (veja a ilustração para o Problema 12.7)

12.18 As ondulações de uma bola de golfe provocam a queda do arraste (veja a Figura 12.4 e a ilustração para o Problema 12.7) em um número mais baixo de Reynolds. A tabela a seguir fornece o coeficiente de arraste para uma esfera rugosa como função do número de Reynolds. Faça um gráfico de arraste para uma esfera de diâmetro igual a 1,65 in como função da velocidade. Mostre vários pontos de comparação para uma esfera lisa.

$Re \cdot 10^{-4}$	7,5	10	15	20	25
C_D	0,48	0,38	0,22	0,12	0,10

12.19 O coeficiente de sustentação sobre uma esfera girando é dado aproximadamente por

$$C_L \cong 0,24 \left(\frac{R\Omega}{V} \right) - 0,05 \quad \text{sobre a faixa de } 1,5 > \left(\frac{R\Omega}{V} \right) > 0,2$$

Aqui, R é o raio da esfera e Ω é a taxa de rotação da esfera. Para a bola de beisebol do Problema 12.17, determine a taxa de rotação para essa bola arremessada a 110 milhas/h, de modo a ter uma sustentação igual ao seu peso. Quantas rotações tal bola faria em 60 ft 6 in?

12.20 Se a velocidade vertical na parede não for zero, tal como seria o caso com sucção ou sopro, que modificações devem ocorrer na equação (12-33)?

12.21 Se a intensidade de turbulência for 10%, que fração da energia cinética total do escoamento é causada pela turbulência?

12.22 Em uma casa, água escoa por um tubo de cobre com um diâmetro interno de 0,75 in, a uma vazão de 2 galões/min. Determine o número de Reynolds para

a. água quente ($T \cong 120°F$)

b. água fria ($T \cong 45°F$)

12.23 Faça um gráfico da espessura da camada-limite ao longo de uma placa plana para o escoamento de ar a 30 m/s, considerando

a. escoamento laminar

b. escoamento turbulento

Indique o ponto de transição provável.

12.24 Para o escoamento completamente desenvolvido de água em um tubo liso de 0,15 m de diâmetro a uma vazão de 0,006 m³/s, determine a espessura da(o)

a. subcamada laminar

b. camada tampão

c. núcleo turbulento

12.25 Usando a correlação de Blasius para a tensão cisalhante – equação (12-68) –, desenvolva uma expressão para o coeficiente de película local em tubos. Em tubos, a velocidade média é usada para o coeficiente de atrito e o número de Reynolds. Use a lei de potência de um sétimo.

12.26 Para uma placa fina de 6 in de largura e 3 ft de comprimento, estime a força de atrito no ar a uma velocidade de 40 ft/s, considerando

a. escoamento turbulento

b. escoamento laminar

O escoamento é paralelo à dimensão de 6 in.

12.27 Usando um escoamento laminar com perfil senoidal e lei de potência de um sétimo, faça um gráfico adimensional dos perfis de momento e de energia cinética na camada-limite para um número de Reynolds de 10^5.

12.28 Estime o arraste friccional sobre uma asa, considerando a seguinte idealização. Considere a asa como uma placa plana retangular, 7 ft por 40 ft, com uma superfície lisa. A asa está voando a 140 milhas/h a 5000 ft. Determine o arraste, supondo:

a. uma camada-limite laminar

b. uma camada-limite turbulenta

12.29 Compare as espessuras das camadas-limite e os coeficientes locais de atrito de uma camada-limite laminar e uma camada-limite turbulenta sobre uma placa plana lisa a um número de Reynolds de 10^6. Admita que ambas as camadas-limite começam na borda da placa plana.

12.30 Use o perfil de lei de potência de um sétimo e calcule a força de arraste e a espessura da camada-limite sobre uma placa de 20 ft de comprimento e 10 ft de largura (para um lado), se ela estiver imersa em água escoando a 20 ft/s. Suponha escoamento turbulento ao longo de todo o comprimento da placa. Qual seria o arraste, se o escoamento laminar pudesse ser mantido sobre a superfície inteira?

12.31 A tensão cisalhante turbulenta em um escoamento bidimensional é dada por

$$(\tau_{yx})_{\text{turb}} = \rho \epsilon_M \frac{\partial \bar{v}_x}{\partial y} = -\overline{\rho \bar{v}_x v_y}$$

Expandindo v'_x e v'_y em uma série de Taylor em x e y próximos da parede e com a ajuda da equação da continuidade

$$\frac{\partial v'_x}{\partial x} + \frac{\partial v'_y}{\partial y} = 0$$

mostra-se que, perto da parede, $\epsilon_M \sim y^3 +$ termos de maior ordem em y. Como isso se compara com a teoria do comprimento de mistura?

12.32 Calcule a derivada de velocidade, $\partial \bar{v}_x / \partial y$, para o perfil de velocidades da lei de potência de um sétimo em $y = 0$ e $y = R$.

12.33 Usando a relação de Blasius para tensão cisalhante (12-68) e o perfil de velocidades da lei de potência de um sétimo, determine a espessura da camada-limite sobre uma placa plana como função do número de Reynolds e do expoente n.

12.34 Ar, água e glicerina, cada um a 80°F, estão escoando por tubos separados, com diâmetro de 0,5 in, a uma velocidade igual a 40 ft/s. Determine, para cada caso, se o escoamento é laminar ou turbulento.

12.35 A determinação da espessura da camada-limite é importante em muitas aplicações. Para o caso de anilina a 100°F, escoando a uma velocidade de 2 ft/s ao longo de uma placa plana, qual será a espessura da camada-limite a uma posição de 0,1 ft a partir da borda?

12.36 Água a 20°C está escoando ao longo de uma placa plana de 5 m de comprimento com uma velocidade de 50 m/s. Qual será a espessura da camada-limite em uma posição 5 m a partir da borda? O escoamento na camada-limite nessa posição será laminar ou turbulento? Se cada uma das superfícies da placa medir 500 m², determine a força de arraste total se ambos os lados forem expostos ao escoamento.

12.37 No caso de monóxido de carbono a 100°F escoando ao longo de uma superfície plana, a uma velocidade de 4 ft/s, o escoamento na camada-limite a 0,5 ft da borda será laminar ou turbulento? Qual será a espessura da camada-limite nessa localização? Para uma superfície plana de 0,5 ft de comprimento, com uma área efetiva de 200 ft² em cada lado, determine a força de arraste total exercida, se ambos os lados forem expostos ao escoamento de CO.

CAPÍTULO 13

Escoamento em Condutos Fechados

Muitas das relações teóricas desenvolvidas nos capítulos anteriores se aplicam a situações especiais, tais como escoamento invíscido, escoamento incompressível e similares. Algumas correlações experimentais foram introduzidas no Capítulo 12 para escoamento turbulento interno ou sobre superfícies de geometria simples. Este capítulo tratará de uma aplicação do material que foi desenvolvido até agora em relação a uma situação de considerável importância na engenharia — isto é, escoamento de fluidos, tanto em regime laminar como turbulento, por condutos fechados.

▶ 13.1

ANÁLISE DIMENSIONAL DE ESCOAMENTO EM CONDUTOS

Como abordagem inicial para escoamento em condutos, devemos utilizar análise dimensional para obter os grupos significativos para escoamento de um fluido incompressível em um tubo circular reto e horizontal de seção transversal constante.

As variáveis significativas e suas expressões dimensionais são representadas na seguinte tabela:

Variável	Símbolo	Dimensão
Queda de pressão	ΔP	M/Lt^2
Velocidade	v	L/t
Diâmetro do tubo	D	L
Comprimento do tubo	L	L
Rugosidade do tubo	e	L
Viscosidade do fluido	μ	M/Lt
Densidade do fluido	ρ	M/L^3

Cada uma das variáveis é familiar, com exceção da rugosidade do tubo, simbolizada por e. A rugosidade é incluída para representar a condição da superfície do tubo e pode ser pensada como uma altura característica das projeções da parede do tubo; consequentemente, tem a dimensão de comprimento.

De acordo com o teorema π de Buckingham, o número de grupos adimensionais independentes a ser formado com essas variáveis é quatro. Se o núcleo consistir nas variáveis v, D e ρ, então os grupos a serem formados são os seguintes:

$$\pi_1 = v^a D^b \rho^c \Delta P$$
$$\pi_2 = v^d D^e \rho^f L$$
$$\pi_3 = v^g D^h \rho^i e$$
$$\pi_4 = v^j D^k \rho^l \mu$$

Executando o procedimento delineado no Capítulo 11 para encontrar os expoentes desconhecidos em cada grupo, vemos que os grupos adimensionais se tornam

$$\pi_1 = \frac{\Delta P}{\rho v^2}$$

$$\pi_2 = \frac{L}{D}$$

$$\pi_3 = \frac{e}{D}$$

e

$$\pi_4 = \frac{vD\rho}{\mu}$$

O primeiro grupo π é o número de Euler. Uma vez que a queda de pressão é causada pelo atrito do fluido, esse parâmetro é frequentemente escrito com $\Delta P/\rho$ trocado por gh_L, em que h_L é a "perda de carga"; assim, π_1 se torna

$$\frac{h_L}{v^2/g}$$

O terceiro grupo π, a razão entre a rugosidade do tubo e o diâmetro, é a tão conhecida rugosidade relativa. O quarto grupo π é o número de Reynolds, Re.

Uma expressão funcional resultante da análise dimensional pode ser escrita como

$$\frac{h_L}{v^2/g} = \phi_1\left(\frac{L}{D}, \frac{e}{D}, \text{Re}\right) \tag{13-1}$$

Dados experimentais mostraram que a perda de carga no escoamento completamente desenvolvido é diretamente proporcional à razão L/D. Essa razão pode, então, ser removida da expressão funcional, fornecendo

$$\frac{h_L}{v^2/g} = \frac{L}{D}\phi_2\left(\frac{e}{D}, \text{Re}\right) \tag{13-2}$$

A função ϕ_2, que varia com a rugosidade relativa e com o número de Reynolds, é designada f, o fator de atrito. Expressando a perda de carga da equação (13-2) em termos de f, temos

$$h_L = 2f_f \frac{L}{D}\frac{v^2}{g} \tag{13-3}$$

Com o fator 2 inserido no lado direito, a equação (13-3) é a relação que define f_f, o *fator de atrito de Fanning*. Outro fator de atrito de uso comum é o *fator de atrito de Darcy*, f_D, definido pela equação (13-4).

$$h_L = f_D \frac{L}{D}\frac{v^2}{2g} \tag{13-4}$$

Obviamente, $f_D = 4 f_f$. O estudante deve prestar atenção em qual fator de atrito ele está usando para calcular adequadamente a perda de carga friccional pelas equações (13-3) ou (13-4). Neste livro, será usado exclusivamente o fator de atrito de Fanning, f_f. O estudante pode facilmente verificar que o fator de atrito de Fanning é o mesmo que o coeficiente de película C_f.

Nossa tarefa agora consiste em determinar as relações adequadas para f_f a partir da teoria e de dados experimentais.

▶ 13.2

FATORES DE ATRITO PARA ESCOAMENTO LAMINAR COMPLETAMENTE DESENVOLVIDO, TURBULENTO E DE TRANSIÇÃO EM CONDUTOS CIRCULARES

Escoamento Laminar

Alguma análise já foi feita para escoamento incompressível laminar. Uma vez que o comportamento do fluido pode ser descrito muito bem nesse regime de acordo com a lei de Newton da viscosidade, não devemos esperar dificuldade em obter uma relação funcional para f_f no caso de escoamento laminar. Lembre-se de que, para condutos fechados, o escoamento pode ser considerado laminar para valores do número de Reynolds menores que 2300.

Do Capítulo 8, a equação de Hagen–Poiseuille foi deduzida para escoamento incompressível e laminar em dutos

$$-\frac{dP}{dx} = 32\frac{\mu v_{\text{média}}}{D^2} \tag{8-9}$$

Separando as variáveis e integrando as expressões ao longo do comprimento, L, da passagem, conseguimos

$$-\int_{P_0}^{P} dP = 32\frac{\mu v_{\text{média}}}{D^2}\int_{0}^{L} dx$$

e

$$\Delta P = 32\frac{\mu v_{\text{média}} L}{D^2} \tag{13-5}$$

Lembre-se de que a equação (8-9) se manteve para o caso de escoamento completamente desenvolvido; assim, $v_{\text{média}}$ não varia ao longo do comprimento da passagem.

Formando uma expressão para perda de carga por atrito a partir da equação (13-5), temos

$$h_L = \frac{\Delta P}{\rho g} = 32\frac{\mu v_{\text{média}} L}{g\rho D^2} \tag{13-6}$$

Combinando essa equação com a equação (13-3), a relação que define f_f

$$h_L = 32\frac{\mu v_{\text{média}} L}{g\rho D^2} = 2f_f\,\frac{L}{D}\,\frac{v^2}{g}$$

e, resolvendo para f_f, obtemos

$$f_f = 16\frac{\mu}{D v_{\text{média}}\rho} = \frac{16}{\text{Re}} \tag{13-7}$$

Esse resultado, muito simples, explica que f_f é inversamente proporcional a Re na faixa de escoamento laminar; o fator de atrito *não* é uma função da rugosidade de tubo para valores de Re < 2300; podem variar somente com o número de Reynolds.

O resultado foi verificado experimentalmente e é a manifestação dos efeitos viscosos em um fluido, amortecendo qualquer irregularidade no escoamento causada por protrusões de uma superfície rugosa.

176 ▶ Capítulo 13

Escoamento Turbulento

No caso de escoamento turbulento em condutos fechados ou tubos, a relação para f_f não é obtida ou expressa de maneira tão simples quanto no caso laminar. Nenhuma relação facilmente deduzida a partir da lei de Hagen–Poiseuille se aplica; entretanto, podem ser usados alguns perfis de velocidades para escoamento turbulento expressos no Capítulo 12. Todo desenvolvimento será baseado em dutos circulares; assim, estamos principalmente interessados em tubos. Em escoamento turbulento, uma distinção tem de ser feita entre tubos de parede lisa e de parede rugosa.

Tubos Lisos O perfil de velocidades no centro turbulento tem sido expresso como

$$v^+ = 5,5 + 2,5 \ln y^+ \tag{12-63}$$

em que as variáveis v^+ e y^+ são definidas de acordo com as relações

$$v^+ \equiv \frac{\overline{v}}{\sqrt{\tau_0/\rho}} \tag{12-58}$$

e

$$y^+ \equiv \frac{\sqrt{\tau_0/\rho}}{\nu} y \tag{12-60}$$

A velocidade média no núcleo turbulento para escoamento em um tubo de raio R pode ser calculada a partir da equação (12-63) como se segue:

$$v_{\text{média}} = \frac{\int_0^A \overline{v}\, dA}{A}$$

$$= \frac{\sqrt{\tau_0/\rho} \int_0^R \left(2,5 \ln\left\{ \dfrac{\sqrt{\tau_0/\rho}\,y}{\nu} \right\} + 5,5 \right) 2\pi r\, dr}{\pi R^2}$$

Fazendo $y = R - r$, obtemos

$$v_{\text{média}} = 2,5\sqrt{\tau_0/\rho}\, \ln\left\{ \frac{\sqrt{\tau_0/\rho}\,R}{\nu} \right\} + 1,75\sqrt{\tau_0/\rho} \tag{13-8}$$

As funções $\sqrt{\tau_0/\rho}$ e C_f estão relacionadas de acordo com equação (12-2). Como C_f e f_f são equivalentes, podemos escrever

$$\frac{v_{\text{média}}}{\sqrt{\tau_0/\rho}} = \frac{1}{\sqrt{f_f/2}} \tag{13-9}$$

A substituição da equação (13-9) na equação (13-8) resulta

$$\frac{1}{\sqrt{f_f/2}} = 2,5 \ln\left\{ \frac{R}{\nu}\, v_{\text{média}} \sqrt{f_f/2} \right\} + 1,75 \tag{13-10}$$

Rearranjando o argumento do logaritmo no número de Reynolds e mudando para $\log_{10}$, vemos que a equação (13-10) se reduz a

$$\frac{1}{\sqrt{f_f}} = 4,06 \log_{10}\left\{ \text{Re}\sqrt{f_f} \right\} - 0,60 \tag{13-11}$$

Essa expressão fornece a relação para o fator de atrito em função do número de Reynolds para escoamento turbulento em tubos circulares lisos. O desenvolvimento precedente foi primeiro feito por von Kármán.[1] Nikuradse,[2] a partir de dados experimentais, obteve a equação

$$\frac{1}{\sqrt{f_f}} = 4,0 \log_{10}\left\{ \mathrm{Re}\sqrt{f_f} \right\} - 0,40 \tag{13-12}$$

que é muito similar à equação (13-11).

Tubos Rugosos   Por uma análise similar àquela usada para tubos lisos, von Kármán desenvolveu a equação (13-13) para escoamento turbulento em tubos rugosos:

$$\frac{1}{\sqrt{f_f}} = 4,06 \log_{10}\frac{D}{e} + 2,16 \tag{13-13}$$

que coincide muito bem com a equação obtida por Nikuradse a partir de dados experimentais:

$$\frac{1}{\sqrt{f_f}} = 4,0 \log_{10}\frac{D}{e} + 2,28 \tag{13-14}$$

Os resultados de Nikuradse para escoamento completamente desenvolvido em tubos indicaram que a condição da superfície — isto é, a rugosidade — nada tem a ver com a transição de escoamento laminar para turbulento. Quando o número de Reynolds se torna grande o suficiente de modo que o escoamento seja completamente turbulento, então tanto a equação (13-12) como a equação (13-14) têm de ser usadas para obter os valores apropriados para f_f. Essas duas equações são bem diferentes, uma vez que a equação (13-12) expressa f_f como função somente de Reynolds e a equação (13-14) fornece f_f como função somente da rugosidade relativa. A diferença é, naturalmente, que a primeira equação é para tubos lisos e a última para tubos rugosos. A questão que naturalmente aparece nesse ponto é "o que é 'rugoso'"?

Foi observado, a partir de experimentos, que a equação (13-2) descreve a variação em f_f para uma faixa de Reynolds, mesmo para tubos rugosos. Acima de algum valor de Re, essa variação desvia da equação de tubo liso e atinge um valor constante ditado pela rugosidade do tubo quando expressa pela equação (13-4). A região em que f_f varia tanto com Reynolds como com e/D é chamada de *região de transição*. Uma equação empírica descrevendo a variação de f_f na região de transição foi proposta por Colebrook.[3]

$$\frac{1}{\sqrt{f_f}} = 4 \log_{10}\frac{D}{e} + 2,28 - 4 \log_{10}\left(4,67 \frac{D/e}{\mathrm{Re}\sqrt{f_f}} + 1 \right) \tag{13-15}$$

A equação (13-15) é aplicável à região de transição acima do valor de $(D/e)/(\mathrm{Re}\sqrt{f_f}) = 0,01$. Abaixo desse valor, o fator de atrito é independente do número de Reynolds e o escoamento é dito *completamente turbulento*.

De modo a resumir o desenvolvimento desta seção, as seguintes equações expressam a variação do fator de atrito com as condições especificadas da superfície e do escoamento:

Para escoamento laminar (Re < 2300),

$$f_f = \frac{16}{\mathrm{Re}} \tag{13-7}$$

Para escoamento turbulento (tubo liso, Re > 3000),

$$\frac{1}{\sqrt{f_f}} = 4,0 \log_{10}\left\{ \mathrm{Re}\sqrt{f_f} \right\} - 0,40 \tag{13-12}$$

---

[1] T. von Kármán, NACA TM 611, 1931.

[2] J. Nikuradse, *VDI-Forschungsheft*, **356**, 1932.

[3] C. F. Colebrook, *J. Inst. Civil Engr.* (Londres) II, **133** (1938-39).

Para escoamento turbulento (tubo rugoso (Re > 3000, $D/e)/(\text{Re}\sqrt{f_f}) < 0,01$),

$$\frac{1}{\sqrt{f_f}} = 4,0 \log_{10} \frac{D}{e} + 2,28 \tag{13-14}$$

E para escoamento de transição,

$$\frac{1}{\sqrt{f_f}} = 4 \log_{10} \frac{D}{e} + 2,28 - 4 \log_{10} \left(4,67 \frac{D/e}{\text{Re}\sqrt{f_f}} + 1 \right) \tag{13-15}$$

▶ 13.3

DETERMINAÇÃO DE FATOR DE ATRITO E DE PERDA DE CARGA PARA ESCOAMENTO EM UM TUBO

Fator de Atrito

Um único gráfico de fator de atrito, baseado nas equações (13-7), (13-13), (13-14) e (13-15), foi apresentado por Moody.[4] A Figura 13.1 é um gráfico do fator de atrito de Fanning *versus* o número de Reynolds para uma faixa de valores do parâmetro de rugosidade e/D.

Ao usar o gráfico do fator de atrito, Figura 13.1, é necessário conhecer o valor do parâmetro de rugosidade que se aplica a um tubo de dado tamanho e material. Depois de um tubo ter estado em serviço por algum tempo, sua rugosidade pode variar consideravelmente, tornando difícil a determinação de e/D. Moody apresentou um gráfico, reproduzido na Figura 13.2, pelo qual um valor de e/D pode ser determinado para um dado tamanho de tubo construído de um material particular.

A combinação desses dois gráficos permite o cálculo da perda de carga por atrito para um tubo tendo um comprimento L e diâmetro D, usando a relação

$$h_L = 2 f_f \frac{L}{D} \frac{v^2}{g} \tag{13-3}$$

Recentemente, Haaland[5] mostrou que, para a faixa $10^8 \geq \text{Re} \geq 4 \times 10^4$, $0,05 \geq e/D \geq 0$, o fator de atrito pode ser expresso (dentro de $\pm 1,5\%$) como

$$\frac{1}{\sqrt{f_f}} = -3,6 \log_{10} \left[\frac{6,9}{\text{Re}} + \left(\frac{e}{3,7D} \right)^{10/9} \right] \tag{13-15a}$$

Essa expressão permite cálculo explícito do fator de atrito.

Perda de Carga Devida a Acessórios

A perda de carga por atrito a partir da equação (13-3) é somente uma parte da perda de carga total que tem de ser superada na tubulação e em outros circuitos para escoamento de fluidos. Outras perdas podem ocorrer por causa da presença de válvulas, joelhos e qualquer outro acessório que envolva uma mudança na direção de escoamento ou no tamanho da passagem de escoamento. As perdas de carga resultantes de tais acessórios são funções da geometria do acessório, do número de Reynolds e da rugosidade. Como as perdas nos acessórios, em uma primeira aproximação, foram independentes do número de Reynolds, a perda de carga pode ser calculada como

$$h_L = \frac{\Delta P}{\rho g} = K \frac{v^2}{2g} \tag{13-16}$$

em que K é um coeficiente que depende do acessório.

---

[4] L. F. Moody, *Trans. ASME*, **66**, 671 (1944).

[5] S. E. Haaland, *Trans. ASME, JFE*, **105**, 89 (1983).

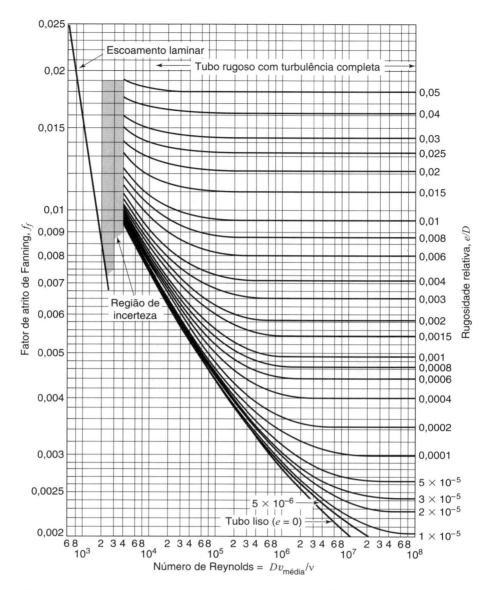

Figura 13.1 Fator de atrito de Fanning como função de Re e e/D.

Um método equivalente de determinar a perda de carga em acessórios é introduzir um *comprimento equivalente*, L_{eq}, de modo que

$$h_L = 2f_f \frac{L_{eq}}{D} \frac{v^2}{g} \tag{13-17}$$

em que L_{eq} é o comprimento do tubo que produz uma perda de carga equivalente a um acessório particular. A equação (13-17) está na mesma forma que a equação (13-3) e, assim, a perda de carga total para um sistema de tubulações pode ser determinada adicionando os comprimentos equivalentes para os acessórios e o comprimento do tubo, de modo a obter o comprimento efetivo total do tubo.

A comparação das equações (13-16) e (13-17) mostra que a constante K tem de ser igual a $4f_f L_{eq}/D$. Embora a equação (13-17) pareça ser dependente do número de Reynolds por causa do aparecimento do fator de atrito de Fanning, ela não é. A suposição feita em ambas as equações (13-16) e (13-17) é que o número de Reynolds seja grande o suficiente de modo que o escoamento seja completamente turbulento. O coeficiente de atrito para um dado acessório, então, é dependente somente da rugosidade do acessório. Valores típicos de K e L_{eq}/D são dados na Tabela 13.1.

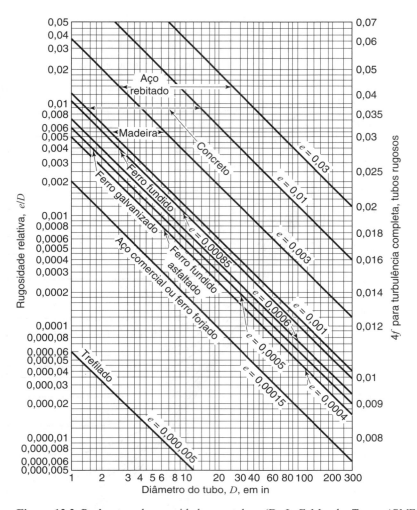

Figura 13.2 Parâmetros de rugosidade para tubos. (De L. F. Moody, *Trans. ASME* (1944).) Os valores de *e* são dados em pés.

Tabela 13.1 Fatores de atrito para vários acessórios de tubulações

Acessório	K	L_{eq}/D
Válvula globo, totalmente aberta	7,5	350
Válvula angular, totalmente aberta	3,8	170
Válvula gaveta, totalmente aberta	0,15	7
Válvula gaveta, ¾ aberta	0,85	40
Válvula gaveta, ½ aberta	4,4	200
Válvula gaveta, ¼ aberta	20	900
Joelho padrão 90°	0,7	32
Joelho de raio curto 90°	0,9	41
Joelho de raio longo 90°	0,4	20
Joelho padrão 45°	0,35	15
T, pela saída lateral	1,5	67
T, pela saída frontal	0,4	20
Curva 180°	1,6	75

Lembre-se de que a perda de carga devida à expansão repentina foi calculada no Capítulo 6, com o resultado dado na equação (6-16).

Diâmetro Equivalente

As equações (13-16) e (13-17) são baseadas em um escoamento em dutos circulares. Essas equações podem ser usadas para estimar a perda de carga em um duto fechado de qualquer configuração se for usado um "diâmetro equivalente" para um escoamento em um duto não circular. O diâmetro equivalente é calculado de acordo com

$$D_{eq} = 4 \frac{\text{área da seção transversal de escoamento}}{\text{perímetro molhado}} \tag{13-18}$$

A razão entre a área da seção transversal de escoamento e o perímetro molhado é chamada de raio hidráulico.

O leitor pode verificar que D_{eq} corresponde a D para um escoamento em um duto circular. Um tipo de escoamento em duto não circular frequentemente encontrado em processos de transferência é a área anular entre dois tubos concêntricos. O diâmetro equivalente para essa configuração é determinado como se segue:

$$\text{Área da seção transversal} = \frac{\pi}{4}(D_0^2 - D_i^2)$$

$$\text{Perímetro molhado} = \pi(D_0 + D_i)$$

resultando

$$D_{eq} = 4 \frac{\pi/4}{\pi} \frac{(D_0^2 - D_i^2)}{(D_0 + D_i)} = D_0 - D_i \tag{13-19}$$

Esse valor de D_{eq} pode ser agora usado no número de Reynolds, no fator de atrito e na perda de carga por atrito, com base nas relações e nos métodos desenvolvidos previamente para dutos circulares.

▶ 13.4

ANÁLISE DE ESCOAMENTO EM TUBOS

A aplicação das equações e dos métodos desenvolvidos nas seções anteriores é comum em sistemas de engenharia envolvendo redes de tubulações. Tais análises são sempre diretas, mas podem variar em função da complexidade do cálculo. Os quatro exemplos seguintes são típicos, mas de maneira nenhuma exaustivos, dos problemas encontrados na prática de engenharia.

Exemplo 1

Água, a 59°C, escoa por uma seção reta de um tubo de ferro fundido, de 6 in de diâmetro, com uma velocidade média de 4 ft/s. O tubo tem 120 ft de comprimento e existe um aumento de 2 ft em sua elevação da entrada do tubo até sua saída.

Encontre a potência requerida para produzir essa taxa de escoamento para as condições especificadas.

O volume de controle, neste caso, é o tubo e a água envolvida por ele. Aplicando a equação da energia ao volume de controle, obtemos

$$\frac{\delta Q}{dt} - \frac{\delta W_s}{dt} - \frac{\delta W_\mu}{dt} = \iint_{s.c.} \rho \left(e + \frac{P}{\rho} \right) (\mathbf{v} \cdot \mathbf{n}) \, dA + \frac{\partial}{\partial t} \iiint_{v.c.} \rho e \, dV \tag{6-10}$$

Um cálculo de cada termo resulta

$$\frac{\delta Q}{dt} = 0 \qquad \frac{\delta W_s}{dt} = \dot{W}$$

$$\iint_{s.c.} \rho \left(e + \frac{P}{\rho} \right) (\mathbf{v} \cdot \mathbf{n}) \, dA = \rho A v_{\text{média}} \left(\frac{v_2^2}{2} + gy_2 + \frac{P_2}{\rho} + u_2 - \frac{v_1^2}{2} - gy_1 - \frac{P_1}{\rho} - u_1 \right)$$

$$\frac{\partial}{\partial t} \iiint_{v.c.} \rho e \, dV = 0$$

e

$$\frac{\delta W_\mu}{dt} = 0$$

182 ▶ Capítulo 13

A forma aplicável da equação da energia escrita em base mássica é agora

$$\dot{W}/\dot{m} = \frac{v_1^2 - v_2^2}{2} + g(y_1 - y_2) + \frac{P_1 - P_2}{\rho} + u_1 - u_2$$

e com a variação de energia interna escrita como gh_L, a expressão para w se torna

$$\dot{W}/\dot{m} = \frac{v_1^2 - v_2^2}{2} + g(y_1 - y_2) + \frac{P_1 - P_2}{\rho} - gh_L$$

Supondo que o fluido em ambas as extremidades do volume de controle esteja na pressão atmosférica, $(P_1 - P_2)/\rho = 0$, e para um tubo de seção transversal constante $(v_1^2 - v_2^2)/2 = 0$, resulta, para $\dot{W}/\dot{m}$

$$\dot{W}/\dot{m} = g(y_1 - y_2) - gh_L$$

Calculando h_L, temos

$$\mathrm{Re} = \frac{(\frac{1}{2})(4)}{1,22 \times 10^{-5}} = 164.000$$

$$\frac{e}{D} = 0,0017 \quad \text{(da Figura 13.2)}$$

$$f_f = 0,0059 \quad \text{(da equação (13-15a))}$$

resultando

$$h_L = \frac{2(0,0059)(120\text{ ft})(16\text{ ft}^2/\text{s}^2)}{(0,5\text{ ft})(32,2\text{ ft/s}^2)} = 1,401\text{ ft}$$

Assim, a potência requerida para produzir as condições especificadas de escoamento se torna

$$\dot{W} = \frac{-g((-2\text{ ft}) - 1,401\text{ ft})}{550\text{ ft lb}_f/\text{hp-s}} \left[\frac{62,3\text{ lb}_m/\text{ft}^3}{32,2\text{ lb}_m\text{ft/s}^2\text{ lb}_f} \left(\frac{\pi}{4}\right) \left(\frac{1}{2}\text{ft}\right)^2 \left(4\frac{\text{ft}}{\text{s}}\right) \right]$$
$$= 0,300\text{ hp}$$

Exemplo 2

Um trocador de calor é usado para lidar com 0,0567 m³/s de água escoando através de um tubo liso, que tem um comprimento equivalente de 122 m. A queda de pressão total é 103.000 Pa. Qual o tamanho do tubo necessário para essa aplicação?

Novamente, aplicando a equação (6-10), vemos que um cálculo termo a termo fornece

$$\frac{\delta Q}{dt} = 0 \qquad \frac{\delta W_s}{dt} = 0 \qquad \frac{\delta W_\mu}{dt} = 0$$

$$\iint_{\text{s.c.}} \rho\left(e + \frac{P}{\rho}\right)(\mathbf{v} \cdot \mathbf{n})\,dA = \rho A\, v_{\text{média}}\left(\frac{v_2^2}{2} + gy_2 + \frac{P_2}{\rho} + u_2 - \frac{v_1^2}{2} - gy_1 - \frac{P_1}{\rho} - u_1\right)$$

$$\frac{\partial}{\partial t} \iiint_{\text{v.c.}} \rho e\,dV = 0$$

e a equação aplicável ao presente problema é

$$0 = \frac{P_2 - P_1}{\rho} + gh_L$$

A grandeza desejada, o diâmetro, é incluída no termo de perda de carga, mas não pode ser resolvida diretamente, uma vez que o fator de atrito também depende de D. Inserindo valores numéricos na equação anterior e resolvendo, obtemos

$$0 = -\frac{103.000\text{ Pa}}{1000\text{ kg/m}^3} + 2f_f\left(\frac{0,0567}{\pi D^2/4}\right)^2\frac{\text{m}^2}{\text{s}^2} \cdot \frac{122\text{ m}\,g}{D\ \text{m}\,g}$$

ou

$$0 = -103 + 1{,}27\frac{f_f}{D^5}$$

A solução para este problema tem agora de ser obtida por tentativa e erro. Um procedimento possível é o seguinte:

1. Admita um valor para f_f.
2. Usando esse f_f, resolva a equação anterior para D.
3. Calcule Re com esse D.
4. Usando e/D e o Re calculado, verifique o valor considerado para f_f.
5. Repita esse procedimento até que os valores suposto e calculado do fator de atrito coincidam.

Fazendo essas etapas para o presente problema, o diâmetro requerido do tubo é 0,132 m (5,2 in).

Exemplo 3

Um trocador de calor tem uma seção transversal conforme mostrado na Figura 13.3, com nove tubos de 1 in de diâmetro externo, dentro de um tubo de 5 in de diâmetro interno. Para um trocador de calor de comprimento igual a 5 ft, qual a vazão de água, a 60°F, que pode ser encontrada no lado do casco dessa unidade para uma queda de pressão de 3 psi?

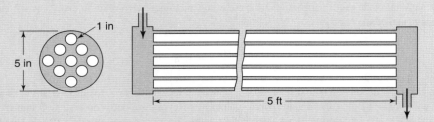

Figura 13.3 Configuração de um trocador de calor casco e tubos.

Uma análise da equação da energia usando a equação (6-10) seguirá as mesmas etapas usadas no Exemplo 2 deste capítulo, resultando na equação que governa o sistema

$$0 = \frac{P_2 - P_1}{\rho} + gh_L$$

O diâmetro equivalente para o casco é calculado como se segue:

$$\text{Área de escoamento} = \frac{\pi}{4}(25 - 9) = 4\pi \text{ in}^2$$

$$\text{Perímetro molhado} = \pi(5 + 9) = 14\pi \text{ in}$$

e assim

$$D_{eq} = 4\frac{4\pi}{14\pi} = 1{,}142 \text{ in}$$

Substituindo os valores numéricos apropriados na equação da energia para este problema, ela se reduz para

$$0 = -\frac{3 \text{ lb}_f/\text{in}^2(144 \text{ in}^2/\text{ft}^2)}{1{,}94 \text{ slugs/ft}^3} + 2f_f v_{média}^2 \text{ ft}^2/\text{s}^2 \frac{5 \text{ ft}}{(1{,}142/12) \text{ ft}}\frac{g}{g}$$

ou

$$0 = -223 + 105 f_f v_{média}^2$$

Uma vez que f_f não pode ser determinado sem um valor de Re, que é uma função de $v_{média}$, um simples processo de tentativa e erro, tal como o seguinte, deve ser empregado:

1. Admita um valor para f_f.
2. Calcule $v_{média}$ a partir das equações anteriores.

184 ▶ Capítulo 13

---

3. Determine Re a partir desse valor de $v_{\text{média}}$.
4. Verifique o valor presumido de f_f, usando a equação (13-15a).
5. Se o valor presumido e calculado para f_f não coincidirem, repita esse procedimento até que isso aconteça.

Empregando esse método, encontramos a velocidade igual a 23,6 ft/s, resultando em uma vazão de 2,06 ft³/s (0,058 m³/s) para este problema.

Note que em cada um dos dois últimos exemplos, nos quais se usou uma abordagem de tentativa e erro, primeiramente se presumiu f_f. Isso não era, naturalmente, a única maneira para abordar esses problemas; entretanto, em ambos os casos um valor para f_f poderia ser admitido dentro de uma faixa muito mais estreita do que D ou $v_{\text{média}}$.

Exemplo 4

Água, a 80ºC, escoa a 53 ft/min por um tubo de ferro fundido de 0,21 ft de diâmetro e 50 ft de comprimento. Usando as Figuras 13.1 e 13.2, determine o fator de atrito de Fanning e então a queda de pressão nesse sistema.

A primeira coisa a fazer é calcular o número de Reynolds. A densidade e a viscosidade da água, a uma dada temperatura, podem ser encontradas no Apêndice I. O número de Reynolds é

$$\text{Re} = \frac{\rho v D}{\mu} = \frac{(62,2\ \text{lb}_m/\text{ft}^3)(53\ \text{ft/min})(\text{min}/60\ \text{s})(0,21\ \text{ft})}{0,578 \times 10^{-3}\,\dfrac{\text{lb}_m}{\text{ft s}}} = 2 \times 10^4$$

A Figura 13.2 contém os parâmetros de rugosidade para vários materiais, incluindo ferro fundido, para o qual o valor é $e = 0,00085$.

A seguir, calculamos a rugosidade relativa:

$$\frac{e}{D} = \frac{0,00085}{0,21\ \text{ft}} = 0,004$$

Voltamos agora à Figura 13.1. A ordenada do lado direito, eixo y, apresenta os valores da rugosidade relativa. Encontramos 0,004. Em seguida, seguimos a linha para 0,004 até alcançar o valor para o número de Reynolds a partir do eixo x. O número de Reynolds calculado a partir do cálculo anterior é 2×10^4; onde essas linhas interceptam, lemos o valor para o fator de atrito de Fanning no lado esquerdo do eixo y como 0,00825.

Uma vez que o escoamento é turbulento, combinamos as equações (13-3) e (13-16) para calcular a queda de pressão:

$$h_L = \frac{\Delta P}{\rho g} = 2 f_f \frac{L_{\text{eq}}}{D} \frac{v^2}{g}$$

Rearranjando e resolvendo a variação de pressão:

$$\Delta P = 2 \rho f_f \frac{L_{\text{eq}}}{D} v^2 = 2 \frac{(62,2\ \text{lb}_m/\text{ft}^3)}{32,174\ \text{lb}_m\text{ft}/\text{lb}_f\text{s}^2}(0,00825)\frac{50\ \text{ft}}{0\ 21\ \text{ft}}(0,88\ \text{ft/s})^2 = 5,88\ \text{lb}_f/\text{ft}^2$$

▶ **13.5**

FATORES DE ATRITO PARA ESCOAMENTOS NA ENTRADA DE UM CONDUTO CIRCULAR

O desenvolvimento e os problemas da seção precedente envolveram condições de escoamento que não variam ao longo do eixo de escoamento. Essa condição é frequentemente encontrada e os métodos descritos anteriormente serão adequados para calcular e prever os parâmetros significativos de escoamento.

Em muitos sistemas de escoamento do mundo real, essa condição nunca é alcançada. Uma camada-limite se forma na superfície de um tubo e sua espessura aumenta de uma maneira similar àquela da camada-limite sobre uma placa plana, conforme descrito no Capítulo 12. A formação da camada-limite em um escoamento no tubo é mostrada na Figura 13.4.

Uma camada-limite se forma na superfície interna e ocupa uma grande porção da área de escoamento para valores crescentes de x, a distância a jusante da entrada do tubo. A algum valor

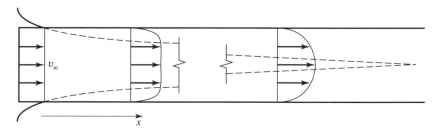

Figura 13.4 Formação da camada-limite em um tubo.

de x, a camada-limite preenche a área de escoamento. O perfil de velocidades não mudará a jusante a partir desse ponto, e o escoamento é dito estar *completamente estabelecido*. A distância a jusante a partir da entrada do tubo para onde o escoamento se torna completamente estabelecido é chamada de comprimento de entrada, simbolizado por L_e. Observe que a velocidade do fluido fora da camada-limite aumenta com x, como é requerido para satisfazer à continuidade. A velocidade no centro do tubo finalmente alcança um valor de $2v_\infty$ para escoamento laminar completamente desenvolvido.

O comprimento de entrada requerido para formar um perfil de velocidades completamente desenvolvido em um escoamento laminar foi expresso por Langhaar:[6]

$$\frac{L_e}{D} = 0{,}0575\,\mathrm{Re} \tag{13-20}$$

em que D representa o diâmetro interno do tubo. Essa relação, deduzida analiticamente, foi encontrada de modo a concordar bem com experimentos.

Não há relação disponível para prever o comprimento de entrada para um perfil de velocidades completamente turbulento. Um fator adicional que afeta o comprimento de entrada em um escoamento turbulento é a natureza da entrada por si própria. O leitor deve consultar o trabalho de Deissler[7] para obter experimentalmente perfis turbulentos de velocidade na região de entrada de tubos circulares. Uma conclusão geral dos resultados de Deissler e outros é que o perfil turbulento de velocidades se torna completamente desenvolvido depois de uma distância mínima de 50 diâmetros a jusante da entrada.

O leitor deve imaginar que o comprimento de entrada para o perfil de velocidades difere consideravelmente do comprimento de entrada para o gradiente de velocidade na parede. Uma vez que o fator de atrito é uma função de dv/dy na superfície do tubo, estamos também interessados nesse comprimento de entrada.

Duas condições existem na região de entrada, que fazem com que o fator de atrito seja maior do que o escoamento completamente desenvolvido. A primeira dessas é o gradiente de velocidade extremamente grande na parede bem na entrada. O gradiente diminui na direção a jusante, tornando-se constante antes de o perfil de velocidades se tornar completamente desenvolvido. Outro fator é a existência de um "núcleo" de fluido fora da camada viscosa, cuja velocidade tem de aumentar conforme determinado pela equação da continuidade. O fluido no centro está sendo assim acelerado, produzindo uma força de arraste adicional, cujo efeito é incorporado no fator de atrito.

O fator de atrito para escoamento laminar na entrada de um tubo foi estudado por Langhaar.[8] Seus resultados indicam que o fator de atrito é maior na vizinhança da entrada; a partir daí, ele diminui suavemente para o valor de escoamento completamente desenvolvido. A Figura 13.5 é uma representação qualitativa dessa variação. A Tabela 13.2 fornece os resultados de Langhaar para o fator de atrito médio entre a entrada e uma localização, uma distância x a partir da entrada.

---

[6] H. L. Langhaar, *Trans. ASME*, **64**, A-55 (1942).

[7] R. G. Deissler, NACA TN 2138 (1950).

[8] *Op cit.*

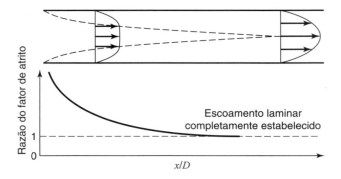

Figura 13.5 Perfil de velocidades e variação do fator de atrito para escoamento laminar na região perto da entrada de um tubo.

Tabela 13.2 Fator de atrito médio para escoamento laminar na entrada de um tubo circular

$\dfrac{x/D}{\text{Re}}$	$f_f\left(\dfrac{x}{D}\right)$
0,000205	0,0530
0,000830	0,0965
0,001805	0,1413
0,003575	0,2075
0,00535	0,2605
0,00838	0,340
0,01373	0,461
0,01788	0,547
0,02368	0,659
0,0341	0,845
0,0449	1,028
0,0620	1,308
0,0760	1,538

Para escoamento turbulento na região de entrada, o fator de atrito, assim como o perfil de velocidades, é difícil de expressar. Deissler[9] analisou essa situação e apresentou graficamente seus resultados.

Mesmo para velocidades da corrente livre muito altas, haverá alguma porção da entrada sobre a qual a camada-limite é laminar. A configuração de entrada, assim como o número de Reynolds, afeta o comprimento do tubo sobre o qual a camada-limite laminar existe antes de se tornar turbulenta. Um gráfico similar à Figura 13.5 é apresentado na Figura 13.6 para fatores de atrito em escoamento turbulento na região de entrada.

A descrição anterior da região de entrada foi qualitativa. Para uma consideração analítica acurada de um sistema envolvendo fenômenos de comprimento de entrada, os resultados de Deissler, mostrados na Figura 13.7, podem ser utilizados.

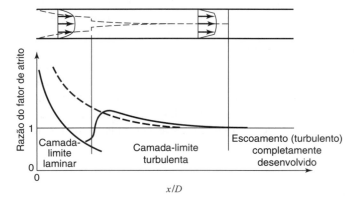

Figura 13.6 Perfil de velocidades e variação do fator de atrito no escoamento turbulento na região perto da entrada do tubo.

---

[9] R. G. Deissler, NACA TN 3016 (1953).

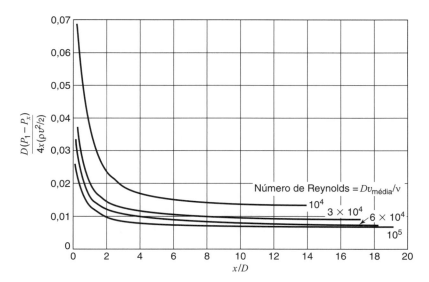

Figura 13.7 Queda de pressão estática em razão do atrito e variação de momento na entrada do tubo circular horizontal liso (Deissler).

É importante saber que em muitas situações o escoamento nunca é completamente desenvolvido; assim, o fator de atrito será maior do que aquele previsto a partir das equações para escoamento completamente desenvolvido ou pelo gráfico do fator de atrito.

13.6

RESUMO

As informações e técnicas apresentadas neste capítulo incluíram aplicações da teoria desenvolvida em capítulos anteriores, apoiadas em correlações de dados experimentais.

Os capítulos que se seguem serão devotados à transferência de calor e de massa. Um tipo específico de transferência, transferência de momento, foi considerado até este ponto. O estudante verá que é capaz de aplicar muitas das informações aprendidas na transferência de momento nas áreas de transferência de calor e massa.

PROBLEMAS

13.1 Um óleo, com viscosidade cinemática de $0,08 \times 10^{-3}$ ft²/s e uma densidade de 57 lb_m/ft³, escoa por um tubo horizontal de 0,24 in de diâmetro, a uma vazão de 10 galões/h. Determine a queda de pressão em 50 ft de tubo.

13.2 Uma linha lubrificante tem um diâmetro interno de 0,1 in e 30 in de comprimento. Se a queda de pressão for 15 psi, determine a vazão do óleo. Use as propriedades dadas no Problema 13.1.

13.3 A queda de pressão em uma seção de um tubo é determinada a partir de testes com água. Uma queda de pressão de 13 psi é obtida para uma vazão de 28,3 lb_m/s. Se o escoamento for completamente turbulento, qual será a queda de pressão quando oxigênio líquido (ρ = 70 lb_m/ft³) escoar por um tubo a uma vazão de 35 lb_m/s.

13.4 Uma tubulação de 280 km de comprimento conecta duas estações de bombeamento. Se 0,56 m³/s deve ser bombeado por uma linha de 0,62 m de diâmetro, estando a estação de descarga 250 m abaixo da estação a montante e a pressão de descarga mantida a 300.000 Pa, determine a potência requerida para bombear o óleo. O óleo tem uma viscosidade cinemática de $4,5 \times 10^{-6}$ m²/s e uma densidade de 810 kg/m³. O tubo foi construído em aço comercial. A pressão na entrada pode ser considerada atmosférica.

13.5 No problema anterior, uma seção de 10 km de comprimento é trocada, durante um processo de reparo, por um tubo com diâmetro interno de 0,42 m. Determine a potência total de bombeamento requerida para usar na tubulação modificada. O comprimento total da tubulação continua 280 km.

13.6 Óleo, tendo uma viscosidade cinemática de $6,7 \times 10^{-6}$ m²/s e densidade de 801 kg/m³, é bombeado através de um tubo de 0,71 m de diâmetro, a uma velocidade média de 1,1 m/s. A rugosidade do tubo é equivalente à de um tubo de aço comercial. Se as estações de bombeamento estiverem afastadas 320 km, encontre a perda de carga (em metros de óleo) entre as estações de bombeamento e a potência requerida.

13.7 A torneira de água fria de uma casa é alimentada a partir de uma adutora por meio do seguinte sistema simplificado de tubulações:

a. Um tubo de cobre de 160 ft de comprimento, com diâmetro interno igual a ¾ in, da linha principal para a base da torneira.

b. Seis joelhos padrões de 90°.

c. Uma válvula angular totalmente aberta (sem obstrução).

d. A torneira. Considere a torneira composta de duas partes: (1) uma válvula globo convencional e (2) um bocal, tendo uma área de ação transversal de 0,10 in².

A pressão na linha principal é 60 psig (virtualmente independente do escoamento) e a velocidade lá é desprezível. Encontre a vazão máxima de descarga da torneira. Como primeira tentativa, considere $f_f = 0,007$ para o tubo. Despreze variações na elevação ao longo de todo o sistema.

13.8 Água, a uma vazão de 118 ft³/min, escoa por um tubo horizontal liso, de 250 ft de comprimento. A queda de pressão é 4,55 psi. Determine o diâmetro do tubo.

13.9 Calcule a pressão de entrada para uma bomba 3 ft acima do nível de um cárter. O tubo tem 6 in de diâmetro e 6 ft de comprimento, fabricado em aço comercial. A vazão através da bomba é 500 galões/min. Use a suposição (incorreta) de que o escoamento é completamente desenvolvido.

13.10 O tubo do Problema 6.33 tem 35 m de comprimento e é feito de aço comercial. Determine a vazão.

13.11 O sifão do Problema 6.31 é feito de uma mangueira lisa de borracha, tendo 23 ft de comprimento. Determine a vazão e a pressão no ponto B.

13.12 Um duto retangular galvanizado, de 8 in² e 25 ft de comprimento, transporta 600 ft³/km de ar padrão. Determine a queda de pressão em polegadas de água.

13.13 Uma tubulação de ferro fundido, de 2 m de comprimento, é usada para transportar 3 milhões de galões de água por dia. A saída está 175 ft acima da entrada. Os custos de instalação de três tamanhos de tubo são dados a seguir:

10 in de diâmetro	$11,40 por ft
12 in de diâmetro	$14,70 por ft
14 in de diâmetro	$16,80 por ft

Os custos de energia são estimados em $0,07 por quilowatt-hora ao longo de uma vida de 20 anos da tubulação. Se a linha puder ser colada com 6,0% de juros anuais, qual será o diâmetro mais econômico do tubo? A eficiência da bomba é 80% e espera-se que a temperatura de entrada da água seja constante e igual a 42°F.

13.14 Estime a vazão de água por uma mangueira de jardim de 50 ft de comprimento, a partir de uma fonte de 40 psig para

a. Uma mangueira com diâmetro interno igual a ½ in.

b. Uma mangueira com diâmetro interno igual a ¾ in.

13.15 Dois reservatórios de água, de alturas $h_1 = 60$ m e $h_2 = 30$ m, são conectados por um tubo que tem 0,35 m de diâmetro. A saída do tubo está submersa a uma altura $h_3 = 8$ m a partir da superfície do reservatório.

a. Determine a vazão pelo tubo, se o tubo tiver 80 m de comprimento e o fator de atrito $f_f = 0,004$. A entrada do tubo está alinhada com a parede.

b. Se a rugosidade relativa for $e/D = 0,004$, determine o fator de atrito e a vazão.

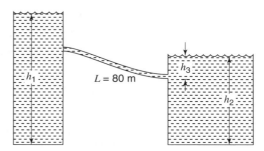

13.16 Um túnel, com 8 km de comprimento e 5 m de diâmetro, do projeto da hidrelétrica no rio Paute, no Equador, fornece água a uma estação de energia que está a 668 m abaixo da entrada do túnel. Se a superfície do túnel for de concreto, encontre a pressão no final do túnel para uma vazão de 90 m³/s.

13.17 Determine a vazão por uma válvula gaveta, de 0,2 m de diâmetro, tendo uma pressão a montante igual a 236 kPa quando a válvula estiver

a. aberta

b. ¼ fechada

c. ½ fechada

d. ¾ fechada

13.18 Água, a 20°C, escoa por um tubo de ferro fundido, a uma velocidade de 34 m/s. O tubo tem 400 m de comprimento e 0,18 m de diâmetro. Determine a perda de carga devida ao atrito.

13.19 Um tubo, de diâmetro igual a 2,20 m, transporta água a 15°C. A perda de carga devida ao atrito é 0,500 m por 300 m de tubo. Determine a vazão volumétrica da água que sai do tubo.

13.20 Água, a 20°C, está sendo drenada de um tanque aberto, por meio de um tubo de ferro fundido de 0,6 m de diâmetro e 30 m de comprimento. A superfície da água no tubo está à pressão atmosférica e a uma elevação de 46,9 m; o tubo descarrega para a pressão atmosférica a uma elevação de 30 m. Desprezando as perdas menores devidas à configuração, a curvas e acessórios, determine a vazão volumétrica da água que deixa o tubo.

13.21 Um tubo de ferro forjado, de diâmetro igual a 15 cm, transporta água a 20°C. Considerando um tubo de nível, determine a vazão volumétrica na descarga, se a perda de carga devida à pressão não é permitida exceder 30 kPa a cada 100 m.

13.22 Um tubo de nível, de 10 m de comprimento, tem um manômetro tanto na entrada como na saída. Os manômetros indicam uma carga de pressão de 1,5 m e 0,2 m, respectivamente. O diâmetro do tubo é 0,2 m e a rugosidade do tubo é 0,0004 m. Determine a taxa mássica no tubo em kg/s.

13.23 Determine a profundidade da água por trás da comporta, mostrada na figura a seguir, que fornecerá uma vazão de 5,675 × 10⁻⁴ m³/s por um tubo de 20 m de comprimento e 1,30 cm de diâmetro. O tubo é de aço comercial.

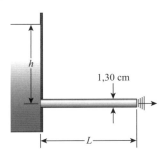

13.24 Água escoa a uma vazão volumétrica de 0,25 m³/s a partir do reservatório 1 para o reservatório 2, por meio de três tubos de concreto conectados em série. O tubo 1 tem 900 m de comprimento e um diâmetro de 0,16 m. O tubo 2 tem um comprimento de 1500 m e um diâmetro de 0,18 m. O tubo 3 tem 800 m de comprimento e diâmetro de 0,20 m. Desprezando as perdas menores, determine a diferença nas elevações das superfícies.

13.25 Um sistema consiste em três tubos em série. A queda de pressão total é 180 kPa e a diminuição na elevação é 5 m. Os dados para os três tubos são:

Tubo	Comprimento, m	Diâmetro, cm	Rugosidade, mm
1	125	8	0,240
2	150	6	0,120
3	100	4	0,200

Determine a vazão total de água, a 20°C, para o sistema. Despreze as perdas menores.

13.26 Dois tubos de concreto são conectados em série. A vazão de água, a 20°C, pelos tubos é 0,18 m³/s, com uma perda de carga total de 18 m para ambos os tubos. Cada tubo tem um comprimento de 312,5 m e uma rugosidade relativa de 0,0035 m. Despreze as perdas menores. Se um tubo tiver um diâmetro de 0,30 m, determine o diâmetro do outro.

13.27 Um tubo de ferro fundido, de 0,2 m de diâmetro, e um tubo de aço comercial, de 67 mm de diâmetro, são paralelos e ambos saem da mesma bomba em direção a um reservatório. A queda de pressão é 210 kPa e as linhas tem 150 m de comprimento. Determine a vazão de água em cada linha.

13.28 Um sistema consiste em três tubos em paralelo, com uma perda de carga total de 24 m. Os dados para os três tubos são:

Tubo	Comprimento, m	Diâmetro, cm	Rugosidade, mm
1	100	8	0,240
2	150	6	0,120
3	80	4	0,200

Para água a 20°C, despreze as perdas menores e determine a vazão no sistema.

13.29 Você foi contratado para verificar um projeto de planta piloto, que exige a instalação de um tubo horizontal rugoso, feito de aço comercial, em um sistema de escoamento. O tubo tem um diâmetro de 4 in e um comprimento de 30 ft. Um fluido newtoniano (calor específico = 0,149 BTU/lb$_m$°F, densidade = 0,161 lb$_m$/ft³, viscosidade = 8,88 × 10⁻⁴ lb$_m$/ft·s e viscosidade cinemática = 5,52 × 10⁻³ ft²/s) escoará pelo tubo a 300 ft³/min. Considere que o escoamento não tem efeitos de ponta e que a condição de contorno de aderência se aplica. Determine a queda de pressão do fluido à medida que ele viaja pelo tubo.

13.30 Seu chefe vem para você com um importante projeto, em que você tem de determinar a queda de pressão em um tubo horizontal rugoso de alta pressão, feito de ferro fundido. O tubo tem um diâmetro de 0,25 ft e um comprimento de 10 ft. Benzeno, a 150°F, escoa pelo tubo a 250 ft³/min.

13.31 Freon-12 está escoando a 10 ft/s por um tubo feito de ferro galvanizado, a 100°F. Se o tubo tiver 100 ft de comprimento e 4 in de diâmetro, qual é a perda de carga nesse sistema?

CAPÍTULO 14

Máquinas de Fluido

Neste capítulo, examinaremos os princípios de operação de dispositivos mecânicos que trocam energia do fluido e trabalho mecânico. Uma *bomba* é uma máquina cuja finalidade é ceder energia mecânica a um fluido, gerando, assim, escoamento, ou produzir uma pressão mais alta ou ambos. Uma *turbina* faz exatamente o contrário — produz trabalho por meio da retirada da energia do fluido.

Há dois tipos principais de máquinas de fluido — *máquinas de deslocamento positivo e turbomáquinas*. Nas máquinas de deslocamento positivo, um fluido está confinado em uma câmara cujo volume é variado. Exemplos de máquinas de deslocamento positivo são mostrados na Figura 14.1.

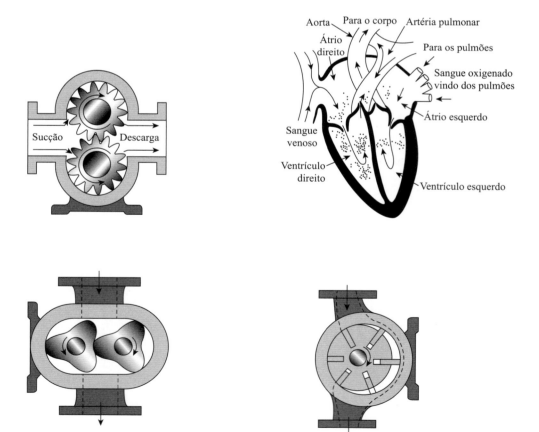

Figura 14.1 Alguns exemplos de configurações de deslocamento positivo.

Turbomáquinas, como o nome sugere, envolvem movimento rotatório. Ventiladores de janela e propulsores de aviões são exemplos de turbomáquinas *sem invólucro*. Bombas usadas com líquidos geralmente têm *invólucros* que confinam e direcionam o escoamento. Os dois tipos gerais de bombas nessa categoria são mostrados na Figura 14.2. As designações *escoamento radial* e *escoamento axial* se referem à direção de escoamento de fluido relativa ao eixo de rotação do elemento girante.

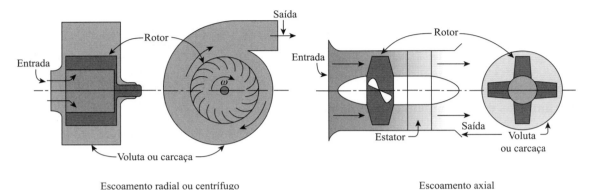

Escoamento radial ou centrífugo   Escoamento axial

Figura 14.2 Turbomáquinas.

O termo *bomba* é geralmente usado quando o fluido de trabalho é um líquido. Se o fluido for um gás ou vapor, os seguintes termos são usados:

- *Ventiladores* estão associados com variações de pressão relativamente pequenas, da ordem de $\Delta P \sim 35$ cm de H_2O (0,5 psi).
- *Sopradores* são tanto do tipo de deslocamento positivo como variável, com ΔP até 2,8 m de H_2O (40 psi).
- *Compressores* são de configurações positiva ou variável, tendo pressões de descarga tão altas quanto 69 MPa (10^3 psi).

Turbinas, como estabelecido previamente, extraem energia de fluidos a alta pressão. Elas são de dois tipos principais: *impulso* e *reação*, que convertem energia em trabalho mecânico de diferentes maneiras. Na turbina de impulso, o fluido com alta energia é convertido, por meio de um bocal, em um jato de alta velocidade. Esse jato bate nas pás da turbina quando elas passam. Nessa configuração, o escoamento do jato está essencialmente a uma pressão constante. A análise básica desses dispositivos foi examinada no Capítulo 5.

Em turbinas de reação, o fluido enche os espaços das pás, ocorrendo um decréscimo na pressão à medida que ele escoa pelo impelidor. A transferência de energia em tais dispositivos envolve algumas considerações termodinâmicas além da análise simples de momento.

O restante deste capítulo será devotado inteiramente a bombas e ventiladores. Serão considerados os desempenhos gerais de bombas e ventiladores, leis de escalonamento e sua compatibilidade com sistemas de tubulação.

14.1

BOMBAS CENTRÍFUGAS

A Figura 14.3 mostra dois cortes de uma bomba centrífuga típica. Nessa configuração, o fluido entra axialmente na carcaça da bomba. Ele então encontra as pás do impelidor, que direciona o escoamento tangencial e radialmente para fora em direção à parte externa da carcaça, sendo então descarregado. O fluido experimenta um aumento na velocidade e na pressão quando ele passa pelo impelidor. A seção de descarga, que é em forma de rosca, provoca uma desaceleração no escoamento e um aumento maior ainda na pressão.

As pás do impelidor mostradas têm um formato *curvado para trás*, que é a configuração mais comum.

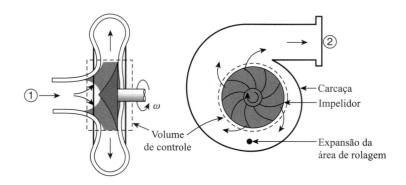

Figura 14.3 Vistas dos cortes de uma bomba centrífuga.

Parâmetros de Desempenho de Bombas

Focaremos agora no volume de controle designado na Figura 14.3 pelas linhas tracejadas. Note que o escoamento entra na seção 1 e sai na seção 2.

Aplicando a primeira lei da termodinâmica a esse volume de controle, temos

$$\frac{\delta Q}{dt} - \frac{\delta W_s}{dt} = \iint_{s.c.} \left(e + \frac{P}{\rho}\right)\rho(\mathbf{v}\cdot\mathbf{n})\, dA + \frac{\partial}{\partial t}\iiint_{v.c.} e\rho\, dV + \frac{\delta W_\mu}{dt} \qquad (6\text{-}10)$$

que, para o escoamento estacionário e adiabático com nenhum trabalho devido à viscosidade, torna-se

$$-\frac{\delta W_s}{dt} = \dot{m}\left[h_2 - h_1 + \frac{v_2^2 - v_1^2}{2} + g(y_2 - y_1)\right]$$

Normalmente se desprezam as pequenas diferenças na velocidade e na elevação entre as seções 1 e 2; assim,

$$v_2^2 - v_1^2 \approx 0 \quad \text{e} \quad y_2 - y_1 \approx 0$$

e a expressão resultante é

$$-\frac{\delta W_s}{dt} = \dot{m}(h_2 - h_1) = \dot{m}\left(u_2 - u_1 + \frac{P_2 - P_1}{\rho}\right)$$

Lembrando que o termo $u_2 - u_1$ representa a perda causada pelo atrito e por outros efeitos irreversíveis, escrevemos

$$u_2 - u_1 = h_L$$

A carga líquida de pressão produzida na bomba é

$$\frac{P_2 - P_1}{\rho} = \frac{1}{\dot{m}}\frac{\delta W_s}{\delta t} - h_L \qquad (14\text{-}1)$$

Um importante parâmetro de desempenho, a *eficiência*, pode agora ser expressa em termos amplos como a razão entre a saída real e a entrada requerida. Para uma bomba centrífuga, a eficiência, designada como η, é

$$\eta = \frac{\text{potência adicionada ao fluido}}{\text{potência de eixo para o impelidor}}$$

A potência adicionada ao fluido é dada pela equação (14-1)

$$\left.\frac{\delta W}{dt}\right|_{\text{fluido}} = \dot{m}\left(\frac{P_2 - P_1}{\rho}\right) \qquad (14\text{-}2)$$

e a eficiência pode ser expressa como

$$\eta = \frac{\dot{m}(P_2 - P_1)}{\rho(\delta W_s/\delta t)_{\text{v.c.}}} \tag{14-3}$$

A diferença entre $\delta W_s/dt|_{\text{v.c.}}$ e $\delta W_s/dt|_{\text{líquido}}$ é claramente a perda de carga, h_L.

As equações (14-1), (14-2) e (14-3) fornecem uma relação geral para os parâmetros importantes do desempenho de bombas. De modo a desenvolver as informações reais de desempenho para bombas centrífugas, temos de examinar nosso volume de controle uma vez mais a partir da perspectiva do momento angular.

A equação que governa essa análise é

$$\sum M_z = \iint_{\text{s.c.}} (\mathbf{r} \times \mathbf{v})_z \rho(\mathbf{v} \cdot \mathbf{n}) \, dA + \frac{\partial}{\partial t} \iiint_{\text{v.c.}} (\mathbf{r} \times \mathbf{v})_z \rho \, dV \tag{5-10c}$$

O eixo de rotação do rotor mostrado na Figura 14.3 foi escolhido como a direção z; logo, nossa escolha da equação (5-10c).

Agora desejamos resolver M_z aplicando a equação (5-10c) ao volume de controle na Figura 14.3 para escoamento estacionário unidimensional. O sistema de coordenadas será fixo, com a direção z ao longo do eixo de rotação. Lembre-se de que o rotor contém pás *curvadas para trás*. Na Figura 14.4, mostramos uma vista detalhada de uma pá única do rotor. A pá está conectada ao eixo do rotor a uma distância r_1 a partir do eixo z; a dimensão externa da pá tem o valor de r_2.

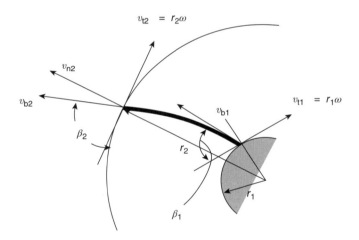

Figura 14.4 Diagrama de velocidade para o escoamento que deixa o impelidor de uma bomba centrífuga.

Nesta figura

v_{b1}, v_{b2} representam velocidades *ao longo da pá* em r_1 e r_2, respectivamente.
v_{n2} é a velocidade normal do escoamento em r_2.
v_{t2} é a velocidade tangencial do escoamento em r_2.
β_1, β_2 são os ângulos formados entre a pá e as direções tangentes em r_1 e r_2, respectivamente.

A equação (5-10c) pode agora ser escrita como

$$M_z = \dot{m}\left[\begin{vmatrix} \mathbf{e}_r & \mathbf{e}_\theta & \mathbf{e}_z \\ r & 0 & 0 \\ v_r & v_\theta & v_z \end{vmatrix}_2 - \begin{vmatrix} \mathbf{e}_r & \mathbf{e}_\theta & \mathbf{e}_z \\ r & 0 & 0 \\ v_r & v_\theta & v_z \end{vmatrix}_1\right]_z$$

que se torna

$$\begin{aligned} M_z &= \dot{m}[(rv_\theta)_2 - 0] \\ &= \rho \dot{V} r_2 v_{\theta 2} \end{aligned} \tag{14-4}$$

A velocidade, $v_{\theta 2}$, é a componente tangencial da corrente de fluido que sai do rotor relativo ao sistema fixo de coordenadas. As grandezas mostradas na Figura 14.4 serão úteis no cálculo de $v_{\theta 2}$.

194 ▶ Capítulo 14

A velocidade absoluta do escoamento existente, v_2, é a soma vetorial da velocidade relativa à pá do impelidor com a velocidade da ponta da pá relativa a nosso sistema de coordenadas. Para um comprimento da pá, L, normal ao plano da Figura 14.4, calculamos o seguinte:

- a velocidade normal do escoamento em r_2:

$$v_{n2} = \frac{\dot{V}}{2\pi r_2 L} \tag{14-5}$$

- a velocidade de escoamento ao longo da pá em r_2:

$$v_{b2} = \frac{v_{n2}}{\text{sen}\beta_2} \tag{14-6}$$

- a velocidade da ponta da pá:

$$v_{t2} = r_2\omega \tag{14-7}$$

A velocidade que queremos, $v_{\theta 2}$, pode agora ser calculada como

$$v_{\theta 2} = v_{r2} - v_{b2}\cos\beta_2$$

A substituição das equações (14-6) e (14-7) resulta

$$v_{\theta 2} = r_2\omega - \frac{v_{n2}}{\text{sen }\beta_2}\cos\beta_2$$
$$= r_2\omega - v_{n2}\cotg\beta_2$$

Finalmente, introduzindo a expressão para v_{n2} da equação (14-5), temos

$$v_\theta = r_2\omega - \frac{\dot{V}}{2\pi r_2 L}\cotg\beta_2 \tag{14-8}$$

e o momento desejado é

$$M_z = \rho\dot{V}r_2\left[r_2\omega - \frac{\dot{V}}{2\pi r_2 L}\cotg\beta_2\right] \tag{14-9}$$

A potência fornecida ao fluido é, por definição, $M_z\omega$; assim

$$\dot{W} = \frac{\delta W_s}{dt} = M_z\omega = \rho\dot{V}r_2\omega\left[r_2\omega - \frac{\dot{V}}{2\pi r_2 L}\cotg\beta_2\right] \tag{14-10}$$

A equação (14-10) expressa a potência dada ao fluido por um impelidor com dimensões r_2, β_2 e L, operando a uma velocidade angular, ω, com taxa mássica igual a $\rho\dot{V}$.

Essa expressão pode ser relacionada às equações (14-2) e (14-3) para calcular a carga de pressão dada e a eficiência da bomba.

É prática padrão minimizar a perda devida ao atrito em r_1, que é a localização radial na qual o escoamento entra no impelidor. Consegue-se isso pela configuração de um ângulo, β_1, tal que o escoamento para o interior ocorra ao longo da superfície das pás. Referindo-se à Figura 14.4, o ponto de projeto para perdas mínimas é encontrado quando

$$v_{b1}\cos\beta_1 = r_1\omega$$

ou, de modo equivalente, quando

$$v_{r1} = v_{b1}\,\text{sen}\,\beta_1 = r_{1\omega}\frac{\text{sen}\,\beta_1}{\cos\beta_1}$$

e, finalmente, quando

$$v_{r1} = r_1 \omega \operatorname{tg} \beta_1 \qquad (14\text{-}11)$$

Curvas típicas de desempenho de bombas, para uma bomba centrífuga, são mostradas na Figura 14.5. Carga de pressão, potência de eixo (*brake horsepower*) e eficiência são todas mostradas como funções da vazão volumétrica. É aconselhável escolher condições operacionais em que a vazão seja aquela — ou próxima àquela — em que a eficiência máxima é alcançada.

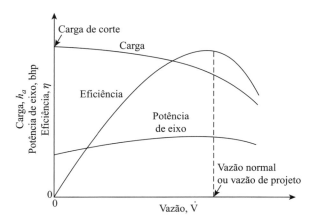

Figura 14.5 Curvas de desempenho de uma bomba centrífuga.

O Exemplo 1 ilustra como a análise apresentada anteriormente se relaciona com o desempenho de bomba centrífuga.

Exemplo 1

Água escoa em razão de uma bomba centrífuga com as seguintes dimensões:

$$r_1 = 6 \text{ cm} \qquad \beta_1 = 33°$$
$$r_2 = 10,5 \text{ cm} \qquad \beta_2 = 21°$$
$$L = 4,75 \text{ cm}$$

A uma velocidade rotacional de 1200 rpm, determine:

(a) a vazão de projeto
(b) a potência dada ao escoamento
(c) a carga de pressão máxima na descarga da bomba

Para experimentar perdas mínimas, a equação (14-11) tem de ser satisfeita; desse modo,

$$\begin{aligned} v_{r1} &= r_1 \omega \operatorname{tg} \beta_1 \\ &= (0{,}06 \text{ m}) \left(1200 \, \frac{\text{rev}}{\text{min}} \right) \left(\frac{2\pi \text{ rad}}{\text{rev}} \right) \left(\frac{\text{min}}{60 \text{ s}} \right) (\operatorname{tg} 33°) \\ &= 4{,}896 \text{ m/s} \end{aligned} \qquad (14\text{-}11)$$

A vazão correspondente é

$$\begin{aligned} \dot{V} &= 2\pi r_1 L v_{r1} \\ &= 2\pi (0{,}06 \text{ m})(0{,}0475 \text{ m})(4{,}896 \text{ m/s}) \\ &= 0{,}0877 \text{ m}^3/\text{s} \qquad (1390 \text{ gpm}) \end{aligned} \qquad (a)$$

A potência dada ao fluido é expressa pela equação (14-10):

$$\dot{W} = \rho \dot{V} r_2 \omega \left[r_2 \omega - \frac{\dot{V}}{2\pi r L} \operatorname{cotg} \beta_2 \right]$$

196 ▶ Capítulo 14

Calculando o seguinte:

$$\omega = \left(1200\,\frac{\text{rev}}{\text{min}}\right)\left(2\pi\frac{\text{rad}}{\text{rev}}\right)\left(\frac{\text{min}}{60\ \text{s}}\right) = 125{,}7\ \text{rad/s}$$

$$\rho\dot{V}r_2\omega = (1000\ \text{kg/m}^3)(0{,}0877\ \text{m}^3/\text{s})(0{,}105\ \text{m})(125{,}7\ \text{rad/s})$$
$$= 1157\ \text{kg}\cdot\text{m/s}$$

$$\frac{\dot{V}}{2\pi r_2 L} = \frac{0{,}0877\ \text{m}^3/\text{s}}{2\pi(0{,}105\ \text{m})(0{,}0475\ \text{m})}$$
$$= 2{,}80\ \text{m/s}$$

obtemos

$$\dot{W} = (1157\ \text{kg}\cdot\text{m/s})[(0{,}105\ \text{m})(125{,}7\ \text{rad/s}) - (2{,}80\ \text{m/s})(\cot g\,21)]$$
$$= 6830\ \text{W} = 6{,}83\ \text{kW} \tag{b}$$

A equação (14-1) expressa a carga líquida de pressão como

$$\frac{P_2 - P_1}{\rho g} = -\frac{\dot{W}}{\dot{m}g} - h_L \tag{14-1}$$

O valor máximo, com perdas desprezíveis, será

$$\frac{P_2 - P_1}{\rho g} = \frac{6830\ \text{W}}{(1000\ \text{kg/m}^3)(0{,}0877\ \text{m}^3/\text{s})(9{,}81\ \text{m/s}^2)}$$
$$= 7{,}94\ \text{m H}_2\text{O manométrica}$$

$$\text{Para } P_1 = 1\ \text{atm} = 14{,}7\ \text{psi} = 10{,}33\ \text{m H}_2\text{O}$$
$$P_2 = (7{,}94 + 10{,}33)\text{m H}_2\text{O} = 18{,}3\ \text{m H}_2\text{O (26 psi)} \tag{c}$$

A pressão real de descarga será menor que essa devida ao atrito e a outras perdas irreversíveis.

Carga Líquida Positiva de Sucção

Uma preocupação maior na operação de uma bomba é a presença de *cavitação*. Cavitação ocorre quando um líquido que está sendo bombeado vaporiza ou entra em ebulição. Se isso ocorrer, as bolhas de vapor que foram formadas causam uma diminuição na eficiência e, frequentemente, danos estruturais na bomba que podem até levar à falha catastrófica. O parâmetro designado como *carga líquida positiva de sucção* (da sigla em inglês, NPSH) caracteriza a probabilidade de ocorrer cavitação.

No lado da sucção do impelidor — no qual a pressão é mais baixa, logo onde a cavitação ocorrerá primeiro —, o NPSH pode ser expresso como

$$\text{NPSH} + \frac{P_v}{\rho g} = \frac{v_i^2}{2g} + \frac{P_i}{\rho g} \tag{14-12}$$

em que v_i e P_i são calculadas na entrada da bomba e P_v é a pressão de vapor do líquido. Valores de NPSH são, em geral, determinados experimentalmente para uma faixa de vazões em uma dada bomba. Uma variação típica de NPSH *versus* $\dot{V}$ é mostrada na Figura 14.6.

Na Figura 14.7, a representação da instalação de uma bomba é mostrada com o líquido sendo retirado de um reservatório localizado a uma distância, y, abaixo da entrada da bomba. Um balanço de energia entre a entrada da bomba e o nível do reservatório resulta em

$$\frac{P_{\text{atm}}}{\rho g} = y_2 + \frac{P_2}{\rho g} + \frac{v_2^2}{2g} + \Sigma h_L \tag{14-13}$$

em que o termo Σh_L representa as perdas de carga entre as localizações 1 e 2, conforme discutido no Capítulo 13.

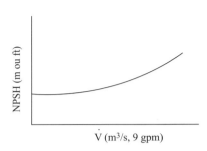

Figura 14.6 Variação típica de NPSH versus $\dot{V}$.

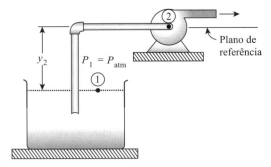

Figura 14.7 Instalação de uma bomba a uma distância y acima do nível de um reservatório.

Combinando essa relação com a equação (14-12), conseguimos

$$\text{NPSH} = \frac{v_2^2}{2g} + \frac{P_2}{\rho g} - \frac{P_v}{\rho g}$$

$$= \frac{P_{\text{atm}}}{\rho g} - y_2 - \frac{P_v}{\rho g} - \Sigma h_L \qquad (14\text{-}14)$$

Para uma instalação apropriada de uma bomba, o valor de NPSH calculado usando a equação (14-14) deve ser maior que o valor obtido a partir do gráfico de desempenho de uma bomba na mesma vazão. O uso principal dessas ideias é estabelecer um valor máximo para a altura, y_2. O Exemplo 2 ilustra o uso do NPSH.

Exemplo 2

Um sistema, como aquele mostrado na Figura 14.7, deve ser montado para bombear água. O tubo de entrada de uma bomba centrífuga tem um diâmetro de 12 cm e a vazão desejada é 0,025 m³/s. Nessa vazão, as especificações para a bomba mostram um valor de NPSH de 4,2 m. O coeficiente das perdas menores para o sistema pode ser considerado $K = 12$. As propriedades da água devem ser calculadas a 300 K. Determine o valor máximo de y, a distância entre a entrada da bomba e o nível do reservatório.

A grandeza desejada, y, é dada por

$$y = \frac{P_{\text{atm}} - P_v}{\rho g} - \Sigma h_L - \text{NPSH} \qquad (14\text{-}14)$$

As propriedades requeridas da água, a 300 K, são

$$\rho = 997 \text{ kg/m}^3$$
$$P_v = 3598 \text{ Pa}$$

e temos

$$v = \frac{\dot{V}}{A} = \frac{0{,}025 \text{ m}^2/\text{s}}{\frac{\pi}{4}(0{,}12 \text{ m})^2} = 2{,}21 \text{ m/s}$$

$$\Sigma h_L = K_L \frac{v^2}{2g} = \frac{12(2{,}21 \text{ m/s}^2)^2}{2(9{,}81 \text{ m/s}^2)} = 2{,}99 \text{ m}$$

Podemos agora completar a solução

$$y = \frac{(101{,}360 - 3598) P_a}{(997 \text{ kg/m}^3)(9{,}81 \text{ m/s}^2)} - 2{,}99 \text{ m} - 4{,}2 \text{ m}$$

$$= 2{,}805 \text{ m} \quad (9{,}2 \text{ ft})$$

Bombas Combinadas e Desempenho do Sistema

Como mostrado na Figura 14.5, uma bomba tem a capacidade de operar sobre uma faixa de vazões, e a carga fornecida, a eficiência de operação e o valor de NPSH são todos dependentes da vazão. Uma tarefa importante do engenheiro é combinar uma dada bomba, tendo suas características conhecidas de operação, com o desempenho de um sistema cujo escoamento é produzido pela bomba. O desempenho de um sistema de bombeamento foi discutido no Capítulo 13.

Um sistema simples de escoamento é ilustrado na Figura 14.8, em que uma bomba é usada para garantir o escoamento entre dois reservatórios em diferentes localizações.

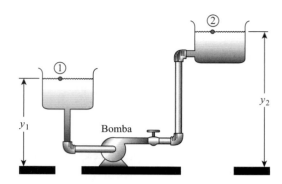

Figura 14.8 Configuração do sistema de bombeamento.

Com as superfícies dos dois reservatórios designadas como ① e ②, conforme mostrado na figura, um balanço de energia entre essas duas localizações resulta em

$$-\frac{\dot{W}}{\dot{m}} = g(y_2 - y_1) + \frac{P_2 - P_1}{\rho} + (u_2 - u_1) \tag{14-15}$$

Observando que $P_1 = P_2 = P_{atm}$ e expressando $u_2 - u_1 = \Sigma h_L$, temos

$$-\frac{\dot{W}}{\dot{m}g} = y_2 - y_1 + \Sigma h_L \tag{14-16}$$

Do Capítulo 13, podemos escrever, para a perda de carga,

$$\Sigma h_L = \Sigma K \frac{v^2}{2g}$$

em que a grandeza ΣK considera a perda de atrito no tubo, assim como as perdas menores devidas às válvulas, joelhos e acessórios.

A linha de operação para o desempenho do sistema é agora expressa por

$$-\frac{\dot{W}}{\dot{m}g} = y_2 - y_1 + \Sigma K \frac{v^2}{2g} \tag{14-17}$$

Plotando a linha de operação do sistema, juntamente com o gráfico do desempenho da bomba, resulta o diagrama combinado de desempenho, como mostrado na Figura 14.9.

Notamos que as duas linhas de operação se interceptam em uma vazão em que a carga requerida para a operação do sistema coincide com aquela que a bomba particular pode produzir.

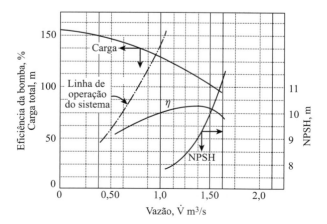

Figura 14.9 Desempenho combinado da bomba e do sistema.

Nessa vazão de operação, pode-se ler a eficiência correspondente a partir do gráfico. Um projetista de sistema gostaria, naturalmente, que o sistema operasse na (ou o mais próximo possível) vazão de eficiência máxima da bomba. Se o ponto de operação corresponde a um valor indesejado de eficiência, mudanças têm de ser feitas no sistema, o que é geralmente um processo difícil, ou nas condições de operação de bombeamento.

► 14.2

LEIS DE ESCALONAMENTO PARA BOMBAS E VENTILADORES

Os conceitos de similaridade e escalonamento foram introduzidos no Capítulo 11. As exigências de similaridades geométrica, cinemática e dinâmica encontram aplicações importantes no escalonamento de mecânica dos fluidos rotacional. Nesta seção, desenvolveremos as "leis do ventilador" que são usadas para prever o efeito de mudar o fluido, o tamanho ou a velocidade de máquinas rotativas, que estejam em uma família geometricamente similar.

Análise Dimensional de Máquinas Rotativas

O método de Buckingham de análise dimensional, introduzido no Capítulo 11, é uma ferramenta útil na geração de grupos adimensionais que se aplicam a máquinas de fluido. Como discutido anteriormente, a primeira etapa é desenvolver uma tabela de variáveis importantes para nossa explicação. A Tabela 14.1 lista as variáveis de interesse juntamente com seus símbolos e a representação dimensional no sistema MLt.

Tabela 14.1 Variáveis de desempenho de uma bomba

Variável	Símbolo	Dimensão
Carga total	gh	L^2/t^2
Vazão	$\dot{V}$	L^3/t
Diâmetro do impelidor	D	L
Velocidade do eixo	ω	$1/t$
Densidade do fluido	ρ	M/L^3
Viscosidade do fluido	μ	M/Lt
Potência	$\dot{W}$	ML^2/t^3

Sem repetir todos os detalhes relacionados ao método de Buckingham, podemos estabelecer o seguinte:

- $i = n - r = 7 - 3 = 4$;
- com um núcleo incluindo as variáveis D, ω, ρ, os grupos adimensionais pi se tornam

$$\pi_1 = gh/D^2\omega^2$$

$$\pi_2 = \dot{V}/\omega D^3$$

$$\pi_3 = \dot{W}/\rho\omega^3 D^5$$

$$\pi_4 = \mu/D^2\omega\rho$$

O grupo $\pi_4 = \mu/D^2\omega\rho$ é uma forma do número de Reynolds. Os outros três grupos são designados aqui como

$$\pi_1 = gh/D^2\omega^2 = C_H \qquad \text{—o coeficiente de carga} \tag{14-18}$$

$$\pi_2 = \dot{V}/\omega D^3 = C_Q \qquad \text{—o coeficiente de escoamento} \tag{14-19}$$

$$\pi_3 = \dot{W}/\rho\omega^3 D^5 = C_P \qquad \text{—o coeficiente de potência} \tag{14-20}$$

A Figura 14.10 é um gráfico dos grupos adimensionais C_H e C_P *versus* o coeficiente de escoamento, C_Q, para uma família representativa de bomba centrífuga.

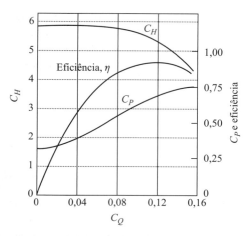

Figura 14.10 Curvas adimensionais de desempenho para uma bomba centrífuga típica.

Existe, naturalmente, um grupo adimensional adicional de desempenho: a eficiência. A eficiência está relacionada aos outros grupos definidos anteriormente de acordo com

$$\eta = \frac{C_H C_Q}{C_P} \qquad (14\text{-}21)$$

Uma vez que os grupos no lado direito da equação estão funcionalmente relacionados a C_Q, a eficiência, η, é também uma função de C_Q, sendo incluída como uma das variáveis dependentes na Figura 14.10.

Os três coeficientes C_H, C_Q e C_P fornecem a base para as leis do ventilador. Para bombas similares, designadas como 1 e 2, podemos escrever para C_H

$$C_{H1} = C_{H2}$$

ou

$$\frac{gh_1}{\omega_1^2 D_1^2} = \frac{gh_2}{\omega_2^2 D_2^2}$$

assim

$$\frac{h_2}{h_1} = \left(\frac{\omega_2}{\omega_1}\right)^2 \left(\frac{D_2}{D_1}\right)^2 \qquad (14\text{-}22)$$

Fazendo as mesmas equações para C_Q e C_P, obtemos

$$\frac{\dot{V}_2}{\dot{V}_1} = \frac{\omega_2}{\omega_1} \left(\frac{D_2}{D_1}\right)^3 \qquad (14\text{-}23)$$

$$\frac{P_2}{P_1} = \frac{\rho_2}{\rho_1} \left(\frac{\omega_2}{\omega_1}\right)^3 \left(\frac{D_2}{D_1}\right)^5 \qquad (14\text{-}24)$$

Essas três equações compreendem as "leis do ventilador" ou "leis da bomba", que são usadas extensivamente no escalonamento de máquinas rotativas, assim como para prever seu desempenho.

O Exemplo 3 ilustra o uso dessas expressões.

Exemplo 3

Uma bomba centrífuga, operando a 1100 rpm contra uma carga de 120 m de água, produz uma vazão de 0,85 m³/s.

(a) Para uma bomba geometricamente similar, operando à mesma velocidade, mas com um diâmetro do impelidor 30% maior do que o original, qual a vazão que será encontrada?

(b) Se a nova bomba maior descrita no item (a) for também operada a 1300 rpm, quais serão os novos valores da vazão e da carga total?

Especificando para a bomba 1, $D = D_1$, então para a bomba maior, $D_2 = 1{,}3 D_1$; desse modo, a nova vazão será, usando a equação (14-23),

$$\frac{\dot{V}_2}{\dot{V}_1} = \frac{\omega_2}{\omega_1} \left(\frac{D_2}{D_1}\right)^3 \qquad (14\text{-}23)$$

$$\dot{V}_2 = 0{,}85 \text{ m}^3/\text{s} \left(\frac{1{,}3\, D_1}{D_1}\right)^3$$

$$= 1{,}867 \text{ m}^3/\text{s}$$

Para o caso com $D_2 = 1{,}3 D_1$ e $\omega_2 = 1300$ rpm, temos, a partir da equação (14-23),

$$\dot{V}_2 = 0{,}85 \text{ m}^3/\text{s} \left(\frac{1300 \text{ rpm}}{1100 \text{ rpm}}\right) \left(\frac{1{,}3\, D_1}{D_1}\right)^3$$

$$= 2{,}207 \text{ m}^3/\text{s}$$

A nova carga é determinada, usando a equação (14-22):

$$\frac{h_2}{h_1} = \left(\frac{\omega_2}{\omega_1}\right)^2 \left(\frac{D_2}{D_1}\right)^2 \tag{14-22}$$

$$= 120 \, m_{H_2O} \left(\frac{1300 \, rpm}{1100 \, rpm}\right)^2 \left(\frac{1,3 \, D_1}{D_1}\right)^2$$

$$= 283 \, m_{H_2O}$$

▶ 14.3

CONFIGURAÇÕES PARA BOMBAS AXIAIS E DE ESCOAMENTO MISTURADO

Nosso estudo de bombas até agora estava focado em bombas centrífugas. A outra configuração básica é a de escoamento axial. A designação de escoamento centrífugo ou escoamento axial está relacionada à direção do escoamento do fluido na bomba. No caso centrífugo, o escoamento forma um ângulo de 90° com o eixo de rotação; no caso de escoamento axial, o escoamento ocorre na direção do eixo de rotação. Há um caso intermediário, designado *escoamento misto*, em que o escoamento tem tanto as componentes normal como axial.

A escolha das configurações centrífuga, axial ou misturada depende dos valores desejados de vazão e da carga necessária na aplicação específica. O único grupo que inclui ambos os efeitos de carga e de vazão é designado N_S, a *velocidade específica*. Ele é definido como

$$N_S = \frac{C_Q^{1/2}}{C_H^{3/4}} \tag{14-25}$$

A Figura 14.11 é um gráfico de eficiências ótimas dos três tipos de bombas como funções de N_S. Os valores de N_S mostrados nesse gráfico correspondem a unidades um tanto incomuns.

A mensagem básica transmitida pela Figura 14.11 é que combinações de maior carga entregue e de menor taxa de escoamento ditam o uso de bombas centrífugas, enquanto as menores cargas e maiores taxas de escoamento requerem bombas de escoamento misto ou de escoamento axial.

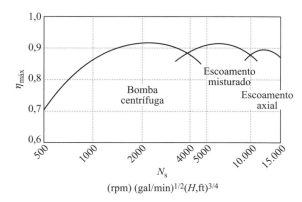

Figura 14.11 Eficiência ótima de uma bomba como função da velocidade específica.

▶ 14.4

TURBINAS

A análise de turbinas segue as mesmas etapas gerais daquelas feitas para bombas. O leitor deve se referir à Seção 5.4 no Capítulo 5 para uma revisão da análise de uma turbina de impulso.

A operação de uma turbina usa a energia de um fluido que emana de um bocal, para interagir com pás conectadas à unidade giratória, denominada *rotor*. A troca de momento produzido quando o fluido muda de direção gera a potência no eixo do rotor.

Uma discussão detalhada sobre a operação de turbinas, mais aprofundada que aquela apresentada no Capítulo 5, está além do escopo deste livro. Inúmeros tratados estão disponíveis ao leitor interessado. Uma boa discussão introdutória, juntamente com referências extensivas, é apresentada no livro de Munson *et al.* (1998).

14.5

RESUMO

Este capítulo foi devotado ao estudo de máquinas de fluido. Potência externa aplicada a bombas e a ventiladores produz uma pressão mais alta, um aumento no escoamento ou ambos. Turbinas operam ao contrário, produzindo potência a partir de um fluido com alta energia.

Tipos de bombas ou de ventiladores são caracterizados pela direção de escoamento através do rotor. Em bombas centrífugas, a direção do escoamento forma 90° com o eixo de escoamento; já em bombas com escoamento axial, o escoamento é paralelo ao eixo de escoamento. Máquinas com ambos os componentes de escoamento, o centrífugo e o axial, são denominadas bombas de escoamento misto.

Gráficos de desempenho padrão para uma família de bombas ou de ventiladores geometricamente similares mostram a carga, a potência, a eficiência e o NPSH como funções da vazão para uma velocidade designada de rotação.

Leis de escalonamento foram desenvolvidas usando grupos gerados a partir de análise dimensional. As "leis de ventilador" resultantes que relacionam dois sistemas similares são

$$\frac{h_2}{h_1} = \left(\frac{\omega_2}{\omega_1}\right)^2 \left(\frac{D_2}{D_1}\right)^2 \tag{14-22}$$

$$\frac{\dot{V}_2}{\dot{V}_1} = \frac{\omega_2}{\omega_1} \left(\frac{D_2}{D_1}\right)^3 \tag{14-23}$$

$$\frac{P_2}{P_1} = \frac{\rho_2}{\rho_1} \left(\frac{\omega_2}{\omega_1}\right)^3 \left(\frac{D_2}{D_1}\right)^5 \tag{14-24}$$

PROBLEMAS

14.1 Uma bomba centrífuga fornece 0,2 m³/s de água quando operando a 850 rpm. As dimensões relevantes do impelidor são: diâmetro externo = 0,45 m; comprimento da pá = 50 cm e ângulo da pá na saída = 24°. Determine (a) o torque e a potência requeridos para direcionar a bomba e (b) o aumento máximo de pressão na bomba.

14.2 Uma bomba centrífuga é usada com gasolina (ρ = 680 kg/m³). As dimensões relevantes são: d_1 = 15 cm, d_2 = 28 cm, L = 9 cm, β_1 = 25° e β_2 = 40°. A gasolina entra na bomba paralela ao eixo da bomba, quando a bomba opera a 1200 rpm. Determine (a) a vazão; (b) a potência dada à gasolina e (c) a carga em metros.

14.3 Uma bomba centrífuga tem as seguintes dimensões: d_2 = 42 cm, L = 5 cm e β_2 = 33°. Ela gira a 1200 rpm e a carga gerada é 52 m de água. Considerando escoamento radial na entrada, determine os valores teóricos para (a) a vazão e (b) a potência.

14.4 Uma bomba centrífuga tem a configuração e as dimensões mostradas a seguir. Para água escoando a uma vazão de 0,0071 m³/s e uma velocidade do impelidor de 1020 rpm, determine a potência requerida para movimentar a bomba. O escoamento na entrada é direcionado radialmente para fora e a velocidade de saída é admitida ser tangente à ventoinha na sua borda de fuga.

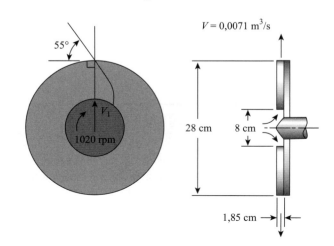

14.5 Uma bomba centrífuga está sendo usada para bombear água a uma vazão de 0,018 m³/s e a potência requerida é 4,5 kW. Se a eficiência da bomba é 63%, determine a carga gerada pela bomba.

14.6 Uma bomba centrífuga, tendo as dimensões mostradas, desenvolve uma vazão de 0,032 m³/s quando bombeando gasolina (ρ = 680 kg/m³). A vazão de entrada pode ser suposta radial. Estime (a) a potência teórica, (b) o aumento de carga e (c) o ângulo apropriado da pá na entrada do impelidor.

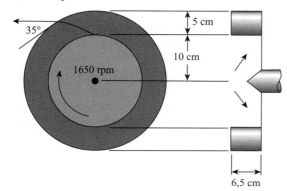

14.7 Uma bomba centrífuga de água opera a 1500 rpm. As dimensões seguem:

$$r_1 = 12 \text{ cm} \quad \beta_1 = 32°$$
$$r_2 = 20 \text{ cm} \quad \beta_2 = 20°$$
$$L = 4,2 \text{ cm}$$

Determine (a) a taxa de descarga no ponto de projeto, (b) a potência da água e (c) a carga de descarga.

14.8 A figura a seguir representa o desempenho, na forma adimensional, para uma família de bombas centrífugas. Uma bomba dessa família, com um diâmetro característico de 0,45 m e operando a uma eficiência máxima, bombeia água a 15°C com uma velocidade de rotação de 1600 rpm. Estime (a) a carga, (b) a taxa de descarga, (c) o aumento de pressão e (d) a potência de eixo.

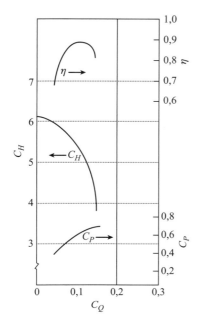

14.9 Uma bomba, tendo as características descritas no problema anterior, deve ser construída para entregar água a uma vazão de 0,2 m³/s, quando operando em sua melhor eficiência e a uma velocidade de rotação de 1400 rpm. Estime (a) o diâmetro do impelidor e (b) o aumento máximo de pressão.

14.10 Refaça o Problema 14.8 para uma bomba com diâmetro de 0,40 m, operando a 2200 rpm.

14.11 Refaça o Problema 14.8 para uma bomba com diâmetro de 0,35 m, operando a 2400 rpm.

14.12 Refaça o Problema 14.9 para uma vazão desejada de 0,30 m³/s, operando a 1800 rpm.

14.13 Refaça o Problema 14.9 para uma vazão desejada de 0,201 m³/s, operando a 1800 rpm.

14.14 A seguir, são mostradas curvas de desempenho para uma bomba centrífuga em unidades convencionais e na forma adimensional. A bomba é usada para bombear água na eficiência máxima, com uma carga de 90 m. Determine, nessas novas condições, (a) a velocidade requerida da bomba e (b) a taxa de descarga.

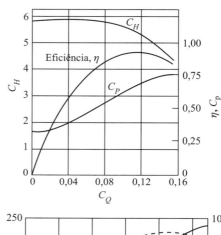

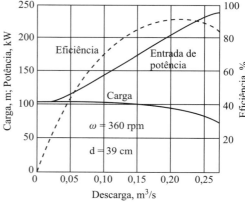

14.15 Uma bomba, tendo as características mostradas no Problema 14.14, foi usada como um modelo para um protótipo seis vezes maior. Se esse protótipo opera a 400 rpm, quais devem ser os valores esperados para (a) a potência, (b) a carga e (c) a vazão de descarga na eficiência máxima?

14.16 Para uma bomba tendo as características mostradas no Problema 14.14, operando na máxima eficiência, com a velocidade aumentada para 1000 rpm, quais serão (a) a nova vazão de descarga e (b) a potência requerida nessa nova velocidade?

14.17 A bomba, tendo as características mostradas no Problema 14.14, deve ser operada a 800 rpm. Qual será a vazão de descarga esperada, se a carga desenvolvida for 410 m?

14.18 Se a bomba, tendo as características mostradas no Problema 14.14, tiver seu tamanho triplicado, mas com metade da velocidade de rotação, quais serão a vazão de descarga e a carga, quando operando na eficiência máxima?

14.19 A bomba, tendo as características mostradas no Problema 14.14, deve ser usada para bombear água de um reservatório para outro que está 95 m acima. A água fluirá por um tubo de aço, que tem 0,28 m em diâmetro e 550 m de comprimento. Determine a vazão de descarga.

14.20 Uma bomba, cujas características operacionais são descritas no Problema 14.4, deve ser usada no sistema mostrado a seguir. Determine (a) a vazão de descarga e (b) a potência requerida.

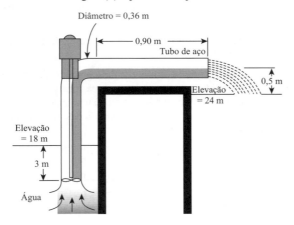

14.21 Para a mesma bomba e a mesma operação do sistema descrito no Problema 14.20, determine (a) a vazão de descarga e (b) a potência requerida quando a bomba operar a 900 rpm.

14.22 Água a 20°C deve ser bombeada como no sistema mostrado. Os dados de operação para essa bomba acionada por motor são fornecidos a seguir:

Capacidade, $m^3/s \times 10^4$	Carga desenvolvida, m	Eficiência, %
0	36,6	0
10	35,9	19,1
20	34,1	32,9
30	31,2	41,6
40	27,5	42,2
50	23,3	39,7

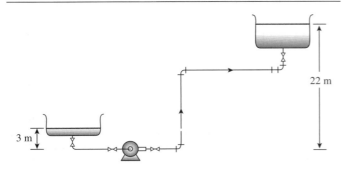

O tubo de entrada para a bomba tem um diâmetro de 0,06 m e um comprimento de 8,5 m, sendo feito de aço comercial. A linha de descarga consiste em um tubo de aço, com 60 m de comprimento e 0,06 m de diâmetro. Todas as válvulas são do tipo globo e estão completamente abertas. Determine a vazão no sistema.

14.23 Uma bomba de 0,25 m transporta água a 20°C (P_v = 2,34 kPa), com uma vazão de 0,065 m³/s e a 2000 rpm. A bomba começa a cavitar quando a pressão de entrada é 82,7 kPa e a velocidade de entrada é 6,1 m/s. Determine o NPSH correspondente.

14.24 Para o sistema de bombeamento descrito no Problema 14.23, como mudará a elevação máxima acima da superfície do reservatório, se a temperatura da água for 80°C (P_v = 47,35 kPa)?

14.25 Uma bomba centrífuga, com um diâmetro de impelidor de 0,18 m, deve ser usada para bombear água (ρ = 1000 kg/m³), com a entrada da bomba localizada 3,8 m acima da superfície do reservatório de suprimento. Na vazão de 0,760 m³/s, a perda de carga entre a superfície do reservatório e a entrada da bomba é 1,80 m de água. As curvas de desempenho são mostradas a seguir. Você acha que ocorrerá cavitação?

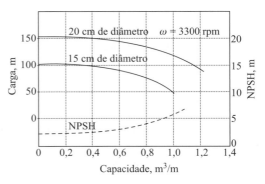

14.26 Bombas usadas em aquedutos operam a 400 rpm e transportam um fluido a uma vazão de 220 m³/s contra uma carga de 420 m. Que tipos de bombas são essas?

14.27 Uma bomba é requerida para transportar 60.000 gpm contra uma carga de 300 m, quando operando a 2000 rpm. Que tipo de bomba deve ser especificada?

14.28 Uma bomba de fluxo axial tem uma velocidade específica igual a 6,0. A bomba tem de transportar 2400 gpm contra uma carga de 18 m. Determine a velocidade de rotação operacional (em rpm) requerida pela bomba.

14.29 Uma bomba, operando a 520 rpm, tem uma capacidade de transportar 3,3 m³/s de escoamento de água contra uma carga de 16 m. Que tipo de bomba é essa?

14.30 Uma bomba, operando a 2400 rpm, transporta 3,2 m³/s de água contra uma carga de 21 m. Essa bomba é uma máquina de escoamento axial, escoamento misturado ou escoamento radial?

CAPÍTULO 15

Fundamentos de Transferência de Calor

Os próximos nove capítulos lidam com a transferência de energia. Quantidades aproximadas de calor adicionado ao sistema ou rejeitado pelo sistema podem ser calculadas aplicando-se a expressão de volume de controle para a primeira lei da termodinâmica, conforme discutido no Capítulo 6. O resultado de uma primeira análise é somente uma parte das informações necessárias para a avaliação completa de um processo ou uma situação que envolva transferência de energia. A consideração primordial é, em muitos exemplos, a taxa na qual a transferência de energia ocorre. Certamente, no projeto de uma planta em que calor tem de ser trocado com a vizinhança, é importante o engenheiro considerar o tamanho do equipamento de troca de calor, os materiais com os quais eles são construídos e os equipamentos auxiliares requeridos para sua utilização. Os equipamentos têm não somente de executar a missão requerida, como também ser econômicos na aquisição e na operação.

Considerações de natureza de engenharia, tais como essas, requerem tanto familiaridade com os mecanismos básicos de transferência de energia quanto habilidade para calcular quantitativamente essas taxas, assim como outras grandezas importantes envolvidas. Nosso objetivo imediato é examinar os mecanismos básicos de transferência de energia e considerar as equações fundamentais para calcular a taxa de transferência de energia.

Existem três modos de transferir energia: condução, convecção e radiação. Todos os processos de transferência de calor envolvem um ou mais desses modos. O restante deste capítulo será devotado a uma descrição introdutória e à discussão desses tipos de transferência.

▶ 15.1

CONDUÇÃO

A transferência de energia por condução ocorre de duas maneiras. O primeiro mecanismo é aquele da interação molecular, em que um maior movimento de uma molécula em um nível mais alto de energia (temperatura) transmite energia para moléculas adjacentes a níveis inferiores de energia. Esse tipo de transferência está presente, em algum grau, em todos os sistemas em que um gradiente de temperatura existe e em que moléculas de um sólido, um líquido ou um gás estejam presentes.

O segundo mecanismo de transferência de calor por condução é por elétrons "livres". O mecanismo de elétrons livres é significativo principalmente em sólidos metálicos puros; a concentração de elétrons livres varia consideravelmente para ligas e torna-se muito baixa para sólidos não metálicos.

A capacidade de sólidos de conduzir calor varia diretamente com a concentração de elétrons livres; assim, não é surpreendente que metais puros sejam os melhores condutores de calor, conforme nossa experiência tem indicado.

Como a condução de calor é principalmente um fenômeno molecular, devemos esperar que a equação usada para descrever esse processo seja similar à expressão usada na transferência molecular de momento, equação (7-4). Tal equação foi primeiro estabelecida em 1822 por Fourier na forma

$$\frac{q_x}{A} = -k\frac{dT}{dx} \tag{15-1}$$

em que q_x é a taxa de transferência de calor na direção x, em watts ou Btu/h; A é a área *normal* à direção de transferência de calor, em m² ou ft²; dT/dx é o gradiente de temperatura na direção x, em K/m ou °F/ft; e k é a condutividade térmica, em W/(m · K) ou Btu/h ft °F. A razão q_x/A, tendo as dimensões de W/m² ou Btu/h ft², é o fluxo de calor na direção x. Uma relação mais geral para o fluxo de calor é a equação (15-2),

$$\frac{\mathbf{q}}{A} = -k\nabla T \tag{15-2}$$

que expressa o fluxo de calor como proporcional ao gradiente de temperatura. A constante de proporcionalidade é a condutividade térmica, que desempenha um papel similar àquele da viscosidade na transferência de momento. O sinal negativo na equação (15-2) indica que a taxa de calor ocorre na direção de um gradiente negativo de temperatura. A equação (15-2) é a forma vetorial da *equação de Fourier para a taxa*, frequentemente referida como a primeira lei de Fourier da condução de calor.

A condutividade térmica, k, definida pela equação (15-1), é considerada independente da direção na equação (15-2); dessa forma, essa expressão se aplica somente a um meio *isotrópico*. A maioria dos materiais de interesse em engenharia é isotrópica. Madeira é um bom exemplo de um material *anisotrópico*, em que a condutividade térmica paralela ao grão pode ser maior do que a normal ao grão por um fator de 2 ou mais. A condutividade térmica é uma propriedade de um meio condutor e, como a viscosidade, é principalmente uma função da temperatura, variando significativamente com pressão somente no caso de gases sujeitos a altas pressões.

▶ 15.2 CONDUTIVIDADE TÉRMICA

Uma vez que o mecanismo de transferência de calor por condução é uma das interações moleculares, será ilustrativo examinar o movimento de moléculas de gases de um ponto de vista similar àquele da Seção 7.3.

Considerando o volume de controle mostrado na Figura 15.1, em que a transferência de energia na direção y ocorre somente na escala molecular, podemos utilizar a análise da primeira lei do Capítulo 6 como se segue. A transferência de massa pelo topo desse volume de controle ocorre somente em escala molecular. Esse critério é encontrado para um gás em escoamento laminar.

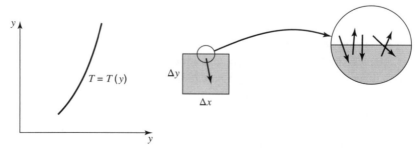

Figura 15.1 Movimento molecular na superfície de um volume de controle.

Aplicando a equação (6-10) e considerando transferência somente na face do topo do elemento considerado,

$$\frac{\delta Q}{dt} - \frac{\delta W_s}{dt} - \frac{\delta W_\mu}{dt} = \iint_{\text{s.c.}} \left(e + \frac{P}{\rho}\right)\rho(\mathbf{v} \cdot \mathbf{n})\, dA + \frac{\partial}{\partial t}\iiint_{\text{v.c.}} e\rho\, dV \tag{6-10}$$

Para as Z moléculas cruzando o plano $\Delta x\, \Delta z$ por unidade de tempo, essa equação se reduz a

$$q_y = \sum_{n=1}^{Z} m_n C_p (T|_{y-} - T|_{y+})\Delta x\, \Delta z \tag{15-3}$$

em que m_n é a massa por molécula; C_p é a capacidade calorífica molecular do gás; Z é a frequência com a qual moléculas cruzarão a área $\Delta x\, \Delta z$; e $T|_{y-}, -T|_{y+}$ são as temperaturas do gás levemente abaixo e levemente acima do plano considerado, respectivamente. O termo do lado direito é o somatório do fluxo de energia associado com as moléculas que cruzam a superfície de controle. Notando agora que $T|_{y-} = T - T/y|_{y_0}\delta$, em que $y- = y_0 - \delta$, e que uma expressão similar pode ser escrita para $T|_{y+}$, podemos reescrever a equação (15-3) na forma

$$\frac{q_y}{A} = -2\sum_{n=1}^{Z} m_n C_p \delta \frac{dT}{dy}\Big|_{y_0} \tag{15-4}$$

em que δ representa a componente y da distância entre colisões. Notamos, como previamente no Capítulo 7, que $\delta = (2/3)\lambda$, em que λ é o livre percurso médio de uma molécula. Usando essa relação e somando para as Z moléculas, temos

$$\frac{q_y}{A} = -\frac{4}{3}\rho c_p Z\lambda \frac{dT}{dy}\Big|_{y_0} \tag{15-5}$$

Comparando a equação (15-5) com a componente y da equação (15-2),

$$\frac{q_y}{A} = -k\frac{dT}{dy}$$

é aparente que a condutividade térmica, k, pode ser escrita como

$$k = \frac{4}{3}\rho c_p Z\lambda$$

Utilizando ainda mais os resultados da teoria cinética dos gases, podemos fazer as seguintes substituições:

$$Z = \frac{N\overline{C}}{4}$$

em que $\overline{C}$ é a velocidade molecular média aleatória, $\overline{C} = \sqrt{8\kappa T / \pi m}$ (κ sendo a constante de Boltzmann),

$$\lambda = \frac{1}{\sqrt{2}\pi N d^2}$$

em que d é o diâmetro molecular e

$$c_p = \frac{3}{2}\frac{\kappa}{N}$$

dando, finalmente,

$$k = \frac{1}{\pi^{3/2}d^2}\sqrt{\kappa^3 T/m} \tag{15-6}$$

Esse desenvolvimento, aplicado especificamente a gases monoatômicos, é significativo uma vez que ele mostra que a condutividade térmica de um gás é independente da pressão e varia com a potência de ½ da temperatura absoluta. Algumas relações para a condutividade térmica de gases, baseadas em modelos moleculares mais sofisticados, podem ser encontradas em Bird, Stewart e Lightfoot.[1]

A teoria de Chapman–Enskog, usada no Capítulo 7 para prever viscosidades de gases a baixas pressões, tem um análogo para transferência de calor. Para um gás monoatômico, a equação recomendada é

$$k = 0{,}0829\sqrt{(T/M)}/\sigma^2\Omega_k \tag{15-7}$$

em que k está em W/m $\cdot$ K, σ está em Angstroms, M é a massa molar e Ω_k é a integral de colisão de Lennard–Jones, idêntico ao Ω, conforme discutido na Seção 7.3. Tanto σ como Ω_k podem ser calculados a partir dos Apêndices J e K.

A condutividade térmica de um líquido não se adapta a nenhum desenvolvimento da teoria cinética simplificada, uma vez que o comportamento molecular da fase líquida não é claramente entendido e nenhum modelo matemático universalmente acurado existe no momento. Algumas correlações empíricas encontraram sucesso razoável, mas elas são tão especializadas que não serão incluídas neste livro. Para uma discussão de teorias moleculares relacionadas à fase líquida, o leitor pode consultar Reid e Sherwood.[2] Uma observação geral a respeito de condutividades térmicas de líquido é que elas variam apenas levemente com a temperatura e são relativamente independentes da pressão. Um problema na determinação experimental dos valores de condutividade térmica em um líquido é estar certo de que o líquido esteja livre de correntes de convecção.

Na fase sólida, a condutividade térmica é atribuída tanto à interação molecular, como em outras fases, quanto aos elétrons livres, que estão presentes principalmente em metais puros. A fase sólida é passível de medições bem precisas de condutividade térmica, uma vez que não há problema com correntes de convecção. As propriedades térmicas da maioria dos sólidos de interesse em engenharia foram calculadas e tabelas extensivas dessas propriedades, incluindo condutividade térmica, estão disponíveis.

O mecanismo de elétron livre da condução de calor é diretamente análogo ao mecanismo de condução elétrica. Essa percepção levou Wiedemann e Franz, em 1853, a relatarem as duas condutividades de uma maneira bem crua; e em 1872 Lorenz[3] apresentou a seguinte relação, conhecida como a equação de Wiedemann, Franz e Lorenz:

$$L = \frac{k}{k_e T} = \text{constante} \tag{15-8}$$

em que k é a condutividade térmica, k_e é a condutividade elétrica, T é a temperatura absoluta e L é o número de Lorenz.

Os valores numéricos das grandezas na equação (15-8) são de importância secundária neste momento. O ponto significativo a notar aqui é a relação simples entre condutividades elétrica e térmica e, especificamente, que materiais bons condutores de eletricidade são provavelmente bons condutores de calor e vice-versa.

A Figura 15.2 ilustra a variação da condutividade térmica de acordo com a temperatura para vários materiais importantes nas fases gasosa, líquida e sólida. Uma tabela mais completa de condutividade térmica pode ser encontrada nos Apêndices H e I.

Os dois exemplos adiante ilustram o uso da equação de Fourier para taxa com o objetivo de resolver problemas simples de condução de calor.

---

[1] R. B. Bird, W. E. Stewart e E. N. Lightfoot, *Fenômenos de Transporte*, LTC Editora, Rio de Janeiro, 2004.

[2] Reid and Sherwood, *The Properties of Gases and Liquids*, McGraw-Hill Book Company, Nova York, 1958, Capítulo 7.

[3] L. Lorenz, *Ann. Physik und Chemie* (Poggendorffs), **147**, 429 (1872).

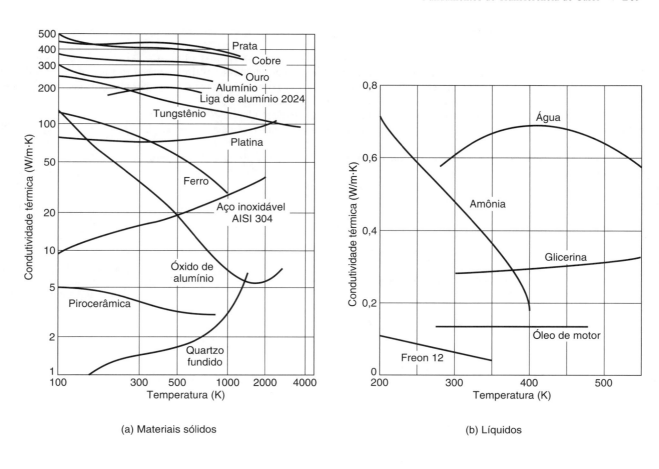

(a) Materiais sólidos

(b) Líquidos

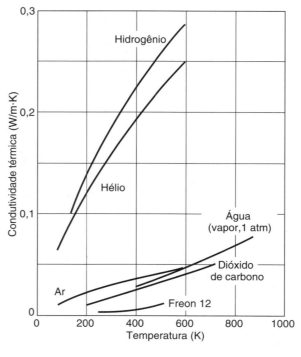

(c) Gases e vapores

Figura 15.2 Condutividade térmica de alguns materiais como função da temperatura.

210 ▶ Capítulo 15

Exemplo 1

Um tubo de aço, tendo um diâmetro interno de 1,88 cm e uma espessura de parede de 0,391 cm, está sujeito às temperaturas de 367 e 344 K nas superfícies interna e externa, respectivamente (veja a Figura 15.3). Encontre a taxa de calor por metro de comprimento de tubo e também o fluxo de calor baseado na área das superfícies interna e externa.

A primeira lei da termodinâmica aplicada a este problema irá se reduzir à forma $\delta Q/dt = 0$, indicando que a taxa de transferência de calor para o volume de controle é igual à taxa que sai — isto é, $Q = q =$ constante.

Uma vez que calor será transferido na direção radial, a variável independente é r e a forma apropriada para a equação de Fourier para taxa é

$$q_r = -kA\frac{dT}{dr}$$

Escrevendo $A = 2\pi rL$, temos

$$q_r = -k(2\pi rL)\frac{dT}{dr}$$

em que q_r é constante, o que pode ser separado e resolvido como se segue:

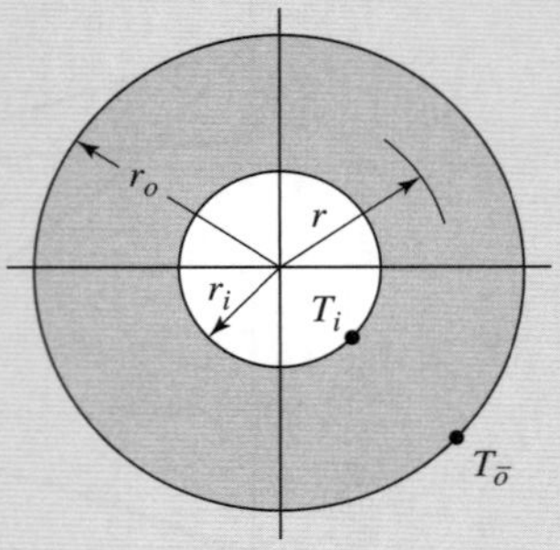

$$q_r \int_{r_i}^{r_o} \frac{dr}{r} = -2\pi kL \int_{T_i}^{T_o} dT = 2\pi kL \int_{T_o}^{T_i} dT$$

$$q_r \ln\frac{r_o}{r_i} = 2\pi kL(T_i - T_o)$$

$$q_r = \frac{2\pi kL}{\ln r_o/r_i}(T_i - T_o)$$

Figura 15.3 Condução de calor em uma direção radial com temperaturas uniformes nas superfícies.

(15-9)

Substituindo os valores numéricos dados, obtemos

$$q_r = \frac{2\pi(42{,}90\,\text{W/m}\cdot\text{K})(367 - 344)\text{K}}{\ln(2{,}66/1{,}88)}$$

$$= 17.860\,\text{W/m}\,(18.600\,\text{Btu/h}\cdot\text{ft})$$

As áreas das superfícies interna e externa por unidade de comprimento de tubo são

$$A_i = \pi(1{,}88)(10^{-2})(1) = 0{,}059\,\text{m}^2/\text{m}\,(0{,}194\,\text{ft}^2/\text{ft})$$

$$A_o = \pi(2{,}662)(10^{-2})(1) = 0{,}084\,\text{m}^2/\text{m}\,(0{,}275\,\text{ft}^2/\text{ft})$$

fornecendo

$$\frac{q_r}{A_i} = \frac{17.860}{0{,}059} = 302{,}7\,\text{kW/m}^2\,(95.900\,\text{Btu/h}\cdot\text{ft}^2)$$

$$\frac{q_o}{A_i} = \frac{17.860}{0{,}084} = 212{,}6\,\text{kW/m}^2\,(67.400\,\text{Btu/h}\cdot\text{ft}^2)$$

Um ponto extremamente importante a ser notado a partir dos resultados desse exemplo é a necessidade de especificar a área na qual o valor do fluxo de calor está baseado. Note que, para a mesma quantidade de taxa de calor, os fluxos baseados nas áreas das superfícies interna e externa diferem aproximadamente 42%.

Exemplo 2

Considere um cilindro oco, tendo raios interno e externo de r_i e r_e, com as temperaturas das superfícies interna e externa iguais a T_i e T_e. Se a variação da condutividade térmica puder ser descrita como uma função linear da temperatura de acordo com

$$k = k_e(1 + \beta T)$$

então, calcule a taxa estacionária de transferência de calor na direção radial, usando a relação anterior para a condutividade térmica e compare o resultado com aquele obtido ao usar um valor constante de k calculado na temperatura média aritmética.

A Figura 15.3 se aplica. A equação a ser resolvida é agora

$$q_r = -[k_e(1 + \beta T)](2\pi r L)\frac{dT}{dr}$$

que, sob separação e integração, se torna

$$q_r \int_{r_i}^{r_e} \frac{dr}{r} = -2\pi k_e L \int_{T_i}^{T_e} (1 + \beta T)dT$$

$$= 2\pi k_e L \int_{T_e}^{T_i} (1 + \beta T)dT$$

$$q_r = \frac{2\pi k_e L}{\ln r_e/r_i}\left[T + \frac{\beta T^2}{2}\right]_{T_e}^{T_i}$$

$$q_r = \frac{2\pi k_e L}{\ln r_e/r_i}\left[1 + \frac{\beta}{2}(T_i + T_e)\right](T_i - T_e) \qquad (15\text{-}10)$$

Notando que o valor médio aritmético de k seria

$$k_{\text{média}} = k_e\left[1 + \frac{\beta}{2}(T_i + T_e)\right]$$

vemos que a equação (15-10) poderia ser também escrita como

$$q_r = \frac{2\pi k_{\text{média}} L}{\ln r_e/r_i}(T_i - T_e)$$

Assim, os dois métodos fornecem resultados idênticos.

▶ 15.3

CONVECÇÃO

A transferência de calor em razão da convecção envolve a troca de energia entre uma superfície e um fluido adjacente. Uma distinção tem de ser feita entre *convecção forçada*, em que um fluido escoa por uma superfície sólida impulsionado por um agente externo, tais como um ventilador ou uma bomba, e *convecção livre ou natural*, em que um fluido mais quente (ou mais frio) próximo a um contorno sólido provoca circulação por causa da diferença de densidade resultante da variação de temperatura em toda a região do fluido.

A equação de taxa para transferência convectiva de calor foi primeiro expressa por Newton em 1701 e chamada de *equação de taxa de Newton* ou "lei" do resfriamento de Newton. Essa equação é

$$q/A = h\Delta T \qquad (15\text{-}11)$$

em que q é a taxa de transferência convectiva de calor, em W ou Btu/h; A é área normal à direção da transferência de calor, em m^2 ou ft^2; ΔT é a diferença de temperatura entre a superfície e o fluido, em K ou °F; e h é o coeficiente de transferência de calor por convecção, em $W/m^2 \cdot K$ ou $Btu/h\ ft^2\ °F$. A equação (15-11) definiu o coeficiente h. Uma porção substancial de nosso trabalho nos capítulos a seguir envolverá a determinação desse coeficiente. Ele é, em geral, uma função da geometria do sistema, das propriedades do fluido e do escoamento e da magnitude de ΔT.

Uma vez que as propriedades de escoamento são tão importantes no cálculo do coeficiente convectivo de transferência de calor, podemos esperar que muitos dos conceitos e métodos de análise introduzidos nos capítulos precedentes sejam de importância contínua na análise de transferência de calor por convecção; na verdade, é mesmo esse o caso.

De nossa experiência prévia, devemos lembrar também que, mesmo quando um fluido está escoando de uma maneira turbulenta sobre uma superfície, há ainda uma camada, algumas vezes extremamente fina, próxima da superfície, na qual o escoamento é laminar; também que as partículas de fluido próximas à camada sólida estão em repouso. Visto que isso é sempre verdade, o mecanismo de transferência de calor entre a superfície sólida e um fluido tem de envolver condução através de camadas de fluido próximas à superfície. Esse "filme" de fluido frequentemente apresenta a resistência controladora da transferência de calor por convecção e o coeficiente h é frequentemente chamado de *coeficiente de filme*.

Dois tipos de transferência de calor que diferem de algum modo da convecção livre ou forçada, mas que ainda assim são tratados quantitativamente pela equação (15-11), são os fenômenos de ebulição e de condensação. Os coeficientes de filme associados com esses dois tipos de transferência são bem altos. A Tabela 15.1 apresenta algumas faixas de valores de h para diferentes mecanismos de convecção.

Tabela 15.1 Valores aproximados do coeficiente convectivo de transferência de calor

Mecanismo	h, Btu/h ft² °F	h, W/(m² · K)
Convecção livre, ar	1–10	5–50
Convecção forçada, ar	5–50	25–250
Convecção forçada, água	50–3000	250–15.000
Água em ebulição	500–5000	2500–25.000
Condensação de vapor de água	1000–20.000	5000–100.000

Também será necessário distinguir entre coeficientes locais de transferência de calor — isto é, aqueles que se aplicam em um ponto — e os valores total e médio de h, que se aplicam sobre uma dada área de superfície. Designaremos o coeficiente local h_x de acordo com a equação (15-11):

$$dq = h_x \Delta T \, dA$$

Assim, o coeficiente médio, h, está relacionado a h_x de acordo com a relação

$$q = \int_A h_x \Delta T \, dA = hA \, \Delta T \tag{15-12}$$

Os valores dados na Tabela 15.1 são os coeficientes convectivos de transferência de calor.

▶ 15.4

RADIAÇÃO

A transferência de calor por radiação entre superfícies difere da condução e da convecção, uma vez que nenhum meio é requerido para sua propagação; na verdade, a transferência de energia por radiação é máxima quando as duas superfícies que estão trocando energia estão separadas por um vácuo perfeito.

A taxa de emissão de energia de um radiador perfeito ou *corpo negro* é dada por

$$\frac{q}{A} = \sigma T^4 \tag{15-13}$$

em que q é a taxa de emissão de energia radiante, em W ou Btu/h; A é a área da superfície emissora, em m² ou ft²; T é a temperatura absoluta, em K ou °R; e σ é a constante de Stefan–Boltzmann, que é igual a $5{,}676 \times 10^{-8}$ W/m² · K⁴ ou $0{,}1714 \times 10^{-8}$ Btu/h ft² °R⁴. O nome da constante de proporcionalidade relacionando o fluxo radiante de energia à quarta potência da temperatura absoluta foi dado em homenagem a Stefan, que propôs a equação (15-13) em 1879 a partir de observações experimentais, e a Boltzmann, que deduziu essa relação teoricamente em 1884. A equação (15-13) é frequentemente chamada de lei de Stefan–Boltzmann da radiação térmica.

Certas modificações serão feitas na equação (15-13) de modo a considerar a transferência *líquida* de energia entre duas superfícies, o grau de desvio de comportamento de corpo negro das superfícies emissora e receptora e fatores geométricos associados com a troca de energia radiante entre uma superfície e sua vizinhança. Essas considerações serão discutidas longamente no Capítulo 23.

▶ 15.5

MECANISMOS COMBINADOS DE TRANSFERÊNCIA DE CALOR

Os três modos de transferência de calor foram considerados separadamente na Seção 15.4. É raro, em situações reais, apenas um mecanismo estar envolvido na transferência de energia. Será instrutivo olhar algumas situações em que transferência de calor ocorre por uma combinação desses mecanismos.

Considere o caso mostrado na Figura 15.4, que é a condução estacionária através de uma parede plana com suas superfícies mantidas nas temperaturas constantes T_1 e T_2.

Escrevendo a equação de taxa de Fourier para a direção x, temos

$$\frac{q_x}{A} = -k\frac{dT}{dx} \qquad (15\text{-}1)$$

Resolvendo essa equação para q_x, sujeita às condições de contorno $T = T_1$ em $x = 0$ e $T = T_2$ em $x = L$, obtemos

$$\frac{q_x}{A}\int_0^L dx = -k\int_{T_1}^{T_2} dT = k\int_{T_2}^{T_1} dT$$

ou

$$q_x = \frac{kA}{L}(T_1 - T_2) \qquad (15\text{-}14)$$

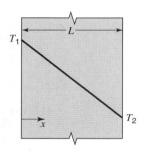

Figura 15.4 Condução estacionária através de uma parede plana.

A equação (15-14) apresenta uma semelhança óbvia com a equação de Newton

$$q_x = hA\,\Delta T \qquad (15\text{-}11)$$

Podemos utilizar essa similaridade na forma em um problema em que ambos os tipos de transferência de energia estejam envolvidos.

Considere a parede plana composta constituída de três materiais em camadas com as dimensões mostradas na Figura 15.5. Desejamos expressar a taxa de transferência de calor em regime estacioná-

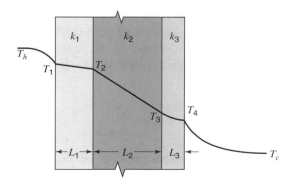

Figura 15.5 Transferência estacionária de energia por uma parede composta.

rio por unidade de área entre um gás quente na temperatura T_h em um lado dessa parede e um gás frio a T_c no outro lado. Designações de temperatura e dimensões são mostradas na figura. As seguintes relações para q_x aparecem a partir da aplicação das equações (15-11) e (15-14):

$$q_x = h_h A(T_h - T_1) = \frac{k_1 A}{L_1}(T_1 - T_2) = \frac{k_2 A}{L_2}(T_2 - T_3)$$
$$= \frac{k_3 A}{L_3}(T_3 - T_4) = h_c A(T_4 - T_c)$$

Cada diferença de temperatura é expressa em termos de q_x como se segue:

$$T_h - T_1 = q_x(1/h_h A)$$
$$T_1 - T_2 = q_x(L_1/k_1 A)$$
$$T_2 - T_3 = q_x(L_2/k_2 A)$$
$$T_3 - T_4 = q_x(L_3/k_3 A)$$
$$T_4 - T_c = q_x(1/h_c A)$$

Adicionando essas equações, obtemos

$$T_h - T_c = q_x \left(\frac{1}{h_h A} + \frac{L_1}{k_1 A} + \frac{L_2}{k_2 A} + \frac{L_3}{k_3 A} + \frac{1}{h_c A} \right)$$

e, finalmente, resolvendo para q_x, temos

$$q_x = \frac{T_h - T_c}{1/h_h A + L_1/k_1 A + L_2/k_2 A + L_3/k_3 A + 1/h_c A} \qquad (15\text{-}15)$$

Note que a taxa de transferência de calor é expressa em termos da diferença *global* de temperaturas. Se um circuito elétrico em série

for considerado, podemos escrever

$$I = \frac{\Delta V}{R_1 + R_2 + R_3 + R_4 + R_5} = \frac{\Delta V}{\sum R_i}$$

As grandezas análogas nas expressões para transferência de calor e para corrente elétrica são evidentes:

$$\Delta V \rightarrow \Delta T$$
$$I \rightarrow q_x$$
$$R_i \rightarrow 1/hA, \ L/kA$$

e cada termo no denominador da equação (15-15) pode ser pensado como uma resistência térmica em razão da convecção ou da condução. Assim, a equação (15-15) torna-se uma analogia térmica à lei de Ohm, relacionando taxa de calor à diferença global de temperaturas dividida pela resistência térmica total entre os pontos de temperaturas conhecidas. A equação (15-15) pode ser simplesmente escrita como

$$q = \frac{\Delta T}{\sum R_{\text{térmica}}} \qquad (15\text{-}16)$$

Essa relação se aplica também à transferência de calor em estado estacionário em sistemas com outras geometrias. Os termos da resistência térmica mudarão na forma para sistemas cilíndricos e esféricos, mas uma vez calculados eles podem ser utilizados na forma indicada pela equação (15-16). Com referência específica à equação (15-9), pode ser notado que a resistência térmica de um condutor cilíndrico é

$$\frac{\ln(r_o/r_i)}{2\pi k L}$$

Outra maneira comum de expressar a taxa de transferência de calor para uma situação envolvendo um material composto ou uma combinação de mecanismos é com o *coeficiente global de transferência de calor*, definido como

$$U \equiv \frac{q_x}{A\,\Delta T} \qquad (15\text{-}17)$$

em que U é o coeficiente global de transferência de calor tendo as mesmas unidades de h, em $W/m^2 \cdot K$ ou $Btu/h\ ft^2\ °F$.

Exemplo 3

Vapor saturado, a 0,276 MPa, escoa pelo interior de um tubo de aço tendo um raio interno de 2,09 cm e um raio externo de 2,67 cm. Os coeficientes convectivos nas superfícies interna e externa do tubo são 5680 e 22,7 $W/m^2 \cdot K$, respectivamente. O ar circundante está a 294 K. Encontre a perda de calor por metro de tubo sem revestimento e para um tubo tendo um isolante de 85% de magnésia com 3,8 cm de espessura em sua superfície externa.

No caso do tubo sem o revestimento, existem três resistências para calcular:

$$R_1 = R_{\text{convecção interna}} = 1/h_i A_i$$
$$R_2 = R_{\text{convecção externa}} = 1/h_e A_e$$
$$R_3 = R_{\text{condução}} = \ln(r_e/r_i)/2\pi k L$$

Para as condições deste problema, essas resistências têm os valores

$$R_1 = 1/[(5680\ W/m^2 \cdot K)(\pi)(0,0209\ m)(1\ m)]$$
$$= 0,00268\ K/W \qquad \left(0,00141\frac{h\,°R}{Btu}\right)$$
$$R_2 = 1/[(22,7\ W/m^2 \cdot K)(\pi)(0,0267\ m)(1\ m)]$$
$$= 0,525\ K/W \qquad \left(0,277\frac{h\,°R}{Btu}\right)$$

e

$$R_3 = \frac{\ln(2,67/2,09)}{2\pi(42,9\ W/m \cdot K)(1\ m)}$$
$$= 0,00091\ K/W \qquad \left(0,00048\frac{h\,°R}{Btu}\right)$$

A temperatura interna é aquela do vapor saturado a 0,276 MPa: 404 K ou 267°F. A taxa de transferência de calor por metro de tubo pode agora ser calculada como

$$q = \frac{\Delta T}{\sum R} = \frac{404 - 294\ K}{0,528\ K/W}$$
$$= 208\ W \qquad \left(710\frac{Btu}{h}\right)$$

No caso de um tubo isolado, a resistência total incluirá R_1 e R_3, calculadas anteriormente, mais as resistências adicionais de isolamento. Para o isolante,

$$R_4 = \frac{\ln(10{,}27/2{,}67)}{2\pi(0{,}0675\ \text{W/m}\cdot\text{K})(1\ \text{m})}$$

$$= 3{,}176\ \text{K/W} \qquad \left(1{,}675\ \frac{\text{h}\,{}^\circ\text{R}}{\text{Btu}}\right)$$

e para a superfície externa do isolante,

$$R_5 = 1/[(22{,}7\ \text{W/m}^2\cdot\text{K})(\pi)(0{,}1027\ \text{m})(1\ \text{m})]$$

$$= 0{,}1365\ \text{K/W} \qquad \left(0{,}0720\ \frac{\text{h}\,{}^\circ\text{R}}{\text{Btu}}\right)$$

Logo, a perda de calor para o tubo isolado se torna

$$q = \frac{\Delta T}{\sum R} = \frac{\Delta T}{R_1 + R_3 + R_4 + R_5} = \frac{404 - 294\ \text{K}}{3{,}316\ \text{K/W}}$$

$$= 33{,}2\ \text{W} \qquad \left(113\,\frac{\text{Btu}}{\text{h}}\right)$$

Isso representa uma redução de aproximadamente 85%!

Percebemos neste exemplo que certas partes do caminho da transferência de calor oferecem uma resistência desprezível. Se, por exemplo, no caso do tubo sem revestimento, fosse desejado um aumento na taxa de calor, a abordagem óbvia seria alterar a resistência convectiva externa, que é quase 200 vezes a magnitude do valor da maior resistência térmica.

O Exemplo 3 poderia ter sido feito usando o *coeficiente global de transferência de calor*, que seria, em geral,

$$U = \frac{q_x}{A\,\Delta T} = \frac{\Delta T/\sum R}{A\,\Delta T} = \frac{1}{A\sum R}$$

ou, para o caso específico considerado,

$$U = \frac{1}{A\{1/A_i h_i + [\ln(r_e/r_i)]/2\pi kL + 1/A_e h_e\}} \tag{15-18}$$

A equação (15-18) indica que o coeficiente global de transferência de calor, U, pode ter um valor numérico diferente, dependendo de em qual área ele seja baseado. Se, por exemplo, U for baseado na área superficial externa do tubo, A_e, teremos

$$U_e = \frac{1}{A_e/A_i h_i + [A_e\,\ln(r_e/r_i)]/2\pi kL + 1/h_e}$$

Desse modo, é necessário, determinando um coeficiente global, relacioná-lo a uma área específica.

Outra maneira de calcular taxas de transferência de calor é por meio do *fator de forma*, simbolizado como S. Considerando as relações em estado estacionário desenvolvidas para as formas plana e cilíndrica

$$q = \frac{kA}{L}\Delta T \tag{15-14}$$

e

$$q = \frac{2\pi kL}{\ln(r_e/r_i)}\Delta T \tag{15-9}$$

se essa parte de cada expressão relacionada à geometria for separada dos termos restantes, temos, para uma parede plana,

$$q = k\left(\frac{A}{L}\right)\Delta T$$

e para um cilindro

$$q = k \left(\frac{2\pi L}{\ln(r_e/r_i)} \right) \Delta T$$

Cada um dos termos entre parênteses é o fator de forma para a geometria aplicável. Uma relação geral utilizando essa forma é

$$q = kS \, \Delta T \tag{15-19}$$

A equação (15-19) oferece algumas vantagens quando uma dada geometria é necessária por causa de limitações de espaço e de configuração. Se esse for o caso, então o fator de forma pode ser calculado e q determinado para vários materiais mostrando uma faixa de valores de k.

▶ 15.6

RESUMO

Neste capítulo, os modos básicos de transferência de calor — condução, convecção e radiação — foram introduzidos, juntamente com as relações simples que expressam as taxas de transferência de energia associadas a esses modos. A propriedade de transporte, condutividade térmica, foi discutida e algumas considerações foram feitas em relação à transferência de calor em um gás monoatômico a baixa pressão.

As equações de taxa para transferência de calor são como se segue:

Condução: a equação de Fourier para taxa

$$\frac{\mathbf{q}}{A} = -k \, \boldsymbol{\nabla} T$$

Convecção: a equação de Newton para a taxa

$$\frac{q}{A} = h \, \Delta T$$

Radiação: a lei de Stefan–Boltzmann para energia emitida a partir de uma superfície negra

$$\frac{q}{A} = \sigma T^4$$

Modos combinados de transferência de calor foram considerados, especificamente em relação à maneira de calcular as taxas de transferência de calor quando vários modos de transferência forem envolvidos. As três maneiras de calcular as taxas de calor em estado estacionário são representadas pelas equações

$$q = \frac{\Delta T}{\sum R_T} \tag{15-16}$$

em que $\sum R_T$ é a resistência térmica total ao longo do caminho de transferência,

$$q = UA \, \Delta T \tag{15-17}$$

em que U é o coeficiente global de transferência de calor e

$$q = kS \, \Delta T \tag{15-18}$$

em que S é o fator de forma.

As equações apresentadas serão usadas ao longo dos capítulos restantes lidando com transferência de energia. O objetivo principal dos capítulos subsequentes será o cálculo das taxas de transferência de calor para geometrias ou condições especiais de escoamento ou ambos.

Nota: Efeitos de radiação térmica são incluídos, juntamente com convecção, em valores de coeficientes de superfície especificados nos problemas seguintes.

218 ▶ Capítulo 15

▶

PROBLEMAS

15.1 Um bloco de amianto é quadrado na seção transversal, medindo 5 cm de lado em sua extremidade menor, aumentando linearmente até 10 cm de lado na extremidade maior. O bloco tem uma altura de 15 cm. Se a extremidade menor for mantida a 600 K e a extremidade maior a 300 K, qual será a taxa de calor obtida se os quatro lados forem isolados? Admita condução de calor unidimensional. A condutividade térmica de amianto pode ser considerada 0,173 W/m · K.

15.2 Resolva o Problema 15.1 para o caso de a seção transversal maior ser exposta a uma temperatura mais alta e a extremidade menor ser mantida a 300 K.

15.3 Resolva o Problema 15.1 se, além da seção transversal variável, a condutividade térmica variar de acordo com $k = k_0(1 + \beta T)$, em que $k_0 = 0,138$, $\beta = 1,95 \times 10^{-4}$, T = temperatura em Kelvin e k em W/m·K.

15.4 Resolva o Problema 15.1 se o bloco de amianto tiver um parafuso de aço de 1,905 cm que atravessa seu centro.

15.5 Uma chapa de material isolante, com condutividade térmica de 0,22 W/m·K, tem uma espessura de 2 cm e uma área superficial de 2,97 m². Se 4 kW de calor forem conduzidos através dessa chapa e a temperatura da superfície externa (mais fria) for 55°C (328 K), qual será a temperatura da superfície interna (mais quente)?

15.6 Para a chapa isolante do Problema 15.5, com uma taxa de calor de 4 kW, calcule a temperatura em ambas as superfícies, se o lado frio estiver exposto ao ar a 30°C, com um coeficiente de transferência de calor de 28,4 W/m² · K.

15.7 Um prato de vidro, $k = 1,35$ W/m·K, inicialmente a 850 K, é resfriado por meio de ar soprando sobre ambas as superfícies, com um coeficiente de transferência de calor de 5 W/m² · K. É necessário, para evitar a quebra do vidro, limitar o gradiente máximo de temperatura no vidro a um valor de 15 K/cm durante o processo de resfriamento. No começo do processo de resfriamento, qual a temperatura mais baixa do ar de resfriamento que pode ser usada?

15.8 Resolva o Problema 15.7 se todas as condições especificadas forem mantidas as mesmas, mas agora considerando também a troca de energia radiante do vidro com a vizinhança na temperatura do ar.

15.9 A perda de calor de um aquecedor deve ser mantida a um máximo de 900 Btu/h ft² de área de parede. Qual a espessura de amianto ($k = 0,10$ Btu/h ft °F) requerida se as superfícies interna e externa de isolamento estiverem a 1600 e 500°F, respectivamente?

15.10 Se, no problema prévio, uma camada de tijolo de caulim, com 3 in de espessura ($k = 0,07$ Btu/h ft °F) for adicionada à parte externa do amianto, qual será o fluxo de calor que resultará se a superfície externa do caulim estiver a 250°F? Qual será a temperatura na interface entre o amianto e o caulim para essa condição?

15.11 Uma parede composta deve ser construída com uma camada de aço inoxidável ($k = 10$ Btu/h ft °F), tendo ¼ in de espessura, uma camada de 3 in de cortiça ($k = 0,025$ Btu/h ft °F) e uma camada de ½ in de plástico ($k = 1,5$ Btu/h ft °F).

a. Desenhe o circuito térmico para a condição de regime estacionário através da parede.

b. Calcule as resistências térmicas individuais de cada camada de material.

c. Determine o fluxo de calor, se a superfície da camada de aço for mantida a 250°F e a superfície da camada de plástico for mantida a 80°F.

d. Quais são as temperaturas de cada superfície da camada de cortiça sob essas condições?

15.12 Se, no problema anterior, os coeficientes convectivos de transferência de calor nas superfícies interna (aço) e externa forem 40 e 5 Btu/h ft² °F, respectivamente, determine

a. o fluxo de calor se os gases estiverem a 250°F e 70°F, adjacentes às superfícies interna e externa

b. a temperatura máxima alcançada no interior da camada de plástico

c. qual resistência individual está controlando o processo

15.13 Uma placa de aço, de 1 in de espessura, com 10 in de diâmetro, é aquecida na parte inferior por uma chapa quente, enquanto sua superfície superior é exposta a um ar a 80°F. O coeficiente de transferência de calor na superfície superior é 5 Btu/h ft² °F e k para o aço é 25 Btu/h ft °F.

a. Quanto calor tem de ser suprido à superfície inferior do aço se a superfície superior for mantida a 160°F? (Inclua radiação.)

b. Quais são as quantidades relativas de energia dissipada pela superfície superior do aço por convecção e por radiação?

15.14 Se, no Problema 15.13, a placa for feita de amianto, $k = 0,10$ Btu/h ft °F, qual será a temperatura do topo do amianto se a chapa quente for aquecida a 800K?

15.15 Uma parede de tijolo ($k = 1,3$ W/m·K) separa a zona de combustão de uma fornalha de sua vizinhança a 25°C. Para uma temperatura da superfície externa da parede de 100°C, com um coeficiente convectivo de transferência de calor de 18 W/m² · K, qual será a temperatura da superfície interna da parede nas condições de estado estacionário?

15.16 Determine a temperatura da superfície interna da parede de tijolo do Problema 15.15, mas com a consideração adicional de radiação da superfície externa para a vizinhança a 25°C.

15.17 A radiação solar incidente em uma placa de aço quadrada de 2 ft de lado é 400 Btu/h. A placa tem 1,4 in de espessura e repousa horizontalmente em uma superfície isolada; sua superfície superior está exposta ao ar a 90°F. Se o coeficiente convectivo de transferência de calor entre a superfície superior e o ar do meio ambiente for 4 Btu/h ft² °F, qual será a temperatura da placa em estado estacionário?

15.18 Se no Problema 15.17 a superfície inferior da placa estiver exposta ao ar com um coeficiente convectivo de transferência de calor de 3 Btu/h ft² °F, qual será a temperatura alcançada, em regime estacionário,

a. se a emissão radiante a partir da placa for desprezada?

b. se a emissão radiante da superfície superior da placa for considerada?

15.19 O compartimento do congelador em um refrigerador convencional pode ser modelado como uma cavidade retangular de 0,3 m de altura, 0,25 m de largura e 0,5 m de profundidade. Determine a espessura do isolante isopor ($k = 0,30$ W/m·K) necessária para limitar a perda de calor para 400 W, se as temperaturas das superfícies interna e externa forem −10°C e 33°C, respectivamente.

15.20 Calcule a espessura requerida do isopor para o compartimento do congelador do Problema 15.19 quando a parede interna for exposta ao ar a –10°C, com um coeficiente convectivo de calor de 16 W/m² · K e a parede externa sendo exposta ao ar a 33°C, tendo um coeficiente convectivo de transferência de calor de 32 W/m² · K. Determine as temperaturas das superfícies para essa situação.

15.21 A seção transversal de uma janela contra tempestade é mostrada no esquema a seguir. Quanto calor será perdido através dessa janela, tendo 1,83 m por 3,66 m, em um dia frio quando as temperaturas do ar interno e externo forem, respectivamente, 295 e 250 K? Os coeficientes convectivos para as superfícies interna e externa da janela são 20 e 15 W/m² · K, respectivamente. Qual a queda de temperatura através de cada uma das vidraças? Qual será a temperatura média do ar entre as vidraças?

Vidro da janela, com 0,32 cm de espessura

15.22 Compare a perda de calor pela janela contra tempestade descrita no Problema 15.21 com as mesmas condições existentes, exceto que a janela é uma vidraça única com 0,32 cm de espessura.

15.23 As paredes externas de uma casa são construídas usando uma camada de tijolo de 4 in de espessura, uma camada de ½ in de celotex, um espaço de ar com $3^5/_8$ in de espessura e uma camada de ¼ in de painel de madeira. Se a superfície externa do tijolo estiver a 30°F e a superfície interna do painel estiver a 75°F, qual será o fluxo de calor se

a. o espaço de ar for admitido transferir calor somente por condução?

b. a condutância equivalente do espaço com ar for 1,8 Btu/h ft² °F?

c. o espaço com ar for cheio com lã de vidro?

$$k_{tijolo} = 0{,}38 \text{ Btu/h ft °F}$$
$$k_{celotex} = 0{,}028 \text{ Btu/h ft °F}$$
$$k_{ar} = 0{,}015 \text{ Btu/h ft °F}$$
$$k_{madeira} = 0{,}12 \text{ Btu/h ft °F}$$
$$k_{lã} = 0{,}025 \text{ Btu/h ft °F}$$

15.24 Resolva o Problema 15.23 se, em vez das temperaturas das superfícies serem conhecidas, as temperaturas externa e interna do ar forem 30 e 75°F, respectivamente, e os coeficientes convectivos de transferência de calor forem 7 e 2 Btu/h ft² °F, respectivamente.

15.25 Determine a transferência de calor por metro quadrado de área de parede para o caso de uma caldeira com ar interno a 1340 K. A parede da caldeira é composta de uma camada de 0,106 m de tijolo refratário e de uma camada de 0,635 cm de espessura de aço doce em sua superfície externa. Coeficientes de transferência de calor nas superfícies interna e externa são 5110 e 45 W/m² · K. Quais serão as temperaturas em cada superfície e na interface tijolo-aço?

15.26 Dadas a parede da caldeira e outras condições conforme especificadas no Problema 15.25, que espessura de celotex (k = 0,065 W/m·K) tem de ser adicionada à parede da caldeira de modo que a temperatura da superfície externa do isolante não exceda 340 K?

15.27 Um tubo de 4 in de diâmetro externo tem de ser usado para transportar metais líquidos, tendo uma temperatura da superfície externa de 1400°F sob as condições de operação. A espessura do isolante é igual a 6 in, tendo uma condutividade térmica expressa como

$$k = 0{,}08(1 - 0{,}003\,T)$$

em que k está em Btu/h ft °F e T está em °F, é aplicada à superfície externa do tubo.

a. Que espessura de isolante seria requerida para a temperatura externa do isolante não ser maior do que 300°F?

b. Qual é a taxa de calor nessas condições?

15.28 Água a 40°F escoa por um tubo de aço com diâmetro igual a 1½ in, série 40. A superfície externa do tubo deve ser isolada com uma camada espessa de 1 in de magnésia 85% e uma camada espessa de 1 in de lã de vidro compactada, k = 0,022 Btu/h ft °F. O ar circundante está a 100°F.

a. Que material deveria ser colocado próximo à superfície do tubo para produzir o máximo efeito isolante?

b. Qual será o fluxo de calor com base na área da superfície externa do tubo? Os coeficientes convectivos de transferência de calor para as superfícies interna e externa são 100 e 5 Btu/h ft² °F, respectivamente.

15.29 Um tubo de aço, com diâmetro nominal de 1 in e com superfície externa a 400°F, está localizado no ar a 90°F, com um coeficiente convectivo de transferência de calor entre a superfície do tubo e o ar igual a 1,5 Btu/h ft² °F. Propõe-se adicionar ao tubo um isolante tendo uma condutividade térmica de 0,06 Btu/h ft °F, de modo a reduzir a perda de calor à metade daquela do tubo sem isolante. Que espessura de isolante é necessária, se a temperatura da superfície do tubo de aço e h_e permanecerem constantes?

15.30 Se, para as condições do Problema 15.29, h_e em Btu/h ft² °F variar de acordo com $h_e = 0{,}575/D_e^{1/4}$, em que D_e é o diâmetro externo, em pé, do isolante, determine a espessura do isolante que reduzirá o fluxo de calor à metade do valor para o tubo sem isolante.

15.31 Nitrogênio líquido a 77 K é armazenado em um recipiente cilíndrico cujo diâmetro interno é de 25 cm. O cilindro é feito de aço inoxidável e tem uma espessura de parede de 1,2 cm. Um isolante, com condutividade térmica igual a 0,13 W/m·K, deve ser adicionado à superfície externa do cilindro para reduzir a taxa de fervura do nitrogênio para 25% de seu valor sem isolante. A perda de energia pelo topo e pela base do cilindro pode ser desprezada.

Desprezando os efeitos de radiação, determine a espessura de isolante quando a superfície interna do cilindro estiver a 77 K, o coeficiente convectivo de transferência de calor na superfície interna do isolante tiver um valor de 12 W/m² · K e o ar ambiente estiver a 25°C.

CAPÍTULO 16

Equações Diferenciais de Transferência de Calor

De modo similar ao tratamento de transferência de momento analisado no Capítulo 9, geraremos agora as equações fundamentais para um volume de controle diferencial a partir da abordagem da primeira lei da termodinâmica. A expressão do volume de controle para a primeira lei fornecerá nossa ferramenta analítica básica. Adicionalmente, certas equações diferenciais já desenvolvidas nas seções anteriores serão aplicáveis.

▶ 16.1

EQUAÇÃO DIFERENCIAL GERAL PARA TRANSFERÊNCIA DE ENERGIA

Considere o volume de controle tendo dimensões Δx, Δy e Δz, conforme mostrado na Figura 16.1. Veja a expressão do volume de controle para a primeira lei da termodinâmica:

$$\frac{\delta Q}{dt} - \frac{\delta W_s}{dt} - \frac{\delta W_\mu}{dt} = \iint_{s.c.} \left(e + \frac{P}{\rho}\right)\rho(\mathbf{v}\cdot\mathbf{n})dA + \frac{\partial}{\partial t}\iiint_{v.c.} e\rho\, dV \qquad (6\text{-}10)$$

Os termos individuais são avaliados e seus significados são discutidos a seguir.

A taxa líquida de calor adicionado ao volume de controle incluirá todos os efeitos de condução, a liberação líquida de energia térmica dentro do volume de controle em razão dos efeitos volumétricos, tais como uma reação química ou aquecimento por indução, e a dissipação de energia elétrica ou nuclear. Os efeitos de geração serão incluídos no termo único, $\dot{q}$, que é a taxa volumétrica de geração de energia térmica, tendo as unidades W/m³ ou Btu/h ft³. Assim, o primeiro termo pode ser expresso como

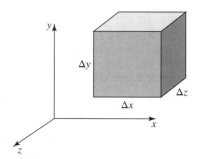

Figura 16.1 Volume de controle diferencial.

$$\frac{\delta Q}{dt} = \left[k\frac{\partial T}{\partial x}\bigg|_{x+\Delta x} - k\frac{\partial T}{\partial x}\bigg|_x\right]\Delta y\,\Delta z + \left[k\frac{\partial T}{\partial y}\bigg|_{y+\Delta y} - k\frac{\partial T}{\partial y}\bigg|_y\right]\Delta x\,\Delta z$$
$$+ \left[k\frac{\partial T}{\partial z}\bigg|_{z+\Delta z} - k\frac{\partial T}{\partial z}\bigg|_z\right]\Delta x\,\Delta y + \dot{q}\,\Delta x\,\Delta y\,\Delta z \qquad (16\text{-}1)$$

A taxa de trabalho de eixo ou o termo de potência será considerado igual a zero para as nossas finalidades presentes. Esse termo está relacionado especificamente ao trabalho feito por algum efeito dentro do volume de controle que, para o caso diferencial, não está presente. O termo de potência é assim calculado como

$$\frac{\delta W_s}{dt} = 0 \qquad (16\text{-}2)$$

A taxa de trabalho viscoso, ocorrendo na superfície de controle, é calculada formalmente integrando o produto escalar entre a tensão viscosa e a velocidade na superfície de controle. Pelo fato de essa operação ser tediosa, expressaremos a taxa de trabalho viscoso como $\Lambda \, \Delta x \Delta y \Delta z$, em que Λ é a taxa de trabalho viscoso por unidade de volume. O terceiro termo na equação (6-10) é assim escrito como

$$\frac{\delta W_\mu}{dt} = \Lambda \, \Delta x \, \Delta y \, \Delta z \qquad (16\text{-}3)$$

A integral de superfície inclui toda a transferência de energia pela superfície de controle por causa do escoamento do fluido. Todos os termos associados com a integral de superfície foram definidos previamente. A integral de superfície é

$$\iint_{\text{s.c.}} \left(e + \frac{P}{\rho} \right) \rho (\mathbf{v} \cdot \mathbf{n}) dA$$

$$= \left[\rho v_x \left(\frac{v^2}{2} + gy + u + \frac{P}{\rho} \right) \Big|_{x+\Delta x} - \rho v_x \left(\frac{v^2}{2} + gy + u + \frac{P}{\rho} \right) \Big|_x \right] \Delta y \, \Delta z$$

$$+ \left[\rho v_y \left(\frac{v^2}{2} + gy + u + \frac{P}{\rho} \right) \Big|_{y+\Delta y} - \rho v_y \left(\frac{v^2}{2} + gy + u + \frac{P}{\rho} \right) \Big|_y \right] \Delta x \, \Delta z$$

$$+ \left[\rho v_z \left(\frac{v^2}{2} + gy + u + \frac{P}{\rho} \right) \Big|_{z+\Delta z} - \rho v_z \left(\frac{v^2}{2} + gy + u + \frac{P}{\rho} \right) \Big|_z \right] \Delta x \, \Delta y \qquad (16\text{-}4)$$

O termo de acúmulo de energia, relacionando a variação na energia total dentro do volume de controle como função do tempo, é

$$\frac{\partial}{\partial t} \iiint_{\text{v.c.}} e\rho \, dV = \frac{\partial}{\partial t} \left[\frac{v^2}{2} + gy + u \right] \rho \, \Delta x \, \Delta y \, \Delta z \qquad (16\text{-}5)$$

As equações (16-1) até (16-5) podem ser agora combinadas conforme indicado pela expressão geral da primeira lei, equação (6-10). Fazendo essa combinação e dividindo pelo volume do elemento, temos

$$\frac{k(\partial T/\partial x)|_{x+\Delta x} - k(\partial T/\partial x)|_x}{\Delta x} + \frac{k(\partial T/\partial y)|_{y+\Delta y} - k(\partial T/\partial y)|_y}{\Delta y}$$

$$+ \frac{k(\partial T/\partial z)|_{z+\Delta z} - k(\partial T/\partial z)|_z}{\Delta z} + \dot{q} + \Lambda$$

$$= \frac{\{\rho v_x[(v^2/2) + gy + u + (P/\rho)]|_{x+\Delta x} - \rho v_x[(v^2/2) + gy + u + (P/\rho)]|_x\}}{\Delta x}$$

$$+ \frac{\{\rho v_y[(v^2/2) + gy + u + (P/\rho)]|_{y+\Delta y} - \rho v_y[(v^2/2) + gy + u + (P/\rho)]|_y\}}{\Delta y}$$

$$+ \frac{\{\rho v_z[(v^2/2) + gy + u + (P/\rho)]|_{z+\Delta z} - \rho v_z[(v^2/2) + gy + u + (P/\rho)]|_z\}}{\Delta z}$$

$$+ \frac{\partial}{\partial t} \rho \left(\frac{v^2}{2} + gy + u \right)$$

Calculada no limite quando Δx, Δy e Δz se aproximam de zero, essa equação se torna

$$\frac{\partial}{\partial x}\left(k\frac{\partial T}{\partial x}\right) + \frac{\partial}{\partial y}\left(k\frac{\partial T}{\partial y}\right) + \frac{\partial}{\partial z}\left(k\frac{\partial T}{\partial z}\right) + \dot{q} + \Lambda$$

$$= \frac{\partial}{\partial x}\left[\rho v_x\left(\frac{v^2}{2} + gy + u + \frac{P}{\rho}\right)\right] + \frac{\partial}{\partial y}\left[\rho v_y\left(\frac{v^2}{2} + gy + u + \frac{P}{\rho}\right)\right]$$

$$+ \frac{\partial}{\partial z}\left[\rho v_z\left(\frac{v^2}{2} + gy + u + \frac{P}{\rho}\right)\right] + \frac{\partial}{\partial t}\left[\rho\left(\frac{v^2}{2} + gy + u\right)\right] \qquad (16\text{-}6)$$

A equação (16-6) é completamente geral na aplicação. Introduzindo a derivada substantiva, podemos escrever a equação (16-6) como

$$\frac{\partial}{\partial x}\left(k\frac{\partial T}{\partial x}\right) + \frac{\partial}{\partial y}\left(k\frac{\partial T}{\partial y}\right) + \frac{\partial}{\partial z}\left(k\frac{\partial T}{\partial z}\right) + \dot{q} + \Lambda$$

$$= \boldsymbol{\nabla}\cdot(P\mathbf{v}) + \left(\frac{v^2}{2} + u + gy\right)\left(\boldsymbol{\nabla}\cdot\rho\mathbf{v} + \frac{\partial\rho}{\partial t}\right) + \frac{\rho}{2}\frac{Dv^2}{Dt} + \rho\frac{Du}{Dt} + \rho\frac{D(gy)}{Dt}$$

Utilizando a equação da continuidade, equação (9-2), reduzimos para

$$\frac{\partial}{\partial x}\left(k\frac{\partial T}{\partial x}\right) + \frac{\partial}{\partial y}\left(k\frac{\partial T}{\partial y}\right) + \frac{\partial}{\partial z}\left(k\frac{\partial T}{\partial z}\right) + \dot{q} + \Lambda$$

$$= \boldsymbol{\nabla}\cdot P\mathbf{v} + \frac{\rho}{2}\frac{Dv^2}{Dt} + \rho\frac{Du}{Dt} + \rho\frac{D(gy)}{Dt} \qquad (16\text{-}7)$$

Com a ajuda da equação (9-19), válida para escoamento incompressível de um fluido com μ constante, o segundo termo do lado direito da equação (16-7) se torna

$$\frac{\rho}{2}\frac{Dv^2}{Dt} = \mathbf{v}\cdot\boldsymbol{\nabla}P + \mathbf{v}\cdot\rho g + \mathbf{v}\cdot\mu\boldsymbol{\nabla}^2\mathbf{v} \qquad (16\text{-}8)$$

Do mesmo modo, para escoamento incompressível, o primeiro termo do lado direito da equação (16-7) se torna

$$\boldsymbol{\nabla}\cdot P\mathbf{v} = \mathbf{v}\cdot\boldsymbol{\nabla}P \qquad (16\text{-}9)$$

Substituindo as equações (16-8) e (16-9) na equação (16-7) e escrevendo os termos de condução como $\boldsymbol{\nabla}\cdot k\boldsymbol{\nabla}T$, temos

$$\boldsymbol{\nabla}\cdot k\,\boldsymbol{\nabla}T + \dot{q} + \Lambda = \rho\frac{Du}{Dt} + \rho\frac{D(gy)}{Dt} + \mathbf{v}\cdot\rho g + \mathbf{v}\cdot\mu\boldsymbol{\nabla}^2\mathbf{v} \qquad (16\text{-}10)$$

Será deixado como exercício para o leitor verificar que a equação (16-10) pode ser mais simplificada de modo a se obter

$$\boldsymbol{\nabla}\cdot k\boldsymbol{\nabla}T + \dot{q} + \Lambda = \rho c_v\frac{DT}{Dt} + \mathbf{v}\cdot\mu\boldsymbol{\nabla}^2\mathbf{v} \qquad (16\text{-}11)$$

A função Λ pode ser expressa em termos da porção viscosa dos termos das tensões normais e cisalhantes nas equações (7-15) e (7-16). Para o caso de escoamento incompressível, ela é escrita como

$$\Lambda = \mathbf{v}\cdot\mu\boldsymbol{\nabla}^2\mathbf{v} + \Phi \qquad (16\text{-}12)$$

em que a "função dissipação", Φ, é dada por

$$\Phi = 2\mu \left[\left(\frac{\partial v_x}{\partial x} \right)^2 + \left(\frac{\partial v_y}{\partial y} \right)^2 + \left(\frac{\partial v_z}{\partial z} \right)^2 \right]$$
$$+ \mu \left[\left(\frac{\partial v_x}{\partial y} + \frac{\partial v_y}{\partial x} \right)^2 + \left(\frac{\partial v_y}{\partial z} + \frac{\partial v_z}{\partial y} \right)^2 + \left(\frac{\partial v_z}{\partial x} + \frac{\partial v_x}{\partial z} \right)^2 \right]$$

Substituindo Λ na equação (16-11), vemos que a equação da energia se torna

$$\nabla \cdot k \nabla T + \dot{q} + \Phi = \rho c_v \frac{DT}{Dt} \tag{16-13}$$

Da equação (16-13), Φ é uma função da viscosidade do fluido e da relação tensão–taxa de deformação; ela é positiva, por definição. O efeito da dissipação viscosa é sempre aumentar a energia interna à custa da energia potencial ou da pressão de estagnação. A função dissipação é desprezível em todos os casos que consideraremos; seu efeito se torna significativo nas camadas-limite supersônicas.

▶ 16.2

FORMAS ESPECIAIS DA EQUAÇÃO DIFERENCIAL DE ENERGIA

A seguir, são apresentadas as formas aplicáveis da equação da energia para algumas situações comumente encontradas. Em cada caso, o termo de dissipação é considerado extremamente pequeno.

I. Para um fluido incompressível sem fontes de energia e com k constante,

$$\rho c_v \frac{DT}{Dt} = k \nabla^2 T \tag{16-14}$$

II. Para um escoamento isobárico sem fontes de energia e com k constante, a equação da energia é

$$\rho c_v \frac{DT}{Dt} = k \nabla^2 T \tag{16-15}$$

Note que as equações (16-14) e (16-15) são idênticas, ainda que aplicadas a situações físicas completamente diferentes.

III. Em uma situação em que não há movimento de fluido, toda a transferência de calor é por condução. Se essa situação existe, como certamente acontece para sólidos em que $c_v \simeq c_p$, a equação da energia se torna

$$\rho c_p \frac{\partial T}{\partial t} = \nabla \cdot k \nabla T + \dot{q} \tag{16-16}$$

A equação (16-16) se aplica, em geral, à condução de calor. Nenhuma suposição foi feita em relação à constante k. Se a condutividade térmica é constante, a equação da energia é

$$\frac{\partial T}{\partial t} = \alpha \nabla^2 T + \frac{\dot{q}}{\rho c_p} \tag{16-17}$$

em que a razão $k/\rho c_p$ é simbolizada como α e é chamada de *difusividade térmica*. É facilmente visto que α tem as unidades L^2/t; no sistema SI, α é expresso em m²/s ou em ft²/h no sistema inglês.

224 ▶ Capítulo 16

Se o meio condutor não contém fontes de calor, a equação (16-17) se reduz à *equação de campo de Fourier*:

$$\frac{\partial T}{\partial t} = \alpha \, \boldsymbol{\nabla}^2 T \tag{16-18}$$

frequentemente chamada de segunda lei de Fourier da condução de calor.

Para um sistema em que as fontes de calor estejam presentes sem haver variação temporal, a equação (16-17) se reduz à *equação de Poisson*:

$$\boldsymbol{\nabla}^2 T + \frac{\dot{q}}{k} = 0 \tag{16-19}$$

A última forma da equação da condução de calor a ser apresentada se aplica à situação de estado estacionário sem fontes de calor. Para esse caso, a distribuição de temperaturas tem de satisfazer à *equação de Laplace*:

$$\boldsymbol{\nabla}^2 T = 0 \tag{16-20}$$

Cada uma das equações, da (16-17) a (16-20), foi escrita na forma geral; assim, cada uma se aplica a qualquer sistema ortogonal de coordenadas. Escrever o operador laplaciano, $\boldsymbol{\nabla}^2$, na forma apropriada levará ao sistema desejado de coordenadas. A equação de campo de Fourier escrita em coordenadas retangulares é

$$\frac{\partial T}{\partial t} = \alpha \left[\frac{\partial^2 T}{\partial x^2} + \frac{\partial^2 T}{\partial y^2} + \frac{\partial^2 T}{\partial z^2} \right] \tag{16-21}$$

em coordenadas cilíndricas é

$$\frac{\partial T}{\partial t} = \alpha \left[\frac{\partial^2 T}{\partial r^2} + \frac{1}{r} \frac{\partial T}{\partial r} + \frac{1}{r^2} \frac{\partial^2 T}{\partial \theta^2} + \frac{\partial^2 T}{\partial z^2} \right] \tag{16-22}$$

e em coordenadas esféricas é

$$\frac{\partial T}{\partial t} = \alpha \left[\frac{1}{r^2} \frac{\partial}{\partial r} \left(r^2 \frac{\partial T}{\partial r} \right) + \frac{1}{r^2 \operatorname{sen} \theta} \frac{\partial}{\partial \theta} \left(\operatorname{sen} \theta \frac{\partial T}{\partial \theta} \right) + \frac{1}{r^2 \operatorname{sen}^2 \theta} \frac{\partial^2 T}{\partial \phi^2} \right] \tag{16-23}$$

O leitor deve consultar o Apêndice B para uma ilustração das variáveis em sistemas de coordenadas cilíndricas e esféricas.

▶ **16.3**

CONDIÇÕES DE CONTORNO COMUMENTE ENCONTRADAS

Ao resolver uma das equações diferenciais desenvolvidas até agora, a situação física existente ditará a condição inicial ou a de contorno apropriadas, ou ambas, que as soluções finais têm de satisfazer.

As condições iniciais se referem especificamente aos valores de T e de $\mathbf{v}$ no começo do intervalo de tempo de interesse. As condições iniciais podem ser simplesmente especificadas estabelecendo $T]_{t=0} = T_0$ (uma constante) ou mais complexas se a distribuição de temperaturas no começo da medida de tempo for função de variáveis espaciais.

As condições de contorno se referem aos valores de T e $\mathbf{v}$ existentes nas posições específicas nos contornos de um sistema — isto é, para dados valores das variáveis espaciais significativas. As condições de contorno frequentemente encontradas para temperatura são os casos de *contornos isotérmicos*, em que a temperatura é constante, e *contornos isolados*, através dos quais nenhuma condução ocorre; logo, de acordo com a equação de taxa de Fourier, a derivada da temperatura normal ao contorno é zero. Funções mais complicadas de temperaturas frequentemente existem nos contornos do sistema, e a temperatura da superfície pode também variar com o tempo. As combinações de mecanismos de transferência de calor podem ditar as condições de contorno também. Uma situação frequentemente encontrada em contorno sólido é a igualdade entre transferência de calor para a superfície por condução e aquela que deixa a superfície por convecção. Essa condição é ilustrada na Figura 16.2. Na superfície do lado esquerdo, a condição de contorno é

$$h_h(T_h - T|_{x=0}) = -k\frac{\partial T}{\partial x}\bigg|_{x=0} \qquad (16\text{-}24)$$

e, na superfície do lado direito,

$$h_c(T|_{x=L} - T_c) = -k\frac{\partial T}{\partial x}\bigg|_{x=L} \qquad (16\text{-}25)$$

É impossível nesse momento antever todas as condições inicial e de contorno que serão necessárias. O estudante deve estar ciente, entretanto, de que essas condições são ditadas pela situação física. As equações diferenciais de transferência de energia não são numerosas e uma forma específica aplicada a uma dada situação pode ser encontrada facilmente. O usuário dessas equações pode escolher as condições inicial e de contorno apropriadas para tornar a solução significativa.

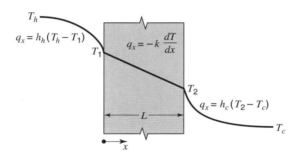

Figura 16.2 Condução e convecção em um contorno do sistema.

Exemplo 1

Resíduo radioativo é armazenado em um recipiente esférico de aço inoxidável, conforme mostrado a seguir. Calor gerado no interior do resíduo tem de ser dissipado por condução através da parede do recipiente de aço e, então, por convecção para a água de resfriamento.

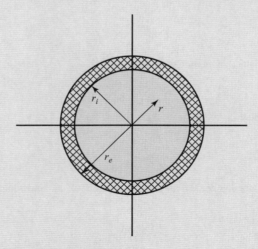

As dimensões pertinentes e as variáveis operacionais do sistema são

Raio interno do recipiente de aço ($r = r_i$) = 0,4 m
Raio externo do recipiente de aço ($r = r_e$) = 0,5 m
Taxa volumétrica de calor gerado dentro do resíduo = 10^5 W/m³ · K
Condutividade térmica do aço = 15 W/m · K

Condutividade térmica do resíduo = 20 W/m · K

Coeficiente convectivo de transferência de calor entre o recipiente de aço e a água = 800 W/m² · K

Temperatura da água = 25°C

Desejamos calcular o seguinte:

(a) A localização e a magnitude da temperatura máxima no resíduo
(b) A temperatura na interface entre o resíduo e o recipiente de aço inoxidável
(c) A temperatura da superfície externa do aço inoxidável

Inicialmente, consideraremos o resíduo dentro da região $0 \leq r \leq r_1$. A equação (16-9) se aplica:

$$\nabla^2 T + \frac{\dot{q}}{k} = 0 \qquad (16\text{-}19)$$

Para variação de temperatura e transferência de calor na direção radial, somente a equação (16-9) se reduz à forma:

$$\frac{1}{r^2}\frac{d}{dr}\left(r^2\frac{dT}{dr}\right) + \frac{\dot{q}}{k} = 0$$

Separando as variáveis, temos

$$\frac{d}{dr}\left(r^2\frac{dT}{dr}\right) + \frac{\dot{q}}{k}r^2 = 0$$

e, integrando, obtemos

$$r^2\frac{dT}{dr} + \frac{\dot{q}}{k}\frac{r^3}{3} = C_1$$

A constante, C_1, pode ser calculada usando a exigência de que o gradiente de temperatura no centro não pode ser infinito:

$$\frac{dT}{dr} \text{ em } r = 0 \neq \infty, \text{assim } C_1 = 0.$$

Nossa expressão agora se reduz a

$$\frac{dT}{dr} + \frac{\dot{q}}{k}\frac{r}{3} = 0$$

que é integrada uma vez mais para resultar

$$T + \frac{\dot{q}}{k}\frac{r^2}{6} = C_2$$

Notando que T tem um valor máximo em $r = 0$, podemos escrever

$$C_2 = T_{w,\text{máx}}$$

e a distribuição de temperaturas no resíduo é

$$T = T_{w,\text{máx}} - \frac{\dot{q}}{k}\frac{r^2}{6} \qquad (1)$$

Direcionando nossa atenção para a espessura da parede do recipiente de aço inox, a expressão que controla o processo é a forma unidimensional da equação (16-23):

$$\frac{d}{dr}\left(r^2\frac{dT}{dr}\right) = 0$$

Integrando essa expressão resulta em

$$r^2\frac{dT}{dr} = C_3 \quad \text{ou} \quad \frac{dT}{dr} = \frac{C_3}{r^2}$$

e, integrando novamente, temos

$$T = -\frac{C_3}{r} + C_4$$

As condições de contorno que se aplicam são as temperaturas nas superfícies interna e externa do aço:

$$T(r_i) = T_i \quad T(r_e) = T_e$$

e as constantes, C_3 e C_4, são calculadas resolvendo as duas expressões

$$T_i = -\frac{C_3}{r_i} + C_4$$

$$T_e = -\frac{C_3}{r_e} + C_4$$

Fazendo a álgebra requerida, a variação de temperatura na parede do recipiente de aço, $T(r)$, tem a forma

$$\frac{T_i - T}{T_i - T_e} = \frac{1/r_i - 1/r}{1/r_i - 1/r_e} \qquad (2)$$

Podemos agora obter as grandezas desejadas, resolvendo.

A taxa de geração de calor no interior do núcleo radioativo é

$$q = \dot{q}''' V = \dot{q}\left(\frac{4}{3}\pi r_i^3\right)$$

$$= \left(10^5 \frac{W}{m^3 \cdot h}\right)\left(\frac{4}{3}\pi\right)(0{,}4\,m)^3$$

$$= 26800\,W\ (26{,}8\,kW)$$

Em r_e, a interface aço–água,

$$q = hA(T_e - T_\infty) = h(4\pi r_e^2)(T_e - T_\infty)$$

$$26800\,W = \left(800\frac{W}{m^2 \cdot k}\right)(4\pi)(0{,}5\,m)^2(T_e - 25°C)$$

e, resolvendo para T_e,

$$T_e = 25°C + 10{,}7°C = 35{,}7°C$$

A taxa de transferência de calor em $r = r_e$ pode ser expressa como

$$q = -kA\frac{dT}{dr}\bigg|_{r_e} = -k\left(4\pi r_e^2\right)\frac{dT}{dr}\bigg|_{r_e}$$

Utilizando a equação (2), obtemos

$$r_e^2 \frac{dT}{dr}\bigg|_{r_e} = -(T_i - T_e)\left[\frac{1}{1/r_i - 1/r_e}\right]$$

e, assim,

$$q = k_{ss}(4\pi)(T_i - T_e)\left[\frac{1}{1/r_i - 1/r_e}\right]$$

Agora, inserindo números, obtemos

$$T_i - T_e = 284°C$$

ou

$$T_i = 35{,}7°C + 284°C = 319{,}7°C$$

A equação (1) pode agora ser usada para obter $T_{w,máx}$:

$$T_{w,máx} = T_i + \frac{\dot{q}''' r_i^2}{6k_w}$$

$$= 319{,}7°C + \frac{\left(10^5 \frac{W}{m^3}\right)(0{,}4\ m)^2}{6\left(20\frac{W}{m\cdot K}\right)}$$

$$= 319{,}7°C + 133{,}3°C$$

$$= 453°C$$

16.4

RESUMO

As equações diferenciais gerais de transferência de energia foram desenvolvidas neste capítulo e algumas formas aplicadas a situações mais específicas foram apresentadas. Foram também feitos alguns comentários relativos às condições inicial e de contorno.

Nos capítulos que se seguem, as análises de transferência de energia começarão com a equação diferencial aplicável ao estudo. Diversas soluções serão apresentadas, assim como exercícios para os estudantes. As ferramentas para análise de transferência de calor foram agora desenvolvidas e examinadas. Nossa tarefa restante é desenvolver uma familiaridade e facilidade no seu uso.

PROBLEMAS

16.1 A equação de campo de Fourier em coordenadas cilíndricas é

$$\frac{\partial T}{\partial t} = \alpha\left(\frac{\partial^2 T}{\partial r^2} + \frac{1}{r}\frac{\partial T}{\partial r} + \frac{1}{r^2}\frac{\partial^2 T}{\partial \theta^2} + \frac{\partial^2 T}{\partial z^2}\right).$$

a. Para que forma essa equação se reduz para o caso da transferência de calor radial em estado estacionário?

b. Dadas as condições de contorno

$$T = T_i \quad \text{em}\ r = r_i$$
$$T = T_e \quad \text{em}\ r = r_e$$

c. Gere uma expressão para a taxa de transferência de calor, q_r, usando o resultado do item (b).

16.2 Faça as mesmas operações como nos itens (a), (b) e (c) do Problema 16.1 em relação a um sistema de coordenadas esféricas.

16.3 Começando com a equação de campo de Fourier em coordenadas cilíndricas,

a. Reduza essa equação à forma aplicável para a transferência de calor na direção θ.

b. Para as condições mostradas na figura — isto é, $T = T_0$ em $\theta = 0$, $T = T_\pi$ em $\theta = \pi$, as superfícies radiais isoladas — resolva para o perfil de temperaturas.

c. Gere uma expressão para a taxa de transferência de calor, q_θ, usando o resultado do item (b).

d. Qual é o fator de forma para essa configuração?

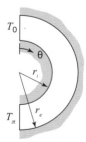

16.4 Mostre que a equação (16-10) se reduz à forma

$$\nabla \cdot k\nabla T + \dot{q} + \Lambda = \rho c_v \frac{DT}{Dt} + \mathbf{v} \cdot \mu \nabla^2 \mathbf{v}$$

16.5 Resolva a equação (16-19) para a distribuição de temperaturas em uma parede plana, se a geração interna de calor por unidade de volume variar de acordo com $\dot{q} = \dot{q}_0 e^{-\beta x/L}$. As condições de contorno que se aplicam são $T = T_0$ em $x = 0$, e $T = T_L$ em $x = L$.

16.6 Resolva o Problema 16.5 para as mesmas condições, exceto que as condições de contorno são $x = L$ é $dT/dx = 0$.

16.7 Resolva o Problema 16.5 para as mesmas condições, exceto que em $x = L$, $dT/dx = \xi$ (uma constante).

16.8 Use a relação $Tds = dh - dP/\rho$ para mostrar que o efeito da função dissipação, Φ, é aumentar a entropia, S. O efeito de transferência de calor é o mesmo que a função dissipação?

16.9 Em uma camada-limite em que o perfil de velocidades é dado por

$$\frac{v_x}{u_\infty} = \frac{3}{2}\frac{y}{\delta} - \frac{1}{2}\left(\frac{y}{\delta}\right)^3$$

sendo δ a espessura da camada-limite da velocidade, faça um gráfico da função dissipação adimensional, $\Phi\delta^2/\mu v_\infty^2$, versus y/δ.

16.10 Uma casca esférica, com dimensões interna e externa de r_i e r_e, respectivamente, tem temperaturas de superfície iguais a $T_i(r_i)$ e $T_e(r_e)$. Considere propriedades constantes e condução unidimensional (radial) e esquematize a distribuição de temperaturas, $T(r)$. Justifique a forma que você esquematizou.

16.11 Calor é transferido por condução (considerada unidimensional) ao longo da direção axial de uma seção cônica truncada, mostrada na figura. As duas superfícies da base são mantidas a temperaturas constantes: T_1 e T_2, na base, sendo $T_1 > T_2$. Calcule a taxa de transferência de calor, q_x, quando

a. a condutividade térmica for constante

b. a condutividade térmica variar com a temperatura de acordo com $k = k_e - aT$, em que a é uma constante

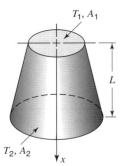

16.12 Calor é gerado em uma parede plana radioativa, de acordo com a relação

$$\dot{q} = \dot{q}_{máx}\left[1 - \frac{X}{L}\right]$$

em que $\dot{q}$ é a taxa volumétrica de geração de calor, kW/m³, L é metade da espessura da parede e x é medida a partir da linha central da parede.

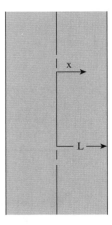

Desenvolva a equação que expressa a diferença de temperatura entre a linha central da parede e sua superfície.

16.13 Calor é gerado em um bastão cilíndrico de combustível em um reator nuclear, de acordo com a relação

$$\dot{q} = \dot{q}_{máx}\left[1 - \left(\frac{r}{r_o}\right)^2\right]$$

em que $\dot{q}$ é a taxa volumétrica de geração de calor, kW/m³, e r_e é o raio externo do cilindro. Desenvolva a equação que expressa a diferença de temperatura entre a linha central do bastão e sua superfície.

16.14 Calor é gerado em um elemento esférico de combustível, de acordo com a relação

$$\dot{q} = \dot{q}_{máx}\left[1 - \left(\frac{r}{r_o}\right)^3\right]$$

em que $\dot{q}$ é a taxa volumétrica de geração de calor, kW/m³, e r_o é o raio da esfera. Desenvolva a equação que expressa a diferença de temperatura entre a linha central da esfera e sua superfície.

CAPÍTULO 17

Condução em Estado Estacionário

$\mathbf{N}$a maioria dos equipamentos utilizados para a transferência de calor, a energia é transferida de um fluido para outro através de uma parede sólida. Como a transferência de energia através de cada meio é uma etapa no processo global, uma clara compreensão do mecanismo de condução de transferência de energia através de sólidos homogêneos é essencial para as soluções da maioria dos problemas de transferência de calor.

Neste capítulo, vamos direcionar nossa atenção para a condução de calor em estado estacionário. O estado estacionário implica que as condições, temperatura, densidade e similares em todos os pontos da região de condução são independentes do tempo. Nossas análises serão paralelas às abordagens utilizadas para a análise de um elemento diferencial de fluido em regime laminar e aquelas que irão ser utilizadas na análise de difusão molecular no estado estacionário. Durante nossas discussões, serão utilizados dois tipos de apresentações: (1) a equação diferencial que governa a análise será gerada por meio do conceito de volume de controle e (2) a equação diferencial que governa a análise será obtida por meio da eliminação de todos os termos irrelevantes na equação diferencial geral para a transferência de energia.

▶ 17.1

CONDUÇÃO UNIDIMENSIONAL

Para a condução em estado estacionário, independente de qualquer geração interna de energia, a equação diferencial geral se reduz à equação de Laplace:

$$\nabla^2 T = 0 \tag{16-20}$$

Embora essa equação implique que mais de uma coordenada especial é necessária para descrever o campo de temperaturas, muitos problemas são mais simples por causa da geometria da região de condução ou por causa de simetrias na distribuição de temperaturas. É comum surgirem casos unidimensionais.

A transferência unidimensional em estado estacionário de energia por condução é o processo mais simples de descrever, uma vez que a condição imposta ao campo de temperaturas é uma equação diferencial ordinária. Para condução unidimensional, a equação (16-20) se reduz a

$$\frac{d}{dx}\left(x^i \frac{dT}{dx}\right) = 0 \tag{17-1}$$

em que $i = 0$ para coordenadas retangulares, $i = 1$ para coordenadas cilíndricas e $i = 2$ para coordenadas esféricas.

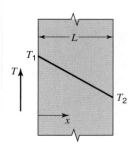

Figura 17.1 Parede plana com uma distribuição unidimensional de temperaturas.

Processos unidimensionais ocorrem em superfícies planas, tais como paredes de fornos; em elementos cilíndricos, como tubos com vapor; e em elementos esféricos, como vasos de pressão de reatores nucleares. Nesta seção, vamos considerar a condução em estado estacionário por meio de sistemas simples em que a temperatura e o fluxo de energia são funções de uma única coordenada.

Parede Plana Considere a condução de energia através de uma parede plana, como ilustrado na Figura 17.1. A equação de Laplace unidimensional é facilmente resolvida, obtendo-se

$$T = C_1 x + C_2 \qquad (17\text{-}2)$$

As duas constantes são obtidas aplicando as condições de contorno

$$\text{em } x = 0 \quad T = T_1$$

e

$$\text{em } x = L \quad T = T_2$$

Essas constantes são

$$C_2 = T_1$$

e

$$C_1 = \frac{T_2 - T_1}{L}$$

O perfil de temperaturas se torna:

$$T = \frac{T_2 - T_1}{L} x + T_1$$

ou

$$T = T_1 - \frac{T_1 - T_2}{L} x \qquad (17\text{-}3)$$

sendo linear, conforme ilustrado na Figura 17.1.

O fluxo de energia é calculado usando a equação de taxa de Fourier

$$\frac{q_x}{A} = -k \frac{dT}{dx} \qquad (15\text{-}1)$$

O gradiente de temperatura, dT/dx, é obtido diferenciando a equação (17-3), resultando em

$$\frac{dT}{dx} = -\frac{T_1 - T_2}{L}$$

Substituindo esse termo na equação de taxa, obtemos para uma parede plana com condutividade térmica constante

$$q_x = \frac{kA}{L}(T_1 - T_2) \qquad (17\text{-}4)$$

A grandeza kA/L é característica de uma parede plana ou de uma placa plana e é conhecida como *condutância térmica*. A recíproca da condutância térmica, L/kA, é a *resistência térmica*.

Paredes Compostas Frequentemente, encontra-se uma transferência estacionária de energia através de várias paredes em série. Um projeto de uma caldeira (ou de um forno) típico deve incluir uma parede de resistência, uma parede intermediária e uma terceira, externa, para aparência. Essa parede plana composta é ilustrada na Figura 17.2.

Para uma solução do sistema mostrado nessa figura, o leitor é direcionado à Seção 15.5.

O seguinte exemplo ilustra o uso da equação de taxa de energia para a parede composta, de modo a prever a distribuição de temperaturas nas paredes.

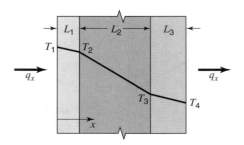

Figura 17.2 Distribuição de temperaturas para condução estacionária de energia através de uma parede plana composta.

Exemplo 1

A parede de uma caldeira é composta de três camadas: 10 cm de tijolo refratário ($k = 1{,}560$ W/m · K), seguida de 23 cm de tijolo isolante de caulim ($k = 0{,}073$ W/m · K) e finalmente 5 cm de tijolo de alvenaria ($k = 1{,}0$ W/m · K). A temperatura da superfície interna da parede é 1370 K e da superfície externa é 360 K. Quais são as temperaturas nas superfícies de contato?

As resistências térmicas individuais dos materiais por m² de área são:

$$R_1, \text{tijolo refratário} = \frac{L_1}{k_1 A_1} = \frac{0{,}10 \text{ m}}{(1{,}560 \text{ W/m} \cdot \text{K})(1 \text{ m}^2)} = 0{,}0641 \text{ K/W}$$

$$R_2, \text{caulim} = \frac{L_2}{k_2 A_2} = \frac{0{,}23}{(0{,}073)(1)} = 3{,}15 \text{ K/W}$$

$$R_3, \text{alvenaria} = \frac{L_3}{k_3 A_3} = \frac{0{,}05}{(1{,}0)(1)} = 0{,}05 \text{ K/W}$$

A resistência total da parede composta é igual a $0{,}0641 + 3{,}15 + 0{,}05 = 3{,}26$ K/W. A queda total de temperatura é igual a $(T_1 - T_4) = 1370 - 360 = 1010$ K.

Usando a equação (15-16), a taxa de transferência de energia é

$$q = \frac{T_1 - T_4}{\Sigma R} = \frac{1010 \text{ K}}{3{,}26 \text{ K/W}} = 309{,}8 \text{ W}$$

Como essa é uma situação de estado estacionário, a transferência de energia é a mesma para cada parte do caminho de transferência (isto é, através de cada seção da parede). A temperatura na interface tijolo refratário–caulim, T_2, é dada por

$$T_1 - T_2 = q(R_1)$$
$$= (309{,}8 \text{ W})(0{,}0641 \text{ K/W}) = 19{,}9 \text{ K}$$

Fornecendo

$$T_2 = 1350{,}1$$

De maneira similar

$$T_3 - T_4 = q(R_3)$$
$$= (309{,}8 \text{ W})(0{,}05 \text{ K/W}) = 15{,}5 \text{ K}$$

dando

$$T_3 = 375{,}5 \text{ K}$$

Há diversas situações em que uma parede composta envolve a combinação de caminhos de transferência de energia em série e paralelos. Um exemplo de tal parede é ilustrado na Figura 17.3, em que aço é usado como elemento de reforço em uma parede de concreto. A parede composta pode ser dividida em três seções de comprimento L_1, L_2 e L_3, e a resistência térmica para cada um desses comprimentos pode ser calculada.

A camada intermediária entre os planos 2 e 3 consiste em dois caminhos térmicos separados em paralelo; a condutância térmica efetiva é a soma das condutâncias para os dois materiais. Para a seção da parede de altura $y_1 + y_2$ e profundidade unitária, a resistência é

$$R_2 = \frac{1}{\dfrac{k_1 y_1}{L_2} + \dfrac{k_2 y_2}{L_2}} = L_2 \left(\frac{1}{k_1 y_1 + k_2 y_2} \right)$$

A resistência total para essa parede é

$$\Sigma R_T = R_1 + R_2 + R_3$$

ou

$$\Sigma R_T = \frac{L_1}{k_1(y_1 + y_2)} + L_2 \left(\frac{1}{k_1 y_1 + k_2 y_2} \right) + \frac{L_3}{k_1(y_1 + y_2)}$$

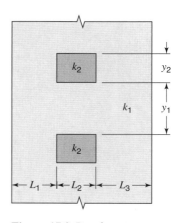

Figura 17.3 Parede composta em série-paralelo.

O circuito elétrico ⎯⎯/\/\/\⎯⎯[R_1 R_2]⎯⎯/\/\/\⎯⎯ R_3 é análogo à parede composta.

A taxa de energia transferida do plano 1 para o plano 4 é obtida pela forma modificada da equação (15-16).

$$q = \frac{T_1 - T_4}{\Sigma R_T} = \frac{T_1 - T_4}{\dfrac{L_1}{k_1(y_1 + y_2)} + L_2 \left(\dfrac{1}{k_1 y_1 + k_2 y_2} \right) + \dfrac{L_3}{k_1(y_1 + y_2)}} \tag{17-5}$$

É importante reconhecer que essa equação é somente uma aproximação. Na verdade, existe uma distribuição significativa de temperaturas na direção y, perto do material que tem a maior condutividade térmica.

Em nossas discussões de paredes compostas, não foi permitida nenhuma queda de temperatura na face de contato entre dois sólidos diferentes. Essa suposição nem sempre é válida, uma vez que frequentemente haverá vapor nos espaços causados por superfícies rugosas ou mesmo filmes de óxidos nas superfícies de metais. Essas resistências adicionais de contato têm de ser computadas em uma equação precisa de transferência de energia.

Cilindro Oco Longo Transferência radial de energia por condução através de um cilindro oco longo é outro exemplo de condução unidimensional. A transferência radial de calor para essa configuração é calculada no Exemplo 1 do Capítulo 15 como

$$\frac{q_r}{L} = \frac{2\pi k}{\ln(r_o/r_i)}(T_i - T_o) \tag{17-6}$$

em que r_i é o raio interno, r_o é o raio externo, T_i é a temperatura da superfície interna e T_o é a temperatura da superfície externa. O conceito de resistência pode novamente ser usado; a resistência térmica do cilindro oco é

$$R = \frac{\ln(r_o/r_i)}{2\pi k L} \tag{17-7}$$

A distribuição radial de temperaturas em um cilindro oco longo pode ser calculada pelo uso da equação (17-1) na forma cilíndrica

$$\frac{d}{dr}\left(r \frac{dT}{dr} \right) = 0 \tag{17-8}$$

Resolvendo essa equação sujeita às condições de contorno

$$r = r_i \quad T = T_i$$

e
$$\text{em } r = r_o \quad T = T_o$$

vemos que o perfil de temperaturas é

$$T(r) = T_i - \frac{T_i - T_o}{\ln(r_o/r_i)} \ln \frac{r}{r_i} \qquad (17\text{-}9)$$

Assim, a temperatura em um cilindro oco longo é uma função logarítmica do raio r, enquanto para a parede plana a distribuição de temperaturas é linear.

O exemplo seguinte ilustra a análise da condução radial de energia através de um cilindro oco longo.

Exemplo 2

Um longo tubo, transportando vapor, tem raio externo r_2 e está coberto com um isolante térmico, que tem um raio externo de r_3. A temperatura da superfície externa do tubo, T_2, e a temperatura do ar ambiente, T_∞, são fixas. A perda de energia por unidade de área da superfície externa do isolante é descrita pela equação de Newton para a taxa

$$\frac{q_r}{A} = h(T_3 - T_\infty) \qquad (15\text{-}11)$$

A perda de energia pode aumentar com o aumento da espessura de isolante? Se possível, sob que condições essa situação surgirá? A Figura 17.4 pode ser usada para ilustrar esse cilindro composto.

No Exemplo 3 do Capítulo 15, a resistência térmica de um elemento cilíndrico oco foi

$$R = \frac{\ln(r_o/r_i)}{2\pi k L} \qquad (17\text{-}10)$$

No presente exemplo, a diferença total de temperatura é $T_2 - T_\infty$ e as duas resistências, em razão do isolante e do filme do ar ambiente, são

$$R_2 = \frac{\ln(r_3/r_2)}{2\pi k_2 L}$$

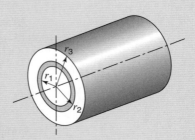

Figura 17.4 Cilindro oco composto em série.

para o isolante e

$$R_3 = \frac{1}{hA} = \frac{1}{h 2\pi r_3 L}$$

para o filme de ar.

Substituindo esses termos na equação de transferência radial de calor e rearranjando, temos

$$q_r = \frac{2\pi L(T_2 - T_\infty)}{[\ln(r_3/r_2)]/k_2 + 1/hr_3} \qquad (17\text{-}11)$$

O efeito duplo de aumentar a resistência à transferência de energia por condução e simultaneamente aumentar a área superficial quando r_3 aumenta sugere que, para um tubo de dado tamanho, existe certo raio externo para o qual a perda de calor é máxima. À medida que a razão r_3/r_2 aumenta logaritmicamente e o termo $1/r_3$ diminui quando r_3 aumenta, a importância relativa de cada termo da resistência mudará de acordo com a variação da espessura de isolante. Neste exemplo, L, T_2, T_∞, k_2, h e r_2 são considerados constantes. Diferenciando a equação (17-11) em relação a r_3, obtemos

$$\frac{dq_r}{dr_3} = -\frac{2\pi L(T_2 - T_\infty)\left(\dfrac{1}{k_2 r_3} - \dfrac{1}{hr_3^2}\right)}{\left[\dfrac{1}{k_2}\ln\left(\dfrac{r_3}{r_2}\right) + \dfrac{1}{hr_3}\right]^2} \qquad (17\text{-}12)$$

O raio do isolante, associado com a taxa máxima de transferência de energia, o *raio crítico*, é encontrado estabelecendo-se $dq_r/dr_3 = 0$; a equação (17-12) se reduz a

$$(r_3)_{\text{crítico}} = \frac{k_2}{h} \qquad (17\text{-}13)$$

No caso do isolante magnésia 85% ($k = 0,0692$ W/m $\cdot$ K) e de um valor típico para o coeficiente de transferência de calor na convecção natural ($h = 34$ W/m^2 $\cdot$ K), o raio crítico é calculado como

$$r_{\text{crítico}} = \frac{k}{h} = \frac{0,0692 \text{ W/m} \cdot \text{K}}{34 \text{ W/m}^2 \cdot \text{K}} = 0,0020 \text{ m} \quad (0,0067 \text{ ft})$$
$$= 0,20 \text{ cm} \quad (0,0787 \text{ in})$$

Esses números muito pequenos indicam que o raio crítico será excedido em qualquer problema prático. A questão então é se o raio crítico, dado pela equação (17-13), representa uma condição de máximo ou de mínimo para q. O cálculo da segunda derivada, $d^2 q_r / d r_3^2$, quando $r_3 = k/h$ fornece um resultado negativo; assim, $r_{\text{crítico}}$ é uma condição de máximo. Segue agora que q_r irá diminuir para qualquer valor de r_3 maior do que 0,0020 m.

Esfera Oca   A transferência radial de calor através de uma esfera oca é outro exemplo de condução unidimensional. Para uma condutividade térmica constante, aplica-se a equação de taxa de Fourier

$$q_r = -k \frac{dT}{dr} A$$

em que A = área superficial de uma esfera = $4\pi r^2$, dando

$$q_r = -4\pi k r^2 \frac{dT}{dr} \tag{17-14}$$

Essa relação, quando integrada entre as condições de contorno,

$$\text{em } T = T_i \quad r = r_i$$

e

$$\text{em } T = T_o \quad r = r_o$$

resulta

$$q = \frac{4\pi k (T_i - T_o)}{\dfrac{1}{r_i} - \dfrac{1}{r_o}} \tag{17-15}$$

A distribuição hiperbólica de temperaturas

$$T = T_i - \left(\frac{T_i - T_o}{1/r_i - 1/r_o} \right) \left(\frac{1}{r_i} - \frac{1}{r} \right) \tag{17-16}$$

é obtida usando o mesmo procedimento que foi seguido para obter a equação (17-9).

Condutividade Térmica Variável   Se a condutividade térmica do meio através do qual energia é transferida varia significativamente, as equações precedentes nesta seção não se aplicam. Uma vez que a equação de Laplace envolve a suposição de condutividade térmica constante, uma nova equação diferencial tem de ser determinada a partir da equação geral para transferência de calor. Para a condução em estado estacionário na direção x sem geração interna de energia, a equação que se aplica é

$$\frac{d}{dx} \left(k \frac{dT}{dx} \right) = 0 \tag{17-17}$$

em que k pode ser uma função de T.

Em muitos casos, a condutividade térmica pode ser uma função linear da temperatura sobre uma faixa considerável. A equação de tal função linear direta pode ser expressa por

$$k = k_o(1 + \beta T)$$

em que k_o e β são constantes para um material particular. Em geral, para materiais satisfazendo essa relação, β é negativo para bons condutores e positivo para bons isolantes. Outras relações para k variando têm sido determinadas experimentalmente para materiais específicos. O cálculo da taxa de transferência de energia quando o material tem uma condutividade térmica variável é ilustrada no Exemplo 2 do Capítulo 15.

▶ 17.2

CONDUÇÃO UNIDIMENSIONAL COM GERAÇÃO INTERNA DE ENERGIA

Em certos sistemas, tais como aquecedores com resistência elétrica e bastões de combustível nuclear, calor é gerado dentro do meio condutor. Como se pode esperar, a geração de energia dentro do meio condutor produz perfis de temperaturas diferentes daqueles encontrados em condução simples.

Nesta seção, consideraremos dois casos simples: condução em estado estacionário em um cilindro circular com geração uniforme ou homogênea de energia e condução estacionária em uma parede plana com geração variável de energia. Carslaw e Jaeger[1] e Jakob[2] escreveram excelentes tratados lidando com problemas mais complicados.

Geração Homogênea de Energia em um Sólido Cilíndrico Considere um sólido cilíndrico com geração interna de energia, conforme mostrado na Figura 17.5. O cilindro será considerado como longo o suficiente de modo que somente ocorrerá condução radial. A densidade, ρ, o calor específico, c_p, e a condutividade térmica do material serão considerados constantes. O balanço de energia para o elemento mostrado é

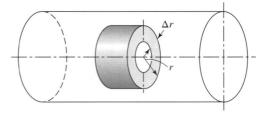

Figura 17.5 Elemento anular em um cilindro circular longo, com geração interna de energia.

$$\left\{\begin{array}{c}\text{taxa de condução}\\\text{de energia}\\\text{no elemento}\end{array}\right\} + \left\{\begin{array}{c}\text{taxa de geração}\\\text{de energia}\\\text{dentro do elemento}\end{array}\right\} - \left\{\begin{array}{c}\text{taxa de condução}\\\text{de energia que}\\\text{sai do elemento}\end{array}\right\}$$

$$= \left\{\begin{array}{c}\text{taxa de acúmulo}\\\text{de energia}\\\text{dentro do elemento}\end{array}\right\}$$

Aplicando a equação de taxa de Fourier e sendo $\dot{q}$ a taxa de energia gerada por unidade de volume, podemos expressar a equação (17-18) pela expressão algébrica

$$-k(2\pi r L)\frac{\partial T}{\partial r}\bigg|_r + \dot{q}(2\pi r L \Delta r) - \left[-k(2\pi r L)\frac{\partial T}{\partial r}\bigg|_{r+\Delta r}\right] = \rho c_p \frac{\partial T}{\partial t}(2\pi r L \Delta r)$$

Dividindo cada termo por $2\pi r L \Delta r$, obtemos

$$\dot{q} + \frac{k[r(\partial T/\partial r)|_{r+\Delta r} - r(\partial T/\partial r)|_r]}{r\Delta r} = \rho c_p \frac{\partial T}{\partial t}$$

---

[1] H. S. Carslaw e J. C. Jaeger, *Conduction of Heat in Solids*. 2. ed. Oxford University Press, Nova York, 1959.
[2] M. Jakob, *Heat Transfer*, vol. 1, Wiley, Nova York, 1949.

No limite, quando Δr se aproxima de zero, a seguinte equação diferencial é gerada:

$$\dot{q} + \frac{k}{r}\frac{\partial}{\partial r}\left(r\frac{\partial T}{\partial r}\right) = \rho c_p \frac{\partial T}{\partial t} \qquad (17\text{-}19)$$

Para as condições de estado estacionário, o termo de acúmulo é zero. Quando eliminamos esse termo da expressão anterior, a equação diferencial para um cilindro sólido com geração homogênea de energia se torna

$$\dot{q} + \frac{k}{r}\frac{d}{dr}\left(r\frac{dT}{dr}\right) = 0 \qquad (17\text{-}20)$$

As variáveis nessa equação podem ser separadas e integradas para resultar

$$rk\frac{dT}{dr} + \dot{q}\frac{r^2}{2} = C_1$$

ou

$$k\frac{dT}{dr} + \dot{q}\frac{r}{2} = \frac{C_1}{r}$$

Por causa da simetria do cilindro sólido, uma condição de contorno que tem de ser satisfeita estipula que o gradiente de temperatura tem de ser finito no centro do cilindro, em que $r = 0$. Isso pode ser verdade somente se $C_1 = 0$. Logo, a relação anterior se reduz para

$$k\frac{dT}{dr} + \dot{q}\frac{r}{2} = 0 \qquad (17\text{-}21)$$

Uma segunda integração resultará agora

$$T = -\frac{\dot{q}r^2}{4k} + C_2 \qquad (17\text{-}22)$$

Se a temperatura T é conhecida em qualquer raio, tal como na superfície, a segunda constante, C_2, pode ser calculada. Isso, naturalmente, fornece a expressão completa para o perfil de temperatura. O fluxo de energia na direção radial pode ser obtido a partir de

$$\frac{q_r}{A} = -k\frac{dT}{dr}$$

substituindo a equação (17-21), resultando em

$$\frac{q_r}{A} = \dot{q}\frac{r}{2}$$

ou

$$q_r = (2\pi r L)\dot{q}\frac{r}{2} = \pi r^2 L\dot{q} \qquad (17\text{-}23)$$

Parede Plana com Geração Variável de Energia O segundo caso associado com geração de energia envolve um processo de geração de energia dependente da temperatura. Essa situação ocorre quando uma corrente elétrica atravessa um meio condutor possuindo uma resistividade elétrica que varia com a temperatura. Em nossa discussão, consideraremos que o termo de geração de energia varia linearmente com a temperatura e que o meio condutor é uma placa plana com temperatura T_L em ambas as superfícies. A geração interna de energia é descrita por

$$\dot{q} = \dot{q}_L[1 + \beta(T - T_L)] \tag{17-24}$$

em que $\dot{q}_L$ é a taxa de geração na superfície e β é uma constante.

Com esse modelo para a função de geração de calor e como ambas as superfícies têm a mesma temperatura, a distribuição de temperaturas no interior da placa plana é simétrica em torno do ponto central. A parede plana e seu sistema de coordenadas são ilustrados na Figura 17.6. A simetria da distribuição de temperaturas requer um gradiente de temperatura igual a zero em $x = 0$. Nas condições de regime estacionário, a equação diferencial pode ser obtida eliminando os termos irrelevantes na equação diferencial geral para transferência de calor. A equação (16-19), para o caso de condução estacionária na direção x em um sólido estacionário com condutividade térmica constante, torna-se

$$\frac{d^2T}{dx^2} + \frac{\dot{q}_L}{k}[1 + \beta(T - T_L)] = 0$$

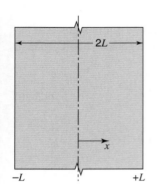

Figura 17.6 Placa plana com geração de energia dependente da temperatura.

As condições de contorno são

$$\text{em } x = 0 \quad \frac{dT}{dx} = 0$$

e

$$\text{em } x = \pm L \quad T = T_L$$

Essas relações podem ser expressas em termos de uma nova variável, $\theta = T - T_L$, por

$$\frac{d^2\theta}{dx^2} + \frac{\dot{q}_L}{k}(1 + \beta\theta) = 0$$

ou

$$\frac{d^2\theta}{dx^2} + C + s\theta = 0$$

em que $C = \dot{q}_L/k$ e $s = \beta\dot{q}_L/k$. As condições de contorno são

$$\text{em } x = 0 \quad \frac{d\theta}{dx} = 0$$

e

$$\text{em } x = \pm L \quad \theta = 0$$

A integração dessa equação diferencial é simplificada por causa de uma segunda mudança de variáveis; inserindo ϕ no lugar de $C + s\theta$ na equação diferencial e nas condições de contorno, obtemos

$$\frac{d^2\phi}{dx^2} + s\phi = 0$$

para

$$x = 0, \quad \frac{d\phi}{dx} = 0$$

e

$$x = \pm L, \quad \phi = C$$

A solução é

$$\phi = C + s\theta = A\cos(x\sqrt{s}) + B\,\text{sen}(x\sqrt{s})$$

ou

$$\theta = A_1\cos(x\sqrt{s}) + A_2\,\text{sen}(x\sqrt{s}) - \frac{C}{s}$$

A distribuição de temperaturas se torna

$$T - T_L = \frac{1}{\beta}\left[\frac{\cos(x\sqrt{s})}{\cos(L\sqrt{s})} - 1\right] \tag{17-25}$$

em que $s = \beta \dot{q}_L/k$ é obtido aplicando-se as duas condições de contorno.

Os exemplos em coordenadas cilíndricas e esféricas de geração unidimensional dependente da temperatura são mais complexos; soluções para isso são encontradas em literatura técnica.

▶ 17.3

TRANSFERÊNCIA DE CALOR A PARTIR DE SUPERFÍCIES ESTENDIDAS

Uma aplicação muito útil de uma análise unidimensional de condução de calor é na descrição do efeito de superfícies estendidas ou aletas. É possível aumentar a transferência de energia entre uma superfície e um fluido adjacente aumentando a área superficial em contato com o fluido. Esse aumento de área é feito adicionando-se superfícies estendidas que podem estar em diferentes formas de variadas seções transversais.

A análise unidimensional de superfícies estendidas pode ser formulada em termos gerais considerando a situação mostrada na Figura 17.7.

A área sombreada representa uma porção da superfície estendida que tem área da seção transversal variável, $A(x)$, e área superficial, $S(x)$, que são funções somente de x. Para as condições de estado estacionário, a equação (6-10) reduz-se à expressão simples

$$\frac{\delta Q}{dt} = 0$$

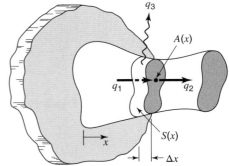

Figura 17.7 Uma superfície estendida de configuração geral.

Dessa forma, em termos das taxas de transferência de calor designadas na figura, podemos escrever

$$q_1 = q_2 + q_3 \tag{17-26}$$

As grandezas q_1 e q_2 são os termos de condução, enquanto q_3 é a taxa de calor convectivo. Calculando cada um desses termos de uma maneira apropriada e substituindo na equação (17-26), obtemos

$$kA\frac{dT}{dx}\bigg|_{x+\Delta x} - kA\frac{dT}{dx}\bigg|_{x} - hS(T - T_\infty) = 0 \tag{17-27}$$

em que T_∞ é a temperatura do fluido circundante. Expressando a área superficial, $S(x)$, em termos da largura, Δx, vezes o perímetro, $P(x)$, e dividindo por Δx, obtemos

$$\frac{kA(dT/dx)|_{x+\Delta x} - kA(dT/dx)|_{x}}{\Delta x} - hP(T - T_\infty) = 0$$

Calculando essa equação no limite quando $\Delta x \to 0$, obtemos a equação diferencial

$$\frac{d}{dx}\left(kA\frac{dT}{dx}\right) - hP(T - T_\infty) = 0 \quad (17\text{-}28)$$

Deve-se notar, nesse ponto, que o gradiente de temperatura, dT/dx, e a temperatura de superfície, T, são expressos de modo que T seja uma função somente de x. Esse tratamento não considera variação de temperatura na direção transversal (análise de "parâmetros agrupados"; em inglês, *lumped analysis*). Isso é fisicamente realista quando a seção transversal é fina ou quando a condutividade térmica do material é grande. Ambas as condições se aplicam no caso de aletas. A abordagem de "parâmetros agrupados" será discutida em mais detalhes no Capítulo 18. Essa aproximação no presente caso leva à equação (17-28), uma equação diferencial ordinária. Se não tivéssemos feito essa análise simplificada, teríamos um problema de parâmetros distribuídos que requereria resolver uma equação diferencial parcial.

Há uma faixa ampla de formas possíveis quando a equação (17-28) é aplicada a geometrias específicas. Três aplicações possíveis e as equações resultantes são descritas nos parágrafos que se seguem.

(1) Aletas de Seção Transversal Uniforme Para qualquer um dos casos mostrados na Figura 17.8, o seguinte é verdade: $A(x) = A$ e $P(x) = P$, ambos constantes. Se, adicionalmente, tanto k como h forem constantes, a equação (17-28) se reduzirá a

$$\frac{d^2T}{dx^2} - \frac{hP}{kA}(T - T_\infty) = 0 \quad (17\text{-}29)$$

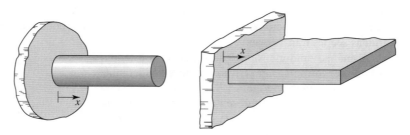

Figura 17.8 Dois exemplos de superfícies estendidas com área transversal constante.

(2) Superfícies Retas com Seção Transversal Variável Duas configurações, para as quais A e P não são constantes, são mostradas na Figura 17.9. Se a área e o perímetro variarem de uma maneira linear a partir da superfície principal (parede), $x = 0$, para algum valor menor na extremidade, $x = L$, A e P podem ser expressos como

$$A = A_0 - (A_0 - A_L)\frac{x}{L} \quad (17\text{-}30)$$

e

$$P = P_0 - (P_0 - P_L)\frac{x}{L} \quad (17\text{-}31)$$

No caso de uma aleta retangular, mostrada na Figura 17.9(b), os valores apropriados de A e P são

$$A_0 = 2t_0 W \qquad A_L = 2t_L W$$

$$P_0 = 2[2t_0 + W] \quad P_L = 2[2t_L + W]$$

em que t_0 e t_L representam metade da espessura da aleta calculada em $x = 0$ e $x = L$, respectivamente, e W é a profundidade total da aleta.

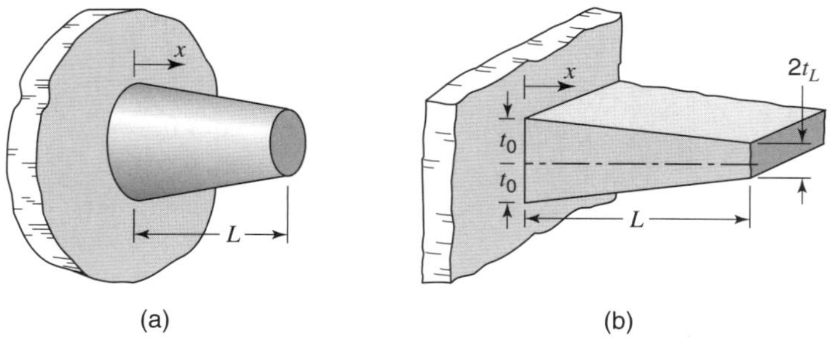

(a) (b)

Figura 17.9 Dois exemplos de superfícies estendidas com área transversal constante.

Para h e k constantes, a equação (17-28), aplicada a superfícies estendidas com área transversal constante variando linearmente, torna-se

$$\left[A_0 - (A_0 - A_L)\frac{x}{L}\right]\frac{d^2T}{dx^2} - \frac{A_0 - A_L}{L}\frac{dT}{dx} - \frac{h}{k}\left[P_0 - (P_0 - P_L)\frac{x}{L}\right](T - T_\infty) = 0 \qquad (17\text{-}32)$$

(3) Superfícies Curvadas de Espessura Uniforme

Um tipo comum de superfície estendida é aquela da aleta anular de espessura constante, conforme mostrado na Figura 17.10. As expressões apropriadas para A e P nesse caso são

e
$$\left.\begin{array}{l} A = 4\pi rt \\ P = 4\pi r \end{array}\right\} r_0 \leq r \leq r_L$$

Quando essas expressões são substituídas na equação (17-28), a equação diferencial aplicável, considerando k e h constantes, é

$$\frac{d^2T}{dr^2} + \frac{1}{r}\frac{dT}{dr} - \frac{h}{kt}(T - T_\infty) = 0 \qquad (17\text{-}33)$$

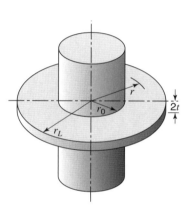

Figura 17.10 Uma aleta curvada de espessura constante.

A equação (17-33) é uma forma da equação de Bessel de ordem zero. A solução está em termos das funções de Bessel de primeiro tipo. A descrição e uso dessas funções estão além do escopo matemático deste livro. O leitor interessado pode consultar o trabalho de Kraus *et al.*[3] para uma discussão completa das funções de Bessel e seu uso.

Em cada um dos casos considerados, a condutividade térmica e o coeficiente convectivo de transferência de calor foram admitidos como constantes. Quando a natureza variável dessas grandezas é considerada, as equações diferenciais resultantes se tornam ainda mais complexas que aquelas desenvolvidas até agora.

Soluções para o perfil de temperaturas no caso da aleta reta de seção transversal constante serão agora consideradas. Aplica-se no caso a equação (17-29).

A solução geral para a equação (17-29) pode agora ser escrita

$$\theta = c_1 e^{mx} + c_2 e^{-mx} \qquad (17\text{-}34)$$

ou

$$\theta = A \cosh mx + B \operatorname{sen} mx \qquad (17\text{-}35)$$

em que $m^2 = hP/kA$ e $\theta = T - T_\infty$. O cálculo das constantes de integração requer que as duas condições de contorno sejam conhecidas. Os três conjuntos de condições de contorno que devemos considerar são:

---

[3] A. D. Kraus, A. Aziz e J. R. Welty, *Extended Surface Heat Transfer*, Wiley-Interscience, Nova York, 2001.

$$(a) \qquad T = T_0 \quad \text{em} \quad x = 0$$
$$T = T_L \quad \text{em} \quad x = L$$

$$(b) \qquad T = T_0 \quad \text{em} \quad x = 0$$
$$\frac{dT}{dx} = 0 \quad \text{em} \quad x = L$$

e

$$(c) \qquad T = T_0 \qquad \text{em} \quad x = 0$$
$$-k\frac{dT}{dx} = h(T - T_\infty) \quad \text{em} \quad x = L$$

A primeira condição de contorno de cada conjunto é a mesma e estipula que a temperatura na base da aleta é igual àquela da parede (superfície principal) em que a aleta é colocada. A segunda condição de contorno relata a situação em uma distância L a partir da base. No conjunto (a), a temperatura é conhecida em $x = L$. No conjunto (b), o gradiente de temperatura é zero em $x = L$. No conjunto (c), a exigência é de que a taxa de calor por condução no final de uma aleta seja igual à taxa de calor por convecção.

O perfil de temperaturas, associado com o primeiro conjunto de condições de contorno, é

$$\frac{\theta}{\theta_0} = \frac{T - T_\infty}{T_0 - T_\infty} = \left(\frac{\theta_L}{\theta_0} - e^{-mL}\right)\left(\frac{e^{mx} - e^{-mx}}{e^{mL} - e^{-mL}}\right) + e^{-mx} \tag{17-36}$$

Um caso especial dessa solução se aplica quando L se torna muito grande — ou seja, $L \rightarrow \infty$, reduzindo a equação (17-36) para

$$\frac{\theta}{\theta_0} = \frac{T - T_\infty}{T_0 - T_\infty} = e^{-mx} \tag{17-37}$$

As constantes, c_1 e c_2, obtidas aplicando-se o conjunto (b), resultam, para o perfil de temperaturas,

$$\frac{\theta}{\theta_0} = \frac{T - T_\infty}{T_0 - T_\infty} = \frac{e^{mx}}{1 + e^{2mL}} + \frac{e^{-mx}}{1 + e^{-2mL}} \tag{17-38}$$

Uma expressão equivalente à equação (17-38), mas em uma forma mais compacta, é

$$\frac{\theta}{\theta_0} = \frac{T - T_\infty}{T_0 - T_\infty} = \frac{\cosh[m(L - x)]}{\cosh mL} \tag{17-39}$$

Note que em qualquer equação, (17-38) ou (17-39), quando $L \rightarrow \infty$, o perfil de temperaturas se aproxima daquele expresso na equação (17-37).

A aplicação do conjunto (c) das condições de contorno resulta, para o perfil de temperaturas,

$$\frac{\theta}{\theta_0} = \frac{T - T_\infty}{T_0 - T_\infty} = \frac{\cosh[m(L - x)] + (h/mk)\text{senh}[m(L - x)]}{\cosh mL + (h/mk)\text{senh } mL} \tag{17-40}$$

Pode ser notado que essa expressão se reduz à equação (17-39) se $d\theta/dx = 0$ em $x = L$ e à equação (17-37), se $T = T_\infty$ quando $L \rightarrow \infty$.

As expressões para $T(x)$ obtidas são particularmente úteis no cálculo da transferência total de calor a partir da aleta. Essa transferência total de calor pode ser determinada por duas abordagens. A primeira é integrar a expressão de transferência convectiva de calor ao longo da superfície, de acordo com

$$q = \int_S h[T(x) - T_\infty]dS = \int_S h\theta \, dS \tag{17-41}$$

O segundo método envolve calcular a energia conduzida da base para a aleta, conforme expresso por

$$q = -kA \frac{dT}{dx}\bigg|_{x=0} \tag{17-42}$$

A última dessas duas expressões é mais fácil de calcular; consequentemente, usaremos essa equação no desenvolvimento seguinte.

Usando a equação (17-36), encontramos que a taxa de transferência de calor, quando o conjunto (a) das condições de contorno se aplica, é

$$q = kАm\theta_0 \left[1 - 2\frac{\theta_L/\theta_0 - e^{-mL}}{e^{mL} - e^{-mL}} \right] \tag{17-43}$$

Se o comprimento L for muito longo, essa expressão se torna

$$q = kАm\theta_0 = kАm(T_0 - T_\infty) \tag{17-44}$$

Substituindo a equação (17-39) – obtida usando o conjunto (b) das condições de contorno – na equação (17-42), temos

$$q = kАm\theta_0 \ \text{tgh} \ mL \tag{17-45}$$

A equação (17-40), utilizada na equação (17-42), resulta a seguinte expressão para q

$$q = kАm\theta_0 \ \frac{\text{senh} \, mL + (h/mk)\cosh mL}{\cosh mL + (h/mk)\text{senh} \, mL} \tag{17-46}$$

As equações para o perfil de temperaturas e a transferência total de calor para as aletas de configuração mais complexa não foram consideradas. Alguns desses casos serão deixados como exercícios para o leitor.

Uma questão que logicamente aparece nesse ponto é: "Qual o benefício que advém pela adição das superfícies estendidas?" Um termo que ajuda a responder essa questão é a *eficiência da aleta*, simbolizada por η_f, definida como a razão entre a transferência de calor real de uma aleta e a transferência de calor máxima possível da superfície. A máxima transferência ocorreria se a temperatura da aleta fosse igual à temperatura da base, T_0, em todos os pontos.

A Figura 17.11 é um gráfico de η_f como função de um parâmetro significativo para aleta anular de espessura constante (quando a espessura da aleta é pequena, $t \ll r_L - r_0$).

A transferência total de calor de uma superfície aletada é

$$\begin{aligned} q_{\text{total}} &= q_{\text{superfície principal (parede)}} + q_{\text{aleta}} \\ &= A_0 h(T_0 - T_\infty) + A_f h(T - T_\infty) \end{aligned} \tag{17-47}$$

O segundo termo na equação (17-47) é a transferência de calor real a partir da superfície da aleta em termos da temperatura variável da superfície. Isso pode ser escrito em termos da eficiência da aleta, resultando

$$q_{\text{total}} = A_0 h(T_0 - T_\infty) + A_f h\eta_f(T_0 - T_\infty)$$

ou

$$q_{\text{total}} = h(A_0 + A_f\eta_f)(T_0 - T_\infty) \tag{17-48}$$

Nessa expressão, A_0 representa a área exposta da parede, A_f é a área superficial da aleta e o coeficiente de transferência de calor, h, é considerado constante.

A aplicação da equação (17-48), assim como uma ideia da efetividade de aletas, é ilustrada no Exemplo 3.

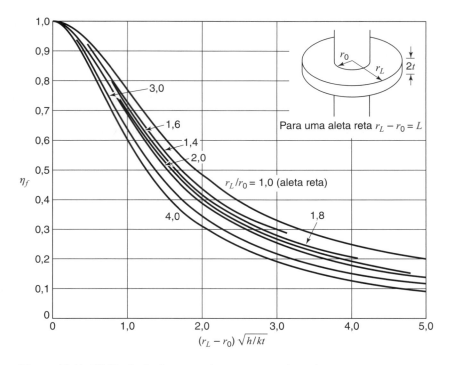

Figura 17.11 Eficiência de aleta para aletas retas e anulares de espessura constante.

Exemplo 3

Água e ar estão separados por uma parede plana de aço doce. Propõe-se aumentar a taxa de transferência de calor entre esses fluidos por meio da adição de aletas retas, de 1,27 mm de espessura e 2,5 cm de comprimento, espaçadas por 1,27 cm. Os coeficientes de transferência de calor no lado do ar e no lado da água são constantes e iguais, respectivamente, a 11,4 W/m² · K e 256 W/m² · K. Determine a variação percentual na transferência total quando as aletas são colocadas (a) no lado da água, (b) no lado do ar e (c) em ambos os lados.

Para uma seção de 1 m² da parede, as áreas da superfície principal (parede) e das aletas são

$$A_o = 1\ m^2 - 79\ \text{aletas}\ (1\ m)\left[\frac{0{,}00127\ m}{\text{aleta}}\right]$$
$$= 0{,}90\ m^2$$

$$A_f = 79\ \text{aletas}\ (1\ m)[(2)(0{,}025\ m)] + 0{,}10\ m^2$$
$$= 4{,}05\ m^2$$

Valores da eficiência da aleta podem agora ser determinados a partir da Figura 17.11. Para o lado do ar,

$$L\sqrt{h/kt} = 0{,}025\ m\left[\frac{11{,}4\ W/m^2 \cdot K}{(42{,}9\ W/m \cdot K)(0{,}00127\ m)}\right]^{1/2}$$
$$= 0{,}362$$

e, para o lado da água,

$$L\sqrt{h/kt} = 0{,}025\ m\left[\frac{256\ W/m^2 \cdot K}{(42{,}9\ W/m \cdot K)(0{,}00127\ m)}\right]^{1/2}$$
$$= 1{,}71$$

As eficiências da aleta são então lidas na figura como

$$\eta_{ar} \cong 0{,}95$$
$$\eta_{\text{água}} \cong 0{,}55$$

As taxas totais de transferência de calor podem agora ser calculadas. Para aletas no lado do ar,

$$q = h_a \Delta T_a [A_o + \eta_{fa} A_f]$$
$$= 11,4 \, \Delta T_a [0,90 + 0,95(4,05)]$$
$$= 54,1 \Delta T_a$$

e, para o lado da água,

$$q = h_w \Delta T_w [A_o + \eta_{fw} A_f]$$
$$= 256 \, \Delta T_w [0,90 + 0,55(4,05)]$$
$$= 801 \, \Delta T_w$$

As grandezas ΔT_a e ΔT_w representam as diferenças de temperatura entre a temperatura da superfície de aço T_o e cada um dos dois fluidos. O inverso de cada coeficiente de transferência de calor é a resistência térmica das superfícies aletadas.

Sem as aletas, a taxa de transferência de calor da diferença global de temperatura, $\Delta T = T_w - T_a$, desprezando a resistência condutiva da parede de aço, é

$$q = \frac{\Delta T}{\dfrac{1}{11,4} + \dfrac{1}{256}} = 10,91 \, \Delta T$$

Com aletas somente no lado do ar,

$$q = \frac{\Delta T}{\dfrac{1}{54,1} + \dfrac{1}{256}} = 44,67 \, \Delta T$$

um aumento de 310% comparado com o caso da parede sem aletas.

Com aletas somente no lado da água,

$$q = \frac{\Delta T}{\dfrac{1}{11,4} + \dfrac{1}{801}} = 11,24 \, \Delta T$$

um aumento de 3,0%.

Com aletas em ambos os lados, a taxa de transferência de calor é

$$q = \frac{\Delta T}{\dfrac{1}{54,1} + \dfrac{1}{801}} = 50,68 \, \Delta T$$

um aumento de 365%.

Esse resultado indica que a adição de aletas é particularmente benéfica quando o coeficiente de transferência de calor tiver um valor relativamente pequeno.

▶ 17.4

SISTEMAS BI E TRIDIMENSIONAIS

Nas Seções 17.2 e 17.3, discutimos sistemas em que a temperatura e a transferência de energia foram funções de uma única variável espacial. Embora muitos problemas caiam nessa categoria, há muitos outros sistemas envolvendo geometria complicada ou condições de contorno para a temperatura, ou ambas, para as quais duas ou mesmo três coordenadas espaciais são necessárias para descrever o campo de temperatura.

Nesta seção, devemos rever alguns dos métodos para analisar a transferência de calor por condução em sistemas bi e tridimensionais. Os problemas envolverão principalmente sistemas bidimensionais, uma vez que eles são menos complicados de resolver, porém ilustram as técnicas de análise.

Solução Analítica Uma solução analítica para qualquer problema de transferência tem de satisfazer a equação diferencial descrevendo o processo, assim como as condições de contorno prescritas. Muitas técnicas matemáticas têm sido usadas para obter soluções para situações particulares de condução de energia em que uma equação diferencial parcial descreve o campo de temperaturas. Carslaw e Jaeger[4] e Boelter *et al.*[5] escreveram tratados excelentes que lidam com as soluções matemáticas para muitos dos problemas mais complexos de condução. Como a maioria desse material é muito especializada para um curso introdutório, uma solução será obtida para um dos primeiros casos analisados por Fourier[6] no tratado clássico que estabeleceu a teoria de transferência de calor por condução. Essa solução de um meio condutivo bidimensional emprega o método matemático de separação de variáveis.

Considere uma placa retangular fina e infinita no comprimento, que esteja livre de fontes térmicas, conforme ilustrado na Figura 17.12. Para uma placa fina, $\partial T/\partial z$ é desprezível e a temperatura é uma função somente de x e de y. A solução será obtida para o caso em que as duas bordas da placa são mantidas na temperatura zero e a base é mantida em T_1, como mostrado. Em estado estacionário, a distribuição de temperaturas na placa, com condutividade térmica constante, tem de satisfazer à equação diferencial

$$\frac{\partial^2 T}{\partial x^2} + \frac{\partial^2 T}{\partial y^2} = 0 \qquad (17\text{-}49)$$

e as condições de contorno

$$T = 0 \quad \text{em} \quad x = 0 \quad \text{para todos os valores de } y$$
$$T = 0 \quad \text{em} \quad x = L \quad \text{para todos os valores de } y$$
$$T = T_1 \text{ em} \quad y = 0 \quad \text{para } 0 \leq x \leq L$$

e

$$T = 0 \quad \text{em} \quad y = \infty \quad \text{para } 0 \leq x \leq L$$

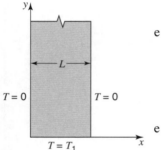

Figura 17.12 Modelo para uma análise bidimensional da condução.

A equação (17-49) é uma equação diferencial parcial linear e homogênea. Esse tipo de equação pode ser geralmente resolvida considerando que a distribuição de temperaturas, $T(x, y)$, é da forma

$$T(x, y) = X(x)Y(y) \qquad (17\text{-}50)$$

em que $X(x)$ é uma função somente de x e $Y(y)$ é uma função somente de y. Substituindo essa equação na equação (17-49), obtemos uma expressão em que as variáveis são separadas

$$-\frac{1}{X}\frac{d^2 X}{dx^2} = \frac{1}{Y}\frac{d^2 Y}{dy^2} \qquad (17\text{-}51)$$

Uma vez que o lado esquerdo da equação (17-51) é independente de y e o lado direito equivalente é independente de x, segue-se que ambos os lados têm de ser independentes de x e de y e, consequentemente, têm de ser iguais a uma constante. Se designarmos essa constante como λ^2, duas equações diferenciais ordinárias resultarão:

$$\frac{d^2 X}{dx^2} + \lambda^2 X = 0 \qquad (17\text{-}52)$$

e

$$\frac{d^2 Y}{dy^2} - \lambda^2 Y = 0 \qquad (17\text{-}53)$$

---

[4] H. S. Carslaw e J. C. Jaeger, *Conduction of Heat in Solids*, 2. ed. Oxford University Press, Nova York, 1959.

[5] L. M. K. Boelter, V. H. Cherry, H. A. Johnson e R. C. Martinelli, *Heat Transfer Notes*, McGraw-Hills Book Company, Nova York, 1965.

[6] J. B. J. Fourier, *Theorie Analytique de la Chaleur*, Gauthier-Villars, Paris, 1822.

Essas equações diferenciais podem ser integradas, resultando

$$X = A \cos \lambda x + B \operatorname{sen} \lambda x$$

e

$$Y = Ce^{\lambda y} + De^{-\lambda y}$$

De acordo com a equação (17-50), a distribuição de temperaturas é definida pela relação

$$T(x,y) = XY = (A \cos \lambda x + B \operatorname{sen} \lambda x)(Ce^{\lambda y} + De^{-\lambda y}) \qquad (17\text{-}54)$$

em que A, B, C e D são constantes que devem ser calculadas a partir das quatro condições de contorno. A condição que $T = 0$ em $x = 0$ requer que $A = 0$. Similarmente, sen λx tem de ser zero em $x = L$; logo, λL tem de ser um inteiro múltiplo de π ou $\lambda = n\pi/L$. A equação (17-54) é agora reduzida para

$$T(x,y) = B \operatorname{sen}\left(\frac{n\pi x}{L}\right)(Ce^{n\pi y/L} + De^{-n\pi y/L}) \qquad (17\text{-}55)$$

A exigência de que $T = 0$ em $y = \infty$ requer que C tem de ser zero. Uma combinação de B e D em uma constante única E reduz a equação (17-55) a

$$T(x,y) = Ee^{-n\pi y/L}\operatorname{sen}\left(\frac{n\pi x}{L}\right)$$

Essa expressão satisfaz à equação diferencial para qualquer inteiro n maior do que ou igual a zero. A solução geral é obtida somando todas as soluções possíveis, fornecendo

$$T = \sum_{n=1}^{\infty} E_n e^{-n\pi y/L} \operatorname{sen}\left(\frac{n\pi x}{L}\right) \qquad (17\text{-}56)$$

A última condição de contorno, $T = T_1$ em $y = 0$, é usada para calcular E_n de acordo com a expressão

$$T_1 = \sum_{n=1}^{\infty} E_n \operatorname{sen}\left(\frac{n\pi x}{L}\right) \quad \text{para} \quad 0 \leq x \leq L$$

As constantes E_n são os coeficientes de Fourier para tal expansão e são dados por

$$E_n = \frac{4T_1}{n\pi} \quad \text{para} \quad n = 1, 3, 5, \ldots$$

e

$$E_n = 0 \quad \text{para} \quad n = 2, 4, 6, \ldots$$

A solução para esse problema bidimensional é

$$T = \frac{4T_1}{\pi} \sum_{n=0}^{\infty} \frac{e^{[-(2n+1)\pi y]/L}}{2n+1} \operatorname{sen} \frac{(2n+1)\pi x}{L} \qquad (17\text{-}57)$$

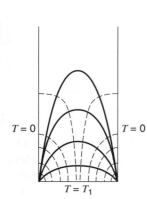

Figura 17.13 Isotermas e linhas de taxa de energia para a placa retangular da Figura 17.12.

As isotermas e as linhas de taxa de energia são plotadas na Figura 17-13. As isotermas são mostradas na figura como linhas sólidas e as linhas tracejadas, que são ortogonais às isotermas, são linhas de taxa de energia. Note a similaridade com as linhas de potencial constante de velocidade e com a função de corrente, conforme discutido na transferência de momento.

O método de separação de variáveis pode ser estendido aos casos tridimensionais, considerando T igual ao produto $X(x)Y(y)Z(z)$ e substituindo essa expressão para T na equação diferencial aplicável. Quando as variáveis são separadas, três equações diferenciais ordinárias de segunda ordem são obtidas, que podem ser integradas sujeitas às condições de contorno dadas.

Soluções analíticas são úteis quando elas podem ser obtidas. Existem, entretanto, problemas práticos com geometria e condições de contorno complicadas que não podem ser resolvidas analiticamente. Como uma abordagem alternativa, tem-se de usar métodos numéricos.

Fatores de Forma para Configurações Comuns

O fator de forma, S, é definido e discutido brevemente no Capítulo 15. Quando um caso geométrico de interesse envolve condução entre uma fonte e um sorvedouro, ambos com contornos isotérmicos, um conhecimento do fator de forma torna a determinação da taxa de calor um cálculo simples.

A Tabela 17.1 lista expressões para fatores de forma de cinco configurações. Em cada caso mostrado, presume-se que o problema de transferência de calor seja bidimensional — isto é, a dimensão normal ao plano mostrado é muito grande.

Tabela 17.1 Fatores de forma para a condução

Forma	Fator de forma, S $q/L = kS(T_i - T_o)$
Cilindros circulares concêntricos.	$\dfrac{2\pi}{\ln(r_o/r_i)}$
Cilindros circulares excêntricos.	$\dfrac{2\pi}{\cosh^{-1}\left(\dfrac{1 + \rho^2 - \varepsilon^2}{2\rho}\right)}$ $\rho \equiv r_i/r_o,\ \varepsilon \equiv e/r_o$
Cilindro circular em um cilindro hexagonal.	$\dfrac{2\pi}{\ln(r_o/r_i) - 0{,}10669}$
Cilindro circular em um cilindro quadrado.	$\dfrac{2\pi}{\ln(r_o/r_i) - 0{,}27079}$
Cilindro infinito enterrado em um meio semi-infinito.	$\dfrac{2\pi}{\cosh^{-1}(\rho/r)}$

Soluções Numéricas

Cada uma das técnicas de solução discutidas até agora para condução multidimensional tem considerável utilidade quando as condições permitem seu uso. Soluções analíticas requerem funções e geometrias relativamente simples; o uso de fatores de forma requer contornos isotérmicos. Quando a situação de interesse se torna suficientemente complexa ou quando condições de contorno impedem o uso de técnicas simples de solução, tem-se de usar soluções numéricas.

Com a presença de computadores digitais para executar rápida e acuradamente um grande número de manipulações inerentes em soluções numéricas, essa abordagem é agora muito comum. Nesta seção, introduziremos os conceitos da formulação e solução de problemas numéricos.

Uma discussão mais detalhada e mais completa de soluções numéricas para problemas de condução de calor pode ser encontrada em Carnahan et al.[7] e em Welty.[8]

A Figura 17.14 mostra uma representação bidimensional de um elemento dentro de um meio condutor. O elemento ou "nó" i, j está centralizado na figura, juntamente com seus nós adjacentes. A designação, i, j, implica uma localização geral em um sistema bidimensional, em que i é um índice geral na direção x e j é o índice para y. Os índices dos nós adjacentes são mostrados na Figura 17.14. A malha é estabelecida com nós com largura constante, Δx, e altura constante, Δy. Pode ser conveniente fazer uma malha "quadrada" — isto é, $\Delta x = \Delta y$ —, mas por ora adote essas dimensões diferentes.

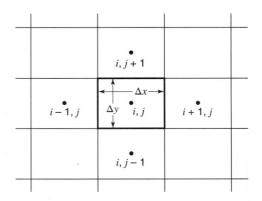

Figura 17.14 Elemento de volume bidimensional em um meio condutor.

Uma aplicação direta da equação (6-10) ao nó i, j resulta

$$\frac{\delta Q}{dt} = \frac{\partial}{\partial t} \iiint_{\text{v.c.}} e\rho dV \tag{17-58}$$

O termo de entrada de calor, $\delta Q/dt$, pode ser calculado permitindo condução para o nó i, j proveniente dos nós adjacentes e pela geração de energia dentro do meio. Calculando $\delta Q/dt$ dessa maneira, obtemos

$$\frac{\delta Q}{dt} = k\frac{\Delta y}{\Delta x}(T_{i-1,j} - T_{i,j}) + k\frac{\Delta y}{\Delta x}(T_{i+1,j} - T_{i,j})$$
$$+ k\frac{\Delta x}{\Delta y}(T_{i,j-1} - T_{i,j}) + k\frac{\Delta x}{\Delta y}(T_{i,j+1} - T_{i,j}) + \dot{q}\,\Delta x\Delta y \tag{17-59}$$

Os dois primeiros termos nessa expressão relacionam condução na direção x; o terceiro e o quarto termos expressam a condução na direção y; e o último é o termo de geração. Todos esses termos são positivos; a transferência de calor é considerada positiva.

A taxa de aumento de energia dentro do nó i, j pode ser escrita simplesmente como

$$\frac{\partial}{\partial t}\iiint_{\text{v.c.}} e\rho\, dV = \left[\frac{\rho c T|_{t+\Delta t} - \rho c T|_t}{\Delta t}\right]\Delta x\Delta y \tag{17-60}$$

A equação (17-58) indica que as expressões dadas pelas equações (17-59) e (17-60) podem ser igualadas. Igualando essas expressões e simplificando, temos

$$k\frac{\Delta y}{\Delta x}[T_{i-1,j} + T_{i+1,j} - 2T_{i,j}] + k\frac{\Delta x}{\Delta y}[T_{i,j-1} + T_{i,j+1} - 2T_{i,j}]$$
$$+ \dot{q}\,\Delta x\Delta y = \left[\frac{\rho c T_{i,j}|_{t+\Delta t} - \rho c T_{i,j}|_t}{\Delta t}\right]\Delta x\Delta y \tag{17-61}$$

No próximo capítulo, essa expressão será considerada em uma forma mais completa. Por ora, não consideraremos os termos variantes com o tempo; além disso, consideraremos os nós quadrados — ou seja, $\Delta x = \Delta y$. Com essas simplificações, a equação (17-61) se torna

$$T_{i-1,j} + T_{i+1,j} + T_{i,j-1} + T_{i,j+1} - 4T_{i,j} + \dot{q}\frac{\Delta x^2}{k} = 0 \tag{17-62}$$

---

[7] B. Carnahan, H. A. Luther e J. O. Wilkes, *Applied Numerical Methods*, Wiley, Nova York, 1969.
[8] J. R. Welty, *Engineering Heat Transfer*, Wiley, Nova York, 1974.

Na ausência de geração interna, a equação (17-62) pode ser resolvida para T_{ij} de modo a resultar

$$T_{i,j} = \frac{T_{i-1,j} + T_{i+1,j} + T_{i,j-1} + T_{i,j+1}}{4} \tag{17-63}$$

ou a temperatura no nó i, j é a média aritmética de seus nós adjacentes. A seguir, será apresentado um exemplo simples mostrando o uso da equação (17-63) na resolução de um problema bidimensional de condução de calor.

Exemplo 4

Um duto quadrado oco com a configuração mostrada (esquerda) tem suas superfícies mantidas a 200 e 100 K, respectivamente. Determine a taxa de transferência de calor estacionária entre as superfícies quente e fria desse duto. O material das paredes tem uma condutividade térmica de 1,21 W/m · K. Podemos aproveitar a simetria nos oito lados dessa figura para dispor a malha quadrada simples mostrada na Figura 17.15.

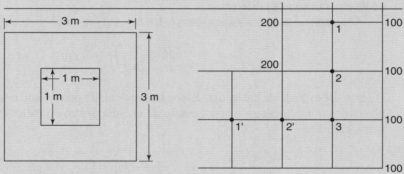

Figura 17.15

A malha escolhida é quadrada com $\Delta x = \Delta y = \frac{1}{2}$ m. Três nós interiores são assim identificados; suas temperaturas podem ser determinadas aplicando-se apropriadamente a equação (17-63). Escrevendo as expressões adequadas para T_1, T_2 e T_3 usando a equação (17-68) como guia, temos

$$T_1 = \frac{200 + 100 + 2T_2}{4}$$

$$T_2 = \frac{200 + 100 + T_1 + T_3}{4}$$

$$T_3 = \frac{100 + 100 + 2T_2}{4}$$

Esse conjunto de três equações e três incógnitas pode ser resolvido bem facilmente para resultar $T_1 = 145{,}83$ K, $T_2 = 141{,}67$ K, $T_3 = 120{,}83$ K.

As temperaturas assim obtidas podem agora ser usadas para encontrar a transferência de calor. A suposição de que o calor é transferido nas direções x e y entre os nós está implícita no procedimento de dispor uma malha do tipo especificado. Baseando-se nisso, a transferência de calor ocorre da superfície quente para o interior somente dos nós 1 e 2; a transferência de calor ocorre para a superfície mais fria a partir dos nós 1, 2 e 3. Devemos também lembrar que a seção do duto que foi analisada é 1/8 do total; logo, da transferência de calor para o nó 1 e a partir do nó 1, somente metade deve ser apropriadamente considerada parte do elemento analisado.

Agora, resolvemos a taxa de transferência de calor a partir da superfície mais quente e escrevemos

$$q = \frac{k(200 - T_1)}{2} + k(200 - T_2)$$

$$= k\left[\left(\frac{200 - 145{,}83}{2}\right) + (200 - 141{,}67)\right]$$

$$= 85{,}41k \quad (q \text{ em W/m}, k \text{ em W/m} \cdot \text{K})$$

Uma conta similar para a taxa de calor dos nós 1, 2 e 3 para a superfície mais fria é escrita como

$$q = \frac{k(T_1 - 100)}{2} + k(T_2 - 100) + k(T_3 - 100)$$

$$= k\left[\left(\frac{145{,}83 - 100}{2}\right) + (141{,}67 - 100) + (120{,}83 - 100)\right]$$

$$= 85{,}41\,k \quad (q \text{ em W/m}, k \text{ em W/m} \cdot \text{K})$$

Condução em Estado Estacionário ◀ **251**

Observe que essas duas maneiras diferentes de resolver q levam a resultados idênticos. Isso é obviamente uma exigência da análise e serve como verificação da formulação do trabalho numérico.

O exemplo pode agora ser concluído. A transferência total de calor por metro de duto é calculada como

$$q = 8(8{,}415\,\text{K})(1{,}21\,\text{W/m} \cdot \text{K})$$

$$= 81{,}45\,\text{W/m}$$

O Exemplo 4 ilustrou, de uma maneira simples, a abordagem numérica para resolver problemas bidimensionais de condução em estado estacionário. É claro que qualquer complexidade adicionada na forma da geometria envolvida, outros tipos de condições de contorno, tais como convecção, radiação, fluxo de calor especificado, entre outras, ou simplesmente um número maior de nós interiores, resultará em um problema muito complexo para cálculo manual. Técnicas para formular tais problemas e algumas técnicas de soluções são descritas por Welty.

Nesta seção, consideramos técnicas para resolver problemas bi e tridimensionais de condução em estado estacionário. Cada uma dessas abordagens tem certas exigências que limitam seu uso. A solução analítica é recomendada para problemas de formas geométricas simples e condições de contorno simples. Técnicas numéricas podem ser usadas para resolver problemas complexos envolvendo condições de contorno não uniformes e propriedades físicas variáveis.

▶ **17.5**

RESUMO

Neste capítulo, consideramos soluções para problemas de condução em estado estacionário. As equações diferenciais características foram frequentemente estabelecidas gerando a equação pelo uso da expressão do volume de controle para a conservação de energia, assim como pelo uso da equação diferencial geral para transferência de energia. Espera-se que essa abordagem forneça ao estudante uma compreensão de vários termos contidos na equação diferencial geral, capacitando-o assim a decidir, para cada solução, que termos são relevantes.

Sistemas unidimensionais com e sem geração interna de energia foram considerados.

▶

PROBLEMAS

17.1 Condução unidimensional em estado estacionário, sem geração interna de energia, ocorre através de uma parede plana, tendo uma condutividade térmica constante de 30 W/m · K. O material tem uma espessura de 30 cm. Para cada caso listado na tabela a seguir, determine as grandezas desconhecidas. Mostre um esboço da distribuição de temperaturas para cada caso.

Caso	T_1	T_2	dT/dx (K/m)	q_x (W/m²)
1	350 K	275 K		
2	300 K			−2000
3		350 K	−300	
4	250 K		200	

17.2 A expressão em estado estacionário para a condução de calor através de uma parede plana é $q = (kA/L)\Delta T$, como dado pela equação (17-4). Para condução de calor em estado estacionário através de um cilindro oco, uma expressão similar à equação (17-4) é

$$q = \frac{k\overline{A}}{r_o - r_i}\Delta T$$

em que $\overline{A}$ é a média logarítmica da área, definida como

$$\overline{A} = 2\pi\frac{r_o - r_i}{\ln(r_o/r_i)}$$

a. Mostre que $\overline{A}$, como definida anteriormente, satisfaz às equações para transferência de calor radial em um elemento cilíndrico oco.

b. Se a média aritmética da área, $\pi(r_o - r_i)$, for usada em vez da média logarítmica, calcule o erro percentual resultante para valores de r_o/r_i de 1,5; 3 e 5.

17.3 Calcule a área "média" apropriada para a condução de calor em estado estacionário em uma esfera oca que satisfaz uma equação da forma

$$q = \frac{k\bar{A}}{r_o - r_i}\Delta T$$

Repita o item (b) do Problema 17.2 para o caso esférico.

17.4 Deseja-se transportar metal líquido por um tubo encravado em uma parede no ponto em que a temperatura é 650 K. Uma parede, de espessura 1,2 m, construída de um material tendo uma condutividade térmica que varia com a temperatura de acordo com $k = 0{,}0073(1 + 0{,}0054T)$, em que T está em K e k está em W/m · K, tem sua superfície interna mantida a 925 K. A superfície externa está exposta ao ar a 300 K, com um coeficiente convectivo de transferência de calor de 23 W/m² · K. Quão longe da superfície externa o tubo deve estar localizado? Qual é o fluxo de calor para a parede?

17.5 O dispositivo mostrado na figura adiante é usado para estimar a condutividade térmica de um novo biomaterial, medindo-se a taxa de transferência de calor em estado estacionário e a temperatura. O biomaterial é enrolado em torno de um bastão cilíndrico de aquecimento, conforme mostrado na figura. As extremidades expostas do dispositivo são vedadas e isoladas. Uma carga constante de energia atravessa o bastão de aquecimento. A energia transferida para o bastão é dissipada como calor através pela camada de biomaterial e então pela camada de filme condutor de ar. A temperatura na superfície do bastão de aquecimento, que tem 3 cm de diâmetro ($r = R_o = 1{,}50$ cm, $T = T_0$), é medida, sendo constante ao longo do comprimento, $L = 6$ cm, do bastão.

Para o conjunto presente de medidas, a espessura do biomaterial ao redor do bastão de aquecimento é 0,3 cm, a carga de energia é 15 W, a temperatura medida na superfície do bastão é $T_0 = 70°C$ e a temperatura do ar circundante permanece constante e igual a 20°C. O coeficiente convectivo de transferência de calor do filme de ar em volta do biomaterial é 80 W/m² · K.

a. Quais são as condições de contorno para a análise da transferência de calor através do biomaterial?

b. Qual é a condutividade térmica do biomaterial, k_m?

c. Faça um gráfico do perfil de temperaturas $T(r)$, de $r = R_o$ a $r = R_m$.

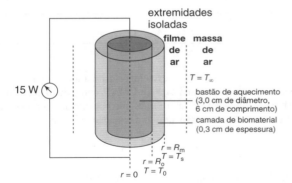

17.6 Uma placa de aço inoxidável, com 1,6 cm de espessura, repousa no topo de uma placa quente mantida a 250°C. Ar escoa sobre a superfície do topo da placa, tendo um coeficiente convectivo de transferência de calor de $h = 50$ W/m² · K. A temperatura do ar é mantida a 20°C.

a. Qual é o fluxo de calor através da placa de aço inoxidável, em W/m²?

b. Qual é a temperatura da superfície do topo, T_1, da placa de aço inoxidável?

c. Baseado na análise anterior, o que você pode concluir acerca da resistência de transferência de calor oferecida pela camada-limite hidrodinâmica?

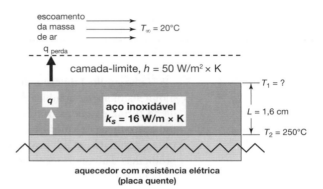

17.7 Uma janela isolante de painel duplo consiste em dois pedaços de vidro, com 1 cm de espessura, separados por uma camada de ar de 1,8 cm de espessura. A janela mede 4 m de largura por 3 m de altura. Sob condições onde a temperatura externa extrema do vidro é –10°C e o ar, a 27°C, está adjacente à superfície interna do vidro, com $h_i = 12$ W/m² · K, determine:

a. a temperatura interna da superfície do vidro

b. a taxa de transferência de calor através da janela

O espaço de ar entre os painéis pode ser tratado como uma camada puramente condutiva, com $k = 0{,}0262$ W/m · K. A radiação térmica pode ser desprezada.

17.8 A parede de uma caldeira deve ser projetada para transmitir um fluxo de calor máximo de 200 Btu/h ft² de área de parede. As temperaturas interna e externa da parede são 2000°F e 300°F, respectivamente. Determine o arranjo mais econômico de tijolos, medindo 9 por 4½ por 3 polegadas, se eles forem feitos de dois materiais: um, com k de 0,44 Btu/h ft °F e uma temperatura máxima de uso de 1500°F, e outro, com um k de 0,94 Btu/h ft °F e uma temperatura máxima de uso de 2200°F. Os tijolos têm o mesmo preço e podem ser dispostos de qualquer maneira.

17.9 A parede de uma caldeira, consistindo em 0,25 m de tijolo refratário, 0,20 m de caulim e 0,10 m de uma camada externa de tijolo de alvenaria, é exposta a um gás a 1370 K, com ar a 300 K adjacente à parede externa. Os coeficientes convectivos de transferência de calor interno e externo são 115 e 23 W/m² · K, respectivamente. Determine a perda de calor por pé quadrado de parede e a temperatura da superfície externa da parede sob essas condições.

17.10 Dadas as condições do Problema 17.9, exceto que a temperatura externa do tijolo de alvenaria não pode exceder 325 K, de quanto a espessura da parede de caulim deve ser ajustada de modo a satisfazer essa exigência?

17.11 Um aquecedor, composto de um fio de nicromo enrolado e estreitamente espaçado, é coberto em ambos os lados com 1/8 in de espessura de asbestos ($k = 0{,}15$ Btu/h ft °F) e então com 1/8 in de espessura de aço inoxidável ($k = 10$ Btu/h ft °F). Se a temperatura do centro dessa construção em sanduíche for considerada constante a 1000°F e o coeficiente convectivo de transferência de calor for 3 Btu/h ft² °F, quanta energia tem de ser suprida em W/ft² para o aquecedor? Qual será a temperatura externa do aço inoxidável?

17.12 Determine o percentual no fluxo de calor se, além das condições especificadas no Problema 17.11, houver dois parafusos de aço, de ¾ in de diâmetro, saindo da parede por cada pé quadrado de área de parede (k para o aço = 22 Btu/h ft °F).

17.13 Uma folha de plástico (k = 2,42 W/m · K), de 2,5 cm de espessura, deve ser colada a uma placa de alumínio de 5 cm de espessura. A cola usada deve ser mantida a uma temperatura de 325 K de modo a atingir a melhor aderência; o calor para atingir esse objetivo deve ser fornecido por uma fonte radiante. O coeficiente convectivo de transferência de calor das superfícies externas de ambos os materiais, plástico e alumínio, é igual a 12 W/m² · K, e o ar ambiente está a 295 K. Qual é o fluxo de calor necessário se ele for aplicado à superfície de (a) plástico? (b) alumínio?

17.14 Uma parede composta deve ser construída de ¼ in de aço inoxidável (k = 10 Btu/h ft °F), 3 in de cortiça (k = 0,025 Btu/h ft °F) e ½ in de plástico (k = 1,5 Btu/h ft °F). Determine a resistência térmica dessa parede, se ela for aparafusada no centro (6 in) com parafusos de ½ in de diâmetro feitos de:

a. aço inoxidável

b. alumínio (k = 120 Btu/h ft °F)

17.15 Uma seção transversal de um teto típico de uma casa é mostrada a seguir. Dadas as propriedades listadas para os materiais de construção, determine quanto calor é transferido através do isolante e através das vigas.

$T_{externa}$ = −10°C
h_o = 20 W/m² · K
$T_{interna}$ = 25°C
h_i = 10 W/m² · K
$k_{fibra\ de\ vidro}$ = 0,035 W/m² · K
k_{gesso} = 0,814 W/m² · K
$k_{madeira}$ = 0,15 W/m² · K

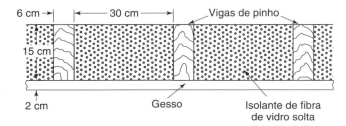

17.16 Um tubo de aço, de 2 in de diâmetro, série 40, carrega vapor saturado a 60 psi através de um laboratório que tem 60 ft de comprimento. O tubo está isolado com 1,5 in de magnésia 85%, que custa $0,75 por pé. Quanto tempo a linha de vapor tem de ficar em serviço para justificar o custo de isolamento, se o custo de aquecimento para o vapor for de $0,68 por 10⁵ Btu? O coeficiente convectivo para a superfície externa de transferência de calor pode ser considerado igual a 5 Btu/h ft² °F.

17.17 Vapor saturado a 40 psia escoa a 5 ft/s por um tubo de aço de 1½ in de diâmetro, série 40. O coeficiente convectivo de transferência de calor no lado do vapor condensando na superfície interna pode ser considerado igual a 1500 Btu/h ft² °F. O ar ambiente está a 80°F e o coeficiente da superfície externa é 3 Btu/h ft² °F. Determine o seguinte:

a. A perda de calor por 10 ft de tubo sem revestimento.

b. A perda de calor por 10 ft de tubo isolado, com 2 in de magnésia 85%.

c. A massa de vapor condensado em 10 ft de tubo sem revestimento.

17.18 Um *chip* de circuito integrado (CI) para computador consome 10 W de energia, que é dissipada como calor. O *chip* mede 4 cm por 4 cm de lado e 0,5 cm de espessura. Atualmente, o *chip* CI é arrumado em um dispositivo eletrônico, conforme mostrado na figura adiante. A base do *chip* está em contato com uma placa inerte de alumínio, que tem 0,3 cm de espessura. O *chip* CI e sua base de alumínio estão montados dentro de um material cerâmico, termicamente isolante, que você pode considerar como um isolante térmico perfeito. O topo do *chip* CI está exposto ao ar, que tem um coeficiente convectivo de transferência de calor de 100 W/m² · K. A temperatura do ar ambiente (T_∞) é mantida a 30°C. O *chip* é operado por um tempo suficiente de modo a considerar o processo em estado estacionário. Dentro da faixa de interesse da temperatura de processo, a condutividade térmica do material do *chip* CI é k_{CI} = 1 W/m · K e a condutividade térmica do alumínio é k_{Al} = 230 W/m · K.

a. Qual é a temperatura da superfície, T_1, do *chip* CI exposta ao ar?

b. Qual é a temperatura, T_2, da base ($x = L_1$) do *chip* CI colocado no topo da placa de alumínio?

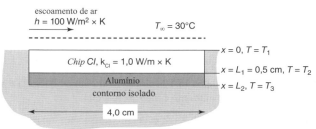

chip CI embutido em um contorno isolado

17.19 Um *chip* CI de computador consome 10 W de energia, que é dissipada como calor. O *chip* mede 4 cm por 4 cm de lado e 0,5 cm de espessura. Atualmente, o *chip* CI é montado dentro de um material cerâmico, termicamente isolante, que você pode considerar como um isolante térmico perfeito. A superfície do topo do *chip* CI está exposta ao ar que escoa sobre ela, de modo a fornecer um coeficiente convectivo de transferência de calor de 100 W/m² · K. A temperatura do ar ambiente (T_∞) é mantida a 30°C. O *chip* é operado por um tempo suficiente para considerar o processo em estado estacionário. Dentro da faixa de interesse da temperatura de processo, a condutividade térmica do material do *chip* CI é k_{CI} = 1 W/m · K.

a. Qual é a temperatura da superfície, T_1, do *chip* CI exposta ao ar?

b. Qual é a temperatura, T_2, da base ($x = L_1$) do *chip* CI?

c. Qual é a taxa de falha do chip, baseando-se na temperatura média do *chip*?

d. O que pode ser feito para tornar a taxa de falha do *chip* abaixo de 4%?

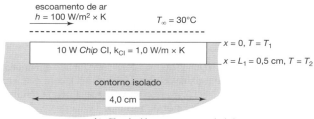

chip CI embutido em um contorno isolado

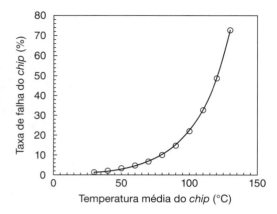

17.20 Um fio de cobre, tendo um diâmetro de 3/16 in, é isolado com uma camada de 4 in de um material que tem uma condutividade térmica de 0,14 Btu/h ft °F. A superfície externa do isolante é mantida a 70°F. Qual a corrente que pode passar pelo fio, se a temperatura do isolante for limitada a um máximo de 120°F? A resistividade do cobre é $1,72 \times 10^{-6}$ ohm · cm.

17.21 Qual seria o resultado do Problema 17.20 se o fluido ao redor do fio isolado fosse mantido a 70°F, com um coeficiente de transferência de calor entre o isolante e o fluido igual a 4 Btu/h ft² °F? Qual seria a temperatura da superfície do isolante sob essas condições?

17.22 Trabalhe o Problema 17.20 colocando alumínio no lugar de cobre. A resistividade do alumínio é $2,83 \times 10^{-6}$ ohm · cm.

17.23 Nitrogênio líquido, a 77 K, está armazenado em um recipiente esférico isolado, que está em contato com a atmosfera. O recipiente é feito de um material de parede fina, tendo um diâmetro de 0,5 m; 25 mm de isolante ($k = 0,002$ W/m · K) cobrem sua superfície externa. O calor latente de vaporização do nitrogênio é 200 kJ/kg; sua densidade, na fase líquida, é 804 kg/m³. Para um ambiente a 25°C e com um coeficiente de transferência de calor de 18 W/m² · K na superfície externa do isolante, qual será a taxa de ebulição do nitrogênio líquido?

17.24 Que espessura adicional de isolante será necessária para reduzir a taxa de ebulição de nitrogênio à metade daquela correspondente ao Problema 17.23? Todos os valores e dimensões são iguais aos do Problema 17.23.

17.25 Uma chapa fina de material está sujeita a uma radiação de microondas, que tem um aquecimento volumétrico que varia de acordo com

$$\dot{q}(x) = \dot{q}_o[1 - (x/L)]$$

em que $\dot{q}_o$ tem um valor constante de 180 kW/m³ e a espessura da chapa, L, é 0,06 m. A condutividade térmica do material da chapa é 0,6 W/m · K.

O contorno em $x = L$ está perfeitamente isolado, enquanto a superfície em $x = 0$ está mantida a uma temperatura constante de 320 K.

a. Determine uma expressão para $T(x)$ em termos de X, L, k, $\dot{q}_o$ e T_o.

b. Onde ocorrerá a temperatura máxima na chapa?

c. Qual é o valor de $T_{máx}$?

17.26 Resíduo radiativo ($k = 20$ W/m · K) é armazenado em um recipiente cilíndrico de aço inoxidável ($k = 15$ W/m · K), com diâmetros interno e externo de 1,0 e 1,2 m, respectivamente. Energia térmica é gerada uniformemente no interior do resíduo, a uma taxa volumétrica de 2×10^5 W/m³. A superfície externa do recipiente é exposta à água a 25°C, com um coeficiente de filme igual a 1000 W/m² · K. As extremidades do arranjo cilíndrico estão isoladas, de modo que toda a transferência de calor ocorre na direção radial. Para essa situação, determine:

a. as temperaturas, em estado estacionário, nas superfícies interna e externa do aço inoxidável

b. a temperatura, em estado estacionário, no centro do resíduo

17.27 Um elemento cilíndrico combustível nuclear tem 10,16 cm de comprimento e 10,77 cm de diâmetro. O combustível gera calor uniformemente a uma taxa de $51,7 \times 10^3$ kJ/s · m³. O combustível é colocado em um ambiente com uma temperatura de 360 K e um coeficiente de transferência de calor de 4540 W/m² · K. O material combustível tem $k = 33,9$ W/m · K. Para a solução descrita, calcule o seguinte, em estado estacionário:

a. o perfil de temperaturas como função da posição radial

b. a temperatura máxima do combustível

c. a temperatura da superfície

Efeitos de extremidade podem ser desprezados.

17.28 Resíduo radiativo é armazenado em um recipiente cilíndrico de aço inoxidável, com diâmetros interno e externo de 1 m e 1,2 m, respectivamente, de modo que $R_0 = 0,5$ m e $R_1 = 0,6$ m. Energia térmica é gerada uniformemente dentro do material residual, a uma taxa volumétrica de 2×10^5 W/m³. A superfície externa do recipiente está exposta à água a 25°C ($T_\infty = 25$°C) e o coeficiente externo de transferência de calor é $h = 1000$ W/m² · K. As extremidades do cilindro estão isoladas, de modo que a transferência de calor seja somente na direção r. Você pode considerar que para a faixa de temperatura de interesse, a condutividade térmica do aço inoxidável, $k_{aço}$, seja 15 W/m · K e condutividade térmica do resíduo radiativo, k_{rr}, seja 20 W/m · K.

Quais são as temperaturas da superfície externa, T_0, e da superfície interna, T_i, do recipiente de aço inoxidável?
Qual é a temperatura máxima no interior do material radiativo?
Onde ocorrerá essa temperatura máxima?

17.29 Um sistema de tecidos engenheirados consiste em um pedaço de massa celular imobilizado em uma estrutura medindo 5 cm de comprimento e 0,5 cm de espessura. A face de cima da estrutura está exposta à água, dissolvida em oxigênio, e a nutrientes orgânicos mantidos a 30°C. A base do tecido é termicamente isolada. No momento, o consumo específico de oxigênio da massa de tecido é 0,5 mmol de O_2/cm³ de células-h, e a partir da energia de respiração, a energia liberada pela respiração é 468 J/mmol de O_2 consumido. Estamos interessados em saber a temperatura da base do tecido próximo ao contorno isolado. Se essa temperatura permanecer abaixo de 37°C, o tecido não morrerá. A condutividade térmica da estrutura do tecido é $k = 0,6$ W/m · K.

a. Usando as informações dadas, preveja o perfil de temperaturas dentro da placa de tecido.

b. Qual é o calor gerado por unidade de volume de tecido?

c. Estime a temperatura em $x = L$ (o contorno isolado).

17.30 Considere o sólido composto mostrado. O sólido A é um material termicamente condutivo, que tem 0,5 cm de espessura e uma condutividade térmica, $k_A = 50$ W/m·K. A face de trás do sólido A ($x = 0$) está termicamente isolada. Uma corrente elétrica é aplicada ao sólido A, de modo que 20 W por cm³ são gerados como calor. O sólido B tem 0,2 cm de espessura e uma condutividade térmica de $k_B = 20$ W/m · K. A superfície do sólido B está exposta ao ar. A temperatura da superfície, T_s, do sólido B está a 80°C. A temperatura do ar ambiente é constante e igual a 30°C. O processo está em estado estacionário.

a. Qual é a taxa de transferência de calor por unidade de área (fluxo) em $x = L_2$? Qual é a temperatura T_1 em $x = L_1$, o contorno entre o sólido A e o sólido B?

b. Qual é o coeficiente convectivo de transferência de calor requerido, h, para o ar?

c. Qual é a temperatura T_0 em $x = 0$, o lado isolado do sólido A?

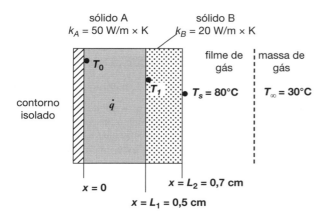

Transferência de calor em um sólido composto.

17.31 Considere o leito composto mostrado na figura a seguir. As dimensões do leito são: 1 m por 2 m. Uma camada de 10 cm (0,10 m) de espessura de um composto orgânico se alinha na base, conforme mostrado. Decomposição lenta, por bactérias, do material orgânico no composto gera calor a uma taxa constante de 600 W por m³ de composto. Uma camada de material granular inerte, com 2 cm de espessura, é colocada sobre a camada composta. Os lados e a base do leito composto estão perfeitamente isolados. Ar escoa sobre o leito, tendo um coeficiente convectivo de transferência de calor de 5 W/m² · K. A temperatura do ar ambiente é constante e igual a 15°C. As propriedades termofísicas são fornecidas a seguir. Não há outra alimentação de energia para o leito composto.

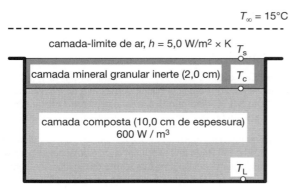

Seção transversal do leito composto.

Propriedades termofísicas

Material	Condutividade Térmica W/m · K	Calor Específico J/kg · K	Densidade kg/m³
Composto orgânico	0,1	1500	300
Camada mineral granular inerte	0,4	1700	1600

a. Qual é a taxa de transferência de calor em estado estacionário do leito composto para o ar ambiente?

b. Qual é a temperatura no topo da camada composta orgânica — isto é, T_c?

c. Qual é a temperatura, T_L, na base do leito composto?

d. Se a espessura da camada composta for aumentada, então o que ocorrerá?

1. T_c e T_s aumentarão
2. T_c aumentará, mas T_s continuará a mesma
3. T_c e T_s não mudarão

17.32 Considere uma seção de tecido muscular, de forma cilíndrica com raio de 1,5 cm. Durante um exercício altamente rigoroso, processos metabólicos geram 15 kW/m³ de tecido. A superfície externa do tecido é mantida a 37°C. A condutividade térmica do tecido muscular é $k_m = 0,419$ W/m · K.

a. Desenvolva um modelo matemático para prever a distribuição de temperaturas, em estado estacionário, $T(r)$, no tecido ao longo da direção radial r. Qual é a temperatura do tecido a uma distância 0,75 cm a partir da superfície?

b. Desenvolva um modelo matemático para prever a temperatura máxima dentro do tecido muscular. Qual é a temperatura máxima?

c. Se o comprimento do músculo, L, for 10 cm, qual é o fluxo de calor (W/cm²) que sai do tecido muscular, considerando que os efeitos de extremidade podem ser desprezados?

d. Agora considere que um revestimento, de 0,25 cm de espessura, contorna o tecido muscular. Esse revestimento tem uma condutividade térmica de 0,3 W/m · K e não gera nenhum calor. Se a superfície externa desse revestimento for mantida a 37°C, qual será a temperatura máxima dentro do tecido muscular?

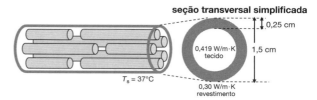

17.33 Um tubo de aço, de diâmetro externo igual a 1 in, tem sua superfície externa mantida a 250°F. Propõe-se aumentar a taxa de transferência de calor colocando-se aletas de 3/32 in de espessura e ¾ in de comprimento na superfície externa do tubo. Compare o aumento na transferência de calor encontrado pela adição de 12 aletas retas longitudinais ou aletas anulares com a mesma área total de superfície que as 12 aletas longitudinais. O ar ambiente está a 80°F e o coeficiente convectivo de transferência de calor é 6 Btu/h ft² °F.

17.34 Resolva o Problema 17.33 se o coeficiente convectivo de transferência de calor for aumentado para 60 Btu/h ft² °F, forçando a passagem de ar pela superfície do tubo.

17.35 Um bastão cilíndrico, de 3 cm de diâmetro, está parcialmente inserido em uma caldeira com uma extremidade exposta ao ar ambiente, que está a 300 K. As temperaturas medidas em dois pontos, distantes 7,6 cm, são 399 e 365 K, respectivamente. Se o coeficiente convectivo de transferência de calor for 17 W/m² · K, determine a condutividade térmica do material do bastão.

17.36 Calor deve ser transferido da água para o ar através de uma parede de alumínio. Propõe-se adicionar aletas retangulares, de 0,05 in de espessura e ¾ de comprimento, espaçadas de 0,08 in, à superfície de alumínio para ajudar na transferência de calor. Os coeficientes de transferência de calor nos lados do ar e da água são 3 e 25 Btu/h ft² °F, respectivamente. Calcule o aumento percentual na transferência de calor, se essas aletas forem adicionadas (a) no lado do ar, (b) no lado da água e (c) em ambos os lados. Que conclusões podem ser obtidas considerando esse resultado?

17.37 Um material semicondutor, com $k = 2$ W/m · K e resistividade elétrica, $\rho = 2 \times 10^{-5}$ Ω × m, é usado para fabricar um bastão cilíndrico de 40 mm de comprimento, com um diâmetro de 10 mm. A superfície longitudinal do bastão está bem isolada e pode ser considerada adiabática, enquanto as extremidades são mantidas a temperaturas de 100°C e 0°C, respectivamente. Se o bastão transporta uma corrente de 10 ampères, qual será a temperatura na metade de seu comprimento? Qual será a taxa de transferência de calor através de ambas as extremidades?

17.38 Uma barra de ferro, usada para suporte de uma chaminé, está exposta a gases quentes a 625 K, com o coeficiente convectivo de transferência de calor associado igual a 740 W/m² · K. A barra está conectada a duas paredes opostas da chaminé, que estão a 480 K. A barra tem 1,9 cm de diâmetro e 45 cm de comprimento. Determine a temperatura máxima na barra.

17.39 Um bastão de cobre, de ¼ in de diâmetro e 3 ft de comprimento, é colocado entre duas barras de um ônibus, que estão a 60°F. O ar ambiente está a 60°F e o coeficiente convectivo de transferência de calor é Btu/h ft² °F. Supondo a resistividade elétrica do cobre como constante e igual a $1,72 \times 10^{-6}$ ohm · cm, determine a corrente máxima que o cobre pode transportar, se sua temperatura deve permanecer abaixo de 150°F.

17.40 Uma cantoneira de aço, de 13 cm por 13 cm, com as dimensões mostradas, é conectada em uma parede que está a uma temperatura de superfície de 600 K. O ar ambiente está a 300 K e o coeficiente convectivo de transferência de calor entre a superfície da cantoneira e o ar é 45 W/m² · K.

a. Faça um gráfico do perfil de temperaturas na cantoneira, admitindo uma queda desprezível na temperatura através do lado da cantoneira conectada à parede.

b. Determine a perda de calor dos lados da cantoneira projetada para fora da parede.

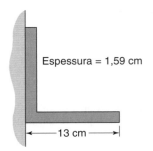

17.41 Uma viga I de aço, com uma área de seção transversal como mostrada, tem suas superfícies inferior e superior mantidas a 700 e 370 K, respectivamente.

a. Admitindo uma variação desprezível de temperatura através dos flanges, desenvolva uma expressão para a variação de temperatura na viga como função da distância a partir do flange superior.

b. Faça um gráfico do perfil de temperaturas na viga se o coeficiente convectivo de transferência de calor entre a superfície de aço e o ar ambiente for 57 W/m² · K. A temperatura do ar é 300 K.

c. Qual é a transferência líquida de calor nas extremidades superior e inferior da viga?

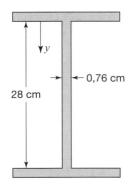

17.42 Repita o Problema 17.41 para o caso de uma viga de alumínio.

17.43 Aletas anulares são empregadas ao redor de um cilindro de um motor de um cortador de grama, de modo a dissipar calor. As aletas são feitas de alumínio, têm 0,3 cm de espessura e se estendem 2 cm a partir da base até a ponta. O diâmetro externo do cilindro no motor é 0,3 m. As condições operacionais de projeto são $T_\infty = 30°C$ e $h = 12$ W/m² · K. A temperatura máxima permitida no cilindro é 300°C.

Estime a quantidade de transferência de calor de uma única aleta. Quantas aletas são necessárias para resfriar um motor de 3 kW, operando a 30% de eficiência térmica, se 50% do calor total liberado for transmitido pelas aletas?

17.44 A transferência de calor de uma parede plana deve ser melhorada pela adição de aletas retas, de espessura constante, feitas de aço inoxidável. As seguintes especificações se aplicam:

h	$= 60$ W/m² K
T_b(base)	$= 120°C$
T_∞(ar)	$= 20°C$
Espessura da base da aleta	$= 6$ mm
Comprimento da aleta	$= 20$ mm

Determine a eficiência da aleta e a perda de calor por unidade de largura para a superfície aletada.

17.45 Um tubo de aço inoxidável, de 2 in de diâmetro externo, tem 16 aletas longitudinais, espaçadas ao redor da superfície externa conforme mostrado. As aletas têm 1/16 de espessura e se estendem 1 in a partir da superfície externa do tubo.

a. Se a superfície externa de uma parede de um tubo está a 250°F, o ar ambiente está a 80°F e o coeficiente convectivo de transferência de calor é 8 Btu/h ft² °F, determine o aumento percentual na transferência de calor para o tubo aletado em relação àquela do tubo não aletado.

b. Determine as mesmas informações que do item (a) para os valores de h de 2, 5, 15, 50 e 100 Btu/h ft² °F. Faça um gráfico do aumento percentual em q versus h. Que conclusões podem ser obtidas a partir desse gráfico?

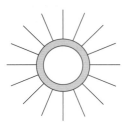

17.46 Repita o Problema 17.45 para o caso de um arranjo tubo-aletas de alumínio.

17.47 Água escoa nos canais entre duas placas de alumínio, conforme mostrado no esquema adiante. Os frisos que formam os canais são feitos também de alumínio e têm 8 mm de espessura. O coeficiente efetivo de transferência de calor entre todas as superfícies e a água é 300 W/m² · K. Para essas condições, quanto calor é transferido em cada extremidade de cada friso? Quão longe da placa inferior está a temperatura mínima? Qual é esse valor mínimo?

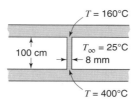

17.48 Um *chip* de um computador gráfico mede 5 cm de lado e tem uma espessura de 3 mm. O *chip* consome 15 W de energia, que é dissipada como calor a partir do seu topo. Um ventilador sopra ar sobre a superfície do *chip* para promover a transferência convectiva de calor. Infelizmente, o *chip* falha em operar depois de certo tempo e a temperatura do *chip* parece ser a culpada. Um gráfico de taxa de falha do *chip* versus temperatura da superfície é apresentado na figura adiante. Um engenheiro eletricista sugere que uma aleta de alumínio seja colocada no topo da superfície do *chip* para promover a transferência de calor, mas ele não sabe como projetá-la. O engenheiro eletricista pediu sua ajuda.

a. Se o coeficiente de transferência de calor no ar for 50 W/m² · K, qual é a temperatura da superfície do *chip* em estado estacionário se a temperatura do ar ambiente for mantida a 20°C (293 K)? Qual é a taxa de falha do *chip*?

b. Um dispositivo de alumínio para transferir calor é instalado em seguida no topo do *chip*. Ele consiste em um arranjo em paralelo de cinco aletas retangulares de 1 cm por 5 cm de largura e 0,3 mm de espessura. O novo coeficiente de transferência de calor sobre as superfícies da aleta é 20 W/m² · K. Essa configuração é adequada? Qual é a nova taxa de falha do *chip*?

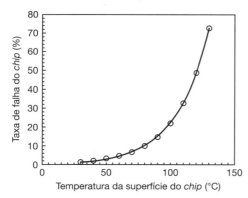

Chip CI com superfícies estendidas.

17.49 Encontre a taxa final de transferência de calor de um tubo de 3 in de diâmetro externo colocado excentricamente dentro de um cilindro de 6 in de diâmetro interno, com o eixo do tubo menor deslocado de 1 in a partir do eixo do cilindro maior. O espaço entre as superfícies cilíndricas é cheio com lã de rocha ($k = 0,023$ Btu/h ft °F). As temperaturas das superfícies interna e externa são 400°F e 100°F, respectivamente.

17.50 Um túnel cilíndrico, com um diâmetro de 2 m, é cavado em pergelissolo (*permafrost*; k = 0,341 W/m · K) com seu eixo paralelo à superfície do pergelissolo na profundidade de 2,5 m.

Determine a taxa de calor das paredes do cilindro, a 280 K, para a superfície do pergelissolo a 220 K.

17.51 Determine a taxa de calor por pé para a configuração mostrada, usando o procedimento numérico para uma malha de tamanho 1½ ft. O material tem uma condutividade térmica de 0,15 Btu/h ft °F. As temperaturas interna e externa têm valores uniformes de 200°F e 0°F, respectivamente.

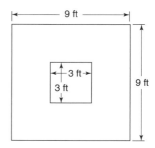

17.52 Repita o problema anterior, usando uma malha de tamanho 1 ft.

17.53 Uma cantoneira padrão de aço, de 5 in, é conectada a uma parede com uma temperatura de superfície de 600°F. A cantoneira suporta uma seção de 4,375 in por 4,375 in de tijolo de construção, cuja condutividade térmica média pode ser considerada igual a 0,38 Btu/h ft °F. O coeficiente convectivo de transferência de calor entre todas as superfícies e o ar ambiente é 8 Btu/h ft² °F. A temperatura do ar é 80°F. Usando métodos numéricos, determine

a. a perda total de calor para o ar ambiente;

b. a localização e o valor da temperatura mínima no tijolo.

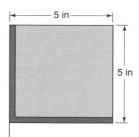

17.54 Vapor saturado a 400°F é transportado por um tubo de 1 ft mostrado na figura, cuja temperatura pode ser admitida igual à temperatura do vapor. O tubo está centralizado no duto quadrado de 2 ft, cuja superfície está a 100°F. Se o espaço entre o tubo e o duto for cheio com pó do isolante de magnésia 85%, quanto vapor condensará em 50 ft de comprimento de tubo?

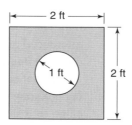

17.55 Um tubo, de 32,4 cm de diâmetro externo e 145 cm de comprimento, é enterrado com sua linha central 1,2 m abaixo da superfície do solo. A superfície do solo está a 280 K e a condutividade térmica média do solo é 0,66 W/m · K. Se a superfície do tubo está a 370 K, qual é a perda diária de calor do tubo?

CAPÍTULO

18

Condução em Estado
Não Estacionário

Trabalharemos neste capítulo processos transientes, em que a temperatura em um dado ponto varia com o tempo. Uma vez que a transferência de energia está diretamente relacionada com o gradiente de temperatura, esses processos envolvem um fluxo de energia em *estado não estacionário*.

É comum encontrar processos de condução transiente em projeto de engenharia. Esses problemas de projeto geralmente caem em duas categorias: o processo que finalmente atinge as condições de estado estacionário e o processo que é operado em tempo relativamente curto em um ambiente em que a temperatura varia continuamente. Exemplos dessa segunda categoria incluem cabos ou lingotes de metal submetidos a tratamento térmico, componentes de míssil durante a reentrada na atmosfera da Terra ou a resposta térmica de um laminado fino sendo colado por uma fonte de laser.

Neste capítulo, vamos considerar os problemas que lidam com a transferência de calor em estado não estacionário dentro de sistemas com e sem fontes internas de energia e as soluções desses problemas.

▶ 18.1

SOLUÇÕES ANALÍTICAS

A solução de um problema de condução de calor em estado não estacionário é, em geral, mais difícil que aquela de um problema em estado estacionário, por causa da dependência da temperatura tanto com o tempo quanto com a posição. A solução é encontrada estabelecendo a equação diferencial que define o problema e as condições de contorno. Além disso, a distribuição inicial de temperaturas no meio condutor tem de ser conhecida. Encontrando a solução para a equação diferencial parcial que satisfaça às condições inicial e de contorno, a variação na distribuição de temperaturas com o tempo é estabelecida e o fluxo de energia em um tempo especificado pode então ser calculado.

No aquecimento e no resfriamento de um meio condutor, a taxa de transferência de energia depende das resistências interna e de superfície, os casos-limite sendo representados tanto pela resistência interna desprezível quanto pela resistência de superfície desprezível. Ambos os casos serão considerados, assim como o caso mais geral, em que ambas as resistências são importantes.

Análise de Parâmetros Agrupados — Sistemas com Resistência Interna Desprezível

A equação (16-17) será o ponto de partida para a análise de condução transiente. Ela é repetida a seguir para referência.

$$\frac{\partial T}{\partial t} = \alpha \nabla^2 T + \frac{\dot{q}}{\rho c_p} \quad (16\text{-}17)$$

Lembre-se de que, na derivada dessa expressão, as propriedades térmicas foram consideradas independentes da posição e do tempo; entretanto, a taxa de geração interna, $\dot{q}$, pode variar com ambos.

Frequentemente, a temperatura no interior de um meio não varia significativamente em todas as três variáveis espaciais. Um cilindro circular, aquecido em uma extremidade com uma condição de contorno fixa, mostrará uma variação de temperatura nas direções axial e radial, assim como com o tempo. Se o cilindro tiver um comprimento que seja grande comparado a seu diâmetro, ou se ele for composto de um material com alta condutividade térmica, a temperatura variará somente com a posição axial e com o tempo. Se um espécime metálico, inicialmente com temperatura uniforme, for repentinamente exposto a um ambiente com uma temperatura diferente, pode ser que tamanho, forma e condutividade térmica possam se combinar de tal maneira que a temperatura dentro do material varie somente com o tempo — ou seja, não é uma função significativa da posição. Essas condições são características de um sistema "agrupado", em que a temperatura de um corpo varia somente com o tempo; esse caso é o mais fácil de todos para analisar. Por causa disso, consideraremos como nosso primeiro caso de condução transiente um sistema com parâmetros agrupados (*lumped analysis*).

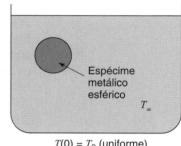

$T(0) = T_0$ (uniforme)
$T(t) = T$

Figura 18.1

Na Figura 18.1, temos um espécime metálico esférico, inicialmente a uma temperatura uniforme T_0, depois de ter sido imerso em um banho de óleo quente a uma temperatura T_∞ por um período de tempo t. Presume-se que a temperatura da esfera metálica seja uniforme em qualquer tempo. Uma análise da primeira lei usando a equação (6-10), aplicada a um volume de controle esférico, coincidindo com o espécime em questão, reduzir-se-á para

$$\frac{\delta Q}{dt} = \frac{\partial}{\partial t} \iiint_{v.c.} e\rho \, dV \quad (18\text{-}1)$$

A taxa de adição de calor ao volume de controle, $\delta Q/dt$, é devida à convecção de óleo, sendo escrita como

$$\frac{\delta Q}{dt} = hA(T_\infty - T) \quad (18\text{-}2)$$

A taxa de aumento de energia dentro do espécime, $\partial/\partial t \iiint_{v.c.} e\rho \, dV$, com propriedades constantes, pode ser expressa como

$$\frac{\partial}{\partial t} \iiint_{v.c.} e\rho \, dV = \rho V c_p \frac{dT}{dt} \quad (18\text{-}3)$$

Igualando essas expressões como indicado pela equação (18-1), temos, com um leve rearranjo,

$$\frac{dT}{dt} = \frac{hA(T_\infty - T)}{\rho V c_p} \quad (18\text{-}4)$$

Podemos agora obter uma solução para a variação de temperatura com o tempo, resolvendo a equação (18-4), sujeita à condição inicial, $T(0) = T_0$, e obtemos

$$\frac{T - T_\infty}{T_0 - T_\infty} = e^{-hAt/\rho c_p V} \quad (18\text{-}5)$$

Observa-se que o expoente é adimensional. Um rearranjo de termos no expoente pode ser feito como segue:

$$\frac{hAt}{\rho c_p V} = \left(\frac{hV}{kA}\right)\left(\frac{A^2 k}{\rho V^2 c_p}t\right) = \left[\frac{hV/A}{k}\right]\left[\frac{\alpha t}{(V/A)^2}\right] \tag{18-6}$$

Cada um dos termos entre parênteses e colchetes é adimensional. Vê-se que a razão, V/A, tendo unidades de comprimento, é parte de cada uma dessas novas formas paramétricas. O primeiro dos novos parâmetros adimensionais formados é o *módulo de Biot*, abreviado como Bi:

$$\text{Bi} = \frac{hV/A}{k} \tag{18-7}$$

Por analogia com os conceitos de resistência térmica, que já discutimos longamente, percebe-se que o módulo de Biot é a razão entre $(V/A)/k$, a resistência condutiva (interna) à transferência de calor, e $1/h$, a resistência convectiva (externa) à transferência de calor. A magnitude de Bi tem assim algum significado físico em relacionar onde ocorre a maior resistência à transferência de calor. Um alto valor de Bi indica que a resistência condutiva controla — isto é, existe mais capacidade para calor sair da superfície por convecção do que por condução. Um baixo valor de Bi representa o caso em que a resistência interna é desprezível e existe mais capacidade de transferir calor por condução do que existe por convecção. Nesse último caso, o fenômeno controlador da transferência de calor é a convecção, sendo os gradientes de temperatura dentro do meio bem pequenos. Um gradiente interno de temperatura extremamente pequeno é a suposição básica em uma análise de parâmetros agrupados.

Uma conclusão natural da discussão anterior é que a magnitude do módulo de Biot é uma medida razoável da acurácia provável de uma análise por parâmetros agrupados. Uma regra prática comumente usada é que o erro inerente em uma análise por parâmetros agrupados será menos de 5% para um valor de Bi menor do que 0,1. O cálculo do módulo de Biot deve ser assim a primeira coisa a ser feita quando analisando uma situação de condução em regime não estacionário.

O outro termo entre parênteses na equação (18-6) é o *módulo de Fourier*, abreviado Fo, em que

$$\text{Fo} = \frac{\alpha t}{(V/A)^2} \tag{18-8}$$

O módulo de Fourier é frequentemente usado como um parâmetro adimensional do tempo.

A solução por parâmetros agrupados para a condução transiente pode agora ser escrita como

$$\frac{T - T_\infty}{T_0 - T_\infty} = e^{-\text{BiFo}} \tag{18-9}$$

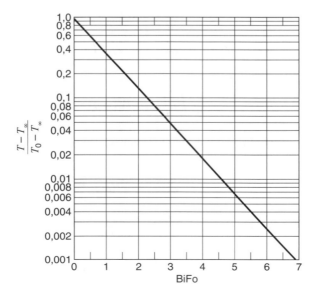

Figura 18.2 História do tempo-temperatura de um corpo na temperatura inicial, T_0, exposto a um ambiente a T_∞; caso de parâmetros agrupados.

A equação (18-9) é colocada em forma gráfica na Figura 18-2. O uso da equação (18-9) é ilustrado no exemplo seguinte.

Exemplo 1

Um longo fio de cobre, com 0,635 cm de diâmetro, é exposto a uma corrente de ar a uma temperatura, T_∞, de 310 K.

Depois de 30 s, a temperatura média do fio aumentou de 280 para 297 K. Usando essa informação, estime a condutância média superficial, h.

De modo a determinar se a equação (18-9) é válida para este problema, o valor de Bi tem de ser determinado. O número de Biot é expresso como

$$\text{Bi} = \frac{hV/A}{k} = \frac{h\dfrac{\pi D^2 L}{4\pi DL}}{386 \text{ W/m} \cdot \text{K}} = \frac{h\dfrac{0,00635 \text{ m}}{4}}{386 \text{ W/m} \cdot \text{K}}$$

$$= 4,11 \times 10^{-6}\, h$$

Estabelecendo Bi = 0,1, que é o valor limite de Bi para a análise de parâmetros agrupados ser válida, e resolvendo para h, obtemos

$$h = 0,1/4,11 \times 10^{-6} = 24.300 \text{ W/m}^2 \cdot \text{K}$$

Podemos concluir que uma solução de parâmetros agrupados é válida se $h < 24.300$ W/m² · K, que é quase uma certeza.

Prosseguindo, podemos aplicar a equação (18-5) para resultar

$$h = \frac{\rho c_p V}{tA} \ln \frac{T_0 - T_\infty}{T - T_\infty}$$

$$= \frac{(8890 \text{ kg/m}^3)(385 \text{ J/kg} \cdot \text{K})\left(\dfrac{\pi D^2 L}{4\pi DL}\right)}{(30 \text{ s})} \ln \frac{280 - 310}{297 - 310}$$

$$= 151 \text{ W/m}^2 \cdot \text{K}$$

Esse resultado é muito menor do que o valor limite de h, indicando que uma solução por parâmetros agrupados é provavelmente muito acurada.

Aquecimento de um Corpo sob Condições de Resistência de Superfície Desprezível Uma segunda classe de processos de transferência de energia dependentes do tempo é encontrada quando a resistência de superfície é pequena em relação à resistência global; ou seja, Bi é $\gg 0,1$. Para esse caso-limite, a temperatura da superfície, T_s, é constante para todo o tempo, $t > 0$, e seu valor é essencialmente igual à temperatura ambiente, T_∞.

Com o objetivo de ilustrar o método analítico de resolver essa classe de problemas de condução de calor transiente, considere uma placa plana de espessura uniforme, L. Supomos que a distribuição inicial de temperaturas ao longo da placa seja uma função arbitrária de x. A solução para a história da temperatura tem de satisfazer a equação de campo de Fourier.

$$\frac{\partial T}{\partial t} = \alpha \boldsymbol{\nabla}^2 T \tag{16-18}$$

Para o escoamento unidimensional de energia

$$\frac{\partial T}{\partial t} = \alpha \frac{\partial^2 T}{\partial x^2} \tag{18-10}$$

com as condições inicial e de contorno

$$T = T_0(x) \quad \text{em } t = 0 \quad \text{para } 0 \le x \le L$$
$$T = T_s \quad \text{em } x = 0 \quad \text{para } t > 0$$

e

$$T = T_s \quad \text{em } x = L \quad \text{para } t > 0$$

Por conveniência, seja $Y = (T - T_s)/(T_0 - T_s)$, em que T_0 é uma temperatura de referência escolhida arbitrariamente; a equação diferencial parcial pode ser reescrita em termos da nova variável temperatura como

$$\frac{\partial Y}{\partial t} = \alpha \frac{\partial^2 Y}{\partial x^2} \tag{18-11}$$

e as condições inicial e de contorno se tornam

$$
\begin{aligned}
Y &= Y_0(x) &\text{em } t = 0 &\quad \text{para } 0 \leq x \leq L \\
Y &= 0 &\text{em } x = 0 &\quad \text{para } t > 0
\end{aligned}
$$

e

$$Y = 0 \quad \text{em } x = L \quad \text{para } t > 0$$

A resolução da equação (18-11) pelo método de separação de variáveis conduz ao produto de soluções da forma

$$Y = (C_1 \cos \lambda x + C_2 \operatorname{sen} \lambda x)e^{-\alpha\lambda^2 t}$$

As constantes C_1 e C_2 e o parâmetro λ são obtidos aplicando-se as condições inicial e de contorno. A solução completa é

$$Y = \frac{2}{L}\sum_{n=1}^{\infty} \operatorname{sen}\left(\frac{n\pi}{L}\right)e^{-(n\pi/2)^2 \text{Fo}} \int_0^L Y_0(x)\operatorname{sen}\frac{n\pi}{L}x\,dx \tag{18-12}$$

em que $\text{Fo} = \alpha t/(L/2)^2$. A equação (18-12) aponta para a necessidade de conhecer a distribuição inicial de temperaturas no meio condutor, $Y_0(x)$, antes que a história completa da temperatura possa ser calculada. Considere o caso especial em que o corpo condutor tem uma temperatura inicial uniforme, $Y_0(x) = Y_0$. Com essa distribuição de temperaturas, a equação (18-12) se reduz para

$$\frac{T - T_s}{T_0 - T_s} = \frac{4}{\pi}\sum_{n=1}^{\infty}\frac{1}{n}\operatorname{sen}\left(\frac{n\pi}{L}x\right)e^{-(n\pi/2)^2 \text{Fo}} \quad n = 1, 3, 5, \ldots \tag{18-13}$$

A história da temperatura no centro do plano infinito, assim como a história da temperatura central em outros sólidos, é ilustrada na Figura 18.3. A história da temperatura central para a parede plana, para o cilindro infinito e para a esfera é apresentada no Apêndice F, nos "gráficos de Heissler". Esses gráficos cobrem uma faixa muito mais ampla do módulo de Fourier do que a Figura 18.3.

A taxa de calor, q, em qualquer plano no meio condutor pode ser calculada por

$$q_x = -kA\frac{\partial T}{\partial x} \tag{18-14}$$

No caso da placa plana infinita com uma distribuição inicial uniforme de temperaturas, T_0, a taxa de calor em qualquer tempo t é

$$q_x = 4\left(\frac{kA}{L}\right)(T_s - T_0)\sum_{n=1}^{\infty}\cos\left(\frac{n\pi}{L}x\right)e^{-(n\pi/2)^2 \text{Fo}} \quad n = 1, 3, 5, \ldots \tag{18-15}$$

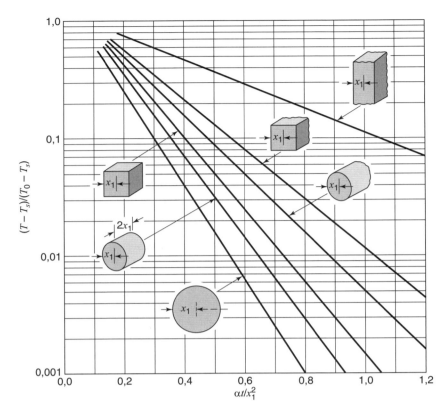

Figura 18.3 História da temperatura central de vários sólidos com temperatura inicial uniforme, T_0, e temperatura da superfície constante, T_s. (De P. J. Schneider, *Conduction Heat Transfer*, Addison-Wesley Publishing Co., Inc., Reading Mass., 1955, p. 249. Com permissão dos editores.)

No exemplo seguinte, o uso da figura da história da temperatura central será ilustrado.

Exemplo 2

Um cilindro de concreto, 0,1 m de comprimento e 0,1 m de diâmetro, está inicialmente na temperatura ambiente, 292 K. Ele está suspenso em um ambiente de vapor, em que o vapor de água a 373 K condensa sobre todas as superfícies, com um coeficiente de filme efetivo, h, de 8500 W/m² · K. Determine o tempo necessário para o centro desse cilindro atingir 310 K. Se o cilindro fosse suficientemente longo, de modo que pudesse ser considerado infinito, quanto tempo isso levaria?

Para o primeiro caso, o cilindro finito, o número de Biot é calculado como

$$\text{Bi} = \frac{h(V/A)}{k} = \frac{h\left(\dfrac{\pi D^2 L}{4}\right)}{k\left(\pi DL + \dfrac{\pi D^2}{2}\right)} = \frac{h(DL/4)}{k(L + D/2)}$$

$$= \frac{(8500 \text{ W/m}^2 \cdot \text{K})(0,1 \text{ m})(0,1 \text{ m})/4}{1,21 \text{ W/m} \cdot \text{K}(0,1 + 0,1/2) \text{ m}}$$

$$= 117$$

Para esse valor alto, a Figura 18.3 pode ser usada. A segunda linha a partir da base dessa figura se aplica a um cilindro com altura igual ao diâmetro, como nesse caso. A ordenada é

$$\frac{T - T_s}{T_0 - T_s} = \frac{310 - 373}{292 - 373} = 0,778$$

e o valor correspondente da abscissa é aproximadamente 0,11. O tempo necessário pode agora ser determinado como

$$\frac{\alpha t}{x_1^2} = 0,11$$

264 ▶ Capítulo 18

Assim,

$$t = 0{,}11 \frac{(0{,}05 \text{ m})^2}{5{,}95 \times 10^{-7} \text{ m}^2/\text{s}} = 462 \text{ s}$$

$$= 7{,}7 \text{ min}$$

No caso de um cilindro infinitamente longo, a quarta linha a partir da base se aplica. O número de Biot nesse caso é

$$\text{Bi} = \frac{h(V/A)}{k} = \frac{h\left(\dfrac{\pi D^2 L}{4}\right)}{k(\pi D L)} = \frac{h\dfrac{D}{4}}{k}$$

$$= \frac{(8500 \text{ W/m}^2 \cdot \text{K})(0{,}1 \text{ m})/4}{1{,}21 \text{ W/m} \cdot \text{K}} = 176$$

que é ainda maior do que para o caso de cilindro finito. A Figura 18.3 será novamente usada. O valor da ordenada de 0,778 resulta, para a abscissa, um valor de aproximadamente 0,13. O tempo necessário, nesse caso, é

$$t = \frac{0{,}13(0{,}05 \text{ m})^2}{5{,}95 \times 10^{-7} \text{ m}^2/\text{s}} = 546 \text{ s}$$

$$= 9{,}1 \text{ min}$$

Aquecimento de um Corpo com Resistências de Superfície e Interna Finitas Os casos mais gerais de processos de condução de calor transiente envolvem valores significativos das resistências interna e de superfície. A solução para a história da temperatura sem geração interna tem de satisfazer a equação de campo de Fourier, que pode ser expressa para uma taxa unidimensional de calor por

$$\frac{\partial T}{\partial t} = \alpha \frac{\partial^2 T}{\partial x^2} \tag{18-7}$$

Um caso de considerável interesse prático é aquele em que um corpo, tendo uma temperatura uniforme, é colocado em um ambiente com um novo fluido com suas superfícies repentina e simultaneamente expostas a um fluido na temperatura T_∞. Nesse caso, a história da temperatura tem de satisfazer as condições inicial, de simetria e convectiva

$$T = T_0 \qquad \text{em } t = 0$$

$$\frac{\partial T}{\partial x} = 0 \qquad \text{no centro do corpo}$$

e

$$-\frac{\partial T}{\partial x} = \frac{h}{k}(T - T_\infty) \quad \text{na superfície}$$

Um método de solução para essa classe de problemas envolve separação de variáveis, que resulta no produto de soluções conforme encontrado previamente, quando somente a resistência interna foi envolvida.

Soluções para esse caso de processos transientes de transferência de energia têm sido obtidas para muitas geometrias. Tratados excelentes discutindo essas soluções foram escritos por Carslaw e Jaeger[1] e por Ingersoll, Zobel e Ingersoll.[2] Se reconsiderarmos a placa plana infinita de espessura, $2x_1$, quando inserida em um meio com temperatura constante, T_∞, mas não incluirmos uma condutância constante da superfície, h, a seguinte solução é obtida

$$\frac{T - T_\infty}{T_0 - T_\infty} = 2 \sum_{n=1}^{\infty} \frac{\operatorname{sen} \delta_n \cos(\delta_n x / x_1)}{\delta_n + \operatorname{sen} \delta_n \cos \delta_n} e^{-\delta_n^2 \text{Fo}} \tag{18-16}$$

---

[1] H. S. Carslaw e J. C. Jaeger, *Conduction of Heat in Solids*, Oxford University Press, 1947.

[2] L. R. Ingersoll, O. J. Zobel e A. C. Ingersoll, *Heat Conduction* (*with Engineering and Geological Applications*), McGraw-Hill Book Company, Nova York, 1948.

em que δ_n é definido pela relação

$$\delta_n \operatorname{tg} \delta_n = \frac{hx_1}{k} \tag{18-17}$$

A história da temperatura para essa forma geométrica relativamente simples é uma função das três grandezas adimensionais: $\alpha t/x_1^2$, hx_1/k e a distância relativa, x/x_1.

A natureza complexa da equação (18-17) levou a um número de soluções gráficas para o caso de condução transiente unidimensional. Os gráficos resultantes, com temperatura adimensional como função de outros parâmetros adimensionais, conforme listados anteriormente, serão discutidos na Seção 18.2.

Transferência de Calor para uma Parede Semi-Infinita Uma solução analítica para a equação de condução de calor unidimensional para o caso da parede semi-infinita tem alguma utilidade como um caso limite em cálculos de engenharia. Considere a situação ilustrada na Figura 18.4. Uma parede plana larga, inicialmente a uma temperatura constante T_0, está sujeita a uma temperatura de superfície T_s, em que $T_s > T_0$. A equação diferencial a ser resolvida é

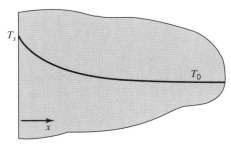

Figura 18.4 Distribuição de temperaturas em uma parede semi-infinita no tempo t.

$$\frac{\partial T}{\partial t} = \alpha \frac{\partial^2 T}{\partial x^2} \tag{18-10}$$

e as condições inicial e de contorno são

$$T = T_0 \quad \text{em} \quad t = 0 \quad \text{para todo} \quad x$$
$$T = T_s \quad \text{em} \quad x = 0 \quad \text{para todo} \quad t$$

e

$$T \to T_0 \quad \text{em} \quad x \to \infty \quad \text{para todo} \quad t$$

A solução para este problema pode ser obtida de várias maneiras, entre as quais estão a transformada de Laplace e a transformada de Fourier. Devemos usar um procedimento alternativo, que envolve menos matemática. As variáveis na equação (18-10) podem ser expressas na forma adimensional pela analogia com o caso prévio. Logo, podemos escrever

$$\frac{T - T_0}{T_s - T_0} = f\left(\frac{x}{x_1}, \frac{\alpha t}{x_1^2}\right)$$

Entretanto, neste problema, não existe uma dimensão característica finita, x_1, e assim $(T - T_0)/(T_s - T_0) = f(\alpha t/x^2)$, ou, com igual validade, $(T - T_0)/(T_s - T_0) = f(x/\sqrt{\alpha t})$. Se $\eta = x/2\sqrt{\alpha t}$ for selecionada como a variável independente e a variável dependente $Y = (T - T_0)/(T_s - T_0)$ for usada, a substituição na equação (18-10) resulta na equação diferencial ordinária

$$d^2Y/d\eta^2 + 2\eta \, dY/d\eta = 0 \tag{18-18}$$

com as condições de contorno e inicial transformadas

$$Y \to 0 \quad \text{em} \quad \eta \to \infty$$

e

$$Y = 1 \quad \text{em} \quad \eta = 0$$

A primeira condição anterior é a mesma que a condição inicial $T = T_0$ em $t = 0$ e a condição de contorno $T \rightarrow T_0$ quando $x \rightarrow \infty$. A equação (18-18) pode ser integrada uma vez para resultar

$$\ln \frac{dY}{d\eta} = c_1 - \eta^2$$

e

$$\frac{dY}{d\eta} = c_2 e^{-\eta^2}$$

e integrada mais uma vez para resultar em

$$Y = c_3 + c_2 \int e^{-\eta^2} d\eta \tag{18-19}$$

A integral está relacionada a uma forma frequentemente encontrada, a *função erro*, designada como "erf", em que

$$\operatorname{erf} \phi \equiv \frac{2}{\sqrt{\pi}} \int_0^{\phi} e^{-\eta^2} d\eta$$

e $\operatorname{erf}(0) = 0$, $\operatorname{erf}(\infty) = 1$. Uma tabela pequena de $\operatorname{erf} \phi$ é dada no Apêndice L. Aplicando-se as condições de contorno à equação (18-19), tem-se

$$Y = 1 - \operatorname{erf}\left(\frac{x}{2\sqrt{\alpha t}}\right)$$

ou

$$\frac{T - T_0}{T_s - T_0} = 1 - \operatorname{erf}\left(\frac{x}{2\sqrt{\alpha t}}\right)$$

ou

$$\frac{T_s - T}{T_s - T_0} = \operatorname{erf}\left(\frac{x}{2\sqrt{\alpha t}}\right) \tag{18-20}$$

Essa equação é extremamente simples de se usar e é bem importante.

Considere uma parede finita de espessura L, sujeita à temperatura de superfície T_s. Até que a variação de temperatura em $x = L$ exceda algum valor nominal, digamos $(T - T_0)/(T_s - T_0)$ igual a 0,5%, a solução para paredes finitas e infinitas será a mesma. O valor de $L/(2\sqrt{\alpha t})$ correspondendo a uma variação de 0,5% em $(T - T_0)/(T_s - T_0)$ é $L/(2\sqrt{\alpha t}) \cong 2$; desse modo, para $L/(2\sqrt{\alpha t}) > 2$, a equação (18-20) pode ser usada para geometria finita com pouco ou nenhum erro.

Para o caso de resistência finita de superfície, a solução para a equação (18-10) para uma parede semi-infinita é

$$\frac{T_\infty - T}{T_\infty - T_0} = \operatorname{erf} \frac{x}{2\sqrt{\alpha t}} + \exp\left(\frac{hx}{k} + \frac{h^2 \alpha t}{k^2}\right)\left[1 - \operatorname{erf}\left(\frac{h\sqrt{\alpha t}}{k} + \frac{x}{2\sqrt{\alpha t}}\right)\right] \tag{18-21}$$

Essa equação pode ser usada para determinar a distribuição de temperaturas em corpos finitos para tempos curtos da mesma maneira que a equação (18-20). A temperatura de superfície é particularmente fácil de obter a partir da equação anterior, se fizermos $x = 0$, e a taxa de transferência de calor pode ser determinada a partir de

$$\frac{q}{A} = h(T_s - T_\infty)$$

Condução em Estado Não Estacionário ◀ **267**

▶ **18.2**

GRÁFICOS DE TEMPERATURA-TEMPO PARA FORMAS GEOMÉTRICAS SIMPLES

Para transferência de energia em estado não estacionário em várias formas simples com certas condições de contorno restritivas, as equações descrevendo os perfis de temperaturas foram resolvidas[3] e os resultados foram apresentados em uma larga variedade de gráficos de modo a facilitar seu uso. Duas formas desses gráficos estão disponíveis no Apêndice F.

Soluções são apresentadas no Apêndice F para a placa plana, a esfera e o cilindro longo, em termos de quatro razões adimensionais:

$$Y, \text{ variação não ocorrida de temperatura} = \frac{T_\infty - T}{T_\infty - T_0}$$

$$X, \text{ tempo relativo} = \frac{\alpha t}{x_1^2}$$

$$n, \text{ posição relativa} = \frac{x}{x_1}$$

e

$$m, \text{ resistência relativa} = \frac{k}{hx_1}$$

em que x_1 é o raio ou a metade da espessura do meio condutor. Esses gráficos poderão ser usados para calcular perfis de temperatura para os casos que envolvam transporte de energia para dentro ou para fora do meio condutor, se as seguintes condições forem encontradas:

a. A equação de campo de Fourier descreve o processo — isto é, difusividade térmica constante e nenhuma fonte interna de calor.
b. O meio condutor tem uma temperatura inicial uniforme, T_0.
c. A temperatura do contorno ou do fluido adjacente é variada para um novo valor, T_∞, para $t \geq 0$.

Para placas planas em que o transporte ocorre a partir somente de uma das faces, o tempo, a posição e a resistência relativos são calculados como se a espessura fosse duas vezes o valor verdadeiro.

Embora os gráficos tenham sido desenhados para o transporte unidimensional, eles podem ser combinados para resultar soluções para problemas bi e tridimensionais. A seguir, tem-se um resumo dessas soluções combinadas:

1. Para transporte em uma barra retangular com extremidades isoladas,

$$Y_{\text{barra}} = Y_a Y_b \tag{18-22}$$

em que Y_a é calculado com uma largura $x_1 = a$ e Y_b é calculado com uma espessura $x_1 = b$.

2. Para transporte em um paralelepípedo retangular,

$$Y_{\text{paralelepípedo}} = Y_a Y_b Y_c \tag{18-23}$$

em que Y_a é calculado com uma largura $x_1 = a$, Y_b é calculado com uma espessura $x_1 = b$ e Y_c é calculado com uma profundidade $x_1 = c$.

---

[3] A equação (18-16) pertence a uma parede plana de espessura L e condições de contorno $T(x, 0) = T_0$ e $dT//dx\,(0, t) = 0$.

268 ▶ Capítulo 18

3. Para transporte em um cilindro, incluindo as extremidades,

$$Y_{\text{cilindro mais}\atop\text{extremidades}} = Y_{\text{cilindro}}\, Y_a \tag{18-24}$$

em que Y_a é calculado usando o gráfico para placa plana e espessura $x_1 = a$.

O uso de gráficos de temperatura-tempo é demonstrado nos seguintes exemplos.

Exemplo 3

Uma parede plana de tijolo refratário, com 0,5 m de espessura e originalmente a 200 K, tem uma de suas faces repentinamente expostas a um gás quente a 1200 K. Se o coeficiente de transferência de calor no lado quente for 7,38 W/m² · K e a outra face da parede for isolada, de modo que nenhum calor saia dessa face, determine (a) o tempo necessário para elevar o centro da parede para 600 K; (b) a temperatura da face isolada da parede no tempo calculado em (a).

Da tabela de propriedades físicas dada no Apêndice H, os seguintes valores são listados:

$$k = 1{,}125\ \text{W/m} \cdot \text{K}$$
$$c_p = 919\ \text{J/kg} \cdot \text{K}$$
$$\rho = 2310\ \text{kg/m}^3$$

e

$$\alpha = 5{,}30 \times 10^{-7}\ \text{m}^2/\text{s}$$

A face isolada limita a transferência de energia para o meio condutor para uma única direção. Isso é equivalente à transferência de calor de uma parede de espessura igual a 1 m, em que x é então medido a partir da linha de simetria, a face isolada. A posição relativa, x/x_1, é 1/2. A resistência relativa, k/hx_1, é $1{,}125/[(7{,}38)(0{,}5)]$ ou 0,305. A temperatura adimensional, $Y = (T_\infty - T)/(T_\infty - T_0)$, é igual a $(1200 - 600)/(1200 - 200)$ ou 0,6. Da Figura F.7, no Apêndice F, a abscissa, $\alpha t/x_1^2$, é 0,35 sob essas condições. O tempo necessário para elevar a linha central para 600 K é

$$t = \frac{0{,}35\, x_1^2}{\alpha} = \frac{0{,}35(0{,}5)^2}{5{,}30 \times 10^{-7}} = 1{,}651 \times 10^5\ \text{s} \quad \text{ou} \quad 45{,}9\ \text{h}$$

A resistência relativa e o tempo relativo para (b) serão os mesmos que no item (a). A posição relativa, x/x_1, será 0. Usando esses valores e a Figura F.1 do Apêndice F, encontramos a temperatura adimensional, Y, como 0,74. Usando esse valor, a temperatura desejada pode ser calculada por

$$\frac{T_s - T}{T_s - T_0} = \frac{1200 - T}{1200 - 200} = 0{,}74$$

ou

$$T = 460\ \text{K} \quad (368\degree\text{F})$$

Exemplo 4

Um tarugo de aço, de 30,5 cm de diâmetro, 61 cm de comprimento e inicialmente a 645 K, é imerso em um banho de óleo mantido a 310 K. Se a condutância de superfície for 34 W/m² · K, determine a temperatura central do tarugo, depois de 1 h.

Do Apêndice H, as seguintes propriedades físicas médias serão usadas:

$$k = 49{,}9\ \text{W/m} \cdot \text{K}$$
$$c_p = 473\ \text{J/kg} \cdot \text{K}$$
$$\rho = 7820\ \text{kg/m}^3$$
$$\alpha = 1{,}16 \times 10^{-5}\ \text{m}^2/\text{s}$$

A Figura F.7 se aplica. De modo a calcular Y_a, os seguintes parâmetros adimensionais devem ser calculados

$$X = \frac{\alpha t}{x_1^2} = \frac{(1{,}16 \times 10^{-5}\ \text{m}^2/\text{s})(3600\ \text{s})}{(0{,}305\ \text{m})^2} = 0{,}449$$
$$n = x/x_1 = 0$$
$$m = k/hx_1 = \frac{42{,}9\ \text{W/m} \cdot \text{K}}{(34\ \text{W/m}^2 \cdot \text{K})(0{,}305\ \text{m})} = 4{,}14$$

Usando esses valores com a Figura F.7 do Apêndice F, o valor correspondente da temperatura adimensional, Y_a, é aproximadamente 0,95.

Para a superfície do cilindro, os valores apropriados são

$$X = \frac{\alpha t}{x_1^2} = \frac{(1,16 \times 10^{-5}\ \text{m}^2/\text{s})(3600\ \text{s})}{(0,1525\ \text{m})^2}$$

$$= 1,80$$

$$n = \frac{x}{x_1} = 0$$

$$m = k/hx_1 = 42,9/(34)(0,1525) = 8,27$$

e, da Figura F.8 do Apêndice F, obtemos

$$Y_{cl} = \frac{T - T_\infty}{T_0 - T_\infty}\Big|_{cyl} \cong 0,7$$

Agora, para a transferência de calor através da superfície do cilindro e de ambas as extremidades,

$$Y|_{total} = \frac{T_{cl} - T_\infty}{T_0 - T_\infty} = Y_a Y_{cl} = (0,95)(0,7) = 0,665$$

A temperatura do centro desejada é agora calculada como

$$\begin{aligned} T_{cl} &= T_\infty + 0,665(T_0 - T_\infty) \\ &= 310\ \text{K} + 0,665(645 - 310)\ \text{K} \\ &= 533\ \text{K} \quad (499\,°\text{F}) \end{aligned}$$

▶ **18.3**

MÉTODOS NUMÉRICOS PARA ANÁLISE TRANSIENTE DA CONDUÇÃO

Em muitos processos de condução dependente do tempo ou em regime não estacionário, condição inicial e/ou condições de contorno reais não correspondem àquelas mencionadas anteriormente em relação a soluções analíticas. Uma distribuição inicial de temperaturas pode ser não uniforme na natureza; a temperatura ambiente, a condutância na superfície ou a geometria do sistema podem ser variáveis ou bem irregulares. Para tais casos complexos, técnicas numéricas oferecem o melhor meio para obter soluções.

Mais recentemente, com códigos computacionais mais sofisticados disponíveis, soluções numéricas estão sendo obtidas para problemas de transferência de calor de todos os tipos e essa tendência continuará indubitavelmente. É provável que muitos leitores deste livro sejam envolvidos no desenvolvimento de códigos para tal análise.

Algum trabalho numérico foi introduzido no Capítulo 17, lidando com condução bidimensional em estado estacionário. Nesta seção, consideraremos a variação tanto no tempo como na posição.

Para começar nossa discussão, o leitor é remetido à equação (17-61) e ao desenvolvimento que conduz a ela. Para o caso de nenhuma geração interna de energia, a equação (17-61) se reduz a

$$k\frac{\Delta y}{\Delta x}(T_{i-1,j} + T_{i+1,j} - 2T_{i,j}) + k\frac{\Delta x}{\Delta y}(T_{i,j-1} + T_{i,j+1} - 2T_{i,j})$$

$$= \left(\frac{\rho c_p T_{i,j}|_{t+\Delta t} - \rho c_p T_{i,j}|_t}{\Delta t}\right)\Delta x \Delta y \tag{18-25}$$

Essa expressão se aplica a duas dimensões; entretanto, ela pode ser estendida facilmente para três dimensões.

O termo dependente do tempo no lado direito da equação (18-25) é escrito tal que a temperatura no nó i, j é supostamente conhecida no tempo t; essa equação pode então ser resolvida para encontrar T_{ij} no final do intervalo de tempo Δt. Uma vez que $T_{i,j}|_{t+\Delta t}$ aparece somente uma vez nessa equação,

270 ▶ Capítulo 18

ela pode ser calculada bem facilmente. Isso significa que o cálculo de T_{ij} no final de um incremento de tempo é designado uma técnica "explícita". Uma discussão mais profunda de soluções explícitas é dada por Carnahan.

A equação (18-25) pode ser resolvida para determinar a temperatura no nó i, j para todos os valores de i, j que compreendem a região de interesse. Para um grande número de nós, é claro que um grande número de cálculos é necessário e que muitas informações devem ser armazenadas para uso em cálculos subsequentes. Computadores digitais obviamente fornecem a única maneira factível de obter as soluções.

Consideraremos a seguir a forma unidimensional da equação (18-25). Para um incremento espacial Δx, a expressão simplificada se torna

$$\frac{k}{\Delta x}\left(T_{i-1}|_t + T_{i+1}|_t - 2T_i|_t\right) = \left(\frac{\rho c_p T_i|_{t+\Delta t} - \rho c_p T_i|_t}{\Delta t}\right)\Delta x \tag{18-26}$$

em que a notação j foi retirada. A ausência de variação na direção y permite a retirada de vários termos. Consideraremos a seguir que as propriedades são constantes e representaremos a razão $k = \rho c_p$ como α. Resolvendo para $T_i|_{t+\Delta t}$, obtemos

$$T_i|_{t+\Delta t} = \frac{\alpha\Delta t}{(\Delta x)^2}\left(T_{i+1}|_t + T_{i-1}|_t\right) + \left(1 - \frac{2\alpha\Delta t}{(\Delta x)^2}\right)T_i|t \tag{18-27}$$

A razão $\alpha\Delta t/(\Delta x)^2$, uma forma semelhante ao módulo de Fourier, aparece naturalmente nesse desenvolvimento. Esse grupo relaciona o incremento de tempo, Δt, com o incremento do espaço, Δx. A magnitude desse grupo terá, bem obviamente, um efeito na solução. Foi determinado que a equação (18-27) é numericamente "estável" quando

$$\frac{\alpha\Delta t}{(\Delta x)^2} \leq \frac{1}{2} \tag{18-28}$$

Para uma discussão de estabilidade numérica, o leitor deve consultar Carnahan *et al.*[4]

A escolha de um incremento no tempo envolve um compromisso entre acurácia da solução — um incremento menor de tempo produzirá uma maior acurácia — e o tempo computacional; uma solução será obtida mais rapidamente para valores maiores de Δt. Quando o cálculo é feito por máquina, um incremento pequeno será usado provavelmente sem maiores dificuldades.

Um exame da equação (18-27) indica que uma simplificação considerável deve ser alcançada, se a igualdade na equação (18-28) for usada. Para o caso com $\alpha\Delta t/(\Delta x)^2 = 1/2$, a equação (18-27) se torna

$$T_{i|t+\Delta t} = \frac{T_{i+1|t} + T_{i-1|t}}{2} \tag{18-29}$$

Exemplo 5

Uma parede de tijolo ($\alpha = 4{,}72 \times 10^{-7}$ m²/s), com uma espessura de 0,5 m, está inicialmente a uma temperatura uniforme de 300 K. Determine o tempo necessário para que sua temperatura no centro atinja o valor de 425 K, se a temperatura de suas superfícies é aumentada, e mantida, para 425 K e 600 K, respectivamente.

Embora seja relativamente simples, este problema unidimensional não é adequado para uma solução usando os gráficos, uma vez que não há eixo de simetria. Consequentemente, tanto métodos analíticos quanto numéricos têm de ser empregados.

Uma solução analítica usando a transformada de Laplace ou a metodologia de separação de variáveis é relativamente direta. Entretanto, a solução está em termos de uma série infinita envolvendo autovalores, sendo trabalhosa a determinação de uma resposta final. Assim, a abordagem mais simples é numérica e prosseguiremos com as ideias introduzidas nesta seção.

A ilustração adiante mostra a parede dividida em 10 incrementos. Cada um dos nós dentro da parede está no centro de um subvolume, tendo uma largura, Δx. O subvolume sombreado no nó 4 é considerado com propriedades uniformes, cujos valores médios são calculados no seu centro — isto é, a localização do nó 4. Essa mesma ideia prevalece para todos os 11 nós; isso inclui os nós na superfície, 0 e 10.

---

[4] B. Carnahan, H. A. Luther e J. O. Wilkes, *Applied Numerical Methods*, Wiley, Nova York, 1969.

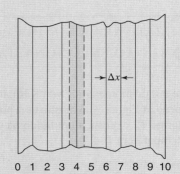

Um balanço de energia para qualquer nó interno, tendo largura Δx, resultará a equação (18-27) como resultado. Essa relação inclui a razão adimensional, $\alpha \Delta t/(\Delta x)^2$, que relaciona o incremento de tempo, Δt, ao incremento espacial Δx. Neste exemplo, especificamos $\Delta x = 0{,}05$ m.

A grandeza $\alpha \Delta t/(\Delta x)^2$ pode ter qualquer valor igual ou menor do que 0,5, que é o limite para uma solução estável. Se o valor limite for escolhido, a equação (18-27) se reduz a uma simples forma logarítmica

$$T_{i,t+1} = \frac{T_{i-1,t} + T_{i+1,t}}{2} \qquad (18\text{-}29)$$

Essa expressão é válida para $i = 1$ a 9; entretanto, uma vez que os nós 0 e 10 estão à temperatura constante para todo o tempo, os algoritmos para os nós 1 e 9 podem ser escritos como

$$T_{1,t+1} = \frac{T_{0,t} + T_{2,t}}{2} = \frac{425 + T_{2,t}}{2}$$
$$T_{9,t+1} = \frac{T_{8,t} + T_{10,t}}{2} = \frac{T_{8,t} + 600}{2} \qquad (18\text{-}30)$$

A solução do problema agora procede como as equações (18-29) e (18-30), que são resolvidas em tempos sucessivos para atualizar as temperaturas nos nós até o resultado desejado, $T_s = 425$ K, ser atingido.

As equações (18-29) e (18-30) são bem simples e facilmente programadas de modo a obter uma solução. Nesse caso, uma abordagem com planilha poderia ser também usada. A tabela a seguir resume a forma dos resultados para $T_{i,j}$.

	T_0	T_1	T_2	T_3	T_4	T_5	T_6	T_7	T_8	T_9	T_{10}
$t = 0$	425	300	300	300	300	300	300	300	300	300	600
⋮											
$t = 10$	425	394,8	372,1	349,4	347,9	346,4	367,1	405,7	466,1	526,4	600
⋮											
$t = 20$	425	411,4	403,3	395,3	402,3	409,4	436,2	463,1	506,5	550,0	600
⋮											
$t = 22$	425	414,2	408,5	409,8	411,0	428,2	445,3	471,4	512,3	553,3	600
$t = 23$	425	416,8	408,5	409,8	411,0	428,2	445,3	478,8	512,3	556,2	600

A temperatura desejada no centro é alcançada entre os incrementos de tempo 22 e 23; um valor interpolado é $n = 22{,}6$ incrementos de tempo. Como discutido anteriormente, o incremento Δt está relacionado a α e a Δx de acordo com a razão

$$\frac{\alpha \Delta t}{\Delta x^2} = 1/2$$

ou

$$\Delta t = \frac{1}{2}\frac{\Delta x^2}{\alpha} = \frac{1}{2}\frac{(0{,}05 \text{ m})^2}{4{,}72 \times 10^{-7} \text{ m}^2/\text{s}}$$
$$= 2648 \text{ s}$$
$$= 0{,}736 \text{ h}$$

A resposta para o tempo total transcorrido é então

$$t = 22{,}6(0{,}736) = 16{,}6 \text{ h}$$

18.4 MÉTODO INTEGRAL PARA A CONDUÇÃO UNIDIMENSIONAL NÃO ESTACIONÁRIA

A abordagem da integral de momento de von Kármán para a camada-limite hidrodinâmica tem uma contraparte na condução. A Figura 18.5 mostra uma porção de uma parede semi-infinita, originalmente na temperatura uniforme T_0, exposta a um fluido na temperatura T_∞, com a superfície da parede em qualquer tempo na temperatura T_s.

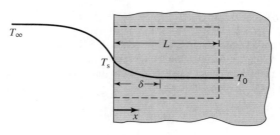

Figura 18.5 Uma porção de uma parede semi-infinita usada na análise integral.

Em qualquer tempo t, a transferência de calor do fluido para a parede afeta o perfil de temperaturas dentro da parede. A "distância de penetração", designada como δ, é a distância, a partir da superfície, em que esse efeito se manifesta. Na distância δ, o gradiente de temperatura, $\partial T/\partial x$, é tomado como zero.

Aplicando a primeira lei da termodinâmica, equação (6-10), para um volume de controle que vai de $x = 0$ a $x = L$, em que $L > \delta$, temos

$$\frac{\delta Q}{dt} - \frac{\delta W_s}{dt} - \frac{\delta W_\mu}{dt} = \iint_{s.c} \left(e + \frac{P}{\rho}\right)\rho(\mathbf{v}\cdot\mathbf{n})dA + \frac{\partial}{\partial t}\iiint_{v.c.} e\rho\, dV \qquad (6\text{-}10)$$

com

$$\frac{\delta W_s}{dt} = \frac{\delta W_\mu}{dt} = \iint_{s.c.}\left(e + \frac{P}{\rho}\right)\rho(\mathbf{v}\cdot\mathbf{n})\,dA = 0$$

A forma aplicável da primeira lei é agora

$$\frac{\delta Q}{dt} = \frac{\partial}{\partial t}\iiint_{v.c.} e\rho\, dV$$

Considerando todas as variáveis como funções somente de x, podemos expressar o fluxo de calor como

$$\frac{q_x}{A} = \frac{d}{dt}\int_0^L \rho u\, dx = \frac{d}{dt}\int_0^L \rho c_p T\, dx \qquad (18\text{-}32)$$

O intervalo de 0 a L será agora dividido em dois incrementos, dando

$$\frac{q_x}{A} = \frac{d}{dt}\left[\int_0^\delta \rho c_p T\, dx + \int_\delta^L \rho c_p T_0\, dx\right]$$

e, uma vez que T_0 é constante, isso se torna

$$\frac{q_x}{A} = \frac{d}{dt}\left[\int_0^\delta \rho c_p T\, dx + \rho c_p T_0(L - \delta)\right]$$

A equação integral a ser resolvida é agora

$$\frac{q_x}{A} = \frac{d}{dt}\int_0^\delta \rho c_p T\, dx + \rho c_p T_0 \frac{d\delta}{dt} \qquad (18\text{-}33)$$

Se um perfil de temperaturas da forma $T = T(x, \delta)$ for considerado, a equação (18-33) produzirá uma equação diferencial em $\delta(t)$, que pode ser resolvida, e esse resultado pode ser usado para expressar o perfil de temperaturas como $T(x, t)$.

A solução da equação (18-33) está sujeita às três condições de contorno diferentes na parede, $x = 0$, nas seções que se seguem.

Caso 1. Temperatura constante na parede

A parede, inicialmente a uma temperatura uniforme T_0, tem sua superfície mantida a uma temperatura T_s para $t > 0$. O perfil de temperaturas em dois tempos diferentes é ilustrado na Figura 18.6. Supondo um perfil parabólico de temperaturas da forma

$$T = A + Bx + Cx^2$$

e requerendo que as condições de contorno

$$\begin{aligned} T &= T_s \quad \text{em} \quad x = 0 \\ T &= T_0 \quad \text{em} \quad x = \delta \end{aligned}$$

e

$$\frac{\partial T}{\partial x} = 0 \quad \text{em} \quad x = \delta$$

sejam satisfeitas, vemos que a expressão para $T(x)$ se torna

$$\frac{T - T_0}{T_s - T_0} = \left(1 - \frac{x}{\delta}\right)^2 \tag{18-34}$$

O fluxo de calor na parede pode agora ser calculado como

$$\frac{q_x}{A} = -k\frac{\partial T}{\partial x}\bigg|_{x=0} = 2\frac{k}{\delta}(T_s - T_0) \tag{18-35}$$

que pode ser substituído na expressão integral juntamente com a equação (18-33), resultando

$$2\frac{k}{\delta}(T_s - T_0) = \frac{d}{dt}\int_0^\delta \rho c_p \left[T_0 + (T_s - T_0)\left(1 - \frac{x}{\delta}\right)^2\right] dx - \rho c_p T_0 \frac{d\delta}{dt}$$

e, depois de dividir por ρc_p, ambas as grandezas sendo consideradas constantes, temos

$$2\frac{\alpha}{\delta}(T_s - T_0) = \frac{d}{dt}\int_0^\delta \left[T_0 + (T_s - T_0)\left(1 - \frac{x}{\delta}\right)^2\right] dx - T_0 \frac{d\delta}{dt} \tag{18-36}$$

Depois de integrar, a equação (18-36) se torna

$$\frac{2\alpha}{\delta}(T_s - T_0) = \frac{d}{dt}\left[(T_s - T_0)\frac{\delta}{3}\right]$$

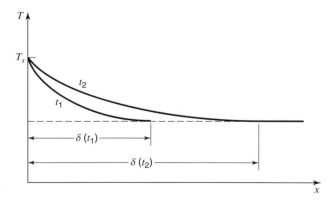

Figura 18.6 Perfis de temperaturas em dois tempos diferentes depois da temperatura da superfície ser aumentada para T_s.

e, cancelando $(T_s - T_0)$, obtemos

$$6\alpha = \delta \frac{d\delta}{dt} \qquad (18\text{-}37)$$

e, assim, a profundidade da penetração se torna

$$\delta = \sqrt{12\alpha t} \qquad (18\text{-}38)$$

O perfil correspondente de temperaturas pode ser obtido a partir da equação (18-34) como

$$\frac{T - T_0}{T_s - T_0} = \left[1 - \frac{x}{\sqrt{3}(2\sqrt{\alpha t})}\right]^2 \qquad (18\text{-}39)$$

que coincide, razoavelmente bem, com o resultado exato

$$\frac{T - T_0}{T_s - T_0} = 1 - \text{erf}\,\frac{x}{2\sqrt{\alpha t}} \qquad (18\text{-}40)$$

A Figura 18.7 mostra uma comparação desses dois resultados.

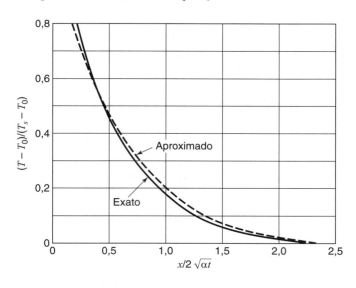

Figura 18.7 Uma comparação do resultado exato e do aproximado para a condução unidimensional com temperatura de parede constante.

Caso 2. Fluxo de calor especificado na parede

Neste caso, as condições de contorno apropriadas são

$$T = T_0 \qquad \text{em} \quad x = \delta$$
$$\frac{\partial T}{\partial x} = 0 \qquad \text{em} \quad x = \delta$$

e

$$\frac{\partial T}{\partial x} = -\frac{F(t)}{k} \qquad \text{em} \quad x = 0$$

em que o fluxo de calor na parede é expresso como a função geral $F(t)$.

Se o perfil parabólico de temperaturas for usado, as condições de contorno anteriores resultam

$$T - T_0 = \frac{[F(t)](\delta - x)^2}{2k\delta} \qquad (18\text{-}41)$$

que, quando substituídas na equação (18-38), resulta

$$\frac{d}{dt}\left(\frac{F(t)\delta^2}{6k}\right) = \frac{\alpha F(t)}{k} \qquad (18\text{-}42)$$

e

$$\delta(t) = \sqrt{6\alpha}\left[\frac{1}{F(t)}\int_0^t F(t)dt\right]^{1/2} \qquad (18\text{-}43)$$

Para um fluxo de calor constante de magnitude q_0/A, a expressão resultante para T_s é

$$T_s - T_0 = \frac{q_0}{ak}\sqrt{\frac{3}{2}\alpha t} \qquad (18\text{-}44)$$

que difere por aproximadamente 8% em relação à expressão exata

$$T_s - T_0 = \frac{1,13q_0}{Ak}\sqrt{\alpha t} \qquad (18\text{-}45)$$

Caso 3. Convecção na superfície

A temperatura na parede é uma variável nesse caso; entretanto, ela pode ser facilmente determinada. Se a variação de temperatura dentro do meio for expressa geralmente como

$$\frac{T - T_0}{T_s - T_0} = \phi\left(\frac{x}{\delta}\right) \qquad (18\text{-}46)$$

notamos que o gradiente de temperatura na superfície se torna

$$\left.\frac{\partial T}{\partial x}\right|_{x=0} = -\frac{T_s - T_0}{\delta}N \qquad (18\text{-}47)$$

em que N é uma constante que depende da forma de $\phi(x/\delta)$.

Na superfície, podemos escrever

$$\left.\frac{q}{A}\right|_{x=0} = -k\left.\frac{\partial T}{\partial x}\right|_{x=0} = h(T_\infty - T_s)$$

que se torna, depois de substituir a equação (18-47),

$$T_s - T_0 = \frac{h\delta}{Nk}(T_\infty - T_0) \qquad (18\text{-}48)$$

ou

$$T_s = \frac{T_0 + (h\delta/Nk)T_\infty}{1 + h\delta/Nk} \qquad (18\text{-}49)$$

Podemos agora escrever

$$\frac{T_s - T_0}{T_\infty - T_0} = \frac{h\delta/Nk}{1 + h\delta/Nk} \qquad (18\text{-}50)$$

e

$$\frac{T_\infty - T_s}{T_\infty - T_0} = \frac{1}{1 + h\delta/Nk} \qquad (18\text{-}51)$$

276 ▶ Capítulo 18

As substituições apropriadas na equação integral e a subsequente solução seguem os mesmos procedimentos dos casos (a) e (b); os detalhes dessa solução são deixados como exercício para o estudante.

O estudante deve reconhecer a marcante utilidade da solução integral para resolver problemas de condução unidimensional em estado não estacionário. Expressões do perfil de temperaturas mais complexas do que a forma parabólica podem ser consideradas. Todavia, para calcular as constantes, condições de contorno adicionais são necessárias em tais casos. A similaridade entre a profundidade de penetração e a espessura da camada-limite a partir da análise integral do Capítulo 12 deve ser notada.

▶ **18.5**

RESUMO

Neste capítulo, foram apresentadas e discutidas algumas das técnicas para resolver problemas de condução de calor em estado não estacionário ou transiente. As situações consideradas incluem casos de resistência interna desprezível, resistência de superfície desprezível e aqueles para os quais ambas as resistências foram significativas.

Para placas planas, cilindros e esferas, com uma temperatura inicial uniforme, cujas superfícies são repentinamente expostas ao meio ambiente a uma temperatura diferente, gráficos estão disponíveis para calcular a temperatura em quaisquer posição e tempo. Métodos numéricos e integrais foram também apresentados.

▶

PROBLEMAS

18.1 Um ferro de engomar, que tem uma base de aço inoxidável, pesa 3 lb e tem uma área superficial de 0,5 ft². O ferro tem uma potência de 500 W. Se o ambiente estiver a uma temperatura de 80°F e o coeficiente convectivo de transferência de calor for 3 Btu/h ft² °F, quanto tempo levará para o ferro atingir 240°F depois de ligado?

18.2 Um sistema elétrico emprega fusíveis de forma cilíndrica, 0,5 cm de comprimento e 0,1 mm de diâmetro. Ar, a 30°C, envolve o fusível; o coeficiente de transferência de calor é 10 W/m² · K. O material do fusível funde a 900°C.

Supondo que toda a transferência de calor ocorra a partir da superfície do fusível, estime o tempo que levará para o fusível fundir depois de uma corrente de 3 A passar por ele.

As propriedades pertinentes do material do fusível são

$$\text{Resistência} = 0,2\ \Omega$$
$$k = 20\ \text{W/m} \cdot \text{K}$$
$$\alpha = 5 \times 10^{-5}\ \text{m}^2/\text{s}$$

18.3 Um fio de alumínio, tendo um diâmetro de 0,794 mm, é imerso em um banho de óleo que está a 25°C. O fio de alumínio desse tamanho tem uma resistência elétrica de 0,0572 Ω/m. Para as condições em que uma corrente elétrica de 100 A passa pelo fio e o coeficiente de filme entre o fio e o banho de óleo é 550 W/m² · K, determine a temperatura do fio em estado estacionário.

Quanto tempo, depois de a corrente ser suprida, levará para o fio atingir uma temperatura dentro de 5°C de seu valor estacionário?

18.4 Bolas de canhão de ferro fundido, usadas na guerra de 1812, eram às vezes aquecidas por um tempo prolongado, de modo que quando disparadas elas incendiavam casas e navios. Se um desses disparos, o chamado "tiro quente", estivesse na temperatura uniforme de 2000°F, quanto tempo, depois de exposto ao ar a 0°F com um coeficiente convectivo de transferência de calor de 16 Btu/h ft² °F, seria requerido para a temperatura da superfície cair para 600°F? Para esse tempo, qual seria a temperatura do centro? O diâmetro da bola é 6 in. As seguintes propriedades do ferro fundido podem ser usadas:

$$k = 23\ \text{Btu/h ft °F}$$
$$c_p = 0,10\ \text{Btu/lb}_\text{m}\ \text{°F}$$
$$\rho = 460\ \text{lb}_\text{m}/\text{ft}^3.$$

18.5 É sabido que laranjas podem ser expostas a temperaturas de congelamento por curtos períodos de tempo, sem sofrer sérios danos. Como um caso representativo, considere uma laranja, com diâmetro de 0,10 m, originalmente a uma temperatura uniforme de 5°C, exposta repentinamente a um ar ambiente a –5°C. Para um coeficiente de filme, entre o ar e a superfície da laranja, igual a 15 W/m² · K, quanto tempo levará para a superfície da laranja atingir 0°C? As propriedades da laranja são as seguintes:

$$\rho = 940\ \text{kg/m}^3$$
$$K = 0,47\ \text{W/m} \cdot \text{K}$$
$$c_p = 3,8\ \text{kJ/kg} \cdot \text{K}$$

18.6 Um cilindro de cobre, com um diâmetro de 3 in, está inicialmente a uma temperatura uniforme de 70°C. Quanto tempo, depois de ser colocado em um meio a 1000°F, com um coeficiente convectivo de transferência de calor associado igual a 4 Btu/h ft² °F, a temperatura no centro do cilindro atingirá o valor de 500°F, se a altura do cilindro for (a) 3 in? (b) 6 in? (c) 12 in? (d) 24 in? (e) 5 ft?

18.7 Um cilindro, com 2 ft de altura e 3 in de diâmetro, está inicialmente na temperatura uniforme de 70°F. Em quanto tempo, depois de o cilindro ser colocado em um meio a 1000°F, tendo associado um coeficiente convectivo de transferência de calor de 4 Btu/h ft² °F, a temperatura do centro atingirá 500°F, se o cilindro for feito de:

a. cobre, $k = 212$ Btu/h ft °F?

b. alumínio, $k = 130$ Btu/h ft °F?

c. zinco, $k = 60$ Btu/h ft °F?

d. aço doce, $k = 25$ Btu/h ft °F?

e. aço inoxidável, $k = 10,5$ Btu/h ft °F?

f. asbesto ou amianto, $k = 0,087$ Btu/h ft °F?

18.8 Água, inicialmente a 40°F, está contida em um recipiente cilíndrico de parede fina que tem um diâmetro de 18 in. Faça um gráfico da temperatura da água *versus* tempo até 1 h, para o caso de o recipiente com a água estar imerso em um banho de óleo a uma temperatura constante de 300°F. Suponha que a água esteja bem agitada e que o coeficiente convectivo de transferência de calor entre o óleo e a superfície do cilindro seja 40 Btu/h ft² °F. O cilindro está imerso a uma profundidade de 2 ft.

18.9 Um cilindro curto de alumínio, de 0,6 m de diâmetro e 0,6 m de altura, está inicialmente a 475 K. De repente, ele é exposto a um ambiente com convecção e temperatura de 345 K, com $h = 85$ W/m² · K. Determine a temperatura no cilindro em uma posição radial de 10 cm e a uma distância de 10 cm de uma extremidade do cilindro, depois de ser exposto a esse ambiente por 1 h.

18.10 Uma bala de espingarda, com 0,2 in de diâmetro, é arrefecida em óleo a 90°F, a partir de uma temperatura inicial de 400°F. A bala é feita de chumbo e leva 15 s para cair a partir da superfície do óleo até o fundo do banho de arrefecimento. Se o coeficiente convectivo de transferência de calor entre o chumbo e o óleo for 40 Btu/h ft² °F, qual será a temperatura da bala quando ela atingir o fundo do banho?

18.11 Se um bloco retangular de borracha (veja Problema 18.12 para as propriedades) for colocado em ar a 297 K para resfriar depois de ser aquecido até uma temperatura uniforme de 420 K, quanto tempo levará para que a superfície da borracha atinja 320 K? As dimensões do bloco são 0,6 m de altura por 0,3 m de comprimento por 0,45 m de largura. O bloco se apoia em uma das bases 0,3 m por 0,45 m; a superfície adjacente pode ser considerada um isolante. O coeficiente efetivo de transferência de calor em toda a superfície exposta é 6,0 W/ m² · K. Qual será a temperatura máxima dentro do bloco de borracha nesse tempo?

18.12 Um lingote de aço inoxidável 304, de 6 in de diâmetro, passa por uma fornalha de 20 ft de comprimento. A temperatura inicial do tarugo é 200°F e ela precisa subir até uma temperatura mínima de 1500°F antes de o tarugo ser usado. O coeficiente de transferência de calor entre os gases da fornalha e a superfície do tarugo é 15 Btu/h ft² °F; os gases da fornalha estão a 2300°F. A que velocidade mínima o lingote tem de ser transportado pela fornalha para satisfazer essas condições?

18.13 Na cura de pneus de borracha, o processo de "vulcanização" requer que a carcaça do pneu, originalmente a 295 K, seja aquecida, de modo que sua camada central atinja uma temperatura mínima de 410 K. Esse aquecimento é feito introduzindo vapor a 435 K em ambos os lados. Determine o tempo necessário, depois de introduzir o vapor, para que uma carcaça de pneu de 3 cm de espessura atinja a condição especificada para a temperatura central. As propriedades da borracha que podem ser usadas são as seguintes: $k = 0,151$ W/m · K, $c_p = 200$ J/kg · K, $\rho = 1201$ kg/m³, $\alpha = 6,19 \times 10^{-8}$ m²/s.

18.14 É prática comum tratar postes de madeira para telefone com materiais como alcatrão para prevenir danos provocados por água e insetos. Esses alcatrões são curados na madeira a temperaturas e pressões elevadas.

Considere o caso de um poste de 0,3 m de diâmetro, originalmente a 25°C, colocado em um forno pressurizado. Ele será removido quando o carvão tiver penetrado a uma profundidade de 10 cm. Sabe-se que uma profundidade de 10 cm de penetração ocorrerá quando uma temperatura de 100°C for alcançada. Para uma temperatura do forno de 380°C e $h = 140$ W/m² · K, determine o tempo necessário para o poste permanecer no forno. As propriedades do poste de madeira são:

$$k = 0,20 \text{ W/m} \cdot \text{K}$$
$$\alpha = 1,1 \times 10^{-7} \text{ m}^2/\text{s}$$

18.15 Para um cilindro de asbesto, com a altura e o diâmetro iguais a 13 cm, inicialmente a uma temperatura uniforme de 295 K, colocado em um meio a 810 K, com um coeficiente convectivo de transferência de calor igual a 22,8 W/m² · K, determine o tempo necessário para alcançar 530 K, se os efeitos de ponta forem desprezados.

18.16 Um corrimão de cobre está inicialmente a 400°F. A barra mede 0,2 ft por 0,5 ft e tem 10 ft de comprimento. Se todas as extremidades forem repentinamente reduzidas, quanto tempo levará para que o centro atinja uma temperatura de 250°F?

18.17 Refaça o Problema 18.4, para o caso em que o ar é soprado pelas superfícies do bloco de borracha com um coeficiente efetivo de transferência de calor de 230 W/m² · K.

18.18 Considere uma salsicha de cachorro-quente, tendo a seguinte dimensão e propriedades: diâmetro = 20 mm, $k = 0,5$ W/m · K, $c_p = 3,35$ kJ/kg · K e $\rho = 880$ kg/m³. Para a salsicha inicialmente a 5°C, exposta a uma água fervente a 100°C, com um coeficiente de transferência de calor de 90 W/m² · K, qual será o tempo de cozimento para que a temperatura no centro atinja 80°C?

18.19 Este problema envolve o uso de princípios de transferência de calor como um guia para cozinhar um assado de porco.

O assado deve ser modelado como um cilindro, tendo um comprimento igual ao seu diâmetro, com propriedades sendo iguais às da água. O assado pesa 2,25 kg.

Cozida de forma apropriada, cada porção da carne deve atingir uma temperatura mínima de 95°C. Se a carne estiver inicialmente a 5°C e a temperatura do forno for 190°C, com um coeficiente de filme de 15 W/m² · K, qual será o tempo mínimo requerido de cozimento?

18.20 Dado o cilindro do Problema 18.15, construa um gráfico do tempo para a temperatura no ponto central atingir 530 K em função de H/D, em que H e D são a altura e o diâmetro do cilindro, respectivamente.

18.21 Em um restaurante caro, uma consumidora faz um pedido não usual ao chefe de cozinha. Ela pede para o seu bife ser cozido em uma grelha até que a carne atinja a temperatura de 100°C na profundidade de 2 mm. O chefe sabe que a temperatura da superfície da grelha é mantida a 250°C, que o bife foi armazenado a 0°C e que o bife tem 2 cm de espessura. A cliente, uma engenheira, sabe que o bife tem um calor específico de 4000 J/kg · K, uma densidade de 1500 kg/m³ e uma condutividade térmica de 0,6 W/m · K. O chefe pede ajuda. Em quanto tempo o bife deve ser cozido?

18.22 No processo de enlatamento, latas seladas de alimento são esterilizadas com vapor sob pressão, de modo a matar quaisquer microorganismos inicialmente presentes no alimento, prolongando assim a

278 ▶ Capítulo 18

vida de prateleira do alimento. Uma lata cilíndrica de alimento tem um diâmetro de 4 cm e um comprimento de 10 cm. O material do alimento tem um calor específico de 4000 J/kg · K, uma densidade de 1500 kg/m³ e uma condutividade térmica de 0,6 W/m · K. No presente processo, vapor a 120°C, é usado para esterilizar as latas. Inicialmente, a lata e seu conteúdo estão em uma temperatura uniforme de 20°C.

a. Se a resistência à transferência de calor oferecida pela lata for desprezada e se as extremidades da lata estiverem isoladas termicamente, quanto tempo levará para que o centro da lata atinja uma temperatura de 100°C, que é suficiente para matar todos os micro-organismos?

b. Qual será o tempo requerido, se as extremidades da lata não forem isoladas?

c. Qual será a temperatura do centro da lata e do conteúdo depois de decorridos 2500 s?

18.23 Uma etapa na fabricação de pastilhas de silício usadas na indústria de microeletrônica é a cristalização de silício fundido em lingotes de silício cristalino. Esse processo é realizado no interior de uma fornalha especial. Quando o lingote recentemente solidificado é removido da fornalha, admite-se que tenha uma temperatura inicial uniforme de 1600 K, que está abaixo da temperatura de cristalização. Nessa temperatura, a condutividade térmica do silício é 22 W/m · K, a densidade é 2300 kg/m³ e o calor específico é 1000 J/kg · K. O lingote de silício sólido e quente é resfriado em ar mantido a uma temperatura ambiente constante de 30°C. O diâmetro do bastão de silício é 15 cm. Efeitos de extremidade são considerados desprezíveis. O coeficiente convectivo de transferência de calor é 147 W/m² · K. Qual será a temperatura a 1,5 cm a partir da superfície do lingote depois de um tempo de resfriamento de 583 s (9,72 min)?

18.24 Formulações de drogas contêm um princípio ativo dissolvido em uma solução não tóxica para facilitar sua distribuição pelo corpo. Elas são geralmente embaladas em seringas estéreis, de modo que o paciente possa injetar a formulação da droga diretamente no corpo e então jogar fora a seringa. Frequentemente, as seringas carregadas com a droga são despachadas por avião para os consumidores. Há uma preocupação que as temperaturas baixas existentes no porão dos aviões de carga possam promover a precipitação da droga na solução. Sabe-se que certo anticorpo monoclonal precipita na solução a 2°C. O porão do avião usado pela companhia de frete aéreo é mantido a 0°C. Inicialmente, a seringa está a uma temperatura uniforme de 25°C. Dentro do ambiente corrente de embalagem da seringa, o coeficiente convectivo de transferência de calor do ar que envolve a seringa é 0,86 W/m² · K. O corpo da seringa contendo o líquido tem um diâmetro interno de 0,70 cm e um comprimento de 8 cm. A condutividade térmica da solução é 0,3 W/m · K, a densidade é 1 g/cm³ e o calor específico é 2000 J/kg · K. A parede da seringa é muito fina.

Se o voo dura 3,5 horas, a droga precipitará completamente e arruinará o produto?

18.25 Uma pastilha plana de silício, de 15 cm de diâmetro (área superficial igual a 176,7 cm²), é removida de uma fornalha de recozimento e colocada em repouso, com sua parte plana para baixo, sobre uma superfície plana isolante. Ela é então resfriada até a temperatura ambiente, que é mantida em um valor constante de 20°C (293 K). Inicialmente, a pastilha de silício está a 1020°C. O coeficiente de transferência de calor para o ar sobre a superfície plana exposta da pastilha de silício é 20 W/m² · K. Qual é a taxa de transferência de calor, em watts, da superfície da pastilha para o ar ambiente, depois de 330 segundos?

As propriedades termofísicas de silício na faixa de temperaturas de interesse são:

Material	Condutividade Térmica W/m · K	Calor Específico J/kg · K	Densidade kg/m³
Silício policristalino $\sim 1000°C$	30	760	2300

18.26 Um bocal de um motor de um foguete é revestido com um material cerâmico, tendo as seguintes propriedades: $k = 1,73$ Btu/h ft °F, $\alpha = 0,35$ ft²/h. O coeficiente convectivo de transferência de calor entre o bocal e os gases, que estão a 3000°F, é 200 Btu/h ft² °F. Quanto tempo, depois de começar, levará para a temperatura na superfície de cerâmica atingir 2700°F? Para esse tempo, qual será a temperatura no ponto ½ in a partir da superfície? O bocal está inicialmente a 0°F.

18.27 Uma estimativa da temperatura original da Terra é 7000°F. Usando esse valor e as seguintes propriedades para a crosta da Terra, Lord Kelvin obteve uma estimativa de $9,8 \times 10^7$ anos para a idade da Terra:

$$\alpha = 0,0456 \text{ ft}^2/\text{h}$$

$$T_2 = 0°F$$

$$\left. \frac{\partial T}{\partial y} \right|_{y=0} = 0,02°F/\text{ft, (medida)}$$

Comente o resultado do Lord Kelvin, considerando a expressão exata para a condução não estacionária unidimensional

$$\frac{T - T_s}{T_0 - T_s} = \text{erf} \frac{x}{2\sqrt{\alpha t}}$$

18.28 Depois de começar um fogo em uma sala, as paredes ficam expostas a produtos de combustão a 950°C. Se a superfície da parede interior for feita de carvalho, quanto tempo, depois da exposição ao fogo, a superfície da madeira atingirá sua temperatura de combustão de 400°C? Os dados pertinentes são os seguintes:

$$h = 30 \text{ W/m}^2 \cdot \text{K}$$

$$T_i(\text{inicial}) = 21°C$$

Para o carvalho:
$$\rho = 545 \text{ kg/m}^3$$
$$k = 0,17 \text{ W/m} \cdot \text{K}$$
$$c_p = 2,385 \text{ kJ/kg} \cdot \text{K}$$

18.29 Determine uma expressão para a profundidade abaixo da superfície de um sólido semi-infinito, em que a taxa de resfriamento seja máxima. Substitua a informação dada no Problema 18.22 para estimar quão longe, abaixo da superfície da Terra, essa taxa de resfriamento será atingida.

18.30 Um solo, tendo uma difusividade térmica de $5,16 \times 10^{-7}$ m²/s, tem a temperatura de sua superfície repentinamente elevada e mantida em 1100 K a partir de seu valor inicial uniforme de 280 K. Determine a temperatura em uma profundidade de 0,25 m depois de passado um período de 5 h nessa condição de superfície.

18.31 O coeficiente convectivo de transferência de calor entre uma grande parede de tijolo e o ar a 100°F é expresso como $h = 0,44 (T - T_\infty)^{1/3}$ Btu/h ft² °F. Se a parede estiver inicialmente a uma temperatura uniforme de 1000°F, estime a temperatura da superfície depois de 1, 6 e 24 h.

18.32 Uma parede espessa de carvalho, inicialmente a uma temperatura uniforme de 25°C, é repentinamente exposta a gases de combustão a 800°C. Determine o tempo de exposição requerido para a superfície atingir sua temperatura de ignição de 400°C, quando o coeficiente de filme entre a parede e o gás de combustão for 20 W/m² · K.

18.33 Ar, a 65°F, é soprado contra uma vidraça de 1/8 in de espessura. Se o vidro estiver inicialmente a 30°F e tiver gelo no lado externo, estime em quanto tempo o gelo começará a fundir.

18.34 Por quanto tempo uma parede de concreto, de 1 ft de espessura e sujeita a uma temperatura na superfície de 1500°F em um lado, manterá a temperatura do outro lado abaixo de 130°F? A parede está inicialmente a 70°F.

18.35 Uma barra de aço inoxidável está inicialmente a uma temperatura de 25°C. Sua superfície superior é repentinamente exposta a uma corrente de ar a 200°C, com um coeficiente convectivo de transferência de calor igual a 22 W/m² · K. Se a barra for considerada semi-infinita, quanto tempo levará para que a temperatura, a uma distância de 50 mm a partir da superfície, atinja o valor de 100°C?

18.36 Uma placa espessa, feita de aço inoxidável, está inicialmente a uma temperatura uniforme de 300°C. A superfície é repentinamente exposta a um fluido refrigerante a 20°C, com um coeficiente convectivo de 110 W/m² · K. Depois de transcorridos 3 min, calcule a temperatura

a. na superfície

b. em uma profundidade de 50 mm

Trabalhe este problema analítica e numericamente.

18.37 A severidade de uma queimadura em pele humana é determinada pela temperatura na superfície de um objeto quente em contato com a pele e pelo tempo de exposição. A pele é considerada danificada se sua temperatura alcançar 62,5°C. Considere que, para tempos relativamente curtos, o tecido próximo à superfície da pele se comportará como um meio semi-infinito. A pele também tem três camadas distintas, conforme mostrado na figura. Para a camada subtérmica úmida de pele viva, k_{pele} = 0,35 W/m · K, $C_{p,pele}$ = 3,8 kJ/kg · K, ρ_{pele} = 1,05 g/cm³ (Freitas, 2003). A difusividade térmica da pele epidérmica seca "cadavérica" é 2,8 × 10⁻⁴ cm²/s (Werner et al., 1992). Uma difusividade térmica do compósito de 2,5 × 10⁻⁷ m²/s é considerada para o tecido da pele (Datta, 2002).

a. Qual é a difusividade térmica da pele viva *versus* pele seca cadavérica? Por que existe tal diferença grande?

b. Se um remendo de pele for exposto a uma superfície metálica quente a 250°C por 2 s, qual será a severidade da queimadura? A temperatura normal do corpo é 37°C.

c. No tempo identificado no item (b), qual será a temperatura na face superior da camada da pele (espessura de aproximadamente 0,5 mm)?

Referências:
Freitas, R. A., Nanomedicine, Volume IIA: *Biocompatibility* (2003); Werner et al., *Phys. Med. Bioi.*, 37, 21-35 (1992).

Datta, A. K. *Biological and Bioenvironmental Heat and Mass Transfer*, 2002.

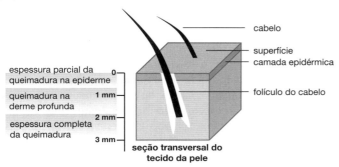

18.38 Uma maneira de tratar tumores que existem próximos à superfície da pele é aquecer o tecido tumoral, uma vez que a viabilidade celular de alguns tecidos tumorais é mais sensível a temperaturas mais altas do que o tecido da pele circundante. Nesse método simples, uma fonte direta de calor é colocada em contato com a superfície da pele, conforme mostrado na figura. No processo de tratamento mostrado, o tumor está aproximadamente 3 mm (0,003 m) abaixo da superfície da pele e começa a responder ao tratamento térmico quando sua temperatura alcança 45°C. A temperatura da superfície é mantida a 55,5°C (132°F). Depois de 2 min, o paciente sente desconforto e o dispositivo é desligado. Medidas independentes mostraram que tanto o tecido da pele como o tecido do tumor têm as seguintes propriedades termofísicas: condutividade térmica, k = 0,35 W/m · K, calor específico = 3,8 kJ/kg · K e densidade ρ = 1005 kg/m³. A temperatura do corpo antes do tratamento era uniforme e igual a 37°C.

a. Qual é a difusividade térmica do tecido?

b. Qual o tempo efetivo de tratamento do tumor — isto é, em quanto tempo o tumor ficou no mínimo a 45°C dentro do tempo de tratamento de 2 min?

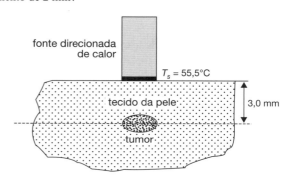

18.39 Se o fluxo de calor para um sólido é dado como F(t), mostre que a profundidade de penetração δ para um sólido semi-infinito é da forma

$$\delta = (\text{constante})\sqrt{\alpha}\left[\frac{\int_0^t F(t)dt}{F(t)}\right]^{1/2}$$

18.40 Se o perfil de temperaturas no solo for linear, aumentando a partir de 35°F, na superfície, 0,5°F por pé de profundidade, quanto tempo levará para um tubo enterrado 10 ft abaixo da superfície atingir 32°F, se a temperatura do ar externo for repentinamente reduzida para 0°F? A difusividade térmica do solo pode ser considerada igual a 0,02 ft²/h, sua condutividade térmica é 0,8 Btu/h ft °F e o coeficiente convectivo de transferência de calor entre o solo e o ar ambiente é 1,5 Btu/h ft² °F.

18.41 Uma parede de tijolo (α = 0,016 ft²/h), com uma espessura de 1½ ft, está inicialmente a uma temperatura uniforme de 80°F. Quanto tempo levará para que, depois de a temperatura das superfícies da parede subir para 300°F e 600°F, respectivamente, a temperatura do centro da parede atinja 300°F?

18.42 Uma parede de tijolo de alvenaria de 0,45 m de espessura tem uma distribuição de temperaturas no tempo t = 0, que pode ser aproximada pela expressão T(K) = 520 + 330 senπ(x/L), em que L é a largura da parede e x é a distância a partir da superfície. Quanto tempo, depois de ambas as superfícies dessa parede estarem expostas ao ar a 280 K, a temperatura no centro da parede será 360 K? O coeficiente convectivo de transferência de calor em ambas as superfícies da parede pode ser considerado igual a 14 W/m² · K. Qual será a temperatura da superfície nesse tempo?

CAPÍTULO 19

Transferência de Calor por Convecção

A transferência de calor por convecção está associada à troca de energia entre uma superfície e um fluido adjacente. Há muito poucas situações de transferência de energia de importância prática em que o movimento do fluido não esteja de alguma forma envolvido. Esse efeito foi eliminado tanto quanto possível nos capítulos precedentes, mas será considerado agora com alguma profundidade.

A equação de taxa para convecção foi expressa anteriormente como

$$\frac{q}{A} = h\Delta T \tag{15-11}$$

em que o fluxo de calor, q/A, ocorre em virtude de uma diferença de temperatura. Essa equação simples é a relação que define h, o coeficiente convectivo de transferência de calor. A determinação do coeficiente h não é, entretanto, uma tarefa simples. Ela está relacionada ao mecanismo de escoamento de um fluido, às propriedades do fluido e à geometria do sistema especificado de interesse.

Tendo em vista o envolvimento íntimo entre o coeficiente convectivo de transferência de calor e o movimento do fluido, podemos esperar que muitas das considerações do nosso tratamento anterior de transferência de momento seja de interesse. Na análise que se segue, será feito muito uso do desenvolvimento e dos conceitos dos Capítulos 4 a 14.

▶ 19.1

CONSIDERAÇÕES FUNDAMENTAIS NA TRANSFERÊNCIA DE CALOR POR CONVECÇÃO

Como mencionado no Capítulo 12, as partículas de fluido imediatamente adjacentes ao contorno sólido estão estacionárias e uma fina camada de fluido próxima à superfície estará em regime laminar, independentemente da natureza da corrente livre. Desse modo, a troca de energia em nível molecular ou os efeitos condutivos sempre estarão presentes e desempenharão um papel importante em qualquer processo de convecção. Se o escoamento do fluido for laminar, então toda a transferência de energia entre uma superfície e o fluido em contato com ela, ou entre camadas adjacentes de fluido, será por meio molecular. Se, por outro lado, o escoamento for turbulento, então haverá uma mistura em nível macroscópico de partículas fluidas entre regiões a diferentes temperaturas, aumentando assim a taxa de transferência de calor. A distinção entre escoamento laminar e turbulento será, portanto, uma consideração importante em qualquer situação convectiva.

Existem duas classificações principais de transferência de calor por convecção. Elas têm a ver com a força motriz que causa o escoamento do fluido. *Convecção natural* ou *livre* designa o tipo de processo em que o movimento de fluido resulta da transferência de calor. Quando um fluido é aquecido ou resfriado, a variação associada de densidade e o efeito de empuxo produzem uma circulação natural em que o fluido afetado se move por conta própria sobre a superfície sólida; o fluido que o substitui é similarmente afetado pela transferência de energia e o processo se repete. *Convecção forçada* é a classificação usada para descrever aquelas situações de convecção em que a circulação de fluido é produzida por um agente externo, tal como um ventilador ou uma bomba.

A camada-limite hidrodinâmica, analisada no Capítulo 12, desempenha um papel importante na transferência de calor por convecção, como seria esperado. Adicionalmente, devemos definir e analisar a *camada-limite térmica*, que também será vital para a análise de um processo de transferência de energia por convecção.

Quatro métodos de calcular o coeficiente convectivo de transferência de calor serão discutidos neste livro. Eles são:

(a) Análise dimensional, que para ser útil necessita de resultados experimentais
(b) Análise exata da camada-limite
(c) Análise integral aproximada da camada-limite
(d) Analogia entre transferência de energia e de momento.

▶ 19.2

PARÂMETROS SIGNIFICATIVOS NA TRANSFERÊNCIA DE CALOR POR CONVECÇÃO

Certos parâmetros serão úteis na correlação de dados convectivos e nas relações funcionais para os coeficientes convectivos de transferência de calor. Alguns parâmetros desse tipo foram encontrados anteriormente; eles incluem os números de Reynolds e de Euler. Vários dos novos parâmetros que serão encontrados em transferência de energia aparecem de tal maneira que seu significado físico não está claro. Por essa razão, devemos devotar uma seção curta para a interpretação física de dois de tais termos.

As difusividades moleculares de momento e de energia foram definidas previamente como

$$\text{difusividade de momento:} \qquad \nu \equiv \frac{\mu}{\rho}$$

e

$$\text{difusividade térmica:} \qquad \alpha \equiv \frac{k}{\rho c_p}$$

Pelo fato de essas duas difusividades serem designadas similarmente, isso indica que elas desempenham também papéis similares nos seus modos específicos de transferência. Esse é de fato o caso, como veremos várias vezes nos desenvolvimentos que se seguem. Por ora, devemos notar que ambas têm as mesmas dimensões, L^2/t; assim, sua razão deve ser adimensional. Essa razão, a difusividade molecular de momento dividida pela difusividade molecular de calor, é designada *número de Prandtl*.

$$\text{Pr} \equiv \frac{\nu}{\alpha} = \frac{\mu c_p}{k} \qquad (19\text{-}1)$$

O número de Prandtl é uma combinação das propriedades do fluido; logo, Pr pode ser pensado como uma propriedade. O número de Prandtl é principalmente uma função da temperatura e está tabelado no Apêndice I, em várias temperaturas para cada fluido listado.

O perfil de temperaturas para um fluido escoando sobre uma superfície é mostrado na Figura 19.1. Na figura, a superfície está a uma temperatura mais alta do que a do fluido. O perfil de temperaturas que ocorre é causado pela troca de energia resultante dessa diferença de temperatura. Para tal caso, a taxa de transferência de calor entre a superfície e o fluido pode ser escrita como

$$q_y = hA(T_s - T_\infty) \tag{19-2}$$

e como a transferência de calor na superfície pode ser por condução,

$$q_y = -kA\frac{\partial}{\partial y}(T - T_s)|_{y=0} \tag{19-3}$$

Esses dois termos têm de ser iguais; por conseguinte,

$$h(T_s - T_\infty) = -k\frac{\partial}{\partial y}(T - T_s)|_{y=0}$$

que podem ser rearranjados para fornecer

$$\frac{h}{k} = \frac{\partial(T_s - T)/\partial y|_{y=0}}{T_s - T_\infty} \tag{19-4}$$

A equação (19-4) pode ser tornada adimensional se um parâmetro de comprimento for introduzido. Multiplicando ambos os lados pelo comprimento representativo, L, teremos

$$\frac{hL}{k} = \frac{\partial(T_s - T)/\partial y|_{y=0}}{(T_s - T_\infty)/L} \tag{19-5}$$

O lado direito da equação (19-5) é agora a razão entre o gradiente de temperatura na superfície e o gradiente global ou de referência da temperatura. O lado esquerdo dessa equação é escrito de uma maneira similar ao número de Biot, encontrado no Capítulo 18. Ele pode ser considerado uma razão entre a resistência térmica condutiva e a resistência térmica convectiva do fluido. Essa razão é referida como *número de Nusselt*:

$$\text{Nu} \equiv \frac{hL}{k} \tag{19-6}$$

em que a condutividade térmica é a do fluido, diferentemente daquela do sólido, que é o caso no cálculo do módulo de Biot.

Esses dois parâmetros, Pr e Nu, serão encontrados muitas vezes no trabalho que se segue.

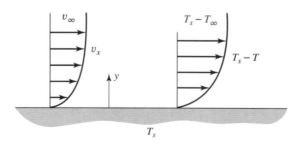

Figura 19.1 Perfis de temperaturas e de velocidades para um fluido escoando sobre uma placa aquecida.

▶ 19.3 ANÁLISE DIMENSIONAL DA TRANSFERÊNCIA DE ENERGIA POR CONVECÇÃO

Convecção Forçada A situação específica de convecção forçada, que deveremos considerar agora, é aquela do fluido escoando em um duto fechado, a alguma velocidade média, v, com uma diferença de temperatura entre o fluido e a parede do tubo.

As variáveis importantes, seus símbolos e as representações dimensionais estão listadas a seguir. É necessário incluir mais duas dimensões — Q, calor, e T, temperatura — ao grupo fundamental considerado no Capítulo 11; dessa forma, todas variáveis têm de ser expressas dimensionalmente como alguma combinação de M, L, t, Q e T. As variáveis anteriores incluem termos descritivos da geometria do sistema, das propriedades térmicas e de escoamento do fluido e a grandeza de interesse principal, h.

Variável	Símbolo	Dimensão
Diâmetro do tubo	D	L
Densidade do fluido	ρ	M/L^3
Viscosidade do fluido	μ	M/Lt
Calor específico do fluido	c_p	Q/MT
Condutividade térmica do fluido	k	Q/tLT
Velocidade	v	L/t
Coeficiente de transferência de calor	h	Q/tL^2T

Utilizando o método de Buckingham, de agrupar as variáveis como apresentado no Capítulo 11, o número necessário de grupos adimensionais é 3. Note que o posto da matriz dimensional é 4, um a mais do que o número total de dimensões fundamentais.

Escolhendo D, k, μ e v como as quatro variáveis para compor o núcleo, encontramos que os três grupos π a serem formados são

$$\pi_1 = D^a k^b \mu^c v^d \rho$$
$$\pi_2 = D^e k^f \mu^g v^h c_p$$

e

$$\pi_3 = D^i k^j \mu^k v^l h$$

Escrevendo π_1 na forma adimensional,

$$1 = (L)^a \left(\frac{Q}{LtT}\right)^b \left(\frac{M}{Lt}\right)^c \left(\frac{L}{t}\right)^d \frac{M}{L^3}$$

e igualando os expoentes das dimensões fundamentais em ambos os lados dessa equação, temos para

$$
\begin{aligned}
L: &\quad 0 = a - b - c + d - 3 \\
Q: &\quad 0 = b \\
t: &\quad 0 = -b - c - d \\
T: &\quad 0 = -b
\end{aligned}
$$

e

$$M: \quad 0 = c + 1$$

Resolvendo essas equações para as quatro incógnitas, resulta em

$$
\begin{aligned}
a &= 1 & c &= -1 \\
b &= 0 & d &= 1
\end{aligned}
$$

e π_1 se torna

$$\pi_1 = \frac{Dv\rho}{\mu}$$

que é o número de Reynolds. Resolvendo para π_2 e π_3 da mesma maneira, teremos

$$\pi_2 = \frac{\mu c_p}{k} = \text{Pr} \qquad e \qquad \pi_3 = \frac{hD}{k} = \text{Nu}$$

O resultado de uma análise dimensional de transferência de calor por convecção forçada em um duto circular indica que uma relação possível correlacionando as variáveis importantes é da ordem

$$\text{Nu} = f_1(\text{Re, Pr}) \tag{19-7}$$

Se, no caso precedente, o núcleo tivesse sido formado por ρ, μ, c_p e v, a análise teria resultado nos grupos $Dv\rho/\mu$, $\mu c_p/k$ e $h/\rho v c_p$. Reconhecemos os dois primeiros grupos como Re e Pr. O terceiro é o *número de Stanton*:

$$\text{St} \equiv \frac{h}{\rho v c_p} \tag{19-8}$$

Esse parâmetro poderia também ter sido formado pela razão Nu/(Re Pr). Uma relação alternativa para convecção forçada em um duto circular é então

$$\text{St} = f_2(\text{Re, Pr}) \tag{19-9}$$

Convecção Natural No caso de transferência de calor por convecção natural de uma parede plana vertical para um fluido adjacente, as variáveis vão diferir significativamente daquelas usadas no caso anterior. A velocidade não mais pertence ao grupo de variáveis, uma vez que ela é o resultado de outros efeitos associados à transferência de energia. As novas variáveis que devem ser incluídas na análise são aquelas que explicam a circulação do fluido. Elas podem ser encontradas considerando a relação para força de empuxo em termos da diferença de densidade devida à troca de energia.

O coeficiente de expansão térmica, β, é dado por

$$\rho = \rho_0(1 - \beta \Delta T) \tag{19-10}$$

em que ρ_0 é a densidade do fluido longe da parede, ρ é a densidade do fluido dentro da camada aquecida e ΔT é a diferença de temperatura entre o fluido aquecido e o fluido longe da parede. A força de empuxo por unidade de volume, F_{empuxo}, é

$$F_{\text{empuxo}} = (\rho_0 - \rho)g$$

que se torna, após substituição da equação (19-10),

$$F_{\text{empuxo}} = \beta g \rho_0 \Delta T \tag{19-11}$$

A equação (19-11) sugere a inclusão das variáveis β, g e ΔT na lista daquelas que são importantes para a situação de convecção natural.

A lista de variáveis para o problema sob consideração é dada a seguir.

Variável	Símbolo	Dimensão
Comprimento característico	L	L
Densidade do fluido	ρ	M/L^3
Viscosidade do fluido	μ	M/Lt
Calor específico do fluido	c_p	Q/MT
Condutividade térmica do fluido	k	Q/tLT
Coeficiente de expansão térmica do fluido	β	$1/T$
Aceleração da gravidade	g	L/t^2
Diferença de temperatura	ΔT	T
Coeficiente de transferência de calor	h	Q/tL^2T

O teorema π de Buckingham indica que o número de parâmetros adimensionais independentes aplicáveis a esse problema é $9 - 5 = 4$. Escolhendo L, μ, k, g e β como o núcleo, vemos que os grupos π a serem formados são

$$\pi_1 = L^a \mu^b k^c \beta^d g^e c_p$$

$$\pi_2 = L^f \mu^g k^h \beta^i g^j \rho$$

$$\pi_3 = L^k \mu^l k^m \beta^n g^o \Delta T$$

e

$$\pi_4 = L^p \mu^q k^r \beta^s g^t h$$

Resolvendo para os expoentes da maneira usual, obtemos

$$\pi_1 = \frac{\mu c_p}{k} = \text{Pr} \qquad\qquad \pi_3 = \beta \Delta T$$

$$\pi_2 = \frac{L^3 g \rho^2}{\mu^2} \qquad e \qquad \pi_4 = \frac{hL}{k} = \text{Nu}$$

O produto de π_2 e π_3, que deve ser adimensional, é $(\beta g \rho^2 L^3 \Delta T)/\mu^2$. Esse parâmetro, usado para correlacionar dados de convecção natural, é o *número de Grashof*.

$$\text{Gr} \equiv \frac{\beta g \rho^2 L^3 \Delta T}{\mu^2} \tag{19-12}$$

A partir das breves considerações anteriores sobre análise dimensional, obtivemos as seguintes possíveis formas para correlacionar os dados de convecção:

(a) *Convecção forçada*

$$\text{Nu} = f_1(\text{Re}, \text{Pr}) \tag{19-7}$$

ou

$$\text{St} = f_2(\text{Re}, \text{Pr}) \tag{19-9}$$

(b) *Convecção natural*

$$\text{Nu} = f_3(\text{Gr}, \text{Pr}) \tag{19-13}$$

A similaridade entre as correlações das equações (19-7) e (19-13) é evidente. Na equação (19-13), Gr substituiu Re na correlação indicada pela equação (19-7). Deve-se notar que o número de Stanton pode ser usado somente quando são correlacionados os dados de convecção forçada. Isso se torna óbvio quando observamos a velocidade, v, contida na expressão para St.

▶ **19.4**

ANÁLISE EXATA DA CAMADA-LIMITE LAMINAR

Uma solução exata para um caso especial da camada-limite hidrodinâmica foi discutida na Seção 12.5. A solução de Blasius para a camada-limite laminar sobre uma placa plana pode ser estendida para incluir o problema de transferência de calor por convecção para a mesma geometria e para escoamento laminar.

As equações da camada-limite consideradas anteriormente incluem a equação da continuidade para o caso bidimensional e de fluido incompressível:

$$\frac{\partial v_x}{\partial x} + \frac{\partial v_y}{\partial y} = 0 \qquad (12\text{-}10)$$

e a equação do movimento na direção x:

$$\frac{\partial v_x}{\partial t} + v_x \frac{\partial v_x}{\partial x} + v_y \frac{\partial v_x}{\partial y} = v_\infty \frac{dv_\infty}{dx} + \nu \frac{\partial^2 v_x}{\partial y^2} \qquad (12\text{-}9)$$

Lembre-se de que a equação do movimento na direção y forneceu o resultado de pressão constante em toda a camada-limite. A forma apropriada da equação da energia será, assim, a equação (16-14) para escoamento isobárico, escrita na forma bidimensional como

$$\frac{\partial T}{\partial t} + v_x \frac{\partial T}{\partial x} + v_y \frac{\partial T}{\partial y} = \alpha \left(\frac{\partial^2 T}{\partial x^2} + \frac{\partial^2 T}{\partial y^2} \right) \qquad (19\text{-}14)$$

Em relação à camada-limite térmica mostrada na Figura 19.2, $\partial^2 T/\partial x^2$ é muito menor em magnitude do que $\partial^2 T/\partial y^2$.

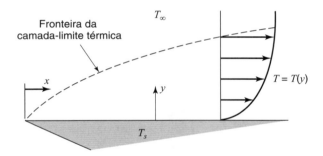

Figura 19.2 Camada-limite térmica para escoamento laminar sobre uma superfície plana.

Em um escoamento estacionário, incompressível, bidimensional e isobárico, a equação da energia que se aplica é agora

$$v_x \frac{\partial T}{\partial x} + v_y \frac{\partial T}{\partial y} = \alpha \frac{\partial^2 T}{\partial y^2} \qquad (19\text{-}15)$$

Do Capítulo 12, a equação do movimento que se aplica ao caso de velocidade da corrente livre uniforme é

$$v_x \frac{\partial v_x}{\partial x} + v_y \frac{\partial v_x}{\partial y} = \nu \frac{\partial^2 v_x}{\partial y^2} \qquad (12\text{-}11\text{a})$$

e a equação da continuidade

$$\frac{\partial v_x}{\partial x} + \frac{\partial v_y}{\partial y} = 0 \qquad (12\text{-}11\text{b})$$

As duas últimas equações foram originalmente resolvidas por Blasius fornecendo os resultados discutidos no Capítulo 12. A solução foi baseada nas condições de contorno

$$\frac{v_x}{v_\infty} = \frac{v_y}{v_\infty} = 0 \quad \text{em } y = 0$$

e

$$\frac{v_x}{v_\infty} = 1 \quad \text{em } y = \infty$$

A similaridade na forma entre as equações (19-15) e (12-11a) é óbvia. Essa situação sugere a possibilidade de aplicar a solução de Blasius à equação da energia. De modo a tornar isso possível, as seguintes condições têm de ser satisfeitas:

1. Os coeficientes dos termos de segunda ordem têm de ser iguais. Isso requer que $v = \alpha$ ou que $Pr = 1$.
2. As condições de contorno para a temperatura têm de ser compatíveis com aquelas para a velocidade. Isso pode ser feito trocando a variável dependente de T para $(T - T_s)/(T_\infty - T_s)$. As condições de contorno são agora

$$\frac{v_x}{v_\infty} = \frac{v_y}{v_\infty} = \frac{T - T_s}{T_\infty - T_s} = 0 \quad \text{para } y = 0$$

$$\frac{v_x}{v_\infty} = \frac{T - T_s}{T_\infty - T_s} = 1 \quad \text{para } y = \infty$$

Impondo essas condições ao conjunto de equações (19-15) e (12-11a), podemos agora escrever os resultados obtidos por Blasius para o caso de transferência de energia. Usando a nomenclatura do Capítulo 12,

$$f' = 2\frac{v_x}{v_\infty} = 2\frac{T - T_s}{T_\infty - T_s} \tag{19-16}$$

$$\eta = \frac{y}{2}\sqrt{\frac{v_\infty}{\nu x}} = \frac{y}{2x}\sqrt{\frac{xv_\infty}{\nu}} = \frac{y}{2x}\sqrt{\mathrm{Re}_x} \tag{19-17}$$

e aplicando o resultado de Blasius, obtemos

$$\begin{aligned}
\left.\frac{df'}{d\eta}\right|_{y=0} &= f''(0) = \left.\frac{d[2(v_x/v_\infty)]}{d[(y/2x)\sqrt{\mathrm{Re}_x}]}\right|_{y=0} \\
&= \left.\frac{d\{2[(T/T_s)/(T_\infty/T_s)]\}}{d[(y/2x)\sqrt{\mathrm{Re}_x}]}\right|_{y=0} = 1.328
\end{aligned} \tag{19-18}$$

Deve ser notado que, de acordo com a equação (19-16), o perfil de velocidades adimensionais na camada-limite laminar é idêntico ao perfil de temperaturas adimensionais. Isso é uma consequência de ter suposto $Pr = 1$. Uma consequência lógica dessa situação é que as camadas-limite hidrodinâmicas e térmicas têm a mesma espessura. É importante dizer que os números de Prandtl para a maioria dos gases são suficientemente próximos da unidade, resultando em camadas-limite hidrodinâmicas e térmicas com a mesma espessura.

Podemos agora obter o gradiente de temperatura na superfície:

$$\left.\frac{\partial T}{\partial y}\right|_{y=0} = (T_\infty - T_s)\left[\frac{0{,}332}{x}\mathrm{Re}_x^{1/2}\right] \tag{19-19}$$

A aplicação das equações de taxa de Newton e de Fourier resulta agora

$$\frac{q_y}{A} = h_x(T_s - T_\infty) = -k\left.\frac{\partial T}{\partial y}\right|_{y=0}$$

do que

$$h_x = -\frac{k}{T_s - T_\infty}\left.\frac{\partial T}{\partial y}\right|_{y=0} = \frac{0{,}332\,k}{x}\mathrm{Re}_x^{1/2} \tag{19-20}$$

ou

$$\frac{h_x x}{k} = \mathrm{Nu}_x = 0{,}332\,\mathrm{Re}_x^{1/2} \tag{19-21}$$

Pohlhausen[1] considerou o mesmo problema com o efeito adicional de um número de Prandtl diferente da unidade. Ele foi capaz de mostrar que a relação entre as camadas-limite hidrodinâmicas e térmicas no escoamento laminar pode ser dada aproximadamente por

$$\frac{\delta}{\delta_t} = \Pr^{1/3} \quad (19\text{-}22)$$

O fator adicional de $\Pr^{1/3}$ multiplicado por η permite que a solução para a camada-limite térmica seja estendida para valores de Pr diferentes da unidade. Um gráfico da temperatura adimensional *versus* $\eta \Pr^{1/3}$ é mostrado na Figura 19.3. A variação de temperatura dada nessa forma conduz a uma expressão para o coeficiente convectivo de transferência de calor similar à equação (19-20). Em $y = 0$, o gradiente é

$$\left.\frac{\partial T}{\partial y}\right|_{y=0} = (T_\infty - T_s)\left[\frac{0{,}332}{x}\Rey_x^{1/2}\Pr^{1/3}\right] \quad (19\text{-}23)$$

que, quando usado com as equações de taxa de Fourier e de Newton, resulta

$$h_x = 0{,}332\frac{k}{x}\Rey_x^{1/2}\Pr^{1/3} \quad (19\text{-}24)$$

ou

$$\frac{h_x x}{k} = \Nu_x = 0{,}332\,\Rey_x^{1/2}\Pr^{1/3} \quad (19\text{-}25)$$

A inclusão do fator $\Pr^{1/3}$ nessas equações estende a faixa de aplicação das equações (19-20) e (19-21) para situações em que o número de Prandt difere consideravelmente de 1.

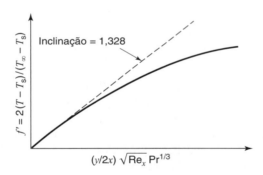

Figura 19.3 Variação de temperatura para escoamento laminar sobre uma placa plana.

O coeficiente médio de transferência de calor, aplicado sobre uma placa de largura w e comprimento L, pode ser obtido por integração. Para uma placa dessas dimensões,

$$q_y = hA(T_s - T_\infty) = \int_A h_x(T_s - T_\infty)\,dA$$

$$h(wL)(T_s - T_\infty) = 0{,}332\,kw\,\Pr^{1/3}(T_s - T_\infty)\int_0^L \frac{\Rey_x^{1/2}}{x}\,dx$$

$$hL = 0{,}332\,k\,\Pr^{1/3}\left(\frac{v_\infty \rho}{\mu}\right)^{1/2}\int_0^L x^{-1/2}\,dx$$

$$= 0{,}664\,k\,\Pr^{1/3}\left(\frac{v_\infty \rho}{\mu}\right)^{1/2} L^{1/2}$$

$$= 0{,}664\,k\,\Pr^{1/3}\Rey_L^{1/2}$$

---

[1] E. Pohlhausen, *ZAMM*, **1**, 115 (1921).

O número médio de Nusselt se torna

$$\mathrm{Nu}_L = \frac{hL}{k} = 0{,}664\,\mathrm{Pr}^{1/3}\mathrm{Re}_L^{1/2} \qquad (19\text{-}26)$$

e é visto que

$$\mathrm{Nu}_L = 2\,\mathrm{Nu}_x \quad \text{em } x = L \qquad (19\text{-}27)$$

Ao aplicar os resultados da análise precedente, costumam-se calcular todas as propriedades do fluido na *temperatura de filme*, que é definida como

$$T_f = \frac{T_s + T_\infty}{2} \qquad (19\text{-}28)$$

que corresponde à média aritmética entre as temperaturas da parede e do fluido longe da parede.

▶ 19.5 ANÁLISE INTEGRAL APROXIMADA DA CAMADA-LIMITE TÉRMICA

A aplicação da solução de Blasius para a camada-limite térmica na Seção 19.4 foi conveniente, embora muito limitada no escopo. Para escoamento diferente de laminar ou para uma configuração diferente de uma superfície plana, outro método tem de ser utilizado para estimar o coeficiente convectivo de transferência de calor. Um método aproximado para análise da camada-limite térmica emprega a análise integral conforme usada por von Kármán para a camada-limite hidrodinâmica. Essa abordagem foi discutida no Capítulo 12.

Considere o volume de controle designado pelas linhas tracejadas na Figura 19.4, aplicado para o escoamento paralelo a uma superfície plana sem gradiente de pressão, tendo uma largura Δx, uma altura igual à espessura da camada-limite térmica, δ_t, e uma profundidade unitária. Uma aplicação da primeira lei da termodinâmica na forma integral,

$$\frac{\delta Q}{dt} - \frac{\delta W_s}{dt} - \frac{\delta W_\mu}{dt} = \iint_{\text{s.c.}} (e + P/\rho)\rho(\mathbf{v}\cdot\mathbf{n})\,dA + \frac{\partial}{\partial t}\iiint_{\text{v.c.}} e\rho\,dV \qquad (6\text{-}10)$$

resulta nas seguintes condições para estado estacionário:

$$\frac{\delta Q}{dt} = -k\Delta x \frac{\partial T}{\partial y}\bigg|_{y=0}$$

$$\frac{\delta W_s}{dt} = \frac{\partial W_\mu}{dt} = 0$$

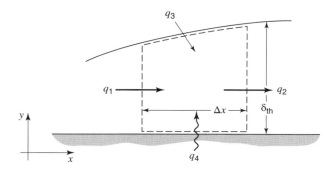

Figura 19.4 Volume de controle para a análise integral da equação de energia.

$$\iint_{\text{s.c.}} (e + P/\rho)\rho(\mathbf{v} \cdot \mathbf{n})dA = \int_0^{\delta_t} \left(\frac{v_x^2}{2} + gy + u + \frac{P}{\rho}\right)\rho v_x \, dy \bigg|_{x+\Delta x}$$

$$- \int_0^{\delta_t} \left(\frac{v_x^2}{2} + gy + u + \frac{P}{\rho}\right)\rho v_x \, dy \bigg|_x$$

$$- \frac{d}{dx}\int_0^{\delta_t} \left[\rho v_x\left(\frac{v_x^2}{2} + gy + u + \frac{P}{\rho}\right)\bigg|_{\delta_t}\right] dy \, \Delta x$$

e

$$\frac{\partial}{\partial t}\iiint_{\text{v.c.}} e\rho \, dV = 0$$

Na ausência de efeitos gravitacionais significativos, os termos convectivos de fluxo de energia se tornam

$$\frac{v_x^2}{2} + u + \frac{P}{\rho} = h_0 \simeq c_p T_0$$

em que h_0 é a entalpia no ponto de estagnação e c_p é o calor específico a pressão constante. A temperatura no ponto de estagnação será escrita agora meramente como T (sem subscrito) para evitar confusão. A expressão completa para a energia é agora

$$-k\Delta x \frac{\partial T}{\partial y}\bigg|_{y=0} = \int_0^{\delta_t} \rho v_x c_p T dy \bigg|_{x+\Delta x} - \int_0^{\delta_t} \rho v_x c_p T dy \bigg|_x - \rho c_p \Delta x \frac{d}{dx}\int_0^{\delta_t} v_x T_\infty \, dy \qquad (19\text{-}29)$$

A equação (19-29) pode agora ser escrita como $q_4 = q_2 - q_1 - q_3$, grandezas essas mostradas na Figura 19.4. Na equação (19-29), T_∞ representa a temperatura da corrente livre no ponto de estagnação. Se o escoamento for incompressível e um valor médio de c_p for usado, o produto ρc_p pode ser tirado da integral nessa equação. Dividindo ambos os lados da equação (19-29) por Δx e calculando o resultado no limite quando Δx se aproxima de zero, obtemos

$$\frac{k}{\rho c_p}\frac{\partial T}{\partial y}\bigg|_{y=0} = \frac{d}{dx}\int_0^{\delta_t} v_x(T_\infty - T) \, dy \qquad (19\text{-}30)$$

A equação (19-30) é análoga à relação integral de momento, equação (19-37), com os termos de momento sendo trocados pelas contrapartes apropriadas da energia. Essa equação pode ser resolvida se ambos os perfis de velocidade e de temperatura forem conhecidos. Assim, para a equação de energia, ambas as variações de v_x e de T com y têm de ser admitidas. Isso contrasta levemente com a solução integral do momento, em que somente o perfil de velocidade foi admitido.

Um perfil suposto de temperatura tem de satisfazer as condições de contorno

1. $T - T_s = 0$ para $y = 0$
2. $T - T_s = T_\infty - T_s$ para $y = \delta_t$
3. $\dfrac{\partial}{\partial y}(T - T_s) = 0$ para $y = \delta_t$
4. $\dfrac{\partial^2}{\partial y^2}(T - T_s) = 0$ para $y = 0$ [ver a equação (19-15)]

Se uma expressão em série de potência para a variação de temperatura for considerada na forma

$$T - T_s = a + by + cy^2 + dy^3$$

a aplicação das condições de contorno resultará na expressão para $T - T_s$

$$\frac{T - T_s}{T_\infty - T_s} = \frac{3}{2}\left(\frac{y}{\delta_t}\right) - \frac{1}{2}\left(\frac{y}{\delta_t}\right)^3 \qquad (19\text{-}31)$$

Se o perfil de velocidades for considerado na mesma forma, então a expressão resultante, como obtida no Capítulo 12, é

$$\frac{v}{v_\infty} = \frac{3}{2}\frac{y}{\delta} - \frac{1}{2}\left(\frac{y}{\delta}\right)^3 \tag{12-40}$$

Substituindo as equações (19-31) e (12-40) na expressão integral e resolvendo, obtemos o resultado

$$\mathrm{Nu}_x = 0{,}36\,\mathrm{Re}_x^{1/2}\mathrm{Pr}^{1/3} \tag{19-32}$$

que é aproximadamente 8% maior do que o resultado exato expresso na equação (19-25).

Esse resultado, embora inexato, é suficientemente próximo do valor conhecido de modo a indicar que o método integral pode ser usado com confiança em situações em que uma solução exata não for conhecida. É interessante notar que a equação (19-32) envolve novamente os parâmetros previstos pela análise dimensional.

Uma condição de importância considerável é aquela em que há um comprimento de entrada não aquecido. O Problema 19.22, no final do capítulo, lida com essa situação, em que a temperatura da parede, T_s, está relacionada à distância a partir da borda de entrada, x, e ao *comprimento de entrada não aquecido*, X, de acordo com

$$T_s = T_\infty \quad \text{para} \quad 0 < x < X$$
$$\text{e} \quad T_s > T_\infty \quad \text{para} \quad X < x$$

A técnica integral, como apresentada nesta seção, provou ser efetiva na geração de uma solução modificada para essa situação. O resultado, para T_s = constante e supondo ambos os perfis hidrodinâmico e de temperaturas cúbicos, é

$$\mathrm{Nu}_x \cong 0{,}33\left[\frac{\mathrm{Pr}}{1 - (X/x)^{3/4}}\right]^{\frac{1}{3}}\mathrm{Re}_x \tag{19-33}$$

Note que essa equação se reduz à equação (19-25) para $X = 0$.

▶ 19.6

ANALOGIAS ENTRE TRANSFERÊNCIAS DE MOMENTO E DE ENERGIA

Muitas vezes, até agora, em nossa consideração de transferência de calor, notamos as similaridades com a transferência de momento, tanto no próprio mecanismo de transferência como na maneira de descrevê-lo quantitativamente. Esta seção lidará com essas analogias e seu uso para desenvolver relações de modo a descrever a transferência de energia.

Osborne Reynolds foi o primeiro a notar as similaridades no mecanismo entre transferência de energia e de momento em 1874.[2] Em 1883, ele apresentou[3] os resultados de seu trabalho sobre a resistência por atrito ao escoamento de fluido em condutos, tornando assim possível a analogia quantitativa entre os dois fenômenos de transporte.

Como notamos nas seções prévias, para escoamento sobre uma superfície sólida com um número de Prandtl igual à unidade, os gradientes de velocidade adimensional e de temperatura adimensional estão relacionados como se segue:

$$\left.\frac{d}{dy}\frac{v_x}{v_\infty}\right|_{y=0} = \left.\frac{d}{dy}\left(\frac{T - T_s}{T_\infty - T_s}\right)\right|_{y=0} \tag{19-34}$$

---

[2] O. Reynolds, *Proc. Manchester Lit. Phil. Soc.*, **14**, 7 (1874).

[3] O. Reynolds, *Trans. Roy. Soc.* (Londres), **174A**, 935 (1883).

Para $Pr = \mu c_p / k = 1$, temos $\mu c_p = k$ e podemos escrever a equação (19-34) como

$$\mu c_p \frac{d}{dy}\left(\frac{v_x}{v_\infty}\right)\bigg|_{y=0} = k \frac{d}{dy}\left(\frac{T - T_s}{T_\infty - T_s}\right)\bigg|_{y=0}$$

que pode ser transformada na forma

$$\frac{\mu c_p}{v_\infty}\frac{dv_x}{dy}\bigg|_{y=0} = -\frac{k}{T_s - T_\infty}\frac{d}{dy}(T - T_s)\bigg|_{y=0} \tag{19-35}$$

Lembrando uma relação prévia para o coeficiente convectivo de transferência de calor

$$\frac{h}{k} = \frac{d}{dy}\left[\frac{(T_s - T)}{(T_s - T_\infty)}\right]\bigg|_{y=0} \tag{19-4}$$

é visto que o lado direito inteiro da equação (19-34) pode ser trocado por h, resultando em

$$h = \frac{\mu c_p}{v_\infty}\frac{dv_x}{dy}\bigg|_{y=0} \tag{19-36}$$

Introduzindo em seguida o coeficiente de película,

$$C_f \cong \frac{\tau_0}{\rho v_\infty^2/2} = \frac{2\mu}{\rho v_\infty^2}\frac{dv_x}{dy}\bigg|_{y=0}$$

podemos escrever a equação (19-36) como

$$h = \frac{C_f}{2}\left(\rho v_\infty c_p\right)$$

que, na forma adimensional, torna-se

$$\frac{h}{\rho v_\infty c_p} \equiv St = \frac{C_f}{2} \tag{19-37}$$

A equação (19-37) é a *analogia de Reynolds* e é um exemplo excelente da natureza similar da transferência de energia e de momento. Para aquelas situações que satisfazem a base para o desenvolvimento da equação (19-37), um conhecimento do coeficiente de arraste permitirá prontamente o cálculo do coeficiente convectivo de transferência de calor.

As restrições no uso da analogia de Reynolds devem ser mantidas em mente; elas são: (1) $Pr = 1$ e (2) não há arraste devido à forma. A primeira delas foi o ponto de partida no desenvolvimento precedente e obviamente tem de ser satisfeita. A última faz sentido quando se considera que, relacionando dois mecanismos de transferência, a maneira de expressá-los quantitativamente tem de permanecer consistente. Obviamente, a descrição de arraste em termos do coeficiente de película requer que o arraste seja totalmente viscoso em natureza. Logo, a equação (19-37) é aplicável somente para aquelas situações em que o arraste, devido à forma, não esteja presente. Algumas áreas possíveis de aplicação seriam o escoamento paralelo a superfícies planas ou escoamento em condutos. O coeficiente de película para escoamento pelo conduto já foi mostrado ser equivalente ao fator de atrito de Fanning, que pode ser calculado pelo uso da Figura 13.1.

A restrição de $Pr = 1$ limita o uso da analogia de Reynolds. Colburn[4] sugeriu uma variação simples na forma da analogia de Reynolds, que permite sua aplicação para situações em que o número de Prandtl for diferente da unidade. A expressão da analogia de Colburn é

$$St\, Pr^{2/3} = \frac{C_f}{2} \tag{19-38}$$

que se reduz à analogia de Reynolds quando $Pr = 1$.

---

[4] A. P. Colburn, *Trans. A. I. Ch. E.*, **29**, 174 (1933).

Colburn aplicou essa expressão a uma ampla faixa de dados para diferentes tipos de escoamento e de geometria e verificou que ela foi bem acurada para as condições em que (1) não existe arraste devido à forma e (2) 0,5 < Pr < 50. A faixa do número de Prandtl é estendida para incluir gases, água e vários outros líquidos de interesse. A analogia de Colburn é particularmente útil para calcular a transferência de calor em escoamentos internos forçados. Pode ser mostrado facilmente que a expressão exata para uma camada-limite laminar sobre uma placa plana se reduz à equação (19-38).

A analogia de Colburn é frequentemente escrita como

$$j_H = \frac{C_f}{2} \quad (19\text{-}39)$$

em que

$$j_H = \text{St Pr}^{2/3} \quad (19\text{-}40)$$

é designada como o fator j de Colburn para transferência de calor. Um fator j de transferência de massa será discutido no Capítulo 28.

Note que para Pr = 1, as analogias de Colburn e de Reynolds são as mesmas. Assim, a equação (19-38) é uma extensão da analogia de Reynolds para fluidos tendo números de Prandtl diferentes da unidade, dentro da faixa de 0,5–50, conforme especificado anteriormente. Fluidos com números altos e baixos de Prandtl, caindo fora dessa faixa, são óleos pesados em um extremo e metais líquidos em outro.

▶ 19.7 CONSIDERAÇÕES SOBRE O ESCOAMENTO TURBULENTO

O efeito do escoamento turbulento sobre a transferência de energia é diretamente análogo aos efeitos similares de transferência de momento, conforme discutido no Capítulo 12. Considere que uma variação no perfil de temperaturas da Figura 19.5 ocorre no escoamento turbulento. A distância movida por uma "porção" de fluido na direção y, que é normal à direção do escoamento macroscópico, é denotada por L, o comprimento de mistura de Prandtl. A porção de fluido que se move pela distância L retém a temperatura média a partir de seu ponto de origem e, perto de alcançar seu destino, a porção terá uma temperatura diferente daquela do fluido adjacente por um valor de $T|_{y \pm L} - T|_y$. O comprimento de mistura é considerado pequeno o suficiente para permitir escrever a diferença de temperatura como

$$T|_{y \pm L} - T|_y = \pm L \frac{dT}{dy}\bigg|_y \quad (19\text{-}41)$$

Definimos agora a grandeza T' como a temperatura flutuante, similar à componente da velocidade flutuante, v'_x, descrita no Capítulo 12. A temperatura instantânea é a soma dos valores médio e flutuante, conforme indicado na Figura 19.5(b), ou na forma de equação

$$T = \overline{T} + T' \quad (19\text{-}42)$$

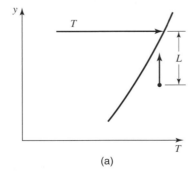
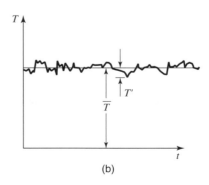

Figura 19.5 Variação de temperatura no escoamento turbulento.

Qualquer quantidade significativa de transferência de energia na direção y, para escoamento macroscópico ocorrendo na direção x, é causada pela temperatura flutuante, T'; desse modo, é aparente das equações (19-41) e (19-42) que

$$T' = \pm L \frac{d\overline{T}}{dy} \tag{19-43}$$

O fluxo de energia na direção y pode agora ser escrito como

$$\left. \frac{q_y}{A} \right|_y = \rho c_p T v_y' \tag{19-44}$$

em que v_x' pode ser positiva ou negativa. Substituindo T por seu equivalente, de acordo com a equação (19-42)

$$\left. \frac{q_y}{A} \right|_y = \rho c_p v_y' (\overline{T} + T') $$

E, fazendo a média temporal, obtemos, para o fluxo de energia na direção y devido aos efeitos do escoamento turbulento,

$$\left. \frac{q_y}{A} \right|_{\text{turb}} = \rho c_p \overline{(v_y' T')} \tag{19-45}$$

ou, com T' em termos do comprimento de mistura,

$$\left. \frac{q_y}{A} \right|_{\text{turb}} = \rho c_p \overline{v_y' L \frac{d\overline{T}}{dy}} \tag{19-46}$$

O fluxo total de energia devido às contribuições microscópica e turbulenta pode ser escrito como

$$\frac{q_y}{A} = -\rho c_p [\alpha + \overline{|v_y' L|}] \frac{d\overline{T}}{dy} \tag{19-47}$$

Uma vez que α é a difusividade molecular de calor, a grandeza $\overline{|v_y' L|}$ é a *difusividade turbilhonar* (*eddy diffusivity*) *de calor*, designada por ϵ_H. Essa grandeza é exatamente análoga à difusividade turbilhonar de momento, ϵ_M, como definida na equação (12-52). Em uma região de escoamento turbulento, $\epsilon_H \gg \alpha$ para todos os fluidos, exceto os metais líquidos.

Uma vez que o número de Prandtl é a razão entre as difusividades moleculares de momento e de calor, um termo análogo, o *número de Prandtl turbulento*, pode ser formado pela razão ϵ_M/ϵ_H. Utilizando as equações (19-47) e (12-55), temos

$$\text{Pr}_{\text{turb}} = \frac{\epsilon_M}{\epsilon_H} = \frac{L^2 |dv_x/dy|}{|Lv_y'|} = \frac{L^2 |dv_x/dy|}{L^2 |dv_x/dy|} = 1 \tag{19-48}$$

Por conseguinte, em uma região de escoamento completamente turbulento, o número de Prandtl efetivo é igual a um e a analogia de Reynolds se aplica na ausência do arraste devido à forma.

Em termos da difusividade turbilhonar de calor, o fluxo de calor pode ser expresso como

$$\left. \frac{q_y}{A} \right|_{\text{turb}} = -\rho c_p \epsilon_H \frac{D\overline{T}}{dy} \tag{19-49}$$

O fluxo total de calor, incluindo ambas as contribuições molecular e turbulenta, torna-se então

$$\frac{q_y}{A} = -\rho c_p (\alpha + \epsilon_H) \frac{d\overline{T}}{dy} \tag{19-50}$$

A equação (19-50) se aplica tanto à região em que o escoamento é laminar, para o qual $\alpha \gg \epsilon_H$, como para aquela na qual o escoamento é turbulento e $\alpha \gg \epsilon_H$. É nessa última região que a analogia de Reynolds se aplica. Prandtl[5] encontrou uma solução que inclui as influências da subcamada laminar e do núcleo turbulento. Em sua análise, soluções foram obtidas em cada região e então combinadas em $y = \xi$, a distância hipotética da parede, considerada como a fronteira separando as duas regiões.

Dentro da subcamada laminar, as equações de fluxo de momento e de energia se reduzem para

$$\tau = \rho \nu \frac{dv_x}{dy} \text{ (uma constante)}$$

e

$$\frac{q_y}{A} = -\rho c_p \alpha \frac{dT}{dy}$$

Separando as variáveis e integrando entre $y = 0$ e $y = \xi$, temos, para a expressão de momento,

$$\int_0^{v_x|_\xi} dv_x = \frac{\tau}{\rho v} \int_0^\xi dy$$

e para o fluxo de calor

$$\int_{T_s}^{T_\xi} dT = -\frac{q_y}{A\rho c_p \alpha} \int_0^\xi dy$$

Resolvendo para os perfis de velocidade e de temperatura na subcamada laminar, resulta

$$v_x|_\xi = \frac{\tau \xi}{\rho \nu} \tag{19-51}$$

e

$$T_s - T_\xi = \frac{q_y \xi}{A\rho c_p \alpha} \tag{19-52}$$

Eliminando a distância ξ entre essas duas expressões, temos

$$\frac{\rho \nu v_x|_\xi}{\tau} = \frac{\rho A c_p \alpha}{q_y}(T_s - T_\xi) \tag{19-53}$$

Direcionando nossa atenção agora para o núcleo turbulento quando a analogia de Reynolds se aplica, podemos escrever a equação (19-37)

$$\frac{h}{\rho c_p (v_\infty - v_x|_\xi)} = \frac{C_f}{2} \tag{19-37}$$

e, expressando h e C_f em termos de suas relações de definição, obtemos

$$\frac{q_y/A}{\rho c_p (v_\infty - v_x|_\xi)(T_\xi - T_\infty)} = \frac{\tau}{\rho(v_\infty - v_x|_\xi)^2}$$

Simplificando e rearranjando essa expressão, temos

$$\frac{\rho(v_\infty - v_x|_\xi)}{\tau} = \rho A c_p \frac{(T_\xi - T_\infty)}{q_y} \tag{19-54}$$

que é a forma modificada da analogia de Reynolds aplicada de $y = \xi$ até $y = y_{máx}$.

Eliminando T_ξ entre as equações (19-53) e (19-54), temos

$$\frac{\rho}{\tau}\left[v_\infty + v_x|_\xi\left(\frac{\nu}{\alpha} - 1\right)\right] = \frac{\rho A c_p}{q_y}(T_s - T_\infty) \tag{19-55}$$

---

[5] L. Prandtl, *Zeit. Physik.*, **11**, 1072 (1910).

Introduzindo o coeficiente de película

$$C_f = \frac{\tau}{\rho v_\infty^2/2}$$

e o coeficiente convectivo de transferência de calor

$$h = \frac{q_y}{A(T_s - T_\infty)}$$

podemos reduzir a equação (19-54) para

$$\frac{v_\infty + v_x|_\xi(\nu/\alpha - 1)}{v_\infty^2 C_f/2} = \frac{\rho c_p}{h}$$

Invertendo ambos os lados dessa expressão e tornando-o adimensional, obtemos

$$\frac{h}{\rho c_p v_\infty} \equiv \text{St} = \frac{C_f/2}{1 + (v_x|_\xi/v_\infty)[(\nu/\alpha) - 1]} \tag{19-56}$$

Essa equação envolve a razão ν/α, que foi definida previamente como o número de Prandtl. Para um valor de Pr = 1, a equação (19-56) se reduz à analogia de Reynolds. Para Pr = 1, o número de Stanton é uma função de C_f, Pr e da razão $v_x|_\xi/v_\infty$. Seria conveniente eliminar a razão de velocidades; isso pode ser feito lembrando de alguns resultados do Capítulo 12.

Na fronteira da subcamada laminar

$$v^+ = y^+ = 5$$

e pela definição, $v^+ = v_x/\sqrt{\tau/\rho}$. Assim, para o caso em mãos,

$$v^+ = v_x|_\xi/(\sqrt{\tau/\rho}) = 5$$

Novamente, introduzindo o coeficiente de película na forma

$$C_f = \frac{\tau}{\rho v_\infty^2/2}$$

podemos escrever

$$\sqrt{\frac{\tau}{\rho}} = v_\infty\sqrt{\frac{C_f}{2}}$$

que, quando combinado com a expressão prévia dada para a razão de velocidades, gera

$$\frac{v_x|_\xi}{v_\infty} = 5\sqrt{\frac{C_f}{2}} \tag{19-57}$$

A substituição da equação (19-57) na equação (19-56) fornece

$$\text{St} = \frac{C_f/2}{1 + 5\sqrt{C_f/2}(\text{Pr} - 1)} \tag{19-58}$$

conhecida como a *analogia de Prandtl*. Essa equação é escrita inteiramente em termos de grandezas mensuráveis.

Von Kármán[6] estendeu o trabalho de Prandtl para incluir o efeito da camada de transição ou tampão, além da subcamada laminar e do núcleo turbulento. Seu resultado, a analogia de von Kármán, é expresso como

$$\text{St} = \frac{C_f/2}{1 + 5\sqrt{C_f/2}\{\text{Pr} - 1 + \ln[1 + \frac{5}{6}(\text{Pr} - 1)]\}} \tag{19-59}$$

---

[6] T. von Kármán, *Trans, ASME*, **61**, 705 (1939).

Note que somente para a analogia de Prandtl a equação (19-59) se reduz à analogia de Reynolds para um número de Prandtl igual à unidade.

A aplicação das analogias de Prandtl e de von Kármán é, logicamente, restrita àqueles casos em que o arraste devido à forma é desprezível. Essas equações fornecem resultados mais acurados para números de Prandtl maiores que a unidade.

Uma ilustração do uso das quatro relações desenvolvidas nesta seção é dada no exemplo seguinte.

Exemplo 1

Água, a 50°F, entra em um tubo de trocador de calor, tendo um diâmetro interno de 1 in e um comprimento de 10 ft. A água escoa a 20 galões/min. Para uma temperatura constante de parede igual a 210°F, estime a temperatura de saída da água, usando (a) a analogia de Reynolds, (b) a analogia de Colburn, (c) a analogia de Prandtl e (d) a analogia de von Kármán. Efeitos de entrada são desprezíveis e as propriedades da água devem ser calculadas na temperatura de filme.

Considerando uma porção do tubo do trocador de calor mostrado na Figura 19.6, vemos que uma aplicação da primeira lei da termodinâmica para o volume de controle indicado resultará

$$\left\{\begin{array}{c}\text{taxa de transferência de}\\\text{calor para o v.c. devido ao}\\\text{escoamento de fluido}\end{array}\right\} + \left\{\begin{array}{c}\text{taxa de transferência de}\\\text{calor para dentro do}\\\text{v.c. por convecção}\end{array}\right\} = \left\{\begin{array}{c}\text{taxa de transferência de}\\\text{calor para fora do v.c.}\\\text{pelo escoamento de fluido}\end{array}\right\}$$

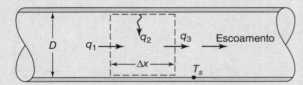

Figura 19.6 Análise de água escoando em um tubo circular.

Se as taxas de transferência de calor são designadas como q_1, q_2 e q_3, elas podem ser calculadas como se segue:

$$q_1 = \rho \frac{\pi D^2}{4} v_x c_p T\big|_x$$

$$q_2 = h\pi D \Delta_x (T_s - T)$$

e

$$q_3 = \rho \frac{\pi D^2}{4} v_x c_p T\big|_{x+\Delta x}$$

A substituição dessas grandezas na expressão do balanço de energia fornece

$$\rho \frac{\pi D^2}{4} v_x c_p [T\big|_{x+\Delta x} - T\big|_x] - h\pi D \Delta x (T_s - T) = 0$$

que pode ser simplificada e rearranjada na forma

$$\frac{D}{4}\frac{T\big|_{x+\Delta x} - T\big|_x}{\Delta x} + \frac{h}{\rho v_x c_p}(T - T_s) = 0 \tag{19-60}$$

Calculada no limite quando $\Delta x \to 0$, a equação (19-59) se reduz para

$$\frac{dT}{dx} + \frac{h}{\rho v_x c_p}\frac{4}{D}(T - T_s) = 0 \tag{19-61}$$

Separando as variáveis, temos

$$\frac{dT}{T - T_s} + \frac{h}{\rho v_x c_p}\frac{4}{D}dx = 0$$

298 ▶ Capítulo 19

e, integrando entre os limites indicados, obtemos

$$\int_{T_0}^{T_L} \frac{dT}{T - T_s} + \frac{h}{\rho v_x c_p} \frac{4}{D} \int_0^L dx = 0$$

$$\ln \frac{T_L - T_s}{T_0 - T_s} + \frac{h}{\rho v_x c_p} \frac{4L}{D} = 0 \tag{19-62}$$

A equação (19-62) pode agora ser resolvida para a temperatura de saída T_L. Observe que o coeficiente do termo do lado direito, $h/\rho v_x c_p$, é o número de Stanton. Esse parâmetro foi obtido naturalmente a partir de nossa análise.

O coeficiente de atrito pode ser calculado com a ajuda da Figura 13.1. A velocidade é calculada como

$$v_x = 20 \text{ gal/min}(\text{ft}^3/7{,}48 \text{ gal})[144/(\pi/4)(1^2)] \text{ ft}^2(\text{min}/60 \text{ s}) = 8\ 17 \text{ fps}$$

Incialmente, consideraremos a temperatura média macroscópica (no seio da massa fluida) como 90°F. A temperatura de filme será então 150°F, na qual $v = 0{,}474 \times 10^{-5}$ ft²/s. O número de Reynolds é

$$\text{Re} = \frac{D v_x}{\nu} = \frac{(1/12 \text{ ft})(8{,}17 \text{ ft/s})}{0{,}474 \times 10^{-5} \text{ ft}^2/\text{s}} = 144.000$$

Nesse valor de Re, o fator de atrito, f_f, supondo tubo liso, é 0,0042. Para cada uma das quatro analogias, o número de Stanton é calculado como a seguir:

(a) *Analogia de Reynolds*

$$\text{St} = \frac{C_f}{2} = 0{,}0021$$

(b) *Analogia de Colburn*

$$\text{St} = \frac{C_f}{2} \text{Pr}^{-2/3} = 0{,}0021(2{,}72)^{-2/3} = 0{,}00108$$

(c) *Analogia de Prandtl*

$$\text{St} = \frac{C_f/2}{1 + 5\sqrt{C_f/2}(\text{Pr} - 1)}$$

$$= \frac{0{,}0021}{1 + 5\sqrt{0{,}0021}(1{,}72)} = 0{,}00151$$

(d) *Analogia de von Kármán*

$$\text{St} = \frac{C_f/2}{1 + 5\sqrt{C_f/2}\left\{\text{Pr} - 1 + \ln\left[1 + \frac{5}{6}(\text{Pr} - 1)\right]\right\}}$$

$$= \frac{0{,}0021}{1 + 5\sqrt{0{,}0021}\left\{2{,}72 - 1 + \ln\left[1 + \frac{5}{6}(2{,}72 - 1)\right]\right\}}$$

$$= 0{,}00131$$

Substituindo esses resultados na equação (19-62), obtemos, para T_L, os seguintes resultados:

(a) $T_L = 152°\text{F}$
(b) $T_L = 115°\text{F}$
(c) $T_L = 132°\text{F}$
(d) $T_L = 125°\text{F}$

Alguns refinamentos nesses resultados podem ser necessários de modo a ajustar os valores das propriedades térmicas para a temperatura de filme calculada. Em nenhum desses casos, a temperatura de filme considerada foi mais de 6°F diferente daquela calculada; assim, os resultados não vão mudar muito.

O valor da analogia de Reynolds é muito diferente dos outros resultados obtidos. Isso não é surpresa, visto que o número de Prandtl foi consideravelmente acima de 1. As três últimas analogias resultaram em valores bem consistentes. A analogia de Colburn é a de uso mais simples e, portanto, a preferida.

▶ 19.8

RESUMO

Os conceitos fundamentais de transferência de calor por convecção foram introduzidos neste capítulo. Os novos parâmetros pertinentes à convecção são os números de Prandtl, de Nusselt, de Stanton e de Grashof.

Quatro métodos de analisar um processo convectivo de transferência de calor foram discutidos. Eles são:

1. Análise dimensional acoplada a experimentos
2. Análise exata da camada-limite
3. Análise integral da camada-limite
4. Analogia entre transferência de momento e de energia

Várias equações empíricas para a previsão de coeficientes convectivos de transferência de calor serão dadas nos capítulos que se seguem.

PROBLEMAS

19.1 Usando a análise dimensional, demonstre que os parâmetros

$$\frac{T - T_\infty}{T_0 - T_\infty} \quad \frac{x}{L} \quad \frac{\alpha t}{L^2} \quad e \quad \frac{hL}{k}$$

são combinações possíveis das variáveis apropriadas na descrição da condição de estado não estacionário em uma parede plana.

19.2 A análise dimensional mostrou que os seguintes parâmetros são significativos para convecção forçada:

$$\frac{x v_\infty \rho}{\mu} \quad \frac{\mu c_p}{k} \quad \frac{hx}{k} \quad \frac{h}{\rho c_p v_\infty}$$

Calcule cada um desses parâmetros a 340 K, para ar, água, benzeno, mercúrio e glicerina. A distância x pode ser tomada como 0,3 m, $v_\infty = 15$ m/s e $h = 34$ W/m² · K.

19.3 Faça um gráfico dos parâmetros $x v_\infty \rho/\mu$, $\mu c_p/k$, hx/k e $h/\rho c_p v_\infty$ *versus* temperatura para ar, água e glicerina, usando os valores para x, h e v do Problema 19.2.

19.4 As placas de combustível em um reator nuclear têm 4 ft de comprimento e são empilhadas tendo uma distância entre si de ½ in. O fluxo de calor ao longo das superfícies planas varia senoidalmente de acordo com a equação:

$$\frac{q}{A} = \alpha + \beta \operatorname{sen} \frac{\pi x}{L}$$

em que $\alpha = 250$ Btu/h ft², $\beta = 1500$ Btu/h ft², x é a distância a partir da borda de entrada das placas e L é o comprimento total da placa. Se ar, a 120°F, 80 psi, escoando a uma velocidade mássica de 6000 lb$_m$/h ft², for usado para resfriar as placas, prepare gráficos mostrando

a. o fluxo de calor *versus x*

b. a temperatura média do ar *versus x*

19.5 Dadas as informações no Problema 19.4, determine o calor total transferido para a pilha de placas com uma área superficial combinada de 640 ft², cada placa tendo 4 ft de largura.

19.6 Em um sorvedouro de calor, a variação do fluxo de calor ao longo do eixo de um sistema de resfriamento é aproximada como

$$\frac{q}{A} = a + b \operatorname{sen}\left(\frac{\pi x}{L}\right)$$

em que x é medido ao longo do eixo de escoamento e L é seu comprimento total.

Uma grande instalação envolve uma pilha de placas, distantes entre si por 3 mm; o espaço entre as placas contém ar. As passagens para escoamento têm 1,22 m de comprimento e o fluxo de calor nas placas varia de acordo com a equação dada aqui, em que $a = 900$ W/m² e $v = 2500$ W/m². Ar entra a 100°C com uma velocidade mássica (o produto de ρV) de 7,5 kg/s · m². O coeficiente de superfície ao longo do trajeto de escoamento pode ser considerado constante, tendo um valor de 56 W/m² · K.

Gere um gráfico de fluxo de calor, da temperatura média do ar e da temperatura na superfície da placa como função de x. Em que ponto a temperatura da superfície é máxima e qual é seu valor?

19.7 Resolva o Problema 19.29 para o caso de um fluxo de calor na parede variando de acordo com

$$\frac{q}{A} = \alpha + \beta \operatorname{sen} \frac{\pi x}{L}$$

em que $\alpha = 250$ Btu/h ft², $\beta = 1500$ Btu/h ft², x é a distância a partir da entrada e L é o comprimento do tubo.

19.8 Glicerina escoa paralelamente a uma placa plana medindo 2 ft por 2 ft, com uma velocidade de 10 ft/s. Determine os valores para o coeficiente convectivo médio de transferência de calor e a força de arraste associada imposta na placa, para temperaturas da glicerina de 350°F, 50°F e 180°F. Que fluxo de calor resultará, em cada caso, se a temperatura da placa estiver 50°F acima da temperatura da glicerina?

19.9 Dadas as condições especificadas no Problema 19.8, faça um gráfico do coeficiente local de transferência de calor em função da posição ao longo da placa para temperaturas de glicerina de 30°F, 50°F e 80°F.

300 ▶ Capítulo 19

19.10 Nitrogênio, a 100°F e 1 atm, escoa a uma velocidade de 100 ft/s. Uma placa plana, de 6 in. de largura e a uma temperatura de 200°F, está alinhada paralelamente à direção de escoamento. Em uma posição a 4 ft da borda de entrada, determine o seguinte: (a) δ; (b) δ_t; (c) C_{fx}; (d) C_{fL}; (e) h_x; (f) h; (g) força de arraste total; (h) transferência total de calor.

19.11 Uma superfície plana de 25 cm de largura tem sua temperatura mantida a 80°C. Ar atmosférico a 25°C escoa paralelamente à superfície, com uma velocidade de 2,8 m/s. Usando os resultados da análise de camada-limite, determine o seguinte para uma placa de 1 m de comprimento:

a. o coeficiente de filme médio, C_{fL}

b. a força de arraste total exercida sobre a placa devido ao escoamento de ar

c. a taxa total de transferência de calor a partir da placa para a corrente de ar

19.12 Use os resultados do Problema 19.22 juntamente com aqueles do Capítulo 12 para determinar δ, C_{fx}, δ_1 e h_x a uma distância de 40 cm a partir da borda de entrada de uma placa plana. Ar, com uma velocidade de corrente livre de 5 m/s e $T_\infty = 300$ K, escoa paralelo à superfície da placa. Os primeiros 20 cm da placa não são aquecidos; a temperatura da superfície é mantida a 400 K depois desse ponto.

19.13 A superfície de uma estrada asfaltada, de 18,3 m de largura, recebe um fluxo de radiação solar de 284 W/m² ao meio-dia e 95 W/m² são perdidos por radiação de volta para a atmosfera. Um vento, a 300 K, escoa pela estrada. Determine a velocidade do vento que fará com que a superfície da estrada fique a 308 K, se toda a energia não radiada de volta para o céu for removida por convecção.

19.14 Um sistema de engenharia de tecido consiste em uma placa plana de massa celular imobilizada em uma estrutura medindo 5 cm em comprimento e 0,5 cm de espessura. A face inferior dessa estrutura está exposta ao gás O_2 escoando para prover O_2 para a respiração aeróbia. No presente momento, o consumo específico de oxigênio da massa do tecido é 0,5 mmol de O_2/cm^3 de células-h e, devido ao processo de respiração, a energia liberada pela respiração é 468 J/mmol de O_2 consumido. Estamos interessados em usar o gás O_2 que escoa a 1 atm para controlar a temperatura na superfície da estrutura do tecido. As propriedades do gás O_2 a 300 K são $\rho = 1,3$ kg/m³, $c_p = 920$ J/kg · K, $\mu = 2,06 \times 10^{-5}$ kg/m · s e $k = 0,027$ W/m · K. Queremos determinar a taxa de escoamento de O_2 necessária para manter a temperatura da superfície dentro de 10°C da temperatura do gás escoando (isto é, temperatura da superfície abaixo de 310 K ou 37°C).

a. Qual é o número de Prandtl (Pr) para o fluido escoando?

b. Baseado no balanço de energia do processo e na transferência de calor, qual é o coeficiente de transferência de calor requerido, h?

c. Qual é o número de Nusselt, Nu?

d. O coeficiente médio de transferência de calor, h, é um valor médio inteiro, obtido pela integração dos valores locais de $h(x)$, de $x = 0$ a $x = L$. Se o escoamento de O_2 for considerado laminar (para a placa plana, Re $< 2 \times 10^5$), qual é a correlação necessária para o coeficiente convectivo de transferência de calor?

e. Quais são os valores requeridos para o número de Reynolds (Re) e para a velocidade do fluido, v_∞?

19.15 Uma folha de polímero recentemente fundido repousa sobre uma correia transportadora móvel para resfriar. Uma vista lateral do processo é mostrada a seguir. A folha de polímero mede 2 m por 1,5 m e 1,5 mm de espessura. Visto que a correia transportadora é uma tela aberta, pode-se considerar que ambos os lados da folha de polímero estejam uniformemente expostos ao ar. A correia transportadora se move

a uma velocidade linear de 0,5 m/s. A temperatura macroscópica do ar ambiente é constante e igual a 27°C. Em um ponto do processo, a temperatura da superfície da folha de polímero (ambas as superfícies inferior e superior) está a 107°C. A condutividade térmica do polímero sólido a 107°C é 0,12 W/m · K.

a. Qual é a temperatura de filme para o processo de resfriamento?

b. Qual é a taxa total de transferência de calor (em Watts) da folha de polímero em um ponto no processo quando a temperatura de superfície da folha de polímero é 107°C?

$T_\infty = 27°C$

$T_s = 107°C$ — 0,5 m/s

esteira

2,0 m

$T_\infty = 27°C$

19.16 Uma placa, de 0,2 m de largura e 0,8 m de comprimento, é colocada no fundo de um tanque raso. A placa é aquecida e mantida a uma temperatura de superfície constante de 60°C. Água líquida, 12 cm de profundidade, escoa sobre uma placa plana, com vazão volumétrica de $2,4 \times 10^{-3}$ m³/s. Pode-se admitir que a água líquida permaneça com uma temperatura constante a 20°C, à medida que ela escoa ao longo do comprimento da placa.

As propriedades termofísicas da água são dadas na tabela a seguir.

Temperatura (°C)	Densidade, ρ (kg/m³)	Viscosidade, μ (kg/m-s)	Calor Específico, C_p (J/kg · K)	Condutividade Térmica, k (W/m · K)
20	998,2	993×10^{-6}	4282	0,597
40	992,2	658×10^{-6}	4175	0,663
60	983,2	472×10^{-6}	4181	0,658

a. Quais são os valores de Re_L e Pr para esse processo de transferência de calor por convecção? O escoamento é laminar ou turbulento no final da placa?

b. Qual é o fluxo de calor local a uma distância de 0,5 m da borda de entrada da placa?

c. Qual é a taxa total de transferência de calor da superfície da placa?

d. Quais são as espessuras das camadas-limite hidrodinâmicas e térmicas no final da placa?

19.17 Mostre que, para o caso de convecção natural adjacente a uma parede plana vertical, as equações integrais apropriadas para as camadas-limite hidrodinâmicas e térmicas são

$$\alpha \frac{\partial T}{\partial y}\bigg|_{y=0} = \frac{d}{dx} \int_0^{\delta_1} v_x (T_\infty - T) dy$$

e

$$-\nu \frac{dv_x}{\partial y}\bigg|_{y=0} + \beta g \int_0^{\delta_1} (T - T_\infty) dy = \frac{d}{dx} \int_0^{\delta} v_x^2 dy$$

19.18 Usando as relações integrais do Problema 19.17 e considerando os gradientes de velocidade e de temperatura da forma

$$\frac{v}{v_x} = \left(\frac{y}{\delta}\right)\left(1 - \frac{y}{\delta}\right)^2$$

e

$$\frac{T - T_\infty}{T_s - T_\infty} = \left(1 - \frac{y}{\delta}\right)^2$$

em que δ é a espessura das camadas-limite hidrodinâmicas e térmicas, mostre que a solução em termos de δ e de v_x de cada equação integral se reduz para

$$\frac{2\alpha}{\delta} = \frac{d}{dx}\left(\frac{dv_x}{30}\right)$$

e

$$-\frac{\nu v_x}{\delta} + \beta g \Delta T \frac{\delta}{3} = \frac{d}{dt}\left(\frac{\delta v_x^2}{105}\right)$$

Em seguida, considerando que ambas δ e v_x variem de acordo com

$$\delta = Ax^a \qquad \text{e} \qquad v_x = Bx^b$$

mostre que a expressão resultante para δ se torna

$$\delta/x = 3{,}94\,\mathrm{Pr}^{-1/2}(\mathrm{Pr} + 0{,}953)^{1/4}\mathrm{Gr}_x^{-1/4}$$

e que o número de Nusselt local é

$$\mathrm{Nu}_x = 0{,}508 \quad \mathrm{Pr}^{-1/2}(\mathrm{Pr} + 0{,}953)^{-1/4}\mathrm{Gr}_x^{1/4}$$

19.19 Usando as relações do Problema 19.8, determine, para o caso de ar a 310 K adjacente a uma parede vertical com sua superfície a 420 K,

a. a espessura da camada-limite em $x = 15$ cm, 30 cm, 1,5 m

b. a magnitude de h_x em 15 cm, 30 cm, 1,5 m

19.20 Determine a transferência total de calor, por metro de largura de uma parede vertical descrita no Problema 19.19, para o ar ambiente, se a parede tiver 2,5 m de altura.

19.21 Relações simplificadas para convecção natural em ar têm a forma

$$h = \alpha(\Delta T/L)^\beta$$

em que α, β são constantes; L é um comprimento significativo, em ft; ΔT é $T_s - T_\infty$, em °F; e h é o coeficiente convectivo de transferência de calor, Btu/h ft^2 °F. Determine os valores para α e β para a parede plana vertical, usando a equação do Problema 19.14.

19.22 Usando as fórmulas integrais apropriadas para escoamento paralelo a uma superfície plana, com uma velocidade da corrente livre constante, desenvolva expressões para o número de Nusselt local em termos de Re_x e Pr para perfis de velocidades e de temperaturas da forma

$$v = a + by, \quad T - T_s = \alpha + \beta y$$

19.23 Repita o Problema 19.22 para os perfis de velocidades e de temperaturas da forma

$$v = a + by + cy^2 \qquad T - T_s = \alpha + \beta y + \gamma y^2$$

19.24 A figura adiante mostra o caso de um fluido escoando paralelamente a uma placa plana, em que para uma distância X a partir da borda de entrada, a placa é mantida a uma temperatura constante, T_s,

em que $T_s > T_\infty$. Admitindo um perfil cúbico para ambas as camadas-limite hidrodinâmicas e térmicas, mostre que a razão das espessuras, ζ, é expressa como

$$\xi = \frac{\delta_t}{\delta} \cong \frac{1}{\mathrm{Pr}^{1/3}}\left[1 - \left(\frac{X}{x}\right)^{3/4}\right]^{1/3}$$

Mostre também que o número de Nusselt local pode ser expresso como

$$\mathrm{Nu}_x \cong 0{,}33\left(\frac{\mathrm{Pr}}{1 - (X/x)^{3/4}}\right)^{1/3}\mathrm{Re}_x^{1/2}$$

19.25 Repita o Problema 19.22 para os perfis de velocidade e de temperatura tendo a forma

$$v = a\,\mathrm{sen}\,by, \quad T - T_s = \alpha\,\mathrm{sen}\,\beta y$$

19.26 Para o caso de uma camada-limite turbulenta sobre uma placa plana, mostrou-se que o perfil de velocidades segue muito bem a forma

$$\frac{v}{v_\infty} = \left(\frac{y}{\delta}\right)^{1/7}$$

Considerando um perfil de temperaturas da mesma forma, ou seja,

$$\frac{T - T_s}{T_\infty - T_s} = \left(\frac{y}{\delta_1}\right)^{1/7}$$

e supondo que $\delta = \delta_1$, use a relação integral para a camada-limite de modo a obter h_x e Nu_x. O gradiente de temperatura na superfície pode ser considerado similar ao gradiente de velocidade em $y = 0$, dado pela equação (13-26).

19.27 Água, a 60°F, entra em um tubo de 1 in de diâmetro interno, sendo usada para resfriar um reator nuclear. A vazão da água é 30 galões/min. Determine a taxa total de transferência de calor e a temperatura de saída da água para um tubo de 15 ft de comprimento, se a temperatura da superfície do tubo tiver um valor constante de 300°F. Compare a resposta obtida usando as analogias de Reynolds e de Colburn.

19.28 Faça o Problema 19.27 para o caso em que ar seja o fluido escoando a 15 ft/s.

19.29 Água, a 60°F, entra em um tubo de 1 in de diâmetro interno, sendo usada para resfriar um reator nuclear. A vazão da água é 30 galões/min. Determine a taxa total de transferência de calor e a temperatura de saída da água para um tubo de 15 ft de comprimento, se a condição na parede do tubo for a de fluxo de calor uniforme e igual a 500 Btu/h ft^2.

19.30 Faça o Problema 19.29 para o caso em que ar seja o fluido escoando a 15 ft/s.

19.31 Faça o Problema 19.27 para o caso em que sódio seja o fluido em escoamento, entrando no tubo a 200°F.

19.32 Faça o Problema 19.29 para o caso em que sódio seja o fluido em escoamento, entrando no tubo a 200°F.

CAPÍTULO 20

Correlações para Transferência de Calor por Convecção

Transferência de calor por convecção foi tratada a partir de um ponto de vista analítico no Capítulo 19. Embora a abordagem analítica seja muito significativa, ela não pode oferecer uma solução prática para cada problema. Existem muitas situações para as quais nenhum modelo matemático tem sido aplicado com sucesso. Mesmo nos casos em que uma solução analítica é possível, é necessário verificar os resultados por experimentos. Neste capítulo, devemos apresentar algumas das correlações de dados experimentais de transferência de calor mais úteis. A maioria das correlações está nas formas indicadas pela análise dimensional.

As seções a seguir incluem discussão e correlações para convecção natural, convecção forçada para escoamento interno e convecção forçada para escoamento externo, respectivamente. Em cada caso, as relações analíticas disponíveis são apresentadas juntamente com as correlações empíricas mais satisfatórias para uma geometria e uma condição de escoamento particulares.

▶ 20.1

CONVECÇÃO NATURAL

O mecanismo de transferência de energia por convecção natural envolve o movimento de um fluido ao longo de uma fronteira sólida, que é o resultado das diferenças de densidade resultantes da troca de energia. Por causa disso, é bem natural que os coeficientes de transferência de calor e suas equações de correlação variem com a geometria de um dado sistema.

Placas Verticais O sistema de convecção natural mais propício para tratamento analítico é aquele de um fluido adjacente a uma parede vertical.

A nomenclatura padrão para uma consideração bidimensional de convecção natural adjacente a uma superfície plana vertical é indicada na Figura 20.1. A direção x é comumente tomada ao longo da parede, com y medido normal à superfície plana.

Schmidt e Beckmann[1] mediram a temperatura e a velocidade do ar em diferentes localizações próximas a uma placa vertical e encontraram uma variação significativa em ambas as grandezas

---

[1] E. Schmidt e W. Beckmann, *Tech. Mech. U. Thermodynamik*, **1**, 341 e 391 (1930).

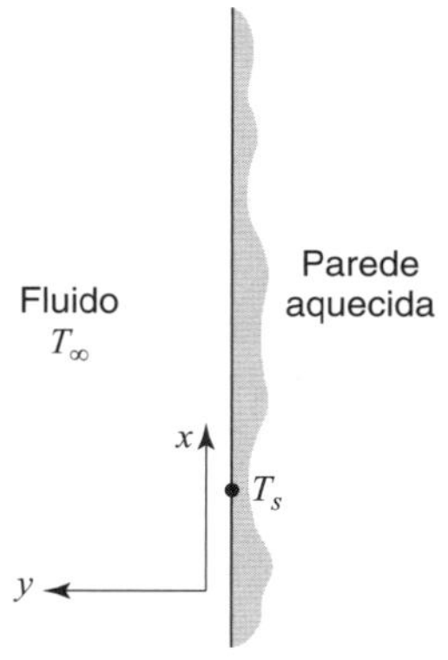

Figura 20.1 Sistema de coordenadas para a análise de convecção natural adjacente a uma parede vertical aquecida.

ao longo da direção paralela à placa. As variações de velocidade e de temperatura para uma placa vertical de 12,5 cm de altura estão mostradas nas Figuras 20.2 e 20.3 para as condições $T_s = 65°C$, $T_\infty = 15°C$.

Os dois casos-limite para as paredes da placa vertical são aqueles com temperatura de superfície constante e com fluxo de calor constante na parede. O primeiro desses casos foi resolvido por Ostrach[2] e o último por Sparrow e Gregg.[3]

Ostrach, empregando uma transformação por similaridade com as equações da conservação de massa, do movimento e da energia em uma camada-limite para convecção livre, obteve uma expressão para o número de Nusselt local da forma

$$\mathrm{Nu}_x = f(\mathrm{Pr}) \left(\frac{\mathrm{Gr}_x}{4} \right)^{1/4} \tag{20-1}$$

O coeficiente, $f(\mathrm{Pr})$, varia com o número de Prandtl, com os valores dados na Tabela 20.1.

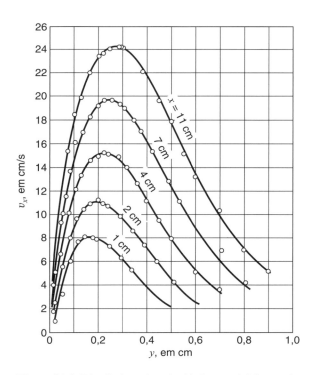

Figura 20.2 Distribuição de velocidades na vizinhança de uma placa vertical aquecida em ar.

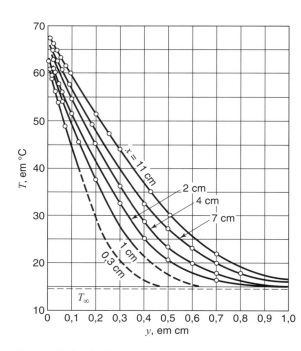

Figura 20.3 Distribuição de temperaturas na vizinhança de uma placa vertical aquecida em ar.

---

[2] S. Ostrach, NACA Report 1111, 1953.

[3] E. M. Sparrow e J. L. Gregg, *Trans. A.S.M.E.*, **78**, 435 (1956).

304 ▶ Capítulo 20

Tabela 20.1 Valores do coeficiente $f(\text{Pr})$ para uso na equação (20-1)

Pr	0,01	0,072	1	2	10	100	1000
$f(\text{Pr})$	0,081	0,505	0,567	0,716	1,169	2,191	3,966

Geralmente encontramos o número de Nusselt médio, Nu_L, por ser mais valioso do que o Nu_x. Usando um procedimento de integração, como discutido anteriormente, uma expressão para Nu_L pode ser determinada usando a equação (20-1). O coeficiente médio de transferência de calor para uma placa vertical de altura L está relacionado ao valor local de acordo com

$$h_L = \frac{1}{L}\int_0^L h_x \, dx$$

Inserindo a equação (20-1) apropriadamente, procedemos para

$$h_L = \frac{k}{L}f(\text{Pr})\left[\frac{\beta g \Delta T}{4\nu^2}\right]^{1/4}\int_0^L x^{-1/4}dx$$

$$= \left(\frac{4}{3}\right)\left(\frac{k}{L}\right)f(\text{Pr})\left[\frac{\beta g L^3 \Delta T}{4\nu^2}\right]^{1/4}$$

e, na forma adimensional, temos

$$\text{Nu}_L = \frac{4}{3}f(\text{Pr})\left(\frac{Gr_L}{4}\right)^{1/4} \tag{20-2}$$

Os resultados de Sparrow e Gregg[4] para o caso de fluxo de calor constante na parede estão dentro da margem de 5% de erro em relação aos resultados de Ostrach para valores similares de Pr. Assim, as equações (20-1) e (20-2), juntamente com os coeficientes da Tabela 20.1, podem ser usadas, com razoável acurácia, para analisar qualquer superfície plana vertical, independentemente das condições da parede, desde que o escoamento na camada-limite seja laminar.

As propriedades do fluido, sendo dependentes da temperatura, terão algum efeito sobre os resultados calculados. É importante, consequentemente, que as propriedades envolvidas nas equações (20-1) e (20-2) sejam calculadas na temperatura de filme.

$$T_f = \frac{T_s + T_\infty}{2}$$

Similar à convecção forçada, o escoamento turbulento também ocorrerá em camadas-limite com convecção livre. Quando turbulência está presente, uma abordagem analítica é bem difícil e temos de confiar fortemente nos dados experimentais.

A transição do escoamento laminar para o turbulento em camadas-limite adjacentes a superfícies planas verticais, com convecção natural, foi determinada ocorrer em ou próximo de

$$Gr_t\,\text{Pr} = Ra_t \cong 10^9 \tag{20-3}$$

em que o subscrito, t, indica transição. O produto, GrPr, é frequentemente referido como Ra, o *número de Rayleigh*.

Churchill e Chu[5] correlacionaram uma grande quantidade de dados experimentais para convecção natural adjacente a planos verticais para 13 ordens de grandeza de Ra. Eles propuseram uma única equação para Nu_L que se aplica a todos os fluidos. Essa equação poderosa é

$$\text{Nu}_L = \left\{0,825 + \frac{0,387\,Ra_L^{1/6}}{[1 + (0,492/\text{Pr})^{9/16}]^{8/27}}\right\}^2 \tag{20-4}$$

---

[4] E. M. Sparrow e J. L. Gregg, *Trans. A.S.M.E.*, **78**, 435 (1956).

[5] S. W. Churchill e H. H. S. Chu, *Int. J. Heat & Mass Tr.*, **18**, 1323 (1975).

Churchill e Chu mostraram que essa expressão fornece resultados acurados tanto para escoamento laminar quanto para turbulento. Alguma melhoria foi encontrada para a faixa laminar ($Ra_L < 10^9$), usando a seguinte equação:

$$Nu_L = 0,68 + \frac{0,670\,Ra_L^{1/4}}{[1 + (0,492/Pr)^{9/16}]^{4/9}} \tag{20-5}$$

Cilindros Verticais   Para o caso de cilindros com eixos verticais, as expressões apresentadas para superfícies planas podem ser usadas, desde que o efeito de curvatura não seja tão grande. O critério para isso é expresso na equação (20-6); especificamente, um cilindro vertical pode ser avaliado usando correlações para paredes planas verticais quando

$$\frac{D}{L} \geq \frac{35}{Gr_L^{1/4}} \tag{20-6}$$

Fisicamente, isso representa o limite em que a espessura da camada-limite é pequena em relação ao diâmetro do cilindro, D.

Placas Horizontais   As correlações sugeridas por McAdams[6] são bem aceitas para essa geometria. Uma distinção é feita em relação ao fato de o fluido adjacente à superfície estar quente ou frio e se as superfícies são superiores ou inferiores. É claro que o empuxo induzido será muito diferente se a superfície aquecida for a superior em vez da inferior. As correlações de McAdams são, para uma superfície superior aquecida ou superfície inferior resfriada,

$$10^5 < Ra_L < 2 \times 10^7 \quad Nu_L = 0,54\,Ra_L^{1/4} \tag{20-7}$$

$$2 \times 10^7 < Ra_L < 3 \times 10^{10} \quad Nu_L = 0,14\,Ra_L^{1/3} \tag{20-8}$$

e, para uma superfície inferior aquecida ou uma superfície superior resfriada,

$$3 \times 10^5 < Ra_L < 10^{10} \quad Nu_L = 0,27\,Ra_L^{1/4} \tag{20-9}$$

Em cada uma dessas correlações, a temperatura de filme, T_f, deve ser usada para calcular as propriedades do fluido. O comprimento, L, é a razão entre a área e o perímetro da placa.

Para superfícies planas inclinadas de um ângulo, θ, com a vertical, as equações (20-4) e (20-5) podem ser usadas, com modificação, para os valores de θ até 60°. Churchill e Chu[7] sugerem trocar g por $g \cos \theta$ na equação (20-5) quando o escoamento na camada-limite for laminar. Com o escoamento turbulento, a equação (20-4) pode ser usada sem modificação.

Cilindros Horizontais   Com cilindros de comprimento longo o suficiente de modo a desprezar os efeitos de extremidade, duas correlações são recomendadas. Churchill e Chu[8] sugerem a seguinte correlação

$$Nu_D = \left\{ 0,60 + \frac{0,387\,Ra_D^{1/6}}{[1 + (0,559/Pr)^{9/16}]^{8/27}} \right\}^2 \tag{20-10}$$

ao longo da faixa do número de Rayleigh $10^{-5} < Ra_D < 10^{12}$.

Uma equação mais simples foi sugerida por Morgan,[9] em termos de coeficientes variáveis

$$Nu_D = C\,Ra_D^n \tag{20-11}$$

em que os valores de C e n são especificados como funções de Ra_D na Tabela 20.2.

---

[6] W. H. McAdams, *Heat Transmission*, 3. ed. Capítulo 7, McGraw-Hill Book Company, Nova York, 1957.

[7] S. W. Churchill e H. H. S. Chu, *Int. J. Heat & Mass Tr.*, **18**, 1323 (1975).

[8] S. W. Churchill e H. H. S. Chu, *Int. J. Heat & Mass Tr.*, **18**, 1049 (1975).

[9] V. T. Morgan, *Advances in Heat Transfer*, Vol. II, T. F. Irvine e J. P. Hartnett (eds.), Academic Press, Nova York, 1975, p. 199-264.

Tabela 20.2 Valores das constantes C e n da equação (20-11)

	C	n
$10^{-10} < Ra_D < 10^{-2}$	0,675	0,058
$10^{-2} < Ra_D < 10^{2}$	1,02	0,148
$10^{2} < Ra_D < 10^{4}$	0,850	0,188
$10^{4} < Ra_D < 10^{7}$	0,480	0,250
$10^{7} < Ra_D < 10^{12}$	0,125	0,333

A temperatura de filme deve ser usada para calcular as propriedades de fluido nas equações anteriores.

Esferas A correlação sugerida por Yuge[10] é recomendada para o caso em que $Pr \simeq 1$ e $1 < Ra_D < 10^5$.

$$Nu_D = 2 + 0{,}43\, Ra_D^{1/4} \qquad (20\text{-}12)$$

Podemos notar que, para a esfera, à medida que Ra se aproxima de zero, a transferência de calor a partir da superfície para o meio ambiente é por condução. Esse problema pode ser resolvido de modo a resultar em um valor limite para Nu_D igual a 2. Esse resultado é obviamente compatível com a equação (20-12).

Invólucros Retangulares A configuração e a nomenclatura pertinente a invólucros retangulares são mostradas na Figura 20.4. Esses casos se tornaram muito mais importantes nos anos recentes por causa de sua aplicação em coletores solares. Claramente, a transferência de calor será afetada pelo ângulo de inclinação, θ, pela razão de aspecto, H/L, e pelos parâmetros adimensionais usuais, Pr e Ra_L.

Em cada uma das correlações que se seguem, a temperatura da superfície mais quente das duas superfícies grandes é designada como T_1 e a superfície mais fria está a uma temperatura T_2. As propriedades do fluido são calculadas na temperatura de filme, $T_f = (T_1 + T_2)/2$. O fluxo de calor convectivo é expresso como

$$\frac{q}{A} = h(T_1 - T_2) \qquad (20\text{-}13)$$

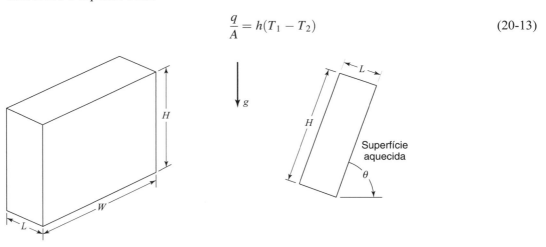

Figura 20.4 Invólucro retangular.

Caso 1. Invólucros horizontais, $\theta = 0$

Com a superfície inferior aquecida, vários investigadores determinaram um número de Rayleigh crítico. Para os casos em que

$$Ra_L = \frac{\beta g L^3 (T_1 - T_2)}{\alpha \nu} > 1700$$

as condições dentro do invólucro são termicamente instáveis e a convecção natural ocorrerá. Uma correlação para esse caso foi proposta por Globe e Dropkin[11] na forma

---

[10] T. Yuge, *J. Heat Transfer*, **82**, 214 (1960).

[11] S. Globe e D. Dropkin, *J. Heat Transfer*, **81C**, 24 (1959).

$$Nu_L = 0{,}069 \, Ra_L^{1/3} Pr^{0{,}074} \tag{20-14}$$

para a faixa $3 \times 10^5 < Ra_L < 7 \times 10^9$.

Quando $\theta = 180°$, ou seja, a superfície superior estiver aquecida, ou quando $Ra_L < 1700$, a transferência de calor será por condução; assim, $Nu_L = 1$.

Caso 2. Invólucros verticais, $\theta = 90°$

Para razões de aspecto menores do que 10, Catton[12] sugeriu o uso das seguintes correlações:

$$Nu_L = 0{,}18 \left(\frac{Pr}{0{,}2 + Pr} Ra_L \right)^{0{,}29} \tag{20-15}$$

quando

$$1 < H/L < 2, \; 10^{-3} < Pr < 10^5, \; 10^3 < Ra_L Pr/(0{,}2 + Pr)$$

e

$$Nu_L = 0{,}22 \left(\frac{Pr}{0{,}22 + Pr} Ra_L \right)^{0{,}28} \left(\frac{H}{L} \right)^{-1/4} \tag{20-16}$$

quando $2 < H/L < 10, \; Pr < 10^5, \; Ra_L < 10^{10}$.

Para valores maiores de H/L, as correlações de MacGregor e Emery[13] são recomendadas. Elas são

$$Nu_L = 0{,}42 \, Ra_L^{1/4} Pr^{0{,}012} (H/L)^{-0{,}3} \tag{20-17}$$

para

$$10 < H/L < 40, \; 1 < Pr < 2 \times 10^4, \; 10^4 < Ra_L < 10^7$$

e

$$Nu_L = 0{,}046 \, Ra_L^{1/3} \tag{20-18}$$

para

$$10 < H/L < 40, \; 1 < Pr < 20, \; 10^6 < Ra_L < 10^9$$

Caso 3. Invólucros verticais inclinados, $0 < \theta = 90°$

Muitas publicações lidam com essa configuração. As correlações para esse caso, quando a razão de aspecto é grande ($H/L > 12$), são as seguintes:

$$Nu_L = 1 + 1{,}44 \left[1 - \frac{1708}{Ra_L \cos\theta} \right] \left[1 - \frac{1708(\operatorname{sen}1{,}8\,\theta)^{1{,}6}}{Ra_L \cos\theta} \right]$$
$$+ \left[\left(\frac{Ra_L \cos\theta}{5830} \right)^{1/3} - 1 \right] \tag{20-19}$$

quando $H/L \geq 12, \; 0 < \theta < 70°$. Ao usar essa relação, se qualquer um dos termos entre colchetes apresentar um valor negativo, ele deve ser igualado a zero. A equação (20-19) foi sugerida por Hollands et al.[14] Com invólucros se aproximando da vertical, Ayyaswamy e Catton[15] sugerem a relação

---

[12] I. Catton, *Proc. 6th Int. Heat Tr. Conference, Toronto, Canada*, **6**, 13 (1978).

[13] P. K. MacGregor e A. P. Emery, *J. Heat Transfer*, **91**, 391 (1969).

[14] K. G. T. Hollands, S. E. Unny, G. D. Raithby e L. Konicek, *J. Heat Transfer*, **98**, 189 (1976).

[15] P. S. Ayyaswamy e I. Catton, *J. Heat Transfer*, **95**, 543 (1973).

$$\text{Nu}_L = \text{Nu}_{LV}(\text{sen}\,\theta)^{1/4} \qquad (20\text{-}20)$$

para todas as razões de aspecto e $70° < \theta < 90°$. O valor $\theta = 70°$ é denominado ângulo "crítico" de inclinação para invólucros verticais com $H/L > 12$. Para razões de aspecto menores, o ângulo crítico de inclinação é também menor. Um artigo de revisão recomendado para cavidades retangulares inclinadas é aquele de Buchberg, Catton e Edwards.[16]

Exemplo 1

Determine a temperatura da superfície de um tanque cilíndrico, medindo 0,75 m de diâmetro e 1,2 m de altura. O tanque contém um transformador imerso em um banho de óleo que produz uma condição de temperatura uniforme de superfície. Pode-se considerar que toda a perda de calor da superfície deve-se à convecção natural para o ar ambiente a 295 K. A taxa de dissipação de calor do transformador é constante a 1,5 kW.

As áreas das superfícies são

$$A_{\text{topo}} = A_{\text{fundo}} = \frac{\pi}{4}(0,75\,\text{m})^2 = 0,442\,\text{m}^2$$

$$A_{\text{lateral}} = \pi(1,2\,\text{m})(0,75\,\text{m}) = 2,83\,\text{m}^2$$

A transferência total de calor é a soma das contribuições das três superfícies. Isso pode ser escrito como

$$q_{\text{total}} = [h_t(0,442) + h_f(0,442) + h_l(2,83)](T - 295)$$

em que os subscritos t (topo), f (fundo) e l (lateral) se aplicam às superfícies em questão.

Reescrevendo essa expressão em termos de Nu, temos

$$q_{\text{total}} = \left[\text{Nu}_t\frac{k}{0,75}(0,442) + \text{Nu}_f\frac{k}{0,75}(0,442) + \text{Nu}_l\frac{k}{1,2}(2,83)\right](T - 295)$$

ou

$$q_{\text{total}} = [0,589\,\text{Nu}_t + 0,589\,\text{Nu}_f + 2,36\,\text{Nu}_e]k(T - 295)$$

Há uma complicação na resolução dessa equação, porque a grandeza desconhecida é a temperatura da superfície. O procedimento a ser usado é tentativa e erro, em que, inicialmente, um valor para a temperatura de superfície deve ser suposto para calcular as propriedades e, assim, determinar T. Esse novo valor para a temperatura da superfície será então usado e o procedimento continua até que a temperatura resultante concorde com o valor usado para encontrar as propriedades do fluido.

De modo a começar o problema, supomos que $T_{\text{superfície}} = 385$ K. As propriedades serão assim calculadas a $T_f = 340$ K. Para ar a 340 K, $\nu = 1,955 \times 10^{-5}\,\text{m}^2/\text{s}$, $k = 0,0293\,\text{W/m}\cdot\text{K}$, $\alpha = 2,80 \times 10^{-5}\,\text{m}^2/\text{s}$, Pr $= 0,699$ e $\beta g/\nu^2 = 0,750 \times 10^8\,1/\text{K}\cdot\text{m}^3$.

Para a superfície vertical,

$$\text{Gr} = \frac{\beta g}{\nu^2}L^3\Delta T$$

$$= (0,750 \times 10^8\,1/\text{K}\cdot\text{m}^3)(1,2\,\text{m})^3(90\,\text{K})$$

$$= 11,7 \times 10^9$$

De acordo com a equação (20-6), o efeito de curvatura pode ser desprezado se

$$\frac{D}{L} \geq \frac{35}{(11,7 \times 10^9)^{1/4}} = 0,106$$

No presente caso, $D/L = 0,75/1,2 = 0,625$; assim, a superfície vertical será tratada usando as equações para uma parede plana.

Valores têm agora de ser determinados para Nu_t, Nu_f e Nu_l. As equações (20-8), (20-9) e (20-4) serão empregadas. Os três valores para Nu são determinados como se segue:
Nu_t:

$$L = A/p = \frac{\pi D^2/4}{\pi D} = \frac{D}{4} = 0,1875\,\text{m}$$

$$\text{Nu}_t = 0,14[(0,750 \times 10^8)(0,1875)^3(90)(0,699)]^{1/3}$$

$$= 44,0$$

---

[16] H. Buchberg, I. Catton e D. K. Edwards, *J. Heat Transfer*, **98**, 182 (1976).

Nu$_f$:

$$\text{Nu}_f = 0{,}27[(0{,}750 \times 10^8)(0{,}1875)^3(90)(0{,}699)]^{1/4}$$
$$= 20{,}2$$

Nu$_l$:

$$\text{Nu}_l = \left\{ 0{,}825 + \frac{0{,}387[(0{,}750 \times 10^8)(1{,}2)^3(90)(0{,}699)]^{1/6}}{\left[1 + \left(\dfrac{0{,}492}{0{,}699}\right)^{9/16}\right]^{8/27}} \right\}^2 = 236$$

A solução para T é agora

$$T = 295 + \frac{1500\,\text{W}}{[0{,}589(44) + 0{,}589(20{,}2) + 2{,}36(236)](0{,}0293)}$$
$$= 381{,}1\,\text{K}$$

Usando esse valor como a nova estimativa para $T_{\text{superfície}}$, temos uma temperatura de filme, $T_f \cong 338$ K. As propriedades do ar nessa temperatura são

$$\nu = 1{,}936 \times 10^{-5}\,\text{m}^2/\text{s} \qquad k = 0{,}0291\,\text{W/m}\cdot\text{K}$$
$$\alpha = 2{,}77 \times 10^{-5}\,\text{m}^2/\text{s} \qquad \text{Pr} = 0{,}699 \quad \beta g/\nu^2 = 0{,}775 \times 10^8\,\text{1/K}\cdot\text{m}^3$$

Os novos valores para Nu se tornam

$$\text{Nu}_t = 0{,}14[(0{,}775 \times 10^8)(0{,}1875)^3(86)(0{,}699)]^{1/3} = 43{,}8$$
$$\text{Nu}_t = 0{,}27[(0{,}775 \times 10^8)(0{,}1875)^3(86)(0{,}699)]^{1/4} = 20{,}10$$
$$\text{Nu}_s = \left\{ 0{,}825 + \frac{0{,}387[0{,}775 \times 10^8(1{,}2)^3(86)(0{,}699)]^{1/6}}{[1 + (0{,}492/0{,}699)^{9/16}]^{8/27}} \right\}^2$$
$$= 235$$

O valor revisado para T_s é agora

$$T_s = 295 + \frac{1500/0{,}0293}{[0{,}589(43{,}8) + 0{,}589(20{,}1) + 2{,}36(235)]}$$
$$= 381{,}4\,\text{K}$$

Esse resultado é obviamente próximo o suficiente, e o resultado desejado para a temperatura de superfície é

$$T_{\text{superfície}} \cong 381\,\text{K}$$

▶ 20.2

CONVECÇÃO FORÇADA PARA ESCOAMENTO INTERNO

Indubitavelmente, o processo de transferência de calor por convecção mais importante, de um ponto de vista industrial, é aquele de aquecer ou resfriar um fluido que está escoando dentro de um conduto fechado. A transferência de momento associada com esse tipo de escoamento foi estudada no Capítulo 13. Muitos dos conceitos e terminologias daquele capítulo serão usados nesta seção sem maiores discussões.

A transferência de energia associada com convecção forçada no interior de condutos fechados será considerada separadamente para escoamentos laminar e turbulento. O leitor lembrará que o número de Reynolds crítico para escoamento em conduto é aproximadamente 2300.

Escoamento Laminar A primeira solução analítica para escoamento laminar com convecção forçada no interior de tubos foi formulada por Graet[17] em 1885. As suposições básicas para a solução de Graetz são as seguintes:

1. O perfil de velocidades é parabólico e completamente desenvolvido antes de ocorrer qualquer troca de energia entre a parede do tubo e o fluido.
2. Todas as propriedades do fluido são constantes.
3. A temperatura da superfície do tubo é constante a um valor T_s, durante a transferência de energia.

Considerando o sistema mostrado na Figura 20.5, podemos escrever o perfil de velocidades como

$$v_x = v_{\text{máx}}\left[1 - \left(\frac{r}{R}\right)^2\right] \tag{8-7}$$

ou, lembrando que $v_{\text{máx}} = 2\, v_{\text{média}}$, podemos escrever

$$v_x = 2v_{\text{média}}\left[1 - \left(\frac{r}{R}\right)^2\right] \tag{20-21}$$

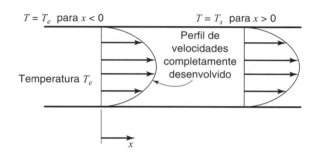

Figura 20.5 Condições de contorno e de escoamento para a solução de Graetz.

A forma aplicável da equação da energia escrita em coordenadas cilíndricas, considerando simetria radial, e desprezando $\partial^2 T/\partial x^2$ (condução axial) em comparação à variação radial na temperatura, é

$$v_x \frac{\partial T}{\partial x} = \alpha\left[\frac{1}{r}\frac{\partial}{\partial r}\left(r\frac{\partial T}{\partial r}\right)\right] \tag{20-22}$$

Substituindo a equação (20-21) para v_x na equação (20-22), tem-se

$$2v_{\text{média}}\left[1 - \left(\frac{r}{R}\right)^2\right]\frac{\partial T}{\partial x} = \alpha\left[\frac{1}{r}\frac{\partial}{\partial r}\left(r\frac{\partial T}{\partial r}\right)\right] \tag{20-23}$$

que é a equação a ser resolvida sujeita às condições de contorno

$$\begin{aligned} T &= T_e \quad \text{para } x = 0 \quad \text{para } 0 \leq r \leq R \\ T &= T_s \quad \text{para } x > 0, \quad r = R \end{aligned}$$

e

$$\frac{\partial T}{\partial r} = 0 \quad \text{para} \quad x > 0, \quad r = 0$$

A solução para a equação (20-23) toma a forma

$$\frac{T - T_e}{T_s - T_e} = \sum_{n=0}^{\infty} c_n f\left(\frac{r}{R}\right)\exp\left[-\beta_n^2 \frac{\alpha}{Rv_{\text{média}}}\frac{x}{R}\right] \tag{20-24}$$

---

[17] L. Graetz, *Ann. Phys. u. Chem.*, **25**, 337 (1885).

Os termos c_n, $f(r/R)$ e β_n são todos coeficientes a ser calculados usando as condições de contorno apropriadas.

O argumento da exponencial, menos β_n, ou seja, $(\alpha/Rv_{\text{média}})(x/R)$, pode ser reescrito como

$$\frac{4}{(2Rv_{\text{média}}/\alpha)(2R/x)} = \frac{4}{(Dv_{\text{média}}\rho/\mu)(c_p\mu/k)(D/x)}$$

ou, em termos de parâmetros adimensionais já introduzidos, isso se torna

$$\frac{4}{\text{Re Pr } D/x} = \frac{4x/D}{\text{Pe}}$$

O produto de Re e Pr é frequentemente chamado de *número de Peclet*, Pe. Outro parâmetro encontrado na convecção forçada laminar é o *número de Graetz*, Gz, definido como

$$\text{Gz} \equiv \frac{\pi}{4}\frac{D}{x}\text{Pe}$$

Soluções detalhadas da equação (20-24) são encontradas na literatura e Knudsen e Katz[18] as resumem muito bem. A Figura 20.6 apresenta os resultados gráficos da solução de Graetz para duas condições de contorno diferentes na parede, a saber: (1) temperatura constante na parede e (2) fluxo de calor uniforme na parede.

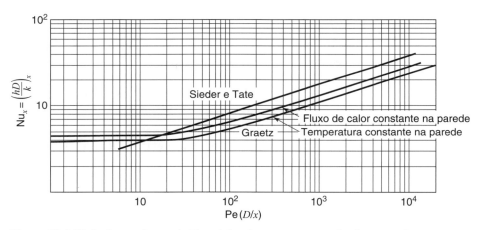

Figura 20.6 Variação no número de Nusselt local para escoamento laminar em tubos.

Note que, na Figura 20.6, os resultados analíticos se aproximam de valores limites constantes para grandes valores de x. Esses limites são

$$\text{Nu}_x = 3{,}658 \quad \text{para } T_{\text{parede}} = \text{constante} \quad (20\text{-}25)$$

$$\text{Nu}_x = 4{,}364 \quad \text{para } q/A_{\text{parede}} = \text{constante} \quad (20\text{-}26)$$

Dados experimentais para escoamento laminar em tubos foram correlacionados por Sieder e Tate[19] pela equação

$$\text{Nu}_D = 1{,}86\left(\text{Pe}\frac{D}{L}\right)^{1/3}\left(\frac{\mu_b}{\mu_w}\right)^{0{,}14} \quad (20\text{-}27)$$

---

[18] J. G. Knudsen e D. L. Katz, *Fluid Dynamics and Heat Transfer*, McGraw-Hill Book Company, Nova York, 1958, p. 370.

[19] F. N. Sieder e G. E. Tate, *Ind. Eng. Chem.*, **28**, 1429 (1936).

312 ▶ Capítulo 20

A relação de Sieder-Tate é também mostrada na Figura 20.6, juntamente com os dois resultados de Graetz. Esses resultados não podem ser comparados diretamente porque os resultados de Graetz levam a valores locais de h_x e a equação de Sieder-Tate fornece valores médios do coeficiente de transferência de calor. A última parte da equação (20-27), a razão entre a viscosidade do fluido na temperatura média do fluido longe da parede e a aquela na temperatura da parede, leva em consideração o efeito significativo que uma viscosidade variável do fluido tem sobre a taxa de transferência de calor. Todas as propriedades, menos μ_w, são calculadas na temperatura média do fluido longe da parede.

Escoamento Turbulento Ao considerar a troca de energia entre uma superfície de um conduto e um fluido em escoamento turbulento, temos de recorrer a correlações de dados experimentais conforme sugerido pela análise dimensional. As três equações mais usadas dessa natureza e as restrições do seu uso são as seguintes.

Dittus e Boelter[20] propuseram a seguinte equação do tipo sugerida anteriormente pela análise dimensional, equação (19-7):

$$\mathrm{Nu}_D = 0{,}023\,\mathrm{Re}_D^{0,8}\mathrm{Pr}^n \tag{20-28}$$

em que

1. $n = 0{,}4$, se o fluido estiver sendo aquecido; $n = 0{,}3$, se o fluido estiver sendo resfriado
2. Todas as propriedades do fluido são calculadas na temperatura média do fluido longe da parede
3. O valor de Re_D deve ser $> 10^4$
4. Pr está na faixa de $0{,}7 < \mathrm{Pr} < 100$
5. $L/D > 60$

Colburn[21] propôs uma equação usando o número de Stanton, St, no lugar de Nu_D como relacionado na equação (19-9). Sua equação é

$$\mathrm{St} = 0{,}023\,\mathrm{Re}_D^{-0,2}\mathrm{Pr}^{-2/3} \tag{20-29}$$

em que

1. Re_D e Pr são calculados na temperatura de *filme* e St é calculado na temperatura do fluido longe da parede
2. Re_D, Pr e L/D devem ter os valores dentro dos seguintes limites

$$\mathrm{Re}_D > 10^4 \qquad 0{,}7 < \mathrm{Pr} < 160 \qquad e \qquad L/D > 60$$

De modo a considerar fluidos com altos números de Prandtl, tais como óleos, Sieder e Tate[22] propuseram a equação

$$\mathrm{St} = 0{,}023\,\mathrm{Re}_D^{-0,2}\mathrm{Pr}^{-2/3}\left(\frac{\mu_b}{\mu_w}\right)^{0,14} \tag{20-30}$$

em que

1. Todas as propriedades do fluido, exceto μ_w, são calculadas na temperatura do fluido longe da parede
2. $\mathrm{Re}_D > 10^4$
3. $0{,}7 < \mathrm{Pr} < 17000$

e

4. $L/D > 60$

Das três equações apresentadas, as duas primeiras são mais frequentemente usadas para aqueles fluidos cujo números de Prandtl estão dentro da faixa especificada. A equação de Dittus–Boelter é

---

[20] F. W. Dittus e L. M. K. Boelter, Universidade da Califórnia, *Publ. Eng.*, **2**, 443 (1930).

[21] A. P. Colburn, *Trans. A. I. Ch. E.*, **29**, 174 (1933).

[22] E. N. Sieder e G. E. Tate, *Ind. Eng. Chem.*, **28**, 1429 (1936).

Correlações para Transferência de Calor por Convecção ◀ **313**

mais simples de usar do que a equação de Colburn porque as propriedades do fluido são calculadas na temperatura do fluido longe da parede.

Os seguintes exemplos ilustram o uso de algumas expressões apresentadas nesta seção.

Exemplo 2

Fluido hidráulico (MIL-M-5606), em escoamento completamente desenvolvido, escoa por um tubo de cobre de 2,5 cm de diâmetro e 0,61 m de comprimento. A velocidade média do fluido é 0,05 m/s. O óleo entra a 295 K. Vapor condensa na superfície externa do tubo com um coeficiente efetivo de transferência de calor de 11.400 W/m² · K. Encontre a taxa de transferência de calor para o óleo.

Para calcular as propriedades do óleo na temperatura de filme ou na temperatura média do fluido longe da parede do cilindro, precisamos conhecer a temperatura de saída do óleo. A equação (19-61) se aplica nesse caso:

$$\ln\frac{T_L - T_s}{T_o - T_s} + 4\frac{L}{D}\frac{h}{\rho v c_p} = 0 \tag{19-62}$$

Se a resistência térmica da parede do tubo de cobre for desprezível, a taxa de transferência de calor pode ser expressa como

$$q = \frac{A_{\text{sup}}(T_{\text{vapor}} - T_{\text{óleo}})}{1/h_i + 1/h_o} = \rho A v c_p (T_L - T_o)$$

De modo a saber se o escoamento é laminar ou turbulento, admitiremos a temperatura do óleo longe da parede do tubo como 300 K. O número de Reynolds, nessa temperatura, é

$$\text{Re}_D = \frac{(0,025\text{ m})(0,05\text{ m/s})}{9,94 \times 10^{-6}\text{m}^2/\text{s}} = 126$$

e o escoamento é claramente laminar. O coeficiente de transferência de calor no lado do óleo pode ser determinado usando a equação (20-27)

$$h_i = \frac{k}{D}\text{Nu}_D = \frac{k}{D}1,86\left(\text{Pe}\frac{D}{L}\right)^{0,33}\left(\frac{\mu_b}{\mu_w}\right)^{0,14}$$

Inicialmente, a temperatura do óleo longe da parede do tubo e a temperatura da parede serão admitidas como 300 K e 372 K, respectivamente. Usando as propriedades do fluido nessas temperaturas, temos

$$h_i = \frac{(0,123\text{ W/m}\cdot\text{K})(1,86)}{0,025\text{ m}}\left[(126)(155)\frac{0,025}{0,61}\right]^{0,33}\left(\frac{1,036 \times 10^{-4}}{3,72 \times 10^{-3}}\right)^{0,14}$$

$$= 98,1\text{ W/m}^2\cdot\text{K}$$

Substituindo na equação (19-61), obtemos

$$\ln\frac{T_s - T_L}{T_s - T_o} = -4\left(\frac{0,61\text{ m}}{0,025\text{ m}}\right)\frac{98,1\text{ W/m}^2\cdot\text{K}}{(843\text{ kg/m}^3)(0,05\text{ m/s})(1897\text{ J/kg}\cdot\text{K})}$$

$$= -0,120$$

$$\frac{T_s - T_L}{T_s - T_o} = e^{-0,120} = 0,887$$

$$T_L = 372 - 0,887(372 - 295)$$

$$= 304\text{ K}$$

Com esse valor de T_L, a temperatura média do óleo longe da parede do tubo é

$$T_b = \frac{295 + 304}{2} = 299,5\text{ K}$$

que está próxima o suficiente da suposição inicial, não havendo assim a necessidade de mais iterações.

Com uma temperatura de saída de 304 K, a taxa de transferência de calor para o óleo é

$$q = \rho A v c_p (T_L - T_o)$$

$$= (843\text{ kg/m}^3)\left(\frac{\pi}{4}\right)(0,025\text{ m})^2(0,05\text{ m/s})(1897\text{ J/kg}\cdot\text{K})(9\text{ K})$$

$$= 353\text{ W}$$

314 ▶ Capítulo 20

Exemplo 3

Ar, a 1 atm e na temperatura de 290 K, entra em um tubo de 1,27 cm de diâmetro interno, a uma velocidade de 24 m/s. A temperatura da parede é mantida a 372 K devido à condensação de vapor. Calcule o coeficiente convectivo de transferência de calor para essa situação, se o tubo tem 1,52 m de comprimento.

Como no exemplo prévio, será necessário calcular a temperatura de saída do ar por

$$\ln\frac{T_L - T_s}{T_o - T_s} + 4\frac{L}{D}\frac{h}{\rho v c_p} = 0$$

De modo a determinar o tipo de escoamento, primeiro calculamos o número de Reynolds na entrada do tubo.

$$Re = \frac{Dv}{\nu} = \frac{(0,0127\text{ m})(24\text{ m/s})}{1,478 \times 10^{-5}\text{Pa} \cdot \text{s}} = 20.600$$

O escoamento é claramente turbulento e Re é suficientemente grande para que as equações (20-28), (20-29) ou (20-30) possam ser usadas.

A equação (20-29) será usada. Uma temperatura de saída de 360 K será considerada; a temperatura média do fluido longe da parede correspondente é 325 K e $T_f = 349$ K. Temos agora

$$St = \frac{h}{\rho v c_p} = 0,023\,Re^{-0,2}Pr^{-2/3}$$

$$= 0,023\left[\frac{(0,0127)(24)}{2,05 \times 10^{-5}}\right]^{-0,2}(0,697)^{-2/3}$$

$$= 0,00428$$

Substituindo na equação (19-61), temos

$$\frac{T_L - T_s}{T_o - T_s} = \exp\left[-4\left(\frac{1,52\text{ m}}{0,0127\text{ m}}\right)(0,00428)\right]$$

$$= 0,129$$

e o valor calculado de T_L é

$$T_L = 372 - (0,129)(372 - 290)$$

$$= 361\text{ K}$$

Esse valor concorda muito bem com o valor inicialmente suposto para T_L; logo, não há necessidade de fazer um segundo cálculo. O coeficiente de transferência de calor é agora calculado como

$$h = \rho v c_p St$$

$$= (1,012\text{ kg/m}^3)(24\text{ m/s})(1009\text{ J/kg} \cdot \text{K})(0,00428)$$

$$= 105\text{ W/m}^2 \cdot \text{K}$$

Para escoamento em passagens curtas, as correlações apresentadas até agora têm de ser modificadas para considerar perfis variáveis de velocidades e de temperaturas ao longo do eixo de escoamento. Deissler[23] analisou essa região extensivamente para o caso de escoamento turbulento. As seguintes equações podem ser usadas para modificar os coeficientes de transferência de calor em passagens para as quais $L/D < 60$:

para $2 < L/D < 20$

$$\frac{h_L}{h_\infty} = 1 + (D/L)^{0,7} \tag{20-31}$$

e para $20 < L/D < 60$

$$\frac{h_L}{h_\infty} = 1 + 6\,D/L \tag{20-32}$$

Ambas as expressões são aproximações relacionando o coeficiente apropriado, h_L, em termos de h_∞, em que h_∞ é o valor calculado para $L/D > 60$.

---

[23] R. G. Deissler, *Trans. A. S. M. E.*, **77**, 1221 (1955).

Correlações para Transferência de Calor por Convecção ◀ **315**

▶ **20.3**

CONVECÇÃO FORÇADA PARA ESCOAMENTO EXTERNO

Na prática, há inúmeras situações em que se está interessado em analisar ou descrever transferência de calor associada ao escoamento de um fluido em torno da superfície exterior de um sólido. A esfera e o cilindro são as formas de maior interesse em engenharia, sendo o escoamento cruzado frequentemente encontrado para a transferência de calor entre essas superfícies e um fluido.

O leitor lembrará a natureza dos fenômenos de transferência de momento discutidos no Capítulo 12 relativos ao escoamento externo. A análise de tal escoamento e da transferência de calor nessas situações é complicada quando o fenômeno da separação da camada-limite é encontrado. A separação ocorrerá naqueles casos em que um gradiente adverso de pressão existir; tal condição existirá para muitas situações de interesse de engenharia.

Escoamento Paralelo a Superfícies Planas Essa condição é passível de análise e já foi discutida no Capítulo 19. Os resultados significativos são repetidos aqui para completar.

Lembramos que, nesse caso, os regimes de escoamento na camada-limite são laminar para $\mathrm{Re}_x < 2 \times 10^5$ e turbulento para $3 \times 10^6 < \mathrm{Re}_x$. Para a faixa laminar

$$\mathrm{Nu}_x = 0{,}332\,\mathrm{Re}_x^{1/2}\,\mathrm{Pr}^{1/3} \tag{19-25}$$

e

$$\mathrm{Nu}_L = 0{,}664\,\mathrm{Re}_L^{1/2}\,\mathrm{Pr}^{1/3} \tag{19-26}$$

Com escoamento turbulento na camada-limite, uma aplicação da analogia de Colburn

$$\mathrm{St}_x\mathrm{Pr}^{2/3} = \frac{C_{fx}}{2} \tag{19-37}$$

juntamente com a equação (12-73) resulta

$$\mathrm{Nu}_x = 0{,}0288\,\mathrm{Re}_x^{4/5}\,\mathrm{Pr}^{1/3} \tag{20-33}$$

Um número de Nusselt médio pode ser calculado usando essa expressão para Nu_x. A expressão resultante é

$$\mathrm{Nu}_L = 0{,}036\,\mathrm{Re}_L^{4/5}\,\mathrm{Pr}^{1/3} \tag{20-34}$$

As propriedades do fluido devem ser calculadas na temperatura de filme ao usar essas equações.

Cilindros com Escoamento Cruzado Eckert e Soehngen[24] calcularam números de Nusselt locais em várias posições na superfície do cilindro para corrente de ar escoando na faixa de números de Reynolds de 20 a 600. Seus resultados são mostrados na Figura 20.7. Uma faixa bem maior de número de Reynolds foi investigada por Giedt,[25] cujos resultados são mostrados na Figura 20.8.

As Figuras 20.7 e 20.8 mostram uma variação suave no número de Nusselt próximo ao ponto de estagnação. A baixos números de Reynolds, o coeficiente de filme diminui quase continuamente a partir do ponto de estagnação; o único desvio é uma leve subida na região da esteira separada do cilindro. A altos números de Reynolds, conforme ilustrado na Figura 20.7, o coeficiente de filme atinge um segundo ponto de máximo, que é maior do que o valor no ponto de estagnação. O segundo pico no número de Nusselt a altos valores de Reynolds é devido ao fato de a camada-limite passar por uma transição de escoamento laminar para turbulento. Nas curvas inferiores da Figura 20.7, a ca-

---

[24] E. R. G. Eckert e E. Soehngen, *Trans. A. S. M. E.*, **74**, 343 (1952).

[25] W. H. Giedt, *Trans. A. S. M. E.*, **71**, 378 (1949).

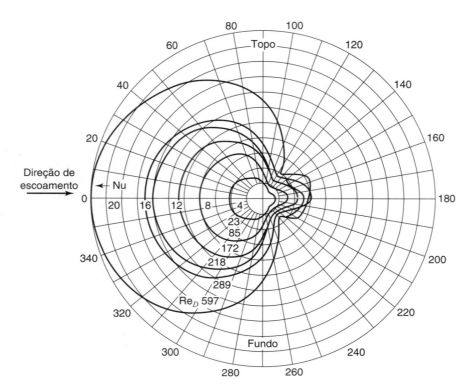

Figura 20.7 Números locais para escoamento cruzado em torno de um cilindro circular a baixos números de Reynolds. (De E. R. G. Eckert e E. Soehngen, *Trans. A. S. M. E.*, **74**, 346 (1952). Com permissão dos editores.)

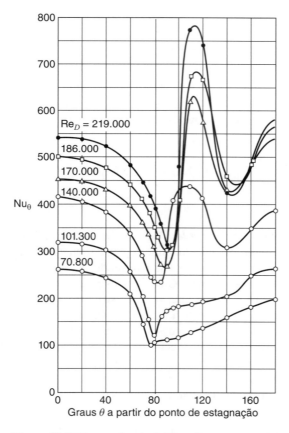

Figura 20.8 Números locais de Nusselt para escoamento cruzado em torno de um cilindro circular a altos números de Reynolds. (De W. H. Giedt, *Trans. A. S. M. E.*, **71**, 378 (1949). Com permissão dos editores.)

mada-limite laminar se separa do cilindro próximo de 80° a partir do ponto de estagnação e nenhuma mudança grande ocorre no número de Nusselt. O efeito de um maior número de Reynolds é duplo. Primeiro, o ponto de separação passa a ocorrer depois de 90 graus, à medida que a camada-limite se torna turbulenta; assim, uma menor parte do cilindro é tragada pela esteira. Um segundo efeito é que o número de Nusselt atinge um valor maior do que o valor no ponto de estagnação. O aumento é causado pela maior condutância da camada-limite turbulenta.

É bem aparente a partir das figuras que o coeficiente convectivo varia de uma maneira irregular e complexa em escoamento externo em torno de um cilindro. É provável, na prática, que um h médio para o cilindro inteiro é desejado. McAdams[26] plotou os dados de 13 investigações separadas para o escoamento de ar normal a cilindros isolados e encontrou excelente concordância quando plotou como Nu_D *versus* Re_D. Seu gráfico é reproduzido na Figura 20.9. Note que valores de Nu_D são para $Pr = 1$. Para outros fluidos, um fator de correção, $Pr^{1/3}$, deve ser empregado — isto é, $Nu_D = Nu_{D(figura)}Pr^{1/3}$.

Uma correlação amplamente usada para esses dados é da forma

$$Nu_D = B\,Re^n\,Pr^{1/3} \tag{20-35}$$

em que as constantes B e n são funções do número de Reynolds. Os valores para essas constantes são dados na Tabela 20.3. A temperatura de filme é apropriada para o cálculo das propriedades físicas.

Tabela 20.3 Valores de B e n para uso na equação (20-35)

Re_D	B	n
0,4/–4	0,989	0,330
4–40	0,911	0,385
40–4000	0,683	0,466
4000–40.000	0,193	0,618
40.000–400.000	0,027	0,805

Churchill e Bernstein[27] recomendaram uma única correlação cobrindo as condições para as quais $Re_D Pr > 0,2$. Essa correlação é expressa na equação (20-36).

$$Nu_D = 0,3 + \frac{0,62\,Re_D^{1/2}Pr^{1/3}}{[1 + (0,4/Pr)^{2/3}]^{1/4}}\left[1 + \left(\frac{Re_D}{282.000}\right)^{5/8}\right]^{4/5} \tag{20-36}$$

Esferas Isoladas Coeficientes convectivos locais de transferência de calor em várias posições relativas ao ponto de estagnação a montante do escoamento sobre uma esfera são plotados na Figura 20.10, segundo o trabalho de Cary.[28]

McAdams[29] plotou os dados de vários investigadores relacionando Nu_D *versus* Re_D para ar escoando sobre as esferas. Seu gráfico é duplicado na Figura 20.11.

Uma correlação recente, proposta por Whitaker,[30] é recomendada para as seguintes condições: $0,71 < Pr < 380$; $3,5 < Re_D < 7,6 \times 10^4$; $1,0 < \mu_\infty/\mu_s < 3,2$. Todas as propriedades são calculadas em T_∞, exceto μ_s, que é o valor na temperatura de superfície. A correlação de Whitaker é

$$Nu_D = 2 + (0,4\,Re_D^{1/2} + 0,06\,Re_D^{2/3})Pr^{0,4}(\mu_\infty/\mu_s)^{1/4} \tag{20-37}$$

---

[26] W. H. McAdams, *Heat Transmission*, 3. ed. McGraw-Hill Book Company, Nova York, 1949.

[27] S. W. Churchill e M. Bernstein, *J. Heat Transfer*, **99**, 300 (1977).

[28] J. R. Cary, *Trans. A. S. M. E.*, **75**, 483 (1953).

[29] W. H. McAdams, *op. cit.*

[30] S. Whitaker, *A. I. Ch. E. J.*, **18**, 361 (1972)

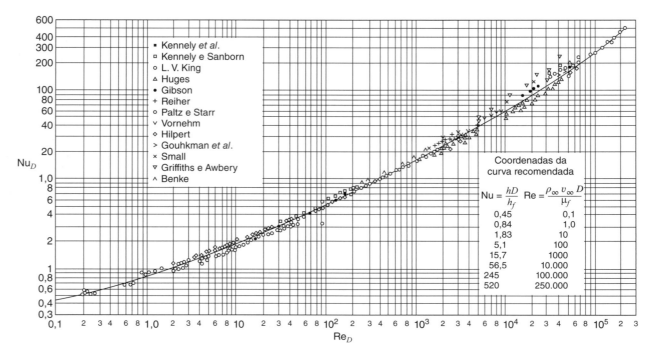

Figura 20.9 Nu *versus* Re para escoamento normal a cilindros isolados. Nota: esses valores são estritamente válidos para Pr ≅ 1. (De W. H. McAdams, *Heat Transmission*, 3. ed. McGraw-Hill Book Company, Nova York, 1954, p. 259.)

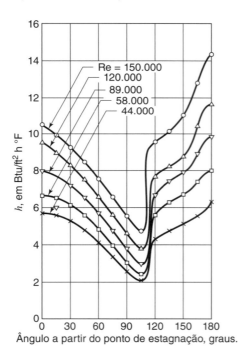

Figura 20.10 Coeficientes locais de transferência de calor para escoamento sobre uma esfera. (De J. R. Cary, *Trans. A. S. M. E.*, **75**, 483 (1953). Com permissão dos editores.)

Um caso importante é aquele de gotas líquidas descendentes, modeladas como esferas. A correlação de Ranz e Marshall[31] para esse caso é

$$Nu_D = 2 + 0{,}6\, Re_D^{1/2}\, Pr^{1/3} \qquad (20\text{-}38)$$

Bancos de Tubos com Escoamento Cruzado Quando tubos são colocados juntos, formando um banco ou um feixe de tubos, como encontrado em um trocador de calor, o coeficiente efetivo de transferência de calor é afetado pelo arranjo e pelo espaçamento dos tubos, além daqueles fatores já

---
[31] W. Ranz e W. Mashall, *Chem. Engr. Progr.*, **48**, 141 (1952).

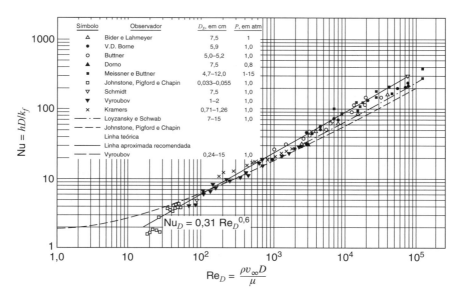

Figura 20.11 Nu_D versus Re_D para ar escoando sobre esferas isoladas. (De W. H. McAdams, *Heat Transmission*, 3. ed. McGraw-Hill Book Company, Nova York, 1954, p. 266. Com permissão dos editores.)

considerados para escoamento sobre cilindros isolados. Vários investigadores têm dado contribuições significativas para a análise dessas configurações.

Uma vez que o escoamento do fluido por ou sobre feixes de tubos envolve um caminho irregular de escoamento, alguns pesquisadores escolheram comprimentos significativos diferentes de D, o diâmetro do tubo, para usar no cálculo dos números de Reynolds. Tal termo é o diâmetro equivalente de um feixe de tubos, D_{eq}, definido como

$$D_{eq} = \frac{4(S_L S_T - \pi D^2/4)}{\pi D} \qquad (20\text{-}39)$$

em que S_L é a distância centro a centro entre tubos *ao longo* da direção de escoamento, S_T é a distância centro a centro entre os tubos *normal* à direção de escoamento e D é o diâmetro externo de um tubo.

Bergelin, Colburn e Hull[32] estudaram o escoamento de líquidos sobre os feixes de tubos na região de escoamento laminar com $1 < Re < 1000$. Seus resultados, plotados como $St\,Pr^{2/3}(\mu_w/\mu_b)^{0,14}$ *versus* Re para várias configurações, são apresentados na Figura 20.12. Para essa figura, todas as propriedades do fluido, exceto μ_w, são calculadas na temperatura média longe da parede dos tubos.

Para líquidos em escoamento na zona de transição sobre feixes de tubos, Bergelin, Brown e Doberstein[33] estenderam o trabalho recém-mencionado para cinco dos arranjos dos tubos de modo a incluir valores de Re até 10^4. Seus resultados são apesentados para a transferência de energia e fator de atrito *versus* Re na Figura 20.13.

Além da maior faixa do número de Reynolds, a Figura 20.13 envolve Re calculado usando o diâmetro do tubo, D, em oposição à Figura 20.12, em que D_{eq}, definido pela equação (20-37), foi usado.

Temperatura Equivalente à Sensação Térmica

O leitor está indubitavelmente familiarizado com as reportagens sobre o clima em que, além das temperaturas do ar medidas, uma indicação da sensação de frio que a pessoa realmente vai sentir é expressa como *temperatura equivalente à sensação térmica*. Essa temperatura indica a sensação de frio que o vento realmente provoca na pessoa; quanto mais forte o vento soprar, maior é a sensação de frio que o ar provoca no corpo humano.

A determinação da temperatura equivalente à sensação térmica é um exemplo interessante dos efeitos combinados de transferência de calor por convecção e por condução entre o corpo e o ar adjacente. Para uma explicação completa da modelagem usada na determinação dessa grandeza, o

---

[32] O. P. Bergelin, A. P. Colburn e H. L. Hull, Univ. Delaware, Eng. Expt. Sta. Bulletin n. 2 (1950).

[33] O. P. Bergelin, G. A. Brown e S. C. Doberstein, *Trans. A.S.M.E.*, **74**, 953 (1952).

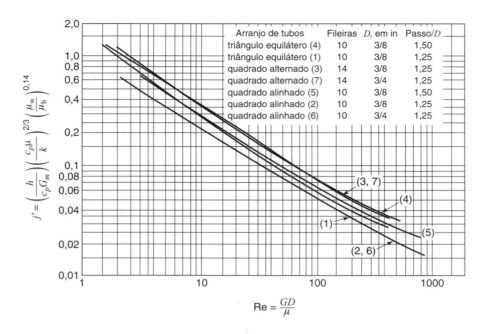

Figura 20.12 Troca convectiva de calor entre líquidos em escoamento laminar e feixes de tubos. (De O. P. Bergelin, A. P. Colburn e H. L. Hull, Univ. Delaware, Engr. Dept. Station Bulletin 10.2, 1950, p. 8. Com permissão dos editores.)

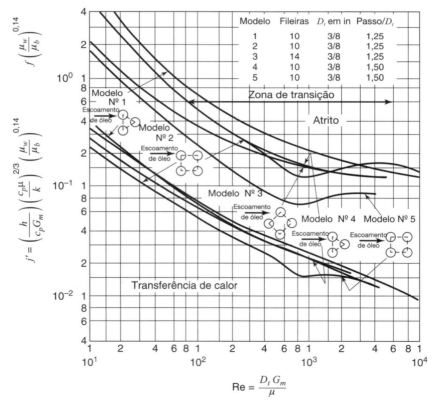

Figura 20.13 Transferência de energia e perda por atrito para líquidos em escoamento laminar e em transição sobre feixes de tubos. (De O. P. Bergelin, G. A. Brown e S. C. Doberstein, *Trans. A.S.M.E.*, **74**, 1958 (1952). Com permissão dos editores.)

leitor é remetido a um trabalho de 1971 de Steaman.[34] As Tabelas 20.4 e 20.5 fornecem os valores de temperatura equivalente à sensação térmica como função da temperatura do ar e da velocidade do vento, em unidades inglesas e SI, respectivamente.

Tabela 20.4 Temperatura equivalente à sensação térmica — unidades inglesas

		Temperatura do ar (°F)												
		35	30	25	20	15	10	5	0	−5	−10	−15	−20	−25
Velocidade do vento (milhas/h)	5	32	27	22	16	11	6	0	−5	−10	−15	−21	−26	−31
	10	22	16	10	3	−3	−9	−15	−22	−27	−34	−40	−46	−52
	15	16	9	2	−5	−11	−18	−25	−31	−38	−45	−51	−58	−65
	20	12	4	−3	−10	−17	−24	−31	−39	−46	−53	−60	−67	−74
	25	8	1	−7	−15	−22	−29	−36	−44	−51	−59	−66	−74	−81
	30	6	−2	−10	−18	−25	−33	−41	−49	−56	−64	−71	−79	−86
	35	4	−4	−12	−20	−27	−35	−43	−52	−58	−67	−74	−82	−89
	40	3	−5	−13	−21	−29	−37	−45	−53	−60	−69	−76	−84	−92

Tabela 20.5 Temperatura equivalente à sensação térmica — unidades SI

		Temperatura do ar (°C)												
		8	4	0	−4	−8	−12	−16	−20	−24	−28	−32	−36	−40
Velocidade do vento (km/h)	0	8	4	0	−4	−8	−12	−16	−20	−24	−28	−32	−36	−40
	10	5	0	−4	−8	−13	−17	−22	−26	−31	−35	−40	−44	−49
	20	0	−5	−10	−15	−21	−26	−31	−36	−42	−47	−52	−57	−63
	30	−3	−8	−14	−20	−25	−31	−37	−43	−48	−54	−60	−65	−71
	40	−5	−11	−17	−23	−29	−35	−41	−47	−53	−59	−65	−71	−77
	50	−6	−12	−18	−25	−31	−37	−43	−49	−56	−62	−68	−74	−80
	60	−7	−13	−19	−26	−32	−39	−45	−51	−58	−64	−70	−77	−83

▶ **20.4**

RESUMO

Muitas das correlações desenvolvidas experimentalmente mais úteis para prever coeficientes convectivos de transferência de calor foram apresentadas neste capítulo. Os gráficos e equações apresentados são uma pequena parte das informações desse tipo disponíveis na literatura. As informações incluídas devem, em qualquer caso, permitir que os coeficientes convectivos de transferência de calor mais comuns sejam previstos com alguma confiança.

Os fenômenos convectivos considerados incluíram o seguinte:

1. *Convecção natural* sobre superfícies vertical e horizontal, mais algumas expressões simplificadas úteis para o ar.
2. *Convecção forçada para escoamento interno*, incluindo as correlações para escoamento laminar e turbulento.
3. *Convecção forçada para escoamento externo*, com cilindros, esferas e feixes de tubos sendo os tipos de superfícies considerados.

O leitor deve se lembrar de observar quaisquer considerações especiais relativas às equações e aos gráficos deste capítulo. Tais considerações incluem se devemos calcular as propriedades do fluido na temperatura longe da parede ou na temperatura de filme, qual comprimento significativo é usado em uma dada correlação e qual é a faixa permitida dos números de Prandtl e de Reynolds para certo conjunto de dados.

---

[34] R. G. Steadman, Indices of windchill of clothed persons, *J. App. Meteorol.*, **10**, 674-683 (1971).

322 ▶ Capítulo 20

PROBLEMAS

20.1 Um aquecedor de imersão de 750 W, na forma de um cilindro de ¾ in de diâmetro e 6 in de comprimento, é colocado em água estagnada a 95°F. Calcule a temperatura da superfície do aquecedor se ele estiver orientado com seu eixo na

a. vertical

b. horizontal

20.2 Repita o Problema 20.1 se o líquido estagnante for

a. bismuto a 700°F

b. fluido hidráulico a 0°F

20.3 Um aquecedor de imersão, de 1000 W, tem uma forma de um sólido retangular com dimensões de 16 cm por 10 cm por 1 cm. Determine a temperatura da superfície do aquecedor se ele estiver orientado em água a 295 K com

a. a dimensão de 16 cm na vertical

b. a dimensão de 10 cm na vertical

20.4 Um cilindro de cobre de 2 in de diâmetro, 6 in de comprimento, a uma temperatura uniforme de 200°F, é mergulhado verticalmente em um grande tanque de água a 50°F.

a. Quanto tempo levará para que a temperatura da superfície externa do cilindro atinja 100°F?

b. Quanto tempo levará para que o centro do cilindro atinja 100°F?

c. Qual será a temperatura da superfície quando a temperatura do centro for 100°F? A transferência de calor das extremidades do cilindro pode ser desprezada.

20.5 Um bulbo de uma lâmpada fluorescente, de 100 W, é iluminado no ar a 25°C e pressão atmosférica. Sob essas circunstâncias, a temperatura da superfície do vidro é 140°C.

Determine a taxa de transferência de calor do bulbo por convecção natural. O bulbo é cilíndrico, tendo um diâmetro de 35 mm e um comprimento de 0,8 m, e está orientado horizontalmente.

20.6 Determine a temperatura da superfície, em estado estacionário, de um cabo elétrico, de 25 cm de diâmetro, que está suspenso horizontalmente em um ar parado, em que calor é dissipado pelo cabo a uma taxa de 27 W por metro de comprimento. A temperatura do ar é 30°C.

20.7 Um cilindro de cobre de 20,3 cm de comprimento, com um diâmetro de 2,54 cm, está sendo usado para calcular o coeficiente de transferência de calor em um experimento de laboratório. Quando aquecido para uma temperatura uniforme de 32,5°C e então imerso em um banho líquido de –1°C, a temperatura no centro do cilindro atinge um valor de 4,8°C em 3 min. Supondo que a troca de calor entre o cilindro e o banho de água seja puramente por convecção, que valor do coeficiente de superfície é indicado?

20.8 Bolas de borracha são moldadas em esferas e curadas a 360 K. Após essa operação, elas são resfriadas em ar ambiente. Quanto tempo terá passado para que a temperatura da superfície de uma bola sólida de borracha atinja 320 K, quando a temperatura do ar ambiente for 295 K? Considere as bolas com diâmetros de 7,5, 5 e 1,5 cm. As propriedades da borracha que podem ser usadas são $k = 0,24$ W/m · K, $\rho = 1120$ kg/m³ e $c_p = 1020$ J/kg · K.

20.9 Determine o tempo requerido para que as bolas de borracha descritas no Problema 20.8 atinjam a condição de temperatura no centro igual a 320 K. Qual será a temperatura na superfície quando a temperatura no centro atingir 320 K?

20.10 Um tubo de cobre, de 1 in de diâmetro, 16-BWG, tem sua temperatura da superfície externa mantida a 240°F. Se esse tubo estiver localizado em ar parado a 60°F, qual o fluxo de calor que será alcançado, se o tubo for orientado

a. horizontalmente?

b. verticalmente?

O comprimento do tubo é 10 ft.

20.11 Resolva o Problema 20.10 se o meio em torno do tubo for água parada a 60°F.

20.12 Um tanque esférico, de 0,6 m de diâmetro, contém oxigênio líquido a 78 K. Esse tanque é coberto com 5 cm de lã de vidro. Determine a taxa de calor ganho se o tanque estiver cercado de ar a 278 K. O tanque é construído de aço inoxidável com 0,32 cm de espessura.

20.13 Um reator nuclear, do tipo "piscina", consistindo em 30 placas retangulares medindo 1 ft de largura e 3 ft de altura e espaçadas de 2½ in, é imerso em água a 80°F. Se 200°F for a temperatura máxima permitida na placa, qual será o nível máximo de potência na qual o reator pode operar?

20.14 Um coletor de energia solar, medindo 20 ft × 20 ft, é instalado no telhado em uma posição horizontal. O fluxo de energia solar incidente é 200 Btu/h ft² e a temperatura da superfície do coletor é 150°F. Que fração de energia solar incidente é perdida por convecção para o ar ambiente parado que está a uma temperatura de 50°F? Que efeito sobre as perdas convectivas resultaria se a superfície do coletor fosse corrugada, com ondulações espaçadas de 1 ft?

20.15 Dadas as condições para o Problema 20.14, determine a fração de energia solar incidente perdida por convecção para o ar ambiente a 283 K que escoa paralelamente à superfície do coletor, a uma velocidade de 6,1 m/s.

20.16 Um fio de cobre, com diâmetro de 0,5 cm, é coberto com uma camada de 0,65 cm de material isolante tendo uma condutividade térmica de 0,242 W/m · K. O ar adjacente ao isolante está a 290 K. Se o fio transportar uma corrente de 400 A, determine:

a. o coeficiente convectivo de transferência de calor entre a superfície isolante e o ar ambiente

b. as temperaturas na interface isolante-cobre e na superfície externa do isolante

20.17 Faça o Problema 20.16 para um condutor de alumínio do mesmo tamanho (resistividade do alumínio = $2,83 \times 10^{-6}$ ohm-cm).

20.18 Se a linha de vapor descrita no Problema 20.40 não estiver isolada e cercada por ar parado a 70°C, qual a transferência total de calor que seria prevista para um tubo não isolado com 20 ft de comprimento? Considere o tubo não isolado como uma superfície negra e a vizinhança a 70°F.

20.19 Resolva o Problema 20.18 para o caso de o tubo não isolado estar localizado de modo que um ar a 295 K escoe normal ao eixo do tubo, a uma velocidade de 6,5 m/s.

20.20 Resolva o Problema 20.18 se 3 in de isolante, tendo uma condutividade térmica de 0,060 Btu/h ft °F, for aplicado externamente ao tubo. Despreze radiação a partir do isolante. Qual será a temperatura da superfície externa do isolante?

20.21 Que espessura de isolante, tendo uma condutividade térmica conforme dado no Problema 20.22, tem de ser adicionada ao tubo que transporta vapor do Problema 20.40, de modo que a temperatura externa do isolante não exceda 250°F?

20.22 Um forno de cozinha tem uma temperatura da superfície superior de 45°C, quando exposta a um ar parado. Nessa condição, a temperatura interna do forno e a temperatura ambiente do ar são 180°C e 20°C, respectivamente, e o calor é transferido a partir da superfície do topo a 40 W.

De modo a reduzir a temperatura da superfície, conforme requerido por regulamentações de segurança, ar ambiente é soprado sobre o topo, com uma velocidade de 20 m/s. As condições no interior do forno podem ser consideradas imutáveis.

a. Qual será a taxa de perda de calor sob essa nova condição operacional?

b. Qual será a temperatura da superfície superior?

20.23 Um "local quente" para o processo de fabricação é mostrado na figura a seguir, em que uma laje de aço inoxidável é montada no topo de um aquecedor com resistência elétrica. A laje de aço inoxidável tem 20 cm de largura, 60 cm de comprimento e 2 cm de espessura. Uma carga, colocada no topo da placa quente de aço inoxidável, requer uma alimentação de potência de 600 W. As dimensões do material de carga são 20 cm de largura, 60 cm de comprimento (na direção de escoamento de ar) e 0,5 cm de espessura. A temperatura da superfície do material de carga exposta ao ar é medida como $T_s = 207°C$ (480 K). O escoamento de ar tem uma velocidade de 3 m/s e a temperatura ambiente do ar é mantida a 47°C (320 K). A condutividade térmica do aço inoxidável (local quente) é $k_s = 16$ W/m · K e a condutividade térmica do material de carga é $k_m = 2$ W/m · K.

a. Estime a perda de calor a partir da superfície do material de carga, em Watts.

b. Qual é a potência total de saída, em Watts, requerida para o aquecedor, supondo que não haja perdas de calor a partir dos lados da placa?

c. Qual é a temperatura na interface entre o local quente de aço inoxidável e o material de carga?

d. Qual é a temperatura estimada na base do local quente em contato com o aquecedor com resistência elétrica (T_2)?

20.24 Vapor saturado, a 0,1 bar, condensa na superfície externa de um tubo de cobre, que tem diâmetros interno e externo de 16,5 mm e 19 mm, respectivamente. Os coeficientes de transferência de calor nas superfícies interna (água) e externa (vapor) são 5200 e 6800 W/m² · K, respectivamente.

Quando a temperatura média da água for 28 K, estime a taxa de vapor que condensa por metro de comprimento de tubo. O calor latente de condensação do vapor pode ser adotado como 2390 kJ/kg.

20.25 Um tubo de cobre 16-BWG, com 1 in de diâmetro e 10 ft de comprimento, tem sua superfície externa mantida a 240°F. Ar, a 60°F e a pressão atmosférica, é forçado sobre esse tubo, com uma velocidade de 40 ft/s. Determine o fluxo de calor a partir do tubo para o ar, se o escoamento do ar é

a. paralelo ao tubo

b. normal ao eixo do tubo

20.26 Resolva o Problema 20.25 se água a 60°F estiver escoando sobre o tubo em convecção forçada.

20.27 Resolva o Problema 20.25 se fluido hidráulico MIL-M-5606 estiver escoando sobre o tubo em convecção forçada.

20.28 Quais seriam os resultados do Problema 20.18 se um ventilador fornecesse um escoamento de ar normal ao eixo condutor, a uma velocidade de 9 m/s?

20.29 Um bulbo para luz elétrica, tendo 60 W de potência, tem uma temperatura de superfície igual a 145°C, quando resfriado por ar atmosférico a 25°C. O ar escoa sobre o bulbo com uma velocidade de 0,5 m/s. O bulbo pode ser modelado como uma esfera com um diâmetro de 7,5 cm. Determine a transferência de calor a partir do bulbo pelo mecanismo de convecção forçada.

20.30 Estamos interessados em prever o tempo que levará para o grão de milho de pipoca estourar em um leito fluidizado. A velocidade do ar superficial no interior do leito é 3 m/s, que está acima da velocidade mínima de fluidização para os grãos de pipoca. A temperatura do ar é mantida constante a 520 K (247°C), por serpentinas de aquecimento colocadas ao redor do leito fluidizado. O diâmetro médio dos grãos de pipoca é 0,5 cm. Quando a temperatura de um grão atingir 175°C, ele estourará. A 25°C, a condutividade térmica da pipoca é 0,2 W/m · K, o calor específico é 2000 J/kg · K e a densidade é 1300 kg/m³.

a. Qual é o coeficiente convectivo de transferência de calor para o escoamento de ar ao redor de cada grão de pipoca?

b. Qual é o número de Biot para um grão de pipoca? O modelo de parâmetros agrupados é válido?

c. Se admitirmos que o grão de pipoca estoura quando sua temperatura no centro atingir 175°C, quanto tempo depois de ele entrar no leito ele vai estourar? Inicialmente, os grãos de pipoca estão a 25°C.

20.31 Esferas poliméricas quentes estão sendo resfriadas à medida que caem lentamente em um longo tanque cilíndrico de água mantido a 30°C, conforme mostrado na figura. Nesse processo, esferas de 1 cm de diâmetro atingem uma velocidade terminal de 3 cm/s, que está baseada no tamanho da esfera e na densidade de seu material relativa à densidade da água. As propriedades da água podem ser tomadas na temperatura de 30°C, em que o número de Prandtl é 4,33, a viscosidade cinemática é 6,63 × 10⁻⁷ m²/s e a condutividade térmica é 0,663 W/m · K. A condutividade térmica da esfera polimérica é 0,08 W/m · K. Se as esferas poliméricas estiverem na temperatura de 100°C, qual será a taxa total de transferência de calor de uma esfera?

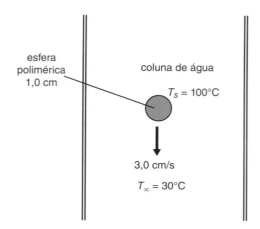

20.32 Um anemômetro de fio quente é um instrumento comum usado para medir a velocidade de um gás em escoamento. Uma ponta típica do sensor é mostrada a seguir.

Uma corrente elétrica atravessa um fio fino de platina ou tungstênio. A resistência elétrica do fio gera calor à medida que a corrente passa por ele, aquecendo o fio. Esse "fio quente" é colocado normal à corrente de gás que escoa e o calor gerado pelo fio é dissipado para a corrente de gás que escoa ao redor do fio por transferência de calor por convecção. A corrente que passa pelo fio e a temperatura do fio são medidas e, a partir dessa informação, a velocidade do gás escoando sobre o fio é estimada.

No conjunto atual de medidas, o anemômetro de fio quente é montado no interior de um tubo contendo gás N_2 que escoa a 20°C. Durante um teste, a carga de potência no fio foi 13 mW e a temperatura do fio foi 200°C. O diâmetro do fio de platina é 4 μm e seu comprimento é 1,2 mm.

a. Qual é o número de Prandtl para o gás N_2 escoando ao redor do fio quente?

b. Qual é o número de Nusselt (Nu) medido para o gás N_2 escoando ao redor do fio quente?

c. Qual é a velocidade estimada do gás N_2 escoando no interior do tubo no ponto em que a ponta do sensor do anemômetro de fio quente está localizada?

Propriedades físicas do gás N2

Temperatura (°C)	Densidade, ρ (kg/m³)	Viscosidade, μ (kg/m-s)	Calor Específico, C_p (J/kg·K)	Condutividade Térmica, k (W/m·K)
350	0,9754	2,0000 × 10⁻⁵	1042,1	0,029691
400	0,8533	2,19950 × 10⁻⁵	1049,9	0,033186

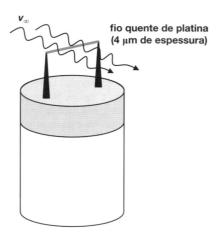

20.33 A instalação SolarWorld em Portland, Oregon, é o maior produtor de células solares à base de silício dos Estados Unidos. O processo de fabricação começa com a cristalização a partir da fusão de silício, de grau eletrônico, em um lingote cilíndrico de silício policristalino. Os lingotes recém-formados de silício têm de ser resfriados antes de serem fatiados em finas pastilhas de silício. No presente processo de resfriamento, um lingote sólido de silício, com 30 cm de diâmetro e 3 m de comprimento, é colocado verticalmente dentro de uma corrente de escoamento de ar, conforme mostrado na figura. Ar, mantido a 27°C, escoa normal ao lingote, a uma velocidade de 0,5 m/s. A transferência de calor das extremidades do lingote pode ser desprezada. Em algum momento durante o processo de resfriamento, a temperatura da superfície da água é medida como 860 K (587°C). Os itens de (a) a (d) referem-se a essa condição.

a. Qual é o número de Reynolds, Re?

b. Qual é a taxa total de resfriamento (Watts) a partir de um único lingote de silício no momento do processo de resfriamento?

c. Qual é o número de Biot para o processo de transferência de calor?

d. Se o escoamento do ar ao redor do lingote for parado, o processo de transferência de calor será dominado por convecção natural ou o processo de transferência de calor por convecção será limitado a Nu = 0,30? Qual será a nova taxa de resfriamento?

e. Depois de quanto tempo decorrido, a superfície do lingote de silício atingirá 860 K? A análise de parâmetros agrupados pode ser usada?

Propriedades do silício a 860 K: ρ_{Si} = 2300 kg/m³, $C_{p,Si}$ = 760 J/kg·K, k_{Si} = 30 W/m·K.

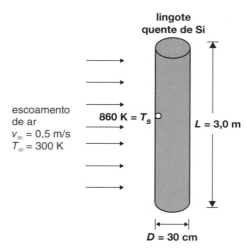

20.34 Um aquecedor industrial é composto de um feixe de tubos consistindo em tubos horizontais de 3/8 in de diâmetro externo em um arranjo alternado, com tubos arranjados de uma maneira semelhante a um triângulo equilátero, tendo uma razão entre o passo e o diâmetro igual a 1,5. Se água a 160°F escoa a 20 ft/s sobre os tubos, com temperatura de superfície constante de 212°F, qual será o coeficiente efetivo de transferência de calor?

20.35 Para o aquecedor consistindo no banco de tubos descrito no Problema 20.32, calcule o calor transferido para a água se o arranjo de tubos consistir em seis fileiras de tubos na direção de escoamento, com oito tubos por fileira. Os tubos têm 5 ft de comprimento.

20.36 Um banco de tubos usa um arranjo alinhado, com $S_T = S_L$ = 3,2 cm e tubos com 1,8 cm de diâmetro externo. Existem 10 fileiras de tubos, que são mantidos a uma temperatura de superfície de 85°C. Ar, na pressão atmosférica e a 20°C, escoa normal aos tubos, com uma velocidade de corrente livre de 6 m/s. O banco de tubos tem 10 fileiras em profundidade e os tubos têm 1,8 m de comprimento. Determine a quantidade de calor transferido.

20.37 Refaça o Problema 20.36 para um arranjo alternado.

20.38 Um banco de tubos usa tubos que têm 1,30 cm de diâmetro externo, com $S_T = S_L = 1,625$ cm. Existem 8 fileiras de tubos, mantidas a uma temperatura de superfície de 90°C. Ar, na pressão atmosférica e a 27°C, escoa normal aos tubos, com uma velocidade de corrente livre de 1,25 m/s. O banco de tubos tem 8 fileiras em profundidade e os tubos têm 1,8 m de comprimento. Estime o coeficiente de transferência de calor.

20.39 Refaça o Problema 20.38 para um arranjo alternado. Todas as outras condições permanecem as mesmas.

20.40 Ar, a 60°F e à pressão atmosférica, escoa no interior de um tubo de cobre, 16-BWG, com diâmetro de 1 in, cuja superfície é mantida a 240°F por meio da condensação de vapor. Encontre a temperatura do ar depois de passar por 20 ft de tubo, se sua velocidade de entrada for 40 ft/s.

20.41 Uma válvula em uma linha de água quente é aberta apenas o suficiente para permitir um escoamento a uma velocidade de 0,06 ft/s. A água é mantida a 180°F e a parede interna de uma linha de água, com ½ in de diâmetro, Sch 40, está a 80°F. Qual é a perda total de calor ao longo de 5 ft da linha de água sob essas condições? Qual é a temperatura de saída da água?

20.42 Quando a válvula da linha de água do Problema 20.41 for totalmente aberta, a velocidade da água será 35 ft/s. Qual é a perda de calor por 5 ft de linha de água nesse caso, se as temperaturas da água e do tubo forem as mesmas, conforme especificadas no Problema 20.41?

20.43 Vapor, a 400 psi e 800°F, escoa por um tubo de aço, com 1 in de diâmetro, Sch 40, a uma taxa de 10.000 lb$_m$/h. Estime o valor de h que se aplica à superfície interna do tubo.

20.44 Óleo, a 300 K, é aquecido pela condensação de vapor a 372 K sobre a superfície externa de tubos de aço com diâmetro interno de 2,09 cm, diâmetro externo de 2,67 cm. A taxa mássica do óleo é 1,47 kg/s; seis tubos, cada um com 2,5 m de comprimento, são usados. As propriedades do óleo que devem ser usadas são:

T, K	ρ, kg/m^3	C_p, J/kg · K	k, W/m · K	μ, Pa · s
300	910	$1,84 \times 10^3$	0,133	0,0414
310	897	$1,92 \times 10^3$	0,131	0,0228
340	870	$2,00 \times 10^3$	0,130	$7,89 \times 10^{-3}$
370	865	$2,13 \times 10^3$	0,128	$3,72 \times 10^{-3}$

Determine a taxa de transferência de calor para o óleo.

20.45 Óleo de motor, com propriedades dadas a seguir, escoa a uma taxa de 136 kg por hora por um tubo com diâmetro interno igual a 7,5 cm, cuja superfície interna é mantida a 100°C. Se o óleo entrar a 160°C, qual será a sua temperatura na saída de um tubo com 15 m de comprimento?

T, K	ρ, kg/m^3	C_p, J/kg · K	k, W/m·k	υ, m^2/s $\times 10^3$	Pr
373	842	2,219	0,137	0,0203	276
393	831	2,306	0,135	0,0124	175
413	817	2,394	0,133	0,0080	116
433	808	2,482	0,132	0,0056	84

20.46 Um aparato, usado em uma sala de cirurgia para resfriar sangue, consiste em um tubo com serpentina que está imerso em um banho de gelo. Usando esse aparato, sangue, escoando a 0,006 m^3/h, deve ser resfriado de 40°C para 30°C. O diâmetro interno do tubo é 2,5 mm e o coeficiente de transferência de calor entre o banho de gelo e a superfície externa do tubo é 500 W/m^2 · K. A resistência térmica da parede do tubo pode ser desprezada.

Determine o comprimento requerido do tubo para executar o resfriamento desejado. As propriedades do sangue são:

$$\rho = 1000 \text{ kg/m}^2$$
$$k = 0,5 \text{ W/m} \cdot \text{K}$$
$$C_p = 4,0 \text{ kJ/kg} \cdot \text{K}$$
$$v = 7 \times 10^{-7} \text{ m}^2/\text{s}$$

20.47 Um tubo de latão, com 1,905 cm de diâmetro, é usado para condensar vapor em sua superfície externa sujeita a uma pressão de 10,13 kPa. Água a 290 K circula pelo tubo. Os coeficientes de transferência de calor para as superfícies interna e externa são 1700 W/m^2 · K e 8500 W/m^2 · K, respectivamente. Encontre a taxa de vapor condensado por hora por metro de comprimento de tubo sob essas condições. As informações seguintes são válidas:

diâmetro externo do tubo = 1,905 cm

diâmetro interno do tubo = 1,656 cm

temperatura de saturação do vapor = 319,5 K

calor latente do vapor, h_{fg} = 2393 kJ/kg

20.48 Um sistema para aquecer água, com uma temperatura de entrada de 25°C e uma temperatura de saída de 70°C, envolve passar a água por um tubo com parede espessa, com diâmetros interno e externo de 25 e 45 mm, respectivamente. A superfície externa do tubo está bem isolada e o aquecimento elétrico dentro da parede do tubo fornece uma geração uniforme de $\dot{q} = 1,5 \times 10^6$ W/m^3.

a. Para uma taxa mássica de água, $\dot{m} = 0,12$ kg/s, em quanto tempo o tubo atingirá a temperatura externa desejada?

b. Se a superfície interna do tubo na saída for $T_s = 110$°C, qual será o coeficiente convectivo local de transferência de calor nessa localização?

20.49 Ar, a 25 psia, deve ser aquecido de 60°F para 100°F, em um tubo liso, de ¾ in de diâmetro, cuja superfície é mantida a uma temperatura constante de 120°F. Qual é o comprimento requerido do tubo para uma velocidade do ar de 25 ft/s? E de 15 ft/s?

20.50 Ar é transportado por um duto retangular, que mede 2 ft por 4 ft. O ar entra a 120°F e escoa com uma velocidade mássica de 6 lb$_m$/s · ft^2. Se as paredes do duto estão na temperatura de 80°F, quanto calor é perdido pelo ar por ft de comprimento do duto? Qual é a diminuição correspondente de temperatura do ar por pé?

20.51 Água de resfriamento escoa por tubos de paredes espessas em um condensador a uma velocidade de 1,5 m/s. Os tubos têm um diâmetro de 25,4 mm. A temperatura da parede do tubo é mantida constante a 370 K, condensando vapor na superfície externa. Os tubos têm 5 m de comprimento e a água entra a 290 K.

Estime a temperatura de saída da água e a taxa de transferência de calor por tubo.

20.52 Ar, a 322 K, entra em um duto retangular com uma velocidade mássica de 29,4 kg/s · m^2. O duto mede 0,61 m por 1,22 m e suas paredes estão a 300 K.

Determine a taxa de perda de calor pelo ar por metro de comprimento de duto e a diminuição correspondente da temperatura do ar por metro.

20.53 Ar, na pressão atmosférica e a 10°C, entra em um duto retangular que tem 6 m de comprimento e uma seção transversal medindo 7,5 por 15 cm. As superfícies são mantidas a 70°C por radiação solar. Se a temperatura de saída do ar for 30°C, qual será a taxa de escoamento requerida do ar?

20.54 Gás natural comprimido é alimentado em uma pequena tubulação subterrânea, tendo um diâmetro interno de 5,9 in. O gás entra a uma temperatura inicial de 120°C e a uma pressão constante de 132,3 psig. A taxa volumétrica, medida a uma pressão padrão de 14,7 psia e temperatura padrão de 25°C, é 195,3 ft^3/min. A temperatura do solo é constante e igual a 15°C e ele atua como uma "fonte infinita" para a transferência de calor.

a. Mostre que a taxa mássica é 0,0604 kg/s, a taxa volumétrica é 0,01 m^3/s a 50°C e 10 atm, a pressão total do sistema é 10 atm e a densidade do gás, admitindo comportamento de gás ideal é 6,04 kg/m^3 a 50°C. Outras propriedades (não dependentes da pressão) para o metano a 50°C são $k = 0,035$ W/m·K, $C_p = 220$ J/kg·K e $\mu = 1,2 \times 10^{-5}$ kg/m·s.

b. Desenvolva um modelo de balanço de energia para prever o perfil de temperaturas, em estado estacionário, do gás natural no tubo.

c. O escoamento é laminar ou turbulento?

d. Quais são os números de Prandtl, de Nusselt e de Stanton para o metano no tubo? Qual é a temperatura média razoável para estimar as propriedades termofísicas?

e. Qual é o coeficiente de transferência de calor para o metano no tubo?

f. Finalmente, quão longe da entrada do tubo o gás metano atingirá uma temperatura de 50°C? Quanto calor é transferido nesse ponto?

20.55 A tecnologia de microcanais é apregoada como meio para intensificação de processos, o que em termos simples significa reduzir o tamanho dos equipamentos de processos (trocadores de calor, reatores químicos, processos de separação química etc.) para fazer o mesmo trabalho que um equipamento maior faria. No processo que requer transferência convectiva de calor (geralmente todos os mencionados anteriormente), a intensificação de processos basicamente provoca o aumento no coeficiente convectivo de transferência de calor.

Considere um único tubo de 1 cm de diâmetro interno. A tecnologia de fabricação de microcanais oferece um meio para fazer um arranjo paralelo de tubos pequenos ou "microcanais" para ser usado no lugar de um único tubo. Por exemplo, um único tubo com diâmetro interno de 1 cm poderia ser trocado por 1000 microcanais, cada um com 316 micra (μm) de diâmetro interno, todos incorporados dentro de um único bloco de material termicamente condutor. Metal é frequentemente o material preferido, mas é difícil trabalhar com ele. Para aplicações em pequena escala, silício é também comumente usado, em que os microcanais são gravados no silício, usando tecnologias originalmente desenvolvidas pela indústria de fabricação de dispositivos eletrônicos.

a. Compare a área superficial total para transferência de calor do único tubo e o arranjo paralelo de microcanais descrito anteriormente.

Considere agora que a taxa mássica total de água líquida no processo é 60 g/s e que as propriedades físicas da água são constantes na faixa de temperatura de interesse, com $v = 1,0 \times 10^{-6}$ m^2/s, $\alpha = 1,4 \times 10^{-7}$ m^2/s, $\rho = 1000$ kg/m^3 e $k = 0,6$ W/m·K. As paredes do tubo são mantidas em temperatura constante.

b. Qual é o coeficiente de transferência de calor associado com o tubo com 1 cm de diâmetro e 10 cm de comprimento?

c. Qual é o coeficiente de transferência de calor associado com um único microcanal de mesmo comprimento? Que nível de intensificação de processo o sistema de microcanais oferece ao longo do tubo único?

d. Admita que a temperatura da superfície do sólido seja mantida constante e igual a 100°C. Compare as temperaturas do fluido que sai do tubo tanto no caso do tubo único como no caso do arranjo de microcanais, quando a temperatura de entrada for 20°C. Suponha também que, como uma primeira estimativa, as propriedades do fluido dadas anteriormente sejam constantes com a temperatura.

20.56 Considere um dispositivo de escoamento contínuo, descrito a seguir, usado para pasteurizar leite líquido, cujas propriedades são semelhantes às da água. Leite, a 20°C, entra em um tubo preaquecido, a uma taxa volumétrica de 6 L/min. O diâmetro interno do tubo é 1,5 cm. O tubo forma uma serpentina em uma câmara de vapor, que aquece o leite. A temperatura da parede externa do tubo é mantida a 115°C, usando vapor pressurizado. Uma vez que a condutividade térmica em todo o metal é alta, a diferença de temperatura na parede é pequena, de modo que a temperatura da parede interna pode também ser considerada igual a 115°C. O leite aquecido entra então em um tubo de retenção adiabático, que fornece um tempo de residência do fluido suficiente, tal que a maioria dos micro-organismos no leite são destruídos a ~70°C.

a. Desenvolva um modelo de balanço de energia para prever o perfil de temperatura do leite, em estado estacionário, à medida que ele desce ao longo do tubo.

b. O escoamento do leite é laminar ou turbulento?

c. Quais são os números de Prandtl, de Nusselt e de Stanton para o leite no tubo? Qual é a temperatura de filme que deve ser usada para estimar as propriedades termofísicas do fluido? Qual é o coeficiente de transferência de calor médio para o leite que escoa no interior do tubo?

d. Quanto tempo o leite precisa ficar no interior do tubo para que sua temperatura de saída seja 70°C?

20.57 "Cooper Cooler" é um novo dispositivo de resfriamento que gira uma lata cilíndrica de bebida dentro de um ambiente refrigerado de modo a refrigerar bebidas. Em tal processo mostrado a seguir, a correlação para transferência de calor por convecção associada com o filme líquido em superfícies internas de uma lata girando é dada por (Anantheswaran e Rao, 1985)

$$\text{Nu} = 2,9 \, \text{Re}^{0,436} \text{Pr}^{0,287} \quad \text{com} \quad \text{Re} = \frac{D_r^2 N \rho}{\mu}$$

em que N é a taxa de rotação (revoluções/s) e D_r é o diâmetro da roda giratória. No presente processo, a câmara refrigerada é mantida constante a 0°C. O coeficiente convectivo de transferência de calor para a superfície externa da lata é estimado em 1000 W/m^2·K e a resistência à transferência de calor através da lata metálica é considerada desprezível. Se a lata tiver 6 cm de diâmetro, 10 cm de comprimento e $D_r/2$ for 12 cm, quanto tempo levará para resfriar o conteúdo da lata para a refrescante temperatura de 4°C, se a lata da bebida estiver inicialmente a 20°C e a roda for girada a 0,5 rotação/s? Admite-se que as propriedades termofísicas da água se apliquem para a bebida.

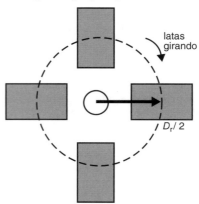

Ref.: R. C. Anantheswaran e M. A. Rao, *J. Food Engineering*, **4**, 1-9 (1985).

CAPÍTULO ▶ 21

Ebulição e Condensação

Os processos de transferência de energia associados aos fenômenos de ebulição e de condensação podem alcançar taxas relativamente altas de transferência de calor, mesmo que as diferenças de temperatura sejam bem baixas. Esses fenômenos, associados com a mudança de fase entre um líquido e um vapor, são mais complicados e assim mais difíceis de descrever que os processos convectivos de transferência de calor discutidos nos capítulos precedentes. Isso se deve a considerações adicionais de tensão superficial, calor latente de vaporização, características da superfície e outras propriedades de sistemas bifásicos que não estavam envolvidas nas considerações anteriores. Os processos de ebulição e de condensação lidam com efeitos opostos relativos à mudança de fase entre um líquido e seu vapor. Esses fenômenos serão considerados separadamente nas seções seguintes.

▶ 21.1

EBULIÇÃO

A transferência de calor por ebulição está associada à mudança de fase do líquido para o vapor. Fluxos extremamente altos de calor podem ser encontrados em conjunção com fenômenos de ebulição, tornando a aplicação particularmente valiosa onde uma pequena quantidade de espaço está disponível para trocar uma quantidade relativamente grande de energia. Tal aplicação é o resfriamento de reatores nucleares. Outra é o resfriamento de dispositivos eletrônicos em que espaço é algo muito crítico. O advento dessas aplicações tem estimulado o interesse em ebulição e pesquisa concentrada nessa área nos últimos anos tem esclarecido o mecanismo e o comportamento do fenômeno de ebulição.

Há dois tipos básicos de ebulição: *ebulição em piscina* e *ebulição em escoamento*. A ebulição em piscina ocorre em uma superfície aquecida submersa em uma piscina líquida que não está agitada. A ebulição em escoamento ocorre em uma corrente de escoamento e a superfície em ebulição pode ser a própria porção da passagem do escoamento. O escoamento de líquido e de vapor associado com ebulição em escoamento é um tipo importante de escoamento bifásico.

Regimes de Ebulição Um fio horizontal aquecido eletricamente, submerso em uma piscina de água em sua temperatura de saturação, é um sistema conveniente para ilustrar os regimes de transferência de calor por ebulição. A Figura 21.1 mostra um gráfico do fluxo de calor associado com tal sistema como a ordenada *versus* a diferença de temperatura entre a superfície aquecida e a água saturada. Existem seis regimes diferentes de ebulição associados ao comportamento exibido nessa figura.

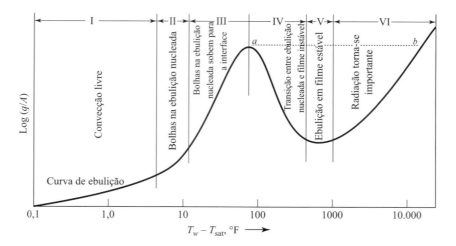

Figura 21.1 Ebulição em piscina sobre um fio horizontal na pressão atmosférica.

No regime I, a temperatura da superfície do fio é somente uns poucos graus maior do que aquela do líquido saturado ao seu redor. As correntes de convecção natural circulam o líquido superaquecido, e a evaporação ocorre na superfície livre do líquido à medida que o líquido superaquecido a alcança.

Um aumento na temperatura do fio ocorre pela formação de bolhas de vapor sobre a superfície do fio. Essas bolhas se formam em certos sítios da superfície, em que os núcleos das bolhas de vapor estão presentes, estouram, sobem e condensam antes de atingir a superfície livre do líquido. Esse é o processo que ocorre no regime II.

Em temperatura da superfície do fio ainda mais alta, como no regime III, bolhas maiores e em maior número se formam, estouram longe da superfície do fio, sobem e atingem a superfície livre. Os regimes II e III estão associados com a *ebulição nucleada*.

Depois do pico dessa curva, tem-se o regime de transição da ebulição. Esse é o regime IV na curva. Nesse regime, um filme de vapor se forma ao redor do fio e porções desse filme se partem e sobem, expondo brevemente uma porção da superfície do fio. Esse filme colapsa e se forma novamente, e essa natureza instável do filme é característica do regime de transição. Quando presente, o filme de vapor fornece uma resistência considerável à transferência de calor; logo, o fluxo de calor diminui.

Quando a temperatura da superfície atinge um valor de aproximadamente 400°F acima da temperatura do líquido saturado, o filme de vapor ao redor do fio se torna estável. Essa é a região V, o regime de *ebulição em filme estável*.

Para temperaturas da superfície iguais ou maiores do que 1000°F acima da temperatura do líquido saturado, a transferência de energia por radiação começa a existir e a curva de fluxo de calor aumenta uma vez mais. Isso é designado como região VI na Figura 21.1.

A curva na Figura 21.1 poderá ser atingida se a fonte de energia for um vapor condensante. Se, entretanto, o aquecimento elétrico for usado, então o regime IV provavelmente não será obtido por causa da "queima" do fio. À medida que o fluxo de energia é aumentado, ΔT aumenta nas regiões I, II e III. Quando o valor do pico de q/A é levemente excedido, a quantidade de energia requerida não pode ser transferida pela ebulição. O resultado é um aumento em ΔT acompanhado por uma diminuição adicional em q/A possível. Essa condição continua até o ponto b ser alcançado. Uma vez que ΔT no ponto b é extremamente alto, o fio se alongará visto que atingiu seu ponto de fusão. O ponto a na curva é frequentemente referido como o "ponto de queima" por essas razões.

Note o comportamento um tanto anômalo exibido pelo fluxo de calor associado com a ebulição. Normalmente considera-se um fluxo como proporcional à força motriz; assim, o fluxo de calor deve ser esperado aumentar continuamente à medida que aumenta a diferença de temperatura entre a superfície aquecida e o líquido saturado. Esse, naturalmente, não é o caso; os fluxos de calor muito altos associados com moderadas diferenças de temperatura no regime de ebulição nucleada são muito maiores do que os fluxos de calor resultantes de diferenças de temperaturas muito maiores no regime de ebulição em filme. A razão para isso é a presença do filme de vapor, que cobre e isola a superfície aquecida no último caso.

Correlações de Dados de Transferência de Calor por Ebulição   Uma vez que o comportamento de fluidos em uma situação de ebulição é muito difícil de descrever, não há solução analítica adequada disponível para a transferência de calor por ebulição. Várias correlações de dados experimentais têm sido obtidas para os diferentes regimes de ebulição; as mais úteis seguem.

No regime de convecção natural, *regime I* da Figura 21.1, as correlações apresentadas no Capítulo 20 para a convecção natural podem ser usadas.

O *regime II*, regime de ebulição nucleada parcial e convecção natural parcial, é uma combinação dos regimes I e III, e os resultados para cada um desses dois regimes podem ser sobrepostos para descrever um processo no regime II.

O regime de ebulição nucleada, *regime III*, é de grande importância em engenharia por causa dos altos fluxos de calor com moderadas diferenças de temperatura. Dados para esse regime são correlacionados pelas equações na forma

$$\text{Nu}_b = \phi(\text{Re}_b, \text{Pr}_L) \qquad (21\text{-}1)$$

O parâmetro Nu_b na equação (21-1) é um número de Nusselt definido como

$$\text{Nu}_b \equiv \frac{(q/A)D_b}{(T_s - T_{\text{sat}})k_L} \qquad (21\text{-}2)$$

em que q/A é o fluxo total de calor, D_b é o diâmetro máximo da bolha que deixa a superfície, $T_s - T_{\text{sat}}$ é a *temperatura em excesso* ou a diferença entre as temperaturas da superfície e do líquido saturado, e k_L é a condutividade térmica do líquido. A grandeza Pr_L é o número de Prandtl para o líquido. O número de Reynolds da bolha, Re_b, é definido como

$$\text{Re}_b \equiv \frac{D_b G_b}{\mu_L} \qquad (21\text{-}3)$$

em que G_b é a velocidade mássica média do vapor que deixa a superfície e μ_L é a viscosidade do líquido.

A velocidade mássica, G_b, pode ser determinada a partir de

$$G_b = \frac{q/A}{h_{fg}} \qquad (21\text{-}4)$$

em que h_{fg} é o calor latente de vaporização.

Rohsenow[1] usou a equação (21-1) para correlacionar os dados de Addoms[2] para a ebulição em piscina, de um fio de platina, com diâmetro de 0,024 in, imerso em água. Essa correlação é mostrada na Figura 21.2 e expressa em forma de equação como

$$\frac{q}{A} = \mu_L h_{fg} \left[\frac{g(\rho_L - \rho_v)}{\sigma} \right]^{1/2} \left[\frac{c_{pL}(T_s - T_{\text{sat}})}{C_{sf} h_{fg} \text{Pr}_L^{1,7}} \right]^3 \qquad (21\text{-}5)$$

em que c_{pL} é o calor específico para o líquido e os outros termos têm seus significados usuais.

Os coeficientes C_{sf} na equação (21-5) variam em função da combinação fluido-superfície. A curva desenhada na Figura 21.1 é para $C_{sf} = 0,013$. Uma tabela de C_{sf} para várias combinações de fluido e superfície é apresentada por Rohsenow e Choi[3] e reproduzida aqui como Tabela 21.1.

---

[1] W. M. Rohsenow, *A.S.M.E. Trans.*, **74**, 969 (1952).

[2] J. N. Addoms, D.Sc., Tese, Departamento de Engenharia Química, Massachussetts Institute of Technology, jun. 1948.

[3] W. M. Rohsenow e H. Y. Choi, *Heat, Mass, and Momentum Transfer*, Prentice-Hall, Inc., Englewood Cliffs, N.J., 1961, p. 224.

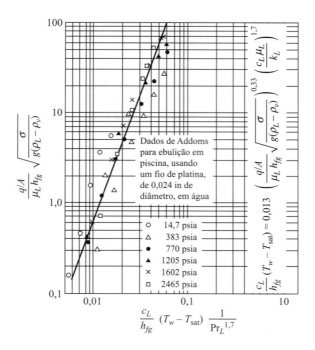

Figura 21.2 Correlação dos dados de ebulição em piscina. (De W. M. Rohsenow e H. Choi, *Heat, Mass, and Momentum Transfer*, Prentice-Hall, Inc., Englewood Cliffs, N.J., 1961, p. 224. Com permissão dos editores.)

Tabela 21.1 Valores de C_{sf} para a equação (21-5)

Combinação fluido-superfície	C_{sf}
Água/níquel	0,006
Água/platina	0,013
Água/cobre	0,013
Água/latão	0,006
CCl_4/cobre	0,013
Benzeno/cromo	0,010
n-Pentano/cromo	0,015
Álcool etílico/cromo	0,0027
Álcool isopropílico/cobre	0,0025
K_2CO_3 a 35%/cobre	0,0054
K_2CO_3 a 50%/cobre	0,0027
Álcool *n*-butílico/cobre	0,0030

A partir da discussão anterior, é claro que o ponto de queima tem importância considerável. O "fluxo de calor crítico" é o valor de q/A representado pelo ponto *a* na Figura 21.1.

Uma análise de condições na queima, modificada pelos resultados experimentais, é expressa na equação (21-6) como

$$q/A|_{\text{crítico}} = 0{,}18 h_{fg} \rho_v \left[\frac{\sigma g (\rho_L - \rho_v)}{\rho_v^2} \right]^{1/4} \tag{21-6}$$

O leitor interessado deve consultar o trabalho de Zuber[4] para uma discussão desse assunto.

O *regime IV*, aquele de ebulição em filme instável, não é de grande interesse em engenharia, não existindo ainda uma correlação satisfatória para essa região.

A região de ebulição em filme estável, *regime V*, requer altas temperaturas de superfície; desse modo, poucos dados experimentais foram reportados para essa região.

---

[4] N. Zuber, *Trans. A.S.M.E.*, **80**, 711 (1958).

A ebulição em filme estável sobre a superfície de tubos horizontais e placas verticais foi estudada tanto analítica como experimentalmente por Bromley.[5,6] Considerando somente a condução através do filme no tubo horizontal, Bromley obteve a expressão

$$h = 0{,}62 \left[\frac{k_v^3 \rho_v (\rho_L - \rho_v) g (h_{fg} + 0{,}4 c_{pL} \Delta T)}{D_o \mu_v (T_s - T_{\text{sat}})} \right]^{1/4} \tag{21-7}$$

em que todos os termos são autoexplicativos, exceto D_o, que é o diâmetro externo do tubo.

Uma modificação na equação (21-7) foi proposta por Berenson[7] para fornecer uma correlação similar para a ebulição em filme estável sobre uma superfície horizontal. Na correlação de Berenson, o diâmetro do tubo, D_o, é trocado pelo termo $[\sigma/g(\rho_L - \rho_v)]^{1/2}$ e a expressão recomendada é

$$h = 0{,}425 \left[\frac{k_{vf}^3 \rho_{vf} (\rho_L - \rho_v) g (h_{fg} + 0{,}4 c_{pL} \Delta T)}{\mu_{vf} (T_s - T_{\text{sat}}) \sqrt{\sigma/g(\rho_L - \rho_v)}} \right]^{1/4} \tag{21-8}$$

em que k_{vf}, ρ_{vf} e μ_{vf} devem ser calculadas na temperatura de filme, conforme indicado.

Hsu e Westwater[8] consideraram a ebulição em filme para o caso de um tubo vertical. Os resultados de seus testes foram correlacionados pela equação

$$h \left[\frac{\mu_v^2}{g \rho_v (\rho_L - \rho_v) k_v^3} \right]^{1/3} = 0{,}0020 \, \text{Re}^{0,6} \tag{21-9}$$

em que

$$\text{Re} = \frac{4 \dot{m}}{\pi D_v \mu_v} \tag{21-10}$$

sendo $\dot{m}$ a taxa mássica do vapor, em lb_m/h, na extremidade superior do tubo, e os outros termos sendo idênticos àqueles da equação (21-7). Hsu[9] estabeleceu que taxas de transferência de calor para ebulição em filme são maiores para tubos verticais do que para tubos horizontais, quando todas as outras condições permanecem as mesmas.

No *regime VI*, as correlações para ebulição em filme ainda se aplicam; entretanto, a contribuição superposta da radiação é apreciável, tornando-se dominante para valores extremamente altos de ΔT. Sem qualquer escoamento apreciável de líquido, as duas contribuições podem ser combinadas, como indicado pela equação (21-11).

A contribuição da radiação ao coeficiente total de transferência de calor pode ser expressa como

$$h = h_c \left(\frac{h_c}{h} \right)^{1/3} + h_r \tag{21-11}$$

em que h é o coeficiente total de transferência de calor, h_c é o coeficiente para o fenômeno de ebulição e h_r é um coeficiente efetivo de transferência de calor por radiação, considerando a troca entre duas placas planas e o líquido contido entre elas, que tem supostamente uma emissividade igual a um. Esse termo será discutido no Capítulo 23.

Quando houver um escoamento apreciável tanto de líquido como de vapor, as correlações anteriores são insatisfatórias. A descrição de *ebulição por escoamento* ou *escoamento bifásico* não será discutida aqui. O leitor interessado deve consultar a literatura recente para discussões pertinentes desses fenômenos. É evidente que, para superfícies verticais ou tubos horizontais de grande diâmetro, a diferença de densidade entre o líquido e o vapor produzirá velocidades locais significativas. Qualquer correlação que despreze as contribuições de escoamento deve, consequentemente, ser usada com cuidado.

---

[5] L. A. Bromley, *Chem. Eng. Prog.*, **46** (5), 221 (1950).

[6] L. A. Bromley *et al.*, *Ind. Eng. Chem.*, **45**, 2639 (1953).

[7] P. Berenson, A.I.Ch. E. Trabalho n. 18, Heat Transfer Conference, Buffalo, N.Y., 14-17 ago. 1960.

[8] Y. Y. Hsu e J. W. Westwater, *A.I.Ch.E. J.*, **4**, 59 (1958).

[9] S. T. Hsu, *Engineering Heat Transfer*, Van Nostrand, Princeton, N.J., 1963.

21.2

CONDENSAÇÃO

A condensação ocorre quando um vapor entra em contato com uma superfície que está a uma temperatura abaixo da temperatura de saturação do vapor. Quando o líquido condensado se forma na superfície, ele irá escoar sob a influência da gravidade.

Normalmente, o líquido molha a superfície, espalha-se e forma um filme. Tal processo é chamado de *condensação em filme*. Se a superfície não estiver umidificada pelo líquido, então gotas se formam e deslizam pela superfície, coalescendo à medida que elas encontram outras gotas de condensado. Esse processo é designado como *condensação em gotas*. Depois que o filme de condensado se desenvolveu na condensação em filme, uma condensação adicional ocorrerá na interface líquido-vapor, e a transferência de energia associada tem de ocorrer por condução através do filme de condensado. A condensação em gotas, ao contrário, sempre tem uma superfície presente quando gotas de condensado se formam e deslizam. A condensação em gotas está, consequentemente, associada a maiores taxas de transferência de calor quando comparada aos dois tipos do fenômeno de condensação. A condensação em gotas é muito difícil de ser atingida ou de se manter comercialmente; por conseguinte, todos os equipamentos são projetados com base na condensação em filme.

Condensação em Filme: O Modelo de Nusselt Em 1916, Nusselt[10] encontrou um resultado analítico para o problema de condensação em filme de um vapor puro sobre uma parede vertical. O significado dos vários termos nessa análise ficará claro consultando a Figura 21.3.

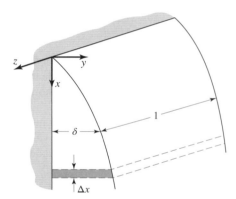

Figura 21.3 Condensação em filme sobre uma parede plana vertical.

Nessa figura, a espessura de filme, δ, é zero no topo da parede vertical, $x = 0$, e aumenta com valores crescentes de x.

A suposição inicial feita por Nusselt foi aquela de escoamento completamente laminar no filme condensado. Sob essas condições, o perfil de velocidades pode ser facilmente obtido a partir da equação (21-12):

$$v_x = \frac{\rho g L^2 \operatorname{sen} \theta}{\mu} \left[\frac{y}{L} - \frac{1}{2} \left(\frac{y}{L} \right)^2 \right] \quad (8\text{-}12)$$

Para a presente aplicação, sen $\theta = 1$ e $L = \delta$. É também necessário modificar a densidade para o presente caso. Na dedução da equação (21-12), a densidade do gás ou do vapor na superfície do líquido foi desprezada. Isso pode ser verdade em muitos casos de um processo de condensação; entretanto, o processo pode ocorrer em uma pressão relativamente alta de modo que a densidade do vapor, ρ_v, é significativa em comparação com aquela do líquido, ρ_L. Para considerar essa possibilidade, a função densidade a ser usada no presente caso é $\rho_L - \rho_v$ em vez de simplesmente ρ_L. A expressão resultante para o perfil de velocidades no filme de condensado a uma distância particular x a partir do topo da parede se torna

$$v_x = \frac{(\rho_L - \rho_v) g \delta^2}{\mu} \left[\frac{y}{\delta} - \frac{1}{2} \left(\frac{y}{\delta} \right)^2 \right] \quad (21\text{-}12)$$

---

[10] W. Nusselt, *Zeitschr. d. Ver. deutsch. Ing.*, **60**, 514 (1916).

A taxa de escoamento por unidade de largura, Γ, em qualquer valor $x > 0$ é

$$\Gamma = \int_0^\delta v_x \, dy$$

$$= \frac{(\rho_L - \rho_v)g\delta^3}{3\mu}$$

(21-13)

Uma variação diferencial, $d\Gamma$, na taxa de escoamento é calculada a partir dessa expressão como

$$d\Gamma = \frac{(\rho_L - \rho_v)g\delta^2 d\delta}{\mu}$$

(21-14)

Esse resultado foi obtido a partir somente das considerações de momento. Devemos agora, como Nusselt fez originalmente, olhar para a transferência de energia relacionada.

Uma vez que o escoamento do condensado é suposto laminar, é razoável considerar a transferência de energia através do filme a partir da temperatura na interface líquido-vapor, T_{sat}, para a fronteira parede-líquido na temperatura, T_w, como puramente por condução. Nessa base, o perfil de temperaturas é linear e o fluxo de calor para a parede é

$$\frac{q_y}{A} = k\frac{(T_{\text{sat}} - T_w)}{\delta}$$

(21-15)

Essa mesma quantidade de energia tem de ser transferida do vapor à medida que ele se condensa e então se resfria até a temperatura média do líquido. Relacionando esses dois efeitos, podemos escrever

$$\frac{q_y}{A} = k\frac{(T_{\text{sat}} - T_w)}{\delta} = \rho_L\left[h_{fg} + \frac{1}{\rho_L\Gamma}\int_0^\delta \rho_L v_x c_{pL}(T_{\text{sat}} - T)dy\right]\frac{d\Gamma}{dx}$$

que, se uma variação linear de temperatura em y for utilizada, torna-se

$$\frac{q_y}{A} = \frac{k(T_{\text{sat}} - T_w)}{\delta} = \rho_L\left[h_{fg} + \frac{3}{8}c_pL(T_{\text{sat}} - T_w)\right]\frac{d\Gamma}{dx}$$

(21-16)

Resolvendo a equação (21-16) para $d\Gamma$, temos

$$d\Gamma = \frac{k(T_{\text{sat}} - T_w)dx}{\rho_L\delta\left[h_{fg} + \frac{3}{8}c_{pL}(T_{\text{sat}} - T_w)\right]}$$

(21-17)

que pode agora ser igualada ao resultado na equação (21-14), dando

$$\frac{(\rho_L - \rho_v)}{\mu}\delta^2 \, d\delta = \frac{k(T_{\text{sat}} - T_w)}{\rho_L\delta\left[h_{fg} + \frac{3}{8}c_{pL}(T_{\text{sat}} - T_w)\right]}dx$$

Simplificando esse resultado e resolvendo para δ, obtemos

$$\delta = \left[\frac{4k\mu(T_{\text{sat}} - T_w)x}{\rho_L\delta(\rho_L - \rho_v)\left[h_{fg} + \frac{3}{8}c_{pL}(T_{\text{sat}} - T_w)\right]}\right]^{1/4}$$

(21-18)

Podemos agora resolver para o coeficiente de transferência de calor, h, a partir da expressão

$$h = \frac{q_y/A}{T_{\text{sat}} - T_w} = \frac{k}{\delta}$$

A substituição da equação (21-18) nessa expressão resulta

$$h_x = \left\{\frac{\rho_L g k^3(\rho_L - \rho_v)\left[h_{fg} + \frac{3}{8}c_{pL}(T_{\text{sat}} - T_w)\right]}{4\mu(T_{\text{sat}} - T_w)x}\right\}^{1/4}$$

(21-19)

334 ▶ Capítulo 21

O coeficiente médio de transferência de calor para uma superfície de comprimento L é determinado a partir de

$$h = \frac{1}{L}\int_0^L h_x \, dx$$

que, quando a equação (21-19) for substituída, torna-se

$$h = 0{,}943 \left\{ \frac{\rho_L g k^3 (\rho_L - \rho_v)\left[h_{fg} + \frac{3}{8}c_{pL}(T_{\text{sat}} - T_w)\right]}{L\mu(T_{\text{sat}} - T_w)} \right\}^{1/4} \tag{21-20}$$

O termo de calor latente, h_{fg}, na equação (21-20) e aqueles precedentes a ele devem ser calculados na temperatura de saturação. As propriedades do líquido devem ser todas analisadas na temperatura de filme.

Uma expressão similar à equação (21-20) pode ser encontrada para uma superfície inclinada de um ângulo θ em relação à horizontal se sen θ for introduzido no termo entre chaves. Essa extensão obviamente tem um limite e não deve ser usada quando θ for pequeno — ou seja, quando a superfície for próxima da horizontal. Para tal condição, a análise é bem simples; o Exemplo 1 ilustra tal caso.

Rohsenow[11] fez uma análise integral modificada desse mesmo problema, obtendo um resultado que difere somente no fato de o termo $[h_{fg} + \frac{3}{8}c_{pL}(T_{\text{sat}} - T_w)]$ ser trocado por $[h_{fg} + 0{,}68c_{pL}(T_{\text{sat}} - T_w)]$. Os resultados de Rohsenow concordam bem com os dados experimentais encontrados para valores de Pr > 0,5 e $c_{pL}(T_{\text{sat}} - T_w)/h_{fg} < 1{,}0$.

Exemplo 1

Uma panela quadrada com sua superfície inferior mantida a 350 K é exposta ao vapor de água a 1 atm de pressão e 373 K. A panela tem uma borda de modo que o condensado que se forma não pode transbordar para fora. Quão espesso o filme de condensado será depois de passados 10 min nessa condição?

Empregaremos uma abordagem de "pseudoestacionário" para resolver este problema. Um balanço de energia na interface líquido-vapor indicará que o fluxo de calor e a taxa mássica de condensado, $\dot{m}_{\text{cond}}$, estão relacionados por

$$\left.\frac{q}{A}\right|_{\text{entrada}} = \frac{\dot{m}_{\text{cond}}\, h_{fg}}{A}$$

A taxa de condensação, $\dot{m}_{\text{cond}}$, pode ser expressa como se segue:

$$\dot{m}_{\text{cond}} = \rho \dot{V}_{\text{cond}} = \rho A \frac{d\delta}{dt}$$

em que $d\delta/dt$ é a taxa de crescimento da espessura do filme de condensado, δ. O fluxo de calor na interface pode agora ser expresso como

$$\left.\frac{q}{A}\right|_{\text{entrada}} = \rho h_{fg}\frac{d\delta}{dt}$$

Esse fluxo de calor é agora igualado àquele que tem de ser conduzido através do filme para a superfície fria da panela. A expressão de fluxo de calor que se aplica é

$$\left.\frac{q}{A}\right|_{\text{saída}} = \frac{k_L}{\delta}(T_{\text{sat}} - T_s)$$

Essa é a expressão para estado estacionário; isto é, admitimos δ ser constante. Se δ não estiver variando rapidamente, essa aproximação de "estado pseudoestacionário" dará resultados satisfatórios. Agora, igualando os dois fluxos de calor, temos

$$\rho h_{fg}\frac{d\delta}{dt} = \frac{k_L}{\delta}(T_{\text{sat}} - T_s)$$

---

[11] W. M. Rohsenow, *A.S.M.E. Trans.*, **78**, 1645 (1956).

e, progredindo, a espessura do filme condensado varia com o tempo de acordo com

$$\delta \frac{d\delta}{dt} = \frac{k_L}{\rho h_{fg}} (T_{\text{sat}} - T_s)$$

$$\int_0^\delta \delta \, d\delta = \frac{k_L}{\rho h_{fg}} (T_{\text{sat}} - T_s) \int_0^t dt$$

$$\delta = \left[\frac{2k_L}{\rho h_{fg}} (T_{\text{sat}} - T_s) \right]^{1/2} t^{1/2}$$

Uma resposta quantitativa para nosso exemplo agora fornece o seguinte resultado

$$\delta = \left[\frac{2(0,674\text{W/m} \cdot \text{K})(23\,\text{K})(600\,\text{s})}{(966\,\text{kg/m}^3)(2250\,\text{kJ/kg})} \right]^{1/2}$$

$$= 2,93 \text{ mm}$$

Condensação em Filme: Análise de Escoamento Turbulento É lógico esperar que o escoamento do filme condensado se torne turbulento para superfícies relativamente longas ou para altas taxas de condensação. O critério para escoamento turbulento é, como devemos esperar, um número de Reynolds para o filme de condensado. Em termos de um diâmetro equivalente, o número de Reynolds aplicável é

$$\text{Re} = \frac{4A}{P} \frac{\rho_L v}{\mu_f} \tag{21-21}$$

em que A é a área de escoamento do condensado, P é o perímetro molhado e v é a velocidade do condensado. O valor crítico de Re nesse caso é aproximadamente 2000.

A primeira tentativa para analisar o caso de escoamento turbulento de um filme de condensado foi aquela de Colburn,[12] que usou o mesmo fator j determinado para escoamento interno em tubos. Baseando-se parcialmente em análise e parcialmente em experimentos, Colburn formulou o gráfico mostrado na Figura 21.4. Os pontos experimentais mostrados são aqueles de Kirkbride.[13] As correlações para as duas regiões são para $4\Gamma_c/\mu_f < 2000$:

$$h_{\text{médio}} = 1{,}51 \left(\frac{k^3 \rho^2 g}{\mu^2} \right)_f^{1/3} \left(\frac{4\Gamma_c}{\mu_f} \right)^{-1/3} \tag{21-22}$$

e para $4\Gamma_c/\mu_f > 2000$:

$$h_{\text{médio}} = 0{,}045 \frac{(k^3 \rho^2 g/\mu^2)_f^{1/3} (4\Gamma_c/\mu_f) \text{Pr}^{1/3}}{[(4\Gamma_c/\mu_f)^{4/5} - 364] + 576 \, \text{Pr}^{1/3}} \tag{21-23}$$

Nessas expressões, Γ_c é a taxa mássica por unidade de largura da superfície; ou seja, $\Gamma_c = \rho_L v_{\text{média}} \delta$, δ sendo a espessura do filme e $v_{\text{média}}$ sendo a velocidade média. O termo $4\Gamma_c/\mu_f$ é, assim, o número de Reynolds para um filme de condensado sobre uma parede plana vertical. McAdams[14] recomenda uma expressão mais simples para a faixa turbulenta, $\text{Re}_d > 2000$, como

$$h = 0{,}0077 \left[\frac{\rho_L g (\rho_L - \rho_v) k_L^3}{\mu_L^2} \right]^{1/3} \text{Re}_\delta^{0,4} \tag{21-24}$$

---

[12] A. P. Colburn, *Ind. Eng. Chem.*, **26**, 432 (1934).

[13] C. G. Kirkbride, *Ind. Eng. Chem.*, **26**, 4 (1930).

[14] W. H. McAdams, *Heat Transmission*, 3. ed. McGraw-Hill Book Company, Nova York, 1954.

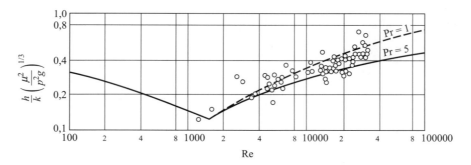

Figura 21.4 Condensação em filme incluindo as regiões dos escoamentos laminar e turbulento.

Condensação em Filme: Análise do Cilindro Horizontal

Uma análise por Nusselt[15] produziu a seguinte expressão para o coeficiente médio de transferência de calor para um cilindro horizontal:

$$h_{\text{médio}} = 0{,}725 \left\{ \frac{\rho_L g(\rho_L - \rho_v) k^3 \left[h_{fg} + \frac{3}{8} c_{pL}(T_{\text{sat}} - T_w)\right]}{\mu D(T_{\text{sat}} - T_w)} \right\}^{1/4} \quad (21\text{-}25)$$

A similaridade entre a equação (21-25) para um tubo horizontal e a equação (21-20) para um tubo vertical é marcante. Combinando essas expressões e cancelando termos similares, obtemos o resultado

$$\frac{h_{\text{vert}}}{h_{\text{horiz}}} = \frac{0{,}943}{0{,}725} \left(\frac{D}{L}\right)^{1/4} = 1{,}3 \left(\frac{D}{L}\right)^{1/4} \quad (21\text{-}26)$$

Para o caso de coeficientes de transferência de calor iguais, a relação entre D e L é

$$\frac{L}{D} = 2{,}86 \quad (21\text{-}27)$$

ou quantidades iguais de energia podem ser transferidas a partir do mesmo tubo tanto na posição horizontal como na posição vertical, se a razão L/D for 2,86. Para valores de L/D maiores do que 2,86, a posição horizontal tem maior capacidade de transferir calor.

Condensação em Filme: Bancos de Tubos Horizontais

Para um banco de tubos horizontais, existe, naturalmente, um valor diferente de h para cada tubo, à medida que o filme de condensado a partir de um tubo cair para o próximo tubo abaixo dele em linha. Esse processo é mostrado na Figura 21.5.

Nusselt também considerou essa situação analiticamente e encontrou, para um banco vertical de n tubos em linha, a expressão

$$h_{\text{médio}} = 0{,}725 \left\{ \frac{\rho_L g(\rho_L - \rho_v) k^3 \left[h_{fg} + \frac{3}{8} c_{pL}(T_{\text{sat}} - T_w)\right]}{nD\mu(T_{\text{sat}} - T_w)} \right\}^{1/4} \quad (21\text{-}28)$$

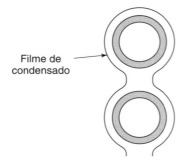

Figura 21.5 Condensação sobre um banco de tubos horizontais.

---

[15] W. Nusselt, *Zeitschr. d. Ver. deutsch. Ing.*, **60**, 569 (1916).

Essa equação resulta em um coeficiente médio de transferência de calor para todos os n tubos.

Observando que dados experimentais excederam aqueles valores previstos a partir da equação (21-28), Chen[16] modificou essa expressão para incluir o efeito da condensação sobre a camada de líquido entre os tubos. Sua equação resultante é

$$h_{\text{médio}} = 0,725 \left[1 + 0,02 \frac{c_{pL}(T_{\text{sat}} - T_w)}{h_{fg}}(n-1) \right]$$

$$\times \left\{ \frac{\rho_L g(\rho_L - \rho_v)k^3 \left[h_{fg} + \frac{3}{8}c_{pL}(T_{\text{sat}} - T_w) \right]}{nD\mu(T_{\text{sat}} - T_w)} \right\}^{1/4} \tag{21-29}$$

válida para valores de $c_{pL}(T_{\text{sat}} - T_w)(n-1)/h_{fg} > 2$. A equação de Chen concorda razoavelmente bem com dados experimentais para a condensação sobre bancos verticais de tubos horizontais.

Condensação em Gotas A condensação em gotas, conforme mencionado anteriormente, está associada com coeficientes de transferência de calor maiores que o fenômeno de condensação em filme. Para que ocorra a condensação em gotas, a superfície tem de não estar "molhada" pelo condensado. Normalmente isso requer que superfícies metálicas sejam tratadas especialmente.

A condensação em gotas é um fenômeno atrativo para aplicações em que taxas extremamente altas de transferências de calor sejam desejadas. No presente, é difícil manter essa condição por várias razões. Por causa de sua natureza incerta e da abordagem conservativa de um projeto baseado em menores coeficientes de transferências de calor, a condensação em filme é o tipo predominantemente usado em projetos.

▶ 21.3

RESUMO

Os fenômenos de ebulição e de condensação foram examinados neste capítulo. Ambas as condições têm um lugar proeminente na prática de engenharia e ambos são difíceis de descrever analiticamente. Várias correlações empíricas para esses fenômenos para várias superfícies orientadas de diferentes maneiras foram apresentadas.

A ebulição é normalmente descrita como tipo nucleada, tipo filme ou uma combinação dos dois. Taxas muitos altas de transferência de calor são possíveis no regime de ebulição nucleada com diferenças de temperatura relativamente baixas entre a superfície primária e a temperatura de saturação do líquido. A ebulição em filme está associada com uma maior diferença de temperatura, embora com uma menor taxa de transferência de calor. Esse comportamento anômalo é peculiar ao fenômeno de ebulição.

A condensação é categorizada como em forma de filme e em forma de gotas. A condensação em gotas está associada com coeficientes de transferência de calor muito maiores que a condensação em filme; entretanto, é difícil atingi-la e mantê-la. Desse modo, a condensação em filme tem interesse principal. Soluções analíticas foram apresentadas, juntamente com resultados empíricos, para condensação em filme sobre placas e cilindros verticais e horizontais e para bancos de cilindros horizontais.

▶

PROBLEMAS

A tensão superficial da água, uma grandeza necessária em vários dos problemas dados a seguir, está relacionada à temperatura de acordo com a expressão $\sigma = 0,1232\,[1 - 0,00146\,T]$, em que σ está em N/m e T está em K. No sistema inglês, com σ dado em lb$_f$/ft e T em °F, a tensão superficial pode ser calculada a partir de $\sigma\,(8,44 \times 10^{-3})[1 - 0,00082\,T]$.

21.1 Uma placa quadrada, aquecida eletricamente, medindo 200 cm em um lado, é imersa verticalmente em água, na pressão atmosférica. Uma vez que a energia elétrica suprida à placa é aumentada, sua temperatura de superfície aumenta acima daquela da água saturada adjacente. Em níveis baixos de potência, o mecanismo de transferência de calor

---

[16] M. M. Chen, *A.S.M.E.* (*Trans.*), *Series C*, **83**, 48 (1961).

338 ▶ Capítulo 21

é convecção natural, tornando-se um fenômeno de ebulição nucleada a mais altos valores de ΔT_s. Em que valor de ΔT os fluxos de calor causados pela convecção natural são os mesmos? Plote $q/A|_{convecção}$, $q/A|_{ebulição}$ e $q/A|_{total}$ *versus* valores de ΔT de 250 a 300 K.

21.2 Plote valores do coeficiente de transferência de calor para o caso de ebulição em piscina de água sobre as superfícies metálicas horizontais a 1 atm de pressão total e temperaturas da superfície variando de 390 K a 450 K. Considere os seguintes metais: (a) níquel; (b) cobre; (c) platina; (d) latão.

21.3 Um aquecedor cilíndrico de cobre, de 2 ft de comprimento e ½ in de diâmetro, é imerso em água. A pressão do sistema é mantida a 1 atm e a superfície do tubo é mantida a 280°F. Determine o coeficiente de transferência de calor para a ebulição nucleada e a taxa de dissipação de calor para esse sistema.

21.4 Se o cilindro descrito no Problema 21.3 fosse inicialmente aquecido para 500°F, quanto tempo levaria para que o centro do cilindro resfriasse para 240°F, se ele fosse construído de

a. cobre?

b. latão?

c. níquel?

21.5 Quatro aquecedores de imersão na forma de cilindros, com 15 cm de comprimento e 2 cm de diâmetro, são imersos em um banho de água a 1 atm de pressão total. Cada aquecedor tem 500 W. Se os aquecedores operam nessa capacidade, estime a temperatura da superfície do aquecedor. Qual é o coeficiente convectivo de transferência de calor nesse caso?

21.6 Dois mil watts de energia elétrica devem ser dissipados através de placas de cobre, que medem 5 cm por 10 cm por 0,6 cm, imersas em água a 390 K. Quantas placas você recomendaria? Suporte todos os critérios usados de projeto.

21.7 Um cilindro circular horizontal, de 1 in de diâmetro, tem sua superfície externa a uma temperatura de 1200°F. Esse tubo é imerso em água saturada a uma pressão de 40 psi. Estime o fluxo de calor devido à ebulição em filme que pode ser obtido com essa configuração. A 40 psi, a temperatura da água saturada é 267°F.

21.8 Estime a taxa de transferência de calor por pé de comprimento de um fio nicromo, de 0,02 in de diâmetro, imerso em água a 240°F. A temperatura do fio é 2200°F.

21.9 Uma panela circular tem sua superfície inferior mantida a 200°F e está situada em vapor saturado a 212°F. Para essa situação, construa um gráfico da espessura de condensado na panela em função do tempo até 1 h. As superfícies laterais da panela podem ser consideradas não condutoras.

21.10 Uma panela quadrada, medindo 40 cm em um lado e tendo uma borda de 2 cm de altura em todos os lados, tem sua superfície mantida

a 350 K. Se essa panela estiver situada em vapor saturado a 372 K, quanto tempo levará antes que o condensado transborde sobre a borda, se a panela estiver

a. na horizontal?

b. inclinada de 10 graus em relação à horizontal?

c. inclinada de 30 graus em relação à horizontal?

21.11 Uma panela quadrada, com lados medindo 1 ft e uma borda perpendicular se estendendo até 1 in acima da base, está orientada com sua base fazendo um ângulo de 20 graus com a horizontal. A superfície da panela é mantida a 180°F, estando situada em uma atmosfera de vapor a 210°F. Quanto tempo levará antes de o condensado transbordar sobre a borda da panela?

21.12 Vapor saturado na pressão atmosférica condensa sobre a superfície externa de um tubo de 1 m de comprimento, com 150 mm de diâmetro. A temperatura da superfície é mantida a 91°C. Calcule a taxa de condensação se o tubo estiver orientado

a. verticalmente

b. horizontalmente

21.13 Vapor saturado a 365 K condensa sobre um tubo de 2 cm, cuja superfície está mantida a 340 K. Determine a taxa de condensação e o coeficiente de transferência de calor para o caso de um tubo de 1,5 m de comprimento, orientado

a. verticalmente

b. horizontalmente

21.14 Se oito tubos, com o tamanho projetado no Problema 21.13, estiverem orientados horizontalmente em um banco vertical, qual será a taxa de transferência de calor?

21.15 Determine o coeficiente de transferência de calor para um tubo horizontal de 5/8 in de diâmetro externo, tendo sua superfície mantida a 100°F, circundada por vapor a 200°F.

21.16 Se oito tubos do tamanho dos projetados no Problema 21.13 forem arranjados em um banco de tubos verticais e o escoamento for considerado laminar, determine

a. o coeficiente médio de transferência de calor para o banco

b. o coeficiente de transferência de calor para o primeiro, terceiro e oitavo tubos

21.17 Dadas as condições do Problema 21.16, qual a altura da parede vertical que resultará em um filme turbulento no fundo do tubo?

21.18 Uma superfície plana vertical, de 2 ft de altura, é mantida a 60°F. Se amônia saturada a 85°F estiver adjacente à superfície, que coeficiente de transferência de calor se aplicará ao processo de condensação? Qual será a transferência total de calor?

CAPÍTULO 22

Equipamentos de Transferência de Calor

Um dispositivo cujo objetivo principal é a transferência de energia entre dois fluidos é chamado de *trocador de calor*. Os trocadores de calor são geralmente classificados em três categorias:

1. Regeneradores
2. Trocadores do tipo aberto
3. Trocadores do tipo fechado ou recuperadores

Regeneradores são trocadores nos quais os fluidos quentes e frios escoam alternadamente pelo mesmo espaço com a menor mistura física possível entre as duas correntes. A quantidade de transferência de energia depende das propriedades do fluido e das propriedades de escoamento das correntes fluidas, bem como da geometria e das propriedades térmicas da superfície. As ferramentas analíticas necessárias para lidar com esse tipo de trocador de calor foram desenvolvidas nos capítulos anteriores.

Trocadores do tipo aberto são, como está implícito na sua designação, dispositivos em que a mistura física das duas correntes realmente ocorre. Os fluidos quentes e frios entram no trocador de calor do tipo aberto e deixam como uma única corrente. A natureza da corrente de saída é prevista pela continuidade e pela primeira lei da termodinâmica. Nenhuma equação de taxa é necessária para a análise desse tipo de trocador.

O terceiro tipo de trocador de calor, o recuperador, é o de maior importância e é a ele, portanto, que vamos direcionar a maior parte de nossa atenção. No recuperador, as correntes de fluidos frios e quentes não entram em contato direto uma com a outra, mas estão separadas por uma parede de tubo ou uma superfície que pode ser plana ou curva de alguma maneira. A troca de energia é então realizada entre um fluido e uma superfície intermédia por convecção, através da parede ou placa por condução, e em seguida por convecção entre a superfície e o segundo fluido. Cada um desses processos de transferência de energia foi considerado separadamente nos capítulos anteriores. Nas seções seguintes, vamos investigar as condições em que esses três processos de transferência de energia atuam em série um com o outro, resultando em uma mudança contínua na temperatura de pelo menos uma das correntes de fluidos envolvidos.

Devemos nos concentrar em uma análise térmica desses trocadores. Um projeto completo de tais equipamentos envolve uma análise de queda de pressão, usando as técnicas do Capítulo 13, assim como considerações materiais e estruturais que estão fora do escopo deste texto.

▶ 22.1

TIPOS DE TROCADORES DE CALOR

Além de ser considerado um trocador de tipo fechado, o recuperador é classificado de acordo com sua configuração e o número de passagens realizadas por cada corrente de fluido à medida que atravessa o trocador de calor.

Um trocador de calor de *uma única passagem* (*single-pass*) é aquele em que cada fluido escoa pelo trocador apenas uma vez. Um termo descritivo adicional identifica as direções relativas das duas correntes; os termos utilizados são: *escoamento paralelo* ou escoamento *cocorrente* se os fluidos escoam na mesma direção; *escoamento em contracorrente* ou simplesmente *contracorrente* se os fluidos escoam em direções opostas; e de *escoamentos cruzados* se os dois fluidos escoam em ângulos retos um em relação ao outro. Uma configuração comum de única passagem é o arranjo bitubular mostrado na Figura 22.1. Um arranjo de escoamentos cruzados é mostrado na Figura 22.2.

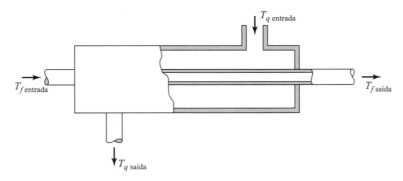

Figura 22.1 Trocador de calor bitubular.

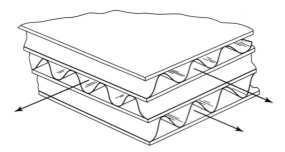

Figura 22.2 Trocador de calor com escoamentos cruzados.

Ocorrem variações na configuração de escoamentos cruzados quando um fluido, o outro, ou ainda ambos os fluidos são misturados. Na disposição mostrada na Figura 22.2, nenhum fluido é misturado. Se os defletores ou ondulações não estivessem presentes, as correntes de fluido estariam misturadas ou não separadas. Em uma condição como a representada na figura, o fluido que sai em uma extremidade do arranjo em sanduíche terá uma variação de temperatura não uniforme de um lado para o outro, uma vez cada seção está em contato com a corrente de fluido adjacente a uma temperatura diferente. É normalmente desejável ter um ou ambos os fluidos não misturados.

A fim de conseguir o máximo de transferência de energia no menor espaço possível, é desejável utilizar múltiplas passagens (*multiple-pass*) de um ou ambos os fluidos. Uma configuração comum é o arranjo de *casco-tubo* mostrado na Figura 22.3. Nessa figura, o *fluido do lado do tubo* faz duas passagens, enquanto o *fluido do lado do casco* faz uma passagem. Uma boa mistura do fluido do lado do casco é realizada com os defletores ou chicanas mostradas. Sem essas chicanas, o líquido fica estagnado em determinadas partes do casco, o escoamento é parcialmente canalizado além dessas regiões estagnadas ou "mortas", e se atinge um desempenho menor que o ótimo. Variações do número de passes do trocador casco-tubo são encontradas em diversas aplicações; raramente são utilizadas mais do que duas passagens no lado do casco.

Uma série de aplicações mais recentes de transferência de calor requer configurações mais compactas do que a oferecida pelo arranjo casco-tubo. O tema "trocadores de calor compactos" foi investigado e desenvolvido bem detalhadamente por Kays e London.[1] Arranjos compactos típicos são mostrados na Figura 22.4.

---

[1] W. M. Kays e A. L. London, *Compact Heat Exchangers*, 2. ed., McGraw-Hill Book Company, 1964.

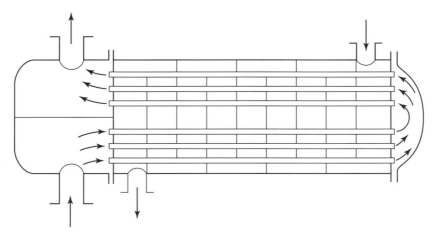

Figura 22.3 Trocador de calor casco-tubo.

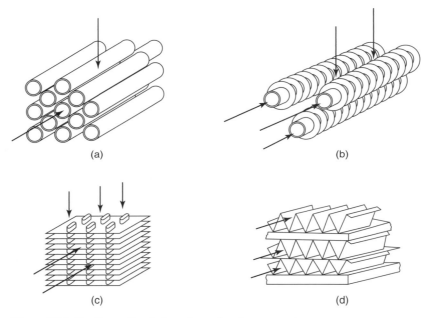

Figura 22.4 Configurações de trocadores de calor compactos.

A análise de trocadores de calor casco-tubo, compactos ou qualquer um com múltiplas passagens é bem complicada. Como cada um é composto de vários arranjos com uma única passagem, devemos inicialmente focar nossa atenção no trocador de calor de uma única passagem.

▶ 22.2 ANÁLISE DE TROCADORES DE CALOR COM UMA ÚNICA PASSAGEM: A MÉDIA LOGARÍTMICA DA DIFERENÇA DE TEMPERATURAS

É útil, ao considerar trocadores de calor com uma única passagem em paralelo ou contracorrente, desenhar um esquema simples, mostrando a variação geral da temperatura experimentada por cada corrente de fluido. Há quatro perfis nessa categoria, todos mostrados e nomeados na Figura 22.5. Cada um deles pode ser encontrado em um arranjo de tubos concêntricos.

Na Figura 22.5(c) e (d), um dos dois fluidos permanece em temperatura constante enquanto troca calor com o outro fluido, cuja temperatura está variando. Essa situação ocorre quando a transferência de energia resulta não em uma mudança de temperatura, mas de fase, como nos casos

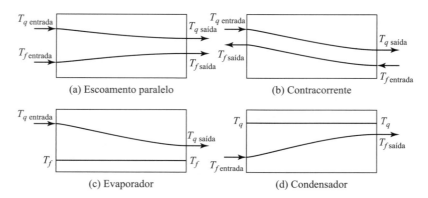

Figura 22.5 Perfis de temperaturas para trocadores de calor bitubulares, com uma única passagem.

mostrados de evaporação e de condensação. A direção de escoamento do fluido submetido a uma mudança de fase não é mostrada na figura, uma vez que não há consequência para a análise. Em uma situação em que uma mudança completa de fase, tal como condensação, ocorre dentro do trocador, juntamente com algum resfriamento, então o diagrama aparecerá como na Figura 22.6. Em tal caso, a direção de escoamento da corrente de condensado é importante. Para fins de análise, esse processo pode ser considerado a superposição de um condensador e um trocador em contracorrente, conforme mostrado no diagrama.

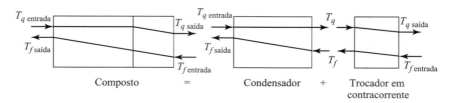

Figura 22.6 Perfil de temperaturas em um condensador com sub-resfriamento.

Também bem evidente na Figura 22.5(a) e (b) é a diferença significativa no perfil de temperaturas exibido por arranjos paralelos e em contracorrente. Fica claro que temperaturas de saída dos fluidos quente e frio, no caso de escoamento paralelo, se aproximam do mesmo valor. É um exercício simples mostrar que essa é a temperatura resultante se os dois fluidos forem misturados em um trocador de calor do tipo aberto.

No arranjo em contracorrente, é possível que o fluido quente saia do trocador a uma temperatura abaixo daquela de saída do fluido frio. Essa situação obviamente corresponde a um caso de transferência total de energia por unidade de área de superfície de trocador de calor maior do que seria obtida se os mesmos fluidos entrassem em uma configuração com escoamento paralelo. A conclusão óbvia para essa discussão é que a configuração em contracorrente é o mais desejado dos arranjos com uma única passagem. Assim, é para o arranjo em contracorrente com uma única passagem que devemos direcionar nossa atenção principalmente.

A análise detalhada de um trocador de calor com única passagem em contracorrente, mostrada a seguir, é remetida ao diagrama e à nomenclatura da Figura 22.7.

A abscissa dessa figura é a área. Para um arranjo bitubular, a área de transferência de calor varia linearmente com a distância a partir da extremidade do trocador de calor; no caso mostrado, a referência zero é a extremidade do trocador na qual o fluido frio entra.

Com relação ao incremento geral de área, ΔA, entre as extremidades dessa unidade, uma análise da primeira lei da termodinâmica das duas correntes de fluido resultará

$$\Delta q = (\dot{m}c_p)_f \, \Delta T_f$$

e

$$\Delta q = (\dot{m}c_p)_q \, \Delta T_q$$

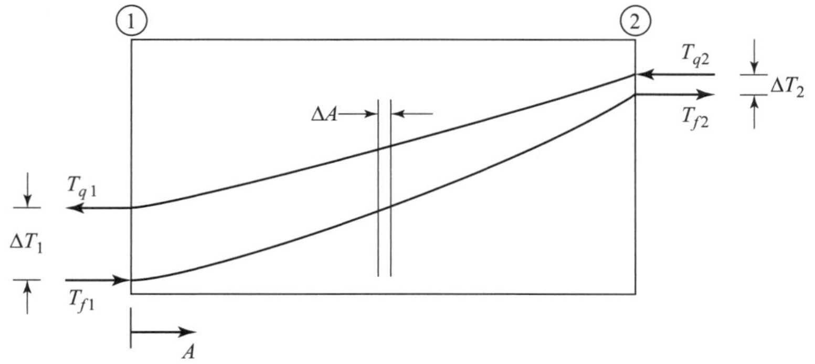

Figura 22.7 Diagrama de temperatura *versus* área de contato para uma análise em contracorrente com uma única passagem.

Quando a área incremental se aproxima de um tamanho infinitesimal, podemos escrever

$$dq = (\dot{m}c_p)_f dT_f = C_f \, dT_f \tag{22-1}$$

e

$$dq = (\dot{m}c_p)_q dT_q = C_q \, dT_q \tag{22-2}$$

em que o coeficiente de capacidade, C, é introduzido no lugar do inconveniente produto, $\dot{m}c_p$.

Escrevendo a equação (15-7) para a transferência de energia entre os dois fluidos nesse ponto, temos

$$dq = U \, dA(T_q - T_f) \tag{22-3}$$

que utiliza o coeficiente global de transferência de calor, U, introduzido no Capítulo 15. Designando $T_q - T_f$ como ΔT, temos

$$d(\Delta T) = dT_q - dT_f \tag{22-4}$$

e substituindo dT_q e dT_f das equações (22-1) e (22-2), obtemos

$$d(\Delta T) = dq\left(\frac{1}{C_q} - \frac{1}{C_f}\right) = \frac{dq}{C_H}\left(1 - \frac{C_H}{C_c}\right) \tag{22-5}$$

Devemos também notar que dq é o mesmo em cada uma dessas expressões; assim, as equações (22-1) e (22-2) podem ser igualadas e integradas a partir de uma extremidade à outra do trocador de calor, resultando, para a razão C_q/C_f,

$$\frac{C_q}{C_f} = \frac{T_{f2} - T_{f1}}{T_{q2} - T_{q1}} \tag{22-6}$$

que pode ser substituída na equação (22-5) e rearranjada como se segue:

$$d(\Delta T) = \frac{dq}{C_q}\left(1 - \frac{T_{f2} - T_{f1}}{T_{q2} - T_{q1}}\right) = \frac{dq}{C_q}\left(\frac{T_{q2} - T_{q1} - T_{f2} + T_{f1}}{T_{q2} - T_{q1}}\right)$$
$$= \frac{dq}{C_q}\left(\frac{\Delta T_2 - \Delta T_1}{T_{q2} - T_{q1}}\right) \tag{22-7}$$

Combinando as equações (22-3) e (22-7) e notando que $C_q(T_{q2} - T_{q1}) = q$, temos, para U constante,

$$\int_{\Delta T_1}^{\Delta T_2} \frac{d(\Delta T)}{\Delta T} = \frac{U}{q}(\Delta T_2 - \Delta T_1)\int_0^A dA \tag{22-8}$$

que, sob integração, torna-se

$$\ln\frac{\Delta T_2}{\Delta T_1} = \frac{UA}{q}(\Delta T_2 - \Delta T_1)$$

Esse resultado é normalmente escrito como

$$q = UA\frac{\Delta T_2 - \Delta T_1}{\ln\dfrac{\Delta T_2}{\Delta T_1}} \tag{22-9}$$

A força-motriz, no lado direito da equação (22-9), é vista ser um tipo particular de média da diferença de temperaturas entre duas correntes de fluidos. Essa razão, $(\Delta T_2 - \Delta T_1)/\ln(\Delta T_2/\Delta T_1)$, é designada ΔT_{ln}, a *média logarítmica da diferença de temperaturas*, e a expressão para q é escrita simplesmente como

$$q = UA\,\Delta T_{ln} \tag{22-10}$$

Embora a equação (22-10) tenha sido desenvolvida para o caso específico de escoamento em contracorrente, ela é igualmente válida para qualquer uma das operações de única passagem mostradas na Figura 22.5.

Foi mencionado anteriormente, mas é melhor repetir, que a equação (22-10) está baseada em um valor constante do coeficiente global de transferência de calor, U. Em geral, esse coeficiente não permanecerá constante; entretanto, cálculos baseados em um valor de U tomados na metade entre as extremidades do trocador são em geral suficientemente acurados. Se houver uma variação considerável em U a partir de uma extremidade à outra do trocador, então uma integração numérica, etapa por etapa, é necessária, equações (22-1) a (22-3), sendo calculada repetidamente para um número de incrementos de pequenas áreas.

É também possível que diferenças de temperaturas na equação (22-9), calculadas em qualquer extremidade de um trocador em contracorrente, sejam iguais. Em tal caso, a média logarítmica da diferença de temperaturas é indeterminada: ou seja,

$$\frac{\Delta T_2 - \Delta T_1}{\ln(\Delta T_2/\Delta T_1)} = \frac{0}{0}, \qquad \text{se } \Delta T_1 = \Delta T_2$$

Em tal caso, a regra de L'Hôpital pode ser aplicada como a seguir:

$$\lim_{\Delta T_2 \to \Delta T_1}\frac{\Delta T_2 - \Delta T_1}{\ln(\Delta T_2/\Delta T_1)} = \lim_{\Delta T_2/\Delta T_1 \to 1}\left[\frac{\Delta T_1\{(\Delta T_2/\Delta T_1) - 1\}}{\ln(\Delta T_2/\Delta T_1)}\right]$$

quando a razão $\Delta T_2/\Delta T_1$ é designada pelo símbolo F, podemos escrever

$$= \lim_{F \to 1}\Delta T\left(\frac{F-1}{\ln F}\right)$$

Diferenciando o numerador e o denominador em relação a F, resulta que

$$\lim_{\Delta T_2 \to \Delta T_1}\frac{\Delta T_2 - \Delta T_1}{\ln(\Delta T_2/\Delta T_1)} = \Delta T$$

ou que a equação (22-10) pode ser usada na forma simples

$$q = UA\,\Delta T \tag{22-11}$$

Da análise precedente, fica claro que a equação (22-11) pode ser usada, alcançando uma acurácia razoável, desde que ΔT_1 e ΔT_2 não sejam muito diferentes. É evidente que uma simples média aritmética está no intervalo de 1% da média logarítmica da diferença de temperaturas para valores de $(\Delta T_2/\Delta T_1) < 1,5$.

Exemplo 1

Óleo lubrificante leve (cp = 2090 J/kg · K) é resfriado pela troca de energia com água, em um pequeno trocador de calor. O óleo entra e sai do trocador de calor a 375 K e 350 K, respectivamente, e escoa a uma taxa de 0,5 kg/s. Água, a 280 K, está disponível em quantidade suficiente para permitir que 0,201 kg/s seja usada para o processo de resfriamento. Determine a área de troca térmica para operações em (a) contracorrente e (b) escoamento paralelo (veja a Figura 22.8). O coeficiente global de transferência de calor pode ser considerado igual a 250 W/m² · K.

A temperatura de saída da água é determinada aplicando-se as equações (22-1) e (22-2):

$$q = (0,5 \text{ kg/s})(2090 \text{ J/kg} \cdot \text{K})(25 \text{ K}) = 26\,125 \text{ W}$$
$$= (0,201 \text{ kg/s})(4177 \text{ J/kg} \cdot \text{K})(T_{w\,\text{saída}} - 280 \text{ K})$$

da qual, obtemos

$$T_{w\,\text{saída}} = 280 + \frac{(0,5)(2090)(25)}{(0,201)(4177)} = 311,1 \text{ K} \quad (100°\text{F})$$

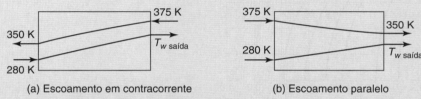

Figura 22.8 Perfis de temperatura para uma única passagem para escoamento em contracorrente e paralelo.

Esse resultado se aplica a ambos os escoamentos, paralelo e em contracorrente. Para a configuração em contracorrente, ΔT_{ln} é calculada como

$$\Delta T_{ln} = \frac{70 - 63,9}{\ln\frac{70}{63,9}} = 66,9 \text{ K} \quad (120,4°\text{F})$$

e aplicando a equação (22-10), vemos que a área requerida para executar essa transferência de energia é

$$A = \frac{26125 \text{ W}}{(250 \text{ W/m}^2 \cdot \text{K})(66,9 \text{ K})} = 1,562 \text{ m}^2 \quad (16,81 \text{ ft}^2)$$

Fazendo cálculos similares para a situação de escoamento paralelo, obtemos

$$\Delta T_{ln} = \frac{95 - 38,9}{\ln\frac{95}{38,90}} = 62,8 \text{ K} \quad (113°\text{F})$$

$$A = \frac{26125 \text{ W}}{(250 \text{W/m}^2 \cdot \text{K})(62,8 \text{ K})} = 1,66 \text{ m}^2 \quad (17,9 \text{ ft}^2)$$

A área requerida para transferir 26,125 W é menor para o arranjo em contracorrente, por aproximadamente 7%.

▶ 22.3

ANÁLISE DE TROCADORES DE CALOR COM ESCOAMENTOS CRUZADOS E CASCO-TUBO

Arranjos mais complicados que aqueles considerados nas seções prévias são mais difíceis de tratar analiticamente. Fatores de correção que devem ser utilizados com a equação (22-10) foram apresentados em forma gráfica por Bowman, Mueller e Nagle[2] e pela Associação de Fabricantes de Trocadores de Calor Tubulares.[3] As Figuras 22.9 e 22.10 apresentam fatores de correção para seis tipos de configurações de trocadores de calor. Os três primeiros são para diferentes configurações de casco-tubo e os três últimos são para diferentes condições de escoamentos cruzados.

Os parâmetros nas Figuras 22.9 e 22.10 são calculados como segue:

$$Y = \frac{T_{t\,\text{saída}} - T_{t\,\text{entrada}}}{T_{s\,\text{entrada}} - T_{t\,\text{entrada}}} \qquad (22\text{-}12)$$

$$Z = \frac{(\dot{m}c_p)_{\text{tubo}}}{(\dot{m}c_p)_{\text{cabo}}} = \frac{C_t}{C_s} = \frac{T_{s\,\text{entrada}} - T_{s\,\text{saída}}}{T_{t\,\text{saída}} - T_{t\,\text{entrada}}} \qquad (22\text{-}13)$$

em que os subscritos s e t se referem aos fluidos no lado do casco e no lado dos tubos, respectivamente. A grandeza lida na ordenada de cada gráfico, para valores dados de Y e Z, é F, o fator de correção

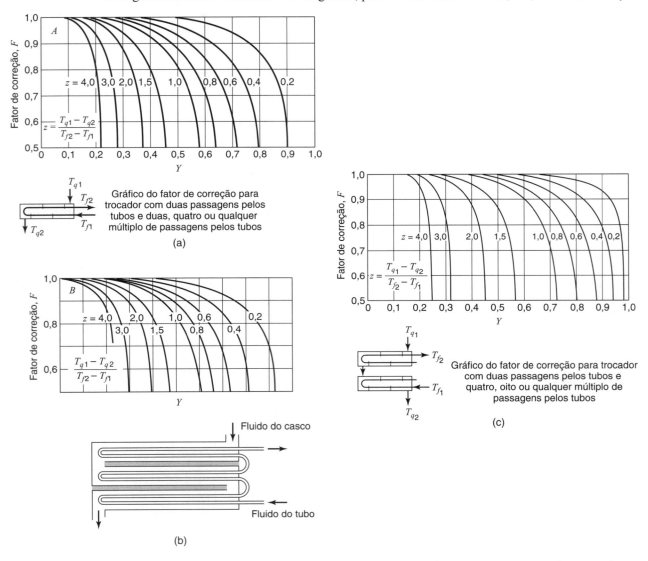

Figura 22.9 Fatores de correção para três configurações de trocadores de calor casco-tubo. (a) Uma passagem pelo casco e duas ou um múltiplo de duas passagens pelos tubos. (b) Uma passagem pelo casco e três ou um múltiplo de três passagens pelos tubos. (c) Duas passagens pelo casco e duas ou um múltiplo de duas passagens pelos tubos. (De R. A. Bowman, A. C. Mueller e W. M. Nagle, *Trans. A.S.M.E.*, **62**, 284, 285 (1940). Com a permissão dos editores.) Fatores de correção, F, baseados na MLDT (ou *LMTD*, em inglês) em contracorrente.

---

[2] R. A. Bowman, A. C. Mueller e W. M. Nagle, *Trans. A.S.M.E.*, **62**, 283 (1940).

[3] Tubular Exchanger Manufacturers Association, Standards. 3. ed. TEMA, Nova York, 1952.

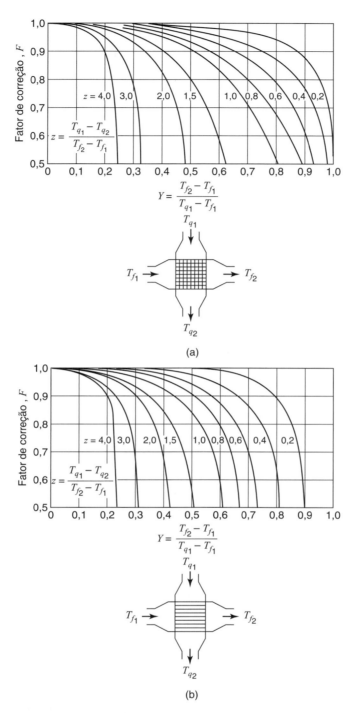

Figura 22.10 Fatores de correção para três configurações de trocadores com escoamentos cruzados. (a) Escoamentos cruzados, uma única passagem, com ambos os fluidos não misturados. (b) Escoamentos cruzados, uma única passagem, um fluido não misturado. (c) Escoamentos cruzados, passagens pelos tubos misturadas; fluido escoa pela primeira e pela segunda passagens em série. (De R. A. Bowman, A. C. Mueller e W. M. Nagle, *Trans. A.S.M.E.*, **62**, 288-289 (1940). Com a permissão dos editores.)

a ser aplicado à equação (22-10) e, assim, essas configurações mais complicadas podem ser tratadas da mesma maneira que o caso de trocador de calor bitubular com uma única passagem. O leitor deve ter cuidado ao aplicar a equação (22-10), usando o fator F como na equação (22-14),

$$q = UA(F\,\Delta T_{ln}) \qquad (22\text{-}14)$$

com a média logarítmica da diferença de temperaturas calculada com base no escoamento *contracorrente*.

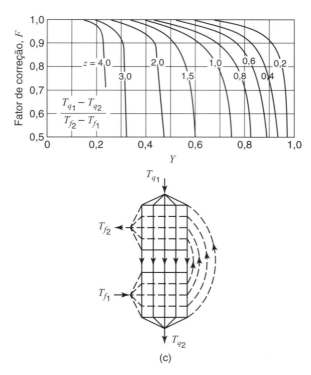

Figura 22.10 (*Continuação*)

A maneira de usar as Figuras 22.9 e 22.10 pode ser ilustrada no seguinte exemplo.

Exemplo 2

Na transferência de energia entre óleo-água, descrita no Exemplo 1, compare o resultado obtido com o resultado que seria obtido se o trocador de calor fosse

(a) de escoamentos cruzados, misturado no lado da água
(b) casco-tubo, com quatro passagens pelos tubos e óleo sendo o fluido no lado dos tubos

Para o item (a), a Figura 22.10(b) tem de ser usada. Os parâmetros necessários para usar essa figura são

$$Y = \frac{T_{t\,\text{saída}} - T_{t\,\text{entrada}}}{T_{s\,\text{entrada}} - T_{t\,\text{entrada}}} = \frac{25}{95} = 0{,}263$$

e

$$Z = \frac{T_{t\,\text{entrada}} - T_{s\,\text{saída}}}{T_{s\,\text{saída}} - T_{t\,\text{entrada}}} = \frac{31{,}1}{25} = 1{,}244$$

e da figura lemos que $F = 0{,}96$. Assim, a área requerida para o item (a) é igual a $(1{,}562)/(0{,}96) = 1{,}63$ m².

Os valores determinados de Y e Z são os mesmos para o item (b), resultando em um valor de F igual a 0,97. A área para o item (b) se torna $(1{,}562)/(0{,}97) = 1{,}61$ m².

▶ 22.4

MÉTODO DO NÚMERO DE UNIDADES DE TRANSFERÊNCIA (NUT) PARA A ANÁLISE E PROJETO DE TROCADORES DE CALOR

Uma menção anterior foi feita ao trabalho de Kays e London[1] com referência particular para trocadores de calor compactos. O livro *Compact Heat Exchangers*, de Kays e London, apresenta também gráficos úteis para o projeto de trocador de calor em uma base diferente daquela discutida até agora.

Em 1930, Nusselt[4] propôs o método de análise baseado na eficiência de trocador de calor, $\mathscr{E}$. Esse termo é definido como a razão entre a transferência real de calor em um trocador de calor e a transferência máxima possível que ocorreria se a área superficial fosse infinita. Referindo-se a um diagrama de perfis de temperaturas para operação em contracorrente, como na Figura 22.11, é visto que, em geral, um fluido é submetido a uma maior variação total de temperatura do que o outro. É aparente que o fluido que experimenta a maior variação na temperatura é aquele que tem o menor coeficiente de capacidade, que foi designado como $C_{mín}$. Se $C_f = C_{mín}$, conforme a Figura 22-11(a), e se houver uma área infinita disponível para transferência de calor, a temperatura de saída do fluido frio será igual à temperatura de entrada do fluido quente.

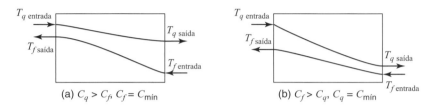

Figura 22.11 Perfis de temperaturas para trocadores de calor em contracorrente.

De acordo com a definição de eficiência, podemos escrever

$$\mathscr{E} = \frac{C_q(T_{q\,\text{entrada}} - T_{q\,\text{saída}})}{C_f(T_{f\,\text{saída}} - T_{f\,\text{entrada}})_{\text{máx}}} = \frac{C_{\text{máx}}(T_{q\,\text{entrada}} - T_{q\,\text{saída}})}{C_{\text{mín}}(T_{q\,\text{entrada}} - T_{f\,\text{entrada}})} \tag{22-15}$$

Se o fluido quente for o fluido de mínima, como na Figura 22.11(b), a expressão para $\mathscr{E}$ se torna

$$\mathscr{E} = \frac{C_f(T_{f\,\text{saída}} - T_{f\,\text{entrada}})}{C_q(T_{q\,\text{entrada}} - T_{H\,\text{saída}})_{\text{máx}}} = \frac{C_{\text{máx}}(T_{f\,\text{saída}} - T_{q\,\text{entrada}})}{C_{\text{mín}}(T_{q\,\text{entrada}} - T_{f\,\text{entrada}})} \tag{22-16}$$

Note que os denominadores em ambas as equações (22-15) e (22-16) são os mesmos e que, em cada caso, o numerador representa a transferência de calor real. Se for possível escrever uma quinta expressão para q como

$$q = \mathscr{E} C_{\text{mín}}(T_{q\,\text{entrada}} - T_{f\,\text{entrada}}) \tag{22-17}$$

a qual, juntamente com as formas integradas das equações (22-1) e (22-2), assim como as equações (22-10) e (22-14), expressa q, a taxa de transferência de calor, em todas suas formas úteis, desde que uma análise e um projeto de trocadores de calor sejam de interesse. A equação (22-17) é notável entre essas outras, uma vez que a diferença de temperaturas que aparece é aquela entre as correntes de entrada somente. Essa é uma vantagem definitiva quando um dado trocador de calor deve ser usado sob condições diferentes daquelas para as quais ele foi projetado. As temperaturas de saída das duas correntes são então grandezas desconhecidas e a equação (22-17) é obviamente a maneira mais fácil de atingir esse conhecimento caso se possa determinar o valor de $\mathscr{E}$.

Com o objetivo de determinar $\mathscr{E}$ para o caso de uma única passagem, escrevemos inicialmente a equação (22-17) na forma

$$\mathscr{E} = \frac{C_q(T_{q\,\text{entrada}} - T_{q\,\text{saída}})}{C_{\text{mín}}(T_{q\,\text{entrada}} - T_{f\,\text{entrada}})} = \frac{C_f(T_{f\,\text{saída}} - T_{f\,\text{entrada}})}{C_{\text{mín}}(T_{q\,\text{entrada}} - T_{f\,\text{entrada}})} \tag{22-18}$$

A forma apropriada para a equação (22-18) depende de qual dos dois fluidos tem o menor valor de C. Devemos considerar o fluido frio como o fluido de mínima e considerar o caso de escoamento em contracorrente. Para essas condições, a equação (22-10) pode ser escrita como se segue (subscritos numéricos correspondem à situação mostrada na Figura 22.7):

$$q = C_f(T_{f2} - T_{f1}) = UA \frac{(T_{q1} - T_{f1}) - (T_{q2} - T_{f2})}{\ln[(T_{q1} - T_{f1})/(T_{q2} - T_{f2})]} \tag{22-19}$$

---

[4] W. Nusselt, *Tech. Mechan. Thermodyn.*, **12** (1930).

A temperatura de entrada do fluido quente, T_{q2}, pode ser escrita em termos de $\mathscr{E}$, usando a equação (22-18), resultando em

$$T_{q2} = T_{f1} + \frac{1}{\mathscr{E}}(T_{f2} - T_{f1}) \tag{22-20}$$

e também

$$T_{q2} - T_{f2} = T_{f1} - T_{f2} + \frac{1}{\mathscr{E}}(T_{f2} - T_{f1})$$
$$= \left(\frac{1}{\mathscr{E}} - 1\right)(T_{f2} - T_{f1}) \tag{22-21}$$

Das formas integradas das equações (22-1) e (22-2), temos

$$\frac{C_f}{C_q} = \frac{T_{q2} - T_{q1}}{T_{f2} - T_{f1}}$$

que pode ser rearranjada para a forma

$$T_{q1} = T_{q2} - \frac{C_{\text{mín}}}{C_{\text{máx}}}(T_{f2} - T_{f1})$$

ou

$$T_{q1} - T_{f1} = T_{q2} - T_{f1} - \frac{C_{\text{mín}}}{C_{\text{máx}}}(T_{f2} - T_{f1}) \tag{22-22}$$

Combinando essa expressão com a equação (22-20), obtemos

$$T_{q1} - T_{f1} = \frac{1}{\mathscr{E}}(T_{f2} - T_{f1}) - \frac{C_{\text{mín}}}{C_{\text{máx}}}(T_{f2} - T_{f1})$$
$$= \left(\frac{1}{\mathscr{E}} - \frac{C_{\text{mín}}}{C_{\text{máx}}}\right)(T_{f2} - T_{f1}) \tag{22-23}$$

Agora, substituindo as equações (22-21) e (22-23) na equação (22-19) e rearranjando, temos

$$\ln\frac{1/\mathscr{E} - C_{\text{mín}}/C_{\text{máx}}}{1/\mathscr{E} - 1} = \frac{UA}{C_{\text{mín}}}\left(1 - \frac{C_{\text{mín}}}{C_{\text{máx}}}\right)$$

Transformando essa equação em exponencial e resolvendo para $\mathscr{E}$, temos, finalmente,

$$\mathscr{E} = \frac{1 - \exp\left[-\dfrac{UA}{C_{\text{mín}}}\left(1 - \dfrac{C_{\text{mín}}}{C_{\text{máx}}}\right)\right]}{1 - (C_{\text{mín}}/C_{\text{máx}})\exp\left[-\dfrac{UA}{C_{\text{mín}}}\left(1 - \dfrac{C_{\text{mín}}}{C_{\text{máx}}}\right)\right]} \tag{22-24}$$

A razão $UA/C_{\text{mín}}$ é designada como *número de unidades de transferência*, abreviada como NUT (NTU, em inglês). A equação (22-24) foi deduzida com base no fato de $C_f = C_{\text{mín}}$; se tivéssemos considerado inicialmente o fluido quente como o fluido de mínima, o mesmo resultado teria sido obtido. Assim, a equação (22-25),

$$\mathscr{E} = \frac{1 - \exp\left[-\text{NUT}\left(1 - \dfrac{C_{\text{mín}}}{C_{\text{máx}}}\right)\right]}{1 - (C_{\text{mín}}/C_{\text{máx}})\exp\left[-\text{NUT}\left(1 - \dfrac{C_{\text{mín}}}{C_{\text{máx}}}\right)\right]} \tag{22-25}$$

é válida, em geral, para operação em contracorrente. Para escoamento em paralelo, um desenvolvimento análogo ao anterior resultará

$$\mathscr{E} = \frac{1 - \exp\left[-\text{NUT}\left(1 + \dfrac{C_{\text{mín}}}{C_{\text{máx}}}\right)\right]}{1 + C_{\text{mín}}/C_{\text{máx}}} \tag{22-26}$$

Kays e London[1] colocaram as equações (22-25) e (22-26) na forma de gráficos, juntamente com expressões comparáveis para a eficiência de vários arranjos de casco-tubo e escoamentos cruzados. As Figuras 22.12 e 22.13 são gráficos para $\mathscr{E}$ como funções de NUT para vários valores do parâmetro $C_{mín}/C_{máx}$.

Com a ajuda dessas figuras, a equação (22-17) pode ser usada tanto como uma equação de projeto ou como um meio para avaliar o equipamento existente, quando ele opera em condições de projetos diferentes.

A utilidade da abordagem de NUT é ilustrada no seguinte exemplo.

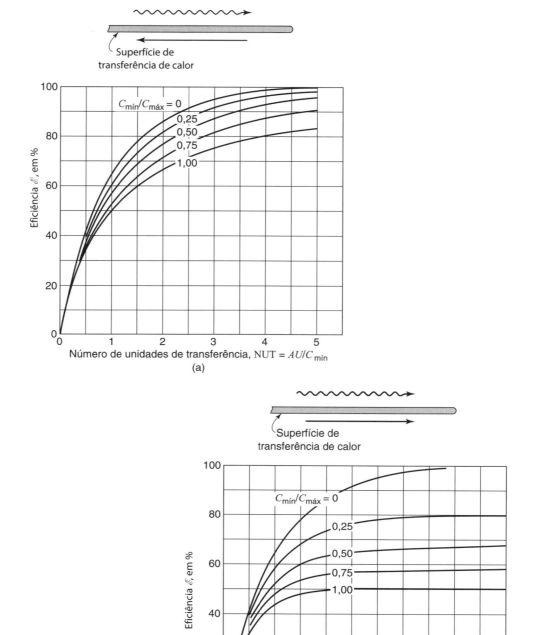

Figura 22.12 Eficiência de trocadores de calor para três configurações de casco-tubo: (a) Contracorrente; (b) Escoamento paralelo; (c) Uma passagem pelo casco e duas ou mais passagens pelos tubos.

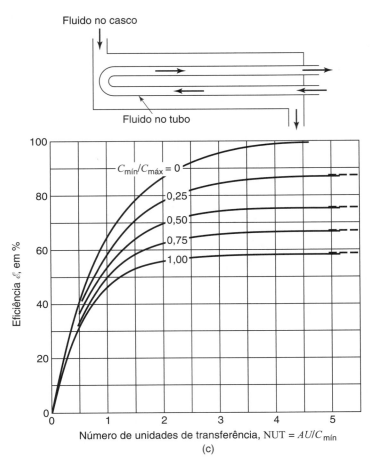

Figura 22.12 (*Continuação*)

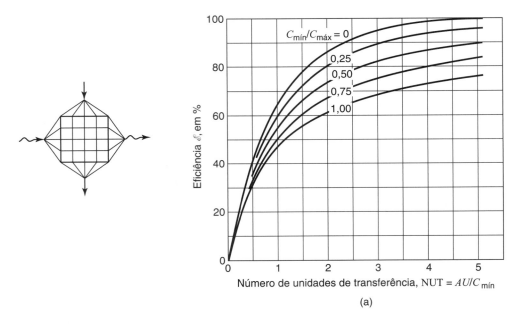

Figura 22.13 Eficiência de trocadores de calor para três configurações de escoamentos cruzados. (a) Escoamentos cruzados, com ambos os fluidos misturados. (b) Escoamentos cruzados, um fluido não misturado. (c) Escoamentos cruzados, múltiplas passagens.

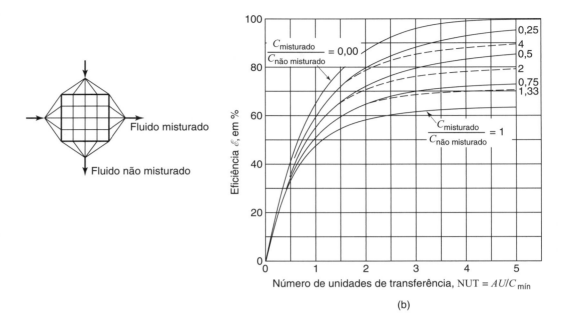

(b)

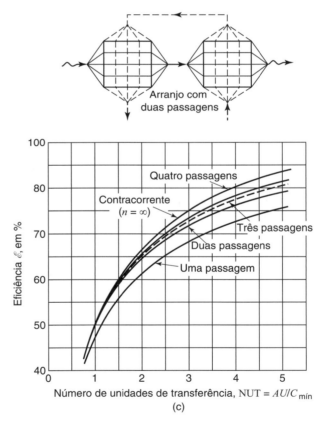

Figura 22.13 (*Continuação*)

Exemplo 3

Repita os cálculos dos Exemplos 1 e 2 para determinar a área requerida de troca térmica para as condições especificadas, se as configurações são

(a) contracorrente
(b) escoamento paralelo

354 ▶ Capítulo 22

(c) escoamentos cruzados, fluido misturado no lado da água

(d) casco-tubo com quatro passagens pelos tubos

Primeiro, necessita-se determinar os coeficientes de capacidade para o óleo e a água:

$$C_{óleo} = (\dot{m}c_p)_{óleo} = (0,5 \, \text{kg/s})(2090 \, \text{J/kg} \cdot \text{K}) = 1045 \, \text{J/s} \cdot \text{K}$$

e

$$C_{água} = (\dot{m}c_p)_{água} = (0\,201 \, \text{kg/s})(4177 \, \text{J/kg} \cdot \text{K}) = 841,2 \, \text{J/s} \cdot \text{K}$$

Assim, a água é o fluido de mínima. Da equação (22-16), a eficiência é calculada como

$$\mathscr{E} = \frac{26125 \, \text{W}}{(841,2 \, \text{J/kg} \cdot \text{s})(95 \, \text{K})} = 0,327$$

Usando o gráfico apropriado nas Figuras 22.12 e 22.13, os valores apropriados de NUT, assim como a área requerida, podem ser determinados para cada configuração de trocador de calor.

(a) *Contracorrente*

$$\text{NUT} = 0,47$$

$$A = \frac{(0,47)(841,2)}{250} = 1,581 \, \text{m}^2$$

(b) *Escoamento paralelo*

$$\text{NUT} = 0,50$$

$$A = \frac{(0,50)(841,2)}{250} = 1,682 \, \text{m}^2$$

(c) *Escoamentos cruzados, fluido misturado no lado da água*

$$\text{NUT} = 0,48$$

$$A = \frac{(0,48)(841,2)}{250} = 1,615 \, \text{m}^2$$

(d) *Casco-tubo, quatro passagens pelos tubos*

$$\text{NUT} = 0,49$$

$$A = \frac{(0,49)(841,2)}{250} = 1,649 \, \text{m}^2$$

Esses resultados são comparáveis com aqueles obtidos anteriormente, com algumas possíveis imprecisões envolvidas na leitura do gráfico.

O método NUT oferece vantagem distinta em relação ao procedimento introduzido anteriormente, usando a média logarítmica da diferença de temperaturas, ao calcular o tipo envolvido nos exemplos precedentes. No Exemplo 4, entretanto, a abordagem de NUT é claramente superior.

Exemplo 4

Na troca de energia entre água e óleo lubrificante conforme considerada nos exemplos precedentes, um trocador de calor com escoamentos cruzados, com o fluido (água) no casco misturado, é construído com uma área de troca térmica de 1,53 m². Uma nova bomba é colocada na linha de suprimento de água, aumentando sua taxa de escoamento para 1000 kg/h. Quais serão as temperaturas de saída da água e do óleo para as novas condições operacionais?

Se o método de ΔT_{ln} fosse usado neste problema, um método de tentativa e erro seria necessário, uma vez que ΔT_{ln}, Y e F são todos dependentes de uma ou de ambas as temperaturas de saída das correntes. O método de NUT é assim um pouco mais simples. Usando o método de NUT, necessita-se primeiro calcular os coeficientes de capacidade:

$$C_{\text{óleo}} = (0,5\,\text{kg/s})(2090\,\text{J/kg}\cdot\text{K}) = 1045\,\text{J/s}\cdot\text{K}$$
$$C_{\text{água}} = (1000\,\text{kg/h})(\text{h/3600 s})(4177\,\text{J/kg}\cdot\text{K})$$
$$= 1160\,\text{J/kg}\cdot\text{K}$$

Óleo é agora o fluido de "mínima". Com $C_{\text{óleo}} = C_{\text{mín}}$, temos

$$\text{NUT} = \frac{UA}{C_{\text{mín}}} = \frac{(250\,\text{W/m}^2\cdot\text{K})(1,53\,\text{m}^2)}{1045\,\text{J/s}\cdot\text{K}}$$
$$= 0,366$$

e, da Figura 22.13, a eficiência é

$$\mathscr{E} \cong 0.29$$

Usando a equação (22-17), podemos calcular a taxa de transferência de calor como

$$q = (0,29)(1045\,\text{J/s}\cdot\text{K})(95\,\text{K})$$
$$= 28,8\,\text{K}$$

que representa um aumento de cerca de 10%. Esse valor pode agora ser usado nas equações (22-1) e (22-2) para resultar nas respostas requeridas.

$$T_{\text{óleo saída}} = 375 - 28,8\,\text{kW/(1045 W/K)}$$
$$= 347,4\,\text{K}$$
$$T_{\text{água saída}} = 280 + 28,8\,\text{kW/(1160 W/K)}$$
$$= 304,8\,\text{K}$$

▶ **22.5**

CONSIDERAÇÕES ADICIONAIS SOBRE O PROJETO DE TROCADORES DE CALOR

Depois de um trocador de calor ter ficado em serviço por algum tempo, seu desempenho pode mudar como resultado da incrustação na superfície de troca térmica ou da deterioração da superfície por algum fluido corrosivo. Quando a natureza da superfície for alterada de algum modo que afete a capacidade de transferir calor, a superfície é dita estar "incrustada" (em inglês, "*fouled*").

Quando existe uma resistência de incrustação, a resistência térmica é aumentada e um trocador de calor irá transferir menos energia que o valor desejado. É extremamente difícil prever a taxa de incrustação ou o efeito que tal incrustação terá sobre a transferência de calor. Alguma avaliação pode ser feita depois de um trocador de calor estar em serviço por algum tempo, comparando seu desempenho com aquele quando a superfície estava limpa. A resistência térmica da incrustação é determinada por

$$R_{\text{sc}} = \frac{1}{U_f} - \frac{1}{U_0} \tag{22-27}$$

em que U_0 é o coeficiente global de transferência de calor do trocador limpo, U_f é o coeficiente global do trocador incrustado e R_{sc} é a resistência térmica da incrustação.

Resistências de incrustação que foram obtidas a partir de experimentos podem ser usadas para prever aproximadamente o coeficiente global de transferência de calor, pela sua incorporação em uma expressão similar à equação (15-18). A seguinte equação inclui as resistências de incrustação, R_i na superfície interna do tubo e R_o na superfície externa do tubo:

$$U_f = \frac{1}{A_0/A_i h_i + R_i + [A_0 \ln(r_o/r_i)]/2\pi k/L + R_o + 1/h_o} \tag{22-28}$$

356 ▶ Capítulo 22

As resistências de incrustação a ser usadas na equação (22-28) foram compiladas pela Tubular Exchanger Manufacturers Association.[5] Alguns valores úteis são dados na Tabela 22.1.

Tabela 22.1 Resistências de incrustação para trocadores de calor

Fluido	Resistências de incrustação $(m^2 \cdot K/W \times 10^5)$
Água destilada	8,8
Água do mar abaixo de 325 K	8,8
acima de 325 K	17,6
Água tratada de alimentação de fervedor (*boiler*)	17,6
Água da cidade ou do poço, abaixo de 325 K	17,6
acima de 325 K	35,2
Líquidos refrigerantes	17,6
Vapores refrigerantes	35,2
Gasolina líquida, vapores orgânicos	8,8
Óleo combustível	88,1
Óleo de têmpera	70,5
Vapor, rolamento sem óleo	8,8
Ar industrial	35,2

Frequentemente, é útil ter valores aproximados do tamanho do trocador de calor, das taxas de escoamento e similares. A grandeza mais difícil de estimar rapidamente é o coeficiente global de transferência de calor, U. Mueller[6] preparou a tabela muito útil de valores aproximados de U, reproduzida aqui como Tabela 22.2.

Tabela 22.2 Valores aproximados para os coeficientes de transferência de calor

Combinação de fluidos	$U\,(W/m^2 \cdot K)$
Água e ar comprimido	55–165
Água e água, resfriadores (*coolers*) com água na camisa	850–1560
Água e salmoura	570–1140
Água e gasolina	340–480
Água e gasóleo ou destilado	200–340
Água e solventes orgânicos, álcool	280–850
Água e álcool condensando	250–680
Água e óleo lubrificante	110–340
Água e vapores de óleo condensando	220–570
Água e Freon-12 condensando ou ebulindo	280–850
Água e amônia condensando	850–1350
Vapor e água, aquecedor instantâneo	2280–3400
aquecedor com tanque pulmão	990–1700
Vapor e óleo, combustível pesado	55–165
combustível leve	165–340
destilado leve de petróleo	280–1140
Vapor e soluções aquosas	570–3400
Vapor e gases	28–280
Orgânicos leves e orgânicos leves	220–425
Orgânicos médios e orgânicos médios	110–340
Orgânicos pesados e orgânicos pesados	55–220
Orgânicos pesados e orgânicos leves	55–340
Petróleo bruto e gasóleo	165–310

---

[5] Tubular Exchanger Manufacturers Association, *TEMA Standard*. 3. ed. Nova York, 1952.

[6] A. C. Mueller, *Purdue Univ. Eng. Exp. Sta. Eng. Bull. Res. Ser.*, **121** (1954).

► **22.6**

► **357** Equipamentos de Transferência de Calor ◄

RESUMO

As equações e procedimentos básicos para o projeto de trocadores de calor são apresentados e desenvolvidos neste capítulo. Todo projeto e toda análise de trocador de calor envolvem uma ou mais das seguintes equações:

$$dq = C_f \, d\,T_f \tag{22-1}$$

$$dq = C_q \, dT_q \tag{22-2}$$

$$dq = U \, dA(T_q - T_f) \tag{22-3}$$

$$q = UA \, \Delta T_{ln} \tag{22-10}$$

e

$$q = \mathscr{E} C_{\text{mín}}(T_{q \text{ entrada}} - T_{f \text{ entrada}}) \tag{22-17}$$

Gráficos foram apresentados pelos quais as técnicas de uma única passagem poderiam ser estendidas para incluir o projeto e a análise das configurações de escoamentos cruzados e de casco-tubo.

Os dois métodos para o projeto de trocador de calor utilizam tanto a equação (22-10) como a equação (22-17). Qualquer um deles é razoavelmente rápido e direto para projetar um trocador. A equação (22-17) é uma abordagem mais simples e direta ao analisar um trocador que opera em condições diferentes de projeto.

►

PROBLEMAS

22.1 Um trocador de calor, de uma única passagem nos tubos, deve ser projetado para aquecer água por meio da condensação de vapor de água no casco. A água passa pelos tubos lisos horizontais em escoamento turbulento. O vapor deve condensar em gotas no casco. A vazão de água, as temperaturas de entrada e de saída da água, a temperatura de condensação do vapor e a queda de pressão (desprezando as perdas na entrada e na saída) existente no lado do tubo são especificadas. De modo a determinar o projeto ótimo do trocador, deseja-se conhecer como a área total requerida do trocador varia com o diâmetro selecionado do tubo. Considerando que o escoamento da água permanece turbulento e que a resistência térmica entre a parede do tubo e o filme de vapor condensando é desprezível, determine o efeito do diâmetro do tubo sobre a área total requerida no trocador.

22.2 Um óleo, tendo um calor específico de 1880 J/kg · K, entra em um trocador de calor em contracorrente e com uma única passagem, a uma taxa mássica de 2 kg/s e a uma temperatura de 400 K. Ele deve ser resfriado para 350 K. Água está disponível para resfriar o óleo a uma taxa mássica de 2 kg/s e a uma temperatura de 280 K. Determine a área superficial requerida, se o coeficiente global de transferência de calor for 230 W/m² · K.

22.3 Ar, a 203 kPa e 290 K, escoa em um longo duto retangular, com dimensões de 10 cm por 20 cm. Um comprimento de 2,5 m desse tubo é mantido a 395 K e a temperatura média de saída do ar dessa seção é 300 K. Calcule a taxa mássica do ar e a transferência total de calor.

22.4 Água, a 50°F, está disponível para resfriar e escoa a uma taxa mássica de 400 lb$_m$/h. Ela entra em um trocador de calor bitular, que tem uma área total de 18 ft². Óleo, com c_p = 0,45 Btu/lb$_m$ °F, entra no

trocador a 250°F. A temperatura de saída da água é limitada a 212°F e o óleo tem de sair do trocador no máximo a 160°F. Dado o valor de U = 60 Btu/h ft² °F, encontre a taxa mássica máxima que pode ser resfriada com essa unidade.

22.5 Um trocador de calor bitubular, que opera em contracorrente, é usado para resfriar uma corrente líquida quente de biodiesel de 60°C para 35°C. Biodiesel escoa no lado do casco, com uma vazão de 3 m³/h; água é usada no lado do tubo. As temperaturas de entrada e de saída da água de resfriamento são 10°C e 30°C, respectivamente. O diâmetro interno do tubo de cobre, Sch 80, é 1,5 in (3,81 cm). Em experimentos independentes, o coeficiente de transferência de calor para o biodiesel no casco foi determinado como igual a 340 W/m² · K. Uma vez que a parede do tubo é feita de cobre, as resistências térmicas por condução podem ser desprezadas. As propriedades médias do biodiesel líquido (B) para 35–60°C são: ρ_B = 880 kg/m³, μ_B = 4,2 × 10^{-3} kg/m · s, k_B = 0,15 W/m · K, C_{pB} = 2400 J/kg · K.

a. Qual é a carga térmica no trocador de calor e qual é a taxa mássica da água de resfriamento requerida?

b. Qual é a área superficial requerida do trocador de calor?

c. Qual seria o trocador de calor requerido para escoamento cocorrente?

22.6 Como parte de uma operação de processamento de alimentos, um trocador de calor casco-tubo, com uma única passagem, operando em contracorrente, tem de ser projetado para aquecer uma corrente de glicerina líquida. O trocador de calor tem de ser construído com 0,75 in de diâmetro externo, *gage* 12 (parede relativamente espessa) e

358 ▶ Capítulo 22

tubos de aço inoxidável ($k = 43$ W/m · K), com diâmetros internos de 0,532 in (1,35 cm) e comprimento total de 5 m. No presente processo, glicerina líquida entra no lado dos tubos do trocador de calor a 16°C e sai a 60°C. A taxa mássica de glicerina líquida, $\dot{m}_G$, que tem de ser processada é 5 kg/s e a velocidade desejada do fluido em cada tubo é 1,80 m/s. O processo usará vapor saturado condensando a uma pressão de 1 atm (100°C, entalpia de vaporização igual a 2257 kJ/kg) no lado do casco do trocador de calor para aquecer a glicerina. O coeficiente convectivo de transferência de calor no lado do casco para vapor condensando pode ser encontrado na Tabela 15.1. Glicerina é um fluido razoavelmente viscoso.

a. Qual é a taxa mássica de vapor ($\dot{m}_V$, kg/s) requerida no lado do casco, supondo que todo o vapor seja condensado e que saia do trocador como líquido saturado? Qual é a média logarítmica da diferença de temperaturas do trocador de calor?

b. Qual é o coeficiente global de transferência de calor associado com esse processo?

c. Qual é a área requerida do trocador de calor?

d. Se a configuração for trocada de operação contracorrente para operação cocorrente, qual será a área requerida de troca térmica?

22.7 Um trocador de calor bitubular, cocorrente, é usado para resfriar vapor saturado a 2 bar ($T_V = 120$°C) para um líquido saturado. Nessa temperatura e pressão, a vazão de entrada do vapor é 2,42 m³/min, a densidade do vapor é 1,13 kg/m³ e a entalpia de vaporização do vapor é 2201,6 kJ/kg. Água de resfriamento entra no lado do tubo a uma taxa de 1 kg/s e a uma temperatura de 20°C. Nos experimentos independentes, o coeficiente de transferência de calor para o vapor no lado do casco foi determinado como 500 W/m² · K. A parede do tubo é feita de cobre; assim, as resistências térmicas condutivas podem ser desprezadas.

a. Qual é a carga térmica no trocador de calor e a temperatura de saída da água de resfriamento?

b. Deseja-se encontrar um número de Reynolds de 20.000 no interior do tubo. Qual é o diâmetro interno do tubo necessário e qual é o coeficiente global de transferência de calor?

c. Qual é a área de transferência de calor requerida para o trocador de calor?

22.8 Água entra em um trocador bitubular, em contracorrente, a uma taxa de 150 lb$_m$/min e é aquecida de 60°F para 140°F por um óleo com um calor específico de 0,45 Btu/lb$_m$ °F. O óleo entra a 240°F e sai a 80°F. O coeficiente global de transferência de calor é 150 Btu/h ft² °F.

a. Qual é a área de troca térmica requerida?

b. Que área é requerida se todas as condições permanecerem as mesmas, exceto que um trocador de calor casco-tubo é usado com a água fazendo uma passagem pelo casco e o óleo fazendo duas passagens pelos tubos?

c. Qual é a temperatura de saída da água que resultaria se, para o trocador de calor do item (a), a taxa mássica de água fosse diminuída para 120 lb$_m$/min?

22.9 Um trocador de calor casco-tubo é usado para aquecer óleo de 20°C para 30°C; a taxa mássica do óleo é 12 kg/s ($C_{po} = 2,2$ kJ/kg · K). O trocador de calor tem uma passagem pelo casco e duas passagens pelos tubos. Água quente ($C_{pa} = 4,18$ kJ/kg · K) entra no casco a 75°C e sai do casco a 55°C. O coeficiente global de transferência de calor, baseado na área externa dos tubos, é estimado em 1080 W/m² · K. Determine:

a. a média logarítmica da diferença de temperaturas

b. a área superficial requerida para o trocador

22.10 Considere o trocador do Problema 22.9. Depois de 4 anos de operação, a saída do óleo atinge 28°C, em vez de 30°C, com todas as outras condições permanecendo as mesmas. Determine a resistência de incrustação no lado do óleo do trocador.

22.11 Um trocador de calor casco-tubo é usado para resfriar óleo ($C_q = 2,2$ kJ/kg · K) de 110°C para 65°C. O trocador de calor tem duas passagens pelo casco e quatro passagens pelos tubos. O fluido frio ($C_f = 4,20$ kJ/kg · K) entra no casco a 20°C e sai do casco a 42°C. Para um coeficiente global de transferência de calor no lado dos tubos de 1200 W/m² · K e uma taxa mássica de óleo de 11 kg/s, determine:

a. a taxa mássica do fluido frio

b. a área superficial requerida no trocador

22.12 Um trocador de calor, tendo uma passagem pelo casco e oito passagens pelos tubos, deve aquecer querosene de 80°F para 130°F. O querosene entra a uma taxa de 2500 lb$_m$/h. Água entra a 200°F e a uma taxa de 900 lb$_m$/h; ela deve escoar no lado do casco. O coeficiente global de transferência de calor é 260 Btu/h ft² °F. Determine a área requerida de troca térmica.

22.13 Uma unidade condensadora tem uma configuração de um trocador de calor casco-tubo com vapor condensando a 85°C no casco. O coeficiente no lado do condensado é 10.600 W/m² · K. Água, a 20°C, entra nos tubos, que fazem duas passagens pela unidade contendo um único casco. A água deixa a unidade a uma temperatura de 38°C. Um coeficiente global de transferência de calor de 4600 W/m² · K pode ser usado. A taxa de transferência de calor é $0,2 \times 10^6$ kW. Qual tem de ser o comprimento requerido dos tubos para esse caso?

22.14 Ar comprimido é usado em um sistema de uma bomba de calor para aquecer água, que é subsequentemente usada para aquecer uma casa. A demanda da casa é 95.000 Btu/h. Ar entra no trocador a 200°F e sai a 120°F e água entra e sai do trocador a 90°F e 125°F, respectivamente. Escolha, a partir das seguintes unidades alternativas, aquela que é mais compacta:

a. Uma superfície em contracorrente, com $U = 30$ Btu/h ft² °F e uma razão área/volume igual a 130 ft²/ft³.

b. Uma configuração com escoamentos cruzados, com água não misturada e ar misturado, tendo $U = 40$ Btu/h ft² °F e uma razão área/volume igual a 100 ft²/ft³.

c. Uma unidade com escoamentos cruzados, com ambos os fluidos não misturados, tendo $U = 50$ Btu/h ft² °F e uma razão área/volume igual a 90 ft²/ft³.

22.15 Água escoando a uma taxa de 3,8 kg/s é aquecida de 38°C para 55°C nos tubos de um trocador de calor casco-tubo. O lado dos tubos tem uma passagem, com água escoando a 1,9 kg/s, entrando a 94°C. O coeficiente global de transferência de calor é 1420 W/m · K. A velocidade média da água nos tubos de 1,905 cm de diâmetro interno é 0,366 m/s. Por limitação de espaço, os tubos não podem exceder 2,44 m de comprimento. Determine o número requerido de passagens por tubo, o número de tubos e o comprimento dos tubos, consistente com essa restrição.

22.16 Vapor saturado a 373 K deve ser condensado em um trocador de calor casco-tubo; o vapor deve entrar a 373 K e sair como condensado a aproximadamente 373 K. Se o NUT para o condensador for dado pelos fabricantes como 1,25, a taxa mássica de água circulante for 0,07 kg/s e se ela estiver disponível a 280 K, qual será a taxa máxima de vapor em kg/s que pode ser condensado? Qual será a temperatura de saída da água circulante sob essas condições? Sob essas condições, o calor de vaporização é 2257 kJ/kg e c_p é 4,18 kJ/kg · K.

22.17 Em uma torre de destilação de uma planta de biocombustíveis, um trocador de calor com uma única passagem é usado para condensar vapor saturado de etanol a etanol líquido saturado, usando água como o fluido frio no lado dos tubos. O processo é executado a uma pressão total do sistema igual a 1 atm. A taxa mássica do vapor de etanol no lado do casco do condensador é 2 kg/s. A água de resfriamento é disponível a 20°C e a temperatura máxima de saída permitida da água de resfriamento é 50°C.

a. Qual é a taxa mássica requerida da água de resfriamento?

b. Qual é a média logarítmica da diferença de temperaturas no condensador?

c. Se o coeficiente global de transferência de calor for 250 W/m² · K (Tabela 22.2), qual é a área requerida de transferência de calor?

d. Se for permitido aumentar a temperatura de saída da água de resfriamento diminuindo a taxa de água, o que acontece à área requerida de transferência de calor?

e. Qual é a temperatura máxima permitida da água de resfriamento?

Dados Adicionais:

Substância	T_b (°C)	$\Delta \hat{H}_v(T_b)$ (kJ/kg)	$C_{P,liq}$ (J/kg · K)
Etanol	78	838	2400
Água	100	2260	4200

22.18 Em uma planta de biocombustíveis, um trocador de calor casco-tubo é usado para resfriar uma corrente quente de gás contendo 100% de dióxido de carbono de uma coluna de cerveja, de 77°C para 27°C (350 a 300 K) a 1,2 atm de pressão total do sistema. A taxa molar total do gás CO_2 é 360 kgmol/h. Água líquida será usada como o fluido de resfriamento. A temperatura da água de resfriamento disponível é 20°C (293 K). O gás CO_2 escoa no lado do casco e a água no lado do tubo.

a. Qual é a temperatura de saída prevista da água, considerando uma taxa mássica da água igual a 0,5 kg/s? O trocador de calor funcionará? Se não, calcule a nova taxa mássica de água de modo a fornecer uma "temperatura de abordagem" não menor que 17°C no lado do tubo. O calor específico da água pode ser considerado como 4200 J/kg · K.

b. Um trocador de calor consiste em 40 tubos de cobre, com 0,5 in de diâmetro nominal, Sch 40. De modo a assegurar escoamento turbulento, um número de Reynolds de 10.000 é desejado dentro dos tubos. Qual é o coeficiente global de transferência de calor, admitindo um coeficiente de transferência de calor no lado do casco igual a 300 W/m² · K?

c. Qual é a área requerida do trocador de calor?

d. Quantos tubos são necessários de modo a atingir o valor desejado do número de Reynolds? Qual seria o comprimento desejado do tubo? Se esse comprimento não for realístico, para um trocador de calor com uma única passagem, o que você faria em seguida?

22.19 Em uma planta de biocombustíveis, um trocador de calor casco-tubo é usado para resfriar uma corrente de gás contendo 100% de dióxido de carbono de uma coluna de cerveja, de 77°C para 27°C (350 a 300 K) a 1 atm de pressão total do sistema. A taxa molar total do gás CO_2 é 36 kgmol/h (806,4 m³/h nas CNTP). Água líquida será usada como fluido de resfriamento. A temperatura da água de resfriamento disponível é 20°C (293 K). O gás CO_2 escoa no lado do tubo e água no lado do casco.

a. Determine a temperatura de saída da água requerida para fornecer uma "temperatura de abordagem" de 17°C no lado do casco.

b. Qual é a área requerida do trocador de calor?

c. Quantos tubos são necessários de modo a atingir um número de Reynolds de 20.000 em cada tubo? Qual seria o comprimento requerido do tubo?

22.20 Um trocador de calor casco-tubo, com uma única passagem, será usado para gerar vapor saturado resfriando uma corrente quente de gás CO_2. No presente processo, água de alimentação para o aquecedor (*boiler*) a 100°C (373 K) e 1 atm (condição de saturação, entalpia de vaporização da água igual a 2257 kJ/kg) é alimentada no lado do casco do trocador de calor e sai como vapor saturado a 100°C e 1 atm de pressão total do sistema. O CO_2 entra no lado do tubo a 1 atm e 450 K (177°C) e sai a 400 K (127°C). O gás no lado do tubo está em escoamento turbulento.

O processo tem de produzir 0,50 kg/s de vapor saturado. O coeficiente de transferência de calor no lado do casco (h_o) para a água que evapora é 10.000 W/m² · K. O coeficiente de transferência de calor desejado no lado do tubo em cada tubo (h_i) é 50 W/m² · K. Deseja-se também usar um tubo de aço, Sch 40, de ¾ in de diâmetro nominal (diâmetro interno = 0,824 in, diâmetro externo = 1050 in, espessura = 0,113 in, condutividade térmica = 42,9 W/m · K; Apêndice M). As propriedades do CO_2 a 375 K, 1 atm (Apêndice I): ρ = 1,268 kg/m³, c_p = 960,9 J/kg · K, μ = 2,0325 × 10^{-5} kg/m · s, k = 0,02678 W/m · K.

a. Qual é a área do trocador de calor, baseada no h_i desejado de 50 W/m² · K?

b. Qual é a taxa mássica do gás CO_2 necessária para o processo operar?

c. Qual é a velocidade de CO_2 em um único tubo para o h desejado de 50 W/m² · K?

22.21 Cem mil libras por hora de água devem passar por um trocador de calor para elevar a temperatura da água de 140°F para 200°F. Produtos de combustão, tendo um calor específico de 0,24 Btu/lb$_m$ °F, estão disponíveis a 800°F. O coeficiente global de transferência de calor é 12 Btu/h ft² °F. Se 100.000 lb$_m$/h dos produtos de combustão estão disponíveis, determine:

a. a temperatura de saída do gás de exaustão

b. a área requerida de transferência de calor para um trocador em contracorrente

22.22 Um trocador de calor água-óleo tem temperaturas de entrada e de saída iguais a 255 e 340 K, respectivamente, para a água, e 305 e 350 K, respectivamente, para o óleo. Qual é a eficiência desse trocador de calor?

22.23 Um trocador de calor com escoamentos cruzados com tubos de paredes finas, com ambos os fluidos não misturados, é usado para aquecer água ($c_{p\,\text{água}}$ = 4,2 kJ/kg · K) de 20°C para 75°C. A taxa mássica da água é 2,7 kg/s. A corrente quente ($c_{p\,\text{água}}$ = 1,2 kJ/kg · K) entra no trocador de calor a 280°C e sai a 120°C. O coeficiente global de transferência de calor é 160 W/m² · K. Determine:

a. a taxa mássica da corrente de vapor

b. a área superficial do trocador

22.24 Se o coeficiente global de transferência de calor, a temperatura inicial do fluido e a área total do trocador de calor, determinados no Problema 22.2, permanecerem constantes, encontre a temperatura de saída do óleo se a configuração for mudada para:

a. escoamentos cruzados, ambos os fluidos não misturados

b. casco-tubo, com duas passagens pelos tubos e uma passagem pelo casco

360 ▶ Capítulo 22

22.25 Determine a área superficial requerida de transferência de calor para um trocador de calor construído com tubos de 10 cm de diâmetro externo. Uma solução de etanol 95% ($c_p = 3,810$ kJ/kg · K), escoando a 6,93 kg/s é resfriado de 340 a 312 K por 6,30 kg/s de água que está disponível a 283 K. O coeficiente global de transferência de calor baseado na área externa do tubo é 568 W/m² · K. Três diferentes configurações de trocador são de interesse:

a. contracorrente, única passagem

b. escoamento paralelo, única passagem

c. escoamentos cruzados com uma passagem pelos tubos e uma passagem pelo casco, fluido misturado no lado do casco

22.26 Água escoando a uma taxa de 10 kg/s por 50 tubos em um trocador de calor casco-tubo de duplas passagens aquece o ar que escoa no lado do casco. Os tubos são feitos de latão com diâmetros externos de 2,6 cm e 6,7 m de comprimento. Coeficientes de transferência de calor para as superfícies interna e externa são 470 e 210 W/m² · K, respectivamente. Ar entra na unidade a 15°C, com uma taxa de 16 kg/s. A temperatura de entrada da água é 350 K. Determine o seguinte:

a. eficiência do trocador de calor

b. taxa de transferência de calor para o ar

c. temperaturas de saída das correntes de água e de ar

Se, depois de um longo período de operação, uma incrustação se formar dentro dos tubos, resultando em uma resistência de incrustação adicional igual a 0,0021 m², determine os novos resultados para os itens (a), (b) e (c) anteriores.

22.27 Um trocador de calor casco-tubo, com duas passagens pelo casco e quatro passagens pelos tubos, é usado para trocar energia entre duas correntes de água pressurizada. Uma corrente escoando a 5000 lb_m/h é aquecida de 75°F para 220°F. A corrente quente escoa a 2400 lb_m/h e entra a 400°F. Se o coeficiente global de transferência de calor for 300 W/m² · K, determine a área superficial requerida.

22.28 Para o trocador de calor descrito no Problema 22.27, observa-se que, depois de um longo período de operação, a corrente fria sai a 184°F em vez do valor desejado de 220°F. Isso é para as mesmas taxas e temperaturas de entrada de ambas as correntes. Calcule o fator de incrustação que existe nas novas condições.

CAPÍTULO ▶ 23

Transferência de Calor por Radiação

O mecanismo de transferência de calor por radiação não tem analogia nem com transferência de momento nem com transferência de massa. A transferência de calor por radiação é extremamente importante em muitas fases de projetos de engenharia, tais como caldeiras, aquecimento de casas e em veículos espaciais. Neste capítulo, estamos interessados primeiro no entendimento da natureza da radiação térmica. A seguir, discutiremos as propriedades das superfícies e consideraremos como a geometria do sistema influencia a transferência de calor por radiação. Finalmente, ilustraremos algumas técnicas para resolver problemas relativamente simples em que superfícies e alguns gases participam da troca de energia radiante.

▶ 23.1

NATUREZA DA RADIAÇÃO

A transferência de energia por radiação tem várias características únicas quando contrastada com condução e convecção. Primeiro, não é necessário haver matéria para a transferência de calor por radiação; na verdade, a presença de um meio impedirá a transferência de calor por radiação entre superfícies. Observa-se que nuvens reduzem temperaturas máximas durante o dia e aumentam temperaturas mínimas noturnas, que são dependentes da transferência de energia por radiação entre a Terra e o espaço. Um segundo aspecto único de radiação é que tanto a quantidade quanto a qualidade da radiação dependem da temperatura. Na condução e na convecção, observou-se que a quantidade de transferência de calor depende da diferença de temperatura; na radiação, a quantidade de transferência de calor depende da diferença de temperatura entre dois corpos, assim como de suas temperaturas absolutas. Em adição, a radiação de um objeto quente será diferente na qualidade em relação à radiação de um corpo em uma temperatura menor. A cor de objetos incandescentes varia quando a temperatura é variada. As propriedades ópticas da radiação variando com a temperatura são de grande importância na determinação da troca de energia radiante entre corpos.

A radiação ocorre na velocidade da luz, tendo tanto propriedades de onda como propriedades de partícula. O espectro eletromagnético mostrado na Figura 23.1 ilustra a formidável faixa de frequências e de comprimento de onda ao longo da qual a radiação ocorre.

A unidade de comprimento de onda que devemos usar na discussão de radiação é o mícron, simbolizado por μ. Um mícron é 10^{-6} m ou $3,94(10^{-5})$ in. A frequência, v, de radiação está relacionada com o comprimento de onda, λ, por $\lambda v = c$, em que c é a velocidade da luz. A radiação de curto comprimento de onda, tal como raios gama e raios X, está associada a energias muito altas. Para produzir radiação desse tipo, temos de perturbar o núcleo ou os elétrons da camada interna de um átomo. Raios gama e raios X têm também grande capacidade de penetração; superfícies que são opacas à radiação

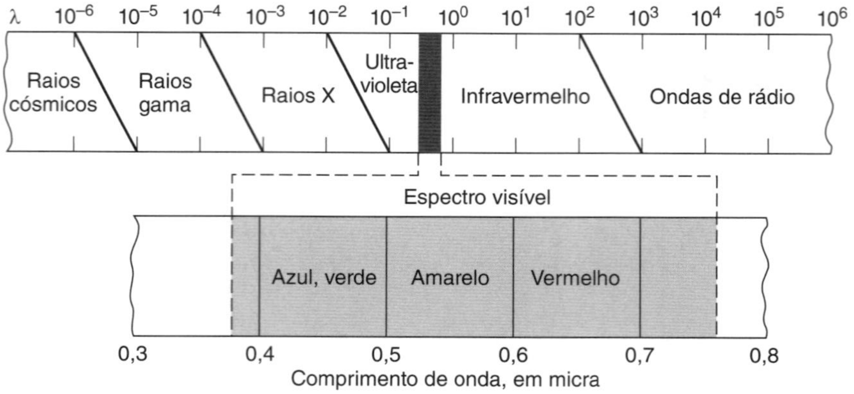

Figura 23.1 O espectro eletromagnético.

visível são facilmente atravessadas por raios gama e raios X. Radiação de grandes comprimentos de onda, tais como as ondas do rádio, também podem passar pelos sólidos; entretanto, a energia associada a essas ondas é muito menor que aquela da radiação de curto comprimento de onda.

Na faixa de $\lambda = 0{,}38$ a $0{,}76$ mícron, a radiação é sentida pelo nervo óptico e é o que chamamos de luz. A radiação na faixa visível tem pouco poder penetrante, exceto em alguns líquidos, plásticos e vidros. A radiação entre comprimentos de onda de 0,1 e 100 micra é denominada radiação *térmica*. A faixa térmica do espectro inclui uma porção da região ultravioleta e toda a região infravermelha.

▶ 23.2

RADIAÇÃO TÉRMICA

A radiação térmica incidente em uma superfície, como mostrado na Figura 23.2, pode ser absorvida, refletida ou transmitida.

Se ρ, α e τ são as frações da radiação incidente que são respectivamente refletidas, absorvidas e transmitidas, então

$$\rho + \alpha + \tau = 1 \tag{23-1}$$

em que ρ é chamada de *refletividade*, α é chamada de *absortividade* e τ é chamada de *transmissividade*.

Há dois tipos de reflexão que podem ocorrer: reflexão especular e reflexão difusa. Na *reflexão especular*, o ângulo de incidência da radiação é igual ao ângulo de reflexão. A reflexão mostrada na Figura 23.2 é a reflexão especular. A maioria dos corpos não reflete de uma maneira especular; eles refletem uma radiação em todas as direções. A *reflexão difusa* é algumas vezes comparada a uma situação em que a radiação térmica incidente é absorvida e então reemitida a partir da superfície, ainda mantendo seu comprimento de onda inicial.

A absorção da radiação térmica em sólidos acontece em uma distância muito curta, na ordem de 1 μm em condutores elétricos e cerca de 0,05 in em não condutores elétricos, a diferença sendo causada pela população diferente de estados de energia em condutores elétricos, que podem absorver energia nas frequências de radiação térmica.

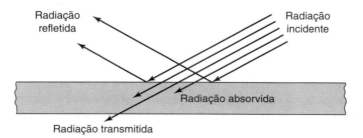

Figura 23.2 Destino da radiação incidente em uma superfície.

Para a maioria dos sólidos, a transmissividade é zero e, assim, eles podem ser chamados de *opacos* para a radiação térmica. A equação (23-1) se torna, para um corpo opaco, $\rho + \alpha = 1$.

O corpo absorvedor ideal, para o qual $\alpha = 1$, é chamado de um *corpo negro*. Um corpo negro nem reflete nem transmite nenhuma radiação térmica. Quando vemos luz (radiação) refletida, um chamado corpo negro aparecerá negro, nenhuma luz sendo refletida a partir dele. Um pequeno orifício em uma grande cavidade se aproxima bem de um corpo negro, independentemente da natureza da superfície interior. A radiação incidente no orifício tem muito pouca oportunidade para ser refletida de volta para fora do orifício. Corpos negros podem também ser feitos de objetos brilhantes, como pode ser mostrado olhando para uma pilha de lâminas de barbear com bordas afiadas.

O *poder emissivo total*, E, de uma superfície é definido como a taxa total de energia térmica emitida por radiação a partir de uma superfície em todas as direções e em todos os comprimentos de onda por área superficial unitária. O poder emissivo total é também referido em outros textos como a emitância ou a intensidade hemisférica total. Bem relacionada com o poder emissivo total é a emissividade. A emissividade, ϵ, é definida como a razão entre o poder emissivo total de uma superfície e o poder emissivo de uma superfície radiante ideal na mesma temperatura. A superfície radiante ideal é também chamada de corpo negro; então, podemos escrever

$$\epsilon = \frac{E}{E_b} \tag{23-2}$$

em que E_b é o poder emissivo total de um corpo negro. Uma vez que o poder emissivo total inclui contribuições de energia radiante a partir de todos os comprimentos de onda, o *poder emissivo monocromático*, E_λ, pode também ser definido. A energia radiante E_λ contida entre os comprimentos de onda λ e $\lambda + d\lambda$ é o poder emissivo monocromático; assim,

$$dE = E_\lambda \, d\lambda \qquad \text{ou} \qquad E = \int_0^\infty E_\lambda \, d\lambda$$

A emissividade monocromática, ϵ_λ, é simplesmente $\epsilon_\lambda = E_\lambda/E_{\lambda,b}$, em que $E_{\lambda,b}$ é o poder emissivo monocromático de um corpo negro no comprimento de onda λ na mesma temperatura. Uma absortividade monocromática, α_λ, pode ser definida da mesma maneira que a emissividade monocromática. A *absortividade monocromática* é definida como a razão entre a radiação incidente de comprimento λ absorvida por uma superfície e uma radiação incidente absorvida por uma superfície negra.

Uma relação entre a absortividade e a emissividade é dada pela lei de Kirchhoff. A lei de Kirchhoff estabelece que, para um sistema em equilíbrio termodinâmico, a seguinte igualdade se mantém para cada superfície:

$$\epsilon_\lambda = \alpha_\lambda \tag{23-3}$$

O equilíbrio termodinâmico requer que todas as superfícies estejam na mesma temperatura de modo que não haja transferência líquida de calor. A utilidade da lei de Kirchhoff está no seu uso para situações em que o desvio do equilíbrio é pequeno. Em tais situações, a emissividade e a absortividade podem ser consideradas iguais. Para radiação entre corpos com temperaturas muito diferentes, tais como entre a Terra e o Sol, a lei de Kirchhoff não se aplica. Um erro frequente ao usar a lei de Kirchhoff decorre da confusão entre equilíbrio termodinâmico e condições de estado estacionário. Estado estacionário significa que as derivadas temporais são iguais a zero, enquanto equilíbrio se refere à igualdade das temperaturas.

▶ 23.3

INTENSIDADE DE RADIAÇÃO

De modo a caracterizar a grandeza da radiação que viaja de uma superfície ao longo de um caminho especificado, o conceito de um único raio não é adequado. A quantidade de energia viajando em uma dada direção é determinada a partir de I, a *intensidade* de radiação. Com referência à

Figura 23.3, estamos interessados em conhecer a taxa na qual a energia radiante é emitida a partir de uma porção representativa, dA, da superfície mostrada em uma direção prescrita. Nossa perspectiva será aquela de um observador no ponto P olhando para dA. As coordenadas esféricas padrões serão usadas, ou seja, r, a coordenada radial; θ, o ângulo de zênite mostrado na Figura 23.3; e ϕ, o ângulo azimutal, que será discutido em breve. Se uma área unitária da superfície, dA, emite uma energia total dq, então a *intensidade de radiação* é dada por

$$I \equiv \frac{dq}{dA \, d\Omega \cos \theta} \qquad (23\text{-}4)$$

em que $d\Omega$ é um ângulo sólido diferencial — isto é, uma porção do espaço. Note que, com o olho localizado no ponto P, na Figura 23.3, o tamanho aparente da área emissora é $dA \cos \theta$. É importante lembrar que a intensidade de radiação é independente da direção para uma superfície radiante difusa. Rearranjando a equação (23-4), vemos que a relação entre o poder emissivo total, $E = dq/dA$, e a intensidade, I, é

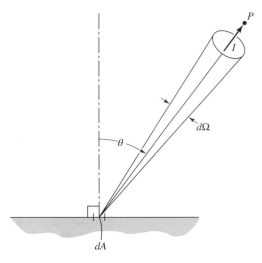

Figura 23.3 A intensidade de radiação.

$$\frac{dq}{dA} = E = \int I \cos \theta \, d\Omega = I \int \cos \theta \, d\Omega$$

A relação é vista ser puramente geométrica para uma superfície que irradia difusamente ($I \neq I(\theta)$). Considere um hemisfério imaginário de raio r cobrindo a superfície plana na qual dA está localizada. O ângulo sólido $d\Omega$ intercepta a área hemisférica sombreada, como mostrado na Figura 23.4. Um ângulo sólido é definido por $\Omega = A/r^2$ ou $d\Omega = dA/r^2$ e assim

$$d\Omega = \frac{(r \operatorname{sen}\theta \, d\phi)(r d\theta)}{r^2} = \operatorname{sen}\theta \, d\theta \, d\phi$$

O poder emissivo total por unidade de área se torna

$$E = I \int \cos \theta \, d\Omega$$
$$= I \int_0^{2\pi} \int_0^{\pi/2} \cos \theta \operatorname{sen}\theta \, d\theta \, d\phi$$

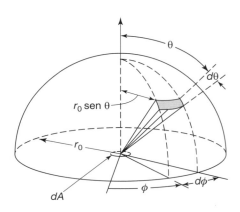

Figura 23.4 Integração da intensidade em relação a ângulos sólidos.

ou simplesmente

$$E = \pi I \qquad (23\text{-}5)$$

Se a superfície não irradia difusamente, então

$$E = \int_0^{2\pi} \int_0^{\pi/2} I \cos \theta \operatorname{sen}\theta \, d\theta \, d\phi \qquad (23\text{-}6)$$

A relação entre a intensidade de radiação, I, e o poder emissivo total é uma etapa importante na determinação do poder emissivo total.

A intensidade da radiação é fundamental na formulação de uma descrição quantitativa da transferência de calor por radiação, mas sua definição, como já mencionado, é complicada. A equação (23-5) relaciona a intensidade aos dados do poder emissivo, que, potencialmente, é muito mais fácil de descrever. Consideraremos agora o significado de tal descrição.

23.4

LEI DE PLANCK DA RADIAÇÃO

Planck[1] introduziu o conceito de *quantum* em 1900 e com ele a ideia de que uma radiação é emitida não em um estado contínuo de energia, mas em quantidades discretas ou *quanta*. A intensidade da radiação emitida por um corpo negro, deduzida por Planck, é

$$I_{b,\lambda} = \frac{2c^2 h \lambda^{-5}}{\exp\left(\dfrac{ch}{\kappa \lambda T}\right) - 1}$$

em que $I_{b,\lambda}$ é a intensidade de radiação proveniente de um corpo negro entre os comprimentos de onda λ e $\lambda + d\lambda$, c é a velocidade da luz, h é a constante de Planck, k é a constante de Boltzmann e T é a temperatura. O poder emissivo total entre os comprimentos de onda λ e $\lambda + d\lambda$ é então

$$E_{b,\lambda} = \frac{2\pi c^2 h \lambda^{-5}}{\exp\left(\dfrac{ch}{\kappa \lambda T}\right) - 1} \tag{23-7}$$

A Figura 23.5 ilustra a distribuição espectral de energia de um corpo negro como dada pela equação (23-7).

Na Figura 23.5, a área sob a curva de $E_{b,\lambda}$ *versus* λ (a energia emitida total) aumenta rapidamente com a temperatura. A energia do pico ocorre também em comprimentos de onda cada vez mais menores, à medida que a temperatura aumenta. Para um corpo negro a 5800 K (a temperatura efetiva da radiação solar), uma grande parte da energia emitida está na faixa do visível. A equação (23-7) expressa, funcionalmente, $E_{b,\lambda}$ como uma função do comprimento de onda e da temperatura. Dividindo ambos os lados dessa equação por T^5, obtemos

$$\frac{E_{b\lambda}}{T^5} = \frac{2\pi^2 h (\lambda T)^{-5}}{\exp\left(\dfrac{ch}{\kappa \lambda T}\right) - 1} \tag{23-8}$$

em que a grandeza $E_{b,\lambda}/T^5$ é expressa como função do produto λT, que pode ser tratado como uma única variável independente. Essa relação funcional é plotada na Figura 23.6 e valores discretos de $E_{b,\lambda}/\sigma T^5$ são dados na Tabela 23.1. A constante, σ, será discutida na próxima seção.

Tabela 23.1 Funções de Planck para a radiação

$\lambda T\ (\mu m\ K)$	$F_{0-\lambda_r}$	$\dfrac{E_b}{\sigma T^5}\left(\dfrac{1}{cm\ K}\right)$	$\lambda T\ (\mu m\ K)$	$F_{0-\lambda_r}$	$\dfrac{E_b}{\sigma T^5}\left(\dfrac{1}{cm\ K}\right)$
1000	0,0003	0,0372	2700	0,2053	2,2409
1100	0,0009	0,0855	2800	0,2279	2,2623
1200	0,0021	0,1646	2900	0,2505	2,2688
1300	0,0043	0,2774	3000	0,2732	2,2624
1400	0,0078	0,4222	3100	0,2958	2,2447
1500	0,0128	0,5933	3200	0,3181	2,2175
1600	0,0197	0,7825	3300	0,3401	2,1824
1700	0,0285	0,9809	3400	0,3617	2,1408
1800	0,0393	1,1797	3500	0,3829	2,0939
1900	0,0521	1,3713	3600	0,4036	2,0429
2000	0,0667	1,5499	3700	0,4238	1,9888
2100	0,0830	1,7111	3800	0,4434	1,9324
2200	0,1009	1,8521	3900	0,4624	1,8745
2300	0,1200	1,9717	4000	0,4809	1,8157
2400	0,1402	2,0695	4100	0,4987	1,7565
2500	0,1613	2,1462	4200	0,5160	1,6974
2600	0,1831	2,2028	4300	0,5327	1,6387

(Continua)

---

[1] M. Planck, *Verh. d. deut. physik. Gesell.*, **2**, 237 (1900).

Tabela 23.1 (*Continuação*)

$\lambda T \ (\mu m \ K)$	$F_{0-\lambda_r}$	$\dfrac{E_b}{\sigma T^5}\left(\dfrac{1}{cm\ K}\right)$	$\lambda T \ (\mu m \ K)$	$F_{0-\lambda_r}$	$\dfrac{E_b}{\sigma T^5}\left(\dfrac{1}{cm\ K}\right)$
4400	0,5488	1,5807	9200	0,8955	0,2650
4500	0,5643	1,5238	9300	0,8981	0,2565
4600	0,5793	1,4679	9400	0,9006	0,2483
4700	0,5937	1,4135	9500	0,9030	0,2404
4800	0,6075	1,3604	9600	0,9054	0,2328
4900	0,6209	1,3089	9700	0,9077	0,2255
5000	0,6337	1,2590	9800	0,9099	0,2185
5100	0,6461	1,2107	9900	0,9121	0,2117
5200	0,6579	1,1640	10.000	0,9142	0,2052
5300	0,6694	1,1190	11.000	0,9318	0,1518
5400	0,6803	1,0756	12.000	0,9451	0,1145
5500	0,6909	1,0339	13.000	0,9551	0,0878
5600	0,7010	0,9938	14.000	0,9628	0,0684
5700	0,7108	0,9552	15.000	0,9689	0,0540
5800	0,7201	0,9181	16.000	0,9738	0,0432
5900	0,7291	0,8826	17.000	0,9777	0,0349
6000	0,7378	0,8485	18.000	0,9808	0,0285
6100	0,7461	0,8158	19.000	0,9834	0,0235
6200	0,7541	0,7844	20.000	0,9856	0,0196
6300	0,7618	0,7543	21.000	0,9873	0,0164
6400	0,7692	0,7255	22.000	0,9889	0,0139
6500	0,7763	0,6979	23.000	0,9901	0,0118
6600	0,7832	0,6715	24.000	0,9912	0,0101
6700	0,7897	0,6462	25.000	0,9922	0,0087
6800	0,7961	0,6220	26.000	0,9930	0,0075
6900	0,8022	0,5987	27.000	0,9937	0,0065
7000	0,8081	0,5765	28.000	0,9943	0,0057
7100	0,8137	0,5552	29.000	0,9948	0,0050
7200	0,8192	0,5348	30.000	0,9953	0,0044
7300	0,8244	0,5152	31.000	0,9957	0,0039
7400	0,8295	0,4965	32.000	0,9961	0,0035
7500	0,8344	0,4786	33.000	0,9964	0,0031
7600	0,8391	0,4614	34.000	0,9967	0,0028
7700	0,8436	0,4449	35.000	0,9970	0,0025
7800	0,8480	0,4291	36.000	0,9972	0,0022
7900	0,8522	0,4140	37.000	0,9974	0,0020
8000	0,8562	0,3995	38.000	0,9976	0,0018
8100	0,8602	0,3856	39.000	0,9978	0,0016
8200	0,8640	0,3722	40.000	0,9979	0,0015
8300	0,8676	0,3594	41.000	0,9981	0,0014
8400	0,8712	0,3472	42.000	0,9982	0,0012
8500	0,8746	0,3354	43.000	0,9983	0,0011
8600	0,8779	0,3241	44.000	0,9984	0,0010
8700	0,8810	0,3132	45.000	0,9985	0,0009
8800	0,8841	0,3028	46.000	0,9986	0,0009
8900	0,8871	0,2928	47.000	0,9987	0,0008
9000	0,8900	0,2832	48.000	0,9988	0,0007
9100	0,8928	0,2739	49.000	0,9988	0,0007

(De M. Q. Brewster, *Thermal Radiative Transfer and Properties*, John Wiley & Sons, Nova York, 1992. Com permissão dos editores.)

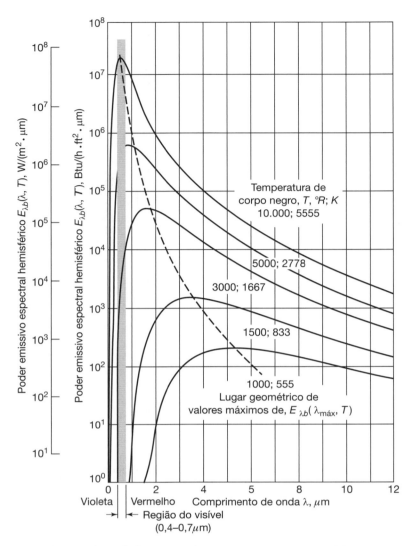

Figura 23.5 Poder emissivo espectral para um corpo negro para várias temperaturas. (De R. Siegel e J. R. Howell, *Thermal Radiation Heat Transfer*, 3. ed., Hemisphere Publishers, Washington, 1992. Com permissão dos editores.)

Observa-se que a energia do pico é emitida em $\lambda T = 2897,6$ μm · K ($5215,6$ μm · °R), como pode ser determinado pelo máximo da equação (23-8). A relação, $\lambda_{máx} T = 2897,6$ μK, é chamada da lei do deslocamento de Wien. Wien obteve esse resultado em 1893, 7 anos antes do desenvolvimento de Planck.

Frequentemente, estamos interessados em saber quanto da emissão ocorre em uma porção específica do espectro total de comprimento de onda. Isso é convenientemente expresso como uma fração do poder emissivo total. A fração entre os comprimentos de onda λ_1 e λ_2 é designada $F_{\lambda_1-\lambda_2}$ e pode ser expressa como

$$F_{\lambda_1-\lambda_2} = \frac{\int_{\lambda_1}^{\lambda_2} E_{b\lambda}\, d\lambda}{\int_0^\infty E_{b\lambda}\, d\lambda} = \frac{\int_{\lambda_1}^{\lambda_2} E_{b\lambda}\, d\lambda}{\sigma T^4} \qquad (23\text{-}9)$$

A equação (23-9) é convenientemente desmembrada em duas integrais, como se segue:

$$F_{\lambda_1-\lambda_2} = \frac{1}{\sigma T^4}\left(\int_0^{\lambda_2} E_{b\lambda}\, d\lambda - \int_0^{\lambda_1} E_{b\lambda}\, d\lambda\right) \qquad (23\text{-}10)$$

$$= F_{0-\lambda_2} - F_{0-\lambda_1}$$

Assim, a uma dada temperatura, a fração da emissão entre quaisquer dois comprimentos de onda pode ser determinada por subtração.

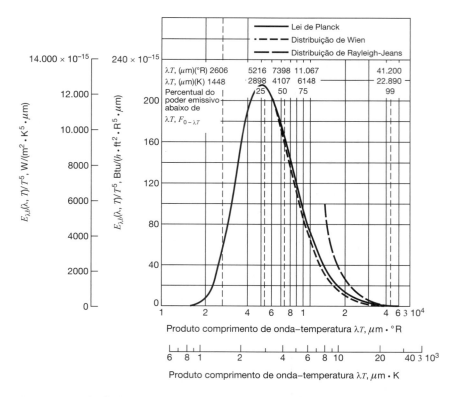

Figura 23.6 Distribuição espectral de energia para um corpo negro como função de λT. (De R. Siegel e J. R. Howell, *Thermal Radiation Heat Transfer*, 3. ed., Hemisphere Publishers, Washington, 1992. Com permissão dos editores.)

Esse processo pode ser simplificado se a temperatura for eliminada como uma variável separada. Isso pode ser executado usando a fração $E_{b,\lambda}/\sigma T^5$. A equação (23-10) pode ser modificada dessa maneira de modo a resultar

$$F_{\lambda_1 T - \lambda_2 T} = \int_0^{\lambda_2 T} \frac{E_{b\lambda}}{\sigma T^5} d(\lambda T) - \int_0^{\lambda_1 T} \frac{E_{b\lambda}}{\sigma T^5} d(\lambda T) \qquad (23\text{-}11)$$

$$= F_{0 - \lambda_2 T} - F_{0 - \lambda_1 T}$$

Valores de $F_{0-\lambda T}$ são dados como função do produto λT na Tabela 23.1.

▶ 23.5

LEI DE STEFAN–BOLTZMANN

A lei de Planck da radiação pode ser integrada ao longo dos comprimentos de onda, de zero a infinito, de modo a determinar o poder emissivo total. O resultado é

$$E_b = \int_0^\infty E_{b,\lambda}\, d\lambda = \frac{2\pi^5 \kappa^4 T^4}{15 c^2 h^3} = \sigma T^4 \qquad (23\text{-}12)$$

em que σ é chamada da constante de Stefan–Boltzmann e tem o valor de $\sigma = 5{,}676 \times 10^{-8}$ W/m²·K⁴ ($0{,}1714 \times 10^{-8}$ Btu/h ft² °R⁴). Essa constante é uma combinação de outras constantes físicas. A relação de Stefan–Boltzmann, $E_b = \sigma T^4$, foi obtida antes da lei de Planck por experimentos de Stefan em 1879 e por uma dedução termodinâmica de Boltzmann em 1884. O valor exato da constante de Stefan–Boltzmann, σ, e sua relação com outras constantes físicas foram obtidos depois da apresentação da lei de Planck em 1900.

Exemplo 1

Para uma superfície negra, emitindo difusamente, em uma temperatura de 1600 K, determine a taxa de emissão de energia radiante, E_b, no intervalo de comprimento de onda de 1,5 μm $< \lambda <$ 3 μm para valores do ângulo azimutal, θ, na faixa de 0 $< \theta <$ 60°.

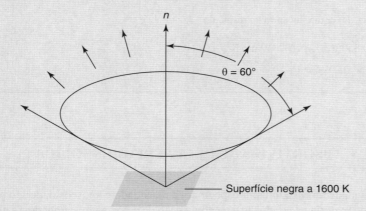

Figura 23.7 Superfície negra a 1600 K.

Solução

Para as condições especificadas no enunciado do problema, a equação (23-6) pode ser escrita na forma modificada

$$\Delta E_b = \int_{1,5}^{3} \int_{0}^{2\pi} \int_{0}^{60°} I_{b,\lambda} \cos\theta \, \text{sen}\,\theta \, d\theta \, d\phi \, d\lambda$$

Procedemos como a seguir

$$\Delta E_b = \int_{1,5}^{3} I_{b,\lambda} \left[\int_{0}^{\pi/2} \int_{0}^{\pi/3} \cos\theta \, \text{sen}\,\theta \, d\theta \, d\phi \right] d\lambda$$

$$= \int_{1,5}^{3} I_{b,\lambda} \left[2\pi \, \frac{\text{sen}^2\theta}{2} \bigg|_{0}^{\pi/3} \right] d\lambda$$

$$= 0,75\pi \int_{1,5}^{3} I_{b,\lambda} \, d\lambda$$

Usando a equação (23-6), podemos escrever

$$\Delta E_b = 0,75 \int_{1,5}^{3} E_{b,\lambda} \, d\lambda$$

Essa expressão pode agora ser modificada para a forma que permita o uso da Tabela 23.1, multiplicando e dividindo por E_b, resultando

$$\Delta E_b = 0,75 \, E_b \int_{1,5}^{3} \frac{E_{b,\lambda}}{E_b} \, d\lambda$$

que pode ser escrita como

$$\Delta E_b = 0,75 \, E_b [F_{0-3} - F_{0-1,5}]$$

Da Tabela 23.1,

$$\lambda_2 T = 3(1600) = 4800 \, \mu\text{m} \cdot \text{K}$$

$$\lambda_1 T = 1,5(1600) = 2400 \, \mu\text{m} \cdot \text{K}$$

resultando em

$$F_{0-\lambda_2 T} = 0,6075$$

$$F_{0-\lambda_2 T} = 0,1402$$

que resulta em

$$\Delta E_b = 0{,}75 \, E_b [0{,}6075 - 0{,}1402]$$
$$= 0{,}350 \, E_b$$

Finalmente, calculamos E_b usando a equação de taxa de Stefan, levando ao resultado

$$\Delta E_b = 0{,}350(5{,}67 \times 10^{-8} \text{ W/m}^2 \cdot \text{K}^4)(1600 \text{ K})^4$$
$$= 1{,}302 \times 10^5 \text{ W/m}^2$$

▶ 23.6 EMISSIVIDADE E ABSORTIVIDADE DE SUPERFÍCIES SÓLIDAS

Enquanto a condutividade térmica, o calor específico, a densidade e a viscosidade são propriedades físicas importantes da matéria na condução e na convecção de calor, a emissividade e a absortividade são as propriedades controladoras na troca de calor por radiação.

Das seções precedentes, foi visto que, para a radiação de corpo negro, $E_b = \sigma T^4$. Para superfícies reais, $E = \epsilon E_b$, seguindo a definição de emissividade. A emissividade da superfície, assim definida, é um fator incômodo, uma vez que energia radiante está sendo enviada para fora do corpo não somente em todas as direções, como também para vários comprimentos de onda. Para superfícies reais, a emissividade pode variar com o comprimento de onda tanto quanto com a direção da emissão. Consequentemente, temos de diferenciar a emissividade monocromática ϵ_λ e a emissividade direcional ϵ_θ da emissividade total ϵ.

Emissividade Monocromática Por definição, a emissividade monocromática de uma superfície real é a razão entre seu poder emissivo monocromático e aquele de uma superfície negra na mesma temperatura. A Figura 23.8 representa uma distribuição típica da intensidade de radiação de duas de tais superfícies na mesma temperatura para vários comprimentos de onda. A emissividade monocromática para certo comprimento de onda, λ_1, é vista ser uma razão de duas ordenadas, tal como $\overline{OQ}$ e $\overline{OP}$. Ou seja,

$$\epsilon_{\lambda_1} = \frac{\overline{OQ}}{\overline{OP}}$$

que é igual à absortividade monocromática α_{λ_1} da radiação de um corpo na mesma temperatura. Isso é uma consequência direta da lei de Kirchhoff. A emissividade total da superfície é dada pela razão entre a área sombreada mostrada na Figura 23.8 e aquela sob a curva para a radiação de corpo negro.

Emissividade Direcional A variação de cosseno discutida previamente, equação (23-5), é estritamente aplicável à radiação proveniente de uma superfície negra, mas é satisfeita somente de maneira aproximada por materiais presentes na natureza. Isso deve-se ao fato que a emissividade (média calculada para todos os comprimentos de onda) de superfícies reais não é constante em todas as direções. A variação da emissividade de materiais com a direção da emissão pode ser convenientemente representada por diagramas polares.

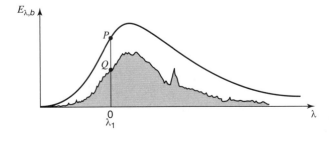

Figura 23.8 Emissividade para vários comprimentos de onda.

Se a lei dos cossenos for satisfeita, as curvas de distribuição devem tomar a forma de semicírculos. A maioria dos não condutores tem emissividades muito menores para ângulos de emissão na vizinhança de 90° (veja a Figura 23.9).

O desvio da lei dos cossenos é ainda maior para muitos condutores (veja a Figura 23.10). A emissividade permanece razoavelmente constante na vizinhança da direção normal de emissão; à medida que o ângulo de emissão é aumentado, ele primeiro aumenta e então diminui quando o primeiro se aproxima de 90°.

A emissividade média total pode ser determinada usando a seguinte expressão:

$$\epsilon = \int_0^{\pi/2} \epsilon_\theta \, \text{sen} \, 2\theta \, d\theta$$

A emissividade, ϵ, é, em geral, diferente da emissividade normal, ϵ_n (emissividade na direção normal). Encontrou-se que, para a maioria das superfícies brilhantes metálicas, a emissividade total é aproximadamente 20% maior do que ϵ_n. A Tabela 23.2 lista a razão de ϵ/ϵ_n para poucas superfícies metálicas brilhantes representativas. Para superfícies não metálicas ou outras superfícies, a razão ϵ/ϵ_n é levemente menor do que a unidade. Por causa da inconsistência que pode frequentemente ser encontrada entre várias fontes, os valores da emissividade normal podem ser usados, sem erro apreciável, para emissividade total (veja a Tabela 23.3).

Umas poucas generalizações podem ser feitas relativas à emissividade de superfícies:

a. Em geral, a emissividade depende das condições da superfície.
b. A emissividade de superfícies altamente polidas é muito baixa.
c. A emissividade de todas as superfícies metálicas aumenta com a temperatura.
d. A formação de uma camada espessa de óxido e a rugosidade da superfície aumentam a emissividade apreciavelmente.
e. A razão ϵ/ϵ_n é sempre maior do que um para superfícies metálicas brilhantes. O valor 1,2 pode ser tomado como uma boa média.

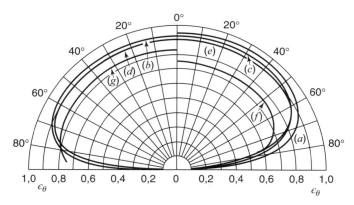

Figura 23.9 Variação da emissividade com a direção para não condutores. (a) Gelo. (b) Madeira. (c) Vidro. (d) Papel. (e) Argila. (f) Óxido de cobre. (g) Óxido de alumínio.

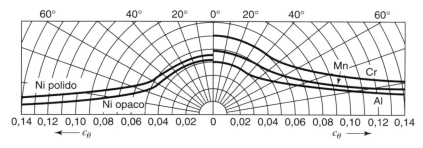

Figura 23.10 Variação da emissividade com a direção para condutores.

372 ▶ Capítulo 23

f. As emissividades de superfícies não metálicas são muito maiores do que para superfícies metálicas e mostram uma diminuição à medida que a temperatura aumenta.

g. As emissividades de óxidos coloridos de metais pesados, como Zn, Fe e Cr, são muito maiores do que as emissividades de óxidos brancos de metais leves, como Ca, Mg e Al.

Tabela 23.2 A razão ϵ/ϵ_n para superfícies metálicas brilhantes

Alumínio, laminado brilhante (443 K)	$\frac{0,049}{0,039} = 1,25$
Níquel, fosco brilhante (373 K)	$\frac{0,046}{0,041} = 1,12$
Níquel, polido (373 K)	$\frac{0,053}{0,045} = 1,18$
Manganina, laminado brilhante (392 K)	$\frac{0,057}{0,048} = 1,19$
Cromo, polido (423 K)	$\frac{0,071}{0,058} = 1,22$
Ferro, gravado brilhante (423 K)	$\frac{0,158}{0,128} = 1,23$
Bismuto, brilhante (353 K)	$\frac{0,340}{0,336} = 1,08$

Tabela 23.3 A razão ϵ/ϵ_n para superfícies não metálicas e outras superfícies

Óxido de cobre (300°F)	0,96
Argila refratária (183°F)	0,99
Papel (200°F)	0,97
Madeira compensada (158°F)	0,97
Vidro (200°F)	0,93
Gelo (32°F)	0,95

Absortividade A absortividade de uma superfície depende dos fatores que afetam a emissividade e, além disso, afetam a qualidade da radiação incidente. Pode ser comentado uma vez mais que a lei de Kirchhoff se mantém estritamente verdadeira sob o equilíbrio térmico. Ou seja, se um corpo na temperatura T_1 estiver recebendo radiação de um corpo negro também na temperatura T_1, então $\alpha = \epsilon$. Para a maioria dos materiais, na faixa usual de temperaturas encontradas na prática (de temperatura ambiente até cerca de 1370 K), a relação simples $\alpha = \epsilon$ se mantém com boa acurácia. Entretanto, se a radiação incidente for aquela de uma fonte com uma temperatura muito alta, digamos a radiação solar ($\sim$5800 K), a emissividade e a absortividade das superfícies ordinárias podem diferir largamente. Óxidos metálicos brancos exibem um valor de emissividade (e de absortividade) de cerca de 0,95 a temperaturas comuns, mas sua absortividade cai bruscamente para 0,15 se esses óxidos forem expostos à radiação solar. Contrário a isso, superfícies metálicas recém-polidas têm um valor de emissividade (e de absortividade sob condições de equilíbrio) de cerca de 0,05. Quando expostas à radiação solar, sua absortividade aumenta para 0,2 ou mesmo 0,4.

Sob essas últimas circunstâncias, uma notação com duplo subscrito, $\alpha_{1,2}$, pode ser empregada; o primeiro subscrito se refere à temperatura da superfície receptora e o segundo subscrito à temperatura da radiação incidente.

Superfície Cinza Como emissividade, a absortividade monocromática, α_λ, de uma superfície pode variar com o comprimento de onda. Se α_λ for constante, sendo independente de λ, a superfície é chamada de *cinza*. Para uma superfície cinza, a absortividade média total será independente da distribuição espectral de energia da radiação incidente. Consequentemente, a emissividade, ϵ, pode ser usada no lugar de α, embora as temperaturas da radiação incidente e da superfície receptora não sejam as mesmas. Boas aproximações de uma superfície cinza são ardósia, placa de piche e linóleo escuro. A Tabela 23.4 lista emissividades, a várias temperaturas, para diversos materiais.

Tabela 23.4 Emissividade normal total de várias superfícies (Compilado por H. C. Hottel)[†]

Superfície	T, °F[‡]	Emissividade
A. Metais e seus óxidos		
Aços inoxidáveis:		
Polidos	212	0,074
Tipo 310 (25% de Cr; 20% de Ni)		
Marrons, manchados, oxidados devido ao serviço em fornos	420–980	0,90–0,97
Alumínio:		
Placa altamente polida, 98,3% pura	440–1070	0,039–0,057
Chapa comercial	212	0,09
Oxidada a 1110°F	390–1110	0,11–0,19
Altamente oxidada	200–940	0,20–0,31
Chumbo:		
Puro (99,96%), não oxidado	260–40	0,057–0,075
Oxidado cinza	75	0,28
Cobre:		
Polido	212	0,052
Placa aquecida a 1110°F	390–1110	0,57
Óxido cuproso	1470–2010	0,66–0,54
Cobre fundido	1970–2330	0,16–0,13
Cromo (veja as ligas de níquel para aços Ni-Cr):		
Polido	100–2000	0,08–0,36
Estanho:		
Ferro estanhado brilhante	76	0,043 e 0,064
Brilhante	122	0,06
Folha de ferro estanhado comercial	212	0,07, 0,08
Ferro e aço (não incluindo inoxidável):		
Superfícies metálicas (ou camada muito fina de óxido)		
Ferro, polido	800–1880	0,14–0,38
Ferro fundido, polido	392	0,21
Ferro forjado, altamente polido	100–80	0,28
Superfícies oxidadas		
Placa de ferro, completamente enferrujada	67	0,69
Placa de aço, rugosa	100–700	0,94–0,97
Superfícies fundidas		
Ferro fundido	2370–2550	0,29
Aço doce	2910–3270	0,28
Latão:		
Polido	100–600	0,10
Oxidado por aquecimento a 1110°F	390–1110	0,61–0,59
Ligas de níquel:		
Níquel-cromo	125–1894	0,64–0,76
Níquel-cobre, polido	212	0,059
Fio de níquel-cromo, brilhante	120–1830	0,65–0,79
Ouro:		
Puro, altamente polido	440–1160	0,018–0,035
Platina:		
Pura, placa polida	440–1160	0,054–0,104
Tira	1700–2960	0,12–0,17
Filamento	80–2240	0,036–0,192
Fio	440–2510	0,073–0,182

(*Continua*)

Tabela 23.4 (*Continuação*)

Superfície	T, °F‡	Emissividade
Fio de níquel-cromo, oxidado	120–930	0,95–0,98
Prata:		
Polida, pura	440–1160	0,020–0,032
Polida	100–700	0,022–0,031
Tungstênio:		
Filamento, envelhecido	80–6000	0,032–0,35
Filamento	6000	0,39
Cobertura polida	212	0,066
Zinco:		
Comercial, 99,1% puro, polido	440–620	0,045–0,053
Oxidado por aquecimento a 750°F	750	0,11
B. Refratários, materiais de construção, tintas e miscelâneas		
Água	32–212	0,95–0,963
Argamassa, cal áspera	50–190	0,91
Asbestos:		
Placa	74	0,96
Papel	100–700	0,93–0,94
Borracha:		
Placa dura e lustrosa	74	0,94
Macia, cinza, rugosa (regenerada)	76	0,86
Carbono:		
Filamento	1900–2560	0,526
Revestimento de negro de fumo para vidro para água	209–440	0,96–0,95
Fina camada de carbono sobre uma placa de ferro	69	0,927
Carvalho, aplainado	70	0,90
Gesso, 0,02 in de espessura sobre uma placa lisa ou enegrecida	70	0,903
Mármore, cinza-claro, polido	72	0,93
Papel de cobertura	69	0,91
Tijolo:		
Vermelho, rugoso, mas nenhuma irregularidade grave	70	0,93
Tijolo, esmaltado	2012	0,75
Tijolo de construção	1832	0,45
Tijolo refratário	1832	0,75
Tijolo refratário de magnesita	1832	0,38
Tintas, lacas, vernizes:		
Verniz de esmalte muito branco sobre placa de ferro forjado	73	0,906
Laca preta brilhante, aspergida sobre ferro	76	0,875
Goma-laca preta brilhante sobre laminado de ferro estanhado	70	0,821
Goma-laca preta fosca	170–295	0,91
Laca preta ou branca	100–200	0,80–0,95
Laca preta plana	100–200	0,96–0,98
Tintas à base de óleo, 16 diferentes, todas as cores	212	0,92–0,96
Tinta A1, depois de aquecimento a 620°F	300–600	0,35
Vidro:		
Liso	72	0,94
Pirex, chumbo e carbonato de sódio	500–1000	0,95–0,85

† Com permissão de W. H. McAdams (ed.), *Heat Transmission*, 3. ed., McGraw-Hill Book Company, Tabela de emissividade normal total compilada por H. C. Hottel.

‡ Quando temperaturas e emissividades aparecem em pares separados por traços, eles correspondem, sendo possível fazer interpolação linear.

O leitor deve notar que as unidades de temperaturas na Tabela 23.4 são °F em contraste com K, como tem sido usado ao longo do livro até agora. A Tabela 23.4 é apresentada como publicada originalmente por McAdams.

▶ 23.7

TRANSFERÊNCIA DE CALOR RADIANTE ENTRE CORPOS NEGROS

A troca de energia radiante entre corpos negros é dependente da diferença de temperatura e da geometria, em que a geometria, em particular, desempenha um papel dominante. Considere as duas superfícies ilustradas na Figura 23.11. A energia radiante emitida a partir de uma superfície negra em dA_1 e recebida em dA_2 é

$$dq_{1\to 2} = I_{b_1} \cos\theta_1 \, d\Omega_{1-2} \, dA_1$$

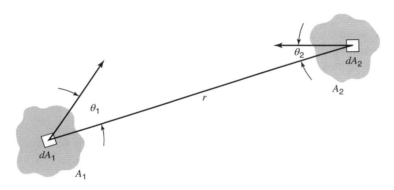

Figura 23.11 Transferência de energia radiante entre duas superfícies.

em que $d\Omega_{1-2}$ é o ângulo sólido subentendido por dA_2 como visto a partir de dA_1. Logo,

$$d\Omega_{1-2} = \cos\theta_2 \frac{dA_2}{r^2}$$

e como $I_{b1} = E_{b1}/\pi$, a transferência de calor de 1 para 2 é

$$dq_{1\to 2} = E_{b_1} \, dA_2 \left\{ \frac{\cos\theta_1 \cos\theta_2 \, dA_1}{\pi r^2} \right\}$$

Observa-se que o termo entre chaves depende somente da geometria. Exatamente da mesma maneira, a energia emitida por dA_2 e capturada por dA_1 pode ser determinada. Isso é

$$dq_{2\to 1} = E_{b_2} \, dA_2 \left\{ \frac{\cos\theta_2 \cos\theta_1 \, dA_1}{\pi r^2} \right\}$$

A transferência líquida de calor entre as superfícies dA_1 e dA_2 é então simplesmente

$$dq_{1-2 \text{ líquida}} = dq_{1\rightleftharpoons 2} = dq_{1\to 2} - dq_{2\to 1}$$

ou

$$dq_{1\rightleftharpoons 2} = (E_{b_1} - E_{b_2}) \frac{\cos\theta_1 \cos\theta_2 \, dA_1 \, dA_2}{\pi r^2}$$

Integrando ao longo das superfícies 1 e 2, obtemos

$$q_{1 \rightleftharpoons 2} = (E_{b_1} - E_{b_2}) \int_{A_1} \int_{A_2} \frac{\cos \theta_1 \cos \theta_2 \, dA_2 \, dA_1}{\pi r^2}$$

A inserção de A_1/A_2 resulta

$$q_{1 \rightleftharpoons 2} = (E_{b_1} - E_{b_2}) A_1 \left[\frac{1}{A_1} \int_{A_1} \int_{A_2} \frac{\cos \theta_1 \cos \theta_2 \, dA_2 \, dA_1}{\pi r^2} \right] \quad (23\text{-}13)$$

O termo entre colchetes na equação anterior é chamado de *fator de forma*, F_{12}. Se tivéssemos usado A_2 como referência, então o fator de forma seria F_{21}. Claramente, a transferência líquida de calor não é afetada por essas operações e, assim, $A_1 F_{12} = A_2 F_{21}$. Essa simples e extremamente importante expressão é chamada de relação de *reciprocidade*.

Uma interpretação física do fator de forma pode ser obtida a partir do seguinte argumento. Uma vez que a energia total que sai da superfície A_1 é $E_{b_1} A_1$, a quantidade de calor que a superfície A_2 recebe é $E_{b_1} A_1 F_{12}$. A quantidade de calor perdido pela superfície A_2 é $E_{b_2} A_2$, enquanto a quantidade que atinge A_1 é $E_{b_2} A_2 F_{21}$. A taxa líquida de transferência de calor entre A_1 e A_2 é a diferença ou $E_{b_1} A_1 F_{12} - E_{b_2} A_2 F_{21}$. Isso pode ser rearranjado para resultar $(E_{b_1} - E_{b_2}) A_1 F_{12}$. Desse modo, o fator de forma F_{12} pode ser interpretado como a fração da energia de corpo negro que sai de A_1 e atinge A_2. Claramente, os fatores de forma não podem exceder a unidade.

Antes que alguns fatores de forma específicos sejam examinados, há várias generalizações dignas de nota relativas aos fatores de forma:

1. A *relação de reciprocidade*, $A_1 F_{12} = A_2 F_{21}$, é sempre válida.
2. O fator de forma é independente da temperatura. Ele é puramente geométrico.
3. Para uma superfície fechada, $F_{11} + F_{12} + F_{13} + \ldots = 1$.

Em muitos casos, o fator de forma pode ser determinado sem integração. A seguir, um exemplo de tal caso.

Exemplo 2

Considere o fator de forma entre um hemisfério e um plano, como mostrado na figura. Determine os fatores de forma F_{11}, F_{12} e F_{21}.

O fator de forma F_{21} é unitário, uma vez que a superfície 2 vê somente a superfície 1. Para a superfície 1, podemos escrever $F_{11} + F_{12} = 1$ e $A_1 F_{12} = A_2 F_{21}$. Como $F_{21} = 1$, $A_2 = \pi r_0^2$ e $A_1 = 2\pi r_0^2$, as relações anteriores fornecem

$$F_{12} = F_{21} \frac{A_2}{A_1} = (1) \left(\frac{\pi r_0^2}{2\pi r_0^2} \right) = \frac{1}{2}$$

e

$$F_{11} = 1 - F_{12} = \frac{1}{2}$$

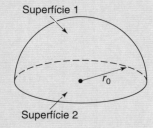

O fator de forma F_{12} pode, em geral, ser determinado pela integração. Como

$$F_{12} \equiv \frac{1}{A_1} \int_{A_1} \int_{A_2} \frac{\cos \theta_1 \cos \theta_2 \, dA_2 \, dA_1}{\pi r^2} \quad (23\text{-}14)$$

esse processo de integração se torna bem tedioso e o fator de forma para uma geometria complexa requer métodos numéricos. De modo a ilustrar o cálculo analítico dos fatores de forma, considere o fator de forma entre a área diferencial dA_1 e o plano paralelo A_2 mostrado na Figura 23.12. O fator de forma $F_{dA_1 A_2}$ é dado por

$$F_{dA_1 A_2} = \frac{1}{dA_1} \int_{dA_1} \int_{A_2} \frac{\cos \theta_1 \cos \theta_2 \, dA_2 \, dA_1}{\pi r^2}$$

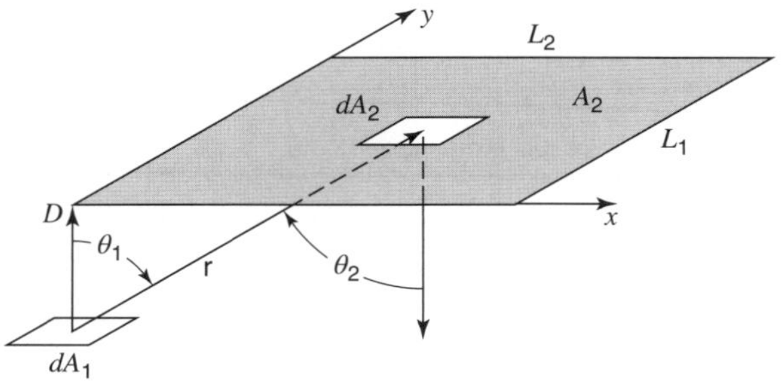

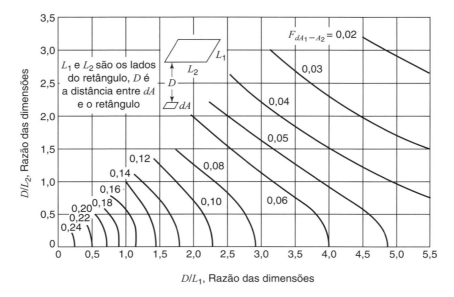

Figura 23.12 Área diferencial e área finita paralela.

e como $A_2 \gg dA_1$, a visão de dA_2 a partir de dA_1 é independente da posição sobre dA_1; por conseguinte,

$$F_{dA_1A_2} = \frac{1}{\pi} \int_{A_2} \frac{\cos\theta_1 \cos\theta_2}{r^2} dA_2$$

Também, pode ser notado que $\theta_1 = \theta_2$ e $\cos\theta = D/r$, em que $r^2 = D^2 + x^2 + y^2$. A integral resultante se torna

$$F_{dA_1A_2} = \frac{1}{\pi} \int_0^{L_1} \int_0^{L_2} \frac{D^2\, dx\, dy}{(D^2 + x^2 + y^2)^2}$$

ou

$$F_{dA_1A_2} = \frac{1}{2\pi} \left\{ \frac{L_1}{\sqrt{D^2 + L_1^2}} \operatorname{tg}^{-1} \frac{L_2}{\sqrt{D^2 + L_1^2}} + \frac{L_2}{\sqrt{D^2 + L_2^2}} \operatorname{tg}^{-1} \frac{L_1}{\sqrt{D^2 + L_2^2}} \right\} \quad (23\text{-}15)$$

O fator de forma dado pela equação (23-15) é mostrado graficamente na Figura 23.12. As Figuras 23-14 a 23.16 ilustram alguns fatores de forma para algumas geometrias simples.

Figura 23.13 Fator de forma para um elemento de superfície e uma superfície retangular paralela a ele. (De H. C. Hottel. "Radiant Heat Transmission", *Mech. Engrg.*, **52** (1930). Com permissão dos editores.)

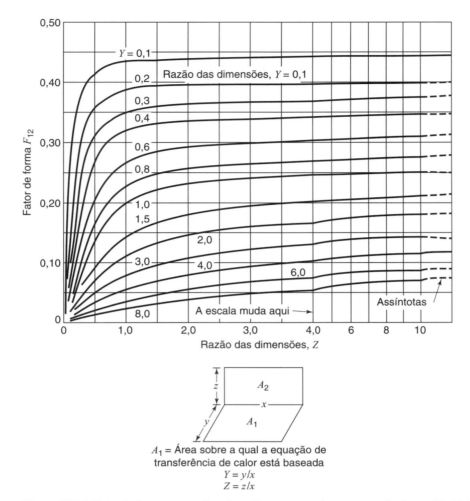

Figura 23.14 Fator de forma para retângulos adjacentes em planos perpendiculares. (De H. C. Hottel. "Radiant Heat Transmission", *Mech. Engrg.*, **52** (1930). Com permissão dos editores.)

Exemplo 3

Determine o fator de forma de um quadrado de 1 m para um plano retangular paralelo de 10 m por 12 m, centralizado 8 m acima do quadrado de 1 m.

A menor área pode ser considerada uma área diferencial e a Figura 23.13 pode ser usada. A área 10 m por 12 m pode ser dividida em quatro retângulos de 5 m por 6 m, diretamente acima da área menor. Logo, o fator de forma total é a soma dos fatores de forma para cada retângulo subdividido. Usando $D = 8$, $L_1 = 6$, $L_2 = 5$, encontramos que o fator de forma da Figura 23.13 é 0,09. O fator de forma total é a soma dos fatores de forma, ou 0,36.

Álgebra com os Fatores de Forma

Fatores de forma entre combinações de áreas diferenciais e de tamanho finito foram expressos em forma de equações até agora. Podem-se fazer algumas generalizações que serão úteis na análise de troca de energia radiante em casos que, à primeira vista, parecem bem difíceis.

Em um ambiente fechado, toda a energia que sai de uma superfície, designada como i, será incidente sobre todas as outras superfícies que ela pode "ver". Se houver n superfícies no total, com j designando qualquer superfície que recebe energia de i, podemos escrever

$$\sum_{j=1}^{n} F_{ij} = 1 \qquad (23\text{-}16)$$

Uma forma geral da relação de reciprocidade pode ser escrita como

$$A_i F_{ij} = A_j F_{ji} \qquad (23\text{-}17)$$

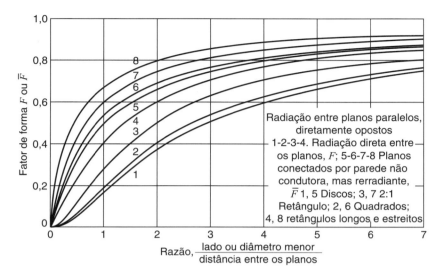

Figura 23.15 Fator de forma para quadrados, retângulos e discos iguais e paralelos. As curvas marcadas como 5, 6, 7 e 8 permitem uma variação contínua nas temperaturas das paredes laterais, a partir do topo até a base. (De H. C. Hottel. "Radiant Heat Transmission", *Mech. Engrg.*, **52** (1930). Com permissão dos editores.)

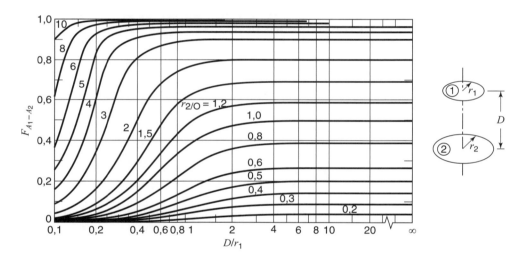

Figura 23.16 Fator de forma para discos circulares paralelos opostos de tamanhos desiguais.

essas duas expressões formam a base de uma técnica designada *álgebra dos fatores de forma*. Uma notação simplificada será introduzida, usando o símbolo G_{ij}, definido como

$$G_{ij} \equiv A_i F_{ij}$$

As equações (23-16) e (23-17) podem agora ser escritas como

$$\sum G_{ij} = A_i \tag{23-18}$$

$$G_{ij} = G_{ji} \tag{23-19}$$

A grandeza G_{ij} é designada como *fluxo geométrico*. Relações envolvendo os fluxos geométricos são ditadas pelos princípios de conservação da energia.

Algum simbolismo especial será agora explicado. Se a superfície 1 "vir" duas superfícies, designadas como 2 e 3, poderemos escrever

$$G_{1-(2+3)} = G_{1-2} + G_{1-3} \tag{23-20}$$

Essa relação diz simplesmente que a energia que sai de 1 e incide em ambas as superfícies 2 e 3 é o total daquela que incide em cada uma separadamente. A equação (23-20) pode ser reduzida ainda mais para

$$A_1 F_{1-(2+3)} = A_1 F_{12} + A_1 F_{13}$$

ou

$$F_{1-(2+3)} = F_{12} + F_{13}$$

Uma segunda expressão, envolvendo quatro superfícies, é reduzida para

$$G_{(1+2)-(3+4)} = G_{1-(3+4)} + G_{2-(3+4)}$$

que decompõe mais ainda para a forma

$$G_{(1+2)-(3+4)} = G_{1-3} + G_{1-4} + G_{2-3} + G_{2-4}$$

Exemplos de como a álgebra de fatores de forma pode ser usada é mostrada a seguir.

Exemplo 4

Determine os fatores de forma para as áreas finitas mostradas.

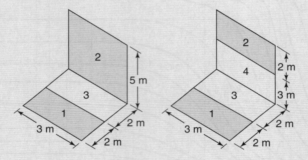

A inspeção indica que, no caso (a), fatores de forma F_{2-3} e $F_{2-(1+3)}$ podem ser lidos diretamente da Figura 23.14. O fator de forma desejado, F_{1-2}, pode ser obtido usado a álgebra dos fatores de forma nas seguintes etapas.

$$G_{2-(1+3)} = G_{2-1} + G_{2-3}$$

Assim,

$$G_{2-1} = G_{2-(1+3)} - G_{2-3}$$

Finalmente, por reciprocidade, podemos resolver para F_{1-2} de acordo com

$$G_{1-2} = G_{2-1} = G_{2-(1+3)} - G_{2-3}$$
$$A_1 F_{1-2} = A_2 F_{2-(1+3)} - A_2 F_{2-3}$$
$$F_{1-2} = \frac{A_2}{A_1}[F_{2-(1+3)} - F_{2-3}]$$

Da Figura 23.14, lemos

$$F_{2-(1+3)} = 0{,}15 \quad F_{2-3} = 0{,}10$$

Logo, para a configuração (a), obtemos

$$F_{1-2} = \frac{5}{2}(0{,}15 - 0{,}10) = 0{,}125$$

Agora, para o caso (b), as etapas de solução são

$$G_{1-2} = G_{1-(2+4)} - G_{1-4}$$

que podem ser escritas como

$$F_{1-2} = F_{1-(2+4)} - F_{1-4}$$

O resultado do item (a) pode agora ser utilizado para escrever

$$F_{1-(2+4)} = \frac{A_2 + A_4}{A_1}[F_{(2+4)-(1+3)} - F_{(2+4)-3}]$$

$$F_{1-4} = \frac{A_4}{A_1}[F_{4-(1+3)} - F_{4-3}]$$

Cada um dos fatores de forma do lado direito dessas duas expressões pode ser calculado a partir da Figura 23.14; os valores apropriados são

$$F_{(2+4)-(1+3)} = 0,15 \qquad F_{4-(1+3)} = 0,22$$

$$F_{(2+4)-3} = 0,10 \qquad F_{4-3} = 0,165$$

Fazendo essas substituições, temos

$$F_{1-(2+4)} = \frac{5}{2}(0,15 - 0,10) = 0,125$$

$$F_{1-4} = \frac{3}{2}(0,22 - 0,165) = 0,0825$$

A solução para o caso (b) torna-se agora

$$F_{1-2} = 0,125 - 0,0825 = 0,0425$$

▶ **23.8**

TROCA RADIANTE EM SUPERFÍCIES NEGRAS FECHADAS

Como apontado anteriormente, uma superfície que vê n outras superfícies pode ser descrita de acordo com

$$F_{11} + F_{12} + \cdots + F_{1i} + \cdots + F_{1n} = 1$$

ou

$$\sum_{i=1}^{n} F_{1i} = 1 \tag{23-21}$$

Obviamente, a inclusão de A_1 na equação (23-12) resulta

$$\sum_{i=1}^{n} A_1 F_{1i} = A_1 \tag{23-22}$$

Entre quaisquer duas superfícies negras, a troca de calor radiante é dada por

$$q_{12} = A_1 F_{12}(E_{b_1} - E_{b_2}) = A_2 F_{21}(E_{b_1} - E_{b_2}) \tag{23-23}$$

Para a superfície 1 e qualquer outra superfície, designada como i, em um ambiente fechado negro, a troca radiante é dada como

$$q_{1i} = A_1 F_{1i}(E_{b_1} - E_{b_i}) \tag{23-24}$$

Para um ambiente fechado em que a superfície 1 vê n outras superfícies, podemos escrever, para a transferência líquida de calor com 1,

$$q_{1-\text{outras}} = \sum_{i=1}^{n} q_{1i} = \sum_{i=1}^{n} A_1 F_{1i}(E_{b_1} - E_{b_i}) \tag{23-25}$$

A equação (23-25) pode ser pensada como análoga à lei de Ohm, em que uma grandeza de transferência, q, a força motriz, $E_{b_1} - E_{b_i}$, e a resistência térmica, $1/(A_1 F_{1i})$, têm as contrapartes elétricas, I, ΔV e R, respectivamente.

A Figura 23.17 mostra os circuitos elétricos análogos para ambientes fechados com três e quatro superfícies, respectivamente.

A solução para um problema com três superfícies — isto é, para encontrar q_{12}, q_{13}, q_{23} —, embora seja tediosa, pode ser executada em um tempo razoável. Ao analisar ambientes fechados com quatro ou mais superfícies, uma solução analítica se torna impraticável. Em tais situações, deve-se recorrer a métodos numéricos.

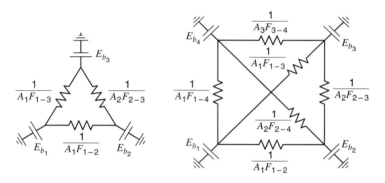

Figura 23.17 Analogia com a radiação.

▶ 23.9

TROCA RADIANTE COM SUPERFÍCIES RERRADIANTES PRESENTES

Os diagramas de circuitos da Figura 23.17 mostram um caminho para o solo em cada uma das junções. O análogo térmico é uma superfície que tem alguma influência externa pela qual sua temperatura é mantida em certo nível pela adição ou rejeição de energia. Tal superfície está em contato com sua vizinhança e conduzirá calor em virtude de uma diferença de temperatura imposta a ela.

Em aplicações de radiação, encontramos superfícies que são efetivamente isoladas da vizinhança. Tal superfície reemitirá toda a energia radiante que é absorvida — geralmente em uma forma difusa. Essas superfícies atuam como refletores e suas temperaturas "flutuam" em algum valor que é necessário para o sistema estar em equilíbrio. A Figura 23.18 mostra uma situação física e o análogo elétrico correspondente para um ambiente fechado com três superfícies, sendo uma delas rerradiante não absorvente.

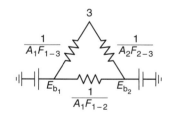

Figura 23.18

Calculando a transferência líquida de calor entre as duas superfícies negras, q_{1-2}, temos

$$\begin{aligned} q_{12} &= \frac{E_{b_1} - E_{b_2}}{R_{\text{equiv}}} \\ &= \left[A_1 F_{12} + \frac{1}{1/A_1 F_{13} + 1/A_2 F_{23}} \right](E_{b_1} - E_{b_2}) \\ &= A_1 \left[F_{12} + \frac{1}{1/F_{13} + A_1/A_2 F_{23}} \right](E_{b_1} - E_{b_2}) \\ &= A_1 \overline{F}_{12}(E_{b_1} - E_{b_2}) \end{aligned} \tag{23-26}$$

A expressão resultante, equação (23-62), contém um novo termo, $\overline{F}_{12}$, o *fator de forma rerradiante*. Esse novo fator, $\overline{F}_{12}$, é equivalente ao termo entre colchetes na expressão prévia, que inclui troca direta entre as superfícies 1 e 2, F_{12}, mais os termos que consideram a energia que é trocada entre essas superfícies, via a intervenção da superfície rerradiante. É aparente que $\overline{F}_{12}$ será sempre maior do que F_{12}. A Figura 23.15 permite ler fatores de forma rerradiantes diretamente para algumas geometrias simples. Em outras situações, em que curvas tais como as dessa figura não estão disponíveis, o análogo elétrico pode ser usado pela simples modificação de que nenhum caminho até o solo existe na superfície rerradiante.

▶ 23.10

TRANSFERÊNCIA DE CALOR RADIANTE ENTRE SUPERFÍCIES CINZA

No caso de superfícies que não sejam negras, a determinação da transferência de calor se torna mais complicada. Para corpos cinza — ou seja, superfícies para as quais a absortividade e a emissividade sejam independentes do comprimento de onda — simplificações consideráveis podem ser feitas. A transferência líquida de calor a partir da superfície mostrada na Figura 23.19 é determinada pela diferença entre a radiação que sai da superfície e a radiação incidente sobre a superfície. A *radiosidade*, J, é definida como a taxa na qual radiação sai de uma dada superfície por unidade de área. A *irradiação*, G, é definida como a taxa na qual radiação incide sobre uma superfície por unidade de área. Para um corpo cinza, a radiosidade, a irradiação e o poder emissivo total estão relacionados por

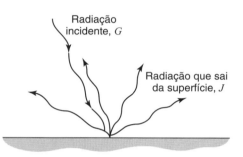

Figura 23.19 Transferência de calor em uma superfície.

$$J = \rho G + \epsilon E_b \quad (23\text{-}27)$$

em que ρ é a refletividade e ϵ é a emissividade. A transferência líquida de calor de uma superfície é

$$\frac{q_{\text{líquida}}}{A} = J - G = \epsilon E_b + \rho G - G = \epsilon E_b - (1-\rho)G \quad (23\text{-}28)$$

Na maioria dos casos, é útil eliminar G da equação (23-28). Isso resulta em

$$\frac{q_{\text{líquida}}}{A} = \epsilon E_b - (1-\rho)\frac{(J - \epsilon E_b)}{\rho}$$

como $\alpha + \rho = 1$ para uma superfície opaca:

$$\frac{q_{\text{líquida}}}{A} = \frac{\epsilon E_b}{\rho} - \frac{\alpha J}{\rho} \quad (23\text{-}29)$$

Quando a emissividade e a absortividade puderem ser consideradas iguais, uma importante simplificação poderá ser feita na equação (23-29). Fazendo $\alpha = \epsilon$, obtemos

$$q_{\text{líquida}} = \frac{A\epsilon}{\rho}(E_b - J) \quad (23\text{-}30)$$

que sugere uma analogia com a lei de Ohm, $V = IR$, em que o calor líquido que sai da superfície pode ser pensado em termos de uma corrente, a diferença $E_b - J$, pode ser comparada com uma diferença de potencial, e o quociente $\rho/\epsilon A$ pode ser denominado de resistência. A Figura 23.20 ilustra essa analogia.

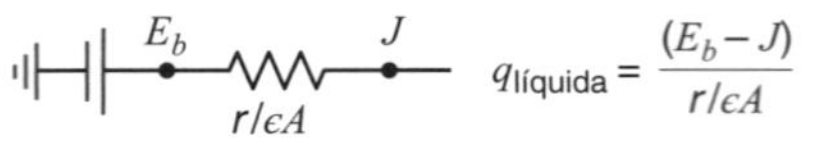

384 ▶ Capítulo 23

$$\dashv\vert\vdash\!\!\!\underset{r/\epsilon A}{\overset{E_b}{\bullet\!\!\sim\!\!\sim\!\!\bullet}}\!\!\overset{J}{\quad} \qquad q_{\text{líquida}} = \frac{(E_b - J)}{r/\epsilon A}$$

Figura 23.20 Analogia elétrica para a radiação a partir de uma superfície.

Agora, a troca líquida de calor via radiação entre duas superfícies dependerá de suas radiosidades e de suas "visões" relativas uma da outra. Da equação (23-17), podemos escrever

$$q_{1 \rightleftharpoons 2} = A_1 F_{12}(J_1 - J_2) = A_2 F_{21}(J_1 - J_2)$$

Podemos agora escrever a troca líquida de calor em termos das "resistências" diferentes oferecidas por cada parte do caminho de transferência de calor, como se segue:

Taxa de calor que sai da superfície 1: $\qquad\qquad q = \dfrac{A_{1\epsilon_1}}{\rho_1}(E_{b_1} - J_1)$

Taxa de troca de calor entre as superfícies 1 e 2: $\qquad q = A_1 F_{12}(J_1 - J_2)$

Taxa de calor recebida na superfície 2: $\qquad\qquad q = \dfrac{A_2 \epsilon_2}{\rho_2}(J_2 - E_{b_2})$

Se as superfícies 1 e 2 veem a si próprias e não veem as outras, então cada um dos q nas equações anteriores é equivalente. Em tal caso, uma expressão adicional para q pode ser escrita em termos da força motriz global, $E_{b_1} - E_{b_2}$. Tal expressão é

$$q = \frac{E_{b_1} - E_{b_2}}{\rho_1/A_1\epsilon_1 + 1/A_1 F_{12} + \rho_2/A_2\epsilon_2} \qquad (23\text{-}31)$$

em que os termos no denominador são resistências equivalentes por causa das características da superfície 1, da geometria e das características da superfície 2, respectivamente. A analogia elétrica para essa equação é retratada na Figura 23.21.

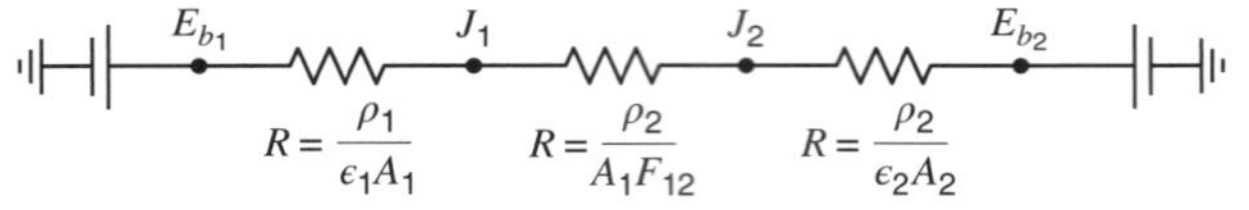

$$\dashv\vert\vdash\!\!\underset{R=\frac{\rho_1}{\epsilon_1 A_1}}{\overset{E_{b_1}}{\bullet\!\!\sim\!\!\bullet}}\!\!\underset{R=\frac{\rho_2}{A_1 F_{12}}}{\overset{J_1}{\sim\!\!\bullet}}\!\!\underset{R=\frac{\rho_2}{\epsilon_2 A_2}}{\overset{J_2}{\sim\!\!\bullet}}\!\!\overset{E_{b_2}}{\dashv\vert\vdash}$$

Figura 23.21 Rede equivalente às relações de corpo cinza entre duas superfícies.

As suposições requeridas para usar a abordagem de analogia elétrica para resolver os problemas de radiação são as seguintes:

1. Cada superfície tem de ser cinza.
2. Cada superfície tem de ser isotérmica.
3. A lei de Kirchhoff tem de se aplicar, isto é, $\alpha = \epsilon$.
4. Não há meio absorvedor de calor entre as superfícies participantes.

Os Exemplos 5 e 6, que se seguem, ilustram peculiaridades das soluções dos problemas de corpo cinza.

Exemplo 5

Duas superfícies cinza paralelas, mantidas a T_1 e T_2, veem-se a si próprias. Cada superfície é grande o suficiente de modo a considerá-las infinitas. Gere uma expressão para a transferência líquida de calor entre essas duas superfícies.

Um simples circuito elétrico em série é útil para resolver este problema. O circuito e as grandezas importantes são mostrados aqui.

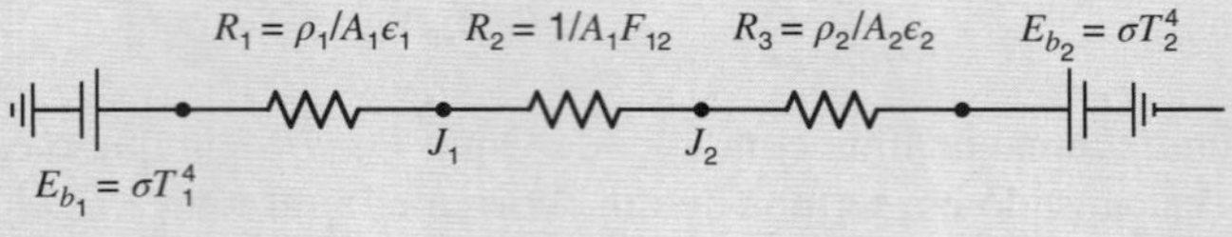

$$\dashv\vert\vdash\!\!\underset{E_{b_1} = \sigma T_1^4}{\bullet}\!\!\overset{R_1 = \rho_1/A_1\epsilon_1}{\sim\!\!\!\sim}\!\!\underset{J_1}{\overset{R_2 = 1/A_1 F_{12}}{\bullet\!\!\sim\!\!\!\sim}}\!\!\underset{J_2}{\overset{R_3 = \rho_2/A_2\epsilon_2}{\bullet\!\!\sim\!\!\!\sim}}\!\!\underset{}{\overset{E_{b_2} = \sigma T_2^4}{\bullet\!\!\dashv\vert\vdash}}$$

Utilizando a lei de Ohm, obtemos a expressão

$$q_{12} = \frac{E_{b_1} - E_{b_2}}{\Sigma R} = \frac{\sigma(T_1^4 - T_2^4)}{\dfrac{\rho_1}{A_1\epsilon_1} + \dfrac{1}{A_1F_{12}} + \dfrac{\rho_2}{A_2\epsilon_2}}$$

Agora, notando que para planos paralelos infinitos $A_1 = A_2 = A$ e $F_{12} = F_{21} = 1$ e escrevendo $\rho_1 = 1 - \epsilon_1$ e $\rho_2 = 1 - \epsilon_2$, obtemos o resultado

$$q_{12} = \frac{A\sigma(T_1^4 - T_2^4)}{\dfrac{1-\epsilon_1}{\epsilon_1} + 1 + \dfrac{1-\epsilon_2}{\epsilon_2}}$$

$$= \frac{A\sigma(T_1^4 - T_2^4)}{\dfrac{1}{\epsilon_1} + \dfrac{1}{\epsilon_2} - 1}$$

Exemplo 6

Dois planos paralelos, medindo 2 m por 2 m, estão distantes por 2 m. O plano 1 é mantido a uma temperatura de 1100 K e o plano 2 é mantido a 550 K. Determine a transferência líquida de calor a partir da superfície de alta temperatura sob as seguintes condições:

(a) Os planos são negros, com vizinhanças a 0 K e totalmente absorvedores.
(b) Os planos são negros e as paredes conectando os planos são rerradiantes.
(c) Os planos são cinza com emissividades de 0,4 e 0,8, respectivamente, com vizinhança negra a 0 K.

A analogia com circuitos elétricos para os itens (a), (b) e (c) é mostrada na Figura 23.22.
Cálculos de fluxo de calor requererão determinar as grandezas F_{12}; F_{1R} e $\overline{F}_{12}$. Os valores apropriados são

$$F_{12} = 0{,}20 \quad \text{da Figura 23.15}$$

$$\overline{F}_{12} = 0{,}54 \quad \text{da Figura 23.15}$$

e

$$F_{1R} = 1 - F_{12} = 0{,}80$$

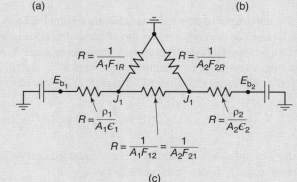

Figura 23.22 Circuitos equivalentes para o Exemplo 6.

> Item (a). A taxa líquida de calor que sai do plano 1 é
>
> $$\begin{aligned} q_{1\,\text{líquida}} &= q_{12} + q_{1R} \\ &= A_1 F_{12}(E_{b_1} - E_{b_2}) + A_1 F_{1R} E_{b_1} \\ &= (4\,\text{m}^2)(0{,}2)(5{,}676 \times 10^{-8}\,\text{W/m}^2 \cdot \text{K}^4)(1100^4 - 550^4)\text{K}^4 + (4\,\text{m}^2)(0{,}8)(5{,}676 \times 10^{-8}\,\text{W/m}^2 \cdot \text{K}^4)(1100\,\text{K})^4 \\ &= 62.300\,\text{W} + 266.000\,\text{W} \\ &= 328{,}3\,\text{kW} \end{aligned}$$
>
> Item (b). Quando paredes rerradiantes estão presentes, o fluxo de calor se torna
>
> $$q_{12} = (E_{b_1} - E_{b_2})\left[A_1 F_{12} + \cfrac{1}{\cfrac{1}{A_1 F_{1R}} + \cfrac{1}{A_2 F_{2R}}} \right]$$
>
> e, uma vez que $A_1 = A_2$ e $F_{1R} = F_{2R}$
>
> $$q_{12} = (E_{b_1} - E_{b_2})A_1\left[F_{12} + \frac{F_{1R}}{2} \right]$$
>
> Desde que $F_{12} + F_{1R} = 1$, o termo entre parênteses é calculado como
>
> $$F_{12} + \frac{F_{1R}}{2} = 0{,}2 + \frac{0{,}8}{2} = 0{,}6$$
>
> e, finalmente, o fluxo de calor é
>
> $$\begin{aligned} q_{12} &= (4\,\text{m}^2)(5{,}678 \times 10^{-8}\ \text{W/m}^2 \cdot \text{K}^4)(1100^4 - 550^4)\text{K}^4(0{,}6) \\ &= 187\,\text{kW} \end{aligned}$$
>
> Devemos notar que uma expressão equivalente para o fluxo de calor é
>
> $$q_{12} = A_1 \overline{F}_{12}(E_{b_1} - E_{b_2})$$
>
> e, usando o valor de $\overline{F}_{12} = 0{,}54$, da Figura 23.15, o resultado seria
>
> $$q_{12} = 168{,}3\,\text{kW}$$
>
> Esse resultado alternativo é mais acurado, uma vez que os valores de $\overline{F}_{12}$ plotados na Figura 23.15 permitem que as temperaturas ao longo das paredes rerradiantes variem de T_1 a T_2. O uso do circuito análogo considera que a superfície que irradia está a uma temperatura constante. Tal suposição, neste exemplo, leva a um erro de aproximadamente 11%.
>
> Item (c). Um cálculo do circuito mostrado na Figura 23.22(c) resulta $q_{1,\text{saída}} = 131{,}3$ kW.

Os conceitos relativos às grandezas radiosidade e irradiação são particularmente úteis na generalização da análise de troca de calor radiante em um ambiente fechado contendo qualquer número de superfícies. O formalismo a ser desenvolvido nesta seção é diretamente aplicável para a solução por métodos numéricos.

Para uma superfície representativa com uma área, A_i, em um ambiente fechado rodeado por n superfícies, as equações (23-28) e (23-30) podem ser escritas como

$$q_i = \frac{E_{b_i} - J_i}{\rho_i/A_i\epsilon_i} = A_i(J_i - G_i) \tag{23-32}$$

em que q_i é a taxa líquida de transferência de calor que sai da superfície i.

A irradiação, G_i, pode ser expressa como

$$A_i G_i = \sum_{j=1}^{n} J_j A_j F_{ji} \tag{23-33}$$

ou, usando reciprocidade, como

$$A_i G_i = A_i \sum_{j=1}^{n} J_j F_{ij} \tag{23-34}$$

Combinando as equações (23-32) e (23-34), obtemos

$$q_i = A_i [J_i - \sum_{j=i}^{n} F_{ij} J_j] \tag{23-35}$$

$$= \frac{A_i \epsilon_i}{\rho_i} E_{b_i} - \frac{A_i \epsilon_i}{\rho_i} J_i \tag{23-36}$$

Podemos agora escrever as duas expressões básicas para uma superfície geral em um ambiente fechado. Se o fluxo de calor na superfície for conhecido, a equação (23-35) pode ser expressa na forma

$$J_i - \sum_{j=1}^{n} F_{ij} J_j = \frac{q_i}{A_i}$$

ou

$$J_i(1 - F_{ii}) - \sum_{\substack{j=1 \\ j \neq i}}^{n} F_{ij} J_j = \frac{q_i}{A_i} \tag{23-37}$$

e, se a temperatura na superfície i for conhecida, as equações (23-35) e (23-36) resultam

$$\frac{A_i \epsilon_i}{\rho_i}(E_{b_i} - J_i) = A_i \left[J_i - \sum_{j=1}^{n} F_{ij} J_j \right]$$

$$= A_i \left[J_i(1 - F_{ii}) - \sum_{\substack{j=1 \\ j \neq i}}^{n} F_{ij} J_j \right]$$

e, finalmente,

$$\left(1 - F_{ii} + \frac{\epsilon_i}{\rho_i}\right) J_i - \sum_{\substack{j=1 \\ j \neq i}}^{n} F_{ij} J_j = \frac{\epsilon_i}{\rho_i} E_{b_i} \tag{23-38}$$

As equações (23-37) e (23-38) compreendem o algoritmo para calcular grandezas de interesse em um ambiente fechado com muitas superfícies. A primeira se aplica a uma superfície com fluxo de calor conhecido; a segunda é escrita quando a temperatura da superfície é especificada.

Nessas duas equações, os termos envolvendo o fator de forma, F_{ii}, têm sido separados da soma. Essa grandeza, F_{ii}, terá um valor diferente de zero naqueles casos quando a superfície i "vê" a si própria — isto é, ela é côncava. Na maioria dos casos, F_{ii} será 0.

Ao escrever a equação (23-37) ou (23-38) para cada superfície em um ambiente fechado, uma série de n equações simultâneas é gerada, envolvendo as incógnitas J_i. Essa série de equações pode ser representada na forma matricial como

$$[A][J] = [B] \tag{23-39}$$

em que [A] é a matriz dos coeficientes, [B] é a matriz coluna envolvendo os lados direitos das equações (23-37) e (23-38) e [J] é uma matriz coluna das incógnitas, J_i. A solução para o J_i então procede de acordo com

$$[J] = [C][B] \tag{23-40}$$

388 ▶ Capítulo 23

em que

$$[C] = [A]^{-1} \tag{23-41}$$

é o inverso da matriz dos coeficientes.

O Exemplo 7 ilustra a aplicação dessa abordagem.

Exemplo 7

Resolva o problema colocado no Exemplo 5, usando os métodos desenvolvidos nesta seção.

Para esse caso, $n = 3$ e a formulação do problema envolverá três equações — uma para cada superfície. Item (a). Cada uma das superfícies está a uma temperatura conhecida neste caso; assim, a equação (23-38) se aplica. As seguintes condições são conhecidas:

$$T_1 = 1100\,\text{K} \qquad T_2 = 550\,\text{K} \qquad T_3 = 0\,\text{K}$$
$$F_{11} = 0 \qquad F_{21} = 0{,}2 \qquad F_{31} = 0{,}2$$
$$F_{12} = 0{,}2 \qquad F_{23} = 0 \qquad F_{32} = 0{,}2$$
$$F_{13} = 0{,}8 \qquad F_{23} = 0{,}8 \qquad F_{33} = 0\,6$$
$$\epsilon_1 = 1 \qquad \epsilon_2 = 1 \qquad \epsilon_3 = 1$$

Podemos escrever o seguinte:

$$\left(1 + \frac{\epsilon_1}{\rho_1}\right)J_1 - [F_{12}J_2 + F_{13}J_3] = \frac{\epsilon_1}{\rho_1}E_{b_1}$$

$$\left(1 + \frac{\epsilon_2}{\rho_2}\right)J_2 - [F_{21}J_1 + F_{23}J_3] = \frac{\epsilon_2}{\rho_2}E_{b_2}$$

$$\left(1 - F_{33} + \frac{\epsilon_3}{\rho_3}\right)J_3 - [F_{31}J_1 + F_{32}J_2] = \frac{\epsilon_3}{\rho_3}E_{b_3}$$

que, para as condições dadas, reduz para

$$J_1 = E_{b_1} = \sigma T_1^4$$
$$J_2 = E_{b_2} = \sigma T_2^4$$
$$J_3 = 0$$

O calor líquido que sai do plano 1 é, de acordo com a equação (23-37), igual a

$$q_1 = A_1[J_1 - F_{12}J_2]$$
$$= A_1[\sigma T_1^4 - 0{,}2\sigma T_2^4]$$
$$= 4\,\text{m}^2(5{,}676 \times 10^{-8}\,\text{W/m}^2 \cdot \text{K}^4)[1100^4 - 0{,}2(550)^4]\text{K}^4$$
$$= 328{,}3\,\text{kW}$$

Item (b). Valores de T_i e F_{ij} permanecem os mesmos. A única mudança em relação ao item (a) é que $\epsilon_3 = 0$. O conjunto de equações que se aplicam às três superfícies é novamente

$$\left(1 + \frac{\epsilon_1}{\rho_1}\right)J_1 - [F_{12}J_2 + F_{13}J_3] = \frac{\epsilon_1}{\rho_1}E_{b_1}$$

$$\left(1 + \frac{\epsilon_2}{\rho_2}\right)J_2 - [F_{21}J_1 + F_{23}J_3] = \frac{\epsilon_2}{\rho_2}E_{b_2}$$

$$\left(1 + F_{33} + \frac{\epsilon_3}{\rho_3}\right)J_3 - [F_{31}J_1 + F_{32}J_2] = \frac{\epsilon_3}{\rho_3}E_{b_3}$$

como antes. Substituindo os valores para T_i, F_{ij} e ϵ_i, temos

$$J_1 = E_{b_1} = \sigma T_1^4$$
$$J_2 = E_{b_2} = \sigma T_2^4$$
$$(1 - F_{33})J_3 - F_{31}J_1 - F_{32}J_2 = 0$$

A expressão para q_i é

$$q_1 = A_1[J_1 - F_{12}J_2 - F_{13}J_3] = A_1\left[J_1 - F_{12}J_2 - \frac{F_{13}}{1 - F_{33}}(F_{31}J_1 + F_{32}J_2)\right]$$

$$= A_1\left[J_1\left(1 - \frac{F_{13}F_{31}}{1 - F_{33}}\right) - J_2\left(F_{12} + \frac{F_{13}F_{32}}{1 - F_{33}}\right)\right]$$

e, com valores numéricos inseridos, obtemos

$$q_1 = 4(5,676 \times 10^{-8})\left\{(1100)^4\left[1 - \frac{(0,8)(0,2)}{1 - 0,6}\right] - (550)^4\left[0,2 + \frac{(0,8)(0,2)}{1 - 0,6}\right]\right\} = 187,0\,\text{kW}$$

Item (c). Os valores de T_i e de F_{ij} permanecem os mesmos. As emissividades são

$$\epsilon_1 = 0,4 \qquad \epsilon_2 = 0,8 \qquad \epsilon_3 = 1$$

As equações para as três superfícies são, novamente,

$$\left(1 + \frac{\epsilon_1}{\rho_1}\right)J_1 - [F_{12}J_2 + F_{13}J_3] = \frac{\epsilon_1}{\rho_1}E_{b_1}$$

$$\left(1 + \frac{\epsilon_2}{\rho_2}\right)J_2 - [F_{21}J_1 + F_{23}J_3] = \frac{\epsilon_2}{\rho_2}E_{b_2}$$

$$\left(1 + F_{33} + \frac{\epsilon_3}{\rho_3}\right)J_3 - [F_{31}J_1 + F_{32}J_2] = \frac{\epsilon_3}{\rho_3}E_{b_3}$$

que se torna

$$\left(1 + \frac{0,4}{0,6}\right)J_1 - (F_{12}J_2 + F_{13}J_3) = \frac{0,4}{0,6}E_{b_1}$$

$$\left(1 + \frac{0,8}{0,2}\right)J_2 - (F_{21}J_1 + F_{23}J_3) = \frac{0,8}{0,2}E_{b_2}$$

$$J_3 = 0$$

Temos agora

$$1,67J_1 - 0,2J_2 = 0,67E_{b_1}$$

$$5J_2 - 0,2J_1 = 4E_{b_2}$$

Resolvendo essas duas equações simultaneamente para J_1 e J_2, conseguimos

$$J_1 = 33\,900\,\text{W/m}^2$$

$$J_2 = 5510\,\text{W/m}^2$$

e o valor para q_i é calculado como

$$q_1 = \left[33\,900 - \frac{5510}{5}\right]4$$

$$= 131,2\,\text{kW}$$

▶ **23.11**

RADIAÇÃO A PARTIR DE GASES

Até agora, a interação de radiação com gases tem sido desprezada. Gases emitem e absorvem radiação em bandas discretas de energia, ditadas pelos estados de energia permitidos dentro da molécula. Uma vez que a energia associada com, digamos, os movimentos vibracional e rotacional de uma molécula pode ter somente certos valores, segue que a quantidade de energia emitida ou absorvida por uma molécula terá uma frequência, $v = \Delta E/h$, correspondendo à diferença na energia ΔE entre os valores permitidos. Assim, enquanto a energia emitida por um sólido compreenderá um espectro contínuo, a radiação emitida e absorvida por um gás será restrita a bandas. A Figura 23.23 ilustra as bandas de emissão de dióxido de carbono e o vapor de água relativa à radiação de corpo negro a 1500°F.

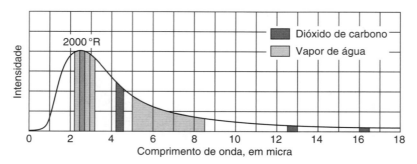

Figura 23.23 Bandas de emissão de CO_2 e de H_2O.

A emissão de radiação para esses gases ocorre na região do infravermelho do espectro.

Para gases não luminosos, os gases inertes e gases diatômicos de composição simétrica, tais como O_2, N_2 e H_2, podem ser considerados transparentes à radiação térmica. Tipos importantes de meios que absorvem e emitem radiações são gases poliatômicos, tais como CO_2 e H_2O, e moléculas não simétricas, como CO. Esses gases são também associados aos produtos de combustão de hidrocarbonetos. A determinação da absorção e da emissão da radiação é muito difícil, uma vez que isso envolve a temperatura, a composição, a densidade e a geometria do gás. Há muitas simplificações que permitem, de uma maneira direta, a estimação da radiação em gases. Essas idealizações são como se segue:

1. O gás está em equilíbrio termodinâmico. O estado do gás pode, consequentemente, ser caracterizado localmente por uma única temperatura.
2. O gás pode ser considerado cinza. Essa simplificação permite que a absorção e a emissão da radiação sejam caracterizadas por um parâmetro como $\alpha = \epsilon$ para um corpo cinza.

Na faixa de temperaturas associadas aos produtos da combustão de hidrocarbonetos, as emissividades de gás cinza de H_2O e CO_2 podem ser obtidas a partir dos resultados de Hottel. Uma massa hemisférica de gás, a uma pressão de 1 atm, foi usada por Hottel para calcular a emissividade. Enquanto gráficos se aplicam estritamente somente a uma massa hemisférica de gás de raio L, outras formas podem ser tratadas considerando um raio médio de comprimento L, como dado na Tabela 23.5. Para geometrias não cobertas na tabela, o comprimento médio do raio pode ser aproximado pela relação $L = 3{,}4$ (volume)/(área superficial).

Tabela 23.5 Comprimento médio do raio, L, para várias geometrias[†]

Forma	L
Esfera	$\tfrac{2}{3} \times$ diâmetro
Cilindro infinito	$1 \times$ diâmetro
Espaço entre planos paralelos infinitos	$1{,}8 \times$ distância entre planos
Cubo	$\tfrac{2}{3} \times$ lado
Espaço fora de um banco infinito de tubos com centros sobre triângulos equiláteros; diâmetro do tubo igual à folga	$2{,}8 \times$ folga
O mesmo que o precedente, exceto que o diâmetro do tubo é igual à metade da folga	$3{,}8 \times$ folga

[†] De H. C. Hottel, "Radiation", Capítulo IV em W. H. McAdams (ed.), *Heat Transmission*, 3. ed., McGraw-Hill Book Company, Nova York, 1964. Com permissão dos editores.

A Figura 23.24 fornece a emissividade de uma massa hemisférica de vapor de água a 1 atm de pressão total e pressão parcial próxima a zero, como função da temperatura e do produto $p_w L$, em que p_w é a pressão parcial do vapor de água. Para pressões diferentes da atmosférica, a Figura 23.25 fornece o fator de correção, C_w, que é a razão entre a emissividade na pressão total P e a emissividade a uma pressão de 1 atm. As Figuras 23.26 e 23.27 fornecem os dados correspondentes para CO_2.

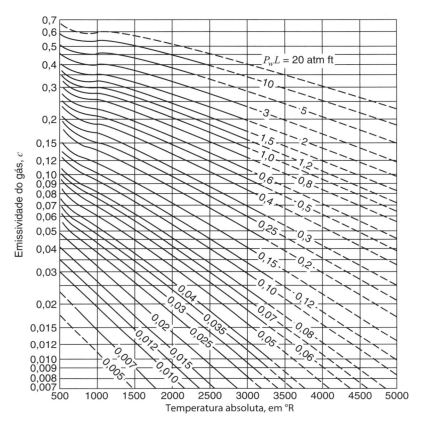

Figura 23.24 Emissividade do vapor de água a uma atmosfera de pressão total e pressão parcial perto do zero.

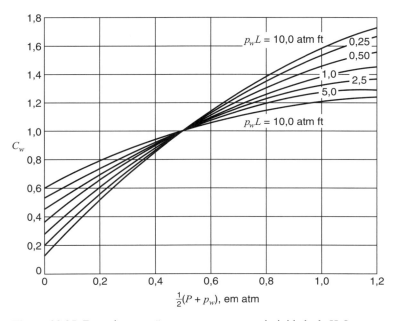

Figura 23.25 Fator de correção para converter a emissividade de H_2O a uma atmosfera de pressão total em relação à emissividade a P atmosferas de pressão total.

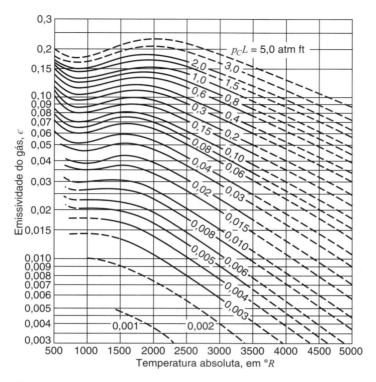

Figura 23.26 Emissividade de CO_2 a uma atmosfera de pressão total e pressão parcial perto do zero.

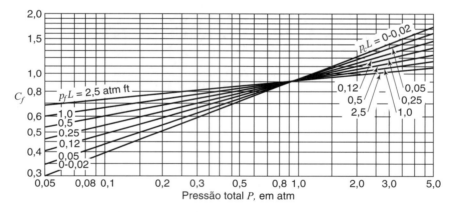

Figura 23.27 Fator de correção para converter a emissividade do CO_2 a uma atmosfera de pressão total em relação à emissividade a P atmosferas de pressão total.

Da Figura 23.23, pode ser visto que as bandas de emissão de CO_2 e H_2O se sobrepõem. Quando ambos, dióxido de carbono e vapor de água, estão presentes, a emissividade total pode ser determinada a partir da relação

$$\epsilon_{\text{total}} = \epsilon_{H_2O} + \epsilon_{CO_2} - \Delta\epsilon$$

em que $\Delta\epsilon$ é dado na Figura 23.28.

Os resultados apresentados aqui para o gás cinza são simplificações grosseiras. Para um tratamento mais detalhado, os livros-texto de Siegel e Howell,[2] Modest[3] e Brewster[4] apresentam os fundamentos de radiação em gases não cinza, juntamente com extensivas bibliografias.

---

[2] R. Siegel e J. R. Howell, *Thermal Radiation Heat Transfer*, 3. ed., Hemisphere Publishing Corp., Washington, 1992.

[3] M. F. Modest, *Radiative Heat Transfer*, McGraw-Hill, Nova York, 1993.

[4] M. Q. Brewster, *Thermal Radiative Transfer and Properties*, J. Wiley and Sons, Nova York, 1992.

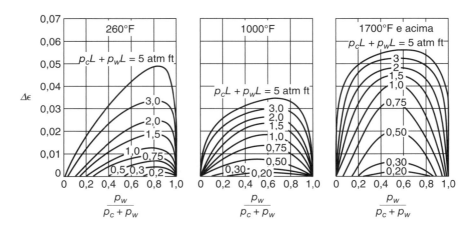

Figura 23.28 Correção para emissividade do gás devido à sobreposição espectral de H_2O e CO_2.

▶ 23.12

COEFICIENTE DE TRANSFERÊNCIA DE CALOR POR RADIAÇÃO

Com frequência, em análises de engenharia, convecção e radiação ocorrem simultaneamente em vez de ser fenômenos isolados. Uma aproximação importante em tais casos é a linearização da contribuição da radiação, de modo que

$$h_{\text{total}} = h_{\text{convecção}} + h_{\text{radiação}} \tag{23-42}$$

em que

$$h_r \equiv \frac{q_r/A_1}{(T - T_R)}$$
$$= \mathscr{F}_{1-2}\left[\frac{\sigma(T^4 - T_2^4)}{T - T_R}\right] \tag{23-43}$$

Aqui, T_R é a temperatura de referência e T_1 e T_2 são as respectivas temperaturas da superfície. Em efeito, a equação (23-43) representa uma aproximação linear para a transferência de calor radiante, conforme ilustrado na Figura 23.29. O fator, $\mathscr{F}$, considera a condição da geometria e da superfície que irradia e que absorve.

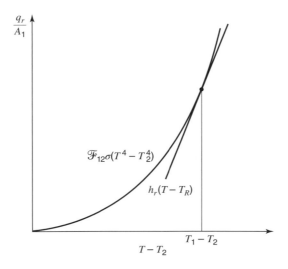

Figura 23.29 Aproximação da tangente para h_r.

394 ▶ Capítulo 23

Construindo uma tangente à curva da relação em $T = T_1$, as seguintes relações são obtidas para h_r e T_R:

$$h_r = 4\sigma T_1^3 \mathscr{F}_{1-2} \tag{23-44}$$

e

$$T_R = T_1 - \frac{T_1^4 - T_2^4}{4T_1^3} \tag{23-45}$$

▶ 23.13

RESUMO

A transferência de calor por radiação foi considerada neste capítulo. A transferência de energia radiante está associada à porção do espectro eletromagnético entre 0,1 e 100 μm, que é geralmente referido como banda térmica.

A equação fundamental de taxa para a radiação térmica, introduzida no Capítulo 15, é designada como equação de Stefan–Boltzmann; ela é expressa como

$$E_b = \sigma T^4 \tag{23-12}$$

em que E_b é o poder emissivo do corpo negro, T é a temperatura absoluta e σ é a constante de Stefan–Boltzmann, tendo unidades de $W/m^2 \cdot K^4$ no sistema SI.

Modificações para essa relação foram feitas para superfícies não negras e para relações geométricas entre superfícies múltiplas que veem a si próprias.

A presença de gases que absorvem e emitem entre superfícies também foi examinada. Os gases de interesse principal nesse caso são vapor de água e dióxido de carbono.

▶

PROBLEMAS

23.1 O Sol está aproximadamente a 93 milhões de milhas distante da Terra e seu diâmetro é 860.000 milhas. Em um dia claro, a radiação solar sobre a superfície da Terra foi medida como 360 Btu/h ft² e um adicional de 90 Btu/h ft² é absorvido pela atmosfera terrestre. Com essa informação, estime a temperatura efetiva da superfície do Sol.

23.2 Um satélite pode ser considerado esférico, com suas propriedades de superfície aproximadamente iguais às do alumínio. Sua órbita pode ser considerada circular, a uma altura de 500 milhas acima da Terra. Considerando o diâmetro do satélite como 50 in, estime a temperatura da camada externa do satélite. A Terra pode ser considerada estar a uma temperatura uniforme de 50°F e sua emissividade pode ser suposta igual a 0,95. A irradiação solar pode ser admitida como 450 Btu/h ft² de área do disco do satélite.

23.3 Uma superfície cinza opaca, com $\epsilon = 0,3$, está irradiada com 1000 W/m. Para um coeficiente convectivo efetivo de transferência de calor de 12 W/m² e ar a 20°C adjacente ao plano, qual será o fluxo líquido de calor para ou da superfície a 30°C?

23.4 Um coletor solar preto, com uma área superficial de 60 m², é colocado sobre o telhado de uma casa. Energia solar incidente atinge

o coletor com um fluxo de 800 W/m². A vizinhança é considerada negra, com uma temperatura efetiva de 30°C. O coeficiente convectivo de transferência de calor entre o coletor e o ar circundante, a 30°C, é 35 W/m · K. Desprezando qualquer perda condutiva do coletor, determine:

a. a troca líquida radiante entre o coletor e sua vizinhança

b. a temperatura de equilíbrio do coletor

23.5 Um detector de radiação, orientado como mostra o esquema, é usado para estimar a perda de calor por uma abertura em uma parede de uma fornalha. A abertura nesse caso é circular, com um diâmetro de 2,5 cm. O detector tem uma área superficial de 0,10 cm² e está localizado a 1 m da abertura da fornalha. Determine a quantidade de energia radiante que atinge o detector sob duas condições:

a. o detector tem uma visão clara da abertura

b. a abertura é coberta com um material semitransparente com uma transmissividade espectral dada por

$$\tau_\lambda = 0,8 \quad \text{para } 0 \leq \lambda \leq 2\,\mu m$$
$$\tau_\lambda = 0 \quad \text{para } 2\,\mu m < \lambda < \infty$$

Diâmetro da abertura = 25 cm

Fornalha

T = 1500 K

30°

Detector

23.6 Um filamento de tungstênio, que irradia como um corpo cinza, é aquecido para uma temperatura de 4000°R. Em qual comprimento de onda o poder emissivo é máximo? Que porção da emissão total está na faixa da luz visível, 0,3 a 0,75 μm?

23.7 Determine o comprimento de onda da emissão máxima para (a) Sol com uma temperatura suposta de 5790 K; (b) um filamento de lâmpada a 2910 K; (c) uma superfície a 1550 K; e (d) pele humana a 308 K.

23.8 O filamento de um bulbo de uma lâmpada comum de 100 W está a 2910 K e supõe-se que ele seja um corpo negro. Determine (a) o comprimento de onda da emissão máxima e (b) a fração da emissão na região da radiação visível do espectro.

23.9 Uma estufa é construída de vidro de sílica para transmitir 92% da energia radiante incidente entre os comprimentos de onda de 0,35 e 2,7 μm. O vidro pode ser considerado opaco para comprimentos de onda acima e abaixo desses limites.

Considerando que o Sol emite como um corpo negro a 5800 K, determine a porcentagem de radiação solar que passará pelo vidro.

Se as plantas dentro da estufa tiverem uma temperatura média de 300 K e emitirem como um corpo negro, que fração de sua energia emitida será transmitida pelo vidro?

23.10 A distribuição de energia solar incidente sobre a Terra pode ser aproximada como aquela de um corpo negro a 5800 K.

Dois tipos de vidro, normal e pintado, estão sendo considerados para uso nas janelas. A transmissividade espectral para esses dois vidros é aproximada como

vidro normal: $\tau_\lambda = 0$ para $0 < \lambda < 0,3\,\mu$m
             0,9   para $0,3 < \lambda < 2,5\,\mu$
             0   para $2,5\,$mm$ < \lambda$

vidro pintado: $\tau_\lambda = 0$ para $0 < \lambda < 0,5\,\mu$m
             0,9   para $0,5 < \lambda < 1,5\,\mu$
             0   para $1,50\,$mm$ < \lambda$

Compare a fração da energia solar incidente transmitida através de cada material.

Compare a fração da energia radiante na faixa do visível transmitida através de cada vidro.

23.11 Determine a fração da energia total emitida por um corpo negro que está na banda do comprimento de onda entre 0,8 e 5,0 μm, para temperaturas na superfície de 500, 2000 e 4500 K.

23.12 A temperatura do Sol é aproximadamente 5800 K e a faixa da luz visível é considerada estar entre 0,4 e 0,7 μm. Que fração da emissão solar é visível? Que fração da emissão solar está na faixa do ultravioleta? E na faixa do infravermelho? Em qual comprimento de onda o poder emissivo solar é máximo?

23.13 Um orifício circular pequeno deve ser perfurado na superfície de um grande ambiente fechado esférico e oco, mantido a 2000 K. Se 100 W de energia radiante saem pelo orifício,

determine (a) o diâmetro do orifício; (b) a potência emitida na faixa do visível entre 0,4 e 0,7 μm; (c) a faixa da radiação ultravioleta entre 0 e 0,4 mm; e (d) a faixa da radiação infravermelha de 0,7 a 100 μm.

23.14 Uma fornalha, que tem as paredes interiores pretas mantidas a 1500 K, contém uma vigia com um diâmetro de 10 cm. O vidro na vigia tem uma transmissividade de 0,78 entre 0 e 3,2 μm e 0,08 entre 3,2 e ∞. Determine a perda de calor através da vigia.

23.15 Uma caixa de metal, na forma de um cubo de 0,70 m, tem uma emissividade de superfície de 0,7. A caixa envolve equipamentos eletrônicos, que dissipam 1200 W de energia. Se a vizinhança for considerada como um corpo negro a 280 K e o topo e os lados da caixa irradiarem uniformemente, qual será a temperatura da superfície da caixa?

23.16 Uma grande cavidade, com uma pequena abertura, 0,0025 m^2 de área, emite 8 W. Determine a temperatura da parede da cavidade.

23.17 Duas superfícies planas negras muito grandes são mantidas a 900 e 580 K, respectivamente. Uma terceira superfície plana grande, tendo $\epsilon = 0,8$, é colocada entre essas duas. Determine a variação fracional na troca radiante entre as duas superfícies planas devida ao plano intermediário e calcule a temperatura desse plano intermediário.

23.18 Um orifício de diâmetro igual a 7,5 cm é perfurado em uma placa de ferro com 10 cm de espessura. Se a temperatura da placa for 700 K e a vizinhança estiver a 310 K, determine a perda de energia através do orifício. Os lados do orifício podem ser considerados negros.

23.19 Se o orifício de 7,5 cm de diâmetro do Problema 23.18 fosse perfurado até uma profundidade de 5 cm, qual a perda de calor que resultaria?

23.20 Um fluido criogênico escoa em um tubo de diâmetro de 20 mm com uma temperatura de superfície externa de 75 K e uma emissividade de 0,2. Um tubo maior, com um diâmetro de 50 mm, é concêntrico em relação ao menor. Esse tubo maior é cinza, com $\epsilon = 0,05$, e a temperatura de sua superfície é 300 K. O espaço entre os dois tubos é evacuado.

Determine o calor ganho pelo fluido criogênico, em watts por metro de comprimento de tubo.

Calcule o calor ganho por metro de comprimento, se houver uma blindagem de radiação de parede fina colocada no meio entre os dois tubos. As superfícies da blindagem podem ser consideradas cinza e difusas, com uma emissividade de 0,04 em ambos os lados.

23.21 Um duto circular, de 2 ft de comprimento com um diâmetro de 3 in, tem um termopar em seu centro, com uma área superficial de 0,3 in^2. As paredes do duto estão a 200°F e o termopar indica 310°F. Admitindo que o coeficiente convectivo de transferência de calor entre o termopar e o gás no duto seja 30 Btu/h ft^2 °F, estime a temperatura real do gás. A emissividade das paredes do duto pode ser suposta igual a 0,8 e aquela do termopar igual a 0,6.

23.22 Um elemento de aquecimento, na forma de um cilindro mantido a 2000°F, é colocado no centro de um refletor semicilíndrico, conforme mostrado adiante. O diâmetro do bastão é 2 in e o do refletor é 18 in. A emissividade da superfície do aquecedor é 0,8 e o arranjo inteiro é colocado em um ambiente mantido a 70°F. Qual é a perda de energia radiante do aquecedor por pé de comprimento? Como isso se compara à perda do aquecedor sem a presença do refletor?

23.23 Um tubo de ferro, com 12 ft de comprimento e 3 in de diâmetro externo, passa horizontalmente por uma sala de 12 × 14 × 9 ft, cujas paredes são mantidas a 70°F e têm uma emissividade de 0,8. A superfície do tubo está a uma temperatura de 205°F. Compare a perda de energia radiante do tubo com aquela devida à convecção do ar circulante a 70°F.

23.24 A base circular do envoltório cilíndrico mostrado pode ser considerada uma superfície rerradiante. As paredes cilíndricas têm uma emissividade efetiva de 0,80 e são mantidas a 540°F. O topo do envoltório está aberto para a vizinhança, que está mantida a 40°F. Qual é a taxa líquida da transferência radiante para a vizinhança?

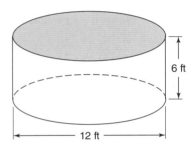

23.25 A cavidade hemisférica mostrada na figura tem uma temperatura da superfície interna igual a 700 K. Uma placa de material refratário é colocada sobre a cavidade com um orifício circular de 5 cm de diâmetro no centro. Quanta energia será perdida através do orifício, se a cavidade for

a. negra?

b. cinza, com uma emissividade de 0,7?

Qual será a temperatura do refratário sob cada condição?

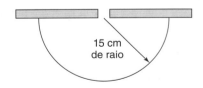

23.26 Uma sala, medindo 12 ft por 20 ft por 8 ft de altura, tem seu chão e teto mantidos nas temperaturas de 85°F e 65°F, respectivamente. Admitindo que as paredes sejam rerradiantes e todas as superfícies tenham uma emissividade de 0,8, determine a troca líquida de energia entre o chão e o teto.

23.27 Um frasco de Dewar, usado para armazenar nitrogênio líquido, é feito de duas esferas concêntricas separadas por um espaço evacuado. A esfera interna tem um diâmetro externo de 1 m e a esfera externa tem um diâmetro interno de 1,3 m. Essas superfícies são ambas cinza e difusas, com $\epsilon = 0,2$. Nitrogênio, a 1 atmosfera, tem uma temperatura de saturação de 78 K e um calor latente de vaporização de 200 kJ/kg.

Sob condições em que a esfera interna esteja cheia de nitrogênio líquido e a esfera externa esteja a uma temperatura de 300 K, estime a taxa de ebulição do nitrogênio.

23.28 Uma cavidade cilíndrica está fechada na base e tem uma abertura centrada na superfície do topo. Uma seção transversal dessa configuração é mostrada no esquema. Para as condições estabelecidas a seguir, determine a taxa de energia radiante que passa pela abertura da cavidade, que tem um diâmetro de 5 mm. Qual será a emissividade efetiva da abertura?

a. Todas as superfícies interiores são negras a 600 K.

b. A superfície da base é cinza difusa, com $\epsilon = 0,6$, e tem uma temperatura de 600 K. Todas as outras superfícies são rerradiantes.

c. Todas as superfícies interiores são cinza e difusas, com $\epsilon = 0,6$, estando a uma temperatura uniforme de 600 K.

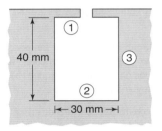

23.29 Um aquecedor circular, medindo 20 cm no diâmetro, tem sua temperatura de superfície mantida a 1000°C. A base de um tanque, com o mesmo diâmetro, é orientada paralela ao aquecedor com uma distância de separação de 10 cm. A superfície do aquecedor é cinza ($\epsilon = 0,6$) e a superfície do tanque é também cinza ($\epsilon = 0,7$).

Determine a energia radiante que atinge a base do tanque se

a. a vizinhança é negra a 27°C;

b. o espaço entre as duas superfícies cilíndricas for envolvido por uma superfície adiabática.

23.30 Duas superfícies retangulares negras e paralelas, cujos lados negros são isolados, estão orientadas paralelamente entre si, tendo um espaçamento de 5 m. Elas medem 5 m por 10 m. A vizinhança é negra a 0 K. As duas superfícies são mantidas a 200 e 100 K, respectivamente. Determine o seguinte:

a. a transferência líquida de calor radiante entre as duas superfícies

b. o calor líquido suprido a cada superfície

c. a transferência líquida de calor entre cada superfície e a vizinhança

23.31 Dois retângulos paralelos têm emissividades de 0,6 e 0,9, respectivamente. Esses retângulos têm 1,2 m de largura e 2,4 m de altura e estão afastados por 0,6 m. A placa, tendo $\epsilon = 0,6$, é mantida a 1000 K e a outra está a 420 K. Considere que a vizinhança absorve toda a energia que escapa do sistema de duas placas. Determine:

a. a energia total perdida pela placa quente

b. a troca de energia radiante entre as duas placas

23.32 Se uma terceira placa retangular, com ambas as superfícies tendo uma emissividade de 0,8, for colocada entre as duas placas descritas no Problema 23.31, como a resposta do item (a) do problema será afetada? Desenhe o circuito elétrico para esse caso.

23.33 Dois discos são orientados sobre planos paralelos separados por uma distância de 10 in, conforme mostrado na figura adiante. O disco da direta tem 4 in de diâmetro e está em uma temperatura de 500°F. O disco da esquerda tem um anel interno retirado, de modo que sua forma é anular, com diâmetros interno e externo de 2,5 in e 4 in, respectivamente. A temperatura da superfície do disco é 210°F. Encontre a troca de calor entre esses discos se

a. eles forem negros

b. eles forem cinza, $\epsilon_1 = 0,6$, $\epsilon_2 = 0,3$

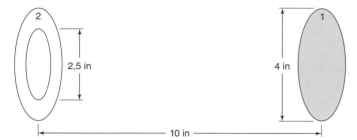

23.34 Calcule a transferência líquida de calor entre os discos descritos no Problema 23.33, se eles forem as bases de um cilindro com a parede lateral considerada uma superfície não condutora e rerradiante. Quanta energia será perdida através do orifício?

23.35 Calcule a transferência de calor que sai do disco 1, para a geometria mostrada no Problema 23.33. Nesse caso, os dois discos compreendem as bases de um cilindro com a parede lateral a uma temperatura constante de 350°F. Calcule para o caso em que

a. a parede lateral é negra

b. a parede lateral é cinza, com $\epsilon = 0,2$

Determine a taxa de calor perdido através do orifício em cada caso.

23.36 Uma superfície de alumínio, muito oxidada e que está a 755 K, é a fonte de energia em um envoltório, que aquece por radiação as paredes laterais de uma superfície cilíndrica circular, conforme mostrado, para 395 K. A parede lateral é feita de aço inoxidável polido. O topo do envoltório é feito de tijolo refratário e é adiabático. Para finalidades de cálculo, considere que todas as três superfícies tenham temperaturas uniformes e que elas sejam difusas e cinza. Avalie a transferência de calor para a superfície de aço inoxidável.

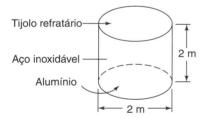

23.37 Um aquecedor circular cinza e difuso, com um diâmetro de 15 cm, é colocado paralelo a um segundo receptor cinza e difuso, com um espaçamento de 7,5 cm entre eles. As costas de ambas as superfícies são isoladas e os efeitos de convecção podem ser desprezados. Esse arranjo aquecedor-receptor é colocado em uma grande sala a uma temperatura de 275 K. A vizinhança (a sala) pode ser considerada um corpo negro e a emissividade da superfície do aquecedor é 0,8. Quando a potência de entrada para o aquecedor for 300 W, determine:

a. a temperatura da superfície do aquecedor

b. a temperatura da superfície do receptor

c. a troca líquida radiante para a vizinhança

d. a troca líquida radiante entre o aquecedor e o receptor

23.38 Um corpo de prova metálico e pequeno (1/4 in de diâmetro × 1 in de comprimento), usado para testes, é suspenso por fios muito pequenos em um grande tubo evacuado. O metal é mantido a uma temperatura de 2500°F, temperatura essa que leva a uma emissividade de aproximadamente 0,2. As paredes resfriadas por água e as extremidades do tubo são mantidas a 50°F. Na extremidade superior, tem-se uma pequena vigia de vidro de sílica, com ¼ in de diâmetro. As superfícies internas do tubo de aço estão recém-galvanizadas. A temperatura ambiente é 70°F. Estime

a. o fator de forma do corpo de prova

b. a taxa líquida total de transferência de calor radiante a partir do corpo de prova

c. a energia irradiada através da vigia

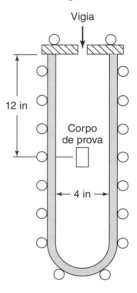

23.39 Um duto, com seção transversal quadrada e medindo 20 cm por 20 cm, tem vapor de água a 1 atmosfera e 600 K escoando por ele. Uma parede do duto é mantida a 420 K e tem uma emissividade de 0,8. As outras três paredes podem ser consideradas superfícies refratárias. Determine a taxa de transferência de energia radiante para a parede fria a partir do vapor de água.

23.40 Uma mistura de gases, a 1000 K e a uma pressão de 5 atm, é introduzida em uma cavidade esférica evacuada, com um diâmetro de 3 m. As paredes da cavidade são negras e estão inicialmente a uma temperatura de 600 K. Qual a taxa inicial de transferência de calor que ocorrerá entre o gás e as paredes esféricas, se o gás contiver 15% de CO_2, com o restante do gás sendo não radiante?

23.41 Um gás, consistindo em 20% de CO_2 e 80% de oxigênio e nitrogênio, sai de um forno de calcário a 2000°F e entra em um duto quadrado medindo 6 in por 6 in de seção transversal. O calor específico do gás é 0,28 Btu/lb_m°F e deve ser resfriado a 1000°F no duto, cuja superfície interna está mantida a 800°F e cujas paredes têm uma emissividade de 0,9. A velocidade mássica do gás no silo é de 0,4 lb_m/ft²·s e o coeficiente convectivo de transferência de calor entre o gás e as paredes do duto é 1,5 Btu/h ft² °F.

a. Determine o comprimento requerido do duto para resfriar o gás para 1000°F.

b. Determine a razão entre a transferência de energia radiante e aquela por convecção.

c. A que temperatura o gás sairia do duto, se o comprimento do duto fosse duas vezes o valor determinado no item (a)?

(Cortesia do American Institute of Chemical Engineers.)

Sugestão: uma vez que a resposta do gás à emissão e à absorção de energia difere, uma aproximação para a troca de energia radiante entre o envoltório e o gás contido em um volume de controle arbitrário é dada por $A_w F_{w-g} \sigma \epsilon_w (\epsilon_g T_g^4 - \alpha_g T_w^4)$.

CAPÍTULO 24

Fundamentos da Transferência de Massa

Nos capítulos precedentes, que abordaram os fenômenos de transporte de momento e de calor, tratou-se de sistemas de um único componente, que têm tendência natural de alcançar as condições de equilíbrio. Quando um sistema tem dois ou mais componentes, cujas concentrações variam de ponto a ponto, há tendência natural de massa ser transferida, minimizando as diferenças de concentração no interior do sistema. O transporte de um constituinte de uma região de maior concentração para aquela de menor concentração é denominado *transferência de massa*.

A transferência de massa está presente em muitas de nossas experiências diárias. Um torrão de açúcar adicionado a uma xícara de café se dissolve e o açúcar se difunde uniformemente no café. A água evapora de lagoas e aumenta a umidade da corrente de ar em movimento. A agradável fragrância de um perfume se difunde pelo ar ambiente próximo.

A transferência de massa é o fenômeno básico que rege muitos processos biológicos e químicos. Dentre os processos biológicos, incluem-se a transferência de oxigênio para o sangue e o transporte de íons através de membranas no interior dos rins. Dentre os processos químicos, arrolam-se: a deposição de vapor de silano (SiH_4) em uma pastilha, a dopagem de uma pastilha de silício para formar um fino filme semicondutor, a aeração de águas residuárias e a purificação de minérios e isótopos. A transferência de massa está na base de vários processos químicos de separação, nos quais um ou mais componentes migram de uma fase para a interface entre as duas fases em contato. Por exemplo, nos processos de adsorção e de cristalização, os componentes permanecem na interface, enquanto na absorção de gases e na extração líquido-líquido os componentes penetram na interface e se transferem para o interior da segunda fase.

Se considerarmos o torrão de açúcar adicionado ao café, a experiência nos ensina que o tempo necessário para distribuir o açúcar será diferente se o líquido estiver parado ou agitado mecanicamente por uma colher. O mecanismo de transferência de massa, tal como observado para a transferência de calor, depende da dinâmica do sistema no qual ele ocorre. A massa pode ser transferida por movimento randômico em fluidos quiescentes ou pode ser transferida de uma superfície para um fluido em movimento, auxiliada pelas características dinâmicas do escoamento. Essas duas formas de transporte — transferências molecular e convectiva de massa — têm analogia, respectivamente, com a transferência de calor por condução e por convecção. Ambos os modos de transferência serão descritos e analisados. Tal como no caso da transferência de calor, deve-se imediatamente conceber que esses dois mecanismos com frequência atuam simultaneamente. Entretanto, em situações em que ambos os mecanismos estão presentes, um deles pode ser dominante do ponto de vista quantitativo; assim, soluções aproximadas para o problema que considerem apenas o mecanismo dominante precisam ser utilizadas.

24.1 TRANSFERÊNCIA DE MASSA MOLECULAR

Em 1815, Parrot observou qualitativamente que, quando uma mistura é constituída de duas ou mais espécies moleculares, cujas concentrações relativas variam de ponto a ponto, ocorre um processo aparentemente natural, que tende a diminuir qualquer diferença de composição. Esse transporte macroscópico de massa, que acontece independentemente de qualquer forma de convecção no interior do sistema, é definido como *difusão molecular*.

No caso específico de misturas gasosas, uma explicação lógica para esse fenômeno de transporte pode ser deduzida da teoria cinética dos gases. Em temperaturas acima do zero absoluto, as moléculas estão em estado de movimento contínuo, embora randômico. Em misturas gasosas diluídas, cada molécula de soluto se comporta independentemente das outras moléculas de soluto, raramente as encontrando. As colisões entre as moléculas continuam a ocorrer continuamente. Como resultado das colisões, as moléculas de soluto se movimentam segundo trajetórias em ziguezague, algumas vezes para regiões de maior concentração, outras para regiões de menor concentração.

Como frisado nos Capítulos 7 e 15, os transportes de momento e de energia por condução são também resultantes do movimento molecular randômico. Assim, deve-se esperar que os três fenômenos de transporte dependam das mesmas propriedades características, tal como o livre percurso médio, e que a análise teórica dos três fenômenos tenha muito em comum.

Consideremos o simples processo de transferência de massa mostrado na Figura 24.1. Esse aparato, denominado célula de difusão de Arnold, é usado para analisar processos de transferência de massa. Um líquido volátil (componente A) fica na parte debaixo do tubo. A uma temperatura constante, a pressão de vapor faz com que as moléculas da espécie A se difundam para o ar (espécie B) presente no tubo. O espaço com gás dentro do tubo não tem agitação externa. Em nível molecular, pode-se imaginar as moléculas de gás se movendo randomicamente, como descrito pela teoria cinética dos gases. O fluxo líquido da espécie A é a soma de todas as moléculas de A movendo-se através da seção transversal do tubo por unidade de tempo, ao longo do eixo z. O fluxo de ar é suave no topo do tubo aberto. Assim que as moléculas da espécie A chegam à superfície aberta do tubo, elas são varridas pela corrente de ar externa. Portanto, a tendência natural das moléculas da espécie A é de se mover da sua fonte, a interface líquida que gera a espécie A na forma de vapor, para a corrente de ar externa ao tubo, que atua como um sumidouro para A. Note-se que ambas as espécies A e B podem ter um gradiente de concentração no interior do tubo. Entretanto, como o ar (espécie B) não tem uma fonte, apenas a espécie A está sujeita à transferência de massa, embora a presença de ar (B) possa afetar sua taxa.

Em resumo, vemos que a transferência de massa é uma tendência natural de transferir um dado componente (espécie) de uma mistura de uma região de alta concentração, denominada fonte, para

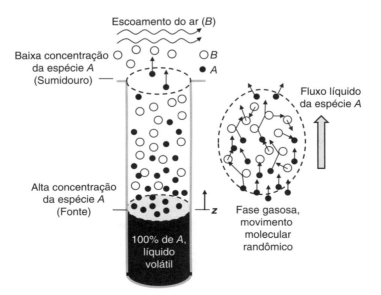

Figura 24.1 Processo simples de transferência de massa.

uma região de baixa concentração, denominada sumidouro, para se atingir uma condição uniforme ou de equilíbrio. Há três exigências para a transferência de massa: (1) que a transferência ocorra apenas em uma mistura, (2) que pelo menos uma substância da mistura se mova de sua fonte para seu sumidouro e (3) que a taxa de transferência de massa — isto é, o "fluxo" de uma dada substância — seja proporcional ao gradiente de concentração, estabelecido pela fonte e pelo sumidouro daquela substância.

Equação da Taxa de Fick

As leis da transferência de massa mostram a relação entre o fluxo da substância que se difunde e o gradiente de concentração responsável por tal transferência. Infelizmente, a descrição da difusão molecular é consideravelmente mais complexa do que as descrições análogas para a transferência molecular de momento e de energia que ocorrem em uma fase de um componente. Como a transferência molecular de massa — ou *difusão*, como também é chamada — ocorre somente em misturas, seu cálculo deve considerar o exame do efeito de cada componente. Por exemplo, frequentemente nós queremos saber a taxa de difusão de um componente específico em relação à velocidade da mistura na qual ele está se movendo. Como cada componente pode apresentar diferente mobilidade, a velocidade da mistura deve ser determinada calculando-se a média das velocidades dos componentes presentes.

Para estabelecer uma base comum para futuras discussões, vamos considerar primeiramente definições e relações usadas com frequência para explicar o papel de cada componente em uma mistura.

Concentrações A transferência de massa ocorre apenas em uma mistura. Considerem-se as misturas binárias, multicomponentes e pseudobinárias de moléculas no interior de um elemento de volume dV, como representado na Figura 24.2. Em uma mistura binária, obviamente, apenas dois componentes estão presentes. Em uma mistura multicomponente, mais de dois componentes estão presentes, não havendo, no entanto, dominância populacional de nenhum deles. Em uma mistura pseudobinária, um componente é dominante (C) e a população da outra espécie é pequena em relação à espécie dominante. Para gases, essa espécie dominante é usualmente denominada gás de arraste; para líquidos, chamada solvente.

A transferência de massa pode ocorrer em gases, líquidos ou sólidos. Nos gases, as moléculas não se tocam, embora colidam com frequência, como descrito pela teoria cinética dos gases. Nos líquidos, as moléculas estão em uma fase condensada, mas ainda se movem livremente, embora com velocidades menores do que as das moléculas dos gases. Nos sólidos, um ou mais componentes estão conectados em uma estrutura de grade ou ligados conjuntamente em um estado amorfo.

Em uma mistura multicomponente, a concentração de uma espécie molecular pode ser expressa de muitas formas. Como cada molécula de uma dada espécie tem uma massa, a *concentração mássica* para cada espécie, bem como para a mistura, pode ser definida. Para a espécie A, a concentração mássica ρ_A é definida como a massa de A por unidade de volume da mistura:

$$\rho_A = \frac{\text{massa do componente A}}{\text{volume unitário da mistura em uma dada fase}} \tag{24-1a}$$

A concentração mássica total ou densidade, ρ, é a massa total da mistura contida na unidade de volume, ou seja,

$$\rho = \frac{\text{massa total na mistura}}{\text{volume unitário da mistura em uma dada fase}} = \sum_{i=1}^{n} \rho_i \tag{24-1b}$$

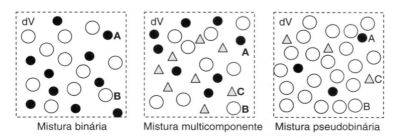

Figura 24.2 Volume elementar contendo misturas binária, multicomponente e pseudobinária.

sendo n o número de espécies na mistura. A *fração mássica*, w_A, é a concentração mássica da espécie A dividida pela concentração mássica total:

$$w_A = \frac{\rho_A}{\sum\limits_i^n \rho_i} = \frac{\rho_A}{\rho} \tag{24-2}$$

A soma das frações mássicas, por definição, deve ser igual a 1:

$$\sum_{i=1}^n w_i = 1,0 \tag{24-3}$$

A *concentração molar* da espécie A, c_A, é definida como o número de mols de A presentes por unidade de volume da mistura:

$$c_A = \frac{\text{mols do componente } A}{\text{volume unitário da mistura em uma dada fase}}$$

Por definição, um mol de qualquer espécie corresponde ao valor de sua massa molar; a concentração mássica e a molar estão assim relacionadas:

$$c_A = \frac{\rho_A}{M_A} \tag{24-4}$$

em que M_A é a massa molar da espécie A. Quando se trata de gases, as concentrações são frequentemente expressas em termos de pressões parciais. Nas condições em que se aplica a lei dos gases ideais, a concentração molar é:

$$c_A = \frac{n_A}{V} = \frac{p_A}{RT} \tag{24-5}$$

sendo p_A a pressão parcial da espécie A na mistura, n_A o número de mols da espécie A, V o volume do gás, T a temperatura absoluta e R a constante universal dos gases ideais. A concentração molar total, c, é o total de mols da mistura por unidade de volume, é a soma das concentrações de todas as espécies componentes da mistura:

$$c = \frac{\text{total de mols na mistura}}{\text{volume unitário da mistura em uma dada fase}} = \sum_{i=1}^n c_i \tag{24-6}$$

Para uma mistura gasosa que segue a lei dos gases perfeitos, a concentração molar total também pode ser determinada a partir da temperatura e da pressão total do sistema, dada por:

$$c = \frac{\text{total de mols na mistura}}{\text{volume unitário da mistura em fase gasosa}} = \frac{n}{V} = \frac{P}{RT} \tag{24-7}$$

em que P é a pressão total no sistema e T é a temperatura absoluta. A fração molar para misturas líquidas, x_A, é definida por:

$$x_A = \frac{\text{mols da espécie } A \text{ na mistura líquida}}{\text{total de mols de todas as espécies na mistura líquida}} = \frac{c_A}{c} \tag{24-8a}$$

com c_A e c referindo-se à fase líquida. Para misturas diluídas do soluto A no solvente B, a concentração molar c se aproxima da concentração molar do solvente c_B. A fração molar para misturas gasosas, y_A, é definida como:

$$y_A = \frac{\text{mols da espécie } A \text{ na mistura gasosa}}{\text{total de mols de todas as espécies na mistura gasosa}} = \frac{c_A}{c} \tag{24-8b}$$

com c_A e c referindo-se à fase gasosa. Para misturas gasosas que seguem a lei dos gases ideais, a fração molar, y_A, também pode ser expressa em termos de pressões:

$$y_A = \frac{c_A}{c} = \frac{p_A/RT}{P/RT = \frac{p_A}{P}} \tag{24-9}$$

402 ▶ Capítulo 24

A soma das frações molares, por definição, deve ser igual a 1:

$$\sum_{i=1}^{n} x_i = 1,0 \tag{24-10a}$$

$$\sum_{i=1}^{n} y_i = 1,0 \tag{24-10b}$$

Um sumário dos vários termos de concentração e de inter-relações para um sistema binário, contendo as espécies A e B, é dado na Tabela 24.1. Para uma mistura binária, a fração molar está relacionada com a fração mássica por meio das seguintes relações:

$$x_A \text{ ou } y_A = \frac{w_A/M_A}{w_A/M_A + w_B/M_B} \tag{24-11}$$

$$w_A = \frac{x_A M_A}{x_A M_A + x_B M_B} \text{ (líquidos)} \tag{24-12a}$$

$$w_A = \frac{y_A M_A}{y_A M_A + y_B M_B} \text{ (gases)} \tag{24-12b}$$

Tabela 24.1 Concentrações em uma mistura binária de A e B

Concentrações Molares no Líquido	Concentrações Molares no Gás	Concentrações Mássicas (Gás ou Líquido)
$c = n/V$	$c = n/V = P/RT$	$\rho = m/V$
$c_A = n_A/V$	$c_A = n_A/V = p_A/RT$	$\rho_A = m_A/V$
$c_B = n_B/V$	$c_B = n_B/V = p_B/RT$	$\rho_B = m_B/V$
$x_A = c_A/c$	$y_A = c_A/c = p_A/P$	$w_A = \rho_A/\rho$
$x_B = c_B/c$	$y_B = c_B/c = p_B/P$	$w_B = \rho_B/\rho$
$c = c_A + c_B$	$c = c_A + c_B, P = p_A + p_B$	$\rho = \rho_A + \rho_B$
$1 = x_A + x_B$	$1 = y_A + y_B$	$1 = w_A + w_B$

Exemplo 1

Uma mistura gasosa, proveniente do processo de reforma de hidrocarbonetos, contém 50% H_2, 40% CO_2 e 10% metano (CH_4) por volume a 400°C (673 K) e está submetida a uma pressão de 1,5 atm. Determine a concentração molar e as frações mássicas de cada espécie na mistura, bem como a densidade da mistura.

Seja $A = H_2$, $B = CO_2$ e $C = CH_4$. Considerando comportamento de gás ideal, a concentração molar total é:

$$c = \frac{P}{RT} = \frac{1,5 \text{ atm}}{(0,08206 \text{ m}^3 \cdot \text{atm/kgmol} \cdot \text{K})(673 \text{ K})} = 2,72 \times 10^{-2} \text{ kgmol/m}^3$$

Para um gás ideal, a composição percentual volumétrica é equivalente à composição percentual molar. A concentração molar da espécie A é:

$$c_A = y_A c = (0,50)(2,72 \times 10^{-2} \text{ kgmol/m}^3) = 1,36 \times 10^{-2} \text{ kgmol/m}^3$$

De modo similar, $c_B = 1,10 \times 10^{-2} \text{ kmol/m}^3$ e $c_C = 2,72 \times 10^{-3} \text{ kmol/m}^3$. A fração mássica de cada espécie é determinada a partir da fração molar e da massa molar de cada espécie:

$$w_A = \frac{y_A M_A}{y_A M_A + y_B M_B + y_C M_C} = \frac{(0,50)(2)}{(0,50)(2) + (0,40)(44) + (0,10)(16)} = 0,0495 \frac{\text{g de } H_2}{\text{g total}}$$

De modo similar, $w_B = 0,871$ e $w_C = 0,0793$. A densidade mássica da mistura gasosa é:

$$\rho = \rho_A + \rho_B + \rho_C = c_A M_A + c_B M_B + c_C M_C$$

$$= \left(1,36 \times 10^{-2}\,\frac{\text{kgmol}}{\text{m}^3}\right)\left(\frac{2\,\text{g}}{\text{gmol}}\right) + \left(1,10 \times 10^{-2}\,\frac{\text{kgmol}}{\text{m}^3}\right)\left(\frac{44\,\text{g}}{\text{gmol}}\right)$$

$$+ \left(2,72 \times 10^{-3}\,\frac{\text{kgmol}}{\text{m}^3}\right)\left(\frac{16\,\text{g}}{\text{gmol}}\right) = 0,555\,\frac{\text{kg}}{\text{m}^3}$$

Exemplo 2

Uma corrente de água residuária está contaminada com 200 mg/L de tricloroetileno (TCE) a 20°C, valor menor do que o limite de solubilidade desse composto na água. Quais são os valores da concentração molar (em unidades do Sistema Internacional) e da fração molar do TCE nessa água, admitindo que a solução em questão seja uma solução diluída? A 20°C, a massa específica da água (líquida) é de 998,2 kg/m³ (Apêndice I). A massa molar do TCE é de 131,4 g/mol e a massa molar da água é de 18 g/mol (18 kg/kgmol).

A espécie A representa o TCE e a espécie B representa a água (solvente). A concentração molar de TCE na água (c_A) é determinada a partir da concentração mássica (ρ_A):

$$c_A = \frac{\rho_A}{M_A} = \frac{200\,\text{mg A/L}}{131,4\,\text{g/gmol}}\,\frac{1\,\text{g}}{1000\,\text{mg}}\,\frac{1\,\text{kgmol}}{1000\,\text{gmol}}\,\frac{1000\,\text{L}}{1\,\text{m}^3} = 1,52 \times 10^{-3}\,\frac{\text{kgmol}}{\text{m}^3}$$

Para uma solução diluída de TCE (soluto A) em água (solvente B), a concentração molar total se aproxima da concentração molar do solvente:

$$c \cong c_B = \frac{\rho_B}{M_B} = \frac{998,3\,\text{kg/m}^3}{18\,\text{kg/kgmol}} = 55,5\,\frac{\text{kgmol}}{\text{m}^3}$$

e a fração molar (x_A) é:

$$x_A = \frac{c_A}{c} = \frac{1,52 \times 10^{-3}\,\text{kgmol/m}^3}{55,5\,\text{kgmol/m}^3} = 2,74 \times 10^{-5}$$

Velocidades Em um sistema multicomponente, as várias espécies presentes normalmente se movem a diferentes velocidades. Em decorrência disso, o cálculo da velocidade de uma mistura gasosa requer o cálculo da média das velocidades das espécies presentes.

A *velocidade mássica média* para uma mistura multicomponente é definida em termos de densidades mássicas e de velocidades dos componentes, pela equação:

$$v = \frac{\sum_{i=1}^{n} \rho_i v_i}{\sum_{i=1}^{n} \rho_i} = \frac{\sum_{i=1}^{n} \rho_i v_i}{\rho} \tag{24-13}$$

em que v_i é a velocidade absoluta da espécie i relativamente ao eixo de coordenadas estacionário. Essa é a velocidade previamente encontrada nas equações de transferência de momento. A *velocidade molar média* para uma mistura multicomponente é definida em termos das concentrações molares dos componentes pela seguinte equação:

$$V = \frac{\sum_{i=1}^{n} c_i v_i}{\sum_{i=1}^{n} c_i} = \frac{\sum_{i=1}^{n} c_i v_i}{c} \tag{24-14}$$

A velocidade de uma espécie em particular, relativamente à velocidade mássica média ou à molar média, é denominada *velocidade de difusão*. Podemos definir duas velocidades de difusão diferentes $v_i - v$, a velocidade de difusão da espécie i relativamente à velocidade mássica média, e $v_i - V$, a velocidade de difusão da espécie i em relação à velocidade molar média. De acordo com a lei de Fick, uma espécie pode ter velocidade relativa às velocidades mássica ou molar médias apenas se existirem gradientes de concentração.

Fluxos O fluxo de massa (ou molar) de uma dada espécie é uma grandeza vetorial, que representa a quantidade dessa espécie, expressa em base de massa ou molar, que passa por unidade de tempo em uma unidade de área normal ao vetor. O fluxo pode ser definido com referência a coordenadas fixas no espaço, coordenadas que se movem com a velocidade mássica média ou com a velocidade molar média. As dimensões do fluxo molar são dadas a seguir:

$$\begin{pmatrix} \text{fluxo molar de} \\ A \text{ na mistura} \end{pmatrix} = \frac{(\text{mols transferidos da espécie } A)}{(\text{área da seção transversal})(\text{tempo})} \left(\frac{\text{kgmol } A}{\text{m}^2\text{-s}} \right)$$

A relação básica para a difusão molecular define o fluxo molar em relação à velocidade molar média, $\mathbf{J}_A$. Uma relação empírica para esse fluxo molar foi primeiramente postulada por Fick,[1] e, assim, frequentemente referida como primeira lei de Fick. Ela postula que a difusão do componente A em um sistema isotérmico e isobárico é proporcional ao gradiente de concentração:

$$\mathbf{J}_A = -D_{AB}\nabla c_A$$

Para difusão unidirecional, na direção z, a equação de Fick é:

$$J_{A,z} = -D_{AB}\frac{dc_A}{dz} \tag{24-15}$$

sendo $J_{A,z}$ o fluxo molar na direção z em relação à velocidade molar média, dc_A/dz é o gradiente de concentração na direção z e D_{AB}, fator de proporcionalidade, é a *difusividade mássica* ou *coeficiente de difusão* para o componente A, que se difunde através do componente B. O sinal negativo $(-)$ é necessário, pois o gradiente de concentração da espécie A é negativo e o fluxo é positivo. O gradiente é negativo porque o componente A se move da maior para a menor concentração ao longo do eixo z.

Uma equação mais geral para o fluxo, que não é restrita a sistemas isotérmicos e isobáricos, foi proposta por de Groot,[2] que descreve o fluxo como:

$$J_{A,z} = -cD_{AB}\frac{dy_A}{dz} \tag{24-16}$$

Como a concentração total c é constante em condições isotérmicas e isobáricas, a equação (24-15) representa um caso particular da equação (24-16), que é mais geral. Uma expressão equivalente para $j_{A,z}$, o fluxo mássico na direção z, relativo à velocidade mássica média é:

$$j_{A,z} = -\rho D_{AB}\frac{dw_A}{dz} \tag{24-17}$$

sendo dw_A/dz o gradiente de concentração expresso em termos de fração mássica. Quando a densidade é constante, essa relação pode ser simplificada para:

$$j_{A,z} = -D_{AB}\frac{d\rho_A}{dz}$$

As investigações iniciais sobre difusão molecular não conseguiram verificar a validade da lei de Fick da difusão. Aparentemente, isso aconteceu porque massa é transferida com frequência simultaneamente de dois modos: (1) como resultado de diferenças de concentração, como postulado por Fick, e (2) por diferenças de convecção induzidas por diferenças de densidade, resultantes da variação de concentração.

---

[1] A. Fick, *Ann. Physik.*, **94**, 59 (1855).

[2] S. R. de Groot, *Thermodynamics of Irreversible Processes*, North-Holland, Amsterdã, 1951.

Para ilustrar as diferenças entre as contribuições por difusão e por convecção ao fluxo, considere as seguintes situações de transferência de massa. Primeiramente, se um balão de vidro cheio de corante for lançado em um lago, o corante se difundirá em todas as direções radiais pela água em estado líquido a partir da fonte, que é o próprio balão. Entretanto, se o balão for lançado em uma corrente de água em movimento, o corante tanto se difundirá radialmente como será carregado na direção da própria corrente; assim, ambas as contribuições participam simultaneamente da transferência de massa.

Stefan (1872) e Maxwell (1877), empregando a teoria cinética dos gases, provaram que o fluxo de massa, em relação a um sistema fixo de coordenadas, era o resultado de duas contribuições: a do gradiente de concentração e a do movimento global:

$$\left(\begin{array}{c}\text{massa total}\\ \text{transportada}\end{array}\right) = \left(\begin{array}{c}\text{massa transportada}\\ \text{por difusão}\end{array}\right) + \left(\begin{array}{c}\text{massa transportada pelo}\\ \text{movimento global do fluido}\end{array}\right)$$

ou

$$N_{A,z} = J_{A,z} + c_A V_z \qquad (24\text{-}18)$$

Para um sistema binário com velocidade média constante na direção z, o fluxo molar nessa direção, em relação à velocidade molar média, será expresso por:

$$J_{A,z} = c_A \left(v_{A,z} - V_z \right) \qquad (24\text{-}19)$$

Igualando-se as expressões (24-16) e (24-19), obtém-se:

$$J_{A,z} = c_A \left(v_{A,z} - V_z \right) = -cD_{AB} \frac{dy_A}{dz}$$

que, após rearranjo, resulta em:

$$c_A v_{A,z} = -cD_{AB} \frac{dy_A}{dz} + c_A V_z$$

Para esse sistema binário, V_z pode ser obtido a partir da equação (24-14), como:

$$V_z = \frac{1}{c} \left(c_A v_{A,z} + c_B v_{A,z} \right)$$

ou

$$c_A V_z = y_A \left(c_A v_{A,z} + c_B v_{B,z} \right)$$

Portanto,

$$c_A v_{A,z} = -cD_{AB} \frac{dy_B}{dz} + y_A \left(c_A v_{A,z} + c_B v_{B,z} \right) \qquad (24\text{-}20)$$

Os componentes de velocidade, $v_{A,z}$ e $v_{B,z}$, referem-se ao eixo fixo z. Em decorrência, os termos $c_A v_{A,z}$ e $c_B v_{B,z}$ são os fluxos dos componentes A e B relativos a essa coordenada (z). Logo, o fluxo das espécies A e B em coordenadas estacionárias é dado por:

$$N_{A,z} = c_A v_{A,z}$$

e

$$N_{B,z} = c_B v_{B,z}$$

A substituição dessas definições de fluxo na equação (24-20) elimina os componentes de velocidade e fornece uma equação para o fluxo do componente A em relação ao eixo z, que reflete as contribuições dos fluxos pertinentes:

$$N_{A,z} = -cD_{AB} \frac{dy_A}{dz} + y_A \left(N_{A,z} + N_{B,z} \right) \qquad (24\text{-}21)$$

A equação (24-21), também chamada equação da taxa de Fick, pode ser simplificada com base no sistema físico de transferência de massa. Por exemplo, da Figura 24.1 vemos que $N_{B,z} = 0$; isso ocorre pelo fato de o componente ar não ter uma fonte, portanto, não ter fluxo. Consequentemente, a equação (24-21) se reduz a:

$$N_{A,z} = -cD_{AB}\frac{dy_A}{dz} + y_A\left(N_{A,z} + 0\right)$$

ou

$$N_{A,z} = \frac{-cD_{AB}}{1 - y_A}\frac{dy_A}{dz}$$

essa equação descreve o fluxo unidimensional da espécie A através de uma espécie estagnada B. Vemos que a presença de B afeta o fluxo de A, em relação à lei de Fick, por meio do termo $1 - y_A$.

A equação (24-21) pode ser generalizada e escrita na forma vetorial como:

$$\mathbf{N}_A = -cD_{AB}\boldsymbol{\nabla}y_A + y_A(\mathbf{N}_A + \mathbf{N}_B) \tag{24-22}$$

É importante notar que o vetor fluxo molar, $\mathbf{N}_A$, é resultante de duas grandezas vetoriais, $-cD_{AB}\boldsymbol{\nabla}y_A$, o fluxo molar devido à difusão ao longo do gradiente de concentração, e $y_A(\mathbf{N}_A + \mathbf{N}_B)$, o fluxo molar devido ao transporte de A pelo escoamento global de espécies na mistura. Esse último termo é designado como contribuição do movimento global.

Uma ou ambas as grandezas citadas anteriormente podem ser significativas para o fluxo molar total, $\mathbf{N}_A$. Quando a equação (24-22) for aplicada para descrever a difusão molar, a natureza vetorial dos fluxos individuais, $\mathbf{N}_A$ e $\mathbf{N}_B$, deve ser considerada. Se a espécie A estivesse se difundindo em uma mistura multicomponente, a expressão equivalente à equação (24-21) seria:

$$\mathbf{N}_A = -cD_{AM}\boldsymbol{\nabla}y_A + y_A \sum_{i=1}^{n} \mathbf{N}_i$$

em que D_{AM} é o coeficiente de difusão de A na mistura.

O fluxo de massa, $\mathbf{n}_A$, em relação a um sistema fixo de coordenadas é definido, para um sistema binário, em termos de densidade mássica e de fração mássica, como apresentado a seguir:

$$\mathbf{n}_A = -\rho D_{AB}\boldsymbol{\nabla}w_A + w_A(\mathbf{n}_A + \mathbf{n}_B) \tag{24-23}$$

em que

$$\mathbf{n}_A = \rho_A \mathbf{v}_A$$

e

$$\mathbf{n}_B = \rho_B \mathbf{v}_B$$

Sob condições isotérmicas e isobáricas, essa relação pode ser simplificada, obtendo-se:

$$\mathbf{n}_A = -D_{AB}\boldsymbol{\nabla}\rho_A + w_A(\mathbf{n}_A + \mathbf{n}_B)$$

As quatro equações para os fluxos $\mathbf{J}_A$, $\mathbf{j}_A$, $\mathbf{N}_A$ e $\mathbf{n}_A$ são expressões equivalentes para a equação da taxa de Fick. O coeficiente de difusão, D_{AB}, é idêntico para as quatro equações. Qualquer uma das equações é adequada para descrever a difusão molecular; entretanto, alguns fluxos são mais fáceis de utilizar para casos específicos. Os fluxos mássicos, $\mathbf{n}_A$ e $\mathbf{j}_A$, são usados quando as equações de Navier–Stokes são também requeridas para descrever o processo. Uma vez que as reações químicas são descritas com base nos mols dos reagentes envolvidos, os fluxos molares, $\mathbf{J}_A$ e $\mathbf{N}_A$, são usados para descrever as equações de transferência de massa nos casos em que reações químicas estejam envolvidas. Os fluxos relativos às coordenadas fixas no espaço, $\mathbf{n}_A$ e $\mathbf{N}_A$, são usados para descrever a transferência de massa em células de difusão utilizadas para determinar experimentalmente o coeficiente de difusão. Na Tabela 24.2 estão sumarizadas as formas equivalentes da equação de taxa de Fick.

Tabela 24.2 Formas equivalentes da equação de fluxo mássico para o sistema binário A e B

Fluxo	Gradiente	Equação de Taxa de Fick	Restrições
$\mathbf{n}_A$	∇w_A	$\mathbf{n}_A = -\rho D_{AB}\nabla w_A + w_A(\mathbf{n}_A + \mathbf{n}_B)$	
	$\nabla \rho_A$	$\mathbf{n}_A = -D_{AB}\nabla \rho_A + w_A(\mathbf{n}_A + \mathbf{n}_B)$	Constante ρ
$\mathbf{N}_A$	∇y_A	$\mathbf{N}_A = -cD_{AB}\nabla y_A + y_A(\mathbf{N}_A + \mathbf{N}_B)$	Constante c
$\mathbf{j}_A$	∇w_A	$\mathbf{j}_A = -\rho D_{AB}\nabla w_A$	
	$\nabla \rho_A$	$\mathbf{j}_A = -D_{AB}\nabla \rho_A$	Constante ρ
$\mathbf{J}_A$	∇y_A	$\mathbf{J}_A = -cD_{AB}\nabla y_A$	
	∇x_A	$\mathbf{J}_A = -cD_{AB}\nabla x_A$	
	∇c_A	$\mathbf{J}_A = -D_{AB}\nabla c_A$	Constante c

Outros Tipos de Transferência Molecular de Massa

De acordo com a segunda lei da termodinâmica, sistemas que não estão em equilíbrio tendem ao equilíbrio no decurso do tempo. Uma força motriz comum na termodinâmica química é o gradiente, $-d\mu_c/dz$, sendo μ_c o *potencial químico*. A velocidade de difusão do componente A é definida em termos de potencial químico como:

$$v_{A,z} - V_z = u_A \frac{d\mu_c}{dz} = -\frac{D_{AB}}{RT}\frac{d\mu_c}{dz} \qquad (24\text{-}24)$$

sendo u_A a "mobilidade" do componente A ou a velocidade da molécula quando submetida à influência de uma força motriz unitária. A equação (24-24) é conhecida como a relação de Nernst–Einstein. O fluxo molar se expressa por:

$$J_{A,z} = c_A\left(v_{A,z} - V_z\right) = c_A \frac{D_{AB}}{RT}\frac{d\mu_c}{dz} \qquad (24\text{-}25)$$

A equação (24-24) pode ser usada para representar todos os fenômenos de transferência de massa. Como exemplo, considere as condições especificadas para a equação (24-15); o potencial químico de um componente em uma solução homogênea ideal sob pressão e temperatura constantes é definido por:

$$\mu_c = \mu^0 + RT \ln c_A \qquad (24\text{-}26)$$

sendo μ^0 uma constante, ou seja, o potencial químico no estado padrão. Quando substituímos essa relação na equação (24-25), a lei de Fick para uma fase homogênea é mais uma vez obtida:

$$J_{A,z} = -D_{AB}\frac{dc_A}{dz} \qquad (24\text{-}15)$$

Há várias outras condições físicas, além da diferença de concentração, que produzirão gradientes de potencial químico: diferenças de temperatura, diferenças de pressão e diferenças nas forças criadas por campos externos, como o gravitacional, o magnético e o elétrico. Pode-se, por exemplo, obter transferência de massa aplicando-se um gradiente de temperatura a um sistema multicomponente. Esse fenômeno de transporte, *efeito Soret* ou *difusão térmica*, embora pequeno em relação a outros efeitos difusionais, é usado com êxito na separação de isótopos. Componentes de uma mistura podem ser separados com uma centrífuga por *difusão por pressão*. Há muitos exemplos bem conhecidos de fluxos de massa induzidos em uma mistura sujeita a um campo de forças externas: separação por sedimentação sob ação da gravidade, precipitação eletrolítica por ação de um campo de forças eletrostáticas e separação de minerais de uma mistura por ação de um campo de forças magnéticas. Embora esses fenômenos de transporte sejam importantes, eles são, na realidade, processos muito específicos.

A transferência molecular de massa resultante da diferença de concentração e descrita pela lei de Fick baseia-se no movimento molecular randômico de pequenos percursos livres médios, independentemente de qualquer restrição de paredes. Entretanto, a difusão de nêutrons rápidos e de moléculas em poros extremamente pequenos, ou em baixíssima densidade de gás, não pode ser descrita por essa relação. Consideraremos a difusão de moléculas em poros extremamente pequenos mais adiante neste capítulo.

▶ 24.2

COEFICIENTE DE DIFUSÃO

Na lei de Fick, a constante de proporcionalidade em uma mistura binária de espécies A e B é conhecida como coeficiente de difusão, D_{AB}. As suas dimensões fundamentais, que podem ser obtidas da equação (24-15), são:

$$D_{AB} = \frac{-J_{A,z}}{dc_A/dz} = \left(\frac{M}{L^2 t}\right)\left(\frac{1}{M/L^3 \cdot 1/L}\right) = \frac{L^2}{t}$$

que são também idênticas às dimensões fundamentais das outras propriedades: viscosidade cinemática, v, e difusividade térmica, α. A difusividade térmica é comumente reportada em unidades de cm^2/s; as unidades SI são m^2/s, que fornece valores 10^{-4} menores.

A dimensão dessa grandeza é idêntica à de outras envolvidas nos fenômenos de transporte, tais como: viscosidade, v, e difusividade térmica, α. A difusividade mássica é comumente expressa em cm^2/s. No Sistema Internacional de Unidades, recomenda-se expressá-la em m^2/s. Nesse caso, os valores numéricos se tornam menores, por um fator de 10^{-4}.

O coeficiente de difusão depende da temperatura, da pressão e da composição do sistema. Difusividades de gases, líquidos e sólidos estão apresentadas, respectivamente, nas Tabelas J.1, J.2 e J.3 do Apêndice. Como é de se esperar, com base na mobilidade das moléculas, os coeficientes de difusão de gases, que estão situados tipicamente na faixa de 10^{-6} a 10^{-5} m^2/s, são muito maiores do que os coeficientes de difusão dos líquidos, que se situam tipicamente na faixa de 10^{-10} a 10^{-9} m^2/s. Os coeficientes de difusão dos sólidos são muito menores, sendo registrados, tipicamente, valores na faixa de 10^{-14} a 10^{-10} m^2/s. Na ausência de dados experimentais, expressões semiteóricas foram desenvolvidas de modo a fornecer aproximações razoáveis do coeficiente de difusão, como descrito a seguir.

Difusividade Mássica de Gases

Expressões teóricas para o coeficiente de difusão para misturas gasosas de baixa densidade, que levam em conta propriedades moleculares do sistema, foram propostas por Sutherland,[3] Jeans[4] e Chapman e Cowling,[5] com base na teoria cinética dos gases. No modelo mais simples de dinâmica dos gases, as moléculas são consideradas esferas rígidas que não exercem forças intermoleculares. As colisões entre essas moléculas são tidas como completamente elásticas. Com essas hipóteses, um modelo simplificado para uma mistura gasosa ideal, na qual a espécie A se difunde através de seu isótopo A^*, conduz a uma equação para o *coeficiente de autodifusão*, definido da seguinte forma:

$$D_{AA^*} = \frac{1}{3}\lambda u \tag{24-27}$$

em que λ é o livre percurso médio da espécie A, dado por:

$$\lambda = \frac{\kappa T}{\sqrt{2}\pi \sigma_A^2 P} \tag{24-28}$$

sendo u a velocidade média da espécie A em relação à velocidade molar média:

$$u = \sqrt{\frac{8\kappa NT}{\pi M_A}} \tag{24-29}$$

---

[3] W. Sutherland, *Phil. Mag.*, **36**, 507; **38**, 1 (1894).

[4] J. Jeans, *Dynamical Theory of Gases*, Cambridge University Press, Londres, 1921.

[5] S. Chapman e T. G. Cowling, *Mathematical Theory of Non-Uniform Gases*, Cambridge University Press, Londres, 1959.

A substituição das equações (24-28) e (24-29) na equação (24-27) resulta em:

$$D_{AA^*} = \frac{2\,T^{3/2}}{3\,\pi^{3/2}\sigma_A^2 P}\left(\frac{\kappa^3 N}{M_A}\right)^{1/2}$$

(24-30)

em que M_A é a massa molar da espécie A que se difunde, (g/gmol), N é o número de Avogadro (6,022 $\times$ 10²³ moléculas/gmol), P é a pressão no sistema, T é a temperatura absoluta (K), k é a constante de Boltzmann (1,38 $\times$ 10⁻¹⁶ ergs/K) e σ_A é o diâmetro molecular de Lennard–Jones da espécie A.

Utilizando-se um enfoque similar da teoria cinética dos gases para uma mistura binária das espécies A e B, compostas de esferas rígidas de diâmetros desiguais, o coeficiente de difusão da fase gasosa é dado por:

$$D_{AB} = \frac{2}{3}\left(\frac{\kappa}{\pi}\right)^{3/2} N^{1/2}\,T^{3/2}\,\frac{\left(\dfrac{1}{2M_A}+\dfrac{1}{2M_B}\right)^{1/2}}{P\left(\dfrac{\sigma_A+\sigma_B}{2}\right)^2}$$

(24-31)

Nota-se da equação (24-31) que o coeficiente de difusão da fase gasosa é dependente da pressão e da temperatura. Especificamente, o coeficiente de difusão é inversamente proporcional à pressão total do sistema:

$$D_{AB} \propto \frac{1}{P}$$

(24-32a)

e tem uma dependência com a temperatura absoluta na forma de lei de potência

$$D_{AB} \propto T^{3/2}$$

(24-32b)

Além disso, os coeficientes de difusão dos gases decrescem com o aumento do diâmetro molecular e da massa molar das espécies A e/ou B. Enfim, a equação (24-31) revela que para gases $D_{AB} = D_{BA}$. Esse não é o caso dos coeficientes de difusão para líquidos.

Correlações para os Coeficientes de Difusão de Misturas Binárias Gasosas Os coeficientes de difusão dos gases são definidos com base em um dado par de espécies na mistura — isto é, D_{AB} para as espécies A e B. Versões modernas da teoria dos gases têm buscado levar em conta as forças de atração e de repulsão entre essas moléculas. Hirschfelder *et al.*,[6] utilizando o potencial de Lennard–Jones para determinar a influência das forças moleculares, apresentaram a seguinte correlação para o coeficiente de difusão para pares de gases, cujas moléculas sejam não polares e não reativas:

$$D_{AB} = \frac{0,001858\,T^{3/2}\left(\dfrac{1}{M_A}+\dfrac{1}{M_B}\right)^{1/2}}{P\sigma_{AB}^2\Omega_D}$$

(24-33)

Para utilizar essa correlação, as seguintes unidades devem ser empregadas: D_{AB} é o coeficiente de difusão de A através de B (cm²/s); T é a temperatura absoluta (K), M_A e M_B são as massas molares de A e B, respectivamente (g/gmol); P é a pressão absoluta (atm); σ_{AB} é o diâmetro de colisão do par binário de espécies A e B, um parâmetro de Lennard–Jones em angstroms (Å); e Ω_D é a "integral de colisão" para difusão molecular, uma função adimensional da temperatura e do campo de potencial intermolecular para uma molécula de A e uma molécula de B. Na Tabela K.1 do Apêndice, é apresentado Ω_D como função de $\kappa T/\epsilon_{AB}$, sendo κ a constante de Boltzmann, igual a 1,38 $\times$ 10⁻¹⁶ erg/K e ϵ_{AB} sendo a energia de interação molecular para o sistema binário de A e B, também um parâmetro de Lennard–Jones expresso em erg. A Figura 24.3 apresenta a dependência de Ω_D com a temperatura adimensional $\kappa T/\epsilon_{AB}$.

---

[6] J. O. Hirschfelder, R. B. Bird e E. L. Spotz, *Chem. Rev.*, **44**, 205 (1949).

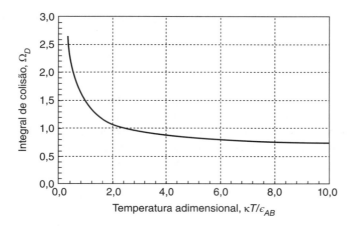

Figura 24.3 "Integral de colisão" de Lennard–Jones para a difusão em função da temperatura adimensional.

Os parâmetros de Lennard–Jones, σ e ϵ, estão disponíveis para muitos gases puros; alguns deles estão na Tabela K.2 do Apêndice. Na ausência de valores determinados experimentalmente, valores desses parâmetros, σ e ϵ, para componentes puros podem ser estimados a partir das seguintes equações empíricas:

$$\sigma = 1{,}18\, V_b^{1/3} \tag{24-34}$$

$$\sigma = 0{,}841\, V_c^{1/3} \tag{24-35}$$

$$\sigma = 2{,}44 \left(\frac{T_c}{P_c}\right)^{1/3} \tag{24-36}$$

$$\epsilon/\kappa = 0{,}77\, T_c \tag{24-37}$$

$$\epsilon/\kappa = 1{,}15\, T_b \tag{24-38}$$

em que V_b é o volume molecular no ponto de ebulição normal (cm³/gmol), V_c é o volume molecular crítico (cm³/gmol), T_c é a temperatura crítica (K), T_b é a temperatura normal de ebulição (K) e P_c é a pressão crítica (atm). Todas as unidades devem ser usadas como nessas correlações.

Para um sistema binário composto de moléculas não polares, os parâmetros de Lennard–Jones dos componentes puros podem ser combinados de modo empírico do seguinte modo:

$$\sigma_{AB} = \frac{\sigma_A + \sigma_B}{2} \tag{24-39}$$

e

$$\epsilon_{AB} = \sqrt{\epsilon_A \epsilon_B} \tag{24-40}$$

Essas relações devem ser modificadas para misturas contendo pares de componentes polares ou quando um componente for polar e o outro for apolar; as modificações propostas são discutidas por Hirschfelder, Curtiss e Bird.[7]

A equação de Hirschfelder (24-33) é frequentemente usada para extrapolar dados experimentais. Para faixas moderadas de pressão, até 25 atm, o coeficiente de difusão varia inversamente com a pressão. Altas pressões aparentemente exigem correções paras gases densos; infelizmente não há correlações satisfatórias para altas pressões. A equação (24-33) também indica que o coeficiente de difusão varia com a temperatura segundo $T^{3/2}/\Omega_D$. Simplificando a equação (24-33), podemos prever o coeficiente de difusão em qualquer temperatura e em qualquer pressão abaixo de 25 atm a partir de um valor conhecido, por extrapolação de Hirschfelder, que é dada por:

$$D_{AB}(T_2, P_2) = D_{AB}(T_1, P_1) \left(\frac{P_1}{P_2}\right) \left(\frac{T_2}{T_1}\right)^{3/2} \frac{\Omega_D(T_1)}{\Omega_D(T_2)} \tag{24-41}$$

---

[7] J. O. Hirschfelder, C. F. Curtiss e R. B. Bird, *Molecular Theory of Gases and Liquids*, John Wiley & Sons, Inc., Nova York, 1954.

Na Tabela J.1 do Apêndice, valores experimentais do produto $D_{AB}P$ são fornecidos para vários pares de gases em uma temperatura particular. Utilizando a equação (24-41), podemos estender esses valores para outras temperaturas.

A equação (24-33) foi desenvolvida para gases diluídos, constituídos de moléculas monoatômicas, esféricas e não polares. Entretanto, essa equação dá bons resultados para a maioria das misturas binárias de gases não polares, para uma ampla faixa de temperaturas.[8] Outras correlações empíricas foram propostas[9] para estimar o coeficiente de difusão para mistura de gases não polares a baixas pressões. A correlação empírica proposta por Fuller, Schettler e Giddings[10] permite calcular a difusividade quando parâmetros de Lennard–Jones confiáveis não são disponíveis. A correlação de Fuller, Schettler e Giddings é a seguinte:

$$D_{AB} = \frac{0{,}001 \, T^{1{,}75} \left(\dfrac{1}{M_A} + \dfrac{1}{M_B} \right)^{1/2}}{P \left[(\Sigma \nu_i)_A^{1/3} + (\Sigma \nu_i)_B^{1/3} \right]^2}$$

(24-42)

Para utilizar essa correlação, as grandezas devem ser expressas nas seguintes unidades: D_{AB} (cm^2/s), temperatura absoluta $T(K)$, e pressão total do sistema $P(atm)$. Para determinar os termos ν_i, Fuller *et al.* recomendaram a adição de incrementos de volume de difusão atômico e estrutural (ν_i) registrados na Tabela 24.3.

Tabela 24.3 Volumes atômicos de difusão utilizados para estimar D_{AB} pelo método de Fuller, Schettler e Giddings[10]

Incrementos de Volumes Atômico e Estrutural de Difusão, ν_i			
C	16,5	Cl	19,5
H	1,98	S	17,0
O	5,48	Anel Aromático	−20,2
N	5,69	Anel Heterocíclico	−20,2

Volumes de Difusão para Moléculas Simples, ν					
H_2	7,07	Ar	16,1	H_2O	12,7
D_2	6,70	Kr	22,8	$C(Cl_2)(F_2)$	114,8
He	2,88	CO	18,9	SF_6	69,7
N_2	17,9	CO_2	26,9	Cl_2	37,7
O_2	16,6	N_2O	35,9	Br_2	67,2
Air	20,1	NH_3	14,9	SO_2	41,1

Exemplo 3

Um novo processo de separação de gases está sendo desenvolvido para separar etileno (C_2H_4) de uma mistura gasosa que contém pequenas quantidades de dióxido de carbono (CO_2) e monóxido de carbono (CO). Como parte necessária à análise do processo, será preciso obter os coeficientes de difusão do CO_2 e do CO no etileno a 2,0 atm e 77°C (350 K). Para o par binário CO_2-C_2H_4, estime o coeficiente binário de difusão em fase gasosa empregando as correlações de Hirschfelder e de Fuller, Schettler e Giddings. Para o par binário CO-C_2H_4, extrapole os dados encontrados no Apêndice J, de modo a estimar o coeficiente de difusão da fase gasosa binária.

Para o par binário CO_2-etileno, consideremos que a espécie A representa o CO_2, com massa molar de 44 g/mol, e que a espécie B representa o etileno, com massa molar de 28 g/mol. Vamos usar inicialmente a equação de Hirschfelder. Da Tabela K.2 do Apêndice, as constantes de Lennard–Jones necessárias para a equação de Hirschfelder são: $\sigma_A = 3{,}996$ Å, $\sigma_B = 4{,}232$ Å, $\epsilon_A/\kappa = 190$ K, $\epsilon_B/\kappa = 205$ K. Consequentemente:

$$\sigma_{AB} = \frac{\sigma_A + \sigma_B}{2} = \frac{3{,}996 \, \text{Å} + 4{,}232 \, \text{Å}}{2} = 4{,}114 \, \text{Å}$$

$$\frac{\kappa T}{\epsilon_{AB}} = \left(\frac{\kappa}{\epsilon_A} \frac{\kappa}{\epsilon_A} \right)^{1/2} T = \left(\frac{1}{190 \, \text{K}} \frac{1}{205 \, \text{K}} \right)^{1/2} (350 \, \text{K}) = 1{,}77$$

---

[8] R. C. Reid, J. M. Prausnitz e T. K. Sherwood, *The Properties of Gases and Liquids*, 3. ed., McGraw-Hill Book Company, Nova York, 1977.

[9] J. H. Arnold, *J. Am. Chem. Soc.*, **52**, 3937 (1930). E. R. Gilliland, *Ind. Eng. Chem.*, **26**, 681 (1934). J. C. Slattery e R. B. Bird, *A.I.Ch.E. J*, **4**, 137 (1958). D. F. Othmer e H. T. Chen, *Ind. Eng. Chem. Process Des. Dev.*, **1**, 249 (1962).

[10] E. N. Fuller, P. D. Schettler e J. C. Giddings, *Ind. Eng. Chem.*, **58** (5), 18 (1966).

Da Tabela K.1 do Apêndice, $\Omega_D = 1,123$. Portanto:

$$D_{AB} = \frac{0,001858\, T^{3/2} \left(\dfrac{1}{M_A} + \dfrac{1}{M_B}\right)^{1/2}}{P\sigma_{AB}^2 \Omega_D} = \frac{0,001858\,(350)^{3/2} \left(\dfrac{1}{44} + \dfrac{1}{28}\right)^{1/2}}{(2,0)(4,114)^2(1,123)} = 0,077\ \text{cm}^2/\text{s}$$

Comparemos agora as correlações de Hirschfelder e de Fuller–Schettler–Giddings. Da Tabela 24.3, o volume atômico de difusão para o CO_2 é de 26,9; o do etileno (C_2H_4) é estimado pelo método de contribuição de grupo utilizando os blocos construtivos C e H, também fornecidos na Tabela 24.3:

$$(\Sigma\nu_i)_B = 2 \cdot \nu_C + 4 \cdot \nu_H = 2(16,5) + 4(1,98) = 40,92$$

Desse modo, o coeficiente de difusão estimado pela correlação de Fuller–Schettler–Giddings é:

$$D_{AB} = \frac{0,001\, T^{1,75} \left(\dfrac{1}{M_A} + \dfrac{1}{M_B}\right)^{1/2}}{P\left[(\Sigma\nu_i)_A^{1/3} + (\Sigma\nu_i)_B^{1/3}\right]^2} = \frac{0,001\,(350)^{1,75} \left(\dfrac{1}{44} + \dfrac{1}{28}\right)^{1/2}}{(2,0)\left[(26,9)^{1/3} + (40,92)^{1/3}\right]^2} = 0,082\ \text{cm}^2/\text{s}$$

As duas correlações concordam no limite de 7%.

Para o par binário CO-C_2H_4, com A = CO e B = etileno (C_2H_4), da Tabela J.1 do Apêndice, o coeficiente de difusão medido é $D_{AB} = 0,151\ \text{cm}^2/\text{s}$ a 1,0 atm e 273 K. Empregando a extrapolação de Hirschfelder, o coeficiente de difusão a 2,0 atm e 350 K é:

$$D_{AB}(T,P) = D_{AB}(T_o, P_o)\left(\frac{P_o}{P}\right)\left(\frac{T}{T_o}\right)^{3/2}\frac{\Omega_D(T_o)}{\Omega_D(T)}$$

$$= \left(0,151\,\frac{\text{cm}^2}{\text{s}}\right)\left(\frac{1,0\ \text{atm}}{2,0\ \text{atm}}\right)\left(\frac{350\ \text{K}}{273\ \text{K}}\right)^{3/2}\left(\frac{1,112}{1,022}\right) = 0,119\ \text{cm}^2/\text{s}.$$

Correlações adicionais estão disponíveis para estimar os parâmetros de Lennard–Jones de compostos polares. Brokaw[11] sugeriu um método para estimar o coeficiente de difusão para misturas binárias contendo compostos polares. A equação de Hirschfelder (24-33) ainda é utilizada; entretanto, a integral de colisão é calculada por:

$$\Omega_D = \Omega_{D,0} + \frac{0,196\delta_{AB}^2}{T^*} \tag{24-43}$$

em que

$$\delta_{AB} = \left(\delta_A \delta_B\right)^{1/2}$$

com δ_A e δ_B estimados por:

$$\delta = \frac{1,94 \times 10^3 \mu_p^2}{V_b T_b} \tag{24-44}$$

Nas equações (24-43) e (24-24), μ_p é o momento dipolar (debye), V_b é o volume molar específico do líquido em seu ponto normal de ebulição (cm^3/gmol), T_b é a temperatura normal de ebulição (K) e T^* é a temperatura reduzida dada por:

$$T^* = \kappa\, T/\epsilon_{AB}$$

em que

$$\frac{\epsilon_{AB}}{\kappa} = \left(\frac{\epsilon_A}{\kappa}\frac{\epsilon_B}{\kappa}\right)^{1/2} \tag{24-45}$$

---

[11] R. S. Brokaw, *Ind. Engr. Chem. Process Des. Dev.*, **8**, 240 (1969).

e

$$\epsilon/\kappa = 1{,}18\left(1 + 1{,}3\,\delta^2\right)T_b$$

Adicionalmente, na equação (24-43), a integral de colisão, $\Omega_{D,0}$, é estimada por:

$$\Omega_{D,0} = \frac{A}{(T^*)^B} + \frac{C}{\exp(DT^*)} + \frac{E}{\exp(FT^*)} + \frac{G}{\exp(HT^*)} \tag{24-46}$$

com $A = 1{,}06036$, $B = 0{,}15610$, $C = 0{,}19300$, $D = 0{,}47635$, $E = 1{,}03587$, $F = 1{,}52996$, $G = 1{,}76474$, $H = 3{,}89411$.

Finalmente, o diâmetro de colisão, σ_{AB}, é estimado por média geométrica:

$$\sigma_{AB} = \left(\sigma_A\sigma_B\right)^{1/2} \tag{24-47}$$

sendo o comprimento característico de cada componente calculado por:

$$\sigma = \left(\frac{1{,}585\,V_b}{1 + 1{,}3\,\delta^2}\right)^{1/3} \tag{24-48}$$

Reid, Prausnitz e Sherwood[8] verificaram que a equação de Brokaw é bastante confiável, permitindo calcular o coeficiente de difusão para gases contendo compostos polares com erros menores do que 15%.

Coeficientes de Difusão Efetivos para Misturas Gasosas Multicomponentes

Os coeficientes de difusão são fundamentalmente definidos apenas para duas dadas espécies — isto é, um par binário. Em uma verdadeira mistura multicomponente, o "coeficiente de difusão baseado na mistura" para a espécie A nessa mistura, $D_{A\text{-}M}$, está baseado na montagem dos coeficientes de difusão individuais para todos os pares binários, que emprega os princípios derivados das relações de Stefan–Maxwell.

A transferência de massa em misturas gasosas de vários componentes pode ser descrita por equações teóricas, que envolvem os coeficientes de difusão para os vários pares binários dos componentes da mistura. Hirschfelder, Curtiss e Bird[7] apresentam uma expressão na sua forma mais geral para uma mistura de n-componentes. Wilke[12] simplificou a teoria e mostrou que uma aproximação próxima da forma correta é dada pela relação a seguir:

$$D_{1-M} = \frac{1}{y_2'/D_{1-2} + y_3'/D_{1-3} + \ldots y_n'/D_{1-n}} \tag{24-49}$$

sendo $D_{1\text{-}M}$ a difusividade mássica do componente 1 na mistura gasosa, $D_{1\text{-}n}$ é a difusividade mássica para o par binário, no qual o componente 1 se difunde pelo componente n, e y'_n é definido como:

$$y_n' = \frac{y_n}{y_2 + y_3 + \ldots y_n} = \frac{y_n}{1 - y_1}$$

Difusividade Mássica em Líquidos

Em contraste com os gases, para os quais há disponível uma avançada teoria cinética para explicar o movimento molecular, para os líquidos as teorias sobre suas estruturas e suas características de transporte ainda são inadequadas para permitir uma abordagem rigorosa. A inspeção dos valores experimentais de coeficientes de difusão para os líquidos, no Apêndice J.2, revela que eles são algumas ordens de magnitude menores do que os coeficientes de difusão para os gases. Ademais, eles dependem da concentração, devido às mudanças de viscosidade com a concentração e às mudanças no grau de idealidade da solução.

Certas moléculas se difundem como moléculas, enquanto outras, designadas eletrólitos, se ionizam em solução e se difundem como íons. Por exemplo, o cloreto de sódio, NaCl, difunde-se na

---

[12] C. R. Wilke, *Chem. Engr. Prog.*, **46**, 95 (1950).

414 ▶ Capítulo 24

água como um par iônico Na^+ e Cl^-. Embora cada íon tenha mobilidade diferente, a neutralidade elétrica da solução indica que os íons devem se difundir à mesma taxa; em consequência, é possível falar de um coeficiente de difusão para eletrólitos moleculares como o NaCl. Entretanto, se vários íons estiverem presentes, as taxas de difusão individuais de cátions e ânions devem ser consideradas e coeficientes de difusão moleculares não têm significado nesse caso. É desnecessário dizer que correlações distintas são usadas para prever a relação entre difusividades mássicas e as propriedades da solução líquida para eletrólitos e não eletrólitos.

Duas teorias, a da "vacância" de Eyring e a teoria hidrodinâmica, foram propostas como possíveis explicações para a difusão de solutos não eletrólitos solúveis em baixa concentração. Na conceituação de Eyring, o líquido ideal é considerado um modelo de grade quase cristalina intercalada com vacâncias. O fenômeno de transporte é então descrito como um processo unimolecular, que envolve a transposição das moléculas de soluto para as vacâncias no interior do modelo de grade. Essas transposições são relacionadas empiricamente com a teoria de Eyring sobre taxa de reação.[13] A teoria hidrodinâmica afirma que o coeficiente de difusão do líquido está relacionado com a mobilidade da molécula de soluto — isto é, à velocidade da molécula quando sob influência de uma força motriz unitária. As leis da hidrodinâmica fornecem relações entre a força e a velocidade. Uma equação desenvolvida para a teoria hidrodinâmica é a equação de Stokes–Einstein:

$$D_{AB} = \frac{\kappa T}{6 \pi r_A \mu_B}$$ (24-50)

em que D_{AB} é a difusividade do soluto A diluído no solvente B, κ é a constante de Boltzmann, T é a temperatura absoluta, r_A é o raio molecular do soluto A e μ_B é a viscosidade do solvente. Essa equação tem tido êxito em descrever a difusão de partículas coloidais ou de grandes moléculas esféricas em um solvente que se comporta como uma fase contínua em relação às espécies que se difundem. A equação (24-50) também sugere que os coeficientes de difusão de líquidos têm dependência não linear da temperatura, pois a viscosidade do solvente é fortemente dependente dessa variável para muitos líquidos e, especialmente, para a água. Além disso, a equação (24-50) sugere que os coeficientes de difusão dos líquidos decrescem com o aumento do tamanho das moléculas do soluto.

Correlações para Coeficientes de Difusão Binários de Líquidos com Solutos Não Iônicos

Ao contrário do que ocorre com os coeficientes de difusão dos gases, as correlações para coeficientes de difusão dos líquidos devem especificar o soluto e o solvente na mistura em fase líquida, na qual o soluto é considerado presente em diluição infinita. Os conceitos teóricos descritos anteriormente sugerem que os coeficientes de difusão de líquidos podem ser convenientemente correlacionados pela equação a seguir:

$$\frac{D_{AB}\,\mu_B}{T} = \kappa f(V)$$ (24-51)

em que $f(V)$ é uma função do volume molecular do soluto que se difunde. Correlações empíricas, que empregam a forma geral da equação (24-51), foram desenvolvidas e procuram prever o coeficiente de difusão em função das propriedades do soluto e do solvente. Wilke e Chang[14] propuseram a seguinte correlação para eletrólitos em uma solução em diluição infinita:

$$\frac{D_{AB}\,\mu_B}{T} = \frac{7,4 \times 10^{-8}(\Phi_B M_B)^{1/2}}{V_A^{0,6}}$$ (24-52)

Para utilizar essa correlação, as unidades devem ser expressas como mostrado a seguir: D_{AB} é o coeficiente de difusão do soluto A no solvente líquido B (cm^2/s); μ_B é a viscosidade do solvente B (cP); T é a temperatura absoluta (K); M_B é a massa molar do solvente (g/gmol); V_A é o volume molecular do soluto A no seu ponto de ebulição ($cm^3/gmol$) e Φ_B é o parâmetro de "associação" para o solvente B (adimensional). Na Tabela 24.4 encontram-se valores dos volumes moleculares nos pontos normais de ebulição, V_A, para alguns compostos bastante comuns. Para outros compostos, os volumes atômicos de cada elemento presente são adicionados conforme suas respectivas fórmulas moleculares.

---

[13] S. Glasstone, K. J, Laidler e H. Eyring, *Theory of Rate Processes*, McGraw-Hill Book Company, Nova York, 1941.
[14] C. R. Wilke e P. Chang, *A.I.Ch.E.J.*, **1**, 264 (1955).

A Tabela 24.5 lista a contribuição para cada átomo constituinte. Quando certas estruturas moleculares cíclicas estão envolvidas, correções devem ser feitas para levar em conta a especificidade da configuração cíclica em questão.

Tabela 24.4 Volumes moleculares no ponto normal de ebulição para alguns compostos comumente encontrados

Composto	Volume Molecular, V_A (cm³/gmol)	Composto	Volume Molecular, V_A (cm³/gmol)
Hidrogênio, H_2	14,3	Óxido nítrico, NO	23,6
Oxigênio, O_2	25,6	Óxido nitroso, N_2O	36,4
Nitrogênio, N_2	31,2	Amônia, NH_3	25,8
Ar	29,9	Água, H_2O	18,9
Monóxido de carbono, CO	30,7	Sulfeto de hidrogênio, H_2S	32,9
Dióxido de carbono, CO_2	34,0	Bromo, Br_2	53,2
Sulfeto de carbonila, COS	51,5	Cloro, Cl_2	48,4
Dióxido de enxofre, SO_2	44,8	Iodo, I_2	71,5

Tabela 24.5 Incrementos de volume atômico para estimativa de volumes moleculares no ponto normal de ebulição para substâncias simples[15]

Elemento	Volume Atômico (cm³/gmol)	Elemento	Volume Atômico (cm³/gmol)
Bromo	27,0	Oxigênio, exceto quando indicado abaixo	7,4
Carbono	14,8	Oxigênio, em ésteres metílicos	9,1
Cloro	21,6	Oxigênio, em éteres metílicos	9,9
Hidrogênio	3,7	Oxigênio, em éteres de maior cadeia	
Iodo	37,0	e em outros ésteres	11,0
Nitrogênio, dupla ligação	15,6	Oxigênio, em ácidos	12,0
Nitrogênio, em aminas primárias	10,5	Enxofre	25,6
Nitrogênio, em aminas secundárias	12,0		

As seguintes correlações são recomendadas quando se utilizam os volumes atômicos fornecidos pela Tabela 24.5:

para anel com três componentes, como no óxido de etileno	deduzir 6
para anel com quatro componentes, como no ciclobutano	deduzir 8,5
para anel com cinco componentes, como no furano	deduzir 11,5
para piridina	deduzir 15
para anel do benzeno	deduzir 15
para anel do naftaleno	deduzir 30
para anel do antraceno	deduzir 47,5

Finalmente, para a equação (24-52), valores recomendados para o parâmetro de associação, Φ_B, são fornecidos a seguir para alguns poucos solventes comuns.[8]

Solvente	Φ_B
Água	2,6
Metanol	1,9
Etanol	1,5
Solventes não polares	1,0

---

[15] G. Le Bas, *The Molecular Volumes of Liquid Chemical Compounds*, Longmans, Green & Company, Ltd., Londres, 1915.

416 ▶ Capítulo 24

Por fim, se dados para V_A não estiverem disponíveis, Tyn e Calus[16] recomendaram a seguinte correlação:

$$V_A = 0,285 \, V_c^{1,048}$$

em que V_c é o volume crítico do soluto A (cm^3/gmol).

Hayduk e Laudie[17] propuseram uma equação muito mais simples para calcular os coeficientes de difusão dos líquidos, em diluição infinita, para não eletrólitos *em água*:

$$D_{AB} = 13,26 \times 10^{-5} \, \mu_B^{-1,14} \, V_A^{-0,589} \tag{24-53}$$

em que D_{AB} é o coeficiente de difusão do soluto A no solvente B (água), nas unidades de cm^2/s, μ_B é a viscosidade da água, em cP, e V_A é o volume molar do soluto A no ponto normal de ebulição, expresso em cm^3/gmol. Se o solvente em estudo for água, essa relação é mais simples de ser utilizada e fornece resultados similares aos de Wilke–Chang. Scheibel[18] propôs que a correlação de Wilke–Chang fosse modificada para eliminar o fator de associação, Φ_B, resultando em:

$$\frac{D_{AB} \, \mu_B}{T} = \frac{K}{V_A^{1/3}} \tag{24-54a}$$

sendo K determinado por:

$$K = \left(8,2 \times 10^{-8}\right)\left[1 + \left(\frac{3V_B}{V_A}\right)^{2/3}\right] \tag{24-54b}$$

A equação (24-54b) pode ser usada, com exceção dos seguintes três casos: Primeiramente, se benzeno for o solvente e $V_A < 2V_B$, usa-se $K = 18,9 \times 10^{-8}$. Em segundo, para todos os solventes orgânicos, se $V_A < 2,5V_B$, usa-se $K = 17,5 \times 10^{-8}$. Em terceiro, se a água for o solvente e $V_A < V_B$, usa-se $K = 25,2 \times 10^{-8}$.

Reid, Prausnitz e Sherwood[8] recomendaram a equação de Scheibel para solutos que difundem em solventes orgânicos; entretanto, eles avaliaram que os valores obtidos podem apresentar erros de até 20%.

Exemplo 4

Compare as estimativas do coeficiente de difusão de uma mistura etanol-água a 10°C (283 K), considerando as seguintes condições: (1) etanol é o soluto e água é o solvente, (2) água é o soluto e etanol é o solvente. A fórmula molecular do etanol é C_2H_5OH e sua massa molar é 46 g/gmol. A massa molar da água é 18 g/gmol. A 10°C, a viscosidade da água é $1,306 \times 10^{-3}$ Pa · s (1,306 cP) e a do etanol é $1,394 \times 10^{-3}$ Pa · s (1,394 cP).

A correlação de Wilke–Chang será usada para estimar os coeficientes de difusão. Essa correlação irá requerer o volume molar de cada espécie no seu ponto normal de ebulição. Da Tabela 24.4, o volume molecular da água é 18,9 cm^3/gmol. Da Tabela 24.5, usando o método da contribuição de grupos, o volume molar do etanol pode ser estimado por:

$$V_{EtOH} = 2 \cdot V_C + 1 \cdot V_O + 6 \cdot V_H = 2(14,8) + 1(7,4) + 6(3,7) = 59,2 \, cm^2/gmol$$

Para o sistema etanol-água, seja A = etanol e B = água. Primeiramente, se o etanol for o soluto, $V_A = 59,2$ cm^3/gmol e, sendo a água o solvente, $\Phi_B = 2,6$ e $\mu_B = 1,394$ cP. Consequentemente, a partir da equação (24-52) tem-se:

$$D_{AB} = \frac{T}{\mu_B} \frac{7,4 \times 10^{-8} (\Phi_B M_B)^{1/2}}{V_A^{0,6}} = \frac{(283)}{(1,394)} \frac{7,4 \times 10^{-8}(2,6 \cdot 18)^{1/2}}{(59,2)^{0,6}} = 8,9 \times 10^{-6} \, cm^2/s$$

A título de comparação, da Tabela J.2 do Apêndice J se obtém $D_{AB} = 8,3 \times 10^{-6}$ cm^2/s, que difere apenas 10% do valor estimado.

---

[16] M. T. Tyn e W. F. Calus, *Processing*, **21** (4), 16 (1975).

[17] W. Hayduk e H. Laudie, *A.I.Ch.E.J.*, **20**, 611 (1974).

[18] E. G. Scheibel, *Ind. Eng. Chem.*, **46**, 2007 (1954).

> Agora considere a água como soluto com $V_B = 18,9$ cm³/gmol e o etanol como solvente com $\Phi_A = 1,5$ e $\mu_A = 1,306$ cP. No contexto da equação (24-52), D_{BA} é agora dado por:
>
> $$D_{BA} = \frac{T}{\mu_A} \frac{7,4 \times 10^{-8}(\Phi_A M_A)^{1/2}}{V_B^{0,6}} = \frac{(283)}{(1,306)} \frac{7,4 \times 10^{-8}(1,5 \cdot 46)^{1/2}}{(18,9)^{0,6}} = 2,28 \times 10^{-5} \text{ cm}^2/\text{s}$$
>
> Esse resultado mostra que para líquidos $D_{AB} \neq D_{BA}$.

A maioria dos métodos para prever coeficientes de difusão de líquidos em soluções concentradas combinou os coeficientes em diluição infinita como função da composição. Para misturas líquidas ideais de componentes não associados A e B, Vignes[19] recomendou a seguinte relação:

$$D_{AB} = (D_{AB})^{x_B}(D_{BA})^{x_A} \tag{24-55}$$

sendo D_{AB} o coeficiente de difusão de A em B em diluição infinita, D_{BA} o coeficiente de difusão de B em A em diluição infinita, e x_A e x_B as frações molares dos componentes A e B, respectivamente.

Coeficientes de Difusão para Solutos Iônicos em Fase Líquida
As propriedades das soluções que conduzem eletricidade têm sido estudadas intensivamente. Entretanto, as relações entre condutância elétrica e coeficiente de difusão dos líquidos são válidas apenas para soluções diluídas de sais em água.

Para manter a neutralidade de cargas, o cátion e o ânion do sal iônico devem se difundir na água como um par iônico. O coeficiente de difusão de um sal univalente em solução diluída é dado pela equação de Nernst–Haskell:

$$D_{AB} = \frac{2RT}{\left(1/\lambda_+^0 + 1/\lambda_-^0\right)(\mathcal{F})^2} \tag{24-56a}$$

em que D_{AB} é o coeficiente de difusão do par iônico no solvente B em diluição infinita, R é a constante termodinâmica dos gases (8,316 J/gmol $\cdot K$), T é a temperatura absoluta (K), λ_+^0 e λ_-^0 são as condutâncias iônicas limite (concentração zero) do cátion e do ânion, respectivamente, no par iônico ($A \cdot$ cm²$/V \cdot$ gmol) e $\mathcal{F}$ é a constante de Faraday (96.500 C/gmol), levando-se em conta que 1 C = 1 $A \cdot$ s e 1 J/s = 1 $A \cdot V$. A equação (24-56a) é estendida para íons polivalentes conforme indicado a seguir:

$$D_{AB} = \frac{(1/n^+ + 1/n^-)RT}{\left(1/\lambda_+^0 + 1/\lambda_-^0\right)(\mathcal{F})^2} \tag{24-56b}$$

sendo n^+ e n^- as valências do cátion e do ânion, respectivamente. As condutâncias iônicas limites para algumas espécies iônicas[8] selecionadas são apresentadas na Tabela 24.6.

Tabela 24.6 Condutâncias iônicas limites em água a 25°C, expressas em $A \cdot$ cm²$/V \cdot$ gmol

Cátion	λ_+^0	Ânion	λ_-^0
H^+	349,8	OH^-	197,6
Li^+	38,7	Cl^-	76,3
Na^+	50,1	Br^-	78,3
K^+	73,5	I^-	76,8
NH_4^+	73,4	NO_3^-	71,4
Ag^+	61,9	HCO_3^-	44,5
Mg^{+2}	106,2	SO_4^{-2}	160
Ca^{+2}	119		
Cu^{+2}	108		
Zn^{+2}	106		

---

[19] A. Vignes, *Ind. Eng. Chem. Fundam.*, **5**, 189 (1966).

Difusividade em Poros

Em muitos casos, a difusão molecular ocorre no interior dos poros de sólidos porosos. Por exemplo, muitos catalisadores são partículas sólidas porosas, que contêm sítios ativos catalíticos nas paredes dos poros. Os catalisadores porosos têm alta área superficial interna para promover reações na superfície catalítica. A separação de solutos de soluções diluídas pelo processo de adsorção é outro exemplo. No processo de adsorção, o soluto adere a um local particular da superfície sólida. Muitos materiais adsorventes são porosos, de modo a fornecer grande superfície interna para a adsorção do soluto. Em ambos os exemplos, as moléculas devem se difundir através de um gás ou de um líquido presente no interior dos poros. À medida que o diâmetro do poro se aproxima do tamanho da molécula que se difunde, essa molécula interage com a parede do poro. A seguir, descreveremos dois tipos de difusão em poros: a difusão de Knudsen de gases em poros cilíndricos e a difusão limitada (*hindered diffusion*) de solutos em poros cilíndricos cheios de solvente.

Difusão de Knudsen Considere a difusão de moléculas de gás em poros capilares muito pequenos. Se o diâmetro do poro for menor do que o livre percurso médio das moléculas de gás e se a densidade do gás for baixa, então as moléculas de gás irão colidir mais frequentemente com as paredes do poro do que entre elas. Esse processo é conhecido como escoamento de Knudsen ou *difusão de Knudsen*. O fluxo de gás é reduzido por conta das colisões com a parede do poro.

A Figura 24.4 apresenta uma comparação entre as possibilidades de difusão no interior de poros cilíndricos retos: somente difusão molecular, somente difusão de Knudsen e difusão molecular em poros estreitos influenciada pela difusão de Knudsen. O número de Knudsen, Kn, é dado por:

$$Kn = \frac{\lambda}{d_{\text{poro}}} = \frac{\text{comprimento do percurso livre médio da espécie que se difunde}}{\text{diâmetro do poro}} \quad (24\text{-}57)$$

é uma boa medida da importância relativa da difusão de Knudsen. Se $0,1 < Kn < 1$, então a difusão de Knudsen é mensurável, mas tem uma importância moderada no processo global de difusão. Se $Kn > 1$, a difusão de Knudsen se torna importante e se $Kn > 10$, ela passa a ser dominante. Para um dado diâmetro de poro, o número Kn aumenta à medida que a pressão global do sistema P diminui e a temperatura absoluta T aumenta. Na prática, a difusão de Knudsen só se aplica a gases, visto que o percurso livre médio das moléculas de líquido é muito pequeno, tipicamente de tamanho próximo ao próprio diâmetro da molécula.

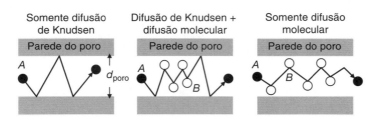

Figura 24.4 Influência da difusão molecular e da difusão de Knudsen na difusão efetiva no interior de um poro reto.

O coeficiente de difusão de Knudsen é obtido a partir do coeficiente de autodifusão oriundo da teoria cinética dos gases:

$$D_{AA^*} = \frac{\lambda u}{3} = \frac{\lambda}{3}\sqrt{\frac{8\kappa NT}{\pi M_A}}$$

Para a difusão de Knudsen, substituímos o livre percurso médio λ pelo diâmetro de poro d_{poro}, uma vez que a espécie A tem mais chance de colidir com a parede do poro do que com outra molécula. Desse modo, a difusividade de Knudsen para a espécie A, D_{KA}, é:

$$D_{KA} = \frac{d_{\text{poro}}}{3} u = \frac{d_{\text{poro}}}{3}\sqrt{\frac{8\kappa NT}{\pi M_A}} \quad (24\text{-}58a)$$

Ora, como κ e N são constantes físicas, a equação (24-58a) é também expressa como:

$$D_{KA} = 4850\, d_{\text{poro}}\sqrt{\frac{T}{M_A}} \qquad (24\text{-}58b)$$

A equação simplificada (24-58b) exige que d_{poro} seja expresso em cm, M_A em g/gmol e a temperatura T em graus Kelvin (K). A difusividade de Knudsen, D_{KA}, depende do diâmetro do poro, da massa molar da espécie A e da temperatura.

Podemos fazer duas comparações de D_{KA} com a difusividade de uma fase gasosa binária, D_{AB}. Primeiramente, D_{KA} não é função da pressão absoluta P ou da presença da espécie B, como ocorre na mistura gasosa. Em segundo lugar, a dependência da difusividade de Knudsen em relação à temperatura é do tipo $T^{1/2}$ contra $T^{3/2}$, que é a dependência observada para a difusividade gasosa binária.

Geralmente, a difusão de Knudsen somente é expressiva em baixas pressões e pequenos diâmetros de poros. Entretanto, há situações em que ambas as difusões, Knudsen e molecular, são importantes. Se considerarmos que a difusão de Knudsen e a difusão molecular competem entre si segundo um modelo de "resistências em série", então pode-se mostrar que o coeficiente de difusão efetivo da espécie A em uma mistura gasosa binária de A e B, *no interior do poro*, é determinada por:

$$\frac{1}{D_{Ae}} = \frac{1-\alpha y_A}{D_{AB}} + \frac{1}{D_{KA}} \qquad (24\text{-}59)$$

com

$$\alpha = 1 + \frac{N_B}{N_A}$$

Para os casos em que $\alpha = 0$ ($N_A = -N_B$) ou em que y_A seja próximo a zero — por exemplo, em uma mistura diluída de A em um gás de arraste B —, a equação (24-59) se reduz a:

$$\frac{1}{D_{Ae}} = \frac{1}{D_{AB}} + \frac{1}{D_{KA}} \qquad (24\text{-}60)$$

De modo geral, $D_{Ae} \neq D_{Be}$.

As relações anteriormente apresentadas para o coeficiente de difusão efetivo são baseadas na difusão que ocorre em poros cilíndricos retos alinhados em uma configuração de forma paralela. Entretanto, na maioria dos materiais porosos, há poros de vários diâmetros, que se apresentam torcidos e interconectados entre si. A trajetória da molécula de gás no interior dos poros é "tortuosa", como ilustrado na Figura 24.5. Para esses materiais, se um diâmetro médio de poro for assumido, uma aproximação razoável para o coeficiente de difusão efetivo em processo randômico é:

$$D'_{Ae} = \epsilon^2 D_{Ae} \qquad (24\text{-}61)$$

sendo ϵ a fração de vazios em relação ao volume do meio poroso, definida como:

$$\epsilon = \frac{\text{volume ocupado pelos poros no interior do sólido poroso}}{\text{volume total do sólido poroso (sólido + poros)}}$$

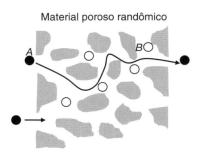

Figura 24.5 Difusão em materiais porosos randômicos.

420 ▶ Capítulo 24

A fração de vazios (ϵ) é, em geral, determinada experimentalmente para um material específico. Nos casos em que os diâmetros dos poros sejam grandes ou a pressão seja elevada, portanto, em condições para as quais a difusão de Knudsen não seja importante, a equação (24-61) se reduzirá a:

$$D'_{Ae} = \epsilon^2 D_{AB}$$

O termo ϵ^2 leva em conta a área transversal disponível para o fluxo de fluido através do meio poroso, uma vez que as espécies A e B só podem entrar no material poroso a partir do meio fluido que circunda o sólido e através da área disponibilizada pela abertura dos poros.

Exemplo 5

Uma mistura diluída de gás carbônico (CO_2) em gás etileno (C_2H_4) está difundindo para o interior de um material poroso, que apresenta fração de vazios de 0,45. A pressão total do sistema é de 2,0 atm e a temperatura é de 350 K. Estime o coeficiente de difusão efetivo do CO_2 e do etileno no interior do material poroso que tem diâmetro médio de poro de 0,20 μm.

Seja a espécie A o CO_2 com massa molar de 44 g/gmol, e a espécie B o etileno (C_2H_4) com massa molar de 28 g/gmol. Do Exemplo 3, o coeficiente de difusão para a mistura gasosa binária D_{AB} é igual a 0,077 cm²/s para o sistema sob pressão total de 2,0 atm e temperatura absoluta de 350 K. Uma vez que o processo de difusão ocorre em um material mesoporoso, que apresenta diâmetro de poro inferior a 1,0 μm (1,0 μm = 1,0 $\times$ 10⁻⁶ m), a difusão de Knudsen deve contribuir para o processo de transferência de massa molecular. O coeficiente de difusão de Knudsen para o CO_2 é estimado pela equação (24-58b), tendo-se $d_{poro} = 2,0 \times 10^{-5}$ cm e $M_A = 44$ g/gmol:

$$D_{KA} = 4850\, d_{poro}\sqrt{\frac{T}{M_A}} = 4850\,(2,0 \times 10^{-5})\sqrt{\frac{350}{44}} = 0,274 \text{ cm}^2/\text{s}$$

Consequentemente, da equação (24-60) para CO_2 diluído em etileno, o coeficiente de difusão efetivo da espécie A em uma mistura gasosa diluída no interior do poro é:

$$D_{Ae} = \frac{D_{AB}D_{KA}}{D_{AB} + D_{KA}} = \frac{(0,077 \text{ cm}^2/\text{s})\,(0,274 \text{ cm}^2/\text{s})}{(0,077 \text{ cm}^2/\text{s}) + (0,274 \text{ cm}^2/\text{s})} = 0,060 \text{ cm}^2/\text{s}$$

Pode-se notar que $D_{Ae} < D_{AB}$, evidenciando o efeito da difusão de Knudsen. O livre percurso médio e o número de Knudsen para o CO_2 no interior do poro são:

$$\lambda = \frac{\kappa T}{\sqrt{2}\pi\sigma_A^2 P} = \frac{\left(1,38 \times 10^{-16}\dfrac{\text{erg}}{K}\dfrac{1\,N\,m}{10^7\,\text{erg}}\right)(350\,K)}{\sqrt{2}\pi\left(0,3996 \text{ nm}\dfrac{1\,m}{10^9\text{nm}}\right)^2\left(2,0\,\text{atm}\dfrac{101,300\,\text{N/m}^2}{\text{atm}}\right)}$$

$$= 3,36 \times 10^{-8}\,\text{m} = 0,0336\,\mu m$$

e

$$Kn = \frac{\lambda}{d_{poro}} = \frac{0,0336\,\mu m}{0,200\,\mu m} = 0,17$$

Dessa análise, conclui-se que a difusão de Knudsen tem papel moderado nas condições do processo, embora o diâmetro do poro seja de apenas 0,2 μm. Finalmente, o coeficiente de difusão efetivo para o CO_2 corrigido em relação à fração de vazios no interior do material poroso randômico é:

$$D'_{Ae} = \epsilon^2 D_{Ae} = (0,45)^2(0,060 \text{ cm}^2/\text{s}) = 0,012 \text{ cm}^2/\text{s}$$

O efeito da pressão total do sistema sobre a razão D_{Ae}/D_{AB} é mostrada na Figura 24.6. Nas altas pressões totais do sistema, o coeficiente de difusão efetivo (D_{Ae}) se aproxima do valor do coeficiente de difusão molecular, D_{AB}. Para baixas pressões totais do sistema, a difusão de Knudsen se torna relevante.

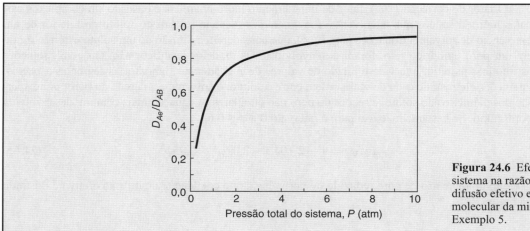

Figura 24.6 Efeito da pressão total do sistema na razão entre o coeficiente de difusão efetivo e o coeficiente de difusão molecular da mistura gasosa binária, Exemplo 5.

Difusão Limitada do Soluto nos Poros Preenchidos com Solvente Considere a difusão de uma molécula de soluto (espécie A) por um estreito poro capilar cheio de solvente líquido (espécie B), como mostrado na Figura 24.7. Quando o diâmetro molecular se aproxima do diâmetro do poro, o transporte difusivo do soluto é limitado pela presença do poro e de sua parede. Modelos gerais para descrever a "difusão limitada" de solutos em poros preenchidos com solvente assumem a forma a seguir:

$$\frac{D_{Ae}}{D_{AB}^{o}} = F_1(\varphi)F_2(\varphi) \tag{24-62}$$

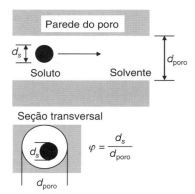

Figura 24.7 Difusão do soluto em poro preenchido com solvente.

O coeficiente de difusão molecular do soluto A no solvente B em diluição infinita, D_{AB}^{0}, é reduzido com base em dois fatores de correção, $F_1(\varphi)$ e $F_2(\varphi)$, ambos teoricamente limitados no intervalo de 0 a 1. Ademais, ambos os fatores são funções do diâmetro de poro reduzido φ, assim definido:

$$\varphi = \frac{d_s}{d_{\text{poro}}} = \frac{\text{diâmetro molecular do soluto}}{\text{diâmetro do poro}} \tag{24-63}$$

Se $\varphi > 1$, então o soluto é muito grande para entrar no poro. Esse fenômeno é conhecido como exclusão do soluto, utilizado para separar biomoléculas grandes, como as proteínas, de misturas aquosas diluídas que contêm solutos de diâmetro muito menor. À medida que φ se aproxima de 1, ambos os fatores, $F_1(\varphi)$ e $F_2(\varphi)$, decrescem assintoticamente até zero, de modo que, quando $\varphi = 1$, o coeficiente de difusão efetivo é zero.

O fator de correção $F_1(\varphi)$, coeficiente de partição estérico, é baseado em argumentos geométricos simples para a exclusão estérica ou de tamanho:

$$F_1(\varphi) = \frac{\text{área disponível para o fluxo do soluto}}{\text{área total disponível para o fluxo}} = \frac{\pi(d_{\text{poro}} - d_s)^2}{\pi d_{\text{poro}}^2} = (1 - \varphi)^2 \tag{24-64}$$

e se mantém para $0 \leq F_1(\varphi) \leq 1{,}0$.

O fator de correção $F_2(\varphi)$, fator de impedimento hidrodinâmico, é baseado em complexos cálculos hidrodinâmicos que envolvem o movimento browniano restrito do soluto no interior de um poro cheio de solvente. Equações para $F_2(\varphi)$, que consideram a difusão de um soluto esférico rígido em um poro cilíndrico reto, foram desenvolvidas. Os modelos analíticos são, em geral, soluções assintóticas para um intervalo limitado de valores de φ e, ademais, ignoram os seguintes aspectos: interações eletrostáticas ou de outra ordem entre o soluto, o solvente e a parede do poro; polidispersão dos diâmetros do soluto; e seções do poro não circulares. A equação mais comum, desenvolvida por Renkin,[20] é bastante razoável para o intervalo $0 < \varphi < 0,6$:

$$F_2(\varphi) = 1 - 2{,}104\varphi + 2{,}09\varphi^3 - 0{,}95\varphi^5 \tag{24-65}$$

O efeito do diâmetro de poro reduzido ou normalizado no coeficiente de difusão efetivo é ilustrado na Figura 24.8.

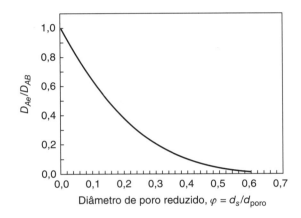

Figura 24.8 Efeito do diâmetro de poro reduzido no coeficiente de difusão efetivo com emprego da equação de Renkin para o fator de impedimento hidrodinâmico.

Exemplo 6

Deseja-se separar uma mistura de duas enzimas, lisozima e catalase, diluídas em uma solução aquosa, empregando-se membrana de filtração em gel. Uma membrana mesoporosa com poros cilíndricos de 30 nm está disponível (Figura 24.9). O seguinte fator de separação (α) para o processo foi proposto:

$$\alpha = \frac{D_{Ae}}{D_{Be}}$$

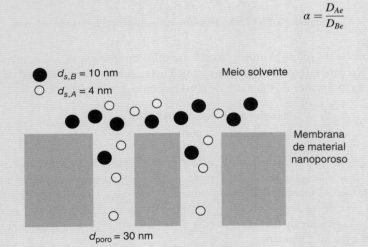

Figura 24.9 Difusão limitada de enzimas em nanoporos cheios de água.

---

[20] E. M. Rankin, *J. Gen. Physiol.*, **38**, 225 (1954).

Determine o fator de separação desse processo. As propriedades das enzimas fornecidas por Tanford[21] são dadas a seguir:

Lisozima (espécie A)	Catalase (espécie B)
$M_A = 14.100$ g/gmol	$M_B = 250.000$ g/gmol
$d_{s,A} = 4,12$ nm	$d_{s,B} = 10,44$ nm
$D^o_{A-H_2O} = 1,04 \times 10^{-6}$ cm²/s	$D^o_{B-H_2O} = 4,10 \times 10^{-7}$ cm²/s

O transporte de grandes moléculas de enzima no interior de poros cheios com água líquida configura um processo de difusão limitada. Os diâmetros de poro reduzidos para lisozima e catalase são:

$$\varphi_A = \frac{d_{s,A}}{d_{\text{poro}}} = \frac{4,12\,\text{nm}}{30,0\,\text{nm}} = 0,137 \quad \text{e} \quad \varphi_B = \frac{d_{s,B}}{d_{\text{poro}}} = \frac{10,44\,\text{nm}}{30,0\,\text{nm}} = 0,348$$

Para lisozima, $F_1(\phi_A)$, pela equação (24-64), e $F_2(\phi_A)$, pela equação de Renkin (24-65), são:

$$F_1(\varphi_A) = (1 - \varphi_A)^2 = (1 - 0,137)^2 = 0,744$$

$$F_2(\varphi_A) = 1 - 2,104\varphi_A + 2,09\varphi_A^3 - 0,95\varphi_A^5$$

$$= 1 - 2,104(0,137) + 2,090(0,137)^3 - 0,95(0,137)^5 = 0,716$$

O coeficiente de difusão efetivo para a lisozima no poro, D_{Ae}, é estimado com auxílio da equação (24-62):

$$D_{Ae} = D_{A-H_2O}F_1(\varphi_A)F_2(\varphi_A) = 1,04 \times 10^{-6}\,\frac{\text{cm}^2}{\text{s}}(0,744)(0,716) = 5,54 \times 10^{-7}\,\frac{\text{cm}^2}{\text{s}}$$

Do mesmo modo, para a catalase, $F_1(\varphi_B) = 0,425$; $F_2(\varphi_B) = 0,351$; e $D_{Be} = 6,12 \times 10^{-8}$ cm²/s. Finalmente, o fator de separação é:

$$\alpha = \frac{D_{Ae}}{D_{Be}} = \frac{5,54 \times 10^{-7}\,\text{cm}^2/\text{s}}{6,12 \times 10^{-8}\,\text{cm}^2/\text{s}} = 9,06$$

É interessante comparar o valor acima com α', a razão entre as difusividades em diluição infinita:

$$\alpha' = \frac{D_{A-H_2O}}{D_{B-H_2O}} = \frac{1,04 \times 10^{-6}\,\text{cm}^2/\text{s}}{4,1 \times 10^{-7}\,\text{cm}^2/\text{s}} = 1,75$$

O pequeno diâmetro de poro intensifica o valor de α, pois a difusão da grande molécula de catalase é significativamente limitada no interior do poro em comparação com o que ocorre com a menor molécula de lisozima.

Difusividade Mássica em Sólidos

A difusão de átomos no interior de sólidos está na base de muitos materiais de engenharia. Nos processos de manufatura de semicondutores, "átomos impuros", comumente chamados *dopantes*, são introduzidos no silício sólido para controlar a condutividade de um dispositivo semicondutor. O endurecimento do aço resulta da difusão de carbono e outros elementos através do ferro. A difusão de vacâncias e a difusão intersticial são os dois mais frequentes mecanismos de difusão em sólidos.

Na *difusão de vacâncias*, também chamada de difusão de substituição, o átomo transportado "salta" de uma posição na rede do sólido para um sítio não ocupado na rede vizinha, ou seja, para uma vacância, como ilustrado na Figura 24.10. O átomo continua a se difundir através do sólido por meio de uma série de saltos para outras vacâncias que surgem de tempos em tempos. Isso normalmente exige uma distorção da rede, tal como defeitos e contornos de grão em materiais policristalinos. Esse mecanismo foi descrito matematicamente com base na hipótese de taxa unimolecular e com a aplicação do conceito de "estado ativado" de Eyring, como discutido na teoria da "vacância"

---

[21] C. Tanford, *Physical Chemistry of Macromolecules*, John Wiley & Sons, Nova York, 1961.

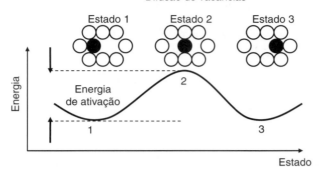

Figura 24.10 Difusão de vacâncias no estado sólido.

para a difusão em líquidos. A equação resultante é complexa e relaciona a difusividade com parâmetros geométricos referentes às posições na rede, o comprimento da trajetória do salto e a energia de ativação associada ao salto.

Um átomo se move em *difusão intersticial* saltando de um interstício a outro vizinho, como ilustrado na Figura 24.11. Isso normalmente envolve uma dilatação ou distorção da rede. Esse mecanismo também é matematicamente descrito pela teoria da taxa unimolecular de Eyring. A barreira de energia encontrada na difusão intersticial é tipicamente muito menor do que aquela que precisa ser ultrapassada quando um átomo salta entre dois sítios da rede por difusão de vacância.

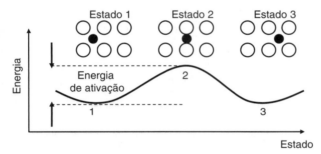

Figura 24.11 Difusão intersticial em estado sólido.

Excelentes referências bibliográficas estão disponíveis para aprofundar a discussão sobre as características da difusão em sólidos.[22]

A Tabela J.3 do Apêndice lista alguns poucos valores de difusividades binárias em sólidos. Foi observado que o coeficiente de difusão de solutos em sólidos aumenta com o acréscimo da temperatura, de acordo com a formulação de Arrhenius, como indicado a seguir:

$$D_{AB} = D_o \, e^{-Q/RT} \qquad (24\text{-}66)$$

ou, na forma linearizada:

$$\ln(D_{AB}) = -\left(\frac{Q}{R}\right)\left(\frac{1}{T}\right) + \ln(D_o) \qquad (24\text{-}67)$$

em que D_{AB} é o coeficiente de difusão para a espécie A que se difunde no sólido B, D_0 é uma constante de proporcionalidade expressa em unidades consistentes com as de D_{AB}, Q é a energia de ativação (J/gmol), R é a constante termodinâmica (8,314 J/gmol · K) e T é a temperatura absoluta (K).

A Figura 24.12 ilustra a dependência dos coeficientes de difusão em fase sólida com a temperatura, especificamente para a difusão de impurezas elementares comuns, ou dopantes em silício

---

[22] R. M. Barrer, *Diffusion In and Through Solids*, Cambridge University Press, Londres, 1941: P. G. Shewmon, *Diffusion of Solids*, McGraw-Hill Inc., Nova York, 1963; M. E. Glickman, *Diffusion in Solids*, John Wiley & Sons Inc., New York, 2000; S. Kou, *Transport Phenomena and Materials Processing*, John Wiley & Sons Inc., Nova York, 1996.

sólido. Os dopantes se difundem na matriz policristalina por difusão de substituição e conferem propriedades eletrônicas ao material. Os dados da Figura 24-12 podem ser usados para estimar Q e D_0 para um dado dopante em silício, empregando-se a equação (24-67). A Tabela 24.7 fornece esses parâmetros para dopantes comuns em silício policristalino.

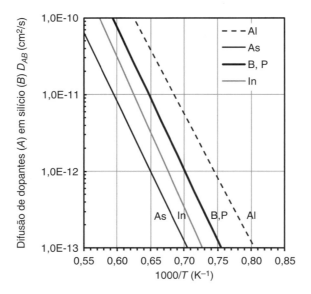

Figura 24.12 Coeficientes de difusão médios de dopantes de substituição em silício policristalino, empregando-se dados fornecidos por Ghandhi.[23]

Tabela 24.7 Parâmetros de difusão de dopantes de substituição comuns em silício policristalino, empregando-se os dados obtidos por Ghandhi[23]

Dopante	D_0 (cm²/s)	Q (kJ/gmol)
Al	2,61	319,1
As	0,658	348,1
B, P	11,1	356,2
Ga	0,494	312,6
In	15,7	373,5

A Tabela 24.8 fornece parâmetros determinados experimentalmente necessários para estimar D_{AB} para solutos intersticiais em várias estruturas de ferro em estado sólido, sendo A o soluto e B o ferro. Os valores de Q nas Tabelas 24.7 e 24.8 ilustram a significativa barreira de energia que precisa ser superada quando um átomo salta entre dois sítios da rede pela difusão em meio sólido.

Tabela 24.8 Parâmetros de difusão para solutos intersticiais em ferro

Estrutura	Soluto	D_0 (mm²/s)	Q (kJ/gmol)
bcc	C	2,0	84,1
bcc	N	0,3	76,1
bcc	H	0,1	13,4
fcc	C	2,5	144,2

Os coeficientes de difusão e a solubilidade dos solutos em polímeros são registrados por Rogers[24] e por Crank e Park.[25] Coeficientes de difusão de solutos em géis biológicos diluídos são apresentados por Friedman e Kramer[26] e por Spalding.[27]

---

[23] S. K. Ghandhi, *VLSI Fabrication Principles*, John Wiley & Sons Inc., Nova York, 1983.
[24] C. E. Rogers, *Engineering Design for Plastics*, Reinhold Press, Nova York, 1964.
[25] J. Crank e G. S. Park, *Diffusion in Polymers*, Academic Press, Nova York, 1968.
[26] L. Friedman e E. O. Kramer, *J. Am. Chem. Soc.*, **52**, 1298, 1305, 1311 (1930).
[27] G. E. Spalding, *J. Phys. Chem.*, **73**, 3380 (1969).

426 ▶ Capítulo 24

▶ **24.3**

TRANSFERÊNCIA DE MASSA POR CONVECÇÃO

A transferência de massa entre um fluido em movimento e uma superfície ou entre fluidos imiscíveis em movimento separados por uma interface móvel — por exemplo, em um contator gás-líquido ou líquido-líquido — é com frequência auxiliada pelas características dinâmicas do fluido em movimento. Esse modo de transferência é denominado *transferência de massa por convecção* e o transporte sempre se dá da maior para a menor concentração da espécie transferida. O transporte convectivo depende tanto das propriedades de transporte como das características dinâmicas do fluido em escoamento.

Como no caso do transporte convectivo de calor, deve-se fazer uma distinção entre os dois tipos de escoamento. Quando uma bomba externa ou outro dispositivo similar movimenta o fluido, o processo é denominado *convecção forçada*. Se o movimento do fluido ocorre por diferença de densidade, o processo é chamado de *convecção livre* ou *natural*.

A equação da taxa de transferência de massa por convecção, generalizada de modo análogo à "lei" de Newton do resfriamento, equação (15-11), assume a forma:

$$N_A = k_c \, \Delta c_A \qquad (24\text{-}68)$$

sendo que N_A corresponde à transferência de massa, em termos molares, da espécie A, em relação a um sistema espacial de coordenadas fixas, Δc_A é a diferença entre a concentração na superfície de contorno e a concentração média da espécie A na corrente do fluido, e k_c é o coeficiente convectivo de transferência de massa, que em unidades do Sistema Internacional (SI) é expresso em m/s.

Tal como no caso da transferência molecular de massa, a convectiva ocorre na direção em que a concentração decresce. A equação (24-68) define o coeficiente de transferência de massa k_c em função do fluxo de massa e da diferença de concentração do início ao fim do trajeto de transferência de massa. O inverso do coeficiente de transferência de massa, $1/k_c$, representa a resistência ao transporte de massa para o fluido em movimento. Os Capítulos 28 e 30 abordam os métodos de determinação do coeficiente de transferência de massa. Ele, em geral, é dependente da geometria do sistema, das propriedades do fluido e do escoamento e da diferença de concentração da espécie A transferida entre o limite da superfície e o seio do fluido em escoamento.

De nossas experiências de trabalho com um fluido escoando sobre uma superfície, devemos relembrar que sempre há uma camada, algumas vezes extremamente fina, próxima à superfície, onde o fluxo é laminar. As partículas de fluido junto à superfície estão estagnadas. Como isso é sempre verdadeiro, o mecanismo de transferência de massa entre a superfície e o fluido deve incluir o transporte molecular de massa através das camadas estagnante e laminar do escoamento do fluido. A resistência que controla o transporte convectivo de massa é frequentemente o resultado desse "filme" de fluido e o coeficiente, k_c, é consequentemente designado *coeficiente de filme*.

É importante para o estudante reconhecer a similaridade muito próxima existente entre o coeficiente convectivo de transporte de massa e o coeficiente convectivo de transferência de calor. Uma discussão completa sobre os coeficientes convectivos de transporte de massa e sobre sua determinação é fornecida nos Capítulos 28 e 30.

▶ **24.4**

RESUMO

Neste capítulo, os dois modos de transporte de massa, molecular e convectivo, foram apresentados. Como a difusão mássica ocorre em misturas, relações fundamentais foram apresentadas para concentrações e velocidades das espécies individuais, bem como para a mistura. A propriedade de transporte molecular, D_{AB}, coeficiente de difusão em sistemas gasosos, líquidos e sólidos, foi discutida e equações para sua estimativa foram apresentadas. Os conceitos que embasam o coeficiente de difusão efetivo de gases e de líquidos no interior de materiais porosos também foram apresentados e métodos para estimar esse coeficiente, em sistemas diluídos, foram descritos.

PROBLEMAS

24.1 A partir da equação de Fick para a taxa de difusão de A através de uma mistura binária dos componentes A e B, dada por:

$$\mathbf{N}_A = -cD_{AB}\nabla y_A + y_A(\mathbf{N}_A + \mathbf{N}_B)$$

mostre que:

$$\mathbf{n}_A = -D_{AB}\nabla\rho_A + w_A(\mathbf{n}_A + \mathbf{n}_B)$$

e informe todas as hipóteses feitas para se chegar a esse resultado.

24.2 A partir da equação de Fick para a taxa de difusão de A através de uma mistura binária dos componentes A e B, prove que:

a. $\mathbf{N}_A + \mathbf{N}_B = c\mathbf{V}$

b. $\mathbf{n}_A + \mathbf{n}_B = \rho\,\mathbf{v}$

c. $\mathbf{j}_A + \mathbf{j}_B = 0$

24.3 A forma geral para a equação de Stefan–Maxwell para o fluxo de transferência de massa na direção z da espécie i, em uma mistura gasosa ideal de n componentes, é dada por:

$$\frac{dy_i}{dz} = \sum_{j=1, j\neq i}^{n} \frac{y_i y_j}{D_{ij}}(\nu_j - \nu_i)$$

Mostre que para uma mistura binária gasosa das espécies A e B essa relação é equivalente à equação de Fick para a taxa de difusão:

$$N_{A,z} = -cD_{AB}\frac{dy_A}{dz} + y_A(N_{A,z} + N_{B,z})$$

24.4 Em um processo de transferência de massa em fase gasosa, o fluxo, em estado estacionário, da espécie A na mistura binária de A e B é $5,0 \times 10^{-5}$ kgmol/m²s e o de B é 0 (zero). Em um ponto particular do espaço de difusão, a concentração da espécie A é 0,005 kgmol/m³ e a da espécie B é 0,036 kgmol/m³. Estime as velocidades líquidas individuais das espécies A e B na direção da transferência de massa e a velocidade molar média.

24.5 Considere as seguintes propriedades da atmosfera do planeta Marte em um ponto particular de sua superfície, medido pelo veículo *Mars Rover*:

Pressão média na superfície: 6,1 mbar

Temperatura média: 210 K

Composição atmosférica em base volumétrica: dióxido de carbono (CO_2) 95,32%; nitrogênio (N_2) 2,7%; argônio (Ar) 1,6%; oxigênio (O_2) 0,13%; monóxido de carbono (CO) 0,08%.

a. Qual é a pressão parcial do CO_2 na atmosfera marciana, p_A, expressa em Pa?

b. Qual é a concentração molar do CO_2 na atmosfera marciana, c_A?

c. Qual é a concentração molar total de todos os gases na atmosfera marciana?

d. Qual é a concentração mássica de todos os gases na atmosfera marciana?

24.6 Estime a concentração molar de benzeno (C_6H_6) 0,50%, ou seja, fração mássica de 0,0050, dissolvido em etanol (C_2H_5OH) a 20°C. A densidade do etanol é 789 kg/m³ a 20°C. Essa solução do soluto benzeno dissolvido em etanol é considerada diluída.

24.7 Estime o valor do coeficiente de difusão em fase gasosa para os seguintes pares, empregando a equação de Hirschfelder:

a. Dióxido de carbono e ar a 310 K e $1,5 \times 10^5$ Pa

b. Etanol e ar a 325 K e $2,0 \times 10^5$ Pa

c. Tetracloreto de carbono e ar a 298 K e $1,913 \times 10^5$ Pa

24.8 Estime o coeficiente de difusão da amônia (NH_3) no ar a 1,0 atm e 373 K, empregando para o cálculo a equação de Brokaw. O momento dipolo (μ_p) para NH_3 é 1,46 debye e o volume molar líquido no ponto normal de ebulição (V_b) é 25,8 cm³/gmol a 239,7 K. Compare o valor estimado com o experimental, que se encontra na Tabela J.1 do Apêndice, dimensionada para 373 K.

24.9 Tetraclorosilano ($SiCl_4$) na forma gasosa reage com hidrogênio gasoso (H_2) para produzir silício policristalino de grau eletrônico a 800°C e $1,5 \times 10^5$ Pa, segundo a reação a seguir:

$SiCl_4(g) + 2H_2(g) \rightarrow Si(s) + 4HCl(g)$.

A taxa de reação pode ser afetada por limitações difusionais na superfície sólida do Si em crescimento. Para levar em conta esse fato, o coeficiente de difusão nesse sistema deve ser estimado. Então:

a. Estime o coeficiente de difusão do $SiCl_4$ no H_2 gasoso, considerando mistura binária.

b. Estime o coeficiente de difusão do $SiCl_4$ em uma mistura que contém, em termos molares: 40% de $SiCl_4$; 40% de H_2; e 20% de HCl. Será esse coeficiente de difusão substancialmente diferente daquele obtido no item (a)? Os parâmetros de Lennard–Jones para o $SiCl_4$ são: $\sigma = 5,08$ Å e $\epsilon/\kappa = 358$ K.

24.10 Um processo de separação de gases foi proposto para remover seletivamente dois poluentes: sulfeto de hidrogênio (H_2S) e dióxido de enxofre (SO_2), presentes em uma corrente de exaustão. A composição da corrente, expressa em percentuais molares, é: H_2S (3%), SO_2 (5%) e N_2 (92%). A temperatura da corrente é de 350 K e a pressão do sistema é 1,0 atm.

a. Determine a concentração molar total, a concentração molar de H_2S e a concentração mássica de H_2S na mistura gasosa.

b. Estime o coeficiente de difusão do H_2S na mistura binária com N_2. A temperatura crítica do H_2S é 373,2 K o e volume crítico é 98,5 cm³/gmol.

c. Estime o coeficiente de difusão do H_2S na mistura gasosa. Esse coeficiente de difusão é substancialmente diferente daquele obtido para o par binário H_2S-N_2? Confronte e explique o resultado.

24.11 A reforma a vapor de hidrocarbonetos é uma maneira de produzir hidrogênio gasoso (H_2) para aplicação em células combustíveis. Entretanto, o gás rico em H_2 produzido por esse processo se apresenta contaminado com monóxido de carbono (CO), em um teor molar percentual de 1,0%. Esse contaminante provoca envenenamento do catalisador da célula combustível e deve ser removido para permitir melhor operação da célula. Deseja-se separar CO do H_2 gasoso empregando uma membrana cerâmica microporosa catalítica. O diâmetro médio do poro da membrana é de 15 nm e a fração de vazios (ϵ) é 0,30. O sistema opera a 5,0 atm de pressão total e a temperatura de 400°C.

a. Estime a concentração molar de CO na mistura.

428 ▶ Capítulo 24

b. Estime o coeficiente de difusão molecular do CO em H_2 para a mistura gasosa a 5,0 atm e 400°C.

c. Estime o coeficiente de difusão efetivo do CO no interior do material poroso. Verifique a importância da difusão de Knudsen nas condições do processo.

d. Em qual pressão total do sistema (P) o coeficiente de difusão de Knudsen para o CO é igual à metade do valor do coeficiente de difusão molecular?

24.12 Gás natural "azedo" é aquele bastante contaminado com sulfeto de hidrogênio. Os vapores de H_2S são comumente removidos pela passagem do gás em leito fixo, que contém partículas adsorventes. No presente processo, o gás com 99% (molar) de metano (CH_4) e 1,0% (molar) de H_2S será tratado com um material adsorvente poroso, que tem fração de vazios de 0,50 e diâmetro médio de poro de 20 nm, na temperatura de 30°C e 15,0 atm de pressão total do sistema. Para projetar o leito adsorvente, é necessário estimar o coeficiente de difusão do H_2S no interior do adsorvente poroso. Os parâmetros de Lennard–Jones para o H_2S são σ = 3,623 Å e ϵ/κ = 301,1 K.

a. Qual é a concentração molar de H_2S na mistura?

b. Estime o coeficiente de difusão do metano em H_2S para uma mistura binária por dois métodos e compare os resultados obtidos.

c. Estime o coeficiente de difusão efetivo do H_2S no interior do material poroso, supondo que metano e sulfeto de hidrogênio ocupam o espaço vazio no interior do material poroso.

24.13 Um processo está sendo desenvolvido para depositar silício de grau eletrônico (Si) na superfície interna de uma fibra óptica oca, de vidro, por decomposição térmica do silano (SiH_4) em Si sólido. O silano gasoso é diluído no gás inerte He a uma composição de 1,0 % (molar) de SiH_4 e alimentado à fibra oca de vidro, que tem diâmetro interno de 10,0 micra (10,0 μm). O processo de deposição é conduzido a 900 K e a uma pressão total do sistema de apenas 100 Pa. Os parâmetros de Lennard–Jones para o silano são: σ = 4,08 Å e ϵ/κ = 207,6 K.

a. Determine a fração mássica do silano na mistura gasosa.

b. Estime o coeficiente de difusão molecular do vapor de silano no gás He a 900 K para pressões totais do sistema de 1,0 atm e de 100 Pa. Por que o valor do coeficiente a 100 Pa é tão grande?

c. Avalie a importância da difusão de Knudsen do vapor de silano no interior da fibra oca de vidro.

d. O número de Peclet (Pe), definido como:

$$Pe = \frac{v_\infty d}{D_{Ae}}$$

é um parâmetro adimensional usado para avaliar a importância da dispersão de espécies que se difundem em uma corrente que escoa com velocidade v_∞ no interior de um tubo com diâmetro d. Para valores baixos de Pe, a difusão se sobrepõe ao processo de dispersão. Estime a velocidade do gás e sua vazão volumétrica no interior de uma fibra oca para se manter Pe igual a $5,0 \times 10^{-4}$.

24.14 Compare o coeficiente de difusão efetivo para uma mistura diluída de oxigênio (O_2, espécie A) em nitrogênio gasoso (N_2, espécie B) a 20°C e 1,0 atm no interior dos seguintes materiais:

a. Poros retos de 10 nm em arranjo paralelo.

b. Poros randômicos de 10 nm de diâmetro com fração de vazios de 0,40.

c. Poros randômicos de 1 μm de diâmetro com fração de vazios de 0,40.

Da Tabela J.1 do Apêndice, o coeficiente de difusão molecular do O_2 em N_2 gasoso é 0,181 cm²/s a 1,0 atm e 273 K. Lembre-se de que 1×10^9 nm = 1,0 m e 1×10^6 μm = 1,0 m.

24.15 Um reator com microcanais está sendo desenvolvido para a reforma do gás metano (CH_4) a gás CO_2 e H_2, usando vapor (vapor de H_2O) em alta temperatura. Antes de entrar no reator de reforma, CH_4 (espécie A) e vapor de H_2O (espécie B), a uma temperatura não reativa de 400°C, são misturados dentro de uma zona de preaquecimento do gás no microcanal, que tem um diâmetro interno de somente 50 micra (0,0050 cm). O número de Peclet, definido como

$$Pe = \frac{v_\infty d}{D_{Ae}}$$

tem de ser no mínimo 2,0 antes dessa corrente de gás ser alimentada no reator de reforma. Deseja-se também manter a velocidade do gás (v_∞) constante a 4,0 cm/s. Para finalidades de cálculo, pode ser considerado que CH_4 esteja diluído em H_2O na fase gasosa.

a. Qual é o coeficiente de Knudsen para CH_4 dentro do microcanal? A difusão de Knudsen é importante?

b. Em qual pressão total (P) do sistema o processo deve ser operado para encontrar as restrições de projeto mencionadas anteriormente de Pe = 2,0 e v_∞ = 4,0 cm/s? Nessa pressão total do sistema, qual é o coeficiente de difusão molecular de CH_4 em H_2O em fase gasosa?

24.16 A equação de Stokes–Einstein é frequentemente usada para estimar o diâmetro molecular de grandes moléculas esféricas a partir do coeficiente de difusão molecular. O coeficiente de difusão molecular medido da albumina do soro (uma proteína importante do sangue) em água, em diluição infinita, é $5,94 \times 10^{-7}$ cm²/s a 293 K. Estime o diâmetro médio de uma molécula de albumina do soro. O valor conhecido é 7,22 nm.

24.17 A difusão de oxigênio (O_2) através de um tecido vivo é frequentemente aproximada inicialmente como a difusão de O_2 dissolvido em água líquida. Estime o coeficiente de difusão de O_2 em água pelas correlações de Wilke–Chang e Hayduk–Laudie a 37°C.

24.18 Estime os coeficientes de difusão em líquidos dos seguintes solutos que são transferidos através de soluções diluídas:

a. metanol em água a 288 K

b. água em metanol a 288 K

c. n-butanol em água a 288 K

d. água em n-butanol a 288 K

Compare esses valores estimados aos valores experimentais reportados no Apêndice J.2.

24.19 Benzeno, espécie A, é frequentemente adicionado a etanol (espécie B) para desnaturar o etanol. Estime a difusão, em fase líquida, do benzeno em etanol (D_{AB}) e do etanol em benzeno (D_{BA}) a 288 K por dois métodos: a equação de Wilke–Chang e a equação de Scheibel. Por que $D_{AB} \neq D_{BA}$?

24.20 A taxa de um processo eletroquímico para formar uma placa de cobre sólido em uma superfície, a partir de uma solução de cloreto cúprico, é afetada por processos de transferência de massa. Estime o coeficiente de difusão molecular de cloreto de cobre II ($CuCl_2$) dissolvido em água em diluição infinita a 25°C.

24.21 Benzeno, um contaminante existente em lençóis freáticos, está se difundindo em uma partícula mineral porosa inerte a 25°C. A partícula tem uma fração de vazios de 0,40, com um diâmetro médio de poro de 0,30 μm; os poros estão cheios com água proveniente de lençóis freáticos. A massa molar de benzeno (soluto A) é 78 g/gmol e o volume crítico (V_c) é 259 cm³/gmol. A concentração de benzeno na água que envolve uma partícula é 0,100 g/L, que está abaixo de seu limite de solubilidade.

a. Qual é a concentração molar de benzeno nos lençóis freáticos?

b. Quais são as frações molar e mássica de benzeno nos lençóis freáticos?

c. Estime o coeficiente de difusão do benzeno nos lençóis freáticos?

d. Justifique por que a difusão limitada do soluto benzeno através do poro cheio com solvente pode ser ignorada.

e. Estime o coeficiente de difusão efetivo de benzeno no interior da partícula mineral porosa cheia de água.

24.22 Como parte de um processo de biosseparações, glicose (soluto A) em solução aquosa (solvente B) está se difundindo através de uma membrana microporosa. A espessura da membrana é 2,0 mm e os poros existentes na membrana consistem em canais cilíndricos de 3,0 mm de diâmetro (1 nm é um nanômetro, 1×10^9 nm = 1 m). A temperatura é 30°C. O diâmetro médio de uma única molécula de glicose é 0,86 nm.

a. Estime o coeficiente de difusão molecular da glicose em água pela relação de Stokes–Einstein.

b. Qual é o coeficiente de difusão efetivo da glicose através da membrana?

24.23 Misturas de proteínas em solução aquosa são comumente separadas por cromatografia de peneira molecular. Um aspecto importante desse processo de separação é a difusão da proteína em uma matriz porosa do suporte de cromatografia usado para afetar a separação. Estime o coeficiente de difusão efetivo da enzima urease em um único poro cilíndrico de diâmetro igual a 100 nm. O coeficiente de difusão molecular da urease em água, em diluição infinita, é $3,46 \times 10^{-7}$ cm²/s a 298 K e o diâmetro da molécula é 12,38 nm.

24.24 A taxa de difusão da enzima ribonuclease para um material poroso de suporte de cromatografia foi medida a 298 K. Um coeficiente de difusão efetivo de 5×10^{-7} cm²/s foi obtido a partir de um experimento baseado na difusão da enzima através de um único poro cilíndrico. Estime o diâmetro do poro (d_{poro}) necessário para atingir esse coeficiente de difusão efetivo. O coeficiente de difusão molecular da ribonuclease em água é $1,19 \times 10^{-6}$ cm²/s a 298 K e o diâmetro dessa molécula é 3,6 nm.

24.25 Deseja-se concentrar a espécie A a partir de uma mistura de solutos A e B dissolvidos em água, empregando-se uma membrana porosa. A membrana contém poros cilíndricos em arranjo paralelo e uniforme. O fator de separação (α) é definido por:

$$\alpha = \frac{D_{Ae}}{D_{Be}}$$

A massa molar do soluto A é 142 g/gmol, o diâmetro molecular é 2,0 nm e o volume molar no ponto de ebulição é 233,7 cm³/gmol. A massa molar do soluto B é 212 g/gmol, o diâmetro molecular é 3,0 nm e o volume molar no ponto de ebulição é 347,4 cm³/gmol.

a. Estime os coeficientes de difusão dos solutos A e B em água a 293 K em diluição infinita.

b. Determine o diâmetro de poro (d_{poro}, em nanômetros) que permite a separação com fator $\alpha = 3$ para esse processo. Sugestão: uma solução interativa do tipo tentativa e erro será requerida.

24.26 Um processo de separação baseado em exclusão por tamanho está sendo desenvolvido para purificar uma mistura de proteínas em solução aquosa a 20°C. A solução é diluída e tem aproximadamente as mesmas propriedades da água, com viscosidade de 1,0 cP a 20°C. Uma das proteínas de interesse (proteína A) é esférica e tem diâmetro molecular médio de 25 nm. Deseja-se projetar uma membrana que tenha *coeficiente de partição estérico* de não mais do que 0,64 para essa proteína — isto é, $F_1(\varphi) = 0,64$.

a. Estime o coeficiente de difusão molecular da proteína A em solução a 20°C.

b. Qual o coeficiente de difusão efetivo da proteína A em um poro cilíndrico do material da membrana?

c. Para qual diâmetro de poro todas as proteínas, exceto a proteína A, serão "excluídas" da membrana?

24.27 Em um processo de separação cromatográfica, uma biomolécula de 20 nm de diâmetro se difunde no interior de uma partícula com poros randômicos com fração de vazios (ϵ) de 0,70 preenchidos com o solvente de eluição. Entretanto, o diâmetro reduzido do poro (φ) para a difusão é de apenas 0,010 e a difusão limitada do soluto no poro preenchido por solvente pode ser desprezada. Se o coeficiente de difusão efetivo desejado (D'_{AE}) da biomolécula no interior do poro é $1,0 \times 10^{-7}$ cm²/s na temperatura de 30°C, que viscosidade do solvente será necessária para se atingir esse D'_{AE}?

24.28 Propriedades eletrônicas são conferidas ao silício cristalino por meio da difusão de uma impureza elementar denominada "dopante" no interior do material a alta temperatura. A 1316 K, o coeficiente de difusão de um dopante particular no silício é $1,0 \times 10^{-13}$ cm²/s e a 1408 K o coeficiente de difusão aumenta para $1,0 \times 10^{-12}$ cm²/s. Com base na Tabela 24.7, qual material é um provável candidato a dopante?

24.29 O endurecimento de superfície do aço doce envolve a difusão do carbono no ferro. Estime o coeficiente de difusão do carbono em ferro *fcc* e ferro *bcc* a 1000 K. Aprenda sobre as estruturas fcc e bcc do ferro em um livro-texto sobre ciências dos materiais e explique por que os coeficientes de difusão são diferentes.

CAPÍTULO 25

Equações Diferenciais de Transferência de Massa

No Capítulo 9, as equações diferenciais gerais relacionadas à transferência de quantidade de movimento foram deduzidas a partir do conceito de volume de controle diferencial. Por tratamento análogo, as equações diferenciais gerais para a transferência de calor foram geradas no Capítulo 16. Mais uma vez, usaremos essa abordagem para obter as equações diferenciais para transferência de massa. Fazendo um balanço de massa em um volume de controle diferencial, vamos estabelecer a equação da continuidade para uma dada espécie química.

Equações diferenciais adicionais serão obtidas quando inserirmos, na equação da continuidade, as relações de fluxo de massa desenvolvidas no capítulo anterior.

25.1 EQUAÇÃO DIFERENCIAL PARA TRANSFERÊNCIA DE MASSA

Considere o volume de controle $\Delta x \Delta y \Delta z$, através do qual uma mistura contendo o componente A escoa, conforme mostrado na Figura 25.1. A expressão em termos do volume de controle para a conservação da massa é

$$\iint_{s.c.} \rho(\mathbf{v} \cdot \mathbf{n}) dA + \frac{\partial}{\partial t} \iiint_{v.c.} \rho dV = 0 \qquad (4\text{-}1)$$

a qual, em palavras, pode ser expressa por:

$$\begin{Bmatrix} \text{taxa líquida de massa} \\ \text{que escoa através do} \\ \text{volume de controle} \end{Bmatrix} + \begin{Bmatrix} \text{taxa líquida de acúmulo} \\ \text{de massa dentro do volume} \\ \text{de controle} \end{Bmatrix} = 0$$

Considerando a conservação de uma dada espécie A, essa relação deveria também incluir um termo que leva em conta a geração ou o desaparecimento de A dentro do volume de controle. A relação geral para o balanço de massa da espécie A para o volume de controle pode ser definida por:

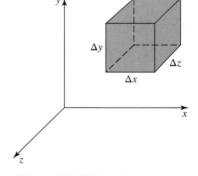

Figura 25.1 Volume de controle diferencial.

$$\left\{ \begin{array}{c} \text{taxa líquida de massa} \\ \text{que escoa através} \\ \text{do volume de controle} \end{array} \right\} + \left\{ \begin{array}{c} \text{taxa líquida de acúmulo} \\ \text{de massa dentro do} \\ \text{volume de controle} \end{array} \right\} - \left\{ \begin{array}{c} \text{taxa de geração de} \\ A \text{ por reação química} \\ \text{dentro do volume} \\ \text{de controle} \end{array} \right\} = 0 \quad (25\text{-}1)$$

Os termos individuais serão calculados para o componente A e uma discussão sobre os seus significados será dada a seguir.

A taxa líquida de transferência de massa do volume de controle será calculada considerando-se a massa transferida através da superfície do volume de controle. Por exemplo, a massa de A transferida através da área $\Delta y \Delta z$ em x será $\rho_A v_{A_x} \Delta y \Delta z|_x$, ou em termos do vetor fluxo, $\mathbf{n}_A = \rho_A \mathbf{v}_A$, seria $n_{A,x} \Delta y \Delta z|_x$. A taxa líquida de transferência de massa do constituinte A será expressa por

$$\text{na direção } x\text{:} \quad n_{A,x} \Delta y \Delta z|_{x+\Delta x} - n_{A,x} \Delta y \Delta z|_x$$

$$\text{na direção } y\text{:} \quad n_{A,y} \Delta x \Delta z|_{y+\Delta y} - n_{A,y} \Delta x \Delta z|_y$$

e

$$\text{na direção } z\text{:} \quad n_{A,z} \Delta x \Delta y|_{z+\Delta z} - n_{A,z} \Delta x \Delta y|_z$$

A taxa de acumulação de A no volume de controle é

$$\frac{\partial \rho_A}{\partial t} \Delta x \Delta y \Delta z$$

Se A for gerado dentro do volume de controle por uma reação química a uma taxa r_A, em que r_A tenha as unidades de (massa de A produzido)/(volume)(tempo), a taxa de produção de A é dada por

$$r_A \Delta x \Delta y \Delta z$$

Esse termo de produção é análogo ao termo de geração de energia que aparece na equação diferencial para a transferência de energia, como discutido no Capítulo 16. Substituindo cada termo na equação (25-1), obtém-se

$$n_{A,x} \Delta y \Delta z|_{x+\Delta x} - n_{A,x} \Delta y \Delta z|_x + n_{A,y} \Delta x \Delta z|_{y+\Delta y} - n_{A,y} \Delta x \Delta z|_y + n_{A,z} \Delta x \Delta y|_{z+\Delta z}$$
$$- n_{A,z} \Delta x \Delta y|_z + \frac{\partial \rho_A}{\partial t} \Delta x \Delta y \Delta z - r_A \Delta x \Delta y \Delta z = 0 \quad (25\text{-}2)$$

Dividindo pelo volume $\Delta x \Delta y \Delta z$ e cancelando termos, obtém-se

$$\frac{n_{A,x}|_{x+\Delta x} - n_{A,x}|_x}{\Delta x} + \frac{n_{A,y}|_{y+\Delta y} - n_{A,y}|_y}{\Delta y} + \frac{n_{A,z}|_{z+\Delta z} - n_{A,z}|_z}{\Delta z} + \frac{\partial \rho_A}{\partial t} - r_A = 0 \quad (25\text{-}3)$$

No limite, quando Δx, Δy e Δz tendem a zero, resulta

$$\frac{\partial n_{A,x}}{\partial x} + \frac{\partial n_{A,y}}{\partial y} + \frac{\partial n_{A,z}}{\partial z} + \frac{\partial \rho_A}{\partial t} - r_A = 0 \quad (25\text{-}4)$$

A equação (25-4) é a *equação da continuidade* para o componente A. Como n_{Ax}, n_{Ay} e n_{Az} são os componentes em coordenadas cartesianas do vetor fluxo de massa, $\mathbf{n}_A$, a equação (25-4) pode ser escrita na forma:

$$\nabla \cdot \mathbf{n}_A + \frac{\partial \rho_A}{\partial t} - r_A = 0 \quad (25\text{-}5)$$

De maneira similar, uma equação similar da continuidade pode ser desenvolvida para um segundo constituinte B. As equações diferenciais são

$$\frac{\partial n_{B,x}}{\partial x} + \frac{\partial n_{B,y}}{\partial y} + \frac{\partial n_{B,z}}{\partial z} + \frac{\partial \rho_B}{\partial t} - r_B = 0 \quad (25\text{-}6)$$

432 ▶ Capítulo 25

e

$$\nabla \cdot \mathbf{n}_B + \frac{\partial \rho_B}{\partial t} - r_B = 0 \tag{25-7}$$

em que r_B representa a taxa pela qual B será produzido, por uma reação química, dentro do volume de controle. Da soma das equações (25-5) e (25-7), resulta

$$\nabla \cdot (\mathbf{n}_A + \mathbf{n}_B) + \frac{\partial(\rho_A + \rho_B)}{\partial t} - (r_A + r_B) = 0 \tag{25-8}$$

No caso de uma mistura binária A e B, temos

$$\mathbf{n}_A + \mathbf{n}_B = \rho_A \mathbf{v}_A + \rho_B \mathbf{v}_B = \rho \mathbf{v}$$
$$\rho_A + \rho_B = \rho$$

e

$$r_A = -r_B$$

pela lei de conservação da massa. Substituindo essas relações na equação (25-8), obtém-se

$$\nabla \cdot \rho \mathbf{v} + \frac{\partial \rho}{\partial t} = 0 \tag{25-9}$$

Essa é a *equação da continuidade para a mistura*. A equação (25-9) é idêntica à equação da continuidade (9-2) para um fluido homogêneo.

A equação da continuidade para a mistura e para uma dada espécie pode ser escrita em termos da derivada substantiva. Como mostrado no Capítulo 9, a equação da continuidade para a mistura pode ser rearranjada e escrita

$$\frac{D\rho}{Dt} + \rho \nabla \cdot \mathrm{v} = 0 \tag{9-5}$$

Por manipulações matemáticas similares, a equação da continuidade para a espécie A em termos da derivada substantiva pode ser deduzida. Essa equação é

$$\frac{\rho D w_A}{Dt} + \nabla \cdot \mathbf{j}_A - r_A = 0 \tag{25-10}$$

Poder-se-ia seguir o mesmo desenvolvimento em termos de unidades molares. Se R_A representa a taxa molar de produção de A por unidade de volume e R_B representa a taxa molar de produção de B por unidade de volume, as equações equivalentes em termos molares são

para o componente A

$$\nabla \cdot \mathbf{N}_A + \frac{\partial c_A}{\partial t} - R_A = 0 \tag{25-11}$$

para o componente B

$$\nabla \cdot \mathbf{N}_B + \frac{\partial c_B}{\partial t} - R_B = 0 \tag{25-12}$$

e para a mistura de A e B

$$\nabla \cdot (\mathbf{N}_A + \mathbf{N}_B) + \frac{\partial(c_A + c_B)}{\partial t} - (R_A + R_B) = 0 \tag{25-13}$$

Para a mistura binária de A e B, tem-se

$$\mathbf{N}_A + \mathbf{N}_B = c_A \mathbf{v}_A + c_B \mathbf{v}_B = c\mathbf{V}$$

e

$$c_A + c_B = c$$

Todavia, somente quando a estequiometria da reação for

$$A \rightleftharpoons B$$

que estipula que uma molécula de B é produzida para cada mol de A consumido, podemos estipular que $R_A = -R_B$. Em geral, a equação da continuidade para a mistura, em termos de unidades molares, é expressa por

$$\nabla \cdot c\mathbf{V} + \frac{\partial c}{\partial t} - (R_A + R_B) = 0 \tag{25-14}$$

▶ 25.2

FORMAS ESPECIAIS DA EQUAÇÃO DIFERENCIAL DE TRANSFERÊNCIA DE MASSA

A seguir, são apresentadas formas especiais da equação da continuidade aplicáveis a situações comumente encontradas. A fim de aplicar as equações para calcular os perfis de concentração, trocamos os fluxos, $\mathbf{n}_A$ e $\mathbf{N}_A$, pelas expressões apropriadas desenvolvidas no Capítulo 24. Essas expressões são

$$\mathbf{N}_A = -cD_{AB}\nabla y_A + y_A(\mathbf{N}_A + \mathbf{N}_B) \tag{24-22}$$

ou sua forma equivalente

$$\mathbf{N}_A = -cD_{AB}\nabla y_A + c_A\mathbf{V}$$

e

$$\mathbf{n}_A = -\rho D_{AB}\nabla w_A + w_A(\mathbf{n}_A + \mathbf{n}_B) \tag{24-23}$$

ou sua forma equivalente

$$\mathbf{n}_A = -\rho D_{AB}\nabla w_A + \rho_A\mathbf{v}$$

Substituindo a equação (24-23) na equação (25-5), vem

$$-\nabla \cdot \rho D_{AB}\nabla w_A + \nabla \cdot \rho_A\mathbf{v} + \frac{\partial \rho_A}{\partial t} - r_A = 0 \tag{25-15}$$

e, substituindo a equação (24-22) na equação (25-11), tem-se

$$-\nabla \cdot cD_{AB}\nabla y_A + \nabla \cdot c_A\mathbf{v} + \frac{\partial c_A}{\partial t} - R_A = 0 \tag{25-16}$$

Tanto as equações (25-15) como (25-16) podem ser usadas para descrever os perfis de concentração dentro de um sistema que se difunde. Ambas as equações são completamente gerais; entretanto, elas

434 ▶ Capítulo 25

são relativamente complexas. Essas equações podem ser simplificas fazendo algumas suposições restritivas. Com essas suposições, formas importantes da equação da continuidade incluem:

(i) Se a densidade, ρ, e o coeficiente de difusão, D_{AB}, podem ser considerados constantes, a equação (25-15), após dividir cada termo pela massa molar da espécie A e rearranjar, reduz-se a

$$\mathbf{v} \cdot \boldsymbol{\nabla} c_A + \frac{\partial c_A}{\partial t} = D_{AB} \boldsymbol{\nabla}^2 c_A + R_A \tag{25-17}$$

(ii) Se não há termo de geração, $R_A = 0$, e se a densidade e o coeficiente de difusão forem considerados constantes, a equação (25-17) se reduz a

$$\frac{\partial c_A}{\partial t} + \mathbf{v} \cdot \boldsymbol{\nabla} c_A = D_{AB} \boldsymbol{\nabla}^2 c_A \tag{25-18}$$

O termo $(\partial c_A/\partial t) + \mathbf{v} \cdot \boldsymbol{\nabla} c_A$ representa a derivada substantiva de c_A. Reescrevendo o lado esquerdo da equação (25-18), obtém-se

$$\frac{Dc_A}{Dt} = D_{AB} \boldsymbol{\nabla}^2 c_A \tag{25-19}$$

que é análoga à equação (16-14) para transferência de calor

$$\frac{DT}{Dt} = \frac{k}{\rho \, c_p} \boldsymbol{\nabla}^2 T \tag{16-14}$$

ou

$$\frac{DT}{Dt} = \alpha \, \boldsymbol{\nabla}^2 T$$

em que α é a difusividade térmica. A similaridade entre essas duas equações é a base para as analogias entre transferência de calor e transferência de massa.

(iii) Na situação em que não há escoamento do fluido, $v = 0$, nenhuma geração, $R_A = 0$, e nenhuma variação na difusividade e na densidade, a equação (25-28) se reduz a

$$\frac{\partial c_A}{\partial t} = D_{AB} \boldsymbol{\nabla}^2 c_A \tag{25-20}$$

A equação (25-20) é usualmente reconhecida como a *segunda "lei" de Fick da difusão*. A suposição de que não há escoamento do fluido restringe sua aplicação para a difusão em sólidos ou em líquidos em repouso e para sistemas binários de gases ou líquidos, nos quais $\mathbf{N}_A$ é igual em magnitude, mas atuando em direção oposta a $\mathbf{N}_B$, condição essa denominada contradifusão equimolar. A equação (25-20) é análoga à segunda "lei" de Fourier para a condução de calor:

$$\frac{\partial T}{\partial t} = \alpha \, \boldsymbol{\nabla}^2 T \tag{16-18}$$

(iv) As equações (25-17), (25-18) e (25-20) podem ser ainda mais simplificadas quando o processo estiver em estado estacionário; ou seja, quando $\partial c_A/\partial t = 0$. Para o caso em que a densidade e a difusividade mássica são constantes, a equação se torna

$$\mathbf{v} \cdot \boldsymbol{\nabla} c_A = D_{AB} \boldsymbol{\nabla}^2 c_A + R_A \tag{25-21}$$

Quando a densidade e a difusividade mássica forem constantes e sem reação química, $R_A = 0$, obteremos

$$\mathbf{v} \cdot \boldsymbol{\nabla} c_A = D_{AB} \boldsymbol{\nabla}^2 c_A \tag{25-22}$$

Se, adicionalmente, $\mathbf{v} = 0$, a equação se reduz a

$$\nabla^2 c_A = 0 \tag{25-23}$$

A equação (25-23) é a *equação de Laplace*, expressa em termos da concentração molar.

Cada uma das equações (25-15) a (25-23) foi escrita na forma vetorial, de modo que elas se aplicam a qualquer sistema de coordenadas ortogonais. Escrevendo o operador laplaciano, ∇^2, na forma adequada, a transformação da equação para o sistema de coordenadas desejado é alcançada. Em coordenadas retangulares, a segunda "lei" de Fick da difusão é

$$\frac{\partial c_A}{\partial t} = D_{AB} \left[\frac{\partial^2 c_A}{\partial x^2} + \frac{\partial^2 c_A}{\partial y^2} + \frac{\partial^2 c_A}{\partial z^2} \right] \tag{25-24}$$

em coordenadas cilíndricas é

$$\frac{\partial c_A}{\partial t} = D_{AB} \left[\frac{\partial^2 c_A}{\partial r^2} + \frac{1}{r} \frac{\partial c_A}{\partial r} + \frac{1}{r^2} \frac{\partial^2 c_A}{\partial \theta^2} + \frac{\partial^2 c_A}{\partial z^2} \right] \tag{25-25}$$

e em coordenadas esféricas

$$\frac{\partial c_A}{\partial t} = D_{AB} \left[\frac{1}{r^2} \frac{\partial}{\partial r} \left(r^2 \frac{\partial c_A}{\partial r} \right) + \frac{1}{r^2 \text{sen}\,\theta} \frac{\partial}{\partial \theta} \left(\text{sen}\,\theta \frac{\partial c_A}{\partial \theta} \right) + \frac{1}{r^2 \text{sen}^2\theta} \frac{\partial^2 c_A}{\partial \phi^2} \right] \tag{25-26}$$

A forma geral da equação diferencial para a transferência de massa do componente A, ou a equação da continuidade de A, escrita em termos das coordenadas retangulares, é

$$\frac{\partial c_A}{\partial t} = \left[\frac{\partial N_{A,x}}{\partial x} + \frac{\partial N_{A,y}}{\partial y} + \frac{\partial N_{A,z}}{\partial z} \right] = R_A \tag{25-27}$$

em coordenadas cilíndricas é

$$\frac{\partial c_A}{\partial t} = \left[\frac{1}{r} \frac{\partial}{\partial r} \left(r N_{A,r} \right) + \frac{1}{r} \frac{\partial N_{A,\theta}}{\partial \theta} + \frac{\partial N_{A,z}}{\partial z} \right] = R_A \tag{25-28}$$

e em coordenadas esféricas é

$$\frac{\partial c_A}{\partial t} + \left[\frac{1}{r} \frac{\partial}{\partial r} \left(r^2 N_{A,r} \right) + \frac{1}{r\,\text{sen}\,\theta} \frac{\theta}{\partial \theta} \left(N_{A,\theta}\,\text{sen}\,\theta \right) + \frac{1}{r\,\text{sen}\,\theta} \frac{\partial N_{A,\phi}}{\partial \phi} \right] = R_A \tag{25-29}$$

▶ **25.3**

CONDIÇÕES DE CONTORNO COMUMENTE EMPREGADAS

O processo de transferência de massa será plenamente descrito pelas equações diferenciais correspondentes somente se as condições iniciais e de contorno forem especificadas. Tipicamente, as condições iniciais e de contorno são especificadas para definir os limites de integração ou para determinar as constantes de integração associadas com a solução matemática das equações diferenciais pertinentes ao processo de transferência. As condições inicial e de contorno usadas para a transferência de massa são muito similares àquelas usadas na Seção 16.3 para a transferência de energia. O leitor pode consultar aquela seção para discussões adicionais sobre essas condições.

A condição inicial nos processos de transferência de massa relaciona a concentração da espécie que se difunde no início do intervalo de tempo de interesse, podendo ser expressa em termos da concentração mássica ou molar. A concentração pode ser simplesmente igual a um valor constante

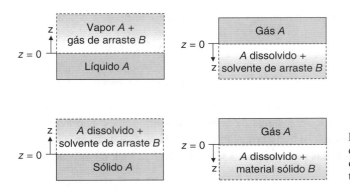

Figura 25.2 Exemplos de condições de contorno para a concentração, definidas por uma restrição de equilíbrio termodinâmico em uma interface.

ou pode ser mais complexa, caso a distribuição inicial da concentração dentro do volume de controle para difusão seja especificada. As condições iniciais são associadas somente com processos de transferência em estado estacionário ou pseudoestacionário.

Quatro tipos de condições de contorno são usualmente encontrados em transferência de massa:

1. *A concentração da espécie A (que se transfere) na superfície do volume de controle é especificada.* A concentração na superfície pode ser expressa em termos de diferentes unidades — por exemplo, concentração molar c_{As}, concentração mássica ρ_{As}, fração molar do gás y_{As}, fração molar do líquido x_{As} etc. Quando a superfície de contorno é definida por um componente puro em uma única fase e uma mistura na segunda fase, então, na interface, a concentração da espécie A difundindo na mistura está geralmente nas condições termodinâmicas de saturação. Exemplos comuns desse tipo de condição de contorno entre duas fases são ilustrados na Figura 25.2. Especificamente, para uma mistura gasosa em contato com um líquido puro volátil A ou ainda um sólido puro volátil A, a pressão parcial da espécie A na superfície do gás corresponde à pressão de saturação do vapor, P_A, de modo que $p_{As} = P_A$. Para uma mistura líquida em contato com um sólido puro A, a concentração da espécie A na superfície do líquido é o limite de solubilidade de A no líquido, c_A^*, de modo que $c_{As} = c_A^*$.

Para um gás e um líquido em contato, em que a espécie A que se difunde está presente em ambas as fases, há duas maneiras de especificar a concentração na interface líquido-gás. Primeira, se ambas as espécies na fase líquida forem voláteis, então a condição de contorno na interface líquido-gás é definida para uma mistura líquida ideal pela lei de Raoult:

$$p_{As} = x_A P_A$$

em que x_A representa a fração molar no líquido, P_A é a pressão de vapor da espécie A, calculada na temperatura do líquido, e p_{As} é a pressão parcial da espécie A no gás. A pressão parcial da espécie A na interface é relacionada à fração molar na superfície y_{As} pela lei de Dalton:

$$y_{As} = \frac{p_{As}}{P}$$

ou à concentração na superfície c_{As} pela lei dos gases ideais:

$$c_{As} = \frac{p_{As}}{RT}$$

Segunda, para soluções em que a espécie A é ligeiramente solúvel na fase líquida, a lei de Henry pode ser usada para relacionar a fração molar de A no líquido com a pressão parcial de A no gás:

$$p_A = H \cdot x_A$$

em que o coeficiente H é conhecido como a *constante de Henry*. Os valores de H, expressos em unidades de pressão para solutos gasosos selecionados em soluções aquosas específicas, são listados na Tabela 25.1. As constantes de Henry para solutos gasosos em soluções aquosas

Tabela 25.1 Constante de Henry para vários gases em soluções aquosas (H em bars)

T(K)	Constante de Henry, H (bar)							
	NH_3	Cl_2	H_2S	SO_2	CO_2	CH_4	O_2	H_2
273	21	265	260	165	710	22.800	25.500	58.000
280	23	365	335	210	960	27.800	30.500	61.500
290	26	480	450	315	1300	35.200	37.600	66.500
300	30	615	570	440	1730	42.800	45.700	71.600
310		755	700	600	2175	50.000	52.000	76.000
320		860	835	800	2650	56.300	56.800	78.600

para esses e outros solutos aquosos são igualmente obtidos de dados de solubilidade tabelados por Dean.[1] Uma equação similar pode ser também utilizada para determinar as condições de contorno na interface *gás-sólido*:

$$c_{A,\text{sólido}} = S \cdot p_A$$

em que $c_{A,\text{sólido}}$ representa a concentração molar de A na interface do *sólido*, cujas unidades são expressas em kgmol/m^3, e p_A é a pressão parcial da espécie A na fase gasosa sobre o sólido, expressa em Pa. O coeficiente de partição, S, também denominado constante de solubilidade, tem unidades de kgmol/m$^3 \cdot$ Pa. Valores de S para vários pares gás-sólido são apresentados por Barrer[2] e listados na Tabela 25.2.

2. *Uma superfície onde ocorre uma reação é especificada*. Ocorrem três situações comuns, todas relacionadas com reações heterogêneas em superfícies. Na primeira, o fluxo de uma espécie pode ser relacionado ao fluxo de outra espécie pela estequiometria da reação química. Por exemplo, considere a reação química genérica na superfície de contorno $A + 2B \rightarrow 3C$, em que os reagentes A e B se difundem para a superfície e o produto C se difunde para fora da superfície. Os fluxos de A e B se movem na *direção oposta* à de C. Em consequência, o fluxo N_A é relacionado ao fluxo de outra espécie por $N_B = +2N_A$ ou $N_C = -3N_A$. Na segunda, uma taxa finita de reação química pode ocorrer na superfície, podendo causar um fluxo na mesma. Por exemplo, se o componente A é consumido em uma reação de primeira ordem ou na superfície em $z = 0$, sendo que a direção positiva do eixo z é oposta à direção do fluxo de A na mesma direção, então:

$$N_A|_{z=0} = -k_s c_{As}$$

em que k_s representa a constante de taxa de reação na superfície, que é expressa em termos de m/s. Terceira situação, a reação pode ocorrer tão rapidamente de modo que $c_{As} = 0$, se a espécie A for o reagente limitante na reação química.

3. *O fluxo da espécie que está sendo transferida é nulo na fronteira ou na linha central de simetria*. Essa condição pode ocorrer no caso de uma fronteira impermeável ou no centro

Tabela 25.2 Constantes de solubilidade para combinações selecionadas de sistemas gás-sólido

Gás	Sólido	$T(K)$	$S = c_{A,\text{sólido}}/p_A$ (kg mol/m^3 bar)
O_2	Borracha natural	298	$3{,}12 \times 10^{-3}$
N_2	Borracha natural	298	$1{,}56 \times 10^{-3}$
CO_2	Borracha natural	298	$40{,}14 \times 10^{-3}$
He	Silício	293	$0{,}45 \times 10^{-3}$
H_2	Ni	358	$9{,}01 \times 10^{-3}$

[1] J. A. Dean, *Lange's Handbook of Chemistry*, 14. ed., McGraw-Hill, Inc., Nova York, 1992.

[2] R. M. Barrer, *Diffusion In and Through Solids*, Macmillan Press, Nova York, 1941.

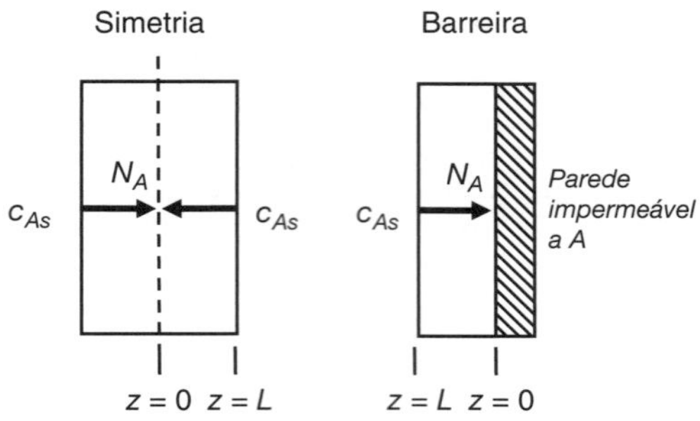

438 ▶ Capítulo 25

Figura 25.3 Exemplos de condições de contorno em $z = 0$, em que o fluxo líquido é zero.

de simetria do volume de controle, onde o fluxo líquido é igual a zero. Em ambos os casos, para um fluxo unidimensional ao longo de z, temos:

$$N_A|_{z=0} = -D_{AB} \frac{\partial c_A}{\partial z}\bigg|_{z=0} = 0 \quad \text{ou} \quad \frac{\partial c_A}{\partial z}\bigg|_{z=0} = 0$$

em que a fronteira impermeável ou o centro de simetria são localizados em $z = 0$, como mostrado na Figura 25.3.

4. *O fluxo convectivo de massa na superfície é especificado*. Quando um fluido escoa pela fronteira, o fluxo pode ser definido por convecção. Por exemplo, em uma superfície localizada em $z = 0$, o fluxo convectivo de massa através da camada-limite é dado por

$$N_A|_{z=0} = k_c \left(c_{As} - c_{A,\infty} \right)$$

em que $c_{A,\infty}$ é a concentração de A no seio do fluido em escoamento, c_{As} é a concentração de A na superfície em $z = 0$ e k_c é o coeficiente convectivo de transferência de massa, definido na Seção 24.3.

▶ **25.4**

ETAPAS PARA MODELAR PROCESSOS ENVOLVENDO DIFUSÃO MOLECULAR

Processos que envolvem difusão molecular podem ser modelados com simplificações apropriadas da equação de Fick e da equação diferencial geral para transferência de massa. Em geral, a maior parte dos problemas de difusão molecular envolve cinco etapas:

Etapa 1: Desenhe a figura do sistema físico e nela marque as características mais importantes, incluindo as fronteiras do sistema. Indique onde se encontram a fonte e o sorvedouro de transferência de massa.

Etapa 2: Faça uma "lista de suposições", baseando-se em sua consideração do sistema físico. Quando apropriado, faça uma "lista da nomenclatura" e atualize-a à medida que você adicionar mais termos ao desenvolvimento do modelo.

Etapa 3: Escolha o sistema de coordenadas que melhor descreva a geometria do sistema físico: retangular (x, y, z), cilíndrico (r, z, θ) ou esférico (r, θ, φ). Então, formule os balanços de massa diferenciais para descrever a transferência de massa no interior de um elemento de volume do processo, com base na geometria do sistema físico e nas suposições propostas, usando a equação de Fick para o fluxo e a equação diferencial geral para transferência de massa. Duas abordagens podem ser usadas para simplificar a equação diferencial geral para transferência de massa. Na primeira abordagem, reduza ou simplesmente elimine os termos que não se aplicam ao sistema físico. Por exemplo:

(a) Se o processo estiver no estado estacionário, então $\frac{\partial c_A}{\partial t} = 0$.

(b) Se nenhuma reação química ocorrer uniformemente no interior do volume de controle para difusão, então $R_A = 0$.

(c) Se o processo de transferência molecular de massa da espécie A for unidimensional na direção z, então

$$\nabla \cdot N_A = \frac{\partial N_{A,z}}{\partial z}$$

Similarmente, para geometria cilíndrica na direção r,

$$\nabla \cdot N_A = \frac{1}{r}\frac{\partial (rN_{A,r})}{\partial r}$$

e, para simetria radial em coordenadas esféricas,

$$\nabla \cdot N_A = \frac{1}{r^2}\frac{\partial (r^2 N_{A,r})}{\partial r}$$

Na segunda abordagem, faça, para o componente de interesse, um "balanço em um invólucro" para o elemento diferencial de volume do processo. Ambas essas abordagens serão discutidas no Capítulo 26. A seguir, a equação de fluxo é simplificada, estabelecendo a relação entre os fluxos no termo de contribuição global (*bulk*). Por exemplo, lembre-se do fluxo unidimensional de uma mistura binária dos componentes A e B:

$$N_{A,z} = -cD_{AB}\frac{dy_A}{dz} + y_A(N_{A,z} + N_{B,z})$$

Se $N_{A,z} = -N_{B,z}$, então $y_A(N_{A,z} + N_{B,z}) = 0$. Se $y_A(N_{A,z} + N_{B,z})$ não for igual a 0, então N_A é sempre igual a $c_A V_z$ e reduz para $c_A v_z$ para baixas concentrações de A na mistura. Se uma equação diferencial para o perfil de concentração for desejada, então a forma simplificada da equação de Fick para o fluxo tem de ser substituída na forma simplificada da equação diferencial geral para transferência de massa. A Figura 25.4 ilustra esse processo.

Etapa 4: Identifique e especifique as condições inicial e de contorno. Por exemplo,
(a) Concentração conhecida de A na superfície ou na interface em $z = 0$, por exemplo, $c_A = c_{As}$. Essa concentração pode ser especificada ou conhecida por relações de equilíbrio, tais como a lei de Henry.

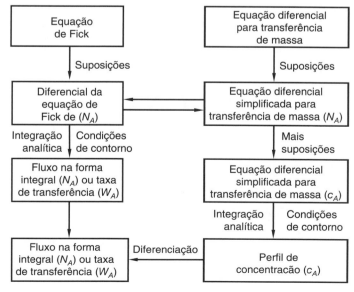

Figura 25.4 Caminhos para desenvolvimento do modelo para processos envolvendo difusão molecular.

(b) Condição de simetria na linha central do volume de controle para a difusão; ou seja, não há taxa líquida de difusão da espécie A na superfície ou na interface em $z = 0$, $N_{A,z}|_{z=0} = -D_{AB}\partial c_A/\partial z = 0$.

(c) Fluxo convectivo da espécie A na superfície ou na interface — isto é, $N_A = k_c(c_{As} - c_{A,\infty})$.

(d) Fluxo de massa da espécie A conhecido na superfície ou na interface — isto é, em $z = 0$, $N_{A,z}|_{z=0} = N_{Ao}$.

(e) Reação química conhecida na superfície ou na interface. Para um rápido desaparecimento da espécie A na superfície ou na interface — isto é, em $z = 0$, $c_{As} = 0$. No caso de uma reação química que ocorre a taxas menores na superfície ou na interface, com c_{As} finita em $z = 0$, por exemplo, $N_A = -k_s c_{As}$, em que k_s é a constante de reação química de primeira ordem.

Etapa 5: Resolva a equação diferencial resultante dos diferentes balanços de massa, sujeita às condições inicial e de contorno usadas para obter o perfil de concentração, o fluxo ou outros parâmetros de interesse da engenharia. Se adequadas, considere o caso de soluções assintóticas ou casos limites para problemas mais complexos.

Os exemplos a seguir ilustram como processos físicos e químicos, envolvendo difusão molecular, podem ser modelados por simplificações apropriadas da equação de Fick e da equação diferencial geral para a transferência de massa. Os exemplos abrangem muitas das tipicamente encontradas condições de contorno, tanto em coordenadas cartesianas quanto em coordenadas cilíndricas. Os exemplos enfatizam as quatro primeiras etapas descritas anteriormente do desenvolvimento do modelo delineado e as equações do modelo final são geralmente deixadas na forma diferencial da equação. Os Capítulos 26 e 27 fornecem técnicas de soluções analíticas para os processos de difusão em regimes estacionário e transiente. Buscamos dispender um tempo adicional no início de cada exemplo de modo a melhor descrever a tecnologia interessante por trás do processo.

Exemplo 1

Dispositivos microeletrônicos são fabricados com várias camadas de filme fino sobre uma pastilha de silício. Cada filme tem propriedades químicas e elétricas únicas. Por exemplo, um filme fino de silício (Si) cristalino sólido, quando dopado com elementos apropriados — por exemplo, boro ou silício — apresenta propriedades de semicondutor. Filmes finos de silício são comumente formados por *deposição química por vapor*, ou CVD, de vapor de silício (SiH_4) na superfície da pastilha. A reação química é

$$SiH_4(g) \rightarrow Si(s) + 2H_2(g)$$

Essa reação na superfície geralmente acontece a pressões muito baixas (100 Pa) e a altas temperaturas (900 K). Em muitos reatores CVD, a fase gasosa sobre o filme de Si não está misturada. Além disso, a altas temperaturas, a reação na superfície é muito rápida. Consequentemente, a difusão molecular do vapor de SiH_4 para a superfície geralmente controla a taxa de formação do filme de Si. Considere o reator CVD bastante simplificado, conforme ilustrado na Figura 25.5. Uma mistura gasosa de silano e hidrogênio escoa para dentro do reator. Um difusor provê um espaço com gás quiescente sobre o filme crescente de Si. Desenvolva um modelo diferencial para esse processo, incluindo as suposições simplificadoras e as condições de contorno.

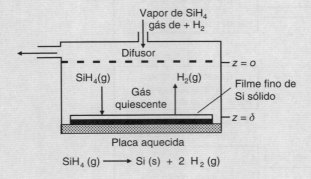

Figura 25.5 Deposição química por vapor de um filme fino de silício a partir do gás silano.

O silano do gás de alimentação serve como fonte para a transferência de massa, enquanto o filme de silício serve como sorvedouro para a transferência de massa do silano. Por outro lado, a formação de H_2 na superfície do filme de Si serve como a fonte para a transferência de massa do H_2. O sistema físico possui uma geometria retangular e as principais suposições para o desenvolvimento do modelo são listadas aqui.

(1) A reação ocorre somente na superfície onde ocorre a formação do filme fino de Si. Consequentemente, não reação homogênea do silano dentro da zona de difusão, de modo que, $R_A = 0$. Nesse contexto, a reação na superfície é o sorvedouro da transferência de massa do silano. (2) O espaço com gás na "zona de difusão" não é misturado externamente, de modo que a difusão molecular predomina. (3) O gás de alimentação fornece silano em grande excesso em relação àquele consumido pela reação; assim, a concentração de silano no espaço com gás na fronteira da zona de difusão é constante. (4) O fluxo de silano é unidimensional ao longo de z, uma vez que a fonte e o sorvedouro para a transferência de massa do silano estão alinhados nos contornos ao longo da direção z. (5) A espessura do filme de Si é muito pequena, quando comparada com δ, o comprimento da trajetória de difusão ao longo da direção z. Assim, δ é essencialmente constante. (6) O processo de transferência de massa dentro da zona de difusão ocorre em regime estacionário.

As suposições são usadas para reduzir as formas gerais da equação diferencial para a transferência de massa e da equação de fluxo de Fick. A equação diferencial geral para a transferência de massa em termos de coordenadas retangulares é

$$-\left(\frac{\partial N_{A,x}}{\partial x} + \frac{\partial N_{A,y}}{\partial y} + \frac{\partial N_{A,z}}{\partial z}\right) + R_A = \frac{\partial c_A}{\partial t}$$

Para o fluxo unidimensional ao longo da direção z, em regime estacionário e sem reação química homogênea ($R_A = 0$), a equação diferencial geral de transferência de massa se reduz a:

$$\frac{dN_{A,z}}{dz} = 0$$

que mostra que o fluxo de massa é constante ao longo da direção z. Uma vez que o fluxo por difusão ocorre apenas em uma dimensão, a derivada parcial torna-se uma derivada ordinária. A equação de Fick para o fluxo unidimensional de silano através de uma mistura binária na fase gasosa é

$$N_{A,z} = -cD_{AB}\frac{dy_A}{dz} + y_A\left(N_{A,z} + N_{B,z}\right)$$

em que a espécie A representa o vapor de silano (SiH_4) que reage e a espécie B representa o produto da reação, gás hidrogênio (H_2). A direção do fluxo do reagente gasoso é contrária à do fluxo do produto gasoso. Da estequiometria da reação e da Figura 25.5, $N_{A,z}$ é relacionado ao $N_{B,z}$ como se segue:

$$\frac{N_{A,z}}{N_{B,z}} = \frac{1 \text{ mol de } SiH_4 \text{ reagido (fluxo na direção } + \text{ de z)}}{2 \text{ mols de } H_2 \text{ formados (fluxo na direção } - \text{ de z)}} = -\frac{1}{2}$$

Logo, $N_{B,z} = -2N_{A,z}$ e a equação de Fick para o fluxo se reduz ainda mais para

$$N_{A,z} = -cD_{AB}\frac{dy_A}{dz} + y_A\left(N_{A,z} - 2N_{A,z}\right) = -\frac{cD_{AB}}{1 + y_A}\frac{dy_A}{dz}$$

É interessante notar que, aumentando y_A, o fluxo diminui. Duas condições de contorno devem ser especificadas. Na superfície do filme de Si, a reação é tão rápida que a concentração do vapor de silano é zero. Adicionalmente, a concentração do silano no gás de alimentação é constante. As duas condições de contorno necessárias são dadas a seguir:

Na superfície do filme de Si, $z = \delta$, $y_A = y_{As}$

No difusor, $z = 0$, $y_A = y_{Ao}$

O modelo diferencial está agora especificado. Embora a solução analítica não tenha sido solicitada na formulação do problema, é fácil obtê-la. Inicialmente, reconhecemos que para esse sistema específico, $N_{A,z}$ é constante ao longo de z. No caso em que $N_{A,z}$ é constante, a equação de Fick para o fluxo de massa pode ser integrada, separando-se a variável dependente y_A da variável independente z, com os limites de integração definidos pelas condições de contorno:

$$N_{A,z}\int_0^\delta dz = \int_{y_{Ao}}^{y_{As}} \frac{-cD_{AB}}{1 + y_A} dy_A$$

Se a temperatura T do sistema e a pressão total P do sistema forem constantes, então a concentração molar total do gás, $c = P/RT$, será igualmente constante. Similarmente, o coeficiente de difusão binário da fase gasosa mistura binária do vapor de silano no gás hidrogênio, D_{AB}, é também constante. A equação final integrada é

$$N_{A,z} = \frac{cD_{AB}}{\delta}\ln\left(\frac{1 + y_{Ao}}{1 + y_{As}}\right)$$

Se $y_{A,s}$ for especificado, então $N_{A,z}$ pode ser determinado. Uma vez conhecido o fluxo do silano, $N_{A,z}$, os parâmetros de interesse em engenharia, tal como a taxa de formação do filme de Si, podem ser facilmente determinados. Essas perguntas serão consideradas em um problema apresentado no final do Capítulo 26. Se a espécie A (SiH_4) estiver diluída em relação à espécie B (H_2) — isto é, $y_A \ll 1$, então

$$N_{A,z} = -\frac{cD_{AB}}{1+y_A}\frac{\partial y_A}{\partial z} \doteq -\frac{cD_{AB}}{1}\frac{\partial y_A}{\partial z} = -D_{AB}\frac{\partial c_A}{\partial z}$$

e a forma integrada da equação de fluxo é

$$N_{A,z} = \frac{cD_{AB}}{\delta}(y_{Ao} - y_{As})$$

O fluxo é diretamente proporcional à diferença de concentração e inversamente proporcional ao comprimento do percurso para a difusão.

Exemplo 2

Processos escalonáveis para a deposição química por vapor (CVD) de filmes finos com espessuras micrométricas sobre pastilhas de silício usadas na manufatura de dispositivos microeletrônicos são usualmente feitos dentro de um forno com difusão. Dentro desse forno com difusão, as pastilhas de silício, tipicamente discos finos de silício cristalino com 15–20 cm de diâmetro, são empilhados verticalmente sobre uma bandeja de suporte, conforme mostrado na Figura 25.6. O gás reagente é alimentado no forno fechado, mantido em temperatura alta para promover taxas de difusão e de reação, estando frequentemente a baixa pressão, dependendo da química do processo. A concentração do gás de alimentação é considerada constante na região gasosa que circunda as pastilhas empilhadas. Todavia, no espaço do gás quiescente entre as pastilhas (L é a distância entre as pastilhas), o reagente e o produto gasosos se difundem para e da superfície da pastilha, criando um perfil de concentração em duas dimensões. Consequentemente, existe uma fonte e um sorvedouro para os reagentes gasosos.

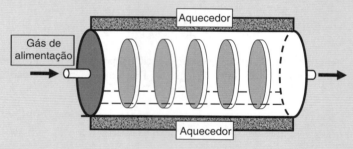

Figura 25.6 Forno de difusão contendo pastilhas verticalmente empilhadas.

Exemplos de processos de CVD que ocorrem em um forno de difusão são a formação de filmes finos de silício, descritas no Exemplo 1 deste capítulo, e a formação de finas camadas de dióxido de silício (SiO_2), que servem como uma camada isolante eletrônica. Um processo particular de reação na superfície para deposição de um filme fino de SiO_2 sólido é a decomposição do reagente em fase gasosa TEOS, $Si(OC_2H_5)_4$

$$Si(OC_2H_5)_4 \, (g) \, (A) \rightarrow 4C_2H_4(g) \, (C) + 2H_2O \, (g) \, (D) + SiO_2 \, (s) \, (E)$$

Frequentemente, a fase gasosa é diluída em um gás inerte, tal como hélio (He, espécie B). Pelos princípios mostrados no Exemplo 1, a equação de Fick para o fluxo pode ser expressa por

$$N_{A,z} = -cD_{A-\text{mistura}}\frac{\partial y_A}{\partial z} + y_A(N_{A,z} + N_{B,z} + N_{C,z} + N_{D,z} + N_{E,z})$$

com fluxo $N_{A,z}$ ao longo da direção positiva de z. Em relação a $N_{A,z}$, $N_{B,z} = 0$ e $N_{C,z} = -4N_{A,z}$, $N_{D,z} = -2N_{A,z}$, $N_{D,z} = 0$ e $N_{E,z} = 0$, de modo que

$$N_{A,z} = -\frac{cD_{A-\text{mistura}}}{1+5y_A}\frac{\partial y_A}{\partial z}$$

se $y_A \ll 1$, então

$$N_{A,z} \doteq -\frac{cD_{AB}}{1}\frac{\partial y_A}{\partial z} = -D_{AB}\frac{\partial c_A}{\partial z}$$

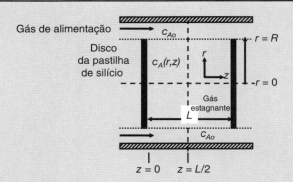

Figura 25.7 Região entre pastilhas e volume de controle para o Exemplo 2.

Se esse processo for feito na condição em que o diluente hélio está em excesso em relação ao reagente A, de modo que a espécie B seja a espécie dominante na mistura, então a mistura pode ser considerada pseudobinária, mesmo no caso em que quatro espécies na fase gasosa estejam presentes. Nesse caso, quando $y_A \ll 1$, a equação de Fick para o fluxo se reduz à primeira lei de Fick.

Vamos agora voltar nossa atenção ao balanço diferencial de massa para o processo. O volume de controle do sistema para a transferência de massa é considerado como a região entre as pastilhas. Como o disco é circular, o espaço com gás entre as pastilhas tem a forma de um cilindro; logo, a geometria cilíndrica será usada. Dada as considerações de simetria, somente a quarta parte dessa região bidimensional precisa ser considerada, conforme mostrado na Figura 25.7. A fonte para a transferência de massa da espécie A consiste no gás que é alimentado e o sorvedouro da espécie A é a reação de A para um sólido na superfície da pastilha. As suposições para análise são (1) fonte e sorvedouro constantes para a espécie A, levando a um processo em regime estacionário com $\partial c_A/\partial t = 0$; (2) fluxo bidimensional para a espécie A, uma vez que a fonte e o sorvedouro para a espécie A estão orientados perpendicularmente entre si; (3) dentro do volume de controle não ocorre reação química ($R_A = 0$); e (4) em processo diluído, a equação de Fick para o fluxo pode ser aproximada pela primeira lei de Fick.

Baseando-se nessas suposições para análise, a equação diferencial geral para a transferência de massa em coordenadas cilíndricas (25-28), estabelecida como

$$\frac{\partial c_A}{\partial t} + \left[\frac{1}{r}\frac{\partial (rN_{A,r})}{\partial r} + \frac{1}{r}\frac{\partial N_{A,\theta}}{\partial \theta} + \frac{\partial N_{A,z}}{\partial z}\right] = R_A$$

reduz-se para

$$\frac{1}{r}\frac{\partial (rN_{A,r})}{\partial r} + \frac{\partial N_{A,z}}{\partial z} = 0$$

As componentes das equações do fluxo para o reagente A nas direções r e z são, respectivamente,

$$N_{A,r} = -D_{AB}\frac{\partial c_A}{\partial r} \quad \text{e} \quad N_{A,z} = -D_{AB}\frac{\partial c_A}{\partial z}$$

Inserindo a equação do fluxo na equação diferencial geral para transferência de massa, resulta em

$$-\frac{1}{r}\frac{\partial}{\partial r}\left(rD_{AB}\frac{\partial c_A}{\partial r}\right) - \frac{\partial}{\partial z}\left(D_{AB}\frac{\partial c_A}{\partial z}\right) = 0$$

Assim, a equação diferencial para transferência de massa expressa em termos do perfil de concentração é expressa por

$$D_{AB}\left[\frac{\partial^2 c_A(r,z)}{\partial r^2} + \frac{1}{r}\frac{\partial c_A(r,z)}{\partial r} + \frac{\partial^2 c_A(r,z)}{\partial z^2}\right] = 0$$

As condições de contorno têm agora de ser desenvolvidas para especificar a equação diferencial para transferência de massa. Por argumentos baseados na simetria, somente o quadrante sombreado, ilustrado na Figura 25.7, deve ser analisado. Uma vez que a derivada de ordem mais elevada em relação a c_A é dois, tanto para a direção r quanto para a direção z, quatro condições de contorno têm de ser especificadas: duas para c_A na direção r e duas para c_A na direção z:

$$r = R, 0 < z < L/2, c_A(R,z) = c_{Ao}$$

444 ▶ Capítulo 25

(concentração do gás de alimentação)

$$r = 0, 0 < z < L/2, N_A|_{r=0,z} = -D_{AB}\frac{\partial c_A(0,z)}{\partial r} = 0 \quad \therefore \frac{\partial c_A(0,z)}{\partial r} = 0$$

(taxa líquida nula no ponto de simetria no centro da pastilha)

$$z = L/2, 0 \le r \le R, N_A|_{z=L/2,r} = -D_{AB}\frac{\partial c_A(r,L/2)}{\partial r} = 0 \quad \therefore \frac{\partial c_A(r,L/2)}{\partial r} = 0$$

(taxa líquida nula no ponto de simetria no meio da distância entre as pastilhas)

$$z = 0, 0 \le r \le R, c_A(r,0) = c_{As}$$

(na superfície da pastilha)

No caso de uma reação em uma superfície limitada pela difusão, $c_{As} \approx 0$. Se a reação não for limitada pela difusão do reagente para a superfície, então c_{As} não será conhecida. Todavia, se a reação na superfície puder ser aproximada como de primeira ordem em relação a c_{As}, então o fluxo difusivo da espécie A para a superfície na direção z é compensado pela taxa de reação na superfície:

$$z = 0, 0 \le r \le R, N_A|_{z=0,r} = -k_s c_A(r,0) = -D_{AB}\frac{\partial c_A(r,0)}{\partial z}$$

o que elimina a necessidade de c_{As} ser conhecida explicitamente. Embora a solução para $c_A(r,z)$ não seja fornecida aqui, ela pode ser obtida na forma analítica fechada pelo método de separação de variáveis ou por método numérico, ambos aplicados a equações diferenciais parciais.

Exemplo 3

Uma área emergente de biotecnologia, denominada "engenharia de tecidos", desenvolve novos processos de crescimento de tecidos vivos organizados, tanto de origem humana quanto animal. Uma configuração típica é aquela relacionada a feixe de tecido engenheirado. Tais feixes apresentam várias aplicações potenciais na área biomédica, incluindo a produção de substituintes de tecidos corpóreos (pele, medula óssea etc.) no transplante para o corpo humano, ou no futuro poderá servir como órgãos artificiais para implante direto no corpo humano.

Tecidos vivos requerem oxigênio para sobreviverem. O transporte de massa do oxigênio (O_2) para o tecido é uma consideração importante no projeto. Um sistema potencial está esquematicamente ilustrado na Figura 25.8. Tubos finos são arrumados longitudinalmente, em uma disposição triangular, através do feixe de tecidos. Os tubos servem como uma "armação" (*scaffold*) para suportar a matriz do tecido vivo, bem como para fornecer oxigênio e nutrientes para o mesmo. Vamos focar em um único tubo de entrega de O_2, com tecido contornando-o, como ilustrado na Figura 25.8. Gás oxigênio (O_2) puro escoa pelo tubo. A parede do tubo é extremamente permeável ao O_2 e a pressão parcial do O_2 através da parede porosa do tubo pode ser considerada igual à pressão parcial do O_2 dentro do tubo. O oxigênio é considerado ligeiramente solúvel nesse tecido, que é quase que totalmente constituído de água. A concentração do O_2 dissolvido em $r = R_1$ é

$$c_{As} = \frac{p_A}{H}$$

em que H é a constante da lei de Henry para a solubilização do O_2 no tecido vivo na temperatura do processo e p_A é a pressão parcial do O_2 no tubo. O O_2 dissolvido difunde-se pelo tecido, sendo consumido metabolicamente. O consumo metabólico de O_2 é descrito pela equação cinética de taxa na forma

$$R_A = -\frac{R_{A,\text{máx}} c_A}{K_A + c_A}$$

Essa importante equação de taxa para sistemas biológicos, denominada equação de Michaellis-Menten, é decorrente das interações complexas do substrato reacional (espécie A) com enzimas que catalisam a conversão de A em produtos. Todavia, essa simples equação descreve

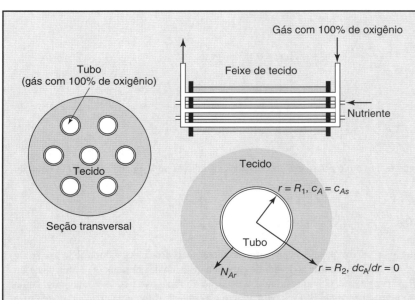

Figura 25.8 Transporte de oxigênio no interior de um feixe de tecido engenheirado.

adequadamente a cinética de reação de muitos processos biológicos. Nessa relação, K_A, expressa em unidades de concentração, é a constante de ligação entre o substrato e a(s) enzima(s) de interesse, e $R_{A,máx}$ é a máxima taxa possível de reação a partir do instante que a reação biologicamente mediada se torne saturada com o substrato. Existem dois casos limites. Primeiro, se $K_A \ll c_A$, o que ocorre nos casos de elevadas concentrações de substrato ou para substratos com alta afinidade à(s) enzima(s) de interesse, a reação não depende de c_A, de modo que $R_A = R_{A,máx}$; ou seja, é de ordem zero em relação a c_A. No segundo caso limite, $K_A \gg c_A$, de modo que

$$R_A = -\frac{R_{A,máx}c_A}{K_A + c_A} = -\frac{R_{A,máx}}{K_A}c_A = -k_1 c_A$$

e, assim, a reação é de primeira ordem em relação a c_A.

Um parâmetro-chave no projeto do feixe de tecidos engenheirados é o espaçamento entre os tubos. Se esse espaçamento for muito grande, a concentração de O_2 dissolvido irá a quase zero levando o tecido à inanição. Por esse motivo, é importante conhecer o perfil radial de concentração, $c_A(r)$, de O_2 dissolvido. Desenvolva um modelo diferencial para prever $c_A(r)$.

O sistema físico possui geometria cilíndrica e as seguintes suposições para o desenvolvimento do modelo são listadas aqui. (1) A fonte para a transferência de O_2 é o gás O_2 puro dentro do tubo e o sorvedouro para transferência de massa é o consumo metabólico, pelo tecido, do oxigênio dissolvido. Se a pressão parcial p_A de O_2 for mantida constante dentro do tubo ao longo da coordenada longitudinal z, então o fluxo de oxigênio através do tecido é unidimensional ao longo da direção radial (r). (2) O tecido se mantém ativo e com as propriedades físicas constantes. (3) O processo de transferência de O_2 ocorre em regime estacionário. (4) O tecido está em repouso e a concentração de O_2 dissolvido é diluída. (5) Em $r = R_1$, o material do tubo é fino e altamente permeável ao O_2, de modo que a concentração do O_2 dissolvido no tecido está em equilíbrio com a pressão parcial do O_2 no tubo. (6) Em $r = R_2$, não há fluxo líquido de O_2.

A equação diferencial geral para a transferência de massa em coordenadas cilíndricas é

$$-\left(\frac{1}{r}\frac{\partial}{\partial r}(rN_{A,r}) + \frac{1}{r}\frac{\partial N_{A,\theta}}{\partial \theta} + \frac{\partial N_{A,z}}{\partial z}\right) + R_A = \frac{\partial c_A}{\partial t}$$

Para regime estacionário e fluxo unidimensional de massa ao longo da direção r, a equação geral para transferência de massa se reduz para

$$-\frac{1}{r}\frac{\partial}{\partial r}(rN_{A,r}) + R_A = 0$$

Para um sistema unidimensional, as derivadas parciais podem ser substituídas pelas derivadas ordinárias.

Alternativamente, podemos fazer um balanço de massa para o O_2 dissolvido em um elemento diferencial de volume $2\pi Lr\Delta r$, mostrado na Figura 25-8, obtendo o mesmo resultado. Especificamente, para o fluxo unidimensional em regime estacionário ao longo da direção r, com uma reação homogênea R_A dentro do elemento de volume diferencial, tem-se

$$2\pi L r N_{Ar}|_{r=r} - 2\pi L r N_{Ar}|_{r=r+\Delta r} + R_A 2\pi L r \Delta r = 0$$

Dividindo por $2\pi L r \Delta r$ e rearranjando, obtém-se

$$-\left(\frac{rN_{A,r}|_{r=r+\Delta r} - rN_{A,r}|_{r=r}}{\Delta r}\right) + R_A r = 0$$

Finalmente, tomando o limite quando $\Delta r \to 0$, resulta

$$-\frac{1}{r}\frac{d}{dr}(rN_{Ar}) + R_A = 0$$

Para um fluxo unidimensional do O_2 dissolvido através do tecido em repouso em coordenadas cilíndricas ao longo da direção r, a equação de Fick para o fluxo se reduz a

$$N_{A,r} = -D_{AB}\frac{dc_A}{dr} + \frac{c_A}{c}\left(N_{A,r}\right) = -D_{AB}\frac{dc_A}{dr}$$

porque O_2 é ligeiramente solúvel no tecido, de modo que $c_A \ll c$, em que c é a concentração molar total do tecido, valor que se aproxima da concentração molar da água. Na geometria cilíndrica, $N_{A,r}$ não é constante ao longo do caminho difusional r, porque: (a) a área da seção reta para o fluxo aumenta ao longo de r e (b) o termo R_A está presente. Como resultado, a equação do fluxo não pode ser integrada, como foi o caso mostrado no Exemplo 1. É agora necessário combinar a equação de Fick para o fluxo e a equação diferencial para a transferência de massa, de modo a obtermos o perfil de concentração

$$-\frac{1}{r}\frac{d}{dr}\left(-rD_{AB}\frac{dc_A}{dr}\right) + R_A = 0$$

ou

$$D_{AB}\left[\frac{d^2c_A}{dr^2} + \frac{1}{r}\frac{dc_A}{dr}\right] - \frac{R_{A,máx}c_A}{K_A + c_A} = 0$$

O perfil de concentração $c_A(r)$ é agora expresso como uma equação diferencial de segunda ordem. Consequentemente, duas condições de contorno para c_A têm de ser especificadas:

em
$$r = R_1, N_{A,r}|_{r=R_1} = 0 = -D_{AB}\frac{dc_A}{dr}\bigg|_{r=R_1} \quad \therefore \quad \frac{dc_A}{dr}\bigg|_{r=R_1} = 0$$

em
$$r = R_2, c_A = c_{As} \doteq c_A^* = \frac{p_A}{H}$$

A solução analítica para $c_A(r)$ e sua extensão para previsão da taxa global de consumo de oxigênio no feixe de tecidos foi deixada como exercício no Capítulo 26.

▶ 25.5

RESUMO

A equação diferencial geral para transferência de massa foi desenvolvida para descrever os balanços de massa associados a um componente difusivo em uma mistura. Formas especiais da equação diferencial geral para a transferência de massa aplicáveis a situações específicas foram apresentadas. Condições de contorno comumente encontradas em processos de difusão molecular também foram listadas. A partir dessa estrutura teórica, foi proposto um método com cinco etapas para modelar matematicamente processos envolvendo difusão molecular. Três exemplos ilustraram como a forma diferencial da equação de Fick para o fluxo de massa, apresentada no Capítulo 24, e a equação diferencial geral para transferência de massa, apresentada neste capítulo, são reduzidas a simples equações diferenciais que descrevem os aspectos da difusão molecular de um processo específico. Os enfoques dados neste capítulo servem de base para a solução dos problemas apresentados nos Capítulos 26 e 27.

PROBLEMAS

25.1 Deduza a equação (25-11) para o componente A em termos de unidades molares, começando com a expressão do volume de controle para a conservação de massa.

25.2 Mostre que a equação (25-11) pode ser escrita na forma:

$$\frac{\partial \rho_A}{\partial t} + (\boldsymbol{\nabla} \cdot \rho_A \mathbf{v}) - D_{AB} \boldsymbol{\nabla}^2 \rho_A = r_A$$

25.3 Uma gota semiesférica de água, em repouso sobre uma superfície plana, evapora por difusão molecular através do ar estagnado que a envolve. Inicialmente, a gota tem um raio R. À medida que a água lentamente evapora, o diâmetro da gota reduz com o tempo, mas o fluxo do vapor de água está nominalmente em regime estacionário. As temperaturas da gota e do ar estagnado se mantêm constantes. O ar contém vapor de água com concentração fixa a uma distância infinitamente longa da superfície da gota. Após desenhar uma figura do processo físico, selecione um sistema de coordenadas que melhor descreva esse processo de difusão, liste pelo menos cinco suposições adequadas para os aspectos do processo de evaporação da água, e simplifique a equação diferencial geral para a transferência de massa em termos do fluxo N_A. Finalmente, especifique a forma diferencial simplificada da equação de Fick para fluxo do vapor de água (espécie A) e proponha condições de contorno apropriadas.

25.4 A umidade em ar estagnante, quente e úmido, que envolve um duto de água fria, difunde-se continuamente para a superfície fria onde se condensa. A água condensada forma um filme líquido ao redor do tubo, caindo então continuamente do tubo para o chão. A uma distância de 10 cm da superfície do tubo, o conteúdo de umidade do ar é constante. Próximo ao tubo, o conteúdo de umidade do ar se aproxima da pressão de vapor, calculada na temperatura do tubo.

a. Desenhe uma figura do sistema físico, selecione o sistema de coordenadas que melhor descreve o processo de transferência e especifique pelo menos cinco suposições razoáveis dos aspectos de transferência de massa do processo.

b. Qual é a forma simplificada da equação diferencial geral para a transferência de massa em termos do fluxo de vapor de água, N_A?

c. Qual é a forma diferencial simplificada da equação de Fick para o fluxo do vapor de água, N_A?

d. Qual é a forma simplificada da equação diferencial geral para a transferência de massa em termos da concentração do vapor de água, c_A?

25.5 Um líquido escoa sobre uma placa fina e plana, constituída de material levemente solúvel. Sobre a região na qual ocorre o processo de difusão, a velocidade do líquido pode ser admitida como paralela à placa e expressa por $v = ay$, sendo y a distância vertical a partir da placa e a uma constante. Mostre que a equação diferencial que governa a transferência de massa do soluto A para o fluido em escoamento, sob certas suposições simplificadoras, é

$$D_{AB}\left(\frac{\partial^2 c_A}{\partial x^2} + \frac{\partial^2 c_A}{\partial y^2}\right) = ay\frac{\partial c_A}{\partial x}$$

Como parte da análise, liste as suposições simplificadoras e proponha as condições de contorno apropriadas.

25.6 Foi proposto um dispositivo que servirá como "oxigenador de sangue" para uma máquina coração-pulmão, como ilustrado na figura a seguir. Nesse processo, sangue sem oxigênio dissolvido (O_2, espécie A) entra no topo de uma câmara e, então, cai verticalmente como um filme líquido, com espessura uniforme, ao longo de uma superfície projetada para o sangue apropriadamente úmido. A fase gasosa é constituída de 100% de O_2 que está em contato com a superfície do filme líquido. O oxigênio é solúvel no sangue e a solubilidade de equilíbrio c_A^* é função da pressão parcial do gás oxigênio. Analisando o transporte de massa do oxigênio dissolvido no filme descendente, pode-se admitir o seguinte: (1) o processo tem uma fonte constante de O_2 (gás) e um sorvedouro constante (filme de líquido descendente) e, portanto, em regime estacionário; (2) o processo é diluído em relação ao oxigênio dissolvido no fluido; (3) o filme líquido descendente tem um perfil plano de velocidade $v_{máx}$; (4) o espaço com gás sempre contém 100% de oxigênio; (5) a largura do filme líquido, W, é muito maior que seu comprimento, L.

a. Simplifique a equação diferencial geral para a transferência de O_2, deixando-a em termos dos fluxos. Se sua análise sugerir mais de uma dimensão para o fluxo, proponha uma equação simplificada do fluxo para cada coordenada de interesse.

b. Proponha uma equação diferencial simplificada em termos da concentração de oxigênio, c_A.

c. Proponha condições de contorno associadas com o processo de transferência de massa de O_2.

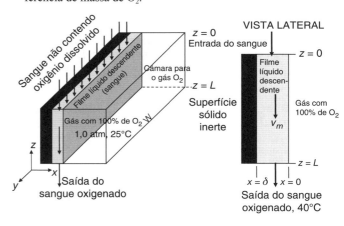

25.7 Considere um dos canais cilíndricos, de diâmetro interno d, no qual está contido um catalisador para isomerização, como mostrado na figura a seguir. Um catalisador recobre as paredes internas de cada canal. Esse catalisador promove a isomerização do n-butano (n-C_4H_{10}, espécie A) a isobutano (i-C_4H_{10}, espécie B):

$$n\text{-}C_4H_{10}(g) \rightarrow i\text{-}C_4H_{10}(g)$$

A fase gasosa situada acima dos canais contém uma mistura de A e B, mantida a uma composição constante de 60% molar de A e 40% molar de B. A espécie A na fase gasosa se difunde no sentido descendente em um canal reto, de diâmetro $d = 0{,}10$ cm e comprimento $L = 2{,}0$ cm. A base de cada canal é fechada. A reação que ocorre na superfície é rápida, de modo que a taxa de produção de B é limitada pela difusão. O espaço contendo o gás quiescente contém unicamente as espécies A e B.

a. Estabeleça três suposições relevantes para o processo de transferência de massa. Baseado nas suas suposições, simplifique a equação diferencial geral para a transferência de massa para a espécie A, deixando-a em termos do fluxo N_A.

b. Simplifique a equação de Fick para o fluxo para cada coordenada de interesse e, então, expresse a forma simplificada de equação diferencial geral do item (a) em termos da concentração c_A da fase gasosa.

c. Especifique as condições de contorno relevantes para a concentração c_A na fase gasosa.

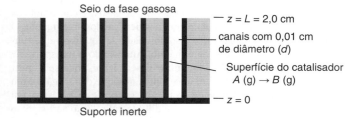

25.8 Considere o processo mostrado na figura a seguir, no qual o gás monóxido de carbono (CO) está sendo oxidado a dióxido de carbono (CO_2). Esse processo é similar ao que ocorre no conversor catalítico do seu carro para a remoção do CO contido nos gases de exaustão. O gás que entra, contendo 1,0% em mol de CO diluído em O_2, é alimentado em uma câmara retangular que tem uma camada de catalisador não poroso depositada no topo e nas paredes da base. A superfície do catalisador comanda a reação $CO(g) + \tfrac{1}{2}O_2(g) \rightarrow CO_2(g)$, que é extremamente rápida na temperatura de operação, de modo que a concentração de CO na fase gasosa na superfície do catalisador é essencialmente zero. Para esse sistema, você pode supor que o perfil de velocidade do gás seja plano — isto é, $v_x(y) = v$, e a velocidade do gás é relativamente baixa.

a. Desenvolva a forma final da equação diferencial geral para a transferência de massa em termos do perfil de concentração para o CO, c_A (espécie A). Estabeleça todas as suposições relevantes e descreva também a fonte e o sorvedouro para a transferência de massa do CO.

b. Especifique todas as condições de contorno necessárias para especificar o sistema.

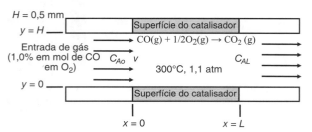

25.9 Considere o processo com uma reação catalítica ilustrado na figura a seguir. O volume de controle tem duas zonas catalíticas: um catalisador poroso (*catalisador I*), que preenche o volume de controle, e uma superfície de um catalisador não poroso (*catalisador II*) no lado esquerdo do volume de controle ($x = 0$, $y = 0$ para H). O reagente A se difunde no material catalítico poroso (*catalisador I*), cujo coeficiente de difusão efetivo é D_{Ae}, sendo convertido no produto B de acordo com a reação homogênea da forma

$$A \xrightarrow{k_1} B \text{ com } R_A = -k_1 c_A$$

em que k_1 é a constante de taxa de reação de primeira ordem (s^{-1}). O reagente A pode também se difundir na superfície do catalisador não poroso (*catalisador II*), sendo convertido no produto C, de acordo com a reação na *superfície* da forma

$$A \xrightarrow{k_s} 2C \text{ com } r_{A,s} = -k_s c_{As}$$

em que k_s é a constante de taxa de reação de primeira ordem (cm/s).

A fonte para o reagente A é um fluido escoando, bem misturado, com uma concentração constante, $c_{A,\infty}$. É razoável supor que $c_A(x,0) \approx c_{A,\infty}(0 \leq x \leq L)$. O reagente A está diluído no fluido inerte de arraste, D. Portanto, o volume de controle contém quatro espécies: A, B, C e o diluente inerte, D. O lado direito ($x = L$, $y = 0$ para H) e o topo ($x = 0$ para L, $y = H$) da zona catalítica são impermeáveis ao reagente A, aos produtos B e C e ao fluido diluente D.

a. Pode ser admitido que o processo é diluído em relação ao reagente A. Estabeleça três suposições adicionais adequadas para os processos de transferência de massa associados ao reagente A, incluindo a fonte e o sorvedouro para esse reagente, que permitam uma simplificação apropriada da equação diferencial geral para a transferência de massa e para a equação de Fick para o fluxo.

b. Desenvolva as formas diferenciais da equação diferencial geral para transferência de massa e para a equação de Fick para o fluxo do reagente A dentro do processo. Marque cuidadosamente o elemento diferencial de volume. Combine a equação diferencial geral para a transferência de massa e a lei de Fick para o fluxo, de modo a obter a equação diferencial de segunda ordem, expressa em termos da concentração de $c_A(x,y)$.

c. Especifique formalmente as condições de contorno relevantes para o reagente A para um processo em estado estacionário.

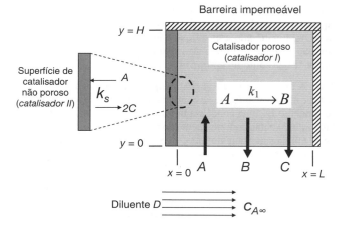

25.10 Considere o sistema de tratamento com drogas mostrado na figura a seguir. Um aglomerado hemiesférico de células contaminadas está envolvido por uma hemisfera maior de tecido morto estagnado (espécie B), que está, por sua vez, rodeado por um fluido em movimento. O seio do fluido bem misturado contém o composto da droga (espécie A) de concentração macroscópica c_{Ao} constante, mas diluída. A droga A é também solúvel no tecido contaminado, porém não há preferência para ele quando comparado ao fluido. A droga (espécie A) entra no tecido morto e mira as células contaminadas. No contorno da célula não contaminada ($r = R_1$), o consumo da droga A é tão rápido que o fluxo de A para as células não contaminadas é limitado pela difusão. Todos os metabólitos da droga A produzidos pelas células não contaminadas ficam aí dentro. Entretanto, a droga A pode também ser degradada a metabólitos *inertes* D por uma reação de primeira ordem dependente de c_A — isto é, $A \xrightarrow{k} D$ — que ocorre somente dentro do tecido morto estagnante.

a. Especifique todas as suposições razoáveis e as condições que possam descrever adequadamente o sistema de transferência de massa.

b. Desenvolva a forma diferencial da equação de Fick para o fluxo da droga A dentro do sistema multicomponente *sem* a suposição de "sistema diluído". Simplifique então essa equação para o caso de uma solução diluída. Estabeleça todas as suposições adicionais, conforme necessário.

c. Simplifique adequadamente a equação diferencial geral para a transferência de massa da droga A. Especifique a equação diferencial final de duas maneiras: em termos de N_A e em termos da concentração c_A.

d. Especifique as condições de contorno para ambos os componentes A e D.

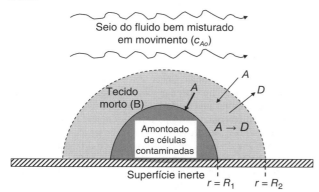

25.11 O projeto de "órgãos artificiais" para a cultura de tecidos humanos para transplante requer que o tipo de célula de interesse, por exemplo células pancreáticas, sejam cultivadas e mantidas dentro de um arranjo tridimensional no qual as células são mantidas juntas formando um tecido vivo contínuo. Ademais, os sistemas engenheirados para manter os tecidos dentro do arranjo tridimensional requerem que oxigênio seja alimentado no tecido vivo para os processos de respiração, constituindo-se o maior desafio do projeto. Um modo de fornecer oxigênio para o tecido se faz por meio de uma estrutura porosa contendo tubos capilares dispostos em monólitos retangulares de tecido, como mostrado na figura a seguir. Oxigênio gasoso puro escoa pelos dutos capilares entrando em contato com o tecido, onde se dissolve por um processo regido pela lei de Henry — isto é, $P_A = Hc_A^*$. Dois lados do monólito são selados, porém os outros dois lados são constituídos de um revestimento poroso em forma de malha, que contém o tecido, porém expondo-o também ao meio líquido circundante que contém oxigênio dissolvido a uma dada concentração macroscópica (*bulk*) fixa, expressa por $c_{A,\infty}$. Tanto o tecido quanto o meio líquido que envolvem o monólito têm propriedades físicas próximas da água líquida. Quando em solução no tecido, o oxigênio dissolvido é aí consumido por uma reação de primeira ordem, definida pela constante de taxa, k_1. Está-se interessado em prever o perfil de concentração do oxigênio dissolvido no interior do monólito de tecido.

a. Desenvolva o modelo diferencial para os perfis de concentração do oxigênio dissolvido (c_A) dentro do quadrante IV do monólito de tecido. Procure a simetria, como apropriado. Estabeleça todas as suposições adequadas e defina o(s) sistema(s), bem como a(s) fonte(s) e o(s) sorvedouro(s) da espécie O_2 (espécie A) dentro do monólito de tecido.

b. Especifique as condições de contorno pertinentes.

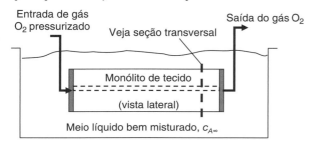

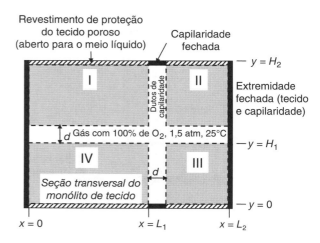

25.12 Um processo comum para aumentar o conteúdo de umidade do ar é borbulhá-lo através de uma coluna de água. Admite-se que as bolhas de ar sejam esféricas, com raio de 1,0 mm, e que estejam em equilíbrio térmico com a água que a circunda a 298 K. A pressão de vapor da água é 0,03 atm a 298 K e a pressão total do gás dentro da bolha de ar é 1,0 atm.

a. Desenhe uma figura do sistema físico e estabeleça pelo menos cinco suposições razoáveis relativas aos aspectos de transferência de massa para o processo de evaporação. Que sistema de coordenadas deve ser utilizado?

b. Quais são as formas simplificadas diferenciais da equação de Fick para o fluxo do vapor de água (espécie A) e a equação diferencial geral para a transferência de massa em termos da concentração c_A?

c. Proponha condições iniciais e de contorno que julgar razoáveis.

25.13 Considere uma única partícula mineral porosa, esférica e inerte. Os poros no interior da partícula são preenchidos com água líquida (espécie B). Está-se interessado em analisar a difusão molecular do benzeno (espécie B), tido como contaminante, no interior dos poros da partícula. Benzeno é muito pouco solúvel em água, não adsorvendo nas superfícies internas dos poros. O processo é isotérmico a 298 K. A concentração do benzeno dissolvido na água ao redor da partícula é constante com o tempo. Começando com a equação diferencial geral para a transferência de massa, desenvolva a equação diferencial para descrever o perfil de concentração do benzeno no interior de uma única partícula mineral porosa, esférica e inerte. O coeficiente de difusão efetivo do benzeno nos poros da partícula cheios com água é representado pelo termo D_{Ae}. Como parte da análise, estabeleça todas as suposições razoáveis, bem como as condições inicial e de contorno para o processo.

25.14 Considere a difusão do soluto A para um único poro cilíndrico mostrado na figura a seguir. O final do poro, em $z = L$, está fechado. O volume do poro é inicialmente preenchido com um fluido inerte B. À medida que o soluto A se difunde no fluido quiescente contido no interior do poro, ele é adsorvido nas paredes internas do poro. A "isoterma de adsorção" do soluto A na superfície sólida do poro é descrita pela equação de Langmuir, dada por

$$q_A = \frac{q_{A,\text{máx}}\, c_A}{K + c_A}$$

em que q_A é a quantidade adsorvida na superfície (mols de A/cm^2 de área superficial), c_A é a concentração local do soluto A logo acima da superfície (mols de A/cm^3), K é a constante de equilíbrio (mols/cm^3) e $q_{A,\text{máx}}$ é a quantidade máxima do soluto A que pode ser adsorvida na superfície (mols de A/cm^2, área superficial). A concentrações elevadas, em que $c_A \gg K$, $q_A \approx q_{A\text{máx}}$ e a baixas concentrações, em que $K \gg c_A$, a isoterma de adsorção se torna linear, de modo que

$$q_A \approx \frac{q_{A,\text{máx}}}{K} c_A$$

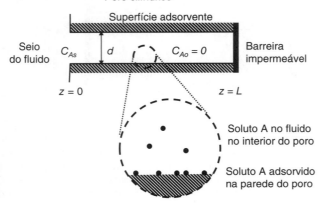

a. Consultando uma referência externa, pense em um sistema físico específico — isto é, proponha materiais específicos para o soluto A, para o fluido B e para a superfície sólida. Qual a aparência de um gráfico da isoterma de Langmuir (q_A *versus* c_A) para esse sistema físico específico? Desenvolva uma expressão algébrica que descreva a quantidade máxima do soluto A, que pode ser adsorvida no interior de um único poro.

b. Agora você pode considerar que os perfis de concentração do soluto A variem somente na direção axial e não na direção radial. Você pode também supor que o processo seja diluído em relação ao soluto A, que a isoterma de adsorção linear seja válida e que os processos de taxa de adsorção sejam extremamente rápidos. Usando a abordagem do "balanço em um invólucro", desenvolva as formas diferenciais da equação diferencial geral para transferência de massa e para a equação de Fick para o fluxo, levando em conta a adsorção do soluto A na superfície do poro, no caso do balanço diferencial de massa. Combine então as formas simplificadas da equação diferencial geral de transferência de massa e a equação de Fick para o fluxo, de modo a obter uma única equação diferencial para a transferência do soluto A no interior do poro em termos da concentração c_A. Como parte da análise, estabeleça todas as suposições e condições inicial e de contorno.

CAPÍTULO ▶ 26

Difusão Molecular em Estado Estacionário

$\mathbf{N}$o presente capítulo, vamos dirigir nossa atenção para descrever a transferência de massa em regime estacionário com enfoque diferencial. De modo a executar essa tarefa, a equação diferencial e as condições de contorno que descrevem a situação física têm de ser estabelecidas. O enfoque será análogo àqueles previamente usados no Capítulo 8 para a análise de um elemento diferencial de fluido no escoamento laminar e no Capítulo 17 para a análise de um elemento diferencial de fluido de um material em repouso para condução de calor em estado estacionário.

Durante nossa discussão da difusão em estado estacionário, dois enfoques serão usados a fim de simplificar as equações diferenciais para a transferência de massa, conforme recomendado na Seção 24.4. Em primeiro lugar, a lei de Fick para o fluxo de massa e a equação diferencial geral para transferência de massa podem ser simplificadas, eliminando-se os termos não aplicáveis à situação física. Em segundo lugar, um balanço de massa pode ser feito em um elemento diferencial de volume do volume de controle para a transferência de massa. Usando ambos os enfoques, o estudante se tornará mais familiarizado com os vários termos da equação diferencial geral para transferência de massa:

$$\mathbf{\nabla} \cdot \mathbf{N}_A + \frac{\partial c_A}{\partial t} - R_A = 0 \qquad (25\text{-}11)$$

Para ganhar confiança no tratamento de processos de transferência de massa, trataremos inicialmente o caso mais simples, difusão unidimensional em estado estacionário, sem nenhuma produção química ocorrendo uniformemente em todo o processo — isto é, $R_A = 0$. Em seguida, obteremos as soluções para operações de transferência de massa com complexidade crescente.

▶ 26.1

TRANSFERÊNCIA DE MASSA UNIDIMENSIONAL SEM REAÇÃO QUÍMICA

Nesta seção, será considerada a transferência de massa molecular, em estado estacionário, em sistemas simples, nos quais a concentração e o fluxo de massa são funções de uma única coordenada espacial. Embora todos os quatro fluxos, $\mathbf{N}_A$, $\mathbf{n}_A$, $\mathbf{J}_A$ e $\mathbf{j}_A$, possam ser usados para descrever as operações de transferência de massa, somente o fluxo molar relativo a um conjunto de eixos fixos no espaço, N_A, será usado nas discussões que se seguem. Em um sistema binário, a componente z desse fluxo é expressa pela equação (24-21):

$$N_{A,z} = -cD_{AB}\frac{dy_A}{dz} + y_A\left(N_{A,z} + N_{B,z}\right) \qquad (24\text{-}21)$$

452 ▶ Capítulo 26

Difusão Unimolecular

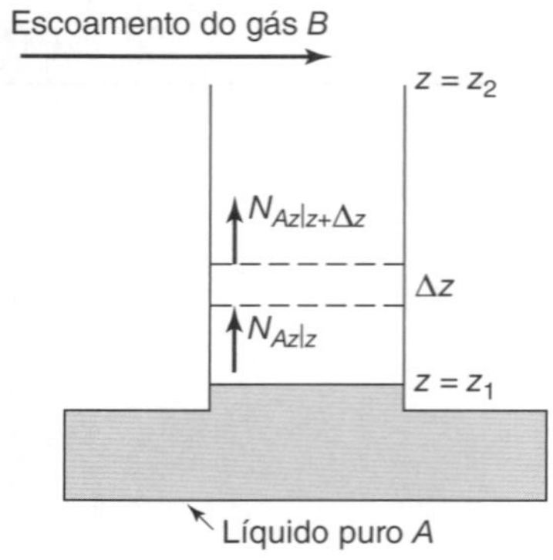

O coeficiente de difusão ou difusividade mássica de um gás pode ser medida experimentalmente na célula de difusão de Arnold. Essa célula é esquematicamente ilustrada nas Figuras 24.1 e 26.1. O tubo de pequeno diâmetro, parcialmente cheio com o líquido A, é mantido a temperatura e pressão constantes. O gás B, que escoa pela extremidade aberta do tubo, tem uma solubilidade desprezível no líquido A e também é quimicamente inerte em relação a A. O componente A vaporiza e se difunde na fase gasosa; a taxa de vaporização pode ser medida fisicamente e também ser matematicamente expressa em termos do fluxo molar de massa.

Lembre-se de que a equação diferencial geral para a transferência de massa é dada por

$$\mathbf{\nabla} \cdot \mathbf{N}_A + \frac{\partial c_A}{\partial t} - R_A = 0 \tag{25-11}$$

Em coordenadas retangulares, essa equação fica é

$$\frac{\partial N_{A,x}}{\partial x} + \frac{\partial N_{A,y}}{\partial y} + \frac{\partial N_{A,z}}{\partial z} + \frac{\partial c_A}{\partial t} - R_A = 0 \tag{25-27}$$

Admita que (1) o processo de transferência de massa ocorre em estado estacionário, com $\partial c/\partial t = 0$; (2) não há produção química de A no caminho de difusão; assim, $R_A = 0$; e (3) a difusão ocorre somente na direção z, de modo que estamos considerando apenas a componente z do vetor fluxo mássico, $N_{A,z}$. Para essa situação física, a equação (25-11) se reduz a

$$\frac{dN_{A,z}}{dz} = 0 \tag{26-1}$$

Podemos também gerar essa equação diferencial que governa o processo, considerando que a transferência de massa ocorre no volume de controle diferencial $S\Delta z$, em que S representa a área da seção reta uniforme do volume de controle e Δz é a profundidade do volume de controle. Um balanço de massa no volume de controle para uma operação em estado estacionário, livre de qualquer produção química de A, resulta

$$SN_{A,z}\big|_{z+\Delta z} - SN_{A,z}\big|_z = 0$$

Dividindo pelo volume de controle, $S\Delta z$, e tomando o limite quando Δz tende a zero, obtemos novamente a equação (26-1).

Uma equação diferencial similar poderia também ser gerada para o componente B:

$$\frac{dN_{B,z}}{dz} = 0 \tag{26-2}$$

e, da mesma forma, o fluxo molar de B é também constante ao longo do caminho inteiro de difusão, de z_1 a z_2. Considerando apenas o plano em z_1 e a restrição de que o gás B é insolúvel no líquido A, podemos concluir que $N_{B,z}$ no plano z_1 é zero e que $N_{B,z}$, o fluxo líquido de B, é zero em todo o caminho de difusão; assim, o componente B é um gás *estagnado*.

Para uma mistura binária de A e B, o fluxo molar constante de A na direção z foi descrito no Capítulo 24 pela equação

$$N_{A,z} = -cD_{AB}\frac{dy_A}{dz} + y_A\left(N_{A,z} + N_{B,z}\right) \tag{24-21}$$

No caso em que $N_{B,z} = 0$, essa equação se reduz a

$$N_{A,z} = -\frac{cD_{AB}}{1 - y_A}\frac{dy_A}{dz} \tag{26-3}$$

Escoamento do gás B

Figura 26.1 Célula de difusão de Arnold.

Essa equação pode ser integrada entre as duas condições de contorno:

$$\text{em } z = z_1, \quad y_A = y_{A_1}$$

e

$$\text{em } z = z_2, \quad y_A = y_{A_2}$$

Supondo que o coeficiente de difusão seja independe da concentração e que da equação (26-1) possamos considerar $N_{A,z}$ constante ao longo do caminho de difusão e ao longo de z, obtemos por integração

$$N_{A,z} \int_{z_1}^{z_2} dz = cD_{AB} \int_{y_{A_1}}^{y_{A_2}} \frac{-dy_A}{1 - y_A} \tag{26-4}$$

Após a integração e resolvendo para $N_{A,z}$, obtemos

$$N_{A,z} = \frac{cD_{AB}}{(z_2 - z_1)} \ln \frac{(1 - y_{A_2})}{(1 - y_{A_1})} \tag{26-5}$$

A média logarítmica da concentração do componente B é definida por

$$y_{B,lm} = \frac{y_{B_2} - y_{B_1}}{\ln(y_{B_2}/y_{B_1})}$$

ou, no caso de uma mistura binária, essa equação pode ser expressa em termos do componente A como se segue:

$$y_{B,lm} = \frac{(1 - y_{A_2}) - (1 - y_{A_1})}{\ln[(1 - y_{A_2})/(1 - y_{A_1})]} = \frac{y_{A_1} - y_{A_2}}{\ln[(1 - y_{A_2})/(1 - y_{A_1})]} \tag{26-6}$$

Inserindo a equação (26-6) na equação (26-5), obtemos

$$N_{A,z} = \frac{cD_{AB}}{z_2 - z_1} \frac{(y_{A_1} - y_{A_2})}{y_{B,lm}} \tag{26-7}$$

A equação (26-7) pode ser também escrita em termos da pressão. Para um gás ideal

$$c = \frac{n}{V} = \frac{P}{RT}$$

e

$$y_A = \frac{p_A}{P}$$

A equação equivalente à equação (26-7) é

$$N_{A,z} = \frac{D_{AB}P}{RT(z_2 - z_1)} \frac{(p_{A_1} - p_{A_2})}{p_{B,lm}} \tag{26-8}$$

As equações (26-7) e (26-8) são comumente referidas como as equações para a *difusão em estado estacionário de um gás através de um segundo gás estagnado*. Muitas operações de transferência de massa envolvem a difusão de um componente gasoso através de outro componente que não está se difundindo; *absorção* e *umidificação* são operações típicas definidas por essas duas equações.

A equação (26-8) tem sido usada também para descrever os coeficientes convectivos de transferência de massa pelo "*conceito de filme*" ou teoria do filme. A Figura 26.2 ilustra o escoamento

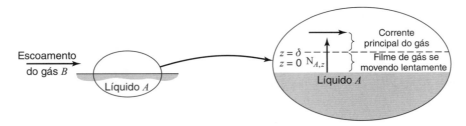

Figura 26.2 Modelo de filme para a transferência de massa do componente A em uma corrente gasosa em movimento.

de um gás ao longo de uma superfície de um líquido. O "conceito de filme" é baseado em um modelo em que toda a resistência à difusão a partir da superfície do líquido para a corrente gasosa principal é suposta ocorrer em um filme estagnado ou laminar de espessura constante, δ. Em outras palavras, nesse modelo, δ é um comprimento fictício que representa a espessura de uma camada de fluido que oferece a mesma resistência à difusão molecular equivalente àquela encontrada no processo combinado de difusão molecular e à difusão decorrente da mistura pelo fluido em movimento. Se esse modelo for acurado, o coeficiente convectivo de transferência de massa poderá ser expresso em termos do coeficiente de difusão do gás. Se $z_2 - z_1$ for igual a δ, a equação (26-8) se torna:

$$N_{A,z} = \frac{D_{AB}P}{RT\,p_{B,lm}\delta}\left(p_{A_1} - p_{A_2}\right)$$

e, da equação (24-68), temos

$$N_{A,z} = k_c(c_{A_1} - c_{A_2})$$

e

$$N_{A,z} = \frac{k_c}{RT}\left(p_{A_1} - p_{A_2}\right)$$

A comparação revela que o coeficiente de filme é expresso como

$$k_c = \frac{D_{AB}P}{p_{B,lm}\delta} \qquad (26\text{-}9)$$

quando o componente A que está difundindo é transportado através do gás B, que não está se difundindo. Embora esse modelo seja fisicamente irrealista, o conceito de "filme" teve algum valor pedagógico, pois forneceu uma figura simplificada de um processo complicado. O conceito filme tem levado frequentemente a um erro ao sugerir que o coeficiente de transferência de massa por convecção é sempre diretamente proporcional à difusividade de mássica. Outros modelos para o coeficiente convectivo serão discutidos neste capítulo e no Capítulo 28. Lá, encontraremos que k_c é uma função do coeficiente de difusão elevado a um expoente que varia de 0,5 a 1,0.

Frequentemente, para completar a descrição da operação física em que massa está sendo transportada, é necessário expressar o perfil de concentração. Lembrando a equação (26-1):

$$\frac{dN_{A,z}}{dz} = 0 \qquad (26\text{-}1)$$

e a equação (26-3)

$$N_{A,z} = -\frac{cD_{AB}}{1 - y_A}\frac{dy_A}{dz} \qquad (26\text{-}3)$$

podemos obter a equação diferencial que descreve a variação na concentração ao longo do caminho de difusão. Essa equação é

$$\frac{d}{dz}\left(-\frac{cD_{AB}}{1-y_A}\frac{dy_A}{dz}\right) = 0 \qquad (26\text{-}10)$$

Como c e D_{AB} são constantes em condições isotérmicas e isobáricas, a equação se reduz a

$$\frac{d}{dz}\left(\frac{1}{1-y_A}\frac{dy_A}{dz}\right) = 0 \qquad (26\text{-}11)$$

Essa equação de segunda ordem pode ser integrada duas vezes em relação a z, fornecendo

$$-\ln(1-y_A) = C_1 z + C_2 \qquad (26\text{-}12)$$

As duas constantes de integração (C_1 e C_2) são calculadas usando as condições de contorno:

$$\text{para } z = z_1, \quad y_A = y_{A_1}$$

e

$$\text{para } z = z_2, \quad y_A = y_{A_2}$$

Substituindo as constantes resultantes na equação (26-12), obtém-se a seguinte expressão para o perfil de concentração do componente A:

$$\left(\frac{1-y_A}{1-y_{A_1}}\right) = \left(\frac{1-y_{A_2}}{1-y_{A_1}}\right)^{(z-z_1)/(z_2-z_1)} \qquad (26\text{-}13)$$

ou, como $y_A + y_B = 1$

$$\left(\frac{y_B}{y_{B_1}}\right) = \left(\frac{y_{B_2}}{y_{B_1}}\right)^{(z-z_1)/(z_2-z_1)} \qquad (26\text{-}14)$$

Gráficos representativos do perfil de concentração para difusão unimolecular, em termos das frações molares de A e de B, são dados na Figura 26.3, tanto para sistemas concentrados como diluídos da espécie A na mistura.

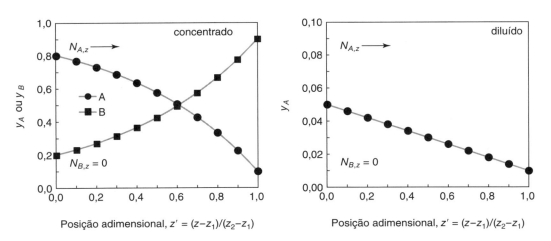

Figura 26.3 Perfis de concentração para a difusão unimolecular do componente A em sistemas concentrado e diluído.

As equações (26-13) e (26-14) descrevem os perfis de concentração em escala logarítmica para ambas as espécies. A concentração média de uma das espécies ao longo do caminho de difusão pode ser calculada, como um exemplo para a espécie B, por

$$\bar{y}_B = \frac{\int_{z_1}^{z_2} y_B(z)dz}{\int_{z_1}^{z_2} dz} \tag{26-15}$$

A substituição da equação (26-14) na equação (26-15) resulta

$$\begin{aligned}\bar{y}_B &= y_{B_1} \frac{\int_{z_1}^{z_2} \left(\frac{y_{B_2}}{y_{B_1}}\right)^{(z-z_1)/(z_2-z_1)} dz}{z_2 - z_1} \\ &= \frac{(y_{B_2} - y_{B_1})(z_2 - z_1)}{\ln(y_{B_2}/y_{B_1})(z_2 - z_1)} = \frac{y_{B_2} - y_{B_1}}{\ln(y_{B_2}/y_{B_1})} \\ &= y_{B,lm}\end{aligned} \tag{26-6}$$

O exemplo a seguir ilustra a aplicação da análise anterior para uma situação de transferência de massa.

Exemplo 1

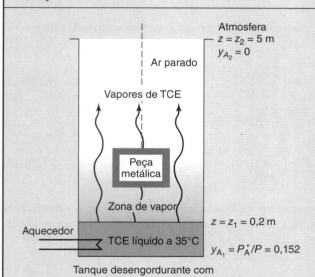

Figura 26.4 Emissões de TCE em um dispositivo que usa vapor para desengordurar.

Dispositivos que usam vapor para desengordurar, como aquele mostrado na Figura 26.4, são largamente utilizados para a limpeza de peças metálicas. O solvente líquido permanece no fundo do tanque desengordurante. Uma serpentina de aquecimento imersa no solvente vaporiza uma pequena porção do solvente e mantém uma temperatura constante, de modo que o solvente exerce uma pressão de vapor constante. As peças frias a serem limpas são suspensas na zona de vapor do solvente, onde a concentração desses vapores é a maior. O solvente condensa na peça, dissolve a gordura e, em seguida, cai de volta para o tanque, limpando assim a peça. Esses dispositivos que usam vapor para desengordurar são frequentemente abertos para a atmosfera de modo a facilitar a imersão e a remoção de peças, e porque cobrindo-as pode ocorrer uma mistura explosiva. Quando operados em tanque fechado pode ocorrer explosão da mistura. Quando o dispositivo não está em operação, a difusão molecular do vapor do solvente através do ar estagnado no interior do espaço vazio (*headspace*) pode resultar em emissões significativas de solvente, uma vez que a atmosfera ao redor serve como um sorvedouro infinito para o processo de transferência de massa. Como a quantidade de solvente dentro do tanque desengordurante é grande em relação à quantidade de vapor emitido, ocorre um processo de difusão em estado estacionário com um comprimento constante do caminho de difusão.

No momento, um tanque cilíndrico desengordurante, com um diâmetro de 2,0 m e uma altura total de 5,0 m, está em operação e a altura do nível do solvente é mantida constante a 0,2 m. As temperaturas do solvente e do espaço livre (*headspace*) do tanque são ambas constantes e iguais a 35°C. O solvente usado para desengordurar é o tricloroetileno (TCE). Normas atuais requerem que o desengordurante não emita mais que 1,0 kg de TCE por dia. A taxa estimada de emissão do mesmo excede esse limite? O TCE tem uma massa molar de 131,4 g/mol e uma pressão de vapor de 115,5 mm de Hg a 35°C. Nessa temperatura, o coeficiente de difusão binária do TCE no ar é de 0,088 cm²/s, como determinado pela correlação de Fuller-Schettler-Giddings.

A fonte de transferência de massa do TCE é o solvente líquido no fundo do tanque e o sorvedouro para a transferência de massa é a atmosfera do entorno externo ao tanque. O fluxo de difusão molecular em estado estacionário do vapor de TCE através do gás estagnado no espaço livre (*headspace*) do tanque na direção z é descrito por

$$N_{A,z} = \frac{cD_{AB}}{z_2 - z_1} \ln\left(\frac{1 - y_{A_2}}{1 - y_{A_1}}\right)$$

Difusão Molecular em Estado Estacionário ◀ **457**

com a espécie A representando o vapor de TCE e a espécie B representando o ar. A concentração molar total do gás, c, é determinada a partir da lei dos gases ideais.

$$c = \frac{P}{RT} = \frac{1,0\,\text{atm}}{\dfrac{0,08206\,\text{m}^3 \cdot \text{atm}}{\text{kgmol} \cdot \text{K}}(273 + 35)\text{K}} = 0,0396\,\frac{\text{kgmol}}{\text{m}^3}$$

A fração molar do vapor de TCE na superfície do solvente (y_A) é determinada a partir da pressão de vapor do solvente a 35°C.

$$y_{A_1} = \frac{P_A}{P} = \frac{115,1\,\text{mm Hg}}{1,0\,\text{atm}}\frac{1,0\,\text{atm}}{760\,\text{mm Hg}} = 0,152$$

A fração molar do vapor de TCE na saída do tanque de desengordurante é considerada zero ($y_{A_2} = 0$), uma medida que a atmosfera no seu entorno serve como uma fonte infinita para a transferência de massa. O comprimento do caminho de difusão é simplesmente a diferença entre a altura do nível de solvente e o topo do tanque de desengordurante:

$$z_2 - z_1 = 5,0\,\text{m} - 0,2\,\text{m} = 4,8\,\text{m}$$

Para esses valores de entrada, o fluxo do vapor de TCE a partir do tanque de desengordurante é

$$N_{A,z} = \frac{\left(0,0396\,\dfrac{\text{kgmol}}{\text{m}^3}\right)\left(0,088\,\dfrac{\text{cm}^2}{\text{s}}\dfrac{1\,\text{m}^2}{(100\,\text{cm})^2}\right)}{4,8\,\text{m}}\ln\left(\frac{1-0}{1-0,152}\right)$$

$$= 1,197 \times 10^{-8}\,\frac{\text{kgmol TCE}}{\text{m}^2 \cdot \text{s}}$$

A taxa de emissão de TCE (W_A) é o produto entre o fluxo e a área da seção transversal do tanque desengordurante de diâmetro D:

$$W_A = N_{A,z}\frac{\pi D^2}{4} = 1,197 \times 10^{-8}\,\frac{\text{kgmol TCE}}{\text{m}^2\text{s}} \times \frac{\pi(2,0\,\text{m})^2}{4} \times \left(\frac{131,4\,\text{kg TCE}}{\text{kgmol TCE}}\right)\left(\frac{3600\,\text{s}}{1\,\text{h}}\right)\left(\frac{24\,\text{h}}{\text{dia}}\right)$$

$$= 0,423\,\frac{\text{kg TCE}}{\text{dia}}$$

A taxa de emissão do vapor do TCE é menor que o limite regulatório atual de 1,0 kg de TCE/dia. Em um tanque real, pode ser difícil assegurar um espaço gasoso completamente parado, uma vez que podem ocorrer correntes locais de ar induzidas a partir de uma variedade de fontes. As correntes de ar aumentariam o fluxo de transferência de massa por convecção. Consequentemente, essa análise considera somente o caso limite para as emissões mínimas de vapor a partir de um processo limitado por difusão.

Difusão no Estado Pseudoestacionário

Em muitas operações de transferência de massa, uma das fronteiras pode se mover com o tempo. Se o comprimento do caminho de difusão variar um pouco em um longo período de tempo, um modelo de difusão em estado pseudoestacionário poderá ser usado. Quando essa condição existe, a equação (26-7) descreve o fluxo de massa no filme gasoso estagnado. Reconsidere a Figura 26.1 com uma superfície do líquido se movendo como ilustrado na Figura 26-5. Dois níveis de superfície são mostrados: um no tempo t_0 e o outro no tempo t_1. Se a diferença no nível do líquido A ao longo do intervalo de tempo considerado for somente uma pequena fração do caminho total de difusão e $t_1 - t_0$ for um período relativamente longo de tempo, em qualquer instante naquele período o fluxo molar na fase gasosa pode ser calculado por

$$N_{A,z} = \frac{cD_{AB}\left(y_{A_1} - y_{A_2}\right)}{Z\,y_{B,lm}} \tag{26-7}$$

sendo Z o comprimento do caminho de difusão no tempo t, dado por $Z = z_2 - z$.

De um balanço de massa em regime transiente para a espécie A (isto é, Entrada – Saída = Acúmulo), o fluxo molar $N_{A,z}$ está relacionado à quantidade de A que deixa o líquido por

$$0 - N_{A,z}S = \frac{\rho_{A,L}}{M_A}\frac{S\,dz}{dt} \tag{26-16}$$

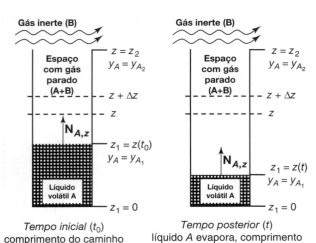

Figura 26.5 Célula de Arnold para a difusão com uma superfície líquida em movimento.

em que $p_{A,L}/M_A$ é a densidade molar de A na fase líquida e S é a área da seção transversal para o fluxo. Reconhecendo que $dz/dt = -dZ/dt$, a equação (26-16) pode ser escrita como

$$N_{A,z} = \frac{\rho_{A,L}}{M_A}\frac{dZ}{dt}$$

Sob as condições de regime pseudoestacionário, as equações (26-7) e (26-16) podem ser combinadas resultando

$$\frac{\rho_{A,L}}{M_A}\frac{dZ}{dt} = \frac{cD_{AB}(y_{A_1} - y_{A_2})}{Z\, y_{B,lm}} \quad (26\text{-}17)$$

Separando a variável independente t da variável dependente Z, a equação (26-17) pode ser integrada de $t = t_0 = 0$ a $t = t_1$ e correspondentemente $Z_0 = z_2 - z(t_0)$ a $Z = z_1 - z(t_0)$ na forma:

$$\int_{t_o}^{t} dt = \frac{\rho_{A,L}\, y_{B,lm}/M_A}{cD_{A,B}(y_{A_1} - y_{A_2})} \int_{Z_o}^{Z} Z\, dZ$$

Isso resulta em

$$t - t_o = \frac{\rho_{A,L}\, y_{B,lm}/M_A}{cD_{A,B}(y_{A_1} - y_{A_2})} \left(\frac{Z^2 - Z_o^2}{2}\right) \quad (26\text{-}18)$$

Assim, para o processo difusivo em regime pseudoestacionário, um gráfico de $(Z^2 - Z_0^2)$ versus t seria linear, com inclinação dada por

$$\text{inclinação} = \frac{\rho_{A,L}\, y_{B,lm}/M_A}{cD_{A,B}(y_{A_1} - y_{A_2})} \quad (26\text{-}19)$$

No laboratório, o coeficiente de difusão D_{AB} pode ser obtido a partir da inclinação proveniente do método dos mínimos quadrados dos dados regredidos linearmente, plotados como $(Z^2 - Z_0^2)$ versus t.

Como ilustrado pela célula de difusão de Arnold, processos de difusão em regime pseudoestacionário usualmente envolvem uma diminuição lenta da fonte ou do sorvedouro para o processo de transferência de massa com o tempo. A seguir, consideraremos outro processo modelado pela difusão em regime pseudoestacionário: a oxidação térmica de uma pastilha de silício.

Exemplo 2

A formação de um filme fino de óxido de silício (SiO_2) sobre a superfície de uma pastilha de silício (Si) é uma etapa importante na fabricação de dispositivos microeletrônicos em estado sólido. Um filme fino de SiO_2 serve como uma barreira na difusão de uma impureza ou como um isolante dielétrico para isolar vários dispositivos formados sobre a pastilha. Em um processo comum, silício é oxidado por exposição ao gás oxigênio (O_2) a temperaturas acima de 700°C.

$$Si(s) + O_2(g) \rightarrow SiO_2(s)$$

Oxigênio molecular se dissolve no SiO_2 sólido, difunde-se através do filme de SiO_2 e então reage com Si na interface Si/SiO_2, como ilustrado na Figura 26.6. Admitindo que a difusão do O_2 através do filme de SiO_2 limita o processo de oxidação, desenvolva um modelo para prever a espessura da camada de SiO_2 (δ) em função do tempo, a 1000°C. A densidade do SiO_2 (ρ_B) é 2,27 g/cm³ e a massa molar do SiO_2 (M_B) é 60 g/mol. Usando os dados fornecidos por Norton,[1] o coeficiente de difusão molecular do O_2 (D_{AB}) é $2,7 \times 10^{-9}$ cm²/s a 1000°C e a solubilidade máxima do O_2 no SiO_2 (c_{As}) é $9,6 \times 10^{-8}$ gmol de O_2/cm³ de sólido a 1000°C e 1 atm de pressão parcial do O_2.

---

[1] F. J. Norton, *Nature*, **191**, 701 (1961).

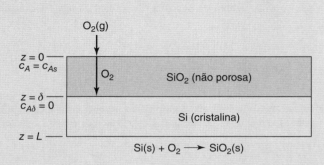

Figura 26.6 Oxidação térmica de uma pastilha de silício.

O sistema físico é representado no sistema de coordenadas retangulares. O desenvolvimento do modelo segue o enfoque descrito na Seção 25.4. As suposições para o desenvolvimento do modelo são listadas aqui. (1) A oxidação do Si a SiO_2 ocorre somente na interface Si/SiO_2. O Si não reagido na interface serve como sorvedouro para a transferência de massa molecular de O_2 através do filme. (2) O O_2 na fase gasosa acima da pastilha representa uma fonte infinita para a transferência de O_2. As moléculas de O_2 se "dissolvem" no SiO_2 sólido não poroso na interface gás/sólido. (3) A taxa de formação de SiO_2 é controlada pela taxa de difusão molecular de O_2 (espécie A) através da camada de SiO_2 sólido (espécie B) para a camada de Si não reagido. A reação é muito rápida, de modo que a concentração do O_2 molecular na interface é zero; ou seja, $c_{A,\delta} = 0$. Além disso, não existem resistências à transferência de massa no filme acima da superfície da pastilha, dado que o O_2 é um componente puro na fase gasosa. (4) O fluxo de O_2 através da camada de SiO_2 é unidimensional ao longo da coordenada z. (5) A taxa de formação do filme de SiO_2 é lenta o bastante para que, em uma dada espessura de filme δ, não ocorra acúmulo dos reagentes ou dos produtos dentro do filme de SiO_2. Todavia, a espessura do filme ainda aumentará com o tempo. Consequentemente, esse é um processo "pseudoestacionário". (6) A espessura global da pastilha não varia em consequência da formação da camada de SiO_2. (7) O processo é isotérmico.

Baseando-se nas suposições prévias, a equação diferencial geral para a transferência de massa se reduz a

$$\frac{dN_{A,z}}{dz} = 0$$

e a equação de Fick para a difusão unidimensional do O_2 através do SiO_2 sólido cristalino (espécie B) é

$$N_{A,z} = -D_{AB}\frac{dc_A}{dz} + \frac{c_A}{c}(N_{A,z} + N_{B,z}) = -D_{AB}\frac{dc_A}{dz} + \frac{c_A}{c}N_{A,z}$$

Geralmente, a concentração de O_2 molecular na camada de SiO_2 é diluída o suficiente para que o termo c_A/c seja muito pequeno em magnitude quando comparado aos outros termos. Logo, a equação de Fick para o fluxo se reduz para

$$N_{A,z} = -D_{AB}\frac{dc_A}{dz}$$

É interessante notar aqui que o fluxo unimolecular de difusão (UMD, do inglês *unimolecular diffusion*) simplifica matematicamente a contradifusão equimolar (EMCD, do inglês *equimolar counterdiffusion*) na concentração diluída da espécie que se difunde. À medida que N_A é constante ao longo de z, a equação diferencial do fluxo pode ser integrada diretamente separando a variável dependente c_A da variável independente z:

$$\int_0^\delta N_{A,z}dz = -D_{AB}\int_{c_{As}}^0 dc_A$$

ou simplesmente

$$N_{A,z} = \frac{D_{AB}\,c_{As}}{\delta}$$

que descreve o fluxo de O_2 através da camada de SiO_2 de espessura δ. A concentração na superfície, c_{As}, refere-se à concentração do O_2 dissolvido na fase sólida SiO_2 (gmol de O_2 /cm^3 de sólido).

Sabemos que δ aumenta lentamente com o tempo, embora não ocorra o termo de acúmulo para O_2 na camada de SiO_2. Em outras palavras, o processo opera sob a suposição de estado pseudoestacionário. A fim de se determinar como δ aumenta com o tempo, considere um balanço de massa em regime transiente para o SiO_2 dentro da pastilha (Entrada − Saída + Geração = Acúmulo), dado por

$$0 - 0 + N_{A,z} \cdot S \cdot \frac{1{,}0 \text{ mol } SiO_2(B)}{1{,}0 \text{ mol } O_2(A)} = \frac{dm_B}{dt} \text{ com } \frac{dm_B}{dt} = \frac{d\left(\frac{\rho_B S \delta}{M_B}\right)}{dt}$$

em que ρ_B é a densidade do SiO_2 sólido (2,27 g/cm³), M_B é a massa molar da camada de SiO_2 (60 g/mol) e S é a área superficial da pastilha. De acordo com a estequiometria da reação, é formado um mol de SiO_2 para cada mol de O_2 consumido. Combinando esse balanço material com a equação do fluxo, resulta

$$\frac{\rho_B}{M_B}\frac{d\delta}{dt} = \frac{D_{AB}c_{As}}{\delta}$$

Separando a variável dependente δ da variável independente t, seguida da integração de $t = 0$, $\delta = 0$ a $t = t$, $\delta = \delta$, tem-se

$$\int_0^\delta \delta d\delta = \frac{M_B D_{AB} c_{As}}{\rho_B} \int_0^t dt$$

ou

$$\delta = \sqrt{\frac{2 M_B D_{AB} c_{As}}{\rho_B}}$$

A equação anterior prevê que a espessura do filme fino de SiO_2 é proporcional à raiz quadrada do tempo. Lembre-se de que o coeficiente de difusão molecular do O_2 em SiO_2 (D_{AB}) é de $2{,}7 \times 10^{-9}$ cm²/s a 1000°C e a solubilidade de O_2 em SiO_2 (c_{As}) é $9{,}6 \times 10^{-8}$ gmol de O_2/(cm³ de sólido) a 1000°C. A Figura 26.7 compara a espessura prevista do filme δ *versus* o tempo para processar os dados do processo fornecidos por Hess[2] para 1,0 atm de O_2 a 1000°C. Como se pode constatar, o modelo prevê adequadamente os dados experimentais. O filme é muito fino, menos que 0,5 μm, em parte devido ao valor tão pequeno do termo $D_{AB} \cdot c_{As}$.

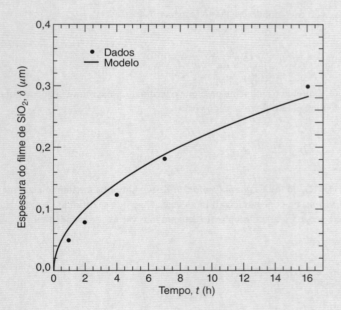

Figura 26.7 Espessura do filme de dióxido de silício (SiO_2) em função do tempo a 1000°C.

Este exemplo ilustra como uma reação química na superfície de contorno pode servir como a força motriz da difusão molecular. Esse conceito será formalmente apresentado na Seção 26.2.

---

[2] D. W. Hess, *Chem. Eng. Edu.*, **24**, 34 (1990).

Difusão Molecular em Estado Estacionário ◀ **461**

Contradifusão Molecular

Um exemplo comum da contradifusão molecular é encontrado na *destilação* de dois componentes, cujos calores latentes molares de vaporização são essencialmente iguais. Essa situação física estipula que o fluxo de um dos componentes gasosos é igual ao outro, mas atuando na direção oposta à do outro componente gasoso — isto é, $N_{A,z} = -N_{B,z}$. A equação (25-11)

$$\nabla \cdot \mathbf{N}_A + \frac{\partial c_A}{\partial t} - R_A = 0 \tag{25-11}$$

para o caso de transferência de massa em estado estacionário sem reação química pode ser reduzida a:

$$\nabla \cdot N_A = 0$$

No caso de transferência na direção z, essa equação se reduz a

$$\frac{dN_{A,z}}{dz} = 0 \tag{26-1}$$

Essa relação estipula que $N_{A,z}$ é constante ao longo do caminho de transferência. O fluxo molar, $N_{A,z}$, para um sistema binário, a temperatura e pressão constantes, é descrito por

$$N_{A,z} = -D_{AB}\frac{dc_A}{dz} + y_A\left(N_{A,z} + N_{B,z}\right) \tag{24-21}$$

Substituindo a restrição, $N_{A,z} = -N_{B,z}$, na equação anterior, resulta uma equação que descreve o fluxo de A quando as condições de *contradifusão equimolar* existem:

$$N_{A,z} = -D_{AB}\frac{dc_A}{dz} \tag{26-20}$$

A equação (26-20) pode ser integrada, usando as condições de contorno

$$\text{para } z = z_1, \quad c_A = c_{A_1}$$

e

$$\text{para } z = z_2, \quad c_A = c_{A_2}$$

fornecendo

$$N_{A,z}\int_{z_1}^{z_2} dz = -D_{AB}\int_{c_{A_1}}^{c_{A_2}} dc_A$$

da qual obtemos

$$N_{A,z} = \frac{D_{AB}}{(z_2 - z_1)}\left(c_{A_1} - c_{A_2}\right) \tag{26-21}$$

Quando a lei dos gases ideais é obedecida, a concentração molar de A está relacionada à pressão parcial de A por

$$c_A = \frac{n_A}{V} = \frac{p_A}{RT}$$

Substituindo essa expressão para c_A na equação (26-21), obtemos

$$N_{A,z} = \frac{D_{AB}}{RT(z_2 - z_1)} \left(p_{A_1} - p_{A_2} \right) \tag{26-22}$$

As equações (26-21) e (26-22) são comumente denominadas *equações da contradifusão equimolar em estado estacionário*.

O perfil de concentração para os processos de contradifusão equimolar pode ser obtido substituindo-se a equação (26-20) na equação diferencial que descreve a transferência na direção z:

$$\frac{dN_{A,z}}{dz} = 0$$

ou

$$\frac{d^2 c_A}{dz^2} = 0$$

Essa equação de segunda ordem pode ser integrada duas vezes em relação a z para resultar

$$c_A = C_1 z + C_2$$

As duas constantes de integração (C_1 e C_2) são calculadas, usando as seguintes condições de contorno

$$\text{para } z = z_1, \quad c_A = c_{A_1}$$
$$\text{para } z = z_2, \quad c_A = c_{A_2}$$

para obter o perfil linear de concentração

$$\frac{c_A - c_{A_1}}{c_{A_1} - c_{A_2}} = \frac{z - z_1}{z_1 - z_2} \tag{26-23}$$

As equações (26-21) e (26-23) podem ser usadas para descrever qualquer processo no qual o termo de contribuição global é nulo. Além do fenômeno de contradifusão equimolar, um termo desprezível referente à contribuição global é também encontrado quando a espécie A, que está sendo transferida, está diluída na mistura. Note que a difusão unimolecular diluída, dada pela equação (26-3), é também representada pela equação (26-20), se a espécie A estiver diluída em relação à espécie B:

$$N_{A,z} = - \left(\frac{c D_{AB}}{1 - y_A} \frac{dy_A}{dz} \right) = -c D_{AB} \frac{dy_A}{dz} = -D_{AB} \frac{dc_A}{dz} \quad \text{se } y_A \ll 1$$

Essa situação é particularmente verdadeira para a difusão de um soluto em um líquido ou em um sólido, usualmente modelada como um processo de transferência de massa unimolecular diluído.

É interessante notar que, quando consideramos o "conceito de filme" para a transferência de massa com contradifusão equimolar, a definição do coeficiente de transferência de massa convectivo é diferente daquela aplicada à difusão em um filme de gás estagnado. No caso da contradifusão equimolar,

$$k^0 = \frac{D_{AB}}{\delta} \tag{26-24}$$

O sobrescrito no coeficiente de transferência de massa é usado para designar que não há transferência líquida molar para o filme por causa da contradifusão molecular. Comparando a equação (26-24) com a equação (26-9), podemos concluir que essas duas equações levam aos mesmos resultados somente quando a concentração de A for muito pequena e $p_{A,ln}$ for essencialmente igual a P.

▶ 26.2

SISTEMAS UNIDIMENSIONAIS ASSOCIADOS COM REAÇÃO QUÍMICA

Muitas das operações difusionais envolvem a difusão simultânea de uma espécie molecular e a geração e/ou consumo das espécies por uma reação química, seja no interior ou na fronteira da fase de interesse. Podemos distinguir entre dois tipos de reações químicas, definindo a reação que ocorre uniformemente por meio de uma dada fase como *reação homogênea*, e a reação que ocorre apenas em uma região restrita, dentro ou na fronteira da fase, como *reação heterogênea*.

A taxa de geração da espécie A por uma reação homogênea aparece na equação diferencial geral de transferência de massa como um termo de fonte, R_A:

$$\nabla \cdot \mathbf{N}_A + \frac{\partial c_A}{\partial t} - R_A = 0 \qquad (25\text{-}11)$$

Exemplos do termo de fonte, R_A, incluem a conversão de primeira ordem do reagente A para o produto D, de modo que $R_A = -k_1 c_A$, em que k_1 representa a constante de taxa de primeira ordem, expressa em unidades típicas de 1/s, e a taxa de reação de segunda ordem dos reagentes A e B para formar o produto P é expressa por $R_A = -k_2 c_A c_B$, em que k_2 representa a taxa de conversão de segunda ordem, expressa em unidades de cm^3/mol · s.

A taxa de consumo de A por uma reação heterogênea sobre uma superfície ou em uma interface não aparece na forma geral da equação diferencial, uma vez que R_A envolve somente reações que ocorrem dentro do volume de controle. Reações heterogêneas envolvem tipicamente uma espécie em uma fase fluida que reage com uma espécie em fase sólida na superfície, ou uma reação de uma espécie na superfície de um catalisador para formar um produto. As reações homogêneas e heterogêneas aparecem comparadas na Figura 26.8. Uma reação heterogênea é analisada como uma condição de contorno e fornece informação sobre os fluxos das espécies envolvidas na reação; por exemplo, se a reação que ocorre na superfície for $O_2(g) + C(s) \rightarrow CO_2(g)$, o fluxo de $CO_2(g)$ será o mesmo fluxo de $O_2(g)$, ocorrendo, porém, na direção oposta.

Difusão Simultânea e Reação Química Heterogênea de Primeira Ordem: Difusão com Área Variável

Muitos processos industriais envolvem a difusão de um reagente para uma superfície onde ocorre uma reação química. Como as etapas de difusão e de reação estão envolvidas no processo global, as taxas relativas a cada etapa são importantes. Quando a taxa de reação é instantânea em relação à taxa de difusão, então o processo é *controlado pela difusão*. Em contraste, quando a taxa de reação da espécie transferida para a superfície limita a taxa de transferência de massa, então o processo é *controlado pela reação*.

Muitos sistemas para transferência de massa envolvem também difusão radial em estado estacionário dentro de um cilindro ou de uma esfera, onde a área da seção transversal para o fluxo aumenta ao longo do aumento da direção radial. O Exemplo 3 a seguir ilustra a difusão molecular em estado estacionário e a reação na superfície na direção radial no interior de uma partícula cilíndrica e esférica.

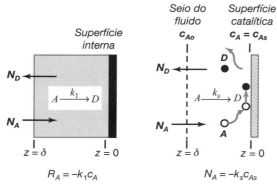

Figura 26.8 Reação homogênea no interior do volume de controle para difusão *versus* reação heterogênea em uma superfície catalítica.

464 ▶ Capítulo 26

Exemplo 3

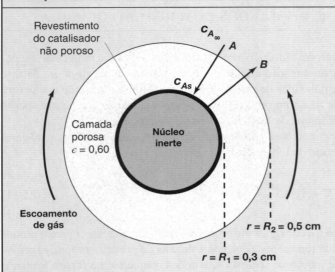

Figura 26.9 Seção transversal da partícula de catalisador para o Exemplo 3.

Uma partícula de catalisador é suspensa em uma corrente gasosa, formada por uma mistura de A e B mantida em uma concentração constante $c_{A,\infty}$. A seção transversal radial da partícula é fornecida na Figura 26-9. O núcleo da partícula é não poroso e recoberto com um catalisador. Uma camada altamente porosa, com uma fração de vazios (ε) igual a 0,60, envolve o revestimento do catalisador. Esse revestimento catalisa a reação *heterogênea* $A \xrightarrow{k_1} B$, sendo k_s a constante de taxa de reação na superfície. Considere tanto uma partícula esférica quanto cilíndrica, em que $r = R_1$ representa a posição radial do revestimento do catalisador e $r = R_2$ representa o raio externo da camada porosa. O comprimento da partícula cilíndrica é L. O reagente A no fluido circundante se difunde através da camada porosa para a superfície do catalisador. Na superfície catalítica da partícula, $r = R_1$, a concentração da espécie A é c_{As} e a taxa de reação da espécie A na superfície do catalisador é descrita por $N_A|_{r=R_1} = -k_s c_{As}$, com o sinal negativo indicando que o fluxo de A é oposto à direção de aumento de r.

Desenvolva equações para prever o fluxo da espécie A na superfície do catalisador ($r = R_1$) e então compare o fluxo para uma reação conduzida a 300°C e 1,0 atm, com $k_s = 2{,}0$ cm/s, $D_{AB} = 0{,}30$ cm²/s e 50% em mol de A mantido na fase gasosa.

O volume de controle do sistema para transferência de massa é a camada porosa da partícula, de $r = R_1$ a $r = R_2$. A fonte para a transferência de massa de A é o fluido circundante e o sorvedouro de A é a reação de A para o produto B na superfície do catalisador. As suposições comuns às partículas esférica e cilíndrica são: (1) fonte e sorvedouro constantes para a espécie A, levando a um processo em estado estacionário, com $\partial c_A / \partial t = 0$; (2) o fluxo unidimensional das espécies A e B ao longo da coordenada r; (3) nenhuma reação *homogênea* das espécies A e B no interior da camada porosa não catalítica ($R_A = 0$); (4) o coeficiente de difusão efetivo na camada altamente porosa pode ser aproximada por $D_{Ae} \doteq \varepsilon^2 D_{AB}$, em que ε representa a porosidade da camada porosa; e (5) temperatura (T) e pressão total (P) do sistema constantes.

Com o objetivo de simplificar a equação diferencial para transferência de massa, vamos usar o sistema de coordenadas esféricas para a partícula esférica e de coordenadas cilíndricas para a partícula cilíndrica. Baseado nas considerações (1) a (3), as relações adequadas, com base na simplificação das equações (25-26) e (25-28), são

$$\text{esfera:} \quad \frac{1}{r^2}\frac{\partial}{\partial r}\left(r^2 N_{A,r}\right) = 0 \quad (r^2 N_{A,r} \text{ constante ao longo de } r) \tag{26-25}$$

$$\text{cilindro:} \quad \frac{1}{r}\frac{\partial}{\partial r}\left(r N_{A,r}\right) = 0 \quad (r N_{A,r} \text{ constante ao longo de } r) \tag{26-26}$$

As equações (26-25) e (26-26) podem também ser obtidas por um balanço de massa em um elemento diferencial de volume, uma "casca" delimitada pela posição radial r e $r + \Delta r$. Para uma esfera,

$$4\pi r^2 N_{A,r}\big|_r (\text{ENTRADA}) - 4\pi r^2 N_{A,r}\big|_{r+\Delta r} (\text{SAÍDA}) + 0 \,(\text{GERAÇÃO}) = 0 \,(\text{ACÚMULO})$$

dividindo por $4\pi r^2 \Delta r$ e rearranjando, resulta em

$$-\left(\frac{r^2 N_{A,r}\big|_{r+\Delta r} - r^2 N_{A,r}\big|_r}{\Delta r}\right)\bigg|_{\lim \Delta r \to 0} = 0$$

Finalmente, tomando o limite quando $\Delta r \to 0$ e rearranjando, obtém-se a equação diferencial para transferência de massa da partícula esférica. Igualmente, no caso de uma partícula cilíndrica,

$$2\pi r L N_{A,r}\big|_r (\text{ENTRADA}) - 2\pi r L N_{A,r}\big|_{r+\Delta r} (\text{SAÍDA}) + 0 \,(\text{GERAÇÃO}) = 0 \,(\text{ACÚMULO})$$

dividindo por $2\pi L \Delta r$ e tomando o limite quando $\Delta r \to 0$, resulta a equação diferencial para transferência de massa.

As equações anteriores mostram que o fluxo $N_{A,r}$ não é constante ao longo da posição radial r. Todavia, a taxa de transferência de massa total W_A, que é o produto entre o fluxo e a área da seção transversal para o fluxo, é constante ao longo de r pela equação da continuidade. Especificamente, para uma esfera,

$$W_A = 4\pi r^2 N_{A,r} = 4\pi R_1^2 N_{A,r}\big|_{r=R_1} = 4\pi R_2^2 N_{A,r}\big|_{r=R_2}$$

Da mesma forma, para um cilindro,

$$W_A = 2\pi r L\, N_{A,r} = 2\pi R_1 L\, N_{A,r}\big|_{r=R_1} = 2\pi R_2 L\, N_{A,r}\big|_{r=R_2}$$

Comparando, para a equação (26-1), em coordenadas retangulares, $N_{A,z}$ é constante ao longo de z, uma vez que área da seção transversal para o fluxo não varia com a posição.

Devido à estequiometria da reação, note que o fluxo de B, no sentido positivo da direção r, é igual ao fluxo de A no sentido negativo da direção r, de modo que $N_{B,r} = -N_{A,r}$. Consequentemente, a equação do fluxo na direção r é

$$N_{A,r} = -D_{Ae}\frac{\partial c_A}{\partial r} + \frac{c_A}{c}\left(N_{A,r} + N_{B,r}\right) = -D_{Ae}\frac{\partial c_A}{\partial r} = -D_{Ae}\frac{dc_A}{dr}$$

A derivada parcial $\partial/\partial r$ é substituída pela derivada ordinária d/dr, visto que há somente uma variável independente, r.

Finalmente, duas condições de contorno devem ser dadas para a espécie A de modo a especificar completamente o modelo diferencial do processo:

$$\text{para } r = R_1(0,3\,\text{cm}), \quad c_A = c_{As}$$

$$\text{para } r = R_2(0,5\,\text{cm}), \quad c_A = c_{A,\infty}$$

Dadas as formas da equação diferencial geral para a transferência de massa, a equação diferencial para o fluxo pode ser integrada diretamente sem que seja necessário obter primeiro um modelo integral para o perfil de concentração. Para uma partícula esférica de catalisador,

$$W_A = 4\pi R_1^2\, N_{A,r}\big|_{r=R_1} = 4\pi r^2\, N_{A,r} = -4\pi r^2 D_{Ae}\frac{dc_A}{dr}$$

Separando a variável dependente c_A da variável independente r e inserindo as condições de contorno como limites de integração, resulta

$$W_A \int_{R_1}^{R_2} \frac{1}{r^2}\, dr = -4\pi D_{Ae}\int_{c_{AS}}^{c_{A,\infty}} dc_A$$

A integral final é

$$W_A = \frac{4\pi D_{Ae}}{1/R_2 - 1/R_1}\left(c_{A,\infty} - c_{As}\right) \tag{26-27}$$

ou

$$N_{A,r}\big|_{r=R_1} = \frac{D_{Ae}\left(c_{A,\infty} - c_{As}\right)}{R_1^2\left(1/R_2 - 1/R_1\right)} \tag{26-28}$$

Da mesma forma, para a partícula cilíndrica de catalisador,

$$W_A = 2\pi R_2 L\, N_{A,r}\big|_{r=R_1} = 2\pi r L\, N_{A,r} = -2\pi r L\, D_{Ae}\frac{dc_A}{dr}$$

$$W_A \int_{R_1}^{R_2} \frac{1}{r}\, dr = -2\pi L D_{Ae}\int_{c_{AS}}^{c_{A,\infty}} dc_A$$

$$W_A = \frac{2\pi L D_{Ae}}{\ln(R_1/R_2)}\left(c_{A,\infty} - c_{As}\right) \tag{26-29}$$

ou

$$N_A\big|_{r=R_1} = \frac{D_{Ae}}{R_1\ln(R_1/R_2)}\left(c_{A,\infty} - c_{As}\right) \tag{26-30}$$

Nesse ponto, o fluxo não pode ser calculado, uma vez que $c_{A,s}$ não é conhecida. Entretanto, visto que

$$c_{As} = \frac{-N_A|_{r=R_1}}{k_s} \quad (26\text{-}31)$$

pode ser demonstrado prontamente que c_{As} pode ser eliminado. Para a partícula esférica,

$$N_{A,r}|_{r=R_1} = \frac{-c_{A,\infty}}{\left(\dfrac{R_1^2(1/R_1 - 1/R_2)}{D_{Ae}} + \dfrac{1}{k_s}\right)} \quad (26\text{-}32)$$

E para uma partícula cilíndrica,

$$N_A|_{r=R_1} = \frac{-c_{A\infty}}{\left(\dfrac{R_1 \ln(R_2/R_1)}{D_{Ae}} + \dfrac{1}{k_s}\right)} \quad (26\text{-}33)$$

Nas condições do processo

$$c_{A,\infty} = y_{A,\infty} c = \frac{y_{A,\infty} P}{RT} = \frac{(0{,}50)(1{,}0\ \text{atm})}{\left(\dfrac{82{,}06\ \text{cm}^3 \cdot \text{atm}}{\text{gmol} \cdot \text{K}}\right)(300 + 273)\text{K}} = 1{,}06 \times 10^{-5}\ \text{gmol/cm}^3$$

Da Figura 24.5, para um material com poros randômicos, em que os efeitos de difusão de Knudsen não são importantes,

$$D_{Ae} \doteq \varepsilon^2 D_{AB} = (0{,}60)^2 (0{,}30\ \text{cm}^2/\text{s}) = 0{,}108\ \text{cm}^2/\text{s}$$

O fluxo de A para a partícula esférica em $r = R_1$ é

$$N_{A,r}|_{r=R_1} = \frac{-(1{,}06 \times 10^{-5}\ \text{gmol/cm}^3)}{\left(\dfrac{(0{,}3\ \text{cm})^2(1/0{,}3\ \text{cm} - 1/0{,}5\ \text{cm})}{(0{,}108\ \text{cm}^2/\text{s})} + \dfrac{1}{2{,}0\ \text{cm/s}}\right)} = -6{,}60 \times 10^{-6}\ \text{gmol/cm}^2 \cdot \text{s}$$

com fração molar de A na superfície catalítica, $y_{As} = \dfrac{-N_{A,r}|_{r=R_1}}{k_s c} = 0{,}155$.

O sinal (−) indica que a direção do fluxo é oposta ao aumento da posição radial r. Por comparação, o fluxo de A para a partícula cilíndrica, em $r = R_1$, é

$$N_A|_{r=R_1} = \frac{-(1{,}06 \times 10^{-5}\ \text{gmol/cm}^3)}{\left(\dfrac{(0{,}3\ \text{cm})\ln(0{,}5\ \text{cm}/0{,}3\ \text{cm})}{0{,}108\ \text{cm}^2/\text{s}} + \dfrac{1}{2{,}0\ \text{cm/s}}\right)} = -6{,}78 \times 10^{-6}\ \text{gmol/cm}^2 \cdot \text{s}$$

com $y_{As} = 0{,}159$.

É interessante notar que quando k_s aumenta, c_{As} tende a zero, que é a condição limitada pela difusão.

Difusão com Reação Química Homogênea de Primeira Ordem

Na operação unitária de absorção, um dos constituintes de uma mistura gasosa é preferencialmente dissolvido em um líquido em contato. Dependendo da natureza química das moléculas envolvidas, a absorção pode ou não envolver reações químicas. No caso em que ocorra produção ou desaparecimento do componente que se difunde, a equação (25-11) pode ser usada para análise da transferência de massa dentro da fase líquida. A análise a seguir ilustra a transferência de massa que envolve uma reação química homogênea.

Considere uma camada do meio absorvente, como ilustrado na Figura 26-10. Na superfície do líquido, a composição de A é expressa por c_{Ao}. A espessura do filme, δ, é definida de modo que a concentração de A será sempre nula além desse filme. Se houver muito pouco movimento do fluido dentro do filme e se a concentração de A no filme for suposta muito baixa, então o fluxo molar dentro do filme é descrito por

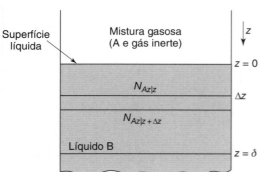

Figura 26.10 Absorção com reação química homogênea.

$$N_{A,z} = -D_{AB} \frac{dc_A}{dz}$$

Para a transferência de massa unidimensional em estado estacionário, a equação diferencial geral da transferência de massa se reduz a

$$-\frac{dN_{A,z}}{dz} + R_A = 0 \qquad (26\text{-}34)$$

O consumo do componente A por uma reação química de primeira ordem é definida por

$$R_A = -k_1 c_A \qquad (26\text{-}35)$$

em que k_1 é a constante de taxa de reação química. Substituindo as equações (26-33) e (26-35) na equação (26-34), tem-se uma equação diferencial de segunda ordem que descreve a transferência de massa simultânea acompanhada por uma reação química de primeira ordem:

$$-\frac{d}{dz}\left(D_{AB}\frac{dc_A}{dz}\right) + k_1 c_A = 0 \qquad (26\text{-}36)$$

Se o coeficiente de difusão é constante, a equação (26-36) se reduz a

$$D_{AB}\frac{d^2 c_A}{dz^2} - k_1 c_A = 0 \qquad (26\text{-}37)$$

A solução geral da equação (26-37) é

$$c_A(z) = C_1 \cosh\left(z\sqrt{k_1/D_{AB}}\right) + C_2 \operatorname{senh}\left(z\sqrt{k_1/D_{AB}}\right) \qquad (26\text{-}38)$$

As condições de contorno

$$\text{para } z = 0, \quad c_A = c_{Ao}$$

e

$$\text{para } z = \delta, \quad c_A = 0$$

permitem calcular as duas constantes de integração, C_1 e C_2. A constante C_1 é igual a c_{Ao} e C_2 igual a $-c_{Ao}/\mathrm{tgh}\left(\delta\sqrt{k_1/D_{AB}}\right)$, em que δ é a espessura do filme líquido. Substituindo essas constantes na equação (26-38), obtemos uma equação que descreve o perfil de concentração:

$$c_A(z) = c_{Ao}\cosh\left(z\sqrt{k_1/D_{AB}}\right) - \frac{c_{Ao}\operatorname{senh}\left(z\sqrt{k_1/D_{AB}}\right)}{\mathrm{tgh}\left(\delta\sqrt{k_1/D_{AB}}\right)} \qquad (26\text{-}39)$$

O fluxo molar na superfície do líquido pode ser determinado derivando a equação (26-39) e calculando a derivada, $(dc_A/dz)|_{z=0}$. A derivada de c_A em relação a z é

$$\frac{dc_A}{dz} = +c_{Ao}\sqrt{k_1/D_{AB}}\operatorname{senh}\left(z\sqrt{k_1/D_{AB}}\right) - \frac{c_{Ao}\sqrt{k_1/D_{AB}}\cosh\left(z\sqrt{k_1/D_{AB}}\right)}{\mathrm{tgh}\left(\delta\sqrt{k_1/D_{AB}}\right)}$$

que, quando z igual a zero, torna-se

$$\left.\frac{dc_A}{dz}\right|_{z=0} = 0 - \frac{c_{Ao}\sqrt{k_1/D_{AB}}}{\mathrm{tgh}\left(\delta\sqrt{k_1/D_{AB}}\right)} = -\frac{c_{Ao}\sqrt{k_1/D_{AB}}}{\mathrm{tgh}\left(\delta\sqrt{k_1/D_{AB}}\right)} \qquad (26\text{-}40)$$

Substituindo a equação (26-40) na equação (26-33), obtemos

$$N_{A,z}\big|_{z=0} = \frac{D_{AB}c_{Ao}}{\delta}\left[\frac{\delta\sqrt{k_1/D_{AB}}}{\mathrm{tgh}\left(\delta\sqrt{k_1/D_{AB}}\right)}\right] \tag{26-41}$$

Se a condição de contorno em $z = \delta$ for mudada, de modo que não se considere fluxo líquido de massa nesse contorno

$$N_{A,z}\big|_{z=\delta} = -D_{AB}\frac{dc_A}{dz}\bigg|_{z=\delta} = 0$$

então, as equações (26-39) e (26-41) também mudarão. Esse tipo de condição de contorno aparece comumente em muitos sistemas físicos envolvendo difusão e reação química homogênea, conforme ilustrado no Exemplo 4.

É interessante considerar a operação de transferência de massa mais simples que envolve a absorção de A em um líquido B *sem* reação química. Caso nenhuma reação química homogênea esteja presente ($R_A = 0$), o fluxo molar de A é facilmente determinado por integração da equação (26-20) entre as duas condições de contorno, resultando

$$N_{A,z} = \frac{D_{AB}c_{Ao}}{\delta}$$

Comparando as duas equações, é aparente que o termo

$$\left[\left(\delta\sqrt{k_1/D_{AB}}\right)/\mathrm{tgh}\left(\delta\sqrt{k_1/D_{AB}}\right)\right]$$

mostra a influência da reação química. Esse termo é uma grandeza adimensional, frequentemente denominada número de Hatta.[3] À medida que a taxa de reação química aumenta, a constante de taxa de reação, k_1, aumenta e o termo de tangente hiperbólica, $\mathrm{tgh}\left(\delta\sqrt{k_1/D_{AB}}\right)$, aproxima-se do valor unitário. Assim, a equação (26-41) se reduz a

$$N_{A,z}\big|_{z=0} = \sqrt{D_{AB}\,k_1}\,(c_{Ao} - 0)$$

Uma comparação dessa equação com a equação (24-68)

$$N_A = k_c(c_{A_1} - c_{A_2}) \tag{24-68}$$

revela que o coeficiente de filme, k_c, é proporcional ao coeficiente de difusão elevado à potência de 0,5. Em uma reação química relativamente rápida, o componente A desaparecerá após ter penetrado somente uma curta distância no meio absorvente; assim, um segundo modelo para a transferência de massa por convecção foi proposto, o *modelo da teoria da penetração*, no qual k_c é considerado uma função de D_{AB} elevado à potência de 0,5. Em nossa discussão anterior sobre o modelo de transferência de massa por convecção, o modelo da teoria do filme, o coeficiente de transferência de massa foi uma função do coeficiente de difusão elevado à primeira potência. Vamos reconsiderar o modelo da penetração, apresentado na Seção 26.4 e também no Capítulo 28, quando discutirmos sobre coeficientes convectivos de transferência de massa.

O exemplo a seguir considera a difusão com uma reação química homogênea de primeira ordem sob um conjunto diferente de condições de contorno.

---

[3] S. Hatta, *Technol. Rep. Tohoku Imp. Univ.*, **10**, 199 (1932).

Exemplo 4

Concentrações diluídas de solutos tóxicos podem ser frequentemente degradadas por um "biofilme" aderido a uma superfície sólida não porosa e inerte. Um biofilme consiste em células vivas imobilizadas em uma matriz gelatinosa. Biofilmes não são muito espessos, usualmente menos de alguns milímetros. Um soluto orgânico tóxico (espécie A) se difunde no biofilme e é degradado em produtos inofensivos, esperançosamente CO_2 e água, pelas células no interior do biofilme. Nas aplicações de engenharia, o biofilme pode ser aproximado como uma substância homogênea (isto é, espécie B). A taxa de degradação do soluto tóxico por unidade de volume é descrita por uma equação de taxa cinética da forma

$$R_A = -\frac{R_{A,\text{máx}} c_A}{K_A + c_A}$$

em que $R_{A,\text{máx}}$ é a taxa máxima possível de degradação da espécie A no biofilme e K_A (mol/cm^3) é a constante de metade da saturação para a degradação da espécie A no interior do biofilme em mãos.

Considere o processo simples envolvendo o "disco rotatório" ilustrado na Figura 26.11 para o tratamento de fenol (espécie A) em uma água residuária. O biofilme contém um micro-organismo rico na enzima peroxidase capaz de degradar o fenol por oxidação. A concentração da espécie A no seio da fase fluida sobre o biofilme é constante se a fase fluida estiver bem misturada. Entretanto, a concentração de A dentro do biofilme decresce ao longo da profundidade do biofilme z à medida que a espécie A é degradada. Não há nenhuma resistência à transferência de massa por convecção através da camada-limite de fluido entre o seio do fluido e a superfície do biofilme. Além disso, o fenol é igualmente solúvel na água e no biofilme e a diferença de densidade entre o biofilme e a água pode ser desprezada, de modo que a concentração do fenol na superfície da fase aquosa é igual à sua concentração na superfície da fase gelatinosa dentro do biofilme — isto é, em $z = 0$, $c_{As} = c_{Ao}$.

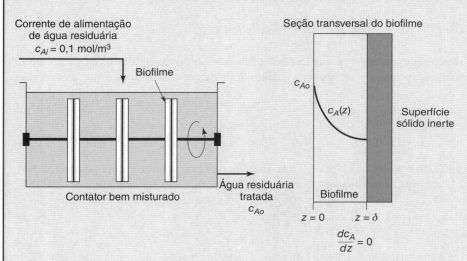

Figura 26.11 Biofilme para o tratamento de água residuária.

Deseja-se tratar 0,10 m^3 por hora de água residuária contendo 0,10 gmol/m^3 de fenol (substância tóxica). Se a espessura do biofilme for 2,0 mm (0,002 m), qual será a área superficial requerida do biofilme necessária para se obter a concentração de saída desejada de 0,02 gmol/m^3? As propriedades cinéticas e de transporte de massa para o biofilme são $K_A = 0,3$ gmol/m^3, $R_{A\text{ máx}} = 5,7 \times 10^{-3}$ gmol/m$^3 \cdot$ s e $D_{AB} = 2,0 \times 10^{-10}$ m^2/s, com a temperatura do processo igual a 25°C.

A fonte para a transferência de massa do fenol é a corrente de alimentação de água residuária, enquanto o sorvedouro é o consumo de fenol em estado estacionário dentro do biofilme. Um balanço de massa da espécie A na unidade de processo é

(taxa de fenol degradado) = (taxa de fenol adicionado ao processo) – (taxa de fenol que deixa o processo)

ou

$$W_A = v_i c_{Ai} - v_o c_{Ao} = v_o(c_{Ai} - c_{Ao}) = \frac{0,1 \text{ m}^3}{\text{h}}(0,1 - 0,02)\frac{\text{gmol}}{\text{m}^3} = 8,0 \times 10^{-3} \frac{\text{gmol}}{\text{h}}$$

em que o subscrito "i" representa a entrada e o subscrito "o" a saída. Note que c_{Ao} é a concentração global de fenol dentro do contator. O biofilme possui geometria plana, melhor descrita por coordenadas retangulares. A taxa de degradação W_A é proporcional ao fluxo da espécie A para o biofilme em $z = 0$.

$$W_A = S N_{A,z} = S \left(-D_{AB} \frac{dc_A}{dz} \bigg|_{z=0} \right)$$

em que S é a área superficial requerida do biofilme. A baixas concentrações, em que $K_A \gg c_A$, a equação de taxa anterior se aproxima de um processo de primeira ordem em relação a c_A:

$$R_A = -\frac{R_{A,\text{máx}} c_A}{K_A + c_A} \cong -\frac{R_{A,\text{máx}}}{K_A} c_A = -k_1 c_A$$

sendo k_1 igual a

$$k_1 = \frac{R_{A,\text{máx}}}{K_A} = \frac{5{,}7 \times 10^{-3} \dfrac{\text{gmol}}{\text{m}^3 \cdot \text{s}}}{0{,}3 \dfrac{\text{gmol}}{\text{m}^3}} = 1{,}9 \times 10^{-2} \text{ s}^{-1}$$

O fluxo de massa pode ser obtido a partir do perfil de concentração. Lembre-se da equação (26-37) para a difusão unidimensional em estado estacionário com reação química homogênea de primeira ordem:

$$D_{AB} \frac{d^2 c_A}{dz^2} - k_1 c_A = 0 \tag{26-37}$$

Lembre-se também de que essa equação diferencial de segunda ordem tem uma solução geral da forma

$$c_A(z) = C_1 \cosh\left(z\sqrt{k_1/D_{AB}}\right) + C_2 \text{senh}\left(z\sqrt{k_1/D_{AB}}\right) \tag{26-38}$$

em que C_1 e C_2 são constantes de integração a serem determinadas pela aplicação das condições de contorno descritas anteriormente. O biofilme é imobilizado sobre uma superfície sólida não porosa. Por conseguinte, o fluxo em $z = \delta$ é zero. Consequentemente, as condições de contorno são

$$\text{para } z = \delta, \quad \frac{dc_A}{dz} = 0$$
$$\text{para } z = 0, \quad c_A = c_{As} = c_{Ao}$$

Note que as condições de contorno já apresentadas são diferentes daquelas descritas anteriormente para a obtenção das equações (26-39) e (26-41). O perfil de concentração, baseado nesse conjunto de condições de contorno, é

$$c_A(z) = \frac{c_{Ao} \cosh(\delta - z)\sqrt{k_1/D_{AB}}}{\cosh(\delta\sqrt{k_1/D_{AB}})} \tag{26-42}$$

O desenvolvimento matemático da equação (26-42) é deixado para o leitor. Derivando a equação (26-42) e calculando a derivada em $z = 0$, obtém-se

$$\left.\frac{dc_A}{dz}\right|_{z=0} = -c_{Ao}\sqrt{k_1/D_{AB}} \, \text{tgh}\left(\delta\sqrt{k_1/D_{AB}}\right)$$

A partir disso, o fluxo de fenol para o biofilme é

$$N_A|_{z=0} = \frac{D_{AB} c_{Ao}}{\delta}\left(\delta\sqrt{k_1/D_{AB}}\right)\text{tgh}\left(\delta\sqrt{k_1/D_{AB}}\right)$$

Inicialmente, é melhor calcular o parâmetro adimensional, ϕ, o módulo de Thiele, expresso por:

$$\phi = \delta\sqrt{\frac{k_1}{D_{AB}}} = 0{,}002 \text{ m} \sqrt{\frac{1{,}9 \times 10^{-2} \dfrac{1}{\text{s}}}{2 \times 10^{-10} \dfrac{\text{m}^2}{\text{s}}}} = 19{,}49$$

A equação (26-43) pode ser expressa em termos do módulo de Thiele como

$$N_A|_{z=0} = \frac{D_{AB} c_{Ao}}{\delta}(\phi)\text{tgh}(\phi)$$

O módulo de Thiele representa a razão entre a taxa de reação e a taxa de difusão. Quando ϕ é menor que 0,1, tgh(ϕ) se aproxima de ϕ e

$$N_A|_{z=0} = \frac{D_{AB}c_{Ao}}{\delta}\left(\delta\sqrt{k_1 D_{AB}}\right)^2 = \frac{D_{AB}c_{Ao}}{\delta}\phi^2$$

Essa situação aparece quando a taxa de reação é baixa relativa à taxa de difusão; logo, o processo é controlado pela taxa de reação. Quando ϕ é maior que 5, tgh(ϕ) $\approx$ 1 e

$$N_{A,z}|_{z=0} = \frac{D_{AB}c_{Ao}}{\delta}\left(\delta\sqrt{k_1 D_{AB}}\right) = \frac{D_{AB}c_{Ao}}{\delta}\phi$$

Essa situação aparece quando a taxa de difusão é baixa em relação à taxa de reação; logo, o processo é controlado pela taxa de difusão. Em nosso exemplo, o fluxo molecular difusivo de fenol através do biofilme influencia fortemente a taxa global de degeneração do fenol. O fluxo de fenol dentro do biofilme é

$$N_{A,z} = \frac{\left(2,0 \times 10^{-10}\,\frac{m^2}{s}\right)\left(0,020\,\frac{gmol}{m^3}\right)}{0,002\,m}(19,49)\text{tgh}(19,49) = 3,9 \times 10^{-8}\,\frac{gmol}{m^2 \cdot s}$$

Finalmente, a área superficial requerida do biofilme é obtida a partir da taxa de degradação requerida e do fluxo:

$$S = \frac{W_A}{N_{A,z}} = \frac{8,0 \times 10^{-3}\,\frac{gmol}{h}\,\frac{1\,h}{3600\,s}}{3,9 \times 10^{-8}\,\frac{gmol}{m^2 \cdot s}} = 57,0\,m^2$$

O perfil de concentração em estado estacionário $c_A(z)$ dentro do biofilme é ilustrado na Figura 26.12. É interessante notar que o perfil de concentração rapidamente se reduz a zero dentro do primeiro milímetro do biofilme, ilustrando novamente uma forte resistência devida à difusão em relação à resistência da reação de degradação do fenol.

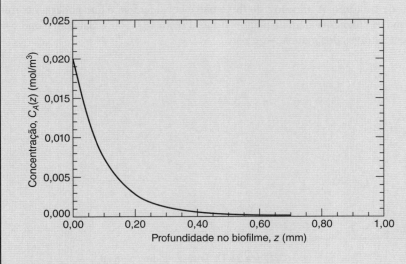

Figura 26.12 Perfil de concentração do fenol no biofilme.

26.3

SISTEMAS BI E TRIDIMENSIONAIS

Nas Seções 26.1 e 26.2, discutimos problemas nos quais a concentração e a transferência de massa foram funções de uma única variável espacial. Embora muitos problemas caiam nessa categoria, existem sistemas que envolvem contornos irregulares ou concentrações não uniformes ao longo do contorno para os quais o tratamento unidimensional pode não se aplicar. Em tais casos, o perfil de concentração pode ser uma função de duas ou mesmo três coordenadas espaciais.

Nesta seção, devemos rever alguns dos métodos para analisar a transferência molecular de massa em sistemas bi e tridimensionais. Uma vez que a transferência de calor por condução é análoga à transferência de massa molecular, as técnicas analíticas, analógicas e numéricas descritas no Capítulo 17 devem ser aplicadas diretamente aqui.

Uma solução analítica para qualquer problema de transferência tem de satisfazer a equação diferencial geral que a descreve, bem como as condições de contorno especificadas pela situação física. Um tratamento completo das soluções analíticas para sistemas bi e tridimensionais requer conhecimento prévio da equação diferencial parcial e da teoria de variáveis complexas. Uma vez que esse assunto é muito avançado para um curso introdutório, vamos limitar nossas discussões a um exemplo bidimensional relativamente simples descrito a seguir. Para o tratamento de problemas mais complicados, o estudante deve consultar dois excelentes tratados de Crank[4] e Jost.[5]

Lembre-se da equação diferencial geral para transferência de massa em coordenadas retangulares, dada pela equação (25-27):

$$\frac{\partial c_A}{\partial t} + \frac{\partial N_{A,x}}{\partial x} + \frac{\partial N_{A,y}}{\partial y} + \frac{\partial N_{A,z}}{\partial z} = R_A$$

O tipo mais simples de difusão multifuncional ocorre sob condições nas quais o processo é admitido como estando em estado estacionário, sem reação homogênea ou sem geração da espécie que se difunde dentro do volume de controle e sem movimento global do fluido através do volume de controle. Adicionalmente, se não houver a componente z do fluxo de A, a equação diferencial geral para a transferência de massa para a espécie A nas direções x e y se reduz a

$$\frac{\partial N_{A,x}}{\partial x} + \frac{\partial N_{A,y}}{\partial y} = 0 \qquad (26\text{-}44)$$

Considere que o volume de controle seja a chapa mostrada na Figura 26-13. Uma fonte e um sorvedouro constantes para a espécie A determinarão a direção das componentes do fluxo, que serão especificadas pelas condições de contorno. A direção z do fluxo não é considerada, o que poderia ocorrer estendendo-se a direção indefinidamente além do plano x–y nas direções +/–, ou vedando o plano x–y para permitir fluxo somente através dos planos y–z e x–z.

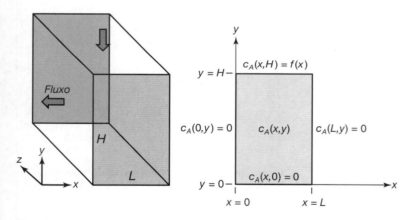

Figura 26.13 Difusão bidimensional.

Para uma suposição adicional em que a lei de Fick para o fluxo de massa se reduz à primeira lei de Fick — por exemplo, para uma mistura diluída da espécie A em um meio B, as componentes do fluxo difusivo para a espécie A em um meio estagnado B são

$$N_{A,x} = -D_{AB}\frac{\partial c_A}{\partial x} \quad \text{e} \quad N_{A,y} = -D_{AB}\frac{\partial c_A}{\partial y}$$

Em termos da concentração de $c_A(x,y)$, a equação diferencial para a transferência de massa é

$$\frac{\partial^2 c_A}{\partial x^2} + \frac{\partial^2 c_A}{\partial y^2} = 0 \qquad (26\text{-}45)$$

---

[4] J. Crank, *The Mathematics of Diffusion*, Oxford University Press, Londres (1957).

[5] W. Jost, *Diffusion in Solids, Liquids and Gases*, Academic Press, Nova York, 1952.

que é uma forma familiar da equação de Laplace, equação (25-23). A solução particular para a equação de Laplace apresenta uma única forma, desde que as quatro condições de contorno requeridas sejam especificadas. Essas condições de contorno podem incluir uma concentração conhecida da espécie A ou um fluxo conhecido da espécie A em um dado contorno. Por exemplo, considere as seguintes condições de contorno nas quais a concentração é conhecida em cada contorno.

$$x = 0, \quad 0 \leq y \leq H, \quad c_A(0,y) = c_{As}$$

$$x = L, \quad 0 \leq y \leq H, \quad c_A(L,y) = c_{As}$$

$$y = 0, \quad 0 < x < L, \quad c_A(x,0) = c_{As}$$

$$y = H, \quad 0 < x < L, \quad c_A(x,H) = f(x)$$

em que $f(x)$ é uma função que descreve o perfil de concentração em $y = H$ ao longo de x, não incluindo $x = 0$ e $x = L$.

A solução analítica da equação diferencial parcial com as condições de contorno associadas é obtida pela técnica de separação de variáveis. A solução não será detalhada aqui, porém os detalhes do método para esse problema são fornecidos por Kreyszig.[6] O método de solução é facilitado pelo uso das condições de contorno homogêneas em $x = 0$, $x = L$ e $y = 0$, que podem ser facilmente obtidas considerando-se $c_{As} = 0$ ou por uma transformação de variável — por exemplo, $u(x,y) = c_A(x,y) - c_{As}$. Sob essas condições de contorno, a solução analítica é

$$c_A(x,y) = \sum_{n=1}^{\infty} A_n \,\text{sen}\left(\frac{n\pi x}{L}\right) \text{senh}\left(\frac{n\pi y}{L}\right) \tag{26-46}$$

em que A_n são os coeficientes de Fourier, dados por

$$A_n = \frac{2}{L\,\text{senh}\left(\dfrac{n\pi H}{L}\right)} \int_0^L f(x)\,\text{sen}\left(\frac{n\pi x}{L}\right) dx \tag{26-47}$$

O desenvolvimento desse modelo diferencial e a formulação da solução analítica podem ser estendidos a um sistema tridimensional, considerando também o fluxo ao longo da direção z. O Exemplo 5 a seguir ilustra a aplicação da solução analítica para a transferência de massa bidimensional, em estado estacionário, sem reação química homogênea.

Exemplo 5

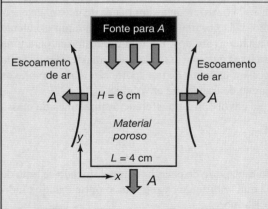

Figura 26.14 Sistema para transferência de massa para o Exemplo 5.

O dispositivo mostrado na Figura 26.14 é usado para liberar continuamente um componente volátil A em uma corrente de ar em movimento, por um processo limitado por difusão. Um reservatório, que serve como fonte para o sólido A, repousa no topo de uma chapa porosa, de dimensões $L = 4{,}0$ cm na direção x e $H = 6{,}0$ cm na direção y. A sublimação do sólido gera vapor com uma pressão de vapor saturado de $0{,}10$ atm, fornecendo, assim, uma concentração c_A^* no topo da chapa porosa. O vapor se difunde através da chapa porosa, saindo então pelas faces externas da chapa. Sabendo-se que a pressão de vapor da espécie volátil A é igual a $0{,}10$ atm e que A é imediatamente dispersa na corrente de ar mantida a 27°C e $1{,}0$ atm, tendo-se assim $c_{As} \approx 0$, estime o perfil de concentração $c_A(x,y)$ em $2{,}0$ cm, $3{,}0$ cm e $4{,}0$ cm a partir da base ($y = 0$).

O sistema físico é descrito pelas equações (26-46) a (26-47) e pela suposição básica de que $c_{As} \approx 0$ nas superfícies expostas. O volume de controle para a transferência de massa é a chapa porosa. Uma vez que a fonte para A (reservatório) e o sorvedouro para A (corrente gasosa em movimento) são orientados perpendicularmente

---

[6] E. Kreyszig, *Advanced Engineering Mathematics*, 6. ed., John Wiley & Sons, Nova York, 1988.

entre si e o plano x-y está fechado, o fluxo terá as componentes x e y com um perfil bidimensional de concentração $c_A(x,y)$. A simplificação da equação (26-47) para $f(x) = c_A^*$ resulta

$$A_n = \frac{2}{L \operatorname{senh}\left(\frac{n\pi H}{L}\right)} \int_0^L c_A^* \operatorname{sen}\left(\frac{n\pi x}{L}\right) dx = -\frac{4 c_A^*}{\operatorname{senh}\left(\frac{n\pi H}{L}\right)} \frac{(-1)^n}{n\pi} \quad n = 1, 3, 5 \ldots$$

e, assim, a equação (26-46) se torna

$$c_A(x,y) = -4 c_A^* \sum_{n=1}^{\infty} \frac{(-1)^n}{n\pi \operatorname{senh}\left(\frac{n\pi H}{L}\right)} \operatorname{sen}\left(\frac{n\pi x}{L}\right) \operatorname{senh}\left(\frac{n\pi y}{L}\right) \quad n = 1, 3, 5 \ldots \tag{26-48}$$

O perfil de concentração $c_A(x,y)$ foi calculado por computador usando um programa que permite a solução por séries infinitas levando a convergência para um valor de $c_A(x,y)$ em um valor dado de x e de y. Os resultados são mostrados na Figura 26.15.

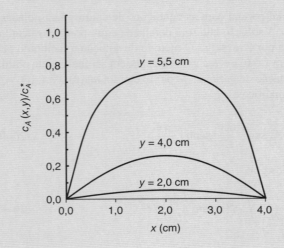

Figura 26.15 Perfis bidimensionais da concentração normalizada para o Exemplo 5.

▶ 26.4

TRANSFERÊNCIA SIMULTÂNEA DE MOMENTO, DE CALOR E DE MASSA

Nas seções anteriores, consideramos a transferência de massa em estado estacionário sem considerar os outros fenômenos de transporte. Muitas situações físicas envolvem a transferência simultânea de massa e de energia ou de momento e, em poucos casos, a transferência simultânea de massa, de energia e de momento. A secagem de uma superfície molhada por um gás quente e seco é um excelente exemplo no qual os três fenômenos de transporte estão envolvidos. Energia é transferida para uma superfície mais fria por convecção e radiação; massa e sua entalpia associada são transferidas de volta para a corrente gasosa em movimento. Os processos simultâneos de transporte são mais complexos e requerem tratamento simultâneo para cada fenômeno de transporte envolvido.

Nesta seção, consideraremos dois exemplos que envolvem a transferência simultânea de massa e um segundo fenômeno de transporte.

Transferência Simultânea de Calor e de Massa

Geralmente, um processo de difusão é seguido pelo transporte de energia, mesmo quando se trata de um sistema isotérmico. À medida que cada espécie que se difunde carrega sua própria entalpia individual, um fluxo de calor em um dado plano é descrito por

$$\frac{\mathbf{q}_D}{A} = \sum_{i=1}^{n} \mathbf{N}_i \bar{H}_i \tag{26-49}$$

em que $\mathbf{q}_D/A$ é o fluxo de calor devido à difusão de massa através de um dado plano e $\bar{H}_i$ é a entalpia parcial molar da espécie i na mistura. Quando ocorre uma diferença de temperatura, energia será também transportada por um dos três mecanismos de transferência de calor. Por exemplo, a equação para o transporte total de energia por condução e por difusão molecular é dada por

$$\frac{\mathbf{q}}{A} = -k\nabla T + \sum_{i=1}^{n} \mathbf{N}_i H_i \qquad (26\text{-}50)$$

Se a transferência de calor for por convecção, o primeiro termo correspondente ao transporte de energia na equação (26-50) deverá ser substituído pelo produto do coeficiente convectivo de transferência de calor e uma força motriz ΔT.

Um processo importante em muitos processos de engenharia, bem como nos acontecimentos diários, envolve a condensação de um vapor sobre uma superfície fria. Exemplos desse processo incluem o "suor" sobre tubos de água fria e a condensação de vapor úmido sobre os vidros de uma janela fria. A Figura 26.16 ilustra o processo que envolve um filme de líquido condensado escoando de forma descendente sobre uma superfície fria e um filme de gás através do qual o condensado é transferido por difusão molecular. Esse processo envolve a transferência simultânea de calor e de massa.

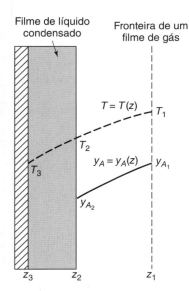

Figura 26.16 Condensação de vapor sobre uma superfície fria.

As condições a seguir serão estabelecidas para essa situação física particular em estado estacionário. O componente puro A condensará a partir de uma mistura binária gasosa. A composição, y_A, e a temperatura, T_1, são conhecidas no plano z_1. A temperatura da superfície condensante, T_3, é também conhecida. Por considerações de transferência de calor, os coeficientes convectivos de transferência de calor para o filme de líquido condensado e o filme de gás podem ser calculados pelas equações apresentadas no Capítulo 20. Por exemplo, na fase gasosa, quando o gás de arraste for o ar e o conteúdo de vapor da espécie que se difunde for relativamente baixo, o coeficiente de transferência de calor para a convecção natural poderá ser estimado pela equação (20-5):

$$\text{Nu}_L = 0{,}68 + \frac{0{,}670\,\text{Ra}_L^{1/4}}{\left[1 + (0{,}492/\text{Pr})^{9/16}\right]^{4/9}} \qquad (20\text{-}5)$$

Usando a equação diferencial geral para a transferência de massa, equação (25-1), podemos ver que a equação diferencial que descreve a transferência de massa dentro da fase gasosa é

$$\frac{dN_{A,z}}{dz} = 0 \qquad (26\text{-}51)$$

A equação (26-51) mostra que o fluxo de massa na direção z é constante ao longo do caminho de difusão. Para completar a descrição do processo, a forma apropriada da lei de Fick para o fluxo de massa deve ser escolhida. Se o componente A está se difundindo em um gás estagnado, o fluxo é definido pela equação (26-3):

$$N_{A,z} = \frac{-cD_{AB}}{1-y_A}\frac{dy_A}{dz} \qquad (26\text{-}3)$$

Como existe um perfil de temperatura dentro do filme e o coeficiente de difusão e a concentração total do gás variam com a temperatura, essa variação com z tem de ser frequentemente considerada. Não é necessário dizer que isso complica o problema e requer informações adicionais antes que a equação (26-3) possa ser integrada.

Quando o perfil de temperatura é conhecido ou pode ser definido de maneira aproximada, a variação do coeficiente de difusão pode ser trabalhada. Por exemplo, se o perfil de temperatura for da forma

$$\frac{T}{T^1} = \left(\frac{z}{z_1}\right)^n \qquad (26\text{-}52)$$

a relação entre o coeficiente de difusão e o parâmetro de comprimento pode ser determinada usando a equação (24-41), como mostrado a seguir:

$$D_{AB} = D_{AB}\big|_{T_1}\left(\frac{T}{T_1}\right)^{3/2} = D_{AB}\big|_{T_1}\left(\frac{z}{z_1}\right)^{3n/2} \qquad (26\text{-}53)$$

A variação na concentração total causada pela variação de temperatura pode ser calculada por

$$c = \frac{P}{RT} = \frac{P}{RT_1(z/z_1)^n}$$

A equação de fluxo agora se torna

$$N_{A,z} = \frac{-P\,D_{AB}|_{T_1}}{RT_1(1-y_A)}\left(\frac{z}{z_1}\right)^{n/2}\frac{dy_A}{dz} \tag{26-54}$$

Esse é o mesmo enfoque usado no Capítulo 15, o qual discutiu a transferência de calor por condução, quando a condutividade térmica foi uma variável.

Considerando uma pequena faixa de temperatura, um coeficiente de difusão médio e a concentração molar total podem ser usados. Com essa suposição, a equação (26-3) simplifica para

$$N_{A,z} = -\frac{(cD_{AB})_{\text{médio}}}{(1-y_A)}\frac{dy_A}{dz} \tag{26-55}$$

Integrando essa equação entre as condições de contorno

$$\text{para } z = z_1, \quad y_A = y_{A_1}$$

e

$$\text{para } z = z_2, \quad y_A = y_{A_2}$$

obtemos a relação

$$N_{A,z} = \frac{(cD_{AB})_{\text{médio}}\left(y_{A_1} - y_{A_2}\right)}{(z_2 - z_1)y_{B,lm}} \tag{26-56}$$

A temperatura, T_2, é necessária para calcular $(cD_{AB})_{\text{médio}}$, a diferença de temperatura entre a superfície do líquido e a do vapor adjacente e a pressão de vapor da espécie A na superfície do líquido. Essa temperatura pode ser calculada a partir das considerações de transferência de calor. O fluxo total de energia através da superfície do líquido também passa através do filme de líquido. Isso pode ser expresso por

$$\frac{q_z}{A} = h_{\text{líquido}}(T_2 - T_3) = h_c(T_1 - T_2) + N_{A,z}M_A(H_1 - H_2) \tag{26-57}$$

em que $h_{\text{líquido}}$ é o coeficiente convectivo de transferência de calor no filme de líquido, h_c é o coeficiente de transferência de calor por convecção natural no filme de gás, M_A é a massa molar de A, e H_1 e H_2 são as entalpias do vapor no plano 1 e do líquido no plano 2, respectivamente, para a espécie A por unidade de massa. É importante perceber que há duas contribuições para o fluxo de energia que entra na superfície do líquido proveniente do filme de gás: transferência de calor por convecção e a energia transportada pela espécie que está condensando.

De modo a resolver a equação (26-57), uma solução baseada no método de tentativa e erro é necessária. Se for suposto um valor para a temperatura da superfície do líquido, T_2, h_c e $(cD_{AB})_{\text{médio}}$ podem ser calculados. A composição de equilíbrio, y_{A_2}, pode ser determinada a partir de relações termodinâmicas. Por exemplo, se a lei de Raoult se aplica

$$p_{A_2} = x_A P_A$$

em que x_A para um líquido puro é igual a 1,0 e a pressão parcial de A acima da superfície do líquido é igual à pressão de vapor, P_A. Pela lei de Dalton, a fração molar de A no gás imediatamente acima do líquido é

$$y_{A_2} = \frac{p_{A_2}}{P} = \frac{P_A}{P}$$

em que P é a pressão total do sistema e P_A é a pressão de vapor de A na temperatura considerada T_2. Conhecidos $(cD_{AB})_{médio}$ e y_{A_2}, podemos calcular $N_{A,z}$ pela equação (26-56). Os coeficientes de transferência de calor do filme de líquido podem ser calculados usando as equações apresentadas no Capítulo 20. Conhece-se agora um valor de cada termo na equação (26-57). Quando os termos do lado direito e do lado esquerdo da equação forem iguais, concluiremos que a temperatura da superfície líquida foi arbitrada corretamente. Se a temperatura inicialmente adotada não resultar nessa igualdade, valores adicionais têm de ser admitidos até que a equação (26-57) seja satisfeita.

Existem várias operações unitárias na indústria nas quais a transferência de calor e de massa entre as fases líquida e gasosa ocorrem simultaneamente. Destilação, umidificação ou desumidificação do ar e resfriamento de água são exemplos dessas operações. No início da exploração do espaço, o resfriamento dos veículos que retornavam, ocasionado pela sublimação de material ablativo, é outro exemplo em que a transferência simultânea exerceu um importante papel na engenharia.

No exemplo a seguir, necessita-se considerar a transferência simultânea de calor e de massa para prever as relações dos fluxos descritas pela lei de Fick.

Transferência Simultânea de Momento e de Massa

Em diversas operações envolvendo transferência de massa, massa é trocada entre duas fases. Um exemplo importante que mencionamos anteriormente refere-se à *absorção*, que traduz a dissolução seletiva de um dos componentes de uma mistura gasosa por um líquido. Uma coluna de parede molhada, como ilustrado na Figura 26.17, é comumente utilizada para o estudo do mecanismo dessa operação de transferência de massa, uma vez que ela fornece uma área de contato bem definida entre ambas as fases. Nessa operação, um filme fino de líquido escoa ao longo da parede da coluna mantendo contato com uma mistura gasosa. Durante uma operação normal, o tempo de contato entre as duas fases é relativamente curto. Como somente uma pequena quantidade de massa é absorvida, as propriedades do líquido podem ser admitidas como inalteradas. Dessa forma, a velocidade do filme descendente não será afetada pelo processo de difusão.

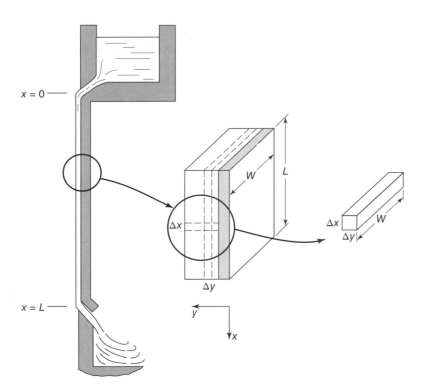

Figura 26.17 Absorção em um filme líquido descendente.

O processo envolve tanto a transferência de momento quanto a de massa. No Capítulo 8, foi discutido o escoamento laminar de um fluido escoando em um plano inclinado. Quando o ângulo de inclinação é de 90 graus, os resultados obtidos na Seção 8.2 podem ser usados para descrever o perfil de velocidade no filme descendente. Com essa substituição, a equação diferencial da transferência de momento se torna

$$\frac{d\tau_{yx}}{dy} + \rho g = 0$$

e as condições de contorno que devem ser satisfeitas são

$$\text{para } y = 0, \quad v_x = 0$$

e

$$\text{para } y = \delta, \quad \frac{\partial v_x}{\partial y} = 0$$

A expressão final para o perfil de velocidade é dada por

$$v_x = \frac{\rho g \delta^2}{\mu}\left[\frac{y}{\delta} - \frac{1}{2}\left(\frac{y}{\delta}\right)^2\right]$$

A velocidade máxima será na borda do filme, em que $y = \delta$

$$v_{\text{máx}} = \frac{\rho g \delta^2}{2\mu}$$

Substituindo esse resultado no perfil de velocidade, obtemos outra expressão para v_x

$$v_x = 2v_{\text{máx}}\left[\frac{y}{\delta} - \frac{1}{2}\left(\frac{y}{\delta}\right)^2\right] \tag{26-58}$$

A equação diferencial para a transferência de massa pode ser obtida usando a equação diferencial geral para transferência de massa e eliminando os termos irrelevantes ou fazendo um balanço no volume de controle, $\Delta x \Delta y W$, conforme mostrado na Figura 26.17. É importante notar que a componente y do fluxo de massa, $N_{A,y}$, está associada com a direção contrária y, de acordo com os eixos previamente estabelecidos em nossas considerações feitas para o escoamento de fluidos. O balanço de massa no volume de controle resulta

$$N_{A,x}|_{x+\Delta x} \, W\Delta y - N_{A,x}|_x \, W\Delta y + N_{A,y}|_{y+\Delta y} \, W\Delta x - N_{A,y}|_y \, W\Delta x = 0$$

Dividindo por $\Delta x \Delta y W$ e tomando o limite quando Δx e Δy tendem a zero, obtemos a equação diferencial

$$\frac{\partial N_{A,x}}{\partial x} + \frac{\partial N_{A,y}}{\partial y} = 0 \tag{26-59}$$

Os fluxos molares unidirecionais nas direções x e y são, respectivamente, definidos por

$$N_{A,x} = -D_{AB}\frac{\partial c_A}{\partial x} + x_A\left(N_{A,x} + N_{B,x}\right)$$

e

$$N_{A,y} = -D_{AB}\frac{\partial c_A}{\partial y} + x_A\left(N_{A,y} + N_{B,y}\right)$$

Como já mencionado, o tempo de contato entre o vapor e o líquido é relativamente curto; assim, um gradiente de concentração desprezível irá se desenvolver na direção x; então, a equação do fluxo na direção x se reduz a

$$N_{A,x} = x_A\left(N_{A,x} + N_{B,x}\right) = c_A v_x \tag{26-60}$$

O termo do transporte convectivo no sentido negativo da direção y, $x_A(N_{A,y} + N_{B,y})$, envolve o produto de dois valores extremamente pequenos; desse modo, a equação do fluxo na direção y se torna

$$N_{A,y} = -D_{AB} \frac{\partial c_A}{\partial y} \tag{26-61}$$

Substituindo as equações (26-60) e (26-61) na equação (26-59), obtemos

$$\frac{\partial (c_A v_x)}{\partial x} - D_{AB} \frac{\partial^2 c_A}{\partial y^2} = 0$$

ou, como v_x é função apenas de y,

$$v_x \frac{\partial c_A}{\partial x} - D_{AB} \frac{\partial^2 c_A}{\partial y^2} = 0 \tag{26-62}$$

Como definido pela equação (26-58), o perfil de velocidade pode ser substituído na equação (26-62), daí resultando

$$2 v_{máx} \left[\frac{y}{\delta} - \frac{1}{2} \left(\frac{y}{\delta} \right)^2 \right] \frac{\partial c_A}{\partial x} = D_{AB} \frac{\partial^2 c_A}{\partial y^2} \tag{26-63}$$

As condições de contorno relacionadas à transferência de massa no filme descendente são

$$\text{para } x = 0, \quad c_A = 0$$
$$\text{para } y = 0, \quad \frac{\partial c_A}{\partial y} = 0$$

e

$$\text{para } y = \delta, \quad c_A = c_{Ao}$$

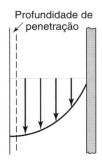

Figura 26.18 Profundidade de penetração em um filme descendente.

O caso específico em que o soluto A penetra somente uma curta distância no filme líquido por causa de uma taxa de difusão lenta ou um tempo curto de exposição pode ser tratado pela *teoria da penetração*, desenvolvida por Higbie.[7] À medida que o soluto A é transferido para o filme em $y = \delta$, o efeito sobre o filme descendente nas espécies que se difundem é tal que o fluido pode ser considerado ter uma velocidade uniforme, $v_{máx}$. A Figura 26.18 ilustra a profundidade de penetração. O soluto A não será afetado pela presença da parede; assim, o fluido pode ser considerado como tendo uma profundidade infinita na direção y. Com essas simplificações, a equação (26-63) se reduz a

$$v_{máx} \frac{\partial c_A}{\partial x} = D_{AB} \frac{\partial^2 c_A}{\partial y^2} \tag{26-64}$$

com as seguintes condições de contorno em $x = 0$, $c_A = 0$:

$$\text{para } y = \delta, \quad c_A = c_{Ao}$$
$$\text{para } y = -\infty, \quad c_A = 0$$

A equação (26-64) pode ser transformada em uma forma comumente encontrada na transferência de massa em estado transiente. Se ξ for considerado igual a $\delta - y$, a equação transformada e as condições de contorno se tornam

$$v_{máx} \frac{\partial c_A}{\partial x} = D_{AB} \frac{\partial^2 c_A}{\partial \xi^2} \tag{26-65}$$

---

[7] R. Higbie, *Trans. A.I.C.h.E.*, **31**, 368-389 (1935).

480 ▶ Capítulo 26

com

$$\text{para } x = 0, \quad c_A = 0$$
$$\text{para } \xi = 0, \quad c_A = c_{Ao}$$

e

$$\text{para } \xi = \infty, \quad c_A = 0$$

Essa equação diferencial parcial pode ser resolvida usando as transformadas de Laplace. Aplicando as transformadas na direção x, obtemos uma equação diferencial ordinária no domínio s:

$$v_{máx}\, s\, \bar{c}_A - 0 = D_{AB}\frac{d^2 \bar{c}_A(\xi, s)}{d\xi^2}$$

ou

$$\frac{d^2 \bar{c}_A}{d\xi^2} - \frac{v_{máx} s\, \bar{c}_A}{D_{AB}} = 0 \tag{26-66}$$

Essa equação ordinária é prontamente resolvida para fornecer

$$\bar{c}_A = A_1 \exp\left(\xi\sqrt{\frac{v_{máx}s}{D_{AB}}}\right) + B_1 \exp\left(-\xi\sqrt{\frac{v_{máx}s}{D_{AB}}}\right) \tag{26-67}$$

As constantes A_1 e B_1 são calculadas usando as duas condições de contorno transformadas

$$\text{para } \xi = 0, \quad \bar{c}_A(0, s) = \frac{c_{Ao}}{s}$$
$$\text{para } \xi = \infty, \quad \bar{c}_A(\infty, s) = 0$$

resultando a solução

$$\bar{c}_A = \frac{c_{Ao}}{s}\exp\left(-\xi\sqrt{\frac{v_{máx}\, s}{D_{AB}}}\right) \tag{26-68}$$

A equação (26-68) pode ser transformada de volta para o domínio x, fazendo a transformada inversa de Laplace, resultando

$$c_A(x, \xi) = c_{Ao}\left[1 - \text{erf}\left(\frac{\xi}{\sqrt{\dfrac{4D_{AB}x}{v_{máx}}}}\right)\right] \tag{26-69}$$

A função erro, uma forma matemática comumente encontrada em problemas transientes, foi discutida no Capítulo 18. Similarmente a outras funções matemáticas, tabelas para a função erro foram preparadas e uma dessas tabelas é apresentada no Apêndice L.

O fluxo de massa na superfície, em que $\xi = 0$ ou $y = \delta$, é obtido derivando a equação (26-69) em relação a ξ e então inserindo a derivada na equação de fluxo (26-61):

$$N_{A,y}\big|_{\xi=0} = N_{A,y}\big|_{y=\delta} = -D_{AB}\frac{\partial c_A}{\partial y}\bigg|_{y=\delta}$$

Assim, o fluxo unidirecional se torna

$$N_{A,y}\big|_{y=\delta} = c_{Ao}\sqrt{\frac{D_{AB}v_{máx}}{\pi x}} \tag{26-70}$$

Uma comparação da equação (26-70) com a equação da transferência de massa por convecção

$$N_{A,y} = k_c(c_{A_1} - c_{A_2}) \tag{24-68}$$

Difusão Molecular em Estado Estacionário ◀ **481**

revela que

$$k_c = \sqrt{\frac{D_{AB} v_{\text{máx}}}{\pi x}}$$

(26-71)

Na equação (26-71), vemos que o coeficiente convectivo de transferência de calor, k_c, é proporcional ao coeficiente de difusão (D_{AB}) elevado à potência de 0,5. Essa dependência foi mostrada anteriormente na Seção 26.2 para o caso de difusão de um soluto em um líquido, acompanhada por uma reação química instantânea. *A teoria da penetração* considera que o soluto penetra somente uma curta distância na fase líquida devido ao curto tempo de residência à exposição do soluto com o líquido, ou devido ao rápido desaparecimento do soluto causado por uma reação química no interior do líquido. Consequentemente, a teoria da penetração propõe que o coeficiente de transferência de massa em fase líquida para transferir a espécie A terá a forma da equação (26-71).

▶ **26.5**

RESUMO

Neste capítulo, consideramos as soluções para problemas de transferência de massa molecular em estado estacionário. As equações diferenciais pertinentes foram estabelecidas, simplificando a equação diferencial geral para a transferência de massa ou pelo uso de uma expressão para balanço de massa dentro de um volume de controle. Espera-se que essas duas frentes de ataque provejam ao estudante uma compreensão dos vários termos contidos na equação diferencial geral, capacitando o leitor a decidir se os termos são ou não relevantes para qualquer situação específica.

Sistemas unidirecionais, com ou sem a reação química, foram considerados. Dois modelos para a transferência de massa por convecção, a teoria do filme e a teoria da penetração, foram introduzidos. Esses modelos serão usados no Capítulo 28 para calcular e explicar coeficientes convectivos de transferência de massa.

▶

PROBLEMAS

26.1 A deposição química por vapor (CVD, do inglês *chemical vapor deposition*) de vapor de silano (SiH$_4$) forma um filme fino de silício sólido, como descrito no Exemplo 1 do Capítulo 25. Considere que a unidade simplificada de CVD, mostrada na Figura 25.5, esteja operando a 900 K e com uma pressão total do sistema em um valor muito baixo de 70 Pa. O comprimento do caminho de difusão (δ) é 5,0 cm e o gás de alimentação silano é diluído no gás H$_2$, com uma composição de 20% em mol de silano. Os parâmetros de Lennard–Jones para o SiH$_4$ são $\sigma_A = 4{,}08$ Å e $\epsilon_A/\kappa = 207{,}6$ K.

a. Como visto no Exemplo 1, Capítulo 25, o fluxo por difusão molecular, em estado estacionário, do vapor de silano (espécie A) para a pastilha de silício, é dado por

$$N_{A,z} = \frac{c D_{AB}}{\delta} \ln\left(\frac{1 + y_{Ao}}{1 + y_{As}}\right)$$

em que y_{Ao} é a fração molar do silano no seio do gás e y_{As} é a fração molar do vapor de silano na superfície da pastilha. Suponha que a reação na superfície seja instantânea, de modo que a taxa de decomposição do silano a silício sólido seja controlada pela difusão molecular do silano para a superfície do silício (isto é, $y_A \approx 0$). Estime a taxa de formação da espessura do filme de Si em unidades de micra (µm) de espessura de filme sólido de Si por minuto. A densidade do silício cristalino é 2,32 g/cm³.

b. Considere agora que a reação que ocorre na superfície não é instantânea, de modo que $y_{As} > 0$. A equação simplificada de taxa é dada por

$$N_A\big|_{z=\delta} = +k_s\, c_{As}$$

na qual o sinal (+) indica que a direção do fluxo da espécie A está na mesma direção de aumento de z. A 900 K, $k_s = 1{,}25$ cm/s, usando dados fornecidos por Middleman e Hochberg (1993).[*] Desenvolva um modelo revisado para o fluxo N_A, que não contenha o termo y_{As}, usando a aproximação $\ln(1 + y) \square\, y$. A partir desse modelo, estime a taxa de formação do filme de Si e então compare os resultados com os obtidos no item (a). Comente sobre a importância da difusão *versus* a reação na superfície para determinar a taxa de formação do filme fino de silício.

[*]S. Middleman e A. K. Hochberg, *Process Engineering Analysis in Semiconductor Device Fabrication*, McGraw-Hill, Inc. Nova York, 1993.

26.2 A cápsula esférica de gelatina, mostrada a seguir, é usada para a liberação lenta de drogas. Uma solução líquida saturada, contendo a droga dissolvida (soluto A), é encapsulada no interior de uma casca rígida de gel. A solução saturada contém uma porção do sólido A, que mantém a concentração de A dissolvido saturada no interior do núcleo líquido da cápsula. O soluto A então se difunde através da casca de gel (fase do gel) para a vizinhança. Afinal, a fonte de A é exaurida e a quantidade do soluto A no interior do núcleo líquido diminui com o tempo. Todavia, à medida que a porção de sólido A existe dentro do núcleo para manter a solução fonte saturada em A, a concentração de A dentro do núcleo é constante. O coeficiente de difusão do soluto A na fase gel (B) é $D_{AB} = 1,5 \times 10^{-5}$ cm²/s. A solubilidade máxima da droga no material da cápsula de gel é $c_A^* = 0,01$ gmol de A/cm³.

a. Começando pelas *formas diferenciais* apropriadamente simplificadas da equação de Fick para o fluxo e também pela equação diferencial geral para transferência de massa relevantes ao sistema físico de interesse, desenvolva a equação final, analítica e integrada da transferência de massa relevante ao sistema físico de interesse para determinar a taxa global de liberação da droga (W_A) da cápsula, sob condições em que a concentração saturada de A no interior do núcleo líquido da cápsula permanece constante.

b. Quando $c_{Ao} \approx 0$, qual é a taxa máxima possível de liberação da droga da cápsula, em unidades de gmol de A por hora?

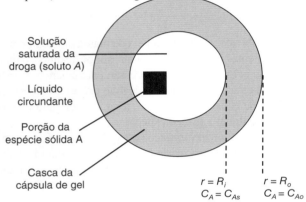

26.3 Considere a nova "nanoestrutura" da superfície do catalisador mostrado na figura a seguir. O suporte do catalisador consiste em um arranjo ordenado de "nanopoços" cilíndricos de 50 nm de diâmetro e 200 nm de comprimento (1 nm = 10⁻⁹ m). Uma superfície catalítica recobre o fundo de cada poço. Embora ocorra o escoamento de um gás sobre a superfície do catalisador, o gás no espaço dentro de cada "poço" está estagnado — isto é, ele não está bem misturado. Na presente aplicação, a superfície do catalisador é usada para converter o gás H₂ não reagido (espécie A) e o gás O₂ (espécie B), proveniente de uma célula combustível, em vapor de água (espécie C), de acordo com a reação 2H₂(g) + O₂(g) → 2H₂O(g). A reação é considerada controlada pela difusão dentro do "poço" do catalisador. O processo é isotérmico a 473 K e isobárico a uma pressão total do sistema de 1,25 atm; as frações molares no seio do gás são $y_{A,\infty} = 0,01$; $y_{B,\infty} = 0,98$; $y_{C,\infty} = 0,01$ — isto é, o oxigênio é, de longe, a espécie gasosa predominante. Sob essas condições, qual é o fluxo de H₂ no processo?

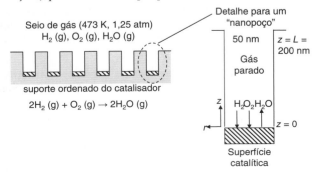

26.4 Considere o "emplastro com droga" ilustrado na figura a seguir. Ele consiste em uma fonte pura da droga, colocada no topo de uma barreira de difusão de gel. A barreira da difusão do gel tem espessura de 2,0 mm. A barreira de difusão de gel está em contato direto com a pele. A liberação cumulativa da droga *versus* o perfil de tempo para um emplastro quadrado de área de 3,0 cm × 3,0 cm a 20°C é também mostrada na figura. Outros experimentos mostraram que a droga foi imediatamente absorvida pelo corpo após sair do emplastro. A droga é levemente solúvel no material do gel. A solubilidade máxima da droga na barreira de difusão do gel é 0,50 μmol/cm³ e a solubilidade da droga na barreira de difusão do gel não é afetada pela temperatura.

a. Dos dados mostrados a seguir, estime o coeficiente de difusão efetivo da droga na barreira de difusão.

b. Quando usado sobre o corpo, a transferência de calor eleva a temperatura do emplastro da droga para cerca de 35°C. Qual é a nova taxa de liberação (W_A) nessa temperatura em unidades μmol/dia? Para finalidades dessa análise, suponha que o material da barreira de difusão do gel se aproxime das propriedades da água líquida.

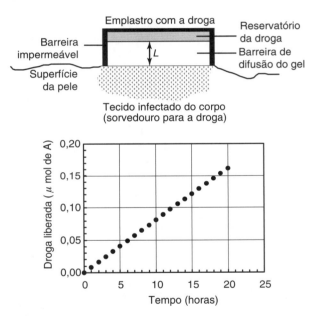

26.5 Ovos de galinha possuem uma casca dura e porosa de um mineral constituído de calcita. Poros cilíndricos de 10 micra (μm) de diâmetro, existentes através de 0,5 cm de espessura da casca, permitem a troca de gases para o interior do ovo, como mostrado na figura para um dado poro único. Um ovo típico tem cerca de 20.000 desses poros, que não estão interconectados e que correm em paralelo uns aos outros. Cada poro se estende da superfície externa da casca do ovo para a membrana do ovo, que contém a gema. O ovo é aproximadamente uma esfera, com diâmetro de 5,0 cm. Estamos interessados em prever a perda de água de um ovo por difusão de vapor de água através de sua casca. A fonte desse vapor de água é a própria gema do ovo. Os ovos são armazenados em um "galinheiro", na temperatura de 30°C, e a essa temperatura a pressão de vapor da água é de 0,044 atm. A umidade relativa do ar ambiente que rodeia o ovo tem 50% de saturação, o que corresponde a uma pressão parcial da água de 0,022 atm.

a. Qual é o coeficiente de difusão molecular do vapor de água em ar a 30°C e 1 atm dentro do poro? A difusão de Knudsen é muito importante nesse processo de difusão?

b. Determine a perda de água de um único ovo, expressa em gramas de água por dia. Estabeleça todas as suposições relevantes usadas no cálculo.

c. Proponha duas mudanças nas condições do processo dentro do galinheiro que reduzam a perda de água em, pelo menos, 50%.

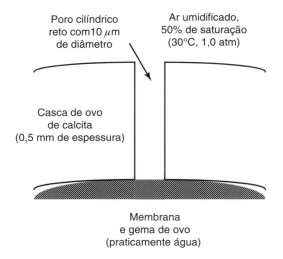

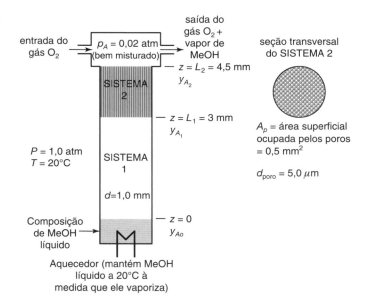

26.6 Considere o aparelho em microescala mostrado na figura. Esse aparelho se destina a prover, em regime estacionário, uma pequena corrente de vapor de metanol (MeOH) a um outro dispositivo que converte o vapor de metanol em hidrogênio gasoso, necessário a uma pequena célula combustível. No presente sistema, metanol líquido é vaporizado a uma temperatura constante. O vapor de metanol passa por um tubo e através de uma membrana de cerâmica porosa. Um escoamento em regime estacionário do gás O_2 sobre a membrana mantém constantes as pressões parciais do vapor de metanol e do gás de saída. Pequenas quantidades de metanol são constantemente adicionadas na base do aparelho para fins de manter o nível de metanol líquido estável. O aparelho é aquecido para manter a temperatura constante a 20°C e a pressão total do sistema a 1,0 atm. Seja A = vapor de MeOH e B = gás O_2. Considere o tubo no Sistema 1 ($z = 0$ a $z = L_1$) e a membrana de cerâmica porosa no Sistema 2 ($z = L_1$ a $z = L_2$).

a. A membrana de cerâmica porosa no Sistema 2 consiste em um arranjo de poros cilíndricos paralelos. Cada poro tem um diâmetro uniforme de 5,0 μm. Estime o coeficiente de difusão efetivo para o vapor de MeOH dentro do poro da membrana de cerâmica.

b. Baseado na nomenclatura apresentada na figura, estabeleça, na forma algébrica, as condições de contorno para os Sistemas 1 e 2.

c. Estabeleça as suposições relevantes ao processo de transferência de massa para os Sistemas 1 e 2. Baseado nessas suposições, desenvolva a expressão matemática integrada final para prever a taxa de transferência global do MeOH, W_A, através dos Sistemas 1 e 2. Nessa análise, inclua as simplificações da equação diferencial geral para a transferência de massa e a lei de Fick para o fluxo de massa. Deixe todas as condições de contorno na forma algébrica. Sugestão: para auxiliar na conexão entre o Sistema 1 e o Sistema 2, considere a suposição de UMD (fluxo unimolecular de difusão) diluída.

d. Usando a suposição de UMD diluída, estime a taxa total de transferência de vapor de MeOH a partir do aparelho nas unidades de μmol/h.

26.7 Considere o "emplastro com droga" mostrado no Problema 26.4. O emplastro consiste em uma fonte de droga sólida pura, colocado no topo de um polímero saturado de água, que age como uma barreira de controle à difusão. O emplastro quadrado tem 4,0 cm × 4,0 cm. A superfície do fundo da barreira de difusão está em contato direto com a pele. A quantidade desejada de liberação cumulativa da droga é 0,02 μmol depois de 10 h. Experimentos independentes mostraram que a droga é imediatamente absorvida pelo corpo após sair do emplastro. A solubilidade máxima da droga no polímero saturado de água é de 0,5 μmol/cm³, o que se pode considerar como estando diluída. O coeficiente de difusão efetivo D_{Ae} da droga no polímero saturado de água é 2,08 × 10^{-7} cm²/s. Qual é a espessura requerida (L) do componente da barreira de difusão do emplastro com a droga, de modo a atingir o perfil desejado de liberação da droga?

26.8 Considere o biossensor ilustrado na figura. O biossensor é projetado para medir a concentração do soluto A na fase líquida bem misturada. Na base do dispositivo, encontra-se um eletrodo com área superficial de 2,0 cm². O eletrodo é revestido com uma enzima que catalisa a reação $A \rightarrow 2D$. Quando o soluto A reage e dá origem ao produto D, o produto D é detectado pelo eletrodo, possibilitando uma medida direta do fluxo do produto D, que, em estado estacionário, pode ser usado para determinar a concentração de A no seio da fase líquida. A taxa de reação de A na superfície da enzima é rápida em comparação com a taxa de difusão de A ao longo da superfície. Diretamente acima do eletrodo recoberto com a enzima tem uma camada de gel de 0,30 cm de espessura que serve como uma barreira de difusão para o soluto A e protege a enzima. A camada de gel é projetada para tornar o fluxo de A para a superfície revestida com enzima limitado por difusão. O coeficiente de difusão efetivo do soluto A nessa camada de gel é $D_{Ae} = 4,0 \times 10^{-7}$ cm²/s a 20°C. Acima dessa camada de gel tem um líquido bem misturado, com uma concentração constante do soluto A, c'_{Ao}. A solubilidade do soluto A no líquido difere da solubilidade de A na camada de gel. Especificamente, a solubilidade de equilíbrio de A na camada de líquido (c'_A) está relacionada à solubilidade de A na camada de gel (c_A) por $c'_A = K \cdot c_A$, com a constante de partição do equilíbrio $K = 0,8$ cm³ de gel/cm³ de líquido. O processo é considerado muito diluído e a concentração molar total da camada de gel desconhecida. A concentração do produto D no líquido bem misturado é pequena, de modo que, $c_{Do} \approx 0$. A 20°C, o eletrodo mede que a formação do produto D é igual a 3,6 × 10^{-5} mmol de D/h. Qual é a concentração do soluto A no seio *da fase líquida bem misturada*, c'_{Ao}, em unidades de mmol/cm³?

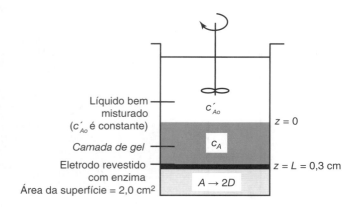

26.9 Estamos interessados na análise de processos de difusão associados ao tratamento de células cancerosas. Considere o sistema experimental mostrado na figura. Uma porção hemisférica de tecido canceroso é envolvida por outra porção de tecido saudável. Envolvendo esse último, tem-se um meio líquido nutriente, bem misturado, contendo uma concentração constante de uma droga, espécie A. A fim de evitar o crescimento do tecido canceroso, a droga tem de se difundir através do tecido saudável, desde $r = R_2 = 0,1$ cm até a fronteira entre o tecido canceroso e o tecido saudável em $r = R_1 = 0,05$ cm. Uma vez que droga atinge a fronteira do tecido canceroso ($r = R_1$), ela é imediatamente consumida e, assim, a concentração da droga nessa fronteira é essencialmente nula. Experimentos independentes também confirmaram que (1) o tecido canceroso não crescerá (isto é, R_1 não variará com o tempo), desde que o fluxo de liberação da droga que alcança a superfície do tecido canceroso em $r = R_1$ seja $N_A = 6,914 \times 10^{-4}$ mmol de $A/cm^2 \cdot$ dia; (2) a droga não é consumida pelo tecido sadio, que tem aproximadamente as propriedades da água; (3) o coeficiente de difusão da droga (A) através do tecido sadio (B) é $D_{AB} = 2,0 \cdot 10^{-7}$ cm²/s; e (4) a droga não é muito solúvel no tecido sadio.

a. Descreva o sistema de transferência de massa por difusão da droga (fronteiras do sistema, fonte, sorvedouro) e apresente pelo menos três suposições razoáveis, além daquelas já apresentadas anteriormente.

b. Defina as condições de contorno que melhor descrevem o processo de transferência de massa, baseando-se no sistema para transferência de massa.

c. Simplifique a equação diferencial geral para transferência de massa que melhor descreve o sistema físico particular. Então, desenvolva um modelo na forma final integrada para descrever o fluxo N_A da droga para a superfície da porção das células cancerosas em $r = R_1$.

d. Baseado no modelo anterior, determine a concentração superficial constante c_{Ao} em $r = R_2$, necessária ao tratamento de células cancerosas, expressa em unidades de mmol/cm³.

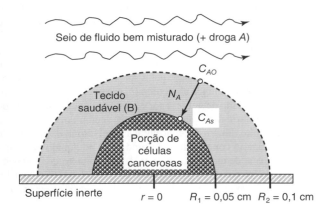

26.10 Uma "barreira de vapor de água" porosa é colocada sobre o tecido implantado mostrado na figura. O objetivo da "barreira de vapor de água" porosa é permitir que o gás O_2 tenha acesso direto ao tecido, minimizando a taxa de evaporação da água do tecido, taxa essa limitada pela difusão. Tanto a barreira de vapor quanto o tecido implantado têm a geometria de uma "chapa". O processo é levemente pressurizado e opera a 37°C e 1,2 atm de pressão total do sistema (P). A corrente gasosa de O_2 contém vapor de água a 20% de umidade relativa a 37°C. O material da barreira porosa é um polímero microporoso aleatório, com tamanho médio do poro de 50 nm (1×10^7 nm = 1,0 cm) e fração de vazios (ε) de 0,40. As propriedades do tecido se aproximam às da água. A 37°C, a pressão de vapor da água líquida é de 47 mm de Hg (1 atm = 760 mm de Hg) e a constante da lei de Henry (H) para a dissolução do O_2 gasoso na água é de 800 L · atm/gmol. Seja $A = H_2O$ e $B = O_2$.

a. Usando a correlação de Fuller–Schettler–Giddings nos cálculos, qual é o coeficiente de difusão efetivo (D_{Ae}) do vapor de H_2O na barreira microporosa aleatória do vapor de água?

b. Qual é a espessura da barreira de vapor (L) requerida para limitar a taxa de evaporação da água do tecido para 0,180 g de $H_2O/cm^2 \cdot$ dia? Faça todas as suposições para sua análise.

c. Qual é a concentração do oxigênio dissolvido *no tecido* (c_{BL}^*, gmol O_2/L de tecido) na interface entre o tecido e a barreira porosa de vapor ($z = 0$)?

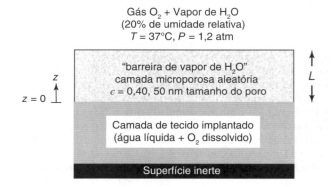

26.11 Uma monocamada celular, usada em uma estrutura na engenharia de tecidos, adere na superfície do topo de uma folha de borracha de silicone (polímero), que tem 0,10 cm de espessura, como mostrado na figura. A folha retangular tem 5,0 cm por 10,0 cm. O lado interno da camada de polímero está em contato com o gás puro O_2. O gás O_2 se dissolve no polímero e se difunde através dele para as células aderidas com o objetivo de lhe fornecer oxigênio. A solubilidade do oxigênio dissolvido no polímero de silicone é definida por uma relação linear $p_A = C_A'/S$, em que p_A é a pressão parcial do gás O_2 (atm), S é constante de solubilidade de O_2 dissolvido no polímero de silicone ($S = 3,15 \times 10^{-3}$ mmol de $O_2/cm^3 \cdot$ atm a 25°C) e C_A' é a concentração do O_2 dissolvido na borracha de silicone (mmol de O_2/cm^3). O processo é isotérmico a 25°C. O coeficiente de difusão molecular do O_2 no polímero é 1×10^{-7} cm²/s a 25°C. Admite-se que (1) as células são carentes de oxigênio e, assim, qualquer O_2 que atinja a camada de células é imediatamente consumido e que (2) as células consomem O_2 por um processo de ordem zero que independe da concentração de O_2 dissolvido. É determinado que a taxa do consumo sustentável do O_2 da monocamada celular seja fixada em $1,42 \times 10^{-5}$ mmol de O_2/min (0,0142 μmol de O_2 /min). Qual é a pressão parcial (p_A) requerida do O_2 para que o processo de difusão demande essa taxa de consumo de O_2?

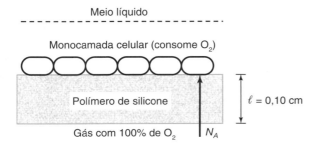

26.12 Um poço aberto contém água contaminada com benzeno volátil existente no fundo do poço, que tem as dimensões ilustradas na figura. A concentração do benzeno dissolvido na água é de 156 g/m³ e permanece constante. O sistema é isotérmico a 25°C. Estamos interessados na determinação da emissão de benzeno, um carcinogênico, na atmosfera do poço.

a. Defina a fonte, o sorvedouro e a fronteira do sistema para todas as espécies envolvidas na transferência de massa. Estabeleça três suposições razoáveis que descrevam o processo de transferência de massa.

b. Proponha condições de contorno possíveis e especifique seus valores numéricos, com as unidades, para todas as espécies químicas envolvidas na transferência de massa.

c. Quais são as taxas máximas (mol/dia) de emissão do benzeno e do vapor de água provenientes do poço? Qual é a emissão cumulativa do benzeno (em gramas) ao longo de um período de 30 dias? Ela é significativa?

Dados potencialmente úteis: O coeficiente de difusão molecular do benzeno dissolvido em água é $1,1 \times 10^{-5}$ cm²/s a 25°C e o coeficiente de difusão molecular do vapor de benzeno em ar é de 0,093 cm²/s a 25°C e 1,0 atm. A constante da lei de Henry para a solubilização do benzeno em água é $H = 4,84 \times 10^{-3}$ m³·atm/mol a 25°C. A pressão de vapor da água líquida é 0,0317 bar (0,031 atm) a 25°C, e a densidade é 1000 kg/m³ a 25°C. A pressão de vapor de benzeno é 0,13 atm a 25°C. A umidade do ar que escoa sobre o buraco do poço é 40% da saturação relativa a 25°C. A massa molar do benzeno é 78 g/mol.

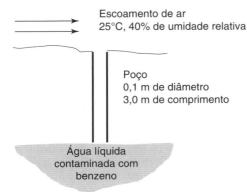

26.13 Membranas tubulares de borracha de silicone podem ser usadas para aeração de água, mas "sem formação de bolhas". A seção transversal do tubo é mostrada na figura. Gás puro (O_2) é pressurizado a 2,0 atm dentro de uma seção do tubo de borracha de silicone, que tem um diâmetro interno de 12,7 mm e uma espessura da parede de 3,2 mm. O tubo é imerso em um grande volume de uma solução aquosa. A borracha de silicone é permeável ao gás oxigênio (O_2), mas também hidrofóbica, de forma que a água não se difunde através da borracha. O gás O_2 se "dissolve" na borracha de silicone com uma concentração C'_A (mol de A/m³ de borracha de silicone), difunde-se através da parede do tubo e redissolve-se então na água de concentração $c_{A\infty}$, que é mantida a uma concentração de 0,005 mol/m³.

a. Desenvolva uma equação, na forma final integrada, para prever o fluxo de O_2 através da parede do tubo, de $r = R_1$ a $r = R_0$, usando C'_A para descrever a concentração do O_2 dissolvido no próprio material da parede do tubo. Estabeleça todas as suposições. Você pode desprezar as resistências convectivas à transferência de massa associadas à camada-limite líquida que envolve o tubo.

b. Nas condições dadas anteriormente, determine o fluxo de oxigênio para a água ($r = R_0$), se a fase aquosa bem misturada mantiver a concentração do O_2 dissolvido em 0,005 mol de O_2/m³.

Dados potencialmente úteis: A solubilidade do oxigênio dissolvido no polímero de silicone é definida por uma relação linear $p_A = C'_A / S$, em que p_A é a pressão parcial do gás O_2 (atm), S é constante de solubilidade do O_2 dissolvido no polímero de silicone ($S = 3,15 \times 10^{-3}$ mmol de O_2/cm³·atm a 25°C) e C'_A é a concentração do O_2 dissolvido na borracha de silicone (mmol de O_2/cm³). A solubilidade do gás O_2 na borracha de silicone em contato com o gás O_2 a 2,0 atm a 25°C é $C'^{**}_A = 6,30$ mol de O_2/m³ de borracha de silicone. A constante da lei de Henry (H) do O_2 na água é 0,78 atm·m³ de água/gmol a 25°C.

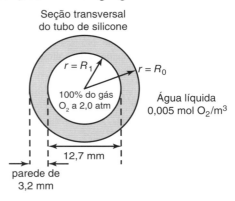

26.14 Uma bola esférica de naftaleno sólido não poroso, ou naftalina, é suspensa no ar parado. A bola de naftaleno sublima lentamente, liberando vapor de naftaleno no ar em sua volta por processo limitado pela difusão. Estime o tempo requerido para reduzir o diâmetro de 2,0 para 0,50 cm, quando o ar em seu entorno estiver a 347 K e 1,0 atm. A massa molar do naftaleno é 128 g/mol, sua densidade é de 1,145 g/cm³ e sua difusividade no ar é $8,19 \times 10^{-6}$ m²/s. O naftaleno exerce uma pressão de vapor de 5,0 Torr (666 Pa) a 347 K.

26.15 Considere uma gota semiesférica de água líquida sobre uma superfície plana, conforme ilustrado na figura. Ar parado envolve a gota. A uma distância infinitamente longe do filme gasoso, a concentração do vapor de água no ar é efetivamente zero (ar seco). A uma temperatura constante de 30°C e uma pressão total de 1,0 atm, a taxa de evaporação da gota é controlada pela taxa de difusão molecular através do ar parado. A pressão de vapor da água a 30°C é 0,042 atm e o coeficiente de difusão molecular do vapor de H_2O no ar a 1,0 atm e 30°C é 0,266 cm²/s.

a. Qual é a taxa total de transferência (W_A) de água na evaporação da gota de água de raio 5,0 mm, expressa em unidades de mmol H_2O/h?

b. Determine o tempo necessário para que a gota de água se evapore completamente a 30°C e 1,0 atm, se o raio inicial da gota for 5,0 mm.

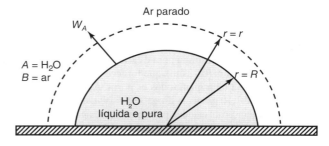

26.16 O dispositivo de transferência de massa, ilustrado na figura, é usado para promover a liberação controlada, em fase vapor, do feromônio usado no controle de pestes. A droga sólida sublima a uma pressão de vapor P_A^* no interior do espaço com gás do reservatório. Uma camada de polímero, de espessura $L = 0,15$ cm, reveste o reservatório da droga. O vapor da droga (espécie A) é absorvido por difusão pela camada de polímero, por um relação linear, $p_A = S \cdot C_A'$, em que C_A' é a concentração do feromônio dissolvido no polímero (gmol da espécie A/cm³ de polímero), p_A é a pressão parcial do vapor da droga e S é a constante de partição para a droga entre a fase vapor e a fase de polímero (cm³·atm/mol). O feromônio é altamente solúvel no polímero. A droga então se difunde através da camada de polímero com coeficiente de difusão D_{Ae}, sendo então liberada na forma de vapor. O escoamento do ar sobre a superfície do topo da camada de polímero gera uma "camada-limite de fluido". O fluxo do vapor da droga através dessa camada-limite é dado por

$$N_A = k_G(p_{As} - p_{A\infty})$$

em que k_G é o coeficiente de transferência de massa da fase gasosa (gmol/cm²·s·atm). Geralmente, k_G aumenta à medida que a vazão do ar sobre a superfície também aumenta. No estado estacionário, o fluxo da droga (espécie A) através da camada de polímero é igual ao fluxo através da camada-limite.

a. Desenvolva um modelo matemático, na forma final integrada, para o fluxo de vapor da droga, N_A. O modelo final pode conter somente os seguintes termos: N_A, D_{Ae}, P_A^*, $p_{A\infty}$, L, S, k_G. Estabeleça todas as suposições admitidas na análise.

b. Determine o valor máximo possível do fluxo de vapor da droga associado com o dispositivo de transferência de massa, em unidades de μmol/cm²·s (1 μmol = $1,0 \times 10^{-6}$ mol), sob condições nas quais $p_{A\infty} \approx 0$, 30°C e 1,0 atm de pressão total do sistema. O coeficiente de difusão do vapor da droga através do polímero, D_{Ae}, é $1,0 \times 10^{-6}$ cm²/s. A constante da lei de Henry para absorção (dissolução) do vapor da droga no polímero, S, é 0,80 cm³·atm/gmol. O "coeficiente de transferência de massa" para a camada-limite, k_G, é $1,0 \times 10^{-5}$ mol/cm²·s·atm. A pressão de vapor do feromônio a 30°C é 1,1 atm.

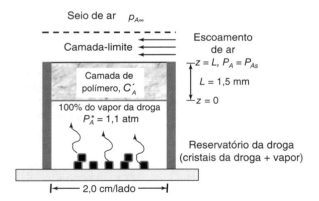

26.17 Considere o tempo de liberação da droga em uma pílula mostrada na figura. A pílula é ingerida para o estômago. Ela é uma chapa quadrada de 0,36 cm de lado, que tem um arranjo de 16 poros cilíndricos. Cada poro tem 0,4 mm (0,04 cm) de diâmetro e 2,0 mm (0,2 cm) de profundidade. A droga sólida pura é carregada em cada poro a uma profundidade de 1,2 mm (0,12 cm), que fornece um carregamento total inicial da droga de 2,65 mg em todos os poros. A densidade da droga sólida é ($\rho_{A,sólido}$) é 1,10 g/cm³. A droga se dissolve no fluido dentro do estômago, que tem propriedades próximas às da água (espécie B). A solubilidade máxima da droga na água é $2,0 \times 10^{-4}$ gmol/cm³ (não muito solúvel) e, na temperatura corporal de 37°C, o coeficiente de difusão da droga no fluido é de $2,0 \times 10^{-5}$ cm²/s. A massa molar da droga é de 120 g/gmol.

a. Determine a taxa total de transferência da droga proveniente da pílula inteira (W_A) para o corpo, em que cada poro de 0,2 cm é preenchido com a droga sólida até uma profundidade de 0,12 cm. Você pode supor que (1) o processo de difusão ocorre em condição pseudoestacionário, (2) o fluido estomacal serve como um sorvedouro infinito para a droga, de modo que $c_{A,\infty} \approx 0$, e (3) a droga não degrada quimicamente dentro do poro. Liste todas as demais suposições que você considere como apropriadas no desenvolvimento de seu modelo de transferência de massa.

b. Quanto tempo (em horas) será necessário para que *todo* o material da droga no reservatório seja liberado?

c. Proponha ajustes de uma das varáveis do processo que aumentará em duas vezes o tempo requerido no item (b).

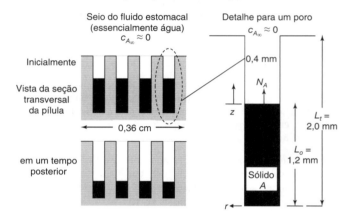

26.18 "Microvias" são passagens microscópicas entre dois filmes finos em um dispositivo microeletrônico. Frequentemente, as microvias são preenchidas com um metal condutor para fazer um condutor microscópico para o movimento de elétrons entre os dois filmes finos. Em um processo particular, tungstênio é depositado sobre a base da microvia pela seguinte reação de deposição química do vapor de hexafluoreto de tungstênio (WF_6):

$$WF_6(g) + 3H_2(g) \rightarrow W(s) + 6\,HF(g)$$

À medida que o tungstênio metálico se forma, ele preenche as microvias (2,0 μm de profundidade e 0,5 μm de diâmetro), conforme mostrado na figura. O tungstênio metálico não reveste as laterais da microvia; ele cresce somente na direção ascendente a partir da base da microvia onde o tungstênio foi inicialmente alimentado. Os reagentes estão significativamente diluídos no gás hélio (He) inerte para reduzir a taxa de deposição. A temperatura é 700 K, a pressão total do sistema é 75 Pa e a composição de WF_6 no espaço gasoso sobre a microvia é 0,001% em mol. Suponha que a taxa de deposição do tungstênio seja limitada pela difusão molecular. As massas molares do tungstênio (W) e do flúor são 184 g/mol e 19 g/mol, respectivamente, e a densidade do tungstênio sólido é 19,4 g/cm³.

a. Desenvolva um modelo de transferência de massa por difusão molecular em estado pseudoestacionário (PSS) para prever a profundidade do metal tungstênio no interior da microvia como uma função do tempo.

b. Estime o tempo requerido para preencher completamente a microvia, admitindo a difusão de Knudsen para o vapor de WF_6, a uma pressão total do sistema igual a um valor baixo de 75 Pa.

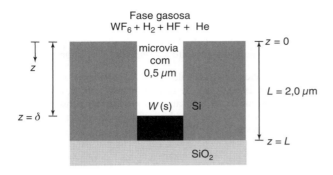

Fase gasosa
WF$_6$ + H$_2$ + HF + He

microvia com 0,5 μm

W(s) Si

SiO$_2$

$z = 0$
$L = 2,0\ \mu m$
$z = L$
$z = \delta$

26.19 Um bastão cilíndrico de grafite (carbono sólido puro, densidade 2,25 g/cm^3), de comprimento igual a 25 cm e diâmetro inicial igual a 2,0 cm, é inserido em uma corrente de ar escoando a 1100 K e pressão total de 2,0 atm. O gás em escoamento cria, em torno da superfície externa no bastão, uma camada-limite de gás estagnado, com 5,0 mm de espessura. Nessa temperatura elevada, o carbono sólido se oxida a dióxido de carbono gasoso, CO$_2$, gás, de acordo com a reação C(s) + O$_2$(g) → CO$_2$(g). Essa reação de oxidação na superfície é limitada pela difusão molecular do O$_2$ através do filme gasoso estagnado que envolve a superfície do bastão; logo, a concentração de O$_2$ na superfície do grafite é efetivamente zero. Na região externa do filme gasoso, a composição no seio da corrente gasosa é igual à do ar.

a. Estime a taxa inicial de produção de CO$_2$ proveniente do bastão, supondo que a reação na superfície seja limitada pela difusão.

b. Quanto tempo levará para que o bastão de grafite desapareça totalmente?

26.20 Os dados apresentados na Figura 26.7 são baseados na difusão de O$_2$ em SiO$_2$ formado pela oxidação de (100) silícios cristalinos a 1000°C. Estime o coeficiente de difusão de O$_2$ em SiO$_2$ formado a partir da oxidação de (111) silícios cristalinos a 1000° C, usando os dados da tabela a seguir, fornecida por Hess (1990).[*]

Tempo	Espessura Medida do Filme de SiO$_2$, em μm	
1,0	0,049	0,070
2,0	0,078	0,105
4,0	0,124	0,154
7,0	0,180	0,212
16,0	0,298	0,339

A solubilidade máxima do O$_2$ em SiO$_2$ é 9,6 · 10^{-8} mol de O$_2$/cm^3 a 1000°C e a 1 atm de pressão parcial do gás O$_2$.

[*]D. W. Hess, *Chem. Eng. Education*, **24**, 34 (1990).

26.21 A célula de difusão de Arnold, mostrada na Figura 26.5, é um dispositivo simples, usado para medir coeficientes de difusão em fase gasosa de substratos voláteis no ar. No presente experimento, acetona líquida é alimentada no fundo de um tubo de vidro de 3,0 mm de diâmetro interno. O tubo e a acetona líquida no tubo são mantidos a uma temperatura constante de 20,9°C. O tubo é aberto para a atmosfera e ar é soprado sobre a abertura do tubo, porém o espaço do gás dentro do tubo cilíndrico está parado. O comprimento do tubo é igual a 15,0 cm. À medida que a acetona evapora, o nível do líquido decresce, o que aumenta Z, o comprimento do percurso de difusão no gás a partir da superfície do líquido para a saída do tubo. Medidas para o comprimento do percurso de difusão são apresentadas na tabela a seguir:

Tempo, t (h)	Z (cm)
0,00	5,6
21,63	6,8
44,73	7,8
92,68	9,6
164,97	11,8
212,72	13,0

a. Manipule os dados mostrados na tabela, de modo que possam ser representados por uma linha reta em um gráfico. Estime estatisticamente a inclinação dessa reta por regressão linear de mínimos quadrados e, então, use essa inclinação para estimar o coeficiente de difusão da acetona no ar.

b. Compare o resultado obtido no item (a) com uma estimativa do coeficiente de difusão da acetona no ar obtida por uma correlação adequada dada no Capítulo 24.

Dados potencialmente úteis: A massa molar da acetona (M_A) é 58 g/gmol; a densidade da acetona líquida ($\rho_{A,\text{líq}}$) = 0,79 g/cm^3; a pressão de vapor da acetona (P_A^*) a 20,9°C é 193 mm de Hg.

26.22 Uma superfície plana, contendo muitos poros paralelos, está coberta com partículas de "coque" provenientes de um processo, como mostrado na figura. Gás oxigênio puro (O$_2$) a alta temperatura é usado para oxidar o coque, constituído principalmente de carbono sólido, a gás dióxido de carbono (CO$_2$). Esse processo removerá o carbono sólido, que está entupindo os poros, limpando, assim, a superfície. Um grande excesso de O$_2$ está no seio de gás que escoa sobre a superfície, podendo-se considerar que a composição global do gás aí é sempre 100% de O$_2$. Pode-se também admitir que a reação de oxidação é muito rápida em relação à taxa de difusão, de modo que a produção de CO$_2$ é limitada pela transferência de massa, e que a concentração de O$_2$ na superfície do carbono é essencialmente zero. Os poros são cilíndricos, com diâmetro de 1,0 mm e profundidade de 5 mm. O processo de oxidação ocorre a uma pressão total do sistema de 2,0 atm e 600°C. A densidade do carbono sólido é de 2,25g/cm^3. Seja $A = O_2$ e $B = CO_2$.

a. Em um dado instante depois do processo de oxidação, a profundidade limpa do poro é 3,0 mm (0,3 cm) a partir da entrada do poro. Qual é a taxa de emissão total do gás CO$_2$ (W_B) nesse ponto do processo?

b. Quanto tempo o processo de oxidação levará para atingir essa profundidade limpa de 0,3 cm a partir da entrada do poro?

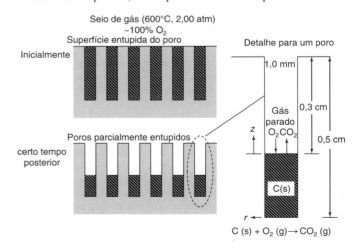

26.23 O "emplastro com droga", ilustrado na figura a seguir, libera um fator de crescimento (espécie A) na epiderme, solúvel em água, para tratar uma região específica de um tecido ferido do corpo humano. Uma liberação lenta da droga é crítica para regular a taxa de recuperação do tecido. A camada da droga (soluto puro A) repousa no topo de uma barreira de difusão. Essa barreira é essencialmente um material polimérico microporoso, que consiste em poros paralelos pequenos, preenchidos com água líquida (espécie B). Essa barreira de difusão controla a taxa de liberação da droga. A espessura (L), o tamanho do poro (d_{poro}) e a porosidade da barreira de difusão são parâmetros que determinam a taxa de dosagem da droga para o tecido diretamente abaixo dela. A solubilidade máxima da droga na água é 1,0 mol/m³ a 25°C. O coeficiente de difusão da droga na água em condição de diluição infinita é 100 Å (1 Å = 10^{-10} m) e o diâmetro molecular equivalente da droga é 25 Å. A área superficial total do emplastro é 4,0 cm², mas a área da seção transversal das aberturas dos poros disponíveis para o fluxo representa somente 25% dessa área superficial de contato.

a. Qual o coeficiente de difusão efetivo da droga na barreira de difusão? Sugestão: considere a equação de Renkin para a difusão do soluto nos poros cheios de solvente do Capítulo 24.

b. Estime a espessura da barreira de difusão (L) necessária para atingir uma taxa máxima possível de dosagem de 0,05 μmol/dia, supondo que a droga seja instantaneamente consumida, uma vez que ela sai da barreira de difusão e penetra no tecido do corpo (1 μmol = 1,0 × 10^{-6}).

a. Desenvolva modelos algébricos integrados para $c_A(r)$, $N_A(r)$ e $c_B(r)$, $N_B(r)$. Como parte dessa análise, estabeleça todas as suposições, mostre o desenvolvimento das equações diferenciais para a transferência de massa e apresente as condições de contorno.

b. Faça um gráfico dos fluxos de massa N_B em $r = R_1$ e $r = R_2$ para vários valores da constante de taxa de reação zero, k, (você escolhe a faixa dos valores de k), usando os seguintes valores para $D_{A\text{-gel}} = D_{B\text{-gel}} = 1,0 × 10^{-6}$ cm²/s, $R_1 = 0,2$ cm, $R_2 = 0,5$ cm. Faça os cálculos em uma planilha.

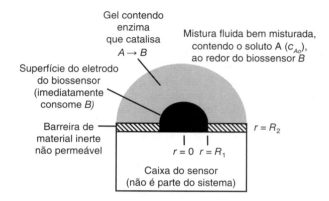

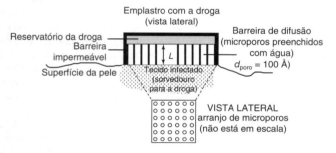

26.24 Um "biofilme" (componente B) reveste a superfície de uma esfera inerte não porosa. O diâmetro do núcleo não poroso é igual a 4,0 mm e o diâmetro global da partícula esférica de biofilme é igual a 8,0 mm. A partícula esférica de biofilme está suspensa dentro da água, que contém uma concentração conhecida, constante e diluída de um soluto A ($c_{A,\infty}$). Dentro do biofilme, ocorre uma reação de *primeira ordem* $A \xrightarrow{k_1} D$.

a. Defina o sistema, a fonte e o sorvedouro para a transferência de massa do reagente A. Considere que o processo seja diluído em relação às espécies A e D. Proponha três suposições razoáveis adicionais para esse processo.

b. Desenvolva um balanço diferencial de massa para o processo em termos do perfil de concentração c_A. Estabeleça todas as condições de contorno necessárias para especificar completamente essa equação diferencial.

26.25 Um biossensor é um dispositivo que usa um mecanismo biológico para ajudar na detecção de um soluto (A) dentro de uma mistura. Considere o biossensor em formato hemisférico mostrado na figura a seguir. O biossensor consiste em duas seções. Na primeira seção, uma enzima, que reconhece somente o soluto A dentro da mistura, vai convertê-lo ao produto B (isto é, $A \rightarrow B$), de acordo com uma reação de ordem zero que é independe da concentração de A ou de B (isto é, $R_A = -k$; $R_B = +k$). Na segunda seção, um eletrodo que detecta somente o soluto B o consome imediatamente na superfície não porosa do eletrodo. O sistema para análise é a ponta hemisférica do eletrodo. A fonte para A no fluido ao redor é constante. A camada de gel é diluída em relação ao regente A e ao produto B.

26.26 Considere uma cápsula esférica de gel contendo um biocatalisador uniformemente distribuído no interior do gel. Dentro dessa cápsula de gel, uma reação homogênea de *primeira ordem* $A \xrightarrow{k_1} D$ é promovida pelo biocatalisador. A cápsula de gel é suspensa no interior da água que contém uma concentração conhecida, constante e diluída do soluto A ($c_{A,\infty}$).

a. Defina o sistema e identifique a fonte e o sorvedouro para o processo de transferência de massa em relação ao reagente A. Liste três suposições razoáveis para esse processo. Então, usando a abordagem do "balanço em uma casca", desenvolva o *modelo do balanço diferencial de massa* para o processo em termos do perfil de concentração, c_A. Liste todas as condições de contorno necessárias para especificar essa equação diferencial.

b. A solução analítica para o perfil de concentração é dada por:

$$c_A(r) = c_{A\infty} \frac{R \operatorname{senh}(r\sqrt{k_1/D_{AB}})}{r \operatorname{senh}(R\sqrt{k_1/D_{AB}})}$$

Qual é a taxa total de consumo do soluto A por uma única cápsula, expressa em μmol de A por hora? A cápsula tem um diâmetro de 6,0 mm. O coeficiente de difusão do soluto A dentro do gel é 2 × 10^{-6} cm²/s, $k_1 = 0,019$ s^{-1} e $c_{A,\infty}$ é 0,02 μmol/cm³. Sugestão: derive a relação para $c_A(r)$ em relação a r e, então, estime o fluxo N_A em $r = R$.

26.27 Um reator de biofilme, com fase líquida bem misturada e mostrado a seguir, será usado para o tratamento de água contaminada com tricloroetileno (TCE) a uma concentração de 0,25 mg/L (1,9 mmol/m³, M_{TCE} 131,4 g/gmol). A área superficial disponível do biofilme no reator é 800 m² e a concentração de saída do reator desejada do TCE é 0,05 mg/L (0,05 g/m³). Pode-se considerar que, em um reator de fluxo contínuo, bem misturado, operando em estado estacionário, a concentração do soluto contido na fase líquida dentro do reator é igual à concentração do soluto na corrente líquida que sai do reator. Pode ser igualmente admitido que a degradação do TCE no biofilme, de espessura δ = 100 μm, ocorre por meio de uma cinética de reação homogênea de primeira ordem.

a. Que vazão volumétrica de água residuária é permitida ser alimentada no reator? A temperatura do processo é 20°C.

b. Qual é a concentração de TCE no biofilme no ponto em que o biofilme está conectado à superfície? Que fração de 100 μm da espessura do biofilme é utilizada?

Dados potencialmente úteis: $k_{TCE} = 4{,}31$ s^{-1} (constante de taxa de primeira ordem para TCE no filme); $D_{TCE\text{-biofilme}} = 9{,}03 \times 10^{-10}$ m^2/s (coeficiente de difusão de TCE no filme).

*J. P. Arcangeli e E. Arvin, *Environ. Sci. Technol.*, **31**, 3044 (1977).

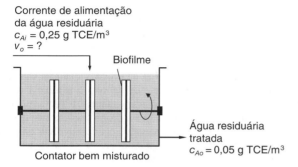

26.28 Um reator de biofilme, com uma fase líquida bem misturada, será usado para tratar água residuária contaminada com tricloroetileno (TCE) a uma concentração de 0,25 mg/L (1,9 mmol/m^3, M$_{TCE}$ = 131,4 g/gmol). Se a área superficial disponível do biofilme no reator for 800 m^2 e a vazão volumétrica da água residuária na entrada do reator for 100 m^3/h, qual será a concentração de saída do TCE? A temperatura do processo é constante e igual a 20°C. Em um reator contínuo, bem misturado e operando em estado estacionário, a concentração do soluto na fase líquida dentro do reator é admitida constante e igual à concentração do soluto no líquido que deixa o reator. Pode ser igualmente admitido que a degradação de TCE no biofilme ocorre por uma reação cinética de primeira ordem. O biofilme tem uma espessura $\delta = 100\ \mu m$.

Dados potencialmente úteis: $k_{TCE} = 4{,}31$ s^{-1} (constante de taxa de primeira ordem para TCE no filme); $D_{TCE\text{-biofilme}} = 9{,}03 \times 10^{-10}$ m^2/s (coeficiente de difusão do TCE no filme).

*J. P. Arcangeli e E. Arvin, *Environ. Sci. Technol.*, **31**, 3044 (1977).

26.29 O pesticida Atrazina (C$_8$H$_{14}$ClN$_5$, massa molar = 216 g/mol) se degrada no solo por um processo de reação de primeira ordem. Considere a situação mostrada na figura a seguir, em que ocorre o derramamento de Atrazina sólido no topo de uma camada espessa de 10 cm de solo saturado com água a 20°C. O Atrazina sólido se dissolve na água e difunde-se no solo saturado com água, onde então se degrada por uma reação homogênea de primeira ordem, cuja constante de taxa é $k_1 = 5{,}0 \times 10^{-4}$ h^{-1} a 20°C. Sob a camada do solo saturado com água, tem uma barreira impermeável de barro. A solubilidade máxima do Atrazina em água é 30 mg/L (0,139 mmol/L) a 20°C.

a. Qual é o coeficiente de difusão molecular do Atrazina na água (D_{AB}) a 20°C e o coeficiente de difusão efetivo (D_{Ae}) no solo saturado com água? O volume molar específico do Atrazina é 170 cm^3/gmol no seu ponto normal de ebulição. O valor estimado do coeficiente de difusão efetivo é $D_{Ae} = \epsilon^2 D_{AB}$ (A = Atrazina, B = água), cuja fração de vazios (ϵ) é igual a 0,6. O coeficiente de difusão efetivo indica que nem todo sólido é água líquida.

b. Qual é a concentração de Atrazina (mmol/L) existente no solo saturado com água na barreira de barro ($z = L$)? Pode ser admitido que o processo ocorre em estado estacionário, com um fluxo unidimensional de A na direção z.

26.30 Dióxido de carbono (CO$_2$), proveniente de resíduos de despejos, é uma matéria-prima sustentável para a produção de químicos se novas tecnologias puderem ser desenvolvidas para reduzir a emissão de CO$_2$, a forma mais oxidada do carbono, para uma molécula mais reativa. Recentemente, desenvolveram-se conceitos de reatores comandados por energia solar que aproveitam a energia do Sol para comandar a redução termocatalítica, de forma sustentável, de CO$_2$ a CO reativo sobre um catalisador Ceria a altas temperaturas. Uma versão bastante simplificada desse conceito é ilustrada na figura, operada a 800°C e 1,0 atm. O diâmetro do reator cilíndrico é 10,0 cm, a espessura da camada de catalisador poroso que reveste a base do reator é 1,0 cm e o espaço com gás acima da camada do catalisador poroso pode ser considerado bem misturado. CO$_2$ puro é alimentado no reator e se difunde na camada do catalisador poroso que comanda a reação CO$_2$(g) → CO(g) + ½O$_2$(g), que é aproximada como primeira ordem, com constante de taxa $k = 6{,}0$ s^{-1} a 800°C. O coeficiente de difusão efetivo do CO$_2$ na mistura gasosa dentro do catalisador poroso é 0,40 cm^2/s a 1 atm e 800°C.

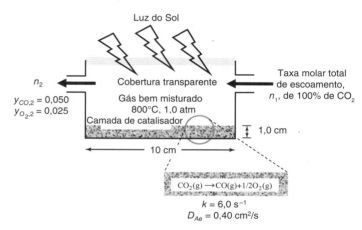

a. Deseja-se obter CO com 5,0% em mol na saída do gás. Qual é a taxa molar que sai do reator (n_2), expresso em gmol/min? Qual é a taxa molar de CO$_2$ na entrada do reator?

b. Qual é a fração molar de CO$_2$ na parte de trás da camada do catalisador?

26.31 Muitas reações biocatalíticas são executadas com células vivas que atuam como biocatalisadores. Em alguns processos, as células são imobilizadas dentro de um gel de agarose. Entretanto, células vivas, uniformemente distribuídas dentro desse gel, requerem glicose para sobreviver; a glicose tem de se difundir através do gel de modo a atingir as células. Um aspecto importante do projeto do sistema bioquímico é o coeficiente de difusão efetivo da glicose (espécie A) para o gel com células imobilizadas. Considere o experimento mostrado na figura a seguir, no qual uma lâmina do gel com as células imobilizadas, de espessura 1,0 cm, é colocada dentro de uma solução aquosa bem misturada de glicose e mantida a uma concentração de 50 mmol/L. O consumo de glicose dentro do gel com células imobilizadas ocorre por um processo de ordem zero, dado por $R_A = -m = -0{,}05$ mmol/L · min. As solubilidades da glicose na água e no gel são iguais — isto é, a concentração da glicose no lado da água na interface água-gel é igual à concentração da glicose no lado do gel na interface água-gel. Uma seringa, colocada no centro do gel, retira cuidadosamente uma pequena amostra do gel para análise da glicose. A concentração medida de glicose, em estado estacionário, na parte central do gel é 4,50 mmol/L.

a. Desenvolva um modelo, na forma final integrada, para prever o perfil de concentração da glicose dentro do gel. Especifique as condições de contorno, de modo que o modelo possa realmente prever, baseando-se somente nos parâmetros de entrada do processo e não em parâmetros medidos. Como parte do desenvolvimento do modelo, estabeleça, pelo menos, três suposições relevantes.

b. Usando o modelo desenvolvido no item (a), os parâmetros conhecidos do processo e a concentração medida de glicose no centro do gel, estime o coeficiente de difusão efetivo da glicose no interior do gel com células imobilizadas.

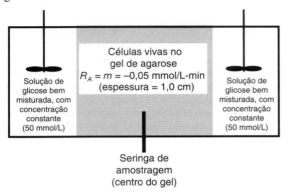

26.32 Lembre-se do Exemplo 3, Capítulo 25, que a diferença entre o modelo para o perfil radial de concentração do oxigênio dissolvido dentro de um feixe cilíndrico de tecido engenheirado (Figura 25.8) é

$$D_{AB}\frac{d^2c_A}{dr^2} + \frac{1}{r}\frac{dc_A}{dr} - \frac{R_{A,\text{máx}}c_A}{K_A + c_A} = 0$$

com condições de contorno

$$r = R_1, \quad \frac{dc_A}{dr} = 0, \quad r = R_2, \quad c_A = c_{As} = \frac{p_A}{H}$$

Frequentemente, o valor de K_A é muito pequeno em relação ao valor de c_A, de modo que o termo de reação homogênea se aproxima ao de um processo de ordem zero, o qual independe da concentração:

$$R_A = -\frac{R_{A,\text{máx}}c_A}{K_A + c_A} \cong -\frac{R_{A,\text{máx}}c_A}{c_A} = -m$$

de modo que

$$D_{AB}\frac{d^2c_A}{dr^2} + \frac{1}{r}\frac{dc_A}{dr} - m = 0$$

em que m é a taxa de respiração metabólica do tecido. No presente processo, $m = 0{,}25$ mol/m³·h a 25°C, e R_1 e R_2 são iguais, respectivamente, a 0,25 cm e 0,75 cm. Gás oxigênio puro, a 1,0 atm, escoa pelo tubo de 15 cm de comprimento. A resistência à transferência de massa devida à fina espessura da parede do tubo é desprezada e a constante da lei de Henry para a dissolução do O_2 no tecido é 0,78 atm·m³/mol a 25°C. O coeficiente de difusão do oxigênio em água é $2{,}1 \times 10^{-5}$ cm²/s a 25°C, valor que se aproxima da difusividade do oxigênio dissolvido no tecido.

a. Desenvolva um modelo, na forma final integrada, para prever o perfil de concentração $c_A(r)$ e, então, faça um gráfico do perfil de concentração. Note que, no caso de difusão com uma reação homogênea de ordem zero, haverá um raio crítico, R_c, em que a concentração de oxigênio dissolvido vai a zero. Assim, se $R_c < R_2$, então $c_A(r) = 0$ de $r = R_c$ a $r = R_2$.

b. Usando esse modelo e os parâmetros de entrada do processo já detalhados anteriormente, determine R_c. Então, faça um gráfico do perfil de concentração de $c_A(r)$ de $r = R_1$ a $r = R_c$.

c. Desenvolva um modelo, na forma final algébrica, para prever W_A, a taxa total de transferência de oxigênio por meio de um tubo. A partir dos parâmetros de entrada do processo já conhecidos, calcule W_A.

26.33 Considere o sistema físico mostrado na figura a seguir, que representa um cenário simplificado para o tratamento de um tumor (câncer). Nesse experimento, uma lâmina do tecido vivo está em contato com um meio líquido, tendo uma concentração constante de uma droga A antitumor, que serve como uma fonte constante para A. Infelizmente, a droga A encontrará dificuldade em realmente atingir o tumor. Primeiro, a droga A não é muito solúvel no tecido, sendo sua solubilidade dada por $C_{Ao} = K \cdot c_{A\infty}$, em que K é a constante de partição para a droga no tecido saudável e $c_{A\infty}$ é a concentração global da droga no meio líquido bem misturado. Segundo, à medida que a droga A se difunde através da camada de tecido saudável até alcançar o tumor, ela se decompõe parcialmente no subproduto B, via $A \to B$ por uma equação homogênea de primeira ordem, cuja equação de taxa é $R_A = -k_1C_A$. O fluxo líquido da droga A que efetivamente alcança a superfície do tumor em $z = L$ é denominada *fluxo terapêutico constante*, N_{As}. Em experimentos independentes, foi determinado que $N_{As} = 2{,}0 \times 10^{-6}$ mg/cm²·s para que a droga seja efetiva, desde que $C_{As} > 0$ em $z = L$. Estamos interessados em desenvolver um modelo para prever o fluxo total da droga A para a superfície do tecido saudável em $z = 0$ (N_{Ao}) de modo a obter o N_{As} requerido em $z = L$. Com essa finalidade, o modelo tem de ser primeiro desenvolvido para prever o perfil de concentração da droga A à medida que ela se difunde através da camada de tecido saudável.

a. Defina o sistema para a transferência de massa da droga A, a fonte e o(s) sorvedouro(s) da droga A. Proponha cinco suposições razoáveis para esse processo.

b. Baseado no balanço de massa em um elemento diferencial de volume do sistema para a droga A, desenvolva uma equação *diferencial* para $C_A(z)$ na camada do tecido saudável.

c. Estabeleça as condições de contorno que acuradamente descrevem o sistema físico *e* permitem uma análise matemática do processo de difusão desenvolvido no item (b).

d. Desenvolva um modelo analítico, na forma final integrada, para a previsão de $C_A(z)$. Seu modelo final deverá conter os seguintes termos: $c_{A\infty}$, $N_{A,s}$, D_{Ae}, K, k_1, L, z; C_{Ao} e C_{As} *não* devem ser termos do modelo final.

e. Use os parâmetros de entrada do modelo do processo listados a seguir. Qual é a taxa total de liberação da droga terapêutica que alcança o tecido do tumor ($N_{A,o}$ em $z = 0$), expressa em unidades de mg/cm²·dia?

f. Faça um gráfico do perfil de concentração da droga dentro do tecido saudável.

Parâmetros de entrada do processo: A concentração da droga A no meio líquido, $c_{A\infty} = 3{,}0$ mg/cm³; constante de partição entre o meio líquido e o tecido saudável, $K = 0{,}1$ cm³ de tecido/cm³ de líquido; coeficiente de difusão da droga A no tecido saudável, $D_{Ae} = 1{,}0 \cdot 10^{-5}$ cm²/s; constante da taxa de degradação da droga A no tecido saudável, $k_1 = 4{,}0 \cdot 10^{-5}$ s⁻¹; espessura da camada do tecido saudável, $L = 0{,}5$ cm; fluxo da droga A no tumor em $z = L$, $N_{As} = 2{,}0 \cdot 10^{-6}$ mg/cm·s.

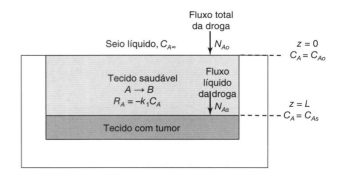

26.34 Na destilação da mistura de benzeno/tolueno, um vapor mais concentrado do componente mais volátil, benzeno, é produzido a partir da solução líquida benzeno/tolueno. Benzeno é transferido do líquido para a fase vapor e o menos volátil, tolueno, é transferido para a direção oposta, como mostrado na figura a seguir.

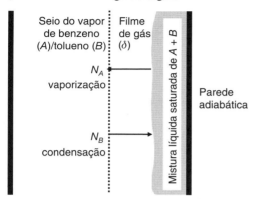

Na temperatura e pressão do sistema, o calor latente de vaporização do benzeno (A) e do tolueno (B) são, respectivamente, 30 e 33 kJ/gmol. Ambos os componentes se difundem através de um filme de gás, com espessura δ. Desenvolva a forma final integrada da equação de Fick para o fluxo, com o objetivo de prever a transferência de massa, em estado estacionário, do benzeno através do filme de gás. A equação tem de incluir termos para a fração molar em fase gasosa do benzeno, a fração molar em fase gasosa do benzeno em equilíbrio com a solução líquida, o coeficiente de difusão do benzeno no tolueno, o caminho de difusão, δ, e a concentração molar total da fase gasosa e os calores latentes de vaporização do benzeno ($\Delta H_{v,A}$) e do tolueno ($\Delta H_{v,B}$). Admita que a destilação é um processo adiabático.

26.35 Por favor, reporte-se ao Exemplo 5 deste capítulo. Estime a taxa total de transferência do soluto A do sistema de transferência de massa mostrado na Figura 26.14, em unidades de gmol/h. Como parte dessa análise, considere as seguintes etapas:

a. Derive a solução analítica para $c_A(x,y)$ em relação à coordenada de interesse e, então, desenvolva uma equação para determinar o fluxo local no contorno. Por exemplo, em $x = 0$ ($0 \leq y \leq H$),

$$N_{A,x}\Big|_{x=0,y} = N_A(0,y) = -D_{AB}\frac{\partial c_A(0,y)}{\partial x}$$

Repita esse procedimento para o outro contorno do dispositivo.

b. Para cada face exposta, integre o fluxo local ao longo de y para obter uma equação para o fluxo médio. Por exemplo, em $x = 0$, de $y = 0$ a $y = H$,

$$\bar{N}_{A,x}\Big|_{x=0} = \frac{1}{H}\int_{y=0}^{y=H} N_{A,x}(0,y)\,dy$$

c. Usando um coeficiente de difusão efetivo de 0,02 cm²/s para a espécie A no meio poroso e uma pressão de vapor igual a $P_A^* = 0,1$ atm como a fonte sólida, estime a liberação total do soluto A proveniente de todas as faces expostas do sistema, em unidades de gmol/h a 1,0 atm de pressão total do sistema e a 27°C, usando $L = 4,0$ cm, $H = 6,0$ cm e largura (fora do plano x-y) de $W = 4,0$ cm.

CAPÍTULO

27

Difusão Molecular em Regime Não Estacionário

No Capítulo 26, restringimos nossa atenção à descrição da difusão molecular em regime estacionário, no qual a concentração em um dado ponto foi constante com o tempo. Neste, vamos considerar problemas e suas soluções envolvendo a concentração variando com o tempo, resultando, assim, na *difusão molecular em regime não estacionário ou difusão transiente*. Muitos exemplos comuns de transferência em estado não estacionário serão citados. Em geral, esses problemas caem em duas categorias: um processo que está ocorrendo em estado não estacionário somente nos instantes iniciais e um processo em que a concentração está variando continuamente ao longo de toda a sua duração.

As equações diferenciais dependentes do tempo são simplesmente derivadas da equação diferencial geral para a transferência de massa. A equação da continuidade para o componente A, em termos de massa,

$$\nabla \cdot \mathbf{n}_A + \frac{\partial \rho_A}{\partial t} - r_A = 0 \tag{25-5}$$

ou em termos de mols,

$$\nabla \cdot \mathbf{N}_A + \frac{\partial c_A}{\partial t} - R_A = 0 \tag{25-11}$$

contém o termo de acúmulo não estacionário com a concentração dependente do tempo. Ela contém também o fluxo líquido da espécie A, que leva em conta a variação da concentração nas direções espaciais. A solução das equações diferenciais parciais resultantes é geralmente difícil, pois envolve a aplicação de técnicas matemáticas avançadas. Consideraremos as soluções de alguns processos de transferência de massa de menor complexidade. Uma discussão detalhada da matemática da difusão está além do escopo deste livro. Uma referência excelente sobre o assunto é de Crank.[1]

▶ **27.1**

DIFUSÃO EM ESTADO NÃO ESTACIONÁRIO E A SEGUNDA LEI DE FICK

Embora as equações diferenciais para a difusão transiente sejam fáceis de ser estabelecidas, a maioria das soluções dessas equações tem sido limitada a situações envolvendo geometrias e condições de

---

[1] J. Crank, *The Mathematics of Diffusion*, 2. ed., Oxford University Press, 1975.

contorno simples e um coeficiente de difusão constante. Muitas soluções são para a transferência de massa como definida pela segunda "lei" de Fick da difusão.

$$\frac{\partial c_A}{\partial t} = D_{AB}\frac{\partial^2 c_A}{\partial z^2} \tag{27-1}$$

Essa equação diferencial parcial descreve a situação física em que não há a contribuição do movimento global — isto é, $v = 0$ —, e não há reação química, ou seja, $R_A = 0$. Essa situação é encontrada quando a difusão ocorre em sólidos, em líquidos em repouso ou em sistemas envolvendo contradifusão equimolar. Devido à taxa de difusão extremamente lenta no interior de líquidos, a contribuição do movimento global da primeira lei de Fick (isto é, $y_A \Sigma N_i$) se aproxima de zero para soluções diluídas; logo, esse sistema também satisfaz a segunda lei da difusão de Fick.

Pode ser vantajoso expressar a equação (27-1) em termos de outras unidades de concentração. Por exemplo, a densidade mássica da espécie A, ρ_A, é igual a $c_A M_A$; multiplicando ambos os lados da equação (27-1) pela massa molar constante de A, obtemos

$$\frac{\partial \rho_A}{\partial t} = D_{AB}\frac{\partial^2 \rho_A}{\partial z^2} \tag{27-2}$$

Se a densidade de uma dada fase permanecer essencialmente constante durante o período de transferência de massa, a densidade da espécie A pode ser dividida pela densidade total, ρ_A/ρ; essa relação é a fração em massa de A, w_A, e nossa equação se torna

$$\frac{\partial w_A}{\partial t} = D_{AB}\frac{\partial^2 w_A}{\partial z^2} \tag{27-3}$$

As equações (27-1) a (27-3) são análogas na forma à segunda "lei" de Fourier da condução de calor, dada por

$$\frac{\partial T}{\partial t} = \alpha \frac{\partial^2 T}{\partial z^2}$$

estabelecendo, desse modo, uma analogia entre a difusão molecular e a condução de calor em regime transiente.

A solução da segunda lei de Fick tem geralmente uma de duas formas-padrão. Ela pode envolver as funções erro ou integrais especiais relacionadas que sejam adequadas para pequenos valores de tempo ou de profundidades de penetração, ou ela pode aparecer na forma de uma série trigonométrica que converge em grandes períodos de tempo. Soluções analíticas são comumente obtidas pela técnica da transformada de Laplace ou de separação de variáveis. A solução analítica da segunda lei de Fick é descrita para a difusão transiente em um meio semi-infinito e para um meio dimensionalmente finito.

▶ **27.2**

DIFUSÃO TRANSIENTE EM UM MEIO SEMI-INFINITO

Um caso importante de difusão mássica transiente passível de solução analítica é o da transferência de massa unidimensional de um soluto em um meio líquido ou sólido estacionário e semi-infinito, em que a concentração do soluto na superfície seja fixa, como ilustrado na Figura 27.1. Por exemplo, podemos descrever a absorção do gás oxigênio em um tanque profundo contendo água parada, a "dopagem" de fósforo em uma pastilha de silício ou o processo de difusão em fase sólida envolvido no endurecimento do aço doce dentro de uma atmosfera carbonetante. Nesses sistemas, o soluto que está sendo transferido não penetra muito no meio de difusão e, assim, a fronteira oposta do meio não exerce nenhuma influência no processo de difusão, o que propicia a suposição de meio semi-infinito. Isso ocorre mais comumente em tempos de difusão relativamente curtos ou em sistemas em que o coeficiente de difusão é relativamente pequeno, principalmente nos meios de difusão em fase líquida ou fase sólida.

Figura 27.1 Difusão transiente em um meio semi-infinito.

A Figura 27.2 ilustra perfis de concentração com o tempo para um meio semi-infinito que tem uma concentração inicial uniforme c_{Ao} e uma concentração constante na superfície c_{As}. A equação diferencial a ser resolvida é

$$\frac{\partial c_A}{\partial t} = D_{AB}\frac{\partial^2 c_A}{\partial z^2} \qquad (27\text{-}1)$$

A equação (27-1) está sujeita à condição inicial

$$t = 0, c_A(z, 0) = c_{Ao} \text{ para todo } z$$

Duas condições de contorno são requeridas. A primeira delas é na superfície

$$\text{em } z = 0, c_A(0, t) = c_{As} \text{ para } t > 0$$

A segunda condição de contorno na direção z tem de ser especificada. Ela é obtida supondo que o soluto que se difunde penetra somente uma pequena distância durante o tempo finito de exposição em comparação com a profundidade do meio; essa suposição fornece a segunda condição de contorno

$$\text{em } z = \infty, c_A(\infty, t) = c_{Ao} \text{ para todo } t$$

A solução analítica da equação (27-1), sob as condições inicial e de contorno, pode ser obtida pelas técnicas da transformada de Laplace. A solução analítica é facilitada tornando as condições de contorno homogêneas pelo uso da simples transformação

$$\theta = c_A - c_{Ao} \qquad (27\text{-}4)$$

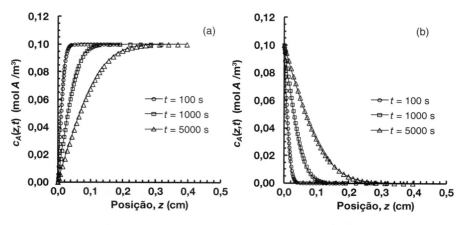

Figura 27.2 Perfis de concentração representativos para a difusão transiente da espécie (A) em um meio semi-infinito (B), com coeficiente de difusão $D_{AB} = 1,0 \times 10^{-6}$ cm²/s. (a) Meio é uma fonte para a transferência de A, com $c_{Ao} = 0,10$ mol/m³ e $c_{As} = 0$. (b) Meio é um sorvedouro para transferência de A, com $c_{Ao} = 0$ e $c_{As} = 0,10$ mol/m³.

A equação diferencial parcial e suas condições inicial e de contorno se tornam

$$\frac{\partial \theta}{\partial t} = D_{AB} \frac{\partial^2 \theta}{\partial z^2} \qquad (27\text{-}5)$$

com

$$\theta(z, 0) = 0$$
$$\theta(0, t) = c_{As} - c_{Ao}$$
$$\theta(\infty, t) = 0$$

A transformada de Laplace da equação (27-5), em relação ao tempo, resulta

$$s\bar{\theta} - 0 = D_{AB} \frac{d^2\bar{\theta}}{dz^2}$$

que prontamente se transforma na equação diferencial ordinária

$$\frac{d^2\bar{\theta}}{dz^2} - \frac{s}{D_{AB}}\bar{\theta} = 0$$

com as condições de contorno transformadas de

$$\bar{\theta}(z = 0) = \frac{c_{As} - c_{Ao}}{s}$$

e

$$\bar{\theta}(z = \infty) = 0$$

A solução analítica geral dessa equação diferencial é

$$\bar{\theta} = A_1 \exp\left(+z\sqrt{s/D_{AB}}\right) + B_1 \exp\left(-z\sqrt{s/D_{AB}}\right)$$

A condição de contorno em $z = \infty$ requer que a constante de integração A_1 seja zero. A condição de contorno em $z = 0$ requer

$$B_1 = \frac{(c_{As} - c_{Ao})}{s}$$

Logo, a solução analítica geral se reduz a

$$\bar{\theta} = \frac{(c_{As} - c_{Ao})}{s} \exp\left(-z\sqrt{s/D_{AB}}\right)$$

A transformada inversa pode ser determinada usando qualquer tabela apropriada de transformada de Laplace. O resultado é

$$\theta = (c_{As} - c_{Ao})\text{erfc}\left(\frac{z}{2\sqrt{D_{AB}t}}\right)$$

que pode ser expresso como uma variação da concentração adimensional em relação à concentração inicial da espécie A, c_{Ao}, como

$$\frac{c_A - c_{Ao}}{c_{As} - c_{Ao}} = \text{erfc}\left(\frac{z}{2\sqrt{D_{AB}\,t}}\right) = 1 - \text{erf}\left(\frac{z}{2\sqrt{D_{AB}\,t}}\right) \qquad (27\text{-}6)$$

ou, em relação à concentração da espécie A na superfície, c_{As}, como

$$\frac{c_{As} - c_A}{c_{As} - c_{Ao}} = \text{erf}\left(\frac{z}{2\sqrt{D_{AB}\,t}}\right) = \text{erf}(\phi) \tag{27-7}$$

A equação (27-7) é análoga à condução de calor em uma parede semi-infinita dada pela equação (18-20). O argumento da função erro, dado pela grandeza adimensional

$$\phi = \frac{z}{2\sqrt{D_{AB}\,t}} \tag{27-8}$$

contém as variáveis independentes posição (z) e tempo (t). A difusão transiente em um meio semi-infinito, descrito pela equação (27-7), aplica-se melhor sob a condição que

$$L > \sqrt{D_{AB} \cdot t}$$

em que L é a espessura real do meio, a qual pode ser suposta semi-infinita. A função erro é definida por

$$\text{erf}(\phi) = \frac{2}{\sqrt{\pi}} \int_0^\phi e^{-\xi^2}\,d\xi \tag{27-9}$$

sendo ϕ o argumento da função erro, e ξ é a variável muda para ϕ. A função erro é limitada por erf$(0) = 0$ erf$(\infty) = 1$ e um gráfico da função erro é mostrado na Figura 27.3. A função erro é aproximada por

$$\text{erf}(\phi) = \frac{2}{\sqrt{\pi}}\left(\phi - \frac{\phi^3}{3}\right) \quad \text{se } \phi \leq 0{,}5$$

e

$$\text{erf}(\phi) = 1 - \frac{1}{\phi\sqrt{\pi}} e^{-\phi^2} \quad \text{se } \phi > 1{,}0$$

Uma pequena tabela dos valores de erf(ϕ) é também apresentada no Apêndice L.

O fluxo unidimensional da difusão da espécie A no meio semi-infinito na superfície do meio ($z = 0$) é

$$N_A\big|_{z=0} = -D_{AB}\frac{dc_A}{dz}\bigg|_{z=0}$$

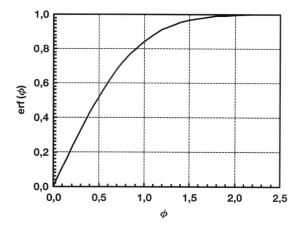

Figura 27.3 Função erro.

Para obter o fluxo difusivo da espécie A no meio semi-infinito, a derivada de c_A em relação a z é necessária. Aplicando a regra da cadeia de diferenciação da função erro na equação (27-7), obtemos

$$\left.\frac{dc_A}{dz}\right|_{z=0} = -\frac{(c_{As} - c_{Ao})}{\sqrt{\pi D_{AB} t}}$$

que é inserida na equação do fluxo, resultando

$$N_{A,z}|_{z=0} = \sqrt{\frac{D_{AB}}{\pi t}}(c_{As} - c_{Ao}) \qquad (27\text{-}10)$$

A quantidade total da espécie A transferida com o tempo t pode ser determinada integrando o fluxo em relação ao tempo

$$m_A(t) - m_{Ao} = S\int_0^t N_{A,z}|_{z=0}\, dt = S\int_0^t \sqrt{\frac{D_{AB}}{\pi t}}(c_{As} - c_{Ao})dt = S\sqrt{\frac{4D_{AB}t}{\pi}}(c_{As} - c_{Ao}) \qquad (27\text{-}11)$$

em que m_{Ao} é a quantidade inicial da espécie A no meio semi-infinito. Se m_{Ao} for diferente de zero, então o volume total do meio, ou sua profundidade, terá de ser conhecido mesmo se o sistema for modelado como semi-infinito.

▶ 27.3

DIFUSÃO TRANSIENTE EM UM MEIO DIMENSIONALMENTE FINITO SOB CONDIÇÕES DE RESISTÊNCIA SUPERFICIAL DESPREZÍVEL

Para formas geométricas simples, obtivemos soluções **analíticas** de processos de transferência de massa em regime transiente usando a técnica de separação de variáveis. Esses corpos, inicialmente com concentração uniforme, c_{Ao}, estão sujeitos a mudanças súbitas no meio que os envolve, que resultam em uma concentração na superfície igual a c_{As}. Se $c_{As} > c_{Ao}$, o meio no qual a difusão ocorre serve como um sorvedouro transiente para A, enquanto se $c_{As} < c_{Ao}$, esse meio serve como fonte transiente para A, conforme ilustrado na Figura 27.4. A concentração constante na superfície

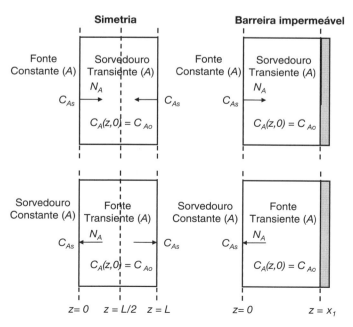

Figura 27.4 Difusão transiente em um meio dimensionalmente finito, comparando fonte transiente para A e sorvedouro transiente para A.

da espécie A define um dos dois tipos de condições de contorno para o processo de transferência de massa unidimensional transiente. Na outra condição de contorno, o fluxo líquido da espécie A pode ser nulo. Essa condição pode surgir de considerações de simetria no centro da placa com as duas faces expostas à mesma concentração na superfície, ou por uma barreira impermeável ao fluxo de A em um dos lados da placa.

Para ilustrar a solução analítica da equação diferencial parcial que descreve o perfil de concentração para a difusão unidimensional transiente pela técnica de separação de variáveis, considere a difusão molecular de um soluto através de uma placa sólida de espessura uniforme, L. Devido à taxa lenta de difusão molecular dentro de sólidos, a termo de contribuição global da primeira lei de Fick se aproxima de zero e, portanto, nossa solução para o perfil de concentração satisfará a equação diferencial parcial

$$\frac{\partial c_A}{\partial t} = D_{AB} \frac{\partial^2 c_A}{\partial z^2} \tag{27-1}$$

com as condições inicial e de contorno

$$t = 0, \ c_A = c_{Ao} \ \text{para} \ 0 \leq z \leq L$$
$$z = 0, \ c_A = c_{As} \ \text{para} \ t > 0$$
$$z = L, \ c_A = c_{As} \ \text{para} \ t > 0$$

Por simetria, a seguinte condição de contorno em $z = L/2$ também se mantém:

$$\text{em } z = \frac{L}{2}, \frac{\partial c_A}{\partial z} = 0 \text{ para } t > 0$$

Esse processo de transporte é análogo ao aquecimento de um corpo sob condições de resistência superficial desprezível, como discutido no Capítulo 18. As condições de contorno anteriores podem ser simplificadas, expressando as concentrações em termos da variação adimensional de concentração, Y, dada por

$$Y = \frac{c_A - c_{As}}{c_{Ao} - c_{As}}$$

A equação diferencial parcial se torna

$$\frac{\partial Y}{\partial t} = D_{AB} \frac{\partial^2 Y}{\partial z^2} \tag{27-12}$$

com as condições inicial e de contorno

$$t = 0, \ Y = Y_o \ \text{para} \ 0 \leq z \leq L$$
$$z = 0, \ Y = 0 \quad \text{para} \ t > 0$$
$$z = L, \ Y = 0 \quad \text{para} \ t > 0$$

ou por considerações de simetria

$$\text{em } z = \frac{L}{2}, \frac{\partial Y}{\partial z} = 0 \text{ para } t > 0$$

Vamos considerar que haja uma solução produto para a equação diferencial parcial da forma

$$Y(z, t) = T(t)Z(z)$$

em que a função $T(t)$ depende somente do tempo t e a função $Z(z)$ depende somente da coordenada z. As derivadas parciais serão

$$\frac{\partial Y}{\partial t} = Z \frac{\partial T}{\partial t}$$

e

$$\frac{\partial^2 Y}{\partial z^2} = T \frac{\partial^2 Z}{\partial z^2}$$

A substituição na equação (27-12) resulta

$$Z \frac{\partial T}{\partial t} = D_{AB} T \frac{\partial^2 Z}{\partial z^2}$$

que pode ser dividida por $D_{AB}\, T\, Z$ para fornecer

$$\frac{1}{D_{AB}T} \frac{\partial T}{\partial t} = \frac{1}{Z} \frac{\partial^2 Z}{\partial z^2} \tag{27-13}$$

O lado esquerdo dessa equação depende somente do tempo t e o lado direito depende somente da posição z. Se t varia, o lado direito da equação permanece constante e se z varia, o lado esquerdo permanece constante. Assim, ambos os lados devem ser independentes de z e de t e iguais a uma constante arbitrária, $-\lambda^2$. Isso resulta em duas equações diferenciais ordinárias separadas; uma para o tempo t,

$$\frac{1}{D_{AB}T} \frac{dT}{dt} = -\lambda^2$$

com a solução geral dada por

$$T(t) = C_1 e^{-D_{AB}\lambda^2 t}$$

e uma para a posição z,

$$-\frac{1}{Z} \frac{d^2 Z}{dz^2} = -\lambda^2$$

com a solução geral de

$$Z(z) = C_2 \cos(\lambda z) + C_3 \operatorname{sen}(\lambda z)$$

Substituindo essas duas soluções na nossa solução produto, obtemos

$$Y = T(t)Z(z) = \left[C_1' \cos(\lambda z) + C_2' \operatorname{sen}(\lambda z) \right] e^{-D_{AB}\lambda^2 t} \tag{27-14}$$

As constantes C_1' e C_2' e o parâmetro λ são obtidos aplicando-se as condições inicial e de contorno na solução geral. A primeira condição de contorno, $Y = 0$ em $z = 0$, requer que C_1' seja igual a zero. A segunda condição de contorno, $Y = 0$ em $z = L$, requer que $(\lambda L) = 0$, pois C_2' não pode ser igual a zero. Por outro lado, se C_2' fosse igual a zero, a equação inteira seria zero, resultando uma solução trivial. Nesse contexto, sen (λL) será igual a zero, somente quando

$$\lambda = \frac{n\pi}{L} \text{ para } n = 1, 2, 3, ..$$

Para obter C_2', a propriedade de ortogonalidade deve ser aplicada, resultando a solução completa

$$Y = \frac{c_A - c_{As}}{c_{Ao} - c_{As}} = \frac{2}{L} \sum_{n=1}^{\infty} \operatorname{sen}\left(\frac{n\pi z}{L}\right) e^{-(n\pi/2)^2 X_D} \int_0^L Y_o \operatorname{sen}\left(\frac{n\pi z}{L}\right) dz \tag{27-15}$$

em que L é a espessura da placa e X_D é a razão relativa do tempo, dada por

$$X_D = \frac{D_{AB}t}{x_1^2}$$

com x_1 sendo o comprimento característico de $L/2$. Se a placa tiver uma concentração inicial uniforme ao longo de z, a solução final é

$$\frac{c_A - c_{As}}{c_{Ao} - c_{As}} = \frac{4}{\pi} \sum_{n=1}^{\infty} \frac{1}{n} \, \text{sen}\left(\frac{n\pi z}{L}\right) e^{-(n\pi/2)^2 X_D}, \qquad n = 1, 3, 5, \dots \qquad (27\text{-}16)$$

que é análoga à equação da condução de calor (18-13), obtida pelo aquecimento de um corpo sob condições de resistência superficial desprezível.

Em qualquer posição z, o fluxo é

$$N_{A,z} = -D_{AB} \frac{\partial c_A}{\partial z}$$

Para o perfil de concentração dado pela equação (27-16), o fluxo em qualquer posição z e tempo t dentro da placa é expresso por

$$N_{A,z} = \frac{4D_{AB}}{L}(c_{As} - c_{Ao}) \sum_{n=1}^{\infty} \cos\left(\frac{n\pi z}{L}\right) e^{-(n\pi/2)^2 X_D}, \qquad n = 1, 3, 5, \dots \qquad (27\text{-}17)$$

A quantidade acumulada da espécie A transferida ao longo do tempo pode ser obtida por integração do fluxo na superfície ($z = 0$) com o tempo, fazendo $z = 0$ na equação (27-17). No centro da placa, $z = L/2$, N_A é igual a zero. Matematicamente, ele é igual a zero, uma vez que o termo do cosseno na equação (27-17) se torna nulo a intervalos de $\pi/2$; fisicamente, ele é igual a zero porque o *fluxo líquido* é igual a zero na linha central. Consequentemente, a seguinte condição de contorno em $z = L/2$, aplica-se:

$$\left.\frac{\partial c_A}{\partial z}\right|_{z=L/2} = 0$$

Lembre-se, da Seção 25.3, da que a condição de contorno matemática também aparece quando o fluxo no contorno é igual a zero devido à presença de uma barreira impermeável à transferência da espécie A que se difunde. Em consequência, as equações (27-16) e (27-17) podem também ser usadas para a situação física na qual a placa de espessura x_1 tem uma face impermeável no contorno $z = x_1$, como mostrado na Figura (27.4).

Os exemplos a seguir ilustram processos que são governados pela difusão unidimensional transiente de um soluto diluído em um meio semi-infinito ou dimensionalmente finito. A fosfatação de pastilhas de silício ilustra a difusão molecular em um meio semi-infinito, enquanto a liberação intermitente da droga de uma cápsula esférica mostra a difusão molecular a partir de um meio dimensionalmente finito. Dispensamos pouco tempo adicional no início de cada exemplo para descrever a interessante tecnologia por trás do processo.

Exemplo 1

Na fabricação de dispositivos microeletrônicos em estado sólido e de células solares fotovoltaicas, filmes finos semicondutores podem ser fabricados por impregnação de fósforo ou boro em uma pastilha de silício. Esse processo é denominado *dopagem* (*doping*). A dopagem de átomos de fósforo em silício cristalino produz um *semicondutor tipo n*, enquanto a dopagem de átomos de boro no silício cristalino produz o *semicondutor tipo p*. A formação do filme fino semicondutor é controlada pela difusão molecular dos átomos de dopagem através da matriz cristalina do silício.

Métodos para transferir átomos de fósforo à superfície da pastilha de silício incluem deposição química por vapor e implantação de íon. Em um processo típico, oxicloreto de fósforo, $POCl_3$, com ponto normal de ebulição de $105\,^{\circ}C$, é vaporizado. Os vapores de $POCl_3$ são alimentados em um reator onde ocorre a deposição química por vapor (CVD) em temperatura elevada e pressão reduzida do sistema (por exemplo, 0,10 atm), onde o $POCl_3$ se decompõe na superfície do silício, de acordo com a reação

$$Si(s) + 2POCl_3(g) \rightarrow SiO_2(s) + 3Cl_2 + 2P(s)$$

Um recobrimento rico em fósforo molecular (P) é formado sobre a superfície do silício cristalino. O fósforo molecular então se difunde através do silício para formar um filme fino de Si-P. Dessa forma, o revestimento e a pastilha de silício são a fonte e o sorvedouro, respectivamente, para a transferência de massa do fósforo.

Como pode ser visto na Figura 27.5, o processo de produção de filmes finos de Si-P pode ser bem complexo, com muitas espécies se difundindo e reagindo simultaneamente. Considere, porém, um caso simplificado em que a concentração dos átomos de P é constante na interface. Como o coeficiente de difusão dos átomos de P no silício cristalino é muito baixo e somente um filme fino de Si-P é desejado, considera-se que os átomos de fósforo não penetram muito longe no silício. Portanto, os átomos de fósforo não podem "ver" através da espessura inteira da pastilha e o Si sólido serve como um sorvedouro semi-infinito para o processo de difusão. Deseja-se prever as propriedades do filme fino de Si-P em função das condições de dopagem. O perfil de concentração dos átomos dopados de fósforo é particularmente importante para controle da condutividade elétrica do filme fino semicondutor.

Considere a dopagem de fósforo no silício cristalino a 1100°C, que representa uma temperatura suficientemente alta para promover a difusão do fósforo. A concentração de fósforo na superfície do silício (c_{As}) é de $2,5 \times 10^{20}$ átomos de P/cm³ de Si sólido, que é relativamente diluída quando comparada com a do silício puro, $5,0 \times 10^{22}$ átomos de Si/cm³ de sólido. Adicionalmente, o revestimento rico em fósforo é considerado uma fonte infinita relativa à quantidade transferida de átomos de P, de modo que c_{As} pode ser considerado constante. Determine a profundidade do filme fino de Si-P após 1 h, se a concentração desejada for 1% do valor na superfície ($2,5 \times 10^{18}$ átomos de P/cm³ de Si sólido), e o perfil da concentração dos átomos de P após 1 h.

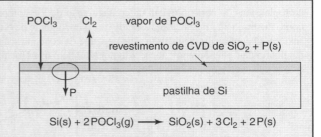

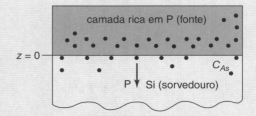

Figura 27.5 Dopagem de fósforo na pastilha de silício.

Baseado nas suposições dadas no enunciado do problema, a equação diferencial parcial que descreve o perfil unidimensional transiente da concentração $c_A(z,t)$ do fósforo (espécie A) no silício sólido (espécie B) é

$$\frac{\partial c_A}{\partial t} = D_{AB} \frac{\partial^2 c_A}{\partial z^2} \tag{27-1}$$

Para um meio semi-infinito, as condições inicial e de contorno são

$$t = 0, \quad c_A(z,0) = c_{Ao} = 0 \text{ para todo } z$$
$$z = 0, \quad c_A(0,t) = c_{As} = 2,5 \times 10^{20} \text{ átomos de P/cm}^3 \text{ de Si sólido, para } t > 0$$
$$z = \infty, \quad c_A(\infty,t) = c_{Ao} = 0 \text{ para todo } t$$

Se o coeficiente de difusão D_{AB} for constante, então a solução analítica é

$$\frac{c_{As} - c_A}{c_{As} - c_{Ao}} = \text{erf}\left(\frac{z}{2\sqrt{D_{AB}t}}\right) = \text{erf}(\phi) \tag{27-7}$$

Note que a profundidade z está embutida em ϕ, o argumento da função erro. O valor para erf(ϕ) é calculado a partir da variação adimensional da concentração.

$$\frac{c_{As} - c_A}{c_{As} - c_{Ao}} = \frac{2,5 \times 10^{20} \text{ átomos de P/cm}^3 - 2,5 \times 10^{18} \text{ átomos de P/cm}^3}{2,5 \times 10^{20} \text{ átomos de P/cm}^3 - 0} = 0,990 = \text{erf}(\phi)$$

Da tabela do Apêndice L, o argumento da função erro em erf(ϕ) = 0,990 é ϕ = 1,82. Da Figura 24.12, o coeficiente de difusão dos átomos de P (espécie A) no silício cristalino (espécie B) é $6,5 \times 10^{-13}$ cm²/s a 1100°C (1373 K). A profundidade z pode ser calculada a partir de ϕ por

$$z = 2\phi\sqrt{D_{AB}\,t} = 2 \cdot 1{,}822 \sqrt{\left(6{,}5 \times 10^{-13}\,\frac{\text{cm}^2}{\text{s}}\frac{10^8\,\mu\text{m}^2}{1\,\text{cm}^2}\right)\left(1\,\text{h}\,\frac{3600\,\text{s}}{1\,\text{h}}\right)} = 1{,}76\,\mu\text{m}$$

A determinação do perfil de concentração depois de 1 h requer o cálculo de ϕ em diferentes valores de z, seguido do cálculo de erf(ϕ) e, finalmente, de $c_A(z,t)$. Cálculos repetitivos de erf(ϕ) são melhores conduzidos com o auxílio de um pacote matemático padrão ou um programa com planilhas. O perfil previsto de concentração de P é comparado com os dados de Errana e Kakati,[2] obtidos sob condições similares, como ilustrado na Figura 27.6. É sabido que o coeficiente de difusão molecular do fósforo em silício cristalino é função da concentração de fósforo. O coeficiente de difusão, que depende da concentração, cria um "declive" no perfil de concentração do fósforo. Um modelo mais detalhado desse fenômeno é fornecido por Middleman e Hochberg.[3]

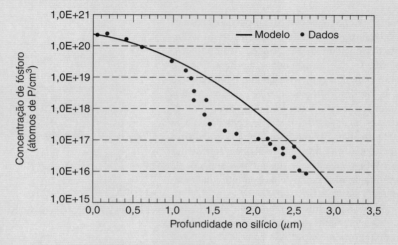

Figura 27.6 Perfil da dopagem do fósforo na pastilha de silício após 1 h a 1100°C.

Exemplo 2

Uma maneira de liberar uma dosagem controlada no tempo de uma droga no corpo humano é ingerir uma cápsula e deixá-la acomodar no sistema gastrointestinal. Uma vez dentro do corpo, a cápsula lentamente libera a droga por um processo limitado pela difusão. Um transportador adequado da droga é uma drágea esférica, constituída de uma partícula de um material gelatinoso não tóxico, que pode passar incólume pelo sistema gastrointestinal, sem desintegração. Uma droga solúvel em água (sistema A) está uniformemente dissolvida dentro do gel, tendo uma concentração inicial c_{Ao}. A droga carregada dentro da drágea é a fonte para a transferência de massa, enquanto o fluido ao redor da drágea é o sorvedouro para a transferência de massa. Esse é um processo transiente, uma vez que a fonte para transferência de massa está contida no interior do próprio volume de controle.

Considere um caso limite no qual a resistência à transferência de massa no filme da droga através da camada-limite líquida que envolve a superfície da cápsula é desprezada. Adicionalmente, suponha que a droga seja imediatamente consumida ou eliminada assim que ela alcance o seio (*bulk*) da solução, de modo que, em essência, o fluido que a envolve seja um sorvedouro infinito. Nesse caso limite particular, c_{As} é igual a zero e, desse modo, após um longo tempo toda a droga inicialmente contida na drágea será exaurida. Supondo simetria radial, o perfil de concentração será função somente da direção r (Figura 27.7).

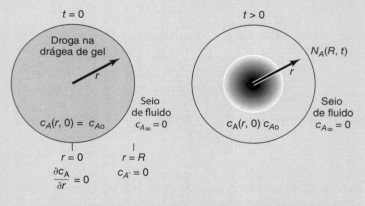

Figura 27.7 Liberação da droga a partir de uma drágea esférica de gel.

Deseja-se projetar uma cápsula esférica para a liberação controlada da droga dimenidrinato, comumente denominado Dramin, usado para enjoos. Uma dosagem total conservativa para uma cápsula é 10 mg, em que 50% da droga (5,0 mg) devem ser liberadas no intervalo de 3 h. Determine o tamanho da drágea e a concentração inicial de Dramin na drágea necessárias para se obter essa dosagem. O coeficiente de difusão de Dramin (espécie A) na matriz gelatinosa (espécie B) é $3,0 \times 10^{-7}$ cm^2/s na temperatura do corpo de 37°C. O limite de solubilidade de Dramin no gel é de 100 mg/cm^3, enquanto a solubilidade de Dramin na água é apenas 3,0 mg/cm^3.

O modelo tem de prever a quantidade de droga liberada em função do tempo, o diâmetro da drágea, a concentração inicial da droga dentro da drágea e o coeficiente de difusão da droga dentro da matriz de gel. O sistema físico possui geometria esférica. O desenvolvimento de um balanço diferencial de massa e as suposições associadas a ele seguem a abordagem apresentada na Seção 25.4.

---

[2] G. Errana e D. Kakati, *Solid State Technol.*, **27**(12), 17 (1984).
[3] S. Middleman e A. K. Hochberg, *Process Engineering Analysis in Semiconductor Device Fabrication*, McGraw-Hill, Nova York, 1993.

A equação diferencial geral para transferência de massa se reduz à seguinte equação diferencial parcial para o perfil de concentração unidimensional transiente $c_A(r, t)$:

$$\frac{\partial c_A}{\partial t} = D_{AB}\left(\frac{\partial^2 c_A}{\partial r^2} + \frac{2}{r}\frac{\partial c_A}{\partial r}\right) \tag{27-18}$$

Suposições cruciais incluem a simetria radial, solução diluída da droga dissolvida na matriz gelatinosa e nenhuma degradação da droga dentro da drágea ($R_A = 0$). As condições de contorno no centro ($r = 0$) e na superfície ($r = R$) da drágea são

$$r = 0, \frac{\partial c_A}{\partial r} = 0, \qquad t \geq 0$$

$$r = R, c_A = c_{As} = 0, t > 0$$

No centro da drágea, notamos a condição de simetria em que o fluxo $N_A(0, t)$ é igual a zero. A condição inicial é

$$t = 0, c_A = c_{Ao}, 0 \leq r \leq R$$

A solução analítica para o perfil de concentração transiente $c_A(r, t)$ é obtida pela técnica da separação de variáveis, descrita anteriormente. Os detalhes da solução analítica em coordenadas esféricas são apresentados por Crank.[1] O resultado é

$$Y = \frac{c_A - c_{Ao}}{c_{As} - c_{Ao}} = 1 + \frac{2R}{\pi r}\sum_{n=1}^{\infty}\frac{(-1)^n}{n}\,\mathrm{sen}\left(\frac{n\pi r}{R}\right)e^{-D_{AB}n^2\pi^2 t/R^2}, \quad r \neq 0, n = 1, 2, 3, \ldots \tag{27-19}$$

No centro da drágea esférica ($r = 0$), a concentração é

$$Y = \frac{c_A - c_{Ao}}{c_{As} - c_{Ao}} = 1 + 2\sum_{n=1}^{\infty}(-1)^n e^{-D_{AB}n^2\pi^2 t/R^2}, \quad r = 0, n = 1, 2, 3, \ldots \tag{27-20}$$

Uma vez conhecida a solução do perfil de concentração, cálculos de interesse de engenharia podem ser feitos, incluindo a taxa de liberação da droga e a quantidade cumulativa de liberação da droga ao longo do tempo. A taxa de liberação da droga, W_A, é o produto do fluxo na superfície da drágea ($r = R$) pela área superficial da drágea esférica:

$$W_A(t) = 4\pi R^2 N_{A,r}\big|_{r=R} = 4\pi R^2\left(-D_{AB}\frac{\partial c_A(R, t)}{\partial r}\right) \tag{27-21}$$

Não é tão difícil derivar o perfil de concentração, $c_A(r, t)$, em relação à coordenada radial r, colocar $r = R$ e então inserir de volta na expressão de W_A, obtendo enfim

$$W_A(t) = 8\pi R c_{Ao}D_{AB}\sum_{n=1}^{\infty}e^{-D_{AB}n^2\pi^2 t/R^2} \tag{27-22}$$

Essa equação mostra que a taxa de liberação da droga diminuirá até que toda a droga inicialmente carregada tenha sido exaurida, condição essa que levará W_A a zero. Inicialmente, a droga é carregada uniformemente na drágea. A quantidade inicial da droga carregada é o produto da concentração inicial pelo volume da drágea esférica:

$$m_{Ao} = c_{Ao}V = c_{Ao}\frac{4}{3}\pi R^3$$

A quantidade cumulativa, ao longo do tempo, de liberação da droga proveniente da drágea é a integral da taxa de liberação da droga ao longo do tempo

$$m_{Ao} - m_A(t) = \int_0^t W_A(t)dt$$

Após algumas manipulações algébricas, o resultado é

$$\frac{m_A(t)}{m_{Ao}} = \frac{6}{\pi^2}\sum_{n=1}^{\infty}\frac{1}{n^2}e^{-D_{AB}n^2\pi^2 t/R^2} \tag{27-23}$$

A solução analítica é expressa como uma série infinita que converge à medida que n tende a infinito. Na prática, a convergência a um único valor numérico poderá ser obtida considerando apenas uns poucos termos da série, especialmente se o parâmetro adimensional $D_{AB}t/R^2$ for relativamente grande. É uma tarefa simples implementar a série infinita em um computador usando um programa de planilhas.

A liberação cumulativa da droga com o tempo é mostrada na Figura 27.8. O perfil de liberação da droga é afetado pelo parâmetro adimensional $D_{AB}t/R^2$. Se o coeficiente de difusão D_{AB} for fixado para certa droga e matriz gelatinosa, então o parâmetro crítico para o projeto de engenharia que se pode manipular é o raio R da drágea. À medida que R aumenta, a taxa de liberação da droga decresce; se o objetivo for liberar 50% de Dramin proveniente da drágea no período de 3 h, deve-se usar uma drágea com raio 0,326 cm (3,26 mm), conforme mostrado na Figura 27.8. Uma vez especificado o raio R da drágea, a concentração inicial requerida de Dramin na drágea pode ser obtida:

$$c_{Ao} = \frac{m_{Ao}}{V} = \frac{3m_{Ao}}{4\pi R^3} = \frac{3(10\text{ mg})}{4\pi(0{,}326\text{ cm})^3} = \frac{68{,}9\text{ mg}}{\text{cm}^3}$$

Em suma, uma drágea de 6,52 cm de diâmetro e com uma concentração inicial de 68,9 mg de A/cm^3 liberará a quantidade requerida de 5,0 mg de Dramin no intervalo de 3 h. O perfil de concentração ao longo da direção r, em diferentes valores do tempo, é ilustrado na Figura 27.9. O perfil de concentração foi calculado em um computador, usando uma planilha. Esse perfil diminui à medida que o tempo aumenta, chegando então a zero depois de a droga ser completamente liberada da drágea.

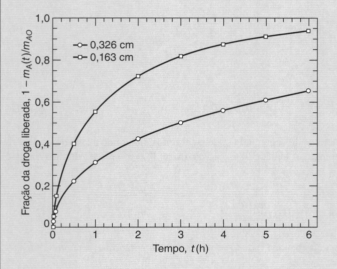

Figura 27.8 Perfis da fração da droga liberada em função do tempo.

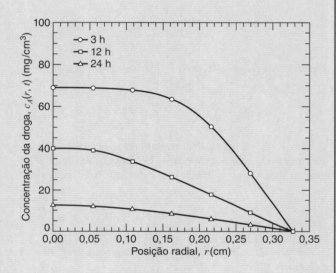

Figura 27.9 Perfil de concentração de uma drágea, com raio de 0,326 cm, depois de 3, 12 e 24 horas.

▶ 27.4 GRÁFICOS DE CONCENTRAÇÃO–TEMPO PARA FORMAS GEOMÉTRICAS SIMPLES

Em nossas soluções analíticas, a variação não ocorrida, Y, foi uma função do tempo relativo, X_D. As soluções matemáticas, para o caso de transferência de massa em regime transiente nas várias formas simples com certas condições de contorno restritivas, foram apresentadas em uma grande variedade de gráficos para facilitar o seu uso. Duas formas desses gráficos estão disponíveis no Apêndice F.

Os gráficos de concentração-tempo apresentam soluções para placa plana, esfera e cilindro longo. Como as equações diferenciais parciais que definem um problema para o caso de condução de calor e de difusão molecular são análogas, esses gráficos podem ser usados para resolver ambos os fenômenos de transporte. Para a difusão molecular, os gráficos estão em termos de quatro razões adimensionais:

$$Y = \text{variação não ocorrida de concentração} = \frac{c_{As} - c_A}{c_{As} - c_{Ao}}$$

$$X_D = \text{tempo relativo} = \frac{D_{AB}t}{x_1^2}$$

$$n = \text{posição relativa} = \frac{x}{x_1}$$

$$m = \text{resistência relativa} = \frac{D_{AB}}{k_c x_1}$$

O comprimento característico, x_1, é a distância a partir do ponto de simetria. Para formas em que o transporte ocorre a partir de duas faces opostas, x_1 é a distância a partir do ponto médio para as superfícies das quais a transferência ocorre. Para formas em que o transporte ocorre a partir de apenas uma das superfícies, o valor de x_1 nas razões adimensionais é calculado como se a espessura fosse duas vezes o valor verdadeiro; isto é, para uma placa de espessura $2a$, o tempo relativo, X_D, é $D_{AB}t/4a^2$. As definições das geometrias para uso nos gráficos de concentração-tempo para a difusão unidimensional são mostradas na Figura 27.10.

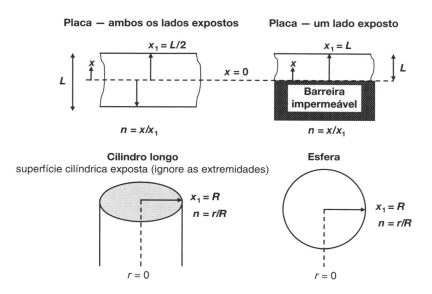

Figura 27.10 Geometrias para a difusão unidimensional em gráficos de concentração-tempo.

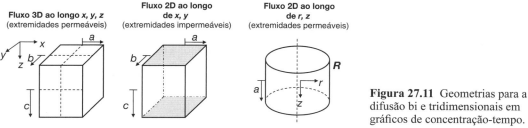

Figura 27.11 Geometrias para a difusão bi e tridimensionais em gráficos de concentração-tempo.

A extensão dessas geometrias para duas e três dimensões é mostrada na Figura 27.11.

Os cálculos para difusão transiente usando gráficos de concentração-tempo podem servir para processos de transferência de massa por convecção nas fronteiras. A situação física é ilustrada na Figura 27.12. É importante notar que o coeficiente de difusão, D_{AB}, refere-se à difusão da espécie A no meio difusional B e não ao coeficiente de difusão da espécie A no fluido de arraste que escoa sobre a superfície (espécie D na Figura 27.12). A resistência relativa, m, é a razão entre a resistência à transferência de massa por convecção e a resistência à transferência de massa molecular por difusão. Para um processo com resistência desprezível à transferência de massa por convecção, o coeficiente convectivo de transferência de massa, k_c, será muito grande em relação a D_{AB}; assim, m será admitido igual a zero em processos em que a difusão molecular controla o fluxo da espécie que se difunde. Para esse caso de não haver resistência convectiva, a concentração na superfície da espécie que se difunde, c_{As}, será

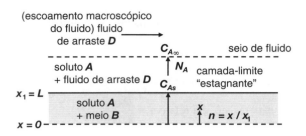

Figura 27.12 Situação física para a resistência convectiva à transferência de massa no contorno.

igual à concentração no seio da fase fluida, $c_{A,\infty}$. Se m for muito maior que zero, então as resistências convectivas à transferência de massa existem e a concentração na superfície da espécie A difere de sua concentração no seio da fase fluida. Nesse caso, quando $m > 0$, c_{As} pode não ser conhecido e a variação não ocorrida de concentração, Y, é agora definida usando a concentração no seio da fase fluida, $c_{A,\infty}$.

$$Y = \frac{c_{A,\infty} - c_A}{c_{A,\infty} - c_{Ao}}$$

A resistência relativa m se origina a partir da consideração do fluxo na fronteira, dado por

$$N_A(L,t) = -D_{AB}\frac{\partial c_A}{\partial x}\bigg|_{x=L} = k_c(c_{As} - c_{A,\infty})$$

O número de Biot para transferência de massa, dado por

$$Bi = \frac{k_c x_1}{D_{AB}} = \frac{1}{m}$$

é o inverso de m, com $x_1 = L$, como definido na Figura 27.12.

Esses gráficos podem ser usados para determinar os perfis de concentração para casos envolvendo transferência de massa molecular para ou a partir de corpos com formas específicas se as seguintes condições forem atendidas. Primeira, a segunda lei de Fick é admitida — isto é, não há movimento de fluido, v = 0, nem termo de geração, $R_A = 0$ —, e o coeficiente de difusão molecular é constante. Segunda, o corpo tem uma concentração inicial uniforme, c_{Ao}. E, finalmente, a fronteira é submetida a uma nova condição que permanece constante com o tempo t. Embora os gráficos tenham sido elaborados para o transporte unidimensional, eles podem ser combinados para obter soluções para transferências bi e tridimensionais. Em duas dimensões, Y_a, calculado com a largura $x_1 = a$, e Y_b, calculado com a profundidade $x_1 = b$, são combinados para fornecer

$$Y = Y_a Y_b \tag{27-24}$$

Um resumo da combinação dessas soluções segue:

1. Para o transporte a partir de uma barra retangular com extremidades impermeáveis,

$$Y_{\text{barra}} = Y_a Y_b \tag{27-25}$$

em que Y_a é calculado com largura $x_1 = a$ e Y_b é calculado com espessura $x_1 = b$.

2. Para o transporte a partir de um paralelepípedo retangular,

$$Y_{\text{paralelepípedo}} = Y_a Y_b Y_c \tag{27-26}$$

em que Y_a é calculado com largura $x_1 = a$ e Y_b é calculado com espessura $x_1 = b$ e Y_c é calculado com profundidade $x_1 = c$.

3. Para o transporte a partir de um cilindro, incluindo ambas as extremidades,

$$Y_{\text{cilindro mais extremidades}} = Y_{\text{cilindro}} Y_a \tag{27-27}$$

O uso desses três gráficos será mostrado no exemplo a seguir.

Exemplo 3

Lembre-se da cápsula com droga, descrita no Exemplo 2. A presente cápsula com droga consiste em uma drágea esférica de 0,652 cm de diâmetro (raio de 0,326 cm) contendo uma concentração inicial uniforme de 68,9 mg/cm³ de Dramin. (a) Qual é a concentração residual de Dramin no centro da drágea esférica após 48 h? (b) Considere agora que a cápsula seja um cubo com 0,652 cm de lado. Recalcule o item (a); (c) Considere agora que a cápsula seja um cilindro de diâmetro 0,652 cm e espessura 0,3 cm. Recalcule o item (a). O coeficiente de difusão de Dramin (espécie A) na matriz de gel (espécie B) é 3×10^{-7} cm²/s na temperatura do corpo de 37°C. As configurações das três cápsulas são apresentadas na Figura 27.13.

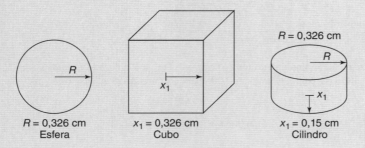

Figura 27.13 Três configurações da cápsula.

Este problema é prontamente resolvido usando os gráficos dados no Apêndice F.

(a) Para a cápsula esférica, calcule o tempo relativo (X_D), a posição relativa (n) e a resistência relativa (m), baseando-se no sistema de coordenadas esféricas.

$$X_D = \frac{D_{AB}t}{R^2} = \frac{\left(3 \times 10^{-7} \frac{cm^2}{s}\right)\left(48 \, h \frac{3600 \, s}{1 \, h}\right)}{(0,326 \, cm)^2} = 0,488$$

$$n = \frac{r}{R} = \frac{0 \, cm}{0,326 \, cm} = 0 \text{(centro da esfera)}$$

$$m = \frac{D_{AB}}{k_c R} \approx 0$$

De acordo com a Figura F.3 do Apêndice F, o valor de Y, que nesse caso é a variação não ocorrida da concentração no centro da drágea esférica, é cerca de 0,018. Podemos agora calcular c_A:

$$Y = 0,018 = \frac{c_{As} - c_A}{c_{As} - c_{Ao}} = \frac{0 - c_A}{0 - 68,9 \, mg/cm^3}$$

A concentração residual de Dramin no centro da drágea, após 48 h (c_A), é 1,24 mg/cm³.

(b) Para a cápsula de forma cúbica, a distância do ponto médio do cubo para qualquer uma das seis faces é 0,652 cm/2, ou 0,326 cm. O tempo relativo X_D é agora definido como

$$X_D = \frac{D_{AB} \, t}{x_1^2} = \frac{\left(3 \times 10^{-7} \frac{cm^2}{s}\right)\left(48 \, h \frac{3600 \, s}{1 \, h}\right)}{(0,326 \, cm)^2} = 0,488$$

Valores para n e m não mudam, com $n = 0$ e $m = 0$. Como todas as faces do cubo têm a mesma dimensão, tem-se

$$Y = Y_a Y_b Y_c = Y_a^3$$

De acordo com a Figura F.1 do Apêndice F, dados $X_D = 0,488$, $m = 0$ e $n = 0$, Y_a é igual 0,4 para uma placa plana com metade da espessura $x_1 = a = 0,326$ cm. Estendendo esse valor para um cubo tridimensional e usando a relação anterior, temos

$$Y = Y_a^3 = (0,4)^3 = 0,064$$

Finalmente,

$$Y = 0,064 = \frac{c_{As} - c_A}{c_{As} - c_{Ao}} = \frac{0 - c_A}{0 - 68,9 \, mg/cm^3}$$

com $c_A = 4,41$ mg/cm³ após 48 h.

508 ▶ Capítulo 27

(c) Para uma cápsula cilíndrica com extremidades expostas, $R = 0,326$ cm para a coordenada radial e $x_1 = a = 0,15$ cm para a coordenada axial. Os tempos relativos são

$$X_D = \frac{D_{AB}t}{R^2} = \frac{\left(3,0 \times 10^{-7} \frac{cm^2}{s}\right)\left(48\,h\,\frac{3600\,s}{1\,h}\right)}{(0,326\,cm)^2} = 0,488$$

para a dimensão cilíndrica e

$$X_D = \frac{D_{AB}t}{x_1^2} = \frac{\left(3,0 \times 10^{-7} \frac{cm^2}{s}\right)\left(48\,h\,\frac{3600\,s}{1\,h}\right)}{(0,15\,cm)^2} = 2,30$$

para a dimensão axial. Valores de n e de m não mudam, com $n = 0$ e $m = 0$. De acordo com as Figuras F.1 e F.2 do Apêndice F, respectivamente, $Y_{\text{cilindro}} = 0,1$ para a dimensão cilíndrica e $Y_a = 0,006$ para a dimensão axial. Assim,

$$Y = Y_{\text{cilindro}}\,Y_a = (0,1)(0,006) = 0,0006$$

e finalmente

$$Y = 0,006 = \frac{c_{As} - c_A}{c_{As} - c_{Ao}} = \frac{0 - c_A}{0 - 68,9\,\text{mg/cm}^3}$$

com $c_A = 0,413$ mg/cm³ após 48 h. Como $Y_a \ll Y_{\text{cilindro}}$, o fluxo que sai pelas extremidades expostas da drágea cilíndrica ao longo da direção axial domina.

Esses cálculos supõem que as resistências convectivas à transferência de massa associadas com o escoamento externo do fluido sobre a superfície da cápsula são desprezíveis. Os problemas no Capítulo 30 vão reconsiderar a liberação da droga para o caso de difusão transiente e convecção em série.

▶ **27.5**

RESUMO

Neste capítulo, consideramos a difusão molecular em regime transiente. As equações diferenciais parciais que descrevem o processo transiente foram obtidas a partir da combinação da equação de Fick com a equação diferencial geral para a transferência de massa. Foram apresentados dois enfoques para a solução analítica da segunda lei de Fick para a difusão. Gráficos para a solução de problemas de transferência de massa em regime transiente foram também introduzidos.

▶

PROBLEMAS

27.1 O perfil transiente de concentração $c_A(z,t)$, resultante da difusão unidimensional transiente em uma placa, sob condições de resistência superficial desprezível, é descrito pela equação (27-16). Use essa equação para desenvolver uma equação que preveja a concentração média, $\bar{c}_A$, dentro do volume de controle, em um dado tempo t. Então, calcule e plote o perfil médio adimensional $(\bar{c}_A - c_{As}) / (c_{Ao} - c_{As})$ em função da razão adimensional do tempo relativo, X_D. Use uma planilha para fazer os cálculos necessários para implementar a solução analítica em uma série infinita.

27.2 Alumínio é o principal material condutor para a fabricação de dispositivos microeletrônicos. Considere o filme fino de material composto, mostrado na figura adiante. Um filme fino de alumínio sólido é aspergido sobre uma superfície de uma pastilha. Então, um filme fino de 0,5 μm de silício é adicionado sobre o topo do filme de alumínio por deposição química por vapor de silício. Se uma elevada temperatura for mantida durante as etapas subsequentes do processo, então o alumínio poderá se difundir para o filme fino de Si e mudar as características do dispositivo microeletrônico. Estime a concentração de Al na metade da espessura do filme fino de Si, se a temperatura for mantida a 1250 K por 10 h. Verifique se o processo representa ou não a difusão no interior de um meio semi-infinito ou de um meio finito dimensionalmente. A 1250 K, a solubilidade máxima do Al no

Si é cerca de 1% em massa. Os dados de difusividade em fase sólida para dopantes comuns em silício são fornecidos na Figura 24.12 e na Tabela 24.7.

```
                                              N_A
   Filme fino de silício (0,5 μm)              ↑
   Filme fino de alumínio (espécie A)
   Superfície da pastilha
```

27.3 Na fabricação de um semicondutor tipo *p*, boro elementar difunde-se por uma pequena distância para uma pastilha de silício cristalino. A concentração do boro dentro do silício sólido determina as propriedades semicondutoras do material. Um processo físico de deposição por vapor mantém a concentração do boro elementar na superfície da pastilha igual a $5,0 \times 10^{20}$ átomos de boro/cm³ de silício. Na fabricação de um transistor, deseja-se produzir um filme fino de silício dopado de modo a se ter uma concentração de boro de pelo menos $1,7 \times 10^{19}$ átomos de boro/cm³ de silício a uma profundidade de 0,20 mícron (μm) a partir da superfície da pastilha de silício. Deseja-se alcançar esse objetivo no intervalo de 30 min de tempo de processamento. A densidade do silício sólido pode ser considerada da ordem de $5,0 \times 10^{22}$ átomos de Si/cm³.

a. Em que temperatura o processo de dopagem do boro deve operar? Sabe-se que a dependência do coeficiente de difusão do boro (*A*) no silício (*B*) com a temperatura é dada por

$$D_{AB} = D_o \cdot e^{-Q_o/RT}$$

em que $D_o = 0,019$ cm²/s e $Q_o = 2,74 \times 10^5$ J/gmol para o boro elementar no silício sólido. A constante termodinâmica $R = 8,314$ J/gmol · K.

b. Qual é o fluxo de átomos de boro na superfície da pastilha de silício em 10 min e em 30 min?

27.4 Uma etapa na fabricação de células solares de silício é a difusão molecular (dopagem) de fósforo elementar (P) em silício cristalino para fabricar semicondutores tipo *n*. Essa camada dopada com P precisa ser de pelo menos 0,467 μm em uma pastilha de 200 μm de espessura. O presente processo de difusão é conduzido à temperatura de 1000°C. Dados para a quantidade total de átomos de fósforo carregados na pastilha de silício *versus* tempo, a 1000°C, são apresentados na figura a seguir. A solubilidade máxima do fósforo dentro do silício cristalino é $1,0 \times 10^{21}$ átomos de P/cm³ a 1000°C. A pastilha quadrada de silício tem área superficial de 100 cm² (10 cm de lado). Inicialmente, não existe impureza de P no silício cristalino. Baseando-se nos dados fornecidos, qual é a concentração dos átomos de P (átomos de P/cm³) dopados dentro do silício, a uma profundidade de 0,467 μm depois de 40 min.

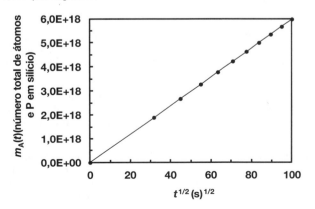

27.5 Uma pastilha de silício cristalino, de 10 cm de diâmetro e 1,0 mm de espessura, é recoberta com um filme fino de arsênio metálico puro (As), que é um dopante semicondutor. A pastilha de silício recoberta com As é "cozida" em um forno de difusão a 1050°C para permitir que as moléculas de arsênio se difundam dentro da placa de silício. A essa temperatura elevada, a solubilidade do arsênio no silício é $2,3 \times 10^{21}$ átomos de As/cm³ e o coeficiente de difusão de As em silício sólido é $5,0 \times 10^{-13}$ cm²/s. Inicialmente, existe uma impureza uniforme de arsênio no silício de $2,3 \times 10^{17}$ átomos de As/cm³. Para obter a propriedade desejada de semicondutor e uma estrutura de um dispositivo microeletrônico, a concentração-alvo dos átomos de arsênio no silício tem de ser menos de $2,065 \times 10^{20}$ átomos de As/cm³ na profundidade de junção de 0,5 μm ($1,0 \times 10^4 \mu m = 1$ cm).

a. Qual é o tempo de difusão requerido e qual o total de átomos de As que serão carregados no silício?

b. Faça um gráfico da raiz quadrada da profundidade de junção ($z^{1/2}$) *versus* tempo *t*, de $z = 0,5$ μm a 1,0 μm.

c. Qual é o fluxo calculado de átomos de As no silício após 5 min e 10 min no processo? Por que não é possível estimar o fluxo em $t = 0$?

27.6 Uma peça preaquecida de aço doce, tendo uma concentração inicial de 0,20% em massa de carbono, é exposta a uma atmosfera carbonizante durante 1,0 h. Sob essas condições de processo, a concentração de carbono na superfície é 0,70% em massa. Se a difusividade de carbono no aço for $1,0 \times 10^{-11}$ m²/s na temperatura do processo, determine a composição do carbono a 0,01 cm, 0,02 cm e 0,04 cm abaixo da superfície da peça.

27.7 Friabilidade de hidrogênio reduz a resistência mecânica de ferro fundido. Esse fenômeno ocorre frequentemente nos vasos de pressão de ferro fundido contendo o gás hidrogênio (H_2). O gás H_2 se dissolve no metal ferro (Fe) e se difunde no Fe não poroso sólido por um mecanismo de difusão intersticial. O gás H_2 não tem de penetrar muito no ferro de modo a ter um efeito negativo sobre a resistência mecânica de ferro. Na situação presente, 100% do gás H_2 a 100°C está contido em um vaso cilíndrico de ferro de diâmetro de 1,0 m e espessura de parede de 2,0 cm. A solubilidade de hidrogênio no ferro a 100°C é $2,2 \times 10^{-7}$ mol de *H* ($1,33 \times 10^{17}$ átomos de H/g de Fe. O coeficiente de difusão dos átomos de hidrogênio no Fe sólido é $124,0 \times 10^{-9}$ cm²/s a 100°C. Inicialmente, não há átomos de *H* no ferro sólido. Quantas horas serão necessárias para que o nível de hidrogênio dentro do metal ferro alcance $1,76 \times 10^{-7}$ mol de *H* ($1,06 \times 10^{17}$ átomos de H/g de Fe a uma profundidade de 0,1 cm da superfície exposta ao gás hidrogênio?

27.8 Um "emplastro com droga" é projetado para liberar lentamente uma droga (espécie *A*) através do tecido do corpo para uma zona infectada de tecido sob a pele. O emplastro com droga consiste em um reservatório impermeável contendo a droga encapsulada dentro de uma matriz polimérica porosa. O emplastro é implantado logo abaixo da pele. Uma barreira de difusão aderida na superfície inferior do emplastro mantém constante a concentração superficial da droga dissolvida no tecido do corpo igual a 2,0 mol/m³, que está abaixo do limite de solubilidade da droga no tecido do corpo. Não há diferença na solubilidade e no coeficiente de difusão da droga entre o tecido sadio e o infectado. A distância média entre o emplastro com a droga e a área infectada do tecido é 5,0 mm. Para ser eficaz, a concentração da droga no tecido tem de ser igual ou maior que 0,2 mol/m³, quando ela atingir a zona infectada. Determine o tempo, expresso em h, necessário para a droga começar a ser eficaz no tratamento. O coeficiente de difusão molecular efetivo da droga através do tecido do corpo, tanto o sadio quanto o infectado, é de $1,0 \times 10^{-6}$ cm²/s.

27.9 Um simples experimento é montado para medir o coeficiente de difusão efetivo do corante dextrano azul em um gel rígido de agarose. Uma solução aquosa bem misturada de altura de líquido de 10 cm, contendo

1,0 g/L (1,0 × 10⁻³ g/cm³) do corante, repousa sobre o gel rígido, de espessura 2,0 cm, como ilustrado na figura a seguir. As solubilidades do corante, tanto na água quanto no gel de agarose, são iguais, isto é, a concentração do corante no lado da água da interface água-gel é igual à concentração do corante no lado do gel da interface água-gel. O gel aquoso é geralmente considerado um polímero hidratado, em que as moléculas do soluto se difundem pelas regiões hidratadas. Inicialmente, não há corante dissolvido no gel. Após 24 h, uma pequena seção do gel, 2 mm a partir da superfície, é muito cuidadosamente extraída com uma agulha de seringa. A concentração do corante na amostra de gel é medida por um espectrômetro, dando um valor de 0,203 g de corante/L (2,03 × 10⁻⁴ g/cm³). Baseado nas medidas experimentais, estime o coeficiente de difusão efetivo do corante dextrano azul em gel de agarose. Justifique, por cálculos, que é razoável supor que a concentração do corante na solução aquosa bem misturada não varia significativamente ao longo do curso do experimento.

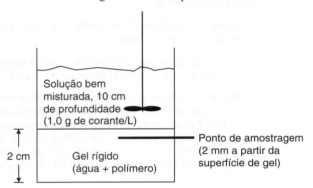

27.10 A contaminação dos solos saturados com água por solventes orgânicos tóxicos se constitui em um importante problema ambiental. Os solventes orgânicos podem se dissolver na água e se difundir através do solo saturado com água por difusão molecular, resultando na contaminação do solo e da água. A figura a seguir ilustra uma visão muito simplificada da situação, em que tetracloroetileno (TCE, espécie A) repousa no fundo de um poro cheio de água líquida estagnada. A profundidade da camada orgânica de TCE é 0,10 cm e o comprimento total do poro é 3,1 cm. O topo do poro é "coberto" com uma camada de argila de modo que a água contaminada está contida dentro do poro. O diâmetro do poro não é conhecido. A densidade do TCE líquido é 1,6 g/cm³ e a densidade da água líquida é 1,0 g/cm³. O coeficiente de difusão molecular do TCE em água líquida é 8,9 × 10⁻⁶ cm²/s a 293 K. O limite de solubilidade do TCE em água é 1,00 × 10⁻⁶ gmol/cm³ da fase aquosa. A massa molar do TCE é 166 g/gmol.

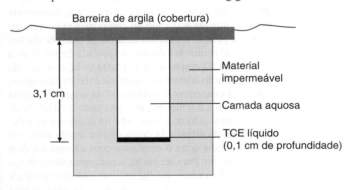

a. Inicialmente, não há TCE dissolvido na água. Qual o tempo necessário para que a concentração do TCE na água atinja o valor de 8,97 × 10⁻⁸ gmol/cm³ na posição de 0,30 cm a partir da interface orgânica-aquosa?

b. Qual é a concentração de TCE na fase aquosa após transcorrido um tempo infinito ($t \to \infty$)?

25.11 Um procedimento comum para aumentar o teor de umidade no ar é borbulhá-lo em uma coluna de água. As bolhas de ar são consideradas esféricas, cada uma com raio de 1,0 mm, estando em equilíbrio térmico com a água a 298 K. Determine o tempo em que a bolha deve permanecer na água até alcançar uma concentração do vapor no centro de 90% da concentração máxima possível (saturação). Admita que o ar esteja seco quando ele entra na coluna de água e que o ar no interior da bolha pequena esteja parado. A pressão de vapor da água *versus* a temperatura está disponível em várias publicações, incluindo tabelas de vapor.

25.12 Estamos interessados na difusão do gás CO_2 que sai de uma placa feita de um material adsorvente com poros aleatórios de 2,0 cm de espessura, como mostrado na figura a seguir. Inicialmente, o espaço gasoso dentro do material poroso contém 10% em mol de CO_2 (A) e 90% em mol de ar (B). O processo é mantido à temperatura de 25°C e a pressão total do sistema é 1,0 atm. Nessas condições, o coeficiente de difusão molecular binária do CO_2 no ar é 0,161 cm²/s, porém o coeficiente de difusão efetivo do CO_2 dentro do meio poroso é apenas 0,010 cm²/s. Ar fresco, não contendo CO_2, escoa sobre a superfície da placa de modo que o coeficiente convectivo de transferência de massa (k_c) é 0,0025 cm/s. Qual é o tempo necessário para que a concentração de CO_2 no espaço com gás dentro do material poroso seja reduzida a apenas 2,0% em mol de CO_2 (A) a uma profundidade de 1,6 cm a partir da superfície exposta da placa?

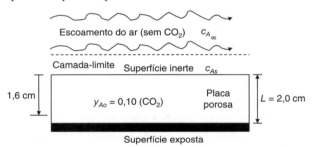

27.13 Considere o material absorvente na forma de um cilindro projetado para remover seletivamente o soluto A da solução. A absorção do soluto A pelo material absorvente homogêneo é limitada pela difusão molecular. Adicionalmente, o absorvente tem uma afinidade maior para o soluto A, quando comparada com a solução no seu entorno, que é descrita pela relação linear de equilíbrio, $c_A = K \cdot C'_A$, em que c_A é a concentração molar de A no absorvente de A, C'_A é a concentração molar de A no fluido que envolve o material e K é um coeficiente de partição para o soluto A entre o fluido e o material absorvente. A solução no seu entorno está bem misturada e tem uma concentração constante, $C'_{A\infty}$ = 2,00 gmol/m³. O coeficiente de difusão de A no material absorvente homogêneo é 4 × 10⁻⁷ cm²/s e o coeficiente de partição K = 1,5 cm³ de fluido/cm³ de absorvente. O *pellet* absorvente cilíndrico tem 1,0 cm de diâmetro e 5,0 cm de comprimento. Inicialmente, não há soluto A absorvido no material absorvente.

a. Suponha que os efeitos de borda, associados com os de extremidades do cilindro, podem ser desprezados. Com essa suposição, qual o tempo (em horas) necessário para que a concentração do soluto A atinja o valor de 2,94 gmol/cm³, a uma profundidade de 0,40 cm a partir da superfície do cilindro?

b. Repita os cálculos do item (a) para o caso em que os "efeitos de borda" não são desprezíveis — isto é, para difusão bidimensional. A posição radial é 0,4 cm a partir da superfície cilíndrica e a posição axial é 1,0 cm a partir da extremidade do cilindro.

27.14 Considere a placa porosa ilustrada na figura adiante. Poros muito pequenos, com diâmetro de 20 Å, estão distribuídos, em arranjos paralelos, ao longo de uma placa de 2,0 cm. Esse dispositivo servirá como um veículo de liberação de uma droga solúvel em etanol. Como parte do desenvolvimento do dispositivo, estamos interessados nos aspectos da difusão dessa unidade em relação ao etanol e à água sem a droga. Os poros estão inicialmente cheios com etanol líquido. O etanol (massa molar igual a 46 g/gmol) tem um diâmetro de molécula de aproximadamente 4 Å, e a água (massa molar igual a 18 g/gmol) tem um diâmetro de molécula de aproximadamente 3 Å. A viscosidade do etanol líquido é 0,85 cP a 313 K. Essa placa porosa cheia com etanol é colocada em um grande recipiente cheio de água líquida a 313 K. A água se difunde para dentro dos poros da placa cheios com etanol. Após 10 min de contato, qual é a concentração da água a uma distância de 2,0 mm (0,2 cm) no interior da placa? Pode ser admitido que a água não penetra muito longe dentro dos poros da placa e que o líquido ao redor é essencialmente água pura durante todo o tempo.

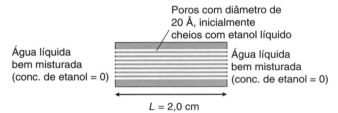

27.15 Um novo material metálico adsorvente de íon, baseado no biopolímero poliglucosamina, é moldado em uma drágea contendo gel. Os grupos amina no biopolímero têm uma alta afinidade para íons metálicos de transição em concentrações de partes por milhão (mg/L). Quando água contendo íons metálicos entra em contato com o gel, esses íons metálicos seletivamente se distribuem no gel e então se difundem através dele; o gel os extrai da solução, concentrando-os dentro da drágea. Embora a situação real seja mais complicada, suponha, como um caso limite, que a taxa de captação dos íons metálicos seja limitada pela difusão molecular dos íons através do gel. A concentrações relativamente baixas dos íons metálicos na água, abaixo de 1,0 mol/m³, a constante de partição é definida pela relação linear $c'_A = K c_{As}$, em que c'_A é a concentração molar do íon metálico no interior da fase gel na superfície ($r = R$), c_{As} é a concentração molar do metal na fase aquosa que envolve a superfície e K é a constante de partição, que depende da concentração de amina dentro do gel. No presente processo, o diâmetro da drágea é de 0,5 cm e a concentração de amina dentro do gel estabelece K igual a 150 m³ de fase aquosa/m³ da fase de biopolímero. Quanto tempo é necessário para que a concentração de cádmio no centro da drágea contendo gel seja 12,0 mol/m³, se a água residuária, contendo uma concentração constante de cádmio igual a 0,1 mol/m³ (11,2 mg/L), escoa rapidamente sobre a drágea contendo gel? Levando em conta o processo de absorção, o coeficiente de difusão efetivo do cádmio dentro do gel é aproximadamente igual a $2,0 \times 10^{-8}$ cm²/s.

27.16 Uma etapa no processamento de pepinos para picles é o próprio processo de elaboração do picles. Em um método de se fazer picles, pepinos novos, sem peles cerosas, são imersos em uma solução de NaCl e deixados de molho durante a noite. Para iniciar o processo de preparação dos picles, ácido acético é adicionado à solução salina para fazer a salmoura dos picles. O ácido acético age como agente preservativo e a solução salina evita o inchamento do pepino à medida que o ácido acético se difunde para o interior do pepino. Quando certa concentração de ácido acético é alcançada, considera-se que o pepino se transformou em picles e permanecerá seguro e saboroso para comer por um longo tempo. No presente processo de produção de picles, a temperatura é 80°C e a salmoura contém uma concentração de ácido acético de 0,900 kgmol/m³.

Os pepinos têm comprimento de 12,0 cm e 2,5 cm de diâmetro. A quantidade de pepinos relativa à quantidade de salmoura é pequena de modo que a concentração de ácido acético no seio da fase líquida permanece essencialmente constante durante o processo de elaboração dos picles. Inicialmente, os pepinos não contêm nenhum ácido acético, sendo mantidos a 80°C. Os efeitos de borda podem ser desprezados. Pode também ser assumido que o coeficiente de difusão do ácido acético nos picles é aproximadamente igual ao seu coeficiente de difusão na água. O coeficiente de difusão do ácido acético em água a 20°C (não a 80°C) é $1,21 \times 10^{-5}$ cm²/s.

a. Quanto tempo (em horas) levará para que o *centro dos picles* alcance a concentração de 0,864 kgmol/m³? Para o item (a), considere que o líquido esteja bem misturado, de modo que as resistências externas à transferência de massa por convecção possam ser desprezadas.

b. Referindo-se ao item (a), qual será o novo tempo requerido, se a transferência de massa por convecção em torno dos picles é agora tal que $k_c = 1,94 \times 10^{-5}$ cm/s?

27.17 Um revestimento polimérico de 6,0 mm de espessura é fundido sobre uma superfície plana não porosa. O revestimento contém uma quantidade residual do solvente de fundição, que é uniforme a 1% em massa dentro do revestimento. A transferência de massa do solvente através do revestimento polimérico é controlada por difusão molecular. O ar escoando sobre a superfície revestida elimina as resistências convectivas associadas à transferência de massa e reduz a concentração do vapor de solvente no ar a praticamente zero. O coeficiente de difusão efetivo das moléculas de solvente no polímero é 2×10^{-6} cm²/s. Qual o tempo (em horas) necessário para que a concentração do solvente, a 1,2 mm da superfície, seja reduzida para 0,035% em massa?

27.18 Grânulos esféricos de polímeros, de 3,0 mm (0,30 cm) de diâmetro, contêm solvente residual proveniente de um processo de fusão de polímero. Inicialmente, o grânulo contém 0,20% em massa de solvente residual, uniformemente distribuído dentro do polímero. O solvente residual será removido do material granular por secagem dos grânulos em um leito fluidizado por ar. Esse sorvedouro para transferência de massa fará com que as moléculas do solvente dentro dos grânulos se transfiram para sua superfície. O escoamento do ar pelo leito fluidizado é muito elevado, de modo que as resistências convectivas à transferência de massa não estão presentes e a concentração efetiva do vapor de solvente emitido para o ar é igual a zero. Nas condições do processo do leito fluidizado, o coeficiente de difusão efetivo das moléculas do solvente residual no material polimérico é $4,0 \times 10^{-7}$ cm²/s.

a. Qual o tempo (em horas) necessário para que o solvente alcance 0,002% em massa no *centro* do grânulo?

b. Qual o tempo (em segundos) necessário para que o solvente atinja uma composição igual a 0,18% em massa, em uma profundidade de 0,1 mm a partir da superfície do grânulo?

27.19 Células vivas imobilizadas dentro de um gel de agarose requerem glicose para sobreviver. Um importante aspecto do projeto de um sistema bioquímico refere-se ao coeficiente de difusão efetivo da glicose para o próprio gel de agarose, que você pode considerar como um material homogêneo, constituído praticamente de água líquida. Considere o experimento mostrado na figura adiante, em que uma placa de gel de agarose de 1,0 cm de espessura é colocada dentro de uma solução bem misturada de glicose mantida a uma concentração de 50 mmol/L (1,0 mol = 1000 mmol), que está relativamente diluída. A solubilidade da glicose em água é igual à solubilidade da glicose no gel. Uma seringa montada no centro do gel retira uma pequena amostra do gel para análise de glicose. Inicialmente, não há glicose no gel. Todavia, após 42 horas, a concentração medida de glicose no ponto de amostragem é de 48,5 mol/m³. Baseado nessa medida, qual é o coeficiente de difusão efetivo da glicose no gel?

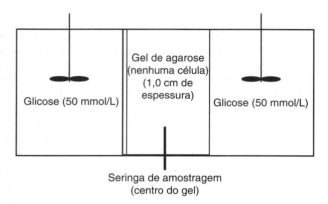

Seringa de amostragem
(centro do gel)

27.20 Uma drágea pequena esférica é usada como uma cápsula de liberação controlada da droga no sistema gastrointestinal (isto é, seu estômago). Nesse caso particular, uma drágea de 0,10 cm de diâmetro tem uma concentração inicial uniforme de 0,20 mmol/L da droga griseofulvina (espécie A). O coeficiente de difusão da griseofulvina dentro do material da drágea é $1,5 \times 10^{-7}$ cm²/s. Após a liberação a partir da drágea, a droga é imediatamente consumida, de modo que a concentração na superfície é essencialmente igual a zero.

a. Usando os gráficos de concentração *versus* tempo, determine o tempo necessário para que a concentração da griseofulvina no *centro* de cada drágea atinja 10% de seu valor inicial.

b. Usando a solução analítica na forma de série infinita para $c_A(r, t)$, determine o tempo necessário para que a concentração da griseofulvina no *centro* de cada drágea atinja 10% de seu valor inicial e, então, faça um gráfico do perfil de concentração de r = 0 (centro) a r = R (superfície). Faça seus cálculos em um computador, usando uma planilha.

27.21 Considere um tablete de gel, de forma retangular, tendo uma espessura de 0,652 cm e uma largura de 1,0 cm, carregado com a droga Dramin. As bordas do tablete são impermeáveis, de modo que a difusão do Dramin ocorre somente ao longo da sua espessura. Para uma dosagem total da droga de 41,7 mg, a concentração inicial da droga Dramin (soluto A) no grão (B) é de 64,0 mg/cm³. A concentração da droga na superfície exposta da placa é mantida em zero para prover um sorvedouro constante para transferência de massa. O coeficiente de difusão da droga no gel é $3,0 \times 10^{-7}$ cm²/s. Qual é a concentração residual da droga no centro do tablete após decorridas 96 horas? Compare os resultados usando (a) os gráficos de concentração *versus* tempo e (b) a solução analítica contendo uma série infinita.

27.22 Considere um tablete de gel, de forma retangular, tendo uma espessura de 0,125 cm e uma largura de 0,50 cm. As bordas do tablete são impermeáveis, de modo que a difusão ocorre somente ao longo da espessura do tablete. Para uma dosagem total da droga de 2,0 mg, a concentração inicial da droga Dramin (soluto A) no grão (B) é de 64,0 mg/cm³. A concentração de A na superfície exposta da placa é mantida em zero. Qual é a quantidade total (m_A) da droga liberada depois de 1,0 e 2,0 horas, respectivamente? Sugestão: use a solução analítica contendo uma série infinita para $m_A(t)$.

27.23 Uma cápsula gelatinosa esférica de 0,5 cm de diâmetro é usada como um dispositivo para liberação de uma droga. Inicialmente, há uma quantidade total da droga de 0,005 mmol uniformemente carregada no material gelatinoso. A cápsula é ingerida e, dentro do trato gastrointestinal, a concentração global da droga A dentro do fluido gástrico é igual a zero. Todavia, existe uma resistência convectiva finita à transferência de massa no filme, sendo o coeficiente convectivo de transferência de massa da droga A em volta da superfície da esfera igual a $5,0 \times 10^{-5}$ cm/s. A 37°C, o coeficiente de difusão efetivo da droga dentro do gel é $3,0 \times 10^{-6}$ cm²/s, enquanto o coeficiente de difusão molecular da droga no fluido gástrico é $1,5 \times 10^{-5}$ cm²/s.

a. Qual é número de Biot para o processo de transferência de massa? Nos gráficos de concentração *versus* tempo, o número de Biot (Bi) é o inverso de *m*.

b. Qual é a concentração molar da droga A no centro da cápsula após 2,3 horas?

27.24 Como a sociedade busca por soluções técnicas para o aquecimento global, uma abordagem para sequestrar gases ricos em dióxido de carbono, provenientes de estufas, é capturar o CO_2 no interior de um material adsorvente em alta pressão. Um experimento planejado para avaliar um candidato a material adsorvente é apresentado na figura adiante, que consiste em uma placa 10 cm × 10 cm, com 100 cm² de área exposta. Uma mistura gasosa de 10% em mol de CO_2 (espécie A) e 90% em mol de N_2 (espécie B), a 15,0 atm de pressão total e temperatura de 200°C, está em contato com um material microporoso projetado para adsorver seletivamente o CO_2 da mistura gasosa. A partição do gás CO_2 dentro do adsorvente é descrito por

$$Q_A = K'c_A$$

em que Q_A é a quantidade de CO_2 adsorvido por unidade de volume de adsorvente poroso (mol de CO_2/cm³ de adsorvente), c_A é a concentração de CO_2 na fase gasosa dentro do adsorvente poroso (mol de CO_2/cm³ do espaço poroso com gás) e K' é a constante de adsorção aparente do CO_2 (cm³ de gás/cm³ de adsorvente). O experimento é conduzido em regime transiente, em que a quantidade total de CO_2 capturado dentro do adsorvente é medida após certo tempo. Inicialmente, não há CO_2 adsorvido sobre o sólido ou dentro dos poros, sendo o processo considerado diluído em relação ao CO_2 na fase gasosa. O processo de difusão é modelado como um sorvedouro semi-infinito para o CO_2, com o fluxo de CO_2 dado por

$$N_A|_{z=0} = c_{As}\sqrt{\frac{D'_{Ae}}{\pi \cdot t}}, \quad \text{em que } D'_{Ae} = \frac{\varepsilon^2 D_{Ae}}{\varepsilon + K'},$$

sendo c_{As} a concentração molar de CO_2 na superfície externa da placa. Na equação anterior, D'_{Ae} é o coeficiente de difusão aparente do CO_2 dentro do material adsorvente, sob condições em que o soluto é adsorvido na superfície dos poros, o que inclui os seguintes termos: constante de adsorção aparente do CO_2 (K'), a fração de vazios do adsorvente poroso (ε) e o coeficiente de difusão efetivo do CO_2 dentro do sólido sob condições de não absorção do CO_2 (D_{Ae}). No presente sistema, $K' = 1776,2$ cm³/cm³, $\varepsilon = 0,60$ e $D_{Ae} = 0,018$ cm²/s. Após um tempo de contato de 60 min, qual foi a massa total do CO_2 capturado pela placa? Considere que a placa atue como um sorvedouro semi-infinito para o CO_2 e que as resistências convectivas à transferência de massa sejam eliminadas, de modo que $c_{As} = c_{A\infty}$.

10% em mol de CO_2, 90% em mol de N_2
200°C, 15 atm

z = 0
$c_A = c_{As}$

Material microporoso (ε = 0,60)
adsorve CO_2 proveniente do
gás (placa semi-infinita)

CAPÍTULO **28**

Transferência de Massa
por Convecção

Transferência de massa por convecção, inicialmente introduzida na Seção 24.3, envolve o transporte de matéria entre uma superfície de contorno e um fluido em movimento ou entre dois fluidos imiscíveis em movimento separados por uma interface móvel. Neste capítulo, discutiremos a transferência dentro de uma única fase na qual a massa é trocada entre uma superfície de contorno e um fluido em movimento, sendo o fluxo relacionado a um *coeficiente convectivo individual de transferência de massa*. No Capítulo 29, consideraremos a transferência de massa entre duas fases em contato, em que o fluxo é relacionado a um *coeficiente convectivo global de transferência de massa*.

A equação de taxa para a transferência de massa por convecção, generalizada de maneira análoga à lei de Newton de resfriamento, é

$$N_A = k_c \Delta c_A \tag{24-68}$$

em que o fluxo de massa, N_A, é o fluxo de massa molar da espécie A, medida em relação a coordenadas espaciais fixas, Δc_A é a diferença de concentração entre a superfície da fronteira e a concentração média da espécie que se difunde na corrente de fluido em movimento, e k_c é o coeficiente convectivo de transferência de massa. Lembrando as discussões sobre o coeficiente convectivo de transferência de calor, como definido pela lei de Newton do resfriamento, podemos constatar que a determinação do análogo coeficiente convectivo de transferência de massa não é uma tarefa simples. Tanto os coeficientes de transferência de massa quanto os de calor são relacionados às propriedades do fluido, às características dinâmicas do fluido em movimento e à geometria específica do sistema de interesse.

À luz da semelhança próxima entre as equações de transferência de calor e de massa por convecção usadas para definir esses dois coeficientes convectivos, podemos esperar que o tratamento analítico do coeficiente de transferência de calor no Capítulo 19 pode ser aplicado na análise do coeficiente de transferência de massa. Uso considerável será também feito dos desenvolvimentos e dos conceitos dos Capítulos 9 a 13.

▶ 28.1

CONSIDERAÇÕES FUNDAMENTAIS NA TRANSFERÊNCIA DE MASSA POR CONVECÇÃO

Há muitas situações físicas nas quais a convecção envolvendo o escoamento de um fluido sobre uma superfície gera um processo de transferência de massa, incluindo a evaporação de uma superfície

513

de um líquido volátil, a sublimação de um sólido volátil em uma corrente gasosa em escoamento, a dissolução de um sólido para um líquido em movimento e a transferência de reagentes e produtos gasosos para e de uma superfície altamente reativa.

Quando a transferência de massa envolve um soluto que está sendo transferido para um fluido em movimento, o coeficiente convectivo de transferência de massa é definido por

$$N_A = k_c(c_{As} - c_{A,\infty}) \tag{28-1}$$

Nessa equação, o fluxo N_A representa o número de mols do soluto A que deixa a interface por unidade de tempo e por unidade de área interfacial. A concentração do soluto A na interface do fluido é c_{As} e c_A representa a concentração em alguma posição dentro do seio da fase fluida. A interface ou a superfície de contorno é a fonte do soluto A e o fluido em movimento é o sorvedouro para a transferência de A.

Quando o fluido em movimento encontra uma superfície parada, a velocidade do fluido diminui, formando uma camada-limite. A teoria do filme sugere que essa camada-limite está conceitualmente localizada no filme de fluido com escoamento lento que ocorre próximo da superfície. A teoria da camada-limite considera que se o fluido escoa em direção paralela à superfície, então uma distribuição de velocidade é gerada, em que a velocidade do fluido é zero na superfície, mas se aproxima da velocidade da corrente livre (v_∞) no limite da camada-limite hidrodinâmica. Essa camada-limite hidrodinâmica se desenvolve ao longo da direção do escoamento. Se existir uma transferência de massa, existirá também um perfil de concentração, definido por uma camada-limite mássica, com concentrações c_{As} e $c_{A,\infty}$ na superfície da placa e na corrente livre, respectivamente. As teorias do filme e da camada-limite para o escoamento ao longo de placa plana são contrastadas na Figura 28.1.

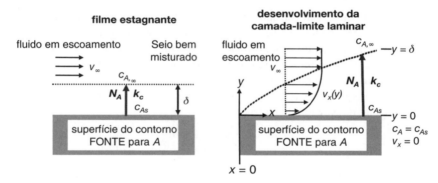

Figura 28.1 Representação da teoria do filme e da camada-limite para a transferência de massa por convecção para o escoamento sobre uma superfície plana.

Das nossas discussões anteriores acerca do escoamento de fluidos sobre uma placa, podemos lembrar que as partículas de fluido adjacentes à fronteira sólida ficam estacionárias e que, na camada fina de fluido próxima da superfície, o escoamento é laminar independentemente da natureza da corrente livre. A transferência de massa através desse filme envolve o transporte molecular e ele terá um papel em qualquer processo convectivo. Se o escoamento do fluido for laminar, todo o transporte entre a superfície e o fluido em movimento será de natureza molecular. Se o escoamento for turbulento, a massa será transportada por turbilhões presentes dentro do núcleo turbulento da corrente. Como no caso de transferência de calor, maiores taxas de transferência de massa estão associadas com condições turbulentas. A distinção entre escoamento laminar e turbulento será uma consideração importante em qualquer situação convectiva.

A camada-limite hidrodinâmica, analisada no Capítulo 12, exerce um importante papel na transferência de massa por convecção. Adicionalmente, vamos definir e analisar a camada-limite mássica, o que será vital para a análise do processo de transferência de massa por convecção. Essa camada é similar, mas não necessariamente igual em espessura, à camada-limite térmica discutida no Capítulo 19.

Existem quatro métodos de calcular coeficientes convectivos de transferência de massa que serão discutidos neste capítulo:

1. Análise dimensional acoplada a experimentos.

2. Solução exata da camada-limite laminar.
3. Análise aproximada da camada-limite.
4. Analogia entre a transferência de momento, de energia e de massa.

O exemplo a seguir ilustra as características básicas de um processo de transferência de massa por convecção associada com o escoamento sobre uma superfície plana, em que o material que constitui a superfície plana é a fonte para a transferência do componente (espécie A), que tem de se difundir através da camada-limite para o fluido na corrente livre.

Exemplo 1

Um revestimento muito fino de um polímero fotorresistente dissolvido no solvente volátil metil etil cetona (MEK) cobre uma pastilha quadrada de silício de 15 cm por 15 cm e espessura de 0,25 mm. O revestimento úmido contém 30% em massa de polímero sólido e 70% em massa de solvente, e a carga mássica total do revestimento é 0,50 g. O solvente pode ser considerado estar em um estado líquido. O solvente será evaporado da superfície do polímero pelo ar que escoa na direção paralela à superfície da pastilha de silício, como mostrado na Figura 28.2. O vapor do solvente tem de se transferir da superfície do revestimento através da camada-limite hidrodinâmica (linha pontilhada na Figura 28.2) formada pelo escoamento do ar sobre a superfície. Durante o processo de evaporação do solvente, uma placa de aquecimento embaixo da pastilha mantém o revestimento a uma temperatura uniforme de 27°C e a pressão de vapor exercida pelo solvente a essa temperatura é constante e igual a 99,4 mm de Hg. O ar em movimento está também a 27°C e 1,0 atm de pressão total do sistema. A taxa de evaporação do solvente é limitada pelo processo de transferência de massa por convecção. O escoamento do ar é alto o bastante em relação à taxa de transferência do solvente, de modo que a concentração do vapor do solvente no gás da corrente livre ($c_{A,\infty}$) é muito pequena e pode ser admitida como próxima de zero. Além disso, quaisquer resistências associadas com a difusão molecular do solvente através do revestimento muito fino do polímero podem ser desprezadas.

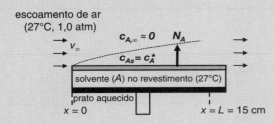

Figura 28.2 Evaporação do vapor do solvente (MEK) a partir do revestimento fotorresistente para a corrente de ar em escoamento, Exemplo 1.

Testes experimentais mostraram que o solvente contido no revestimento do polímero evaporou após 45 s, seguido da exposição à corrente de ar em movimento. Baseado nas suposições anteriores, qual é o valor estimado do coeficiente convectivo de transferência de massa necessário para esse processo?

Em primeiro lugar, o fluxo molar do solvente (MEK, espécie A, massa molar igual a 72 g/gmol) do revestimento será estimado a partir do resultado dos testes. A fonte de transferência de massa é o solvente no revestimento do polímero e o sorvedouro é a corrente de ar ao redor. O processo de transferência de massa por convecção será suposto em estado estacionário, de modo que a taxa de evaporação do solvente é constante até o ponto em que todo o solvente no revestimento polimérico úmido seja evaporado. Um balanço de massa para o processo em relação ao solvente (A) em termos de mol de A/tempo é

$$\begin{pmatrix} \text{taxa de transferência de solvente} \\ \text{a partir da superfície para a} \\ \text{corrente de ar em escoamento} \end{pmatrix} = \begin{pmatrix} \text{taxa de variação de carga} \\ \text{de solvente no interior} \\ \text{do revestimento} \end{pmatrix}$$

$$-N_A S = \frac{dm_A}{dt}$$

em que m_A é a quantidade de mols do solvente que permanece no revestimento e S é a área da seção transversal para o fluxo de transferência de massa. Dado que o fluxo convectivo N_A é constante com o tempo, a integração do tempo inicial ($t = 0$, $m_A = m_{Ao}$) ao tempo final quando todo o solvente tiver sido evaporado ($t = t_f$, $m_A = 0$) nos dá

$$-N_A S \int_0^{t_f} dt = \int_{m_{Ao}}^0 dm_A$$

ou

$$N_A = \frac{m_{Ao}}{t_f S} = \frac{4,86 \times 10^{-3} \text{ gmol MEK}}{(45 \text{ s})(15 \text{ cm})^2} = 4,80 \times 10^{-7} \frac{\text{gmol}}{\text{cm}^2 \cdot \text{s}}$$

em que m_{Ao} é determinado por

$$m_{Ao} = 0{,}50 \text{ g revestimento} \cdot \frac{0{,}70 \text{ g de MEK}}{\text{g revestimento}} \cdot \frac{1 \text{ gmol de MEK}}{72 \text{ g de MEK}} = 4{,}86 \times 10^{-3} \text{ gmol de MEK}$$

O fluxo de transferência de massa por convecção N_A é definido por

$$N_A = k_c(c_{As} - c_{A,\infty})$$

em que c_{As} é determinada a partir da pressão de vapor (P_A) exercida pelo solvente, supondo a lei dos gases ideais:

$$c_{As} = c_A^* = \frac{P_A}{RT} = \frac{\left(99{,}4 \text{ mm Hg} \dfrac{1{,}0 \text{ atm}}{760 \text{ mm Hg}}\right)}{\left(82{,}06 \dfrac{\text{cm}^3 \cdot \text{atm}}{\text{gmol} \cdot \text{K}}\right)(300 \text{ K})} = 5{,}31 \times 10^{-6} \frac{\text{gmol}}{\text{cm}^3}$$

Uma vez que o fluxo N_A é conhecido, o coeficiente convectivo de transferência de massa necessário para obter N_A é

$$k_c = \frac{N_A}{(c_{As} - c_{A,\infty})} = \frac{4{,}86 \times 10^{-7} \dfrac{\text{gmol}}{\text{cm}^2 \text{s}}}{5{,}31 \times 10^{-6} \dfrac{\text{gmol}}{\text{cm}^3} - 0} = 0{,}090 \text{ cm/s}$$

Veremos neste capítulo que k_c será uma função do coeficiente de difusão molecular na fase fluida, das propriedades do fluido em escoamento e da velocidade do fluido.

▶ 28.2

PARÂMETROS SIGNIFICATIVOS NA TRANSFERÊNCIA DE MASSA POR CONVECÇÃO

Parâmetros adimensionais são frequentemente utilizados para correlacionar dados de transporte convectivo. Na transferência de momento, vimos os números de Reynolds e de Euler. Na correlação de dados de transferência de calor por convecção, os números de Prandtl e de Nusselt foram importantes. Alguns dos mesmos parâmetros, juntamente com algumas das relações adimensionais recentemente definidas, serão úteis na correlação de dados de transferência de massa por convecção. Nesta seção, vamos considerar o significado físico de três dessas relações.

As difusividades moleculares dos três fenômenos de transporte foram definidas como difusividade de momento, dada por

$$\nu = \frac{\mu}{\rho}$$

difusividade térmica, dada por

$$\alpha = \frac{k}{\rho C_p}$$

e difusividade mássica, dada por D_{AB}.

Como notado anteriormente, cada uma dessas difusividades tem dimensão de L^2/t; assim, a razão entre quaisquer duas delas tem de ser adimensional. A razão entre a difusividade molecular de momento e a difusividade molecular mássica é denominada *número de Schmidt*:

$$\text{Sc} = \frac{\text{difusividade de momento}}{\text{difusividade mássica}} = \frac{\nu}{D_{AB}} = \frac{\mu}{\rho D_{AB}} \tag{28-2}$$

O número de Schmidt exerce um papel na transferência de massa por convecção análoga a do número de Prandtl na transferência de calor por convecção, que é definido como

$$\text{Pr} = \frac{\text{difusividade de momento}}{\text{difusividade térmica}} = \frac{\nu}{\alpha} = \frac{\mu C_p}{k}$$

A razão entre a difusividade térmica e a difusividade molecular de massa é denominada *número de Lewis*

$$\text{Le} = \frac{\text{difusividade térmica}}{\text{difusividade mássica}} = \frac{\alpha}{D_{AB}} = \frac{k}{\rho C_p D_{AB}} \qquad (28\text{-}3)$$

O número de Lewis aparece quando um processo envolve transferência simultânea de massa e de energia por convecção. Os números de Schmidt e de Lewis são considerados combinações das propriedades do fluido; assim, cada número pode ser tratado como uma propriedade do sistema difusivo.

Considere a transferência de massa do soluto A de um sólido para um fluido escoando junto à superfície do sólido. O perfil de concentração é mostrado na Figura 28.3. Para tal caso, a transferência de massa entre a superfície e o fluido pode ser escrita como

$$N_A = k_c (c_{A,s} - c_{A,\infty}) \qquad (28\text{-}1)$$

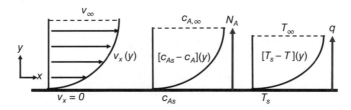

Figura 28.3 Perfis de velocidade, temperatura e concentração de um fluido escoando sobre uma superfície sólida.

Como a transferência de massa na superfície se dá por difusão molecular, a transferência de massa pode ser também descrita por

$$N_A = -D_{AB} \frac{dc_A}{dy}\bigg|_{y=0}$$

Quando a concentração na superfície, c_{As}, é constante, essa equação pode ser escrita como

$$N_A = -D_{AB} \frac{d(c_A - c_{As})}{dy}\bigg|_{y=0} \qquad (28\text{-}4)$$

As equações (28-4) e (28-1) podem ser igualadas, uma vez que elas definem o mesmo fluxo do componente A que deixa a superfície e entra no fluido. Daí, resulta a relação

$$k_c (c_{As} - c_{A,\infty}) = -D_{AB} \frac{d(c_A - c_{As})}{dy}\bigg|_{y=0} \qquad (28\text{-}5)$$

que pode ser rearranjada da seguinte forma:

$$\frac{k_c}{D_{AB}} = \frac{-d(c_A - c_{As})/dy|_{y=0}}{(c_{As} - c_{A,\infty})}$$

Multiplicando ambos os lados dessa equação por um comprimento característico, L, obtém-se a seguinte expressão adimensional:

$$\frac{k_c L}{D_{AB}} = \frac{-d(c_A - c_{As})/dy|_{y=0}}{(c_{As} - c_{A,\infty})/L} \qquad (28\text{-}6)$$

O segundo membro da equação (28-6) é a relação entre o gradiente de concentração na superfície e o gradiente global de concentração. Dessa forma, pode-se considerar uma razão entre a resistência ao

518 ▶ Capítulo 28

transporte molecular de massa e a resistência à transferência de massa por convecção do fluido. Essa razão adimensional é denominada *número de Sherwood*, Sh, sendo definida como

$$Sh = \frac{k_c L}{D_{AB}} \qquad (28\text{-}7)$$

Como o desenvolvimento da equação (28-7) é semelhante ao desenvolvimento da equação (19-5) para o número de Nusselt encontrado na transferência de calor por convecção, o número de Sherwood tem também sido denominado como o *número de Nusselt para a transferência de massa*, Nu_{AB}.

Esses três parâmetros — Sc, Sh e Le — são encontrados na análise de problemas de transferência de massa por convecção nas seções a seguir. O número de Schmidt é calculado no seguinte exemplo para mostrar a magnitude relativa de seu valor nas fases líquidas e gasosas.

Exemplo 2

Compare o número de Schmidt (Sc) para o vapor de metanol no ar a 308 K (35°C) e 1,0 atm, e para o metanol dissolvido em água líquida a 308 K.

Metanol (MeOH) é a espécie A. Do Apêndice J, para o MeOH no ar a 1,0 atm, $D_{A\text{-}ar} = 0{,}162$ cm²/s a 298 K. A 308 K

$$D_{A-ar}(P,T) = D_{A-ar}(P,T_{\text{ref}})\left(\frac{T}{T_{\text{ref}}}\right)^{1,5} = 0{,}162\,\frac{cm^2}{s}\left(\frac{308\,K}{298\,K}\right)^{1,5} = 0{,}170\,\frac{cm^2}{s}$$

Do Apêndice J, para ar a 1,0 atm e 308 K, a viscosidade cinemática (ν) é 0,164 cm²/s. O número de Schmidt para o vapor de MeOH no ar é

$$Sc = \frac{\nu_{ar}}{D_{A-ar}} = \frac{0{,}164\,cm^2/s}{0{,}170\,cm^2/s} = 0{,}966$$

Agora, compare esse resultado para o número de Schmidt de MeOH em água líquida. Do Apêndice I, para água líquida a 308 K, a viscosidade cinemática (ν) é $9{,}12\times10^{-3}$ cm²/s e a viscosidade (μ) é $9{,}09 \times 10^{-3}$ g/cm · s (0,909 cp). Para MeOH, o volume molar no ponto de ebulição é $V_A = 59{,}2$ cm³/gmol. O coeficiente de difusão na fase líquida é estimado pela correlação de Hayduk–Laudie (Capítulo 24), dada por

$$D_{A-\text{água}} = 13{,}26 \times 10^{-5}\mu_{\text{água}}^{-1,14}V_A^{-0,589} = 13{,}26 \times 10^{-5}(0{,}909)^{-1,14}(59{,}2)^{-0,589} = 1{,}34 \times 10^{-5}\text{ cm/s}$$

O número de Schmidt é

$$Sc = \frac{\nu_{\text{água}}}{D_{A-\text{água}}} = \frac{9{,}12 \times 10^{-3}\,cm^2/s}{1{,}34 \times 10^{-5}\,cm/s} = 683$$

Valores do número de Schmidt para líquidos são tipicamente muito maiores que para os gases.

▶ **28.3**

ANÁLISE DIMENSIONAL DA TRANSFERÊNCIA DE MASSA POR CONVECÇÃO

A análise dimensional prevê os vários parâmetros adimensionais que são úteis na correlação de dados experimentais. Há dois processos importantes de transferência de massa que consideraremos: transferência de massa para uma corrente escoando sob convecção forçada e transferência de massa para uma fase que está se movendo sob condições de convecção natural.

Transferência para uma Corrente Escoando sob Convecção Forçada

Considere a transferência de massa proveniente das paredes de um duto circular para um fluido que escoa pelo duto. A transferência resulta da força motriz da concentração, $c_{As} - c_A$. As variáveis importantes, seus símbolos e suas representações dimensionais são listadas aqui.

Variável	Símbolo	Dimensão
Diâmetro do tubo	D	L
Densidade do fluido	ρ	M/L^3
Viscosidade do fluido	μ	M/Lt
Velocidade do fluido	v	L/t
Difusividade do fluido	D_{AB}	L^2/t
Coeficiente de transferência de massa	k_c	L/t

Essas variáveis incluem termos que descrevem a geometria do sistema, a velocidade do fluido, as propriedades do fluido e a grandeza de principal interesse, k_c.

Pelo método de Buckingham de agrupamento de variáveis apresentado no Capítulo 11, podemos determinar que obteremos três grupos adimensionais. Com D_{AB}, ρ e D sendo as variáveis do núcleo, os três grupos π a ser formados são

$$\pi_1 = D_{AB}^a \, \rho^b \, D^c \, k_c$$

$$\pi_2 = D_{AB}^d \, \rho^e \, D^f \, \nu$$

e

$$\pi_3 = D_{AB}^g \, \rho^h \, D^i \, \mu$$

Escrevendo π_1 na forma adimensional, temos

$$1 = \left(\frac{L^2}{t}\right)^a \left(\frac{M}{L^3}\right)^b (L)^c \left(\frac{L}{t}\right)$$

Igualando os expoentes das dimensões fundamentais em ambos os lados da equação, temos, para o comprimento L,

$$0 = 2a - 3b + c + 1$$

tempo t:

$$0 = -a - 1$$

e massa M:

$$0 = b$$

A solução dessas equações para os três expoentes desconhecidos resulta $a = -1$, $b = 0$ e $c = 1$.

Assim,

$$\pi_1 = k_c \, L/D_{AB}$$

que é o número de Sherwood, Sh. Os outros dois grupos π podem ser determinados da mesma maneira, resultando

$$\pi_2 = \frac{Dv}{D_{AB}}$$

e

$$\pi_3 = \frac{\mu}{\rho D_{AB}} = \text{Sc}$$

o número de Schmidt. Dividindo π_2 por π_3, obtemos

$$\frac{\pi_2}{\pi_3} = \left(\frac{D\mathrm{v}}{D_{AB}}\right)\left(\frac{D_{AB}\rho}{\mu}\right) = \frac{D\mathrm{v}\,\rho}{\mu} = \mathrm{Re}$$

que é o familiar número de Reynolds. O resultado da análise dimensional de transferência de massa em um duto circular indica a existência de uma correlação da forma

$$\mathrm{Sh} = f(\mathrm{Re}, \mathrm{Sc}) \tag{28-8}$$

que é análoga à correlação de transferência de calor

$$\mathrm{Nu} = f(\mathrm{Re}, \mathrm{Pr}) \tag{19-7}$$

Transferência para uma Fase cujo Movimento é devido à Convecção Natural

Correntes de convecção natural serão geradas se ocorrer qualquer variação da densidade em uma fase líquida ou gasosa. A variação de densidade pode ser causada por diferenças de temperatura ou diferenças de concentração relativamente grandes.

No caso de convecção natural envolvendo a transferência de massa a partir de uma placa vertical para um fluido adjacente, as variáveis vão diferir daquelas usadas na análise da convecção forçada. As variáveis relevantes, seus símbolos e as representações dimensionais são listadas a seguir.

Variável	Símbolo	Dimensão
Comprimento característico	L	L
Difusividade do fluido	D_{AB}	L^2/t
Densidade do fluido	ρ	M/L^3
Viscosidade do fluido	μ	M/LT
Força de empuxo	$\Delta\rho\,g$	$M/L^2 t^2$
Coeficiente de transferência de massa	k_c	L/t

Pelo teorema de Buckingham, existirão três grupos adimensionais. Com D_{AB}, L e μ como variáveis do núcleo, os três grupos π são

$$\pi_1 = D_{AB}^a\, L^b\, \mu^c\, k_c$$
$$\pi_2 = D_{AB}^d\, L^e\, \mu^f\, \rho$$
$$\pi_3 = D_{AB}^g\, L^h\, \mu^i\, \Delta\rho$$

Resolvendo para esses três grupos π, obtemos

$$\pi_1 = \frac{k_c L}{D_{AB}} = \mathrm{Sh}$$

que é o número de Sherwood

$$\pi_2 = \frac{\rho\, D_{AB}}{\mu} = \frac{1}{\mathrm{Sc}}$$

que é o inverso do número de Schmidt e

$$\pi_3 = \frac{L^3 \Delta\rho g}{\mu D_{AB}}$$

Multiplicando π_2 e π_3, obtemos o número de Grashof para a convecção natural

$$\pi_2 \pi_3 = \left(\frac{\rho D_{AB}}{\mu}\right)\frac{L^3 g \Delta\rho}{\mu D_{AB}} = \frac{L^3 \rho g \Delta\rho}{\mu^2} = \mathrm{Gr}$$

O resultado da análise dimensional para a transferência de massa por convecção natural sugere uma relação da forma

$$Sh = f(Gr, Sc) \tag{28-9}$$

Tanto para convecção forçada como para natural, as relações obtidas por análise dimensional sugerem que uma correlação de dados experimentais pode ser em função de três variáveis em vez das seis originais. Essa redução do número de variáveis ajudou os pesquisadores que sugeriram correlações dessas formas para fornecer muitas das equações empíricas reportadas no Capítulo 30.

▶ 28.4

ANÁLISE EXATA DA CAMADA-LIMITE LAMINAR PARA A CONCENTRAÇÃO

A análise exata da camada-limite laminar para o escoamento sobre uma superfície plana é usada para estabelecer uma base fundamental para o coeficiente convectivo de transferência de massa, k_c, e para especificar os grupos adimensionais e as variáveis associadas das quais k_c depende. Essa análise começa com considerações hidrodinâmicas e então acopla a transferência de momento com a transferência de massa. Especificamente, Blasius desenvolveu uma solução exata para a camada-limite hidrodinâmica para o escoamento laminar paralelo a uma superfície plana. Essa solução foi discutida na Seção 12.5. Uma extensão da solução de Blasius foi feita na Seção 19.4 para explicar a transferência de calor por convecção. De forma igualmente análoga, vamos estender a solução de Blasius para incluir a transferência de massa por convecção para a mesma geometria e escoamento laminar.

As equações da camada-limite consideradas na transferência de momento em regime estacionário incluíram a equação da continuidade para o escoamento bidimensional para um fluido incompressível, sendo dada por

$$\frac{\partial v_x}{\partial x} + \frac{\partial v_y}{\partial y} = 0 \tag{12-11a}$$

A equação do movimento na direção x, para v e pressão constantes, é dada por

$$v_x \frac{\partial v_x}{\partial x} + v_y \frac{\partial v_x}{\partial y} = \nu \frac{\partial^2 v_x}{\partial y^2} \tag{12-11b}$$

Para a camada-limite térmica, a equação que descreve a transferência de energia em um escoamento estacionário, incompressível, bidimensional e isobárico, com difusividade térmica constante, foi

$$v_x \frac{\partial T}{\partial x} + v_y \frac{\partial T}{\partial y} = \alpha \frac{\partial^2 T}{\partial y^2} \tag{19-15}$$

Uma equação diferencial análoga se aplica à transferência de massa no interior da camada-limite externa, se não ocorrer geração do componente que se difunde e se $\partial^2 c_A/\partial x^2$ for muito menor em magnitude do que $\partial^2 c_A/\partial y^2$. Essa equação, escrita para escoamento estacionário, incompressível, bidimensional e com difusividade mássica constante, é

$$v_x \frac{\partial c_A}{\partial x} + v_y \frac{\partial c_A}{\partial y} = D_{AB} \frac{\partial^2 c_A}{\partial y^2} \tag{28-10}$$

As camadas-limite desenvolvidas são mostradas esquematicamente nas Figuras 28.1 e 28.3. Para a transferência de momento, as condições de contorno para a velocidade do fluido são

$$y = 0, \ \frac{v_x}{v_\infty} = 0 \quad \text{e} \quad y = \infty, \ \frac{v_x}{v_\infty} = 1$$

522 ▶ Capítulo 28

Como a velocidade na direção x na parede ($v_{x,s}$) é zero, essas condições de contorno são reescritas como

$$y = 0, \quad \frac{v_x - v_{x,s}}{v_\infty - v_{x,s}} = 0 \quad \text{e} \quad y = \infty, \quad \frac{v_x - v_{x,s}}{v_\infty - v_{x,s}} = 1$$

Lembre-se de que, para a transferência de calor, as condições de contorno para a temperatura do fluido são

$$y = 0, \quad \frac{T - T_s}{T_\infty - T_s} = 0 \quad \text{e} \quad y = \infty, \quad \frac{T - T_s}{T_\infty - T_s} = 1$$

Similarmente, para a transferência de massa, as condições de contorno em relação à concentração do soluto A na mistura fluida são

$$y = 0, \quad \frac{c_A - c_{As}}{c_{A,\infty} - c_{As}} = 0 \quad \text{e} \quad y = \infty, \quad \frac{c_A - c_{As}}{c_{A,\infty} - c_{As}} = 1$$

As equações (12.11a), (19-15) e (28-10) podem ser escritas em termos de razões adimensionais de velocidade, de temperatura e de concentração. Para a velocidade adimensional, tem-se

$$v_x \frac{\partial \left(\frac{v_x - v_{x,s}}{v_\infty - v_{x,s}} \right)}{\partial x} + v_y \frac{\partial \left(\frac{v_x - v_{x,s}}{v_\infty - v_{x,s}} \right)}{\partial y} = \nu \frac{\partial^2 \left(\frac{v_x - v_{x,s}}{v_\infty - v_{x,s}} \right)}{\partial y^2}$$

ou se

$$V = \left(\frac{v_x - v_{x,s}}{v_\infty - v_{x,s}} \right)$$

então

$$v_x \frac{\partial V}{\partial x} + v_y \frac{\partial V}{\partial y} = \nu \frac{\partial^2 V}{\partial y^2} \tag{28-11}$$

com as condições de contorno dadas por $y = 0$, $V = 0$ e $y = \infty$, $V = 1$. Similarmente, para a temperatura adimensional

$$\theta = \frac{T - T_s}{T_\infty - T_s}$$

$$v_x \frac{\partial \theta}{\partial x} + v_y \frac{\partial \theta}{\partial y} = \alpha \frac{\partial^2 \theta}{\partial y^2} \tag{28-12}$$

com as condições de contorno dadas por $y = 0$, $\theta = 0$ e $y = \infty$, $\theta = 1$. Finalmente, para a concentração adimensional

$$\hat{C} = \frac{c_A - c_{As}}{c_{A,\infty} - c_{As}}$$

$$v_x \frac{\partial \hat{C}}{\partial x} + v_y \frac{\partial \hat{C}}{\partial y} = D_{AB} \frac{\partial^2 \hat{C}}{\partial y^2} \tag{28-13}$$

com as condições de contorno dadas por $y = 0$, $\hat{C} = 0$ e $y = \infty$, $\hat{C} = 1$.

A similaridade nas três equações diferenciais (28-11), (28-12) e (28-13) e nas suas condições de contorno associadas sugere que soluções similares devem ser obtidas para os três fenômenos de transporte. No Capítulo 19, a solução de Blasius foi aplicada com sucesso para explicar a transferência de calor por convecção quando o número de Prandtl, definido como a razão entre as difusividades de momento e térmica, foi igual a 1. O mesmo tipo de solução deve também descrever a transferência de massa por convecção quando o número de Schmidt, definido como a razão entre as difusividades de momento e mássica, é também igual 1. Usando a nomenclatura definida no Capítulo 12, façamos

$$f' = 2\frac{v_x}{v_\infty} = 2\frac{v_x - v_{x,s}}{v_\infty - v_{x,s}} = 2\frac{c_A - c_{As}}{c_{A,\infty} - c_{As}} \qquad (28\text{-}14)$$

e

$$\eta = \frac{y}{2}\sqrt{\frac{v_\infty}{\nu\, x}} = \frac{y}{2x}\sqrt{\frac{x\, v_\infty}{\nu}} = \frac{y}{2x}\sqrt{Re_x} \qquad (28\text{-}15)$$

Lembre-se de que a solução de Blasius para a camada-limite hidrodinâmica na superfície ($y = 0$), dada por

$$\frac{df'}{d\eta} = f''(0) = \frac{d[2(v_x/v_\infty)]|_{y=0}}{d\big[(y/2x)\sqrt{Re_x}\big]|_{y=0}} = 1{,}328 \qquad (19\text{-}18)$$

sugere uma solução análoga para a camada-limite mássica:

$$\frac{df'}{d\eta} = f''(0) = 1{,}328 = \frac{\dfrac{d}{dy}\left(2\dfrac{c_A - c_{As}}{c_{A,\infty} - c_{As}}\right)\Big|_{y=0}}{\dfrac{d}{dy}\left(\dfrac{y}{2x}\sqrt{Re_x}\right)\Big|_{y=0}} = \frac{\left(\dfrac{2}{c_{A,\infty} - c_{As}}\right)\left(\dfrac{dc_A}{dy}\right)\Big|_{y=0}}{\left(\dfrac{1}{2x}\sqrt{Re_x}\right)\Big|_{y=0}} \qquad (28\text{-}16)$$

Resolvendo para o gradiente de concentração em $y = 0$, obtemos

$$\frac{dc_A}{dy}\bigg|_{y=0} = \left(c_{A,\infty} - c_{As}\right)\left(\frac{0{,}332}{x}Re_x^{1/2}\right) \qquad (28\text{-}17)$$

É importante lembrar que a solução de Blasius não envolve um termo de velocidade na direção y na superfície. Assim, a equação (28-17) envolve a suposição importante de que a taxa pela qual massa entra ou sai da camada-limite na superfície é tão pequena, isto é, $v_y \approx 0$, que ela não altera o perfil de velocidade previsto pela solução de Blasius.

Quando a velocidade na direção y na superfície ($v_{y,s}$) é essencialmente zero, o termo de contribuição macroscópica (*bulk*) na equação de Fick para o fluxo de massa na direção y é também zero. Consequentemente, a transferência de massa a partir da superfície da placa para a camada-limite laminar é descrita por

$$N_{A,y} = -D_{AB}\frac{\partial c_A}{\partial y}\bigg|_{y=0} \qquad (28\text{-}18)$$

A substituição da equação (28-17) na equação (28-18) resulta

$$N_{A,y} = D_{AB}\left(\frac{0{,}332\, Re_x^{1/2}}{x}\right)\left(c_{As} - c_{A,\infty}\right) \qquad (28\text{-}19)$$

O fluxo de transferência de massa do componente que se difunde foi também definido em termos do coeficiente de transferência de massa por

$$N_{A,y} = k_c\left(c_{As} - c_{A,\infty}\right) \qquad (28\text{-}1)$$

Igualando as equações (28-19) e (28-1), tem-se

$$k_{c,x} = \frac{D_{AB}}{x}\left[0{,}332\, Re_x^{1/2}\right] \qquad (28\text{-}20)$$

ou

$$\frac{k_{c,x}\, x}{D_{AB}} = Sh_x = 0{,}332\, Re_x^{1/2} \qquad (28\text{-}21)$$

Na equação (28-20), o coeficiente de transferência de massa é uma função da posição x, sendo então designado por $k_{c,x}$, o coeficiente *local* de transferência de massa. A equação (28-21) é restrita a sistemas para os quais o número de Schmidt é igual a 1 e para sistemas diluídos, em que a taxa de transferência de massa entre a superfície plana e a camada-limite é pequena quando comparada com a vazão do fluido.

Na maior parte das operações envolvendo transferência de massa, a solução de Blasius, válida para baixas taxas de transferência de massa, é usada para definir a transferência para a camada-limite laminar. Para um fluido com um número de Schmidt diferente de 1, a camada-limite mássica está relacionada com a camada-limite hidrodinâmica por

$$\frac{\delta}{\delta_c} = Sc^{1/3} \qquad (28\text{-}22)$$

em que δ é a espessura da camada-limite hidrodinâmica e δ_c é a espessura da camada-limite mássica. Assim, o termo η de Blasius na equação (28-15) tem de ser multiplicado pelo termo $Sc^{1/3}$. Um gráfico da concentração adimensional *versus* $\eta Sc^{1/3}$, para nenhuma contribuição da velocidade na direção y ($v_{y,s} = 0$), é mostrado na Figura 28.4. Consequentemente, em $y = 0$, o gradiente de concentração é dado por

$$\left.\frac{\partial c_A}{\partial y}\right|_{y=0} = (c_{A,\infty} - c_{As})\left(\frac{0{,}332}{x} Re_x^{1/2} Sc^{1/3}\right) \qquad (28\text{-}23)$$

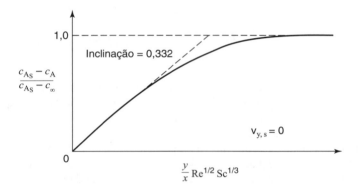

Figura 28.4 Variação da concentração para o escoamento laminar sobre uma placa plana.

A equação (28-23), quando combinada com as equações (28-1) e (28-18), resulta

$$\frac{k_{c,x} x}{D_{AB}} = Sh_x = 0{,}332\, Re_x^{1/2} Sc^{1/3} \qquad (28\text{-}24)$$

A equação (28-24) é a relação adimensional da transferência de massa para o número de Sherwood local (Sh_x) na posição x para o escoamento laminar sobre uma placa plana, em que $Re_x < 2{,}0 \times 10^5$. Hartnett e Eckert[1] consideraram as situações físicas e a análise de transferência de massa em que existe uma velocidade finita imposta na direção y a partir da superfície — isto é, $v_{y,s} > 0$ —; essa análise, porém, não será considerada aqui.

Para o escoamento laminar sobre uma placa plana, lembre-se de que, do Capítulo 12, a solução de Blasius para a espessura da camada-limite laminar é

$$\frac{\delta}{x} = \frac{5}{\sqrt{Re_x}} \qquad (12\text{-}28)$$

Consequentemente, combinando as equações (28-22) e (12-28), a espessura da camada-limite mássica para o escoamento laminar sobre uma placa plana pode ser estimada por

$$\delta_c = 5\, Sc^{-1/3} \sqrt{\frac{\nu x}{v_\infty}} \qquad (28\text{-}25)$$

---

[1] J. P. Hartnett e E. R. G. Eckert, *Trans. ASME*, **13**, 247 (1957).

O número de Schmidt afeta o processo de transferência de massa definindo a espessura da camada-limite mássica relativa à camada-limite hidrodinâmica, conforme mostrado na Figura 28.5. Se Sc < 1, então o perfil de concentração continua a se desenvolver além da camada-limite hidrodinâmica. Se Sc = 1, então ambas as camadas-limite têm a mesma espessura. Se Sc > 1, então a camada-limite mássica está abaixo da camada-limite hidrodinâmica. Esse último caso é comum para a transferência de massa por convecção para líquidos em movimento, em que o número de Schmidt é tipicamente muito maior que 1.

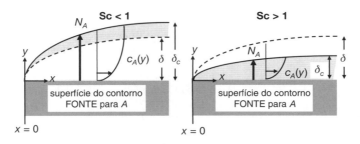

Figura 28.5 Localização da camada-limite mássica (δ_c) relativa à camada-limite hidrodinâmica (δ), para Sc < 1 e Sc > 1.

As equações (28-24) e (28-25) mostram que tanto o coeficiente local de transferência de massa e a camada-limite mássica dependem da posição x ao longo do comprimento da superfície da placa, com $k_{c,x} \propto x^{-1/2}$ e $\delta_c \propto x^{1/2}$. Frequentemente, é necessário conhecer o coeficiente médio de transferência de massa para o escoamento do fluido sobre uma placa plana de comprimento L. A integral desse coeficiente médio é definida por

$$k_c = \frac{\int_0^L k_{c,x}(x)dx}{\int_0^L dx} = \frac{\int_0^L \left(\frac{D_{AB}}{x} 0{,}332 \operatorname{Re}_x^{1/2} \operatorname{Sc}^{1/3}\right)dx}{L} = \frac{\int_0^L \left(\frac{D_{AB}}{x} 0{,}332 \left(\frac{v_\infty x}{\nu}\right)^{1/2} \operatorname{Sc}^{1/3}\right)dx}{L}$$

(28-26)

Simplificando mais para juntar termos, integrando-se em seguida em relação a x, resulta

$$k_c = \frac{0{,}332\, D_{AB} \operatorname{Sc}^{1/3} \left(\dfrac{v_\infty}{\nu}\right)^{1/2} \int_0^L x^{-1/2} dx}{L} = 0{,}664 \frac{D_{AB}}{L} \left(\frac{v_\infty L}{\nu}\right)^{1/2} \operatorname{Sc}^{1/3}$$

(28-27)

O número de Reynolds para o escoamento sobre uma placa plana de comprimento L é

$$\operatorname{Re}_L = \frac{v_\infty L}{\nu}$$

(28-28)

Consequentemente, rearranjando a equação (28-27), tem-se

$$\frac{k_c L}{D_{AB}} = \operatorname{Sh}_L = 0{,}664 \operatorname{Re}_L^{1/2} \operatorname{Sc}^{1/3}$$

(28-29)

A equação (28-29) é a relação adimensional da transferência de massa para o número de Sherwood (Sh_L) médio para uma placa plana de comprimento L, em que $\operatorname{Re}_L < 2{,}0 \times 10^5$.

Comparando a equação (28-24) com a equação (28-29), pode-se notar que em $x = L$, o número de Sherwood local corresponde ao dobro do número de Sherwood médio:

$$\operatorname{Sh}_L = 2\operatorname{Sh}_x|_{x=L}$$

(28-30)

As equações (28-24) e (28-29) foram verificadas experimentalmente.[2] É interessante notar que essa análise produziu resultados que foram previstos na Seção (28.3) por análise dimensional para a transferência de massa por ação por convecção.

$$Sh = f(Re, Sc) \tag{28-8}$$

O exemplo a seguir ilustra como a transferência de massa por convecção pode ser aplicada a outros processos químicos.

Exemplo 3

Um processo de deposição química por vapor (CVD) é usado para depositar filmes finos de silício puro sobre pastilhas para aplicações em dispositivos eletrônicos. Uma maneira de depositar silício puro sobre uma superfície é por meio de reação heterogênea na superfície.

$$SiHCl_3(g) + H_2(g) \rightarrow Si(s) + 3\, HCl(g)$$

No presente processo, 1,0% em mol de vapor de triclorosilano ($SiHCl_3$, espécie A), diluído no gás H_2 (espécie B), é alimentado no reator CVD mostrado na Figura 28.6, de modo a estabelecer uma velocidade da corrente livre de 200 m/s. O triclorosilano é reduzido pelo gás H_2 a silício sólido elementar (Si), que é depositado como um filme fino sobre uma pastilha de 15 cm por 15 cm. Embora a reação produza HCl (gás), ele está significativamente diluído pelo gás H_2, de modo que o H_2 pode ser também considerado como gás de arraste. O escoamento sobre a pastilha de silício é aproximado ao escoamento sobre uma placa plana. A reação do processo é mantida a 1,0 atm e 1200 K. O reator contém sistemas elaborados de segurança para operar com gases tóxicos e inflamáveis. A 1200 K, a constante de reação na superfície para a reação de decomposição de primeira ordem em relação à concentração do vapor de $SiHCl_3$ é $k_s = 0{,}83$ cm/s, com a lei de taxa de reação definida como $R'_{A,s} = -k_s c_{A,s}$, baseada nos estudos de Stein.[3]

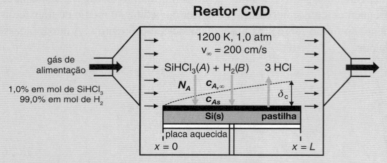

Figura 28.6 Deposição química por vapor de silício sólido sobre a superfície de uma pastilha pela ação de uma corrente da mistura de gases de triclorosilano e H_2 em escoamento, Exemplo 3.

Baseando-se nas informações dadas, determine a taxa média de deposição do silício sólido sobre a superfície da pastilha.

O triclorosilano tem de se difundir através da camada-limite gerada pelo escoamento do gás de alimentação sobre a superfície da pastilha. Nessa superfície, o triclorosilano se decompõe em Si sólido. O gás de alimentação age como a fonte para a transferência de massa do $SiHCl_3$ e a reação na superfície do Si age como sorvedouro. Em estado estacionário, o fluxo de $SiHCl_3$ para a superfície do Si será balanceada pela taxa de reação na superfície:

$$N_A = k_c\bigl(c_{A,\infty} - c_{As}\bigr)$$

e

$$N_A = -R'_{A,s}$$

ou

$$k_c\bigl(c_{A,\infty} - c_{As}\bigr) = k_s\, c_{As}$$

A concentração do triclorosilano na superfície da pastilha, c_{As}, não é conhecida. Resolvendo para c_{As}, obtemos

$$c_{As} = c_{A,\infty} \frac{k_c}{k_c + k_s}$$

Substituindo essa relação na equação do fluxo, c_{As} é eliminada e a equação do fluxo se reduz a

$$N_A = c_{A,\infty} \frac{k_c\, k_s}{k_c + k_s} \tag{28-31}$$

---

[2] W. J. Christian e S. P. Kezios, *A.I.Ch.E.J.*, **5**, 61 (1959).

[3] A.M. Stein, *J. Electrochem. Soc.*, **111**, 483 (1964).

Note-se que, como $k_s \gg k_c$, $c_{As} \to 0$, e o processo se torna limitado pela taxa de transferência de massa por convecção.

O coeficiente médio de transferência de massa por convecção para o fluxo de SiHCl através da camada-limite, k_c, será agora estimado. A 1200 K e 1,0 atm, o coeficiente de difusão do triclorosilano na fase gasosa (D_{AB}) é 4,20 cm²/s, como determinado pela correlação de Fuller-Shettler-Giddings. A viscosidade cinemática do gás de arraste H_2 é (ν_B) é 11,098 cm²/s (Apêndice I). Grupos adimensionais relevantes — Re, Sc e Sh — têm agora de ser calculados. Primeiro, o número de Reynolds (Re) é estimado para o escoamento sobre uma placa plana para determinar o regime de escoamento:

$$\mathrm{Re}_L = \frac{v_\infty L}{\nu_B} = \frac{(200 \text{ cm/s})(15,0 \text{ cm})}{11,098 \text{ cm}^2/\text{s}} = 270,3$$

O escoamento é laminar ao longo da pastilha de Si, uma vez que $\mathrm{Re}_L < 2,0 \times 10^5$. O número de Schmidt (Sc) é

$$\mathrm{Sc} = \frac{\nu}{D_{AB}} \doteq \frac{\nu_B}{D_{AB}} = \frac{11,098 \text{ cm}^2/\text{s}}{4,20 \text{ cm}^2/\text{s}} = 2,64$$

Para o escoamento laminar sobre uma placa plana, o valor médio do número de Sherwood (Sh) é

$$\mathrm{Sh} = \frac{k_c L}{D_{AB}} = 0,664 \, \mathrm{Re}^{1/2} \, \mathrm{Sc}^{1/3} = 0,664(270,3)^{1/2}(2,64)^{1/3} = 15,1$$

O valor para k_c é obtido a partir do número de Sherwood:

$$k_c = \frac{\mathrm{Sh} \, D_{AB}}{L} = \frac{(15,1)(4,20 \text{ cm}^2/\text{s})}{(15,0 \text{ cm})} = 4,23 \text{ cm/s}$$

Conhecido o valor de k_c, o fluxo molar de $SiHCl_3$ é determinado. O consumo de $SiHCl_3$ para a deposição de Si relativo à taxa molar de $SiHCl_3$ no gás de alimentação é considerado pequeno. Por conseguinte, a concentração global de $SiHCl_3$ é considerada constante, sendo estimada por

$$c_{A,\infty} = y_{A,\infty} c = y_{A,\infty} \frac{P}{RT} = 0,01 \frac{(1,0 \text{ atm})}{\left(\dfrac{82,06 \text{ cm}^3 \cdot \text{atm}}{\text{gmol} \cdot \text{K}}\right)(1200 \text{ K})} = 1,016 \times 10^{-7} \text{ gmol/cm}^3$$

A concentração na fase gasosa do $SiHCl_3$ na superfície é

$$c_{As} = c_{A,\infty} \frac{k_c}{k_c + k_s} = 1,016 \times 10^{-7} \frac{\text{gmol}}{\text{cm}^3} \frac{4,23 \text{ cm/s}}{4,23 \text{ cm/s} + 0,83 \text{ cm/s}} = 8,49 \times 10^{-8} \frac{\text{gmol}}{\text{cm}^3}$$

O fluxo médio do $SiHCl_3$ é

$$N_A = 1,016 \times 10^{-7} \text{ gmol/cm}^3 \frac{(4,23 \text{ cm/s})(0,83 \text{ cm/s})}{(4,23 \text{ cm/s}) + (0,83 \text{ cm/s})} = 7,05 \times 10^{-8} \frac{\text{gmol}}{\text{cm}^2 \cdot \text{s}}$$

A taxa de deposição do silício, expressa como a taxa da espessura do filme de Si *versus* tempo, é prontamente calculada a partir do fluxo de $SiHCl_3$:

$$r_{Si} = \frac{N_A v_{Si} M_{Si}}{\rho_{Si}} = \frac{\left(7,05 \times 10^{-8} \dfrac{\text{gmol}}{\text{cm}^2 \cdot \text{s}}\right)\left(\dfrac{1 \text{ gmol Si}}{1 \text{ gmol SiHCl}_3}\right)\left(\dfrac{28 \text{ g Si}}{\text{gmol Si}}\right)\left(\dfrac{3600 \text{ s}}{1 \text{ h}}\right)\left(\dfrac{10^4 \text{ } \mu\text{m}}{1,0 \text{ cm}}\right)}{\left(2,33 \dfrac{\text{g Si}}{\text{cm}^3}\right)}$$

$$= 30,5 \text{ } \mu\text{m/h}$$

em que ρ_{Si} é a densidade do silício sólido, M_{Si} é a massa molar do Si e v_{Si} é o coeficiente estequiométrico para a conversão do $SiHCl_3$ para Si. Note que a taxa de formação do filme fino de Si é medida na escala mícron (μm).

Como o fluxo é baseado em um k_c médio calculado ao longo do comprimento inteiro da pastilha, a taxa de deposição do filme fino também representa uma taxa média de $x = 0$ a $x = L$. Todavia, para o escoamento ao longo de uma placa plana, o coeficiente local de transferência de massa, $k_{c,x}$, diminuirá proporcionalmente a $x^{1/2}$, à medida que x aumenta de $x > 0$ a $x = L = 15$ cm. Por outro lado, a espessura da camada-limite mássica, (δ_c), aumentará com o aumento do valor de x. Para o escoamento laminar, as expressões de trabalho são

$$\text{Sh}_x = \frac{k_{c,x} x}{D_{AB}} = 0{,}332\,\text{Re}^{1/2}\,\text{Sc}^{1/3} \tag{28-24}$$

$$k_{c,x} = \frac{0{,}332\,D_{AB}}{x}\left(\frac{v_\infty x}{\nu_B}\right)^{1/2}\text{Sc}^{1/3}$$

$$\delta_c = \delta(\text{Sc}^{-1/3}) = \frac{5x}{\text{Sc}^{1/3}\sqrt{\text{Re}_x}} \tag{28-25}$$

Gráficos de $k_{c,x}$, δ_c e δ em função de x da pastilha são apresentados na Figura 28.7. Dados esses valores, qual seria o perfil da espessura do filme de Si com a posição x da pastilha? Note ainda que em $x = 0$, o coeficiente local de transferência de massa não é definido; que processo controlaria a taxa de deposição do Si sólido nessa posição?

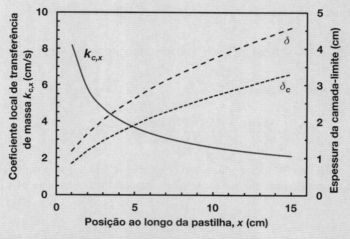

Figura 28.7 Coeficiente local de transferência de massa *versus* a posição ao longo da pastilha na direção da corrente de gás, Exemplo 3.

▶ 28.5

ANÁLISE APROXIMADA DA CAMADA-LIMITE MÁSSICA

Quando o escoamento não for laminar ou a configuração não for uma placa plana, existem algumas soluções exatas para o transporte de massa em uma camada-limite. Uma análise aproximada da camada-limite mássica é uma abordagem alternativa para o desenvolvimento da base fundamental do transporte de massa por convecção. O método aproximado desenvolvido por von Kármán para descrever a camada-limite hidrodinâmica pode ser usado para analisar a camada-limite mássica. O uso deste enfoque foi utilizado nos Capítulos 12 e 19.

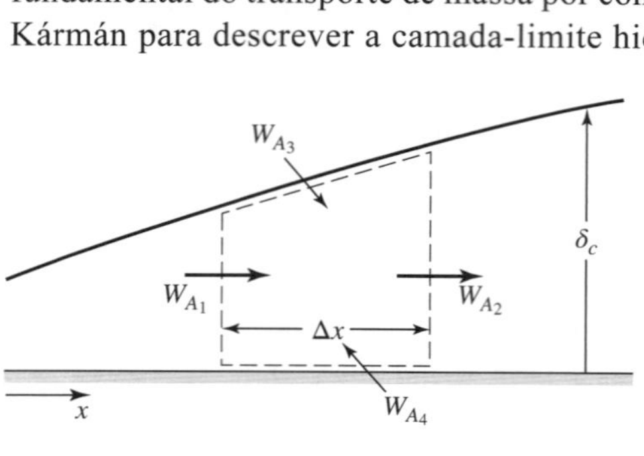

Considere o volume de controle localizado na camada-limite mássica, como ilustrado na Figura 28.8. Esse volume, designado pelas linhas tracejadas, tem uma largura Δx, uma altura igual à espessura da camada-limite mássica, δ_c, e uma profundidade unitária. Um balanço de massa molar, em regime estacionário, no volume de controle produz a relação

Figura 28.8 Volume de controle para a camada-limite mássica.

$$W_{A,1} + W_{A,3} + W_{A,4} = W_{A,2} \tag{28-32}$$

em que W_A é a taxa molar de transferência de massa do componente A. Em cada superfície, a taxa molar é expressa como

$$W_{A,1} = \int_0^{\delta_c} c_A \mathrm{v_x} dy \bigg|_x$$

$$W_{A,2} = \int_0^{\delta_c} c_A \mathrm{v_x} dy \bigg|_{x+\Delta x}$$

$$W_{A,3} = c_{A,\infty} \left[\frac{\partial}{\partial x} \int_0^{\delta_c} \mathrm{v_x} dy \right] \Delta x$$

e

$$W_{A,4} = k_c \left(c_{As} - c_{A,\infty} \right) \Delta x$$

Em termos dessas taxas molares, a equação (28-32) pode ser reescrita como

$$\int_0^{\delta_c} c_A \mathrm{v_x} dy \bigg|_x + c_{A,\infty} \left[\frac{\partial}{\partial x} \int_0^{\delta_c} \mathrm{v_x} dy \right] \Delta x + k_c \left(c_{As} - c_{A,\infty} \right) \Delta x = \int_0^{\delta_c} c_A \mathrm{v_x} dy \bigg|_{x+\Delta x}$$

Rearranjando, dividindo cada termo por Δx e calculando os resultados no limite quando Δx tende a zero, obtemos

$$\frac{d}{dx} \int_0^{\delta_c} c_A \mathrm{v_x} dy = \frac{d}{dx} \int_0^{\delta_c} c_{A,\infty} \mathrm{v_x} dy + k_c \left(c_{As} - c_{A,\infty} \right) \tag{28-33}$$

Lembre-se de que

$$k_c \left(c_{As} - c_{A,\infty} \right) = -D_{AB} \frac{d(c_A - c_{As})}{dy} \bigg|_{y=0} \tag{28-5}$$

Portanto, a equação (28-33) também assume a forma

$$\frac{d}{dx} \int_0^{\delta_c} \left(c_A - c_{A,\infty} \right) \mathrm{v_x} dy = -D_{AB} \frac{d(c_A - c_{As})}{dy} \bigg|_{y=0} \tag{28-34}$$

A equação (28-34), a forma integral de von Kármán para a transferência de massa por convecção, é análoga à equação (19-30). Nesse ponto da análise, os perfis de velocidade e de concentração não são conhecidos. Entretanto, existem quatro condições de contorno necessárias para estabelecer o perfil de velocidade que são conhecidas. As duas condições de contorno na superfície, dadas por

$$y = 0, \quad \mathrm{v_x} = 0, \quad \frac{\partial^2 \mathrm{v_x}}{\partial y^2} = 0$$

especificam que a velocidade na superfície é zero (condição de aderência). As duas condições de contorno para a corrente livre do fluido, matematicamente representadas por $y = \infty$ e aproximadas como válidas em $y = \delta$

$$y = \delta, \quad \mathrm{v_x} = \mathrm{v_\infty}, \quad \frac{\partial \mathrm{v_x}}{\partial y} = 0$$

sugerem a localização do gradiente de velocidade na faixa de $0 < y < \delta$, em que é considerado que as propriedades do fluido na corrente livre dominam para $y > \delta$. Similarmente, as condições de contorno necessárias para estabelecer o perfil de concentração são de $y = 0$ a $y = \delta_c$

$$y = 0, \quad c_A - c_{As} = 0, \qquad \frac{\partial^2(c_A - c_{As})}{\partial y^2} = 0$$

$$y = \delta_c, \quad c_A - c_{As} = c_{A,\infty} - c_{As}, \quad \frac{\partial(c_A - c_{As})}{\partial y} = 0$$

Se considerarmos o escoamento laminar paralelo a uma superfície plana, podemos usar a integral de von Kármán para a transferência de massa, dada pela equação (28-34) para obter uma solução aproximada. Os resultados podem ser comparados com os da solução exata, equação (28-24), para indicar quão próximos esses resultados estão do perfil de velocidade e de concentração. Como nossa primeira aproximação, vamos considerar uma série de potência para a variação da concentração com y:

$$c_A - c_{As} = a + by + cy^2 + dy^3$$

considerando escoamento laminar. A aplicação das condições de contorno para determinar as constantes a, b, c e d resulta na seguinte expressão para o perfil de concentração:

$$\frac{c_A - c_{As}}{c_{A,\infty} - c_{As}} = \frac{3}{2}\left(\frac{y}{\delta_c}\right) - \frac{1}{2}\left(\frac{y}{\delta_c}\right)^3 \tag{28-35a}$$

ou

$$\frac{c_A - c_{A,\infty}}{c_{As} - c_{A,\infty}} = 1 - \frac{3}{2}\left(\frac{y}{\delta_c}\right) + \frac{1}{2}\left(\frac{y}{\delta_c}\right)^3 \tag{28-35b}$$

Adicionalmente, diferenciando a equação (28-35a) e calculando em $y = 0$, vem

$$-D_{AB}\frac{d(c_A - c_{As})}{dy}\bigg|_{y=0} = -\frac{3D_{AB}(c_{A,\infty} - c_{As})}{2\delta_c} = k_c(c_{As} - c_{A,\infty}) \tag{28-36a}$$

ou

$$k_c = \frac{3D_{AB}}{2\delta_c} \tag{28-36b}$$

Se o perfil de velocidade for supostamente descrito sob a mesma forma de uma série de potência, então a expressão resultante, como obtida no Capítulo 12, é

$$\frac{v_x}{v_\infty} = \frac{3}{2}\left(\frac{y}{\delta}\right) - \frac{1}{2}\left(\frac{y}{\delta}\right)^3 \tag{12-40}$$

Do Capítulo 12, podemos também lembrar que esse perfil aproximado de velocidade $v_x(y)$ é usado para aproximar a espessura da camada-limite hidrodinâmica como

$$\frac{\delta}{x} = \frac{4,64}{\sqrt{Re_x}} \tag{12-41}$$

ou, na sua forma equivalente,

$$\delta^2 = \frac{280}{13}\frac{\nu x}{v_\infty} \tag{12-41a}$$

Se admitirmos que δ_c/δ não é uma função de x, após considerável esforço, pode ser mostrado que a inserção das equações (28-35b), (28-36a) e (12-40) na equação (28-34) e a simplificação resultam em

$$\left(\frac{\delta_c}{\delta}\right)^3\frac{d\delta}{dx} = \frac{140}{13}\frac{D_{AB}}{v_\infty\delta}$$

Transferência de Massa por Convecção ◀ **531**

Finalmente, a combinação dessa relação com a equação (12-41a) e a subsequente integração resulta na relação

$$\left(\frac{\delta_c}{\delta}\right)^3 = \frac{D_{AB}}{\nu} \tag{28-37}$$

a qual vimos anteriormente na forma equivalente à equação (28-12). Por fim, a combinação das equações (28-36b), (28-37) e (12-41) resulta

$$\frac{k_c\, x}{D_{AB}} = 0,323 \left(\frac{v_\infty x}{\nu}\right)^{1/2} \left(\frac{\nu}{D_{AB}}\right)^{1/3} \tag{28-38}$$

Em termos dos grupos adimensionais Sh_x, Re_x e Sc, a equação (28-38) é

$$Sh_x = 0,323\, Re_x^{1/2}\, Sc^{1/3} \tag{28-39}$$

resultado esse bem próximo da solução exata expressa na equação (28-24).

Embora esse resultado não seja exato, ele é suficientemente próximo da solução exata para indicar que o método integral pode ser usado com certo grau de confiança em outras situações nas quais uma solução exata não seja conhecida. A precisão do método depende completamente da habilidade de supor bons perfis de velocidade e de concentração.

A equação integral de von Kármán (28-29) tem sido usada para obter uma solução aproximada da camada-limite turbulenta sobre uma placa plana. Com o perfil de velocidade aproximado por

$$v_x = \alpha + \beta y^{1/7}$$

e o perfil de concentração aproximado por

$$c_A - c_{A,\infty} = \eta + \xi y^{1/7}$$

pode ser mostrado que o número de Sherwood local na camada turbulenta, por uma análise aproximada da camada-limite, é

$$Sh_x = 0,0289\, Re_x^{4/5} Sc^{1/3} \tag{28-40}$$

O desenvolvimento da equação (28-40) é deixado como um problema no final deste capítulo. Para o escoamento turbulento plenamente desenvolvido, $Re_x > 3,0 \times 10^6$.

A transferência de massa por convecção na transição do escoamento laminar para o turbulento é descrita no Exemplo 4.

Exemplo 4

Para o escoamento paralelo a uma placa plana, o coeficiente convectivo de transferência de massa ($k_{c,x}$) é uma função da posição x. Para o escoamento laminar, em que $Re_x < 2,0 \times 10^5$

$$Sh_x = \frac{k_c x}{D_{AB}} = 0,332\, Re_x^{1/2}\, Sc^{1/3} \tag{28-24}$$

e para o escoamento turbulento completamente desenvolvido, em que $Re_x > 3,0 \times 10^6$, a correlação validada experimentalmente é

$$Sh_x = \frac{k_c x}{D_{AB}} = 0,0292\, Re_x^{4/5} Sc^{1/3} \tag{30-1}$$

em que

$$Re_x = \frac{v_\infty x}{\nu}$$

Desenvolva uma expressão para estimar o coeficiente médio de transferência de massa (k_c) no regime de escoamento entre o laminar e o turbulento plenamente desenvolvido, em que $2,0 \times 10^5 < \text{Re}_x < 3,0 \times 10^6$, e então plote o Sh médio *versus* Re para Sc = 1,0.

A transição de escoamento laminar para turbulento sobre uma placa plana é visualizada na Figura 12.5. Para começar, notamos que a localização sobre a placa plana onde o escoamento não é mais completamente laminar ($x = L_t$) é limitada por Re:

$$\text{Re}_t = 2,0 \times 10^5 = \frac{\text{v}_\infty L_t}{\nu}$$

ou

$$L_t = 2,0 \times 10^5 \frac{\nu}{\text{v}_\infty}$$

O coeficiente médio de transferência de massa é obtido pela integração do coeficiente local de transferência de massa ($k_{c,x}$) ao longo da posição x. A integral é dividida na componente laminar, de $x = 0$ a $x = L_t$, e na componente turbulenta, de $x = L_t$ a $x = L$:

$$k_c = \frac{\int_0^L k_{c,x}(x)dx}{\int_0^L dx} = \frac{\int_0^L k_{c,\text{lam}}(x)\,dx + \int_{L_t}^L k_{c,\text{turb}}(x)\,dx}{L} \tag{28-41}$$

com

$$k_{c,\text{lam}}(x) = 0,332 \frac{D_{AB}}{x}(\text{Re}_x)^{1/2} \text{Sc}^{1/3}$$

$$k_{c,\text{turb}}(x) = 0,0292 \frac{D_{AB}}{x}(\text{Re}_x)^{4/5} \text{Sc}^{1/3}$$

A substituição dessas duas equações na equação (28-41) resulta

$$k_c = \frac{\int_0^{L_t} \frac{0,332\,D_{AB}(\text{Re}_x)^{1/2}}{x} \text{Sc}^{1/3}\,dx + \int_{L_t}^L \frac{0,0292\,D_{AB}(\text{Re}_x)^{4/5}}{x} \text{Sc}^{1/3}\,dx}{L}$$

$$k_c = \frac{0,332\,D_{AB}\left(\frac{\text{v}_\infty}{\nu}\right)^{1/2} \text{Sc}^{1/3} \int_0^{L_t} x^{-1/2}\,dx + 0,0292\,D_{AB}\left(\frac{\text{v}_\infty}{\nu}\right)^{4/5} \text{Sc}^{1/3} \int_{L_t}^L x^{-1/5}\,dx}{L} \tag{28-42}$$

$$k_c = \frac{0,664\,D_{AB}\left(\frac{\text{v}_\infty}{\nu}\right)^{1/2} \text{Sc}^{1/3} L_t^{1/2} + 0,0365\,D_{AB}\left(\frac{\text{v}_\infty}{\nu}\right)^{4/5} \text{Sc}^{1/3}\left[(L)^{4/5} - (L_t)^{4/5}\right]}{L}$$

$$k_c = \frac{0,664\,D_{AB}(\text{Re}_t)^{1/2}\text{Sc}^{1/3} + 0,0365\,D_{AB}\,\text{Sc}^{1/3}\left[(\text{Re}_L)^{4/5} - (\text{Re}_t)^{4/5}\right]}{L}$$

ou

$$\frac{k_c L}{D_{AB}} = \text{Sh}_L = 0,664(\text{Re}_t)^{1/2}\text{Sc}^{1/3} + 0,0365\,\text{Sc}^{1/3}\left[(\text{Re}_L)^{4/5} - (\text{Re}_t)^{4/5}\right] \tag{28-43}$$

com

$$\text{Re}_L = \frac{\text{v}_\infty L}{\nu}$$

que é válida para $\text{Re}_L > 2,0 \times 10^5$. Para o escoamento laminar, em que $\text{Re} \leq 2,0 \times 10^5$, o coeficiente médio de transferência de massa é aproximado por

$$k_c = \frac{\int_0^L k_{c,\text{lam}}(x)dx}{\int_0^L dx} = 0,664 \frac{D_{AB}}{L}\text{Re}_L^{1/2}\,\text{Sc}^{1/3}$$

ou

$$Sh_L = 0{,}664\, Re_L^{1/2}\, Sc^{1/3} \tag{28-29}$$

Para o escoamento turbulento plenamente desenvolvido, em que $Re_L \geq 3{,}0 \times 10^6$, o coeficiente médio de transferência de calor é aproximado como

$$k_c = \frac{\int_0^L k_{c,\text{turb}}(x)\,dx}{\int_0^L dx} = 0{,}0365\,\frac{D_{AB}}{L}\,(Re_L)^{4/5}\, Sc^{1/3}$$

ou

$$Sh_L = 0{,}0365\, Re_L^{4/5}\, Sc^{1/3} \tag{28-44}$$

Em escoamento turbulento completamente desenvolvido, valores de Sh_L obtidos a partir da equação (28-44) se aproximam dos valores obtidos a partir da equação (28-43) e a contribuição laminar para o processo de transferência de massa por convecção pode ser desprezada. Gráficos representativos de Sh_L versus Re_L para $Sc = 1{,}0$ são apresentados na Figura 28.9.

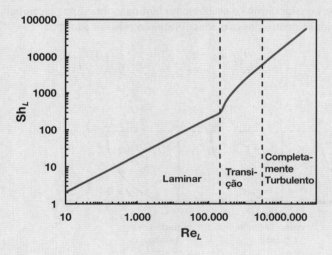

Figura 28.9 Número médio de Sherwood (Sh_L) em $Sc = 1$, para escoamento sobre uma placa plana, mostrando a transição do escoamento laminar para o escoamento turbulento, Exemplo 4.

▶ 28.6

ANALOGIAS ENTRE AS TRANSFERÊNCIAS DE MASSA, DE ENERGIA E DE MOMENTO

Nas análises prévias da transferência de massa por convecção, reconhecemos as similaridades nas equações diferenciais para a transferência de momento, de energia e de massa e nas condições de contorno quando os gradientes associados aos transportes foram expressos em termos de variáveis adimensionais. Essas similaridades nos permitiram prever soluções para os processos similares de transferência. Nesta seção, vamos considerar várias analogias entre os fenômenos de transporte que foram propostas por causa da similaridade em seus mecanismos. As analogias são úteis para a compreensão dos fenômenos de transporte e como um meio satisfatório para prever o comportamento de sistemas para os quais existem dados quantitativos limitados.

A similaridade entre os fenômenos de transporte e, portanto, a existência das analogias requer que as cinco condições seguintes sejam válidas dentro do sistema:

1. Não há energia ou massa produzida dentro do sistema. Isso, naturalmente, implica que não ocorre qualquer reação homogênea.
2. Não há emissão ou absorção de energia radiante.
3. Não há dissipação viscosa.
4. O perfil de velocidade não é afetado pela transferência de massa; assim, ocorre apenas uma baixa taxa de transferência de massa.
5. As propriedades físicas são constantes. Uma vez que devido a variações na temperatura ou na concentração pode haver pequenas variações nas propriedades físicas, essa condição pode ser aproximada usando uma concentração média e as propriedades na temperatura do filme.

Analogia de Reynolds

A primeira constatação do comportamento análogo de transferência de momento e de energia foi reportado por Reynolds.[4] Embora essa analogia tenha limitações em sua aplicação, ela tem servido como um catalisador na busca de analogias melhores e tem sido útil na análise de fenômenos complexos de aerodinâmica na camada-limite.

A Figura 28.10 apresenta uma representação simplificada das camadas-limite hidrodinâmica, mássica e térmica para os processos respectivos de transferência de momento, de massa e de calor associados com escoamento de um fluido ao longo de uma superfície plana. Reynolds postulou que os mecanismos para a transferência de momento e de energia foram idênticos. Em nossas discussões anteriores sobre camadas-limite laminares, observamos que é verdade se o número de Prandtl, Pr, for unitário. De nossa consideração prévia na Seção 28.4, podemos estender o postulado de Reynolds para incluir o mecanismo de transferência de massa se o número de Schmidt, Sc, também for igual a 1. Por exemplo, se considerarmos o escoamento laminar sobre uma placa plana, os perfis de concentração e de velocidade dentro das camadas-limite são relacionados por

$$\frac{\partial}{\partial y}\left(\frac{c_A - c_{As}}{c_{A,\infty} - c_{As}}\right)\bigg|_{y=0} = \frac{\partial}{\partial y}\left(\frac{v_x}{v_\infty}\right)\bigg|_{y=0} \tag{28-45}$$

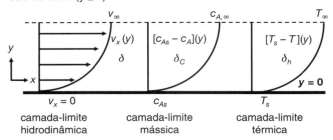

Figura 28.10 Representação das camadas-limite hidrodinâmica, mássica e térmica para Sc = Pr = 1,0, associadas com a analogia de Reynolds.

Lembrando que na fronteira próxima à placa, em que $y = 0$, podemos expressar o fluxo de massa tanto em termos da difusividade mássica como em termos do coeficiente de transferência de massa por

$$N_{A,y} = -D_{AB}\frac{\partial(c_A - c_{As})}{\partial y}\bigg|_{y=0} = k_c(c_{As} - c_{A,\infty}) \tag{28-5}$$

Quando Sc =1, notamos que $D_{AB} = \mu/\rho$. Podemos então combinar as equações (28-45) e (28-5) para obter uma expressão que relacione o coeficiente de transferência de massa ao gradiente de velocidade na superfície:

$$k_c = \frac{\mu}{\rho v_\infty}\frac{\partial v_x}{\partial y}\bigg|_{y=0} \tag{28-46}$$

---
[4] O. Reynolds, *Proc. Manchester Lit. Phil. Soc.*, **8** (1874).

O coeficiente do fator de atrito foi relacionado ao mesmo gradiente de velocidade por

$$C_f = \frac{\tau_0}{\rho v_\infty^2/2} = \frac{2\mu}{\rho v_\infty^2} \frac{\partial v_x}{\partial y}\bigg|_{y=0} \tag{12-2}$$

Usando essa definição, podemos rearranjar a equação (28-46) para obter a analogia de Reynolds para a transferência de massa para sistemas com número de Schmidt igual a 1:

$$\frac{k_c}{v_\infty} = \frac{C_f}{2} \tag{28-47}$$

A equação (28-47) é análoga à analogia de Reynolds para a transferência de calor em sistemas com número de Prandtl igual a 1. Essa analogia foi discutida no Capítulo 19 e pode ser expressa por

$$\frac{h}{\rho\, v_\infty c_p} = \frac{C_f}{2} \tag{19-37}$$

A analogia de Reynolds para a transferência de massa é válida somente se o número de Schmidt for igual a 1 e a resistência ao escoamento for devida ao atrito — isto é, sem estar envolvido o arraste devido à forma. Isso foi verificado experimentalmente por von Kármán para o escoamento turbulento pleno, com $Sc = Pr = 1$.

Considerações sobre o Escoamento Turbulento

Em muitas aplicações práticas, o escoamento é turbulento e não laminar. Embora muitos pesquisadores tenham contribuído consideravelmente para o entendimento do escoamento turbulento, até agora nenhum conseguiu prever os coeficientes convectivos de transferência ou fatores de atrito por análise direta. Isso não surpreende quando nos lembramos de nossas discussões prévias sobre escoamento turbulento, Seção 13.1, que o escoamento em qualquer ponto está sujeito a flutuações irregulares na direção e na velocidade. Assim, qualquer partícula de fluido experimenta uma série de movimentos aleatórios, sobrepostos ao escoamento principal. O movimento desses turbilhões acarreta uma mistura dentro do núcleo turbulento. O processo é frequentemente referido como "difusão turbulenta". Dentro do núcleo turbulento, o valor da difusividade mássica turbilhonar será muito maior do que a difusividade molecular.

Em um esforço para caracterizar esse tipo de movimento, Prandtl propôs a hipótese do comprimento de mistura como discutida no Capítulo 12. Nessa hipótese, qualquer flutuação de velocidade ν_x' decorre do movimento na direção y de um turbilhão por uma distância igual ao comprimento de mistura, L. O turbilhão de fluido, com uma velocidade média $\bar{\nu}_x|_y$, é deslocado para uma corrente em que o fluido adjacente tem uma velocidade média $\bar{\nu}_x|_{y+L}$. A flutuação da velocidade está relacionada ao gradiente de velocidade média por

$$\nu_x' = \bar{\nu}_x|_{y+L} - \bar{\nu}_x|_y = \pm L \frac{d\bar{\nu}_x}{dy} \tag{12-52}$$

A tensão cisalhante total em um fluido foi definida pela expressão

$$\tau = \mu \frac{d\bar{\nu}_x}{dy} - \rho \overline{\nu_x'\nu_y'} \tag{12-51}$$

A substituição fornece

$$\tau = \rho\left(\nu + L\nu_y'\right)\frac{d\bar{\nu}_x}{dy}$$

ou

$$\tau = \rho(\nu + \epsilon_M)\frac{d\bar{\nu}_x}{dy} \tag{28-48}$$

em que $\epsilon_M = L\nu'_y$ é denominado difusividade turbilhonar de momento. Ela é análoga à difusividade molecular de quantidade de movimento, v.

Similarmente, podemos agora analisar a transferência de massa no escoamento turbulento, uma vez que esse mecanismo de transporte também é devido à presença de flutuações ou turbilhões. Na Figura 28.11, a curva representa uma porção do perfil turbulento de concentração com o escoamento médio ocorrendo na direção x. A taxa instantânea da transferência do componente A na direção y é

$$N_{A,y} = c'_A \nu'_y \qquad (28\text{-}49)$$

sendo $c_A = \bar{c}_A + c'_A$ a soma da média temporal com a flutuação instantânea da concentração do componente A. Podemos novamente usar o conceito do comprimento de mistura para definir a flutuação da concentração pela seguinte relação:

$$c'_A = \bar{c}_A|_{y+L} - \bar{c}_A|_y = L\frac{d\bar{c}_A}{dy} \qquad (28\text{-}50)$$

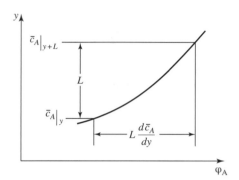

Figura 28.11 Porção da curva do perfil turbulento de concentração, mostrando o comprimento de mistura de Prandtl.

Inserindo a equação (28-49) na equação (28-50), obtemos uma expressão para a transferência de massa turbulenta pelo transporte turbilhonar. A transferência de massa total normal à direção de escoamento é

$$N_{A,y} = -D_{AB}\frac{d\bar{c}_A}{dy} - \overline{\nu'_y}L\frac{d\bar{c}_A}{dy}$$

ou

$$N_{A,y} = -(D_{AB} + \epsilon_D)\frac{d\bar{c}_A}{dy} \qquad (28\text{-}51)$$

em que $\epsilon_D = \overline{L\nu'_y}$ é designado difusividade mássica turbilhonar.

Por raciocínio similar, uma expressão foi deduzida no Capítulo 19 para a transferência de calor por convecção:

$$\frac{q_y}{A} = -\rho\, c_p(\alpha + \epsilon_H)\frac{d\bar{T}}{dy} \qquad (19\text{-}50)$$

em que α é a difusividade térmica molecular e ε_H é a difusividade térmica turbilhonar.

A difusividade turbilhonar exerce um papel importante em diversos processos de transferência de massa. Por exemplo, existe transferência de massa entre um fluido escoando em torno de sólidos em reatores heterogêneos catalíticos, fornos de combustão, secadores e assim por diante. Como resultado da difusão turbilhonar, o transporte na região turbulenta é rápido, reduzindo qualquer gradiente na composição. Quando o fluido se aproxima da parede, a turbulência é progressivamente reduzida até o ponto em que ela essencialmente desaparece nas vizinhanças da superfície sólida, passando o transporte a ser quase completamente por difusão molecular. A maior parte da resistência à transferência ocorre na camada-limite próxima da superfície onde a magnitude do gradiente de concentração tem o maior valor.

Analogias de Prandtl e de von Kármán

No Capítulo 19, a analogia de Prandtl para a transferência de calor e de momento foi desenvolvida quando consideramos os efeitos da subcamada laminar e do núcleo turbulento. O mesmo raciocínio em relação à transferência de massa e de momento pode ser usado para desenvolver uma analogia semelhante. O resultado da análise de Prandtl para a transferência de massa é

$$\frac{k_c}{v_\infty} = \frac{C_f/2}{1 + 5\sqrt{C_f/2}(\text{Sc} - 1)} \qquad (28\text{-}52)$$

que é análoga à equação (19-57) para a transferência de calor. Pode ser igualmente demonstrado que a equação (28-52) pode também ser escrita em termos de Sh, Re e Sc, na forma de

$$\text{Sh} = \frac{(C_f/2)\text{Re Sc}}{1 + 5\sqrt{C_f/2}(\text{Sc} - 1)} \tag{28-53}$$

von Kármán estendeu a analogia de Prandtl considerando a assim chamada "camada tampão" em adição à subcamada laminar e ao núcleo turbulento. Essa consideração levou ao desenvolvimento da analogia de von Kármán, dada por

$$\text{Nu} = \frac{(C_f/2)\text{RePr}}{1 + 5\sqrt{C_f/2}\{\text{Pr} - 1 + \ln[(1 + 5\text{Pr})/6]\}}$$

para a transferência de momento e de energia, que pode ser obtida da equação (19-59). Uma análise similar à de von Kármán para a transferência de massa resulta

$$\text{Sh} = \frac{(C_f/2)\text{Re Sc}}{1 + 5\sqrt{C_f/2}\{\text{Sc} - 1 + \ln[(1 + 5\text{ Sc})/6]\}} \tag{28-54}$$

Analogia de Chilton-Colburn

Chilton-Colburn,[5] usando dados experimentais, buscaram modificações para a analogia de Reynolds que não teria a restrição de que os números de Prandtl e de Schmidt seriam iguais a 1. Eles definiram o *fator j para a transferência de massa* como

$$j_D = \frac{k_c}{v_\infty}(\text{Sc})^{2/3} \tag{28-55}$$

Esse fator é semelhante ao fator j_H para a transferência de calor, definido pela equação (19-40). Baseados nos dados coletados para os regimes laminar e turbulento de escoamento, Chilton-Colburn determinaram que

$$j_D = \frac{k_c}{v_\infty}(\text{Sc})^{2/3} = \frac{C_f}{2} \tag{28-56}$$

A analogia é válida para gases e líquidos dentro da faixa $0{,}6 < \text{Sc} < 2500$. Pode-se mostrar que a equação (28-56) satisfaz a "solução exata" do escoamento laminar sobre uma placa plana.

$$\text{Sh}_x = 0{,}332\,\text{Re}_x^{1/2}\,\text{Sc}^{1/3} \tag{28-24}$$

Se ambos os termos dessa equação forem divididos por $\text{Re}_x\text{Sc}^{1/3}$, obtemos

$$\frac{\text{Sh}_x}{\text{Re}_x\text{Sc}^{1/3}} = \frac{0{,}332}{\text{Re}_x^{1/2}} \tag{28-57}$$

Essa equação se reduz à *analogia de Chilton-Colburn* quando substituímos, na expressão anterior, a solução de Blasius para a camada-limite laminar.

$$\frac{\text{Sh}_x}{\text{Re}_x\text{Sc}^{1/3}} = \frac{\text{Sh}_x}{\text{Re}_x\text{Sc}}\text{Sc}^{2/3} = \frac{k_c}{v_\infty} = \frac{C_f}{2}$$

ou

$$\left(\frac{k_c x}{D_{AB}}\right)\left(\frac{\mu}{x\,v_\infty\rho}\right)\left(\frac{\rho D_{AB}}{\mu}\right)(\text{Sc})^{2/3} = \frac{k_c\text{Sc}^{2/3}}{v_\infty} = \frac{C_f}{2} \tag{28-58}$$

---

[5] A. P. Colburn, *Trans. A.I.Ch.E.*, **29**, 174-210 (1993); T. H. Chilton e A. P. Colburn, *Ind. Eng. Chem.*, **26**, 1183, (1934).

A analogia completa de Chilton-Colburn é

$$j_H = j_D = \frac{C_f}{2} \quad (28\text{-}59)$$

que relaciona todos os três tipos de transporte em uma única expressão. A equação (28-59) é exata para placas planas e é satisfatória para outras geometrias desde que o arraste devido à forma não esteja presente. Para sistemas em que o arraste devido à forma esteja presente, foi encontrado que nem j_H ou j_D é igual a $C_f/2$; todavia, quando o arraste devido à forma estiver presente

$$j_H = j_D \quad (28\text{-}60)$$

ou

$$\frac{h}{\rho\, v_\infty c_p}(\text{Pr})^{2/3} = \frac{k_c}{v_\infty}(\text{Sc})^{2/3} \quad (28\text{-}61)$$

A equação (28-61) relaciona a transferência de energia e de massa por convecção. Ela permite o cálculo de um coeficiente de transferência desconhecido por meio de informações obtidas para outro fenômeno de transferência. Ela é validada experimentalmente para gases e líquidos dentro das faixas $0{,}60 < \text{Sc} < 2500$ e $0{,}6 < \text{Pr} < 100$.

Como previamente estabelecido, uma das cinco condições que devem ser válidas para usar as analogias requer que as propriedades físicas da corrente fluida sejam constantes. Se ocorrerem apenas pequenas variações nas propriedades devido às variações na temperatura global do filme, pode-se minimizar essa condição restritiva calculando as propriedades físicas na temperatura média de filme.

A analogia de Chilton-Colburn para a transferência de calor e de massa foi comprovada para diferentes geometrias; por exemplo, escoamento ao longo de uma placa plana, escoamento dentro de um tubo circular e de tubos concêntricos e escoamento em torno de cilindros.

O exemplo a seguir ilustra o acoplamento dos processos relacionados à transferência de calor e de massa por convecção que usam a analogia de Chilton-Colburn para relacionar os coeficientes de transferência de calor e de massa.

Exemplo 5

O processo de "resfriamento por transpiração" é mostrado na Figura 28.12 para o resfriamento de líquidos voláteis em ambientes quentes e áridos. O reservatório – contendo um líquido bem misturado, isolado como mostrado – e uma corrente de gás em movimento são separados por uma barreira fina e semipermeável que permite a passagem de vapor, mas não do líquido. Na temperatura do líquido (T), o líquido volátil exerce uma pressão de vapor, P_A, e uma pequena quantidade de líquido vaporiza, usando o calor transferido de uma corrente gasosa aquecida para o reservatório com o líquido mais frio para conduzir o processo de vaporização.

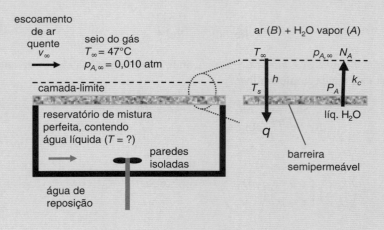

Figura 28.12 Processo de resfriamento por transpiração para água fria.

Transferência de Massa por Convecção ◄ **539**

No presente processo, o reservatório contém água líquida e uma corrente gasosa de ar a 47°C (320 K) e 1,0 atm está em contato com o dispositivo. A corrente gasosa tem um coeficiente de transferência de calor $h = 20$ W/m² · K e uma pressão parcial do vapor de água de 0,010 atm. Admite-se que a barreira semipermeável não oferece resistência tanto para a transferência de calor quanto para a transferência de massa, de modo que $T = T_s$.

Em regime permanente, determine a menor temperatura da água permitida por essas condições do processo e o fluxo de vapor de água para a corrente gasosa.

Um balanço de energia tem de ser feito no processo. Seja a espécie A o vapor de água e a espécie B o ar. Em estado estacionário, o calor transferido por convecção através da camada-limite da corrente gasosa para o líquido é balanceado pela energia necessária para conduzir a transferência de massa do vapor através da camada-limite. Esse balanço de energia é descrito por

$$k_c(c_{As} - c_{A,\infty})S\,\Delta H_{\nu,A}M_A = Sh(T_\infty - T_s)$$

em que S é a área superficial da barreira semipermeável e $\Delta H_{\nu,A}$ é o calor latente de vaporização do líquido na temperatura T_s. Para determinar a temperatura da água T_s, deve-se notar que a analogia de Chilton–Colburn para a transferência de calor e de massa, equação (28-61), pode também ser expressa como

$$h = k_c\,C_{p,B}\,\rho_B\left(\frac{\text{Sc}}{\text{Pr}}\right)^{2/3}$$

Essa forma da analogia de Chilton–Colburn é combinada com o balanço de energia para resultar

$$(c_{As} - c_{A,\infty})\Delta H_{\nu,A}M_A = C_{p,B}\,\rho_B\left(\frac{Sc}{\text{Pr}}\right)^{2/3}(T_\infty - T_s)$$

Uma vez que o coeficiente de transferência de massa k_c e o coeficiente de transferência de calor h dividem o mesmo campo de escoamento na corrente gasosa, a velocidade do gás na corrente livre (v_∞) não está presente na equação. Pode-se também notar que a composição do vapor de água na superfície (c_{As}) é determinada pela pressão de vapor da água, que é função de T_s. Como a pressão de vapor pode ser correlacionada à temperatura por meio da equação de Antoine:

$$c_{As}(T_s) = \frac{P_A(T_s)}{RT} \quad \text{com} \quad P_A(T_s) = 10^{\left(a - \frac{b}{T_s+c}\right)}$$

com valores da literatura das constantes de Antoine para água dados como $a = 8,10765$, $b = 1750,286$ e $c = 235,00$, com P_A em unidades de mm Hg e T em unidades de °C. Finalmente, se for admitido que as propriedades da corrente do gás podem ser determinadas na temperatura da corrente livre do gás, T_∞, então a solução é implícita em T_s e pode ser determinada pela raiz da equação, desde que as demais propriedades termofísicas sejam conhecidas, como detalhado a seguir.

A 320 K, do Apêndice I, para o ar, $\rho = 1,032$ kg/m³, $C_{p,B} = 1007,3$ J/kg · K, $v_B = 1,7577 \times 10^{-5}$ m²/s e Pr = 0,703. A 320 K, para a H₂O, $\Delta H_{\nu,A} = 2390$ kJ/kg. Do Apêndice J, o coeficiente de difusão do vapor de H₂O no ar é $D_{AB} = 0,26$ cm²/s a 298 K e 1,0 atm, que equivale a 0,29 cm²/s $(2,9 \times 10^{-5}$ m²/s) a 320 K.

Consequentemente,

$$\text{Sc} = \frac{\nu_B}{D_{AB}} = \frac{1,7577 \times 10^{-5}\ \text{m}^2/\text{s}}{2,9 \times 10^{-5}\ \text{m}^2/\text{s}} = 0,606$$

e

$$c_{A,\infty} = \frac{p_A}{RT} = \frac{(0,010\ \text{atm})}{\left(8,206 \times 10^{-5}\ \dfrac{\text{m}^3 \cdot \text{atm}}{\text{gmol} \cdot \text{K}}\right)(320\ \text{K})} = 0,381\ \frac{\text{gmol}}{\text{m}^3}$$

Finalmente, inserindo todos os parâmetros conhecidos no balanço de energia, resulta

$$\left(c_{As}(T_s) - \frac{3,81 \times 10^{-4}\ \text{kgmol}}{\text{m}^3}\right)\left(\frac{2390 \times 10^3\ \text{J}}{\text{kg}}\ \frac{18\ \text{kg}}{\text{kgmol}}\right)$$

$$= \left(\frac{1007,3\ \text{J}}{\text{kg} \cdot \text{K}}\right)\left(\frac{1,1032\ \text{kg}}{\text{m}^3}\right)\left(\frac{0,606}{0,703}\right)^{2/3}(320\ \text{K} - T_s)$$

Resolvendo essa equação, tem-se $T_s = 20,7$°C, que é obtida a partir da raiz da equação não linear.

Com a temperatura do líquido T_s em estado estacionário agora conhecida, o fluxo do vapor de água pode ser estimado. Em $T_s = 20,7$°C, a pressão de vapor da água (P_A) é 0,024 atm e então a concentração do vapor de água na superfície $(c_{A,s})$ é de 1,00 gmol/m³. O coeficiente de transferência de massa (k_c) é relacionado ao coeficiente de transferência de calor (h) usando a analogia de Chilton–Colburn:

540 ▶ Capítulo 28

$$k_c = \frac{h}{C_{p,B}\,\rho_B}\left(\frac{\text{Pr}}{\text{Sc}}\right)^{2/3} = \frac{(20\ \text{J/s}\cdot\text{m}^2\cdot\text{K})}{\left(\dfrac{1007{,}3\ \text{J}}{\text{kg}\cdot\text{K}}\right)\left(\dfrac{1{,}1032\ \text{kg}}{\text{m}^3}\right)}\left(\frac{0{,}703}{0{,}606}\right)^{2/3} = 0{,}020\ \text{m/s}$$

Finalmente, o fluxo de vapor de água é determinado por

$$N_A = k_c(c_{As} - c_{A,\infty}) = \left(0{,}020\ \frac{\text{m}}{\text{s}}\right)(1{,}00 - 0{,}381)\left(\frac{\text{gmol}}{\text{m}^3}\right) = 0{,}0124\ \frac{\text{gmol}}{\text{m}^2\cdot\text{s}}$$

Na Figura 28.12, um pequeno escoamento de água de reposição é adicionado ao processo para repor a perda por evaporação.

▶ **28.7**

MODELOS PARA OS COEFICIENTES DE TRANSFERÊNCIA DE MASSA POR CONVECÇÃO

Neste capítulo, vimos que os coeficientes de transferência de massa podem ser previstos a partir dos princípios básicos para fluidos em escoamento laminar. Entretanto, coeficientes de transferência de massa empíricos determinados a partir de dados experimentais são comumente utilizados no projeto de processos de transferência de massa envolvendo escoamento turbulento. Uma base teórica para os coeficientes de transferência de massa requer uma melhor compreensão do mecanismo de turbulência, visto que eles estão diretamente relacionados às características dinâmicas do escoamento.

Existem modelos alternativos para explicar os processos de transferência de massa por convecção. A *teoria do filme* é baseada na presença de um filme conceitual de fluido que oferece a mesma resistência à transferência de massa que aquela que realmente existe no fluido inteiro em escoamento, como mostrado na Figura 28.1. Em outras palavras, toda a resistência é suposta existir em um filme fictício estagnado, no qual o transporte decorre inteiramente da difusão molecular. A espessura desse filme conceitual, δ, tem de se estender além da subcamada laminar para incluir uma resistência equivalente encontrada quando a concentração varia dentro da camada tampão e no núcleo turbulento. Para a difusão através de uma camada que não está se difundindo ou de um gás estagnado, essa teoria prevê o coeficiente de transferência de massa como

$$k_c = \frac{D_{AB}}{\delta}\frac{P}{p_{B,1m}} \tag{26-9}$$

conforme desenvolvido no Capítulo 26. Para contradifusão equimolar, o coeficiente de transferência de massa é expresso por

$$k_c^0 = \frac{D_{AB}}{\delta} \tag{26-24}$$

Em ambos os casos, o coeficiente de transferência de massa por convecção está diretamente relacionado ao coeficiente de difusão molecular, D_{AB}. Entretanto, a natureza demasiadamente simplista da teoria do filme não explica fisicamente a transferência de massa por convecção em um fluido em escoamento e, então, outros modelos teóricos foram propostos para descrever esse fenômeno.

A *teoria da penetração* foi originalmente proposta por Higbie[6] para explicar a transferência de massa na fase líquida durante a absorção gasosa. Ela foi aplicada ao escoamento turbulento por Danckwerts[7] e muitos outros pesquisadores quando o componente que se difunde penetra somente uma curta distância na fase de interesse por causa de seu rápido desaparecimento por meio de uma reação química ou de seu tempo de contato relativamente curto. Higbie considerou a massa a ser transferida para a fase líquida pelo transporte molecular transiente. Subsequentemente, Danckwerts aplicou esse

---

[6] R. Higbie, *Trans. A.I.Ch.E.*, **31**, 368-389 (1935).

[7] P. V. Danckwerts, *Ind. Eng. Chem.*, **43**, 1460-1467 (1951).

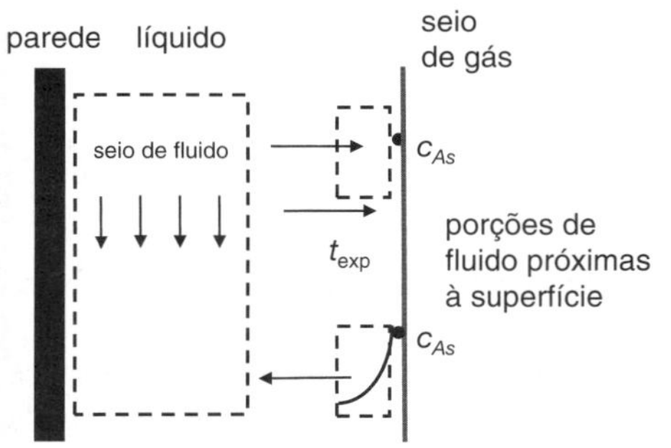

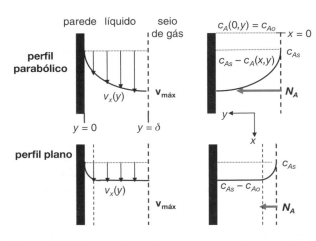

Figura 28.13 Teoria da penetração — renovação dos elementos de fluido na superfície.

conceito de estado não estacionário à absorção do componente A em uma corrente turbulenta de líquido. O modelo de Danckwerts admite que o movimento do líquido traz constantemente novos turbilhões de líquido do interior para a superfície, onde eles deslocam os elementos líquidos previamente localizados na superfície, como ilustrado na Figura 28.13. Enquanto na superfície, cada elemento do líquido se torna exposto a uma segunda fase e massa é transferida para o líquido como se ele estivesse estagnado e infinitamente profundo, com a taxa de transferência dependente somente do tempo de exposição, t_{exp}. Com esse conceito em mente, o fluxo médio de transferência de massa na interface entre as fases líquida e gasosa foi expresso como

$$N_A = \sqrt{\frac{4D_{AB}}{\pi \, t_{exp}}}(c_{As} - c_{A,\infty}) = k_c(c_{As} - c_{A,\infty}) \tag{28-62}$$

com

$$k_c = \sqrt{\frac{4D_{AB}}{\pi t_{exp}}}$$

em que t_{exp} é agora o tempo médio de exposição de um elemento fluido proveniente do seio fluido que é trazido para cima para a interface líquido-gás. A maior fraqueza da teoria da penetração é que o tempo de exposição não pode ser previsto teoricamente e tem de ser determinado experimentalmente.

A equação (28-63) prevê que o coeficiente de transferência de massa é proporcional a $D_{AB}^{0,5}$. O conceito de renovação da superfície tem tido bastante sucesso na explicação e na análise da transferência de massa por convecção, particularmente quando o transporte de massa é acompanhado por reações químicas na fase líquida.[8]

A teoria da penetração pode ser também comparada à transferência de massa para um filme líquido descendente, como descrita no Capítulo 26. Lembre-se de que para a transferência de massa para um filme líquido descendente, o soluto A é transferido da fase gasosa para o filme líquido descendente, com c_{As} definida como a concentração do soluto A dissolvida no líquido que está em equilíbrio com a pressão parcial do soluto A no seio da fase gasosa. A Figura 28.14 mostra esse processo de transferência de massa, que compara o perfil parabólico de velocidade com um caso simplificado em que o perfil de velocidade é plano e o soluto penetra somente até uma curta distância no interior do líquido descendente.

Na interface líquido-gás ($y = \delta$), o fluxo local do soluto A proveniente da fase gasosa para a fase líquida na posição x ao longo do comprimento do filme líquido descendente é dado por

$$N_A = (c_{As} - c_{Ao})\sqrt{\frac{D_{AB}v_{máx}}{\pi x}} \tag{28-63}$$

ou

$$N_A = k_{c,x}(c_{As} - c_{Ao})$$

com

$$k_{c,x} = \sqrt{\frac{D_{AB}v_{máx}}{\pi x}} \tag{28-64}$$

Figura 28.14 Transferência de massa para um filme líquido descendente.

A velocidade máxima ($v_{máx}$) é dada por

$$v_{máx} = \frac{\rho g \delta^2}{2\mu}$$

---

[8] P. V. Danckwerts, *Gas-Liquid Reactions*, McGraw-Hill, Nova York, 1970.

542 ▶ Capítulo 28

O coeficiente médio de transferência de massa é obtido por integração de $k_{c,x}$ ao longo do comprimento L do filme líquido

$$k_c = \frac{1}{L} \int_0^L k_{c,x}\, dx = \sqrt{\frac{4 D_{AB} v_{\text{máx}}}{\pi L}} \tag{28-65}$$

A equação (28-65) sugere que k_c é proporcional a $D_{AB}^{0,5}$, similarmente à teoria da penetração. Note também que $L/v_{\text{máx}}$ é equivalente a t_{exp}.

Em ambos os modelos, de filme e da penetração, a transferência de massa envolve uma interface entre dois fluidos em movimento. Quando uma das fases é um sólido, a velocidade do fluido paralela à superfície na interface tem de ser zero; dessa forma, devemos esperar a necessidade de um terceiro modelo, o *modelo da camada-limite*, para correlacionar os dados envolvendo um sólido em sublimação em um gás ou em um sólido se dissolvendo em um líquido. Para a difusão através da camada-limite laminar, da Seção 28.4 tem-se que o coeficiente médio de transferência de massa foi da forma

$$k_c = 0{,}664 \frac{D_{AB}}{L} \text{Re}_L^{1/2} \text{Sc}^{1/3} \tag{28-27}$$

Isso mostra que o coeficiente de transferência de massa é proporcional a $D_{AB}^{0,5}$, típico das correlações de transferência de massa por convecção.

A Tabela 28.1 apresenta um sumário dos três modelos propostos para os coeficientes de transferência de massa. Cada modelo tem sua própria dependência com o coeficiente de difusão; essa dependência é algumas vezes usada para dimensionar coeficientes de transferência de massa de um soluto para outro que estão expostos às mesmas condições hidrodinâmicas.

Tabela 28.1 Modelos para os coeficientes de transferência de massa por convecção (sistemas diluídos)

Modelo	Forma Básica	$f(D_{AB})$	Notas
Teoria de filme	$k_c = \dfrac{D_{AB}}{\delta}$	$k_c \propto D_{AB}$	δ desconhecido
Filme líquido descendente	$k_c = \sqrt{\dfrac{4 D_{AB} \nu_\infty}{\pi L}}$	$k_c \propto D_{AB}^{1/2}$	Soluto não penetra muito longe no filme líquido
Teoria da penetração	$k_c = \sqrt{\dfrac{4 D_{AB}}{\pi t_{\text{exp}}}}$	$k_c \propto D_{AB}^{1/2}$	t_{exp} desconhecido
Teoria da camada-limite	$k_c = 0{,}664 \dfrac{D_{AB}}{L} \text{Re}_L^{1/2} \text{Sc}^{1/3}$	$k_c \propto D_{AB}^{2/3}$	Melhor maneira para dimensionar k_c de um soluto para outro exposto ao mesmo escoamento hidrodinâmico

▶ **28.8**

RESUMO

Neste capítulo, discutimos os princípios da transferência de massa por convecção forçada, os parâmetros significativos que ajudam a descrever a transferência de massa por convecção e os modelos propostos para esclarecer o mecanismo de transporte convectivo. Vimos também que a transferência de massa por convecção está intimamente relacionada às características dinâmicas do fluido em escoamento, particularmente para o fluido nas vizinhanças da fronteira. Por causa das similaridades existentes entre os mecanismos de transporte de momento, de energia e de massa, fomos capazes de usar os mesmos quatro métodos para calcular os coeficientes convectivos de transferência de massa, que foram originalmente desenvolvidos para analisar os coeficientes convectivos de transferência de calor. Em todas as quatro análises, o coeficiente de transferência de massa foi correlacionado pela equação geral

$$\text{Sh} = f(\text{Re}, \text{Sc})$$

Transferência de Massa por Convecção ◀ **543**

A transferência de massa para correntes turbulentas foi discutida e a difusividade mássica turbilhonar foi definida. Analogias foram apresentadas para a transferência de massa por convecção para correntes turbulentas.

PROBLEMAS

28.1 Compare o número de Schmidt (Sc) para o gás O_2 no ar a 300 K e 1,0 atm com Sc para o O_2 dissolvido em água a 300 K. Compare então esses valores para o gás CO_2 no ar a 300 K e 1,0 atm e o CO_2 dissolvido em água a 300 K. Você pode admitir que o O_2 e o CO_2 estejam diluídos em relação ao ar como gás de arraste e água como solvente.

28.2 Defina os números de Stanton e de Peclet e suas relações a outros grupos adimensionais para a transferência de massa por convecção.

28.3 Um pesquisador propõe estudar o processo de transferência de massa para a dissolução de uma única esfera suspensa dentro de uma corrente turbulenta. Preveja as variáveis que seriam usadas para explicar a geometria envolvida, as propriedades da corrente em movimento e o coeficiente convectivo de transferência de massa. Utilize a análise dimensional para determinar os grupos adimensionais π que poderão ser usados na análise dos dados experimentais.

28.4 Uma camada fina (1,0 mm de espessura) de tinta fresca foi recentemente borrifada sobre uma peça quadrada de aço, de 1,5 m por 1,5 m, que pode ser considerada plana. A tinta contém um solvente volátil que inicialmente constitui 30% em massa da tinta úmida. A densidade inicial da tinta úmida é 1,5 g/cm³. A placa recém-pintada é introduzida em uma câmara de secagem. Ar é soprado na câmara retangular de secagem a uma vazão volumétrica de 60 m³/min, como ilustrado na figura a seguir, que tem dimensões $L = 1{,}5$ m, $H = 1{,}0$ m e $W = 1{,}5$ m. A temperatura da corrente de ar e da placa de aço é mantida a 27°C e a pressão total do sistema é 1,0 atm. A massa molar do solvente é 78 g/gmol, a pressão de vapor exercida pelo solvente a 27°C é 105 mm Hg e o coeficiente de difusão molecular do vapor de solvente no ar a 27°C e 1,0 atm é 0,097 cm²/s.

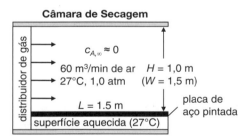

a. Qual é o número de Schmidt e o número médio de Sherwood (Sh_L) para o processo de transferência de massa?

b. Qual é a taxa estimada de evaporação do solvente proveniente da superfície *da peça inteira*, em unidades g/min? Pode ser admitido que a transferência de massa por convecção limita a taxa de evaporação e que a concentração do vapor de solvente no seio do gás é finita e pode ser suposta como aproximadamente $c_{A,\infty} \approx 0$.

c. Usando os resultados do item (a), qual o tempo decorrido para que a tinta fique completamente seca?

d. Quais são as espessuras das camadas-limite hidrodinâmica (δ) e mássica (δ_c) em $x = L = 1{,}5$ m? Como se compara esse valor com o valor de H, a altura da câmara de secagem?

e. Qual será o novo valor da vazão requerida de ar (m³/min), se a taxa de transferência de massa do solvente for de 150 g/min?

28.5 Um filme fino de material polimérico contém algum resíduo de solvente. Deseja-se evaporar o solvente volátil (*n*-hexano, soluto *A*) do polímero usando o processo ilustrado na figura a seguir. O filme polimérico úmido entra no processo de secagem. Tanto a superfície superior quanto a inferior do filme polimérico são expostas a um escoamento cruzado de ar. A taxa de evaporação do solvente do filme de polímero é limitada pela transferência de massa por convecção externa. O filme polimérico seco é então enrolado em um pacote. Durante o processo de secagem, a largura do filme fino polimérico é 0,50 m e o comprimento do filme é 2,5 m. O ar na corrente livre tem uma velocidade de 1,5 m/s, temperatura de 20°C e uma pressão total do sistema de 1,0 atm. O filme polimérico úmido é também mantido a 20°C e o processo de evaporação é suposto ser limitado pela transferência de massa por convecção. A pressão de vapor do solvente a 20°C é 121 mm Hg. O coeficiente de difusão do solvente no ar é 0,080 cm²/s a 20°C e 1,0 atm e a massa molar do solvente é 86 g/gmol. A pressão parcial do vapor de solvente dentro da câmara de secagem pode ser considerada próxima de zero com $P_A \gg p_{A\infty}$.

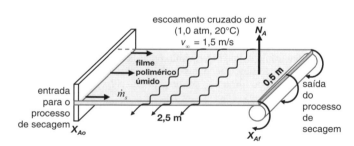

a. Qual o valor do número de Schmidt e o valor médio do número de Sherwood para o processo de evaporação do solvente?

b. Qual é a taxa de evaporação total do solvente do filme polimérico, com 0,50 cm por 2,50 m, em unidades de gmol de *A*/s? Lembre-se: ambos os lados do filme são expostos ao ar em movimento.

c. A carga do solvente no filme polimérico na entrada do processo de secagem é de 0,10 g de solvente por g de polímero seco — isto é, $X_{Ao} = 0{,}10$ g de solvente/g de polímero seco. A taxa mássica total do filme polimérico em base de polímero seco livre de solvente é $\dot{m}_s = 50{,}0$ g de polímero seco/s. Qual é carga de solvente no filme polimérico que sai do processo de secagem, X_{Af}? Sugestão: faça um balanço de massa para o solvente no filme à medida que o filme polimérico se movimenta durante o processo de secagem.

28.6 Um reator horizontal para a deposição química por vapor (CVD), similar à configuração ilustrada no Exemplo 3, Figura 28.6, será usado para o crescimento de filmes finos de arsenieto de gálio (GaAs). Nesse processo, vapor de arsina, vapor de trimetil gálio e gás H_2 são alimentados no reator. Dentro do reator, a pastilha de silício repousa sobre uma placa aquecida, denominada suscetor. Os gases regentes escoam paralelo à superfície da pastilha e depositam um filme fino de GaAs, de acordo com as reações CVD simplificadas:

$$2AsH_3(g) \rightarrow 2As(s) + 3H_2(g)$$

$$2Ga(CH_3)_3(g) + 3H_2(g) \rightarrow 2Ga(s) + 6CH_4(g)$$

Se o gás reagente está consideravelmente diluído no gás H_2, então a transferência de massa de cada espécie no gás de arraste (H_2) pode ser tratada separadamente. Essas reações que ocorrem na superfície são consideradas muito rápidas e, assim, a transferência de massa dos reagentes gasosos para a superfície da placa limita a taxa de crescimento do filme fino de GaAs. No presente processo, uma pastilha quadrada de silício, de 15 cm × 15 cm, está posicionada na borda dianteira da placa suscetora. A temperatura do processo é 800 K e a pressão total do sistema é 101,3 kPa (1,0 atm). O gás de alimentação para o reator resulta em uma velocidade linear da corrente livre igual a 100 cm/s. As composições da arsina e do trimetil de gálio no gás de alimentação são ambas iguais a 0,10% em mol, portanto, bastante diluídas. Você pode supor que a quantidade de arsina e de trimetil de gálio existente no gás de alimentação é muito maior que a quantidade de arsina e de trimetil de gálio consumida pelas reações, de modo que as concentrações desses reagentes no seio da fase gasosa são essencialmente constantes ao longo do comprimento do reator. Você pode também supor que as taxas de reação na superfície são instantâneas em relação às taxas de transferência de massa, de modo que as concentrações em fase gasosa dos vapores de arsina e de trimetil de gálio na superfície da pastilha são essencialmente iguais a zero. O coeficiente de difusão binária em fase gasosa do trimetil de gálio em H_2 é de 1,55 cm²/s a 800 K e 1,0 atm.

a. Quais são as taxas médias de transferência de massa para arsina e trimetil de gálio sobre a pastilha inteira?

b. Baseado na razão entre as taxas de transferência de massa da arsina e do trimetil de gálio, qual é a composição do filme fino compósito de GaAs — por exemplo, a composição molar do gálio (Ga) e do arsênio (As) no sólido? De quanto poderia ser ajustada a composição do gás de alimentação, de modo que a razão molar entre o Ga e o As dentro do filme fino sólido seja de 1:1?

28.7 Em um processo de produção, um solvente orgânico (metil etil cetona, MEK) é usado para dissolver e remover um revestimento fino de um filme polimérico proveniente de uma superfície plana não porosa, de comprimento 20 cm e largura 10 cm, como ilustrado na figura a seguir. A espessura do filme polimérico é inicialmente uniforme $\ell_a = 0,20$ mm (0,02 cm). No presente processo, uma vazão volumétrica de 30 cm³/s do solvente líquido MEK é adicionada a uma vasilha plana e aberta de 30 cm de comprimento e 10 cm de largura. A profundidade do solvente líquido MEK na vasilha é mantida constante e igual a 2,0 cm. Pode ser admitido que a concentração do polímero dissolvido no seio do solvente seja essencialmente zero ($c_{A,\infty} \approx 0$), embora na realidade a concentração do polímero dissolvido no solvente aumente ligeiramente a partir da entrada até a saída da vasilha. Pode também ser admitido que a variação da espessura do filme durante o processo de dissolução não afeta o processo de transferência de massa por convecção. Seja A = polímero (soluto), B = MEK (solvente líquido).

a. Qual o valor do número de Schmidt e o valor médio do número de Sherwood para o processo de transferência de massa?

b. Qual é o fluxo *médio* do polímero dissolvido (em unidades de g A/ cm² · s) proveniente da superfície?

c. Faça um gráfico do $k_{c,x}$ versus a posição x para $0 < x \leq L$.

d. Finalmente, o filme polimérico será completamente dissolvido e removido da superfície inteira. Todavia, antes desse tempo, a espessura do filme polimérico que permanece na superfície plana não será uniforme. Faça um gráfico da espessura do filme polimérico (ℓ) versus a posição x e mostre como ele pareceria em três tempos diferentes antes que o filme polimérico esteja completamente dissolvido.

e. Quais são as espessuras das camadas-limite hidrodinâmica (δ) e mássica (δ_c) em $x = 10$ cm?

Dados potencialmente úteis: $D_{AB} = 3,0 \times 10^{-6}$ cm²/s é o coeficiente de difusão do polímero dissolvido (soluto A) no solvente líquido (MEK) a 25°C, $\rho_{A,sólido} = 1,05$ g/cm³, densidade do filme polimérico *sólido*, $c_{As} = c_A^* = 0,04$ g/cm³, solubilidade máxima do polímero dissolvido (soluto A) no solvente MEK a 25°C; $v_B = 6,0 \times 10^{-3}$ cm²/s, viscosidade cinemática do MEK líquido a 25°C; $\rho_B = 0,80$ g/cm³, densidade do MEK líquido a 25°C.

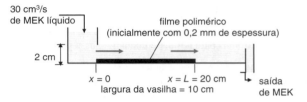

28.8 A análise da camada-limite para o escoamento de fluidos sobre uma placa plana prevê as seguintes relações entre os números de Sherwood local (Sh_x), de Reynolds (Re) e de Schmidt (Sc):

$$\text{para escoamento laminar, } Sh_x = \frac{k_c x}{D_{AB}} = 0,332 \, Re_x^{1/2} \, Sc^{1/3}$$

$$\text{para escoamento turbulento, } Sh_x = \frac{k_c x}{D_{AB}} = 0,0292 \, Re_x^{4/5} \, Sc^{1/3}$$

com a transição começando em $Re_x = 2,0 \times 10^5$. Determine a porcentagem de transferência de massa dentro da zona laminar para o escoamento ao longo de uma placa plana, se o número de Reynolds no final da placa for $Re_L = 3,0 \times 10^6$.

28.9 Para o escoamento turbulento plenamente desenvolvido sobre uma placa plana de comprimento L, o número local de Sherwood na posição x ($0 < x \leq L$) é estimado por

$$Sh_x = \frac{k_c x}{D_{AB}} = 0,0292 \, Re_x^{4/5} \, Sc^{1/3}$$

Desenvolva uma expressão para o Sh médio ao longo do comprimento L da placa plana, supondo escoamento turbulento plenamente desenvolvido, em que a contribuição para a transferência de massa pelo regime laminar na camada-limite pode ser desprezada.

28.10 Usando o método aproximado de von Kármán para a análise do escoamento na camada-limite turbulenta ao longo de uma placa plana, os seguintes perfis de velocidade e de concentração foram considerados:

$$v_x = \alpha + \beta y^{1/7}$$

e

$$c_A - c_{As} = \eta + \xi y^{1/7}$$

As quatro constantes — α, β, η e ξ — são determinadas por condições de contorno apropriadas na superfície e na borda externa das camadas hidrodinâmica e mássica.

a. Determine α, β, η e ξ e forneça as equações resultantes para os perfis de velocidade e de concentração.

b. Aplicando a equação integral de momento de von Kármán, a espessura da camada-limite turbulenta é dada por

$$\delta = \frac{0{,}371x}{\mathrm{Re}_x^{1/3}}$$

Use essa relação e a solução integral de von Kármán para Sc = 1,0 para obter a seguinte equação para o coeficiente local de transferência de massa:

$$k_c = 0{,}0289\, v_\infty (\mathrm{Re}_x)^{-1/5}$$

28.11 No desenvolvimento da solução aproximada para resolver a camada-limite mássica laminar no escoamento, formada pelo escoamento de um fluido ao longo de uma placa plana, é necessário admitir um perfil de concentração. A equação (28.35a) foi obtida pela análise de uma série de potências para o perfil de concentração da forma

$$c_A - c_{A,s} = a + by + cy^2 + dy^3$$

Aplique as condições de contorno para a camada-limite mássica laminar de modo a calcular as constantes a, b, c e d necessárias para se chegar à equação (28-35a).

28.12 Um tanque aberto e de mistura perfeita contém água residuária que está contaminada com uma concentração diluída de cloreto de metileno. O tanque tem forma retangular, com dimensões de 500 m por 100 m, como ilustrado na figura a seguir. Ar a 27°C e 1,0 atm é soprado paralelamente à superfície do tanque, com uma velocidade de 7,5 m/s. A 20°C e 1,0 atm, para a fase *gasosa* (A = cloreto de metileno, B = ar), o coeficiente de difusão (D_{AB}) é 0,085 cm²/s e a viscosidade cinemática (v_B) = 0,15 cm²/s. A 27°C, para a fase *líquida* (A = cloreto de metileno, B = água), o coeficiente de difusão (D_{AB}) é de 1,07 × 10⁻⁵ cm²/s e a viscosidade cinemática (v_B) = 0,010 cm²/s.

a. Em qual posição do tanque o escoamento do ar não é mais laminar? Seria razoável supor que o coeficiente médio de transferência de massa do filme de gás para o cloreto de metileno no ar é dominado pela transferência de massa turbulenta?

b. Como parte da análise de engenharia para prever a taxa de emissão do cloreto de metileno (espécie A) do tanque, determine o coeficiente *médio* de transferência de massa do filme de gás associado com a transferência de massa do cloreto de metileno proveniente da superfície líquida para a corrente livre de ar.

c. Compare o número de Schmidt para o cloreto de metileno na fase gasosa *versus* a fase líquida e explique por que os valores são diferentes.

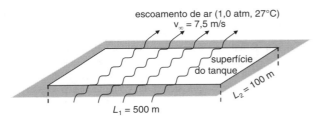

28.13 Uma placa plana de aço de 2,0 m de comprimento e 2,0 m de largura contém inicialmente um revestimento muito fino de um óleo lubrificante (espécie A), composto de hidrocarbonetos leves e usado em processos de fabricação. Um engenheiro está considerando a possibilidade de usar a convecção forçada de ar quente para remover o óleo lubrificante da superfície como alternativa ao uso de solventes danosos, de modo a remover o óleo lubrificante da superfície. No presente processo, ar a 400 K (127°C) e 1,0 atm é soprado paralelamente à superfície a uma velocidade de 50 m/s. A espessura inicial do óleo lubrificante líquido que reveste a superfície da placa é de 100 micra (0,10 mm). Na temperatura da superfície da placa em estado estacionário, o óleo lubrificante é muito pouco volátil, tendo uma pressão de vapor (P_A) de 20 Pa. A densidade do óleo lubrificante em fase líquida ($\rho_{A,liq}$) é 900 kg/m³, o calor latente de vaporização do óleo lubrificante (ΔH_{vA}) é 200 J/g e a massa molar média do óleo lubrificante é 300 g/gmol. A 400 K e 1 atm, o coeficiente de difusão molecular do *vapor* de óleo lubrificante (A) no ar (B) é D_{AB} = 0,065 cm²/s, como estimado pela correlação de Fuller–Schettler–Giddings.

a. A partir de qual posição da placa o escoamento não é mais laminar? Baseado no valor do número de Reynolds, a contribuição da camada-limite laminar para a taxa de transferência de massa pode ser desprezada?

b. Qual é o valor do coeficiente médio de transferência de massa (k_c) ao longo do comprimento inteiro da placa?

c. Qual o tempo necessário para que o óleo lubrificante evapore localmente a uma distância de pelo menos 1,2 m a partir da borda de ataque da placa? Sugestão: considere $k_{c,x}$ em x = 1,2 m.

d. Qual é o coeficiente médio de transferência de calor (h) pela analogia de Chilton-Colburn? Qual é temperatura da superfície (T_s) da placa? É seguro supor que a temperatura da placa, em estado estacionário, é suficientemente próxima à da temperatura da corrente gasosa? Sugestão: considere um balanço de energia na superfície da placa.

28.14 Gasolina, contida em um tanque de armazenamento, vazou em uma barreira impermeável de argila, formando uma poça de líquido. Uma imagem simplificada da situação é ilustrada na figura a seguir. Diretamente acima dessa poça de gasolina líquida (*n*-octano, espécie A) está uma camada de brita tendo 1,0 m de espessura e 10,0 m de largura. Os vapores voláteis de *n*-octano se difundem através da camada de brita altamente porosa, em seguida através de uma camada-limite de gás formada pelo escoamento de ar sobre a superfície superior do leito de brita e finalmente para o seio da atmosfera, onde o *n*-octano é diluído abaixo de níveis mensuráveis. Não ocorre adsorção do vapor de *n*-octano na camada porosa de brita e a concentração do vapor de *n*-octano é diluída. Suponha que o processo de transferência de massa possa atingir um estado estacionário. A temperatura do sistema é constante e igual a 15°C e a pressão total do sistema é 1,0 atm. Nessa temperatura, o *n*-octano líquido exerce uma pressão de vapor de 1039 Pa. Os espaços vazios na camada porosa têm uma fração de vazios (ε) de 0,40. Porém, o tamanho do poro é grande o bastante para que a difusão de Knudsen seja desprezada.

a. Qual é a fração molar média do vapor de *n*-octano na superfície superior da camada de rocha ($y_{As} = c_{As}/C$), se a velocidade do ar é muito baixa, apenas 2,0 cm/s? Qual é o fluxo médio do vapor de *n*-octano emitido para a atmosfera?

b. Qual seria a fração molar média do vapor de *n*-octano na superfície superior da camada de rocha, se a velocidade do ar for 50 cm/s? Qual é o fluxo médio do vapor de *n*-octano?

c. O número de Biot associado com o processo de transferência de massa envolvendo a difusão e a convecção em série é definido por

$$Bi_{AB} = \frac{k_c L}{D_{Ae}}$$

em que L se refere ao comprimento da trajetória para a difusão molecular dentro da camada porosa de brita e D_{Ae} se refere ao coeficiente de difusão da espécie A dentro desse meio poroso, que não é o mesmo que o coeficiente de difusão molecular do octano em ar. Determine o número de Biot para os itens (a) e (b) e então calcule a importância relativa da transferência de massa por convecção na determinação da taxa de emissões do vapor de *n*-octano.

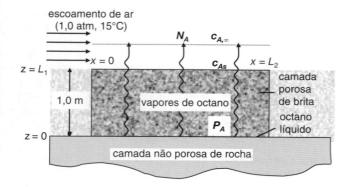

28.15 Um dispositivo de filtração molecular com escoamento cruzado, equipado com uma membrana mesoporosa, é usado para separar a enzima lisozima de um mosto de fermentação, como ilustrado na figura a seguir. Água a 25°C escoa sobre a superfície superior da membrana plana a uma velocidade de 5,0 cm/s. O comprimento da membrana na direção do escoamento é 10 cm e a espessura da membrana (ℓ) é 0,10 cm. Poros uniformes e paralelos, de 30 nm de diâmetro, são distribuídos ao longo da espessura da membrana e 30% da área superficial da membrana são ocupados pelas aberturas dos poros. A enzima dissolvida se difunde através dos poros da membrana e pela camada-limite do fluido em escoamento, de modo que ocorrem duas resistências em série à transferência de massa. Deseja-se entender como a camada-limite do fluido afeta o fluxo global de enzimas através da membrana. A 25°C, o coeficiente de difusão molecular da enzima lisozima em água (D_{AB}) é $1,04 \times 10^{-6}$ cm²/s* e a massa molar (M_A) é 14.100 g/gmol. Para a difusão da lisozima, tendo um diâmetro de 4,12 nm, através dos poros de 30 nm de diâmetro, o coeficiente de difusão efetivo da lisozima através da membrana (D_{Ae}) é de $5,54 \times 10^{-7}$ cm²/s, usando a equação de Renkin para a difusão limitada de soluto em poros cheios de solvente, equação (24-62).

a. Mostre que no regime estacionário o fluxo através da membrana e da camada-limite é dado por

$$N_A = \frac{(c_{Ao}-c_{A,\infty})}{\frac{1}{k_c}+\frac{l}{D_{Ae}}} \quad (28\text{-}66)$$

b. Estime o fluxo molar médio da enzima através da membrana e da camada-limite, supondo que a concentração da enzima na superfície inferior da membrana (c_{Ao}) seja mantida a 1,0 mmol/m³ e que a concentração macroscópica (*bulk*) da enzima na fase líquida em escoamento ($c_{A,\infty}$) seja mantida em 0,40 mmol/m³. Adicionalmente, estime o fluxo para os dois casos-limite: um, quando a transferência de massa por convecção limita o processo, e o outro, quando a difusão molecular através da membrana limita o processo.

c. Qual é o número de Biot (Bi) para o processo de transferência de massa da enzima? Reflita sobre a importância da transferência de massa por convecção.

d. Como se compara a espessura máxima da camada-limite hidrodinâmica com a espessura da membrana?

*C. Tanford, *Physical Chemistry of Macromolecules*, John Wiley & Sons, Nova York, 1961.

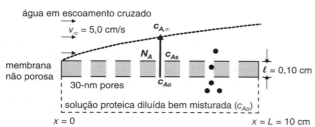

28.16 Considere o processo mostrado na figura a seguir. Uma corrente livre de gás, contendo 0,10% em mol do gás monóxido de carbono (CO), 2% do gás O_2 e 97,9% do gás CO_2, escoa ao longo de uma superfície catalítica plana, de comprimento 0,50 m, a uma velocidade da corrente livre de 40 m/s a 1,0 atm e 600 K. Processos de transferência de calor mantêm a corrente gasosa e a superfície catalítica a 600 K. Nessa temperatura, a superfície catalítica promove a reação de oxidação $CO(g) + 1/2\ O_2(g) \rightarrow CO_2(g)$. Seja $A = CO$, $B = O_2$, $C = CO_2$. Os coeficientes de difusão da fase gasosa a 1,0 atm e 300 K são $D_{AB} = 0,213$ cm²/s, $D_{AC} = 0,155$ cm²/s, $D_{BC} = 0,166$ cm²/s.

a. Quais são os números de Schmidt para a transferência de massa do CO e do O_2? Qual das espécies (CO, O_2, CO_2) pode ser considerada o gás de arraste?

b. Para a transferência de massa do CO, qual é o coeficiente médio de transferência de massa (k_c) ao longo do comprimento de 0,50 m da superfície catalítica e o coeficiente local da transferência de massa ($k_{c,x}$) no final da superfície catalítica ($x = L = 0,50$ m)?

c. Usando a teoria da camada-limite, compare os valores de k_c para a transferência de massa do CO com o k_c para a transferência do O_2.

d. A 600 K, a constante de reação na superfície para a reação de oxidação de primeira ordem em relação à concentração do CO é $k_s = 1,5$ cm/s. Qual é o fluxo molar médio do CO para a superfície do catalisador, supondo que a composição do CO no seio do gás é mantida a 0,10% em mol?

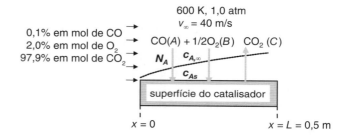

28.17 Reporte-se ao Problema 28.16. A 600 K e 1,0 atm, com uma nova velocidade para o escoamento do gás, o coeficiente de transferência de calor (h) é 50 W/m²·K.

a. Compare o coeficiente médio de transferência de massa (k_c) para o CO, usando as analogias de Reynolds e de Chilton–Colburn. Baseado nas suposições para cada analogia, por que os valores são diferentes?

b. Use a teoria da camada-limite para comparar k_c para a transferência de massa por convecção do CO_2.

28.18 Uma gotícula de detergente líquido, caindo através do ar em um torre de secagem por aspersão (*spray dryer*), tem seu diâmetro reduzido à medida que água evapora de sua superfície. Se admitirmos que a temperatura do líquido dentro da gotícula permaneça constante e igual a 290 K e que ar seco esteja a 310 K, determine a concentração do vapor de água no seio da corrente de ar dentro da torre de secagem. A pressão total sistema é de 1,0 atm e a temperatura média do gás é 300 K.

Dados potencialmente úteis: a viscosidade cinemática do ar a 300 K é $\nu_{ar} = 1,57 \times 10^{-5}$ m²/s; difusividade térmica do ar a 300 K, $\alpha = 2,22 \times 10^{-4}$ m²/s; coeficiente de difusão na fase gasosa do vapor de água a 300 K, $D_{A\text{-ar}} = 2,63 \times 10^{-5}$ m²/s; densidade do ar a 300 K, $\rho_G = 1,18$ kg/m³; capacidade térmica do ar a 300 K, $C_{p,ar} = 1006$ J/kg·K; calor latente de vaporização da água a 290 K, $\Delta H_{v,A} = 2,46$ kJ/g de H_2O; pressão de vapor da água a 290 K, $P_A = 1,94 \times 10^3$ Pa.

28.19 Uma "sacola de refrigeração" é comumente utilizada para o armazenamento de água em ambientes externos quentes e áridos. A sacola é feita de um tecido fino poroso que permite que vapor de água, mas não água líquida, difunda-se através do tecido e evapore a partir da superfície da sacola. Uma pequena quantidade de água (espécie A) se difunde através do tecido e evapora da superfície da sacola. A taxa de evaporação é controlada pela transferência de massa por convecção da superfície externa do tecido para o ar seco ambiente. A energia para a evaporação é controlada pelo ar quente que envolve a superfície externa da sacola. A evaporação da água resfria a água líquida remanescente dentro da sacola, estabelecendo uma força motriz para a temperatura em estado estacionário. Se a temperatura da superfície da sacola for 293 K, determine a temperatura do ar ambiente quente. Pode ser admitido que o ar ambiente árido está seco. A 293 K, o calor latente de vaporização da água é $\Delta H_{v,A} = 2{,}45$ kJ/g de H_2O e a pressão de vapor da água é $P_A = 2{,}34 \times 10^3$ Pa.

28.20 Em uma coluna de aspersão, um líquido é aspergido em uma corrente de gás e massa é transferida entre as fases líquida e gasosa. A formação de gotas líquidas a partir do bocal de aspersão é considerada uma função do diâmetro do bocal, da aceleração da gravidade, da tensão superficial do líquido contra o gás, da densidade do líquido, da viscosidade do líquido, da velocidade e da viscosidade e densidade do meio gasoso ambiente. Agrupe essas variáveis em grupos adimensionais. Deveriam outras variáveis ser incluídas?

28.21 Reporte-se ao Exemplo 1. Qual é a velocidade macroscópica (*bulk*) requerida para o ar sobre a superfície do filme, supondo escoamento laminar? O coeficiente de difusão molecular do MEK no ar é $0{,}090$ cm²/s a 27°C e 1,0 atm.

28.22 Um filme líquido descendente, no interior de um contator gás-líquido de 1,50 m de comprimento, está em contato com um gás tendo 100% de dióxido de carbono a 1,0 atm e 25°C. A área da superfície úmida é 0,50 m² e a espessura do filme líquido é 2,0 mm, fina o bastante de modo a prevenir perturbações na superfície do filme líquido descendente. O líquido alimentado no contator não contém inicialmente CO_2 dissolvido. A 25°C, a constante da lei de Henry para a dissolução do gás CO_2 em água é 29,5 m³ · atm/kgmol e o coeficiente de difusão molecular do CO_2 em água líquida é $2{,}0 \times 10^{-5}$ cm²/s. Qual é o fluxo molar médio do CO_2 para o filme? Qual é a concentração macroscópica (*bulk*) estimada do CO_2 dissolvido no líquido que sai do processo?

CAPÍTULO

29

Transferência de Massa por Convecção entre Fases

No Capítulo 28, a transferência de massa por convecção no interior de uma única fase foi considerada; nesse caso, massa é trocada entre a superfície do contorno e um fluido em movimento, estando o fluxo relacionado a um *coeficiente convectivo individual de transferência de massa*. Muitas operações de transferência de massa, entretanto, envolvem a transferência de material entre duas fases em contato, em que o fluxo pode estar relacionado a um *coeficiente convectivo global de transferência de massa*. Essas fases podem ser uma corrente gasosa em contato com uma corrente líquida ou duas correntes líquidas, se forem imiscíveis. Neste capítulo, devemos considerar o mecanismo de transferência de massa estacionária entre as fases e as inter-relações entre os coeficientes convectivos individuais para cada fase e o coeficiente convectivo global.

O Capítulo 30 apresentará equações empíricas para os coeficientes convectivos individuais de transferência de massa envolvidos na transferência entre fases. Essas equações foram estabelecidas a partir de investigações experimentais. O Capítulo 31 apresentará métodos de aplicação desses conceitos de interfaces para projeto de equipamentos de transferência de massa.

▶ 29.1

EQUILÍBRIO

Para começar nossa discussão de transferência de massa por convecção entre duas fases em contato, considere a coluna de parede molhada, apresentada na Figura 29.1. Uma corrente líquida de solvente, em contato com um soluto A dissolvido, é enviada para o topo da coluna e alimentada em um reservatório que contém uma fenda estreita alinhada ao redor da circunferência interna do tubo. O escoamento do líquido pela fenda, devido à gravidade, cria um fino filme de líquido que molha uniformemente a superfície interna do tubo e escoa de forma descendente. Uma corrente gasosa, contendo soluto gasoso A, é introduzida na base da coluna e escoa de forma ascendente, entrando em contato com o filme líquido descendente. O escoamento das fases gasosa e líquida cria uma camada-limite hidrodinâmica, ou um "filme", em ambas as fases gasosa e líquida, formadas em cada lado da interface gás-líquido. O soluto A, que está presente em ambas as fases gasosa e líquida, pode ser trocado entre as fases em contato, se houver um desvio de suas concentrações globais (*bulk concentrations*) e de suas concentrações no equilíbrio termodinâmico.

Demonstramos que o transporte de massa no interior de uma fase, tanto pelos mecanismos de transporte molecular como pelo convectivo, é diretamente dependente do gradiente de concentração

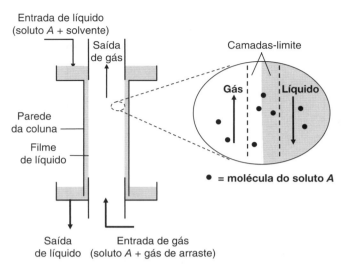

Figura 29.1 Coluna de parede molhada para a transferência do soluto A em contato com as fases gasosa e líquida.

responsável pela transferência de massa. Quando o equilíbrio no interior do sistema for estabelecido, o gradiente de concentração e, por sua vez, a taxa líquida de difusão da espécie que se difunde tornam-se iguais a zero. A transferência entre duas fases requer também um desvio do equilíbrio que deve existir entre as concentrações médias ou globais (*bulk*) no interior de cada fase. Como os desvios do equilíbrio fornecem a força motriz da concentração no interior de uma fase, é necessário considerar o equilíbrio interfases de modo a descrever a transferência de massa entre as fases.

Inicialmente, vamos considerar as características de equilíbrio de um sistema particular e então generalizar os resultados para outros sistemas. Por exemplo, seja o sistema inicial composto de ar e amônia na fase gasosa e somente água na fase líquida. Amônia é solúvel em água, mas é também volátil, e assim pode existir em ambas as fases gasosa e líquida. Quando colocadas inicialmente em contato, parte da amônia será transferida para a fase água, em que ela é solúvel, e parte da água será vaporizada para a fase gasosa. Se a mistura líquido-gás estiver contida dentro de um recipiente isotérmico e isobárico, um equilíbrio dinâmico entre as duas fases será afinal estabelecido. Uma porção das moléculas que entram na fase líquida retorna para a fase gasosa a uma taxa que depende da concentração da amônia na fase líquida e da pressão de vapor exercida pela amônia na solução aquosa. Similarmente, uma porção da água que vaporiza para a fase gasosa condensa na solução. Equilíbrio dinâmico é indicado por uma concentração constante de amônia na fase líquida e uma concentração constante ou uma pressão parcial de amônia na fase gasosa. Essa condição de equilíbrio pode ser alterada pela adição de mais amônia ao recipiente isotérmico e isobárico. Depois de certo período, um novo equilíbrio dinâmico será estabelecido com uma concentração diferente de amônia no líquido e uma pressão parcial diferente de amônia no gás. Obviamente, pode-se continuar a adicionar mais e mais amônia ao sistema; cada vez um novo equilíbrio será atingido. Uma vez que amônia é muito mais volátil que água e os componentes do ar não são apreciavelmente solúveis em água quando comparados à amônia, considera-se frequentemente que o solvente não é volátil e que o gás de arraste (ar) e o solvente (água) são imiscíveis. Consequentemente, admite-se que somente amônia (soluto A) pode ser trocada entre as fases.

A Figura 29.2 apresenta a distribuição de equilíbrio da amônia (NH_3) entre a fase gasosa e a água líquida, com composições em termos da pressão parcial de amônia na fase gasosa (p_A) e a concentração molar da amônia dissolvida na fase líquida (c_{AL}). Nas concentrações na fase líquida abaixo de 1,5 kgmol de NH_3/m^3, a distribuição de equilíbrio da amônia dissolvida na fase líquida é uma função linear da pressão parcial da amônia na fase gasosa sobre o líquido. A linha tracejada é a extrapolação dessa relação linear para a porção não linear da linha de equilíbrio.

Existem muitas formas gráficas de dados de equilíbrio por causa das várias maneiras de expressar concentrações em cada uma das fases. No Capítulo 31, mostraremos a aplicação dos muitos tipos de gráficos de equilíbrio. Dados representativos de equilíbrio para vários solutos gasosos dissolvidos em água são fornecidos no Problema 29.1.

As equações relacionando as concentrações de equilíbrio nas duas fases foram desenvolvidas e são apresentadas em livros-texto de físico-química e de termodinâmica. Para o caso das fases de

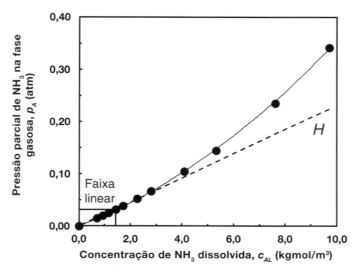

Figura 29.2 Solubilidade da amônia em água *versus* pressão parcial da amônia a 30°C.

líquido ideal e de gás ideal, as relações são geralmente complexas. Entretanto, nos casos envolvendo as fases de líquido ideal e de gás ideal, algumas relações simples, embora úteis, são conhecidas. Por exemplo, quando a fase líquida for ideal, a lei de Raoult se aplica

$$p_A = x_A P_A \qquad (29\text{-}1)$$

em que p_A á a pressão parcial em *equilíbrio* do componente A na fase vapor acima da fase líquida, x_A é a fração molar de equilíbrio de A na fase líquida e P_A é a pressão de vapor de A puro na temperatura de equilíbrio. Quando a fase gasosa é ideal, a lei de Dalton é obedecida:

$$p_A = y_A P \qquad (29\text{-}2)$$

em que y_A é a fração molar de A na fase gasosa e P é a pressão total do sistema. Quando ambas as fases são ideais, as duas equações podem ser combinadas para obter uma relação de equilíbrio entre os termos de concentração, x_A e y_A, a pressão e temperatura constantes; a lei de equilíbrio combinada de Raoult-Dalton estipula que

$$y_A P = x_A P_A \qquad (29\text{-}3)$$

Outra relação de equilíbrio para as fases gasosa e líquida, em que soluções diluídas estão envolvidas, é a lei de Henry. Essa lei é expressa por

$$p_A = H\, c_{AL} \qquad (29\text{-}4)$$

sendo H a constante da lei de Henry e c_{AL} a concentração do soluto A na fase líquida em equilíbrio. Na Figura 29.2, a região da lei de Henry está nominalmente abaixo da concentração de equilíbrio na fase líquida de 1,5 kgmol de NH_3/m^3. A inclinação da linha tracejada, obtida pela linha de regressão linear dos dados da distribuição de equilíbrio nessa faixa linear, é H. Por conseguinte, na equação (29-4), H terá unidades de pressão/concentração. A lei de Henry pode ter diferentes unidades, dependendo das unidades das fases líquida e gasosa. Por exemplo, sabendo que

$$c_{AL} = x_A C_L$$

em que C_L é a concentração molar total do líquido, a lei de Henry pode também ser expressa como

$$p_A = (H \cdot C_L) x_A \qquad (29\text{-}5)$$

O termo $H \cdot C_L$ é usualmente também chamado de H, mas definido por $p_A = H x_A$, com H tendo unidades de pressão. Finalmente, combinando as equações (29-2) e (29-5), tem-se

$$y_A P = (H \cdot C_L) x_A$$

ou

$$y_A = \left(\frac{H \cdot C_L}{P}\right)x_A = m\, x_A \qquad (29\text{-}6)$$

em que m é o coeficiente de distribuição no equilíbrio, que é adimensional. Para soluções diluídas, a concentração líquida molar total C_L se aproxima daquela do solvente líquido B. Consequentemente,

$$m = \frac{H \cdot C_L}{P} \cong \frac{H}{P}\frac{\rho_{B,\text{líq}}}{M_B}$$

Note que H é uma propriedade física fundamental, enquanto m é dependente da pressão total do sistema, P.

Uma discussão completa das relações de equilíbrio será deixada para os livros-texto de físico-química e de termodinâmica. Entretanto, os seguintes conceitos básicos, comuns a todos os sistemas envolvendo a distribuição de um componente entre duas fases, são descritivos a partir da transferência de massa entre fases:

1. Em um conjunto fixo de condições, tais como temperatura e pressão, a regra das fases de Gibbs estipula que existe um conjunto de relações de equilíbrio que pode ser mostrado na forma de uma curva de distribuição de equilíbrio.
2. Quando o sistema está em equilíbrio, não existe transferência líquida de massa entre as fases.
3. Quando o sistema não está em equilíbrio, os componentes ou um componente do sistema serão transportados de maneira a provocar um deslocamento da composição do sistema em direção ao equilíbrio.

▶ 29.2

TEORIA DAS DUAS RESISTÊNCIAS

Muitas operações de transferência de massa envolvem a transferência de material entre duas fases em contato. Por exemplo, na absorção gasosa, um soluto é transferido da fase gasosa para uma fase líquida, em que o gás serve como a fonte para o soluto e a fase líquida serve como o sorvedouro para transferência de massa. Em contraste, para o esgotamento de líquido, o soluto é transferido do líquido para o gás, em que o líquido é a fonte para o soluto e a fase gasosa serve como o sorvedouro. Esses processos são contrastados na Figura 29.3. A transferência entre fases envolve três etapas de transferência: (1) a transferência de massa das condições globais (*bulk*) de uma fase para a superfície interfacial, (2) a transferência através da interface para a segunda fase e (3) a transferência para as condições globais (*bulk*) da segunda fase.

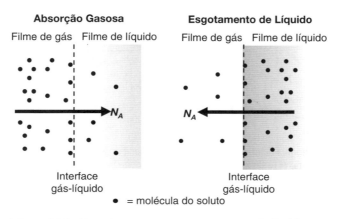

Figura 29.3 Absorção gasosa *versus* esgotamento de líquido para transferência do soluto A entre as fases gasosa e líquida que estão em contato.

Uma teoria da dupla resistência, sugerida inicialmente por Whitman,[1,2] é frequentemente usada para explicar esse processo. A teoria tem duas suposições principais: (1) a taxa de transferência de massa entre as duas fases é controlada pelas taxas de difusão através das fases em cada lado da interface e (2) nenhuma resistência é oferecida à transferência do componente se difundindo através da interface. A força motriz para o gradiente de concentração, requerida para produzir a transferência de massa do componente A da fase gasosa para o seio (*bulk*) da fase líquida, conforme ilustrado na Figura 29.4, inclui um gradiente de pressão parcial a partir da composição no seio do gás p_A, para a composição interfacial do gás, $p_{A,i}$, e um gradiente de concentração no líquido de $c_{AL,i}$, na interface, para a concentração no seio do líquido, c_{AL}. Com base na segunda suposição de Whitman de nenhuma resistência à transferência de massa na superfície interfacial, as composições locais do soluto A bem nos lados do gás e do líquido da interface líquido-gás, representadas por $p_{A,i}$ e $c_{AL,i}$, estão na condição de equilíbrio e são descritas por relações termodinâmicas discutidas na Seção 29.1.

Quando a transferência é da fase gasosa para a fase líquida, então p_A será maior que $p_{A,i}$ e $c_{AL,i}$ será maior do que c_{AL}. Em contraste, quando a transferência é da fase líquida para a fase gasosa, conforme mostrado na Figura 29.5, então c_{AL} será maior do que $c_{AL,i}$ e $p_{A,i}$ será maior do que p_A.

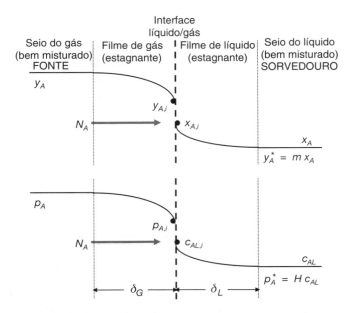

Figura 29.4 Gradientes de concentração entre as fases gasosa e líquida em contato, em que o soluto A é transferido do seio do gás para o seio do líquido.

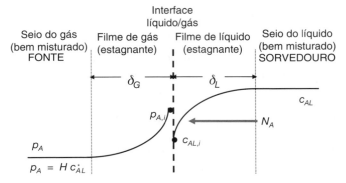

Figura 29.5 Gradientes de concentração entre as fases gasosa e líquida, em que o soluto A é transferido do seio do líquido para o seio do gás.

---

[1] W. G. Whitman, *Chem. Met. Engr.*, **29**(4), 197 (1923).

[2] W. K. Lewis e W. G. Whitman, *Ind. Engr. Chem.*, **16**, 1215 (1924).

Coeficientes Individuais de Transferência de Massa

Considere uma fase gasosa que contém uma mistura de gás de arraste e um soluto A e uma fase líquida que contém o soluto A dissolvido em um solvente. Restringindo nossa discussão à transferência, em estado estacionário, do componente A da fase gasosa para a fase líquida, podemos descrever o fluxo de transferência de massa através dos filmes de gás e de líquido pelas equações seguintes:

$$N_A = k_G(p_A - p_{A,i}) \tag{29-7}$$

e

$$N_A = k_L(c_{AL,i} - c_{AL}) \tag{29-8}$$

em que k_G é o *coeficiente convectivo de transferência de massa no filme de gás*, em unidades de mols de A transferidos/(tempo)(área interfacial)(pressão), e k_L é o *coeficiente convectivo de transferência de massa no filme de líquido*, em unidades de mols de A transferidos/(tempo)(área interfacial)(concentração).

Nesse processo de transferência de massa através da interface líquido-gás, considera-se que o gás de arraste e o solvente sejam imiscíveis e que o solvente não seja volátil. Logo, o gás de arraste e o solvente não participam da transferência de massa através das fases. Sob essas condições, a transferência de soluto A através do gás de arraste no filme de gás e a transferência de soluto A através do solvente na fase líquida são ambas consideradas processos unimoleculares de transferência de massa, conforme descrito no Capítulo 26. Se ar for o gás de arraste e água for o solvente, reconhece-se que o gás oxigênio em ar é moderadamente solúvel em água e que a água tem uma pressão de vapor finita. Entretanto, a presença de oxigênio dissolvido em água e o vapor de água no ar não são admitidos afetar a transferência do soluto A.

Uma representação gráfica do processo de transferência de massa através da interface líquido-gás é apresentada na Figura 29.6 para a absorção gasosa. A diferença de pressão parcial no filme de gás, $p_A - p_{A,i}$, é a força motriz necessária para transferir o componente A das condições do seio do gás para o lado do gás da interface que separa as duas fases. A diferença de concentração, $c_{AL,i} - c_{AL}$, é a força motriz necessária para continuar a transferir A do lado do líquido da interface para o seio do líquido. Essas forças motrizes de transferência de massa nos filmes são indicadas por setas curtas na Figura 29.6.

Sob condições de estado estacionário, o fluxo de massa em uma fase tem de ser igual ao fluxo de massa na segunda fase. Combinando as equações (29-7) e (29-8), obtém-se:

$$N_A = k_G(p_A - p_{A,i}) = -k_L(c_{AL} - c_{AL,i}) \tag{29-9}$$

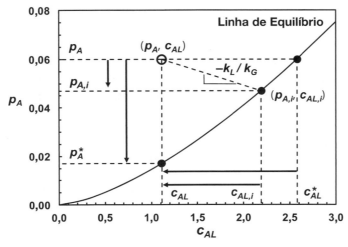

Figura 29.6 Representação gráfica do processo de transferência de massa através da interface líquido-gás para absorção gasosa.

A razão dos dois coeficientes convectivos de transferência de massa pode ser obtida a partir da equação (29-9) depois de rearranjos, fornecendo

$$-\frac{k_L}{k_G} = \frac{p_A - p_{A,i}}{c_{AL} - c_{AL,i}} \tag{29-10}$$

Na Figura 29.6, ilustra-se a aplicação da equação (29-10) para calcular as composições interfaciais para um conjunto específico de composições macroscópicas. O ponto operacional (c_{AL}, p_A), localizado *acima* da linha de equilíbrio, representa as condições em que a transferência é da fase gasosa para o seio do líquido. A equação (29-10) pode ser pensada como a inclinação de uma linha que se estende do ponto operacional (c_{AL}, p_A) para o ponto da composição da interface $(c_{AL,i}, p_{A,i})$ com inclinação $-k_L/k_G$, conforme mostrado na Figura 29.6. Dessa forma, se os coeficientes individuais ou de filmes de transferência de massa forem conhecidos, as composições na interface poderão ser graficamente estimadas.

Notamos aqui que um ponto operacional representando as condições macroscópicas encontradas em uma operação de esgotamento em um líquido, em que a transferência do soluto é da fase líquida para a fase gasosa, seria localizado *abaixo* da linha de equilíbrio.

Baseando-se nas definições fornecidas na Tabela 29.1, as equações (29-7) e (29-8) podem ser também expressas em termos das forças motrizes das frações molares para as fases líquida e gasosa:

$$N_A = k_y\left(y_A - y_{A,i}\right) \tag{29-11}$$

$$N_A = k_x\left(x_{A,i} - x_A\right) \tag{29-12}$$

com

$$N_A = k_y\left(y_A - y_{A,i}\right) = -k_x\left(x_A - x_{A,i}\right)$$

e

$$-\frac{k_x}{k_y} = \frac{y_A - y_{A,i}}{x_A - x_{A,i}} \tag{29-13}$$

Tabela 29.1 Coeficientes individuais de transferência de massa

Filme de gás		
Força motriz	Equação de fluxo	Unidades de k
Pressão parcial (p_A)	$N_A = k_G(p_A - p_{A,i})$	kgmol/m$^2 \cdot$ s $\cdot$ atm
Concentração (c_A)	$N_A = k_c(c_{AG} - c_{AG,i})$	kgmol/(m$^2 \cdot$ s $\cdot$ (kgmol/m^3)) ou m/s
Fração molar (y_A)	$N_A = k_y(y_A - y_{A,i})$	kgmol/m$^2 \cdot$ s
Filme de líquido		
Concentração	$N_A = k_L(c_{AL,i} - c_{AL})$	kgmol/(m$^2 \cdot$ s $\cdot$ (kgmol/m^3)) ou m/s
Fração molar	$N_A = k_x(x_{A,i} - x_A)$	kgmol/m$^2 \cdot$ s

A Tabela 29.1 fornece as definições dos coeficientes individuais de transferência de massa através da interface mais comumente encontrados, baseados na fase e na variável dependente usada para descrever a força motriz de transferência de massa.

Na Tabela 29.1, o fluxo N_A é o mesmo através do filme de gás e do filme de líquido. Consequentemente, igualando o fluxo para uma dada definição, inter-relações entre coeficientes de transferência de massa podem ser obtidas. Para a fase gasosa,

$$N_A = k_y\left(y_A - y_{A,i}\right) = k_G\left(y_A - y_{A,i}\right) = k_G P\left(y_A - y_{A,i}\right)$$

e

$$N_A = k_c\left(c_A - c_{A,i}\right) = k_y C\left(y_A - y_{A,i}\right) = k_y \frac{P}{RT}\left(y_A - y_{A,i}\right)$$

Desse modo,

$$k_G = \frac{k_y}{P} = \frac{k_c}{RT} \tag{29-14a}$$

Similarmente, para a fase líquida, pode ser mostrado que

$$k_L = \frac{k_x}{C_L} \cong k_x \frac{M_B}{\rho_{B,\text{líq}}} \tag{29-14b}$$

Para soluções diluídas, a concentração molar total C_L é aproximada pela concentração molar do solvente.

Coeficientes Globais de Transferência de Massa

É bem difícil medir fisicamente, na interface líquido-gás, a pressão parcial e a concentração em fase líquida do soluto A sendo transferido. É então conveniente empregar os coeficientes globais baseados na força motriz global entre as composições no seio da fase gasosa e no seio da fase líquida para o soluto A. Obviamente, não se pode expressar a força motriz global como $p_A - c_{AL}$ devido à diferença nas unidades de concentração. Na Figura 29.6, observa-se que sobre a linha de equilíbrio a composição no seio do líquido c_{AL} estaria em equilíbrio com o termo da pressão parcial p_A^*. Por conseguinte, na pressão total e temperatura do sistema, p_A^* representa c_{AL} em unidades consistentes com p_A. Em consequência, uma equação de fluxo que inclua a resistência à difusão em ambas as fases, e que esteja em função da força motriz em termos da pressão parcial, é definida por

$$N_A = K_G \left(p_A - p_A^* \right) \tag{29-15}$$

em que p_A^* representa a pressão parcial do soluto A que estaria em equilíbrio com c_{AL}, a concentração do soluto A no seio da fase líquida, e K_G é o coeficiente global de transferência de massa baseado na força motriz global em termos da pressão parcial, em unidades de mols de A transferidos/(tempo)(área interfacial)(pressão).

Similarmente, a pressão parcial do soluto A no seio da fase gasosa, p_A, estaria em equilíbrio com o termo da concentração de líquido c_{AL}^*. Logo, c_{AL}^* representa p_A em unidades consistentes com c_{AL}. Uma equação de fluxo, que inclui a resistência à difusão em ambas as fases e que está em função da força motriz em termos da concentração na fase líquida, é definida por

$$N_A = K_L \left(c_{AL}^* - c_{AL} \right) \tag{29-16}$$

em que c_{AL}^* representa a concentração do soluto A na fase líquida, que estaria em equilíbrio com a pressão parcial do soluto A no seio da fase gasosa (p_A), e K_L é o coeficiente global de transferência de massa baseado na força motriz da fase líquida, em unidades de mols de A transferidos/(tempo)(área interfacial)(mol de A/volume). As forças motrizes "globais" de transferência de massa, $(p_A - p_A^*)$ baseada na fase gasosa e $(c_{AL}^* - c_{AL})$ baseada na fase líquida, são representadas pelas setas longas na Figura 29.6.

Equilíbrio Linear Uma relação entre os coeficientes globais e individuais de transferência de massa pode ser obtida quando a relação de equilíbrio é linear, quando expressa por

$$p_{A,i} = H \, c_{AL,i} \tag{29-17}$$

na interface líquido-gás. Essa condição é sempre encontrada a baixas concentrações onde a lei de Henry é obedecida; a constante de proporcionalidade é então a constante da lei de Henry, H. Para uma relação linear de equilíbrio, pode ser estabelecido que

$$p_A^* = H \, c_{AL} \tag{29-18}$$

e

$$p_A = H \, c_{AL}^* \tag{29-19}$$

De modo a obter uma relação para K_G em termos de k_G, k_L e H, um rearranjo da equação (29-15) fornece

$$\frac{1}{K_G} = \frac{p_A - p_A^*}{N_A} = \frac{p_A - p_{A,i}}{N_A} + \frac{p_{A,i} - p_A^*}{N_A}$$

e, combinando com as equações (29-17) e (29-18), tem-se

$$\frac{1}{K_G} = \frac{(p_A - p_{A,i})}{N_A} + \frac{H(c_{AL,i} - c_{AL})}{N_A} \tag{29-20}$$

A substituição das equações (29-7) e (29-8) na equação (29-20) relaciona K_G aos coeficientes individuais e ao equilíbrio local na interface líquido-gás pela relação

$$\frac{1}{K_G} = \frac{1}{k_G} + \frac{H}{k_L} \tag{29-21}$$

Uma expressão similar para K_L pode ser deduzida como se segue:

$$\frac{1}{K_L} = \frac{c_{AL}^* - c_{AL}}{N_A} = \frac{(c_{AL} - c_{AL,i})}{N_A} + \frac{(c_{AL,i} - c_{A,L})}{N_A} = \frac{(p_A - p_{A,i})}{H \cdot N_A} + \frac{(c_{AL,i} - c_{A,L})}{N_A}$$

ou

$$\frac{1}{K_L} = \frac{1}{H \cdot k_G} + \frac{1}{k_L} \tag{29-22}$$

As equações (29-15) e (29-16) podem ser expressas em função das forças motrizes globais em termos das frações molares para as fases gasosa e líquida:

$$N_A = K_y\left(y_A - y_A^*\right) \tag{29-23}$$

$$N_A = K_x\left(x_A^* - x_A\right) \tag{29-24}$$

com

$$y_A^* = m \cdot x_A \tag{29-25}$$

e

$$y_A = m \cdot x_A^* \tag{29-26}$$

O coeficiente global de transferência de massa baseado na força motriz em termos da fração molar na fase gasosa (K_y) é

$$\frac{1}{K_y} = \frac{1}{k_y} + \frac{m}{k_x} \tag{29-27}$$

e o coeficiente global de transferência de massa baseado na força motriz em termos da fração molar na fase líquida (K_x) é

$$\frac{1}{K_x} = \frac{1}{m \cdot k_y} + \frac{1}{k_x} \tag{29-28}$$

Equilíbrio Não Linear   Para uma linha não linear de equilíbrio, se o ponto operacional for mudado, então o coeficiente global de transferência de massa será uma função da composição do gás e do líquido, mesmo se os coeficientes de transferência de massa nos filmes de gás e de líquido não tiverem dependência com a concentração. Considere a linha de equilíbrio curvada mostrada na Figura 29.7 com o ponto operacional (x_A, y_A).

No caso de um processo de absorção gasosa, em que o ponto operacional está acima da linha de equilíbrio, a linha de equilíbrio é aproximada como linear de x_A para $x_{A,i}$, com uma inclinação m' e de $x_{A,i}$ para x_A^*, com uma inclinação m'':

$$m' = \frac{y_{A,i} - y_A^*}{x_{A,i} - x_A} \tag{29-29}$$

e

$$m'' = \frac{y_A - y_{A,i}}{x_A^* - x_{A,i}} \tag{29-30}$$

conforme mostrado na Figura 29.7. Consequentemente, os coeficientes globais de transferência de massa K_y e K_x são desenvolvidos considerando

$$\frac{1}{K_y} = \frac{y_A - y_A^*}{N_A} = \frac{(y_A - y_{A,i})}{N_A} + \frac{(y_{A,i} - y_A^*)}{N_A} = \frac{(y_A - y_{A,i})}{N_A} + \frac{m'(x_{A,i} - x_A)}{N_A}$$

que simplifica para

$$\frac{1}{K_y} = \frac{1}{k_y} + \frac{m'}{k_x} \tag{29-31}$$

e

$$\frac{1}{K_x} = \frac{x_A^* - x_A}{N_A} = \frac{(x_A^* - x_{A,i})}{N_A} + \frac{(x_{A,i} - x_A)}{N_A} = \frac{(y_A - y_{A,i})}{m'' \cdot N_A} + \frac{(x_{A,i} - x_A)}{N_A}$$

que simplifica para

$$\frac{1}{K_x} = \frac{1}{m'' \cdot k_y} + \frac{1}{k_x} \tag{29-32}$$

Note que na faixa de equilíbrio linear, $m = m' = m''$.

Forças Motrizes para Transferência de Massa e Resistências Relativas

A Figura 29.6 ilustra as forças motrizes associadas com cada fase e as forças motrizes globais. A razão entre as resistências em uma fase individual e a resistência total pode ser determinada por

$$\frac{\text{resistência na fase gasosa}}{\text{resistência total em ambas as fases}} = \frac{\Delta p_{A,\text{filme de gás}}}{\Delta p_{A,\text{total}}} = \frac{p_A - p_{A,i}}{p_A - p_A^*} = \frac{1/k_G}{1/K_G} \tag{29-33}$$

e

$$\frac{\text{resistência na fase líquida}}{\text{resistência total em ambas as fases}} = \frac{\Delta c_{AL,\text{filme de líquido}}}{\Delta c_{AL,\text{total}}} = \frac{c_{AL,i} - c_{AL}}{c_{AL}^* - c_{AL}} = \frac{1/k_L}{1/K_L} \tag{29-34}$$

para as fases gasosa e líquida, respectivamente. Uma vez que as resistências à transferência de massa estão em série, o coeficiente global de transferência de massa referenciado a uma fase específica será sempre menor do que seu coeficiente individual de transferência de massa. As equações (29-21) e (29-22) estipulam que as magnitudes relativas das resistências individuais nas fases dependem da solubilidade do gás, conforme indicado pela magnitude da constante da lei de Henry H. Para um sistema envolvendo um gás altamente solúvel, tal como amônia em água,

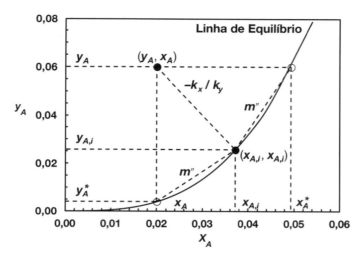

Figura 29.7 Representação gráfica do processo de transferência de massa através da interface líquido-gás com linha não linear de equilíbrio.

H é pequeno, enquanto para um sistema envolvendo um gás moderadamente solúvel, tal como dióxido de carbono em água, H é grande. Da equação (29-21), para valores muito pequenos de H, nota-se que $K_G \to k_G$ e podemos concluir que a resistência na fase gasosa é essencialmente igual à resistência global em tal sistema. Quando isso for verdade, a maior resistência à transferência de massa está na fase gasosa e tal sistema é dito ser *controlado pela fase gasosa*. Na Figura 29.6, isso ocorrerá quando a força motriz $(c_{AL,i} - c_{AL}) \to 0$ e $(p_A - p_{A,i}) \to (p_A - p_A^*)$, com inclinação $-k_L/k_G \to \infty$ (linha vertical).

Sistemas que envolvem gases de baixa solubilidade, tais como dióxido de carbono em água, podem ter um valor tão alto de H que, da equação (29-22), $K_L \to k_L$ e assim o sistema é dito ser *controlado pela fase líquida*. Na Figura 29.6, isso ocorrerá quando a força motriz $(p_A - p_{A,i}) \to 0$ e $(c_{AL,i} - c_{AL}) \to (c_{AL}^* - c_{AL})$, com inclinação $-k_L/k_G \to 0$. Se 100% do soluto A existir dentro da fase gasosa como um componente puro e se o solvente for não volátil, então o sistema é por definição controlado pela fase líquida, uma vez que nenhuma mistura existe na fase gasosa.

Naturalmente, em muitos sistemas, ambas as resistências nas fases são importantes e têm de ser consideradas ao calcular a resistência total.

No Capítulo 28, os coeficientes individuais das fases foram dependentes da natureza do componente se difundindo, da fase através da qual o componente está se difundindo e também das condições de escoamento da fase. Mesmo quando os coeficientes individuais são essencialmente independentes da concentração, os coeficientes globais podem variar com a concentração, a menos que a linha de equilíbrio seja reta. Nesse contexto, se a linha de equilíbrio não for linear, K_G e K_L são chamados de coeficientes globais *locais* de transferência de massa.

Absorção Gasosa versus Esgotamento de Líquido No processo de esgotamento de líquido, o soluto A dissolvido no seio do líquido é a fonte para transferência de massa e o seio da fase gasosa é o sorvedouro para a transferência de massa. O ponto de operação — por exemplo, (p_A, c_{AL}) — ou (y_A, x_A) está abaixo da linha de equilíbrio. Nesse contexto, as relações de fluxo são

$$N_A = k_G(p_{A,i} - p_A) = K_G(p_A^* - p_A)$$
$$N_A = k_y(y_{A,i} - y_A) = K_y(y_A^* - y_A) \quad (29\text{-}35)$$

$$N_A = k_L(c_{AL} - c_{AL,i}) = K_L(c_{AL} - c_{AL}^*)$$
$$N_A = k_x(x_A - x_{A,i}) = K_x(x_A - x_A^*) \quad (29\text{-}36)$$

Para equilíbrio linear, as equações para os coeficientes globais de transferência de massa (K_G, K_L, K_y e K_x) não variam. Entretanto, para uma linha não linear de equilíbrio, as definições para m' e m'' variam e é deixado para o leitor mostrar que

$$\frac{1}{K_y} = \frac{1}{k_y} + \frac{m''}{k_x} \qquad (29\text{-}37)$$

$$\frac{1}{K_x} = \frac{1}{k_x} + \frac{1}{m'k_y} \qquad (29\text{-}38)$$

com

$$m' = \frac{y_{A,i} - y_A}{x_{A,i} - x_A^*} \quad \text{e} \quad m'' = \frac{y_A^* - y_{A,i}}{x_A - x_{A,i}}$$

para o processo de esgotamento de líquido.

A aplicação da teoria das duas resistências tanto para absorção como para esgotamento de um componente será ilustrada nos dois exemplos seguintes.

Exemplo 1

Um processo de esgotamento de líquido é usado para transferir gás sulfídrico (H_2S) dissolvido em água para uma corrente de ar que está em contato. O solvente (água) e o gás de arraste (ar) são considerados imiscíveis e o solvente é suposto não volátil. Nas presentes condições de operação, a composição de H_2S no seio da fase gasosa é 1,0% em mol e na fase líquida é 0,0006% em mol ou 112 mg de H_2S/L. Os coeficientes individuais de transferência de massa são $k_x = 0{,}30$ kgmol/m² · s para o filme de líquido e $k_y = 4{,}5 \times 10^{-3}$ kgmol/m² · s para o filme de gás. A temperatura é 20°C e a pressão total do sistema é 1,5 atm. A densidade do líquido se aproxima da densidade da água a 20°C, 992,3 kg/m³. A linha de equilíbrio para o sistema H_2S – água-ar a 20°C é fornecida na Figura 29.8. A massa molar de H_2S é 34 g/gmol. As características desse processo de transferência de massa líquido-gás são desenvolvidas nos itens (a) até (d) a seguir.

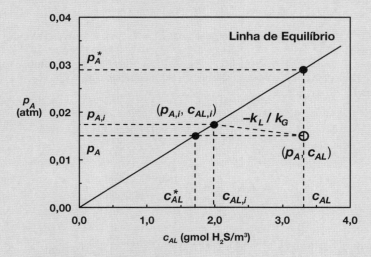

Figura 29.8 Representação gráfica do processo de transferência de massa através da interface líquido-gás para a transferência de gás sulfídrico (H_2S) dissolvido em água para o ar, Exemplo 1.

(a) Plote o ponto de operação, em termos da composição de p_A para a fase gasosa e c_{AL} para a fase líquida, diretamente da Figura 29.8. As seguintes mudanças nas unidades de composição são necessárias. Para o seio da fase líquida,

$$c_{AL} = x_A\, C_L \cong x_A \frac{\rho_{B,\text{liq}}}{M_B} = (6{,}0 \times 10^{-5})\left(\frac{992{,}3 \text{ kg/m}^3}{18 \text{ kg/gmol}}\right)\left(\frac{1000 \text{ gmol}}{\text{kgmol}}\right) = 3{,}31 \frac{\text{gmol}}{\text{m}^3}$$

Para o seio da fase gasosa,

$$p_A = y_A P = 0{,}01(1{,}5 \text{ atm}) = 0{,}015 \text{ atm}$$

O ponto de operação (p_A, c_{AL}) é plotado na Figura 29.8 como um círculo aberto. Note que uma vez que esse é um processo de esgotamento do líquido, o ponto de operação está abaixo da linha de equilíbrio.

(b) Determine m, o coeficiente de distribuição no equilíbrio.

A linha de equilíbrio nas coordenadas p_A-c_{AL} é linear e a inclinação é determinada como $H = 8,8$ m³ · atm/gmol. Logo,

$$m = \frac{H \cdot C_L}{P} \simeq \frac{H}{P}\frac{\rho_{B,\text{liq}}}{M_B} = \left(\frac{8,8 \text{ m}^3 \cdot \text{atm/kgmol}}{1,5 \text{ atm}}\right)\left(\frac{992,3 \text{ kg/m}^3}{18 \text{ kg/kgmol}}\right) = 323,4$$

com $C_L = 55,1$ kgmol/m³.

(c) Estime os coeficientes globais de transferência de massa K_G e K_L.

Existem muitas maneiras de obter K_G e K_L. Uma opção é converter k_y e k_x em k_G e k_L:

$$k_G = \frac{k_y}{P} = \frac{4,5 \times 10^{-3} \text{ kgmol/m}^2 \cdot \text{s}}{1,5 \text{ atm}} = 3,0 \times 10^{-3} \frac{\text{kgmol}}{\text{m}^2 \cdot \text{s} \cdot \text{atm}}$$

$$k_L = \frac{k_x}{C_L} = \frac{0,30 \text{ kgmol/m}^2 \cdot \text{s}}{55,1 \text{ kgmol/m}^3} = 5,44 \times 10^{-3} \text{ m/s}$$

e então usar a equação (29-21):

$$\frac{1}{K_G} = \frac{1}{k_G} + \frac{H}{k_L} = \frac{1}{3,0 \times 10^{-3} \text{ kgmol/m}^2 \cdot \text{s} \cdot \text{atm}} + \frac{8,8 \text{ m}^3 \cdot \text{atm/kgmol}}{5,44 \times 10^{-3} \text{ m/s}}$$

para obter $K_G = 5,13 \times 10^{-4}$ kgmol/m² · s · atm e a equação (29-22):

$$\frac{1}{K_L} = \frac{1}{H \cdot k_G} + \frac{1}{k_L} = \frac{1}{(8,8 \text{ m}^3 \cdot \text{atm/kgmol})(3,0 \times 10^{-3} \text{ kgmol/m}^2 \cdot \text{s} \cdot \text{atm})} + \frac{1}{5,44 \times 10^{-3} \text{ m/s}}$$

para obter $K_L = 4,51 \times 10^{-3}$ m/s. Outra abordagem seria estimar K_y e K_x e então converter via $K_G = K_y/P$ e $K_L = K_x/C_L$, obtendo-se o mesmo resultado.

(d) Determine o fluxo da fase líquida para a fase gasosa e as composições na interface, $p_{A,i}$ e $c_{AL,i}$.

Usando os valores para K_G e K_L, o fluxo é

$$N_A = K_G(p_A - p_A^*) = \left(5,13 \times 10^{-4} \frac{\text{kgmol}}{\text{m}^2 \cdot \text{s} \cdot \text{atm}}\right)(0,015 - 0,029) \text{ atm} = -7,2 \times 10^{-6} \frac{\text{kgmol}}{\text{m}^2 \cdot \text{s} \cdot \text{atm}}$$

$$N_A = K_L(c_{AL}^* - c_{AL}) = (4,51 \times 10^{-3} \text{ m/s})(1,71 - 3,31)\frac{\text{gmol}}{\text{m}^3}\frac{1 \text{ kgmol}}{1000 \text{ gmol}} = -7,2 \times 10^{-6}\frac{\text{kgmol}}{\text{m}^2 \cdot \text{s}}$$

com

$$p_A^* = H \cdot c_{AL} = \left(8,8 \frac{\text{m}^3 \cdot \text{atm}}{\text{kgmol}}\right)\left(3,31\frac{\text{gmol}}{\text{m}^3}\right)\left(\frac{1 \text{ kgmol}}{1000 \text{ gmol}}\right) = 0,029 \text{ atm}$$

e

$$c_{AL}^* = \frac{p_A}{H} = \left(\frac{0,015 \text{ atm}}{8,8 \text{ m}^3 \cdot \text{atm/kgmol}}\right)\left(\frac{1000 \text{ gmol}}{1 \text{ kgmol}}\right) = 1,71 \frac{\text{gmol}}{\text{m}^3}$$

Note que o fluxo calculado baseado tanto na fase gasosa como na fase líquida apresenta o mesmo valor. Note também que o fluxo é negativo, o que indica que o fluxo de H_2S está se movendo da fase líquida para a fase gasosa. Finalmente, as composições na interface são obtidas a partir do fluxo usando as equações (29-7) e (29-8):

$$p_{A,i} = p_A - \frac{N_A}{k_G} = 0,015 \text{ atm} - \frac{-7,2 \times 10^{-6} \text{ kgmol/m}^2 \cdot \text{s}}{3,0 \times 10^{-3} \text{ kgmol/m}^2 \cdot \text{s} \cdot \text{atm}} = 0,017 \text{ atm}$$

$$c_{AL,i} = c_{AL} + \frac{N_A}{k_L} = 3,31 \frac{\text{gmol}}{\text{m}^3} + \frac{-7,2 \times 10^{-6} \text{ kgmol/m}^2 \cdot \text{s}}{5,44 \times 10^{-3} \text{ m/s}} = 1,99 \frac{\text{gmol}}{\text{m}^3}$$

Todos os pontos de composição são plotados na Figura 29.8. Uma vez que $c_{AL,i}$ se aproxima de c_{AL}^*, o processo está se movendo em direção à condição de controle pela fase líquida. Comparando esse diagrama com a Figura 29.6, vemos as diferenças nas forças motrizes para transferência de massa entre o esgotamento de líquido e a absorção gasosa.

Exemplo 2

Um processo de absorção gasosa é usado para remover amônia (NH_3) de uma mistura gasosa de amônia e ar, usando água líquida como solvente. No presente processo, o seio da corrente gasosa contém 30% em mol de NH_3 e o seio da corrente líquida contém 5% em mol de NH_3 dissolvida. A distribuição de equilíbrio de NH_3 entre as fases gasosa e líquida a 30°C e 1,0 atm de pressão total do sistema, em coordenadas de fração molar, está apresentada na Figura 29.9. Nas condições do processo, o coeficiente individual de transferência de massa do filme de líquido, em coordenadas de fração molar, é $k_x = 0,030$ kgmol/m² · s e o coeficiente individual de transferência de massa do filme de gás, em coordenadas de fração molar, é $k_y = 0,010$ kgmol/m² · s.

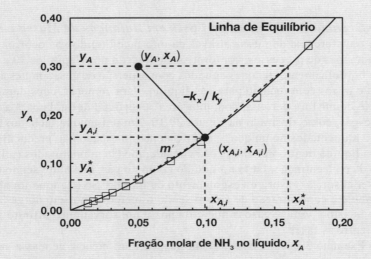

Figura 29.9 Representação gráfica do processo de transferência de massa através da interface líquido-gás para a transferência de amônia (NH_3) de uma mistura gasosa para água.

Determine as composições da interface nas fases gasosa e líquida, $x_{A,i}$ e $y_{A,i}$, o coeficiente global de transferência de massa baseado na força motriz em termos da fração molar na fase gasosa, K_y, e o fluxo de NH_3 do seio da fase gasosa para o seio da fase líquida.

Uma vez que a linha de equilíbrio é não linear, um método de solução gráfica será usado. Começamos plotando o ponto de operação, $x_A = 0,05$, $y_A = 0,30$ no gráfico de distribuição da Figura 29.9. Pela equação (29-13), uma linha a partir do ponto de operação se estende para baixo até o ponto da composição na interface ($x_{A,i}$, $y_{A,i}$) com inclinação

$$-\frac{k_x}{k_y} = \frac{y_A - y_{A,i}}{x_A - x_{A,i}} = -\frac{0,030 \text{ kgmol/m}^2 \cdot \text{s}}{0,01 \text{ kgmol/m}^2 \cdot \text{s}} = -3,0$$

Por solução gráfica na interseção dessa linha com a linha de equilíbrio, $x_{A,i} = 0,10$ e $y_{A,i} = 0,15$. Também, a partir do gráfico, $y_A^* = 0,065$ em $x_A = 0,05$ e $x_A^* = 0,16$ em $y_A = 0,30$. A linha de equilíbrio é não linear; então, o coeficiente global de transferência de massa K_y dependerá da composição de acordo com a equação (29-31). A relação de equilíbrio local, m', é estimada pela equação (29-29):

$$m' = \frac{y_{A,i} - y_A^*}{x_{A,i} - x_A} = \frac{0,15 - 0,065}{0,10 - 0,05} = 1,70$$

Subsequentemente, K_y é estimado pela equação (29-31):

$$\frac{1}{K_y} = \frac{1}{k_y} + \frac{m'}{k_x} = \frac{1}{0,010 \text{ kgmol/m}^2 \cdot \text{s}} + \frac{1,70}{0,030 \text{ kgmol/m}^2 \cdot \text{s}}$$

com $K_y = 6,4 \times 10^{-3}$ kgmol/m² · s. Note que $K_y < k_y$ e a resistência relativa, baseada na equação (29-33) para a fase gasosa, é

$$\frac{1/k_y}{1/K_y} = \frac{K_y}{k_y} = \frac{6{,}4 \times 10^{-3}\,\text{kgmol/m}^2 \cdot \text{s}}{1{,}0 \times 10^{-2}\,\text{kgmol/m}^2 \cdot \text{s}} \times 100\% = 64\% \text{ de controle da fase gasosa}$$

Finalmente, o fluxo do seio da fase gasosa para o seio da fase líquida é

$$N_A = K_y(y_A - y_A^*) = (6{,}4 \times 10^{-3}\,\text{kgmol/m}^2 \cdot \text{s})(0{,}30 - 0{,}065) = 1{,}5 \times 10^{-3}\,\text{kgmol/m}^2 \cdot \text{s}$$

que coincide com o fluxo através do filme de gás:

$$N_A = k_y(y_A - y_{A,i}) = (0{,}010\,\text{kgmol/m}^2 \cdot \text{s})(0{,}30 - 0{,}15) = 1{,}5 \times 10^{-3}\,\text{kgmol/m}^2 \cdot \text{s}$$

Transferência de Massa entre Fases em Balanços de Massa em Processos Processos de transferência de massa através da interface líquido-gás ocorrem em uma variedade de configurações de processos, conforme será descrito nos Capítulos 30 e 31. Eles incluem colunas de borbulhamento, tanques agitados com aspersão de gás, tanques agitados com superfície aerada e torres com recheio para gás-líquido. Para começar, consideramos um processo estacionário de mistura perfeita, com uma área superficial definida para a transferência de massa líquido-gás, como ilustrado na Figura 29.10. Em um tanque fechado, tanto o líquido como o gás são alimentados no tanque; o gás existente no espaço não preenchido (*headspace*) do tanque e o líquido dentro do tanque são considerados bem misturados (mistura perfeita). Dependendo da concentração, tanto no líquido como no gás, do soluto sendo transferido, o processo pode ser absorção gasosa ou esgotamento de líquido. Se o tanque for aberto para a atmosfera, geralmente a concentração do soluto sendo transferido no seio do gás é considerada próxima a zero — isto é, a fase gasosa que circunda é um sorvedouro infinito para a transferência de massa entre as fases.

O Exemplo 3 ilustra como os conceitos de transferência de massa entre as fases líquido-gás apresentados neste capítulo podem ser integrados a balanços de massa em processos para projeto e análise de equipamentos de transferência de massa líquido-gás.

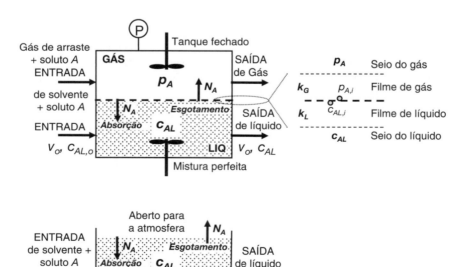

Figura 29.10 Processo de transferência de massa líquido-gás, através de uma interface definida, em regime estacionário e mistura perfeita.

Transferência de Massa por Convecção entre Fases ◀ **563**

Exemplo 3

Um processo similar àquele mostrado na Figura 29.10 é usado para transferir CO_2 de uma mistura de gás de exaustão comprimido para um tanque de água líquida. O espaço contendo gás sobre o líquido dentro do tanque é considerado em mistura perfeita e a composição do gás que sai desse espaço é 10% em mol de CO_2 e 90% de N_2 a 2,0 atm de pressão total do sistema e 25°C. Água, sem CO_2 dissolvido, entra no tanque a uma vazão (v_o) de 0,20 m^3/h. O líquido está bem misturado (mistura perfeita), mas o gás não é borbulhado no líquido; logo, a superfície do líquido define a área de transferência de massa na interface líquido-gás, S. O diâmetro do tanque cilíndrico (d) é 3,0 m e a altura de líquido é 1,0 m. Pode ser admitido que o gás N_2 não se dissolve apreciavelmente no líquido e que o solvente não é volátil.

Qual é a concentração do CO_2 dissolvido na corrente líquida que sai do tanque, c_{AL}, e qual é a máxima concentração de CO_2 dissolvido, c_{AL}^*?

Nas condições de agitação, o coeficiente de transferência de massa no filme gasoso é $k_c = 0,05$ m/s e o coeficiente de transferência de massa no filme líquido é $k_L = 1,5 \times 10^{-5}$ m/s. A constante da lei de Henry para a dissolução de CO_2 na água líquida[3] a 25°C é 1630 atm, baseada na definição $p_{A,i} = H\, x_{A,i}$. A densidade da água líquida a 25°C é 995,2 kg/m^3.

Por conveniência, os cálculos serão baseados na fase líquida no tanque, com $A = CO_2$ e $B = H_2O$. A análise do processo e a estratégia de solução vão requerer a determinação do coeficiente global de transferência de massa K_L e o desenvolvimento de um modelo de balanço de massa para prever a concentração de CO_2 dissolvido na corrente líquida que sai do tanque.

Para uma relação de equilíbrio linear definida pela lei de Henry, K_L é dado pela equação (29-21)

$$\frac{1}{K_L} = \frac{1}{k_L} + \frac{H}{k_G}$$

com H definido em termos de $p_{A,i} = H\, c_{AL,i}$. As conversões necessárias para obter H e k_G são

$$H = \frac{1630\ \text{atm}}{C_L} = 1630\ \text{atm}\,\frac{M_B}{\rho_{B,\text{líq}}} = 1630\ \text{atm}\,\frac{18\ \text{kg/kgmol}}{995,2\ \text{kg/m}^3} = 29,5\,\frac{\text{m}^3 \cdot \text{atm}}{\text{kgmol}}$$

$$k_G = \frac{k_c}{RT} = \frac{\left(0,05\,\dfrac{\text{m}}{\text{s}}\right)}{\left(0,08206\,\dfrac{\text{m}^3 \cdot \text{atm}}{\text{kgmol} \cdot \text{K}}\right)(298\ \text{K})} = 2,05 \times 10^{-3}\,\frac{\text{kgmol}}{\text{m}^2 \cdot \text{s} \cdot \text{atm}}$$

e assim

$$\frac{1}{K_L} = \frac{1}{1,5 \times 10^{-5}\ \text{m/s}} + \frac{29,5\ \text{m}^3 \cdot \text{atm/kgmol}}{2,05\ \text{kgmol}/\text{m}^2 \cdot \text{s} \cdot \text{atm}}$$

ou $K_L = 1,23 \times 10^{-5}$ m/s. Note que $K_L < k_L$ e que K_L é aproximadamente igual ao coeficiente de transferência de massa no filme líquido k_L. O percentual de resistência, baseado na equação (29-34) para a fase líquida, é

$$\frac{1/k_L}{1/K_L} = \frac{K_L}{k_L} = \frac{1,23 \times 10^{-5}\ \text{m/s}}{1,5 \times 10^{-5}\ \text{m/s}} \times 100\% = 82\%\ \text{de controle da fase líquida}$$

que é consistente com a observação de que o CO_2 é relativamente insolúvel no solvente água.

Um balanço de massa para o CO_2 na fase líquida do tanque leva às seguintes suposições: (1) processo estacionário, (2) líquido em mistura perfeita no tanque, de modo que a concentração do CO_2 dissolvido no tanque seja igual à concentração do CO_2 dissolvido na corrente líquida de saída, (3) volume constante de líquido, (4) processo diluído e (5) nenhuma reação de CO_2. Sob essas suposições, o balanço de massa para CO_2 (mols de CO_2/tempo) é

$$\left(\begin{array}{c}CO_2\ \text{dissolvido na corrente} \\ \text{líquida de entrada (ENTRADA)}\end{array}\right) - \left(\begin{array}{c}\text{transferência de massa na interface do } CO_2 \\ \text{no gás para o } CO_2 \text{ no líquido (ENTRADA)}\end{array}\right) + \left(\begin{array}{c}CO_2\ \text{dissolvido na corrente} \\ \text{líquida de saída (SAÍDA)}\end{array}\right)$$

$$+ \left(\begin{array}{c}\text{reação de } CO_2 \text{ no} \\ \text{líquido (GERAÇÃO)}\end{array}\right) = \left(\begin{array}{c}CO_2\ \text{dissolvido na corrente} \\ \text{líquida de saída (SAÍDA)}\end{array}\right)$$

ou

$$\nu_o\, c_{AL,o} + N_A\, S - \nu_o\, c_{AL} + 0 = 0$$

Em um processo de absorção, o CO_2 no gás serve como a fonte e o CO_2 dissolvido no líquido serve como o sorvedouro. O fluxo N_A do seio da fase gasosa para o seio da fase líquida, baseando-se na força motriz global da fase líquida, é definido por

$$N_A = K_L\left(c_{AL}^* - c_{AL}\right) \text{ com } c_{AL}^* = p_A/H$$

---

[3] R. H. Perry e C. H. Chilton, *Chemical Engineer's Handbook*, 5. ed., McGraw-Hill Book Company, Nova York, 1973.

564 ▶ Capítulo 29

Combinando essas relações, tem-se

$$\nu_o \left(c_{AL,o} - c_{AL}\right) + K_L \left(\frac{p_A}{H} - c_{AL}\right) S = 0$$

E resolvendo para c_{AL}, obtém-se

$$c_{AL} = \frac{\nu_o\, c_{AL,o} + \dfrac{K_L\, S\, p_A}{H}}{\nu_o + K_L\, S} = \frac{\nu_o\, c_{AL,o} + K_L\, S\, c_{AL}^*}{\nu_o + K_L\, S}$$

A equação de balanço de massa requer a área da superfície líquido-gás, S, e a pressão parcial do gás CO_2 no seio da fase gasosa, p_A:

$$S = \pi d^2/4 = \pi (3{,}0\ \text{m})^2/4 = 7{,}07\ \text{m}^2$$
$$p_A = y_A P = (0{,}10)(2{,}0\ \text{atm}) = 0{,}20\ \text{atm}$$

A concentração de entrada de CO_2 dissolvido no líquido, $c_{AL,o}$, é 0. Finalmente, a concentração de saída é

$$c_{AL} = \frac{(0{,}2\ \text{m}^3/\text{h})(0) + \dfrac{\left(1{,}23 \times 10^{-5}\ \text{m/s}\right)\left(7{,}07\ \text{m}^2\right)(0{,}20\ \text{atm})}{29{,}5\ \text{m}^3 \cdot \text{atm/kgmol}}\dfrac{1000\ \text{gmol}}{1\ \text{kgmol}}}{(0{,}2\ \text{m}^3/\text{h})(1\ \text{h}/3600\ \text{s}) + \left(1{,}23 \times 10^{-5}\ \text{m/s}\right)\left(7{,}07\ \text{m}^2\right)} = 4{,}14\,\frac{\text{gmol de A}}{\text{m}^3}$$

A concentração máxima possível de saída é c_{AL}^*, determinada pela lei de Henry:

$$c_{AL}^* = \frac{p_A}{H} = \frac{0{,}20\ \text{atm}}{(29{,}5\ \text{m}^3 \cdot \text{atm/kgmol})(1\ \text{kgmol}/1000\ \text{gmol})} = 6{,}78\,\frac{\text{gmol de A}}{\text{m}^3}$$

Nessa análise, c_{AL} terá um valor próximo de c_{AL}^* quando a vazão de líquido ν_o diminuir ou quando o coeficiente global de transferência de massa K_L aumentar.

▶ **29.3**

RESUMO

Neste capítulo, consideramos o mecanismo de transferência de massa do soluto A, em estado estacionário, entre um gás em contato com uma fase líquida. A teoria das duas resistências foi apresentada. Essa teoria define a transferência de massa em cada fase como uma função da força motriz da concentração e do coeficiente individual de transferência de massa, de acordo com as equações

$$N_A = k_G \left(p_A - p_{A,i}\right)$$

e

$$N_A = k_L \left(c_{AL,i} - c_{AL}\right)$$

O equilíbrio local na interface líquido-gás foi considerado, com as relações de equilíbrio lineares descritas pela lei de Henry da forma

$$p_{A,i} = H\, c_{AL,i}$$

Os coeficientes globais de transferência de massa foram definidos por

$$N_A = K_G \left(p_A - p_A^*\right)$$

e

$$N_A = K_L \left(c_{AL}^* - c_{AL}\right)$$

em que $p_A^* = H\,c_{AL}$ e $p_A = Hc_{AL}^*$. Os coeficientes globais de transferência de massa foram relacionados aos coeficientes individuais de transferência de massa pelas relações

$$\frac{1}{K_G} = \frac{1}{k_G} + \frac{H}{k_L}$$

e

$$\frac{1}{K_L} = \frac{1}{H\,k_G} + \frac{1}{k_L}$$

PROBLEMAS

29.1 A tabela a seguir apresenta os dados da distribuição de *equilíbrio* para quatro solutos gasosos dissolvidos em água, usando ar como o gás de arraste:

Cl_2-água 293 k		ClO_2-água 293 k		NH_3-água 303 k		SO_2-água 303 k	
p_A (mm Hg)	Dissolvido Cl_2 (g Cl_2/L)	p_A (atm)	Dissolvido ClO_2 (g ClO_2/L)	p_A (mm Hg)	Dissolvido NH_3 (kg NH_3/100 kg H_2O)	p_A (mm Hg)	Dissolvido SO_2 (kg SO_2/100 kg H_2O)
0	0	0,000	0	719	40	688	7,5
5	0,438	0,010	0,9	454	30	452	5
10	0,575	0,030	2,7	352	25	216	2,5
30	0,937	0,050	4,3	260	20	125	1,5
50	1,21	0,070	6,15	179	15	79	1
100	1,773	0,100	8,8	110	10	52	0,7
150	2,27	0,110	9,7	79,7	7,5	36	0,5
		0,120	10,55	51	5	19,7	0,3
		0,130	11,5	40,1	4	11,8	0,2
		0,140	12,3	29,6	3	8,1	0,15
		0,150	13,2	24,4	2,5	4,7	0,1
		0,160	14,2	19,3	2	1,7	0,05
				15,3	1,6		
				11,5	1,2		

Os dados foram obtidos a partir do *Chemical Engineer's Handbook*.[3]

a. Usando uma planilha para fazer os cálculos, prepare um gráfico dos dados da distribuição de equilíbrio para cada soluto como pressão parcial no gás *versus* concentração molar do soluto dissolvido no líquido ($p_A - c_{AL}$) e também em coordenadas de fração molar ($y_A - x_A$), a uma pressão total do sistema igual a 1 atm. Que soluto é o mais solúvel em água? Que soluto dissolvido em água pode ser esgotado para o ar de modo mais fácil?

b. Para cada soluto na faixa apropriada de concentração, estime a constante da lei de Henry (H), baseando-se na definição $p_A = H\,c_{AL}^*$ e o coeficiente de distribuição m baseado na definição $y_A = m\,x_A^*$, a uma pressão total do sistema igual a 1 atm.

29.2 Gás sulfídrico (H_2S) é um contaminante comum no gás natural. A dissolução do gás H_2S em água é uma função linear da pressão parcial, conforme descrito pela lei de Henry da forma $p_A = H\,x_A^*$. Valores de H *versus* temperatura são fornecidos a seguir:

T (°C)	20	30	40	50
H (atm)	483	449	520	577

Devido à relativamente baixa solubilidade de H_2S em água, um agente quelante baseado em amina é adicionado à água para melhorar a solubilidade de H_2S. Os dados de distribuição de equilíbrio para H_2S em uma solução 15,9% em massa de monoetanolamina (MEA) em água a 40°C são fornecidos a seguir:[*]

mol de H_2S/ mol de MEA	0,000	0,125	0,208	0,362	0,643	0,729	0,814
p_A (mm Hg)	0,00	0,96	3,00	9,10	43,1	59,7	106

a. Descreva o efeito da temperatura sobre a solubilidade do gás H_2S em água.

b. Prepare os gráficos da distribuição de equilíbrio, em coordenadas de fração molar ($y_A - x_A$), para a solubilidade de H_2S em água *versus* H_2S em uma solução 15,9% em massa de MEA, a 40°C e 1,0 atm de pressão total do sistema. Comente sobre a solubilidade relativa de H_2S em água *versus* solução de MEA.

[*]J. H. Jones, H. R. Froning e E. E. Claytor, *J. Chem. Eng. Data*, **4**, 85-92 (1959).

29.3 Uma torre de parede molhada é usada para "aerar" água, usando ar a uma pressão total do sistema de 2,0 atm e 20°C. A composição molar do ar é 21% de O_2, 78% de N_2 e 1% de outros gases. Seja o soluto $A = O_2$. A 20°C, a constante da lei de Henry para a dissolução do gás O_2 em água é $H = 40.100$ atm, baseando-se na definição $p_{A,i} = H\,x_{A,i}$ e na densidade da água líquida igual a 1000 kg/m³.

a. Qual é a composição máxima possível (como fração molar) de oxigênio (O_2) dissolvido que poderia ser dissolvido na água, x_A^*?

b. Qual é a concentração molar máxima possível de oxigênio (O_2) que poderia ser dissolvido em água, c_{AL}^*?

c. Se a pressão total do sistema for aumentada para 4,0 atm, qual será a nova concentração de oxigênio dissolvido?

29.4 Considere um processo de transferência de massa na interface para o sistema dióxido de cloro (ClO_2)-ar-água a 20°C, em que o gás ClO_2 (soluto A) é pouco solúvel em água. Nas condições correntes de operação, a fração molar de ClO_2 no *seio da fase gasosa* é $y_A = 0,040$ e a fração molar de ClO_2 no *seio da fase líquida* é $x_A = 0,00040$. A densidade da fase líquida é 992,3 kg/m³ e não é dependente da quantidade muito pequena de ClO_2 dissolvido nela. A massa molar da água é 18 g/mol e a massa molar de ClO_2 é 67,5 g/gmol. A pressão total do sistema é 1,5 atm. O coeficiente de transferência de massa do filme de líquido para o ClO_2 em água é $k_x = 1,0$ gmol/m² · s e o coeficiente de

566 ▶ Capítulo 29

transferência de massa do filme de gás para o ClO_2 em ar é $k_G = 0,010$ gmol/m² · s · atm. Os dados de distribuição de *equilíbrio* para o sistema ClO_2-água-ar a 20°C são fornecidos a seguir:

p_A	1.00E-02	3.00E-02	5.00E-02	7.00E-02	1.00E-01	1.10E-01
x_A	2.40E-04	7.19E-04	1.15E-03	1.64E-03	2.34E-03	2.58E-03
p_A	1.20E-01	1.30E-01	1.40E-01	1.50E-01	1.60E-01	
x_A	2.81E-03	3.06E-03	3.28E-03	3.52E-03	3.78E-03	

a. Plote a linha de equilíbrio em coordenadas $p_A - c_{AL}$ e o ponto de operação ($p_A - c_{AL}$). O processo é absorção gasosa ou esgotamento de líquido?

b. Qual é a relação de equilíbrio m?

c. Qual é o valor de k_L para o filme de líquido?

d. Se a fração molar de ClO_2 no seio da fase gasosa for mantida a 0,040 sob uma pressão total do sistema igual a 1,5 atm, qual será a concentração máxima possível (gmol de A/m³) de ClO_2 dissolvido na fase líquida que poderia possivelmente deixar o processo — isto é, c_{AL}^*?

e. Quais são as composições na interface líquido-gás, $p_{A,i}$ e $c_{AL,i}$?

f. Qual é o valor de K_y, o coeficiente global de transferência de massa baseado na força motriz da fração molar na fase gasosa global? Existem várias abordagens válidas para calcular K_y com base nas informações fornecidas. Mostre no mínimo duas abordagens que conduzem ao mesmo resultado.

g. Qual é o fluxo de transferência de massa N_A para ClO_2 em unidades de gmol/m² · s?

29.5 Um processo de transferência de massa líquido-gás por convecção envolve a transferência do contaminante industrial cloreto de metileno (soluto A) entre o ar e a água a 20°C e 2,20 atm de pressão total do sistema. Ar é o gás inerte de arraste e água é o solvente inerte. Nas presentes condições operacionais, a fração molar de cloreto de metileno no seio da fase é 0,10 na fase gasosa e 0,0040 na fase líquida. O escoamento de fluido associado com cada fase é tal que o coeficiente convectivo de transferência de massa no filme gasoso (k_y) é 0,010 gmol/m² · s e o coeficiente convectivo de transferência de massa no filme líquido (k_x) é 0,125 gmol/m² · s. A 20°C, a densidade da água líquida é 992,3 kg/m³. A distribuição de equilíbrio de cloreto de metileno dissolvido em água é uma função linear da fração molar do cloreto de metileno no ar existente sobre a solução. A 20°C e 2,20 atm de pressão total do sistema, $m = 50,0$, baseado na definição $y_{A,i} = m\, x_{A,i}$.

a. Plote a linha de equilíbrio e o ponto de operação em coordenadas de fração molar ($y_A - x_A$). O processo é uma absorção de gás ou um esgotamento de líquido?

b. Qual é a constante da lei de Henry para cloreto de metileno dissolvido em água, de acordo com a definição $p_A^* = H c_{AL}$? Comente sobre a solubilidade relativa de cloreto de metileno em água.

c. Quais são os valores de K_x e K_y?

d. Qual é o fluxo de N_A através das fases gasosa e líquida?

e. Quais são as frações molares na interface, $x_{A,i}$ e $y_{A,i}$?

29.6 Deseja-se recuperar o vapor de hexano (soluto A) do ar, usando um processo de absorção. O solvente usado na absorção é um óleo mineral não volátil, que tem uma densidade de 0,80 g/cm³ e uma massa molar de 180 g/gmol. Na faixa de concentração diluída, a relação de equilíbrio para a dissolução do vapor de hexano no óleo mineral a 20°C é descrita por $p_{A,i} = H x_{A,i}$, com $H = 0,15$ atm. Nas atuais condições operacionais, a pressão parcial do hexano no seio da corrente gasosa é 0,015 atm e o hexano dissolvido no seio do solvente de absorção é

5,0% em mol. A pressão total do sistema é 1,50 atm e a temperatura é 20°C. O coeficiente de transferência de calor no filme líquido, k_x, é 0,01 kgmol/m² · s e o coeficiente de transferência de calor no filme gasoso, k_y, é 0,02 kgmol/m² · s.

a. Qual é o coeficiente global de transferência de massa baseado na fase líquida, K_L, e o fluxo molar, N_A?

b. Qual é a composição de hexano na interface líquido-gás, em termos de $p_{A,i}$ e $x_{A,i}$?

29.7 Em um processo de transferência de massa na interface líquido-gás, a fração molar macroscópica (*bulk*) do soluto A no gás de arraste inerte é 0,010 e a fração molar macroscópica (*bulk*) do soluto A no solvente líquido inerte é 0,040. Os dados de distribuição de equilíbrio na temperatura e na pressão do processo são fornecidos a seguir:

x_A	0,0000	0,0050	0,0100	0,0150	0,0200	0,0250	0,0300	0,0350	0,0400
y_A	0,0000	0,0015	0,0030	0,0055	0,0090	0,0135	0,0200	0,0290	0,0425

a. Se o coeficiente de transferência de massa no filme líquido $k_x = 0,01$ gmol/m² · s e o coeficiente de transferência de massa no filme gasoso $k_y = 0,02$ gmol/m² · s, qual será o coeficiente global de transferência de massa baseado na força motriz da fase gasosa e qual o percentual da resistência em relação à transferência de massa na fase gasosa?

b. Se o coeficiente de transferência de massa no filme líquido for ainda $k_x = 0,01$ gmol/m² · s, qual será o novo valor de k_y necessário para tornar o processo 10% controlado pela transferência na fase gasosa?

c. Plote ($x_{A,i}, y_{A,i}$) sobre a linha de equilíbrio nas coordenadas ($y_A - x_A$) para os itens (a) e (b) e compare os resultados.

29.8 Uma torre com recheio é usada para absorção de dióxido de enxofre (SO_2) a partir de uma corrente de ar usando água como solvente. Em um ponto da torre, a composição de SO_2 é 10% (por volume) na fase gasosa e 0,30% em massa na fase líquida, que tem uma densidade de 61,8 lb$_m$/ft³. A torre é isotérmica a 30°C e a pressão total do sistema é 1,0 atm. Os coeficientes convectivos de transferência de massa são $k_L = 2,5$ lbmol/ft² · h · (lbmol/ft³) para o filme de líquido e $k_G = 0,125$ lbmol/ft² · h · atm para o filme de gás. Os dados da distribuição de equilíbrio para o sistema SO_2-água-ar são fornecidos no Problema 29.1.

a. Trace a linha de equilíbrio em unidades de p_A (atm) *versus* c_{AL} (lbmol/ft³). Coloque o ponto de operação (p_A, c_{AL}) no mesmo gráfico. Determine p_A^* e c_{AL}^* e também os insira no mesmo gráfico.

b. Determine as composições na interface líquido-gás $p_{A,i}$ e $c_{AL,i}$.

c. Estime K_G e K_L, K_y e K_x no ponto de operação e o fluxo molar N_A.

d. Determine o percentual da resistência na fase gasosa no ponto de operação.

29.9 Em certa localização em um absorvedor de gás em contracorrente, a fração molar da espécie que se transfere (soluto A) na fase gasosa é 0,030 e a fração molar dessa espécie na fase líquida é 0,010. O coeficiente de transferência de calor no filme de gás é dado por $k_y = 1,0$ lbmol/ft² · h e 80% da resistência à transferência de massa está na fase líquida. Os dados da distribuição de equilíbrio, na temperatura e na pressão do processo, são fornecidos a seguir:

x_A	0,0000	0,0050	0,0100	0,0150	0,0200	0,0250	0,0300	0,0350	0,0400
y_A	0,0000	0,0015	0,0030	0,0055	0,0090	0,0135	0,0200	0,0290	0,0425

a. Trace a linha de equilíbrio em coordenadas de fração molar, coloque o ponto de operação (x_A, y_A) e então estime x_A^* e y_A^* a partir do gráfico.

b. Determine as composições na interface $x_{A,i}$ e $y_{A,i}$ para o soluto A.

c. Calcule o coeficiente global de transferência de massa K_y para a fase gasosa e o fluxo molar N_A.

29.10 Um engenheiro de uma fábrica de celulose está considerando a viabilidade de remover o gás cloro (Cl$_2$, soluto A) a partir de uma corrente de ar, usando água, que será reusada para uma operação de branqueamento da polpa. O processo será executado em uma torre de absorção gasosa, preenchida com recheio inerte, com escoamento contracorrente, em que água líquida sem Cl$_2$ dissolvido é bombeada para o *topo* da torre ($x_{A_2} = 0$) e ar contendo 20% por volume de Cl$_2$ ($y_{A_1} = 0,20$) a 1,0 atm é alimentado na *base* da torre. O contato gás-líquido é promovido pela superfície inerte do recheio à medida que o gás e o líquido escoam ao redor do recheio. Quando o gás se move para o topo da torre, a composição de Cl$_2$ diminui e quando o líquido se move para baixo da torre, a concentração do Cl$_2$ dissolvido aumenta. Nas vazões de operação do gás e do líquido, o líquido que sai da *base* da torre tem uma composição de 0,05% em mol ($x_{A_1} = 0,00050$) e a composição do gás que sai pelo *topo* da torre tem sido menor do que 5% por volume ($y_{A_2} = 0,050$). Nas vazões de operação, o coeficiente de transferência de massa no filme de gás baseado na força motriz da fração molar (k_y) é 5,0 lbmol/ft^2 · h e o coeficiente de transferência de massa no filme de líquido baseado na força motriz da fração molar (k_x) é 20 lbmol/ft^2 · h. Os dados de *equilíbrio* para o sistema Cl$_2$-água-ar a 20°C e 1,0 atm são fornecidos na tabela a seguir.

y_A	6,58E-03	1,32E-02	3,95E-02	6,58E-02	1,32E-01	1,97E-01
x_A	1,11E-04	1,46E-04	2,37E-04	3,07E-04	4,49E-04	5,75E-04

a. Desenhe um diagrama do aspecto da torre com recheio, marcando o escoamento do líquido com L, o escoamento do gás com G e as frações molares terminais do vapor como (x_{A_1}, y_{A_1}) e (x_{A_2}, y_{A_2}) na base e no topo da torre.

b. Trace a linha de equilíbrio em coordenadas de fração molar. Trace então os pontos de operação (x_{A_1}, y_{A_1}) e (x_{A_2}, y_{A_2}) para a base e o topo da torre, respectivamente.

c. Determine os coeficientes globais locais de transferência de massa K_y no topo e na base da torre? Por que os valores para K_y são diferentes?

29.11 Em uma localização particular de uma coluna de esgotamento que opera em contracorrente para a remoção do soluto A de uma corrente líquida, a fração molar do soluto A na fase gasosa é 0,010 e a fração molar dessa espécie na fase líquida é 0,035. Os dados de distribuição de equilíbrio, na temperatura e na pressão do processo, são fornecidos a seguir:

x_A	0,0000	0,0050	0,0100	0,0150	0,0200	0,0250	0,0300	0,0350	0,0400
y_A	0,0000	0,0015	0,0030	0,0055	0,0090	0,0135	0,0200	0,0290	0,0425

a. Se 80% da resistência à transferência de massa estiverem na fase líquida, determine as frações molares na interface líquido-gás ($x_{A,i}, y_{A,i}$).

b. Plote ambas as composições, interfacial e macroscópica (*bulk*), em um diagrama x-y. Dado $k_y = 1,0$ lbmol/ ft^2 · h, calcule o coeficiente global de transferência de massa K_y para a fase gasosa.

c. Se a pressão total do sistema for 2,0 atm e a temperatura for 300 K, estime K_G e K_c.

29.12 Amônia (NH$_3$) e gás sulfídrico (H$_2$S) têm ambos de ser removidos de água residuária em uma torre com recheio antes que a água residuária possa ser tratada para reúso. Os coeficientes individuais de transferência de massa para a transferência de amônia dentro de uma torre com recheio são $k_G = 3,20 \times 10^{-9}$ kgmol/m^2 · s · Pa para o filme de gás e $k_L = 1,73 \times 10^{-9}$ m/s para o filme de líquido. Nas faixas de temperatura e de concentração dos solutos dentro do processo, os dados de distribuição de equilíbrio para os solutos NH$_3$ e H$_2$S estão na faixa linear. As constantes da lei de Henry são 1,36 × 10^3 m^3 · Pa/kgmol para NH$_3$ e 8,81 × 10^5 m^3 · Pa/kgmol para H$_2$S. Sob a suposição de que ambos k_G e k_L para a transferência de H$_2$S são os mesmos que aqueles para a transferência de NH$_3$, estime e compare os coeficientes globais de transferência de massa K_G e K_L para H$_2$S e NH$_3$, respectivamente.

29.13 Um processo de transferência de massa é usado para remover amônia (NH$_3$, soluto A) de uma mistura de NH$_3$ e ar, usando água como o solvente absorvente. Nas condições atuais de operação, a pressão parcial de amônia no seio da fase gasosa (p_A) é 0,20 atm e a fração molar de NH$_3$ na água (x_A) é 0,040. A pressão total do sistema é 2,0 atm e a temperatura é 30°C. A 30°C, a densidade molar da solução é 55,6 kgmol/m^3. Os coeficientes de transferência de massa nos filmes são $k_G = 1,0$ kgmol/m^2 · s · atm e $k_L = 0,045$ m/s para o gás e o líquido, respectivamente. Os dados de distribuição de *equilíbrio* a 30°C para o sistema NH$_3$-água-ar são dados na tabela a seguir:

p_A (atm)	0,463	0,342	0,236	0,145	0,105	0,067
c_{AL} (kgmol/m^3)	11,6	9,71	7,61	5,32	4,09	2,79
p_A (atm)	0,053	0,039	0,032	0,025	0,020	0,015
c_{AL} (kgmol/m^3)	2,26	1,71	1,43	1,15	0,925	0,697

a. Prepare um gráfico de distribuição de equilíbrio para NH$_3$ como pressão parcial *versus* fração molar ($p_A - x_A$).

b. Qual é o valor de k_x?

c. Quais são as composições na interface $x_{A,i}$ e $p_{A,i}$? Quais são os valores de x_A^* e p_A^*?

d. Qual é o valor de K_G, o coeficiente global de transferência de massa baseado na fase gasosa?

e. Qual é o fluxo N_A para esse processo?

29.14 Água residuária, contendo gás sulfídrico (H$_2$S) dissolvido a uma concentração de 2,50 gmol/m^3 (85 mg/L), entra em um tanque aberto a uma vazão de 20 m^3/h e sai com a mesma vazão, conforme mostrado na figura a seguir. O tanque aberto está no interior de um grande prédio fechado. A ventilação para o ar em torno do tanque aberto é tal que a composição de H$_2$S no seio do ar bem misturado sobre o tanque é 0,5% em mol de H$_2$S (fração molar da fase gasosa igual a 0,005), que tem um odor cáustico. A pressão total do sistema é 1,0 atm e a temperatura é 20°C. O diâmetro do tanque cilíndrico é 5,0 m e a altura do líquido no tanque é 1,0 m. Nas condições de operação, os coeficientes de transferência de massa nos filmes para a transferência de H$_2$S são $k_L = 2,0 \times 10^{-4}$ m/s no filme de líquido e $k_G = 5,0 \times 10^{-4}$ kgmol/m^2 · s · atm no filme de gás. O soluto H$_2$S (soluto A) é pouco solúvel em água, com dados de distribuição de equilíbrio linear a 20°C descritos pela lei de Henry, com $H = 9,34$ m^3 · atm/kgmol. A 20°C, a densidade da água residuária é 1000 kg/m^3. A massa molar de H$_2$S é 34 g/gmol e a da H$_2$O é 18 g/gmol.

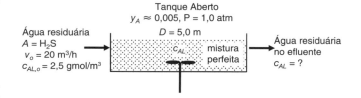

a. Estime m, a constante de distribuição de equilíbrio, baseando-se na relação de equilíbrio para a fração molar — por exemplo, $y_{A,i} = m\, x_{A,i}$. Trace o ponto de operação (x_A, y_A) e a linha de equilíbrio em coordenadas de fração molar. O processo é uma absorção gasosa ou um esgotamento de líquido?

b. Qual é o coeficiente global de transferência de massa K_y baseado na força motriz global em termos da fração molar na fase gasosa?

c. Faça um balanço de massa para o processo. Nas condições de operação, qual é a concentração de H$_2$S dissolvido na saída do tanque, c_{AL}, em unidades de gmol/m^3?

29.15 Água residuária, contendo a espécie volátil A dissolvida em água a uma concentração diluída na entrada igual a 0,50 gmol de A/m^3 ($c_{AL,o}$), é bombeada para um lagoa aberta bem misturada, a uma taxa volumétrica (v_o) de 2,0 m^3/s, conforme mostrado na figura a seguir. A espécie volátil A se divide para a atmosfera por um processo de transferência de massa na interface, de modo que a água residuária que sai da lagoa contém uma concentração de A dissolvido de 0,35 gmol de A/m^3 (c_{AL}). Ar fresco sopra lentamente sobre a superfície da lagoa, que tem 10,0 m de largura, de modo que a composição da espécie A no seio do gás é efetivamente zero (por exemplo, $p_A \approx 0$, $c_{AL}^* \approx 0$). Dados de distribuição de equilíbrio para o soluto A entre o ar e a água a 20°C são descritos pela lei de Henry, com $H = 0{,}50$ m$^3 \cdot$ atm/gmol (500 m$^3 \cdot$ atm/kgmol).

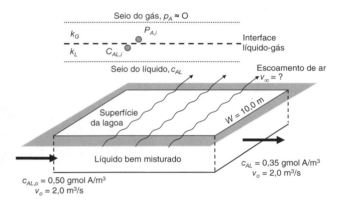

Dados potencialmente úteis (pressão total do sistema igual a 1,0 atm, 20°C)

Filme de gás: $k_c = 2{,}67 \times 10^{-4}$ m/s

Filme de líquido: $k_L = 5{,}5 \times 10^{-3}$ m/s

Ar a 1,0 atm e 20°C: $\rho = 1{,}206$ kg/m^3, $\mu = 1{,}813 \times 10^{-5}$ kg/m-s, $D_{A\text{-ar}} = 0{,}08$ cm^2/s (gás)

Água líquida a 20°C: $\rho = 998{,}2$ kg/m^3, $\mu = 9{,}32 \times 10^{-4}$ kg/m-s, $D_{A\text{-água}} = 2{,}0 \times 10^{-5}$ cm^2/s (líquido)

a. Qual é o coeficiente de transferência de massa baseado na força motriz global na fase líquida, K_L?

b. Desenvolva um modelo de balanço de massa na forma algébrica, usando as seguintes variáveis: c_{AL}, $c_{AL,o}$, K_L, p_A, v_o e a área da superfície S. Nas condições de operação, qual é a área da superfície S da lagoa líquida?

c. Qual é a velocidade do ar sobre a superfície da lagoa, considerando escoamento laminar?

d. Qual é a pressão parcial da espécie A no lado do gás da interface líquido-gás, $p_{A,i}$?

29.16 Gás ozônio (O$_3$, soluto A), dissolvido em água de alta pureza, é comumente usado em processos de limpeza úmida associados com a fabricação de um dispositivo semicondutor. Deseja-se produzir uma corrente de água líquida, contendo 3,0 gmol de O$_3$/m^3 (238 mg/L), por um processo que não cria qualquer bolha de gás. A ideia de um engenheiro é mostrada na figura a seguir. Água líquida, contendo 1,0 gmol de O$_3$/m^3, entra em um tanque de mistura perfeita, a uma taxa volumétrica de 0,050 m^3/h. Uma mistura gasosa pressurizada de O$_3$ diluído no gás inerte N$_2$ é continuamente adicionada ao espaço livre do tanque a uma pressão total de 1,5 atm. Tanto o líquido como o gás no interior do tanque são considerados bem misturados. A área da superfície líquido-gás dentro do tanque é 4,0 m^2. O processo é mantido a 20°C. Nessa temperatura, a densidade da solução é 992,3 kg/m^3. Para um tanque de ozonização, de mistura perfeita e sem bolhas, os coeficientes de transferência de massa apropriados para os filmes de líquido e de gás são $k_L = 3{,}0 \times 10^{-6}$ m/s e $k_c = 5{,}0 \times 10^{-3}$ m/s, respectivamente. Os dados da distribuição de equilíbrio para O$_3$ dissolvido na água a 20°C segue a lei de Henry, com $H = 68{,}2$ m$^3 \cdot$ atm/kgmol baseado na definição $p_{A,i} = H\, c_{AL,i}$.

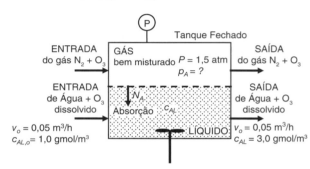

a. Quais são os valores de m e da constante H da lei de Henry em unidades de atm? O O$_3$ é muito solúvel em água?

b. Qual é o coeficiente global de transferência de massa K_G, baseado na força motriz global na fase gasosa?

c. Qual é o coeficiente global de transferência de massa K_L, baseado na força motriz global na fase líquida?

d. Para o processo operar da forma pretendida, quais são a pressão parcial (p_A) e a fração molar (y_A) de ozônio (O$_3$) requeridas na fase gasosa no interior do tanque? Como parte de sua solução, desenvolva um modelo de balanço de massa na forma algébrica para o soluto A, contendo os seguintes termos: v_o, taxa volumétrica do líquido (m^3/h); $c_{AL,o}$, concentração na entrada do soluto A no líquido (gmol de A/m^3); c_{AL}, concentração na saída do soluto A no líquido (gmol de O$_3$/m^3); K_G, coeficiente global de transferência de massa baseado na força motriz na fase gasosa (gmol/m$^2 \cdot$ s $\cdot$ atm); p_A, pressão parcial de O$_3$ no seio da fase gasosa (atm); H, constante da lei de Henry para O$_3$ entre o gás e o líquido (m$^3 \cdot$ atm/gmol); S, área da superfície para a transferência de massa na interface (m^2).

e. Qual é a taxa total de transferência de O$_3$, W_A?

f. O processo de transferência de massa é controlado pelo filme de gás ou pelo filme de líquido ou por nenhum dos dois? Comente sobre as contribuições relativas dos coeficientes de transferência de massa nos filmes e a relação da distribuição de equilíbrio sobre a resistência controladora da transferência de massa.

29.17 Água residuária, contendo o soluto A a uma concentração de $1{,}0 \times 10^{-3}$ gmol/m^3, entra em um tanque aberto, a uma taxa volumétrica de 0,20 m^3/min e sai na mesma taxa, conforme mostrado na figura a seguir. O soluto A é liberado da superfície da água residuária para o ar ao redor por um processo de transferência de massa na interface. O ar ao redor serve efetivamente como um sorvedouro infinito, de modo que no seio do gás $p_A \approx 0$. A pressão total do sistema é 1,0 atm. O diâmetro do tanque cilíndrico é 4,0 m e a altura do líquido no tanque é 1,0 m. Nas condições de operação, os coeficientes de transferência de massa para os filmes de gás e de líquido são $k_L = 5 \times 10^{-4}$ kgmol/(m² · s · (kgmol/m³)) e $k_G = 0{,}01$ kgmol/m² · s · atm. As concentrações estão na região da lei de Henry, em que $p_{A,i} = H \cdot c_{AL,i}$, com $H = 10{,}0$ m³ · atm/kgmol.

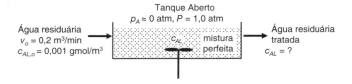

a. Determine o percentual da resistência à transferência de massa que está no filme de líquido?

b. Determine a concentração no seio do líquido c_{AL} na corrente de saída do líquido e $c_{AL,i}$, a concentração do soluto A na interface líquida.

c. No sistema aqui mencionado, o fluxo N_A aumentaria se uma das seguintes variáveis aumentasse: o nível do volume de líquido no tanque para uma área fixa de superfície; a intensidade de agitação do seio da fase líquida; a intensidade de agitação do seio da fase gasosa; a taxa volumétrica do líquido na entrada; a temperatura do sistema?

29.18 Jasmona (fórmula molecular $C_{11}H_{16}O$) é um produto químico especial valioso, obtido a partir da planta de jasmim. Um método comum de fabricação é extrair o material da planta em água e então usar benzeno para concentrar a jasmona em um processo simples de extração líquido-líquido. Jasmona (espécie A) é 170 vezes mais solúvel em benzeno do que em água e, assim,

$$c'_A = 170\, c_A$$

em que c'_A é a concentração da jasmona em benzeno e c_A é a concentração de jasmona em água. Em unidade de extração proposta, a fase benzeno está bem misturada, com um coeficiente de transferência de massa no filme $k'_L = 3{,}5 \times 10^{-6}$ m/s. A fase aquosa está também bem misturada, com seu coeficiente de transferência de massa $k_L = 2{,}5 \times 10^{-5}$ m/s. Determine:

a. O coeficiente global de transferência de massa na fase líquida, K'_L, baseado na fase benzeno.

b. O coeficiente global de transferência de massa na fase líquida, K_L, baseado na fase aquosa.

c. O percentual da resistência à transferência de massa encontrada no filme de líquido aquoso.

29.19 Considere o processo de tratamento de água mostrado na figura adiante. Nesse processo, água residuária, contendo uma concentração de TCE dissolvido de 50 gmol/m³, entra em um clarificador que é essencialmente um tanque raso de mistura perfeita, com uma superfície líquida exposta. O diâmetro global do tanque é 20,0 m e a altura máxima do líquido no tanque é 4,0 m. O clarificador é fechado de modo a conter os gases que são emitidos da água residuária. Ar fresco é soprado para esse tanque, de modo a retirar do clarificador os gases emitidos, que são levados para um incinerador. O teor de TCE foi medido nas amostras da fase gasosa do efluente e da fase líquida do efluente. A composição de TCE no gás efluente é 4,0% em mol, enquanto a concentração de TCE dissolvido na fase líquida do efluente é 10 gmol de TCE/m³ de líquido. O clarificador opera a 1,0 atm e a uma temperatura constante de 20°C. Em estudos independentes em uma planta-piloto para transferir a espécie TCE, o coeficiente de transferência de massa no filme de líquido para o clarificador foi $k_x = 200$ gmol/m² · s, enquanto o coeficiente de transferência de massa no filme gasoso para o clarificador foi $k_y = 0{,}1$ gmol/m² · s. Os dados de equilíbrio para o sistema ar-TCE-água a 20°C está representado pela lei de Henry da forma $P_{A,i} = H \cdot x_{A,i}$, com $H = 550$ atm.

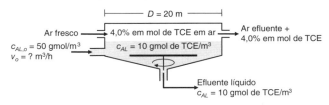

a. Qual é o coeficiente global de transferência de massa baseado na fase líquida (K_L)?

b. Qual é o *fluxo* de TCE proveniente da superfície líquida do clarificador?

c. Desenvolva um modelo de balanço de massa, em regime estacionário e mistura perfeita, para o processo. Qual é a taxa volumétrica de água residuária, v_o (em unidades de m³/h), necessária para assegurar que a concentração de TCE no efluente líquido é $c_{AL} = 10$ gmol de TCE/m³?

29.20 Amônia (NH_3) em ar está sendo absorvida em água dentro de um tanque fechado mostrado na figura a seguir. As fases líquida e gasosa estão ambas bem misturadas e a transferência de massa ocorre somente na interface exposta líquido-gás. O diâmetro do tanque cilíndrico é 4,0 m e o volume total de líquido dentro do tanque é constante. A pressão parcial de NH_3 no seio do gás é mantida a 0,020 atm e a pressão total do gás é constante a 1,0 atm. O sistema é isotérmico a 20°C. A taxa volumétrica de escoamento de água na entrada é 200 L/h (0,20 m³/h) e não há NH_3 na corrente líquida de entrada (isto é, $c_{AL,o} = 0$). Pode-se supor que a lei de Henry descreve adequadamente a distribuição de equilíbrio de NH_3 entre as fases gasosa e líquida, dada por $P_{A,i} = H \cdot c_{AL,i}$, com $H = 0{,}020$ m³ · atm/kgmol. Os coeficientes de transferência de massa para os filmes de gás e de líquido são $k_G = 1{,}25$ kgmol/m² · h · atm e $k_L = 0{,}05$ kgmol/(m² · h · (kgmol/m³)), respectivamente.

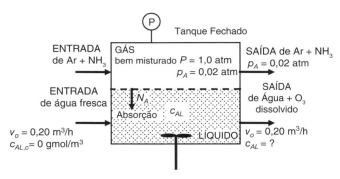

a. Desenvolva uma equação de balanço de massa para NH_3 (soluto A). Então, determine c_{AL}, a concentração de NH_3 dissolvido na corrente de saída do líquido. Nos balanços de massa envolvendo a transferência de massa na interface, baseie-se no balanço de massa em uma fase. Para esse processo, considere um balanço de massa para NH_3 baseado na fase líquida.

b. Determine $p_{A,i}$, a pressão parcial de NH_3 na interface líquido-gás, e $c_{AL,i}$, a concentração de NH_3 dissolvida no lado do líquido da interface líquido-gás.

c. Determine W_A, a taxa total de transferência de amônia.

d. No sistema mencionado, o *fluxo* N_A aumentaria, se uma das seguintes variáveis aumentasse: o nível de volume de líquido no tanque em uma área fixa da superfície; a intensidade da agitação do seio líquido; a intensidade da agitação do seio gasoso; a taxa volumétrica do líquido de entrada; a temperatura do sistema?

CAPÍTULO

30

Correlações para a Transferência de Massa por Convecção

Até agora, consideramos a transferência de massa por convecção sob um ponto de vista analítico e a partir de relações desenvolvidas para os transportes análogos de momento e de calor por convecção. Embora essas considerações tenham dado uma visão dos mecanismos da transferência de massa por convecção, a validade da análise tem de ser comprovada pela comparação com dados experimentais. Neste capítulo, apresentaremos correlações adimensionais para os coeficientes de transferência de massa baseados em dados experimentais. Não haverá tentativa de revisão de todos os trabalhos sobre transferência de massa, uma vez que revisões estão disponíveis em várias referências excelentes.[1,2,3] Todavia, correlações serão apresentadas para mostrar que as formas de muitas dessas equações são na verdade previstas pelas expressões analíticas deduzidas no Capítulo 28. Correlações adicionais serão dadas para aquelas situações que não foram tratadas analiticamente com sucesso.

No Capítulo 28, vários números adimensionais foram introduzidos como importantes parâmetros usados na correlação de dados de transporte por convecção. Antes de apresentar as correlações de transferência de massa por convecção, vamos resumir na Tabela 30.1 as variáveis adimensionais que têm sido frequentemente apresentadas em correlações reportadas, em que L é dado como o comprimento característico para o escoamento de fluidos em torno de uma superfície associada com o processo de transferência de massa por convecção. Os números de Sherwood e de Stanton são parâmetros adimensionais que envolvem o coeficiente de transferência de massa. Os números de Schmidt, Lewis e Prandtl são necessários quando dois processos separados de transporte por convecção estão envolvidos simultaneamente, e os números de Reynolds, Peclet e Grashof são usados na descrição do escoamento. Os dois fatores j são incluídos na Tabela 30.1, visto que eles são frequentemente utilizados para desenvolver uma nova correlação para transferência de massa baseada no coeficiente de transferência de calor previamente definido, como discutido no Capítulo 28.

---

[1] W. S. Norman, *Absorption, Distillation and Cooling Towers*, John Wiley & Sons, Nova York, 1961; C. J. Geankoplis, *Mass Transfer Phenomena*, Holt, Rinehart, and Winston, Nova York, 1961; A. H. P. Skelland, *Diffusional Mass Transfer*, John Wiley & Sons, Nova York, 1974; T. K. Sherwood, R. L. Pigford e C. R. Wilke, *Mass Transfer*, McGraw-Hill Inc., Nova York, 1975; L. J. Thibodeaux, *Chemodynamics—Environmental Movement of Chemicals in Air, Water and Soil*, John Wiley & Sons, Nova York, 1979; R. E. Treybal, *Mass Transfer Operations*, McGraw-Hill Book Company, Nova York, 1980.

[2] E. L. Cussler, *Diffusion-Mass Transfer in Fluid Systems*, 2. ed., Cambridge University Press, 1997.

[3] S. Middleman, *An Introduction to Heat and Mass Transfer*, John Wiley & Sons, Nova York, 1998.

Tabela 30.1 Números adimensionais usados nas correlações de dados de transferência de massa

Nome	Símbolo	Grupo Adimensional
Número de Reynolds	Re	$\dfrac{v_\infty \rho L}{\mu} = \dfrac{v_\infty L}{\nu}$
Número de Sherwood	Sh	$\dfrac{k_c L}{D_{AB}}$
Número de Schmidt	Sc	$\dfrac{\mu}{\rho D_{AB}} = \dfrac{\nu}{D_{AB}}$
Número de Lewis	Le	$\dfrac{\alpha}{D_{AB}} = \dfrac{k}{\rho\, c_p\, D_{AB}}$
Número de Prandtl	Pr	$\dfrac{\nu}{\alpha} = \dfrac{\mu\, c_p}{k}$
Número de Peclet	Pe_{AB}	$\dfrac{v_\infty L}{D_{AB}} = ReSc$
Número de Stanton	St_{AB}	$\dfrac{k_c}{v_\infty}$
Número de Grashof	Gr	$\dfrac{L^3 \rho\, g\, \Delta\rho}{\mu^2}$
Fator j de transferência de massa	j_D	$\dfrac{k_c}{v_\infty}\,(Sc)^{2/3}$
Fator j de transferência de calor	j_H	$\dfrac{h}{\rho\, c_p v_\infty}\,(Pr)^{2/3}$

▶ **30.1**

TRANSFERÊNCIA DE MASSA EM PLACAS, ESFERAS E CILINDROS

Um grande número de dados foi obtido para a transferência de massa entre um fluido em movimento e certas formas, tais como placas planas, esferas e cilindros. As técnicas empregadas incluem a sublimação de um sólido, vaporização de um líquido para o ar e a dissolução de um sólido em água. Para correlacionar os dados em termos dos parâmetros adimensionais, essas equações empíricas podem ser estendidas a outros fluidos em movimento e superfícies geometricamente similares.

Placa Plana

Vários pesquisadores mediram a evaporação de uma superfície líquida livre ou a sublimação de uma superfície sólida plana e volátil para uma corrente de ar controlada. Os coeficientes de transferência de massa obtidos desses experimentos se comparam favoravelmente aos coeficientes de transferência de massa teoricamente previstos para as camadas-limite laminar e turbulenta. Como descrito no Capítulo 28, para o escoamento laminar, a correlação apropriada para o coeficiente médio de transferência de massa ao longo de um comprimento característico L é

$$Sh_L = \frac{k_c L}{D_{AB}} = 0{,}664\, Re_L^{1/2} Sc^{1/3} \quad (Re_L < 2 \times 10^5) \tag{28-29}$$

e, para o escoamento turbulento, a correlação apropriada para o coeficiente médio de transferência de massa é

$$Sh_L = \frac{k_c L}{D_{AB}} = 0{,}0365\, Re_L^{0,8} Sc^{1/3} \quad (Re_L > 2 \times 10^5) \tag{30-1}$$

com Re_L definido como

$$Re_L = \frac{\rho v_\infty L}{\mu}$$

em que L é o comprimento da placa plana na direção do escoamento. A uma distância x do início da placa, a solução exata do problema da camada-limite laminar, resultando na previsão teórica para o número de Sherwood local, é dada por

$$Sh_x = \frac{k_c x}{D_{AB}} = 0{,}332\, Re_x^{1/2} Sc^{1/3} \qquad (28\text{-}24)$$

e para o escoamento turbulento, o número de Sherwood local, determinado pela análise aproximada da camada-limite, é dado por

$$Sh_x = \frac{k_c x}{D_{AB}} = 0{,}0292\, Re_x^{0{,}8} Sc^{1/3} \qquad (30\text{-}2)$$

em que o número de Reynolds local, Re_x, é definido como

$$Re_x = \frac{\rho v_\infty x}{\mu}$$

As equações anteriores podem também ser expressas em termos do fator j, lembrando que

$$j_D = \frac{k_c}{v_\infty} Sc^{2/3} = \frac{k_c L}{D_{AB}} \frac{\mu}{L v_\infty \rho} \frac{D_{AB} \rho}{\mu} \left(\frac{\mu}{\rho D_{AB}}\right)^{2/3} = \frac{Sh_L}{Re_L Sc^{1/3}} \qquad (28\text{-}56)$$

Rearranjando as equações (28-29) e (30-1), obtemos

$$j_D = 0{,}664\, Re_L^{-1/2} \quad (\text{laminar}, Re_L < 2 \times 10^5) \qquad (30\text{-}3)$$

e

$$j_D = 0{,}365\, Re_L^{-0{,}2} \quad (\text{turbulento}, Re_L > 3 \times 10^6) \qquad (30\text{-}4)$$

Essas equações podem ser usadas se o número de Schmidt estiver na faixa de $0{,}6 < Sc < 2500$. O fator j para a transferência de massa é também igual ao fator j para a transferência de calor na faixa do número de Prandtl de $0{,}6 < Pr < 100$ e é igual a $C_f/2$.

O Capítulo 28 ilustra o uso das equações da camada-limite para calcular o valor pontual e o valor médio dos coeficientes convectivos de transferência de massa para um escoamento sobre uma placa plana. Na maioria das situações, as camadas-limite hidrodinâmica e mássica iniciam na mesma posição ao longo da direção x, a direção do escoamento do fluido. Todavia, ocorrem algumas situações nas quais as camadas-limite hidrodinâmica e mássica têm diferentes posições de início, como ilustrado na Figura 30.1. O fluido escoa sobre uma porção de uma superfície inerte antes de escoar sobre uma superfície que pode também servir como uma fonte ou sorvedouro para a transferência de

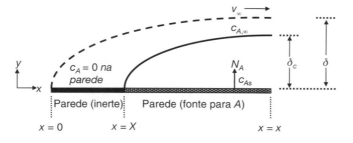

Figura 30.1 Escoamento laminar sobre uma placa plana com o início da camada-limite hidrodinâmica antes da camada-limite mássica.

massa. Em consequência, a camada-limite hidrodinâmica começa a se desenvolver antes da camada-limite mássica, de modo que as condições de contorno para a concentração da espécie transferida, espécie A, tornam-se

$$0 \leq x < X, c_A = c_{A\infty}$$

$$X \leq x < \infty, c_A = c_{As}$$

Considere também uma situação análoga para o escoamento sobre uma placa plana na qual existe um comprimento inicial não aquecido antes da zona aquecida. Nesse caso, as temperaturas na superfície da parede são

$$0 \leq x < X, T_{\text{parede}} = T_\infty$$

$$X \leq x < \infty, T_{\text{parede}} = T_s$$

e as camadas-limite hidrodinâmica e térmica têm diferentes pontos de início. O número de Nusselt local para a transferência de calor é

$$\mathrm{Nu}_x = 0{,}332 \, \mathrm{Re}_x^{1/2} \left(\frac{\mathrm{Pr}}{1 - \left(\dfrac{X}{x}\right)^{3/4}} \right)^{1/3} \tag{30-5}$$

usando a abordagem analítica descrita no Capítulo 19. A partir desse resultado, o número de Sherwood local para o fenômeno análogo de transferência de massa é

$$\mathrm{Sh}_x = 0{,}332 \, \mathrm{Re}_x^{1/2} \left(\frac{\mathrm{Sc}}{1 - \left(\dfrac{X}{x}\right)^{3/4}} \right)^{1/3} \tag{30-6}$$

Esfera Única

O número de Sherwood (Sh) e o número de Reynolds (Re) para o escoamento em torno de uma esfera são definidos como

$$\mathrm{Sh} = \frac{k_c D}{D_{AB}}$$

e

$$\mathrm{Re} = \frac{\rho \, \mathrm{v}_\infty D}{\mu}$$

em que D é o diâmetro da esfera, D_{AB} é o coeficiente de difusão da espécie A que se difunde em uma espécie gasosa ou líquida B, v_∞ é a velocidade do fluido na camada externa que envolve a esfera, ρ e μ são a densidade e a viscosidade da mistura fluida, respectivamente, usualmente aproximada como espécie B na concentração diluída de A. As correlações de transferência de massa para uma única esfera consideram a soma das contribuições da difusão molecular e da convecção forçada.

$$\mathrm{Sh} = \mathrm{Sh}_o + C \, \mathrm{Re}^m \mathrm{Sc}^{1/3}$$

em que C e m são constantes da correlação. Se não houver convecção forçada, então o número de Sherwood é igual a 2,0. Esse valor pode ser deduzido teoricamente considerando o fluxo molecular difusivo da espécie A a partir de uma esfera para um sorvedouro infinito do fluido estagnado B. Dessa forma, a equação generalizada se torna

$$\mathrm{Sh} = 2{,}0 + C \, \mathrm{Re}^m \, \mathrm{Sc}^{1/3}$$

Para transferência de massa para correntes de líquidos, a equação de Brian e Hales[4]

$$\text{Sh} = \frac{k_L D}{D_{AB}} = \left(4{,}0 + 1{,}21\,\text{Pe}_{AB}^{2/3}\right)^{1/2} \tag{30-7}$$

correlaciona os dados em que o número de Peclet para transferência de massa, Pe_{AB}, é menor que 10.000. Na Tabela 30.1, lembre-se de que Pe_{AB} é o produto dos números de Reynolds e Schmidt, ReSc. Para números de Peclet maiores que 10.000, Levich[5] recomenda a relação mais simples

$$\text{Sh} = \frac{k_L D}{D_{AB}} = 1{,}01\,\text{Pe}_{AB}^{1/3} \tag{30-8}$$

Para transferência de massa para correntes gasosas, a equação de Fröessling[6]

$$\text{Sh} = \frac{k_c D}{D_{AB}} = 2{,}0 + 0{,}552\,\text{Re}^{1/2}\,\text{Sc}^{1/3} \tag{30-9}$$

correlaciona os dados com números de Reynolds variando de 2 a 800 e com números de Schmidt variando de 0,6 a 2,7. Dados de Evnochides e Thodos[7] estenderam a equação de Fröessling para uma faixa de Reynolds de 1500 a 12.000 e o número de Schmidt na faixa de 0,6 a 1,85.

As equações (30-7) a (30-9) podem ser usadas para descrever os coeficientes de transferência de massa por convecção forçada somente quando os efeitos da convecção livre ou natural forem desprezíveis — isto é,

$$\text{Re} \geq 0{,}4\,\text{Gr}^{1/2}\,\text{Sc}^{-1/6} \tag{30-10}$$

A correlação a seguir de Steinberger e Treybal[8] é recomendada quando a transferência ocorre na presença de convecção natural:

$$\text{Sh} = \text{Sh}_o + 0{,}347\left(\text{Re}\,\text{Sc}^{1/2}\right)^{0{,}62} \tag{30-11}$$

sendo Sh_o dependente de GrSc, dado por

$$\text{Sh}_o = 2{,}0 + 0{,}569(\text{GrSc})^{0{,}25}, \quad \text{GrSc} \leq 10^8 \tag{30-12}$$

$$\text{Sh}_o = 2{,}0 + 0{,}0254(\text{GrSc})^{1/3}(\text{Sc})^{0{,}244}, \quad \text{GrSc} \geq 10^8 \tag{30-13}$$

Da Tabela (30.1), o número de Grashof é definido como

$$\text{Gr} = \frac{D^3 \rho_L\, g\,\Delta\rho}{\mu_L^2} = \frac{D^3 \rho_L\, g\,(\rho_L - \rho_G)}{\mu_L^2}$$

em que a densidade, ρ_L, e a viscosidade, μ_L, são obtidas nas condições macroscópicas do fluido em escoamento e ρ_G é a densidade do gás, obtida na temperatura e pressão da bolha de gás. A previsão para Sh é válida quando $2 < \text{Re} < 3 \times 10^4$ e $0{,}6 < \text{Sc} < 3200$.

---

[4] P.L.T. Brian e H.B. Hales, *A.I.Ch.E J.*, **15**, 419 (1969).

[5] V. G. Levich, *Physicochemical Hydrodynamics*, Prentice-Hall, Englewood Cliffs, NJ, (1962).

[6] N. Fröessling, *Gerlands Beitr. Geophys*, **52**, 170 (1939).

[7] S. Evnochides e G. Thodos, *A.I.Ch.E.J.*, **5**, 178 (1960).

[8] R. L. Steinberger e R. E. Treybal, *A.I.Ch.E. J.*, **6**, 227 (1960).

Exemplo 1

Estime a distância que uma gota esférica de água líquida, originalmente com 1,0 mm de diâmetro, deve cair no ar seco e parado, a 323 K, de modo que seu volume seja reduzido em 50%. Admita que a velocidade é sua velocidade terminal, calculada em seu diâmetro médio, e que a temperatura da água permaneça igual a 293 K. Calcule todas as propriedades do gás na temperatura média do filme, igual a 308 K.

O sistema físico requer uma análise combinada dos transportes de momento e de massa. A gota de água líquida é a fonte de transferência de massa, o ar no seu entorno serve como sorvedouro infinito e o vapor de água (espécie A) é a espécie que se transfere. A taxa de evaporação é suficientemente pequena de modo que a gota de água é considerada isotérmica a 293 K. A velocidade terminal da gota é dada por

$$v_o = \sqrt{\frac{4\,d_p(\rho_w - \rho_{\text{ar}})g}{3\,C_D\,\rho_{\text{ar}}}}$$

em que d_p é o diâmetro da partícula, ρ_w é a densidade da gota de água, ρ_{ar} é a densidade do fluido (ar) ao redor da gota, g é a aceleração da gravidade e C_D é o coeficiente de arraste, que é uma função do número de Reynolds da partícula esférica, conforme ilustrado na Figura 12.4. O diâmetro da partícula é obtido na média aritmética do diâmetro da gota que está evaporando:

$$\bar{d}_p = \frac{d_{p,o} + d_p}{2} = \frac{d_{p,o} + (0,5)^{1/3}d_{p,o}}{2} = 8,97 \times 10^{-4}\ \text{m}$$

A 293 K, a densidade da gota de água (ρ_w) é 995 kg/m^3. A 308 K, a densidade do ar é 1,14 kg/m^3 e a viscosidade do ar é $1,91 \times 10^{-5}$ kg/m · s. Substituindo esses valores na equação da velocidade terminal, tem-se

$$v_o = \sqrt{\frac{(4)\left(8,97 \times 10^{-4}\ \text{m}\right)\left(9,95 \times 10^2\ \text{kg/m}^3 - 1,14\ \text{kg/m}^3\right)\left(9,8\ \text{m/s}^2\right)}{(3)(1,14\ \text{kg/m}^3)C_D}} = \sqrt{\frac{10,22\ \text{m}^2/\text{s}^2}{C_D}}$$

O cálculo de v_o requer tentativa e erro. Primeiro, propõe-se um valor de v_o, o número de Reynolds é calculado e C_D é lido da Figura 12.4. Para começar, suponha $v_o = 3,62$ cm/s. O número de Reynolds é

$$\text{Re} = \frac{d_p v_o \rho_{\text{ar}}}{\nu_{\text{ar}}} = \frac{\left(8,97 \times 10^{-4}\ \text{m}\right)\left(3,62\ \text{m/s}\right)\left(1,14\ \text{kg/m}^3\right)}{1,19 \times 10^{-5}\ \text{kg/m} \cdot \text{s}}$$

e da Figura 12.4, $C_D = 0,78$. Recalcule agora v_o:

$$v_o = \sqrt{\frac{10,22\ \text{m}^2/\text{s}^2}{C_D}} = \sqrt{\frac{10,22\ \text{m}^2/\text{s}^2}{0,78}} = 3,62\ \text{m/s}$$

Assim, o valor estimado para v_o está correto. O número de Schmidt tem de ser calculado agora. Do Apêndice J.1, a difusividade do gás (D_{AB}) para o vapor de água no ar a 298 K é $2,60 \times 10^{-5}$ m^2/s, que é o valor corrigido para a temperatura desejado por

$$D_{AB} = \left(2,60 \times 10^{-5}\ \text{m}^2/\text{s}\right)\left(\frac{308\ \text{K}}{298\ \text{K}}\right)^{3/2} = 2,73 \times 10^{-5}\ \text{m}^2/\text{s}$$

O número de Schmidt é

$$\text{Sc} = \frac{\mu_{\text{ar}}}{\rho_{\text{ar}} D_{AB}} = \frac{\left(1,91 \times 10^{-5}\ \text{kg/m} \cdot \text{s}\right)}{\left(1,14\ \text{kg/m}^3\right)\left(0,273 \times 10^{-4}\ \text{m}^2/\text{s}\right)} = 0,61$$

A equação de Fröessling (30-9) pode agora ser usada para calcular o coeficiente de transferência de massa do vapor de água da superfície da gota para ar do entorno:

$$\frac{k_c d_p}{D_{AB}} = 2 + 0,552\,\text{Re}^{1/2}\text{Sc}^{1/3}$$

ou

$$k_c = \frac{D_{AB}}{d_p}\left(2 + 0,552\,\text{Re}^{1/2}\text{Sc}^{1/3}\right)$$

$$= \frac{\left(0,273 \times 10^{-4}\ \text{m}^2/\text{s}\right)}{8,97 \times 10^{-4}\ \text{m}}\left(2,0 + 0,552(194)^{1/2}(0,61)^{1/3}\right) = 0,276\ \text{m/s}$$

576 ▶ Capítulo 30

A taxa média de evaporação da água da gota é

$$W_A = 4\pi r_p^2 N_A = 4\pi r_p^2 k_c (c_{As} - c_{A\infty})$$

A concentração do ar seco, $c_{A,\infty}$, é zero, e o entorno é suposto como um sorvedouro infinito de transferência de massa. A concentração do vapor de água em fase gasosa na superfície da gota líquida é calculada a partir da pressão de vapor da água a 293 K:

$$c_{As} = \frac{P_A}{RT} = \frac{2,33 \times 10^3 \text{ Pa}}{\left(8,314 \dfrac{\text{Pa} \cdot \text{m}^3}{\text{gmol} \cdot \text{K}}\right)(293 \text{ K})} = 0,956 \frac{\text{gmol}}{\text{m}^3}$$

Quando substituímos os valores conhecidos na equação da taxa de evaporação, obtemos

$$W_A = 4\pi \left(4,48 \times 10^{-4} \text{ m}\right)^2 (0,276 \text{ m/s})(0,956 \text{ gmol}/\text{m}^3 - 0) = 6,65 \times 10^{-7} \text{ gmol/s}$$

ou $1,2 \times 10^{-8}$ kg/s em base mássica. A quantidade de água evaporada é

$$m_A = \rho_w \Delta V = \rho_w (V(t_1) - V(t_2)) = \frac{\rho_w V(t_1)}{2}$$

$$= \frac{\rho_w}{2} \frac{4\pi}{3} r_p^3 = \frac{4\pi}{6} \left(9,95 \times 10^2 \text{ kg/m}^3\right)\left(4,48 \times 10^{-4} \text{ m}\right)^3 = 1,87 \times 10^{-7} \text{ kg}$$

O tempo necessário para reduzir o volume por 50% é

$$t = \frac{m_A}{W_A} = \frac{1,87 \times 10^{-7} \text{ kg}}{1,20 \times 10^{-8} \text{ kg/s}} = 15,6 \text{ s}$$

Finalmente, a distância da queda é igual a $v_o t$ ou 56,5 m.

Bolhas Esféricas

Considere um processo no qual uma bolha de gás é borbulhada em uma coluna de líquido, como mostrado na Figura 30.2. Usualmente, as bolhas de gás esféricas são produzidas em porções ou aglomerados pelo orifício que alimenta o gás no líquido. As bolhas de gás sobem no líquido pelo processo de convecção natural em que a camada-limite hidrodinâmica é formada no líquido em torno da superfície externa da bolha de gás.

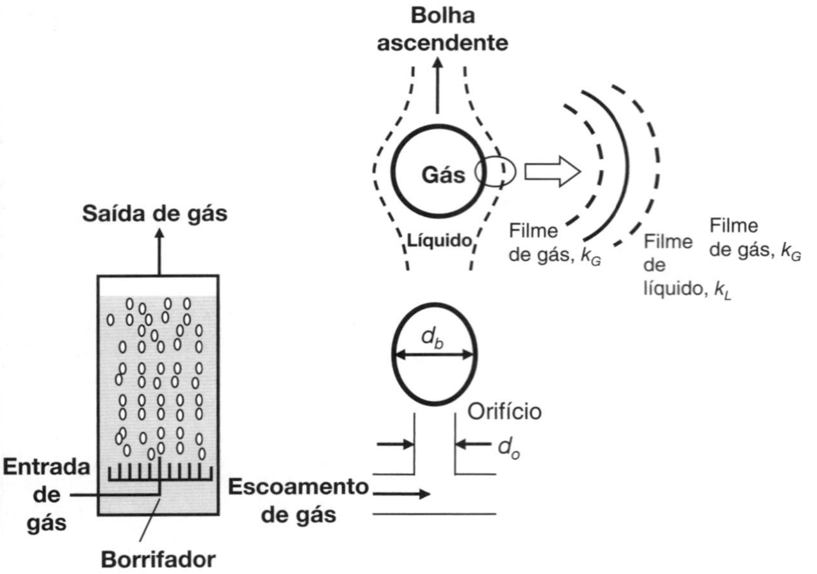

Diferentemente do caso da esfera rígida única previamente descrito, uma circulação viscosa também ocorre dentro da bolha deformável à medida que ela ascende através do líquido. Consequentemente, a correlação para uma única esfera falha em descrever acuradamente o transporte de massa na vizinhança da interface líquido-gás de uma bolha ascendente. Calderbank e Moo–Young[9] recomendam a seguinte correlação de dois pontos para o coeficiente de transferência de massa associado com a transferência de um soluto gasoso A pouco solúvel no solvente B por uma porção de bolhas em um processo de convecção natural.

Para diâmetros de bolhas de gás menores que 2,5 mm, use

$$\text{Sh} = \frac{k_L d_b}{D_{AB}} = 0,42 \, \text{Gr}^{1/3} \text{Sc}^{1/2} \tag{30-14}$$

Figura 30.2 Bolhas de gás dispersas em uma coluna de líquido.

---

[9] P. H. Calderbank e M. Moo–Young, *Chem. Eng. Sci.*, **16**, 39 (1961).

Para diâmetros de bolhas maiores ou iguais a 2,5 mm, use

$$\text{Sh} = \frac{k_L d_b}{D_{AB}} = 0,42\,\text{Gr}^{1/3}\text{Sc}^{1/2} \tag{30-15}$$

Nas correlações anteriores, o número de Grashof é definido como

$$\text{Gr} = \frac{d_b^3 \rho_L g \Delta\rho}{\mu_L^2} = \frac{d_b^3 \rho_L g (\rho_L - \rho_G)}{\mu_L^2}$$

em que $\Delta\rho$ é a diferença entre a densidade do seio líquido e a densidade do gás dentro da bolha, com densidade (ρ_L) e viscosidade (μ_L) determinadas nas propriedades médias do seio da mistura líquida. Para soluções diluídas, as propriedades do solvente são próximas às propriedades da mistura líquida. O coeficiente de difusão D_{AB} se refere ao soluto A no solvente B.

Cilindro Único

Vários pesquisadores estudaram a sublimação de um cilindro sólido para o ar escoando perpendicular ao seu eixo. Resultados adicionais sobre a dissolução de cilindros sólidos em uma corrente turbulenta de água foram também publicados. Bedingfield e Drew[10] correlacionaram os dados disponíveis para obter

$$\frac{k_G P(\text{Sc})^{0,56}}{G_M} = \frac{k_c(\text{Sc})^{0,56}}{v_\infty} = 0,281(\text{Re}_D)^{-0,4} \tag{30-16}$$

que é válida para $400 < \text{Re}_D < 25.000$ e $0,6 < \text{Sc} < 2,6$. Nessa correlação, P é a pressão total do sistema e G_M é a velocidade molar superficial do gás que escoa perpendicular ao cilindro, sendo expressa em unidades de kgmol/m² · s. O número de Reynolds, Re_D, é expresso como

$$\text{Re}_D = \frac{\rho v_\infty D}{\mu}$$

em que D é o diâmetro do cilindro, v_∞ é a velocidade do fluido normal ao cilindro e ρ e μ para a corrente gasosa são calculados na temperatura média do filme.

A analogia completa entre transferência de momento, de calor e de massa deixa de ocorrer quando o escoamento se dá em torno de corpos arredondados, como esferas e cilindros. A força de arraste total inclui o atrito devido à forma em adição ao atrito devido à superfície; assim, o fator j não será igual a $C_f/2$. Entretanto, a analogia entre transferência de calor e de massa, $j_H = j_D$ ainda se mantém. Dessa forma, o coeficiente de transferência de massa para um único cilindro que não satisfaça as faixas especificadas para a equação (30-16) pode ser calculado usando a analogia de Chilton–Colburn e as relações de transferência de calor descritas no Capítulo 20.

Exemplo 2

Em um aparelho de umidificação, água escoa em um filme fino pelas paredes de um cilindro vertical. Ar seco a 310 K e $1,013 \times 10^5$ Pa (1 atm) escoa transversalmente ao cilindro de 0,076 m de diâmetro e 1,22 m de comprimento, com uma velocidade 4,6 m/s. A temperatura do filme líquido é 290 K. Calcule a taxa com que o líquido deve ser suprido no topo do cilindro, se a superfície inteira do cilindro for usada para o processo de evaporação e nenhuma água gotejar da base do cilindro.

O filme líquido no exterior do cilindro representa a fonte para transferência de massa e a corrente de ar que escoa perpendicular ao cilindro representa um sorvedouro infinito. As propriedades da corrente de ar são calculadas na temperatura média de filme de 300 K e podem ser obtidas no Apêndice I, com $\rho = 1,1769$ kg/m³ e $\nu = 1,5689 \times 10^{-5}$ m²/s a 300 K e 1 atm. O número de Reynolds é

$$\text{Re}_D = \frac{v_\infty D}{\nu_{\text{ar}}} = \frac{(4,6\ \text{m/s})(0,076\ \text{m})}{1,5689 \times 10^{-5}\ \text{m}^2/\text{s}} = 22.283$$

---

[10] C. H. Bedingfield e T.B. Drew, *Ind. Eng. Chem.*, **42**, 1164 (1950).

578 ▶ Capítulo 30

Do Apêndice J, Tabela J.1, o coeficiente de difusão do vapor de água no ar a 298 K e 1,0 atm é $2,6 \times 10^{-5}$ m²/s, o qual, corrigido para a temperatura, torna-se

$$D_{AB} = \left(2,60 \times 10^{-5} \text{ m}^2/\text{s}\right)\left(\frac{300 \text{ K}}{298 \text{ K}}\right)^{3/2} = 2,63 \times 10^{-5} \text{ m}^2/\text{s}$$

O número de Schmidt é

$$Sc = \frac{\nu_{ar}}{D_{AB}} = \frac{1,5689 \times 10^{-5} \text{ m}^2/\text{s}}{2,63 \times 10^{-5} \text{ m}^2/\text{s}} = 0,60$$

A velocidade molar superficial do ar normal ao cilindro é

$$G_M = \frac{v_\infty \rho_{ar}}{M_{ar}} = \frac{(4,6 \text{ m/s})(1,1769 \text{ kg/m}^3)}{(29 \text{ kg/kg mol})} = 0,187 \frac{\text{kgmol}}{\text{m}^2\text{s}}$$

Substituindo os valores conhecidos na equação (30-16), podemos resolver para o coeficiente de transferência de massa do filme para a fase gasosa

$$k_G = \frac{G_M}{P\, Sc^{0,56}} 0,281(Re_D)^{-0,4}$$

ou

$$k_G = \frac{0,281\left(0,187 \text{ kgmol}/\text{m}^2 \cdot \text{s}\right)(22.283)^{-0,4}}{\left(1,013 \times 10^5 \text{ Pa}\right)(0,60)^{0,56}} = 1,26 \times 10^{-8} \frac{\text{kgmol}}{\text{m}^2 \cdot \text{s} \cdot \text{Pa}}$$

O fluxo de água pode ser calculado por

$$N_A = k_G\left(p_{As} - p_{A,\infty}\right)$$

A pressão de vapor da água a 290 K é $1,73 \times 10^3$ Pa ($p_{As} = P_A$) e a pressão parcial do ar seco ($p_{A\infty}$) é zero, quando a corrente de ar ambiente é considerada um sorvedouro infinito para a transferência de massa. Consequentemente,

$$N_A = \left(1,26 \times 10^{-8} \frac{\text{kgmol}}{\text{m}^2 \cdot \text{s} \cdot \text{Pa}}\right)\left(1,73 \times 10^3 \text{ Pa} - 0\right) = 2,18 \times 10^{-5} \frac{\text{kgmol}}{\text{m}^2 \cdot \text{s}}$$

Finalmente, a taxa mássica de alimentação de água para um único cilindro é o produto entre o fluxo e a área superficial externa do cilindro é

$$W_A = N_A M_A(\pi D L) = \left(2,18 \times 10^{-5} \frac{\text{kgmol}}{\text{m}^2 \cdot \text{s}}\right)\left(\frac{18 \text{ kg}}{\text{kgmol}}\right)(\pi)(0,076 \text{ m})(1,22 \text{ m})$$
$$= 1,14 \times 10^{-4} \text{ kg/s}$$

▶ **30.2**

TRANSFERÊNCIA DE MASSA ENVOLVENDO ESCOAMENTO ATRAVÉS DE TUBOS

A transferência de massa a partir das paredes internas de um tubo para um fluido em movimento tem sido estudada extensivamente. A maior parte dos dados foi obtida para a vaporização de líquidos para ar, embora alguns dados tenham sido obtidos para a transferência de massa de um sólido solúvel para um fluido em movimento, em que o sólido reveste a superfície interna do tubo. Sob condições de escoamento *turbulento* de um gás, Gilliland e Sherwood[11] estudaram a vaporização de nove diferentes líquidos no ar escoando no interior de um tubo e obtiveram a correlação

---
[11] E. R. Gilliland e T. K. Sherwood, *Ind. Eng. Chem.*, **26**, 516 (1934).

$$\frac{k_c D}{D_{AB}} \frac{p_{B,ln}}{P} = 0{,}023\, \text{Re}^{0{,}83} \text{Sc}^{0{,}44} \tag{30-17}$$

com

$$\text{Re} = \frac{\rho\, \text{v}_\infty D}{\mu}$$

e

$$\text{Sh} = \frac{k_c D}{D_{AB}}$$

em que D é o diâmetro interno do tubo, v_∞ é a velocidade do fluido que escoa pelo tubo, $p_{B,ln}$ é a média logarítmica da composição do gás de arraste B, P é a pressão total do sistema e D_{AB} é a difusividade mássica do componente A que se difunde no gás de arraste B. Os números de Reynolds e de Schmidt são calculados nas condições macroscópicas (*bulk*) do gás dentro do tubo; para soluções diluídas, pode-se supor que a densidade e a viscosidade do fluido sejam aquelas do gás de arraste, e $p_{B,ln}$ para o gás de arraste se aproxima da pressão total do sistema P. A correlação é válida para gases em que $2000 < \text{Re} < 35.000$ e $0{,}6 < \text{Sc} < 2{,}5$.

Em um estudo subsequente, Linton e Sherwood[12] ampliaram a faixa do número de Schmidt quando estudaram a dissolução do ácido benzoico, ácido cinâmico e β-naftol em vários solventes escoando por um tubo. Combinando os resultados experimentais de Gilliland e Sherwood com os de Linton e Sherwood, a seguinte correlação foi obtida

$$\text{Sh} = \frac{k_L D}{D_{AB}} = 0{,}023\, \text{Re}^{0{,}83} \text{Sc}^{1/3} \tag{30-18}$$

válida para líquidos em que $2000 < \text{Re} < 35.000$ e $1000 < \text{Sc} < 2260$. Os números de Reynolds e de Schmidt são determinados nas condições do líquido dentro do tubo. Novamente, para soluções diluídas, a densidade e a viscosidade do fluido se aproximam das propriedades do solvente de arraste B.

Notamos aqui que o número de Sherwood para a transferência de massa (Sh) é análogo ao número de Nusselt para a transferência de calor (Nu). A similaridade entre as equações (30-18) e a equação de Dittus–Boelter para a transferência de energia (20-28) ilustra o comportamento análogo desses dois fenômenos de transporte.

Para escoamento *laminar* plenamente desenvolvido dentro de um tubo, o coeficiente de transferência de massa, k_c, pode ser determinado por primeiros princípios. Na Figura 30.3, a distribuição de velocidade em escoamento laminar na direção radial é dada por

$$\text{v}_x(r) = \text{v}_{m\acute{a}x}\left[1 - \left(\frac{r}{R}\right)^2\right] = 2 \cdot \text{v}_\infty \cdot \left[1 - \left(\frac{r}{R}\right)^2\right] \tag{8-7}$$

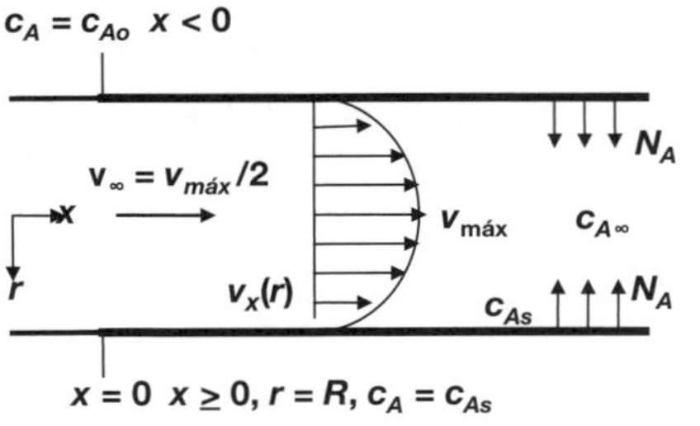

Figura 30.3 Transferência de massa em escoamento laminar no interior do tubo.

A análise de Graetz–Nusselt leva em conta o fluxo das espécies transferidas da parede do tubo para o campo do escoamento laminar. O resultado dessa análise teórica mostra que o coeficiente de transferência de massa depende da posição axial x ao longo do comprimento do tubo:

$$k_{c,x} = \frac{1}{\Gamma(4/3)}\left(\frac{8}{9}\frac{\text{v}_\infty D_{AB}^2}{D \cdot x}\right)^{1/3} \tag{30-19}$$

em que $\Gamma(4/3) = 0{,}89$. A integração da equação (30-19) ao longo da posição axial x fornece o coeficiente médio de transferência de massa no comprimento do tubo, L:

$$k_c = \frac{1}{L}\int_0^L k_c(x)dx = 1{,}62\left(\frac{\text{v}_\infty D_{AB}^2}{L D}\right)^{1/3} \tag{30-20}$$

---

[12] W. H. Linton e T. K. Sherwood, *Chem. Eng. Prog.*, **46**, 258 (1950).

Na forma adimensional, a equação (30-20) se compara bem com a equação de Sieder–Tate, validada experimentalmente para a transferência de massa laminar em um tubo:

$$\text{Sh} = 1{,}86 \left(\frac{v_\infty D^2}{L D_{AB}} \right)^{1/3} = 1{,}86 \left(\frac{D v_\infty}{L} \frac{D \nu}{\nu D_{AB}} \right)^{1/3} = 1{,}86 \left(\frac{D}{L} \text{Re Sc} \right)^{1/3} \qquad (30\text{-}21)$$

A equação (30-21) é válida para Re < 2000 e ReSc(D/L) > 10. A equação (30-21) é análoga à equação (20-27) de Sieder–Tate para a transferência de calor em escoamento laminar dentro de um tubo. A equação (30-21) pode ser também expressa em termos do número de Graetz (Gz), dado por $D/L \cdot \text{ReSc}$ ou $D/L \cdot \text{Pe}_{AB}$. Os Exemplos 3 e 6 apresentam mais detalhes sobre a estimação dos coeficientes convectivos de transferência de massa para escoamentos laminar e turbulento dentro de um tubo.

▶ 30.3

TRANSFERÊNCIA DE MASSA EM COLUNAS DE PAREDE MOLHADA

A maior parte dos dados para a transferência de massa interfases entre um soluto e correntes de arraste de gás e de líquido foi obtida em colunas de paredes molhadas. Em tal coluna, o gás escoa da base para o topo da coluna, como mostrado na Figura 30.4. O líquido é alimentado no topo da coluna e um dispositivo distribui igualmente o escoamento de líquido em torno do perímetro interno do tubo, formando um filme líquido descendente que molha uniformemente a superfície interna do tubo por todo o seu comprimento. O filme líquido é com frequência fino, em geral menos de alguns milímetros, e a velocidade do líquido é relativamente alta devido à aceleração gravitacional. Há duas razões principais para usar colunas de paredes molhadas nos experimentos relacionados à transferência de massa entre fases. Em primeiro lugar, a área de contato entre as duas fases pode ser medida com precisão. Em segundo lugar, os experimentos podem ser prontamente montados para operação em estado estacionário.

O coeficiente convectivo de transferência de massa para o filme de gás, tanto para escoamento laminar quanto para turbulento, é definido pelas correlações (30-17) e (30-21), respectivamente. Uma correlação adequada proposta por Vivian e Peaceman[13] para a transferência de massa por convecção de um soluto gasoso em um filme de líquido descendente que molha uniformemente a superfície interna de um tubo é dada por

$$\text{Sh} = \frac{k_L z}{D_{AB}} = 0{,}433 (\text{Sc})^{1/2} \left(\frac{\rho_L^2 g z^3}{\mu_L^2} \right)^{1/6} (\text{Re}_L)^{0{,}4} \qquad (30\text{-}22)$$

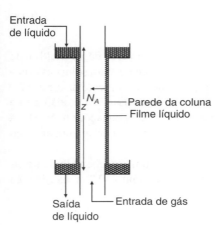

Figura 30.4 Coluna de parede molhada para a transferência de massa interfases de um gás e de um líquido.

em que z é o comprimento de contato do filme descendente, D_{AB} é a difusividade mássica do componente A que se difunde no solvente líquido B, ρ_L é a densidade do líquido, μ_L é a viscosidade do líquido, g é a aceleração da gravidade e Sc é o número de Schmidt para o soluto dissolvido no líquido, calculado na temperatura do filme líquido. O número de Reynolds do líquido escoando na superfície interna do tubo molhado é definido como

$$\text{Re}_L = \frac{4\Gamma}{\mu_L} = \frac{4w}{\pi D \mu_L}$$

em que w é a taxa mássica de líquido (kg/s), D é o diâmetro interno da coluna cilíndrica e Γ é a taxa mássica do líquido por unidade de perímetro molhado da coluna (kg/m · s).

Os coeficientes de transferência de massa no filme líquido, previstos pela equação (30-22), foram 10-20% menores que aqueles previstos pela equação teórica para a absorção de um soluto gasoso, em escoamento laminar, por um filme líquido, como discutido na Seção 26.4. Isso pode ter ocorrido em virtude de ondulações ao longo da superfície do líquido ou de perturbações no escoamento do líquido nas duas extremidades da coluna de parede molhada. Essas discrepâncias entre os

---

[13] L. E. Scriven e R. L. Pigford, *A.I.Ch.E.J.*, **4**, 439 (1958).

Correlações para a Transferência de Massa por Convecção ◀ **581**

valores teóricos e experimentais das taxas de transferência de massa ocorrem na interface líquido-gás. Todavia, experimentos de Scriven e Pigford[13] e outros confirmaram que a resistência interfacial é desprezível em operações normais de transferência de massa entre fases.

Exemplo 3

Tricloroetileno (TCE), um solvente industrial comum, é frequentemente detectado em baixas concentrações em águas residuárias industriais. Esgotamento é um processo comumente utilizado para remover solutos orgânicos voláteis e pouco solúveis, como o TCE, de soluções aquosas. Uma coluna de parede molhada é usada para estudar o esgotamento do TCE da água para o ar a uma temperatura constante e igual a 293 K e pressão total do sistema de 1,0 atm. O diâmetro interno da coluna é 4,0 cm e a altura é 2,0 m. No presente processo, a vazão volumétrica do ar dentro da coluna é 500 cm³/s ($5,0 \times 10^{-4}$ m³/s) e a vazão volumétrica da água é 50 cm³/s ($5,0 \times 10^{-5}$ m³/s). A 293 K, a densidade da água líquida é 998,2 kg/m³ e, portanto, a taxa mássica da água que molha a coluna é $w = 0,05$ kg/s. Estime o valor de K_L, o coeficiente global de transferência de massa baseada na fase líquida para o TCE através dos filmes líquido e gasoso. Suponha que a perda de água por evaporação seja desprezível.

Valores das propriedades físicas relevantes são apresentados a seguir. O processo é muito diluído, de modo que o seio gasoso tenha as propriedades do ar e o seio líquido tenha as propriedades da água. A solubilidade de equilíbrio do TCE em água é descrita pela lei de Henry na forma

$$p_{A,i} = H\, x_{A,i}$$

em que H é 550 atm a 293 K. A difusividade binária da fase gasosa do TCE no ar é de $8,0 \times 10^{-6}$ m²/s a 1,0 atm e 293 K, como determinada pela correlação de Fuller–Shettler–Giddings. A difusividade binária da fase líquida do TCE na água a 293 K é $8,9 \times 10^{-10}$ m²/s, como determinada pela correlação de Hayduk–Laudie.

Com essas informações em mãos das propriedades físicas, nossa estratégia é estimar o coeficiente do filme gasoso k_G, o coeficiente do filme líquido k_L e então o coeficiente global de transferência de massa K_L. Primeiro, a velocidade do seio de gás é

$$\mathrm{v}_\infty = \frac{4Q_g}{\pi D^2} = \frac{4\left(5,0 \times 10^{-4}\,\dfrac{\mathrm{m}^3}{\mathrm{s}}\right)}{\pi (0,04\,\mathrm{m})^2} = 0,40\ \mathrm{m/s}$$

O número de Reynolds para o escoamento do ar através da coluna de parede molhada é

$$\mathrm{Re} = \frac{\rho_{\mathrm{ar}} \mathrm{v}_\infty D}{\mu_{\mathrm{ar}}} = \frac{\left(1,19\,\dfrac{\mathrm{kg}}{\mathrm{m}^3}\right)\left(0,40\,\dfrac{\mathrm{m}}{\mathrm{s}}\right)(0,04\,\mathrm{m})}{\left(1,84 \times 10^{-5}\,\dfrac{\mathrm{kg}}{\mathrm{m \cdot s}}\right)} = 1035$$

e o número de Schmidt para o TCE no ar é

$$\mathrm{Sc} = \frac{\mu_{\mathrm{ar}}}{\rho_{\mathrm{ar}} D_{\mathrm{TCE-ar}}} = \frac{1,84 \times 10^{-5}\,\dfrac{\mathrm{kg}}{\mathrm{m \cdot s}}}{\left(1,19\,\dfrac{\mathrm{kg}}{\mathrm{m}^3}\right)\left(8,08 \times 10^{-6}\,\dfrac{\mathrm{m}^2}{\mathrm{s}}\right)} = 1,91$$

sendo as propriedades do ar encontradas no Apêndice I. Como o escoamento do gás é laminar (Re < 2000), a equação (30-21) para o escoamento laminar dentro de um tubo é adequada para a estimativa de k_c. Portanto,

$$k_c = \frac{D_{AB}}{D}\,1,86\left(\frac{D}{L}\,\mathrm{Re}\,\mathrm{Sc}\right)^{1/3} = \frac{8,0 \times 10^{-6}\ \mathrm{m^2/s}}{0,04\ \mathrm{m}}\,1,86\left(\frac{0,04\ \mathrm{m}}{2,0\ \mathrm{m}}(1035)(1,91)\right)^{1/3} = 1,27 \times 10^{-3}\ \mathrm{m/s}$$

A conversão para k_G é

$$k_G = \frac{k_c}{RT} = \frac{1,27 \times 10^{-3}\,\dfrac{\mathrm{m}}{\mathrm{s}}}{\left(0,08206\,\dfrac{\mathrm{m}^3 \cdot \mathrm{atm}}{\mathrm{kgmol \cdot K}}\right)(293\ \mathrm{K})} = 5,28 \times 10^{-5}\,\frac{\mathrm{kgmol}}{\mathrm{m}^2 \cdot \mathrm{s} \cdot \mathrm{atm}}$$

O coeficiente de transferência de massa do filme líquido é agora calculado. O número de Reynolds para o filme líquido descendente é

$$\mathrm{Re}_L = \frac{4w}{\pi D \mu_L} = \frac{4(0,05\ \mathrm{kg/s})}{\pi(0,04\ \mathrm{m})(9,93 \times 10^{-4}\ \mathrm{kg/m \cdot s})} = 1600$$

e o número de Schmidt é

$$\text{Sc} = \frac{\mu_L}{\rho_L D_{\text{TCE-H}_2\text{O}}} = \frac{\left(9{,}93 \times 10^{-4} \frac{\text{kg}}{\text{m} \times \text{s}}\right)}{\left(998{,}2 \frac{\text{kg}}{\text{m}^3}\right)\left(8{,}90 \times 10^{-10} \frac{\text{m}^2}{\text{s}}\right)} = 1118$$

nos quais as propriedades da água a 293 K se encontram no Apêndice I. A equação (30-22) é adequada para a estimativa do valor de k_L para o filme líquido descendente dentro da coluna de parede molhada.

$$k_L = \frac{D_{AB}}{z} 0{,}433 (\text{Sc})^{1/2} \left(\frac{\rho_L^2 g z^3}{\mu_L^2}\right)^{1/6} (\text{Re}_L)^{0{,}4}$$

$$= \frac{8{,}9 \times 10^{-10} \frac{\text{m}^2}{\text{s}}}{2{,}0 \text{ m}} 0{,}433 (1118)^{1/2} \left(\frac{\left(998{,}2 \frac{\text{kg}}{\text{m}^3}\right)^2 \left(9{,}8 \frac{\text{m}}{\text{s}^2}\right)(2{,}0 \text{ m})^3}{\left(9{,}93 \times 10^{-4} \frac{\text{kg}}{\text{m} \cdot \text{s}}\right)^2}\right)^{1/6} (1600)^{0{,}4}$$

$$= 2{,}55 \times 10^{-5} \text{ m/s}$$

Uma vez que o processo é diluído, a constante da lei de Henry em unidades consistentes com k_L e k_G é

$$H = 550 \text{ atm} \frac{M_{\text{H}_2\text{O}}}{\rho_{L,\text{H}_2\text{O}}} = (550 \text{ atm}) \left(\frac{18 \text{ kg/gmol}}{998{,}2 \text{ kg/m}^3}\right) = 9{,}92 \frac{\text{m}^3 \cdot \text{atm}}{\text{kgmol}}$$

O coeficiente de transferência de massa da fase líquida, K_L, é calculado pela equação (29-22):

$$\frac{1}{K_L} = \frac{1}{k_L} + \frac{1}{H k_G} = \frac{1}{2{,}55 \times 10^{-5} \frac{\text{m}}{\text{s}}} + \frac{1}{\left(9{,}92 \frac{\text{atm} \cdot \text{m}^3}{\text{kgmol}}\right)\left(5{,}28 \times 10^{-5} \frac{\text{kgmol}}{\text{m}^2 \cdot \text{s} \cdot \text{atm}}\right)}$$

ou $K_L = 2{,}43 \times 10^{-5}$ m/s. Como $K_L \to k_L$, o processo é controlado pela transferência de massa na fase líquida, que é característico dos processos de transferência de massa entre fases que envolvem um valor elevado para a constante de Henry.

▶ 30.4

TRANSFERÊNCIA DE MASSA EM LEITOS FIXOS E FLUIDIZADOS

Leitos fixos e fluidizados são usados comumente nas operações de transferência de massa em escala industrial, incluindo adsorção, troca iônica, cromatografia e reações gasosas catalisadas por superfícies sólidas. As configurações básicas dos leitos fixos e fluidizados são comparadas na Figura 30.5.

Inúmeras investigações foram conduzidas para medir coeficientes de transferência de massa em leitos fixos e para correlacionar os resultados. Em geral, a concordância entre os pesquisadores é frequentemente pobre, o que deve ser esperado quando nos deparamos com as dificuldades de executar os experimentos. Sherwood, Pigford e Wilke[14] apresentaram uma representação gráfica de grande parte de dados para a transferência de massa em leitos fixos com uma única fase de fluido e de gás em escoamento. Eles encontraram que uma única linha reta unindo os pontos experimentais representava adequadamente todos os dados. Essa linha é representada por uma equação relativamente simples:

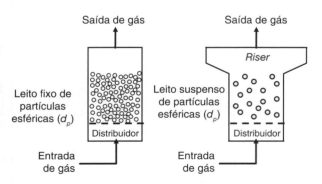

Figura 30.5 Leito fixo *versus* leito fluidizado.

$$j_D = 1{,}17 \, \text{Re}^{-0{,}415} \quad (10 < \text{Re} < 2500) \quad (30\text{-}23)$$

---

[14] T. K. Sherwood, R. L. Pigford, e C. R. Wilke, *Mass Transfer*, McGraw-Hill Book Company, Nova York, 1975.

com

$$Re = \frac{\rho \, d_p \, u_{\text{média}}}{\mu}$$

em que $u_{\text{média}}$ é a velocidade média superficial do gás no leito vazio (m/s) e d_p é o diâmetro médio da partícula equivalente a uma esfera. Se admitimos que as partículas sejam esféricas, então uma aproximação da área superficial para a transferência de massa da partícula para o fluido será dada por

$$A_i = V \frac{A_{\text{esfera}}}{V_e} = V \frac{\pi}{d_p}$$

em que V é o volume do leito vazio, A_{esfera} é a área superficial de uma esfera e V_e é o volume do elemento que envolve uma esfera. A maioria das correlações anteriores para leitos fixos não foi capaz de levar em conta variações na fração de vazios do leito. A fração de vazios no leito fixo é representada por ϵ, o volume do espaço vazio entre as partículas sólidas dividido pelo volume total do espaço vazio mais o das partículas sólidas. Valores de ϵ variam na faixa de 0,3 a 0,5 na maioria dos leitos fixos.

A transferência de massa entre líquidos e leitos de esferas foi estudada por Wilson e Geankoplis,[15] que correlacionaram seus dados por

$$\epsilon \, j_D = \frac{1{,}09}{Re} \tag{30-24a}$$

para $165 < Sc < 70.600$ e $0{,}35 < \varepsilon < 0{,}75$, e por

$$\epsilon \, j_D = \frac{0{,}25}{(Re)^{0{,}31}} \tag{30-24b}$$

para $55 < Re < 1500$ e $165 < Sc < 10.690$. A correlação de Gupta e Thodos[16]

$$\epsilon \, j_D = \frac{2{,}06}{(Re)^{0{,}575}} \tag{30-24c}$$

é recomendada para a transferência de massa entre gases e leitos de esferas na faixa de número de Reynolds $90 < Re < 4000$. Dados acima dessa faixa indicam um comportamento de transição e estão reportados na forma gráfica por Gupta e Thodos.[17]

A transferência de massa em leitos de esferas fluidizados tanto por gás quanto por líquidos foi correlacionada por Gupta e Thodos[18] com a equação

$$\epsilon \, j_D = 0{,}010 + \frac{0{,}863}{(Re)^{0{,}58} - 0{,}483} \tag{30-25}$$

Em um leito fluidizado, o escoamento ascendente do fluido suspende as partículas do fluido se a velocidade do fluido estiver acima da velocidade mínima de fluidização. Uma seção do *riser* aumenta a área da seção transversal, de modo que a velocidade é reduzida para um valor abaixo da velocidade mínima para reter as partículas. Para leitos fluidizados em que correm interações entre as partículas, Kunii e Levenspiel[19] apresentam uma discussão mais detalhada dos processos de transferência de calor e de massa.

---

[15] E. J. Wilson e C. J. Geankoplis, *Ind. Eng. Chem. Fund.*, **5**, 9 (1966).

[16] A. S. Gupta e G. Thodos, *A.I.Ch.E.J.*, **9**, 751 (1963).

[17] A. S. Gupta e G. Thodos, *Ind. Eng. Chem. Fund.*, **3**, 218 (1964).

[18] A. S. Gupta e G. Thodos, *A.I.Ch.E.J.*, **8**, 608 (1962).

[19] D. Kunii e O. Levenspiel, *Fluidization Engineering*, Wiley, Nova York (1969).

30.5 TRANSFERÊNCIA DE MASSA LÍQUIDO-GÁS EM COLUNAS DE BORBULHAMENTO E EM TANQUES AGITADOS

Os processos de transferência entre as fases líquida e gasosa, descritos no Capítulo 29, ocorrem frequentemente devido ao borbulhamento do gás em um líquido de modo a aumentar a área superficial para transferência de massa, como já mostrado na Figura 30.2. Por exemplo, um importante processo industrial é a aeração da água usada no tratamento de águas residuárias e em operações de fermentação aeróbica. Ar é borbulhado na base de um tanque contendo água líquida. Gás oxigênio dentro das bolhas de ar é absorvido pela água, em que é pouco solúvel. Geralmente, as bolhas de ar são produzidas em porções ou aglomerados por um aspersor de gás. O aspersor de gás é tipicamente um tubo ou um anel com orifícios. O balanço entre a tensão superficial e as forças de empuxo determina a formação da bolha.

Há dois tipos de operações de transferência de massa entre gases e líquidos, em que um gás é borbulhado no líquido. O primeiro é a coluna de bolhas, em que o gás é aspergido na base de um tubo cheio com líquido (Figura 30.2). As bolhas ascendem o tubo cheio de líquido por convecção natural e agitam o líquido, e a fase líquida é considerada bem misturada. O segundo é o tanque aerado agitado, em que o gás é aspergido em um tanque cheio com um líquido sendo misturado por um impulsor submerso rotativo. O tanque agitado promove um contato líquido/gás por rompimento das bolhas de gás ascendentes introduzidas na base do tanque e dispersadas em todo o volume de líquido.

Em ambas dessas operações de transferência de massa líquido/gás, a área da transferência de massa entre as fases é definida por

$$a = \frac{A_i}{V} = \frac{\text{área disponível para a transferência de massa entre fases (m}^2\text{)}}{\text{volume de líquido (m}^3\text{)}} \quad (30\text{-}26)$$

Coeficientes de capacidade, baseados em um coeficiente de transferência de massa considerando uma "força motriz de concentração" (por exemplo, k_L), têm unidades inversas do tempo, com uma conversão típica de unidades da forma:

$$k_L a = k_L \frac{A_i}{V} = \left(\frac{\text{m}}{\text{s}}\right)\left(\frac{\text{m}^2}{\text{m}^3}\right) = \text{s}^{-1}$$

Os coeficientes de capacidade não podem ser usados para calcular diretamente o fluxo N_A. Na verdade, eles são usados para calcular a taxa total de transferência de massa, W_A, por

$$W_A = N_A \frac{A_i}{V} V = k_L a V (c_{AL}^* - c_{AL}) \quad (30\text{-}27)$$

Nas colunas de borbulhamento, o coeficiente de transferência de massa do filme líquido k_L é estimado pelas equações (30-14) e (30-15) e o parâmetro "a" é estimado a partir da retenção do gás no líquido aerado. Quando o gás é borbulhado no líquido, o nível do líquido aerado se eleva, como mostrado na Figura 30.6. A razão de retenção do gás, φ_g, é definida como o volume das bolhas de gás por unidade de volume do líquido:

$$\phi_g = \frac{V_g}{V}$$

A área de transferência de massa entre fases por unidade de volume para bolhas de diâmetro médio d_b é dada por

$$\frac{A_i}{V} = \frac{V_g}{V} \cdot \frac{\text{área da bolha}}{\text{volume da bolha}} = \phi_g \frac{\pi d_b^2}{\pi d_b^3/6} = \frac{6\phi_g}{d_b} \quad (30\text{-}28)$$

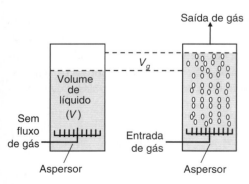

Figura 30.6 Retenção de gás na coluna de borbulhamento.

Para uma coluna de bolhas usando líquidos análogos à água, sem agitação externa, φ_g é estimado por

$$\frac{\phi_g}{(1-\phi_g)^4} = 0,20 \left(\frac{g\,D^2\,\rho_L}{\sigma_L}\right)^{1/8} \left(\frac{g\,D^3}{\nu_L^2}\right)^{1/12} \left(\frac{u_{gs}}{\sqrt{g\,D}}\right) \tag{30-29}$$

em que σ_L é a tensão superficial do líquido, D é o diâmetro da coluna e u_{gs} é a velocidade superficial do gás pela coluna vazia. A razão de retenção do gás é tipicamente menor que 0,20 para grande parte das operações de aspersão. O diâmetro da bolha de gás, d_b, pode também ser estimado por meio de correlação. Para baixas vazões de gás, em que as bolhas de gás ascendentes são separadas, igualando a força de empuxo com a força decorrente da tensão superficial no orifício, o diâmetro da bolha é

$$d_b = \left(\frac{6\,d_o\sigma_L}{g(\rho_L - \rho_G)}\right)^{1/3} \tag{30-30}$$

em que d_o é o diâmetro orifício do aspersor de gás que gera a bolha. O diâmetro da bolha de gás estável em uma coluna de bolhas sem agitação externa é também aproximado pelo diâmetro médio de Sauter, dado por

$$\frac{d_b}{D} = 26\left(\frac{g\,D^2\,\rho_L}{\sigma_L}\right)^{-0,50} \left(\frac{g\,D^3}{\nu_L^2}\right)^{-0,12} \left(\frac{u_{gs}}{\sqrt{g\,D}}\right)^{-0,12} \tag{30-31}$$

Para informações adicionais, o leitor é incentivado a consultar Treybal.[20]

Em tanques aerados, em que a transferência de massa líquido-gás é aumentada com agitação mecânica, devido à contínua colisão das bolhas de gás resultante da aspersão do gás e da agitação mecânica do agitador submerso, a área interfacial para a transferência de massa é impossível de ser estimada ou medida. Consequentemente, os valores medidos dos coeficientes de transferência para tanques agitados aerados são denominados coeficientes de capacidade — por exemplo, $k_L a$ —, em que o coeficiente de transferência de massa (k_L) é englobado junto com o parâmetro a.

Van't Riet[21] reviu muitos estudos de processos de transferência de massa associados com a transferência de oxigênio para líquidos de baixa viscosidade em tanques agitados. As correlações a seguir para os coeficientes de capacidade do filme líquido são válidas para a transferência de massa entre fases do oxigênio para a água líquida. Para um tanque agitado de bolhas de ar coalescentes, uma correlação adequada é

$$(k_L a)_{O_2} = 2,6 \times 10^{-2} \left(\frac{P_g}{V}\right)^{0,4} (u_{gs})^{0,5} \tag{30-32}$$

válida para $V < 2,6$ m^3 de líquido e $500 < P_g/V < 10.000$ W/m^3. Para um tanque agitado de bolhas de ar não coalescentes, uma correlação adequada é

$$(k_L a)_{O_2} = 2 \times 10^{-3} \left(\frac{P_g}{V}\right)^{0,7} (u_{gs})^{0,2} \tag{30-33}$$

que, por sua vez, é válida para $V < 4,4$ m^3 de líquido e $500 < P_g/V < 10.000$ W/m^3. Em ambas as correlações, as seguintes unidades têm de ser estritamente seguidas: $(k_L a)_{O_2}$ é o coeficiente de capacidade do filme na fase líquida para O_2 em água em unidades de s^{-1}, P_g/V é o consumo de potência do tanque aerado por volume de *líquido* em unidades de W/m^3 e u_{gs} é a velocidade superficial do gás escoando através do tanque *vazio* em unidades de m/s, que pode ser obtida dividindo a vazão volumétrica do gás pela área da seção transversal do tanque. Essas correlações concordam com os dados experimentais com acurácia de 20-40% para as equações (30-32) e (30-33), respectivamente, independentemente do tipo de agitador utilizado (por exemplo, pá, marinho ou agitador de turbina na forma de disco plano).

---

[20] R. E. Treybal, *Mass Transfer Operations*, McGraw-Hill Book Company, Nova York, 1980.

[21] K. Van't Riet, *Ind. Eng. Chem. Proc. Des. Dev.,* **18**, 357 (1979).

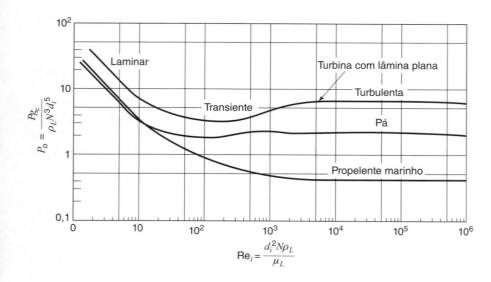

Figura 30.7 Número de potência *versus* o número de Reynolds para agitadores imersos em líquidos monofásicos.[22]

A potência fornecida por unidade de volume de líquido (P/V) é uma função complexa do diâmetro do agitador (d_i), da velocidade de rotação do agitador (N), da geometria do agitador, da viscosidade do líquido, da densidade do líquido e da taxa de aeração. Uma correlação mostrada na Figura 30.7 para uma agitação não aerada, isenta de vórtice, de um fluido newtoniano provê uma aproximação razoável para estimar a alimentação da potência não aerada P. Na Figura 30.7, o número de Reynolds para o agitador é definido como

$$\text{Re}_i = \frac{\rho_L d_i^2 N}{\mu_L} \qquad (30\text{-}34)$$

e o número de potência P_o é definido como

$$P_o = \frac{P\, g_c}{\rho N^3 d_i^5} \qquad (30\text{-}35)$$

Para unidades no SI, g_c é igual a 1. A aeração em um tanque agitado contendo um líquido diminui a alimentação da potência do agitador. Nagata[23] sugeriu a seguinte correlação envolvendo grupos adimensionais para estimar a potência consumida (P_g) como função da vazão volumétrica (Q_g, por exemplo, unidades em m³/s) para um agitador de turbina na forma de disco plano:

$$\log_{10}\left(\frac{P_g}{P}\right) = -192\left(\frac{d_i}{d_T}\right)^{4,38}\left(\frac{d_i^2 N \rho_L}{\mu_L}\right)^{0,115}\left(\frac{d_i N^2}{g}\right)^{1,96\left(\frac{d_i}{d_T}\right)}\left(\frac{Q_g}{d_i^3 N}\right) \qquad (30\text{-}36)$$

em que d_T é o diâmetro do tanque. Uma maneira alternativa de obter P_g/V é medir a alimentação de potência para o tanque agitado, porém isso não é geralmente prático para finalidades de projeto de equipamentos. O Capítulo 31, Seção 31.2, fornecerá mais detalhes sobre o projeto e a análise das operações de transferência de massa líquido-gás em tanques de mistura perfeita. O leitor interessado deve consultar também os autores Treybal[20] e Ruston *et al.*[22] para discussão dos efeitos do tipo de agitador sobre a hidrodinâmica e os requisitos de potência em tanques mecanicamente agitados.

---

[22] J. H. Ruston, E. W. Costich e H. J. Everett, *Chem. Eng. Prog.*, **46**, 467 (1950).

[23] S. Nagata, *Mixing: Principles and Application*, John Wiley & Sons, 1975.

30.6 COEFICIENTES DE CAPACIDADE PARA TORRES RECHEADAS

Embora a definição da área interfacial da superfície de uma coluna de parede molhada para a transferência de massa líquido-gás seja imediata, a área correspondente em outros tipos de equipamentos de contato líquido-gás é difícil de estimar ou medir. Por exemplo, uma torre de recheio pode fornecer uma área superficial significativa para a transferência de massa entre as fases líquida e gasosa, mas a área interfacial para esse processo não pode ser prontamente determinada devido aos movimentos complexos do fluido multifásico envolvidos. Em torres de recheio com escoamento contracorrente, o gás escoa para cima e o líquido para baixo através de um leito de material compactado aleatoriamente, como ilustrado na Figura 30.8.

Tanto a área interfacial da superfície por unidade de volume do equipamento de transferência de massa (a) como o coeficiente de transferência de massa (por exemplo, k_L para o líquido) dependem da geometria do equipamento, das vazões das duas correntes imiscíveis em contato — gás e líquido — e do tamanho e da forma do recheio inerte usado para fornecer a área de contato. Para operações de transferência de massa em colunas de borbulhamento e em tanques agitados aerados descritas anteriormente, k_L e a foram correlacionados conjuntamente como o *coeficiente de capacidade* — por exemplo, $k_L a$. Dessa forma, para torres de recheio, as equações empíricas para os coeficientes de capacidade têm de ser obtidas experimentalmente para cada tipo de operação de transferência de massa em torre de recheio. Uma dessas correlações foi obtida por Sherwood e Holloway[24] na primeira investigação abrangente de coeficientes de transferência de massa de filmes líquidos em torres de recheio. Os resultados experimentais para uma variedade de recheios foram representados pela seguinte correlação:

$$\frac{k_L a}{D_{AB}} = \alpha \left(\frac{L}{\mu}\right)^{1-n} \left(\frac{\mu}{\rho D_{AB}}\right)^{0,5} \quad (30\text{-}37)$$

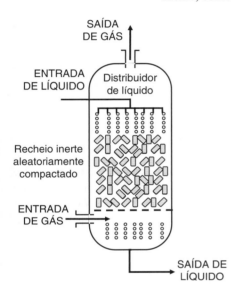

Figura 30.8 Escoamento contracorrente líquido-gás em uma torre de recheio.

As unidades na correlação dada pela equação (30-37) estão todas em unidades inglesas e têm de ser estritamente seguidas: $k_L a$ é o coeficiente de capacidade de transferência de massa, em h^{-1}, L é a taxa mássica do líquido por área da seção transversal da torre vazia, em $lb_m/ft^2 \cdot h$, μ é a viscosidade do líquido, em $lb_m/ft \cdot h$; ρ é a densidade do líquido, em lb_m/ft^3; e D_{AB} é a difusividade mássica do componente A no líquido inerte B, em ft^2/h. Os valores da constante α e do expoente n para vários recheios são dados na Tabela 30.2.

Tabela 30.2 Coeficientes de recheios para a equação (30-37)

Recheio	α	n
anéis de 2,0 in	80	0,22
anéis de 1,5 in	90	0,22
anéis de 1,0 in	100	0,22
anéis de 0,5 in	280	0,35
anéis de 0,375 in	550	0,46
selas de 1,5 in	160	0,28
selas de 1,0 in	170	0,28
selas de 0,375 in	150	0,28
espirais de 3,0 in	110	0,28

---

[24] T. K. Sherwood e F. A. Holloway, *Trans. A.I.Ch. E.*, **36**, 21, 39 (1940).

Mais correlações para os coeficientes de capacidade podem ser encontradas em tratados sobre operações de transferência de massa na discussão de cada operação específica e de cada tipo específico de torre.[25] Uma discussão mais detalhada sobre o projeto e a análise de torres aleatoriamente recheadas para a transferência de massa líquido-gás é apresentada no Capítulo 31.

▶ 30.7

ETAPAS PARA A MODELAGEM DE PROCESSOS DE TRANSFERÊNCIA DE MASSA ENVOLVENDO CONVECÇÃO

Em muitos processos reais, o fluxo é acoplado a um balanço de massa no volume de controle do sistema físico. Processos desse tipo são modelados similarmente ao procedimento de cinco etapas descrito anteriormente na Seção 25.4.

Etapa 1: Desenhe uma figura do sistema físico. Nomeie as características importantes, incluindo a superfície de contorno onde ocorre a transferência de massa por convecção. Decida a localização da fonte e do sorvedouro de transferência de massa.

Etapa 2: Faça uma "lista de suposições", com base na sua consideração do sistema físico. Suposições podem ser adicionadas à medida que o modelo se desenvolve.

Etapa 3: Formule os balanços de massa para as espécies envolvidas na transferência de massa e então incorpore as correlações apropriadas de transferência de massa no balanço de massa. Processos dominados pela transferência de massa por convecção geralmente são de dois tipos: (1) o volume de controle de mistura perfeita com concentração uniforme das espécies que são transferidas — isto é, um tanque agitado, ou (2) o volume de controle diferencial com uma variação unidimensional na concentração da espécie que se transfere — isto é, escoamento através de um duto. Exemplos desses dois tipos de processo são mostrados nas Figuras 30.9 e 30.10, respectivamente. Uma vez feito o balanço de massa, substitua a relação de transferência de massa por convecção, $N_A = k_c \Delta c_A$, no modelo de balanço de massa e cuidadosamente defina Δc_A, levando em consideração as concentrações das espécies que se transferem no fluido na superfície de contorno e para o seio da fase líquida. Finalmente, especifique a correlação apropriada para k_c, mantendo em mente as restrições sobre Re, Sc, geometria e a fase das espécies transferidas.

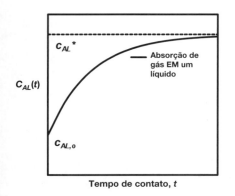
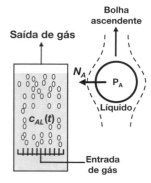

Figura 30.9 Exemplo de um processo de transferência de massa de mistura perfeita, em estado não estacionário: absorção de gás borbulhado em um tanque de líquido.

---

[25] T. K. Sherwood, R. L. Pigford e C. R. Wilke, *Mass Transfer*, McGraw-Hill Book Company, Nova York, 1975; R. E. Treybal, *Mass Transfer Operations*, McGraw-Hill Book Company, Nova York, 1980; C. J. King, *Separation Processes*, McGraw-Hill Book Company, Nova York, 1971. W. S. Norman, *Absorption, Distillation and Cooling Towers*, Wiley, 1961; A. H. P. Skelland, *Diffusional Mass Transfer*, Wiley, Nova York, 1974.

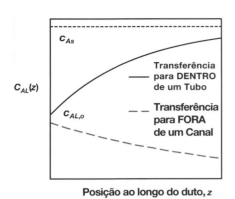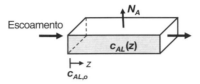

Figura 30.10 Exemplos de transferência de massa por convecção em estado estacionário, em que a concentração varia com a posição.

Etapa 4. Reconheça e especifique as condições iniciais e de contorno do processo. Elas são diferentes dos valores de concentração na superfície de contorno para a transferência de massa por convecção, que deve ser especificada na Etapa 3.

Etapa 5. Resolva as equações diferenciais ou algébricas resultantes desses balanços de massa para obter o perfil de concentração, o fluxo ou outros parâmetros de interesse da engenharia. Em muitos casos, o coeficiente de transferência de massa k_c pode ser estimado antes do desenvolvimento do modelo.

Os Exemplos 4 a 6 ilustram como as relações de transferência de massa por convecção são integradas nos balanços de massa do processo.

Exemplo 4

Uma etapa na fabricação de dispositivos microeletrônicos é denominada microlitografia, que traça um padrão de um circuito microscópio sobre uma pastilha de silício. Em um processo típico, um filme fino de material polimérico, normalmente com espessura menor que 2 μm, reveste a superfície de uma pastilha de silício. Um modelo microscópico, denominado máscara, é colocado sobre a superfície e submetido à radiação. A radiação, que atravessa os orifícios muito pequenos da máscara, atinge o fotorresiste. Para um fotorresiste negativo, a radiação inicia as reações que aumentam grandemente a massa molar do polímero, tornando o fotorresiste insolúvel em um solvente orgânico. O fotorresiste não reagido é então removido da pastilha de silício com um solvente orgânico e o padrão do circuito é revelado pelo fotorresiste insolúvel reagido.

Estamos interessados em usar um dispositivo de transferência de massa, denominado "disco rotatório", mostrado na Figura 30.11, para estudar o processo de dissolução do fotorresiste dentro de um tanque fechado contendo um solvente orgânico. Considere um caso limite em que todo o fotorresiste sobre a superfície da pastilha é solúvel no solvente orgânico. O fotorresistente negativo é o poliestireno (espécie A) e o solvente orgânico é o metil etil cetona (MEK, espécie B). A espessura inicial do revestimento fotorresistente (ℓ_o) é 2,0 μm, o diâmetro da pastilha (d) é 10 cm e o volume do solvente no tanque (V) é 500 cm³. Se o processo de dissolução for controlado pela taxa de transferência de massa por convecção na interface polímero-solvente, determine o tempo necessário para dissolver completamente o fotorresiste se o disco gira a 0,5 rev/s (30 rpm). O limite de solubilidade do fotorresiste desenvolvido no solvente (C_A^*) é 0,04 g/cm³ e sua solubilidade no solvente em condição de diluição infinita (D_{AB}) é 2,93 × 10^{-7} cm²/s, a uma massa molar de 7,0 × 10⁵ g/gmol, conforme reportado por Tu e Ouano.[26] A viscosidade do solvente (μ) é 5,0 × 10^{-3} g/cm·s, a densidade do solvente (ρ) é 0,805 g/cm³ e a densidade do polímero sólido $\rho_{A,\text{sólido}}$ é 1,05 g/cm³. Todas as propriedades físicas são válidas na temperatura do processo de 298 K. A correlação de transferência de massa para um disco rotatório é dada por Levich:[5]

$$\text{Sh} = \frac{k_c d}{D_{AB}} = 0{,}62\,\text{Re}^{1/2}\text{Sc}^{1/3} \tag{30-38a}$$

com

$$\text{Re} = \frac{d^2 \omega}{\nu} \tag{30-38b}$$

em que ω é a taxa de rotação angular (radianos/tempo) do disco.

---

[26] Y. O. Tu e A. C. Ouano, *IBM J. Res. Dev.*, **21**, 131 (1977).

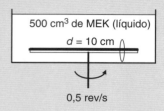

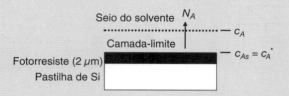

Figura 30.11 Dissolução do revestimento fotorresiste sobre o disco rotatório da pastilha de silício para o solvente metil etil cetona (MEK).

A estratégia para resolver esse problema é desenvolver um modelo para o balanço de massa do processo e então incorporar a(s) correlação(ões) apropriada(s) de transferência de massa nos cálculos do balanço de massa.

O sistema físico representa um processo fechado em que o revestimento polimérico sobre a superfície do disco é a fonte para transferência de massa e o solvente orgânico bem misturado, de volume constante e ao redor do disco é o sorvedouro para transferência de massa. Com essas suposições, o balanço de massa em regime transiente para o fotorresiste dissolvido na fase solvente de um tanque de mistura perfeita é

$$\begin{pmatrix} \text{taxa de fotorresiste} \\ \text{adicionado ao solvente} \end{pmatrix} + \begin{pmatrix} \text{taxa de fotorresiste que} \\ \text{sai do tanque do solvente} \end{pmatrix} = \begin{pmatrix} \text{taxa de acúmulo do} \\ \text{fotorresiste dentro do solvente} \end{pmatrix}$$

ou

$$N_A \frac{\pi d^2}{4} - 0 = \frac{d(c_A V)}{dt}$$

em que c_A representa a concentração de fotorresiste no solvente no tempo t. O único termo de entrada é o fluxo de transferência de massa por convecção a partir da superfície do disco rotatório para o solvente:

$$N_A = k_c(c_{As} - c_A)$$

Na interface polímero-solvente, a concentração dissolvida do fotorresiste está no seu limite de solubilidade, $c_A^* = c_{As}$. Além disso, como a fonte é um componente puro, a concentração na superfície permanece constante. O balanço de massa se reduz a

$$k_c(c_{As} - c_A) \frac{\pi d^2}{4} = V \frac{dc_A}{dt}$$

A separação da variável dependente c_A da variável independente t, seguida pela integração da condição inicial, $t = 0$, $c_A = c_{Ao}$, à condição final, em que todo o fotorresiste é dissolvido, $t = t_f$, $c_A = c_{Af}$, resulta

$$-\int_{c_{Ao}}^{c_{Af}} \frac{-dc_A}{c_{As} - c_A} = \frac{k_c \pi d^2}{4 V} \int_{t_o}^{t_f} dt$$

e, finalmente,

$$t_f - t_o = \frac{4 V}{\pi d^2 k_c} \ln\left(\frac{c_{As} - c_{Ao}}{c_{As} - c_{Af}}\right)$$

A concentração final c_{Af} e o coeficiente convectivo de transferência de massa, k_c, têm de ser agora determinados. Primeiro, c_{Af} é estimado por um balanço de massa global para o fotorresiste sobre a pastilha sólida e dissolvido na solução:

$$c_{Af} V - c_{Ao} V = m_{Ao} - m_{Af}$$

em que m_A é a massa remanescente de fotorresiste sólido sobre a pastilha e m_{Ao} é a massa inicial, dada por

$$m_{Ao} = \rho_{A,\text{sólido}} \frac{\pi d^2}{4} l_o$$

sendo l_o a espessura original do material fotorresiste. Quando todo o fotorresiste for dissolvido, $m_{Af} = 0$. Se, inicialmente, não houver nenhum fotorresiste dissolvido no solvente, então $c_{Ao} = 0$ e c_{Af} é

$$c_{Af} = \frac{m_{Ao}}{V} = \frac{\rho_{A,\text{sólido}}\,\pi d^2 l_o}{4\,V} = \frac{\left(1,05\,\dfrac{\text{g}}{\text{cm}^2}\right)\pi(10\,\text{cm})^2\left(2,0\,\mu\text{m}\,\dfrac{1\,\text{cm}}{10^4\,\mu\text{m}}\right)}{4(500\,\text{cm}^3)} = 3,3 \times 10^{-5}\,\frac{\text{g}}{\text{cm}^3}$$

A concentração final está bem abaixo do limite de solubilidade de 0,04 g/cm³ e, portanto, todo o fotorresiste se dissolverá. De modo a calcular k_c, Sc e Re são necessários. Para um sistema diluído, as propriedades do fluido são essencialmente as propriedades do solvente; logo, Sc e Re são

$$\text{Sc} = \frac{\mu}{\rho D_{AB}} = \frac{\left(5,0 \times 10^{-3}\,\dfrac{\text{g}}{\text{cm}\cdot\text{s}}\right)}{\left(0,805\,\dfrac{\text{g}}{\text{cm}^3}\right)\left(2,93 \times 10^{-7}\,\dfrac{\text{cm}^2}{\text{s}}\right)} = 21.199$$

$$\text{Re} = \frac{d^2\,\omega\,\rho}{\mu} = \frac{(10\,\text{cm})^2\left(\dfrac{0,5\,\text{rev}}{\text{s}}\dfrac{2\pi\,\text{rad}}{\text{rev}}\right)\left(0,805\,\dfrac{\text{g}}{\text{cm}^3}\right)}{\left(5,0 \times 10^{-3}\,\dfrac{\text{g}}{\text{cm}\cdot\text{s}}\right)} = 50.580$$

Consequentemente,

$$\text{Sh} = \frac{k_c d}{D_{AB}} = 0,62\,\text{Re}^{1/2}\text{Sc}^{1/3} = 0,62(50.580)^{1/2}(21.199)^{1/3} = 3859$$

ou

$$k_c = \frac{\text{Sh}\,D_{AB}}{d} = \frac{3859\left(2,93 \times 10^{-7}\,\dfrac{\text{cm}^2}{\text{s}}\right)}{10\,\text{cm}} = 1,13 \times 10^{-4}\,\text{cm/s}$$

Finalmente, o tempo requerido para dissolver completamente o fotorresiste é

$$t_f = \frac{(4)(500\,\text{cm}^3)}{\pi(10\,\text{cm})^2\left(1,13 \times 10^{-4}\,\dfrac{\text{cm}}{\text{s}}\right)}\ln\left(\frac{(0,04 - 0)\text{g/cm}^3}{(0,04 - 3,3 \times 10^{-5})\text{g/cm}^3}\right) = 46\,\text{s}$$

Note que a diferença de concentração $c_{As} - c_A$ é relativamente constante, uma vez que c_A é muito pequena. Deixa-se para o leitor mostrar que

$$W_A = k_c c_{As}\frac{\pi d^2}{4}$$

e

$$t_f = \frac{4 m_{Ao}}{k_c c_{As}\pi d^2}$$

para o caso limite em que $c_{As} \gg c_A$, isto é, o solvente ao redor representa um *sorvedouro infinito* para transferência de massa.

Exemplo 5

Um reservatório de retenção, contendo uma suspensão de micro-organismos aeróbicos, é usado para degradar biologicamente materiais orgânicos dissolvidos em água residuária, como mostrado na Figura 30.12. O reservatório tem 15 m de diâmetro e 3,0 m de profundidade. No momento, não há entrada ou saída de água residuária. O processo utiliza um arranjo de aspersores de ar, uniformemente distribuídos sobre a base do reservatório, para injetar bolhas de ar, com diâmetro de 3,0 mm (0,003 m), na água residuária. As bolhas ascendentes misturam a fase líquida. Somente uma pequena porção do gás O_2 dentro das bolhas de ar (pressão parcial do O_2 igual a 0,21 atm) realmente se dissolve no líquido. O oxigênio dissolvido é então consumido pelos micro-organismos. A retenção do gás no reservatório aerado (ϕ_g) é 0,005 m³ de gás/m³ de líquido na taxa presente de aeração. O processo de transferência de massa entre as fases líquido-gás controla 100% do filme líquido.

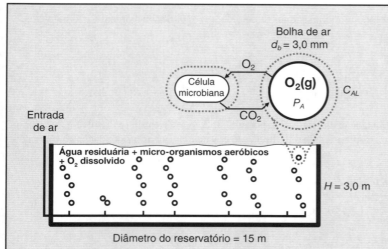

Figura 30.12 Transferência de oxigênio em um reservatório aerado contendo micro-organismos.

Estamos interessados em satisfazer a demanda biológica de oxigênio, ou DBO, associada ao processo de degradação biológica. A DBO é expressa em termos da taxa molar de consumo do O_2 dissolvido por unidade de volume de líquido, tendo unidades de gmol de $O_2/m^3 \cdot s$. Se a concentração do oxigênio dissolvido tiver de ser mantida em não menos que 0,05 gmol de O_2/m^3, qual o valor da DBO para manter o reservatório aerado e qual é a vazão volumétrica do ar no reservatório para manter a retenção do gás? Na temperatura do processo de 25°C, a constante da lei de Henry para o gás O_2 dissolvido na água é $H = 0,78$ atm $\cdot$ m^3/gmol de O_2, o coeficiente de difusão molecular do O_2 dissolvido em água é $D_{AB} = 2,1 \times 10^{-9}$ m^2/s (A = oxigênio dissolvido, B = água), a densidade da água líquida é $\rho_{B,liq} = 1000$ kg/m^3 e a viscosidade da água é $\mu_{B,liq} = 825 \times 10^{-6}$ kg/m $\cdot$ s. A 25°C e 1,0 atm, a densidade do ar é $\rho_{ar} = 1,2$ kg/m^3.

A análise do processo e a estratégia de solução requerem a determinação do coeficiente volumétrico global de transferência de massa, $K_L a$, e o desenvolvimento de um modelo para prever a concentração do oxigênio dissolvido dentro da água do reservatório. Do Capítulo 28, se o processo de transferência de massa na interface líquido-gás for controlado pelo filme líquido, então $K_L \approx k_L$, o coeficiente de transferência de massa do filme líquido. Adicionalmente, para um processo diluído, as propriedades da mistura líquida se aproximam das propriedades físicas da água líquida. Para bolhas de ar ascendentes de 3,0 mm de diâmetro (d_b), a equação (30-15) é usada para estimar o valor de k_L por meio da determinação do número de Sherwood (Sh) via os números de Grashof (Gr) e de Schmidt (Sc):

$$\text{Gr} = \frac{d_b^3 \rho_L g (\rho_L - \rho_G)}{\mu_L^2} = \frac{(3,0 \times 10^{-3} \text{ m})^3 (1000 \text{ kg/m}^3)(9,8 \text{ m/s}^2)((1000 - 1,2)\text{kg/m}^3)}{(825 \times 10^{-6} \text{ kg/m} \cdot \text{s})^2}$$
$$= 3,88 \times 10^5$$

$$\text{Sc} = \frac{\mu}{\rho D_{AB}} = \frac{\mu_{B,\text{líquido}}}{\rho_{B,\text{líquido}} D_{AB}} = \frac{925 \times 10^{-6} \text{ kg/m} \cdot \text{s}}{(1000 \text{ kg/m}^3)(2,1 \times 10^{-9} \text{ m}^2/\text{s})} = 441$$

$$\text{Sh} = \frac{k_L d_b}{D_{AB}} = 0,42 \, \text{Gr}^{1/3} \, \text{Sc}^{1/2} = 0,42(3,88 \times 10^5)^{1/3}(441)^{1/2} = 643$$

$$k_L = \frac{\text{Sh} \, D_{AB}}{d_b} = \frac{(643)(2,1 \times 10^{-9} \text{ m/s})}{3,0 \times 10^{-3} \text{ m}} = 4,5 \times 10^{-4} \text{ m/s}$$

A definição para Sc é baseada na fase líquida, uma vez que Sh é baseado no filme líquido que envolve a bolha de gás. A área de transferência de massa entre as fases por unidade de volume de líquido é estimada a partir da retenção de gás (ϕ_g) pela equação (30-28)

$$a = \frac{6\phi_g}{d_b} = \frac{6(0,005 \text{ m}^3/\text{m}^3)}{3,0 \times 10^{-3} \text{ m}} = 10 \text{ m}^2/\text{m}^3$$

Consequentemente,

$$k_L a = (4,5 \times 10^{-4} \text{ m/s})(10 \text{ m}^2/\text{m}^3) = 4,5 \times 10^{-3} \text{ s}^{-1}$$

Um modelo para prever a concentração de oxigênio dissolvido na água do reservatório requer um balanço de massa para O_2, baseado na fase líquida bem misturada do reservatório:

$$\left(\begin{array}{l}\text{taxa de } O_2 \text{ transportado pela água}\\ \text{para o volume de controle (ENTRADA)}\end{array}\right) + \left(\begin{array}{l}\text{transferência de massa de } O_2 \text{ para}\\ \text{o volume de controle (ENTRADA)}\end{array}\right) - \left(\begin{array}{l}\text{taxa de } O_2 \text{ transportado pela água}\\ \text{para o volume de controle (SAÍDA)}\end{array}\right)$$

$$+ \left(\begin{array}{l}\text{taxa de geração de } O_2 \text{ dentro do}\\ \text{elemento de volume (GERAÇÃO)}\end{array}\right) = \left(\begin{array}{l}\text{taxa de acúmulo de } O_2 \text{ dentro do}\\ \text{elemento de volume (ACÚMULO)}\end{array}\right)$$

Todos os termos são expressos em unidade de mol de O_2/tempo. A fonte para a transferência de massa de O_2 é o O_2 contido nas bolhas de ar e o sorvedouro são os micro-organismos que consomem o O_2. Nesse processo, quatro suposições primárias são feitas: (1) a fase líquida é bem misturada, de modo que a concentração do oxigênio dissolvido dentro do reservatório é uniforme; (2) o volume total de líquido é constante; (3) a demanda biológica de oxigênio é constante; (4) o processo está nominalmente em estado estacionário, uma vez que a taxa de entrada de O_2 será igualada pela taxa de consumo de O_2. Sob essas suposições, o balanço de massa para a fase líquida bem misturada é

$$0 + N_A A_i - 0 + R_A V - = 0$$

em que o termo R_A é a DBO. Como vimos que $N_A = K_L(c_{AL}^* - c_{AL})$, $a = A_i/V$ e $c_{AL}^* = P_A/H$, então a inserção dessas relações no balanço de massa e rearranjando resulta

$$R_A = -k_L a \left(\frac{P_A}{H} - c_{AL}\right) \tag{30-39}$$

A equação (30-39) permite estimar o valor de R_A

$$R_A = \left(4,5 \times 10^{-3}\ \text{s}^{-1}\right) \left(\frac{0,21\ \text{atm}}{0,78\ \text{atm} \cdot \text{m}^3/\text{gmol}} - 0,05\ \text{gmol}/\text{m}^3\right) = -9,87 \times 10^{-4}\ \text{gmol}/\text{m}^3\ \text{s}$$

O sinal negativo de R_A indica que o O_2 está sendo consumido. A taxa total de transferência de O_2 é

$$W_A = k_L a \left(\frac{P_A}{H} - c_{AL}\right) V = -R_A \frac{\pi D^2 H}{4} = -\left(-9,87 \times 10^{-4}\ \text{gmol } O_2/\text{m}^3\text{s}\right) \left(\frac{\pi(15\ \text{m})^2(3,0\ \text{m})}{4}\right)$$

$$= 0,523\ \text{gmol } O_2/\text{s}$$

Utilizando a equação (30-29), a velocidade superficial do ar (u_{gs}) no reservatório pode ser determinada pela retenção de gás. Na equação (30-29), a tensão superficial da água a 25ºC, que pode ser encontrada em muitos manuais publicados, tal como o *International Critical Tables*, é $\sigma_L = 72 \times 10^{-3}$ N/m. Para respaldar o valor de u_{gs}, o rearranjo da equação (30-29) resulta

$$u_{gs} = \frac{\phi_g}{(1 - \phi_g)^4} = 5,0\ \sqrt{gD} \left(\frac{g D^2 \rho_L}{\sigma_L}\right)^{-1/8} \left(\frac{g D^3}{\nu_L^2}\right)^{-1/12} = \frac{0,005}{(1 - 0,005)^4} 5,0 \sqrt{(9,8\ \text{m/s}^2)(15\ \text{m})}$$

$$\times \left(\frac{(9,8\ \text{m/s}^2)(15\ \text{m})^2(1000\ \text{kg/m}^3)}{72\ \text{kg} \cdot \text{m/s}}\right)^{-1/8} \left(\frac{(9,8\ \text{m/s}^2)(15\ \text{m})^3}{8,25 \times 10^{-7}\ \text{m}^2/\text{s}}\right)^{-1/12} = 0,011\ \text{m/s}$$

Finalmente, com o valor de u_{gs} conhecido, a vazão volumétrica do ar é

$$Q_g = u_{gs} \frac{\pi D^2}{4} = 0,011\ \text{m/s} \frac{\pi(15\ \text{m})^2}{4} = 1,96\ \text{m}^3 \text{ de ar/s}$$

É deixado para o leitor verificar que o escoamento molar de O_2 entregue na vazão volumétrica de entrada do ar está em grande excesso em relação à taxa entre fases de transferência de O_2 para o líquido. Consequentemente, a pressão parcial de O_2 dentro da bolha não decresce significativamente.

Exemplo 6

O sistema de aeração, sem bolhas, de membrana casco e tubo, mostrado na Figura 30.13, é usado para transferir gás oxigênio (O_2) para a água líquida. Água, isenta de oxigênio dissolvido, é adicionada na entrada do tubo a uma velocidade de 50 cm/s. O diâmetro interno do tubo é 1,0 cm e a espessura da parede do tubo é 1,0 mm (0,10 cm). O material da parede do tubo é silicone, um polímero altamente permeável ao gás O_2, mas não ao vapor de água. O gás puro oxigênio (100% de O_2) é mantido a uma pressão constante de 1,50 atm no espaço anular que envolve o tubo. O gás O_2 se divide no polímero de silicone e então se difunde pela parede do tubo para alcançar a água em escoamento, conforme mostrado na Figura 30.13.

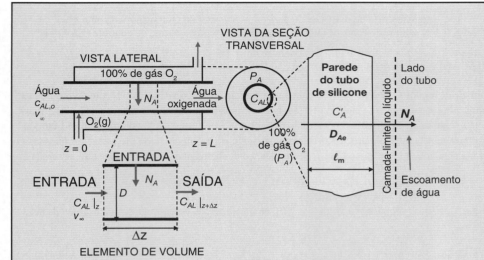

Figura 30.13 Sistema de transferência de massa, sem bolhas, de membrana casco-tubo para aeração da água.

Como o fluido escoa ao longo do comprimento do tubo, a absorção do oxigênio aumentará a concentração do oxigênio dissolvido. Determine o comprimento do tubo necessário para que a concentração do oxigênio dissolvido alcance 30% de seu valor de saturação em relação ao gás O_2. O processo é mantido a 25°C. A 25°C, a constante da lei de Henry para o gás O_2 dissolvido na água é $H = 0{,}78$ atm · m³/gmol, o coeficiente de difusão molecular do O_2 dissolvido (A) em água (B) é $D_{AB} = 2{,}1 \times 10^{-5}$ cm²/s e a viscosidade cinemática da água é $\nu_B = 9{,}12 \times 10^{-3}$ cm²/s. A constante de solubilidade do gás O_2 no polímero de silicone é $S_m = 0{,}029$ atm · m³ de silicone/gmol, definida pela relação de equilíbrio $P_A = S_m/c'_A$. O coeficiente de difusão efetivo do O_2 no polímero de silicone é $D_{Ae} = 5{,}0 \times 10^{-6}$ cm²/s.[27]

A análise do processo e a estratégia de solução requerem a determinação do coeficiente global de transferência de massa, K_L, e o desenvolvimento de um modelo para prever a concentração do O_2 dissolvido na água que escoa ao longo do comprimento do tubo. O fluxo de O_2 do gás para o seio (*bulk*) da água escoando é determinado por duas resistências em série à transferência de massa, pela difusão do O_2 através da parede do tubo de silicone e pela transferência de massa por convecção do O_2 para a água que escoa internamente ao tubo. Se o fluxo global de transferência de massa for definido baseado na fase líquida, então

$$N_A = K_L(c^*_{AL} - c_{AL})$$

em que $c^*_{AL} = P_A/H$ e K_L é o coeficiente global de transferência de massa baseado na força-motriz da fase líquida, definido por

$$\frac{1}{K_L} = \frac{1}{k_L} + \frac{1}{k_m} \tag{30-40}$$

com

$$k_m = \frac{H\, D_{Ae}}{S_m\, l_m} \tag{30-41}$$

Nas equações (30-40) e (30-41), k_L é o coeficiente convectivo de transferência de massa para a transferência de massa do O_2 para a água que escoa pelo tubo e k_m é o coeficiente de permeação da membrana, que descreve a difusão do O_2 pela parede do tubo de silicone, de espessura l_m, que inclui a constante de solubilidade para a partição do gás O_2 no polímero de silicone (S_m), o coeficiente de difusão efetivo de O_2 no polímero de silicone (D_{Ae}) e a constante de solubilidade para a partição do gás O_2 no fluido (H). A dedução das equações (30-40) e (30-41), que ignora o raio de curvatura do tubo, é deixada como exercício para o leitor.

Para determinar k_L, o número de Reynolds (Re) e o número de Schmidt (Sc) para o escoamento dentro do tubo têm de ser estimados em primeiro lugar. O número de Reynolds é

$$\text{Re} = \frac{v_\infty D}{\nu_L} = \frac{(50\ \text{cm/s})(1{,}0\ \text{cm})}{\left(9{,}12 \times 10^{-3}\ \text{cm}^2/\text{s}\right)} = 5482$$

e o número de Schmidt é

$$\text{Sc} = \frac{\nu_L}{D_{AB}} = \frac{9{,}12 \times 10^{-3}\ \text{cm}^2/\text{s}}{2{,}1 \times 10^{-5}\ \text{cm}^2/\text{s}} = 434$$

---

[27] C. K. Yeom *et al.*, *J. Membrane Sci.*, **166**, 71 (2000).

Correlações para a Transferência de Massa por Convecção ◄ **595**

O processo é considerado escoamento turbulento, uma vez que Re > 2100. Portanto, é necessário usar a correlação de Linton–Sherwood para o escoamento turbulento de um líquido escoando dentro de um tubo, dada pela equação (30-18):

$$Sh = 0,023 \, Re^{0,83} \, Sc^{1/3} = 0,023(5482)^{0,83}(434)^{1/3} = 221$$

O coeficiente convectivo de transferência de massa k_L é baseado no número de Sherwood

$$k_L = \frac{Sh}{D} D_{AB} = \frac{221}{1,0 \, cm} 2,1 \times 10^{-5} \, cm^2/s = 4,64 \times 10^{-3} \, cm/s$$

A constante de permeação da membrana é

$$k_m = \frac{H D_{Ae}}{S_m l_m} = \frac{(0,78 \, atm \cdot m^3/gmol)(5,0 \times 10^{-6} \, cm^2/s)}{(0,029 \, atm \cdot m^3/gmol)(0,1 \, cm)} = 1,35 \times 10^{-3} \, cm/s$$

E assim, finalmente, K_L é

$$K_L = \frac{k_L k_m}{k_L + k_m} = \frac{(4,64 \times 10^{-3} \, cm/s)(1,35 \times 10^{-3} \, cm/s)}{(4,64 \times 10^{-3} \, cm/s) + (1,35 \times 10^{-3} \, cm/s)} = 1,04 \times 10^{-3} \, cm/s$$

Como um aparte, note que quando k_m aumenta, K_L se aproxima de k_L e a resistência à transferência de massa oferecia pela membrana se torna pequena. O aumento de k_m pode ser obtido diminuindo a espessura da membrana ℓ_m ou usando um material da membrana com um menor valor de S_m — isto é, um material mais solúvel para o O_2.

Um modelo para prever o perfil de oxigênio dissolvido ao longo do comprimento do tubo requer um balanço de massa para o O_2 em um elemento diferencial de volume do tubo, como mostrado na Figura 30.13 e definido a seguir:

$$\begin{pmatrix} \text{taxa de } O_2 \text{ transportado pelo fluido para} \\ \text{o elemento de volume (ENTRADA)} \end{pmatrix} + \begin{pmatrix} \text{transferência de massa de } O_2 \text{ para o} \\ \text{elemento de volume (ENTRADA)} \end{pmatrix} - \begin{pmatrix} \text{taxa de } O_2 \text{ transportado pelo fluido} \\ \text{para elemento de volume (SAÍDA)} \end{pmatrix}$$

$$+ \begin{pmatrix} \text{taxa de geração de } O_2 \text{ dentro do} \\ \text{elemento de volume (GERAÇÃO)} \end{pmatrix} = \begin{pmatrix} \text{taxa de acúmulo de } O_2 \text{ dentro do} \\ \text{elemento de volume (ACÚMULO)} \end{pmatrix}$$

Todos os termos estão expressos em mol de O_2/tempo. A fonte para a transferência de massa do O_2 é o gás O_2 e o sorvedouro é a água que escoa. O desenvolvimento do modelo requer três suposições primárias: (1) o processo está em estado estacionário; (2) o perfil de concentração de interesse ocorre somente ao longo da direção z e representa a concentração local macroscópica (*bulk*) e as propriedades do fluido; (3) não ocorre reação do O_2 na água; (4) o processo é diluído em relação ao O_2 dissolvido. Com essas suposições, o balanço de massa diferencial é

$$\frac{\pi D^2}{4} v_\infty c_{AL} \Big|_z + N_A \pi D \, \Delta z - \frac{\pi D^2}{4} v_\infty c_{AL} \Big|_{z+\Delta z} + 0 = 0$$

Rearranjando, resulta

$$-\frac{\pi D^2}{4} v_\infty \left(\frac{c_{AL}|_{z+\Delta z} - c_{AL}|_z}{\Delta z} \right) + K_L \pi D \left(c_{AL}^* - c_{AL} \right) = 0$$

Quando $\Delta z \to 0$,

$$-\frac{dc_{AL}}{dz} + \frac{4K_L}{v_\infty} \left(c_{AL}^* - c_{AL} \right) = 0$$

Para p_A constante, c_{AL}^* é também constante e, assim, a separação da variável dependente c_{AL} da variável independente z, seguida de integração, resulta

$$\int_{c_{AL,o}}^{c_{AL}} \frac{-dc_{AL}}{c_{AL}^* - c_{AL}} = -\frac{4K_L}{v_\infty D} \int_0^L dz$$

ou

$$\ln\left(\frac{c_{AL}^* - c_{AL,o}}{c_{AL}^* - c_{AL}} \right) = -\frac{4K_L L}{v_\infty D} \tag{30-42}$$

Para $p_A = 1{,}5$ atm,

$$c_{AL}^* = \frac{p_A}{H} = \frac{1{,}5 \text{ atm}}{0{,}78 \text{ atm} \cdot \text{m}^3/\text{gmol}} = 1{,}92 \text{ gmol de } O_2/\text{m}^3$$

e, assim, a 30% de saturação, c_{AL} em $z = L$ é $0{,}3\, c_{AL}^*$ ou 0,577 gmol de O_2/m^3. Portanto, o comprimento requerido L é

$$L = \frac{v_\infty D}{4K_L} \ln\left(\frac{c_{AL}^* - c_{AL,o}}{c_{AL}^* - c_{AL}}\right) = \frac{(50 \text{ cm/s})(1{,}0 \text{ cm})}{4 \cdot (1{,}04 \times 10^{-3} \text{ cm/s})} \ln\left(\frac{(1{,}92 - 0) \text{ gmol}/\text{m}^3}{(1{,}92 - 0{,}577) \text{ gmol}/\text{m}^3}\right) = 4296 \text{ cm}$$

ou 43 m. Rearranjando a equação (30-42) para o perfil de concentração, tem-se

$$c_{AL}(z) = c_{AL}^* - \left(c_{AL}^* - c_{AL,o}\right) \exp\left(-\frac{4K_L z}{v_\infty D}\right)$$

Dois gráficos de $c_{AL}(z)$ são mostrados na Figura 30.14: o primeiro terminando a 50 m e o segundo terminando a 500 m, para demonstrar o enfoque de $c_{AL}(z)$ para c_{AL}^*.

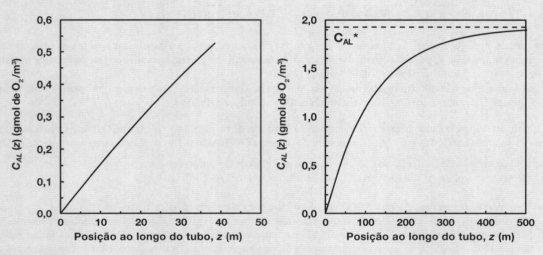

Figura 30.14 Perfil do oxigênio dissolvido em membrana sem bolhas para aeração de água.

30.8

RESUMO

Neste capítulo, apresentamos as equações de correlação dos coeficientes convectivos de transferência de massa obtidos a partir de investigações experimentais. As correlações verificaram a validade da análise do transporte convectivo conforme apresentado no Capítulo 20. No Capítulo 31, serão apresentados métodos para aplicação das correlações do coeficiente de capacidade para o projeto de equipamentos de transferência de massa.

PROBLEMAS

30.1 *Pellets* esféricos de 1,0 cm de diâmetro são pintados por aspersão com uma camada de tinta muito fina. A tinta contém um solvente volátil. A pressão de vapor do solvente a 298 K é $1{,}17 \times 10^4$ Pa e a difusividade do vapor de solvente no ar a 298 K é 0,0962 cm²/s. A quantidade de solvente na tinta úmida sobre o *pellet* é 0,12 g de solvente por cm² de área superficial do *pellet*. A massa molar do solvente é 78 g/gmol.

a. Determine o tempo mínimo para secar o *pellet* pintado se ar em repouso a 298 K e 1,0 atm envolve o *pellet*.

b. Determine o tempo mínimo para a secagem do *pellet* pintado se ar, a 298 K e 1,0 atm de pressão, escoa em torno do *pellet* a uma velocidade de 1,0 m/s.

30.2 Uma bola de naftaleno de 1,75 cm de diâmetro está suspensa em uma corrente de ar a 280 K, 1,0 atm e com velocidade constante de 1,4 m/s. O naftaleno sólido tem uma pressão de vapor de 2,8 Pa a 280 K. Consequentemente, o naftaleno sublima muito lentamente para a corrente de ar, com taxa limitada pela transferência de massa por convecção. A densidade do naftaleno sólido é 1,14 g/cm³ e a massa molar é 128 g/mol.

a. Qual é a taxa inicial de evaporação da bola de naftaleno?

b. Qual é o tempo de duração para que a bola de naftaleno tenha seu diâmetro original reduzido pela metade? Lembre-se: à medida que a bola encolhe, seu diâmetro é diminuído, afetando, portanto, os números de Reynolds e de Sherwood.

30.3 Estudando a transferência de massa em uma única esfera, pesquisadores recomendaram a seguinte equação geral

$$Sh = 2,0 + C\,Re^m Sc^{1/3}$$

Como discutido na Seção 30.1, o valor de 2,0 pode ser deduzido teoricamente considerando a difusão molecular a partir de uma esfera para um grande volume de um fluido estagnado. Prove que esse é o valor correto e estabeleça quais as suposições que têm de ser feitas de modo a obtê-lo.

30.4 Benzeno líquido puro (C_6H_6) a 290 K escoa na forma de um filme fino ao longo da área externa de um cilindro vertical de 0,08 m de diâmetro a uma taxa mássica de 4,0 kg/h. Ar seco, a 290 K e 1,0 atm, escoa na direção perpendicular ao cilindro a uma velocidade de 4,0 m/s. O benzeno líquido exerce uma pressão de vapor de 8100 Pa. Determine o comprimento do cilindro se a superfície externa inteira do cilindro for usada para o processo de evaporação e todo o benzeno que escoa ao longo do cilindro evaporar. Suponha que o ar ambiente serve como um sorvedouro infinito para transferência de massa.

30.5 Uma prótese (*stent*) é usada para permitir a passagem de sangue através de uma artéria bloqueada. Todavia, próteses podem ser carregadas com drogas de modo a facilitar a liberação controlada da droga para o corpo, especialmente se a droga não for muito solúvel em fluidos corpóreos. Considere um projeto muito simples da prótese mostrada na figura adiante. A extremidade da prótese, que tem 0,20 cm de diâmetro e 1,0 cm de comprimento, é revestida com uma droga anticâncer, Taxol. A espessura do revestimento é 0,010 cm, sendo carregados com 5 mg de Taxol. O sangue escoa através do vaso sanguíneo cilíndrico, de 1,0 cm de diâmetro, com uma vazão de 10,0 cm³/s. Taxol não é muito solúvel no ambiente aquoso; a solubilidade máxima do Taxol no sangue é $2,5 \times 10^{-4}$ mg/cm³. A viscosidade do sangue é 0,040 g/cm · s e sua densidade é 1,05 g/cm³. O sangue é um fluido complexo, mas pode-se considerar que sua massa molar média é próxima à da água (18 g/gmol). O coeficiente de difusão molecular do Taxol (A) no sangue (B) é $D_{AB} = 1,0 \times 10^{-6}$ cm²/s.

a. Qual é o coeficiente convectivo de transferência de massa (k_L) ao redor da superfície externa da porção cilíndrica da prótese para o soluto Taxol? Faça todas as suposições.

b. Qual é o tempo mínimo para a absorção de todo o Taxol para que seja descarregado da prótese? Faça todas as suposições.

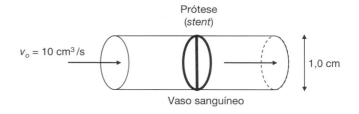

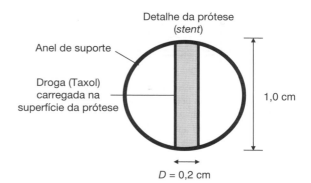

30.6 Um engenheiro propõe usar o equipamento de transferência de massa, mostrado na figura adiante, para preparar uma corrente de água contendo oxigênio dissolvido. Água líquida, isenta de oxigênio dissolvido, é alimentada no tanque a uma taxa de 50 gmols/s. A água que entra passa por um difusor de escoamento que faz com que sua velocidade seja uniforme no tanque. O tanque contém 10 tubos de silicone de 100 cm de comprimento e 2,0 cm de diâmetro externo. As paredes de silicone são permeáveis ao gás O_2, mas não à água. A grande largura do tanque (L) é também 200 cm e a profundidade do tanque é 50 cm, de modo que a área da seção transversal para o escoamento do líquido é de 5000 cm². Você pode admitir que a concentração do oxigênio dissolvido no tanque seja igual à concentração do oxigênio dissolvido na corrente de saída do líquido — isto é, o volume do líquido é bem misturado.

Dados potencialmente úteis: $c_{AL}^* = 5,0$ gmols de O_2 /m³ (4,0 atm de 100% do gás O_2 no lado do tubo); $\rho_L = 998,2$ kg/m³; $v_L = 0,995 \times 10^{-6}$ m²/s; $D_{AB} = 2,0 \times 10^{-9}$ m²/s ($A = O_2$, $B = H_2O$).

a. Desenvolva um modelo de balanço de massa para prever a concentração do oxigênio dissolvido no líquido que sai (c_{AL}). Estabeleça todas as suposições. Seu modelo final tem de estar em uma forma algébrica. O desenvolvimento de seu modelo final deve conter as seguintes variáveis: $c_{AL,o}$, concentração de oxigênio dissolvido na entrada; c_{AL}^*, concentração do oxigênio dissolvido no líquido na superfície do tubo; D, diâmetro externo do tubo; v_∞, velocidade do seio líquido; L, comprimento do tubo na direção da largura do tubo; W, largura do tanque, dimensão curta; k_L, coeficiente de transferência de massa no filme líquido; N_t, número de tubos.

b. Qual é o coeficiente de transferência de massa k_L? O processo de transferência de massa representa uma convecção com escoamento externo ou interno?

c. Baseado nos resultados dos itens (a) e (b), estime a concentração de saída do oxigênio dissolvido. Baseado em sua análise, você acha que esse dispositivo de transferência de massa funciona muito bem? Mencione duas opções factíveis para aumentar o valor de c_{AL}.

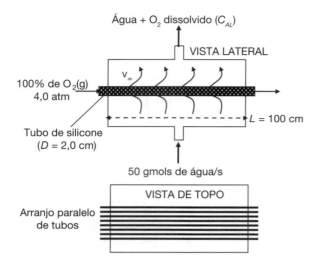

30.7 Uma partícula esférica adsorvente de sílica-gel, de 0,20 cm de diâmetro, é colocada em uma corrente de ar com velocidade 50 cm/s contendo 1,0% em mol de vapor de água, a uma pressão de 1,0 atm e temperatura de 25°C. A 25°C, o equilíbrio do vapor de água com a sílica-gel é descrito pela relação linear $c_A^* = S \cdot P_A$, em que c_A^* é a concentração de equilíbrio da H$_2$O na sílica, P_A é a pressão parcial e S é o coeficiente de partição, com $S = 2,0$ gmols de O$_2$/(cm^3 de sílica) · (atm de vapor de H$_2$O) a 25°C. A 25°C, o coeficiente de difusão da água na sílica-gel é $1,0 \times 10^{-6}$ cm^2/s. Admitindo que a pressão parcial do vapor de H$_2$O na corrente de gás permaneça constante, qual é a concentração de H$_2$O no *centro* da partícula de sílica-gel após 2,78 h? Inicialmente, a partícula de sílica não contém H$_2$O.

30.8 Uma cápsula esférica para droga libera diciclomina (uma droga para a síndrome de intestino irritado) para o trato gastrointestinal do corpo com o tempo. Inicialmente, 2,00 mg de diciclomina (m_{Ao}) são carregados em uma cápsula de 0,50 cm de diâmetro. No seio fluido que envolve a cápsula, a diciclomina tem uma concentração residual constante de ($c_{A\infty}$) de 0,20 mg/cm^3. A solubilidade da diciclomina no polímero da cápsula é a mesma que a no fluido em que está imersa, cujas propriedades se aproximam daquelas da água. O coeficiente de difusão molecular da diciclomina em água é $1,0 \times 10^{-5}$ cm^2/s, enquanto o coeficiente de difusão efetivo da diciclomina no material da matriz da cápsula é $4,0 \times 10^{-6}$ cm^2/s. A 37°C, a densidade e a viscosidade da água líquida são 1,0 g/cm^3 e 0,007 g/cm · s, respectivamente. O movimento do fluido dentro do trato intestinal tem um "número de Biot para transferência de massa" igual a 5,0, sendo definido por $Bi = k_c R/D_{Ae}$, em que D_{Ae} é o coeficiente de difusão efetivo associado com a superfície do sólido em contato com o fluido e R é o raio da cápsula esférica.

a. Qual é a concentração da diciclomina restante no *centro* da cápsula esférica após um tempo de 4,34 h (15,625 s)?

b. Qual é número de Biot estimado se a velocidade do seio fluido for 0,50 cm/s. O processo difusivo dentro da cápsula com a droga apresenta qualquer resistência à transferência de massa por convecção associado a ele?

30.9 Um *pellet* esférico, contendo um sólido puro A, é suspenso em uma corrente líquida em escoamento a 20°C. O diâmetro inicial do *pellet* é 1,0 cm e a velocidade do líquido é 10,0 cm/s. O componente A é solúvel no líquido e, com o decorrer do tempo, o diâmetro do *pellet* decresce. A concentração do soluto dissolvido no seio líquido é fixada em $1,0 \times 10^{-4}$ gmol/cm^3. Todas as propriedades físicas relevantes do sistema estão relacionadas a seguir. Esse processo representa um sistema de transferência de massa por convecção em regime pseudoestacionário.

a. Estime o coeficiente de filme (convectivo) para a transferência de massa para o diâmetro inicial do *pellet* igual a 1,0 cm.

b. Qual é a taxa de dissolução do *pellet* para o diâmetro inicial de 1,0 cm?

c. Qual é o tempo decorrido para que o diâmetro do *pellet* decresça para 0,5 cm? Lembre-se de que quando o diâmetro diminui, Re e Sh variam.

Dados potencialmente úteis: $\rho_{A,\text{sólido}} = 2,0$ g/cm^3, a densidade do sólido A; $M_A = 110$ g/gmol, a massa molar do soluto A; $c_{AL}^* = 7 \times 10^{-4}$ gmol/cm^3, a solubilidade de equilíbrio do soluto A no líquido na interface sólido-líquido; $v = 10^{-3}$ cm^2/s, a viscosidade cinemática do seio fluido a 20°C; $D_{AB} = 1,2 \times 10^{-5}$ cm^2/s, o coeficiente de difusão do soluto A no líquido a 20°C.

30.10 Um reator horizontal de deposição química por vapor (CVD) para o crescimento de filmes finos de arseneto de gálio (GaAs) é mostrado na figura a seguir. Nesse processo, os gases arsina (AsH$_3$), trimetil gálio, Ga(CH$_3$)$_3$ e H$_2$ são alimentados no reator. Dentro do reator, a placa de silício é aquecida. Os gases reagentes escoam paralelos à superfície da pastilha e depositam um filme fino de GaAs, de acordo com as reações simplificadas do CVD:

$$2\,\text{AsH}_3\,(g) \rightarrow 2\,\text{As}\,(s) + 3\,\text{H}_2\,(g)$$
$$2\,\text{Ga(CH}_3)_3 + 3\text{H}_2\,(g) \rightarrow 2\,\text{Ga}\,(s) + 6\,\text{CH}_4\,(g)$$

Se o processo for consideravelmente diluído no gás H$_2$, então a transferência de massa de cada espécie no gás de arraste H$_2$ pode ser tratada separadamente. A reação na superfície é muito rápida, de modo que a transferência de massa dos reagentes gasosos para a superfície da pastilha limita a formação do filme fino de GaAs. No presente processo, a borda de uma pastilha de silicone de 10,0 cm é posicionada a 4,0 cm a partir da borda de ataque da placa suscetora. A pastilha é inserida dentro dessa placa, de modo que uma superfície plana contígua é mantida. A temperatura do processo é 800 K e a pressão total do sistema é 101,3 kPa (1,0 atm). Considere um caso limite no qual a vazão do gás de alimentação, rico em H$_2$, resulta em uma velocidade de 100 cm/s, em que o trimetil gálio está presente em concentração diluída. Determine o coeficiente de transferência de massa local (k_C) para o trimetil gálio no gás H$_2$ no centro da pastilha usando a teoria da camada-limite. O coeficiente de difusão binário na fase gasosa do trimetil gálio no H$_2$ é 1,55 cm^2/s a 800 K e 1,0 atm.

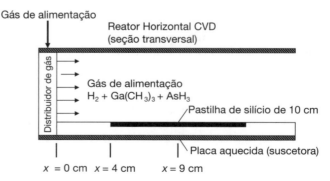

30.11 Um tanque contendo uma suspensão de micro-organismos é usado para a degradação biológica de materiais orgânicos contidos nas águas residuárias, como mostrado na figura a seguir. O tanque contém 1000 m^3 de líquido. Recentemente, foram instalados dutos de entrada e de saída. A vazão de entrada da água é 0,05 m^3/s e a de saída é igual, de modo a manter um volume de líquido constante. A concentração do oxigênio dissolvido na água líquida de entrada é de 10,0 mmols/m^3. O presente processo usa um dispersor para fornecer 2,0 mm de bolhas de ar na água residuária. As bolhas ascendentes misturam uniformemente toda a fase líquida do tanque. Somente uma porção muito pequena do gás O_2 dentro das bolhas de ar (contendo 0,21 de atm de O_2) se dissolve no líquido, onde ele é consumido pelos micro-organismos. A constante da lei de Henry para estimar a solubilidade do O_2 dissolvido na água residuária que está em equilíbrio com a pressão parcial do O_2 no gás de aeração é $H = 8,0 \times 10^{-4}$ atm-m³/mmol (1000 mmols = 1,0 gmol). Para esse processo, a área de transferência de massa interfases das bolhas por unidade de volume de líquido é igual a 10 m²/m³. O processo é 100% controlado pelo filme líquido. Nas situações atuais de operação, a demanda biológica corrente de consumo de oxigênio, ou DBO, associada com a respiração microbiana no tanque é 0,200 mmol de O_2/m³ · s.

a. Desenvolva um balanço de massa em regime estacionário para prever a concentração de O_2 dissolvido no tanque de retenção.

b. Qual é o coeficiente de transferência de massa em fase líquida k_L para o O_2?

c. Qual é a concentração em regime estacionário do oxigênio dissolvido no tanque?

Dados potencialmente úteis (todos na temperatura e pressão do processo): $D_{AB} = 2,0 \times 10^{-9}$ m²/s (A = oxigênio dissolvido, B = água); $\rho_{B,líq} = 1000$ kg/m³; $\rho_{ar} = 1,2$ kg/m³; $\nu_{ar} = 1,6 \times 10^{-5}$ m²/s; $H = 8,0 \times 10^{-4}$ atm · m³/mmol; $\mu_{B,líq} = 825 \times 10^{-6}$ kg/m · s.

Entrada de corrente líquida
$v_o = 0,05$ m³/s
$C_{AL,o} = 10$ mmols de O_2/m³

Entrada de ar

Tanque Aberto

Água residuária + micro-organismos aeróbicos + O_2 dissolvido

Efluente $C_{AL} = ?$

30.12 Ozônio (O_3) dissolvido em água é usado em muitas aplicações de tratamento de águas residuárias. Gás 100% ozônio puro, a 1,0 atm e 20°C, é continuamente borbulhado em um tanque de água líquida. As bolhas ascendentes mantêm o líquido bem misturado. Não há entrada ou saída de água. Inicialmente, não há O_3 dissolvido em água, porém à medida que o tempo passa, a concentração do O_3 dissolvido aumenta. O volume total de líquido no tanque é 2,0 m³. No equilíbrio, a dissolução do O_3 em água a 20°C segue a lei de Henry, com $H = 0,070$ atm · m³/gmol.

a. Deseja-se alcançar uma concentração de O_3 dissolvido de 4,0 gmol/m³ dentro de 10 min de tempo de borbulhamento. Qual é o valor requerido de $k_L a$ para O_3, necessário para encontrar essa restrição?

b. Para seu resultado no item (a), proponha um diâmetro de bolha adequado, se a retenção de gás for mantida a 0,005 m³ de gás/m³ de líquido.

c. Para mudar o valor de $k_L a$, poder-se-ia alterar o diâmetro da bolha, a taxa de reação e a viscosidade do líquido. Descreva como cada variável seria variada (isto é, aumentada, diminuída) de modo a aumentar o valor de $k_L a$.

30.13 À medida que a sociedade busca por soluções técnicas para o aquecimento global, grandes reservatórios de algas fotossintéticas são considerados uma possível solução para a remoção do CO_2 gerado pelo uso de combustíveis fósseis. Considere o processo mostrado na figura ao lado, em que o gás combustível, contendo uma mistura binária de 10% em mol de CO_2 e 90% em mol de N_2, é borbulhado em um tanque contendo algas unicelulares fotossintéticas que estão em suspensão em água. A agitação provida pelas bolhas em ascensão mantém a suspensão *bem misturada*. A alga consome o CO_2 dissolvido, de acordo com a reação de primeira ordem da forma

$$R_A = -k_1' \cdot X \cdot c_{AL} = -k_1 \cdot c_{AL}$$

em que R_A é o consumo de CO_2 por unidade de volume da suspensão líquida (gmol CO_2/m³ · s), k_1' é a constante de taxa para a absorção do CO_2 pelas células das algas (m³/g de células · h), X é a densidade das células das algas (g de células/m³), c_{AL} é a concentração de CO_2 dissolvido (gmol de CO_2/m³) e k_1 é a constante de taxa aparente para a absorção do CO_2 ($k_1 = k_1' \cdot X$, h⁻¹). No presente processo, não há entrada nem saída de água para o tanque. Todavia, há uma *entrada constante de CO_2* para a suspensão líquida por causa do gás combustível aí borbulhado e um *consumo constante de CO_2 dissolvido* pelas algas fotossintéticas, com $k_1' = 0,06435$ m³/g de células · h. Além disso, uma vez que o CO_2 não é muito solúvel em água, foi verificado que a composição do gás CO_2 dentro da bolha de gás diminui ligeiramente ao longo de sua trajetória ascendente na coluna de água. Consequentemente, a pressão parcial (p_A) do CO_2 dentro da bolha de gás é considerada constante. Entretanto, ainda existe uma taxa significativa de transferência de CO_2 para a fase líquida. O tanque aberto é mantido a 20°C. A 20°C, a constante da lei de Henry para a dissolução do gás CO_2 no líquido é 0,025 atm · m³/gmol, a densidade do líquido é 1000 g/m³ e a viscosidade do líquido é 993×10^{-4} kg/m · s. O sistema de aeração é projetado de modo que o tamanho médio da bolha seja 7,0 mm e a relação desejada da área interfacial/volume do líquido seja $a = 5,0$ m²/m³. A densidade da mistura gasosa é 1,2 kg/m³. O volume total de líquido no reservatório é mantido constante.

a. Qual é o coeficiente de difusão molecular do CO_2 em água?

b. Qual é o coeficiente de transferência de massa do CO_2 no lado do filme líquido da bolha de gás, k_L?

c. Faça um balanço de massa para prever a concentração do CO_2 dissolvido na água do reservatório. O modelo tem de estar na *forma algébrica* e conter as seguintes variáveis: $c_{AL}, p_A, H, k_L, a, k_1$.

d. Se a densidade das células no reservatório for mantida a 50 g de células/m³, qual a concentração prevista do CO_2 dissolvido no reservatório, c_{AL}?

e. Se o volume total do reservatório for 1000 m³, qual é a taxa total de remoção do CO_2 em kg de CO_2/h?

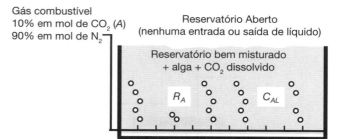

Gás combustível
10% em mol de CO_2 (A)
90% em mol de N_2

Reservatório Aberto
(nenhuma entrada ou saída de líquido)

Reservatório bem misturado + alga + CO_2 dissolvido

R_A C_{AL}

30.14 Um reservatório aberto contendo 200 m³ de água residuária é contaminado com uma pequena concentração de tricloroetileno (TCE), um solvente industrial comum. O reservatório tem 2,0 m de profundidade e 10 m de largura. Ar é aspergido para o fundo da vala para remover o TCE dissolvido. A vazão de entrada do ar é 0,15 m³ por 1,0 m³ de água por minuto. Nessa vazão de ar, a retenção de gás é calculada como 0,015 m³ de ar por 1,0 m³ de água. O aspersor de ar provê um diâmetro médio de bolha de 5,0 mm. As temperaturas do ar e da água são 293 K. O TCE é pouco solúvel em água e a constante da lei de Henry para o TCE em água é 9,98 atm · m³/kgmol e a massa molar do TCE é 131,4 g/gmol.

a. Qual é o coeficiente de transferência de massa em fase líquida para o TCE em água em torno da bolha?

b. Suponha que não haja entrada nem saída de água do reservatório. Determine o *tempo* requerido para reduzir a concentração do TCE dissolvido de 50 g de TCE/m³ para 0,005 g de TCE/m³. Você pode admitir que a corrente de ar sirva como um sorvedouro infinito para a transferência do TCE. Sugestão: desenvolva um modelo de balanço de massa em regime transiente para o TCE no seio da fase líquida.

c. Agora suponha que haja 1,0 m³/s de entrada de água contendo 50 g TCE/m³ e 1,0 m³/s de saída da água, de modo que o volume total do reservatório permaneça igual a 200 m³. Qual será a concentração de equilíbrio do TCE dissolvido?

30.15 O tanque bem misturado de bolhas, ilustrado na figura a seguir, é usado para preparar água carbonatada necessária para a produção de refrigerantes. O volume do tanque é 2,0 m³ e seu diâmetro é 1,0 m. O processo opera em estado estacionário. Água pura, isenta de CO_2, é continuamente adicionada ao tanque e a água carbonatada, contendo CO_2 dissolvido, sai continuamente do tanque. Gás dióxido de carbono puro a 2,0 atm é borbulhado para o tanque a uma vazão de 4,0 m³ de gás por minuto. Nessas condições, a "retenção do gás" dentro do tanque é 0,05 m³ de gás/m³ de líquido e o diâmetro médio da bolha liberada pelo aspersor de bolha fina é 2,0 mm. O gás CO_2 não absorvido pela água sai do tanque. A temperatura do processo é mantida constante a 293 K. O processo é controlado pelo filme líquido, uma vez que somente o CO_2 puro está presente na fase gasosa. A constante da lei de Henry para a dissolução do CO_2 na água é 29,6 atm · m³/kgmol a 293 K. A vazão da água na entrada é 0,45 m³ por min (25 kgmols de H_2O/min) e é isenta de CO_2.

a. Qual é o coeficiente de transferência de massa para o filme líquido, associado com o borbulhamento do gás CO_2 na água?

b. A vazão do gás CO_2 é suficiente para garantir que a dissolução do CO_2 seja limitada pela transferência de massa? Sugestão: qual é a concentração de saturação do CO_2 dissolvido?

c. Qual é a concentração de saída do CO_2 dissolvido? Sugestão: desenvolva um modelo do balanço de massa em estado estacionário, de mistura perfeita, para o CO_2 na fase líquida antes de fazer qualquer cálculo numérico.

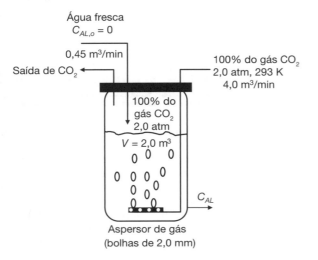

30.16 Considere a trincheira de remediação mostrada na figura a seguir, um simples processo para tratar a água residuária antes de ser descartada para um lago ou para um rio. A trincheira de remediação consiste em um canal estreito aberto, com um aspersor de ar alinhado ao longo da sua base. Água residuária, contendo um contaminante volátil dissolvido na água, entra em uma extremidade da trincheira. À medida que a água residuária escoa para baixo na trincheira, o gás de aeração remove o soluto volátil dissolvido e o transfere para a atmosfera ao redor por um processo de transferência de massa entre fases. Consequentemente, a concentração do soluto na água residuária diminui ao longo do comprimento da trincheira. Trincheiras de remediação podem ser longas e se estender a partir de um reservatório de retenção a um ponto de descarga. Desejamos projetar uma trincheira aerada de remediação para tratar água residuária contaminada com tricloroetileno (TCE) a uma concentração de 50 mg/L (50 g de TCE/m³) de água residuária. A trincheira é um duto aberto de largura (W) de 1,0 m e profundidade (H) de 2,0 m; a vazão volumétrica da água residuária adicionada à trincheira é 0,10 m³/s. O ar é aspergido na base do duto a uma taxa que provê uma retenção de gás de 0,02 m³ de gás por 1,0 m³ de água, sendo o diâmetro médio da bolha igual a 1,0 cm (0,01 m). Determine o comprimento da trincheira necessário para reduzir a concentração do efluente TCE para 0,05 mg/L. A temperatura do processo é 293 K e a pressão total do sistema é de 1,0 atm. O TCE é ligeiramente solúvel na água e a constante da lei de Henry para o TCE em água é 9,98 atm · m³/kgmol e a massa molar do TCE é 131,4 g/gmol.

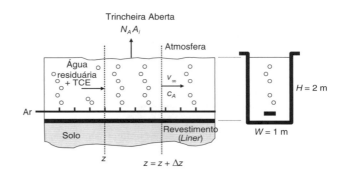

30.17 O dispositivo de transferência de massa por convecção, ilustrado na figura adiante, é usado para gerar uma corrente de gás contendo uma mistura de vapor diluído de oxicloreto de fósforo ($POCl_3$) em gás hélio inerte. Essa mistura gasosa é enviada para uma fornalha de difusão para servir como agente principal de dopagem para a fabricação de células solares de silício. No presente processo, gás He puro (100%), a uma vazão volumétrica de 110 cm³/s, entra em um tubo com diâmetro interno de 2,0 cm a 50°C e 1,0 atm. O comprimento do tubo é 60 cm. $POCl_3$ líquido entra em um reservatório que envolve o tubo cerâmico poroso. O $POCl_3$ líquido entra no tubo cerâmico poroso como uma mecha. Na superfície interna do tubo, o $POCl_3$ líquido vaporiza, com sua pressão de vapor determinada pela temperatura do processo. O processo é mantido a uma temperatura constante de 50°C por um aquecedor controlado em torno de reservatório de $POCl_3$. Desse modo, a transferência do $POCl_3$ para a corrente gasosa é limitada pela difusão através da camada-limite convectiva formada dentro do tubo. O processo pode ser considerado diluído. O coeficiente de difusão do vapor de $POCl_3$ (A) no gás He (B) é 0,37 cm²/s a 1,0 atm e 50°C. A pressão de vapor do $POCl_3$ é $P_A = 0,15$ atm a 50°C. A viscosidade cinemática do gás He a 1,0 atm e 50°C é 1,4 cm²/s.

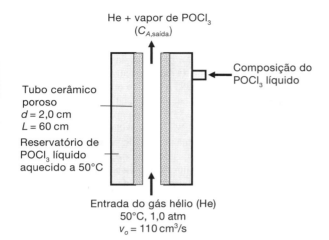

a. Proponha um modelo na forma algébrica final para prever a concentração de saída do vapor de POCl₃ ($C_{A,\text{saída}}$) do tubo. O modelo deve conter as seguintes variáveis de processo: concentração de entrada de A na fase gasosa, $C_{A,\text{entrada}}$; concentração de saída de A na fase gasosa, $C_{A,\text{saída}}$; k_c, coeficiente de transferência de massa no tubo; D, diâmetro interno do tubo; v_∞, velocidade do gás; c_A^*, concentração de equilíbrio do vapor na corrente gasosa.

b. Qual é o coeficiente convectivo de transferência de massa, k_c, a uma vazão volumétrica de entrada do He de 110 cm³/s?

c. Qual é a fração molar de saída do vapor de POCl₃ ($y_{A,\text{saída}}$) a uma vazão volumétrica de entrada do He de 110 cm³/s?

d. Se a vazão volumétrica de entrada permanecer constante a 110 cm³/s, mas o diâmetro, d, for duplicado, qual será o novo valor de k_c e de $y_{A,\text{saída}}$?

e. Qual é a fração molar máxima possível de saída do vapor de POCl₃ para o caso de um tubo infinitamente longo?

30.18 Tetraetoxisilano, também chamado de TEOS ou Si(OC₂H₅)₄, é um composto químico líquido usado na indústria de semicondutores para a produção de filmes finos de dióxido de silício por deposição química por vapor (CVD). De modo a levar o vapor de TEOS ao reator CVD, o TEOS líquido é alimentado em uma coluna de parede molhada. À medida que o TEOS escoa descendentemente, o TEOS líquido reveste uniformemente a superfície interna do tubo como um filme líquido fino. Esse filme líquido descendente de TEOS evapora para o gás de arraste inerte hélio, que escoa ascendentemente, com uma vazão de 2000 cm³/s. A coluna de parede molhada tem um diâmetro interno de 5,0 cm e um comprimento de 2,0 m. A temperatura da coluna é mantida a 333 K e a pressão total do sistema é 1,0 atm. A 333 K, a viscosidade cinemática do gás He é 1,47 cm²/s, o coeficiente de difusão do vapor de TEOS no gás He é 1,315 cm²/s e a pressão de vapor do TEOS líquido é P_A = 2133 Pa.

a. Qual é o coeficiente de transferência de massa do gás, k_G?

b. Qual é a fração molar do vapor de TEOS que sai da coluna?

c. Qual é a taxa mássica requerida do TEOS líquido escoando para a coluna, se todo o TEOS líquido evapora quando ele atinge a base da coluna?

30.19 Considere um novo dispositivo para o tratamento oxidativo de água residuária, mostrado na figura ao lado. Nesse dispositivo, O₃ servirá como uma fonte oxidante, que tem de ser cuidadosamente dosado para o líquido. O dispositivo consiste em uma fenda vertical, em que as paredes são membranas poliméricas seletivamente permeáveis ao gás ozônio (O₃). À medida que água líquida escoa pela fenda, o O₃ se dissolve no líquido. Supondo que a membrana não ofereça nenhuma resistência substancial à transferência do O₃, a concentração da água na superfície interna da membrana no líquido é adequadamente descrita pela lei de Henry. Por exemplo, $x_A^* = p_A/H$, em que p_A é a pressão parcial do O₃ no lado gasoso da membrana, x_A^* é a fração molar do O₃ dissolvido no líquido bem no lado interno do líquido da membrana e a constante da lei de Henry, H = 3760 atm a 20°C. Nas presentes condições de operação, uma única fenda tem uma abertura h = 1,0 cm e largura w = 2,0 cm. A *vazão volumétrica* da água líquida em uma única fenda é 100 cm³/s. A água que entra não contém O₃ dissolvido. O processo opera em condições diluídas, com uma concentração molar total do líquido igual a 0,056 gmol/cm³. A 20°C, o coeficiente de difusão do O₃ dissolvido (soluto A) na água (solvente B) é D_{AB} = 1,74 × 10⁻⁵ cm²/s e a viscosidade cinemática da água líquida é 0,010 cm²/s. A pressão parcial do gás O₃ puro no lado gasoso da membrana é mantida constante a 15,0 atm.

a. O coeficiente de transferência de massa associado com "escoamento através da fenda" pode ser convertido em "escoamento através de um tubo", simplesmente considerando um diâmetro hidráulico equivalente $d = 2h/\pi$. Qual é o coeficiente convectivo de transferência de massa k_L para a transferência do O₃ para a água dentro da fenda?

b. Desenvolva um modelo de balanço de massa, na forma final integrada, para prever a concentração do O₃ dissolvido na saída ($z = L$). Estabeleça suas primeiras suposições e mostre, claramente, o desenvolvimento do seu modelo diferencial antes de você efetuar a integração final. O modelo de balanço de massa tem de refletir a geometria do processo. Qual é o comprimento requerido, L, para c_{AL} = 2,0 gmols/m³?

c. Se P_A para o O₃ no lado gasoso da membrana for aumentada de 15 atm para 30 atm, qual será o novo comprimento L requerido para atingir o valor desejado de c_{AL} de 2,0 gmols/m³?

d. Modifique o processo para incluir uma fonte de luz UV focada na fenda por meio de um material semitransparente da membrana e então repita o item (b). A luz UV promove uma reação homogênea de degradação de primeira ordem do O₃ dissolvido na solução, com a taxa de reação dada por $R_A = -k_1 \cdot c_{AL}$. Nas condições de iluminação, k_1 = 0,00050 s⁻¹. Faça um gráfico de c_{AL} versus z para o modelo do item (b).

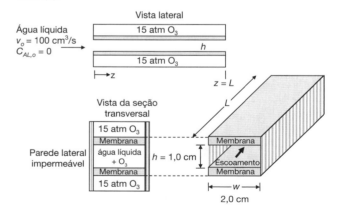

30.20 Um conceito para remover CO₂ do gás gerado em usinas de força é mostrado na figura a seguir. Uma corrente de gases, contendo 5,0% em mol de CO₂ e 95% em mol de N₂, escoa no sentido descendente em um tubo vertical de 25 cm (0,25 m) de diâmetro interno e 30 m de comprimento a uma taxa molar total (F) de 0,54 kgmol/h. O gás é mantido a 27°C e 4,0 atm de pressão total. O tubo é perfurado e inserido em uma formação rochosa com um espaço anular poroso cheio com uma solução salina que absorve o gás CO₂. A própria parede do tubo é porosa, de modo que o gás pode se difundir através da parede e entrar em contato com a solução salina que não permeia através da parede do tubo. A solução salina é continuamente reposta para servir como um sorvedouro constante para o CO₂, mas o gás não borbulha através da solução salina. Na parede porosa do tubo, a concentração do CO₂ do gás dentro da parede porosa é próxima de zero, à medida que a solução salina reage imediatamente com o CO₂. À medida que o gás de combustão escoa ao longo do comprimento do tubo, a concentração de CO₂ no seio de gás diminui. Você pode desprezar a queda de pressão ao longo do comprimento do tubo. O processo pode ser considerado diluído em relação ao CO₂ e o CO₂ é admitido ser completamente solúvel na solução salina.

Dados potencialmente úteis a 1,0 atm *e* 27°C: o coeficiente de difusão molecular do CO₂ em N₂ é 0,166 cm²/s; viscosidade do gás CO₂, $\mu_{CO_2} = 1{,}51 \times 10^{-4}$ g/cm · s; viscosidade do N₂ gasoso $\mu_{N_2} = 1{,}74 \times 10^{-4}$ g/cm · s; massa molar de CO₂ = 44 g/gmol; massa molar de N₂ = 28 g/gmol.

a. Qual é coeficiente convectivo de transferência de massa k_c para o CO₂ dentro do tubo?

b. Qual é a fração molar do CO₂ que sai do tubo, supondo que a transferência de massa por convecção dentro do tubo limita a taxa global de transferência de massa? Como parte do desenvolvimento da solução deste problema, proponha um modelo matemático na forma final algébrica que contenha as seguintes variáveis: velocidade do gás, v_∞, concentração molar total do gás, C, fração molar do CO₂ na entrada, $y_{A,entrada}$, fração molar do CO₂ na saída, $y_{A,saída}$, diâmetro interno do tubo, D, comprimento do tubo, L.

Nos itens (c) e (d), considere agora que a resistência à transferência de massa, associada com a difusão de CO₂ através da parede porosa do tubo, pode exercer um papel no processo global de transferência de massa.

c. Se a espessura da parede do tubo for 1,2 cm, a porosidade (fração de vazios) da parede do tubo de material cerâmico for 0,6 e o tamanho médio do poro for 0,8 mícron (0,8 μm), qual será o coeficiente de difusão efetivo do CO₂ através da parede do tubo?

d. Baseado no seu resultado do item (c), qual é o "coeficiente global de transferência de massa" K_c que inclui a resistência convectiva à transferência de massa e a resistência à transferência de massa através da parede porosa do tubo? Você pode desprezar os efeitos de curvatura associados com a natureza cilíndrica da parede do tubo.

e. Baseado na consideração dos itens (c) e (d), qual é o novo valor da fração molar do CO₂ na saída ($y_{A,saída}$)?

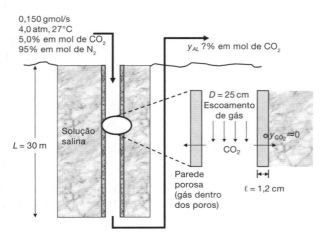

30.21 Um processo está sendo desenvolvido para a produção de bebidas carbonatadas. Como parte desse processo, uma coluna de absorção de parede molhada, de 2,0 m de comprimento, será usada para dissolver o gás dióxido de carbono (CO₂) em água. O processo é mostrado na figura ao lado. Nesse processo, água pura de uma fonte na montanha, isenta de CO₂, entra no topo da coluna a uma vazão de 2,0 gmols/s (36,0

g/s). Gás com 100% de CO₂ puro, a 2,54 atm, é também alimentado na base da coluna a uma vazão de 0,5 gmol/s. À medida que o líquido escoa ao longo da coluna de parede molhada, o gás CO₂ se dissolve na água. A água carbonatada sai pela base da coluna e o gás CO₂ não usado sai pelo topo da coluna. O diâmetro interno da coluna é 6,0 cm. A temperatura é mantida a 20°C. A 20°C, a constante da lei de Henry para a dissolução do gás CO₂ em água é 25,4 atm · m³/kgmol. A densidade molar da água líquida é 55,5 kgmols/m³ a 20°C, a densidade da água líquida é 998,2 kg/m³ a 20°C, a viscosidade da água é 993 × 10⁻⁶ kg/m · s a 20°C. A água tem uma pressão de vapor a 20°C. Entretanto, para este problema, você pode supor que a água seja essencialmente não volátil, de modo que a composição do gás é sempre mantida igual a 100% de CO₂ ao longo do comprimento da coluna.

a. Qual é a concentração máxima possível de CO₂ dissolvido em água a uma pressão parcial de CO₂ igual a 2,54 atm?

b. Qual é o coeficiente de transferência de massa da fase líquida para esse processo?

c. Qual é a concentração de saída do CO₂ dissolvido na água carbonatada, se o comprimento da coluna de parede molhada for 2,0 m?

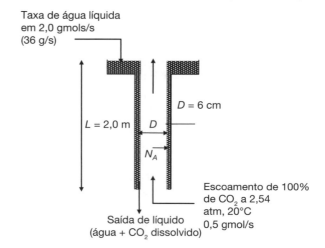

30.22 A coluna de parede molhada, de 2,0 cm de diâmetro interno e 50 cm de comprimento, é usada para oxigenar o sangue em um processo contínuo e em estado estacionário, conforme mostrado na figura adiante. Sangue, contendo 1,0 gmol/m³ de oxigênio dissolvido, entra no topo da coluna de parede molhada a uma vazão volumétrica de 300 cm³/min. Gás puro com 100% de O₂, a 1,0 atm e 25°C, entra na base da coluna a uma vazão volumétrica de 600 cm³/min. Uma descrição muito simplificada para estimar a solubilidade de equilíbrio do O₂ dissolvido no sangue é

$$c^*_{AL} = \frac{p_A}{H} + \frac{k \cdot p_A}{1 + k \cdot p_A} c_{AL,máx}$$

em que p_A é a pressão parcial do O₂ na fase gasosa, $H = 0{,}8$ atm · m³/gmol para o O₂ no plasma sanguíneo, $k = 28$ atm⁻¹ para a hemoglobina do sangue e $c_{AL,máx} = 9{,}3$ gmols de O₂/m³ para a hemoglobina. A 25°C, a viscosidade cinemática do sangue é 0,040 cm²/s e a densidade do sangue é 1,025 g/cm³. Você pode admitir que o coeficiente de difusão do O₂ no sangue é próximo do coeficiente de difusão do O₂ em água líquida, que é 2,0 × 10⁻⁵ cm²/s a 25°C.

a. Qual é o coeficiente de transferência de massa do O₂ no filme líquido em movimento?

b. Qual é a concentração do oxigênio dissolvido no líquido que sai na base da coluna, $c_{AL,saída}$?

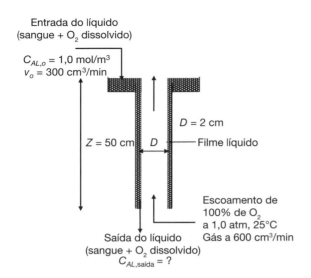

Entrada do líquido
(sangue + O₂ dissolvido)

$C_{AL,o} = 1{,}0$ mol/m³
$v_o = 300$ cm³/min

$Z = 50$ cm D

$D = 2$ cm
Filme líquido

Escoamento de 100% de O₂ a 1,0 atm, 25°C
Gás a 600 cm³/min

Saída do líquido
(sangue + O₂ dissolvido)
$C_{AL,\text{saída}} = ?$

30.23 Wilke e Hougan[28] estudaram as características de transferência de massa em leitos com recheio contendo sólidos granulares. Em suas investigações experimentais, ar quente foi soprado através um leito recheado com *pellets* saturados com água líquida. A água evaporou sob condições adiabáticas e a taxa de transferência da água foi determinada por um balanço de massa usando medidas de umidade. Desses dados, eles calcularam o coeficiente de transferência de massa do filme gasoso a uma dada vazão. Em uma corrida, os seguintes dados foram reportados:

Coeficiente do filme gasoso, $k_G = 4{,}42 \times 10^{-3}$ kgmol/m² · s · atm

Diâmetro efetivo da partícula, $d_p = 0{,}571$ cm

Fração de vazios do leito com recheio, $\epsilon = 0{,}75$

Velocidade mássica da corrente gasosa, $G = 0{,}816$ kg/m² · s

Temperatura na superfície da partícula, $T = 311$ K

Pressão total do sistema, $P = 0{,}77 \times 10^4$ Pa

Estime o coeficiente de transferência de massa no filme gasoso por duas correlações apropriadas: uma, que inclui a fração de vazios do leito com recheio, e uma correlação mais simples, que não leva em conta a fração de vazios. Compare essas estimativas com o valor medido do coeficiente do filme gasoso.

30.24 A "aeração do solo", mostrada na figura adiante, é usada para tratar solo contaminado com líquidos tóxicos e voláteis. Na presente situação, as partículas porosas do solo estão saturadas com TCE líquido, um solvente industrial comum. O solo contaminado é cavado no local de descarte e carregado em uma vala retangular. O solo consiste em partículas minerais porosas com diâmetro médio de 3,0 mm, livremente compactadas em um leito com recheio com uma fração de vazios de 0,50. Ar é introduzido na base da vala por um distribuidor e escoa para cima em torno das partículas do solo. O TCE líquido, que preenche os poros das partículas do solo, evapora para a corrente de ar. Consequentemente, a concentração de TCE na corrente de ar aumenta. Geralmente, a taxa de evaporação de TCE é lenta o bastante para garantir que o TCE líquido dentro da partícula do solo seja uma fonte constante para a transferência de massa, pelo menos até que 80% do TCE volátil absorvido dentro do solo sejam removidos. Sob essas condições, a transferência do TCE da partícula do solo para a corrente de ar é limitada pela transferência de massa por convecção através do filme gasoso que envolve as partículas do solo. A taxa mássica do ar por unidade de seção transversal do leito vazio é 0,10 kg/m² · s. O processo

[28] C. R. Wilke e O. A. Hougan, *Trans.*, A.I.Ch.E., **41**, 445 (1945).

é executado a 293 K. Nessa temperatura, a pressão de vapor do TCE é $P_A = 58$ mm Hg. O coeficiente de difusão molecular do vapor de TCE no ar é dado no Exemplo 3 deste capítulo.

a. Qual é o coeficiente de transferência de massa no filme de gás para o vapor de TCE no ar?

b. Em qual posição no leito o vapor do TCE na corrente de ar alcançará 99,9% de sua pressão de vapor saturado? Em sua solução, você pode querer considerar um balanço de massa para o TCE na fase gasosa em um volume de controle diferencial do leito. Suponha que as resistências convectivas de transferência de massa associadas com o ar escoando sobre a superfície do topo do leito são desprezíveis e que não ocorre queda de pressão da corrente de gás através do leito, de modo que a pressão total do sistema permanece constante e igual a 1,0 atm.

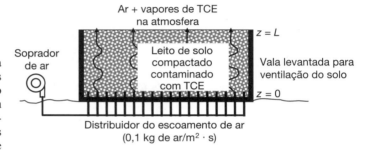

Ar + vapores de TCE na atmosfera

$z = L$

Soprador de ar

Leito de solo compactado contaminado com TCE

Vala levantada para ventilação do solo

$z = 0$

Distribuidor do escoamento de ar
(0,1 kg de ar/m² · s)

30.25 Em geral, as fermentações aeróbicas liberam o gás CO_2 porque a respiração das células produz CO_2 à medida que a glicose é convertida em energia química. As condições usadas para estabelecer $k_L a$ para a transferência de O_2 no fermentador também determinam as mesmas condições hidrodinâmicas para a transferência do CO_2. Consequentemente, a taxa de transferência do CO_2 a partir do líquido para o gás de aeração é também descrita por esse coeficiente volumétrico de transferência de massa, $k_L a$. Considere que o $k_L a$ para o O_2 no fermentador é 300 h⁻¹. Calcule os valores de $k_L a$ para o O_2 com os valores de $k_L a$ para a transferência do CO_2 usando a teoria do filme, a teoria da camada-limite e a teoria da penetração e compare os resultados.

30.26 Um tanque agitado de fermentação é usado no cultivo de microorganismos aeróbicos em suspensões aquosas. As células aeróbicas requerem oxigênio dissolvido para a respiração, o qual é suprido pela aeração do meio líquido. Um parâmetro de projeto importante para especificar a taxa de transferência de massa do oxigênio no fermentador é o coeficiente volumétrico de transferência de massa, $k_L a$. Para promover o processo de transferência de massa líquido-gás e suspender os micro-organismos dentro do meio líquido, um agitador de turbina na forma de disco plano, com diâmetro de 0,30 m, gira a 240 rev/min dentro de um tanque de 1,0 m de diâmetro e de 2,0 m³ de volume líquido. A taxa de aeração para o fermentador é 1,2 m³ de ar por minuto e as bolhas de ar coalescem. A fermentação aeróbica é conduzida a 35°C e 1,0 atm de pressão do sistema. Você pode supor que as propriedades do meio líquido se aproximam das propriedades da água.

a. Determine o coeficiente volumétrico de transferência de massa ($k_L a$) para o O_2 na água. Também, forneça a potência aerada (P_g) e a potência não aerada (P) para o fermentador.

b. Baseado na sua resposta no item (a), determine a taxa máxima de transferência de massa do oxigênio (o OTR) para o meio líquido em unidades de mols de O_2 por minuto. Suponha que as células consumam imediatamente o O_2 dissolvido, de modo que a concentração do oxigênio dissolvido no meio líquido seja essencialmente zero. Em engenharia bioquímica, essa situação é chamada de crescimento limitado pela transferência de massa do oxigênio. Você pode também supor que o processo de transferência de massa entre fases seja controlado pela fase líquida. A constante da lei de Henry para a dissolução de O_2 na água pode ser encontrada na Tabela 25.1. A fração molar do O_2 no ar é 0,21.

30.27 Um processo está sendo desenvolvido para produzir bebidas carbonatadas. Como parte desse processo, uma torre de absorção de leito fixo será usada para dissolver o gás dióxido de carbono, CO_2, em água. Água pura de uma fonte na montanha, isenta de CO_2, entra no topo da coluna a uma vazão de 5,0 kgmols/min. Gás CO_2 puro, a 2,0 atm, é também alimentado no topo da torre a uma vazão de 1,0 kgmol/min. À medida que o líquido escoa ao longo da parede da torre, o gás CO_2 é absorvido pela água e a concentração do CO_2 dissolvido aumenta ao longo do comprimento da torre. A água carbonatada e o CO_2 não usado saem pela base da torre. O processo de absorção é controlado pelo filme líquido, devido ao fato de que somente o CO_2 puro está presente na fase gasosa. A torre é recheada com anéis de cerâmica de 1,0 in e o diâmetro interno da torre é 0,25 m. A temperatura é mantida a 20°C. Nessa temperatura, a constante da lei de Henry para a dissolução do gás CO_2 em água é 25,4 atm · m³/kgmol. A densidade molar da água líquida é 55,5 kgmol/m³ a 20°C e a viscosidade da água é 993×10^{-6} kg/m · s.

a. Qual é o coeficiente de transferência de massa em fase líquida, $k_L a$, para o CO_2 em água escoando pelo leito fixo?

b. Estime a profundidade do recheio, se a concentração desejada do CO_2 dissolvido no líquido na saída corresponder a 95% do valor de saturação para o CO_2 dissolvido em água sob uma pressão parcial do CO_2 de 2,0 atm e 20°C.

30.28 Retorne ao Problema 30.22. Agora considere que uma "coluna recheada", contendo anéis de 3/8 in, será usada em vez da coluna de parede molhada.

a. Qual é o valor de $k_L a$, coeficiente volumétrico de transferência de massa?

b. Qual é a concentração do oxigênio dissolvido no líquido que sai da base da coluna, $c_{LA,saída}$? Como parte dessa análise, desenvolva um balanço de massa em um elemento de volume diferencial da coluna ao longo da posição z.

c. Por que o desempenho da torre com recheio é melhor do que o da torre com parede molhada, em termos da transferência de massa global?

30.29 Um "disco rotatório", mostrado na figura adiante, é usado para revestir um filme fino de cobre sobre uma pastilha de silício por meio de um processo eletrolítico de revestimento a 25°C. O disco tem 8,0 cm de diâmetro e gira a uma velocidade de 2,0 rev/s. O banho tem um volume líquido de 500 cm³. No processo eletrolítico de revestimento, o cobre metálico é depositado sobre uma superfície sem potencial elétrico aplicado. Em vez disso, o cobre é depositado sobre uma superfície pela redução de uma solução alcalina contendo íons de cobre (II) (Cu^{+2}) estabilizada pela quelação com o ácido etilenodiamino tetra-acético (EDTA), usando formaldeído (CH_2O) dissolvido em solução como agente redutor. A reação estequiométrica global é

$$CuY + 2\,CH_2O + 4\,OH^- \rightarrow Cu^0 + H_2(g) + 2\,HCOO^- + Y^{-2} + 2\,H_2O$$

em que Y representa o agente quelante EDTA. Em um grande excesso do agente quelante, formaldeído, e NaOH, a reação na superfície para a redução do Cu^{+2} é de primeira ordem em relação à concentração do cobre dissolvido, com constante da taxa de reação de $k_s = 3,2$ cm/s a 25°C. A viscosidade cinemática da água líquida é 0,01 cm²/s, a 25°C. O coeficiente de difusão do Cu^{2+} é $1,20 \times 10^{-5}$ cm²/s e a diluição é infinita. A densidade do cobre é 8,96 g/cm³.

a. Qual é o coeficiente convectivo de transferência de massa (k_L) para o íon de cobre através da camada-limite do líquido formada pelo disco rotatório?

b. Desenvolva um modelo para descrever o fluxo do Cu^{+2} da solução para a superfície do disco rotatório que leve em conta a taxa de reação na superfície. Qual é a taxa de deposição do cobre (mol/cm² · s) se a concentração do Cu^{+2} é de 0,005 gmol/L? Que processo está controlando: a reação na superfície ou a difusão na camada-limite?

c. Desenvolva um modelo de balanço de massa, em regime transiente, para descrever o consumo dos íons de cobre em solução com o tempo. Quanto tempo será necessário para depositar 2,0 µm de um filme sólido fino de Cu^0, se a concentração inicial de Cu^{+2} for 0,005 gmol/L e não houver cobre depositado inicialmente sobre a superfície? Estabeleça claramente todas as suposições.

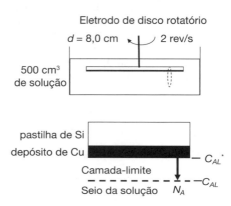

30.30 Um sistema de aeração, constituído de uma membrana casco-tubo "sem bolhas", é usado para transferir o gás oxigênio (O_2) para água líquida. Água, isenta de oxigênio dissolvido, é adicionada na entrada no lado do tubo, a uma velocidade da corrente livre igual a 5,0 cm/s. O diâmetro interno do tubo é 1,0 cm e a espessura da parede do tubo é 2,0 mm (0,20 cm). A parede do tubo é feita de silicone, um polímero altamente permeável ao gás O_2, mas não ao vapor de água. Gás oxigênio puro (100% de O_2) é mantido a uma pressão constante de 2,0 atm no espaço anular ao redor do tubo. O gás O_2 se distribui no polímero de silicone e então se difunde através da parede do tubo para alcançar a água em escoamento. À medida que o fluido escoa ao longo do comprimento do tubo, a absorção do oxigênio aumentará a concentração do oxigênio dissolvido. Determine o comprimento do tubo necessário para que a concentração do oxigênio chegue a 30% da saturação em relação ao gás O_2. O processo é mantido a 25°C. A 25°C, a constante da lei de Henry do gás O_2 dissolvido na água é $H = 0,78$ atm · m³/gmol, o coeficiente de difusão molecular do oxigênio (A) dissolvido em água (B) é $D_{AB} = 2,1 \times 10^{-5}$ cm²/s e a viscosidade cinemática da água é $v_B = 9,12 \times 10^{-3}$ cm²/s. A constante de solubilidade do gás O_2 no polímero de silicone é $S_m = 0,029$ atm · m³-silicone/gmol e o coeficiente de difusão efetivo do O_2 no polímero de silicone é $D_{Ae} = 5,0 \times 10^{-6}$ cm²/s.

CAPÍTULO 31

Equipamentos para a Transferência de Massa

Nos capítulos anteriores, a teoria usualmente utilizada para explicar o mecanismo de transporte convectivo de massa entre fases foi introduzida e as correlações para os coeficientes convectivos de transporte de massa entre fases foram fornecidas. Neste capítulo, desenvolveremos métodos para aplicar as equações de transporte para o projeto de equipamentos de transferência de massa líquido-gás. É importante levar em conta que os procedimentos de projeto não são restritos ao projeto de novos equipamentos, podendo também ser aplicados na análise de equipamentos já disponíveis visando à melhoria de seu desempenho.

A apresentação ou o desenvolvimento da transferência de massa a partir das equações de definição para as equações do projeto final, que são apresentadas no presente capítulo, é completamente análoga ao nosso tratamento anterior de transferência de energia. Os coeficientes convectivos de transferência de massa foram definidos no Capítulo 28. Essas definições e os métodos de análise são similares àqueles apresentados no Capítulo 19 para os coeficientes convectivos de transferência de calor. Uma força motriz global e um coeficiente global de transferência, expresso em termos dos coeficientes individuais, foram desenvolvidos para explicar os mecanismos dos processos de transferência de calor e de massa. Por integração da relação apropriada de transferência de energia, vista no Capítulo 23, fomos capazes de calcular a área de um trocador de calor. Similarmente, neste capítulo, poderemos encontrar relações similares para a transferência de massa que podem ser integradas para resultar no comprimento requerido de um trocador de massa.

▶ 31.1

TIPOS DE EQUIPAMENTOS DE TRANSFERÊNCIA DE MASSA

Um número substancial de operações industriais, nas quais as composições de soluções e/ou misturas são trocadas, envolve transferência de massa entre fases. Exemplos típicos de tais operações poderiam incluir: (1) a transferência de um soluto de uma fase gasosa para uma fase líquida, como é o caso de absorção, desumidificação e destilação; (2) a transferência de um soluto da fase líquida para uma fase gasosa, como encontrada na dessorção ou esgotamento e umidificação; (3) a transferência de um soluto de uma fase líquida para uma segunda fase líquida imiscível (tal como a transferência de uma fase aquosa para uma fase hidrocarboneto), como na extração líquido-líquido; (4) a transferência de

605

um soluto a partir de um sólido para uma fase fluida, como encontrada na secagem e na lixiviação; (5) a transferência de um soluto a partir de um fluido para a superfície de um sólido, como encontrada na adsorção e na troca iônica.

As operações de transferência de massa são comumente encontradas em torres ou em tanques projetados para prover um contato íntimo entre duas fases. Esse equipamento pode ser classificado em um dos quatro tipos gerais de acordo com o método usado para produzir o contato entre fases. Existem, ou são possíveis, muitas variedades desses tipos; vamos restringir nossa discussão para as principais classificações.

Torres de borbulhamento consistem em grandes câmaras abertas, por meio das quais a fase líquida escoa e o gás é disperso na fase líquida na forma de bolhas finas. As pequenas bolhas de gás proporcionam a área de contato desejada. A transferência de massa ocorre tanto durante a formação da bolha quanto à medida que as bolhas ascendem através do líquido. As bolhas ascendentes geram uma ação de mistura dentro da fase líquida, reduzindo, desse modo, a resistência da fase líquida à transferência de massa. Torres de borbulhamento são usadas em sistemas nos quais a fase líquida normalmente controla a taxa de transferência de massa; por exemplo, elas são usadas para a absorção de gases relativamente insolúveis, tais como na oxigenação da água. A Figura 31.1 ilustra o tempo de contato e a direção do escoamento da fase em uma torre de borbulhamento. Como seria de se esperar, o tempo de contato, bem com a área de contato, exerce um importante papel na determinação da quantidade de massa transferida entre as duas fases. O mecanismo básico de transferência de massa envolvido em torres de borbulhamento é também encontrado em *tanques de borbulhamento em batelada* ou em *reservatórios*, onde o gás é disperso na base dos tanques. Tal equipamento é comumente encontrado na aeração e em operações de tratamento de águas residuárias.

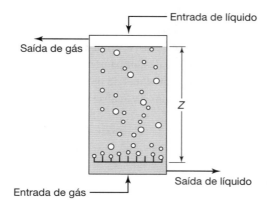

Figura 31.1 Torre de borbulhamento.

Em uma *torre de aspersão*, a fase gasosa escoa para cima através de grandes câmaras abertas e a fase líquida é introduzida por bocais de aspersão ou outros dispositivos de atomização. O líquido, introduzido como finas gotículas, cai em contracorrente em relação à corrente gasosa ascendente. O dispositivo de aspersão é projetado para subdividir o líquido em um grande número de pequenas gotas; para uma dada vazão de líquida, gotas menores fornecem uma maior área de contato interfases através da qual a massa é transferida. Todavia, como também ocorre nas torres de borbulhamento, deve-se tomar cuidado no projeto para evitar a produção de gotas tão pequenas que possam ser arrastadas pela corrente de saída em contracorrente. A Figura 31.2 ilustra o tempo de contato e a direção do escoamento da base em uma torre de aspersão. A resistência à transferência dentro da fase gasosa é reduzida pelo movimento giratório das gotículas de líquido descendentes. Torres de aspersão são usadas para a transferência de massa de gases altamente solúveis, em que a resistência da fase gasosa normalmente controla a taxa de transferência de massa.

Torres com recheio constituem o terceiro tipo geral de equipamento de transferência de massa, que envolve um contato contínuo e em contracorrente de duas fases imiscíveis. Essas torres são colunas verticais que foram cheias com um recheio como ilustrado na Figura 31.3. Uma variedade de materiais de recheio é usada, desde cerâmica especialmente projetada e recheio de plástico, conforme ilustrado na Figura 31.4, até brita. A principal finalidade do recheio é prover uma grande área de contato entre duas fases imiscíveis. O líquido é distribuído sobre o recheio e escoa para baixo sobre o recheio na forma de filmes finos ou correntes subdivididas. Geralmente, o gás escoa para cima em contracorrente com o filme líquido. Assim, esse tipo de equipamento pode ser usado para sistemas líquido-gás, nos quais nenhuma das resistências de fase controla ou nos quais ambas as resistências são importantes.

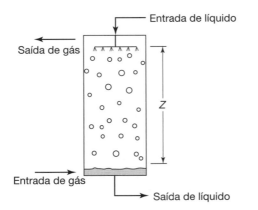

Figura 31.2 Torre de aspersão. 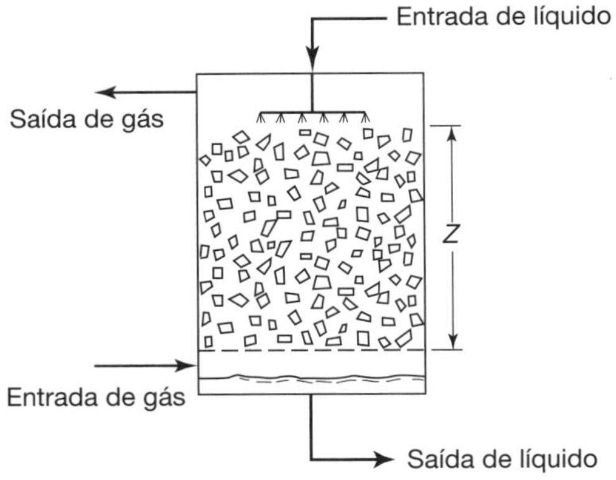   **Figura 31.3** Torre com recheio em contracorrente.

Anel de Raschig   Sela de Berl   Anel de Lessing   Anel de Pall

Figura 31.4 Recheios industriais comuns para torres.

Torres de pratos com borbulhadores (*bubble-plate towers*) e *torres de pratos perfurados* (*sieve-plate towers*) são comumente usadas na indústria para operações de transferência de massa líquido-gás. Elas representam mecanismos combinados de transferência de massa observados nas torres de aspersão e de borbulhamento. Em cada prato, as bolhas de gás são formadas na base de uma piscina de líquido forçando o gás através de pequenos orifícios perfurados no prato ou através das fendas por baixo das campânulas imersas no líquido. A transferência de massa entre as fases ocorre durante a formação das bolhas e à medida que as bolhas sobem através da piscina de líquido agitado. Transferência de massa adicional ocorre durante a formação das bolhas acima da piscina de líquido devido ao arraste da aspersão produzido pela mistura ativa do líquido e do gás sobre o prato. Tais pratos são empilhados uns sobre os outros em uma casca cilíndrica, conforme ilustrado esquematicamente na Figura 31.5. O líquido escoa para baixo, atravessando primeiramente o prato superior e então o prato abaixo. O vapor sobe através de cada prato. Como a Figura 31.5 ilustra, o contato entre as duas fases é gradual. Tais torres não podem ser projetadas por equações obtidas pela integração ao longo de uma área contínua do contato entre as fases. Em vez disso, elas são projetadas por cálculos em estágios que são desenvolvidos e usados em cursos de projeto de operações em estágios. Não vamos considerar o projeto de torres de pratos neste livro; nossas discussões serão limitadas a equipamentos de contato contínuo.

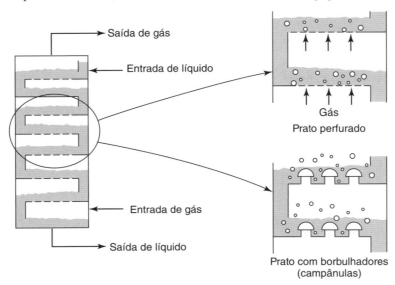

Figura 31.5 Torres de pratos.

31.2 OPERAÇÕES DE TRANSFERÊNCIA DE MASSA LÍQUIDO-GÁS EM TANQUES DE MISTURA PERFEITA

Aeração é uma operação de contato líquido-gás comum, na qual ar comprimido é introduzido na base de um tanque de água líquida por meio de dispersores de pequeno orifício, tais como tubos perfurados, tubos dispersores porosos ou pratos porosos. Esses dispersores produzem bolhas pequenas de gás que sobem através do líquido. Frequentemente, agitadores com rotação quebram os aglomerados de bolhas, dispersando-as através do volume do líquido. Os processos de transferência de massa líquido-gás induzidos por aeração incluem *absorção* e *esgotamento*. Na absorção gasosa, um soluto no gás de aeração é transferido do gás para o líquido. Frequentemente, o soluto é o gás oxigênio no ar, pouco solúvel em água. A absorção do oxigênio em água constitui a base de muitos processos em engenharia bioquímica. No esgotamento de líquidos, o soluto volátil dissolvido é transferido do líquido para o gás de aeração. O esgotamento é a base de muitos processos de tratamento de águas residuárias que são importantes na engenharia ambiental.

Um processo líquido-gás de mistura perfeita é mostrado na Figura 31.6. O padrão de contato líquido-gás é gás disperso, significando que o gás está disperso dentro de uma fase líquida contínua. Consequentemente, os balanços de massa para a transferência de massa do soluto são baseados na fase líquida. Lembre-se, da Seção 29.2, que o fluxo de transferência de massa entre fases para o soluto A através dos filmes de fase gasosa e de fase líquida, baseado na força motriz global na fase líquida, é

$$N_A = K_L(c_A^* - c_A) \qquad (29\text{-}16)$$

em que c_A se refere à concentração molar do soluto A no líquido. A taxa de transferência para o soluto A é

$$W_A = K_L \frac{A_i}{V} V(c_A^* - c_A) = K_L a \cdot V(c_A^* - c_A) \qquad (30\text{-}27)$$

com

$$c_A^* = \frac{p_A}{H}$$

sendo p_A a pressão parcial do soluto A no seio da fase gasosa. Da Seção 30.5, lembre-se de que a área de transferência de massa entre fases por unidade de volume é difícil de medir e, assim, os coeficientes de capacidade — por exemplo, $K_L a$ — são usados.

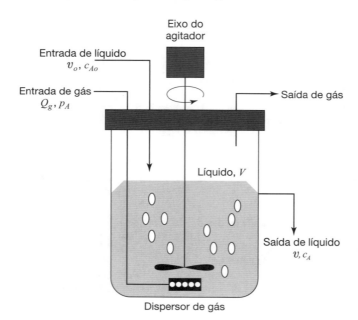

Figura 31.6 Tanque agitado aerado.

Processos de contato líquido-gás de mistura perfeita podem ser contínuos ou em batelada em relação à fase líquida. Para um processo em batelada, o escoamento do líquido é desativado, mas o escoamento do gás permanece. Nesse caso, o balanço de massa em regime transiente em relação ao soluto A na fase líquida é

$$N_A A_i + R_A V = \frac{d(c_A V)}{dt}$$

sujeito à condição inicial $t = 0$, $c_A = c_{A,o}$. Se o volume de líquido V for constante, então

$$K_L a \cdot V \left(c_A^* - c_A\right) + R_A V = V \frac{dc_A}{dt}$$

Adicionalmente, se a pressão parcial do soluto A for constante, de modo que c_A^* seja constante, e não ocorrer reação homogênea do soluto A dissolvido na fase líquida, de modo que $R_A = 0$, então

$$\int_{c_{A,o}}^{c_A} \frac{-dc_A}{c_A^* - c_A} = -K_L a \int_0^t dt$$

que, sob integração, resulta

$$\ln \left(\frac{c_A^* - c_{A,o}}{c_A^* - c_A}\right) = K_L a \cdot t$$

ou

$$c_A = c_A^* - \left(c_A^* - c_{A,o}\right)e^{-K_L a \cdot t} \tag{31-1}$$

Na equação (31-1), a concentração de A no líquido (c_A) se aproxima exponencialmente de c_A^* à medida que t tende a infinito.

Para um processo contínuo com uma corrente de líquido na entrada e uma de corrente de líquido na saída, o balanço de massa em estado estacionário é

$$c_{Ao} \dot{V}_o + N_A A_i - c_A \dot{V} + R_A V = 0$$

em que c_{Ao} é a concentração de entrada do soluto A. Para um processo diluído, a vazão volumétrica de entrada ($\dot{V}_o$) se aproxima da vazão volumétrica na saída. Consequentemente,

$$\dot{V}_o(c_{Ao} - c_A) + K_L a \cdot V\left(c_A^* - c_A\right) + R_A V = 0 \tag{31-2}$$

Se $R_A = 0$, então a concentração prevista na saída é

$$c_A = \frac{\dfrac{\dot{V}_o}{V} c_{Ao} + K_L a \cdot c_A^*}{\dfrac{\dot{V}_o}{V} + K_L a} \tag{31-3}$$

Uma aplicação de operações de contato líquido-gás de mistura perfeita para o projeto de fermentadores aeróbicos é dada no Exemplo 1.

Exemplo 1

O projeto de sistemas de aeração para processos de fermentação aeróbica é baseado na transferência de massa líquido-gás. Os micro-organismos crescem em uma suspensão líquida e se alimentam de nutrientes dissolvidos, tais como glicose e sais minerais. Micro-organismos *aeróbicos* em suspensão líquida também requerem oxigênio dissolvido para crescerem. Se o oxigênio não for suprido a uma taxa suficiente para suportar o crescimento das células, elas morrerão.

No presente processo, *Aerobacter aerogenes* está sendo cultivada dentro de um fermentador de escoamento contínuo de 3,0 m³ de volume (V) de líquido e diâmetro do tanque (d_T) de 1,5 m. Um meio nutriente fresco, contendo traço de O_2 dissolvido, a uma concentração de 0,010 gmol de O_2/m³, entra no fermentador a uma vazão de 1,8 m³/h. Nas condições de estado estacionário, o fermentador aeróbico opera com uma concentração celular (c_X) de 5,0 kg/m³ da cultura líquida. A concentração das células é determinada pela taxa específica de crescimento dos organismos e pela composição de nutrientes do meio líquido, detalhes que não serão apresentados aqui. A suspensão líquida de células consome oxigênio proporcional à concentração celular, de acordo com a equação de taxa

$$R_A = -q_o c_X$$

em que q_o é a taxa específica de consumo de oxigênio das células, igual a 20 gmols de O_2/kg de células $\cdot$ h, que é suposta constante. Determine o valor de $K_L a$ necessário para garantir que a concentração de oxigênio dissolvido na cultura líquida (c_A) seja mantida em 0,050 gmol/m^3. Determine também a potência fornecida a um fermentador de 3,0 m^3, se a vazão de gás no fermentador for 1,0 m^3 de ar/min nas condições de processo a 298 K e 1,0 atm. Suponha que as bolhas não coalesçam. A 298 K, a constante da lei de Henry para a dissolução do O_2 no meio líquido nutriente é 0,826 m$^3 \cdot$ atm/gmol.

O valor requerido para $K_L a$ é obtido a partir de um balanço de massa para o oxigênio dissolvido (espécie A) dentro da fase líquida do fermentador de mistura perfeita. Lembre-se da equação (31-2):

$$\dot{V}_o(c_{Ao} - c_A) + K_L a V(c_A^* - c_A) + R_A V = 0$$

Inserindo $R_A = -q_o c_X$ e resolvendo para $K_L a$, resulta

$$K_L a = \frac{q_o c_X - \dfrac{\dot{V}_o}{V}(c_{Ao} - c_A)}{c_A^* - c_A} \tag{31-4}$$

A concentração de saturação do oxigênio dissolvido é determinada pela lei de Henry:

$$c_A^* = \frac{p_A}{H} = \frac{0,21 \text{ atm}}{0,826 \dfrac{\text{m}^3 \cdot \text{atm}}{\text{gmol}}} = 0,254 \frac{\text{gmol } O_2}{\text{m}^3}$$

A pressão parcial do oxigênio (p_A) é suposta constante, uma vez que a taxa do O_2 transferido para o líquido parcialmente solúvel é muito pequena comparada com a taxa molar de O_2 no gás de aeração. Finalmente,

$$K_L a = \frac{\left(\dfrac{20 \text{ gmols de } O_2}{\text{kg de células} \cdot \text{h}} \dfrac{5,0 \text{ kg de células}}{\text{m}^3} - \dfrac{1,8 \text{ m}^3/\text{h}}{3,0 \text{ m}^3}(0,010 - 0,050)\dfrac{\text{gmols de } O_2}{\text{m}^3}\right)\dfrac{1 \text{ h}}{3600 \text{ s}}}{(0,254 - 0,050)\dfrac{\text{gmol de } O_2}{\text{m}^3}} = 0,136 \text{ s}^{-1}$$

A potência alimentada ao tanque aerado é obtida da seguinte correlação

$$(k_L a)_{O_2} = 2 \times 10^{-3}\left(\frac{P_g}{V}\right)^{0,7}(u_{gs})^{0,2} \tag{30-33}$$

em que $K_L a$ tem unidades de s^{-1}, P_g/V tem unidades de W/m^3 e u_{gs} tem unidades de m/s. A velocidade superficial do gás através do tanque vazio é

$$u_{gs} = \frac{4Q_g}{\pi d_T^2} = \frac{(4)\left(\dfrac{1,0 \text{ m}^3}{\text{min}}\dfrac{1 \text{ min}}{60 \text{ s}}\right)}{\pi(1,5 \text{ m})^2} = 0,0094\frac{\text{m}}{\text{s}}$$

Se o gás for pouco solúvel no líquido, o processo de transferência de massa entre fases será controlado pela fase líquida, de modo que $K_L a \cong k_L a$. Por conseguinte,

$$0,136 = 2,0x10^{-3}\left(\frac{P_g}{V}\right)^{0,7}(0,0094)^{0,2}$$

ou

$$\frac{P_g}{V} = 1572\frac{\text{W}}{\text{m}^3}$$

A potência total requerida (P_g) para 3,0 m^3 do fermentador aerado é 4716 W.

Eckenfelder[1] desenvolveu uma correlação geral para a transferência de oxigênio proveniente de bolhas de ar ascendentes em uma coluna de água parada:

$$K_L \frac{A}{V} = \frac{\theta_g Q_g^{1+n} h^{0,78}}{V} \tag{31-5}$$

em que θ_g é a constante de correlação que depende do tipo de dispersor, Q_g é a vazão do gás expressa em ft³ padrão/min, n é constante de correlação, que depende do tamanho dos orifícios pequenos no dispersor, e h é a profundidade abaixo da superfície do líquido na qual o ar é introduzido no tanque de aeração. Dados típicos para uma unidade de dispersão-aeração, correlacionados de acordo com a equação (31-5), são apresentados na Figura 31.7. A equação (31-5) e a Figura 31.7 são úteis no projeto de transferência de massa em tanques de aeração, como descrito no Exemplo 2 a seguir.

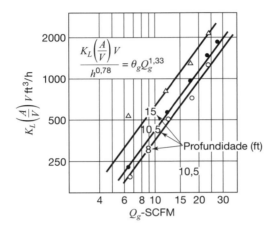

Figura 31.7 Fator de transferência de oxigênio de uma unidade dispersora em um tanque de aeração.

Exemplo 2

Um tanque de aeração, de 20.000 ft³ (556 m³) de volume de líquido, é aerado com 15 dispersores, cada um operando com ar comprimido a uma vazão volumétrica de 15 ft³ padrões de ar/min (7,08 × 10⁻³ m³/s). Os dispersores serão localizados 15,0 ft (4,57 m) abaixo da superfície do tanque. Estime o tempo requerido para elevar a concentração de oxigênio dissolvido de 2,0 para 5,0 mg de O_2/L, se a temperatura da água for 293 K. A 298 K, a constante da lei de Henry para a solubilização do O_2 em água é 0,826 m³ · atm/gmol.

Inicialmente, é necessário estimar o coeficiente de transferência de massa para a transferência líquido-gás O_2 no tanque de aeração. Usando a Figura 31.7, o fator de transferência, $K_L(A/V)V$, para um único dispersor é 1200 ft³/h a uma vazão $Q_g = 15$ ft³/min e $h = 15$ ft. Para o sistema inteiro de aeração,

$$K_L \left(\frac{A}{V}\right) = \frac{K_L(A/V)V}{V} n = \frac{(1200 \text{ ft}^3/\text{h})(1 \text{ h}/3600 \text{ s})(15 \text{ dispersores})}{(20.000 \text{ ft}^3)} = 2,50 \times 10^{-4} \text{ s}^{-1}$$

Para determinar o tempo requerido para o processo de aeração, a concentração do oxigênio dissolvido nas condições de operação e de equilíbrio (saturação) tem agora de ser especificada em unidades consistentes. Primeiramente, a pressão hidrostática média da bolha ascendente de ar no tanque é igual à média aritmética da pressão no topo (superfície líquida) e na base (ponto de descarga submerso para o dispersor):

$$P_{\text{média}} = \frac{P_{\text{topo}} + P_{\text{base}}}{2} = P_{\text{topo}} + \frac{1}{2}\rho_L g h$$

$$P_{\text{média}} = 1,0123 \times 10^5 \text{ Pa} + \frac{1}{2}\left(\frac{998,2 \text{ kg}}{\text{m}^3}\right)\left(\frac{9,81 \text{ m}}{\text{s}^2}\right)(4,55 \text{ m}) = 1,236 \times 10^5 \text{ Pa}$$

---

[1] W. W. Eckenfelder, Jr., *J. Sanit. Engr. Div.*, Amer. Soc. Civ. Engr., **85**, SA4, 89 (1959).

612 ▶ Capítulo 31

A composição do O_2 na bolha de ar é 21% em mol. A concentração do oxigênio dissolvido em equilíbrio com o O_2 na bolha de ar é determinada pela lei de Henry.

$$c_A^* = \frac{p_A}{H} = \frac{y_A P_{\text{média}}}{H} = \frac{(0,21)(1,236 \times 10^5 \, \text{Pa})(1,0 \, \text{atm}/1,013 \times 10^5 \, \text{Pa})}{(0,826 \, \text{m}^3 \cdot \text{atm/gmol})} = 0,310 \frac{\text{gmol de } O_2}{\text{m}^3}$$

A concentração molar do O_2 dissolvido em água na condição final é

$$c_A = \rho_{A,o}/M_A = \left(\frac{5,0 \, \text{mg de } O_2}{L} \frac{1000 \, L}{\text{m}^3} \frac{1 \, g}{1000 \, \text{mg}} \right) \left(\frac{1 \, \text{gmol}}{32 \, \text{g de } O_2} \right) = 0,156 \frac{\text{gmol}}{\text{m}^3}$$

Similarmente, a concentração molar do O_2 na condição inicial é $c_{A,o} = 0,0625$ gmol de O_2/m^3.

Finalmente, usando a equação (31-1), o tempo requerido é

$$t = \ln \left(\frac{c_A^* - c_{A,o}}{c_A^* - c_A} \right) \left(\frac{1}{K_L \left(\frac{A}{V} \right)} \right) = \ln \left(\frac{(0,310 - 0,0625) \text{gmol}/\text{m}^3}{(0,310 - 0,156) \text{gmol}/\text{m}^3} \right) \left(\frac{1}{2,50 \times 10^{-4} \, \text{s}^{-1}} \right) = 1900 \, \text{s}$$

▶ **31.3**

BALANÇOS DE MASSA PARA TORRES DE CONTATO CONTÍNUO: EQUAÇÕES DA LINHA DE OPERAÇÃO

Existem quatro importantes fundamentos que constituem a base do projeto de equipamentos de contato contínuo:

1. Balanços de massa e de entalpia, envolvendo as equações de conservação de massa e de energia
2. Equilíbrio entre fases
3. Equações de transferência de massa
4. Equações de transferência de momento

Como discutido na Seção 29.1, as relações de equilíbrio entre fases são definidas pelas leis da termodinâmica. As equações de transferência de momento, como apresentadas na Seção 9.3, são usadas para definir a queda de pressão dentro dos equipamentos. Não vamos tratar desse assunto neste capítulo, uma vez que isso já foi previamente discutido. Os balanços de massa e de entalpia são importantes, uma vez que eles fornecem expressões para avaliar as composições nos seios (*bulk*) das duas fases em contato em qualquer plano na torre, assim como a variação nas composições macroscópicas (*bulk*) entre dois planos na torre. As equações de transferência de massa serão desenvolvidas na forma diferencial, combinadas com um balanço de massa diferencial e então integradas ao longo da área de contato interfacial para fornecer o comprimento de contato requerido no trocador de massa.

Escoamento Contracorrente

Considere qualquer operação de transferência de massa, em estado estacionário, que envolva o contato em contracorrente de duas fases insolúveis, conforme mostrado esquematicamente na Figura 31.8. As duas fases insolúveis serão identificadas como fase G e fase L.

Na base da torre de transferência de massa, as vazões e as concentrações são definidas como se segue:

G_1 é o número total de mols da fase gasosa G que entra na torre por hora e por unidade de área da seção transversal da torre, isto é, a velocidade molar superficial da fase G;

L_1 é o número total de mols da fase líquida L que sai da torre por hora e por unidade de área da seção transversal da torre, isto é, a velocidade molar superficial da fase L;

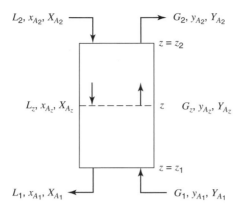

Figura 31.8 Processo contracorrente em estado estacionário.

y_{A_1} é a fração molar do componente A em G1, expressa em mols de A pelo número total de mols na fase G;

x_{A_1} é a fração molar do componente A em L_1, expressa em mols de A pelo número total de mols na fase L.

Similarmente, no topo da torre, a velocidade molar superficial total de cada fase será expressa como G_2 e L_2 e as composições da fração molar de cada corrente será y_{A_2} e x_{A_2}. Um balanço de massa macroscópico global por área da seção transversal da torre para o componente A no entorno do trocador de massa em estado estacionário, no qual não há geração química ou desaparecimento de A, requer que

$$\begin{pmatrix} \text{taxa molar de A que} \\ \text{entra na torre} \end{pmatrix} = \begin{pmatrix} \text{taxa molar de A} \\ \text{que sai da torre} \end{pmatrix}$$

ou

$$y_{A_1} G_1 + x_{A_2} L_2 = y_{A_2} G_2 + x_{A_1} L_1 \tag{31-6}$$

Um balanço de massa para o componente A ao redor do plano $z = z_1$ e o plano arbitrário z estipula

$$y_{A_1} G_1 + x_{A,z} L_z = y_{A,z} G_z + x_{A_1} L_1 \tag{31-7}$$

ou

$$y_A = \frac{L}{G} x_A + \frac{y_{A_1} G_1 - x_{A_1} L_1}{G}$$

Relações mais simples, e certamente equações mais fáceis de usar, podem ser expressas em termos de *unidades de concentração livre do soluto*, também conhecidas como razões molares. A concentração de cada fase será definida como se segue. Para o gás, Y_A é o número de mols de A em G por mol de G livre de A — isto é,

$$Y_A = \frac{y_A}{1 - y_A} \tag{31-8}$$

Para o líquido, X_A é o número de mols de A em L por mol de L livre de A — isto é,

$$X_A = \frac{x_A}{1 - x_A} \tag{31-9}$$

As taxas molares a serem usadas com as unidades de concentração livre de soluto são L_S e G_S, em que L_S é a velocidade molar superficial da fase L na base livre de soluto — isto é, o número de mols do solvente na fase L por hora e por unidade de área da seção transversal da torre — e é igual a $L(1 - x_A)$, sendo L e x_A calculados no mesmo plano da torre: isto é, $L_1(1 - x_{A_1})$ ou $L_2(1 - x_{A_2})$. A vazão do gás de arraste, G_S, é a velocidade molar superficial da fase G medida na base livre de soluto — isto é, o número de mols do solvente de arraste na fase G por hora e por área da seção transversal da torre — e é igual a $G(1 - x_A)$, em que tanto G quanto y_A são calculados no mesmo plano da torre. O balanço global para o componente A pode ser escrito usando os termos livres do soluto como

$$Y_{A_1} G_S + X_{A_2} L_S = Y_{A_2} G_S + X_{A_1} L_S \tag{31-10}$$

ou

$$G_S(Y_{A_1} - Y_{A_2}) = L_S(X_{A_1} - X_{A_2})$$

ou

$$\frac{L_S}{G_S} = \frac{Y_{A_1} - Y_{A_2}}{X_{A_1} - X_{A_2}}$$

A equação (31-10) é uma equação de uma linha reta que passa pelos pontos (X_{A_1}, Y_{A_1}) e (X_{A_2}, Y_{A_2}) com uma inclinação L_S/G_S. Um balanço de massa do componente A em torno do plano z_1 e um plano arbitrário $z = z$ em termos livre do soluto é

$$Y_{A_1} G_S + X_{A,z} L_S = Y_{A,z} G_S + X_{A_1} L_S \tag{31-11}$$

que pode ser reescrito como

$$G_S(Y_{A_1} - Y_{A,z}) = L_S(X_{A_1} - X_{A,z})$$

ou

$$Y_A = \frac{L_S}{G_S} X_A + \frac{Y_{A_1} G_S - X_{A_1} L_S}{G_S}$$

ou

$$\frac{L_S}{G_S} = \frac{Y_{A_1} - Y_{A,z}}{X_{A_1} - X_{A,z}}$$

A equação (31-11) descreve uma equação de uma linha reta que passa pelos pontos (X_{A_1}, Y_{A_1}) e (X_{A_z}, Y_{A_z}) com uma inclinação L_S/G_S. Como ela define as condições de operação dentro do equipamento, ela é denominada *linha de operação para operações em contracorrente*. Em nossas discussões anteriores sobre transferência entre fases na Seção 29.2, o ponto de operação é um dos muitos pontos que caem sobre a linha de operação.

É importante reconhecer a diferença entre as equações (31-7) e (31-11). Embora ambas descrevam o balanço de massa para o componente A, somente a equação (31-11) é uma equação de uma linha reta. Quando escritas em unidades livres de soluto, X_A e Y_A, a linha de operação é reta devido ao fato de que as razões molares são ambas referidas às grandezas constantes, L_S e G_S. Quando escritas em termos de unidades de fração molar, x_A e y_A, o número total de mols em uma fase, L ou G, muda quando o soluto é transferido para dentro ou para fora da fase; isso produz uma linha de operação curva em coordenadas x-y.

A Figura 31.9 ilustra a localização da linha operacional relativa à linha de equilíbrio quando a transferência do soluto é da fase G para a fase L, como no caso da absorção gasosa. A composição macroscópica (*bulk*), localizada sobre a linha de operação, tem de ser maior que a concentração de equilíbrio de modo a produzir a força motriz da transferência de massa.

A Figura 31.10 ilustra a localização da linha de operação relativa à linha de equilíbrio quando a transferência do soluto é da fase L para a fase G, como na dessorção ou no esgotamento de líquido. A localização da linha de operação abaixo da linha de equilíbrio assegura as forças motrizes corretas.

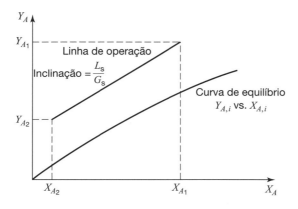

Figura 31.9 Processo em contracorrente em estado estacionário da transferência da fase G para a fase L.

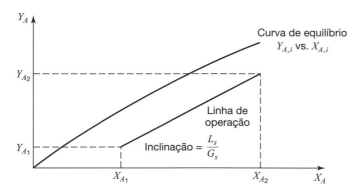

Figura 31.10 Processo em contracorrente em estado estacionário da transferência da fase L para a fase G.

Um balanço de massa para o componente A ao longo de um comprimento diferencial, dz, é facilmente obtido diferenciando a equação (31-11). Essa equação diferencial

$$L_S \, dX_A = G_S \, dY_A \tag{31-11a}$$

relaciona o número de mols transferidos em operações em contracorrentes por unidade de tempo e por unidade de área da seção transversal disponível ao longo do comprimento dz.

No projeto de equipamentos de transferência de massa, a vazão de pelo menos uma corrente terminal e a composição de três das quatro correntes que entram ou que saem têm de ser fixas pelas exigências do processo. A vazão necessária da segunda fase é, em geral, uma variável de projeto. Por exemplo, considere o caso em que a fase G, com um valor conhecido G_S, varia na composição de Y_{A_1} a Y_{A_2} por transferência do soluto para uma segunda fase que entra na torre com composição X_{A_2}. De acordo com a equação (31-10), a linha de operação tem de passar pelo ponto (X_{A_2}, Y_{A_2}) e tem de terminar na ordenada Y_{A_1}. Três linhas de operação possíveis são mostradas na Figura 31.11. Cada linha tem uma inclinação diferente, L_S/G_S, e como G_S é fixado pela exigência do processo, cada linha representa uma grandeza diferente, L_S, da segunda fase. De fato, à medida que a inclinação diminui, L_S diminui. O valor *mínimo* de L_S que pode ser usado corresponde ao final da linha de operação no ponto P_3. Essa grandeza da segunda fase corresponde a uma linha de operação que "toca" a linha de equilíbrio, de modo que X_{A_1} é representado como $X_{A_2,\text{mín}}$ nesse "ponto de contato". Se lembrarmos do Capítulo 29 a definição de forças motrizes, devemos imediatamente reconhecer que, quanto mais próxima a linha de operação estiver da curva de equilíbrio, menor será a força motriz para a transferência de massa. No ponto de tangência, a força motriz difusional é zero; assim, a transferência de massa entre as duas fases não poderá ocorrer. Isso representa uma condição limitante, a *razão mínima da relação L_S/G_S para a transferência de massa*. Para absorção gasosa, a condição mínima se refere ao solvente inerte — isto é, $L_{S,\text{mín}}$ — porém, para o esgotamento do líquido, essa condição mínima se refere ao gás de arraste inerte, isto é, $G_{S,\text{mín}}$. Consequentemente, para absorção gasosa, a um valor fixo de G_S, a inclinação L_S/G_S estará em seu menor valor no ponto de contato, com uma vazão mínima de solvente $L_{S,\text{mín}}$ em $X_{A_1,\text{mín}}$. Para esgotamento de líquido, a um valor fixo de L_S, a inclinação L_S/G_S estará em seu maior valor no ponto de contato, com uma vazão mínima do gás de arraste $G_{S,\text{mín}}$ em $Y_{A_2,\text{mín}}$.

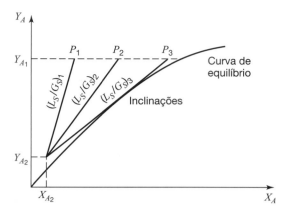

Figura 31.11 Localizações da linha de operação.

Exemplo 3

Amônia (NH$_3$) será absorvida por uma mistura de ar, a 293 K e 1,0 atm de pressão, em uma torre com recheio, usando água como o solvente de absorção. A vazão molar total do gás na entrada é $5{,}03 \times 10^{-4}$ kgmol/s e a composição de NH$_3$ no gás de entrada é de 3,52% por volume. Água isenta de amônia, a uma vazão de $9{,}46 \times 10^{-3}$ kg/s, será usada como solvente de absorção. Se a concentração de amônia no gás na saída for reduzida para 1,79% por volume, determine a relação entre a taxa molar operacional do solvente e a taxa molar mínima do solvente. Os dados da distribuição de equilíbrio para o sistema NH$_3$-água-ar a 293 K e 1,0 atm são fornecidos na Figura 31.12.

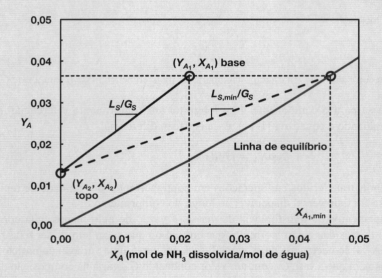

Figura 31.12 Linhas de operação e de equilíbrio para o Exemplo 3. Os dados da distribuição de equilíbrio foram extraídos de Perry e Chilton.[2]

A análise inicia com um balanço de massa para o processo. Primeiro, a taxa molar para o gás de arraste é determinada por

$$AG_S = AG_1(1 - y_{A_1}) = 5{,}03 \times 10^{-4} \text{ kgmol/s}(1 - 0{,}0352) = 4{,}85 \times 10^{-4} \text{ kgmol/s}$$

em que A se refere à área da seção transversal da torre e o subscrito A se refere ao soluto que está se transferindo. A taxa molar total do solvente que entra no topo da torre é

$$AL_S = AL_2(1 - x_{A_2}) = AL_2(1 - 0) = AL_2 = \left(9{,}46 \times 10^{-3} \frac{\text{kg}}{\text{s}}\right)\left(\frac{1 \text{ kgmol}}{18 \text{ kg}}\right) = 5{,}26 \times 10^{-4} \text{ kgmol/s}$$

As composições da razão molar das correntes de fração molar conhecida são

$$Y_{A_1} = \frac{y_{A_1}}{1 - y_{A_1}} = \frac{0{,}0352}{1 - 0{,}0352} = 0{,}0365$$

---

[2] R. H. Perry e C. H. Chilton, *Chemical Engineer's Handbook*, 5. ed., McGraw-Hill Book Company, Nova York, 1973, Tabela 3-124.

$$Y_{A_2} = \frac{y_{A_2}}{1 - y_{A_2}} = \frac{0,0129}{1 - 0,0129} = 0,0131$$

$$X_{A_2} = \frac{x_{A_2}}{1 - x_{A_2}} = \frac{0}{1 - 0} = 0$$

A razão molar para o soluto A no líquido que sai da base da torre, X_{A_1}, é determinada por um balanço de massa para o soluto A em torno das correntes terminais, dada por

$$AG_S Y_{A_1} + AL_S X_{A_2} = AG_S Y_{A_2} + AL_S X_{A_1}$$

ou

$$X_{A_1} = \frac{AG_S(Y_{A_1} - Y_{A_2}) + AL_S X_{A_2}}{AL_S} = \frac{4,85 \times 10^{-4}(0,0365 - 0,0131) + 0}{5,26 \times 10^{-4}} = 0,0216$$

Com as composições da corrente terminal agora conhecidas, as linhas de equilíbrio e de operação nas coordenadas de razão molar são mostradas na Figura 31.12. Uma vez que a forma da linha de equilíbrio é aproximadamente linear na faixa de composição de interesse, a taxa mínima do solvente ocorrerá quando a composição do soluto no líquido que sai da torre estiver em equilíbrio com a composição do soluto A no gás que entra na torre. Consequentemente, $X_{A_1,\text{mín}} = 0,0453$ em $Y_{A_1} = 0,0365$. Com $X_{A_1,\text{mín}}$ conhecida, a taxa mínima de solvente é estimada por um balanço de massa

$$AG_S Y_{A_1} + AL_{S,\text{mín}} X_{A_2} = AG_S Y_{A_2} + AL_{S,\text{mín}} X_{A_1,\text{mín}}$$

ou

$$AL_{S,\text{mín}} = \frac{AG_S(Y_{A_1} - Y_{A_2})}{X_{A_1,\text{mín}} - X_{A_2}} = \frac{4,85 \times 10^{-4}(0,0365 - 0,0131)}{(0,0453 - 0)} = 2,51 \times 10^{-4} \text{ kgmol/s}$$

Finalmente, a razão entre a taxa operacional do solvente e a taxa mínima do solvente é

$$\frac{AL_S}{AL_{S,\text{mín}}} = \frac{5,26 \times 10^{-4} \text{ kgmol/s}}{2,51 \times 10^{-4} \text{ kgmol/s}} = 2,09$$

Assim, a taxa operacional do solvente está 109% acima da taxa mínima do solvente.

Escoamento Cocorrente

Para as operações de transferência de massa em estado estacionário envolvendo o contato de duas fases imiscíveis, como mostrado na Figura 31.13, o balanço de massa global para o componente A é

$$L_S X_{A_2} + G_S Y_{A_2} = L_S X_{A_1} + G_S Y_{A_1} \qquad (31\text{-}12)$$

que pode ser reescrito como

$$L_S(X_{A_2} - X_{A_1}) = G_S(Y_{A_1} - Y_{A_2})$$

ou

$$-\frac{L_S}{G_S} = \frac{(Y_{A_1} - Y_{A_2})}{(X_{A_1} - X_{A_2})}$$

O balanço de massa para o componente A, em torno do plano 1 e um plano arbitrário na direção z, estipula que

$$L_S X_{A,z} + G_S Y_{A,z} = L_S X_{A_1} + G_S Y_{A_1} \qquad (31\text{-}13)$$

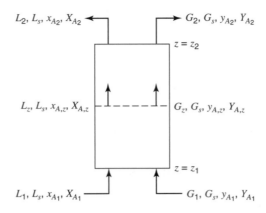

Figura 31.13 Processo cocorrente em estado estacionário.

ou

$$L_S(X_{A,z} - X_{A_1}) = G_S(Y_{A_1} - Y_{A,z})$$

ou

$$-\frac{L_S}{G_S} = \frac{(Y_{A_1} - Y_{A,z})}{(X_{A_1} - X_{A,z})}$$

As equações (31-12) e (31-13) representam linhas retas que passam por um ponto comum (X_{A_1}, Y_{A_1}) e têm a mesma inclinação $-L_S/G_S$; a equação (31-13) é a expressão geral que relaciona a composição de duas fases em contato em qualquer plano do equipamento. Ela é denominada *equação da linha de operação para operações cocorrentes*. As Figuras 31.14 e 31.15 ilustram a localização da linha de operação relativa à linha de equilíbrio. Um balanço de massa para o componente A sobre um comprimento diferencial, dz, para o escoamento cocorrente, dado por

$$L_S \, dX_A = -G_S \, dY_A \tag{31-13a}$$

verifica que a inclinação da linha de operação para operação cocorrente é $-L_S/G_S$.

Como no caso de escoamento em contracorrente, há uma razão mínima de L_S/G_S para operações de transferência de massa em escoamento cocorrente, que são estabelecidas a partir de variáveis fixas do processo: G_S, Y_{A_1}, X_{A_2} e X_{A_1}. Os seus cálculos envolvem o mesmo procedimento já discutido para escoamento em contracorrente.

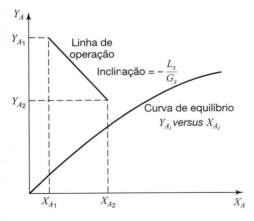

Figura 31.14 Processo cocorrente em estado estacionário, transferência da fase G para a fase L.

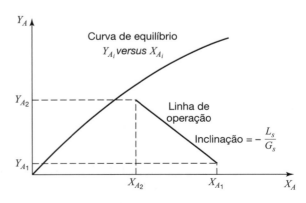

Figura 31.15 Processo cocorrente em estado estacionário, transferência da fase L para a fase G.

31.4

BALANÇOS DE ENTALPIA PARA TORRES DE CONTATO CONTÍNUO

Muitos processos de transferência de massa são isotérmicos. Isso é particularmente verdadeiro quando lidamos com misturas diluídas. Entretanto, quando grandes quantidades de soluto são transferidas, o calor de mistura pode produzir uma elevação de temperatura na fase receptora. Se a temperatura da fase varia, a solubilidade de equilíbrio do soluto será alterada e, por sua vez, as forças motrizes da difusão serão alteradas.

Considere o processo contracorrente em estado estacionário, ilustrado na Figura 31.16. Um balanço de entalpia em torno dos planos $z = z_2$ e z é

$$L_2 H_{L_2} + G H_G = G_2 H_{G_2} + L H_L \tag{31-14}$$

em que H é a entalpia molar da corrente em sua fase, temperatura, pressão e concentração particulares. As entalpias são normalmente baseadas em uma referência do solvente de arraste isento do soluto a uma dada temperatura de base, T_o. A entalpia normal de uma mistura líquida é calculada acima dessa base pela relação

$$H_L = C_{p,L}(T_L - T_o) M_{\text{média}} + \Delta H_S \tag{31-15}$$

em que H_L é a entalpia da corrente líquida, em kJ/mol de L; $C_{P,L}$ é o calor específico da mistura em uma base mássica, em kJ/kg · K; T_L é a temperatura da mistura em K; $M_{\text{média}}$ é a massa molar média da mistura; e ΔH_S é o calor de solução, calculado na temperatura de base, T_o, e na concentração da mistura, em kJ/mol.

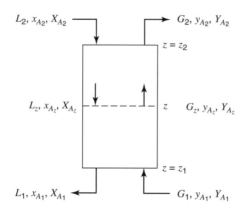

Figura 31.16 Processo contracorrente em estado estacionário.

A entalpia de uma mistura gasosa tem a mesma temperatura de base e o estado padrão do soluto é expresso como

$$H_G = \left[y_A C_{p,G,A} M_A + (1 - y_A)(C_{p,G,B})(M_B) \right](T_G - T_0) + y_A h_{f,G,A} M_A \tag{31-16}$$

em que H_G é a entalpia da corrente gasosa em kJ/mol de G; $C_{P,G,A}$ é o calor específico da fase gasosa em kJ/kg · K; T_G é a temperatura da mistura gasosa em K; M_A é a massa molar do soluto A; e $h_{f,G,A}$ é o calor de vaporização do soluto em kJ/kg. O calor de solução, ΔH_S, é zero para soluções ideais e essencialmente zero para misturas gasosas. Para soluções não ideais, ele será uma grandeza negativa, se calor for liberado na mistura, e será uma grandeza positiva, se calor for absorvido na mistura.

As equações (31-14) a (31-16) podem ser usadas para calcular a temperatura de uma dada fase em qualquer plano dentro do equipamento de transferência de massa. Os cálculos envolvem a aplicação simultânea do balanço de massa de modo a conhecer a vazão da corrente associada com o termo particular da entalpia.

620 ▶ Capítulo 31

▶ **31.5**

COEFICIENTES DE CAPACIDADE DE TRANSFERÊNCIA DE MASSA

Lembre-se de que o coeficiente individual de transferência de massa, k_G, foi definido pela expressão

$$N_A = k_G(p_A - p_{A,i}) \tag{29-7}$$

e o coeficiente global de transferência de massa foi definido por uma equação similar em termos da força motriz global em unidades de pressão parcial

$$N_A = K_G(p_A - p_A^*) \tag{29-15}$$

Em ambas as expressões, a transferência de massa entre fases foi expressa em mols transferidos de A por unidade de tempo por unidade de área por unidade de força motriz em termos da pressão parcial. Para usar essas equações no projeto de trocadores de massa, a área de contato entre fases tem de ser conhecida. Embora a coluna de parede molhada descrita nos Capítulos 29 e 30 tenha uma área interfacial definida, a área correspondente em outros tipos de equipamentos é praticamente impossível de medir. Por essa razão, o fator a tem de ser introduzido para representar a área interfacial por unidade de volume do equipamento de transferência de massa. Nessa situação física, a taxa de transferência de massa em uma altura diferencial, dz, por unidade de área de seção transversal do trocador de massa é $N_A \cdot a \cdot dz$, que tem os seguintes termos dimensionais:

$$N_A\left(\frac{\text{mols transferidos de A}}{(\text{tempo})(\text{área interfacial})}\right) a\left(\frac{\text{área interfacial}}{\text{volume}}\right) dz(\text{comprimento}) = \frac{\text{mols transferidos de A}}{(\text{tempo})(\text{área da seção transversal})}$$

ou, em termos dos coeficientes de transferência de massa,

$$N_A a \cdot dz = k_G a(p_A - p_{A,i})\, dz \tag{31-17}$$

e

$$N_A a \cdot dz = K_G a(p_A - p_A^*)\, dz \tag{31-18}$$

Como tanto o fator a quanto o coeficiente de transferência de massa dependem da geometria do equipamento de transferência de massa e das vazões das duas correntes em contato e imiscíveis, geralmente eles são combinados como um produto. O *coeficiente de capacidade individual*, $k_G a$, e o *coeficiente de capacidade global*, $K_G a$, são calculados experimentalmente como uma variável combinada de processo. As unidades do coeficiente de capacidade da fase gasosa são

$$k_G a\left(\frac{\text{mols transferidos de A}}{(\text{tempo})(\text{área interfacial})(\text{pressão})}\right)\left(\frac{\text{área interfacial}}{\text{volume}}\right) = \frac{\text{mols transferidos de A}}{(\text{tempo})(\text{volume})(\text{pressão})}$$

As unidades mais frequentemente encontradas são mols de $A/\text{m}^3 \cdot \text{s} \cdot \text{atm}$. Os coeficientes de capacidade em termos das forças motrizes da concentração do líquido são similarmente definidos por

$$N_A\, a \cdot dz = k_L a(c_{AL,i} - c_{AL})\, dz \tag{31-19}$$

e

$$N_A\, a \cdot dz = K_L a(c_{AL}^* - c_{AL})\, dz \tag{31-20}$$

As unidades mais comuns para os coeficientes de capacidade da fase líquida $k_L a$ e $K_L a$ são s^{-1}. Os coeficientes de capacidade de transferência de massa em termos da força motriz da fração molar ($k_y a$, $k_x a$, $K_y a$, $K_x a$) têm comumente unidades de mols/$\text{m}^3 \cdot \text{s}$, aquelas baseadas na força motriz da razão molar ($k_y a$, $k_x a$, $K_y a$, $K_x a$) são comumente expressas em termos de mols/$\text{m}^3 \cdot \text{s}$ ou mols/$\text{m}^3 \cdot \text{s} \cdot$ (mol de A/mol de solvente ou de gás de arraste).

Equipamentos para a Transferência de Massa ◀ **621**

▶ 31.6

ANÁLISE DE EQUIPAMENTOS DE CONTATO CONTÍNUO

Os mols transferidos do componente A que se difunde por tempo e por unidade de área da seção transversal foram definidos tanto por equações de balanço de massa como por equações de transferência de massa. Para equipamentos envolvendo contato contínuo entre duas fases imiscíveis, essas duas equações podem ser combinadas e a expressão resultante integrada, fornecendo, assim, uma relação de definição da altura de massa do trocador de massa.

Coeficiente de Capacidade Global Constante

Considere um trocador de massa em contracorrente e isotérmico usado para alcançar uma separação em um sistema que tem um coeficiente de transferência de massa global constante, $K_y a$, através da faixa de concentração envolvida nas operações de transferência de massa. Um balanço de massa para o componente A no comprimento diferencial dz é descrito por

$$\frac{\text{mols transferidos de } A}{(\text{tempo})(\text{área da seção transversal})} = L_S \, dX_A = G_S \, dY_A$$

A transferência de massa do componente A no comprimento diferencial dz é definida em termos do número de mols transferidos de A:

$$\frac{\text{mols transferidos de } A}{(\text{tempo})(\text{área da seção transversal})} = N_A a \cdot dz = K_Y a \left(Y_A - Y_A^* \right) dz \qquad (31\text{-}21)$$

Como a equação (31-21) envolve o fluxo de massa do componente A, N_A, ela não só define a quantidade transferida de A por unidade de tempo e de área da seção reta, como também indica a direção da transferência de massa. Se a força motriz, $Y_A - Y_A^*$, é positiva, a transferência de A tem de ocorrer da composição no seio (*bulk*) da fase gasosa G para a composição no seio (*bulk*) da fase L. As duas grandezas diferenciais, $L_S dX_A$ e $G_S dY_A$, estipulam somente a quantidade transferida de A por tempo e por área da seção transversal; cada termo tem de ter um sinal negativo ou positivo de modo a indicar a direção da transferência de A.

Vamos considerar a transferência de A da fase G para a fase L; $-G_S dY_A$ indica que a fase G está perdendo A. Portanto, a transferência de massa do componente A no comprimento diferencial dz pode ser definida como

$$-G_S \, dY_A = K_Y a \left(Y_A - Y_A^* \right) dz$$

ou

$$dz = \frac{-G_S}{K_Y a} \frac{dY_A}{Y_A - Y_A^*} \qquad (31\text{-}22)$$

Essa equação pode ser integrada ao longo do comprimento do trocador de massa, com a suposição de um coeficiente de capacidade global constante:

$$\int_{z_1}^{z_2} dz = \frac{-G_S}{K_Y a} \int_{Y_{A_1}}^{Y_{A_2}} \frac{dY_A}{Y_A - Y_A^*}$$

ou

$$z = (z_2 - z_1) = \frac{G_S}{K_Y a} \int_{Y_{A_2}}^{Y_{A_1}} \frac{dY_A}{Y_A - Y_A^*} \qquad (31\text{-}23)$$

O cálculo do lado direito dessa equação geralmente requer uma integração numérica ou gráfica. Como discutido na Seção 31.3, podemos calcular $Y_A - Y_A^*$ do gráfico de Y_A *versus* X_A, como ilustrado na Figura 31.17.

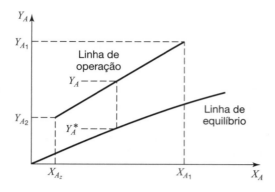

Figura 31.17 Determinação de $Y_A - Y_A^*$, a força motriz global.

A distância vertical entre a linha de operação e a linha de equilíbrio representa a força motriz global em unidades de Y. Cada valor a uma dada concentração no seio, Y_A, e sua recíproca, $1/(Y_A - Y_A^*)$, pode então ser plotado em função de Y_A, como ilustrado na Figura 31.18.

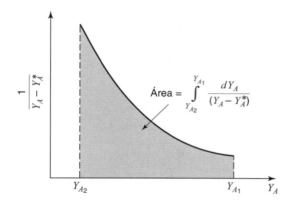

Figura 31.18 Determinação da integral.

Após obter a área sob a curva na Figura 31.18, podemos calcular a profundidade do recheio (z) no trocador de massa pela equação (31-23).

Quando a transferência se dá da fase L para a fase G, como no caso da dessorção ou do esgotamento, G, dy_A e dY_a serão positivos; a transferência de massa do componente A no comprimento diferencial dz será

$$G_S\, dY_A = K_Y a \left(Y_A^* - Y_A \right) dz$$

ou

$$dz = \frac{G_S}{K_Y a} \frac{dY_A}{Y_A^* - Y_A} = \frac{-G_S}{K_Y a} \frac{dY_A}{Y_A - Y_A^*}$$

e, dessa forma, a mesma equação de projeto (31-23) será obtida.

O comprimento do trocador de massa pode ser também determinado por uma equação escrita em termos do coeficiente de capacidade global do líquido, $K_X a$. Para a transferência de A da fase G para a fase L,

$$-L_S\, dX_A = K_X a \left(X_A^* - X_A \right) dz$$

ou

$$dz = \frac{-L_S}{K_X a} \frac{dX_A}{X_A^* - X_A} \qquad (31\text{-}24)$$

Se o coeficiente de capacidade for constante ao longo da faixa de concentração envolvida na operação de transferência de massa

$$\int_{z_1}^{z_2} dz = \frac{-L_S}{K_X a} \int_{X_{A_1}}^{X_{A_2}} \frac{dX_A}{X_A^* - X_A}$$

ou

$$z = \frac{-L_S}{K_X a} \int_{X_{A_1}}^{X_{A_2}} \frac{dX_A}{X_A^* - X_A} \tag{31-25}$$

A força motriz global, $X_A^* - X_A$, corresponde à diferença horizontal entre os valores da linha de operação e da linha de equilíbrio em um gráfico similar ao da Figura 31.17.

Coeficiente de Capacidade Global Variável: Consideração da Resistência Tanto na Fase Líquida Quanto na Fase Gasosa

No Capítulo 29, determinou-se que o coeficiente global era função da concentração, exceto quando a linha de equilíbrio fosse reta. Desse modo, esperaríamos que o coeficiente global de capacidade variasse também quando a inclinação da linha de equilíbrio variasse dentro da região que inclui as concentrações global e interfacial. Com linhas de equilíbrio ligeiramente curvas, pode, ser usadas seguramente as equações de projeto (31-23) e (31-25). Entretanto, no caso das linhas de equilíbrio com curvaturas mais pronunciadas, os cálculos exatos devem ser baseados em um dos coeficientes de capacidade individual.

O balanço de massa para o componente A ao longo do comprimento diferencial dz é

$$L_S \, dX_A = G_S \, dY_A \tag{31-11a}$$

Derivando a equação (31-8), obtemos

$$dY_A = \frac{dy_A}{(1 - y_A)^2}$$

Essa relação pode ser substituída na equação (31-11a) para fornecer

$$L_S \, dX_A = G_S \frac{dy_A}{(1 - y_A)^2} \tag{31-26}$$

A transferência de massa do componente A no comprimento diferencial, dz, foi definida em termos do coeficiente de capacidade da fase gasosa por

$$N_A a \cdot dz = k_G a \left(p_A - p_{A,i} \right) dz \tag{31-17}$$

Combinando as equações (31-17) e (31-26) e rearranjando, obtemos

$$dz = \frac{-G_S \, dy_A}{k_G a (p_A - p_A)(1 - y_A)^2}$$

ou

$$dz = \frac{-G_S \, dy_A}{k_G a \cdot P \left(y_A - y_{A,i} \right)(1 - y_A)^2} \tag{31-27}$$

A forma integral da equação (31-27) é

$$z = z_2 - z_1 = \int_{y_{A_2}}^{y_{A_1}} \frac{G_S \, dy_A}{k_G a \cdot P \left(y_A - y_{A,i} \right)(1 - y_A)^2} \tag{31-28}$$

Como discutido no Capítulo 29, as composições na interface, $y_{A,i}$ e $x_{A,i}$, podem ser encontradas em cada ponto da linha de operação, traçando-se uma linha a partir do ponto em direção à linha de equilíbrio. A inclinação dessa linha é $-k_L/k_G$ em um gráfico de p_A versus c_A, ou é $-k_x/k_y$ (dado por $c_L k_L/k_G P$)

em um gráfico de y_A versus x_A. Na Figura 31.19, a localização da composição interfacial sobre cada fase é ilustrada. É importante lembrar da discussão da Seção 31.3 que, nos gráficos de y_A versus x_A e p_A versus c_A, a linha de operação não é reta, exceto quando estamos lidando com gás relativamente diluído e misturas líquidas. Conhecendo a composição interfacial, $y_{A,i}$, para cada composição macroscópica (*bulk*) y_A na corrente gasosa, podemos integrar a equação (31-28) numérica ou graficamente para obter o comprimento do trocador de massa.

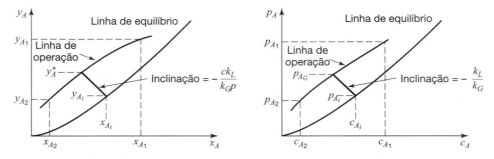

Figura 31.19 Determinação da composição na interface para transferência da fase G para a fase L.

Média Logarítmica da Força Motriz

Embora o procedimento de integração gráfica tenha de ser empregado em muitos cálculos práticos de projeto envolvendo correntes que têm composições com elevadas frações molares do soluto A, é possível que, algumas vezes, possa ser usada uma equação muito mais simples baseada na média logarítmica da força motriz. Quando duas correntes em contato são relativamente diluídas, a curva de equilíbrio e a curva operacional podem ser ambas lineares em termos das frações molares ao longo da faixa de concentração envolvida na operação de transferência de massa. Sob essas condições, $G_1 \approx G_2 \approx G$ e $L_1 \approx L_2 \approx L$. O balanço de massa do componente A pode ser aproximado por

$$L(x_{A_1} - x_A) = G(y_{A_1} - y_A) \tag{31-29}$$

ou

$$L\, dx_A = G\, dy_A \tag{31-30}$$

A taxa de transferência de entre fases pode ser expressa em termos do coeficiente global de capacidade da fase gasosa por

$$N_A a \cdot dz = K_G a (p_A - p_A^*) dz$$

ou

$$N_A a \cdot dz = K_G a \cdot P (y_A - y_A^*) dz \tag{31-31}$$

Como as linhas de operação e de equilíbrio são retas, a diferença entre as ordenadas das duas linhas variará linearmente com a composição. Designando essa diferença $y_A - y_A^*$ por Δ, vemos que essa linearidade estipula

$$\frac{d\Delta}{dy_A} = \frac{(y_A - y_A^*)_1 - (y_A - y_A^*)_2}{y_{A_1} - y_{A_2}} = \frac{\Delta_1 - \Delta_2}{y_{A_1} - y_{A_2}} \tag{31-32}$$

Para a transferência de A da fase G para a fase L, podemos combinar a taxa de transferência de massa da equação (31-31) com a equação (31-32) e o balanço diferencial de massa para o componente A de modo a obter

$$dz = \frac{-G}{K_G a \cdot P} \frac{dy_A}{y_A - y_A^*} = \frac{-G}{K_G a \cdot P} \frac{(y_{A_1} - y_{A_1})}{\Delta_1 - \Delta_2} \cdot \frac{d\Delta}{\Delta} \tag{31-33}$$

Da integração ao longo do comprimento do trocador de massa, da base (posição 1) ao topo (posição 2) da torre, resulta

$$z = \frac{G}{K_G a \cdot P} \frac{(y_{A_1} - y_{A_2})}{\Delta_1 - \Delta_2} \ln \frac{\Delta_1}{\Delta_2}$$

ou

$$z = \frac{G}{K_G a \cdot P} \frac{(y_{A_1} - y_{A_2})}{(y_A - y_A^*)_{ln}} \tag{31-34}$$

em que

$$\Delta_{ln} = \frac{\Delta_1 - \Delta_2}{\ln \Delta_1/\Delta_2} = (y_A - y_A^*)_{ln}$$

ou

$$(y_A - y_A^*)_{ln} = \frac{(y_A - y_A^*)_1 - (y_A - y_A^*)_2}{\ln\left[(y_A - y_A^*)_1/(y_A - y_A^*)_2\right]} \tag{31-35}$$

Uma expressão similar em termos do coeficiente global de capacidade da fase líquida é em que

$$z = \frac{L}{K_L a \cdot c} \frac{(x_{A_1} - x_{A_2})}{(x_A^* - x_A)_{ln}} \tag{31-36}$$

em que

$$(x_A^* - x_A)_{ln} = \frac{(x_A^* - x_A)_1 - (x_A^* - x_A)_2}{\ln\left[(x_A^* - x_A)_1/(x_A^* - x_A)_2\right]} \tag{31-37}$$

As equações (31-36) e (31-37) são convenientes para usar no projeto e na análise de operações de esgotamento de líquidos em torres com recheio.

Exemplo 4

Uma mistura gasosa, contendo 8,25% mol de NH_3 no ar, será tratada em uma torre de absorção com recheio, operando em contracorrente, para reduzir a 0,30% em mol a concentração do NH_3 no gás de saída, usando água como solvente de absorção. A torre tem 0,50 m de diâmetro e será operada a 293 K e a uma pressão total do sistema igual a 1,0 atm. A taxa molar total do gás de alimentação adicionado na base da torre é $8,325 \times 10^{-3}$ kgmol/s e a taxa mássica da água isenta de NH_3 adicionada no topo de torre é 0,203 kg/s, valor esse que está acima da taxa mínima de escoamento do solvente. Nessas condições de escoamento, o coeficiente de capacidade de transferência de massa baseado na força motriz global da fase gasosa, expresso em unidades de razão molar, é $K_y a = 0,080$ kgmol/m³ · s. Determine a altura da torre com recheio necessária para executar a separação. Dados da distribuição de equilíbrio para o soluto NH_3 entre água e ar a 293 K e 1,0 atm, expressos em coordenadas de razão molar, foram dados no Exemplo 3.

Inicialmente, é necessário caracterizar a composição de cada corrente terminal. As composições das razões molares das correntes conhecidas são

$$Y_{A_1} = \frac{y_{A_1}}{1 - y_{A_1}} = \frac{0,0825}{1 - 0,0825} = 0,090$$

$$Y_{A_2} = \frac{y_{A_2}}{1 - y_{A_2}} = \frac{0,0030}{1 - 0,0030} = 0,0030$$

$$X_{A_2} = \frac{x_{A_2}}{1 - x_{A_2}} = \frac{0}{1 - 0} = 0$$

A área da seção transversal da torre de 0,5 m de diâmetro é

$$A = \frac{\pi D^2}{4} = \frac{\pi (0,50 \text{ m})^2}{4} = 0,196 \text{ m}^2$$

As velocidades molares superficiais do gás de arraste e do solvente nesse diâmetro da torre são

$$G_S = G_1(1 - y_{A_1}) = \frac{AG_1(1 - y_{A_1})}{A} = \frac{(8,325 \times 10^{-3} \text{ kgmol/s})(1 - 0,0825)}{0,196 \text{ m}^2} = 0,0389 \text{ kgmol/m}^2 \cdot \text{s}$$

$$L_S = \frac{AL_2(1 - x_{A_2})}{A} = \frac{AL_2}{A} = \frac{(0,203 \text{ kg/s})(1 \text{ kgmol}/18 \text{ kg})}{(0,196 \text{ m}^2)} = 0,0575 \text{ kgmol/m}^2 \cdot \text{s}$$

A razão molar do soluto A na corrente de saída do líquido é determinada pelo balanço de massa nas correntes terminais:

$$X_{A_1} = \frac{AG_S(Y_{A_1} - Y_{A_2}) + AL_S X_{A_2}}{AL_S} = \frac{(0,0389)(0,090 - 0,00301) + 0}{(0,0574)} = 0,059$$

Baseado nas composições das correntes terminais, as linhas de equilíbrio e de operação são mostradas na Figura 31.20.

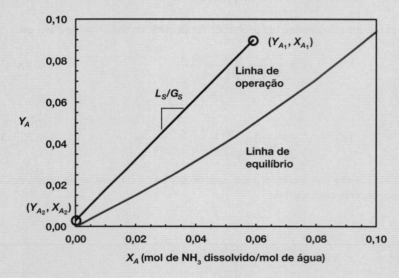

Figura 31.20 A linha de operação para o Exemplo 4.

Como a composição de NH_3 no gás de entrada é relativamente alta a 8,25% em mol, a vazão total do gás irá diminuir consideravelmente da base ao topo da torre. Além disso, a linha de equilíbrio não é linear em relação às concentrações do NH_3 na entrada e na saída da torre. Baseado nessas duas considerações, a equação (31-23) é usada para estimar a altura da torre com recheio, z. A integral na equação (31-23) é o número de unidades de transferência para a separação baseada na força motriz global da razão molar da fase gasosa, sendo dada por

$$N_{YG} = \int_{Y_{A_1}}^{Y_{A_2}} \frac{dY_A}{Y_A - Y_A^*} \tag{31-38}$$

O número de unidades de transferência, N_{YG}, pode ser considerado a integral do recíproco da força motriz da transferência de massa $Y_A - Y_A^*$, do topo à base da torre. Assim, um gráfico de $1/(Y_A - Y_A^*)$ versus Y_A de Y_{A_2} a Y_{A_1} é dado na Figura 31-21, usando a informação fornecida na Tabela 31.1, em que $A = NH_3$. A integral é a área sob a curva mostrada na Figura 31.21, que pode ser obtida por métodos gráficos ou por integração numérica. Na Tabela 31.1, X_A e Y_A representam a linha de operação, que se estende do topo à base da torre, e Y_A^* é a composição do soluto A na fase gasosa que está em equilíbrio com a composição do líquido de operação X_A. Pela regra do trapézio de integração numérica, usando os pontos da base dados na Tabela 31.1, o número de unidades de transferência, baseando-se na força motriz da razão molar para o soluto A, é

$$N_{YG} = \int_{0,0030}^{0,090} \frac{dY_A}{Y_A - Y_A^*} = 5,9$$

Com o número de unidades de transferência conhecido, a altura da torre com recheio para conseguir a separação é

$$z = \frac{G_S}{K_Y a} \int_{Y_{A_2}}^{Y_{A_1}} \frac{dY_A}{Y_A - Y_A^*} = \frac{G_S}{K_Y a} N_{YG} = \frac{(0{,}0389 \text{ kgmol/s})}{(0{,}080 \text{ kgmol/m}^3 \cdot \text{s})}(5{,}9) = 2{,}8 \text{ m}$$

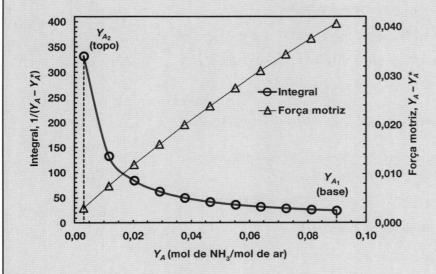

Figura 31.21 Determinação da integral para o Exemplo 4.

Tabela 31.1 Composições do gás, como razões molares, para o Exemplo 4

X_A	Y_A	Y_A^*	$Y_A - Y_A^*$	$1/(Y_A - Y_A^*)$
0,0000	0,0030	0,0000	0,0030	332,3
0,0059	0,0117	0,0042	0,0075	133,1
0,0118	0,0204	0,0085	0,0119	84,3
0,0177	0,0291	0,0131	0,0160	62,4
0,0235	0,0378	0,0177	0,0200	49,9
0,0294	0,0465	0,0226	0,0239	41,9
0,0353	0,0552	0,0276	0,0275	36,3
0,0412	0,0638	0,0328	0,0311	32,2
0,0471	0,0725	0,0381	0,0344	29,1
0,0530	0,0812	0,0437	0,0376	26,6
0,0589	0,0899	0,0493	0,0406	24,6

Na Figura 31.21, vemos que se a força motriz para a transferência de massa for pequena, então a contribuição para a integral será grande. Notamos também que a força motriz global da fase gasosa $(Y_A - Y_A^*)$ é aproximadamente linear com a razão molar da fase gasosa Y_A, com a maior força motriz estando na base da torre.

Exemplo 5

Uma torre com recheio disponível, com altura de recheio de 12,0 m, foi usada para testar um processo de absorção gasosa para a remoção de um soluto A de uma corrente gasosa. No presente teste, a fração molar do soluto A na fase gasosa foi reduzida de 2,0% em mol para 0,5% em mol. O gás foi alimentado na base da torre com uma velocidade molar superficial de 0,0136 kgmol/m² · s; o solvente puro, sem o soluto A, foi alimentado no topo da torre, a uma velocidade molar superficial de 0,0272 kgmol/m² · s. A pressão total do processo foi mantida em 1,2 atm. Na temperatura e na pressão total do processo, a distribuição de equilíbrio do soluto entre o solvente e o gás de arraste é descrita pela lei de Henry na forma

$$y_A^* = 1{,}5\, x_A$$

628 ▶ Capítulo 31

Usando os dados experimentais fornecidos anteriormente, estime o coeficiente global de capacidade da transferência de massa, baseado na força motriz K_Ga nas condições do teste.

Para usar as equações de projeto para uma torre com recheio, é inicialmente necessário caracterizar as composições e as vazões de todas as correntes terminais. Das especificações iniciais do processo, as seguintes vazões e composições são conhecidas: $G_1 = 0,0136$ kg-mol/m² · s, $L_2 = 0,0272$ kgmol/m² · s, $y_{A_1} = 0,020$, $y_{A_2} = 0,0050$ e $x_{A_2} = 0$. Para caracterizar as demais correntes desconhecidas, primeiramente estimamos as vazões do gás de arraste e do solvente, que são componentes inertes:

$$G_S = G_1(1 - y_{A_1}) = (0,0136 \text{ kgmol/m}^2 \cdot \text{s})(1 - 0,020) = 0,0133 \text{ kgmol/m}^2 \cdot \text{s}$$

$$L_S = L_2(1 - x_{A_2}) = (0,0272 \text{ kgmol/m}^2 \cdot \text{s})(1 - 0,0) = 0,0272 \text{ kgmol/m}^2 \cdot \text{s}$$

Consequentemente,

$$G_2 = G_S/(1 - y_{A_2}) = (0,0133 \text{ kgmol/m}^2 \cdot \text{s})/(1 - 0,0050) = 0,0134 \text{ kgmol/m}^2 \cdot \text{s}$$

Com o valor de G_2 conhecido, um balanço de massa para as correntes terminais é usado para determinar L_1:

$$G_1 + L_2 = G_2 + L_1$$

$$L_1 = G_1 - G_2 + L_2 = 0,0136 - 0,0134 + 0,0272 = 0,0274 \text{ kgmol/m}^2 \cdot \text{s}$$

Finalmente, a fração molar de saída do soluto A no líquido (x_{A_1}) é determinada por

$$L_S = L_1(1 - x_{A_1})$$

ou

$$x_{A_1} = 1 - L_S/L_1 = 1 - (0,0272)/(0,0274) = 0,0073$$

Como a linha de equilíbrio é linear, o ponto de contato na vazão mínima do solvente ocorrerá na alimentação do gás, de modo que

$$x_{A_1,\text{min}} = y_{A_1}/1,75 = 0,020/1,75 = 0,0114$$

Portanto, como $x_{A_1,\text{min}} > x_{A_1}$, podemos garantir que a vazão de operação do solvente está acima da vazão mínima do solvente.

Todas as composições em fração molar estão em/ou abaixo de 2,0% em mol, o que indica um sistema diluído. Além disso, a linha de equilíbrio é linear. Baseado nessas duas considerações, a equação de projeto adequada para a absorção em contracorrente do gás na torre é a equação (31.34). De modo a estimar a média logarítmica da força motriz para a fração, $(y_A - y_A^*)_{ln}$, os valores para y_A^* nas extremidades, no topo e na base da torre são necessários. Portanto,

$$y_{A_1}^* = 1,75x_{A_1} = 1,75(0,0073) = 0,0130$$

$$y_{A_2}^* = 1,75x_{A_2} = 1,75(0,0) = 0,0$$

Consequentemente, da equação (31-35), a média logarítmica global da força motriz para a transferência de massa do soluto A baseada na fase gasosa é

$$\left(y_A - y_A^*\right)_{ln} = \frac{\left(y_A - y_A^*\right)_1 - \left(y_A - y_A^*\right)_2}{\ln\left[\left(y_A - y_A^*\right)_1/\left(y_A - y_A^*\right)_2\right]} = \frac{(0,020 - 0,0130) - (0,020 - 0)}{\ln[(0,020 - 0,0130)/(0,020 - 0,0)]} = 0,0123$$

Como a vazão do gás não varia significativamente da base ao topo da torre, um valor médio é usado

$$G = \frac{G_1 + G_2}{2} = \frac{0,0136 + 0,0134}{2} = 0,0135 \text{ kgmol/m}^2 \cdot \text{s}$$

Finalmente, K_Ga é obtido pelo rearranjo da equação (31-34):

$$K_Ga = \frac{G}{z \cdot P} \frac{\left(y_{A_1} - y_{A_2}\right)}{\left(y_A - y_A^*\right)_{ln}} = \frac{(0,0135 \text{ kgmol/m}^2 \cdot \text{s})}{(12,0 \text{ m})(1,2 \text{ atm})} \frac{(0,020 - 0,0050)}{(0,0123)} = 1,14 \times 10^{-3} \frac{\text{kgmol}}{\text{m}^3 \cdot \text{s} \cdot \text{atm}}$$

Como um aparte para sistemas diluídos, a altura da torre com recheio é usualmente descrita pelo produto

$$z = H_{OG}N_{OG} \tag{31-39}$$

em que N_{OG} é o número de unidades de transferência, dado por

$$N_{OG} = \frac{(y_{A_1} - y_{A_2})}{(y_A - y_A^*)_{ln}} = \frac{(0,020 - 0,0050)}{(0,0123)} = 1,22 \tag{31-40}$$

e H_{OG} é a altura do recheio da unidade de transferência, dado por

$$H_{OG} = \frac{G}{K_G a \cdot P} = \frac{(0,0135 \text{ kgmol/m}^2\text{s})}{(1,14 \times 10^{-3} \text{ kgmol/m}^3 \cdot \text{s} \cdot \text{atm})(1,2 \text{ atm})} = 9,86 \text{ m} \tag{31-41}$$

Diâmetro da Torre com Recheio

A torre com recheio é o equipamento de contato contínuo mais comumente utilizado nas operações envolvendo gases e líquidos. Uma variedade de materiais de recheio é usada, variando de recheios cerâmicos ou plásticos especialmente projetados, conforme ilustrado na Figura 31.4, até brita. O recheio é escolhido para promover uma grande área de contato entre as fases com uma resistência mínima ao escoamento de ambas as fases. A Tabela 31.2 lista algumas das propriedades de recheios frequentemente usados na indústria.

Já estabelecemos previamente que a altura da torre de contato contínuo é determinada pela taxa de transferência mássica. O diâmetro da torre é estabelecido para lidar com vazões de ambas as fases a serem tratadas.

Como ilustrado na Figura 31.22, a queda de pressão encontrada pela fase gasosa à medida que ela escoa pelo recheio é influenciada pelas vazões de ambas as fases. Isso é esperado, pois ambas as fases competirão pela seção transversal livre que está disponível para o escoamento das correntes. Vamos considerar uma torre operando com uma vazão fixa de líquido, L'; abaixo da região marcada com A, a quantidade de líquido retido no leito fixo permanecerá razoavelmente constante com velocidades do gás variando. À medida que a vazão do gás aumenta, o atrito entre as fases aumenta e uma maior quantidade de líquido é retida no recheio. Isso é conhecido como *carga*. Finalmente, a certo valor da vazão de gás, G', a retenção é tão elevada que a torre começa a encher com o líquido. A torre não pode ser operada acima dessa *velocidade de inundação* (G_f'), que é função da velocidade do líquido, das propriedades do fluido e das características do recheio.

Na Figura 31.23, é dada uma correlação para a velocidade de inundação em uma torre recheada aleatoriamente. A Figura 31.23 é comumente denominada correlação de Inundação. Os absorvedores de gases e os esgotadores de líquidos são projetados para operar bem abaixo da queda de pressão associada com a inundação. Tipicamente, eles são projetados para quedas de pressão do gás de 200-400 N/m² por metro de profundidade do recheio. A abscissa da Figura 31.23 envol-

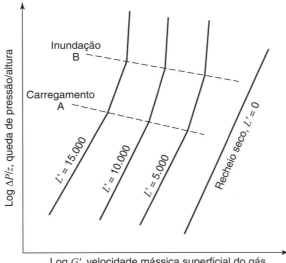

Figura 31.22 Queda de pressão no gás típica para torre com recheio, operando em contracorrente.

ve uma razão entre as taxas mássicas superficiais do líquido e do gás e as densidades das fases líquida e gasosa. A ordenada envolve a taxa mássica superficial da fase gasosa, a viscosidade da fase líquida, as densidades do gás e do líquido, a característica do recheio, c_f, que pode ser obtida na Tabela 31.2, e duas constantes. Para o sistema SI de unidades, g_c é igual a 1,0 e J é igual a 1. Para o sistema anglo-americano de unidades, μ_L é em centipoise (cP), as densidades são em lb_m/ft^3, as taxas mássicas são em $lb_m/ft^2 \cdot h$, g_c é igual a $4,18 \times 10^8$ e J é igual a 1,502. Quando usamos a correlação de Inundação, essas convenções de unidades têm de ser estritamente seguidas, uma vez que as unidades não serão canceladas.

Tabela 31.2 Características de recheios para torres[†]

| | Tamanho nominal, in (mm) | | | | | |
Recheio	0,25 (6)	0,50 (13)	0,75 (19)	1,00 (25)	1,50 (38)	2,00 (50)
Anéis de Raschig						
Cerâmicos						
ϵ	0,73	0,63	0,73	0,73	0,71	0,74
c_f	1600	909	255	155	95	65
a_p ft^2/ft^3	240	111	80	58	38	28
Metálicos						
ϵ	0,69	0,84	0,88	0,92		
c_f	700	300	155	115		
a_p ft^2/ft^3	236	128	83,5	62,7		
Selas de Berl						
Cerâmicos						
ϵ	0,60	0,63	0,66	0,69	0,75	0,72
c_f	900	240	170	110	65	45
a_p ft^2/ft^3	274	142	82	76	44	32
Selas Intalox						
Cerâmicos						
ϵ	0,75	0,78	0,77	0,775	0,81	0,79
c_f	725	200	145	98	52	40
a_p ft^2/ft^3	300	190	102	78	59,5	36
Plástico						
ϵ				0,91		0,93
c_f				33		56,5
a_p ft^2/ft^3				63		33
Anéis de Pall						
Plástico						
ϵ				0,90	0,91	0,92
ϵ				52	40	25
c_f				63	39	31
Metálicos						
ϵ				0,94	0,95	0,96
c_f				48	28	20
a_p ft^2/ft^3				63	39	31

[†]R. E. Treybal, *Mass-Transfer Operations*, McGraw-Hill Book Company, Nova York, 1980.

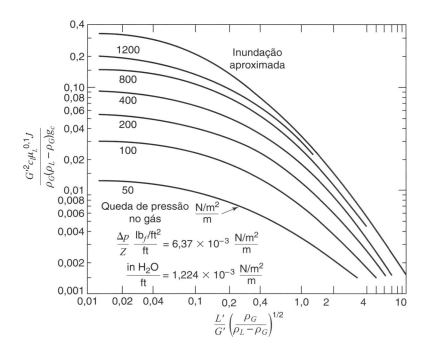

Figura 31.23 Correlação de Inundação para torres recheadas aleatoriamente.

O Exemplo 6 ilustrará como estimar o diâmetro de uma torre com recheio, usando a correlação de Inundação.

Exemplo 6

Uma torre com recheio é usada para reduzir a concentração de amônia (NH_3) em uma corrente gasosa de 4,0% em mol para 0,30% em mol. Água líquida pura é alimentada no topo da torre a uma vazão de 0,231 kg/s, sendo o gás alimentado em contracorrente na base da torre a uma vazão volumétrica de 0,20 m³/s. A torre é recheada com anéis de Raschig de 1,0 in e operada a 293 K e 1,0 atm. As propriedades do seio líquido podem ser consideradas como as da água líquida. A 298 K, a densidade da água é 998,2 kg/m³ e a viscosidade é 993×10^{-6} kg/m · s.

Calcule o diâmetro da torre com recheio, se a queda de pressão for limitada a 200 N/m² por metro de recheio.

A correlação de Inundação será usada para estimar o diâmetro da torre. Para usar a correlação de Inundação, as taxas mássicas do gás e do líquido em contracorrente devem ser determinadas. Para absorção gasosa, as maiores taxas mássicas tanto do gás quanto do líquido são localizadas na base da torre. Portanto, AG'_1 e AL'_1 têm de ser determinadas. A taxa molar do gás na entrada é determinada a partir da vazão volumétrica usando a lei dos gases ideais:

$$AG_1 = \dot{V}_1 \frac{P}{RT} = \left(0,20 \frac{m^3}{s}\right) \frac{(1,0 \text{ atm})}{\left(0,08206 \frac{m^3 \cdot atm}{kgmol \cdot K}\right)(293 \text{ K})} = 8,32 \times 10^{-3} \text{ kgmol/s}$$

A massa molar média do gás de entrada é determinada por

$$M_{w,G_1} = y_{A_1} M_A + (1 - y_{A_1}) M_B = (0,040)(17) + (1 - 0,040)(29) = 28,5 \text{ kg/kgmol}$$

em que o componente B se refere ao gás de arraste (ar). A taxa mássica do gás na entrada é

$$AG'_1 = AG_1 \cdot M_{W,G_1} = (8,32 \times 10^{-3} \text{ kgmol/s})(28,5 \text{ kg/kgmol}) = 0,237 \text{ kg/s}$$

A taxa molar do solvente (água pura) na entrada ($x_{A_2} = 0$) é

$$AL_2 = AL'_2 / M_{w,L_2} = (0,231 \text{ kg/s})/(18 \text{ kg/kgmol}) = 1,28 \times 10^{-2} \text{ kgmol/s}$$

A taxa molar do gás na saída é calculada por

$$AG_2 = \frac{AG_S}{1 - y_{A_2}} = \frac{AG_1(1 - y_{A_1})}{1 - y_{A_2}} = \frac{(8,32 \times 10^{-3})(1 - 0,040)}{(1 - 0,003)} = 8,01 \times 10^{-3} \text{ kgmol/s}$$

632 ▶ Capítulo 31

A partir de um balanço global para as correntes terminais, a taxa molar do líquido na saída é

$$AL_1 = AL_2 + (AG_1 - AG_2) = 1{,}28 \times 10^{-2} + (8{,}32 \times 10^{-3} - 8{,}01 \times 10^{-3}) = 1{,}31 \times 10^{-2} \text{ kgmol/s}$$

Um balanço do soluto A em torno das correntes terminais é dado por

$$y_{A_1}AG_1 + x_{A_2}AL_2 = y_{A_2}AG_2 + x_{A_1}AL_1$$

Ou, uma vez que $x_{A_2} = 0$

$$x_{A_1} = \frac{y_{A_1}AG_1 - y_{A_2}AG_2}{AL_1} = \frac{(0{,}040)(8{,}32 \times 10^{-3}) - (0{,}0030)(8{,}01 \times 10^{-3})}{1{,}31 \times 10^{-2}} = 0{,}024$$

A massa molar média do líquido na corrente na saída é

$$M_{w,L_1} = x_{A_1}M_A + (1 - x_{A_1})M_B = (0{,}024)(17) + (1 - 0{,}024)(18) = 18 \text{ kg/kgmol}$$

em que o componente B se refere ao solvente (água). Finalmente, a taxa mássica do líquido na saída é

$$AL_1' = AL_1 \cdot M_{w,L_1} = (1{,}31 \times 10^{-2} \text{ kgmol/s})(18 \text{ kg/kgmol}) = 0{,}237 \text{ kg/s}$$

Com as taxas mássicas conhecidas, o eixo dos x na correlação de Inundação será agora determinado. Primeiro, a razão entre as taxas mássicas de gás e de líquido na base da torre é

$$\frac{L'}{G'} = \frac{AL'}{AG'} = \frac{0{,}237 \text{ kg/s}}{0{,}237 \text{ kg/s}} = 1{,}00$$

Note que essa razão pode ser calculada sem se conhecer o diâmetro ou a área da seção transversal da torre vazia. Em seguida, a densidade da corrente gasosa na entrada da torre é

$$\rho_G = \frac{P}{RT}M_{w,G_1} = \frac{(1{,}0 \text{ atm})}{\left(0{,}08206 \dfrac{\text{m}^3 \cdot \text{atm}}{\text{kgmol} \cdot \text{K}}\right)(293 \text{ K})}(28{,}5 \text{ kg/kgmol}) = 1{,}19 \text{ kg/m}^3$$

Portanto, o eixo x na correlação de Inundação (Figura 31.23) é

$$\frac{L'}{G'}\left(\frac{\rho_G}{\rho_L - \rho_G}\right)^{1/2} = 1{,}00\left(\frac{1{,}19}{998{,}2 - 1{,}19}\right)^{1/2} = 0{,}034$$

que é uma grandeza adimensional. Para uma queda de pressão de 200 N/m² por m de profundidade do recheio, o valor do eixo y para a correlação de Inundação é 0,049, se o valor do eixo x for igual a 0,034. Consequentemente,

$$0{,}049 = \frac{(G')^2 c_f (\mu_L)^{0{,}1} J}{\rho_G(\rho_L - \rho_G)g_c}$$

Essa expressão para o eixo y é rearranjada para determinar a velocidade molar superficial do gás, G':

$$G' = \sqrt{\frac{0{,}049\rho_G(\rho_L - \rho_G)g_c}{c_f(\mu_L)^{0{,}1}J}}$$

Da Tabela 31.2, $c_f = 155$ para os anéis de Raschig de 1,0 in. Portanto, a taxa mássica superficial do gás é

$$G' = \sqrt{\frac{0{,}049\left(1{,}19 \dfrac{\text{kg}}{\text{m}^3}\right)\left(998{,}2 - 1{,}19 \dfrac{\text{kg}}{\text{m}^3}\right)(1{,}00)}{(155)(993 \times 10^{-6} \text{ kg/m} \cdot \text{s})^{0{,}1}(1{,}0)}} = 0{,}865 \text{ kg/m}^2\text{s}$$

A área da seção transversal da torre é obtida a partir de G' por

$$A = \frac{AG'}{G'} = \frac{0{,}237 \text{ kg/s}}{0{,}865 \text{ kg/m}^2 \cdot \text{s}} = 0{,}274 \text{ m}^2$$

e, assim, o diâmetro da torre é

$$D = \sqrt{\frac{4A}{\pi}} = \sqrt{\frac{4(0{,}274 \text{ m}^2)}{\pi}} = 0{,}59 \text{ m}$$

Exemplo 7

Os Exemplos 3 a 5 focaram em processos de absorção gasosa. No exemplo final deste capítulo, vamos considerar um processo de esgotamento de um líquido, focando na determinação da vazão mínima do gás de arraste.

Uma corrente líquida, contendo amônia dissolvida (NH_3, soluto A) em água, tem de ser reduzida em sua composição de 0,080 mol de A/mol de solvente para 0,020 mol de A/mol de solvente, usando ar como agente de arraste a 293 K e 1,0 atm para transferir o NH_3 volátil da fase líquida para a fase gasosa. O processo será conduzido em uma torre com recheio, com o gás e o líquido escoando em contracorrente. Se a vazão do líquido na entrada, alimentada no topo da torre, for fixada em 0,010 kgmol/m² · s, determine, na entrada, a vazão mínima de ar alimentado na base da torre e a razão molar do NH_3 no gás de esgotamento na saída, a uma taxa operacional de 2,0 vezes a vazão mínima do gás. Dados da distribuição de equilíbrio foram fornecidos no Exemplo 3.

A curva de distribuição de equilíbrio em coordenadas de razão molar para o sistema amônia-água-ar, a 293 K e 1,0 atm, é fornecida na Figura 31.24. Na base da torre, $Y_{A_1} = 0$ e $X_{A_1} = 0{,}020$. Baseado na forma da curva operacional, o ponto de contato ocorrerá no topo da torre onde o gás sai e o líquido entra. Consequentemente, em $X_{A_2} = 0{,}080$, podemos observar que $Y_{A_2,\text{mín}} = 0{,}071$, que está sobre a linha de equilíbrio, como mostrado na Figura 31.24. A vazão volumétrica mínima do gás de arraste nesse valor $Y_{A_2,\text{mín}}$ é determinada por um balanço de massa. Em primeiro lugar, a vazão do solvente é

$$L_S = L_2(1 - x_{A_2}) = \frac{L_2}{1 + X_{A_2}} = \frac{0{,}010 \text{ kgmol/m}^2 \cdot \text{s}}{1 + 0{,}080} = 0{,}00926 \text{ kgmol/m}^2 \cdot \text{s}$$

A vazão mínima do gás de arraste é

$$G_{S,\text{mín}} = L_S \frac{(X_{A_2} - X_{A_1})}{(Y_{A_2,\text{mín}} - Y_{A_1})} = (0{,}00926)\frac{(0{,}080 - 0{,}020)}{(0{,}071 - 0{,}0)} = 0{,}0078 \text{ kgmol/m}^2 \cdot \text{s}$$

e a vazão operacional do gás de arraste é

$$G_S = 2 \cdot G_{S,\text{mín}} = 2(0{,}0078 \text{ kgmol/m}^2 \cdot \text{s}) = 0{,}0156 \text{ kgmol/m}^2 \cdot \text{s}$$

Finalmente, a composição em termos da razão molar do NH_3 no gás que sai na vazão operacional do gás de arraste é

$$Y_{A_2} = Y_{A_1} + \frac{L_S}{G_S}(X_{A_2} - X_{A_1}) = 0{,}0 + \frac{(0{,}00926)}{(0{,}0156)}(0{,}080 - 0{,}020) = 0{,}0356 \frac{\text{mol NH}_3}{\text{mol de ar}}$$

A linha de operação em Y_{A_2} é também mostrada na Figura 31.24.

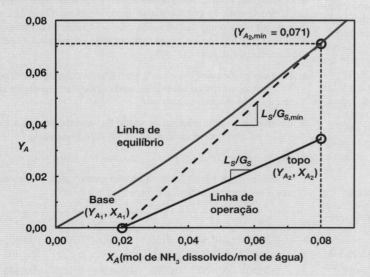

Figura 31.24 Linhas de operação de equilíbrio para o Exemplo 7. Dados da distribuição de equilíbrio são do Perry e Chilton.[2]

634 ▶ Capítulo 31

▶ **31.7**

RESUMO

Trocadores de massa com contatos contínuos são projetados integrando a equação que relaciona o balanço de massa e as relações de transferência de massa para uma área diferencial de contato interfacial. Neste capítulo, descrevemos os quatro tipos principais de equipamentos de transferência de massa. As equações fundamentais para o projeto de processos contínuos de contato gás-líquido em torres com recheio foram desenvolvidas.

▶

PROBLEMAS

31.1 Um tanque de aeração é usado para oxigenar água residuária a 283 K. O tanque é cheio com uma profundidade de 4,55 m, com 283 m^3 de água residuária com uma concentração inicial de oxigênio dissolvido (O_2) igual a 0,050 mmol/L. Uma vez cheio, o tanque é aerado por seis aeradores, e cada um introduz ar comprimido na base do tanque, a uma vazão volumétrica de $7,08 \times 10^{-3}$ m^3/s. O conteúdo de sólidos dissolvidos será considerado suficientemente baixo, de modo que a lei de Henry será aplicada, com a constante da lei de Henry de $H = 3,27 \times 10^4$ atm ($p_A = H \cdot x_A^*$) a 283 K. Para fins de cálculo, pode ser admitido que a taxa de O_2 transferido para o líquido é pequena quando comparada com a taxa molar do O_2 no gás de aeração.

a. Determine a concentração do oxigênio dissolvido após 5 min de aeração.

b. Determine o tempo necessário para elevar a concentração do oxigênio até 0,20 mmol/L (1 mmol/L = 1 gmol/m^3).

31.2 Um sistema de tratamento por ozônio (O_3) é proposto para oxidar materiais orgânicos provenientes de água residuária. O primeiro passo nesse processo é dissolver O_3 na água residuária. Todo o oxigênio dissolvido e as substâncias que demandam ozônio foram removidos da água residuária; o pH é suficientemente baixo, de modo que a decomposição de ozônio pode ser considerada insignificante. O volume da água residuária no tanque é de 80 m^3 e a temperatura de 283 K. Uma mistura comprimida de ozônio/ar, contendo 4,0% em mol de O_3, é alimentada no tanque a uma profundidade de 3,20 m abaixo da superfície líquida, usando oito aeradores, sendo que cada um introduz 17,8 m^3/h da mistura gasosa. O O_3 absorve a água residuária por um filme líquido que controla o processo de transferência de massa entre fases. A 283 K, a constante da lei de Henry para o O_3 dissolvido em água é 67,7 $m^3 \cdot$ atm/kgmol e a lei de Henry para o O_2 dissolvido na água é 588 $m^3 \cdot$ atm/kgmol; o coeficiente de difusão do O_3 dissolvido em água é $1,7 \times 10^{-5}$ cm^2/s e o coeficiente de difusão do O_2 dissolvido em água é $2,1 \times 10^{-5}$ cm^2/s. Para a finalidade desses cálculos, pode ser admitido que a taxa de transferência paro o líquido é pequena em relação à taxa molar do O_3 no gás de aeração.

a. Estime o coeficiente volumétrico de transferência de massa $k_L(A/V)$, usando o gráfico de Eckenfelder e a teoria da Penetração para relacionar $k_L(A/V)$ para a transferência de massa na interface do O_2 com a transferência de massa na interface do O_3.

b. Estime o tempo requerido para que o valor da concentração do ozônio dissolvido alcance 25% de seu valor de saturação. Qual é a concentração do oxigênio (O_2) dissolvido nesse mesmo tempo?

31.3 Um tanque de aeração está cheio com 425 m^3 de água residuária contendo sulfeto de hidrogênio (H_2S) dissolvido, com uma concentração inicial de 0,300 gmol/m^3. O tanque de aeração é equipado com 10 aeradores de gás, localizados 3,2 m abaixo da superfície do líquido. Deseja-se remover o H_2S proveniente da água residuária por um processo de esgotamento, com a transferência de massa interfases sendo controlada pela fase líquida. A concentração do H_2S dissolvido será reduzida de 0,300 a 0,050 gmol/cm^3 no período de tempo de 150 min, usando ar isento de H_2S como gás de aeração. A temperatura do processo é mantida a 283 K. A 283 K, a constante da lei de Henry para o H_2S dissolvido em água é $H = 367$ atm ($p_A = H \cdot x_A^*$), o coeficiente de difusão do H_2S em água é $1,4 \times 10^{-5}$ cm^2/s e o coeficiente de difusão do O_2 dissolvido em água é $2,1 \times 10^{-5}$ cm^2/s.

a. Baseado nas condições desejadas de processo, estime o valor requerido de $k_L(A/V)$ para o processo de transferência de massa interfases de H_2S e então compare esse coeficiente de transferência com o $k_L(A/V)$ para a transferência de O_2 usando a teoria da Penetração.

b. Usando o gráfico de Eckenfelder, determine a taxa de aeração requerida para cada aerador, de modo a obter o valor de $k_L(A/V)$ calculado no item (a).

31.4 Um gás residual, com vazão total na entrada igual a 10,0 lbmols/$ft^2 \cdot$ h contendo 0,050 mol do soluto A/mol do gás de arraste, é tratado em uma torre com recheio, operando em contracorrente com um óleo absorvente não volátil, isento de soluto, de modo a remover 80% do soluto A proveniente do gás. Deseja-se operar o processo com uma vazão de solvente 40% acima de sua vazão mínima. Dados da distribuição de equilíbrio para a *razão molar*, na temperatura e na pressão de operação, são fornecidos a seguir.

a. Faça um gráfico de Y_A versus X_A para a linha de equilíbrio e para as linhas de operação no valor mínimo da vazão de solvente e para 1,4 vez a vazão mínima de solvente.

b. Determine o valor mínimo da vazão de solvente ($L_{S,min}$) e a razão molar máxima possível do soluto A no líquido na saída.

c. Repita os itens (a) e (b) para o escoamento *cocorrente*.

Dados da distribuição de equilíbrio para o soluto A no solvente, expressa em termos de razões molares:

X_A	0,02	0,04	0,06	0,08	0,10	0,12
Y_A	0,0075	0,0130	0,0180	0,0230	0,027	0,0305
X_A	0,140	0,160	0,180	0,200	0,220	0,240
Y_A	0,0330	0,0360	0,0385	0,0405	0,0430	0,0445

31.5 Uma corrente líquida, de taxa molar total igual a 100 lbmols/h, contendo 0,20 mol de A/mol de solvente, deve ser reduzida para 0,050 mol de A/mol de solvente. Propõe-se usar uma torre com recheio para essa finalidade. Uma corrente de 100% de ar (não há soluto A) é introduzida na base da torre e entra em contato com uma corrente líquida em escoamento contracorrente. Dados da distribuição da *fração molar* de equilíbrio na temperatura e na pressão de operação são apresentados na tabela adiante.

a. Determine a taxa molar requerida de ar na entrada, que seja 1,4 vez a taxa mínima operacionável ($1,4\,AG_{S,\text{mín}}$) e a fração molar do soluto A na corrente do gás na saída.

b. Faça um gráfico da linha de equilíbrio e das linhas de operação nas coordenadas da razão molar e da fração molar. A linha de operação nas coordenadas de fração molar é curva?

Dados de distribuição de equilíbrio para o soluto A no solvente, como relações de mols:

X_A	0,020	0,040	0,060	0,080	0,100	0,120	0,140	0,160	0,180	0,200
Y_A	0,004	0,013	0,027	0,048	0,080	0,108	0,125	0,136	0,145	0,152

31.6 Uma corrente de uma solução residual aquosa, contendo 10% em mol de sulfeto de hidrogênio (H_2S) dissolvido em água, será tratada por esgotamento do líquido com ar em uma torre com recheio em contracorrente a 20°C e a uma pressão total do sistema de 12,50 atm. A taxa molar total dessa corrente de alimentação do líquido é 100 lbmols/h. Ar comprimido, a 12,5 atm, isento de H_2S, também é introduzido na torre. A 20°C, a constante da lei de Henry para o sistema H_2S-água é $H = 515$ atm. Deseja-se remover 80% de H_2S do líquido.

a. Qual é a taxa mínima do ar para a torre, $AG_{S,\text{mín}}$?

b. Qual é a fração molar máxima possível do H_2S na corrente gasosa de saída, bem como a taxa mínima do ar?

31.7 Deseja-se remover 83,3% de NH_3 dissolvido de uma corrente líquida contendo 10% em mol de NH_3 em água, usando uma torre com recheio em escoamento contracorrente a 1,0 atm e 30°C. A taxa dessa corrente líquida que entra na torre é 2,0 kgmols/s. O ar que entra é isento de NH_3. Dados da distribuição de equilíbrio para NH_3 em água a 30°C são apresentados na tabela mais adiante.

a. Faça um gráfico da linha de equilíbrio em coordenadas de razão molar, Y_A *versus* X_A. Qual é a fração molar máxima possível e a razão molar de NH_3 na corrente do ar na saída e a mínima possível taxa molar do ar que entra na torre?

b. Qual é a taxa molar de operação do ar e a fração molar de NH_3 no gás na saída a 1,5 vez a taxa molar mínima do ar? Faça um gráfico da linha de operação em coordenadas de razão molar. A linha de operação está acima ou abaixo da linha de equilíbrio?

Dados da distribuição de equilíbrio para NH_3-água a 30°C ($A = NH_3$):

P_A (atm)	0,020	0,025	0,032	0,039	0,053
x_A	0,017	0,021	0,026	0,031	0,041
P_A (atm)	0,067	0,105	0,145	0,236	0,342
x_A	0,050	0,074	0,096	0,137	0,175

31.8 Uma torre com recheio é usada para remover o componente A de uma corrente de mistura gasosa contendo 12% em mol e 88% em mol de inertes. A mistura gasosa é alimentada na base da torre e a velocidade molar superficial desejada da corrente gasosa para a torre (G_1) é 5,0 kgmols/m² · h. Solvente isento do soluto A é alimentado no topo da torre. A composição desejada do soluto A que sai com o líquido é 3,0% em mol e a composição desejada do soluto A que sai com o gás

(y_A) é 1,0% em mol. Por meio de estudos independentes, o coeficiente global médio de transferência de massa baseado na fase gasosa para essa torre nas velocidades molares superficiais desejadas foi determinado como $K_G a = 1,96$ kgmol/m³ · h · atm. O processo é conduzido a 20°C e a pressão total do sistema igual a 15 psia. Dados da distribuição de equilíbrio para o soluto A no solvente a 20°C e 15 psia de pressão total do sistema são apresentados na tabela a seguir.

a. Especifique a taxa molar e a composição em fração molar de todas as correntes terminais do processo. Qual é a velocidade molar superficial do solvente para a torre, L_2?

b. Faça um gráfico da linha de equilíbrio e da linha de operação em coordenadas de razão molar.

c. Qual é a altura da torre com recheio necessária para proceder a separação?

Dados da distribuição de equilíbrio, em coordenadas de fração molar, a 20°C e pressão total do sistema igual a 15 psia:

x_A	0,0000	0,0100	0,0200	0,0300	0,0400	0,0500	0,0600	0,0700	0,0800
y_A	0,0000	0,0265	0,0560	0,0885	0,1240	0,1625	0,2040	0,2485	0,2960

31.9 Uma corrente gasosa, com taxa de 10,0 lbmols/ft² · h, contém 6,0% de dióxido de enxofre (SO_2) por volume no ar. Deseja-se reduzir o nível de SO_2 no gás tratado para não mais do que 0,5% em uma torre com recheio que opera em contracorrente a 30°C e 1,0 atm de pressão total do sistema, usando água isenta de SO_2 dissolvido como solvente de absorção. A taxa desejada do solvente é 2,0 vezes a taxa mínima do solvente. Nessas condições de escoamento, o coeficiente de transferência de massa no filme é $k_x a = 250$ lbmols/ft³ · h e $k_y a = 15$ mols/ft³ · h, para os filmes líquido e gasoso, respectivamente. Os dados da distribuição de equilíbrio para o SO_2 em água a 30°C são apresentados na tabela a seguir.

Dados da distribuição de equilíbrio para o SO_2 em água a 30°C ($A = SO_2$):

P_A (mm Hg)	79	52	36	19,7	11,8	8,1	4,7	1,7
kg de SO_2/100 kg de H_2O	1,0	0,7	0,5	0,3	0,2	0,15	0,1	0,05

a. Especifique a vazão molar e a composição em fração molar de todas as correntes terminais envolvidas no processo para operar a 2,0 vezes a vazão mínima do solvente.

b. Determine a altura do recheio requerida para alcançar a separação ou a operação a 2,0 vezes a vazão mínima do solvente.

31.10 Uma corrente de gás natural, com uma vazão total de 880 metros cúbicos *padrão* (SCM) por hora (*std* m³/h), temperatura de 40°C e pressão total do sistema de 405 kPa, está contaminada com 1% em mol de gás sulfídrico (H_2S). Uma torre de absorção de leito fixo, de 2,0 m de diâmetro, é usada para reduzir a concentração do H_2S no gás natural para 0,050% em mol, de modo a evitar que o H_2S não envenene o catalisador de reforma a vapor usado para converter o gás natural ao gás hidrogênio. Como o H_2S não é muito solúvel em água, o agente quelante monoetanolamina (MEA, massa molar 61 g/gmol) é adicionado à água para aumentar a solubilidade de equilíbrio de H_2S em sistemas aquosos solventes. No presente problema, um solvente aquoso, 15,3% em massa do solvente MEA isento de H_2S, uma taxa total de 50 kgmols/h, é adicionado no topo da torre para a remoção seletiva do H_2S da corrente de gás natural. A altura da torre com recheio é 10,0 m.

a. A partir de um balanço de massa do processo, determine a composição em fração molar do H_2S no solvente líquido de absorção que sai da torre.

636 ▶ Capítulo 31

b. Usando os dados de distribuição de equilíbrio, apresentados na tabela a seguir, faça um gráfico de y_A *versus* x_A para o processo, mostrando as linhas de equilíbrio e de operação.

c. Determine a vazão mínima de solvente, $L_{S,mín}$.

d. Retorne ao coeficiente global de transferência de massa requerido para a torre de operação, $K_G a$, dado que a altura do recheio (z) é 10,0 m.

Dados de distribuição de equilíbrio a 40ºC para 15,3% em massa de MEA em água ($A = H_2S$):[*]

P_A (mm Hg)	0,96	3,0	9,1	43,1	59,7	106	143
mol de H$_2$S/mol de MEA	0,125	0,208	0,362	0,642	0,729	0,814	0,842

[*]J. H. Jones, H. R. Froning e E. E. Claytor, *J. Chem. Eng. Data*, **4**, 85, (1959).

31.11 O gás que sai de um reator de aminação contém 10% em mol de vapor de amônia (NH$_3$) em um gás de arraste de nitrogênio (N$_2$). Essa mistura gasosa é alimentada na base de uma torre com recheio, a uma taxa molar de 2,0 kgmols/s. A NH$_3$ será absorvida pela água em pH neutro dentro da torre com recheio em escoamento contracorrente. O gás que sai do topo da torre contém 2,0% em mol de NH$_3$. Água, contendo 1,0% em mol de amônia residual dissolvida, entra no topo da torre a uma taxa molar de 3,0 kgmols/s. A torre é recheada com selas cerâmicas Intalox de 1,0 in, operando a 20ºC e a uma pressão total do sistema de 2,5 atm. Nessas condições, a densidade do gás de alimentação é 2,8 kg/m^3, a densidade do líquido é 1000 kg/m^3 e a viscosidade do líquido é 1,0 cP (0,001 kg/m · s). Os dados da distribuição de equilíbrio para NH$_3$ em água são apresentados na tabela a seguir.

Dados da distribuição de equilíbrio para NH$_3$-água a 30ºC ($A = NH_3$):

P_A (atm)	0,020	0,025	0,032	0,039	0,053
x_A	0,017	0,021	0,026	0,031	0,041
P_A (atm)	0,067	0,105	0,145	0,236	0,342
x_A	0,050	0,074	0,096	0,137	0,175

a. Especifique a taxa molar e a composição em fração molar de todas as correntes terminais para o processo. A torre irá operar como pretendido? Investigue esse assunto fazendo um gráfico da linha de operação relativa à linha de equilíbrio em coordenadas de fração molar e de razão molar.

b. Qual é o diâmetro mínimo da torre na condição de "inundação" e o diâmetro da torre a 50% da condição de inundação?

c. Quais são as forças motrizes globais de transferência de massa $(y_A - y_A^*)$ no topo e na base da torre e a média logarítmica da força motriz?

31.12 O gás resfriado de exaustão, proveniente de um reator que produz silício pela deposição química por vapor de triclorosilosano, contém 8,0% em mol de vapor de HCl anidro e 92,0% em mol de gás de hidrogênio (H$_2$) a 25ºC. A taxa total do gás é 1,25 kgmol/h. Deseja-se remover o vapor de HCl dessa corrente por um processo de absorção gasosa usando água pura como solvente, na entrada do interior da torre com recheio em contracorrente. A concentração de saída desejada do HCl no gás é de apenas 0,10% em mol. Embora o HCl seja altamente solúvel em água, a fração molar do HCl na corrente de líquido na saída é mantida em 2% em mol para evitar a manipulação de um líquido altamente corrosivo. Nessa composição, a taxa do líquido está confortavelmente acima da taxa mínima do solvente. A torre é mantida a 1,0 atm e 25ºC. Os dados da distribuição de equilíbrio para o vapor de HCl-água a uma pressão total do sistema de 1,0 atm e a 25ºC são apresentados na tabela adiante.

Dados da distribuição do equilíbrio para HCl-água a 20ºC e 1,0 atm ($A = HCl$):

x_A	0,210	0,243	0,287	0,330	0,353	0,375	0,400	0,425
y_A	0,0023	0,0095	0,0215	0,0523	0,0852	0,135	0,203	0,322

a. Qual é a taxa de operação do solvente alimentado para a torre com recheio?

b. Faça um gráfico de y_A *versus* x_A para a linha de equilíbrio e a linha de operação. Qual é a fração molar do HCl no líquido na saída nas condições de taxa mínima do solvente?

c. Qual são as forças motrizes globais de transferência de massa $(y_A - y_A^*)$ no topo e na base da torre e a média logarítmica da força motriz nas condições de operação?

d. Uma camada da torre de 0,50 m de diâmetro está disponível para uso. Recheio de selas de cerâmica Intalox de 1,5 in de tamanho nominal está também disponível. Nas condições de operação dadas anteriormente, a torre vai inundar? Qual é a queda de pressão calculada por unidade de profundidade do recheio? Qual é queda de pressão calculada por unidade de profundidade do recheio? A densidade do líquido na saída é 1033 kg/m^3, a viscosidade do líquido na saída é 1,2 cP e a massa molar do HCl é 36,5 g/gmol.

31.13 Água residuária, contaminada com 1,2,2 triclorometano (C$_2$H$_3$Cl$_3$) de massa molar igual a 133,5 g/gmol, será tratada em uma torre com recheio operando em contracorrente usando ar isento de contaminantes como gás de arraste. No presente processo, 100 kgmols/h dessa corrente de líquido na alimentação serão tratados a 20ºC e a uma pressão total do sistema de 1,65 atm. Para essa corrente de líquido, a concentração de entrada do 1,2,2 triclorometano é $x_{A_2} = 2,0 \times 10^{-3}$ e a concentração desejada é $x_{A_1} = 2,0 \times 10^{-4}$. Nessa faixa de concentração, a distribuição de equilíbrio do vapor de 1,2,2 triclorometano em água é descrito pela lei de Henry na forma $p_A = H \cdot x_A^*$, sendo $H = 41,25$ atm a 20ºC. A torre é recheada com anéis de plástico de Pall com 1,5 in.

a. Do ponto de vista da transferência de massa entre fases, qual é a taxa molar *mínima* do gás *para* a torre?

b. Considere agora que a taxa do *gás na saída* seja 1,2 kgmol/h, que está acima da taxa mínima de gás necessária para a transferência de massa. Nessa taxa, a composição do gás na saída é 1,5% em mol de 1,2,2 triclorometano e 98,5% em mol de ar. Qual é o menor diâmetro possível da torre, calculado a uma velocidade superficial do gás em que a torre inunda, G_f? Admita que as propriedades da água residuária sejam as mesmas que as da água líquida a 20ºC, com a densidade do líquido igual a 1000 kg/m^3 e a viscosidade do líquido igual a 0,0010 kg/m · s.

31.14 Acetona, um solvente usado para a limpeza de pastilhas de silício, é altamente volátil com uma pressão de vapor de 185 mm Hg a 20ºC e 148 mm Hg a 15ºC. Um sistema de manipulação de ar a 20ºC captura os vapores de acetona dos equipamentos de limpeza, que em seguida têm de ser limpos. No presente processo, 224 m^3 *padrão*/h de uma corrente de ar, contendo 9,0% em mol de vapor de acetona, são enviados para a torre de adsorção de leito fixo. A torre é recheada com Awesomepack^{MR}, que tem um fator de capacidade (C_f) de 100. A torre é mantida a 15ºC e a uma pressão total de sistema de 1,0 atm. A distribuição dos dados de equilíbrio para o sistema ar-acetona-água, a uma pressão total do sistema de 1,0 atm e 15ºC, é dada na tabela a seguir. Água pura entra no topo da torre. Deseja-se remover 89,8% da acetona do gás de alimentação. Deseja-se também que não haja mais do que 2,0% em mol de acetona dissolvida na água líquida que sai da torre, de modo a não sobrecarregar a capacidade de tratamento dos compostos orgânicos dissolvidos do sistema de tratamento de água residuária.

Finalmente, deseja-se que haja uma velocidade molar superficial do gás na entrada da torre (G_1) de 20,0 kgmols/m^2 · h, que está bem abaixo da velocidade de inundação do gás (G_f) em unidades consistentes. Nessas condições de escoamento, os coeficientes volumétricos de transferência de massa são $k_G'a = 20$ kgmols/m^3 · h · atm e $k_L'a = 50$ h^{-1} para os filmes de gás e de líquido em torno do recheio. Embora o solvente tenha alguma acetona dissolvida nele, as propriedades do líquido podem ser consideradas $\rho_L = 1000$ kg/m^3, $M_{w,L} = 18$ kg/kgmol e $\mu_L = 1,0$ cP. A massa molar da acetona é 58 g/gmol.

a. Qual é a taxa molar total do líquido que sai da torre, expressa em unidades de kgmol/h nas condições de operação?

b. Faça um gráfico das linhas de equilíbrio e de operação em coordenadas de fração molar (y_A versus x_A). Qual é a taxa mínima possível do solvente que entra na torre do ponto de vista da transferência de massa, em unidades de kgmol/h?

c. Qual é a altura do recheio requerida nas condições desejadas de operação?

d. Qual é a velocidade de inundação do recheio Awesomepack^{MR} nas condições de operação? Outro engenheiro argumenta que o Awesomepack^{MR} não é realmente impressionante e sugere que o recheio de selas de cerâmica Intalox de 0,5 in poderia ser melhor do ponto de vista hidrodinâmico. Qual é a nova velocidade de inundação do gás? O recheio de selas de cerâmica Intalox é melhor?

e. É possível que qualquer vapor de acetona no ar poderia condensar nas condições de operação da torre? Baseie sua resposta com cálculos.

Dados de distribuição de equilíbrio para água-acetona a 15°C (A = acetona)

P_A (mm Hg)	3,15	6,12	11,5	17,9	43,9	61,3
x_A	0,0033	0,0064	0,013	0,0205	0,0556	0,0942

31.15 Uma corrente de gás residual de um processo, contendo 5% em mol de benzeno (soluto A), entra na base de uma torre com recheio. A torre é recheada com anéis cerâmicos de Raschig de 0,5 in, sendo o diâmetro da torre igual a 2,0 ft. A taxa do gás na entrada é 32,0 lbmol/h (1006 lb/h). O gás residual que sai da torre contém 1,0% em mol de benzeno e sua taxa molar total é 30,7 lbmol/h. Um óleo de limpeza não volátil (massa molar de 250 g/gmol), isento de benzeno, é adicionado no topo da torre a uma taxa de 18 lbmol/h para absorver o soluto A da fase gasosa. Nessas condições, o coeficiente global de transferência de massa baseado na fase gasosa, $K_G a$, é 2,15 lbmol/ft^3 · h · atm. A pressão total do sistema é 1,40 atm e a temperatura é isotérmica a 27°C; a distribuição de equilíbrio do soluto A entre as fases gasosa e líquida em contato é descrita pela lei de Henry, em que $P_A = H \cdot x_A$, sendo $H = 0,14$ atm, baseado na definição $p_A = H \cdot x_A^*$. Dados adicionais: densidade do gás, $\rho_G = 0,11$ lb$_m$/ft^3; densidade do líquido, $\rho_L = 55$ lb$_m$/ft^3; viscosidade do líquido, $\mu_L = 2,0$ cP.

a. Qual é a fração molar do soluto A no líquido que sai da torre?

b. Qual é a altura da torre com recheio?

c. Nas condições de operação, a queda de pressão na fase gasosa na torre é 300 Pa/m. Se o recheio for trocado para anéis cerâmicos de Raschig de 0,25 in, qual será a nova queda de pressão?

31.16 Uma torre em escala piloto, recheada a uma altura de 6,0 ft com anéis cerâmicos de Raschig de 5/8 in, é usada para estudar a absorção do dissulfeto de carbono (CS_2, soluto A) proveniente do gás nitrogênio (N_2) para uma solução líquida absorvente a 24°C. O diâmetro da torre é 0,50 ft. Uma corrente gasosa, com uma taxa molar total de 2,0 lbmol/h e uma composição de 3,0% em mol de CS_2, entra na base da

torre. A composição do CS_2 no gás que sai é 0,50% em mol. Solvente puro (massa molar de 180 g/gmol), com uma taxa molar total de 1,0 lbmol/h, entra no topo da torre. A composição do CS_2 no líquido que sai é 4,8% em mol. Para a faixa de operação da concentração, a lei de Henry é válida com $P_A = H \cdot x_A^*$, em que $H = 0,46$ atm a 24°C. A pressão total do sistema na torre é 14,7 psig (pressão manométrica). Dados adicionais: densidade do gás, $\rho_G = 0,16$ lb$_m$/ft^3; densidade do líquido, $\rho_L = 75$ lb$_m$/ft^3; viscosidade do líquido, $\mu_L = 2,0$ cP.

a. Determine a taxa mínima do solvente $AL_{s,\text{mín}}$.

b. Baseado nas condições de operação, estime o $K_y a$ requerido para a altura da torre com recheio igual a 6,0 ft.

c. Nas condições de operação, pode ser calculado que a torre opera a 26% da velocidade de inundação ($G' = 0,26\, G_f'$). Recomente um novo tamanho do recheio de anéis cerâmicos de Raschig, que levará a uma velocidade do gás para dentro da faixa de 40-45% da velocidade de inundação no diâmetro fixo da torre igual a 0,5 ft.

31.17 Um leito fixo para um processo de esgotamento de líquido será projetado para remover benzeno de água residuária contaminada. Uma corrente de água residuária líquida, contendo benzeno dissolvido com uma concentração de 693 mg de benzeno/L (fração molar $1,6 \times 10^{-4}$), é enviada para o topo de uma torre com recheio, com uma taxa de 100 lbmol/ft^2 · h. Ar isento de vapor de benzeno é enviado para a base da torre. A torre é mantida a uma pressão total do sistema de 1,2 atm e 20°C. Deseja-se reduzir a fração molar do benzeno dissolvido na água a apenas 86 mg/L (fração molar $2,0 \times 10^{-5}$) e aumentar a composição do vapor de benzeno na corrente de ar que sai do topo da torre a uma fração molar de 0,01 (1,0% em mol de vapor de benzeno no ar). Nessas condições de escoamento, os coeficientes de transferência de massa no filme para o recheio são $k_L a = 17,4$ h^{-1} e $k_G a = 7,4$ lbmol/ft^3 · h · atm para os filmes de líquido e de gás, respectivamente. A 20°C, a distribuição da curva de equilíbrio para o sistema benzeno-água-ar é linear, com a constante de Henry $H = 150$ atm, baseada na definição $p_A = H \cdot x_A^*$. A 20°C, a água é não volátil em relação ao benzeno, a concentração máxima solúvel de benzeno volátil dissolvido em água líquida é 780 mg/L e a densidade da água líquida é 62,4 lb$_m$/ft^3. A massa molar do benzeno é 78 g/gmol. Para um processo de esgotamento de líquido, por convenção, o processo de transferência de massa entre fases é baseado na força motriz global da transferência de massa na fase líquida.

a. Faça um gráfico das linhas de operação e de equilíbrio para o processo em coordenadas de fração molar (y_A versus x_A). As composições desejadas da corrente terminal permitem que ocorra transferência de massa entre fases? Explique por quê.

b. Determine a força motriz global da transferência de massa ($x_A^* - x_A$) no topo e na base da torre, bem como a média logarítmica da força motriz. Indique essas forças motrizes no gráfico de y_A versus x_A do item (a).

c. Estime a altura do recheio necessária para atingir a separação.

31.18 Uma torre com recheio, de 2,0 ft de diâmetro e 4,0 ft de altura de recheio, é usada para produzir uma solução de oxigênio dissolvido em água para um processo bioquímico. A torre será pressurizada para 5,0 atm com gás oxigênio (O_2) puro. Não há saída de gás e o gás oxigênio puro entrará na torre somente para manter a pressão da fase gasosa em 5,0 atm. Água pura, isenta de oxigênio dissolvido, entra no topo da coluna e escoa em torno do recheio a uma taxa de 200 lb$_m$/min. A temperatura do processo é 25°C e, nessa temperatura, a distribuição de equilíbrio do oxigênio entre a fase gasosa e a fase líquida segue a lei de Henry na forma $p_A = H \cdot x_A^*$, com $H = 4,38 \times 10^4$ atm. A vaporização da água pode ser ignorada de modo que não existe água na fase gasosa. Nas condições de escoamento da coluna, o coeficiente de capacidade do filme líquido é $k_x a = 194$ lbmol/ft^3 · h. Embora esse seja um processo de absorção de gás, uma vez que 100% do oxigênio

638 ▶ Capítulo 31

estão presentes na fase gasosa, toda a transferência de massa ocorrerá dentro do filme líquido e, portanto, será apropriado basear os cálculos na fração molar da fase líquida, x_A.

a. Faça um gráfico das linhas de operação e de equilíbrio em coordenadas de fração molar.

b. Qual é a fração molar do O_2 dissolvido no líquido que sai para uma altura de recheio igual a 4,0 ft?

31.19 A Beaver Brewing Corporation fechou um contrato para produzir bebidas carbonatadas. Uma torre de absorção com recheio será usada para dissolver o gás dióxido de carbono (CO_2) na água. No presente processo, o gás CO_2 puro, a uma pressão constante total do sistema de 2,0 atm, é alimentado em uma torre com uma taxa de 1,0 kgmol/min. Água pura da montanha, isenta de CO_2 dissolvido, entra no topo da torre com uma taxa de 4,0 kgmol/min. A fração molar desejada do CO_2 dissolvido é 0,1% em mol dissolvido no líquido, que está abaixo da concentração em equilíbrio com o gás CO_2 gasoso. A torre é recheada com selas de cerâmica Intalox de 1,0 in. A temperatura é mantida a 20ºC. A 20ºC, a constante da lei de Henry para a dissolução do gás CO_2 em água é 25,4 atm · m³/kgmol, a concentração molar da água líquida é 55,5 kgmol/m³ a 20ºC, a densidade da água líquida é 998,2 kg/m³ e a viscosidade da água líquida é 993×10^{-6} kg/m · s a 20ºC. Embora esse seja um processo de absorção gasosa, uma vez que 100% do CO_2 estão presentes na fase gasosa, toda a transferência de massa ocorrerá dentro do filme líquido e, portanto, será apropriado basear os cálculos na fração molar da fase líquida, x_A.

a. Qual é o diâmetro requerido da torre, se a queda de pressão por unidade de volume do recheio não puder ser maior do que 200 Pa/m?

b. Baseado no resultado do item (a), qual é o coeficiente de transferência de massa do filme, $k_L a$, calculado pela correlação de Sherwood e Holloway, fornecida no Capítulo 30?

c. Baseado no resultado do item (b), qual é o *volume de recheio* requerido para realizar o processo de absorção?

Nomenclatura

a	área de transferência de massa na interface por unidade de volume; ft^2/ft^3, m^2/m^3.
$\mathbf{a}$	aceleração; ft/s^2, m/s^2.
a_p	característica do recheio; ft^2/ft^3, m^2/m^3.
A	área; ft^2, m^2.
A_i	área de transferência de massa na interface; ft^2, m^2.
A_p	área projetada da superfície; ft^2, m^2; equação (12-3).
c	concentração molar total; lb mol/ft^3; mol/m^3.
c_A	concentração de A em equilíbrio com a composição no seio (*bulk*) da fase gasosa, $P_{A.G}$; lb mol/ft^3; mol/m^3.
c_{Ao}	concentração de A no tempo $t = 0$; lb mol/ft^3; mol/m^3.
$c_{A,i}$	concentração molar de A, fase líquida, na interface; lb mol/ft^3; mol/m^3; Seção 29.2.
$c_{A,L}$	concentração molar de A no seio (*bulk*) da fase líquida; lb mol/ft^3; mol/m^3; Seção 29.2.
$c_{A,s}$	concentração molar de A na superfície; lb mol/ft^3; mol/m^3.
$c_{A,\infty}$	concentração de A no seio da corrente (*bulk*); lb mol/ft^3; mol/m^3.
c_i	concentração molar da espécie i; lb mol/ft^3; mol/m^3; equação (24-4).
c_p	calor específico; Btu/lb °F, J/kg K.
$\underline{C}$	concentração adimensional; adimensional.
C	velocidade molecular média aleatória; m/s; Seções 7.3 e 15.2.
C_C	capacidade térmica da corrente do fluido frio; Btu/h °F, kW/K; equação (22-1).
C_D	coeficiente de arraste; adimensional; equação (12-3).
C_f	coeficiente de película; adimensional; equação (12-2).
C_f	característica do recheio; adimensional.
C_H	capacidade térmica da corrente do fluido quente; Btu/h °F, kW/K; equação (22-1).
C_{sf}	coeficiente de correlação para ebulição nucleada; adimensional; Tabela 21.1.
d_c	diâmetro do cilindro; ft, m.
d_p	diâmetro da partícula esférica; ft, m.
D	diâmetro do tubo; ft, m.
D_{AB}	difusividade mássica ou coeficiente de difusão para o componente A se difundindo através do componente B; ft^2/h, m^2/s; equação (24-15).
D_{Ae}	coeficiente de difusão efetivo da espécie A no interior de poros retos; ft^2/s, m^2/s.
D'_{Ae}	coeficiente de difusão efetivo da espécie A no interior de poros randômicos; ft^2/s, m^2/s.
$D_{A,mix}$	coeficiente de difusão da espécie A em uma mistura multicomponente; ft^2/s, m^2/s.
D_{eq}	diâmetro equivalente; ft, m; equação (13-18).
D_{KA}	coeficiente de difusão de Knudsen da espécie A; ft^2/s, m^2/s.
D^o_{AB}	coeficiente de difusão do soluto A no solvente B em diluição infinita; ft^2/s, m^2/s.
d_{poro}	diâmetro do poro; Å, nm.
d_s	diâmetro molecular; Å, nm.

639

e	rugosidade do tubo; in, mm; Seção 13.1.
e	energia específica ou energia por unidade de massa; Btu/lb_m, J/kg; Seção 6.1.
E	energia total do sistema; Btu, J; Seção 6.1.
E	poder emissivo total; $Btu/h\ ft^2$, W/m^2; equação (23-2).
E	potencial elétrico; V; Seção 15.5.
E_b	poder emissivo do corpo negro; $Btu/h\ ft^2$, W/m^2; equação (23-12).
f	variável dependente usada na solução de Blasius da camada-limite; adimensional; equação (12-13).
f'	parâmetro de similaridade para análise convectiva da camada-limite; apóstrofo denota derivada em relação a η; adimensional; equação (19-16).
f_D	fator de atrito de Darcy; adimensional, equação (13-4).
f_f	fator de atrito de Fanning; adimensional, equação (13-3).
F	força; lb_f, N; Seção 1.2.
F	fator de correção para configurações compactas de trocadores de calor; adimensional; equação (22-14).
F_{ii}	fator de forma para transferência de calor por radiação; adimensional; Seção 23.7.
$\overline{F}_{ij}$	fator de forma rerradiante; adimensional; Seção 23.9.
$\mathbf{g}$	aceleração devido à gravidade; ft/s^2, m/s^2.
g_c	fator de conversão dimensional; 32,2 ft $lb_m/lb_f s^2$, 1 kg $\cdot$ m/s^2 $\cdot$ N.
G	irradiação; $Btu/h\ ft^2$, W/m^2; Seção 23.7.
G	velocidade mássica; lb_m/ft^2 h, $g/m^2 \cdot s$.
G	mols totais da fase gasosa por tempo e por área da seção transversal; lb mol/ft^2 h, g mol/$m^2 \cdot s$.
G'	taxa mássica superficial do gás; $lb_m/h\ ft^2$; Seção 31.6.
G_b	velocidade mássica de bolhas; $lb_m/ft^2 s$, $kg/m^2 \cdot s$; equação (21-4).
G_M	velocidade molar; lb mol/ft^2 h, g mol/$m^2 \cdot s$.
G_s	mols da corrente gasosa em base livre de soluto por tempo e por área da seção transversal; lb mol/ft^2 h, g mol/$m^2 \cdot s$.
h	coeficiente convectivo de transferência de calor; $Btu/h\ ft^2$ °F, $W/m^2 \cdot K$; equação (15-11).
$h_{fg;\ soluto}$	calor de vaporização do soluto; Btu/lb_m, kJ/kg.
h_L	perda de carga, $\Delta P/\rho$; ft lb_f/lb_m, Pa/ (kg/m_3); Seção 13.1.
h_r	coeficiente de transferência de calor por radiação; $Btu/h\ ft^2$ °F, $W/m^2 \cdot K$; Seção 23.12.
H	constante da lei de Henry; concentração da fase gasosa/concentração da fase líquida.
$\mathbf{H}$	momento angular; $lb_m\ ft^2/s$, kg $\cdot$ m^2/s; equação (5-7).
H_i	entalpia da espécie i; Btu, J.
ΔH_s	integral do calor de solução, Btu/lb mol de soluto; J/g mol de soluto.
$\Delta H_{v,\ A}$	entalpia de vaporização para a espécie A; Btu/lb mol, J/g mol.
H_i	entalpia parcial molar da espécie i; Btu/lb mol, J/mol.
I	intensidade de radiação; $Btu/h\ ft^2$, W/m^2; Seção 23.3.
j'	fator j para transferência de calor com feixe de tubos; adimensional, Figuras 20.12 e 20.13.
j_D	fator j para transferência de massa, analogia de Chilton–Colburn; adimensional.
j_H	fator j para transferência de calor, analogia de Colburn; adimensional; equação (19-38).
$\mathbf{j}_i$	fluxo de massa relativo à velocidade mássica média; lb_m/ft^2 h, $kg/m^2 . s$; equação (24-17).
J	radiosidade; $Btu/h\ ft^2$, W/m^2; Seção 23.10.
$\mathbf{J}_i$	fluxo molar relativo à velocidade molar média; lb mol/h ft^2, mol/$m^2 \cdot s$; equação (24-15).
k	condutividade térmica; Btu/h ft °F, W/m $\cdot$ K; equação (15-1).
k	constante de taxa para reação química, usada para definir r_A e R_A; Seção 25.1.

k^0	coeficiente de transferência de massa sem transferência líquida de massa para o filme; lb mol/ft^2 s Δ_{c_A}; mol/m^2 · s · $\Delta\mathbf{c_A}$.
k_c	coeficiente convectivo de transferência de massa; lb mol/ft^2 h Δc_A, mol/m^2 · s ·mol/m^3.
$\bar{k}_c$	coeficiente convectivo médio de transferência de massa; lb mol/ft^2 h Δ_{c_A}, mol/m^2 · s · mol/m^3.
k_G	coeficiente convectivo de transferência de massa na fase gasosa; lb mol/ft^2 h atm, mol/m^2 · s · Pa.
k_L	coeficiente convectivo de transferência de massa na fase líquida; lb mol/ft^2 h lb mol/ft^3; mol/ m^2 · s · mol/m^3.
$k_G a$	coeficiente de capacidade individual da fase gasosa; lb mol/h ft^3 atm, mol/s · m^3 · Pa.
$k_L a$	coeficiente de capacidade individual da fase líquida; lb mol/h ft^3 Δc_A, mol/s · m^3 · mol/m^3.
K_G	coeficiente global de transferência de massa da fase gasosa; lb mol/h ft^2 atm, mol/s · m^2 · Pa.
K_L	coeficiente global de transferência de massa da fase líquida; lb mol/h ft^2 Δc_A, mol/s · m^2 · mol/m^3.
$K_G a$	coeficiente de capacidade global da fase gasosa; lb mol/h ft^3 atm, mol/s · m^3 · Pa.
$K_L a$	coeficiente de capacidade global da fase líquida; lb mol/h ft^3 Δc_A, mol/s · m^3 · mol/m^3.
$K_X a$	coeficiente de capacidade global da fase líquida, baseado na força motriz ΔX_A; lb mol/h ft^3 ΔX_A, mol/s · m^3 · ΔX_A.
$K_Y a$	coeficiente de capacidade global na fase gasosa, baseado na força motriz ΔY_A; lb mol/h ft^3 ΔY_A, mol/s · m^3 · ΔY_A.
L	comprimento de mistura; equações (12-52), (19-41) e (28-43).
L	comprimento característico; ft, m.
L	mols totais da fase líquida por tempo e por área da seção transversal; lb mol/h ft^2, mol/s · m^2.
L_{eq}	comprimento equivalente; ft, m; equação (13-17).
L_m	velocidade molar da fase líquida; lb mol/h ft^2, mol/s · m^2.
L_s	mols da fase líquida em base livre de soluto por tempo e por área da seção transversal; lb mol/h ft^2, mol/s · m^2.
m	massa de molécula; Seção 7.3.
m	resistência relativa = $D_{AB}/k_c x_1$; adimensional; Seção 27.4.
m	inclinação da linha de equilíbrio; unidades de concentração do gás por unidades de concentração do líquido.
$\mathbf{M}$	momento; lb$_m$ ft^2/s^2, kg · m^2/s^2.
M_i	massa molecular da espécie i; lb/lb mol, kg/kg mol.
n	constante de leito fixo; adimensional; equação (30-33).
n	número de espécies em uma mistura; equações (24-1), (24-3) e (24-6).
n	posição relativa = x/x_1; adimensional; Seção 27.4.
N	moléculas por unidade de volume; Seção 7.3.
$\mathbf{n}$	vetor normal unitário, direcionado para fora; Seções 4.1, 5.1 e 6.1.
n_i	número de mols da espécie i.
$\mathbf{n}_i$	fluxo de massa relativo a um conjunto de eixos estacionários; lb$_m$/h ft^2, kg/s · m^2.
$\mathbf{N}_i$	fluxo molar relativo a um conjunto de eixos estacionários; lb mol/h ft^2, mol/s · m^2.
NTU	número de unidades de transferência; adimensional; Seção 22.4.
p_A^*	pressão parcial de A em equilíbrio com a composição no seio (bulk) da fase gasosa; $c_{A,L}$; atm, Pa.
$p_{A,G}$	pressão parcial do componente A no seio (bulk) da corrente gasosa; atm, Pa; Seção 29.2.
$p_{A,i}$	pressão parcial do componente A na interface; atm, Pa; Seção 29.2.
p_i	pressão parcial da espécie i; atm, Pa.
$p_{B,lm}$	média logarítmica da pressão parcial do gás que não se difunde; atm, Pa.

P	pressão total; atm, Pa.
P	potência de alimentação para tanque agitado contendo líquido; N · m/s., W.
P_A	pressão de vapor da espécie A líquida e volátil; A; lb_f/in^2, Pa.
$\mathbf{P}$	momento linear total do sistema; lb_m ft/s, kg · m/s; equação (5-1).
P_c	pressão crítica; atm, Pa.
P_i	pressão de vapor da espécie i; atm, Pa.
P_g	potência de alimentação para tanque agitado aerado contendo líquido; N · m/s., W.
q	taxa de transferência de calor; equação (15-1).
$\dot{q}$	taxa volumétrica de geração de energia; Btu/h ft^3, W/m^3; equação (16-1).
Q	transferência de calor; Btu, J; Seção 6.1.
Q	energia de ativação para o coeficiente de difusão no sólido; J/g mol.
r	distância radial em ambas as coordenadas cilíndrica e esférica; ft, m.
r	raio; ft, m.
r_{crit}	raio crítico de isolante; ft, m; equação (17-13).
R	raio da esfera; ft, m.
R	constante dos gases; 0,73 atm ft^3/lb mol °F, 8,314 Pa · m^3/mol · K.
R_t	resistência térmica; h °F/Btu, K/W; equação (15-16).
r_A	taxa de produção de massa de A dentro do volume de controle; lb_m/ft^3 h, kg/m^3 · s.
R_A	taxa de produção de mols de A dentro do volume de controle; lb mol/ft^3 h, mol/m^3 · s.
s	fator de renovação da superfície.
S	fator de forma; ft ou m; equação (15-19).
S	coeficiente de partição para dissolução de um gás em um sólido; kg mol/m^3 · Pa.
t	tempo; h, s.
t_{exp}	tempo de exposição; s.
T	temperatura absoluta; °R, K.
T	temperatura adimensional; adimensional.
T_b	temperatura normal de ebulição; K.
T_c	temperatura crítica; K.
T_f	temperatura de filme; °F, K; equação (19-28).
T_{sat}	temperatura de misturas vapor-líquido saturado; °F, K; Figura 21.1.
u	velocidade molecular média; ft/s, m/s.
U	coeficiente global de transferência de calor; Btu/h ft^2 °F, W/m^2 · K; equação (15-17).
$\dot{V}$	taxa volumétrica de escoamento de fluido; ft^3/s, m^3/s.
v_x	componente x da velocidade; $\mathbf{v}$; ft/s, m/s.
v_y	componente y da velocidade; $\mathbf{v}$; ft/s, m/s.
v_z	componente z da velocidade; $\mathbf{v}$; ft/s, m/s.
v_∞	velocidade da corrente livre de um fluido escoando; ft/s, m/s.
v^+	velocidade adimensional.
v	velocidade; ft/s, m/s.
$\mathbf{v}$	velocidade mássica média para mistura multicomponente; ft/s, m/s; equação (24-13).
$\mathbf{v}_i$	velocidade da espécie i; ft/s, m/s.
$\mathbf{v}_i - \mathbf{v}$	velocidade de difusão da espécie i relativa à velocidade mássica média; ft/s, m/s; Seção 24.1.
$\mathbf{v}_i - \mathbf{V}$	velocidade de difusão da espécie i relativa à velocidade molar média; ft/s, m/s; Seção 24.1.
V	volume; ft^3, m^3.
V_b	volume molecular no ponto normal de ebulição; cm^3/g mol.
V_c	volume molecular crítico; cm^3/g mol.
$\mathbf{V}$	velocidade molar média; ft/s, m/s; equação (24-14).
W	trabalho realizado; Btu, J; Seção 6.1.

w_A	taxa mássica de escoamento da espécie A; lb_m/h, g/s.
W_s	trabalho de eixo; Btu, J; Seção 6.1.
W_δ	trabalho da tensão normal; Btu, J; Seção 6.1.
W_τ	trabalho cisalhante; Seção 6.1.
x	coordenada retangular.
x_A	fração molar nas fases líquida ou sólida; adimensional; equação (24-7).
X_A	mol de A/mol de líquido sem A.
X_D	tempo relativo; $D_{AB}t/x_1^2$; adimensional; Seção 27.3.
y	coordenada retangular.
y^+	distância adimensional; equação (12-60).
y_A	fração molar na fase gasosa.
$y_{B,lm}$	média logarítmica da fração molar do gás de transporte.
y'_n	fração molar do componente n em uma mistura gasosa avaliada em uma base livre da espécie i; equação (24-49).
Y	parâmetro na análise do trocador de calor; adimensional; equação (22-12).
Y	variação não ocorrida; adimensional; Seção 27.4.
Y_A	mol de A/mol de gás livre de A.
z	distância na direção z; ft, m.
z	coordenada retangular.
Z	frequência de colisão na parede; equação (7-8).
Z	parâmetro na análise do trocador de calor; adimensional; equação (22-13).
α	absortividade; adimensional; Seção 23.2.
α	difusividade térmica; ft²/h, m²/s; equação (16-17).
α	razão de fluxos; N_B/N_A; adimensional.
α	constante do leito fixo.
β	módulo macroscópico (*bulk*) de elasticidade; lb_f/ft, N/m; equação (1-11a).
β	coeficiente de expansão térmica; 1/°F, 1/K; equação (19-10).
δ	espessura da camada-limite; ft, m; equação (12-28).
δ	espessura da camada estagnada ou laminar; ft, m.
δ_c	espessura da camada-limite da concentração; ft, m.
δ_i	espessura da camada-limite térmica; ft, m; equação (19-22).
Δ_{lm}	média logarítmica da diferença de concentração; $(y_A - y_A^*)_{lm}$; adimensional; equação (31-35).
ϵ	emissividade; adimensional; equação (23-2).
ϵ	porosidade.
ϵ	característica do recheio; adimensional.
ϵ_{AB}	um parâmetro de Lennard–Jones; erg.
ϵ_D	difusividade mássica turbilhonar; ft²/h, m²/s.
ϵ_H	difusividade térmica turbilhonar; ft²/h, m²/s; Seção 19.7.
ϵ_i	um parâmetro de Lennard–Jones; erg.
ϵ_M	difusividade turbilhonar de momento ou viscosidade turbilhonar ft²/h, m²/s; equação (12-52).
η	variável dependente usada por Blasius na solução da camada-limite; adimensional; equação (12-12).
η	parâmetro de similaridade para análise de convecção; adimensional; equação (19-17).
η_F	eficiência da aleta; adimensional; Seção 17.3; Figura 17.11.
θ	parâmetro de temperatura $= T - T_\infty$; °F, K; Seção 17.3.
θ	espaço vazio fracional de um catalisador.
θ	ângulo em coordenadas cilíndricas ou esféricas; rad.
θ_g	constante de correlação.
φ	diâmetro reduzido do poro; adimensional.

κ	constante de Boltzmann; $1,38 \times 10^{-16}$ erg/K.
λ	caminho do livre percurso médio molecular; Seções 7.3, 15.2 e 24.2.
λ	comprimento de onda da radiação térmica; μm; Seção 23.4.
λ	condutância iônica; $(A/cm^2)(V/cm)$(g equivalente/cm^3).
λ_{Ts}	calor latente de vaporização; Btu/lb mol, J/g mol.
μ	viscosidade; lb_m/ft s, Pa $\cdot$ s; equação (7-4).
μ_B	viscosidade do solvente B; cp.
μ_c	potencial químico da espécie dada; Btu/mol, J/mol.
ν	frequência; Hz; Seção 23.1.
ν	viscosidade cinemática; μ/ρ; ft^2/s, m^2/s.
π	grupos π na análise dimensional; Seções 11.3, 13.1, 19.3 e 28.3.
ρ	densidade de um fluido; lb_m/ft^3, kg/m^3; Seção 1.2.
ρ	densidade mássica de mistura; lb_m/ft^3, kg/m^3.
ρ	refletividade; adimensional; Seção 23.2.
ρ_i	concentração mássica da espécie i; lb_m/ft^3, kg/m^3.
σ	tensão superficial; lb_f/ft, N/m.
σ	constante de Stefan–Boltzmann; $0,1714 \times 10^{-8}$ Btu/h ft^2 °F^4, $5,672\ 10 \times 10^{-8}$ W/$m^2 \cdot K^4$; equação (15-13).
σ_A	diâmetro molecular de Lennard–Jones da espécie A; Å, nm.
σ_{AB}	um parâmetro de Lennard–Jones; Å.
σ_i	um parâmetro de Lennard–Jones; Å.
σ_{ii}	tensão normal; lb_f/in^2, N/m^2; Seção 1.2.
τ	transmissividade; adimensional; Seção 23.2.
τ_{ij}	tensão cisalhante; lb_f/in^2, N/m^2; Seção 1.2.
τ_0	tensão cisalhante na superfície; lb_f/in^2, N/m^2; equação (12-30).
ϕ	potencial de velocidade; Seção 10.4.
ϕ	ângulo em coordenadas esféricas; rad.
ϕ	argumento da função erro; adimensional.
ω	velocidade angular; 1/s.
ω_i	fração mássica da espécie i; adimensional.
$\omega/2$	vorticidade; equação (10-4).
Γ	taxa de escoamento do filme condensado por largura; lb_m/ft s, kg/m $\cdot$ s; equação (21-13).
Δ	$y_A - y_A^*$; adimensional; equação (31-31).
ΔT_{lm}	média logarítmica da diferença de temperatura; °F, K; equação (22-9).
$\mathscr{E}$	eficiência do trocador de calor; adimensional; equação (22-17).
Φ_B	parâmetro de associação.
Ψ	função de corrente; Seção 10.2.
Ω	ângulo sólido; rad; Seção 23.3.
Ω_D	integral de colisão; Apêndice K.
Ω_k	integral de colisão de Lennard–Jones; equação (15-7) e Apêndice K.
Ω_μ	integral de colisão de Lennard–Jones; equação (7-10) e Apêndice K.

PARÂMETROS ADIMENSIONAIS

Bi	número de Biot, $(hV/A)/k$; equação (18-7).
Eu	número de Euler, $P/\rho v^2$; equação (11-5).
Fo	número de Fourier, $\alpha t/(V/A)^2$; equação (18-8).
Fr	número de Froude, v^2/gL; equação (11-4).
Gr	número de Grashof, $\beta g\rho^2 L^3 \Delta T/\mu^2$; equação (19-12).
Gr_{AB}	número de Grashof para transferência de massa, $L^3 g\Delta\rho_A/\rho\nu^3$; equação (28-9).

Gz	número de Graetz, $(\pi/4)\,(D/x)\,\text{Re Pr}$; Seção 20.2.
Le	número de Lewis, $k/\rho c_p D_{AB}$; equação (28-3).
Nu	número de Nusselt, hL/k; equação (19-6).
Nu_{AB}	número de Nusselt para transferência de massa, $k_c L/D_{AB}$; equação (28-7).
Pe	número de Peclet, $Dv\rho c_p/k = \text{Re Pr}$; Seção 20.2.
Pe_{AB}	número de Peclet para transferência de massa, $Dv/D_{AB} = \text{Re Sc}$; Tabela 30.1.
Pr	número de Prandtl, $v/\alpha = \mu c_p/k$; equação (19-1).
Re	número de Reynolds, $Lv\rho/\mu = Lv/v$; equação (11-7).
Sc	número de Schmidt, $\mu/\rho D_{AB}$; equação (28-2).
Sh	número de Sherwood, $k_c L/D_{AB}$; Seção 28.3.
St	número de Stanton, $h/\rho v c_p$; equação (19-8).
St_{AB}	número de Stanton para transferência de massa, k_c/v_∞.

OPERAÇÕES MATEMÁTICAS

D/Dt	derivada substantiva; equação (9-4).
div $\mathbf{A}$	ou $\nabla \cdot \mathbf{A}$, divergente de um vetor.
erf ϕ	a função erro de ϕ; Apêndice L.
exp x	ou e^x, função exponencial de x.
ln x	logaritmo de x na base e.
$\log_{10} x$	logaritmo de x na base 10.

$$\nabla = \frac{\partial}{\partial x}\mathbf{e}_x + \frac{\partial}{\partial y}\mathbf{e}_y + \frac{\partial}{\partial z}\mathbf{e}_z .$$

Apêndice A

Transformações dos Operadores ∇ e ∇^2 para Coordenadas Cilíndricas

OPERADOR ∇ EM COORDENADAS CILÍNDRICAS

Em coordenadas cartesianas, ∇ é escrito como

$$\nabla = \mathbf{e}_x \frac{\partial}{\partial x} + \mathbf{e}_y \frac{\partial}{\partial y} + \mathbf{e}_z \frac{\partial}{\partial z} \tag{A-1}$$

Ao transformar esse operador em coordenadas cilíndricas, tanto os vetores unitários como as derivadas parciais têm de ser transformados.

Um sistema de coordenadas cilíndricas e um sistema de coordenadas cartesianas são mostrados na Figura A.1. As seguintes relações existem entre as coordenadas cartesianas e cilíndricas:

$$z = z, \quad x^2 + y^2 = r^2, \quad \text{tg } \theta = \frac{y}{x} \tag{A-2}$$

Assim,

$$\left(\frac{\partial}{\partial z}\right)_{\text{cil}} = \left(\frac{\partial}{\partial z}\right)_{\text{cart}} \tag{A-3}$$

e da regra da cadeia

$$\left(\frac{\partial}{\partial x}\right) = \frac{\partial}{\partial r}\frac{\partial r}{\partial x} + \frac{\partial}{\partial \theta}\frac{\partial \theta}{\partial x}$$

Como

$$\frac{\partial r}{\partial x} = \frac{x}{r} = \cos \theta$$

$$\frac{\partial \theta}{\partial x} = -\frac{y}{x^2 \sec^2 \theta} = -\frac{y}{r^2} = -\frac{\operatorname{sen}\theta}{r}$$

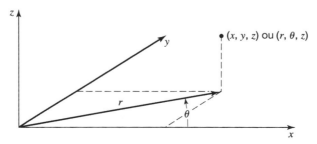

Figura A.1 Coordenadas cilíndricas e cartesianas.

assim

$$\left(\frac{\partial}{\partial x}\right) = \cos\theta\left(\frac{\partial}{\partial r}\right) - \frac{\operatorname{sen}\theta}{r}\left(\frac{\partial}{\partial\theta}\right) \tag{A-4}$$

De uma maneira similar,

$$\frac{\partial}{\partial y} = \frac{\partial}{\partial r}\frac{\partial r}{\partial y} + \frac{\partial}{\partial\theta}\frac{\partial\theta}{\partial y}$$

em que

$$\frac{\partial r}{\partial y} = \frac{y}{r} = \operatorname{sen}\theta \quad\text{e}\quad \frac{\partial\theta}{\partial y} = \frac{1}{x\sec^2\theta} = \frac{\cos\theta}{r}$$

Logo, $(\partial/\partial y)$ se torna

$$\left(\frac{\partial}{\partial y}\right) = \operatorname{sen}\theta\left(\frac{\partial}{\partial r}\right) + \frac{\cos\theta}{r}\left(\frac{\partial}{\partial\theta}\right) \tag{A-5}$$

Os vetores unitários também têm de ser transformados. Resolvendo os vetores unitários para suas componentes nas direções x, y e z, obtemos

$$\mathbf{e}_z = \mathbf{e}_z \tag{A-6}$$
$$\mathbf{e}_x = \mathbf{e}_r\cos\theta - \mathbf{e}_\theta\operatorname{sen}\theta \tag{A-7}$$
$$\mathbf{e}_y = \mathbf{e}_r\operatorname{sen}\theta + \mathbf{e}_\theta\cos\theta \tag{A-8}$$

Substituindo as relações anteriores na equação (A-1), obtemos

$$\mathbf{e}_x\frac{\partial}{\partial x} = \mathbf{e}_r\cos^2\theta\frac{\partial}{\partial r} - \mathbf{e}_r\frac{\operatorname{sen}\theta\cos\theta}{r}\frac{\partial}{\partial\theta} - \mathbf{e}_\theta\operatorname{sen}\theta\cos\theta\frac{\partial}{\partial r} + \mathbf{e}_\theta\frac{\operatorname{sen}^2\theta}{r}\frac{\partial}{\partial\theta}$$

$$\mathbf{e}_y\frac{\partial}{\partial y} = \mathbf{e}_r\operatorname{sen}^2\theta\frac{\partial}{\partial r} + \mathbf{e}_r\frac{\operatorname{sen}\theta\cos\theta}{r}\frac{\partial}{\partial\theta} + \mathbf{e}_\theta\operatorname{sen}\theta\cos\theta\frac{\partial}{\partial r} + \mathbf{e}_\theta\frac{\cos^2\theta}{r}\frac{\partial}{\partial\theta}$$

e

$$\mathbf{e}_z\frac{\partial}{\partial z} = \mathbf{e}_z\frac{\partial}{\partial z}$$

Adicionando as relações anteriores, obtemos, depois de notar que $\operatorname{sen}^2\theta + \cos^2\theta = 1$,

$$\nabla = \mathbf{e}_r\left(\frac{\partial}{\partial r}\right) + \frac{\mathbf{e}_\theta}{r}\left(\frac{\partial}{\partial\theta}\right) + \mathbf{e}_z\left(\frac{\partial}{\partial z}\right) \tag{A-9}$$

OPERADOR ∇^2 EM COORDENADAS CILÍNDRICAS

Um vetor unitário pode não mudar a magnitude; entretanto, sua direção pode variar. Vetores unitários cartesianos não variam suas direções absolutas, mas em coordenadas cilíndricas, tanto $\mathbf{e}_r$ como $\mathbf{e}_\theta$ dependem do ângulo θ. Uma vez que esses vetores variam a direção, eles têm derivadas em relação a θ. Como $\mathbf{e}_r = \mathbf{e}_x\cos\theta + \mathbf{e}_y\operatorname{sen}\theta$ e $\mathbf{e}_\theta = -\mathbf{e}_x\operatorname{sen}\theta + \mathbf{e}_y\cos\theta$, pode ser visto que

$$\frac{\partial}{\partial r}\mathbf{e}_r = 0, \quad \frac{\partial}{\partial r}\mathbf{e}_\theta = 0$$

enquanto

$$\frac{\partial}{\partial\theta}\mathbf{e}_r = \mathbf{e}_\theta \tag{A-10}$$

e

$$\frac{\partial}{\partial \theta} \mathbf{e}_\theta = -\mathbf{e}_r \tag{A-11}$$

Agora, o operador $\nabla^2 = \nabla \cdot \nabla$ e, desse modo,

$$\nabla \cdot \nabla = \nabla^2 = \left(\mathbf{e}_r \frac{\partial}{\partial r} + \frac{\mathbf{e}_\theta}{r} \frac{\partial}{\partial \theta} + \mathbf{e}_z \frac{\partial}{\partial z} \right) \cdot \left(\mathbf{e}_r \frac{\partial}{\partial r} + \frac{\mathbf{e}_\theta}{r} \frac{\partial}{\partial \theta} + \mathbf{e}_z \frac{\partial}{\partial z} \right)$$

Fazendo as operações indicadas, obtemos

$$\mathbf{e}_r \frac{\partial}{\partial r} \cdot \nabla = \frac{\partial^2}{\partial \theta}$$

$$\frac{\mathbf{e}_\theta}{r} \frac{\partial}{\partial \theta} \cdot \nabla = \frac{\mathbf{e}_\theta}{r} \cdot \frac{\partial}{\partial \theta} \left(\mathbf{e}_r \frac{\partial}{\partial r} \right) + \frac{\mathbf{e}_\theta}{r} \cdot \frac{\partial}{\partial \theta} \left(\frac{\mathbf{e}_\theta}{r} \frac{\partial}{\partial \theta} \right)$$

ou

$$\frac{\mathbf{e}_\theta}{r} \frac{\partial}{\partial \theta} \cdot \nabla = \frac{1}{r} \frac{\partial}{\partial r} + \frac{1}{r^2} \frac{\partial^2}{\partial \theta^2}$$

e

$$\mathbf{e}_z \frac{\partial}{\partial z} \cdot \nabla = \frac{\partial^2}{\partial z^2}$$

Logo, o operador ∇^2 se torna

$$\nabla^2 = \frac{\partial^2}{\partial r^2} + \frac{1}{r} \frac{\partial}{\partial r} + \frac{1}{r^2} \frac{\partial^2}{\partial \theta^2} + \frac{\partial^2}{\partial z^2} \tag{A-12}$$

ou

$$\nabla^2 = \frac{1}{r} \frac{\partial}{\partial r} \left(r \frac{\partial}{\partial r} \right) + \frac{1}{r^2} \frac{\partial^2}{\partial \theta^2} + \frac{\partial^2}{\partial z^2} \tag{A-13}$$

Apêndice B

Sumário das Operações Vetoriais Diferenciais em Vários Sistemas de Coordenadas

COORDENADAS CARTESIANAS

Sistema de coordenadas

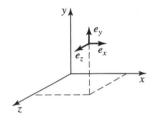

Figura B.1 Vetores unitários no ponto (x, y, z).

Gradiente

$$\nabla P = \frac{\partial P}{\partial x}\mathbf{e}_x + \frac{\partial P}{\partial y}\mathbf{e}_y + \frac{\partial P}{\partial z}\mathbf{e}_z \tag{B-1}$$

Divergente

$$\nabla \cdot \mathbf{v} = \frac{\partial v_x}{\partial x} + \frac{\partial v_y}{\partial y} + \frac{\partial v_z}{\partial z} \tag{B-2}$$

Rotacional

$$\nabla \times \mathbf{v} = \begin{cases} \left(\dfrac{\partial v_z}{\partial y} - \dfrac{\partial v_y}{\partial z}\right)\mathbf{e}_x \\ \left(\dfrac{\partial v_x}{\partial z} - \dfrac{\partial v_z}{\partial x}\right)\mathbf{e}_y \\ \left(\dfrac{\partial v_y}{\partial x} - \dfrac{\partial v_x}{\partial y}\right)\mathbf{e}_z \end{cases} \tag{B-3}$$

Laplaciano de um escalar

$$\nabla^2 T = \frac{\partial^2 T}{\partial x^2} + \frac{\partial^2 T}{\partial y^2} + \frac{\partial^2 T}{\partial z^2} \tag{B-4}$$

COORDENADAS CILÍNDRICAS

Sistema de coordenadas

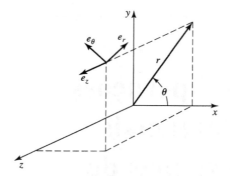

Figura B.2 Vetores unitários no ponto (r, θ, z).

Gradiente

$$\nabla P = \frac{\partial P}{\partial r}\mathbf{e}_r + \frac{1}{r}\frac{\partial P}{\partial \theta}\mathbf{e}_\theta + \frac{\partial P}{\partial z}\mathbf{e}_z \tag{B-5}$$

Divergente

$$\nabla \cdot \mathbf{v} = \frac{1}{r}\frac{\partial}{\partial r}(rv_r) + \frac{1}{r}\frac{\partial v_\theta}{\partial \theta} + \frac{\partial v_z}{\partial z} \tag{B-6}$$

Rotacional

$$\nabla \times \mathbf{v} = \begin{cases} \left(\dfrac{1}{r}\dfrac{\partial v_z}{\partial \theta} - \dfrac{\partial v_\theta}{\partial z}\right)\mathbf{e}_r \\ \left(\dfrac{\partial v_r}{\partial z} - \dfrac{\partial v_z}{\partial r}\right)\mathbf{e}_\theta \\ \left\{\dfrac{1}{r}\left[\dfrac{\partial}{\partial r}(rv_\theta) - \dfrac{\partial v_r}{\partial \theta}\right]\right\}\mathbf{e}_z \end{cases} \tag{B-7}$$

Laplaciano de um escalar

$$\nabla^2 T = \frac{1}{r}\frac{\partial}{\partial r}\left(r\frac{\partial T}{\partial r}\right) + \frac{1}{r^2}\frac{\partial^2 T}{\partial \theta^2} + \frac{\partial^2 T}{\partial z^2} \tag{B-8}$$

COORDENADAS ESFÉRICAS

Sistema de coordenadas

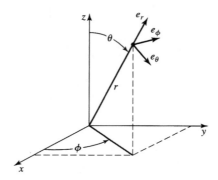

Figura B.3 Vetores unitários no ponto (r, θ, ϕ).

Gradiente

$$\nabla P = \frac{\partial P}{\partial r}\mathbf{e}_r + \frac{1}{r}\frac{\partial P}{\partial \theta}\mathbf{e}_\theta + \frac{1}{r\,\text{sen}\,\theta}\frac{\partial P}{\partial \phi}\mathbf{e}_\phi \tag{B-9}$$

Divergente

$$\nabla \cdot \mathbf{v} = \frac{1}{r^2}\frac{\partial}{\partial r}(r^2 v_r) + \frac{1}{r\,\text{sen}\,\theta}\frac{\partial}{\partial \theta}(v_\theta\,\text{sen}\,\theta) + \frac{1}{r\,\text{sen}\,\theta}\frac{\partial v_\phi}{\partial \phi} \tag{B-10}$$

Rotacional

$$\nabla \times \mathbf{v} = \left\{ \begin{array}{l} \dfrac{1}{r\,\text{sen}\,\theta}\left[\dfrac{\partial}{\partial \theta}(v_\phi\,\text{sen}\,\theta) - \dfrac{\partial v_\theta}{\partial \phi}\right]\mathbf{e}_r \\[2ex] \left[\dfrac{1}{r\,\text{sen}\,\theta}\dfrac{\partial v_r}{\partial \phi} - \dfrac{1}{r}\dfrac{\partial}{\partial r}(rv_\phi)\right]\mathbf{e}_\theta \\[2ex] \dfrac{1}{r}\left[\dfrac{\partial}{\partial r}(rv_\theta) - \dfrac{\partial v_r}{\partial \theta}\right]\mathbf{e}\phi \end{array} \right\} \tag{B-11}$$

Laplaciano de um escalar

$$\nabla^2 T = \frac{1}{r^2}\frac{\partial}{\partial r}\left(r^2\frac{\partial T}{\partial r}\right) + \frac{1}{r^2\,\text{sen}\,\theta}\frac{\partial}{\partial \theta}\left(\text{sen}\,\theta\frac{\partial T}{\partial \theta}\right) + \frac{1}{r^2\,\text{sen}^2\,\theta}\frac{\partial^2 T}{\partial \phi^2} \tag{B-12}$$

Apêndice C

Simetria do Tensor Tensão

Pode-se mostrar que a tensão cisalhante τ_{ij} é igual a τ_{ji}, pelo simples argumento a seguir. Considere o elemento de fluido mostrado na Figura C.1. A soma dos momentos sobre os elementos será relacionada à aceleração angular por

$$\sum M = I\dot{\omega} \qquad (C\text{-}1)$$

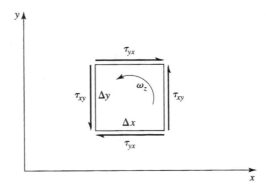

Figura C.1 Corpo de elemento livre.

em que I é o momento de inércia do elemento. Substituindo na equação (C-1)

$$-(\tau_{yx}\,\Delta x \Delta z)\Delta y + (\tau_{xy}\,\Delta y \Delta z)\Delta x = \rho\,\Delta x \Delta y \Delta z \frac{(\Delta x^2 + \Delta y^2)}{12}\dot{\omega}_z$$

em que o momento de inércia de um prisma retangular foi usado para o elemento.

O volume do elemento $\Delta x \Delta y \Delta z$ pode ser cancelado para resultar

$$\rho\left(\frac{\Delta x^2 + \Delta y^2}{12}\right)\dot{\omega}_z = \tau_{xy} - \tau_{yx} \qquad (C\text{-}2)$$

Agora, percebe-se que a diferença na tensão cisalhante depende do tamanho do elemento. Como o elemento é reduzido a um ponto, Δx e Δy se aproximam de zero independentemente e obtemos, no limite,

$$\tau_{xy} = \tau_{yx}$$

ou, uma vez que isso pode ser feito em torno de qualquer eixo,

$$\tau_{ij} = \tau_{ji}$$

Outro uso da equação (C-2) é para determinar a aceleração angular ω_z uma vez que o elemento se reduz a um ponto. A aceleração angular em um ponto tem de ser finita; consequentemente, τ_{yx} e τ_{xy} têm de ser iguais.

Apêndice **D**

Contribuição Viscosa para a Tensão Normal

A tensão normal, σ, pode ser dividida em duas partes: a contribuição de pressão, $-P$, e uma contribuição viscosa, σ_v. A contribuição viscosa à tensão normal é obtida pela analogia com a lei de Hooke para um sólido elástico. Na lei de Hooke para a tensão tridimensional, a tensão normal, $\sigma_{x,x}$, na direção x está relacionada às deformações nas direções x, y e z por[1]

$$\sigma_{x,x} = 2G\epsilon_x + \frac{2G\eta}{1 - 2\eta}\,(\epsilon_x + \epsilon_y + \epsilon_z) \tag{D-1}$$

em que G é o módulo de cisalhamento, η é a razão de Poisson e ϵ é a deformação axial.

Quando a relação de Newton da viscosidade foi discutida, a deformação cisalhante em um sólido foi análoga à taxa da deformação cisalhante em um fluido. Logo, a deformação axial em um sólido, ϵ_x, é análoga à taxa de deformação axial em um fluido, $\partial v_x/\partial x$.

Quando as derivadas da velocidade são substituídas pelas deformações na equação (D-1) e a viscosidade for usada no lugar do módulo cisalhante, obtemos

$$(\sigma_{x,x})_{\text{viscosa}} = 2\mu\frac{\partial v_x}{\partial x} + \lambda\boldsymbol{\nabla}\cdot\mathbf{v} \tag{D-2}$$

Aqui, observa-se que a soma das derivadas da taxa de deformação é igual a $\boldsymbol{\nabla}\cdot\mathbf{v}$ e o segundo coeficiente foi designado como λ, sendo chamado de viscosidade macroscópica (*bulk*) ou segundo coeficiente da viscosidade. A tensão normal total na direção x se torna

$$\sigma_{x,x} = -P + 2\mu\frac{\partial v_x}{\partial x} + \lambda\boldsymbol{\nabla}\cdot\mathbf{v} \tag{D-3}$$

Se as componentes da tensão normal correspondentes nas direções y e z forem adicionadas, obtemos

$$\sigma_{x,x} + \sigma_{y,y} + \sigma_{z,z} = -3P + (2\mu + 3\lambda)\boldsymbol{\nabla}\cdot\mathbf{v}$$

de modo que a tensão normal média $\bar{\sigma}$ é dada por

$$\bar{\sigma} = -P + \left(\frac{2\mu + 3\lambda}{3}\right)\boldsymbol{\nabla}\cdot\mathbf{v}$$

---

[1] Uma forma mais familiar é

$$\sigma_{x,x} = \frac{E}{(1 + \eta)(1 - 2\eta)}\,[(1 - \eta)\,\epsilon_x + \eta(\epsilon_y + \epsilon_z)]$$

O módulo de cisalhamento G foi trocado pelo seu equivalente, $E/2(1 + \eta)$.

Assim, a menos que $\lambda = -\dfrac{2}{3}\mu$, a tensão média dependerá das propriedades do escoamento em vez da propriedade do fluido, P. Stokes supôs que $\lambda = -\dfrac{2}{3}\mu$ e experimentos indicaram que λ é da mesma ordem de grandeza que μ do ar. Uma vez que $\nabla \cdot \mathbf{v} = 0$ em um escoamento incompressível, não devemos nos preocupar com o valor de λ, exceto para fluidos compressíveis.

As expressões resultantes para tensão normal em um fluido newtoniano são

$$\sigma_{x,x} = -P + 2\mu \frac{\partial v_x}{\partial x} - \frac{2}{3}\mu \nabla \cdot \mathbf{v} \tag{D-4}$$

$$\sigma_{y,y} = -P + 2\mu \frac{\partial v_y}{\partial y} - \frac{2}{3}\mu \nabla \cdot \mathbf{v} \tag{D-5}$$

$$\sigma_{z,z} = -P + 2\mu \frac{\partial v_z}{\partial z} - \frac{2}{3}\mu \nabla \cdot \mathbf{v} \tag{D-6}$$

Apêndice E

Equações de Navier–Stokes para ρ e μ Constantes em Coordenadas Cartesianas, Cilíndricas e Esféricas

COORDENADAS CARTESIANAS

direção x

$$\rho\left(\frac{\partial v_x}{\partial t} + v_x\frac{\partial v_x}{\partial x} + v_y\frac{\partial v_x}{\partial y} + v_z\frac{\partial v_x}{\partial z}\right) = -\frac{\partial P}{\partial x} + \rho g_x + \mu\left(\frac{\partial^2 v_x}{\partial x^2} + \frac{\partial^2 v_x}{\partial y^2} + \frac{\partial^2 v_x}{\partial z^2}\right) \tag{E-1}$$

direção y

$$\rho\left(\frac{\partial v_y}{\partial t} + v_x\frac{\partial v_y}{\partial x} + v_y\frac{\partial v_y}{\partial y} + v_z\frac{\partial v_y}{\partial z}\right) = -\frac{\partial P}{\partial y} + \rho g_y + \mu\left(\frac{\partial^2 v_y}{\partial x^2} + \frac{\partial^2 v_y}{\partial y^2} + \frac{\partial^2 v_y}{\partial z^2}\right) \tag{E-2}$$

direção z

$$\rho\left(\frac{\partial v_z}{\partial t} + v_x\frac{\partial v_z}{\partial x} + v_y\frac{\partial v_z}{\partial y} + v_z\frac{\partial v_z}{\partial z}\right) = -\frac{\partial P}{\partial z} + \rho g_z + \mu\left(\frac{\partial^2 v_z}{\partial x^2} + \frac{\partial^2 v_z}{\partial y^2} + \frac{\partial^2 v_z}{\partial z^2}\right) \tag{E-3}$$

COORDENADAS CILÍNDRICAS

direção r

$$\rho\left(\frac{\partial v_r}{\partial t} + v_r\frac{\partial v_r}{\partial r} + \frac{v_\theta}{r}\frac{\partial v_r}{\partial \theta} - \frac{v_\theta^2}{r} + v_z\frac{\partial v_r}{\partial z}\right)$$
$$= -\frac{\partial P}{\partial r} + \rho g_r + \mu\left[\frac{\partial}{\partial r}\left(\frac{1}{r}\frac{\partial}{\partial r}(rv_r)\right) + \frac{1}{r^2}\frac{\partial^2 v_r}{\partial \theta^2} - \frac{2}{r^2}\frac{\partial v_\theta}{\partial \theta} + \frac{\partial^2 v_r}{\partial z^2}\right] \tag{E-4}$$

direção θ

$$\rho\left(\frac{\partial v_\theta}{\partial t} + v_r\frac{\partial v_\theta}{\partial r} + \frac{v_\theta}{r}\frac{\partial v_\theta}{\partial \theta} + \frac{v_r v_\theta}{r} + v_z\frac{\partial v_\theta}{\partial z}\right)$$
$$= -\frac{1}{r}\frac{\partial P}{\partial \theta} + \rho g_\theta + \mu\left[\frac{\partial}{\partial r}\left(\frac{1}{r}\frac{\partial}{\partial r}(rv_\theta)\right) + \frac{1}{r^2}\frac{\partial^2 v_\theta}{\partial \theta^2} + \frac{2}{r^2}\frac{\partial v_r}{\partial \theta} + \frac{\partial^2 v_\theta}{\partial z^2}\right] \tag{E-5}$$

direção z

$$\rho\left(\frac{\partial v_z}{\partial t} + v_r \frac{\partial v_z}{\partial r} + \frac{v_\theta}{r}\frac{\partial v_z}{\partial \theta} + v_z \frac{\partial v_z}{\partial z}\right)$$
$$= -\frac{\partial P}{\partial z} + \rho g_z + \mu\left[\frac{1}{r}\frac{\partial}{\partial r}\left(r\frac{\partial v_z}{\partial r}\right) + \frac{1}{r^2}\frac{\partial^2 v_z}{\partial \theta^2} + \frac{\partial^2 v_z}{\partial z^2}\right] \tag{E-6}$$

COORDENADAS ESFÉRICAS[2]

direção r

$$\rho\left(\frac{\partial v_r}{\partial t} + v_r \frac{\partial v_r}{\partial r} + \frac{v_\theta}{r}\frac{\partial v_r}{\partial \theta} + \frac{v_\phi}{r\,\text{sen}\,\theta}\frac{\partial v_r}{\partial \phi} - \frac{v_\phi^2}{r} - \frac{v_\theta^2}{r}\right)$$
$$= -\frac{\partial P}{\partial r} + \rho g_r + \mu\left[\boldsymbol{\nabla}^2 v_r - \frac{2}{r^2}v_r - \frac{2}{r^2}\frac{\partial v_\theta}{\partial \theta} - \frac{2}{r^2}v_\theta \cot g\,\theta - \frac{2}{r^2\text{sen}\,\theta}\frac{\partial v_\phi}{\partial \phi}\right] \tag{E-7}$$

direção θ

$$\rho\left[\frac{\partial v_\theta}{\partial t} + v_r \frac{\partial v_\theta}{\partial r} + \frac{v_\theta}{r}\frac{\partial v_\theta}{\partial \theta} + \frac{v_\phi}{r\,\text{sen}\,\theta}\frac{\partial v_\theta}{\partial \phi} + \frac{v_r v_\theta}{r} - \frac{v_\phi^2 \cot g\,\theta}{r}\right]$$
$$= -\frac{1}{r}\frac{\partial P}{\partial \theta} + \rho g_\theta + \mu\left[\boldsymbol{\nabla}^2 v_\theta + \frac{2}{r^2}\frac{\partial v_r}{\partial \theta} - \frac{v_\theta}{r^2\text{sen}^2\,\theta} - \frac{2\cos\theta}{r^2\,\text{sen}^2\,\theta}\frac{\partial v_\phi}{\partial \phi}\right] \tag{E-7}$$

direção ϕ

$$\rho\left(\frac{\partial v_\phi}{\partial t} + v_r \frac{\partial v_\phi}{\partial r} + \frac{v_\theta}{r}\frac{\partial v_\phi}{\partial \theta} + \frac{v_\phi}{r\,\text{sen}\,\theta}\frac{\partial v_\phi}{\partial \phi} + \frac{v_\phi v_r}{r} + \frac{v_\theta v_\phi}{r}\cot g\,\theta\right)$$
$$= -\frac{1}{r\,\text{sen}\,\theta}\frac{\partial P}{\partial \phi} + \rho g_\phi + \mu\left[\nabla^2 v_\phi - \frac{v_\phi}{r^2\text{sen}^2\,\theta} + \frac{2}{r^2\text{sen}\,\theta}\frac{\partial v_r}{\partial \phi} + \frac{2\cos\theta}{r^2\text{sen}^2\,\theta}\frac{\partial v_\theta}{\partial \phi}\right] \tag{E-7}$$

---

[2] Nas equações anteriores,

$$\nabla^2 = \frac{1}{r^2}\frac{\partial}{\partial r}\left(r^2\frac{\partial}{\partial r}\right) + \frac{1}{r^2\,\text{sen}\,\theta}\frac{\partial}{\partial \theta}\left(\text{sen}\,\theta\frac{\partial}{\partial \theta}\right) + \frac{1}{r^2\,\text{sen}^2\,\theta}\frac{\partial^2}{\partial \phi^2}$$

Apêndice **F**

Gráficos para a Solução de Problemas de Transporte Não Estacionários

Tabela F.9 Símbolos para gráficos em estado não estacionário

	Símbolo do parâmetro	Transferência de massa molecular	Condução de calor
Variação não ocorrida, uma razão adimensional	Y	$\dfrac{c_{A_1} - c_A}{c_{A_1} - c_{A_0}}$	$\dfrac{T_\infty - T}{T_\infty - T_0}$
Tempo relativo	X	$\dfrac{D_{AB}t}{x_1^2}$	$\dfrac{\alpha t}{x_1^2}$
Posição relativa	n	$\dfrac{x}{x_1}$	$\dfrac{x}{x_1}$
Resistência relativa	m	$\dfrac{D_{AB}}{k_c x_1}$	$\dfrac{k}{h x_1}$

T = temperatura
c_A = concentração do componente A
x = distância do centro até qualquer ponto
t = tempo
k = condutividade térmica
h, k_c = coeficientes convectivos de transferência
α = difusividade térmica
D_{AB} = difusividade mássica

Subscritos:
0 = condição inicial no tempo $t = 0$
1 = interface
A = componente A
∞ = condição de referência para a temperatura

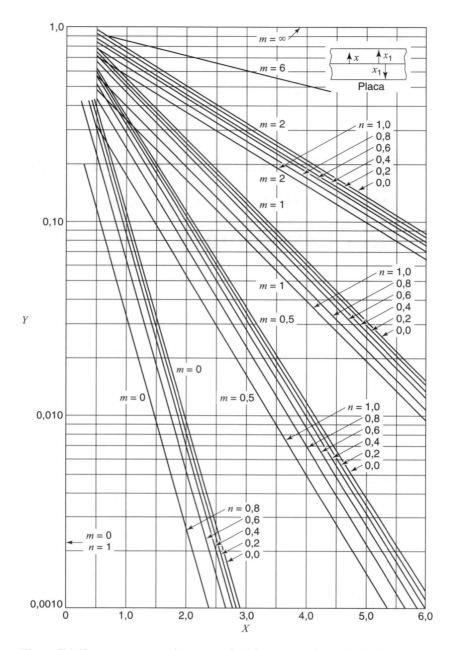

Figura F.1 Transporte em estado não estacionário em uma placa plana infinita.

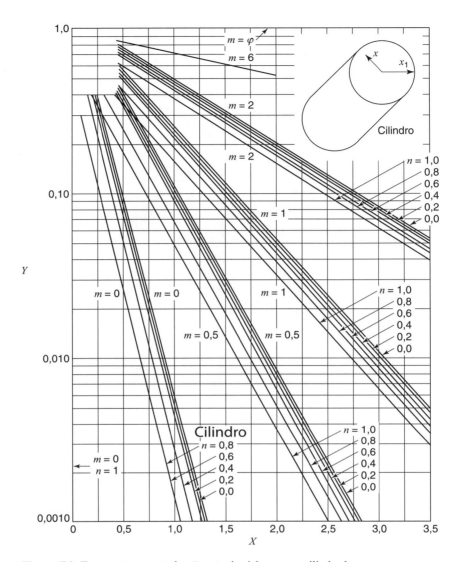

Figura F.2 Transporte em estado não estacionário em um cilindro longo.

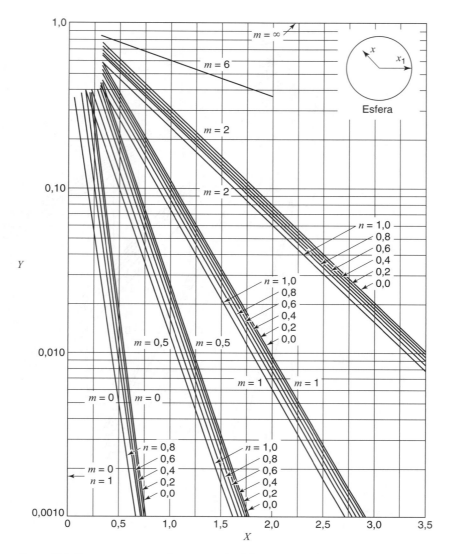

Figura F.3 Transporte em estado não estacionário em uma esfera.

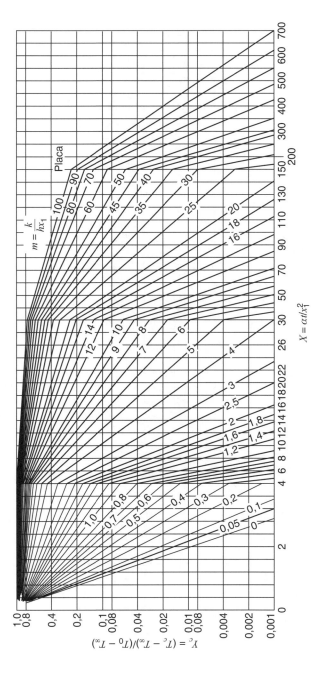

Figura F.4 História da temperatura no centro para uma placa infinita.

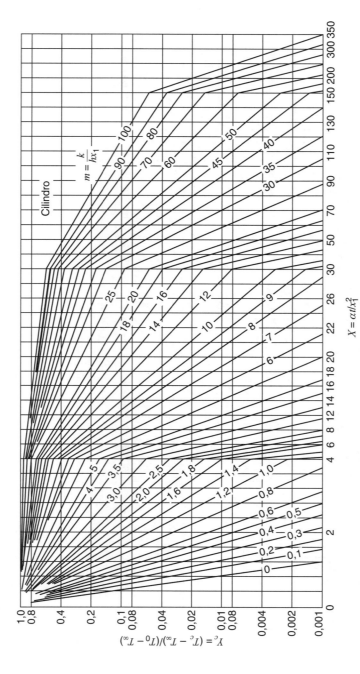

Figura F.5 História da temperatura no centro para um cilindro infinito.

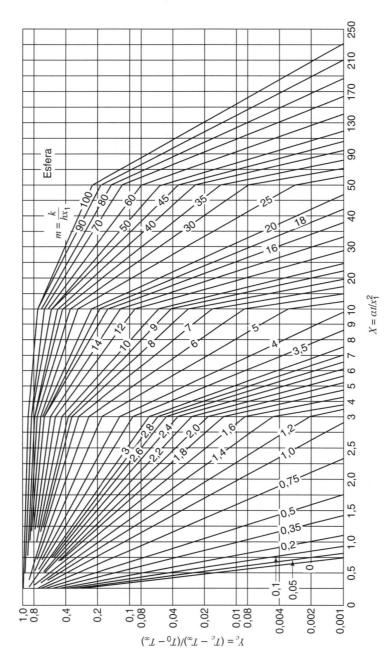

Figura F.6 História da temperatura no centro para uma esfera.

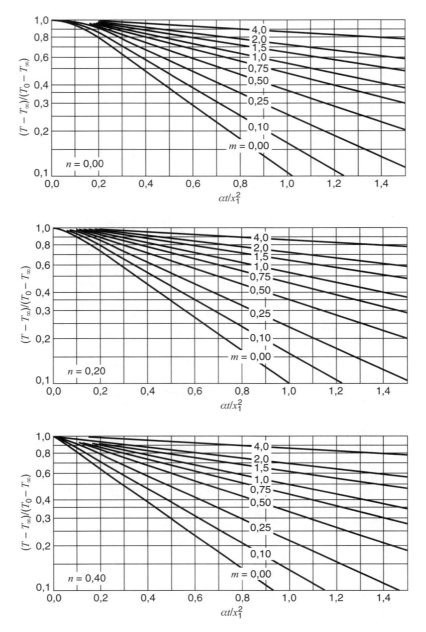

Figura F.7 Gráficos para a solução de problemas de transporte em estado não estacionário: placa plana.

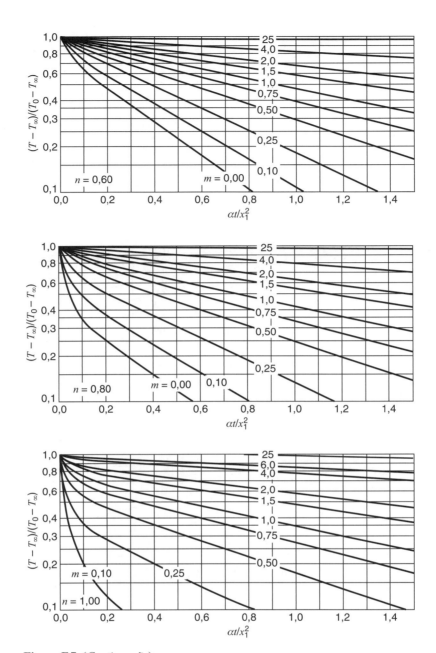

Figura F.7 (*Continuação*)

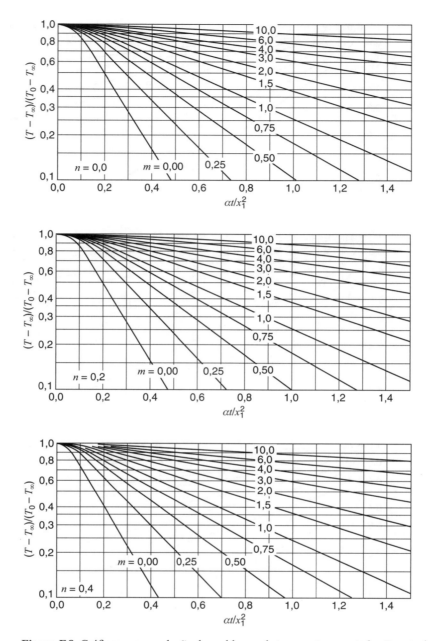

Figura F.8 Gráficos para a solução de problemas de transporte em estado não estacionário: cilindro.

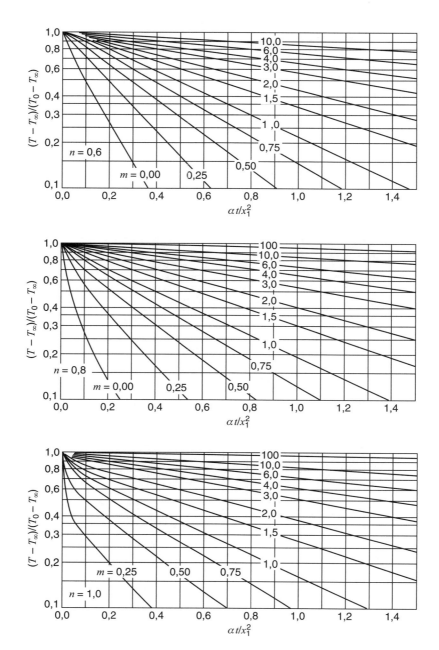

Figura F.8 (*Continuação*)

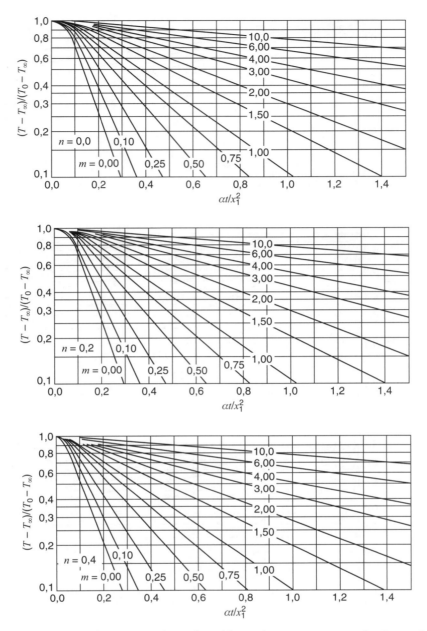

Figura F.9 Gráficos para a solução de problemas de transporte em estado não estacionário: esfera.

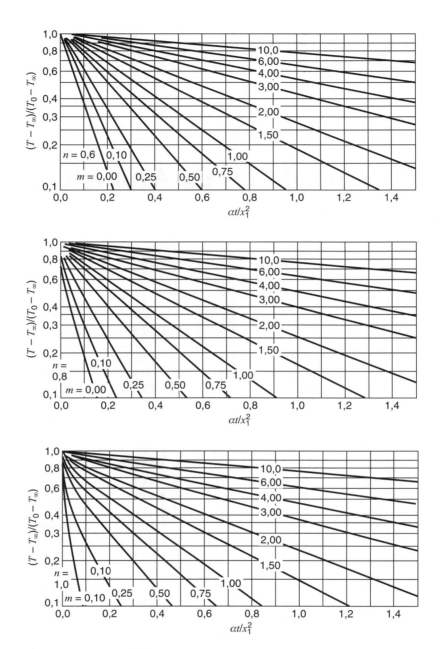

Figura F.9 (*Continuação*)

Apêndice G

Propriedades da Atmosfera Padrão[3]

Tabela G.1 Unidades inglesas

h (ft)	T (°F)	a (fps)	P (lb/ft^2)	P (slug/ft^3)	$\mu \times 10^7$ (slug/ft s)
0	59,00	1117	2116,2	0,002378	3,719
1.000	57,44	1113	2040,9	0,002310	3,699
2.000	51,87	1109	1967,7	0,002242	3,679
3.000	48,31	1105	1896,7	0,002177	3,659
4.000	44,74	1102	1827,7	0,002112	3,639
5.000	41,18	1098	1760,8	0,002049	3,618
6.000	37,62	1094	1696,0	0,001988	3,598
7.000	34,05	1090	1633,0	0,001928	3,577
8.000	30,49	1086	1571,9	0,001869	3,557
9.000	26,92	1082	1512,8	0,001812	3,536
10.000	23,36	1078	1455,4	0,001756	3,515
11.000	19,80	1074	1399,8	0,001702	3,495
12.000	16,23	1070	1345,9	0,001649	3,474
13.000	12,67	1066	1293,7	0,001597	3,453
14.000	9,10	1062	1243,2	0,001546	3,432
15.000	5,54	1058	1194,3	0,001497	3,411
16.000	1,98	1054	1147,0	0,001448	3,390
17.000	−1,59	1050	1101,1	0,001401	3,369
18.000	−5,15	1046	1056,9	0,001355	3,347
19.000	−8,72	1041	1014,0	0,001311	3,326
20.000	−12,28	1037	972,6	0,001267	3,305
21.000	−15,84	1033	932,5	0,001225	3,283
22.000	−19,41	1029	893,8	0,001183	3,262
23.000	−22,97	1025	856,4	0,001143	3,240
24.000	−26,54	1021	820,3	0,001104	3,218
25.000	−30,10	1017	785,3	0,001066	3,196
26.000	−33,66	1012	751,7	0,001029	3,174
27.000	−37,23	1008	719,2	0,000993	3,153
28.000	−40,79	1004	687,9	0,000957	3,130
29.000	−44,36	999	657,6	0,000923	3,108

(Continua)

---

[3] Dados tirados de NACA TN 1428.

Tabela G.1 *Continuação*

h (ft)	T (°F)	a (fps)	P (lb/ft^2)	P (slug/ft^3)	$\mu \times 10^7$ (slug/ft s)
30.000	−47,92	995	628,5	0,000890	3,086
31.000	−51,48	991	600,4	0,000858	3,064
32.000	−55,05	987	573,3	0,000826	3,041
33.000	−58,61	982	547,3	0,000796	3,019
34.000	−62,18	978	522,2	0,000766	2,997
35.000	−65,74	973	498,0	0,000737	2,974
40.000	−67,6	971	391,8	0,0005857	2,961
45.000	−67,6	971	308,0	0,0004605	2,961
50.000	−67,6	971	242,2	0,0003622	2,961
60.000	−67,6	971	150,9	0,0002240	2,961
70.000	−67,6	971	93,5	0,0001389	2,961
80.000	−67,6	971	58,0	0,0000861	2,961
90.000	−67,6	971	36,0	0,0000535	2,961
100.000	−67,6	971	22,4	0,0000331	2,961
150.000	113,5	1174	3,003	0,00000305	4,032
200.000	159,4	1220	0,6645	0,00000062	4,277
250.000	−8,2	1042	0,1139	0,00000015	3,333

Tabela G.2 Unidades do SI – Propriedades da atmosfera padrão

h (m)	T (K)	a (m/s)	P (Pa)	ρ (kg/m³)	$\mu \times 10^5$ (Pa · s)
0	288,2	340,3	$1,0133 \times 10^5$	1,225	1,789
500	284,9	338,4	0,95461	1,167	1,774
1.000	281,7	336,4	0,89876	1,111	1,758
1.500	278,4	334,5	0,84560	1,058	1,742
2.000	275,2	332,5	0,79501	1,007	1,726
2.500	271,9	330,6	0,74692	0,9570	1,710
3.000	268,7	328,6	0,70121	0,9093	1,694
3.500	265,4	326,6	0,65780	0,8634	1,678
4.000	262,2	324,6	0,61660	0,8194	1,661
4.500	258,9	322,6	0,57753	0,7770	1,645
5.000	255,7	320,5	0,54048	0,7364	1,628
5.500	252,4	318,5	0,50539	0,6975	1,612
6.000	249,2	316,5	0,47218	0,6601	1,595
6.500	245,9	314,4	0,44075	0,6243	1,578
7.000	242,7	312,3	0,41105	0,5900	1,561
7.500	239,5	310,2	0,38300	0,5572	1,544
8.000	236,2	308,1	0,35652	0,5258	1,527
8.500	233,0	306,0	0,33154	0,4958	1,510
9.000	229,7	303,8	0,30801	0,4671	1,493
9.500	226,5	301,7	0,28585	0,4397	1,475
10.000	223,3	299,5	0,26500	0,4135	1,458
11.000	216,8	295,2	0,22700	0,3648	1,422
12.000	216,7	295,1	0,19399	0,3119	1,422
13.000	216,7	295,1	0,16580	0,2666	1,422
14.000	216,7	295,1	0,14170	0,2279	1,422
15.000	216,7	295,1	0,12112	0,1948	1,422
16.000	216,7	295,1	0,10353	0,1665	1,422
17.000	216,7	295,1	$8,8497 \times 10^3$	0,1423	1,422
18.000	216,7	295,1	7,5652	0,1217	1,422
19.000	216,7	295,1	6,4675	0,1040	1,422
20.000	216,7	295,1	5,5293	0,08891	1,422
25.000	221,5	298,4	2,5492	0,04008	1,448
30.000	226,5	301,7	1,1970	0,01841	1,475
35.000	236,5	308,3	0,57459	0,008463	1,529
40.000	250,4	317,2	0,28714	0,003996	1,601
45.000	264,2	325,8	0,14910	0,001966	1,671
50.000	270,7	329,8	$7,9779 \times 10^1$	0,001027	1,704
55.000	265,6	326,7	4,27516	0,0005608	1,678
60.000	255,8	320,6	2,2461	0,0003059	1,629
65.000	239,3	310,1	1,1446	0,0001667	1,543
70.000	219,7	297,1	$5,5205 \times 10^0$	0,00008754	1,438
75.000	200,2	283,6	2,4904	0,00004335	1,329
80.000	180,7	269,4	1,0366	0,00001999	1,216

Apêndice H

Propriedades Físicas de Sólidos

Apêndice H

Material	ρ (lb$_m$/ft³) (68°F)	ρ (kg/m³) (293 K)	c_p (Btu/lb$_m$°F) (293 K)	c_p (J/kg·1K) ×10⁻² (293K)	α (ft²/h) (68°F)	α (m²/s)·10⁵ (293k)	k (Btu/h ft°F) (68)	(212)	(572)	k (W/m·K) (293)	(373)	(573)
Metais												
Alumínio	168,6	2.701,1	0,224	9,383	3,55	9,16	132	133	133	229	229	230
Cobre	555	8.890	0,092	3,854	3,98	10,27	223	219	213	386	379	369
Ouro	1206	19.320	0,031	1,299	4,52	11,66	169	170	172	293	294	298
Ferro	492	7.880	0,122	5,110	0,83	2,14	42,3	39	31,6	73,2	68	54
Chumbo	708	11.300	0,030	1,257	0,80	2,06	20,3	19,3	17,2	35,1	33,4	29,8
Magnésio	109	1.750	0,248	10,39	3,68	9,50	99,5	96,8	91,4	172	168	158
Níquel	556	8.910	0,111	4,560	0,87	2,24	53,7	47,7	36,9	93,0	82,6	63,9
Platina	1340	21.500	0,032	1,340	0,09	0,23	40,5	41,9	43,5	70,1	72,5	75,3
Prata	656	10.500	0,057	2,388	6,42	16,57	240	237	209	415	410	362
Estanho	450	7.210	0,051	2,136	1,57	4,05	36	34	—	62	59	—
Tungstênio	1206	19.320	0,032	1,340	2,44	6,30	94	87	77	160	150	130
Urânio	1167	18.700	0,027	1,131	0,53	1,37	16,9	17,2	19,6	29,3	29,8	33,9
Zinco	446	7.150	0,094	3,937	1,55	4,00	65	63	58	110	110	100
Ligas												
Alumínio 2024	173	2.770	0,230	9,634	1,76	4,54	70,2			122		
Latão (70% Cu, 30% Ni)	532	8.520	0,091	3,812	1,27	3,28	61,8	73,9	85,3	107	128	148
Constantan (60% Cu, 40% Ni)	557	8.920	0,098	4,105	0,24	0,62	13,1	15,4		22,7	26,7	
Ferro fundido	455	7.920	0,100	4,189	0,65	1,68	29,6	26,8		51,2	46,4	
Nicrome V	530	8.490	0,106	4,440	0,12	0,31	7,06	7,99	9,94	12,2	13,8	17,2
Aço inoxidável	488	7.820	0,110	4,608	0,17	0,44	9,4	10,0	13	16	17,3	23
Aço doce (1% C)	488	7.820	0,113	4,733	0,45	1,16	24,8	24,8	22,9	42,9	42,9	39,0

Não metais

Asbestos	36	580	0,25	10,5	0,092	0,11	0,125	0,159	0,190	0,21
Tijolo (refratário)	144	2.310	0,22	9,22		0,65			1,13	
Tijolo (alvenaria)	106	1.670	0,20	8,38	0,38			0,66		
Tijolo (cromo)	188	3.010	0,20	8,38		0,67			1,16	
Concreto	144	2.310	0,21	8,80	0,70			1,21		
Placa de cortiça	10	160	0,4	17	0,025			0,043		
Terra de diatomácea, em pó	14	220	0,2	8,4	0,03			0,05		
Vidro, janela	170	2.720	0,2	8,4	0,45			0,78		
Vidro, Pirex	140	2.240	0,2	8,4	0,63	0,67	0,84	1,09	1,16	1,45
Tijolo de caulim	19	300					0,052			0,09
Magnésia 85%	17	270			0,038	0,041		0,066	0,071	
Solo arenoso, 4% H_2O	104	1.670	0,4	17	0,54			0,94		
Solo arenoso, 10% H_2O	121	1.940			1,08			1,87		
Lã de rocha	10	160	0,2	8,4	0,023	0,033		0,040	0,057	
Madeira, carvalho $\perp$ ao grão	51	820	0,57	23,9	0,12			0,21		
Madeira, carvalho $\parallel$ ao grão	51	820	0,57	23,9	0,23			0,40		

Apêndice I

Propriedades Físicas de Gases e Líquidos[4]

---

[4] Todas as propriedades dos gases estão na pressão atmosférica.

					Gases				
T (°F)	ρ (lb$_m$/ft^3)	c_p (Btu/lb$_m$°F)	$\mu \times 10^5$ (lb$_m$/ft s)	$\nu \times 10^3$ (ft^2/s)	k (Btu/h ft °F)	α (ft^2/h)	Pr	$\beta \times 10^3$ (1/°F)	$g\beta\rho^2/\mu^2$ (1/°F · ft^3)
					Ar				
0	0,0862	0,240	1,09	0,126	0,0132	0,639	0,721	2,18	$4,39 \times 10^6$
30	0,0810	0,240	1,15	0,142	0,0139	0,714	0,716	2,04	3,28
60	0,0764	0,240	1,21	0,159	0,0146	0,798	0,711	1,92	2,48
80	0,0735	0,240	1,24	0,169	0,0152	0,855	0,708	1,85	2,09
100	0,0710	0,240	1,28	0,181	0,0156	0,919	0,703	1,79	1,76
150	0,0651	0,241	1,36	0,209	0,0167	1,06	0,698	1,64	1,22
200	0,0602	0,241	1,45	0,241	0,0179	1,24	0,694	1,52	0,840
250	0,0559	0,242	1,53	0,274	0,0191	1,42	0,690	1,41	0,607
300	0,0523	0,243	1,60	0,306	0,0203	1,60	0,686	1,32	0,454
400	0,0462	0,245	1,74	0,377	0,0225	2,00	0,681	1,16	0,264
500	0,0413	0,247	1,87	0,453	0,0246	2,41	0,680	1,04	0,163
600	0,0374	0,251	2,00	0,535	0,0270	2,88	0,680	0,944	$79,4 \times 10^3$
800	0,0315	0,257	2,24	0,711	0,0303	3,75	0,684	0,794	50,6
1000	0,0272	0,263	2,46	0,906	0,0337	4,72	0,689	0,685	27,0
1500	0,0203	0,277	2,92	1,44	0,0408	7,27	0,705	0,510	7,96

T (K)	ρ (kg/m^3)	$c_p \times 10^{-3}$ (J/kg × K)	$\mu \times 10^5$ (Pa × s)	$\nu \times 10^5$ (m^2/s)	$k \times 10^2$ (W/m × K)	$\alpha \times 10^5$ (m^2/s)	Pr	$g\beta\rho^2/\mu^2$ (1/K · m^3)
					Ar			
250	1,4133	1,0054	1,5991	1,1315	2,2269	1,5672	0,722	$4,638 \times 10^8$
260	1,3587	1,0054	1,6503	1,2146	2,3080	1,6896	0,719	2,573
280	1,2614	1,0057	1,7503	1,3876	2,4671	1,9448	0,713	1,815
300	1,1769	1,0063	1,8464	1,5689	2,6240	2,2156	0,708	1,327
320	1,1032	1,0073	1,9391	1,7577	2,7785	2,5003	0,703	0,9942
340	1,0382	1,0085	2,0300	1,9553	2,9282	2,7967	0,699	0,7502
360	0,9805	1,0100	2,1175	2,1596	3,0779	3,1080	0,695	0,5828
400	0,8822	1,0142	2,2857	2,5909	3,3651	3,7610	0,689	0,3656
440	0,8021	1,0197	2,4453	3,0486	3,6427	4,4537	0,684	0,2394
480	0,7351	1,0263	2,5963	3,5319	3,9107	5,1836	0,681	0,1627
520	0,6786	1,0339	2,7422	4,0410	4,1690	5,9421	0,680	0,1156
580	0,6084	1,0468	2,9515	4,8512	4,5407	7,1297	0,680	$7,193 \times 10^6$
700	0,5040	1,0751	3,3325	6,6121	5,2360	9,6632	0,684	3,210
800	0,4411	1,0988	3,6242	8,2163	5,7743	11,9136	0,689	1,804
1000	0,3529	1,1421	4,1527	11,1767	6,7544	16,7583	0,702	0,803

678 ▶ Apêndice I

T (°F)	ρ (lb$_m$/ft^3)	c_p (Btu/lb$_m$°F)	$\mu \times 10^5$ (lb$_m$/ft s)	$\nu \times 10^3$ (ft^2/s)	k (Btu/h ft °F)	α (ft^2/h)	Pr	$\beta \times 10^3$ (1/°F)	$g\beta\rho^2/\mu^2$ (1/°F · ft^3)
					Vapor				
212	0,0372	0,493	0,870	0,234	0,0145	0,794	1,06	1,49	$0,873 \times 10^6$
250	0,0350	0,483	0,890	0,254	0,0155	0,920	0,994	1,41	0,698
300	0,0327	0,476	0,960	0,294	0,0171	1,10	0,963	1,32	0,493
400	0,0289	0,472	1,09	0,377	0,0200	1,47	0,924	1,16	0,262
500	0,0259	0,477	1,23	0,474	0,0228	1,85	0,922	1,04	0,148
600	0,0234	0,483	1,37	0,585	0,0258	2,29	0,920	0,944	$88,9 \times 10^3$
800	0,0197	0,498	1,63	0,828	0,0321	3,27	0,912	0,794	37,8
1000	0,0170	0,517	1,90	1,12	0,0390	4,44	0,911	0,685	17,2
1500	0,0126	0,564	2,57	2,05	0,0580	8,17	0,906	0,510	3,97

T (K)	ρ (kg/m^3)	$c_p \times 10^{-3}$ (J/kg · K)	$\mu \times 10^5$ (Pa · s)	$\nu \times 10^5$ (m^2/s)	$k \times 10^2$ (W/m · K)	$\alpha \times 10^5$ (m^2/s)	Pr	$g\beta\rho^2/\mu^2$ (1/K · m^3)
				Vapor				
380	0,5860	2,0592	12,70	2,1672	2,4520	2,0320	1,067	$5,5210 \times 10^7$
400	0,5549	2,0098	13,42	2,4185	2,6010	2,3322	1,037	4,1951
450	0,4911	1,9771	15,23	3,1012	2,9877	3,0771	1,008	2,2558
500	0,4410	1,9817	17,03	3,8617	3,3903	3,8794	0,995	1,3139
550	0,4004	2,0006	18,84	4,7053	3,8008	4,7448	0,992	0,8069
600	0,3667	2,0264	20,64	5,6286	4,2161	5,6738	0,992	0,5154
650	0,3383	2,0555	22,45	6,6361	4,6361	6,6670	0,995	0,3415
700	0,3140	2,0869	24,25	7,7229	5,0593	7,7207	1,000	0,2277
750	0,2930	2,1192	26,06	8,8942	5,4841	8,8321	1,007	0,1651
800	0,2746	2,1529	27,86	10,1457	5,9089	9,9950	1,015	0,1183

T (°F)	ρ (lb$_m$/ft^3)	c_p (Btu/lb$_m$°F)	$\mu \times 10^5$ (lb$_m$/ft s)	$\nu \times 10^3$ (ft^2/s)	k (Btu/h ft °F)	α (ft^2/h)	Pr	$\beta \times 10^3$ (1/°F)	$g\beta\rho^2/\mu^2$ (1/°F · ft^3)
					Nitrogênio				
0	0,0837	0,249	1,06	0,127	0,0132	0,633	0,719	2,18	$4,38 \times 10^6$
30	0,0786	0,249	1,12	0,142	0,0139	0,710	0,719	2,04	3,29
60	0,0740	0,249	1,17	0,158	0,0146	0,800	0,716	1,92	2,51
80	0,0711	0,249	1,20	0,169	0,0151	0,853	0,712	1,85	2,10
100	0,0685	0,249	1,23	0,180	0,0154	0,915	0,708	1,79	1,79
150	0,0630	0,249	1,32	0,209	0,0168	1,07	0,702	1,64	1,22
200	0,0580	0,249	1,39	0,240	0,0174	1,25	0,690	1,52	0,854
250	0,0540	0,249	1,47	0,271	0,0192	1,42	0,687	1,41	0,616
300	0,0502	0,250	1,53	0,305	0,0202	1,62	0,685	1,32	0,457
400	0,0443	0,250	1,67	0,377	0,0212	2,02	0,684	1,16	0,263
500	0,0397	0,253	1,80	0,453	0,0244	2,43	0,683	1,04	0,163
600	0,0363	0,256	1,93	0,532	0,0252	2,81	0,686	0,944	0,108
800	0,0304	0,262	2,16	0,710	0,0291	3,71	0,691	0,794	0,0507
1000	0,0263	0,269	2,37	0,901	0,0336	4,64	0,700	0,685	0,0272
1500	0,0195	0,283	2,82	1,45	0,0423	7,14	0,732	0,510	0,00785

T (K)	ρ (kg/m³)	$c_p \times 10^{-3}$ (J/kg·K)	$\mu \times 10^5$ (Pa·s)	$\nu \times 10^5$ (m²/s)	$k \times 10^2$ (W/m·K)	$\alpha \times 10^5$ (m²/s)	Pr	$g\beta\rho^2/\mu^2$ (1/K·m³)
				Nitrogênio				
250	1,3668	1,0415	1,5528	1,1361	2,2268	1,5643	0,729	$3,0362 \times 10^8$
300	1,1383	1,0412	1,7855	1,5686	2,6052	2,1981	0,713	1,3273
350	0,9754	1,0421	2,0000	2,0504	2,9691	2,9210	0,701	0,6655
400	0,8533	1,0449	2,1995	2,5776	3,3186	3,7220	0,691	0,3697
450	0,7584	1,0495	2,3890	3,1501	3,6463	4,5811	0,688	0,2187
500	0,6826	1,0564	2,5702	3,7653	3,9645	5,4979	0,684	0,1382
600	0,5688	1,0751	2,9127	5,1208	4,5549	7,4485	0,686	$6,237 \times 10^6$
700	0,4875	1,0980	3,2120	6,5887	5,0947	9,5179	0,691	3,233
800	0,4266	1,1222	3,4896	8,1800	5,5864	11,6692	0,700	1,820
1000	0,3413	1,1672	4,0000	11,7199	6,4419	16,1708	0,724	0,810

T (°F)	ρ (lb$_m$/ft³)	c_p (Btu/lb$_m$°F)	$\mu \times 10^5$ (lb$_m$/ft s)	$\nu \times 10^3$ (ft²/s)	k (Btu/h ft °F)	α (ft²/h)	Pr	$\beta \times 10^3$ (1/°F)	$g\beta\rho^2/\mu^2$ (1/°F·ft³)
					Oxigênio				
0	0,0955	0,219	1,22	0,128	0,0134	0,641	0,718	2,18	$4,29 \times 10^6$
30	0,0897	0,219	1,28	0,143	0,0141	0,718	0,716	2,04	3,22
60	0,0845	0,219	1,35	0,160	0,0149	0,806	0,713	1,92	2,43
80	0,0814	0,220	1,40	0,172	0,0155	0,866	0,713	1,85	2,02
100	0,0785	0,220	1,43	0,182	0,0160	0,925	0,708	1,79	1,74
150	0,0720	0,221	1,52	0,211	0,0172	1,08	0,703	1,64	1,19
200	0,0665	0,223	1,62	0,244	0,0185	1,25	0,703	1,52	0,825
250	0,0168	0,225	1,70	0,276	0,0197	1,42	0,700	1,41	0,600
300	0,0578	0,227	1,79	0,310	0,0209	1,60	0,700	1,32	0,442
400	0,0511	0,230	1,95	0,381	0,0233	1,97	0,698	1,16	0,257
500	0,0458	0,234	2,10	0,458	0,0254	2,37	0,696	1,04	0,160
600	0,0414	0,239	2,25	0,543	0,0281	2,84	0,688	0,944	0,103
800	0,0349	0,246	2,52	0,723	0,0324	3,77	0,680	0,794	$49,4 \times 10^3$
1000	0,0300	0,252	2,79	0,930	0,0366	4,85	0,691	0,685	25,6
1500	0,0224	0,264	3,39	1,52	0,0465	7,86	0,696	0,510	7,22

T (K)	ρ (kg/m³)	$c_p \times 10^{-3}$ (J/kg·K)	$\mu \times 10^5$ (Pa·s)	$\nu \times 10^5$ (m²/s)	$k \times 10^2$ (W/m·K)	$\alpha \times 10^5$ (m²/s)	Pr	$g\beta\rho^2/\mu^2$ (1/K·m³)
				Oxigênio				
250	1,5620	0,9150	1,7887	1,1451	2,2586	1,5803	0,725	$2,9885 \times 10^8$
300	1,3007	0,9199	2,0633	1,5863	2,6760	2,2365	0,709	1,2978
350	1,1144	0,9291	2,3176	2,0797	3,0688	2,9639	0,702	0,6469
400	0,9749	0,9417	2,5556	2,6214	3,4616	3,7705	0,695	0,3571
450	0,8665	0,9564	2,7798	3,2081	3,8298	4,6216	0,694	0,2108
500	0,7798	0,9721	2,9930	3,8382	4,1735	5,5056	0,697	0,1330
550	0,7089	0,9879	3,1966	4,5092	4,5172	6,4502	0,700	$8,786 \times 10^6$
600	0,6498	1,0032	3,3931	5,2218	4,8364	7,4192	0,704	5,988

T (°F)	ρ (lb$_m$/ft^3)	c_p (Btu/lb$_m$°F)	$\mu \times 10^5$ (lb$_m$/ft s)	$\nu \times 10^3$ (ft^2/s)	k (Btu/h ft °F)	α (ft^2/h)	Pr	$\beta \times 10^3$ (1/°F)	$g\beta\rho^2/\mu^2$ (1/°F · ft^3)
				Dióxido de carbono					
0	0,132	0,193	0,865	0,0655	0,00760	0,298	0,792	2,18	$16,3 \times 10^6$
30	0,124	0,198	0,915	0,0739	0,00830	0,339	0,787	2,04	12,0
60	0,117	0,202	0,965	0,0829	0,00910	0,387	0,773	1,92	9,00
80	0,112	0,204	1,00	0,0891	0,00960	0,421	0,760	1,85	7,45
100	0,108	0,207	1,03	0,0953	0,0102	0,455	0,758	1,79	6,33
150	0,100	0,213	1,12	0,113	0,0115	0,539	0,755	1,64	4,16
200	0,092	0,219	1,20	0,131	0,0130	0,646	0,730	1,52	2,86
250	0,0850	0,225	1,32	0,155	0,0148	0,777	0,717	1,41	2,04
300	0,0800	0,230	1,36	0,171	0,0160	0,878	0,704	1,32	1,45
400	0,0740	0,239	1,45	0,196	0,0180	1,02	0,695	1,16	1,11
500	0,0630	0,248	1,65	0,263	0,0210	1,36	0,700	1,04	0,485
600	0,0570	0,256	1,78	0,312	0,0235	1,61	0,700	0,944	0,310
800	0,0480	0,269	2,02	0,420	0,0278	2,15	0,702	0,794	0,143
1000	0,0416	0,280	2,25	0,540	0,0324	2,78	0,703	0,685	$75,3 \times 10^3$
1500	0,0306	0,301	2,80	0,913	0,0340	4,67	0,704	0,510	19,6

T (K)	ρ (kg/m^3)	$c_p \times 10^{-3}$ (J/kg · K)	$\mu \times 10^5$ (Pa · s)	$\nu \times 10^5$ (m^2/s)	$k \times 10^2$ (W/m · K)	$\alpha \times 10^5$ (m^2/s)	Pr	$g\beta\rho^2/\mu^2$ (1/K · m^3)
				Dióxido de carbono				
250	2,1652	0,8052	1,2590	0,5815	1,2891	0,7394	0,793	$1,1591 \times 10^9$
300	1,7967	0,8526	1,4948	0,8320	1,6572	1,0818	0,770	0,4178
350	1,5369	0,8989	1,7208	1,1197	2,0457	1,4808	0,755	0,2232
400	1,3432	0,9416	1,9318	1,4382	2,4604	1,9454	0,738	0,1186
450	1,1931	0,9803	2,1332	1,7879	2,8955	2,4756	0,721	$6,786 \times 10^7$
500	1,0733	1,0153	2,3251	2,1663	3,3523	3,0763	0,702	4,176
550	0,9756	1,0470	2,5073	2,5700	3,8208	3,7406	0,685	2,705
600	0,8941	1,0761	2,6827	3,0004	4,3097	4,4793	0,668	1,814

T (°F)	ρ (lb$_m$/ft^3)	c_p (Btu/lb$_m$°F)	$\mu \times 10^5$ (lb$_m$/ft s)	$\nu \times 10^3$ (ft^2/s)	k (Btu/h ft °F)	α (ft^2/h)	Pr	$\beta \times 10^3$ (1/°F)	$g\beta\rho^2/\mu^2$ (1/°F · ft^3)
					Hidrogênio				
0	0,00597	3,37	0,537	0,900	0,092	4,59	0,713	2,18	87.000
30	0,00562	3,39	0,562	1,00	0,097	5,09	0,709	2,04	65.700
60	0,00530	3,41	0,587	1,11	0,102	5,65	0,707	1,92	50.500
80	0,00510	3,42	0,602	1,18	0,105	6,04	0,705	1,85	42.700
100	0,00492	3,42	0,617	1,25	0,108	6,42	0,700	1,79	36.700
150	0,00450	3,44	0,653	1,45	0,116	7,50	0,696	1,64	25.000
200	0,00412	3,45	0,688	1,67	0,123	8,64	0,696	1,52	17.500
250	0,00382	3,46	0,723	1,89	0,130	9,85	0,690	1,41	12.700
300	0,00357	3,46	0,756	2,12	0,137	11,1	0,687	1,32	9.440
400	0,00315	3,47	0,822	2,61	0,151	13,8	0,681	1,16	5.470
500	0,00285	3,47	0,890	3,12	0,165	16,7	0,675	1,04	3.430
600	0,00260	3,47	0,952	3,66	0,179	19,8	0,667	0,944	2.270
800	0,00219	3,49	1,07	4,87	0,205	26,8	0,654	0,794	1.080
1000	0,00189	3,52	1,18	6,21	0,224	33,7	0,664	0,685	571
1500	0,00141	3,62	1,44	10,2	0,265	51,9	0,708	0,510	158

T (K)	ρ (kg/m^3)	c_p (J/kg · K)	$\mu \times 10^6$ (Pa · s)	$\nu \times 10^6$ (m^2/s)	$k \times 10^2$ (W/m · K)	$\alpha \times 10^4$ (m^2/s)	Pr	$g\beta\rho^2/\mu^2 \times 10^{-6}$ (1/K · m^3)
					Hidrogênio			
50	0,5095	10,501	2,516	4,938	0,0362	0,0633	0,78	
100	0,2457	11,229	4,212	17,143	0,0665	0,2410	0,711	333,8
150	0,1637	12,602	5,595	34,178	0,0981	0,4755	0,719	55,99
200	0,1227	13,504	6,813	55,526	0,1282	0,7717	0,719	15,90
250	0,0982	14,059	7,919	80,641	0,1561	1,131	0,713	6,03
300	0,0818	14,314	8,963	109,57	0,182	1,554	0,705	2,72
350	0,0702	14,436	9,954	141,79	0,206	2,033	0,697	1,39
400	0,0613	14,491	10,864	177,23	0,228	2,567	0,690	0,782
450	0,0546	14,499	11,779	215,73	0,251	3,171	0,680	0,468
500	0,0492	14,507	12,636	256,83	0,272	3,811	0,674	0,297
600	0,0408	14,537	14,285	350,12	0,315	5,311	0,659	0,134
700	0,0349	14,574	15,890	455,30	0,351	6,901	0,660	0,0677
800	0,0306	14,675	17,40	568,63	0,384	8,551	0,665	0,0379
1000	0,0245	14,968	20,160	822,86	0,440	11,998	0,686	0,0145
1200	0,0205	15,366	22,75	1109,80	0,488	15,492	0,716	0,00667

T (°F)	ρ (lb$_m$/ft^3)	c_p (Btu/lb$_m$°F)	$\mu \times 10^5$ (lb$_m$/ft s)	$\nu \times 10^3$ (ft^2/s)	k (Btu/h ft °F)	α (ft^2/h)	Pr	$\beta \times 10^3$ (1/°F)	$g\beta\rho^2/\mu^2$ (1/°F·ft^3)
				Monóxido de carbono					
0	0,0832	0,249	1,05	0,126	0,0128	0,620	0,749	2,18	$4,40 \times 10^6$
30	0,0780	0,249	1,11	0,142	0,0134	0,691	0,744	2,04	3,32
60	0,0736	0,249	1,16	0,157	0,0142	0,775	0,740	1,92	2,48
80	0,0709	0,249	1,20	0,169	0,0146	0,828	0,737	1,85	2,09
100	0,0684	0,249	1,23	0,180	0,0150	0,884	0,735	1,79	1,79
150	0,0628	0,249	1,32	0,210	0,0163	1,04	0,730	1,64	1,19
200	0,0580	0,250	1,40	0,241	0,0174	1,20	0,726	1,52	0,842
250	0,0539	0,250	1,48	0,275	0,0183	1,36	0,722	1,41	0,604
300	0,0503	0,251	1,56	0,310	0,0196	1,56	0,720	1,32	0,442
400	0,0445	0,253	1,73	0,389	0,0217	1,92	0,718	1,16	0,248
500	0,0399	0,256	1,85	0,463	0,0234	2,30	0,725	1,04	0,156
600	0,0361	0,259	1,97	0,545	0,0253	2,71	0,723	0,944	0,101
800	0,0304	0,266	2,21	0,728	0,0288	3,57	0,730	0,794	$48,2 \times 10^3$
1000	0,0262	0,273	2,43	0,929	0,0324	4,54	0,740	0,685	25,6
1500	0,0195	0,286	3,00	1,54	0,0410	7,35	0,756	0,510	6,93

T (K)	ρ (kg/m^3)	$c_p \times 10^{-3}$ (J/kg·K)	$\mu \times 10^5$ (Pa·s)	$\nu \times 10^5$ (m^2/s)	$k \times 10^2$ (W/m·K)	$\alpha \times 10^5$ (m^2/s)	Pr	$g\beta\rho^2/\mu^2$ (1/K·m^3)
				Monóxido de carbono				
250	1,3669	1,0425	1,5408	1,1272	2,1432	1,5040	0,749	$3,0841 \times 10^8$
300	1,1382	1,0422	1,7854	1,5686	2,5240	2,1277	0,737	1,3273
350	0,9753	1,0440	2,0097	2,0606	2,8839	2,8323	0,727	0,6590
400	0,8532	1,0484	2,2201	2,6021	3,2253	3,6057	0,722	0,3623
450	0,7583	1,0550	2,4189	3,1899	3,5527	4,4408	0,718	0,2133
500	0,6824	1,0642	2,6078	3,8215	3,8638	5,3205	0,718	0,1342
550	0,6204	1,0751	2,7884	4,4945	4,1587	6,2350	0,721	$8,843 \times 10^6$
600	0,5687	1,0870	2,9607	5,2061	4,4443	7,1894	0,724	6,025

T (°F)	ρ (lb$_m$/ft^3)	c_p (Btu/lb$_m$°F)	$\mu \times 10^3$ (lb$_m$/ft s)	$\nu \times 10^5$ (ft^2/s)	k (Btu/h ft °F)	$\alpha \times 10^3$ (ft^2/h)	Pr	$\beta \times 10^4$ (1/°F)	$g\beta\rho^2/\mu^2 \times 10^{-6}$ (1/°F·ft^3)
				Cloro					
0	0,211	0,113	8,06	0,0381	0,00418	0,175	0,785	2,18	48,3
30	0,197	0,114	8,40	0,0426	0,00450	0,201	0,769	2,04	36,6
60	0,187	0,114	8,80	0,0470	0,00480	0,225	0,753	1,92	28,1
80	0,180	0,115	9,07	0,0504	0,00500	0,242	0,753	1,85	24,3
100	0,173	0,115	9,34	0,0540	0,00520	0,261	0,748	1,79	19,9
150	0,159	0,117	10,0	0,0629	0,00570	0,306	0,739	1,64	13,4

T (°F)	ρ (lb$_m$/ft^3)	c_p (Btu/lb$_m$°F)	$\mu \times 10^5$ (lb$_m$/ft s)	$\nu \times 10^3$ (ft^2/s)	k (Btu/h ft °F)	α (ft^2/h)	Pr	$\beta \times 10^3$ (1/°F)	$g\beta\rho^2/\mu^2$ (1/°F · ft^3)
				Hélio					
0	0,0119	1,24	122	1,03	0,0784	5,30	0,698	2,18	66.800
30	0,0112	1,24	127	1,14	0,0818	5,89	0,699	2,04	51.100
60	0,0106	1,24	132	1,25	0,0852	6,46	0,700	1,92	40.000
80	0,0102	1,24	135	1,32	0,0872	6,88	0,701	1,85	33.900
100	0,00980	1,24	138	1,41	0,0892	7,37	0,701	1,79	29.000
150	0,00900	1,24	146	1,63	0,0937	8,36	0,703	1,64	20.100
200	0,00829	1,24	155	1,87	0,0977	9,48	0,705	1,52	14.000
250	0,00772	1,24	162	2,09	0,102	10,7	0,707	1,41	10.400
300	0,00722	1,24	170	2,36	0,106	11,8	0,709	1,32	7.650
400	0,00637	1,24	185	2,91	0,114	14,4	0,714	1,16	4.410
500	0,00572	1,24	198	3,46	0,122	17,1	0,719	1,04	2.800
600	0,00517	1,24	209	4,04	0,130	20,6	0,720	0,994	1.850
800	0,00439	1,24	232	5,28	0,145	27,6	0,722	0,794	915
1000	0,00376	1,24	255	6,78	0,159	35,5	0,725	0,685	480
1500	0,00280	1,24	309	11,1	0,189	59,7	0,730	0,510	135

T (°F)	ρ (lb$_m$/ft^3)	c_p (Btu/lb$_m$°F)	$\mu \times 10^5$ (lb$_m$/ft s)	$\nu \times 10^3$ (ft^2/s)	k (Btu/h ft °F)	α (ft^2/h)	Pr	$\beta \times 10^3$ (1/°F)	$g\beta\rho^2/\mu^2$ (1/°F · ft^3)
				Dióxido de enxofre					
0	0,195	0,142	0,700	3,59	0,00460	0,166	0,778	2,03	$50,6 \times 10^6$
100	0,161	0,149	0,890	5,52	0,00560	0,233	0,854	1,79	19,0
200	0,136	0,157	1,05	7,74	0,00670	0,313	0,883	1,52	8,25
300	0,118	0,164	1,20	10,2	0,00790	0,407	0,898	1,32	4,12
400	0,104	0,170	1,35	13,0	0,00920	0,520	0,898	1,16	2,24
500	0,0935	0,176	1,50	16,0	0,00990	0,601	0,958	1,04	1,30
600	0,0846	0,180	1,65	19,5	0,0108	0,711	0,987	0,994	0,795

Líquidos

T (°F)	ρ (lb$_m$/ft^3)	c_p (Btu/lb$_m$°F)	$\mu \times 10^3$ (lb$_m$/ft s)	$\nu \times 10^5$ (ft^2/s)	k (Btu/h ft °F)	$\alpha \times 10^3$ (ft^2/h)	Pr	$\beta \times 10^4$ (1/°F)	$g\beta\rho^2/\mu^2 \times 10^{-6}$ (1/°F · ft^3)
				Água					
32	62,4	1,01	1,20	1,93	0,319	5,06	13,7	− 0,350	
60	62,3	1,00	0,760	1,22	0,340	5,45	8,07	0,800	17,2
80	62,2	0,999	0,578	0,929	0,353	5,67	5,89	1,30	48,3
100	62,1	0,999	0,458	0,736	0,364	5,87	4,51	1,80	107
150	61,3	1,00	0,290	0,474	0,383	6,26	2,72	2,80	403
200	60,1	1,01	0,206	0,342	0,392	6,46	1,91	3,70	1.010
250	58,9	1,02	0,160	0,272	0,395	6,60	1,49	4,70	2.045
300	57,3	1,03	0,130	0,227	0,395	6,70	1,22	5,60	3.510
400	53,6	1,08	0,0930	0,174	0,382	6,58	0,950	7,80	8.350
500	49,0	1,19	0,0700	0,143	0,349	5,98	0,859	11,0	17.350
600	42,4	1,51	0,0579	0,137	0,293	4,58	1,07	17,5	30.300

T (K)	ρ (kg/m³)	c_p (J/kg × K)	$\mu \times 10^6$ (Pa × s)	$\nu \times 10^6$ (m²/s)	k (W/m × K)	$\alpha \times 10^6$ (m²/s)	Pr	$g\beta\rho^2/\mu^2 \times 10^{-9}$ (1/K · m³)
				Água				
273	999,3	4226	1794	1,795	0,558	0,132	13,6	
293	998,2	4182	993	0,995	0,597	0,143	6,96	2,035
313	992,2	4175	658	0,663	0,633	0,153	4,33	8,833
333	983,2	4181	472	0,480	0,658	0,160	3,00	22,75
353	971,8	4194	352	0,362	0,673	0,165	2,57	46,68
373	958,4	4211	278	0,290	0,682	0,169	1,72	85,09
473	862,8	4501	139	0,161	0,665	0,171	0,94	517,2
573	712,5	5694	92,2	0,129	0,564	0,139	0,93	1766,0

T (°F)	ρ (lb$_m$/ft³)	c_p (Btu/lb$_m$°F)	$\mu \times 10^5$ (lb$_m$/ft s)	$\nu \times 10^5$ (ft²/s)	k (Btu/h ft °F)	$\alpha \times 10^3$ (ft²/h)	Pr	$\beta \times 10^3$ (1/°F)	$g\beta\rho^2/\mu^2 \times 10^{-6}$ (1/°F · ft³)
					Anilina				
60	64,0	0,480	305	4,77	0,101	3,29	52,3		
80	63,5	0,485	240	3,78	0,100	3,25	41,8		
100	63,0	0,490	180	2,86	0,100	3,24	31,8	0,45	17,7
150	61,6	0,503	100	1,62	0,0980	3,16	18,4		
200	60,2	0,515	62	1,03	0,0962	3,10	12,0		
250	58,9	0,527	42	0,714	0,0947	3,05	8,44		
300	57,5	0,540	30	0,522	0,0931	2,99	6,28		

T (°F)	ρ (lb$_m$/ft³)	c_p (Btu/lb$_m$°F)	$\mu \times 10^5$ (lb$_m$/ft s)	$\nu \times 10^5$ (ft²/s)	k (Btu/h ft °F)	$\alpha \times 10^3$ (ft²/h)	Pr	$\beta \times 10^3$ (1/°F)	$g\beta\rho^2/\mu^2 \times 10^{-7}$ (1/°F · ft³)
					Amônia				
−60	43,9	1,07	20,6	0,471	0,316	6,74	2,52	0,94	132
−30	42,7	1,07	18,2	0,426	0,317	6,93	2,22	1,02	265
0	41,3	1,08	16,9	0,409	0,315	7,06	2,08	1,1	467
30	40,0	1,11	16,2	0,402	0,312	7,05	2,05	1,19	757
60	38,5	1,14	15,0	0,391	0,304	6,92	2,03	1,3	1130
80	37,5	1,16	14,2	0,379	0,296	6,79	2,01	1,4	1650
100	36,4	1,19	13,5	0,368	0,287	6,62	2,00	1,5	2200
120	35,3	1,22	12,6	0,356	0,275	6,43	2,00	1,68	3180

T (°F)	ρ (lb$_\text{m}$/ft^3)	c_p (Btu/lb$_\text{m}$°F)	$\mu \times 10^5$ (lb$_\text{m}$/ft s)	$\nu \times 10^5$ (ft^2/s)	k (Btu/h ft °F)	$\alpha \times 10^3$ (ft^2/h)	Pr	$\beta \times 10^3$ (1/°F)	$g\beta\rho^2/\mu^2 \times 10^{-6}$ (1/°F · ft^3)
				Freon-12					
-40	94,5	0,202	125	1,32	0,0650	3,40	14,0	9,10	168
-30	93,5	0,204	123	1,32	0,0640	3,35	14,1	9,60	179
0	90,9	0,212	116	1,28	0,0578	3,00	15,4	11,4	225
30	87,4	0,221	108	1,24	0,0564	2,92	15,3	13,1	277
60	84,0	0,230	99,6	1,19	0,0528	2,74	15,6	14,9	341
80	81,3	0,238	94,0	1,16	0,0504	2,60	16,0	16,0	384
100	78,7	0,246	88,4	1,12	0,0480	2,48	16,3	17,2	439
150	71,0	0,271	74,8	1,05	0,0420	2,18	17,4	19,5	625

T (°F)	ρ (lb$_\text{m}$/ft^3)	c_p (Btu/lb$_\text{m}$°F)	$\mu \times 10^5$ (lb$_\text{m}$/ft s)	$\nu \times 10^5$ (ft^2/s)	k (Btu/h ft °F)	$\alpha \times 10^3$ (ft^2/h)	Pr	$\beta \times 10^3$ (1/°F)	$g\beta\rho^2/\mu^2 \times 10^{-6}$ (1/°F · ft^3)
				Álcool n-Butílico					
60	50,5	0,55	225	4,46	0,100	3,59	44,6		
80	50,0	0,58	180	3,60	0,099	3,41	38,0	0,25	6,23
100	49,6	0,61	130	2,62	0,098	3,25	29,1	0,43	2,02
150	48,5	0,68	68	1,41	0,098	2,97	17,1		

T (°F)	ρ (lb$_\text{m}$/ft^3)	c_p (Btu/lb$_\text{m}$°F)	$\mu \times 10^5$ (lb$_\text{m}$/ft s)	$\nu \times 10^5$ (ft^2/s)	k (Btu/h ft °F)	$\alpha \times 10^3$ (ft^2/h)	Pr $\times 10^{-2}$	$\beta \times 10^4$ (1/°F)	$g\beta\rho^2/\mu^2 \times 10^{-6}$ (1/°F · ft^3)
				Benzeno					
60	55,2	0,395	44,5	0,806	0,0856	3,93	7,39		
80	54,6	0,410	38	0,695	0,0836	3,73	6,70	7,5	498
100	53,6	0,420	33	0,615	0,0814	3,61	6,13	7,2	609
150	51,8	0,450	24,5	0,473	0,0762	3,27	5,21	6,8	980
200	49,9	0,480	19,4	0,390	0,0711	2,97	4,73		

T (°F)	ρ (lb$_m$/ft^3)	c_p (Btu/lb$_m$°F)	$\mu \times 10^5$ (lb$_m$/ft s)	$\nu \times 10^5$ (ft^2/s)	k (Btu/h ft °F)	$\alpha \times 10^3$ (ft^2/h)	Pr	$\beta \times 10^3$ (1/°F)	$g\beta\rho^2/\mu^2 \times 10^{-4}$ (1/°F·ft^3)
\multicolumn{10}{c}{Fluido hidráulico (MIL-M-5606)}									
0	55,0	0,400	5550	101	0,0780	3,54	1030	0,76	2,39
30	54,0	0,420	2220	41,1	0,0755	3,32	446	0,68	13,0
60	53,0	0,439	1110	20,9	0,0732	3,14	239	0,60	44,1
80	52,5	0,453	695	13,3	0,0710	3,07	155	0,52	95,7
100	52,0	0,467	556	10,7	0,0690	2,84	136	0,47	132
150	51,0	0,499	278	5,45	0,0645	2,44	80,5	0,32	346
200	50,0	0,530	250	5,00	0,0600	2,27	79,4	0,20	258

T (°F)	ρ (lb$_m$/ft^3)	c_p (Btu/lb$_m$°F)	μ (lb$_m$/ft s)	$\nu \times 10^2$ (ft^2/s)	k (Btu/h ft °F)	$\alpha \times 10^3$ (ft^2/h)	Pr $\times 10^{-2}$	$\beta \times 10^3$ (1/°F)	$g\beta\rho^2/\mu^2$ (1/°F·ft^3)
\multicolumn{10}{c}{Glicerina}									
30	79,7	0,540	7,2	9,03	0,168	3,91	832		
60	79,1	0,563	1,4	1,77	0,167	3,75	170		
80	78,7	0,580	0,6	0,762	0,166	3,64	75,3	0,30	166
100	78,2	0,598	0,1	0,128	0,165	3,53	13,1		

T (°F)	ρ (lb$_m$/ft^3)	c_p (Btu/lb$_m$°F)	$\mu \times 10^5$ (lb$_m$/ft s)	$\nu \times 10^5$ (ft^2/s)	k (Btu/h ft °F)	$\alpha \times 10^3$ (ft^2/h)	Pr	$\beta \times 10^3$ (1/°F)	$g\beta\rho^2/\mu^2$ (1/°F·ft^3)
\multicolumn{10}{c}{Querosene}									
30	48,8	0,456	800	16,4	0,0809	3,63	163		
60	48,1	0,474	600	12,5	0,0805	3,53	127	0,58	120
80	47,6	0,491	490	10,3	0,0800	3,42	108	0,48	146
100	47,2	0,505	420	8,90	0,0797	3,35	95,7	0,47	192
150	46,1	0,540	320	6,83	0,0788	3,16	77,9		

T (°F)	ρ (lb$_m$/ft^3)	c_p (Btu/lb$_m$°F)	$\mu \times 10^5$ (lb$_m$/ft s)	$\nu \times 10^5$ (ft^2/s)	k (Btu/h ft °F)	$\alpha \times 10^3$ (ft^2/h)	Pr	$\beta \times 10^3$ (1/°F)	$g\beta\rho^2/\mu^2 \times 10^{-4}$ (1/°F·ft^3)
\multicolumn{10}{c}{Hidrogênio líquido}									
−435	4,84	1,69	1,63	0,337	0,0595	7,28	1,67		
−433	4,77	1,78	1,52	0,319	0,0610	7,20	1,59		
−431	4,71	1,87	1,40	0,297	0,0625	7,09	1,51	7,1	2,59
−429	4,64	1,96	1,28	0,276	0,0640	7,03	1,41		
−427	4,58	2,05	1,17	0,256	0,0655	6,97	1,32		
−425	4,51	2,15	1,05	0,233	0,0670	6,90	1,21		

T ($^\circ$F)	ρ (lb$_m$/ft^3)	c_p (Btu/lb$_m\,^\circ$F)	$\mu \times 10^5$ (lb$_m$/ft s)	$\nu \times 10^5$ (ft^2/s)	$k \times 10^3$ (Btu/h ft $^\circ$F)	$\alpha \times 10^5$ (ft^2/h)	Pr	$\beta \times 10^3$ (1/$^\circ$F)	$g\beta\rho^2/\mu^2 \times 10^{-8}$ (1/$^\circ$F $\cdot$ ft^3)
				Oxigênio líquido					
-350	80,1	0,400	38,0	0,474	3,1	9,67	172		
-340	78,5	0,401	28,0	0,356	3,4	10,8	109		
-330	76,8	0,402	21,8	0,284	3,7	12,0	85,0		
-320	75,1	0,404	17,4	0,232	4,0	12,2	63,5	3,19	186
-310	73,4	0,405	14,8	0,202	4,3	14,5	50,1		
-300	71,7	0,406	13,0	0,181	4,6	15,8	41,2		

T ($^\circ$F)	ρ (lb$_m$/ft^3)	c_p (Btu/lb$_m\,^\circ$F)	$\mu \times 10^3$ (lb$_m$/ft s)	$\nu \times 10^6$ (ft^2/s)	k (Btu/h ft $^\circ$F)	α (ft^2/h)	Pr	$\beta \times 10^3$ (1/$^\circ$F)	$g\beta\rho^2/\mu^2 \times 10^{-9}$ (1/$^\circ$F $\cdot$ ft^3)
				Bismuto					
600	625	0,0345	1,09	1,75	8,58	0,397	0,0159		
700	622	0,0353	0,990	1,59	8,87	0,405	0,0141	0,062	0,786
800	618	0,0361	0,900	1,46	9,16	0,408	0,0129	0,065	0,985
900	613	0,0368	0,830	1,35	9,44	0,418	0,0116	0,068	1,19
1000	608	0,0375	0,765	1,26	9,74	0,427	0,0106	0,071	1,45
1100	604	0,0381	0,710	1,17	10,0	0,435	0,00970	0,074	1,72
1200	599	0,0386	0,660	1,10	10,3	0,446	0,00895	0,077	2,04
1300	595	0,0391	0,620	1,04	10,6	0,456	0,00820		

T ($^\circ$F)	ρ (lb$_m$/ft^3)	c_p (Btu/lb$_m\,^\circ$F)	$\mu \times 10^3$ (lb$_m$/ft s)	$\nu \times 10^6$ (ft^2/s)	k (Btu/h ft $^\circ$F)	α (ft^2/h)	Pr	$\beta \times 10^3$ (1/$^\circ$F)	$g\beta\rho^2/\mu^2 \times 10^{-9}$ (1/$^\circ$F $\cdot$ ft^3)
				Mercúrio					
40	848	0,0334	1,11	1,31	4,55	0,161	0,0292		1,57
60	847	0,0333	1,05	1,24	4,64	0,165	0,0270		1,76
80	845	0,0332	1,00	1,18	4,72	0,169	0,0252		1,94
100	843	0,0331	0,960	1,14	4,80	0,172	0,0239		2,09
150	839	0,0330	0,893	1,06	5,03	0,182	0,0210		2,38
200	835	0,0328	0,850	1,02	5,25	0,192	0,0191		2,62
250	831	0,0328	0,806	0,970	5,45	0,200	0,0175		2,87
300	827	0,0328	0,766	0,928	5,65	0,209	0,0160		3,16
400	819	0,0328	0,700	0,856	6,05	0,225	0,0137	0,084	3,70
500	811	0,0328	0,650	0,803	6,43	0,243	0,0119		4,12
600	804	0,0328	0,606	0,754	6,80	0,259	0,0105		4,80
800	789	0,0329	0,550	0,698	7,45	0,289	0,0087		5,54

T ($^\circ$F)	ρ (lb$_m$/ft^3)	c_p (Btu/lb$_m$ $^\circ$F)	$\mu \times 10^3$ (lb$_m$/ft s)	$\nu \times 10^6$ (ft^2/s)	k (Btu/h ft $^\circ$F)	α (ft^2/h)	Pr	$\beta \times 10^3$ (1/$^\circ$F)	$g\beta\rho^2/\mu^2 \times 10^{-6}$ (1/$^\circ$F $\cdot$ ft^3)
					Sódio				
200	58,1	0,332	0,489	8,43	49,8	2,58	0,0118		68,0
250	57,6	0,328	0,428	7,43	49,3	2,60	0,0103		87,4
300	57,2	0,324	0,378	6,61	48,8	2,64	0,00903		110
400	56,3	0,317	0,302	5,36	47,3	2,66	0,00725		168
500	55,5	0,309	0,258	4,64	45,5	2,64	0,00633	0,15	224
600	54,6	0,305	0,224	4,11	43,1	2,58	0,00574		287
800	52,9	0,304	0,180	3,40	38,8	2,41	0,00510		418
1000	51,2	0,304	0,152	2,97	36,0	2,31	0,00463		548
1300	48,7	0,305	0,120	2,47	34,2	2,31	0,00385		795

Apêndice **J**

Coeficientes de Difusão para Transferência de Massa em Sistemas Binários

Tabela J.1 Difusividades mássicas binárias em gases[†]

Sistema	T (K)	$D_{AB} P(\text{cm}^2 \text{ atm/s})$	$D_{AB} P(\text{cm}^2 \text{ Pa/s})$
Ar			
Amônia	273	0,198	2,006
Anilina	298	0,0726	0,735
Benzeno	298	0,0962	0,974
Bromo	293	0,091	0,923
Dióxido de carbono	273	0,136	1,378
Dissulfeto de carbono	273	0,0883	0,894
Cloro	273	0,124	1,256
Difenil	491	0,160	1,621
Acetato de etila	273	0,0709	0,718
Etanol	298	0,132	1,337
Éter etílico	293	0,0896	0,908
Iodo	298	0,0834	0,845
Metanol	298	0,162	1,641
Mercúrio	614	0,473	4,791
Naftaleno	298	0,0611	0,619
Nitrobenzeno	298	0,0868	0,879
n-Octano	298	0,0602	0,610
Oxigênio	273	0,175	1,773
Acetato de propila	315	0,092	0,932
Dióxido de enxofre	273	0,122	1,236
Tolueno	298	0,0844	0,855
Água	298	0,260	2,634
Amônia			
Etileno	293	0,177	1,793
Argônio			
Neon	293	0,329	3,333
Dióxido de carbono			
Benzeno	318	0,0715	0,724
Dissulfeto de carbono	318	0,0715	0,724
Acetato de etila	319	0,0666	0,675

(*Continua*)

Tabela J.1 (*Continuação*)

Sistema	T (K)	$D_{AB}P$ (cm² atm/s)	$D_{AB}P$ (cm² Pa/s)
Etanol	273	0,0693	0,702
Éter etílico	273	0,0541	0,548
Hidrogênio	273	0,550	5,572
Metano	273	0,153	1,550
Metanol	298,6	0,105	1,064
Nitrogênio	298	0,165	1,672
Óxido nitroso	298	0,117	1,185
Propano	298	0,0863	0,874
Água	298	0,164	1,661
Monóxido de carbono			
Etileno	273	0,151	1,530
Hidrogênio	273	0,651	6,595
Nitrogênio	288	0,192	1,945
Oxigênio	273	0,185	1,874
Hélio			
Argônio	273	0,641	6,493
Benzeno	298	0,384	3,890
Etanol	298	0,494	5,004
Hidrogênio	293	1,64	16,613
Neon	293	1,23	12,460
Água	298	0,908	9,198
Hidrogênio			
Amônia	293	0,849	8,600
Argônio	293	0,770	7,800
Benzeno	273	0,317	3,211
Etano	273	0,439	4,447
Metano	273	0,625	6,331
Oxigênio	273	0,697	7,061
Água	293	0,850	8,611
Nitrogênio			
Amônia	293	0,241	2,441
Etileno	298	0,163	1,651
Hidrogênio	288	0,743	7,527
Iodo	273	0,070	0,709
Oxigênio	273	0,181	1,834
Oxigênio			
Amônia	293	0,253	2,563
Benzeno	296	0,0939	0,951
Etileno	293	0,182	1,844

[†] R. C. Reid e T. K. Sherwood, *The Properties of Gases and Liquids*, McGraw-Hill, Nova York, 1958, Capítulo 8.

Apêndice J ◀ **691**

Tabela J.2 Difusividades mássicas binárias em líquidos[†]

Soluto A	Solvente B	Temperatura (K)	Concentração do soluto (gmol/L ou kgmol/m³)	Difusividade (cm²/s × 10⁵ ou m²/s × 10⁹)
Cloro	Água	289	0,12	1,26
Ácido clorídrico	Água	273	9	2,7
			2	1,8
		283	9	3,3
			2,5	2,5
		289	0,5	2,44
Amônia	Água	278	3,5	1,24
		288	1,0	1,77
Dióxido de carbono	Água	283	0	1,46
		293	0	1,77
Cloreto de sódio	Água	291	0,05	1,26
			0,2	1,21
			1,0	1,24
			3,0	1,36
			5,4	1,54
Metanol	Água	288	0	1,28
Ácido acético	Água	285,5	1,0	0,82
			0,01	0,91
		291	1,0	0,96
Etanol	Água	283	3,75	0,50
			0,05	0,83
		289	2,0	0,90
n-Butanol	Água	288	0	0,77
Dióxido de carbono	Etanol	290	0	3,2
Clorofórmio	Etanol	293	2,0	1,25

[†] R. E. Treybal, *Mass Transfer Operations*, McGraw-Hill, Nova York, 1955, p. 25.

Tabela J.3 Difusividades binárias em sólidos[†]

Soluto	Sólido	Temperatura (K)	Difusividade (cm²/s ou m²/s × 10⁴)	Difusividade (ft²/h)
Hélio	Pirex	293	$4,49 \times 10^{-11}$	$1,74 \times 10^{-10}$
		773	$2,00 \times 10^{-8}$	$7,76 \times 10^{-8}$
Hidrogênio	Níquel	358	$1,16 \times 10^{-8}$	$4,5 \times 10^{-8}$
		438	$1,05 \times 10^{-7}$	$4,07 \times 10^{-7}$
Bismuto	Chumbo	293	$1,10 \times 10^{-16}$	$4,27 \times 10^{-16}$
Mercúrio	Chumbo	293	$2,50 \times 10^{-15}$	$9,7 \times 10^{-15}$
Antimônio	Prata	293	$3,51 \times 10^{-21}$	$1,36 \times 10^{-20}$
Alumínio	Cobre	293	$1,30 \times 10^{-30}$	$5,04 \times 10^{-30}$
Cádmio	Cobre	293	$2,71 \times 10^{-15}$	$1,05 \times 10^{-14}$

[†] R. M. Barrer, *Diffusion In and Through Solids*, Macmillan, Nova York, 1941.

Apêndice K

Constantes de Lennard-Jones

Tabela K.1 As integrais de colisão, Ω_μ e Ω_D, baseadas no potencial de Lennard-Jones[†]

$\kappa T/\epsilon$	$\Omega_\mu = \Omega_k$ (para viscosidade e condutividade térmica)	Ω_D (para difusividade mássica)	$\kappa T/\epsilon$	$\Omega_\mu = \Omega_k$ (para viscosidade e condutividade térmica)	Ω_D (para difusividade mássica)
			1,75	1,234	1,128
0,30	2,785	2,662	1,80	1,221	1,116
0,35	2,628	2,476	1,85	1,209	1,105
0,40	2,492	2,318	1,90	1,197	1,094
0,45	2,368	2,184	1,95	1,186	1,084
0,50	2,257	2,066	2,00	1,175	1,075
0,55	2,156	1,966	2,10	1,156	1,057
0,60	2,065	1,877	2,20	1,138	1,041
0,65	1,982	1,798	2,30	1,122	1,026
0,70	1,908	1,729	2,40	1,107	1,012
0,75	1,841	1,667	2,50	1,093	0,9996
0,80	1,780	1,612	2,60	1,081	0,9878
0,85	1,725	1,562	2,70	1,069	0,9770
0,90	1,675	1,517	2,80	1,058	0,9672
0,95	1,629	1,476	2,90	1,048	0,9576
1,00	1,587	1,439	3,00	1,039	0,9490
1,05	1,549	1,406	3,10	1,030	0,9406
1,10	1,514	1,375	3,20	1,022	0,9328
1,15	1,482	1,346	3,30	1,014	0,9256
1,20	1,452	1,320	3,40	1,007	0,9186
1,25	1,424	1,296	3,50	0,9999	0,9120
1,30	1,399	1,273	3,60	0,9932	0,9058
1,35	1,375	1,253	3,70	0,9870	0,8998
1,40	1,353	1,233	3,80	0,9811	0,8942
1,45	1,333	1,215	3,90	0,9755	0,8888
1,50	1,314	1,198	4,00	0,9700	0,8836
1,55	1,296	1,182	4,10	0,9649	0,8788
1,60	1,279	1,167	4,20	0,9600	0,8740
1,65	1,264	1,153	4,30	0,9553	0,8694

(Continua)

Tabela K.1 (*Continuação*)

$\kappa T/\epsilon$	$\Omega_\mu = \Omega_k$ (para viscosidade e condutividade térmica)	Ω_D(para difusividade mássica)	$\kappa T/\epsilon$	$\Omega_\mu = \Omega_k$ (para viscosidade e condutividade térmica)	Ω_D(para difusividade mássica)
1,70	1,248	1,140	4,40	0,9507	0,8652
4,50	0,9464	0,8610	10,0	0,8242	0,7424
4,60	0,9422	0,8568	20,0	0,7432	0,6640
4,70	0,9382	0,8530	30,0	0,7005	0,6232
4,80	0,9343	0,8492	40,0	0,6718	0,5960
4,90	0,9305	0,8456	50,0	0,6504	0,5756
5,0	0,9269	0,8422	60,0	0,6335	0,5596
6,0	0,8963	0,8124	70,0	0,6194	0,5464
7,0	0,8727	0,7896	80,0	0,6076	0,5352
8,0	0,8538	0,7712	90,0	0,5973	0,5256

Tabela K.2 Constantes de força de Lennard-Jones, calculadas a partir de dados de viscosidade[†]

Composto	Fórmula	ϵ_A/κ, em (K)	σ, em Å
Acetileno	C_2H_2	185	4,221
Ar		97	3,617
Argônio	A	124	3,418
Arsina	AsH_3	281	4,06
Benzeno	C_6H_6	440	5,270
Bromo	Br_2	520	4,268
i-Butano	C_4H_{10}	313	5,341
n-Butano	C_4H_{10}	410	4,997
Dióxido de carbono	CO_2	190	3,996
Dissulfeto de carbono	CS_2	488	4,438
Monóxido de carbono	CO	110	3,590
Tetracloreto de carbono	CCl_4	327	5,881
Sulfeto de carbonila	COS	335	4,13
Cloro	Cl_2	357	4,115
Clorofórmio	$CHCl_3$	327	5,430
Cianogênio	C_2N_2	339	4,38
Ciclo-hexano	C_6H_{12}	324	6,093
Etano	C_2H_6	230	4,418
Etanol	C_2H_5OH	391	4,455
Etileno	C_2H_6	205	4,232
Flúor	F_2	112	3,653
Hélio	He	10,22	2,576
n-Heptano	C_7H_{16}	282[‡]	8,88^3
n-Hexano	C_6H_{14}	413	5,909
Hidrogênio	H_2	33,3	2,968
Ácido clorídrico	HCl	360	3,305

[†] R. C. Reid e T. K. Sherwood, *The Properties of Gases and Liquids*, McGraw-Hill, Nova York, 1958.
[‡] Calculado a partir dos coeficientes do virial.[1]

Tabela K.2 (*Continuação*)

Composto	Fórmula	ϵ_A/κ, em (K)	σ, em Å
Ácido iodrídico	HI	324	4,123
Iodo	I_2	550	4,982
Criptônio	Kr	190	3,60
Metano	CH_4	136,5	3,822
Metanol	CH_3OH	507	3,585
Cloreto de metileno	CH_2Cl_2	406	4,759
Cloreto de metila	CH_3Cl	855	3,375
Iodeto mercúrico	HgI_2	691	5,625
Mercúrio	Hg	851	2,898
Neon	Ne	35,7	2,789
Óxido nítrico	NO	119	3,470
Nitrogênio	N_2	91,5	3,681
Óxido nitroso	N_2O	220	3,879
n-Nonano	C_9H_{20}	240	8,448
n-Octano	C_8H_{18}	320	7,451
Oxigênio	O_2	113	3,433
n-Pentano	C_5H_{12}	345	5,769
Propano	C_3H_8	254	5,061
Silano	SiH_4	207,6	4,08
Tetracloreto de silício	$SiCl_4$	358	5,08
Dióxido de enxofre	SO_2	252	4,290
Água	H_2O	356	2,649
Xenônio	Xe	229	4,055

Apêndice **L**

A Função Erro[5]

ϕ	erf ϕ	ϕ	erf ϕ
0	0,0	0,85	0,7707
0,025	0,0282	0,90	0,7970
0,05	0,0564	0,95	0,8209
0,10	0,1125	1,0	0,8427
0,15	0,1680	1,1	0,8802
0,20	0,2227	1,2	0,9103
0,25	0,2763	1,3	0,9340
0,30	0,3286	1,4	0,9523
0,35	0,3794	1,5	0,9661
0,40	0,4284	1,6	0,9763
0,45	0,4755	1,7	0,9838
0,50	0,5205	1,8	0,9891
0,55	0,5633	1,9	0,9928
0,60	0,6039	2,0	0,9953
0,65	0,6420	2,2	0,9981
0,70	0,6778	2,4	0,9993
0,75	0,7112	2,6	0,9998
0,80	0,7421	2,8	0,9999

---

[5] J. Crank, *The Mathematics of Diffusion*, Oxford University Press, Londres, 1958.

Apêndice M

Medidas Padrões de Tubos

Tamanho nominal do tubo (in)	Diâmetro externo (in)	Série nº	Espessura da parede (in)	Diâmetro interno (in)	Área da seção transversal do metal metal (in^2)	Área da seção interna (ft^2)
$\frac{1}{3}$	0,405	40	0,068	0,269	0,072	0,00040
		80	0,095	0,215	0,093	0,00025
$\frac{1}{4}$	0,540	40	0,088	0,364	0,125	0,00072
		80	0,119	0,302	0,157	0,00050
$\frac{3}{8}$	0,675	40	0,091	0,493	0,167	0,00133
		80	0,126	0,423	0,217	0,00098
$\frac{1}{2}$	0,840	40	0,109	0,622	0,250	0,00211
		80	0,147	0,546	0,320	0,00163
		160	0,187	0,466	0,384	0,00118
$\frac{3}{4}$	1,050	40	0,113	0,824	0,333	0,00371
		80	0,154	0,742	0,433	0,00300
		160	0,218	0,614	0,570	0,00206
1	1,315	40	0,133	1,049	0,494	0,00600
		80	0,179	0,957	0,639	0,00499
		160	0,250	0,815	0,837	0,00362
$1\frac{1}{2}$	1,900	40	0,145	1,610	0,799	0,01414
		80	0,200	1,500	1,068	0,01225
		160	0,281	1,338	1,429	0,00976
2	2,375	40	0,154	2,067	1,075	0,02330
		80	0,218	1,939	1,477	0,02050
		160	0,343	1,689	2,190	0,01556
$2\frac{1}{2}$	2,875	40	0,203	2,469	1,704	0,03322
		80	0,276	2,323	2,254	0,02942
		160	0,375	2,125	2,945	0,02463
3	3,500	40	0,216	3,068	2,228	0,05130
		80	0,300	2,900	3,016	0,04587
		160	0,437	2,626	4,205	0,03761

(Continua)

Tamanho nominal do tubo (in)	Diâmetro externo (in)	Série nº	Espessura da parede (in)	Diâmetro interno (in)	Área da seção transversal do metal metal (in^2)	Área da seção interna (ft^2)
4	4,500	40	0,237	4,026	3,173	0,08840
		80	0,337	3,826	4,407	0,07986
		120	0,437	3,626	5,578	0,07170
		160	0,531	3,438	6,621	0,06447
5	5,563	40	0,258	5,047	4,304	0,1390
		80	0,375	4,813	6,112	0,1263
		120	0,500	4,563	7,963	0,1136
		160	0,625	4,313	9,696	0,1015
6	6,625	40	0,280	6,065	5,584	0,2006
		80	0,432	5,761	8,405	0,1810
		120	0,562	5,501	10,71	0,1650
		160	0,718	5,189	13,32	0,1469
8	8,625	20	0,250	8,125	6,570	0,3601
		30	0,277	8,071	7,260	0,3553
		40	0,322	7,981	8,396	0,3474
		60	0,406	7,813	10,48	0,3329
		80	0,500	7,625	12,76	0,3171
		100	0,593	7,439	14,96	0,3018
		120	0,718	7,189	17,84	0,2819
		140	0,812	7,001	19,93	0,2673
		160	0,906	6,813	21,97	0,2532
10	10,75	20	0,250	10,250	8,24	0,5731
		30	0,307	10,136	10,07	0,5603
		40	0,365	10,020	11,90	0,5475
		60	0,500	9,750	16,10	0,5158
		80	0,593	9,564	18,92	0,4989
		100	0,718	9,314	22,63	0,4732
		120	0,843	9,064	26,34	0,4481
		140	1,000	8,750	30,63	0,4176
		160	1,125	8,500	34,02	0,3941
12	12,75	20	0,250	12,250	9,82	0,8185
		30	0,330	12,090	12,87	0,7972
		40	0,406	11,938	15,77	0,7773
		60	0,562	11,626	21,52	0,7372
		80	0,687	11,376	26,03	0,7058
		100	0,843	11,064	31,53	0,6677
		120	1,000	10,750	36,91	0,6303
		140	1,125	10,500	41,08	0,6013
		160	1,312	10,126	47,14	0,5592

Apêndice N

Medidas Padrões de Tubos

Diâmetro externo (in)	Espessura da parede		Diâmetro interno (in)	Área da seção transversal (in²)	Área da seção interna (ft²)
	Escala B.W.G. e Stubs	(in)			
$\frac{1}{2}$	12	0,109	0,282	0,1338	0,000433
	14	0,083	0,334	0,1087	0,000608
	16	0,065	0,370	0,0888	0,000747
	18	0,049	0,402	0,0694	0,000882
	20	0,035	0,430	0,0511	0,001009
$\frac{3}{4}$	12	0,109	0,532	0,2195	0,00154
	13	0,095	0,560	0,1955	0,00171
	14	0,083	0,584	0,1739	0,00186
	15	0,072	0,606	0,1534	0,00200
	16	0,065	0,620	0,1398	0,00210
	17	0,058	0,634	0,1261	0,00219
	18	0,049	0,652	0,1079	0,00232
1	12	0,109	0,782	0,3051	0,00334
	13	0,095	0,810	0,2701	0,00358
	14	0,083	0,834	0,2391	0,00379
	15	0,072	0,856	0,2099	0,00400
	16	0,065	0,870	0,1909	0,00413
	17	0,058	0,884	0,1716	0,00426
	18	0,049	0,902	0,1463	0,00444
$1\frac{1}{4}$	12	0,109	1,032	0,3907	0,00581
	13	0,095	1,060	0,3447	0,00613
	14	0,083	1,084	0,3042	0,00641
	15	0,072	1,106	0,2665	0,00677
	16	0,065	1,120	0,2419	0,00684
	17	0,058	1,134	0,2172	0,00701
	18	0,049	1,152	0,1848	0,00724
$1\frac{1}{2}$	12	0,109	1,282	0,4763	0,00896
	13	0,095	1,310	0,4193	0,00936
	14	0,083	1,334	0,3694	0,00971

(*Continua*)

Diâmetro externo (in)	Espessura da parede		Diâmetro interno (in)	Área da seção transversal (in²)	Área da seção interna (ft²)
	Escala B.W.G. e Stubs	(in)			
	15	0,072	1,358	0,3187	0,0100
	16	0,065	1,370	0,2930	0,0102
	17	0,058	1,384	0,2627	0,0107
	18	0,049	1,402	0,2234	0,0109
$1\frac{3}{4}$	10	0,134	1,482	0,6803	0,0120
	11	0,120	1,510	0,6145	0,0124
	12	0,109	1,532	0,5620	0,0128
	13	0,095	1,560	0,4939	0,0133
	14	0,083	1,584	0,4346	0,0137
	15	0,072	1,606	0,3796	0,0141
	16	0,065	1,620	0,3441	0,0143
2	10	0,134	1,732	0,7855	0,0164
	11	0,120	1,760	0,7084	0,0169
	12	0,109	1,782	0,6475	0,0173
	13	0,095	1,810	0,5686	0,0179
	14	0,083	1,834	0,4998	0,0183
	15	0,072	1,856	0,4359	0,0188
	16	0,065	1,870	0,3951	0,0191

Índice

Abordagem de volume de controle para a segunda lei de Newton do movimento, 41
Absorção gasosa *vs.* esgotamento de líquidos, 551
Absortividade, 362, 372, 383
Ação de capilaridade, 12
Aceleração retilínea uniforme, 18
Aletas de seção transversal uniforme, 240
Álgebra do fator de forma, 378-380
Análise
  aproximada da camada-limite, 515
    térmica, 281
  de equipamentos para transferência de massa com contato contínuo, 562, 621
  de escoamento
    em tubos, 181
    potência, superposição, 127
    potencial, casos de escoamento simples em um plano, 126
  de parâmetros agrupados para a condução de calor transiente, 261, 264
  de Prandtl e de von Kármán para transferência de massa, 536
  de um elemento diferencial de fluido em escoamento laminar, 91
  dimensional
    de equações diferenciais governantes, 115
    de escoamento em condutos, 173
    de máquinas giratórias, 199
    de transferência convectiva de massa, 398
    e similaridade, 132
  integral
    da camada-limite
      térmica, 281
      turbulenta sobre uma placa plana, 167
    de condução com temperatura constante de parede, 272
    de momento de von Kármán, 157
Analogia(s)
  de Chilton-Colburn, 537
  de Colburn, 292
  de Prandtl, 296
  de Reynolds, 296, 534
    para transferência de massa, 535
  de von Kármán, 29, 536
  elétricas
    análise por condução, 250
    para troca radiante entre superfícies, 381
  entre transferência
    de calor e de momento, 281, 536
    de massa, energia e momento, 434
Ângulo de contato, 12
Arraste, 144
Avaliação do diâmetro de torres com recheio, 629

Balanços
  de entalpia para torres com contato contínuo, 619

de massa para equações da linha de operação de torres de contato contínuo, 612
Bancos de tubos com escoamento cruzado, 318
Bomba(s)
  centrífugas, 201
  com escoamento misturado, 201
  combinada e desempenho do sistema, 198
  de deslocamento positivo, 190
  e turbinas, 51

Camada(s)
  -limite térmica, 289
  tampão, 166, 537
Carga total em escoamento irrotacional, 124
Centro de pressão, 19
Centroide, 19
Cilindros
  com escoamento cruzado, 315
  horizontais, correlações para convecção, 305
  verticais, 305
Coeficiente(s)
  convectivo de transferência de massa, 426, 438, 505, 513, 521
  de arraste, 135, 145
    para cilindros circulares com escoamento cruzado, 145
    vs. número de Reynolds para vários objetos, 158
  de autodifusão, 408, 418
  de capacidade
    para a análise de trocador de calor, 357
    para torres com recheio, 587
    para transferência de massa, 587
  de carga, 214
  de difusão
    binária para a fase gasosa, 456
    para transferência de massa, 408
  de escoamento, 199
  de expansão térmica, 284
  de filme
    de transferência de massa, 426
    para a transferência
      convectiva de calor, 212
      de massa, 426
  de película, 144, 174
  de potência, 214
  global de transferência
    de calor para várias combinações de fluidos, 215, 329
    de massa, 555, 558
  individuais convectivos para transferência de massa, 580
  transferência de calor
    por convecção, 211
    por radiação, 212, 361, 393
Componentes efetivos da difusão para misturas gasosas, 408
Comportamento de fluido não newtoniano, 79

Compressibilidade, 9
Compressores, 291
Comprimento
  de entrada, 185
    não aquecido para escoamento paralelo a um plano, 291
  de mistura de Prandtl, 163, 293
Conceito de camada-limite, 149
Concentração(ões)
  em uma mistura binária dos componentes A e B, 408
  mássica, 435
  molar, 435
Condensação, 326
  em filme
    análise de escoamento turbulento, 335
    com bancos de tubos horizontais, 336
    com um cilindro horizontal, 336
    o modelo de Nusselt, 332
  em gotas, 337
Condição(ões)
  de contorno para a análise de transferência de calor, 224
  de não deslizamento, 87
Condução
  através de paredes
    cilíndricas, 239
    compostas, 232
    esféricas, 239
  de calor
    em sistemas bi e tridimensionais, 245
    em uma parede semi-infinita, 265
    transiente com resistência superficial desprezível, 261
  e convecção em um contorno de um sistema, 225
  em estado estacionário, 230
  não estacionária, 278
  unidimensional, 230
    com geração interna de energia, 236
Condutividade térmica, 206
Configurações
  de bombas para escoamento axial e misturado, 201
  de trocador de calor, 341
Conservação
  de energia, abordagem de volume de controle, 60
  de massa, 70
    abordagem de volume de controle, 31
    relação integral, 31
Considerações de escoamento turbulento na transferência
  de calor, 293
  de massa, 536
Constante(s)
  de Henry, 436
  de solubilidade para combinações selecionadas de gás/sólido, 437
  de Stefan-Boltzmann, 212, 368

Índice ◀ **701**

Continuum, definição, 1
Contornos
  isolados, condição de contorno, 224
  isotérmicos, condição de contorno, 224
Contradifusão equimolar, 434
Convecção
  forçada, 211, 281, 282
    para escoamento
      externo, 309
      interno, 315
  livre, 211
  natural, 142, 235, 281
Corpo(s)
  negro, 213, 363
  opacos, 363
Correlação(ões)
  convectivas para
    esferas, 328
    invólucros verticais inclinados, 307
  de transferência de
    calor para ebulição, 331
    massa para
      cilindro isolado, 624
      esfera isolada, 620
      superfícies planas, 618
    para convecção forçada em esferas
      isoladas, 317
    para transferência de
      calor por convecção natural, 324
      massa por convecção, 513
Curvas de desempenho para bombas
  centrífugas, 195

Densidade em um ponto, 2
Derivada direcional, 6
Descrição de um fluido em movimento, 27
Diagrama de Moody, 178
Diâmetro equivalente, 180
Difusão
  com uma reação química homogênea de
    primeira ordem, 466
  de Knudsen, 418
  de massa, 474
  em poros, 418
  intersticial, 423
  limitada do soluto em poros cheios de
    solvente, 418
  mássica, 426
  molecular, 404
    em estado estacionário, 451
    não estacionária, 533
    transiente, 540
  multicomponente, 413
  por pressão, 407
  pseudoestacionária, 495
  simultânea com reação química heterogênea
    de primeira ordem, 463
  térmica, 407
  transiente
    com resistência superficial desprezível, 497
    em um meio semi-infinito, 493
  unimolecular de massa, 452
Difusividade
  de momento, 516
  mássica, 516, 521, 534
    de líquidos, 413
    para gases, 408
    para sólidos, 423

no poro, 418
  térmica, 223, 267, 434
  turbilhonar
    de calor, 294
    de massa, 535
    de momento, 163, 315, 536
Dimensões, 132
Distribuição
  de velocidades a partir da teoria do
    comprimento de mistura, 164
  universal de velocidades, 165

Ebulição
  em filme, 328
  nucleada, 328
Efeito(s)
  de equilíbrio na transferência de massa na
    interface, 541
  de Soret, 407
Eficiência
  de aletas, 244
  de bombas, 192
  de trocadores de calor, 351
Emissividade(s), 363
  de CO_2 e do vapor de H_2O, 392
  direcional, 370
  e absortividade de superfícies sólidas, 370
  monocromática, 370
Empuxo, 21
Envoltórios
  horizontais, correlações para convecção, 329
  retangulares, 328
Equação(ões)
  básica da estática dos fluidos, 15
  da camada-limite, 155
  da continuidade, 27, 134
    para misturas, 432
  da energia, 27
  de Bernoulli, 68, 109, 125
  de campo de Fourier, 224
  de Dittus-Boelter para escoamento interno
    laminar, 312
  de Euler, 106
  de fluxo mássico para sistemas binários de
    componentes A e B, 407
  de Hagen-Poiseuille, 94
  de Hirschfelder, 410
  de Laplace, 224, 231
  de Navier-Stokes, 101
  de Newton da taxa, 217
  de Poisson, 224
  de Sieder-Tate para escoamento interno
    laminar, 312
  de Stefan-Boltzmann, 212
  de Stokes-Einstein, 414
  de taxa
    de Fick, 400
    de Fourier, 213
  de Wiedemann, Franz e Lorenz, 208
  diferencial(is)
    da continuidade, 99
    de transferência
      de calor, 220
      de massa, 430
    de um escoamento
      de fluido, 91
        em coordenadas esféricas, 110

Equilíbrio linear, 555
Equipamentos de transferência
  de calor, 339
  de massa, 605
Escoamento(s)
  com gradiente de pressão, 155
  completamente desenvolvido, 91
    em um conduto circular de seção
      transversal constante, 91
  de fluido invíscido, 110
  em condutos fechados, 173
  estacionários e não estacionários, 28
  invíscido e irrotacional em torno de um
    cilindro infinito, 120
  irrotacional, 116
  laminar, 143, 175
    de um fluido newtoniano descendo em
      uma superfície plana inclinada, 94
  lento (*creeping flow*), 110
  paralelo a superfícies planas, 292
  turbulento, 78, 176, 293
    em tubos
      lisos, 165
      rugosos, 177
  viscoso, 143
Espectro eletromagnético, 361
Estática dos fluidos, 15
Esteiras de von Kármán, 157
Etapas para modelar processos de transferência de
  massa por convecção, 438
Experimento de Reynolds, 143

Fator(es)
  de atrito
    de Darcy, 174
    de Fanning, 174
    e determinação de perda de carga para
      escoamento em tubos, 178
    médio para escoamento laminar na entrada
      de um tubo circular, 186
    para escoamento
      completamente desenvolvido, 187
      de transição em condutos fechados,
        173
      na entrada de um conduto circular, 184
      turbulento em condutos fechados, 173
  de correção para trocadores de calor
    casco-tubo e escoamentos cruzados, 345
  de forma, 376
    configurações comuns, 248
    para a transferência de calor por condução,
      206
    superfícies rerradiantes, 384
    várias configurações de superfícies, 319
  de incrustação, 355
  j
    de Colburn para transferência de calor, 293
    para transferência de massa, 572
  que afetam a transição de escoamento laminar
    para turbulento, 169
Fluido(s)
  com comportamento tixotrópico, 87
  e o *continuum*, 1
Fluxo
  de calor especificado na parede, 274
  mássico, 407
Forças sobre superfícies submersas, 19

702 ▶ Índice

Formas especiais da equação diferencial da energia, 223
Fração(ões)
  mássica, 402
  molar, 402
Função(ões)
  de Bessel, 241
  de corrente, 118
  erro, 266

Gradiente, 7
Gráficos
  de concentração-tempo para formas geométricas simples, 504
  de temperatura-tempo para formas geométricas simples, 267

Hipótese de comprimento de mistura, 163

Intensidade
  de radiação, 363
  de turbulência, 160
Invólucros verticais, 307
Irradiação, 383

Lei(s)
  da radiação de Kirchhoff, 363
  de Dalton, 436
  de escalonamento para bombas e ventiladores, 199
  de Henry, 550
  de Newton do resfriamento, 211
  de Planck da radiação, 365
  de Raoult, 436
  de Stefan-Boltzmann, 368
  do deslocamento de Wien, 367
Linhas
  de corrente, 29
  de operação para operações
    cocorrentes, 614
    contracorrentes, 614

Manômetro, 16
Máquinas de fluxo, 190
Mecanismos combinados de transferência de calor, 213
Média logarítmica
  da diferença de temperatura, 341
  da força motriz no projeto de equipamentos de transferência de massa, 615
Meio
  anisotrópico, 206
  isotrópico, 206
Método(s)
  de Buckingham, 135
  integral para a condução transiente unidimensional, 272
  numéricos para a análise de condução transiente, 276
  NUT para projeto e análise de trocadores de calor, 354
Modelagem de processos envolvendo difusão molecular, 438
Modelos para coeficientes convectivos de transferência de massa, 453

Módulo
  de Biot, 260
  de Fourier, 262
  macroscópico de elasticidade, 10

Natureza da radiação, 361
Núcleo
  na análise dimensional, 173
  turbulento, 170
Número(s)
  adimensionais usados na correlação de dados de transferência de massa, 571
  crítico de Reynolds para escoamento em tubos, 135
  de Euler, 134, 174
  de Froude, 134
  de Graetz, 311
  de Grashof, 285
  de Lewis, 517
  de Mach, 10
  de Nusselt, 282
  de Prandtl, 287, 522
    para escoamento turbulento, 316
  de Rayleigh, 304
  de Reynolds, 135, 181
    local, 150
  de Schmidt, 516
  de Sherwood, 518
  de Stanton, 284
  de unidades de transferência (NUT), 348

Operações de transferência de massa gás-líquido em tanques bem agitados, 621

Parâmetro(s)
  da rugosidade para tubos, 180
  de associação de solventes selecionados, 415
  de Lennard-Jones, 83
  do desempenho de bombas, 193
Perda de carga
  devido a acidentes, 178
  para escoamento em tubos, 177
Placas
  horizontais, correlações para convecção, 305
  verticais, 302
Poder emissivo, 333
  espectral, 367
  total, 363
Ponto de queima, 328
Potencial
  de Lennard-Jones, 409
  de velocidade, 121
  químico, 407
Pressão
  dinâmica, 145
  em um ponto em um fluido estático, 3
Primeira lei da termodinâmica, 27
Processos
  de absorção, 633
  de esgotamento (*stripping*), 658
  de transferência de massa controlados por difusão, 398
Produto escalar, 43
Propriedades
  do escoamento, 3
  do fluido, 3
  em um ponto, 2
  monocromáticas da radiação, 363

Radiação
  a partir de gases, 389
  de corpo negro, 370
  térmica, 362
Radiosidade, 383
Reação(ões)
  controlada por processos de transferência de massa, 451
  heterogêneas, 463
  homogêneas, 563
Referência inercial, 15
Referencial não inercial, 15
Refletividade, 362
Reflexão
  difusa, 362
  especular, 362
Regeneradores, 339
Regimes de escoamento em torno de um cilindro com fluxo cruzado, 147
Relação
  de Newton da viscosidade, 85
  de reciprocidade para troca de energia radiante, 376
  de Stokes da viscosidade, 87
  integral para
    a conservação de energia, 60
    momento
      angular, 49
      linear, 41
Representação(ões)
  euleriana de campos de escoamento de fluidos, 28
  lagrangiana de um campo de escoamento de um fluido, 28
Resistência(s)
  de incrustação
    em trocadores de calor, valores tabelados, 356
    em uma análise de trocador de calor, 356
  térmica, 214
Rotação de um fluido em um ponto, 115
Rugosidade
  do tubo, 174
  relativa, 174
Segunda lei
  de Fick da difusão, 492
  de Newton do movimento, 41
Similaridade
  cinemática, 138
  dinâmica, 138
  geométrica, 138
Sistemas
  e volumes de controle, 30
  SI e inglês de unidades, 8
Solução(ões)
  analíticas para a condução multidimensional, 248
  de Blasius para a
    análise de transferência de calor, 285
    camada-limite laminar sobre uma placa plana, 151
  numéricas para a condução multidimensional, 248
Sopradores, 191
Subcamada laminar, 150, 170
Superfícies
  cinzas, 372
  curvadas com espessura uniforme, 241

estendidas, retas, com seções transversais
variando linearmente, 239
rerradiantes, 382

Tabela(s)
das funções de Planck da radiação, 365
de características de recheios para torres, 630
Temperatura
de filme, 289
de flutuação no escoamento turbulento, 293
equivalente para sensação de frio, 319
Tensão(ões)
cisalhante(s)
em escoamento laminar, 78
multidimensional de um fluido
newtoniano, 85
turbulentas, 161
de Reynolds, 162
em um ponto, 3
superficial, 10
Teorema
do momento, 27
pi de Buckingham, 135, 173
Teoria
cinética dos gases, 82
da dupla resistência para transferência de
massa, 552
da penetração, 468
para transferência de massa, 468
de filme
para difusão mássica, 491
para transferência de massa, 584
do modelo, 148
Torres
com pratos de borbulhamento e com pratos
perfurados, 607

com recheio, 606
de aspersão, 606
de borbulhamento, 606
Trabalho
cisalhante, 64
de eixo, 64
de escoamento, 64
Trajetórias, 29
Transferência
convectiva de massa, 308, 506
de calor
a partir de superfícies estendidas, 239
na ebulição, 327
por condução, 205
por convecção, 211, 280
entre fases, 548
por radiação, 361
de massa, 398
em bolhas isoladas, 623
em colunas de parede molhada, 587
em duas e três dimensões, 505
em fase líquida para colunas de
borbulhamento e tanques agitados, 584
em leitos fixos e fluidizados, 582
em placas, esferas e cilindros, 571
envolvendo escoamento através de tubos,
578
na interface em balanços materiais de
processos, 589
unidimensional, 451
com reação química, 463
molecular de massa, 407
simultânea
de calor e de massa, 474
de momento
e de massa, 477

de calor e de massa, 474
Transformada de Laplace, 493
Transmissividade, 362
Troca radiante
em envoltórios negros, 412
entre superfícies
cinzas, 383
negras, 382
Trocadores de calor, 339
casco-tubo, 343
com escoamentos cruzados, 343
Turbinas, 201
Turbomáquinas, 190
com invólucro e sem invólucro, 191

Valores de tensão superficial para fluidos
selecionados em ar, 11
Variação
da condutividade térmica com a temperatura,
208
de pressão em um fluido estático, 15
de viscosidade com a temperatura para gases e
líquidos selecionados, 83
ponto a ponto de propriedades em um fluido, 5
Velocidade
acústica, 9
de difusão, 403
de inundação em torres com recheio, 629
específica de bombas, 216
mássica média, 403
molar média, 403
Ventiladores, 191
Viscosidade, 81
de um gás puro, 83
Volumes atômicos para substâncias simples, 450
Vorticidade, 116

Pré-impressão, impressão e acabamento

grafica@editorasantuario.com.br
www.editorasantuario.com.br

Aparecida-SP